# 中 国 国 家 标 准 汇 编

## 411

GB 23210～23228

（2008 年制定）

中国标准出版社　编

中 国 标 准 出 版 社

北　京

**图书在版编目（CIP）数据**

中国国家标准汇编：2008年制定.411：GB 23210～23228/中国标准出版社编.—北京：中国标准出版社，2010

ISBN 978-7-5066-5634-4

Ⅰ.中…　Ⅱ.中…　Ⅲ.国家标准-汇编-中国-2008
Ⅳ.T-652.1

中国版本图书馆CIP数据核字（2009）第207876号

中国标准出版社出版发行
北京复兴门外三里河北街16号
邮政编码：100045

网址 www.spc.net.cn
电话：68523946　68517548
中国标准出版社秦皇岛印刷厂印刷
各地新华书店经销

*

开本 880×1230　1/16　印张 29.75　字数 886千字
2010年1月第一版　2010年1月第一次印刷

*

定价 200.00 元



ISBN 978-7-5066-5634-4
9 787506 656344 >

# 出 版 说 明

1.《中国国家标准汇编》是一部大型综合性国家标准全集。自1983年起，按国家标准顺序号以精装本、平装本两种装帧形式陆续分册汇编出版。它在一定程度上反映了我国建国以来标准化事业发展的基本情况和主要成就，是各级标准化管理机构，工矿企事业单位，农林牧副渔系统，科研、设计、教学等部门必不可少的工具书。

2.《中国国家标准汇编》收入我国每年正式发布的全部国家标准，分为"制定"卷和"修订"卷两种编辑版本。

"制定"卷收入上一年度我国发布的、新制定的国家标准，顺延前年度标准编号分成若干分册，封面和书脊上注明"20××年制定"字样及分册号，分册号一直连续。各分册中的标准是按照标准编号顺序连续排列的，如有标准顺序号缺号的，除特殊情况注明外，暂为空号。

"修订"卷收入上一年度我国发布的、被修订的国家标准，视篇幅分设若干分册，但与"制定"卷分册号无关联，仅在封面和书脊上注明"20××年修订-1,-2,-3,……"字样。"修订"卷各分册中的标准，仍按标准编号顺序排列(但不连续)；如有遗漏的，均在当年最后一分册中补齐。需提请读者注意的是，个别非顺延前年度标准编号的新制定的国家标准没有收入在"制定"卷中，而是收入在"修订"卷中。

读者配套购买《中国国家标准汇编》"制定"卷和"修订"卷则可收齐上一年度我国制定和修订的全部国家标准。

3. 由于读者需求的变化，自1996年起，《中国国家标准汇编》仅出版精装本。

4. 2008年我国制修订国家标准共5946项。本分册为"2008年制定"卷第411分册，收入国家标准GB 23210～23228的最新版本。

中国标准出版社
2009年10月

# 目　　录

ICS 67.050
X 04

# 中华人民共和国国家标准

GB/T 23210—2008

# 牛奶和奶粉中511种农药及相关化学品残留量的测定 气相色谱-质谱法

Determination of 511 pesticides and related chemicals residues in milk and milk powder—GC-MS method



2008-12-31 发布 2009-05-01 实施

中华人民共和国国家质量监督检验检疫总局
中国国家标准化管理委员会 发布

# 前言

本标准的附录 A、附录 B、附录 C、附录 D、附录 E 和附录 F 为资料性附录。

本标准由中华人民共和国国家质量监督检验检疫总局提出并归口。

本标准起草单位：中华人民共和国秦皇岛出入境检验检疫局、山东农业大学。

本标准主要起草人：庞国芳、郑军红、范春林、王明林、郑锋、刘永明。

# 牛奶和奶粉中511种农药及相关化学品残留量的测定 气相色谱-质谱法

## 1 范围

本标准规定了牛奶和奶粉中511种农药及相关化学品(参见附录A和附录F)残留量气相色谱-质谱测定方法。

本标准适用于牛奶中504种农药及相关化学品的定性鉴别,487种农药及相关化学品的定量测定;适用于奶粉中498种农药及相关化学品的定性鉴别,489种农药及相关化学品的定量测定。

本标准定量测定的牛奶中487种农药及相关化学品的方法检出限为0.000 8 mg/L～0.4 mg/L(参见附录A);定量测定的奶粉中489种农药及相关化学品的方法检出限为0.004 2 mg/kg～2.0 mg/kg(参见附录A)。

## 2 规范性引用文件

下列文件中的条款通过本标准的引用而成为本标准的条款。凡是注日期的引用文件,其随后所有的修改单(不包括勘误的内容)或修订版均不适用于本标准,然而,鼓励根据本标准达成协议的各方研究是否可使用这些文件的最新版本。凡是不注日期的引用文件,其最新版本适用于本标准。

GB/T 6379.1 测量方法与结果的准确度(正确度与精密度) 第1部分:总则与定义(GB/T 6379.1—2004,ISO 5725-1:1994,IDT)

GB/T 6379.2 测量方法与结果的准确度(正确度与精密度) 第2部分:确定标准测量方法重复性与再现性的基本方法(GB/T 6379.2—2004,ISO 5725-2:1994,IDT)

## 3 原理

牛奶用乙腈振荡提取(奶粉用乙腈均质提取),提取液浓缩后经$C_{18}$固相萃取柱净化,用乙腈洗脱农药及相关化学品,气相色谱-质谱仪测定,内标法定量。

## 4 试剂和材料

4.1 乙腈:色谱纯。

4.2 正己烷:色谱纯。

4.3 甲苯:优级纯。

4.4 丙酮:色谱纯。

4.5 环己烷:色谱纯。

4.6 乙酸乙酯:色谱纯。

4.7 氯化钠:分析纯。

4.8 硫酸镁($MgSO_4 \cdot 7H_2O$):分析纯。

4.9 农药及相关化学品标准物质:纯度≥95%。

4.10 农药及相关化学品标准溶液

4.10.1 标准储备溶液

准确称取5 mg～10 mg(精确至0.1 mg)农药及相关化学品各标准物分别放入10 mL容量瓶中,根据标准物的溶解性和测定的需要选甲苯、甲苯+丙酮混合液、环己烷等溶剂溶解并定容至刻度(溶剂选择参见附录 A)。标准储备溶液避光 4 ℃保存,可使用一年。

4.10.2 混合标准溶液(混合标准溶液 A、B、C、D、E 和 F)

按照农药及相关化学品的性质和保留时间,将 511 种农药及相关化学品分成 A、B、C、D、E、F 六个组,并根据每种农药及相关化学品在仪器上的响应灵敏度,确定其在混合标准溶液中的浓度。本标准对 511 种农药及相关化学品的分组及其混合标准溶液浓度参见附录 A。

依据每种农药及相关化学品的分组号、混合标准溶液浓度及其标准储备液的浓度,移取一定量的单个农药及相关化学品标准储备溶液于 100 mL 容量瓶中,用甲苯定容至刻度。混合标准溶液避光 4 ℃保存,可使用一个月。

4.10.3 内标溶液

准确称取 3.5 mg 环氧七氯于 100 mL 容量瓶中,用甲苯定容至刻度。

4.10.4 基质混合标准工作溶液

A、B、C、D、E、F 组农药及相关化学品基质混合标准工作溶液是将 40 μL 内标溶液和一定体积的 A、B、C、D、E、F 组混合标准溶液分别加到 1.0 mL 的样品空白基质提取液中,混匀,配成基质混合标准工作溶液 A、B、C、D、E 和 F。

基质混合标准工作溶液应现用现配。

4.11 ENVI™-18[1] 固相萃取柱:12 mL,2 000 mg 或相当者。

## 5 仪器

5.1 气相色谱-质谱仪:配有电子轰击源(EI)。

5.2 分析天平:感量 0.1 mg 和 0.01 g。

5.3 具塞离心管:50 mL。

5.4 振荡器。

5.5 均质器:最低转速不低于 12 000 r/min。

5.6 鸡心瓶:100 mL。

5.7 移液器:1 mL 和 10 mL。

5.8 离心机:最低转速不低于 4 200 r/min。

5.9 旋转蒸发器。

5.10 样品瓶:2 mL,带聚四氟乙烯旋盖。

## 6 试样保存

奶粉密封常温保存;牛奶试样置于 0 ℃~4 ℃保存。

## 7 测定步骤

### 7.1 提取

奶粉:称取 3.0 g 奶粉(精确至 0.01 g)于 50 mL 离心管中,加入 20 mL 乙腈以及 4 g 硫酸镁,用均质器 15 000 r/min 均质提取 1 min,在 4 200 r/min 条件下离心 5 min。上清液收集于 100 mL 鸡心瓶中,残渣用 20 mL 乙腈重复提取一次,离心后,合并两次提取液,将提取液于 40 ℃水浴旋转蒸发至 1 mL 左右,待净化。

牛奶:量取 15 mL 牛奶于 50 mL 离心管中,加入 20 mL 乙腈以及 4 g 硫酸镁和 1 g 氯化钠。于振荡器上剧烈振荡 10 min,在 4 200 r/min 条件下离心 8 min,收集上清液于 100 mL 鸡心瓶中,残渣用

1) ENVI™-18 柱是 SUPELCO 公司产品的商品名称,给出这一信息是为了方便本标准的使用者,并不是表示对该产品的认可。如果其他等效产品具有相同的效果,则可使用这些等效产品。

20 mL 乙腈重复提取一次，离心后，合并两次提取液，40 ℃水浴旋转蒸发至 1 mL 左右，待净化。

### 7.2 净化

用 10 mL 乙腈活化 ENVI™-18 固相萃取柱后，将浓缩的提取液转移至固相萃取柱中。然后每次用 5 mL 乙腈洗涤样品瓶，洗涤液并入固相萃取柱中，重复此操作两次。同时收集流出液于 100 mL 鸡心瓶中，用 10 mL 乙腈洗脱固相萃取柱，合并流出液。40 ℃水浴旋转蒸发至 0.5 mL 左右。每次加入 5 mL 正己烷在 40 ℃用旋转蒸发器进行溶剂交换，重复此操作两次，使最终样液体积为 1 mL 左右，加入 40 μL 内标溶液，混匀，供气相色谱-质谱仪测定。

同时取不含农药及相关化学品的牛奶或奶粉样品，按 7.1 和 7.2 步骤制备样品空白提取液，用于配制基质混合标准工作溶液。

### 7.3 气相色谱-质谱法测定

#### 7.3.1 条件

a) 色谱柱：DB-1701(14%氰丙基-苯基)-甲基聚硅氧烷，30 m×0.25 mm×0.25 μm，石英毛细管柱或相当者；

b) 色谱柱温度：40 ℃保持 1 min，然后以 30 ℃/min 程序升温至 130 ℃，再以 5 ℃/min 升温至 250 ℃，再以 10 ℃/min 升温至 300 ℃，保持 5 min；

c) 载气：氦气，纯度≥99.999%，流速，1.2 mL/min；

d) 进样口温度：290 ℃；

e) 进样量：1 μL；

f) 进样方式：无分流进样，1.5 min 后打开阀；

g) 电子轰击源：70 eV；

h) 离子源温度：230 ℃；

i) GC-MS 接口温度：280 ℃；

j) 溶剂延迟：A 组 8.30 min，B 组 7.80 min，C 组 7.30 min，D 组 5.50 min，E 组 6.10 min，F 组 5.50 min；

k) 选择离子监测：每种化合物分别选择一个定量离子，2 个～3 个定性离子。每组所有需要检测的离子按照出峰顺序，分时段分别检测。每种化合物的保留时间、定量离子、定性离子及定量离子与定性离子的丰度比值，参见附录 B。每组检测离子的开始时间和驻留时间参见附录 C。

#### 7.3.2 定性测定

进行样品测定时，如果检出的色谱峰的保留时间与标准样品相一致，并且在扣除背景后的样品质谱图中，所选择的离子均出现，而且所选择的离子丰度比与标准物质的离子丰度比相一致(相对丰度＞50%，允许±10%偏差；相对丰度＞20%～50%，允许±15%偏差；相对丰度＞10%～20%，允许±20%偏差；相对丰度≤10%，允许±50%偏差)，则可判断样品中存在这种农药或相关化学品。如果不能确证，应重新进样，以扫描方式(有足够灵敏度)或采用增加其他确证离子的方式或用其他灵敏度更高的分析仪器来确证。

#### 7.3.3 定量测定

本标准采用内标法单离子定量测定。内标物为环氧七氯。为减少基质的影响，定量用标准应采用空白样品液配制混合标准工作溶液。标准溶液的浓度应与待测化合物的浓度相近。本标准的 A、B、C、D、E、F 六组标准物质在牛奶基质中选择离子监测 GC-MS 图参见附录 D。

### 7.4 平行试验

按以上步骤对同一试样进行平行试验测定。

### 7.5 空白试验

除不称取试样外，均按上述步骤进行。

## 8 结果计算

气相色谱-质谱测定结果可由色谱工作站按内标法自动计算，也可按式(1)计算：

$$X_i = c_s \times \frac{A}{A_s} \times \frac{c_i}{c_{si}} \times \frac{A_{si}}{A_i} \times \frac{V}{m} \times \frac{1\ 000}{1\ 000} \quad \cdots\cdots\cdots\cdots(1)$$

式中：

$X_i$——试样中被测物残留量，单位为毫克每千克或毫克每升（奶粉以 mg/kg 计，牛奶以 mg/L 计）；

$c_s$——基质标准工作溶液中被测物的浓度，单位为微克每毫升（$\mu$g/mL）；

$A$——试样溶液中被测物的色谱峰面积；

$A_s$——基质标准工作溶液中被测物的色谱峰面积；

$c_i$——试样溶液中内标物的浓度，单位为微克每毫升（$\mu$g/mL）；

$c_{si}$——基质标准工作溶液中内标物的浓度，单位为微克每毫升（$\mu$g/mL）；

$A_{si}$——基质标准工作溶液中内标物的色谱峰面积；

$A_i$——试样溶液中内标物的色谱峰面积；

$V$——样液最终定容体积，单位为毫升（mL）；

$m$——试样溶液所代表试样的质量或体积，单位为克或毫升（奶粉以 g 计，牛奶以 mL 计）。

计算结果应扣除空白值。

## 9 精密度

本标准精密度数据是按照 GB/T 6379.1 和 GB/T 6379.2 的规定确定的，获得重复性和再现性的值是以 95%的可信度来计算。本标准方法的精密度数据参见附录 E。

# 附 录 A
（资料性附录）
## 511 种农药及相关化学品中文与英文名称、方法检出限、分组、溶剂选择和混合标准溶液浓度

511 种农药及相关化学品中文与英文名称、方法检出限、分组、溶剂选择和混合标准溶液浓度见表 A.1。

**表 A.1 511 种农药及相关化学品中文与英文名称、方法检出限、分组、溶剂选择和混合标准溶液浓度**

| 序号 | 中文名称 | 英文名称 | 牛奶检出限/(mg/L) | 奶粉检出限/(mg/kg) | 溶剂 | 混合标准溶液浓度/(mg/L) |
|---|---|---|---|---|---|---|
| 内标 | 环氧七氯 | heptachlor-epoxide | — | — | 甲苯 | — |
| A 组 | | | | | | |
| 1 | 二丙烯草胺 | allidochlor | 0.008 3 | 0.041 7 | 甲苯 | 5.0 |
| 2 | 烯丙酰草胺 | dichlormid | 0.008 3 | 0.041 7 | 甲苯 | 5.0 |
| 3 | 土菌灵 | etridiazol | 0.050 0 | 0.062 5 | 甲苯 | 7.5 |
| 4 | 氯甲硫磷 | chlormephos | 0.033 2 | 0.041 7 | 甲苯 | 5.0 |
| 5 | 苯胺灵 | propham | 0.004 2 | 0.020 8 | 甲苯 | 2.5 |
| 6 | 环草敌 | cycloate | 0.004 2 | 0.020 8 | 甲苯 | 2.5 |
| 7 | 联苯二胺 | diphenylamine | 0.004 2 | 0.020 8 | 甲苯 | 2.5 |
| 8 | 杀虫脒 | chlordimeform | 0.016 8 | 0.083 2 | 正己烷 | 2.5 |
| 9 | 乙丁烯氟灵 | ethalfluralin | 0.016 7 | 0.083 3 | 甲苯 | 10.0 |
| 10 | 甲拌磷 | phorate | 0.004 2 | 0.020 8 | 甲苯 | 2.5 |
| 11 | 甲基乙拌磷 | thiometon | 0.004 2 | 0.020 8 | 甲苯 | 2.5 |
| 12 | 五氯硝基苯 | quintozene | 0.008 3 | 0.041 7 | 甲苯 | 5.0 |
| 13 | 脱乙基阿特拉津 | atrazine-desethyl | 0.004 2 | 0.020 8 | 甲苯＋丙酮(8＋2) | 2.5 |
| 14 | 异噁草松 | clomazone | 0.004 2 | 0.020 8 | 甲苯 | 2.5 |
| 15 | 二嗪磷 | diazinon | 0.004 2 | 0.020 8 | 甲苯 | 2.5 |
| 16 | 地虫硫磷 | fonofos | 0.004 2 | 0.020 8 | 甲苯 | 2.5 |
| 17 | 乙嘧硫磷 | etrimfos | 0.004 2 | 0.020 8 | 甲苯 | 2.5 |
| 18 | 胺丙畏 | propetamphos | 0.004 2 | 0.020 8 | 甲苯 | 2.5 |
| 19 | 密草通 | secbumeton | 0.004 2 | 0.020 8 | 甲苯 | 2.5 |
| 20 | 炔丙烯草胺 | pronamide | 0.004 2 | 0.020 8 | 甲苯＋丙酮(9＋1) | 2.5 |
| 21 | 除线磷 | dichlofenthion | 0.004 2 | 0.020 8 | 甲苯 | 2.5 |
| 22 | 兹克威[a] | mexacarbate | 0.012 5 | 0.250 0 | 甲苯 | 7.5 |
| 23 | 氨氟灵 | dinitramine | 0.016 7 | 0.083 3 | 甲苯 | 10.0 |
| 24 | 乐果 | dimcthoate | 0.016 7 | 0.083 3 | 甲苯 | 10.0 |
| 25 | 艾氏剂 | aldrin | 0.008 3 | 0.041 7 | 甲苯 | 5.0 |

表 A.1（续）

| 序号 | 中文名称 | 英文名称 | 牛奶检出限/(mg/L) | 奶粉检出限/(mg/kg) | 溶剂 | 混合标准溶液浓度/(mg/L) |
|---|---|---|---|---|---|---|
| 26 | 皮蝇磷 | ronnel | 0.008 3 | 0.041 7 | 甲苯 | 5.0 |
| 27 | 扑草净 | prometryne | 0.004 2 | 0.020 8 | 甲苯 | 2.5 |
| 28 | 环丙津 | cyprazine | 0.004 2 | 0.020 8 | 甲苯＋丙酮(9＋1) | 2.5 |
| 29 | 乙烯菌核利 | vinclozolin | 0.004 2 | 0.020 8 | 甲苯 | 2.5 |
| 30 | β-六六六 | *beta*-HCH | 0.004 2 | 0.020 8 | 甲苯 | 2.5 |
| 31 | 甲霜灵 | metalaxyl | 0.012 5 | 0.062 5 | 甲苯 | 7.5 |
| 32 | 甲基对硫磷 | methyl-parathion | 0.016 7 | 0.083 3 | 甲苯 | 10.0 |
| 33 | 毒死蜱 | chlorpyrifos (ethyl) | 0.004 2 | 0.020 8 | 甲苯 | 2.5 |
| 34 | δ-六六六 | *delta*-HCH | 0.008 3 | 0.041 7 | 甲苯 | 5.0 |
| 35 | 倍硫磷 | fenthion | 0.004 2 | 0.020 8 | 甲苯 | 2.5 |
| 36 | 马拉硫磷 | malathion | 0.016 7 | 0.083 3 | 甲苯 | 10.0 |
| 37 | 对氧磷 | paraoxon-ethyl | 0.133 3 | 0.666 7 | 甲苯 | 80.0 |
| 38 | 杀螟硫磷 | fenitrothion | 0.008 3 | 0.041 7 | 甲苯 | 5.0 |
| 39 | 三唑酮 | triadimefon | 0.008 3 | 0.041 7 | 甲苯 | 5.0 |
| 40 | 对硫磷 | parathion | 0.066 8 | 0.083 3 | 甲苯 | 10.0 |
| 41 | 利谷隆[c] | linuron | 0.016 7 | — | 甲苯＋丙酮(9＋1) | 10.0 |
| 42 | 二甲戊灵 | pendimethalin | 0.016 7 | 0.083 3 | 甲苯 | 10.0 |
| 43 | 杀螨醚 | chlorbenside | 0.008 3 | 0.041 7 | 甲苯 | 5.0 |
| 44 | 乙基溴硫磷 | bromophos-ethyl | 0.016 8 | 0.020 8 | 甲苯 | 2.5 |
| 45 | 喹硫磷 | quinalphos | 0.004 2 | 0.020 8 | 甲苯 | 2.5 |
| 46 | 反式氯丹 | *trans*-chlordane | 0.004 2 | 0.020 8 | 甲苯 | 2.5 |
| 47 | 吡唑草胺 | metazachlor | 0.012 5 | 0.062 5 | 甲苯 | 7.5 |
| 48 | 丙硫磷 | prothiophos | 0.004 2 | 0.020 8 | 甲苯 | 2.5 |
| 49 | 灭菌丹 | folpet | 0.200 0 | 0.250 0 | 甲苯 | 30.0 |
| 50 | 整形醇 | chlorfurenol | 0.012 5 | 0.062 5 | 甲苯＋丙酮(9＋1) | 7.5 |
| 51 | 腐霉利 | procymidone | 0.004 2 | 0.020 8 | 甲苯 | 2.5 |
| 52 | 狄氏剂 | dieldrin | 0.008 3 | 0.041 7 | 甲苯 | 5.0 |
| 53 | 杀扑磷[c] | methidathion | 0.008 3 | — | 甲苯 | 5.0 |
| 54 | 氰草津 | cyanazine | 0.012 5 | 0.062 5 | 甲苯＋丙酮(8＋2) | 7.5 |
| 55 | 敌草胺 | napropamide | 0.012 5 | 0.062 5 | 甲苯 | 7.5 |
| 56 | 噁草酮 | oxadiazone | 0.004 2 | 0.020 8 | 甲苯 | 2.5 |
| 57 | 杀螨氯硫 | tetrasul | 0.016 8 | 0.020 8 | 甲苯 | 2.5 |
| 58 | 苯线磷 | fenamiphos | 0.012 5 | 0.062 5 | 甲苯 | 7.5 |
| 59 | 乙嘧酚磺酸酯 | bupirimate | 0.004 2 | 0.020 8 | 甲苯 | 2.5 |

表 A.1（续）

| 序号 | 中文名称 | 英文名称 | 牛奶检出限/(mg/L) | 奶粉检出限/(mg/kg) | 溶剂 | 混合标准溶液浓度/(mg/L) |
|---|---|---|---|---|---|---|
| 60 | 氟酰胺 | flutolanil | 0.004 2 | 0.020 8 | 甲苯 | 2.5 |
| 61 | 萎锈灵 | carboxin | 0.100 0 | 0.500 0 | 甲苯 | 60.0 |
| 62 | *p*,*p*′-滴滴滴 | *p*,*p*′-DDD | 0.004 2 | 0.020 8 | 甲苯 | 2.5 |
| 63 | 乙硫磷 | ethion | 0.008 3 | 0.041 7 | 甲苯 | 5.0 |
| 64 | 乙环唑-1 | etaconazole-1 | 0.050 0 | 0.062 5 | 甲苯 | 7.5 |
| 65 | 硫丙磷 | sulprofos | 0.008 3 | 0.041 7 | 甲苯 | 5.0 |
| 66 | 乙环唑-2 | etaconazole-2 | 0.012 5 | 0.062 5 | 甲苯 | 7.5 |
| 67 | 腈菌唑 | myclobutanil | 0.004 2 | 0.020 8 | 甲苯 | 2.5 |
| 68 | 丰索磷 | fensulfothion | 0.008 3 | 0.041 7 | 甲苯 | 5.0 |
| 69 | 丙环唑-1 | propiconazole-1 | 0.012 5 | 0.062 5 | 甲苯 | 7.5 |
| 70 | 丙环唑-2 | propiconazole-2 | 0.012 5 | 0.062 5 | 甲苯 | 7.5 |
| 71 | 联苯菊酯 | bifenthrin | 0.004 2 | 0.020 8 | 正己烷 | 2.5 |
| 72 | 灭蚁灵 | mirex | 0.016 8 | 0.020 8 | 甲苯 | 2.5 |
| 73 | 氟苯嘧啶醇 | nuarimol | 0.008 3 | 0.041 7 | 甲苯+丙酮(9+1) | 5.0 |
| 74 | 麦锈灵 | benodanil | 0.012 5 | 0.062 5 | 甲苯 | 7.5 |
| 75 | 甲氧滴滴涕 | methoxychlor | 0.033 3 | 0.166 7 | 甲苯 | 20.0 |
| 76 | 噁霜灵 | oxadixyl | 0.016 8 | 0.020 8 | 甲苯 | 2.5 |
| 77 | 戊唑醇 | tebuconazole | 0.012 5 | 0.062 5 | 甲苯 | 7.5 |
| 78 | 胺菊酯 | tetramethirn | 0.008 3 | 0.041 7 | 甲苯 | 5.0 |
| 79 | 氟草敏 | norflurazon | 0.004 2 | 0.020 8 | 甲苯+丙酮(9+1) | 2.5 |
| 80 | 哒嗪硫磷 | pyridaphenthion | 0.004 2 | 0.020 8 | 甲苯 | 2.5 |
| 81 | 亚胺硫磷 | phosmet | 0.008 3 | 0.041 7 | 甲苯 | 5.0 |
| 82 | 三氯杀螨砜 | tetradifon | 0.004 2 | 0.020 8 | 甲苯 | 2.5 |
| 83 | 吡菌磷 | pyrazophos | 0.008 3 | 0.041 7 | 甲苯 | 5.0 |
| 84 | 反式-氯菊酯 | *trans*-permethrin | 0.004 2 | 0.083 2 | 甲苯 | 2.5 |
| 85 | 氯氰菊酯 | cypermethrin | 0.012 5 | 0.250 0 | 甲苯 | 7.5 |
| 86 | 氰戊菊酯-1 | fenvalerate-1 | 0.016 7 | 0.083 3 | 甲苯 | 10.0 |
| 87 | 氰戊菊酯-2 | fenvalerate-2 | 0.016 7 | 0.083 3 | 甲苯 | 10.0 |
| 88 | 溴氰菊酯 | deltamethrin | 0.025 0 | 0.125 0 | 甲苯 | 15.0 |
| B组 | | | | | | |
| 89 | 茵草敌 | EPTC | 0.012 5 | 0.062 5 | 甲苯 | 7.5 |
| 90 | 丁草敌 | butylate | 0.012 5 | 0.062 5 | 甲苯 | 7.5 |
| 91 | 敌草腈 | dichlobenil | 0.000 8 | 0.004 2 | 甲苯 | 0.5 |
| 92 | 克草敌 | pebulate | 0.012 5 | 0.062 5 | 甲苯 | 7.5 |

表 A.1（续）

| 序号 | 中文名称 | 英文名称 | 牛奶检出限/(mg/L) | 奶粉检出限/(mg/kg) | 溶剂 | 混合标准溶液浓度/(mg/L) |
|---|---|---|---|---|---|---|
| 93 | 三氯甲基吡啶 | nitrapyrin | 0.012 5 | 0.062 5 | 甲苯 | 7.5 |
| 94 | 速灭磷 | mevinphos | 0.008 3 | 0.041 7 | 甲苯 | 5.0 |
| 95 | 氯苯甲醚 | chloroneb | 0.004 2 | 0.020 8 | 甲苯 | 2.5 |
| 96 | 四氯硝基苯 | tecnazene | 0.008 3 | 0.041 7 | 甲苯 | 5.0 |
| 97 | 庚烯磷 | heptanophos | 0.012 5 | 0.062 5 | 甲苯 | 7.5 |
| 98 | 灭线磷 | ethoprophos | 0.012 5 | 0.062 5 | 甲苯 | 7.5 |
| 99 | 六氯苯[a] | hexachlorobenzene | 0.004 2 | 0.020 8 | 甲苯 | 2.5 |
| 100 | 毒草胺 | propachlor | 0.012 5 | 0.062 5 | 甲苯 | 7.5 |
| 101 | 顺式-燕麦敌 | *cis*-diallate | 0.008 3 | 0.041 7 | 甲苯 | 5.0 |
| 102 | 氟乐灵 | trifluralin | 0.008 3 | 0.041 7 | 甲苯 | 5.0 |
| 103 | 反式-燕麦敌 | *trans*-diallate | 0.008 3 | 0.041 7 | 甲苯 | 5.0 |
| 104 | 氯苯胺灵 | chlorpropham | 0.008 3 | 0.041 7 | 甲苯 | 5.0 |
| 105 | 治螟磷 | sulfotep | 0.004 2 | 0.020 8 | 甲苯 | 2.5 |
| 106 | 菜草畏 | sulfallate | 0.008 3 | 0.041 7 | 甲苯 | 5.0 |
| 107 | α-六六六 | *alpha*-HCH | 0.004 2 | 0.020 8 | 甲苯 | 2.5 |
| 108 | 特丁硫磷 | terbufos | 0.008 3 | 0.041 7 | 甲苯 | 5.0 |
| 109 | 特丁通 | terbumeton | 0.050 0 | 0.062 5 | 甲苯 | 7.5 |
| 110 | 环丙氟灵 | profluralin | 0.016 7 | 0.083 3 | 甲苯 | 10.0 |
| 111 | 敌噁磷 | dioxathion | 0.016 7 | 0.083 3 | 甲苯 | 10.0 |
| 112 | 扑灭津 | propazine | 0.004 2 | 0.020 8 | 甲苯 | 2.5 |
| 113 | 氯炔灵 | chlorbufam | 0.008 3 | 0.041 7 | 甲苯 | 5.0 |
| 114 | 氯硝胺 | dicloran | 0.008 3 | 0.041 7 | 甲苯 | 5.0 |
| 115 | 特丁津 | terbuthylazine | 0.004 2 | 0.020 8 | 甲苯 | 2.5 |
| 116 | 绿谷隆 | monolinuron | 0.016 7 | 0.083 3 | 甲苯 | 10.0 |
| 117 | 杀螟腈 | cyanophos | 0.008 3 | 0.041 7 | 甲苯 | 5.0 |
| 118 | 氟虫脲 | flufenoxuron | 0.050 0 | 0.062 5 | 甲苯 | 7.5 |
| 119 | 甲基毒死蜱 | chlorpyrifos-methyl | 0.004 2 | 0.020 8 | 甲苯 | 2.5 |
| 120 | 敌草净 | desmetryn | 0.004 2 | 0.020 8 | 甲苯 | 2.5 |
| 121 | 二甲草胺 | dimethachlor | 0.012 5 | 0.062 5 | 甲苯 | 7.5 |
| 122 | 甲草胺 | alachlor | 0.012 5 | 0.062 5 | 甲苯 | 7.5 |
| 123 | 甲基嘧啶磷 | pirimiphos-methyl | 0.004 2 | 0.020 8 | 甲苯 | 2.5 |
| 124 | 特丁净 | terbutryn | 0.008 3 | 0.041 7 | 甲苯 | 5.0 |
| 125 | 丙硫特普 | aspon | 0.008 3 | 0.041 7 | 甲苯 | 5.0 |
| 126 | 杀草丹 | thiobencarb | 0.008 3 | 0.041 7 | 甲苯 | 5.0 |

表 A.1（续）

| 序号 | 中文名称 | 英文名称 | 牛奶检出限/(mg/L) | 奶粉检出限/(mg/kg) | 溶剂 | 混合标准溶液浓度/(mg/L) |
|---|---|---|---|---|---|---|
| 127 | 三氯杀螨醇 | dicofol | 0.008 3 | 0.041 7 | 甲苯 | 5.0 |
| 128 | 异丙甲草胺 | metolachlor | 0.016 8 | 0.020 8 | 甲苯 | 2.5 |
| 129 | 嘧啶磷 | pirimiphos-ethyl | 0.008 3 | 0.041 7 | 甲苯 | 5.0 |
| 130 | 氧化氯丹 | *oxy*-chlordane | 0.016 8 | 0.020 8 | 甲苯 | 2.5 |
| 131 | 苯氟磺胺 | dichlofluanid | 0.200 0 | 1.000 0 | 甲苯＋丙酮(9＋1) | 120.0 |
| 132 | 烯虫酯 | methoprene | 0.016 7 | 0.083 3 | 甲苯 | 10.0 |
| 133 | 溴硫磷 | bromofos | 0.008 3 | 0.041 7 | 甲苯 | 5.0 |
| 134 | 乙氧呋草黄 | ethofumesate | 0.008 3 | 0.041 7 | 甲苯 | 5.0 |
| 135 | 异丙乐灵 | isopropalin | 0.008 3 | 0.041 7 | 甲苯 | 5.0 |
| 136 | 敌稗 | propanil | 0.008 3 | 0.041 7 | 甲苯 | 5.0 |
| 137 | 育畜磷 | crufomate | 0.025 0 | 0.125 0 | 甲苯 | 15.0 |
| 138 | 异柳磷 | isofenphos | 0.008 3 | 0.041 7 | 甲苯 | 5.0 |
| 139 | 硫丹-1 | endosulfan-i | 0.025 0 | 0.125 0 | 甲苯 | 15.0 |
| 140 | 毒虫畏 | chlorfenvinphos | 0.012 5 | 0.062 5 | 甲苯 | 7.5 |
| 141 | 甲苯氟磺胺 | tolylfluanide | 0.100 0 | 0.500 0 | 甲苯 | 60.0 |
| 142 | 顺式-氯丹 | *cis*-chlordane | 0.008 3 | 0.041 7 | 甲苯 | 5.0 |
| 143 | 丁草胺 | butachlor | 0.008 3 | 0.041 7 | 甲苯 | 5.0 |
| 144 | 乙菌利 | chlozolinate | 0.008 3 | 0.041 7 | 甲苯 | 5.0 |
| 145 | *p*,*p*′-滴滴伊 | *p*,*p*′-DDE | 0.016 8 | 0.020 8 | 甲苯 | 2.5 |
| 146 | 碘硫磷 | iodofenphos | 0.008 3 | 0.041 7 | 甲苯 | 5.0 |
| 147 | 杀虫畏 | tetrachlorvinphos | 0.012 5 | 0.062 5 | 甲苯 | 7.5 |
| 148 | 氯溴隆 | chlorbromuron | 0.100 0 | 0.500 0 | 甲苯 | 60.0 |
| 149 | 丙溴磷 | profenofos | 0.025 0 | 0.125 0 | 甲苯 | 15.0 |
| 150 | 噻嗪酮 | buprofezin | 0.008 3 | 0.041 7 | 甲苯 | 5.0 |
| 151 | 己唑醇 | hexaconazole | 0.025 0 | 0.125 0 | 甲苯 | 15.0 |
| 152 | *o*,*p*′-滴滴滴 | 4,4′-DDD | 0.004 2 | 0.020 8 | 甲苯 | 2.5 |
| 153 | 杀螨酯 | chlorfenson | 0.008 3 | 0.041 7 | 甲苯 | 5.0 |
| 154 | 氟咯草酮 | fluorochloridone | 0.008 3 | 0.041 7 | 甲苯 | 5.0 |
| 155 | 异狄氏剂 | endrin | 0.050 0 | 0.250 0 | 甲苯 | 30.0 |
| 156 | 多效唑 | paclobutrazol | 0.012 5 | 0.062 5 | 甲苯 | 7.5 |
| 157 | *o*,*p*′-滴滴涕 | 2,4′-DDT | 0.033 2 | 0.041 7 | 甲苯 | 5.0 |
| 158 | 盖草津 | methoprotryne | 0.012 5 | 0.062 5 | 甲苯 | 7.5 |
| 159 | 抑草蓬[a] | erbon | 0.033 2 | 0.041 7 | 甲苯 | 5.0 |
| 160 | 丙酯杀螨醇 | chloropropylate | 0.004 2 | 0.020 8 | 甲苯 | 2.5 |

表 A.1(续)

| 序号 | 中文名称 | 英文名称 | 牛奶检出限/(mg/L) | 奶粉检出限/(mg/kg) | 溶剂 | 混合标准溶液浓度/(mg/L) |
|---|---|---|---|---|---|---|
| 161 | 麦草氟甲酯 | flamprop-methyl | 0.004 2 | 0.020 8 | 甲苯+丙酮(8+2) | 2.5 |
| 162 | 除草醚 | nitrofen | 0.025 0 | 0.125 0 | 甲苯 | 15.0 |
| 163 | 乙氧氟草醚 | oxyfluorfen | 0.016 7 | 0.083 3 | 甲苯 | 10.0 |
| 164 | 虫螨磷 | chlorthiophos | 0.012 5 | 0.062 5 | 甲苯 | 7.5 |
| 165 | 麦草氟异丙酯 | flamprop-isopropyl | 0.004 2 | 0.020 8 | 甲苯 | 2.5 |
| 166 | 硫丹-2 | endosulfan-ii | 0.025 0 | 0.125 0 | 甲苯 | 15.0 |
| 167 | 三硫磷 | carbofenothion | 0.008 3 | 0.041 7 | 甲苯 | 5.0 |
| 168 | *p*,*p*′-滴滴涕 | *p*,*p*′-DDT | 0.008 3 | 0.041 7 | 甲苯 | 5.0 |
| 169 | 苯霜灵 | benalaxyl | 0.004 2 | 0.020 8 | 甲苯 | 2.5 |
| 170 | 敌瘟磷 | edifenphos | 0.008 3 | 0.041 7 | 甲苯 | 5.0 |
| 171 | 三唑磷 | triazophos | 0.050 0 | 0.062 5 | 甲苯 | 7.5 |
| 172 | 苯腈磷 | cyanofenphos | 0.004 2 | 0.020 8 | 甲苯 | 2.5 |
| 173 | 氯杀螨砜 | chlorbenside sulfone | 0.008 3 | 0.041 7 | 甲苯 | 5.0 |
| 174 | 硫丹硫酸盐 | endosulfan-sulfate | 0.012 5 | 0.062 5 | 甲苯 | 7.5 |
| 175 | 溴螨酯 | bromopropylate | 0.008 3 | 0.041 7 | 甲苯 | 5.0 |
| 176 | 新燕灵 | benzoylprop-ethyl | 0.012 5 | 0.062 5 | 甲苯 | 7.5 |
| 177 | 甲氰菊酯 | fenpropathrin | 0.008 3 | 0.041 7 | 甲苯 | 5.0 |
| 178 | 溴苯磷 | leptophos | 0.008 3 | 0.041 7 | 甲苯 | 5.0 |
| 179 | 苯硫膦 | EPN | 0.016 7 | 0.083 3 | 甲苯 | 10.0 |
| 180 | 敌菌丹 | captafol | 0.0750 | 1.500 0 | 甲苯 | 45.0 |
| 181 | 环嗪酮 | hexazinone | 0.012 5 | 0.062 5 | 甲苯 | 7.5 |
| 182 | 治草醚 | bifenox | 0.008 3 | 0.041 7 | 甲苯 | 5.0 |
| 183 | 伏杀硫磷 | phosalone | 0.008 3 | 0.041 7 | 甲苯 | 5.0 |
| 184 | 氯苯嘧啶醇 | fenarimol | 0.008 3 | 0.041 7 | 甲苯 | 5.0 |
| 185 | 保棉磷 | azinphos-methyl | 0.025 0 | 0.125 0 | 甲苯 | 15.0 |
| 186 | 益棉磷 | azinphos-ethyl | 0.008 3 | 0.041 7 | 甲苯 | 5.0 |
| 187 | 蝇毒磷 | coumaphos | 0.025 0 | 0.500 0 | 甲苯 | 15.0 |
| 188 | 氟氯氰菊酯 | cyfluthrin | 0.050 0 | 0.250 0 | 甲苯 | 30.0 |
| 189 | 氟胺氰菊酯 | fluvalinate | 0.500 0 | 0.250 0 | 甲苯 | 30.0 |
| C组 | | | | | | |
| 190 | 敌敌畏 | dichlorvos | 0.025 0 | 0.125 0 | 甲苯 | 15.0 |
| 191 | 联苯 | biphenyl | 0.004 2 | 0.020 8 | 甲苯 | 2.5 |
| 192 | 灭草敌 | vernolate | 0.004 2 | 0.020 8 | 甲苯 | 2.5 |
| 193 | 3,5-二氯苯胺 | 3,5-dichloroaniline | 0.004 2 | 0.020 8 | 甲苯 | 2.5 |

**表 A.1(续)**

| 序号 | 中文名称 | 英文名称 | 牛奶检出限/(mg/L) | 奶粉检出限/(mg/kg) | 溶剂 | 混合标准溶液浓度/(mg/L) |
|---|---|---|---|---|---|---|
| 194 | 虫螨畏 | methacrifos | 0.004 2 | 0.020 8 | 甲苯 | 2.5 |
| 195 | 禾草敌 | molinate | 0.004 2 | 0.020 8 | 甲苯 | 2.5 |
| 196 | 邻苯基苯酚 | 2-phenylphenol | 0.004 2 | 0.020 8 | 甲苯 | 2.5 |
| 197 | 四氢邻苯二甲酰亚胺 | *cis*-1,2,3,6-tetrahydrophthalimide | 0.012 5 | 0.062 5 | 甲醇 | 7.5 |
| 198 | 仲丁威 | fenobucarb | 0.008 3 | 0.041 7 | 甲苯 | 5.0 |
| 199 | 乙丁氟灵 | benfluralin | 0.004 2 | 0.020 8 | 甲苯 | 2.5 |
| 200 | 氟铃脲 | hexaflumuron | 0.025 0 | 0.125 0 | 甲苯 | 15.0 |
| 201 | 扑灭通 | prometon | 0.012 5 | 0.062 5 | 甲苯 | 7.5 |
| 202 | 野麦畏 | triallate | 0.008 3 | 0.041 7 | 环己烷 | 5.0 |
| 203 | 嘧霉胺 | pyrimethanil | 0.004 2 | 0.020 8 | 甲苯 | 2.5 |
| 204 | 林丹 | *gamma*-HCH | 0.008 3 | 0.041 7 | 甲苯 | 5.0 |
| 205 | 乙拌磷 | disulfoton | 0.004 2 | 0.020 8 | 甲苯 | 2.5 |
| 206 | 莠去净 | atrizine | 0.004 2 | 0.020 8 | 甲苯 | 2.5 |
| 207 | 异稻瘟净 | iprobenfos | 0.012 5 | 0.062 5 | 甲苯 | 7.5 |
| 208 | 七氯 | heptachlor | 0.012 5 | 0.062 5 | 甲苯 | 7.5 |
| 209 | 氯唑磷 | isazofos | 0.008 3 | 0.041 7 | 甲苯 | 5.0 |
| 210 | 三氯杀虫酯 | plifenate | 0.008 3 | 0.041 7 | 甲苯 | 5.0 |
| 211 | 氯乙氟灵 | fluchloralin | 0.016 7 | 0.083 3 | 环己烷 | 10.0 |
| 212 | 四氟苯菊酯 | transfluthrin | 0.004 2 | 0.020 8 | 甲苯 | 2.5 |
| 213 | 丁苯吗啉 | fenpropimorph | 0.004 2 | 0.020 8 | 甲苯 | 2.5 |
| 214 | 甲基立枯磷 | tolclofos-methyl | 0.004 2 | 0.020 8 | 甲苯 | 2.5 |
| 215 | 异丙草胺 | propisochlor | 0.004 2 | 0.020 8 | 甲苯 | 2.5 |
| 216 | 莠灭净 | ametryn | 0.012 5 | 0.062 5 | 甲苯+丙酮(9+1) | 7.5 |
| 217 | 嗪草酮 | metribuzin | 0.012 5 | 0.062 5 | 甲苯 | 7.5 |
| 218 | 噻节因[c] | dimethipin | 0.050 0 | — | 甲苯 | 7.5 |
| 219 | 异丙净 | dipropetryn | 0.004 2 | 0.020 8 | 甲苯 | 2.5 |
| 220 | 安硫磷 | formothion | 0.008 3 | 0.041 7 | 甲醇 | 5.0 |
| 221 | 乙霉威 | diethofencarb | 0.025 0 | 0.125 0 | 甲苯 | 15.0 |
| 222 | 哌草丹 | dimepiperate | 0.008 3 | 0.041 7 | 甲苯 | 5.0 |
| 223 | 生物烯丙菊酯-1 | bioallethrin-1 | 0.016 7 | 0.083 3 | 甲苯 | 10.0 |
| 224 | 生物烯丙菊酯-2 | bioallethrin-2 | 0.016 7 | 0.083 3 | 甲苯 | 10.0 |
| 225 | 芬螨酯 | fenson | 0.004 2 | 0.020 8 | 甲苯 | 2.5 |
| 226 | *o*,*p*′-滴滴伊 | 2,4′-DDE | 0.004 2 | 0.020 8 | 甲苯 | 2.5 |

表 A.1（续）

| 序号 | 中文名称 | 英文名称 | 牛奶检出限/(mg/L) | 奶粉检出限/(mg/kg) | 溶剂 | 混合标准溶液浓度/(mg/L) |
|---|---|---|---|---|---|---|
| 227 | 双苯酰草胺 | diphenamid | 0.004 2 | 0.020 8 | 甲苯 | 2.5 |
| 228 | 戊菌唑 | penconazole | 0.012 5 | 0.062 5 | 甲苯 | 7.5 |
| 229 | 四氟醚唑 | tetraconazole | 0.012 5 | 0.062 5 | 甲苯 | 7.5 |
| 230 | 灭蚜磷 | mecarbam | 0.016 7 | 0.083 3 | 甲苯 | 10.0 |
| 231 | 丙虫磷 | propaphos | 0.008 3 | 0.041 7 | 甲苯 | 5.0 |
| 232 | 氟节胺 | flumetralin | 0.008 3 | 0.041 7 | 环己烷 | 5.0 |
| 233 | 三唑醇-1 | triadimenol-1 | 0.012 5 | 0.062 5 | 甲苯 | 7.5 |
| 234 | 三唑醇-2 | triadimenol-2 | 0.012 5 | 0.062 5 | 甲苯 | 7.5 |
| 235 | 亚胺菌 | kresoxim-methyl | 0.004 2 | 0.020 8 | 甲苯 | 2.5 |
| 236 | 吡氟禾草灵 | fluazifop-butyl | 0.004 2 | 0.020 8 | 环己烷 | 2.5 |
| 237 | 氟啶脲 | chlorfluazuron | 0.012 5 | 0.250 0 | 甲苯 | 7.5 |
| 238 | 乙酯杀螨醇 | chlorobenzilate | 0.004 2 | 0.020 8 | 甲苯 | 2.5 |
| 239 | 烯效唑 | uniconazole | 0.008 3 | 0.041 7 | 环己烷 | 5.0 |
| 240 | 氟哇唑 | flusilazole | 0.012 5 | 0.062 5 | 甲苯 | 7.5 |
| 241 | 三氟硝草醚 | fluorodifen | 0.004 2 | 0.020 8 | 甲苯 | 2.5 |
| 242 | 烯唑醇 | diniconazole | 0.012 5 | 0.062 5 | 甲苯 | 7.5 |
| 243 | 增效醚 | piperonyl butoxide | 0.004 2 | 0.020 8 | 甲苯 | 2.5 |
| 244 | 噁唑隆 | dimefuron | 0.066 8 | 0.333 2 | 甲苯 | 10.0 |
| 245 | 炔螨特 | propargite | 0.033 2 | 0.166 8 | 甲苯 | 5.0 |
| 246 | 灭锈胺 | mepronil | 0.004 2 | 0.020 8 | 甲苯 | 2.5 |
| 247 | 吡氟酰草胺 | diflufenican | 0.004 2 | 0.020 8 | 乙酸乙酯 | 2.5 |
| 248 | 咯菌腈 | fludioxonil | 0.004 2 | 0.020 8 | 甲苯 | 2.5 |
| 249 | 喹螨醚 | fenazaquin | 0.004 2 | 0.020 8 | 甲苯 | 2.5 |
| 250 | 苯醚菊酯 | phenothrin | 0.004 2 | 0.020 8 | 甲苯 | 2.5 |
| 251 | 苯氧威 | fenoxycarb | 0.025 0 | 0.125 0 | 甲苯 | 15.0 |
| 252 | 霜霉威 | propamocarb | 0.012 5 | 0.250 0 | 甲苯 | 7.5 |
| 253 | 莎稗磷 | anilofos | 0.008 3 | 0.041 7 | 甲苯 | 5.0 |
| 254 | 氟丙菊酯 | acrinathrin | 0.008 3 | 0.041 7 | 甲苯 | 5.0 |
| 255 | 高效氯氟氰菊酯 | *lambda*-cyhalothrin | 0.004 2 | 0.020 8 | 甲苯 | 2.5 |
| 256 | 苯噻酰草胺 | mefenacet | 0.050 0 | 0.062 5 | 甲苯 | 7.5 |
| 257 | 氯菊酯 | permethrin | 0.008 3 | 0.041 7 | 甲苯 | 5.0 |
| 258 | 哒螨灵 | pyridaben | 0.004 2 | 0.020 8 | 甲苯 | 2.5 |
| 259 | 乙羧氟草醚 | fluoroglycofen-ethyl | 0.050 0 | 0.250 0 | 甲苯 | 30.0 |
| 260 | 联苯三唑醇 | bitertanol | 0.012 5 | 0.062 5 | 甲苯 | 7.5 |

**表 A.1（续）**

| 序号 | 中文名称 | 英文名称 | 牛奶检出限/(mg/L) | 奶粉检出限/(mg/kg) | 溶剂 | 混合标准溶液浓度/(mg/L) |
|---|---|---|---|---|---|---|
| 261 | 醚菊酯 | etofenprox | 0.004 2 | 0.020 8 | 甲苯 | 2.5 |
| 262 | 噻草酮 | cycloxydim | 0.400 0 | 2.000 0 | 甲苯 | 240.0 |
| 263 | 顺式-氯氰菊酯 | *alpha*-cypermethrin | 0.008 3 | 0.041 7 | 甲苯 | 5.0 |
| 264 | 氟氰戊菊酯-1 | flucythrinate-1 | 0.008 3 | 0.041 7 | 甲苯+丙酮(8+2) | 5.0 |
| 265 | 氟氰戊菊酯-2 | flucythrinate-2 | 0.008 3 | 0.041 7 | 甲苯 | 5.0 |
| 266 | *S*-氰戊菊酯 | esfenvalerate | 0.016 7 | 0.083 3 | 甲苯 | 10.0 |
| 267 | 苯醚甲环唑-1 | difenconazole-1 | 0.025 0 | 0.125 0 | 甲苯+丙酮(8+2) | 15.0 |
| 268 | 苯醚甲环唑-2 | difenconazole-2 | 0.025 0 | 0.125 0 | 甲苯 | 15.0 |
| 269 | 丙炔氟草胺 | flumioxazin | 0.008 3 | 0.041 7 | 甲苯 | 5.0 |
| 270 | 氟烯草酸 | flumiclorac-pentyl | 0.008 3 | 0.041 7 | 甲苯 | 5.0 |
| | | | D组 | | | |
| 271 | 甲氟磷 | dimefox | 0.012 5 | 0.062 5 | 甲苯 | 7.5 |
| 272 | 乙拌磷亚砜 | disulfoton-sulfoxide | 0.008 3 | 0.041 7 | 甲苯 | 5.0 |
| 273 | 五氯苯[a] | pentachlorobenzene | 0.004 2 | 0.083 2 | 甲苯 | 2.5 |
| 274 | 鼠立死 | crimidine | 0.004 2 | 0.020 8 | 甲苯 | 2.5 |
| 275 | 4-溴-3,5-二甲苯基-*N*-甲基氨基甲酸酯-1 | BDMC-1 | 0.008 3 | 0.041 7 | 甲苯+丙酮(8+2) | 5.0 |
| 276 | 燕麦酯 | chlorfenprop-methyl | 0.004 2 | 0.020 8 | 甲苯 | 2.5 |
| 277 | 虫线磷 | thionazin | 0.004 2 | 0.020 8 | 甲苯 | 2.5 |
| 278 | 2,3,5,6-四氯苯胺 | 2,3,5,6-tetrachloro-aniline | 0.004 2 | 0.020 8 | 甲苯 | 2.5 |
| 279 | 三正丁基磷酸盐 | tri-*n*-butyl phosphate | 0.008 3 | 0.041 7 | 甲苯 | 5.0 |
| 280 | 2,3,4,5-四氯甲氧基苯 | 2,3,4,5-tetrachloro-anisole | 0.004 2 | 0.020 8 | 甲苯+丙酮(8+2) | 2.5 |
| 281 | 五氯甲氧基苯 | pentachloroanisole | 0.004 2 | 0.020 8 | 甲苯 | 2.5 |
| 282 | 牧草胺 | tebutam | 0.008 3 | 0.041 7 | 甲苯 | 5.0 |
| 283 | 甲基苯噻隆 | methabenzthiazuron | 0.041 7 | 0.208 3 | 甲苯 | 25.0 |
| 284 | 西玛通 | simetone | 0.008 3 | 0.041 7 | 甲苯 | 5.0 |
| 285 | 阿特拉通 | atratone | 0.004 2 | 0.020 8 | 甲苯 | 2.5 |
| 286 | 溴烯杀 | bromocylen | 0.004 2 | 0.020 8 | 甲苯 | 2.5 |
| 287 | 七氟菊酯 | tefluthrin | 0.004 2 | 0.020 8 | 甲苯 | 2.5 |
| 288 | 草达津 | trietazine | 0.004 2 | 0.020 8 | 甲苯 | 2.5 |
| 289 | 2,6-二氯苯甲酰胺 | 2,6-dichlorobenzamide | 0.008 3 | 0.041 7 | 甲苯 | 5.0 |

表 A.1（续）

| 序号 | 中文名称 | 英文名称 | 牛奶检出限/(mg/L) | 奶粉检出限/(mg/kg) | 溶剂 | 混合标准溶液浓度/(mg/L) |
|---|---|---|---|---|---|---|
| 290 | 环莠隆 | cycluron | 0.012 5 | 0.062 5 | 甲苯 | 7.5 |
| 291 | 2,4,4′-三氯联苯 | DE-PCB 28 | 0.004 2 | 0.020 8 | 甲苯 | 2.5 |
| 292 | 2,4,5-三氯联苯 | DE-PCB 31 | 0.004 2 | 0.020 8 | 甲苯 | 2.5 |
| 293 | 脱乙基另丁津 | desethyl-sebuthylazine | 0.008 3 | 0.041 7 | 甲苯 | 5.0 |
| 294 | 2,3,4,5-四氯苯胺 | 2,3,4,5-tetrachloro-aniline | 0.008 3 | 0.041 7 | 甲苯 | 5.0 |
| 295 | 合成麝香 | musk ambrette | 0.004 2 | 0.020 8 | 甲苯 | 2.5 |
| 296 | 二甲苯麝香 | musk xylene | 0.004 2 | 0.020 8 | 甲苯 | 2.5 |
| 297 | 五氯苯胺 | pentachloroaniline | 0.004 2 | 0.020 8 | 甲苯 | 2.5 |
| 298 | 叠氮津 | aziprotryne | 0.033 3 | 0.166 7 | 甲苯 | 20.0 |
| 299 | 丁咪酰胺 | isocarbamid | 0.020 8 | 0.104 2 | 甲苯 | 12.5 |
| 300 | 另丁津 | sebutylazine | 0.004 2 | 0.020 8 | 甲苯 | 2.5 |
| 301 | 麝香 | musk moskene | 0.004 2 | 0.020 8 | 甲苯 | 2.5 |
| 302 | 2,2′,5,5′-四氯联苯 | DE-PCB 52 | 0.004 2 | 0.020 8 | 甲苯+丙酮(8+2) | 2.5 |
| 303 | 苄草丹 | prosulfocarb | 0.004 2 | 0.020 8 | 甲苯 | 2.5 |
| 304 | 二甲吩草胺 | dimethenamid | 0.004 2 | 0.020 8 | 甲醇 | 2.5 |
| 305 | 4-溴-3,5-二甲苯基-*N*-甲基氨基甲酸酯-2 | BDMC-2 | 0.008 3 | 0.041 7 | 甲苯 | 5.0 |
| 306 | 庚酰草胺 | monalide | 0.008 3 | 0.041 7 | 甲苯 | 5.0 |
| 307 | 八氯苯乙烯 | octachlorostyrene | 0.004 2 | 0.020 8 | 甲苯 | 2.5 |
| 308 | 异艾氏剂 | isodrin | 0.004 2 | 0.020 8 | 甲苯 | 2.5 |
| 309 | 丁嗪草酮 | isomethiozin | 0.008 3 | 0.041 7 | 甲苯 | 5.0 |
| 310 | 毒壤磷 | trichloronat | 0.004 2 | 0.020 8 | 甲苯 | 2.5 |
| 311 | 敌草索 | dacthal | 0.004 2 | 0.020 8 | 甲苯 | 2.5 |
| 312 | 4,4′-二氯二苯甲酮 | 4,4′-dichlorobenzo-phenone | 0.004 2 | 0.020 8 | 甲苯 | 2.5 |
| 313 | 酞菌酯 | nitrothal-isopropyl | 0.008 3 | 0.041 7 | 甲苯 | 5.0 |
| 314 | 麝香酮 | musk ketone | 0.004 2 | 0.020 8 | 甲苯 | 2.5 |
| 315 | 吡咪唑 | rabenzazole | 0.004 2 | 0.020 8 | 甲苯 | 2.5 |
| 316 | 嘧菌环胺 | cyprodinil | 0.004 2 | 0.020 8 | 甲苯 | 2.5 |
| 317 | 麦穗灵[d] | fuberidazole | — | 0.416 8 | 甲苯 | 12.5 |
| 318 | 异氯磷 | dicapthon | 0.020 8 | 0.104 2 | 甲苯 | 12.5 |

**表 A.1（续）**

| 序号 | 中文名称 | 英文名称 | 牛奶检出限/(mg/L) | 奶粉检出限/(mg/kg) | 溶剂 | 混合标准溶液浓度/(mg/L) |
|---|---|---|---|---|---|---|
| 319 | 呋菌胺[ac] | methfuroxam | 0.016 8 | — | 甲苯 | 2.5 |
| 320 | 2-甲-4-氯丁氧乙基酯 | mcpa-butoxyethyl ester | 0.004 2 | 0.020 8 | 甲苯+丙酮(8+2) | 2.5 |
| 321 | 2,2′,4,5,5′-五氯联苯 | DE-PCB 101 | 0.004 2 | 0.020 8 | 甲苯 | 2.5 |
| 322 | 水胺硫磷 | isocarbophos | 0.008 3 | 0.041 7 | 甲苯 | 5.0 |
| 323 | 甲拌磷砜 | phorate sulfone | 0.004 2 | 0.020 8 | 甲苯 | 2.5 |
| 324 | 杀螨醇 | chlorfenethol | 0.004 2 | 0.020 8 | 甲苯 | 2.5 |
| 325 | 反式九氯 | *trans*-nonachlor | 0.004 2 | 0.020 8 | 甲苯 | 2.5 |
| 326 | 消螨通[ac] | dinobuton | 0.166 8 | — | 甲苯 | 25.0 |
| 327 | 脱叶磷 | DEF | 0.008 3 | 0.041 7 | 甲苯 | 5.0 |
| 328 | 溴苯烯磷 | bromfenvinfos | 0.004 2 | 0.020 8 | 甲苯 | 2.5 |
| 329 | 乙滴涕 | perthane | 0.004 2 | 0.020 8 | 甲苯 | 2.5 |
| 330 | 灭菌磷 | ditalimfos | 0.004 2 | 0.020 8 | 甲苯+丙酮(8+2) | 2.5 |
| 331 | 2,3,4,4′,5-五氯联苯[a] | DE-PCB 118 | 0.004 2 | 0.083 2 | 甲苯 | 2.5 |
| 332 | 地胺磷 | mephosfolan | 0.008 3 | 0.041 7 | 甲苯+丙酮(9+1) | 5.0 |
| 333 | 4,4′-二溴二苯甲酮 | 4,4′-dibromobenzophenone | 0.004 2 | 0.020 8 | 甲苯 | 2.5 |
| 334 | 粉唑醇 | flutriafol | 0.008 3 | 0.041 7 | 甲苯 | 5.0 |
| 335 | 2,2′,4,4′,5,5′-六氯联苯 | DE-PCB 153 | 0.004 2 | 0.020 8 | 甲苯 | 2.5 |
| 336 | 苄氯三唑醇 | diclobutrazole | 0.016 7 | 0.083 3 | 甲苯 | 10.0 |
| 337 | 乙拌磷砜 | disulfoton sulfone | 0.008 3 | 0.041 7 | 甲苯 | 5.0 |
| 338 | 噻螨酮 | hexythiazox | 0.033 3 | 0.166 7 | 甲苯+丙酮(9+1) | 20.0 |
| 339 | 2,2′,3,4,4′,5-六氯联苯[ab] | DE-PCB 138 | 0.004 2 | 0.020 8 | 甲苯 | 2.5 |
| 340 | 环丙唑 | cyproconazole | 0.004 2 | 0.020 8 | 甲苯 | 2.5 |
| 341 | 苄呋菊酯-1 | resmethrin-1 | 0.266 8 | 1.333 2 | 甲苯+丙酮(8+2) | 40.0 |
| 342 | 苄呋菊酯-2 | resmethrin-2 | 0.066 7 | 0.333 3 | 甲苯 | 40.0 |
| 343 | 酞酸甲苯基丁酯 | phthalic acid, benzyl butyl ester | 0.004 2 | 0.020 8 | 甲苯 | 2.5 |
| 344 | 炔草酸 | clodinafop-propargyl | 0.008 3 | 0.041 7 | 甲苯 | 5.0 |
| 345 | 倍硫磷亚砜 | fenthion sulfoxide | 0.016 7 | 0.083 3 | 甲苯+丙酮(8+2) | 10.0 |

表 A.1（续）

| 序号 | 中文名称 | 英文名称 | 牛奶检出限/(mg/L) | 奶粉检出限/(mg/kg) | 溶剂 | 混合标准溶液浓度/(mg/L) |
|---|---|---|---|---|---|---|
| 346 | 三氟苯唑 | fluotrimazole | 0.004 2 | 0.020 8 | 甲醇 | 2.5 |
| 347 | 氟草烟-1-甲庚酯 | fluroxypr-1-methyl-heptyl ester | 0.004 2 | 0.020 8 | 甲苯+丙酮(8+2) | 2.5 |
| 348 | 倍硫磷砜 | fenthion sulfone | 0.016 7 | 0.083 3 | 甲苯 | 10.0 |
| 349 | 三苯基磷酸盐 | triphenyl phosphate | 0.004 2 | 0.020 8 | 甲苯 | 2.5 |
| 350 | 2,2′,3,4,4′,5,5′-七氯联苯[a] | DE-PCB 180 | 0.004 2 | 0.083 2 | 甲苯 | 2.5 |
| 351 | 吡螨胺 | tebufenpyrad | 0.004 2 | 0.020 8 | 甲苯 | 2.5 |
| 352 | 解草酯 | cloquintocet-mexyl | 0.004 2 | 0.020 8 | 甲苯 | 2.5 |
| 353 | 环草定 | lenacil | 0.041 7 | 0.208 3 | 甲苯 | 25.0 |
| 354 | 糠菌唑-1 | bromuconazole-1 | 0.008 3 | 0.041 7 | 甲苯 | 5.0 |
| 355 | 糠菌唑-2 | bromuconazole-2 | 0.008 3 | 0.041 7 | 甲苯 | 5.0 |
| 356 | 甲磺乐灵 | nitralin | 0.041 7 | 0.208 3 | 甲苯 | 25.0 |
| 357 | 苯线磷亚砜 | fenamiphos sulfoxide | 0.133 3 | 0.666 7 | 甲苯 | 80.0 |
| 358 | 苯线磷砜 | fenamiphos sulfone | 0.016 7 | 0.083 3 | 甲苯+丙酮(8+2) | 10.0 |
| 359 | 拌种咯 | fenpiclonil | 0.016 7 | 0.083 3 | 甲苯 | 10.0 |
| 360 | 氟喹唑 | fluquinconazole | 0.004 2 | 0.020 8 | 甲苯 | 2.5 |
| 361 | 腈苯唑 | fenbuconazole | 0.008 3 | 0.041 7 | 甲苯+丙酮(8+2) | 5.0 |
| E组 | | | | | | |
| 362 | 残杀威-1 | propoxur-1 | 0.008 3 | 0.041 7 | 甲苯 | 5.0 |
| 363 | 灭除威 | XMC | 0.033 2 | 0.041 7 | 甲苯 | 5.0 |
| 364 | 异丙威-1 | isoprocarb-1 | 0.008 3 | 0.041 7 | 甲苯 | 5.0 |
| 365 | 二氢苊[b] | acenaphthene | 0.004 2 | 0.020 8 | 环已烷 | 2.5 |
| 366 | 驱虫特 | dibutyl succinate | 0.008 3 | 0.041 7 | 甲苯 | 5.0 |
| 367 | 氯氧磷 | chlorethoxyfos | 0.008 3 | 0.166 8 | 甲苯 | 5.0 |
| 368 | 异丙威-2 | isoprocarb-2 | 0.008 3 | 0.041 7 | 环已烷 | 5.0 |
| 369 | 丁噻隆 | tebuthiuron | 0.016 7 | 0.083 3 | 甲苯 | 10.0 |
| 370 | 戊菌隆 | pencycuron | 0.016 7 | 0.083 3 | 甲苯 | 10.0 |
| 371 | 甲基内吸磷 | demeton-*s*-methyl | 0.016 7 | 0.083 3 | 甲苯 | 10.0 |
| 372 | 残杀威-2 | propoxur-2 | 0.008 3 | 0.041 7 | 环已烷 | 5.0 |
| 373 | 菲 | phenanthrene | 0.004 2 | 0.020 8 | 甲苯 | 2.5 |
| 374 | 螺菌环胺-1 | spiroxamine-1 | 0.008 3 | 0.041 7 | 甲苯 | 5.0 |
| 375 | 唑螨酯 | fenpyroximate | 0.033 3 | 0.166 7 | 甲苯 | 20.0 |
| 376 | 丁基嘧啶磷 | tebupirimfos | 0.008 3 | 0.166 8 | 甲苯 | 5.0 |

表 A.1（续）

| 序号 | 中文名称 | 英文名称 | 牛奶检出限/(mg/L) | 奶粉检出限/(mg/kg) | 溶剂 | 混合标准溶液浓度/(mg/L) |
|---|---|---|---|---|---|---|
| 377 | 茉莉酮 | prohydrojasmon | 0.016 7 | 0.083 3 | 甲苯 | 10.0 |
| 378 | 苯锈啶[c] | fenpropidin | 0.008 3 | — | 甲苯 | 5.0 |
| 379 | 咯喹酮 | pyroquilon | 0.004 2 | 0.020 8 | 甲苯 | 2.5 |
| 380 | 草消酚[bd] | dinoterb | — | 0.333 2 | 甲苯 | 10.0 |
| 381 | 炔苯酰草胺 | propyzamide | 0.008 3 | 0.041 7 | 甲苯 | 5.0 |
| 382 | 解草嗪 | benoxacor | 0.008 3 | 0.041 7 | 环己烷 | 5.0 |
| 383 | 磷胺-1 | phosphamidon-1 | 0.133 2 | 0.166 7 | 甲苯 | 20.0 |
| 384 | 乙草胺 | acetochlor | 0.008 3 | 0.041 7 | 甲苯 | 5.0 |
| 385 | 灭草环 | tridiphane | 0.016 7 | 0.083 3 | 甲苯 | 10.0 |
| 386 | 活化酯 | acibenzolar-*s*-methyl | 0.008 3 | 0.041 7 | 甲苯 | 5.0 |
| 387 | 特草灵-1[ab] | terbucarb-1 | 0.008 3 | 0.041 7 | 甲苯 | 5.0 |
| 388 | 特草灵-2 | terbucarb-2 | 0.008 3 | 0.041 7 | 甲苯 | 5.0 |
| 389 | 甲呋酰胺 | fenfuram | 0.008 3 | 0.041 7 | 甲苯 | 5.0 |
| 390 | 呋草黄 | benfuresate | 0.008 3 | 0.041 7 | 甲苯 | 5.0 |
| 391 | 精甲霜灵 | mefenoxam | 0.008 3 | 0.041 7 | 甲苯 | 5.0 |
| 392 | 马拉氧磷 | malaoxon | 0.066 7 | 0.333 3 | 甲苯 | 40.0 |
| 393 | 磷胺-2 | phosphamidon-2 | 0.033 3 | 0.666 8 | 甲苯 | 20.0 |
| 394 | 氯酞酸甲酯 | chlorthal-dimethyl | 0.008 3 | 0.041 7 | 甲苯 | 5.0 |
| 395 | 硅氟唑 | simeconazole | 0.008 3 | 0.041 7 | 甲苯 | 5.0 |
| 396 | 特草净 | terbacil | 0.008 3 | 0.041 7 | 甲苯 | 5.0 |
| 397 | 噻唑烟酸 | thiazopyr | 0.008 3 | 0.041 7 | 甲苯 | 5.0 |
| 398 | 甲基毒虫畏 | dimethylvinphos | 0.008 3 | 0.041 7 | 甲苯 | 5.0 |
| 399 | 苯酰草胺 | zoxamide | 0.008 3 | 0.041 7 | 甲苯 | 5.0 |
| 400 | 烯丙菊酯 | allethrin | 0.016 7 | 0.083 3 | 甲苯 | 10.0 |
| 401 | 灭藻醌 | quinoclamine | 0.016 7 | 0.083 3 | 甲苯 | 10.0 |
| 402 | 甲醚菊酯-1 | methothrin-1 | 0.008 3 | 0.041 7 | 甲苯 | 5.0 |
| 403 | 甲醚菊酯-2 | methothrin-2 | 0.008 3 | 0.041 7 | 乙腈 | 5.0 |
| 404 | 稻丰散 | phenthoate | 0.008 3 | 0.041 7 | 甲苯 | 5.0 |
| 405 | 氰菌胺 | fenoxanil | 0.008 3 | 0.041 7 | 甲苯 | 5.0 |
| 406 | 呋霜灵 | furalaxyl | 0.008 3 | 0.041 7 | 甲苯 | 5.0 |
| 407 | 噻虫嗪[a] | thiamethoxam | 0.066 8 | 0.083 3 | 乙腈 | 10.0 |
| 408 | 除草定 | bromacil | 0.008 3 | 0.041 7 | 甲苯 | 5.0 |
| 409 | 啶氧菌酯 | picoxystrobin | 0.008 3 | 0.041 7 | 甲苯 | 5.0 |
| 410 | 抑草磷 | butamifos | 0.004 2 | 0.020 8 | 甲苯 | 2.5 |

表 A.1（续）

| 序号 | 中文名称 | 英文名称 | 牛奶检出限/(mg/L) | 奶粉检出限/(mg/kg) | 溶剂 | 混合标准溶液浓度/(mg/L) |
|---|---|---|---|---|---|---|
| 411 | 咪草酸[c] | imazamethabenz-methyl | 0.050 0 | — | 甲苯 | 7.5 |
| 412 | 灭梭威砜 | methiocarb sulfone | 0.133 3 | 0.666 7 | 甲苯 | 80.0 |
| 413 | 苯噻硫氰[b] | tcmtb | 0.066 7 | 0.333 3 | 甲苯 | 40.0 |
| 414 | 苯氧菌胺 | metominostrobin(e) | 0.016 7 | 0.083 3 | 甲苯 | 10.0 |
| 415 | 抑霉唑[ab] | imazalil | 0.066 8 | 0.083 3 | 甲苯+丙酮(8+2) | 10.0 |
| 416 | 稻瘟灵 | isoprothiolane | 0.008 3 | 0.041 7 | 甲苯 | 5.0 |
| 417 | 环氟菌胺 | cyflufenamid | 0.066 7 | 0.333 3 | 甲苯 | 40.0 |
| 418 | 嘧草醚[c] | pyriminobac-methyl | 0.016 7 | — | 甲苯 | 10.0 |
| 419 | 苯氧喹啉 | quinoxyphen | 0.004 2 | 0.083 2 | 甲苯 | 2.5 |
| 420 | 肟菌酯 | trifloxystrobin | 0.016 7 | 0.083 3 | 甲苯+丙酮(8+2) | 10.0 |
| 421 | 脱苯甲基亚胺唑 | imibenconazole-des-benzyl | 0.066 8 | 0.333 2 | 甲苯 | 10.0 |
| 422 | 吡草醚 | pyraflufen ethyl | 0.008 3 | 0.041 7 | 甲苯 | 5.0 |
| 423 | 炔咪菊酯-1 | imiprothrin-1 | 0.008 3 | 0.041 7 | 甲苯 | 5.0 |
| 424 | 氟环唑-1 | epoxiconazole-1 | 0.033 3 | 0.166 7 | 甲苯 | 20.0 |
| 425 | 炔咪菊酯-2 | imiprothrin-2 | 0.008 3 | 0.041 7 | 甲苯 | 5.0 |
| 426 | 稗草丹 | pyributicarb | 0.008 3 | 0.041 7 | 乙腈 | 5.0 |
| 427 | 噻吩草胺 | thenylchlor | 0.008 3 | 0.041 7 | 甲苯 | 5.0 |
| 428 | 烯草酮 | clethodim | 0.016 7 | 0.083 3 | 环己烷 | 10.0 |
| 429 | 苯并菲(屈) | chrysene | 0.004 2 | 0.020 8 | 乙腈 | 2.5 |
| 430 | 吡唑解草酯 | mefenpyr-diethyl | 0.012 5 | 0.062 5 | 甲苯 | 7.5 |
| 431 | 乙螨唑 | etoxazole | 0.025 0 | 0.125 0 | 甲苯 | 15.0 |
| 432 | 氟环唑-2 | epoxiconazole-2 | 0.033 3 | 0.166 7 | 环己烷 | 20.0 |
| 433 | 吡丙醚 | pyriproxyfen | 0.008 3 | 0.041 7 | 甲苯 | 5.0 |
| 434 | 环虫酰肼 | chromafenozide | 0.033 3 | 0.166 7 | 甲苯 | 20.0 |
| 435 | 哌草磷 | piperophos | 0.012 5 | 0.062 5 | 环己烷 | 7.5 |
| 436 | 咪唑菌酮 | fenamidone | 0.004 2 | 0.020 8 | 甲苯 | 2.5 |
| 437 | 顺式-氯菊酯 | *cis*-permethrin | 0.016 8 | 0.020 8 | 甲苯 | 2.5 |
| 438 | 吡唑醚菊酯 | pyraclostrobin | 0.400 0 | 2.000 0 | 甲苯 | 60.0 |
| 439 | 三甲苯草酮 | tralkoxydim | 0.033 3 | 0.166 7 | 甲苯 | 20.0 |
| 440 | 吡唑硫磷 | pyraclofos | 0.033 3 | 0.166 7 | 甲苯 | 20.0 |
| 441 | 氯亚胺硫磷 | dialifos | 0.133 3 | 0.666 7 | 甲苯 | 80.0 |
| 442 | 螺螨酯 | spirodiclofen | 0.033 3 | 0.166 7 | 甲苯 | 20.0 |
| 443 | 呋草酮 | flurtamone | 0.033 2 | 0.041 7 | 甲苯 | 5.0 |

**表 A.1（续）**

| 序号 | 中文名称 | 英文名称 | 牛奶检出限/(mg/L) | 奶粉检出限/(mg/kg) | 溶剂 | 混合标准溶液浓度/(mg/L) |
|---|---|---|---|---|---|---|
| 444 | 嘧螨醚 | pyrimidifen | 0.008 3 | 0.041 7 | 甲苯 | 5.0 |
| 445 | 氟硅菊酯 | silafluofen | 0.016 8 | 0.083 2 | 甲苯 | 2.5 |
| 446 | 氟丙嘧草酯 | butafenacil | 0.004 2 | 0.020 8 | 乙腈 | 2.5 |
| F 组 | | | | | | |
| 447 | 苯磺隆 | tribenuron-methyl | 0.004 2 | 0.020 8 | 甲苯 | 2.5 |
| 448 | 乙硫苯威 | ethiofencarb | 0.041 7 | 0.208 3 | 甲苯 | 25.0 |
| 449 | 二氧威[ab] | dioxacarb | 0.033 3 | 0.166 7 | 甲苯 | 20.0 |
| 450 | 避蚊酯 | dimethyl phthalate | 0.016 7 | 0.083 3 | 甲苯 | 10.0 |
| 451 | 4-氯苯氧乙酸 | 4-chlorophenoxy acetic acid | 0.008 4 | 0.010 4 | 甲苯 | 1.3 |
| 452 | 邻苯二甲酰亚胺 | phthalimide | 0.008 3 | 0.041 7 | 甲苯 | 5.0 |
| 453 | 乙酰甲胺磷 | acephate | 0.083 3 | 0.416 7 | 甲苯 | 50.0 |
| 454 | 避蚊胺 | diethyltoluamide | 0.003 3 | 0.016 7 | 甲苯 | 2.0 |
| 455 | 2,4-滴 | 2,4-D | 0.083 3 | 0.416 7 | 甲苯 | 50.0 |
| 456 | 甲萘威 | carbaryl | 0.012 5 | 0.062 5 | 甲苯 | 7.5 |
| 457 | 硫线磷 | cadusafos | 0.016 7 | 0.083 3 | 甲苯 | 10.0 |
| 458 | 草藻灭[d] | endothal | — | 0.416 7 | 甲苯 | 50.0 |
| 459 | 内吸磷 | demetom-*s* | 0.016 7 | 0.083 3 | 甲苯 | 10.0 |
| 460 | 百治磷[c] | dicrotophos | 0.033 3 | — | 甲苯 | 20.0 |
| 461 | 混杀威 | 3,4,5-trimethacarb | 0.033 3 | 0.166 7 | 甲苯 | 20.0 |
| 462 | 2,4,5-涕[a] | 2,4,5-T | 0.083 3 | 1.666 8 | 甲苯 | 50.0 |
| 463 | 3-苯基苯酚 | 3-phenylphenol | 0.025 0 | 0.125 0 | 甲苯 | 15.0 |
| 464 | 茂谷乐[ab] | furmecyclox | 0.050 0 | 0.062 5 | 环己烷 | 7.5 |
| 465 | 丁酰肼[d] | DMSA | — | 0.166 7 | 甲苯 | 20.0 |
| 466 | — | sobutylazine | 0.008 3 | 0.041 7 | 甲苯 | 5.0 |
| 467 | 环庚草醚[c] | cinmethylin | 0.008 3 | — | 甲苯 | 5.0 |
| 468 | 抗蚜威[c] | pirimicarb | 0.008 3 | — | 甲苯 | 5.0 |
| 469 | 八氯二甲醚-1 | s421 (octachlorodipropyl ether)-1 | 0.083 3 | 0.416 7 | 甲苯 | 50.0 |
| 470 | 八氯二甲醚-2 | s421 (octachlorodipropyl ether)-2 | 0.083 3 | 0.416 7 | 甲苯 | 50.0 |
| 471 | 十二环吗啉[ac] | dodemorph | 0.012 5 | — | 甲苯 | 7.5 |
| 472 | 甜菜安 | desmedipham | 0.083 3 | 0.416 7 | 甲苯 | 50.0 |
| 473 | 氧皮蝇磷 | fenchlorphos | 0.016 7 | 0.083 3 | 甲苯 | 10.0 |

**表 A.1（续）**

| 序号 | 中文名称 | 英文名称 | 牛奶检出限/(mg/L) | 奶粉检出限/(mg/kg) | 溶剂 | 混合标准溶液浓度/(mg/L) |
|---|---|---|---|---|---|---|
| 474 | 戊草丹 | esprocarb | 0.008 3 | 0.041 7 | 甲苯 | 5.0 |
| 475 | 枯莠隆 | difenoxuron | 0.033 3 | 0.166 7 | 甲苯 | 20.0 |
| 476 | 仲丁灵 | butralin | 0.016 7 | 0.083 3 | 甲苯 | 10.0 |
| 477 | 异戊乙净 | dimethametryn | 0.004 2 | 0.020 8 | 甲苯 | 2.5 |
| 478 | 氟噻草胺 | flufenacet | 0.033 3 | 0.666 8 | 甲苯 | 20.0 |
| 479 | 啶斑肟-1[a,c] | pyrifenox-1 | 0.033 3 | — | 甲苯 | 20.0 |
| 480 | 地散磷 | bensulide | 0.033 3 | 0.166 7 | 甲苯 | 20.0 |
| 481 | 噻菌灵[a] | thiabendazole | 0.083 3 | 1.666 8 | 甲苯 | 50.0 |
| 482 | 缬霉威-1 | iprovalicarb-1 | 0.016 7 | 0.083 3 | 甲苯 | 10.0 |
| 483 | 戊环唑 | azaconazole | 0.016 7 | 0.083 3 | 甲苯 | 10.0 |
| 484 | 缬霉威-2 | iprovalicarb-2 | 0.016 7 | 0.083 3 | 甲苯 | 10.0 |
| 485 | 苯虫醚-1 | diofenolan-1 | 0.008 3 | 0.041 7 | 甲苯 | 5.0 |
| 486 | 苯虫醚-2 | diofenolan-2 | 0.008 3 | 0.041 7 | 甲苯 | 5.0 |
| 487 | 苯甲醚 | aclonifen | 0.083 3 | 0.416 7 | 甲苯 | 50.0 |
| 488 | 生物苄呋菊酯 | bioresmethrin | 0.033 2 | 0.041 7 | 甲苯 | 5.0 |
| 489 | 唑酮草酯 | carfentrazone-ethyl | 0.008 3 | 0.041 7 | 甲苯 | 5.0 |
| 490 | 异狄氏剂醛 | endrin aldehyde | 0.333 2 | 0.416 7 | 甲苯 | 50.0 |
| 491 | 氯吡嘧磺隆[a] | halosulfuran-methyl | 0.333 2 | 0.416 7 | 甲苯 | 50.0 |
| 492 | 三环唑[b] | tricyclazole | 0.025 0 | 0.125 0 | 甲苯 | 15.0 |
| 493 | 环酰菌胺 | fenhexamid | 0.083 3 | 0.416 7 | 甲苯 | 50.0 |
| 494 | 螺甲螨酯 | spiromesifen | 0.041 7 | 0.208 3 | 甲苯 | 25.0 |
| 495 | 家蝇磷 | phenkapton | 0.025 0 | 0.125 0 | 甲苯 | 15.0 |
| 496 | 伐灭磷 | famphur | 0.016 7 | 0.333 2 | 甲苯 | 10.0 |
| 497 | 氟啶胺 | fluazinam | 0.133 2 | 0.666 8 | 甲苯 | 20.0 |
| 498 | 联苯肼酯 | bifenazate | 0.133 2 | 0.166 7 | 甲苯 | 20.0 |
| 499 | 异狄氏剂酮 | endrin ketone | 0.066 7 | 0.333 3 | 甲苯 | 40.0 |
| 500 | 精高效氨氟氰菊酯-1 | *gamma*-cyhalothrin-1 | 0.003 3 | 0.066 8 | 甲苯 | 2.0 |
| 501 | 氰氟草酯 | cyhalofop-butyl | 0.008 3 | 0.041 7 | 甲苯 | 5.0 |
| 502 | 精高效氨氟氰菊酯-2 | *gamma*-cyhalothrin-2 | 0.003 3 | 0.016 7 | 甲苯 | 2.0 |
| 503 | 畜蜱磷 | cythioate | 0.083 3 | 0.416 7 | 甲苯 | 50.0 |
| 504 | 苄螨醚 | halfenprox | 0.008 3 | 0.041 7 | 甲苯 | 5.0 |
| 505 | 环酯草醚 | pyriftalid | 0.004 2 | 0.020 8 | 环己烷 | 2.5 |

**表 A.1(续)**

| 序号 | 中文名称 | 英文名称 | 牛奶检出限/(mg/L) | 奶粉检出限/(mg/kg) | 溶剂 | 混合标准溶液浓度/(mg/L) |
|---|---|---|---|---|---|---|
| 506 | 啶虫脒 | acetamiprid | 0.016 7 | 0.083 3 | 甲苯 | 10.0 |
| 507 | 烟酰碱 | boscalid | 0.016 7 | 0.083 3 | 甲苯 | 10.0 |
| 508 | 四溴菊酯-1 | tralomethrin-1 | 0.004 2 | 0.020 8 | 甲苯 | 2.5 |
| 509 | 四溴菊酯-2 | tralomethrin-2 | 0.004 2 | 0.083 2 | 甲苯 | 2.5 |
| 510 | 烯酰吗啉 | dimethomorph | 0.008 3 | 0.041 7 | 甲苯 | 5.0 |
| 511 | 嘧菌酯[d] | azoxystrobin | — | 0.208 3 | 甲苯 | 25.0 |

a 为能在牛奶基质中定性鉴别的农药及相关化学品品种。

b 为能在奶粉基质中定性鉴别的农药及相关化学品品种。

c 为仅适用于牛奶基质的农药及相关化学品品种。

d 为仅适用于奶粉基质的农药及相关化学品品种。

# 附 录 B
（资料性附录）
## 511 种农药及相关化学品和内标化合物的保留时间、定量离子、定性离子及定量离子与定性离子的丰度比值

511 种农药及相关化学品和内标化合物的保留时间、定量离子、定性离子及定量离子与定性离子的丰度比值见表 B.1。

**表 B.1 511 种农药及相关化学品和内标化合物的保留时间、定量离子、定性离子及定量离子与定性离子的丰度比值**

| 序号 | 中文名称 | 英文名称 | 保留时间/min | 定量离子 | 定性离子 1 | 定性离子 2 | 定性离子 3 |
|---|---|---|---|---|---|---|---|
| 内标 | 环氧七氯 | heptachlor-epoxide | 22.10 | 353(100) | 355(79) | 351(52) | |
| A 组 | | | | | | | |
| 1 | 二丙烯草胺 | allidochlor | 8.78 | 138(100) | 158(10) | 173(15) | |
| 2 | 烯丙酰草胺 | dichlormid | 9.74 | 172(100) | 166(41) | 124(79) | |
| 3 | 土菌灵 | etridiazol | 10.42 | 211(100) | 183(73) | 140(19) | |
| 4 | 氯甲硫磷 | chlormephos | 10.53 | 121(100) | 234(70) | 154(70) | |
| 5 | 苯胺灵 | propham | 11.36 | 179(100) | 137(66) | 120(51) | |
| 6 | 环草敌 | cycloate | 13.56 | 154(100) | 186(5) | 215(12) | |
| 7 | 联苯二胺 | diphenylamine | 14.55 | 169(100) | 168(58) | 167(29) | |
| 8 | 杀虫脒 | chlordimeform | 14.93 | 196(100) | 198(30) | 195(18) | 183(23) |
| 9 | 乙丁烯氟灵 | ethalfluralin | 15.00 | 276(100) | 316(81) | 292(42) | |
| 10 | 甲拌磷 | phorate | 15.46 | 260(100) | 121(160) | 231(56) | 153(3) |
| 11 | 甲基乙拌磷 | thiometon | 16.20 | 88(100) | 125(55) | 246(9) | |
| 12 | 五氯硝基苯 | quintozene | 16.75 | 295(100) | 237(159) | 249(114) | |
| 13 | 脱乙基阿特拉津 | atrazine-desethyl | 16.76 | 172(100) | 187(32) | 145(17) | |
| 14 | 异噁草松 | clomazone | 17.00 | 204(100) | 138(4) | 205(13) | |
| 15 | 二嗪磷 | diazinon | 17.14 | 304(100) | 179(192) | 137(172) | |
| 16 | 地虫硫磷 | fonofos | 17.31 | 246(100) | 137(141) | 174(15) | 202(6) |
| 17 | 乙嘧硫磷 | etrimfos | 17.92 | 292(100) | 181(40) | 277(31) | |
| 18 | 胺丙畏 | propetamphos | 17.97 | 138(100) | 194(49) | 236(30) | |
| 19 | 密草通 | secbumeton | 18.36 | 196(100) | 210(38) | 225(39) | |
| 20 | 炔丙烯草胺 | pronamide | 18.72 | 173(100) | 175(62) | 255(22) | |
| 21 | 除线磷 | dichlofenthion | 18.80 | 279(100) | 223(78) | 251(38) | |
| 22 | 兹克威 | mexacarbate | 18.83 | 165(100) | 150(66) | 222(27) | |
| 23 | 氨氟灵 | dinitramine | 19.35 | 305(100) | 307(38) | 261(29) | |
| 24 | 乐果 | dimethoate | 19.67 | 263(100) | 265(65) | 293(40) | 329(8) |

**表 B.1（续）**

| 序号 | 中文名称 | 英文名称 | 保留时间/min | 定量离子 | 定性离子 1 | 定性离子 2 | 定性离子 3 |
|---|---|---|---|---|---|---|---|
| 25 | 艾氏剂 | aldrin | 19.67 | 263(100) | 265(65) | 293(40) | 329(8) |
| 26 | 皮蝇磷 | ronnel | 19.80 | 285(100) | 287(67) | 125(32) | |
| 27 | 扑草净 | prometryne | 20.13 | 241(100) | 184(78) | 226(60) | |
| 28 | 环丙津 | cyprazine | 20.18 | 212(100) | 227(58) | 170(29) | |
| 29 | 乙烯菌核利 | vinclozolin | 20.29 | 285(100) | 212(109) | 198(96) | |
| 30 | β-六六六 | *beta*-HCH | 20.31 | 219(100) | 217(78) | 181(94) | 254(12) |
| 31 | 甲霜灵 | metalaxyl | 20.67 | 206(100) | 249(53) | 234(38) | |
| 32 | 甲基对硫磷 | methyl-parathion | 20.82 | 263(100) | 233(66) | 246(8) | 200(6) |
| 33 | 毒死蜱 | chlorpyrifos (ethyl) | 20.96 | 314(100) | 258(57) | 286(42) | |
| 34 | δ-六六六 | *delta*-HCH | 21.16 | 219(100) | 217(80) | 181(99) | 254(10) |
| 35 | 倍硫磷 | fenthion | 21.53 | 278(100) | 169(16) | 153(9) | |
| 36 | 马拉硫磷 | malathion | 21.54 | 173(100) | 158(36) | 143(15) | |
| 37 | 对氧磷 | paraoxon-ethyl | 21.57 | 275(100) | 220(60) | 247(58) | 263(11) |
| 38 | 杀螟硫磷 | fenitrothion | 21.62 | 277(100) | 260(52) | 247(60) | |
| 39 | 三唑酮 | triadimefon | 22.22 | 208(100) | 210(50) | 181(74) | |
| 40 | 对硫磷 | parathion | 22.32 | 291(100) | 186(23) | 235(35) | 263(11) |
| 41 | 利谷隆 | linuron | 22.44 | 61(100) | 248(30) | 160(12) | |
| 42 | 二甲戊灵 | pendimethalin | 22.59 | 252(100) | 220(22) | 162(12) | |
| 43 | 杀螨醚 | chlorbenside | 22.96 | 268(100) | 270(41) | 143(11) | |
| 44 | 乙基溴硫磷 | bromophos-ethyl | 23.06 | 359(100) | 303(77) | 357(74) | |
| 45 | 喹硫磷 | quinalphos | 23.10 | 146(100) | 298(28) | 157(66) | |
| 46 | 反式氯丹 | *trans*-chlordane | 23.29 | 373(100) | 375(96) | 377(51) | |
| 47 | 吡唑草胺 | metazachlor | 23.30 | 274(100) | 246(24) | 320(5) | |
| 48 | 丙硫磷 | prothiophos | 23.79 | 72(100) | 160(37) | 253(15) | |
| 49 | 灭菌丹 | folpet | 24.04 | 309(100) | 267(88) | 162(55) | |
| 50 | 整形醇 | chlorfurenol | 24.15 | 215(100) | 152(40) | 274(11) | |
| 51 | 腐霉利 | procymidone | 24.36 | 283(100) | 285(70) | 255(15) | |
| 52 | 狄氏剂 | dieldrin | 24.43 | 263(100) | 277(82) | 380(30) | 345(35) |
| 53 | 杀扑磷 | methidathion | 24.49 | 145(100) | 157(2) | 302(4) | |
| 54 | 氰草津 | cyanazine | 24.84 | 271(100) | 128(111) | 171(34) | |
| 55 | 敌草胺 | napropamide | 25.06 | 175(100) | 258(62) | 302(37) | |
| 56 | 噁草酮 | oxadiazone | 25.29 | 303(100) | 154(56) | 288(31) | 217(22) |
| 57 | 杀螨氯硫 | tetrasul | 25.60 | 185(100) | 319(37) | 334(32) | |
| 58 | 苯线磷 | fenamiphos | 25.85 | 252(100) | 324(64) | 254(68) | |

表 B.1(续)

| 序号 | 中文名称 | 英文名称 | 保留时间/min | 定量离子 | 定性离子 1 | 定性离子 2 | 定性离子 3 |
|---|---|---|---|---|---|---|---|
| 59 | 乙嘧酚磺酸酯 | bupirimate | 26.00 | 273(100) | 316(41) | 208(83) | |
| 60 | 氟酰胺 | flutolanil | 26.23 | 173(100) | 145(25) | 323(14) | |
| 61 | 萎锈灵 | carboxin | 26.25 | 235(100) | 143(168) | 87(52) | |
| 62 | *p*,*p'*-滴滴滴 | *p*,*p'*-DDD | 26.59 | 235(100) | 237(64) | 199(12) | 165(46) |
| 63 | 乙硫磷 | ethion | 26.69 | 231(100) | 384(13) | 199(9) | |
| 64 | 乙环唑-1 | etaconazole-1 | 26.81 | 245(100) | 173(85) | 247(65) | |
| 65 | 硫丙磷 | sulprofos | 26.87 | 322(100) | 156(62) | 280(11) | |
| 66 | 乙环唑-2 | etaconazole-2 | 26.89 | 245(100) | 173(85) | 247(65) | |
| 67 | 腈菌唑 | myclobutanil | 27.19 | 179(100) | 288(14) | 150(45) | |
| 68 | 丰索磷 | fensulfothion | 27.94 | 292(100) | 308(22) | 293(73) | |
| 69 | 丙环唑-1 | propiconazole-1 | 28.15 | 259(100) | 173(97) | 261(65) | |
| 70 | 丙环唑-2 | propiconazole-2 | 28.15 | 259(100) | 173(97) | 261(65) | |
| 71 | 联苯菊酯 | bifenthrin | 28.57 | 181(100) | 166(25) | 165(23) | |
| 72 | 灭蚁灵 | mirex | 28.72 | 272(100) | 237(49) | 274(80) | |
| 73 | 氟苯嘧啶醇 | nuarimol | 28.90 | 314(100) | 235(155) | 203(108) | |
| 74 | 麦锈灵 | benodanil | 29.14 | 231(100) | 323(38) | 203(22) | |
| 75 | 甲氧滴滴涕 | methoxychlor | 29.38 | 227(100) | 228(16) | 212(4) | |
| 76 | 噁霜灵 | oxadixyl | 29.50 | 163(100) | 233(18) | 278(11) | |
| 77 | 戊唑醇 | tebuconazole | 29.51 | 250(100) | 163(55) | 252(36) | |
| 78 | 胺菊酯 | tetramethirn | 29.59 | 164(100) | 135(3) | 232(1) | |
| 79 | 氟草敏 | norflurazon | 29.99 | 303(100) | 145(101) | 102(47) | |
| 80 | 哒嗪硫磷 | pyridaphenthion | 30.17 | 340(100) | 199(48) | 188(51) | |
| 81 | 亚胺硫磷 | phosmet | 30.46 | 160(100) | 161(11) | 317(4) | |
| 82 | 三氯杀螨砜 | tetradifon | 30.70 | 227(100) | 356(70) | 159(196) | |
| 83 | 吡菌磷 | pyrazophos | 31.60 | 221(100) | 232(35) | 373(19) | |
| 84 | 反式-氯菊酯 | *trans*-permethrin | 31.68 | 183(100) | 184(15) | 255(2) | |
| 85 | 氯氰菊酯 | cypermethrin | 33.19 | 181(100) | 152(23) | 180(16) | |
| 86 | 氰戊菊酯-1 | fenvalerate-1 | 34.45 | 167(100) | 225(53) | 419(37) | 181(41) |
| 87 | 氰戊菊酯-2 | fenvalerate-2 | 34.45 | 167(100) | 225(53) | 419(37) | 181(41) |
| 88 | 溴氰菊酯 | deltamethrin | 35.77 | 181(100) | 172(25) | 174(25) | |
| B组 | | | | | | | |
| 89 | 茵草敌 | EPTC | 8.54 | 128(100) | 189(30) | 132(32) | |
| 90 | 丁草敌 | butylate | 9.49 | 156(100) | 146(115) | 217(27) | |
| 91 | 敌草腈 | dichlobenil | 9.75 | 171(100) | 173(68) | 136(15) | |

**表 B.1（续）**

| 序号 | 中文名称 | 英文名称 | 保留时间/min | 定量离子 | 定性离子 1 | 定性离子 2 | 定性离子 3 |
|---|---|---|---|---|---|---|---|
| 92 | 克草敌 | pebulate | 10.18 | 128(100) | 161(21) | 203(20) | |
| 93 | 三氯甲基吡啶 | nitrapyrin | 10.89 | 194(100) | 196(97) | 198(23) | |
| 94 | 速灭磷 | mevinphos | 11.23 | 127(100) | 192(39) | 164(29) | |
| 95 | 氯苯甲醚 | chloroneb | 11.85 | 191(100) | 193(67) | 206(66) | |
| 96 | 四氯硝基苯 | tecnazene | 13.54 | 261(100) | 203(135) | 215(113) | |
| 97 | 庚烯磷 | heptanophos | 13.78 | 124(100) | 215(17) | 250(14) | |
| 98 | 灭线磷 | ethoprophos | 14.40 | 158(100) | 200(40) | 242(23) | 168(15) |
| 99 | 六氯苯 | hexachlorobenzene | 14.69 | 284(100) | 286(81) | 282(51) | |
| 100 | 毒草胺 | propachlor | 14.73 | 120(100) | 176(45) | 211(11) | |
| 101 | 顺式-燕麦敌 | *cis*-diallate | 14.75 | 234(100) | 236(37) | 128(38) | |
| 102 | 氟乐灵 | trifluralin | 15.23 | 306(100) | 264(72) | 335(7) | |
| 103 | 反式-燕麦敌 | *trans*-diallate | 15.29 | 234(100) | 236(37) | 128(38) | |
| 104 | 氯苯胺灵 | chlorpropham | 15.49 | 213(100) | 171(59) | 153(24) | |
| 105 | 治螟磷 | sulfotep | 15.55 | 322(100) | 202(43) | 238(27) | 266(24) |
| 106 | 菜草畏 | sulfallate | 15.75 | 188(100) | 116(7) | 148(4) | |
| 107 | α-六六六 | *alpha*-HCH | 16.06 | 219(100) | 183(98) | 221(47) | 254(6) |
| 108 | 特丁硫磷 | terbufos | 16.83 | 231(100) | 153(25) | 288(10) | 186(13) |
| 109 | 特丁通 | terbumeton | 17.20 | 210(100) | 169(66) | 225(32) | |
| 110 | 环丙氟灵 | profluralin | 17.36 | 318(100) | 304(47) | 347(13) | |
| 111 | 敌噁磷 | dioxathion | 17.51 | 270(100) | 197(43) | 169(19) | |
| 112 | 扑灭津 | propazine | 17.67 | 214(100) | 229(67) | 172(51) | |
| 113 | 氯炔灵 | chlorbufam | 17.85 | 223(100) | 153(53) | 164(64) | |
| 114 | 氯硝胺 | dicloran | 17.89 | 206(100) | 176(128) | 160(52) | |
| 115 | 特丁津 | terbuthylazine | 18.07 | 214(100) | 229(33) | 173(35) | |
| 116 | 绿谷隆 | monolinuron | 18.15 | 61(100) | 126(45) | 214(51) | |
| 117 | 杀螟腈 | cyanophos | 18.73 | 243(100) | 180(8) | 148(3) | |
| 118 | 氟虫脲 | flufenoxuron | 18.83 | 305(100) | 126(67) | 307(32) | |
| 119 | 甲基毒死蜱 | chlorpyrifos-methyl | 19.38 | 286(100) | 288(70) | 197(5) | |
| 120 | 敌草净 | desmetryn | 19.64 | 213(100) | 198(60) | 171(30) | |
| 121 | 二甲草胺 | dimethachlor | 19.80 | 134(100) | 197(47) | 210(16) | |
| 122 | 甲草胺 | alachlor | 20.03 | 188(100) | 237(35) | 269(15) | |
| 123 | 甲基嘧啶磷 | pirimiphos-methyl | 20.30 | 290(100) | 276(86) | 305(74) | |
| 124 | 特丁净 | terbutryn | 20.61 | 226(100) | 241(64) | 185(73) | |
| 125 | 丙硫特普 | aspon | 20.62 | 211(100) | 253(52) | 378(14) | |

**表 B.1（续）**

| 序号 | 中文名称 | 英文名称 | 保留时间/min | 定量离子 | 定性离子 1 | 定性离子 2 | 定性离子 3 |
|---|---|---|---|---|---|---|---|
| 126 | 杀草丹 | thiobencarb | 20.63 | 100(100) | 257(25) | 259(9) | |
| 127 | 三氯杀螨醇 | dicofol | 21.33 | 139(100) | 141(72) | 250(23) | 251(4) |
| 128 | 异丙甲草胺 | metolachlor | 21.34 | 238(100) | 162(159) | 240(33) | |
| 129 | 嘧啶磷 | pirimiphos-ethyl | 21.59 | 333(100) | 318(93) | 304(69) | |
| 130 | 氧化氯丹 | *oxy*-chlordane | 21.63 | 387(100) | 237(50) | 185(68) | |
| 131 | 苯氟磺胺 | dichlofluanid | 21.68 | 224(100) | 226(74) | 167(120) | |
| 132 | 烯虫酯 | methoprene | 21.71 | 73(100) | 191(29) | 153(29) | |
| 133 | 溴硫磷 | bromofos | 21.75 | 331(100) | 329(75) | 213(7) | |
| 134 | 乙氧呋草黄 | ethofumesate | 21.84 | 207(100) | 161(54) | 286(27) | |
| 135 | 异丙乐灵 | isopropalin | 22.10 | 280(100) | 238(40) | 222(4) | |
| 136 | 敌稗 | propanil | 22.68 | 161(100) | 217(21) | 163(62) | |
| 137 | 育畜磷 | crufomate | 22.93 | 256(100) | 182(154) | 276(58) | |
| 138 | 异柳磷 | isofenphos | 22.99 | 213(100) | 255(44) | 185(45) | |
| 139 | 硫丹-1 | endosulfan-i | 23.10 | 241(100) | 265(66) | 339(46) | |
| 140 | 毒虫畏 | chlorfenvinphos | 23.19 | 323(100) | 267(139) | 269(92) | |
| 141 | 甲苯氟磺胺 | tolylfluanide | 23.45 | 238(100) | 240(71) | 137(210) | |
| 142 | 顺式-氯丹 | *cis*-chlordane | 23.55 | 373(100) | 375(96) | 377(51) | |
| 143 | 丁草胺 | butachlor | 23.82 | 176(100) | 160(75) | 188(46) | |
| 144 | 乙菌利 | chlozolinate | 23.83 | 259(100) | 188(83) | 331(91) | |
| 145 | *p*,*p*′-滴滴伊 | *p*,*p*′-DDE | 23.92 | 318(100) | 316(80) | 246(139) | 248(70) |
| 146 | 碘硫磷 | iodofenphos | 24.33 | 377(100) | 379(37) | 250(6) | |
| 147 | 杀虫畏 | tetrachlorvinphos | 24.36 | 329(100) | 331(96) | 333(31) | |
| 148 | 氯溴隆 | chlorbromuron | 24.37 | 61(100) | 294(17) | 292(13) | |
| 149 | 丙溴磷 | profenofos | 24.65 | 339(100) | 374(39) | 297(37) | |
| 150 | 噻嗪酮 | buprofezin | 24.87 | 105(100) | 172(54) | 305(24) | |
| 151 | 己唑醇 | hexaconazole | 24.92 | 214(100) | 231(62) | 256(26) | |
| 152 | *o*,*p*′-滴滴滴 | 4,4′-DDD | 24.94 | 235(100) | 237(65) | 165(39) | 199(15) |
| 153 | 杀螨酯 | chlorfenson | 25.05 | 302(100) | 175(282) | 177(103) | |
| 154 | 氟咯草酮 | fluorochloridone | 25.14 | 311(100) | 313(64) | 187(85) | |
| 155 | 异狄氏剂 | endrin | 25.15 | 263(100) | 317(30) | 345(26) | |
| 156 | 多效唑 | paclobutrazol | 25.21 | 236(100) | 238(37) | 167(39) | |
| 157 | *o*,*p*′-滴滴涕 | 2,4′-DDT | 25.56 | 235(100) | 237(63) | 165(37) | 199(14) |
| 158 | 盖草津 | methoprotryne | 25.63 | 256(100) | 213(24) | 271(17) | |
| 159 | 抑草蓬 | erbon | 25.68 | 169(100) | 171(35) | 223(30) | |

**表 B.1（续）**

| 序号 | 中文名称 | 英文名称 | 保留时间/min | 定量离子 | 定性离子 1 | 定性离子 2 | 定性离子 3 |
|---|---|---|---|---|---|---|---|
| 160 | 丙酯杀螨醇 | chloropropylate | 25.85 | 251(100) | 253(64) | 141(18) | |
| 161 | 麦草氟甲酯 | flamprop-methyl | 25.90 | 105(100) | 77(26) | 276(11) | |
| 162 | 除草醚 | nitrofen | 26.12 | 283(100) | 253(90) | 202(48) | 139(15) |
| 163 | 乙氧氟草醚 | oxyfluorfen | 26.13 | 252(100) | 361(35) | 300(35) | |
| 164 | 虫螨磷 | chlorthiophos | 26.52 | 325(100) | 360(52) | 297(54) | |
| 165 | 麦草氟异丙酯 | flamprop-isopropyl | 26.70 | 105(100) | 276(19) | 363(3) | |
| 166 | 硫丹-2 | endosulfan-ii | 26.72 | 241(100) | 265(66) | 339(46) | |
| 167 | 三硫磷 | carbofenothion | 27.19 | 157(100) | 342(49) | 199(28) | |
| 168 | *p*,*p*′-滴滴涕 | *p*,*p*′-DDT | 27.22 | 235(100) | 237(65) | 246(7) | 165(34) |
| 169 | 苯霜灵 | benalaxyl | 27.54 | 148(100) | 206(32) | 325(8) | |
| 170 | 敌瘟磷 | edifenphos | 27.94 | 173(100) | 310(76) | 201(37) | |
| 171 | 三唑磷 | triazophos | 28.23 | 161(100) | 172(47) | 257(38) | |
| 172 | 苯腈磷 | cyanofenphos | 28.43 | 157(100) | 169(56) | 303(20) | |
| 173 | 氯杀螨砜 | chlorbenside sulfone | 28.88 | 127(100) | 99(14) | 89(33) | |
| 174 | 硫丹硫酸盐 | endosulfan-sulfate | 29.05 | 387(100) | 272(165) | 389(64) | |
| 175 | 溴螨酯 | bromopropylate | 29.30 | 341(100) | 183(34) | 339(49) | |
| 176 | 新燕灵 | benzoylprop-ethyl | 29.40 | 292(100) | 365(36) | 260(37) | |
| 177 | 甲氰菊酯 | fenpropathrin | 29.56 | 265(100) | 181(237) | 349(25) | |
| 178 | 溴苯磷 | leptophos | 30.06 | 157(100) | 169(53) | 323(14) | |
| 179 | 苯硫膦 | EPN | 30.14 | 171(100) | 252(3) | 128(12) | |
| 180 | 敌菌丹 | captafol | 30.19 | 377(100) | 375(73) | 379(28) | |
| 181 | 环嗪酮 | hexazinone | 31.22 | 182(100) | 367(30) | 154(20) | |
| 182 | 治草醚 | bifenox | 31.41 | 160(100) | 132(71) | 77(58) | |
| 183 | 伏杀硫磷 | phosalone | 31.65 | 139(100) | 219(70) | 330(42) | |
| 184 | 氯苯嘧啶醇 | fenarimol | 31.65 | 139(100) | 219(70) | 330(42) | |
| 185 | 保棉磷 | azinphos-methyl | 32.01 | 160(100) | 132(103) | 77(51) | |
| 186 | 益棉磷 | azinphos-ethyl | 32.01 | 160(100) | 132(103) | 77(51) | |
| 187 | 蝇毒磷 | coumaphos | 32.94 | 206(100) | 199(63) | 226(72) | |
| 188 | 氟氯氰菊酯 | cyfluthrin | 33.22 | 362(100) | 226(56) | 364(39) | 334(15) |
| 189 | 氟胺氰菊酯 | fluvalinate | 34.94 | 250(100) | 252(38) | 181(18) | |
| C 组 | | | | | | | |
| 190 | 敌敌畏 | dichlorvos | 7.80 | 109(100) | 185(34) | 220(7) | |
| 191 | 联苯 | biphenyl | 9.00 | 154(100) | 153(40) | 152(27) | |
| 192 | 灭草敌 | vernolate | 9.82 | 128(100) | 146(17) | 203(9) | |

表 B.1（续）

| 序号 | 中文名称 | 英文名称 | 保留时间/min | 定量离子 | 定性离子 1 | 定性离子 2 | 定性离子 3 |
|---|---|---|---|---|---|---|---|
| 193 | 3,5-二氯苯胺 | 3,5-dichloroaniline | 11.20 | 161(100) | 163(62) | 126(10) | |
| 194 | 虫螨畏 | methacrifos | 11.86 | 125(100) | 208(74) | 240(44) | |
| 195 | 禾草敌 | molinate | 11.92 | 126(100) | 187(24) | 158(2) | |
| 196 | 邻苯基苯酚 | 2-phenylphenol | 12.47 | 170(100) | 169(72) | 141(31) | |
| 197 | 四氢邻苯二甲酰亚胺 | *cis*-1,2,3,6-tetrahydrophthalimide | 13.39 | 151(100) | 123(16) | 122(16) | |
| 198 | 仲丁威 | fenobucarb | 14.60 | 121(100) | 150(32) | 107(8) | |
| 199 | 乙丁氟灵 | benfluralin | 15.23 | 292(100) | 264(20) | 276(13) | |
| 200 | 氟铃脲 | hexaflumuron | 16.20 | 176(100) | 279(28) | 277(43) | |
| 201 | 扑灭通 | prometon | 16.66 | 210(100) | 225(91) | 168(67) | |
| 202 | 野麦畏 | triallate | 17.12 | 268(100) | 270(73) | 143(19) | |
| 203 | 嘧霉胺 | pyrimethanil | 17.28 | 198(100) | 199(45) | 200(5) | |
| 204 | 林丹 | *gamma*-HCH | 17.48 | 183(100) | 219(93) | 254(13) | 221(40) |
| 205 | 乙拌磷 | disulfoton | 17.61 | 88(100) | 274(15) | 186(18) | |
| 206 | 莠去净 | atrizine | 17.64 | 200(100) | 215(62) | 173(29) | |
| 207 | 异稻瘟净 | iprobenfos | 18.44 | 204(100) | 246(18) | 288(17) | |
| 208 | 七氯 | heptachlor | 18.49 | 272(100) | 237(40) | 337(27) | |
| 209 | 氯唑磷 | isazofos | 18.54 | 161(100) | 257(53) | 285(39) | 313(14) |
| 210 | 三氯杀虫酯 | plifenate | 18.87 | 217(100) | 175(96) | 242(91) | |
| 211 | 氯乙氟灵 | fluchloralin | 18.89 | 306(100) | 326(87) | 264(54) | |
| 212 | 四氟苯菊酯 | transfluthrin | 19.04 | 163(100) | 165(23) | 335(7) | |
| 213 | 丁苯吗啉 | fenpropimorph | 19.22 | 128(100) | 303(5) | 129(9) | |
| 214 | 甲基立枯磷 | tolclofos-methyl | 19.69 | 265(100) | 267(36) | 250(10) | |
| 215 | 异丙草胺 | propisochlor | 19.89 | 162(100) | 223(200) | 146(17) | |
| 216 | 莠灭净 | ametryn | 20.11 | 227(100) | 212(53) | 185(17) | |
| 217 | 嗪草酮 | metribuzin | 20.33 | 198(100) | 199(21) | 144(12) | |
| 218 | 噻节因 | dimethipin | 20.38 | 118(100) | 210(26) | 103(20) | |
| 219 | 异丙净 | dipropetryn | 20.82 | 255(100) | 240(42) | 222(20) | |
| 220 | 安硫磷 | formothion | 21.42 | 170(100) | 224(97) | 257(63) | |
| 221 | 乙霉威 | diethofencarb | 21.43 | 267(100) | 225(98) | 151(31) | |
| 222 | 哌草丹 | dimepiperate | 22.28 | 119(100) | 145(30) | 263(8) | |
| 223 | 生物烯丙菊酯-1 | bioallethrin-1 | 22.29 | 123(100) | 136(24) | 107(29) | |
| 224 | 生物烯丙菊酯-2 | bioallethrin-2 | 22.34 | 123(100) | 136(24) | 107(29) | |
| 225 | 芬螨酯 | fenson | 22.54 | 141(100) | 268(53) | 77(104) | |

**表 B.1(续)**

| 序号 | 中文名称 | 英文名称 | 保留时间/min | 定量离子 | 定性离子1 | 定性离子2 | 定性离子3 |
|---|---|---|---|---|---|---|---|
| 226 | *o*,*p*′-滴滴伊 | 2,4′-DDE | 22.64 | 246(100) | 318(34) | 176(26) | 248(65) |
| 227 | 双苯酰草胺 | diphenamid | 22.87 | 167(100) | 239(30) | 165(43) | |
| 228 | 戊菌唑 | penconazole | 23.17 | 248(100) | 250(33) | 161(50) | |
| 229 | 四氟醚唑 | tetraconazole | 23.35 | 336(100) | 338(33) | 171(10) | |
| 230 | 灭蚜磷 | mecarbam | 23.46 | 131(100) | 296(22) | 329(40) | |
| 231 | 丙虫磷 | propaphos | 23.92 | 304(100) | 220(108) | 262(34) | |
| 232 | 氟节胺 | flumetralin | 24.10 | 143(100) | 157(25) | 404(10) | |
| 233 | 三唑醇-1 | triadimenol-1 | 24.22 | 112(100) | 168(81) | 130(15) | |
| 234 | 三唑醇-2 | triadimenol-2 | 24.22 | 112(100) | 168(81) | 130(15) | |
| 235 | 亚胺菌 | kresoxim-methyl | 25.04 | 116(100) | 206(25) | 131(66) | |
| 236 | 吡氟禾草灵 | fluazifop-butyl | 25.21 | 282(100) | 383(44) | 254(49) | |
| 237 | 氟啶脲 | chlorfluazuron | 25.27 | 321(100) | 323(71) | 356(8) | |
| 238 | 乙酯杀螨醇 | chlorobenzilate | 25.90 | 251(100) | 253(65) | 152(5) | |
| 239 | 烯效唑 | uniconazole | 26.15 | 234(100) | 236(40) | 131(15) | |
| 240 | 氟哇唑 | flusilazole | 26.19 | 233(100) | 206(33) | 315(9) | |
| 241 | 三氟硝草醚 | fluorodifen | 26.59 | 190(100) | 328(35) | 162(34) | |
| 242 | 烯唑醇 | diniconazole | 27.03 | 268(100) | 270(65) | 232(13) | |
| 243 | 增效醚 | piperonyl butoxide | 27.46 | 176(100) | 177(33) | 149(14) | |
| 244 | 噁唑隆 | dimefuron | 27.82 | 140(100) | 105(75) | 267(36) | |
| 245 | 炔螨特 | propargite | 27.87 | 135(100) | 350(7) | 173(16) | |
| 246 | 灭锈胺 | mepronil | 27.91 | 119(100) | 269(26) | 120(9) | |
| 247 | 吡氟酰草胺 | diflufenican | 28.45 | 266(100) | 394(25) | 267(14) | |
| 248 | 咯菌腈 | fludioxonil | 28.93 | 248(100) | 127(24) | 154(21) | |
| 249 | 喹螨醚 | fenazaquin | 28.97 | 145(100) | 160(46) | 117(10) | |
| 250 | 苯醚菊酯 | phenothrin | 29.08 | 123(100) | 183(74) | 350(6) | |
| 251 | 苯氧威 | fenoxycarb | 29.57 | 255(100) | 186(82) | 116(93) | |
| 252 | 霜霉威 | propamocarb | 30.40 | 293(100) | 162(138) | 132(168) | |
| 253 | 莎稗磷 | anilofos | 30.68 | 226(100) | 184(52) | 334(10) | |
| 254 | 氟丙菊酯 | acrinathrin | 31.07 | 181(100) | 289(31) | 247(12) | |
| 255 | 高效氯氟氰菊酯 | *lambda*-cyhalothrin | 31.11 | 181(100) | 197(100) | 141(20) | |
| 256 | 苯噻酰草胺 | mefenacet | 31.29 | 192(100) | 120(35) | 136(29) | |
| 257 | 氯菊酯 | permethrin | 31.57 | 183(100) | 184(14) | 255(1) | |
| 258 | 哒螨灵 | pyridaben | 31.86 | 147(100) | 117(11) | 364(7) | |
| 259 | 乙羧氟草醚 | fluoroglycofen-ethyl | 32.01 | 447(100) | 428(20) | 449(35) | |

表 B.1(续)

| 序号 | 中文名称 | 英文名称 | 保留时间/min | 定量离子 | 定性离子1 | 定性离子2 | 定性离子3 |
|---|---|---|---|---|---|---|---|
| 260 | 联苯三唑醇 | bitertanol | 32.25 | 170(100) | 112(8) | 141(6) | |
| 261 | 醚菊酯 | etofenprox | 32.75 | 163(100) | 376(4) | 183(6) | |
| 262 | 噻草酮 | cycloxydim | 33.05 | 178(100) | 279(7) | 251(4) | |
| 263 | 顺式-氯氰菊酯 | *alpha*-cypermethrin | 33.35 | 163(100) | 181(84) | 165(63) | |
| 264 | 氟氰戊菊酯-1 | flucythrinate-1 | 33.58 | 199(100) | 157(90) | 451(22) | |
| 265 | 氟氰戊菊酯-2 | flucythrinate-2 | 33.85 | 199(101) | 157(91) | 451(23) | |
| 266 | *S*-氰戊菊酯 | esfenvalerate | 34.65 | 419(100) | 225(158) | 181(189) | |
| 267 | 苯醚甲环唑-1 | difenconazole-1 | 35.40 | 323(100) | 325(66) | 265(83) | |
| 268 | 苯醚甲环唑-2 | difenconazole-2 | 35.40 | 323(100) | 325(66) | 265(83) | |
| 269 | 丙炔氟草胺 | flumioxazin | 35.50 | 354(100) | 287(24) | 259(15) | |
| 270 | 氟烯草酸 | flumiclorac-pentyl | 36.34 | 423(100) | 308(51) | 318(29) | |
| D组 | | | | | | | |
| 271 | 甲氟磷 | dimefox | 5.62 | 110(100) | 154(75) | 153(17) | |
| 272 | 乙拌磷亚砜 | disulfoton-sulfoxide | 8.41 | 212(100) | 153(61) | 184(20) | |
| 273 | 五氯苯 | pentachlorobenzene | 11.11 | 250(100) | 252(64) | 215(24) | |
| 274 | 鼠立死 | crimidine | 13.13 | 142(100) | 156(90) | 171(84) | |
| 275 | 4-溴-3,5-二甲苯基-*N*-甲基氨基甲酸酯-1 | BDMC-1 | 13.25 | 200(100) | 202(104) | 201(13) | |
| 276 | 燕麦酯 | chlorfenprop-methyl | 13.57 | 165(100) | 196(87) | 197(49) | |
| 277 | 虫线磷 | thionazin | 14.04 | 143(100) | 192(39) | 220(14) | |
| 278 | 2,3,5,6-四氯苯胺 | 2,3,5,6-tetrachloroaniline | 14.22 | 231(100) | 229(76) | 158(25) | |
| 279 | 三正丁基磷酸盐 | tri-*n*-butyl phosphate | 14.33 | 155(100) | 211(61) | 167(8) | |
| 280 | 2,3,4,5-四氯甲氧基苯 | 2,3,4,5-tetrachloroanisole | 14.66 | 246(100) | 203(70) | 231(51) | |
| 281 | 五氯甲氧基苯 | pentachloroanisole | 15.19 | 280(100) | 265(100) | 237(85) | |
| 282 | 牧草胺 | tebutam | 15.30 | 190(100) | 106(38) | 142(24) | |
| 283 | 甲基苯噻隆 | methabenzthiazuron | 16.34 | 164(100) | 136(81) | 108(27) | |
| 284 | 西玛通 | simetone | 16.69 | 197(100) | 196(40) | 182(38) | |
| 285 | 阿特拉通 | atratone | 16.70 | 196(100) | 211(68) | 197(105) | |
| 286 | 溴烯杀 | bromocylen | 17.43 | 359(100) | 357(99) | 394(14) | |
| 287 | 七氟菊酯 | tefluthrin | 17.53 | 200(100) | 229(51) | 214(45) | |
| 288 | 草达津 | trietazine | 17.53 | 200(100) | 229(51) | 214(45) | |
| 289 | 2,6-二氯苯甲酰胺 | 2,6-dichlorobenzamide | 17.93 | 173(100) | 189(36) | 175(62) | |
| 290 | 环莠隆 | cycluron | 17.95 | 89(100) | 198(36) | 114(9) | |

**表 B.1（续）**

| 序号 | 中文名称 | 英文名称 | 保留时间/min | 定量离子 | 定性离子 1 | 定性离子 2 | 定性离子 3 |
|---|---|---|---|---|---|---|---|
| 291 | 2,4,4′-三氯联苯 | DE-PCB 28 | 18.15 | 256(100) | 186(53) | 258(97) | |
| 292 | 2,4,5-三氯联苯 | DE-PCB 31 | 18.19 | 256(100) | 186(53) | 258(97) | |
| 293 | 脱乙基另丁津 | desethyl-sebuthylazine | 18.32 | 172(100) | 174(32) | 186(11) | |
| 294 | 2,3,4,5-四氯苯胺 | 2,3,4,5-tetrachloroaniline | 18.55 | 231(100) | 229(76) | 233(48) | |
| 295 | 合成麝香 | musk ambrette | 18.62 | 253(100) | 268(35) | 223(18) | |
| 296 | 二甲苯麝香 | musk xylene | 18.66 | 282(100) | 297(10) | 128(20) | |
| 297 | 五氯苯胺 | pentachloroaniline | 18.91 | 265(100) | 263(63) | 230(8) | |
| 298 | 叠氮津 | aziprotryne | 19.11 | 199(100) | 184(83) | 157(31) | |
| 299 | 丁咪酰胺 | isocarbamid | 19.24 | 142(100) | 185(2) | 143(6) | |
| 300 | 另丁津 | sebutylazine | 19.26 | 200(100) | 214(14) | 229(13) | |
| 301 | 麝香 | musk moskene | 19.46 | 263(100) | 278(12) | 264(15) | |
| 302 | 2,2′,5,5′-四氯联苯 | DE-PCB 52 | 19.48 | 292(100) | 220(88) | 255(32) | |
| 303 | 苄草丹 | prosulfocarb | 19.51 | 251(100) | 252(14) | 162(10) | |
| 304 | 二甲吩草胺 | dimethenamid | 19.55 | 154(100) | 230(43) | 203(21) | |
| 305 | 4-溴-3,5-二甲苯基-N-甲基氨基甲酸酯-2 | BDMC-2 | 19.74 | 200(100) | 202(101) | 201(12) | |
| 306 | 庚酰草胺 | monalide | 20.02 | 197(100) | 199(31) | 239(45) | |
| 307 | 八氯苯乙烯 | octachlorostyrene | 20.60 | 380(100) | 343(94) | 308(120) | |
| 308 | 异艾氏剂 | isodrin | 21.01 | 193(100) | 263(46) | 195(83) | |
| 309 | 丁嗪草酮 | isomethiozin | 21.06 | 225(100) | 198(86) | 184(13) | |
| 310 | 毒壤磷 | trichloronat | 21.10 | 297(100) | 269(86) | 196(16) | |
| 311 | 敌草索 | dacthal | 21.25 | 301(100) | 332(31) | 221(16) | |
| 312 | 4,4′-二氯二苯甲酮 | 4,4′-dichlorobenzophenone | 21.29 | 250(100) | 252(62) | 215(26) | |
| 313 | 酞菌酯 | nitrothal-isopropyl | 21.69 | 236(100) | 254(54) | 212(74) | |
| 314 | 麝香酮 | musk ketone | 21.70 | 279(100) | 294(28) | 128(16) | |
| 315 | 吡咪唑 | rabenzazole | 21.73 | 212(100) | 170(26) | 195(19) | |
| 316 | 嘧菌环胺 | cyprodinil | 21.94 | 224(100) | 225(62) | 210(9) | |
| 317 | 麦穗灵 | fuberidazole | 22.10 | 184(100) | 155(21) | 129(12) | |
| 318 | 异氯磷 | dicapthon | 22.44 | 262(100) | 263(10) | 216(10) | |
| 319 | 呋菌胺 | methfuroxam | 22.45 | 229(100) | 212(3) | 230(15) | |
| 320 | 2-甲-4-氯丁氧乙基酯 | mcpa-butoxyethyl ester | 22.61 | 300(100) | 200(71) | 182(41) | |
| 321 | 2,2′,4,5,5′-五氯联苯 | DE-PCB 101 | 22.62 | 326(100) | 254(66) | 291(18) | |

表 B.1（续）

| 序号 | 中文名称 | 英文名称 | 保留时间/min | 定量离子 | 定性离子 1 | 定性离子 2 | 定性离子 3 |
|---|---|---|---|---|---|---|---|
| 322 | 水胺硫磷 | isocarbophos | 22.87 | 136(100) | 230(26) | 289(22) | |
| 323 | 甲拌磷砜 | phorate sulfone | 23.15 | 199(100) | 171(30) | 215(11) | |
| 324 | 杀螨醇 | chlorfenethol | 23.29 | 251(100) | 253(66) | 266(12) | |
| 325 | 反式九氯 | *trans*-nonachlor | 23.62 | 409(100) | 407(89) | 411(63) | |
| 326 | 消螨通 | dinobuton | 23.88 | 211(100) | 240(15) | 223(15) | |
| 327 | 脱叶磷 | DEF | 24.08 | 202(100) | 226(51) | 258(55) | |
| 328 | 溴苯烯磷 | bromfenvinfos | 24.62 | 267(100) | 323(56) | 295(18) | |
| 329 | 乙滴涕 | perthane | 24.81 | 223(100) | 224(20) | 178(9) | |
| 330 | 灭菌磷 | ditalimfos | 24.82 | 130(100) | 148(43) | 299(34) | |
| 331 | 2，3，4，4′，5-五氯联苯 | DE-PCB 118 | 25.08 | 326(100) | 254(38) | 184(16) | |
| 332 | 地胺磷 | mephosfolan | 25.29 | 196(100) | 227(49) | 168(60) | |
| 333 | 4,4′-二溴二苯甲酮 | 4，4′-dibromobenzophenone | 25.30 | 340(100) | 259(30) | 185(179) | |
| 334 | 粉唑醇 | flutriafol | 25.31 | 219(100) | 164(96) | 201(7) | |
| 335 | 2,2′,4,4′,5,5′-六氯联苯 | DE-PCB 153 | 25.64 | 360(100) | 290(62) | 218(24) | |
| 336 | 苄氯三唑醇 | diclobutrazole | 25.95 | 270(100) | 272(68) | 159(42) | |
| 337 | 乙拌磷砜 | disulfoton sulfone | 26.16 | 213(100) | 229(4) | 185(11) | |
| 338 | 噻螨酮 | hexythiazox | 26.48 | 227(100) | 156(158) | 184(93) | |
| 339 | 2,2′,3,4,4′,5-六氯联苯 | DE-PCB 138 | 26.84 | 360(100) | 290(68) | 218(26) | |
| 340 | 环丙唑 | cyproconazole | 27.23 | 222(100) | 224(35) | 223(11) | |
| 341 | 苄呋菊酯-1 | resmethrin-1 | 27.26 | 171(100) | 143(83) | 338(7) | |
| 342 | 苄呋菊酯-2 | resmethrin-2 | 27.43 | 171(100) | 143(80) | 338(7) | |
| 343 | 酞酸甲苯基丁酯 | phthalic acid, benzyl butyl ester | 27.56 | 206(100) | 312(4) | 230(1) | |
| 344 | 炔草酸 | clodinafop-propargyl | 27.74 | 349(100) | 238(96) | 266(83) | |
| 345 | 倍硫磷亚砜 | fenthion sulfoxide | 28.06 | 278(100) | 279(290) | 294(145) | |
| 346 | 三氟苯唑 | fluotrimazole | 28.39 | 311(100) | 379((60) | 233(36) | |
| 347 | 氟草烟-1-甲庚酯 | fluroxypr-1-methylheptyl ester | 28.45 | 366(100) | 254(67) | 237(60) | |
| 348 | 倍硫磷砜 | fenthion sulfone | 28.55 | 310(100) | 136(25) | 231(10) | |
| 349 | 三苯基磷酸盐 | triphenyl phosphate | 28.65 | 326(100) | 233(16) | 215(20) | |
| 350 | 2,2′,3,4,4′,5,5′-七氯联苯 | DE-PCB 180 | 29.05 | 394(100) | 324(70) | 359(20) | |

表 B.1（续）

| 序号 | 中文名称 | 英文名称 | 保留时间/min | 定量离子 | 定性离子 1 | 定性离子 2 | 定性离子 3 |
|---|---|---|---|---|---|---|---|
| 351 | 吡螨胺 | tebufenpyrad | 29.06 | 318(100) | 333(78) | 276(44) | |
| 352 | 解草酯 | cloquintocet-mexyl | 29.32 | 192(100) | 194(32) | 220(4) | |
| 353 | 环草定 | lenacil | 29.70 | 153(100) | 136(6) | 234(2) | |
| 354 | 糠菌唑-1 | bromuconazole-1 | 29.90 | 173(100) | 175(65) | 214(15) | |
| 355 | 糠菌唑-2 | bromuconazole-2 | 30.72 | 173(100) | 175(67) | 214(14) | |
| 356 | 甲磺乐灵 | nitralin | 30.92 | 316(100) | 274(58) | 300(15) | |
| 357 | 苯线磷亚砜 | fenamiphos sulfoxide | 31.03 | 304(100) | 319(29) | 196(22) | |
| 358 | 苯线磷砜 | fenamiphos sulfone | 31.34 | 320(100) | 292(57) | 335(7) | |
| 359 | 拌种咯 | fenpiclonil | 32.37 | 236(100) | 238(66) | 174(36) | |
| 360 | 氟喹唑 | fluquinconazole | 32.62 | 340(100) | 342(37) | 341(20) | |
| 361 | 腈苯唑 | fenbuconazole | 34.02 | 129(100) | 198(51) | 125(31) | |
| E 组 | | | | | | | |
| 362 | 残杀威-1 | propoxur-1 | 6.58 | 110(100) | 152(16) | 111(9) | |
| 363 | 灭除威 | XMC | 7.40 | 122(100) | 121(37) | 107(114) | |
| 364 | 异丙威-1 | isoprocarb-1 | 7.56 | 121(100) | 136(34) | 103(20) | |
| 365 | 二氢苊 | acenaphthene | 10.79 | 164(100) | 162(84) | 160(38) | |
| 366 | 驱虫特 | dibutyl succinate | 12.20 | 101(100) | 157(19) | 175(5) | |
| 367 | 氯氧磷 | chlorethoxyfos | 13.43 | 153(100) | 125(67) | 301(19) | |
| 368 | 异丙威-2 | isoprocarb-2 | 13.69 | 121(100) | 136(34) | 103(20) | |
| 369 | 丁噻隆 | tebuthiuron | 14.25 | 156(100) | 171(30) | 157(9) | |
| 370 | 戊菌隆 | pencycuron | 14.30 | 125(100) | 180(65) | 209(20) | |
| 371 | 甲基内吸磷 | demeton-*s*-methyl | 15.19 | 109(100) | 142(43) | 230(5) | |
| 372 | 残杀威-2 | propoxur-2 | 15.48 | 110(100) | 152(19) | 111(8) | |
| 373 | 菲 | phenanthrene | 16.97 | 188(100) | 160(9) | 189(16) | |
| 374 | 螺菌环胺-1 | spiroxamine-1 | 17.26 | 100(100) | 126(7) | 198(5) | |
| 375 | 唑螨酯 | fenpyroximate | 17.49 | 213(100) | 142(21) | 198(9) | |
| 376 | 丁基嘧啶磷 | tebupirimfos | 17.61 | 318(100) | 261(107) | 234(100) | |
| 377 | 茉莉酮 | prohydrojasmon | 17.80 | 153(100) | 184(41) | 254(7) | |
| 378 | 苯锈啶 | fenpropidin | 17.85 | 98(100) | 273(5) | 145(5) | |
| 379 | 咯喹酮 | pyroquilon | 18.28 | 173(100) | 130(69) | 144(38) | |
| 380 | 草消酚 | dinoterb | 18.63 | 225(100) | 240(89) | 177(174) | |
| 381 | 炔苯酰草胺 | propyzamide | 19.01 | 173(100) | 255(23) | 240(9) | |
| 382 | 解草嗪 | benoxacor | 19.62 | 120(100) | 259(38) | 176(19) | |
| 383 | 磷胺-1 | phosphamidon-1 | 19.66 | 264(100) | 138(62) | 227(25) | |

表 B.1(续)

| 序号 | 中文名称 | 英文名称 | 保留时间/min | 定量离子 | 定性离子1 | 定性离子2 | 定性离子3 |
|---|---|---|---|---|---|---|---|
| 384 | 乙草胺 | acetochlor | 19.84 | 146(100) | 162(59) | 223(59) | |
| 385 | 灭草环 | tridiphane | 19.90 | 173(100) | 187(90) | 219(46) | |
| 386 | 活化酯 | acibenzolar-*s*-methyl | 20.01 | 222(100) | 265(10) | 162(61) | |
| 387 | 特草灵-1 | terbucarb-1 | 20.06 | 205(100) | 220(52) | 206(16) | |
| 388 | 特草灵-2 | terbucarb-2 | 20.06 | 205(100) | 220(52) | 206(16) | |
| 389 | 甲呋酰胺 | fenfuram | 20.35 | 109(100) | 201(29) | 202(5) | |
| 390 | 呋草黄 | benfuresate | 20.68 | 163(100) | 256(17) | 121(18) | |
| 391 | 精甲霜灵 | mefenoxam | 20.91 | 206(100) | 249(46) | 279(11) | |
| 392 | 马拉氧磷 | malaoxon | 21.17 | 127(100) | 268(11) | 195(15) | |
| 393 | 磷胺-2 | phosphamidon-2 | 21.36 | 264(100) | 138(54) | 227(17) | |
| 394 | 氯酞酸甲酯 | chlorthal-dimethyl | 21.39 | 301(100) | 332(27) | 221(17) | |
| 395 | 硅氟唑 | simeconazole | 21.41 | 121(100) | 278(14) | 211(34) | |
| 396 | 特草净 | terbacil | 21.50 | 161(100) | 160(70) | 117(39) | |
| 397 | 噻唑烟酸 | thiazopyr | 21.91 | 327(100) | 363(73) | 381(34) | |
| 398 | 甲基毒虫畏 | dimethylvinphos | 22.21 | 295(100) | 297(56) | 109(74) | |
| 399 | 苯酰草胺 | zoxamide | 22.30 | 187(100) | 242(68) | 299(9) | |
| 400 | 烯丙菊酯 | allethrin | 22.60 | 123(100) | 107(24) | 136(20) | |
| 401 | 灭藻醌 | quinoclamine | 22.89 | 207(100) | 172(259) | 144(64) | |
| 402 | 甲醚菊酯-1 | methothrin-1 | 22.92 | 123(100) | 135(89) | 104(41) | |
| 403 | 甲醚菊酯-2 | methothrin-2 | 23.19 | 123(100) | 135(73) | 104(12) | |
| 404 | 稻丰散 | phenthoate | 23.30 | 274(100) | 246(24) | 320(5) | |
| 405 | 氰菌胺 | fenoxanil | 23.58 | 140(100) | 189(14) | 301(6) | |
| 406 | 呋霜灵 | furalaxyl | 23.97 | 242(100) | 301(24) | 152(40) | |
| 407 | 噻虫嗪 | thiamethoxam | 24.38 | 182(100) | 212(92) | 247(124) | |
| 408 | 除草定 | bromacil | 24.73 | 205(100) | 207(46) | 231(5) | |
| 409 | 啶氧菌酯 | picoxystrobin | 24.97 | 335(100) | 303(43) | 367(9) | |
| 410 | 抑草磷 | butamifos | 25.41 | 286(100) | 200(57) | 232(37) | |
| 411 | 咪草酸 | imazamethabenz-methyl | 25.50 | 144(100) | 187(117) | 256(95) | |
| 412 | 灭梭威砜 | methiocarb sulfone | 25.56 | 200(100) | 185(40) | 137(16) | |
| 413 | 苯噻硫氰 | tcmtb | 25.59 | 180(100) | 238(108) | 136(30) | |
| 414 | 苯氧菌胺 | metominostrobin(e) | 25.61 | 191(100) | 238(56) | 196(75) | |
| 415 | 抑霉唑 | imazalil | 25.72 | 215(100) | 173(66) | 296(5) | |
| 416 | 稻瘟灵 | isoprothiolane | 25.87 | 290(100) | 231(82) | 204(88) | |
| 417 | 环氟菌胺 | cyflufenamid | 26.02 | 91(100) | 412(11) | 294(11) | |

表 B.1（续）

| 序号 | 中文名称 | 英文名称 | 保留时间/min | 定量离子 | 定性离子 1 | 定性离子 2 | 定性离子 3 |
|---|---|---|---|---|---|---|---|
| 418 | 嘧草醚 | pyriminobac-methyl | 26.36 | 314(100) | 157(492) | 125(247) | |
| 419 | 苯氧喹啉 | quinoxyphen | 27.14 | 237(100) | 272(37) | 307(29) | |
| 420 | 肟菌酯 | trifloxystrobin | 27.71 | 116(100) | 131(40) | 222(30) | |
| 421 | 脱苯甲基亚胺唑 | imibenconazole-des-benzyl | 27.86 | 235(100) | 270(35) | 272(35) | |
| 422 | 吡草醚 | pyraflufen ethyl | 28.29 | 312(100) | 340(135) | 376(32) | |
| 423 | 炔咪菊酯-1 | imiprothrin-1 | 28.31 | 123(100) | 151(55) | 107(54) | |
| 424 | 氟环唑-1 | epoxiconazole-1 | 28.31 | 123(100) | 151(55) | 107(54) | |
| 425 | 炔咪菊酯-2 | imiprothrin-2 | 28.50 | 123(100) | 151(21) | 107(17) | |
| 426 | 稗草丹 | pyributicarb | 28.87 | 165(100) | 181(23) | 108(64) | |
| 427 | 噻吩草胺 | thenylchlor | 29.12 | 127(100) | 288(25) | 141(17) | |
| 428 | 烯草酮 | clethodim | 29.21 | 164(100) | 205(50) | 267(15) | |
| 429 | 苯并菲(屈) | chrysene | 29.40 | 240(100) | 236(24) | 120(16) | |
| 430 | 吡唑解草酯 | mefenpyr-diethyl | 29.55 | 227(100) | 299(131) | 372(18) | |
| 431 | 乙螨唑 | etoxazole | 29.64 | 300(100) | 330(69) | 359(65) | |
| 432 | 氟环唑-2 | epoxiconazole-2 | 29.73 | 192(100) | 183(13) | 138(30) | |
| 433 | 吡丙醚 | pyriproxyfen | 30.06 | 136(100) | 226(8) | 185(10) | |
| 434 | 环虫酰肼 | chromafenozide | 30.37 | 229(100) | 214(70) | 285(60) | |
| 435 | 哌草磷 | piperophos | 30.42 | 320(100) | 140(123) | 122(114) | |
| 436 | 咪唑菌酮 | fenamidone | 30.66 | 268(100) | 238(111) | 206(32) | |
| 437 | 顺式-氯菊酯 | *cis*-permethrin | 31.42 | 183(100) | 184(15) | 255(2) | |
| 438 | 吡唑醚菊酯 | pyraclostrobin | 31.98 | 132(100) | 325(14) | 283(21) | |
| 439 | 三甲苯草酮 | tralkoxydim | 32.14 | 283(100) | 226(7) | 268(8) | |
| 440 | 吡唑硫磷 | pyraclofos | 32.18 | 360(100) | 194(79) | 362(38) | |
| 441 | 氯亚胺硫磷 | dialifos | 32.27 | 186(100) | 357(143) | 210(397) | |
| 442 | 螺螨酯 | spirodiclofen | 32.50 | 312(100) | 259(48) | 277(28) | |
| 443 | 呋草酮 | flurtamone | 32.78 | 333(100) | 199(63) | 247(25) | |
| 444 | 嘧螨醚 | pyrimidifen | 32.94 | 318(100) | 274(71) | 303(44) | |
| 445 | 氟硅菊酯 | silafluofen | 33.18 | 287(100) | 286(274) | 258(289) | |
| 446 | 氟丙嘧草酯 | butafenacil | 33.85 | 331(100) | 333(34) | 180(35) | |
| F 组 | | | | | | | |
| 447 | 苯磺隆 | tribenuron-methyl | 9.34 | 154(100) | 124(45) | 110(18) | |
| 448 | 乙硫苯威 | ethiofencarb | 11.00 | 107(100) | 168(34) | 77(26) | |
| 449 | 二氧威 | dioxacarb | 11.10 | 121(100) | 166(44) | 165(36) | |

表 B.1(续)

| 序号 | 中文名称 | 英文名称 | 保留时间/min | 定量离子 | 定性离子 1 | 定性离子 2 | 定性离子 3 |
|---|---|---|---|---|---|---|---|
| 450 | 避蚊酯 | dimethyl phthalate | 11.54 | 163(100) | 194(7) | 133(5) | |
| 451 | 4-氯苯氧乙酸 | 4-chlorophenoxy acetic acid | 11.84 | 200(100) | 141(93) | 111(61) | |
| 452 | 邻苯二甲酰亚胺 | phthalimide | 13.21 | 147(100) | 104(61) | 103(35) | |
| 453 | 乙酰甲胺磷 | acephate | 13.89 | 136(100) | 94(50) | 183(3) | |
| 454 | 避蚊胺 | diethyltoluamide | 14.00 | 119(100) | 190(32) | 191(31) | |
| 455 | 2,4-滴 | 2,4-D | 14.35 | 199(100) | 234(63) | 175(61) | |
| 456 | 甲萘威 | carbaryl | 14.42 | 144(100) | 115(100) | 116(43) | |
| 457 | 硫线磷 | cadusafos | 15.14 | 159(100) | 213(14) | 270(13) | |
| 458 | 草藻灭 | endothal | 15.68 | 100(100) | 140(268) | 68(745) | |
| 459 | 内吸磷 | demetom-*s* | 16.88 | 88(100) | 170(15) | 143(11) | |
| 460 | 百治磷 | dicrotophos | 17.31 | 127(100) | 237(11) | 109(8) | |
| 461 | 混杀威 | 3,4,5-trimethacarb | 17.70 | 136(100) | 193(32) | 121(31) | |
| 462 | 2,4,5-涕 | 2,4,5-T | 17.75 | 233(100) | 268(49) | 209(36) | |
| 463 | 3-苯基苯酚 | 3-phenylphenol | 18.11 | 170(100) | 141(23) | 115(17) | |
| 464 | 茂谷乐 | furmecyclox | 18.22 | 123(100) | 251(6) | 94(10) | |
| 465 | 丁酰肼 | dmsa | 18.45 | 200(100) | 92(123) | 121(8) | |
| 466 | — | sobutylazine | 18.63 | 172(100) | 174(32) | 186(11) | |
| 467 | 环庚草醚 | cinmethylin | 18.96 | 105(100) | 169(16) | 154(14) | |
| 468 | 抗蚜威 | pirimicarb | 19.08 | 166(100) | 238(23) | 138(8) | |
| 469 | 八氯二甲醚-1 | s421(octachlorodipropyl ether)-1 | 19.31 | 130(100) | 132(96) | 211(8) | |
| 470 | 八氯二甲醚-2 | s421(octachlorodipropyl ether)-2 | 19.57 | 130(100) | 132(97) | 211(7) | |
| 471 | 十二环吗啉 | dodemorph | 19.62 | 154(100) | 281(12) | 238(10) | |
| 472 | 甜菜安 | desmedipham | 19.76 | 181(100) | 109(75) | 135(20) | |
| 473 | 氧皮蝇磷 | fenchlorphos | 19.84 | 285(100) | 287(69) | 270(6) | |
| 474 | 戊草丹 | esprocarb | 20.01 | 222(100) | 265(10) | 162(61) | |
| 475 | 枯莠隆 | difenoxuron | 20.85 | 241(100) | 226(21) | 242(15) | |
| 476 | 仲丁灵 | butralin | 22.18 | 266(100) | 224(16) | 295(9) | |
| 477 | 异戊乙净 | dimethametryn | 22.75 | 212(100) | 255(9) | 213(2) | |
| 478 | 氟噻草胺 | flufenacet | 23.09 | 151(100) | 211(61) | 363(6) | |
| 479 | 啶斑肟-1 | pyrifenox-1 | 23.46 | 262(100) | 294(18) | 227(15) | |
| 480 | 地散磷 | bensulide | 23.70 | 170(100) | 141(32) | 77(31) | |
| 481 | 噻菌灵 | thiabendazole | 24.97 | 201(100) | 174(87) | 175(9) | |

表 B.1（续）

| 序号 | 中文名称 | 英文名称 | 保留时间/min | 定量离子 | 定性离子 1 | 定性离子 2 | 定性离子 3 |
|---|---|---|---|---|---|---|---|
| 482 | 缬酶威-1 | iprovalicarb-1 | 26.13 | 119(100) | 134(126) | 158(62) | |
| 483 | 戊环唑 | azaconazole | 26.50 | 217(100) | 173(59) | 219(64) | |
| 484 | 缬酶威-2 | iprovalicarb-2 | 26.54 | 134(100) | 119(75) | 158(48) | |
| 485 | 苯虫醚-1 | diofenolan-1 | 26.76 | 186(100) | 300(60) | 225(24) | |
| 486 | 苯虫醚-2 | diofenolan-2 | 27.09 | 186(100) | 300(60) | 225(29) | |
| 487 | 苯甲醚 | aclonifen | 27.24 | 264(100) | 212(65) | 194(57) | |
| 488 | 生物苄呋菊酯 | bioresmethrin | 27.55 | 123(100) | 171(54) | 143(31) | |
| 489 | 唑酮草酯 | carfentrazone-ethyl | 28.09 | 312(100) | 330(52) | 290(53) | |
| 490 | 异狄氏剂醛 | endrin aldehyde | 28.30 | 345(100) | 250(62) | 279(36) | |
| 491 | 氯吡嘧磺隆 | halosulfuran-methyl | 28.32 | 327(100) | 260(86) | 295(33) | |
| 492 | 三环唑 | tricyclazole | 28.34 | 189(100) | 162(54) | 161(40) | |
| 493 | 环酰菌胺 | fenhexamid | 28.86 | 97(100) | 177(33) | 301(13) | |
| 494 | 螺甲螨酯 | spiromesifen | 29.56 | 272(100) | 254(27) | 370(14) | |
| 495 | 家蝇磷 | phenkapton | 29.62 | 121(100) | 153(79) | 191(65) | |
| 496 | 伐灭磷 | famphur | 29.80 | 218(100) | 125(27) | 217(22) | |
| 497 | 氟啶胺 | fluazinam | 30.04 | 387(100) | 417(44) | 371(29) | |
| 498 | 联苯肼酯 | bifenazate | 30.38 | 300(100) | 258(99) | 199(100) | |
| 499 | 异狄氏剂酮 | endrin ketone | 30.40 | 317(100) | 250(28) | 281(35) | |
| 500 | 精高效氨氟氰菊酯-1 | *gamma*-cyhalothrin-1 | 31.10 | 181(100) | 197(84) | 141(28) | |
| 501 | 氰氟草酯 | cyhalofop-butyl | 31.40 | 256(100) | 357(74) | 229(79) | |
| 502 | 精高效氨氟氰菊酯-2 | *gamma*-cyhalothrin-2 | 31.40 | 181(100) | 197(77) | 141(20) | |
| 503 | 畜蜱磷 | cythioate | 31.95 | 297(100) | 109(85) | 125(71) | |
| 504 | 苄螨醚 | halfenprox | 32.81 | 263(100) | 237(5) | 476(5) | |
| 505 | 环酯草醚 | pyriftalid | 32.94 | 318(100) | 274(71) | 303(44) | |
| 506 | 啶虫脒 | acetamiprid | 33.67 | 126(100) | 152(114) | 166(64) | |
| 507 | 烟酰碱 | boscalid | 34.16 | 342(100) | 140(229) | 112(71) | |
| 508 | 四溴菊酯-1 | tralomethrin-1 | 35.51 | 181(100) | 253(147) | 251(40) | |
| 509 | 四溴菊酯-2 | tralomethrin-2 | 35.97 | 181(100) | 253(140) | 251(40) | |
| 510 | 烯酰吗啉 | dimethomorph | 37.40 | 301(100) | 387(32) | 165(28) | |
| 511 | 嘧菌酯 | azoxystrobin | 37.77 | 344(100) | 388(32) | 404(31) | |

# 附 录 C
# （资料性附录）
# A、B、C、D、E、F 六组农药及相关化学品选择离子监测分组表

A、B、C、D、E、F 六组农药及相关化学品选择离子监测分组表见表 C.1。

**表 C.1 A、B、C、D、E、F 六组农药及相关化学品选择离子监测分组表**

| 序号 | 保留时间/min | 离子/amu | 驻留时间/ms |
|---|---|---|---|
| A组 | | | |
| 1 | 8.30 | 138,158,173 | 200 |
| 2 | 9.60 | 124,140,166,172,183,211 | 90 |
| 3 | 10.50 | 121,154,234 | 200 |
| 4 | 10.75 | 120,137,179 | 200 |
| 5 | 11.70 | 154,186,215 | 200 |
| 6 | 14.40 | 167,168,169 | 200 |
| 7 | 14.90 | 121,142,143,153,183,195,196,198,230,231,260,276,292,316 | 30 |
| 8 | 16.20 | 88,125,246 | 200 |
| 9 | 16.70 | 137,138,145,172,174,179,187,202,204,205,237,246,249,295,304 | 30 |
| 10 | 17.80 | 138,173,175,181,186,194,196,201,210,225,236,255,277,292 | 30 |
| 11 | 18.80 | 150,165,173,175,222,223,251,255,279 | 50 |
| 12 | 19.20 | 125,143,229,261,263,265,293,305,307,329 | 50 |
| 13 | 19.80 | 125,261,263,265,285,287,293,305,307,329 | 50 |
| 14 | 20.10 | 170,181,184,198,200,206,212,217,219,226,227,233,234,241,246,249,254,258,263,264,266,268,285,286,314 | 10 |
| 15 | 21.40 | 143,152,153,158,169,173,180,181,208,217,219,220,247,254,256,260,275,277,278,351,353,355 | 10 |
| 16 | 22.30 | 61,143,160,162,181,186,208,210,220,235,248,252,263,268,270,291,351,353,355 | 20 |
| 17 | 23.00 | 133,143,146,157,209,211,246,268,270,274,298,303,320,357,359,373,375,377 | 20 |
| 18 | 23.70 | 72,104,133,145,152,157,160,162,209,211,215,253,255,260,263,267,274,277,283,285,297,302,309,345,380 | 10 |
| 19 | 24.80 | 128,145,154,157,171,175,198,217,225,240,255,258,271,283,285,288,302,303 | 20 |
| 20 | 25.50 | 154,185,217,252,253,254,288,303,319,324,334 | 50 |
| 21 | 26.00 | 87,139,143,145,165,173,199,208,231,235,237,251,253,273,316,323,384 | 20 |
| 22 | 26.80 | 145,150,156,165,173,179,199,231,235,237,245,247,280,288,322,323,384 | 20 |
| 23 | 27.90 | 165,166,173,181,253,259,261,281,292,293,308,342 | 40 |

**表 C.1（续）**

| 序号 | 保留时间/min | 离子/amu | 驻留时间/ms |
|---|---|---|---|
| 24 | 28.60 | 118,160,165,166,181,203,212,227,228,231,235,237,272,274,314,323 | 30 |
| 25 | 29.30 | 135,163,164,212,227,228,232,233,250,252,278 | 40 |
| 26 | 30.00 | 102,145,159,160,161,188,199,227,303,317,340,356 | 40 |
| 27 | 31.00 | 175,183,184,220,221,223,232,250,255,267,373 | 40 |
| 28 | 33.00 | 127,180,181 | 200 |
| 29 | 34.40 | 167,181,225,419 | 150 |
| 30 | 35.70 | 172,174,181 | 200 |
| | | B组 | |
| 1 | 7.80 | 128,132,189 | 200 |
| 2 | 8.80 | 146,156,217 | 200 |
| 3 | 9.70 | 128,136,161,171,173,203 | 90 |
| 4 | 10.70 | 127,164,192,194,196,198 | 90 |
| 5 | 11.70 | 191,193,206 | 200 |
| 6 | 13.40 | 124,203,215,250,261 | 100 |
| 7 | 14.40 | 158,168,200,242,282,284,286 | 80 |
| 8 | 14.70 | 116,120,128,148,153,171,176,188,202,211,213,234,236,238,264,266,282,284,286,306,322,335 | 10 |
| 9 | 16.00 | 116,148,183,188,219,221,254 | 80 |
| 10 | 16.80 | 153,186,231,288 | 150 |
| 11 | 17.10 | 153,160,164,169,172,173,176,197,206,210,214,223,225,229,270,318,330,347 | 20 |
| 12 | 18.20 | 61,126,160,173,176,206,214,229 | 60 |
| 13 | 18.70 | 126,127,134,148,164,171,172,180,192,197,198,210,213,223,243,286,288,305,307 | 20 |
| 14 | 19.90 | 134,171,188,197,198,210,213,237,269,276,290,305 | 40 |
| 15 | 20.60 | 100,185,211,226,241,253,257,259,378 | 50 |
| 16 | 21.20 | 73,139,141,153,161,162,167,185,191,207,213,224,226,237,238,240,250,251,286,304,318,329,331,333,351,353,355,387 | 10 |
| 17 | 22.00 | 161,167,207,222,224,226,238,264,280,286,351,353,355 | 40 |
| 18 | 22.70 | 161,163,170,171,182,185,205,213,217,241,255,256,265,267,269,276,323,339 | 20 |
| 19 | 23.40 | 137,160,176,188,238,240,246,248,259,267,269,316,318,323,331,373,375,377 | 20 |
| 20 | 23.90 | 61,160,166,176,188,193,194,246,248,250,259,292,294,297,316,318,329,331,333,339,374,377,379 | 20 |

表 C.1（续）

| 序号 | 保留时间/min | 离子/amu | 驻留时间/ms |
|---|---|---|---|
| 21 | 24.90 | 61,105,165,167,172,175,177,187,199,214,231,235,236,237,238,256,263,292,294,297,302,305,311,313,317,339,345,374 | 10 |
| 22 | 25.60 | 77,105,139,141,165,169,171,199,202,213,223,235,237,251,252,253,256,271,276,283,297,300,325,360,361 | 10 |
| 23 | 26.70 | 105,157,165,195,199,235,237,246,276,297,325,339,342,360,363 | 30 |
| 24 | 27.60 | 148,157,161,169,172,173,201,206,257,303,310,325 | 40 |
| 25 | 28.90 | 89,99,126,127,157,161,169,172,181,183,257,260,265,272,292,303,339,341,349,365,387,389 | 10 |
| 26 | 29.80 | 79,181,183,265,311,349 | 90 |
| 27 | 30.00 | 128,157,169,171,189,252,310,323,341,375,377,379 | 40 |
| 28 | 31.20 | 132,139,154,160,161,182,189,251,310,330,341,367 | 40 |
| 29 | 32.90 | 180,199,206,226,266,308,334,362,364 | 50 |
| 30 | 34.00 | 181,250,252 | 200 |
| C组 | | | |
| 1 | 7.30 | 109,185,220 | 200 |
| 2 | 8.70 | 152,153,154 | 200 |
| 3 | 9.30 | 58,128,129,146,188,203 | 90 |
| 4 | 11.20 | 126,161,163 | 200 |
| 5 | 11.75 | 125,126,141,158,169,170,187,208,240 | 50 |
| 6 | 13.50 | 122,123,124,151,215,250 | 90 |
| 7 | 14.70 | 107,121,150,264,276,292 | 90 |
| 8 | 16.00 | 174,202,217 | 200 |
| 9 | 16.50 | 126,141,143,156,168,176,198,199,200,210,225,268,270,277,279 | 30 |
| 10 | 17.60 | 88,173,183,186,200,215,219,254,274 | 50 |
| 11 | 18.40 | 104,130,159,161,204,237,246,257,272,285,288,313,337 | 40 |
| 12 | 18.90 | 128,129,161,163,165,175,204,217,242,246,257,264,285,288,303,306,313,326,335 | 20 |
| 13 | 19.80 | 73,89,146,162,185,212,223,227,250,265,267 | 50 |
| 14 | 20.30 | 61,144,146,162,170,185,198,199,212,213,223,227,258 | 40 |
| 15 | 20.70 | 61,103,118,144,170,181,198,199,210,217,219,222,240,254,255 | 30 |
| 16 | 21.35 | 108,117,151,160,161,170,219,221,224,225,257,267,351,353,355 | 30 |
| 17 | 22.20 | 107,108,119,123,136,145,176,219,221,246,248,263,318,351,353,355 | 20 |
| 18 | 22.70 | 77,141,165,167,174,176,206,234,239,246,248,267,268,297,299,318 | 20 |
| 19 | 23.20 | 105,123,134,161,248,250,267,297,299 | 50 |
| 20 | 23.50 | 131,143,157,161,171,220,248,250,262,296,304,329,336,338,404 | 30 |

表 C.1（续）

| 序号 | 保留时间/min | 离子/amu | 驻留时间/ms |
|---|---|---|---|
| 21 | 24.30 | 112,130,162,168,238,262 | 90 |
| 22 | 25.10 | 112,116,130,131,162,168,206,233,234,235,238,262 | 40 |
| 23 | 25.30 | 254,282,321,323,356,383 | 90 |
| 24 | 26.00 | 131,152,206,233,234,236,251,253,315 | 50 |
| 25 | 26.90 | 149,162,176,177,190,232,268,270,328 | 50 |
| 26 | 27.90 | 105,119,120,135,140,173,266,267,269,350,394 | 50 |
| 27 | 28.80 | 105,117,123,140,145,160,183,266,267,350,394 | 50 |
| 28 | 29.00 | 117,123,127,145,154,160,183,248,350 | 50 |
| 29 | 29.60 | 116,178,186,191,219,255 | 90 |
| 30 | 30.30 | 132,162,178,184,219,226,281,293,334 | 50 |
| 31 | 31.10 | 120,136,141,147,181,183,184,192,197,247,255,289,309,364 | 30 |
| 32 | 32.00 | 112,141,147,170,183,184,255,309,364,428,447,449 | 40 |
| 33 | 32.60 | 112,141,163,170,183,376,428,447,449 | 50 |
| 34 | 33.10 | 163,165,178,181,251,279 | 90 |
| 35 | 33.80 | 157,199,451 | 200 |
| 36 | 34.70 | 181,225,250,252,419 | 100 |
| 37 | 35.40 | 259,265,287,323,325,354 | 90 |
| 38 | 36.40 | 308,318,423 | 200 |
| D组 | | | |
| 1 | 5.50 | 110,153,154 | 200 |
| 2 | 8.00 | 153,184,212 | 200 |
| 3 | 11.00 | 139,155,211,215,250,252 | 90 |
| 4 | 13.00 | 142,156,165,171,196,197,200,201,202 | 50 |
| 5 | 14.00 | 143,155,158,167,192,203,211,220,229,231,246 | 40 |
| 6 | 15.00 | 106,142,190,237,265,280 | 90 |
| 7 | 16.00 | 108,136,145,158,164,171,173,182,186,196,197,201,211,216,213,288 | 20 |
| 8 | 17.20 | 161,174,177,197,200,202,214,229,246,357,359,394 | 40 |
| 9 | 17.90 | 89,114,128,172,173,174,175,186,189,198,223,229,230,231,233,253,256,258,263,265,268,277,282,292,297 | 10 |
| 10 | 19.20 | 142,143,154,157,162,184,185,199,200,201,202,203,214,220,229,230,247,251,252,255,263,264,270,278,285,287,292 | 10 |
| 11 | 20.00 | 153,180,197,199,200,201,202,230,239,247,251,252,266,305,308,311,343,375,380,412 | 15 |
| 12 | 21.00 | 115,184,193,195,196,198,215,221,225,250,252,263,269,276,285,297,301,332 | 20 |

表 C.1(续)

| 序号 | 保留时间/min | 离子/amu | 驻留时间/ms |
|---|---|---|---|
| 13 | 21.60 | 128,170,194,195,210,212,224,225,236,254,279,294 | 40 |
| 14 | 22.10 | 129,155,182,184,200,201,210,212,216,224,225,229,230,254,262,263,291,300,314,326,351,353,355 | 10 |
| 15 | 23.00 | 136,171,199,215,230,251,253,266,289,407,409,411 | 40 |
| 16 | 23.90 | 130,148,178,187,202,211,223,224,226,240,258,267,295,299,311,313,323 | 20 |
| 17 | 25.00 | 129,130,145,148,164,168,184,185,196,201,218,219,227,254,259,290,299,326,330,340,360 | 15 |
| 18 | 26.00 | 156,159,184,185,213,218,227,229,270,272,290,360 | 40 |
| 19 | 27.10 | 143,160,171,206,222,223,224,230,238,251,266,294,312,338,349 | 30 |
| 20 | 28.00 | 136,174,186,202,215,231,233,237,254,278,279,294,310,311,326,366,379 | 20 |
| 21 | 29.00 | 136,153,192,194,220,234,276,318,324,333,359,394 | 40 |
| 22 | 30.00 | 160,161,171,173,175,214,317,375,377 | 50 |
| 23 | 30.80 | 173,175,196,213,230,274,292,300,304,316,319,320,335,373 | 30 |
| 24 | 32.40 | 147,236,238,340,341,342 | 90 |
| 25 | 34.00 | 125,129,198 | 200 |
| E组 | | | |
| 1 | 6.10 | 110,111,152 | 200 |
| 2 | 7.00 | 103,107,121,122,136 | 100 |
| 3 | 9.00 | 94,95,141 | 200 |
| 4 | 10.40 | 160,162,164 | 200 |
| 5 | 12.00 | 101,157,175 | 200 |
| 6 | 12.90 | 103,121,125,136,153,301 | 100 |
| 7 | 13.90 | 125,156,157,171,180,209 | 100 |
| 8 | 14.80 | 109,110,111,142,145,152,185,213,230 | 40 |
| 9 | 16.80 | 98,142,145,153,160,184,189,198,213,234,254,261,273,318 | 30 |
| 10 | 17.95 | 124,130,144,173,176,187,206 | 50 |
| 11 | 18.70 | 138,166,173,238,240,255 | 90 |
| 12 | 19.20 | 109,119,120,135,138,146,153,162,173,176,182,187,201,202,205,206,219,220,222,223,227,232,259,264,265,296 | 15 |
| 13 | 20.30 | 109,121,127,135,153,163,182,195,201,202,206,249,256,268,279,286,306,354 | 20 |
| 14 | 20.90 | 117,121,138,160,161,211,221,227,264,278,301,327,332,363,381 | 20 |
| 15 | 21.95 | 295,297,299 | 200 |
| 16 | 22.30 | 104,107,123,135,136,144,151,172,211,363,207 | 50 |
| 17 | 23.30 | 140,152,189,242,301 | 100 |

**表 C.1（续）**

| 序号 | 保留时间/min | 离子/amu | 驻留时间/ms |
|---|---|---|---|
| 18 | 24.00 | 149,182,205,207,212,221,222,223,231,236,247,264,303,335,367 | 40 |
| 19 | 25.00 | 91,136,137,144,173,180,185,187,191,196,200,204,215,231,232,238,256,286,290,294,296,412 | 15 |
| 20 | 26.10 | 105,125,157,177,302,313,314,330,361 | 50 |
| 21 | 26.90 | 116,131,194,222,235,237,270,272,307,447,449 | 50 |
| 22 | 28.00 | 107,123,138,151,183,192,351,367,369 | 50 |
| 23 | 28.60 | 108,127,141,164,165,181,205,267,288,339,349,412 | 40 |
| 24 | 29.20 | 120,125,136,138,183,185,187,192,217,218,226,227,236,240,244,246,299,300,330,359,372 | 15 |
| 25 | 30.05 | 122,140,148,160,204,206,232,238,266,268,288,290,320,376 | 15 |
| 26 | 31.60 | 132,144,171,186,194,199,210,226,247,259,268,274,277,291,303,312,318,325,333,346,357,360,362,442,461,283 | 15 |
| 27 | 33.00 | 180,184,185,186,258,286,287,331,333 | 50 |
| 28 | 34.00 | 100,119,188 | 200 |
| 29 | 37.00 | 328,329,330 | 200 |
| | | F组 | |
| 1 | 5.50 | 110,124,154 | 180 |
| 2 | 10.50 | 77,107,111,121,133,141,163,165,166,168,182,194,200,221,250 | 40 |
| 3 | 13.00 | 94,103,104,115,116,136,144,147,159,175,183,199,213,234,270 | 40 |
| 4 | 15.25 | 68,100,140 | 170 |
| 5 | 16.65 | 88,109,121,127,136,143,169,170,193,209,210,225,233,237,268 | 40 |
| 6 | 17.90 | 86,92,94,101,105,115,116,121,123,138,141,154,163,166,169,170,172,174,186,200,211,238,240,251 | 20 |
| 7 | 19.30 | 122,130,132,135,154,162,181,211,222,238,265,270,281,285,287 | 35 |
| 8 | 20.30 | 97,103,115,226,241,242,285,286,306,311,354,375 | 30 |
| 9 | 21.59 | 43,109,115,142,147,163,185,212,213,224,227,240,255,262,266,294,295,297,351,353,355 | 30 |
| 10 | 22.70 | 77,115,140,141,142,151,170,185,189,211,212,213,215,227,243,255,262,267,269,272,294,301,323,363 | 30 |
| 11 | 24.00 | 112,128,135,168,169,174,175,201,237,258,272,355,378,416 | 30 |
| 12 | 25.95 | 119,134,158,173,186,194,212,217,219,225,264,300 | 40 |
| 13 | 27.35 | 123,143,161,162,171,189,247,250,253,255,260,279,290,295,312,327,328,330,342,345,408 | 40 |
| 14 | 28.30 | 97,109,118,127,128,160,161,162,163,177,189,250,260,279,290,295,301,327,345 | 30 |

表 C.1（续）

| 序号 | 保留时间/min | 离子/amu | 驻留时间/ms |
| --- | --- | --- | --- |
| 15 | 29.30 | 88,121,125,145,153,191,199,217,218,250,254,258,272,281,289,300,317,370,371,387,417 | 30 |
| 16 | 30.80 | 88,125,141,145,181,197,229,250,256,289,319,357 | 30 |
| 17 | 31.75 | 109,125,237,263,274,297,303,318,476 | 50 |
| 18 | 33.50 | 112,126,140,152,166,342 | 90 |
| 19 | 35.00 | 171,181,197,251,253,383 | 80 |
| 20 | 36.80 | 165,301,344,404,387,388 | 80 |

# 附　录　D
（资料性附录）
## 标准物质在牛奶基质中选择离子监测 GC-MS 图

**D.1**　A 组标准物质在牛奶基质中选择离子监测 GC-MS 图见图 D.1。

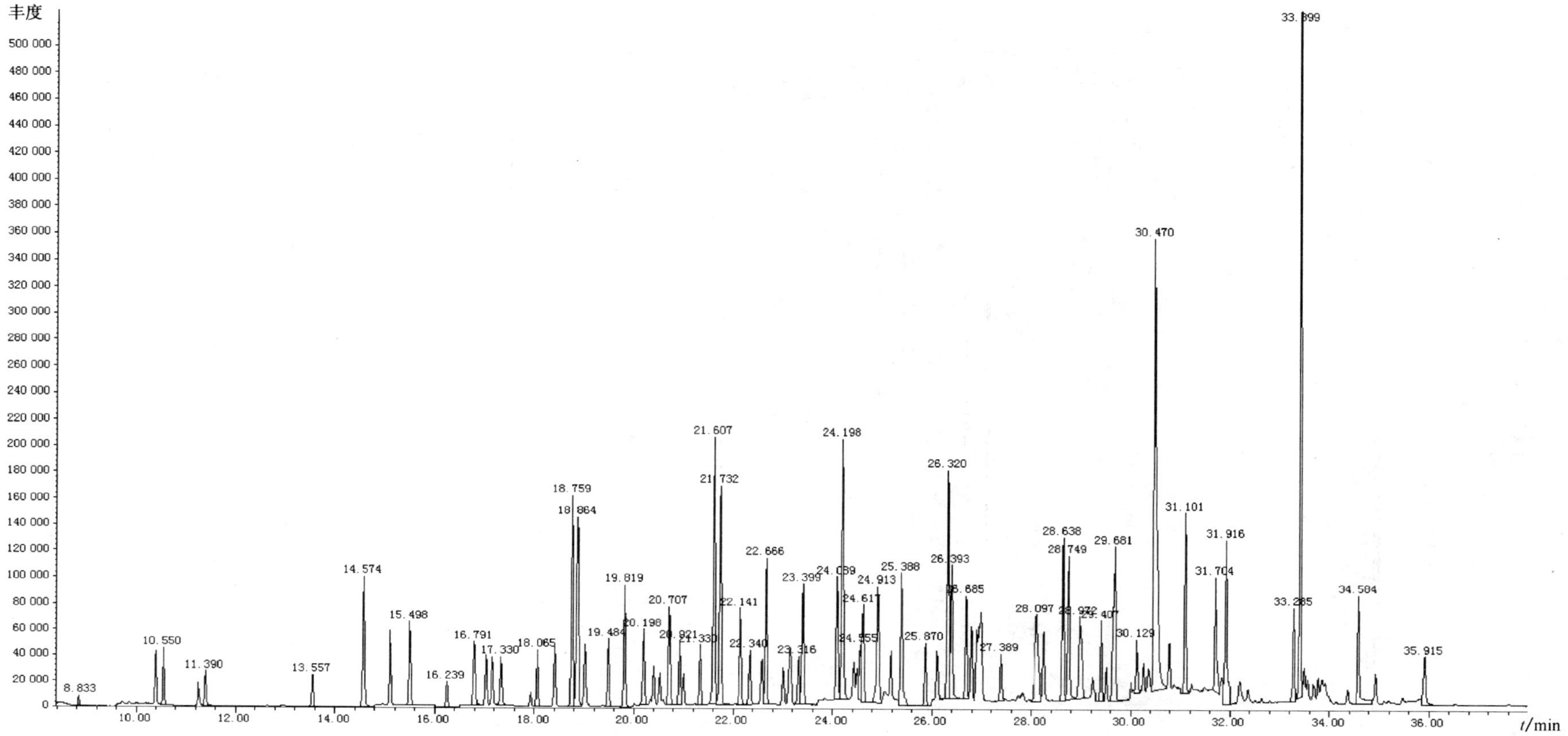


注：农药及相关化学品名称见附录 A 序号 1～88。

**图 D.1　A 组标准物质在牛奶基质中选择离子监测 GC-MS 图**

**D. 2**　B 组标准物质在牛奶基质中选择离子监测 GC-MS 图见图 D. 2。

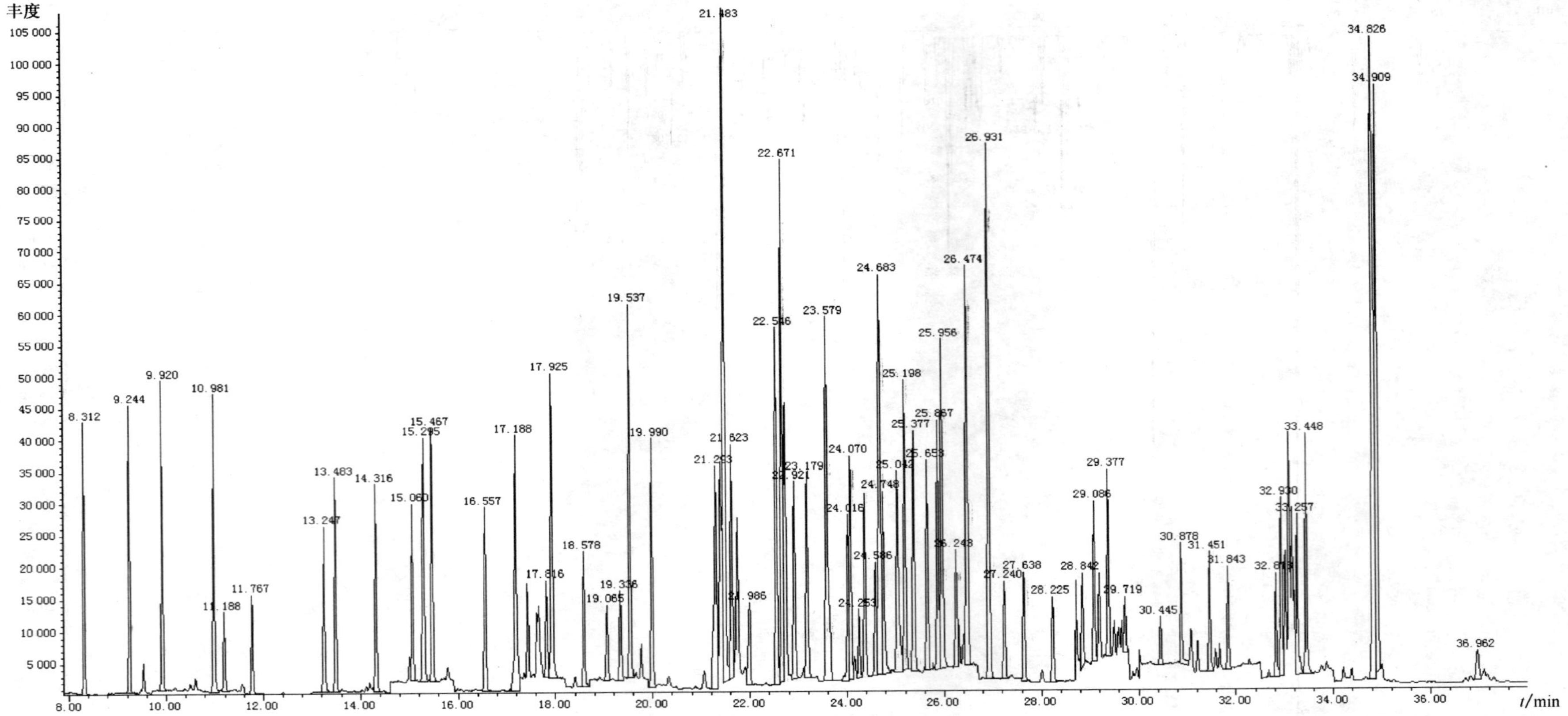


注：农药及相关化学品名称见附录 A 序号 89～189。

**图 D. 2　B 组标准物质在牛奶基质中选择离子监测 GC-MS 图**

**D.3** C 组标准物质在牛奶基质中选择离子监测 GC-MS 图见图 D.3。

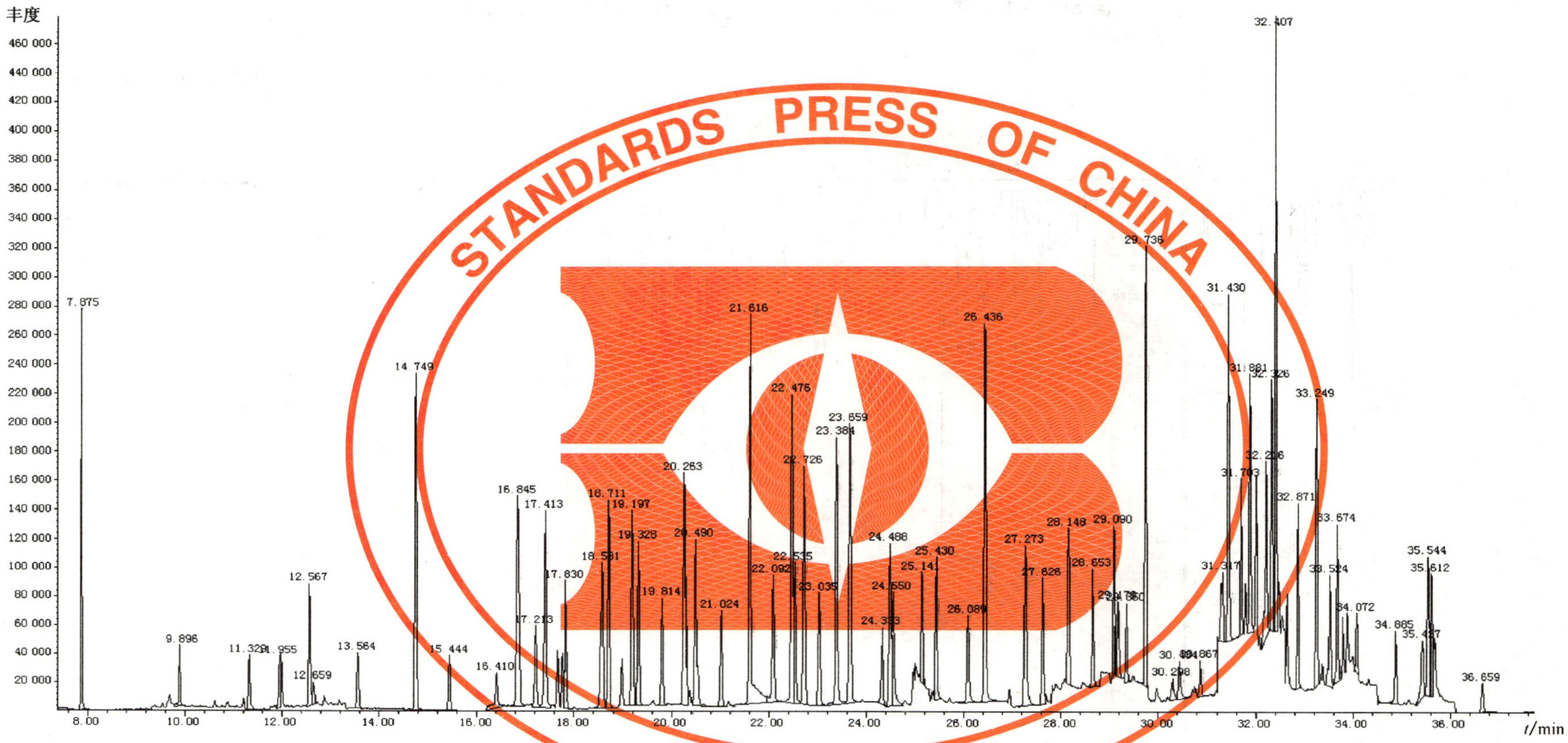


注：农药及相关化学品名称见附录 A 序号 190～270。

**图 D.3　C 组标准物质在牛奶基质中选择离子监测 GC-MS 图**

**D.4** D组标准物质在牛奶基质中选择离子监测GC-MS图见图D.4。

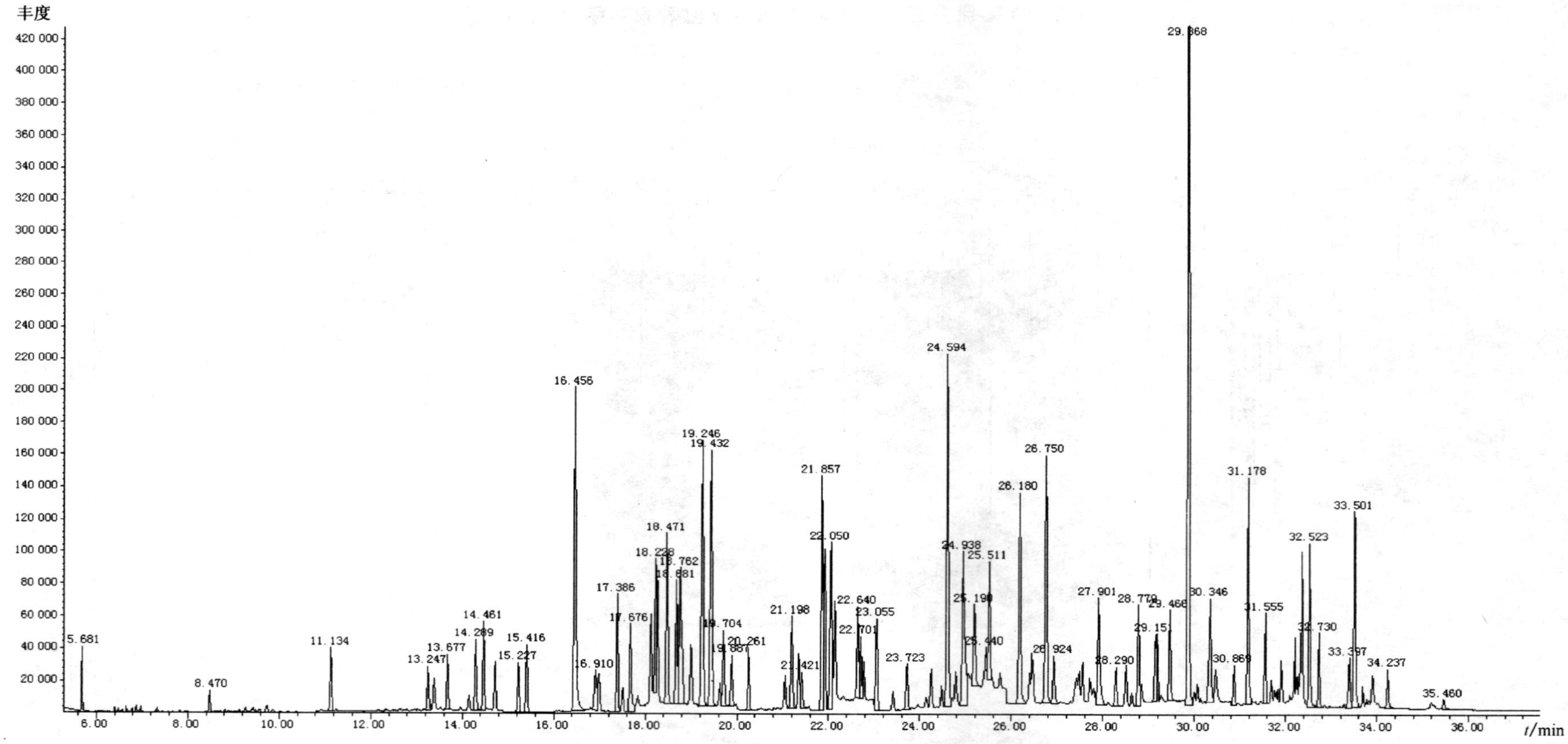


注：农药及相关化学品名称见附录A序号271～361。

**图D.4 D组标准物质在牛奶基质中选择离子监测GC-MS图**

**D. 5** E 组标准物质在牛奶基质中选择离子监测 GC-MS 图见图 D. 5。

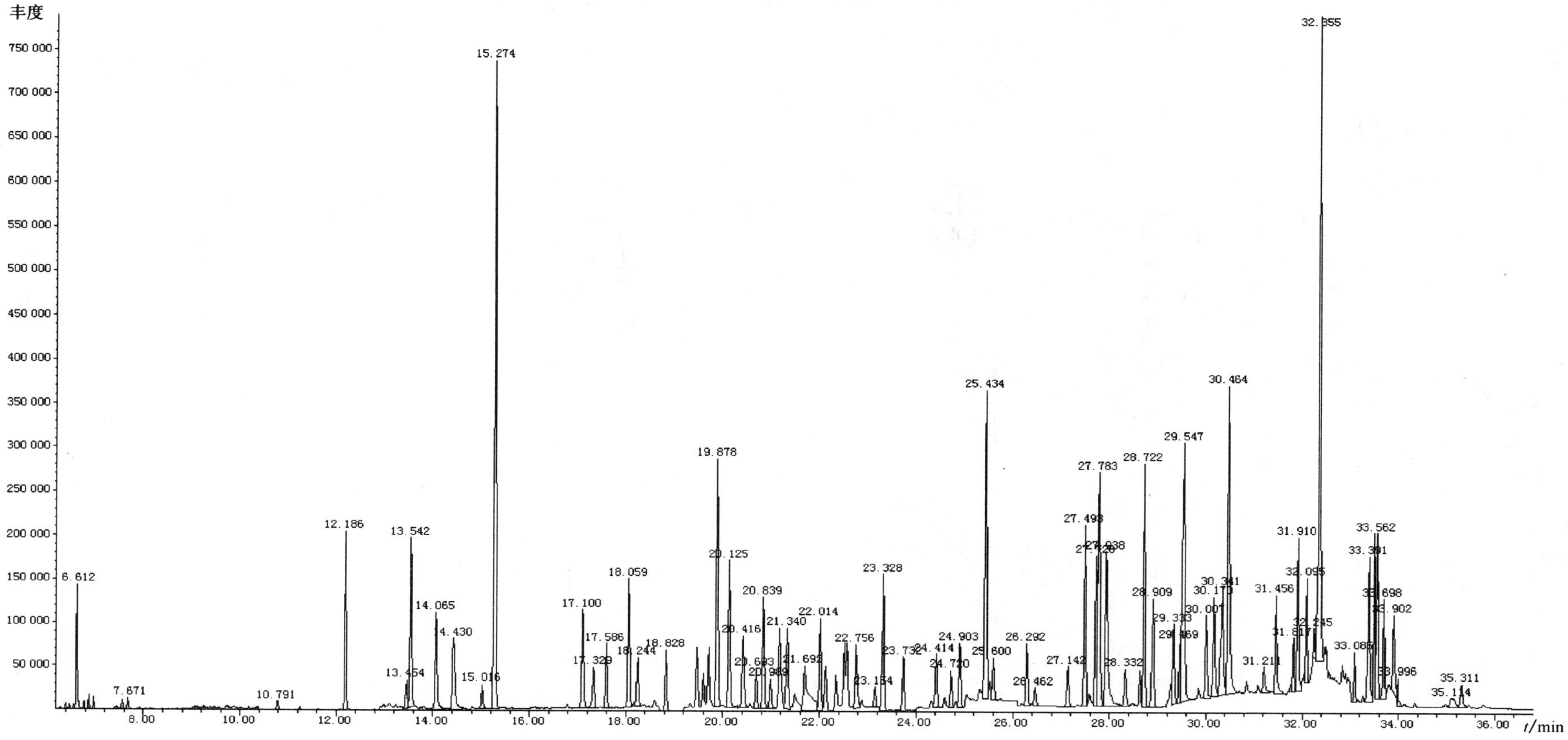


注：农药及相关化学品名称见附录 A 序号 362～446。

**图 D. 5 E 组标准物质在牛奶基质中选择离子监测 GC-MS 图**

**D.6** F 组标准物质在牛奶基质中选择离子监测 GC-MS 图见图 D.6。

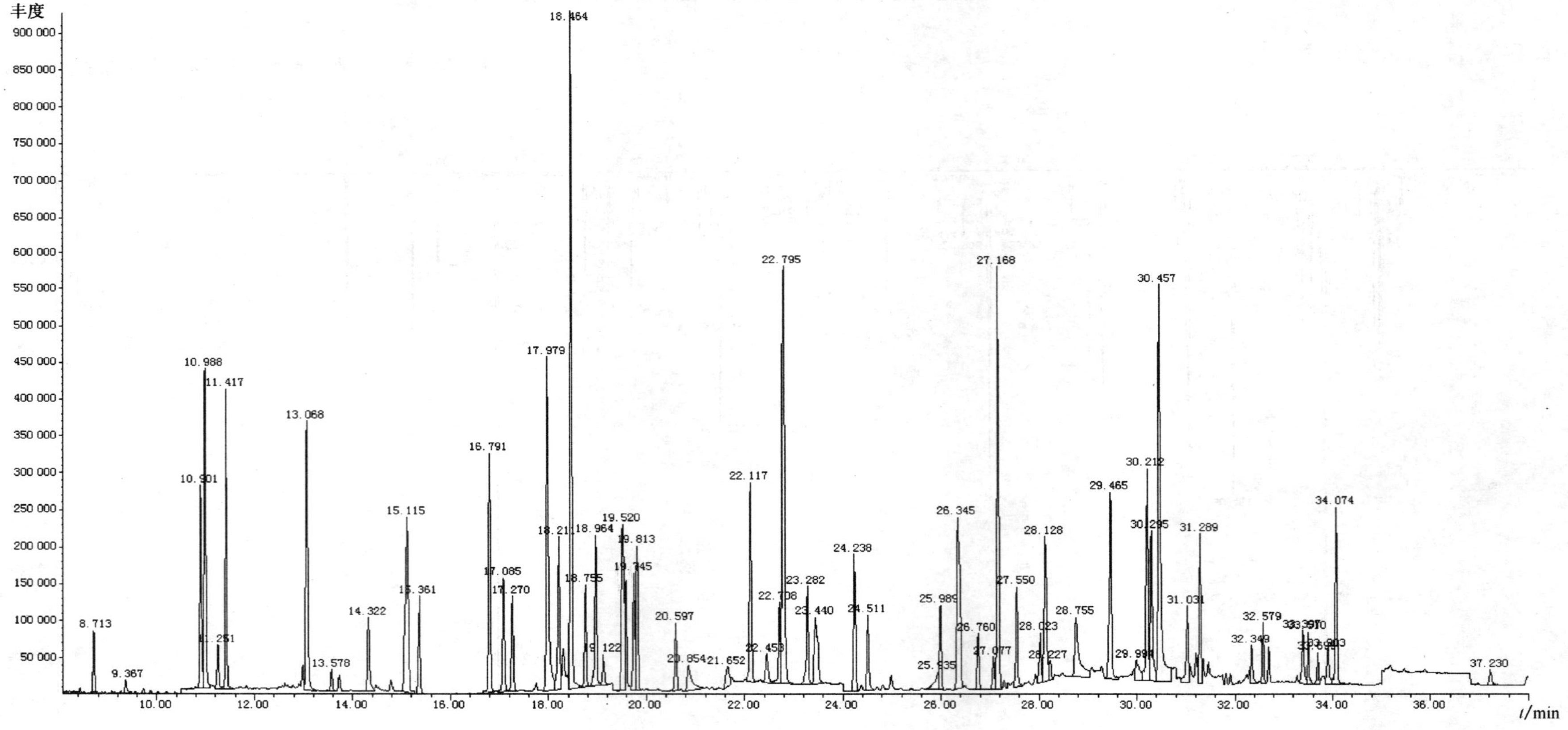


注：农药及相关化学品名称见附录 A 序号 447～511。

**图 D.6　F 组标准物质在牛奶基质中选择离子监测 GC-MS 图**

# 附 录 E
## （资料性附录）
## 511 种农药及相关化学品精密度数据表

511 种农药及相关化学品精密度数据表见表 E.1。

**表 E.1　511 种农药及相关化学品精密度数据表**

| 序号 | 名　　称 | 含量/(mg/kg) | 重复性限 *r* | 再现性限 *R* | 含量/(mg/L) | 重复性限 *r* | 再现性限 *R* |
|---|---|---|---|---|---|---|---|
| A 组 | | | | | | | |
| 1 | 二丙烯草胺 | 0.083 4 | 0.018 2 | 0.018 5 | 0.066 7 | 0.006 0 | 0.008 7 |
| 2 | 烯丙酰草胺 | 0.083 4 | 0.024 6 | 0.014 9 | 0.066 7 | 0.011 2 | 0.011 1 |
| 3 | 土菌灵 | 0.125 0 | 0.024 1 | 0.025 5 | 0.100 0 | 0.012 0 | 0.020 3 |
| 4 | 氯甲硫磷 | 0.083 4 | 0.029 4 | 0.028 4 | 0.066 7 | 0.010 9 | 0.015 7 |
| 5 | 苯胺灵 | 0.041 6 | 0.006 7 | 0.007 3 | 0.033 3 | 0.007 9 | 0.008 2 |
| 6 | 环草敌 | 0.041 6 | 0.005 9 | 0.006 1 | 0.033 3 | 0.002 9 | 0.004 0 |
| 7 | 联苯二胺 | 0.041 6 | 0.014 8 | 0.012 1 | 0.033 3 | 0.005 0 | 0.006 2 |
| 8 | 杀虫脒 | 0.041 6 | 0.010 4 | 0.008 7 | 0.033 3 | 0.013 1 | 0.009 4 |
| 9 | 乙丁烯氟灵 | 0.166 6 | 0.008 4 | 0.006 6 | 0.133 3 | 0.018 0 | 0.013 5 |
| 10 | 甲拌磷 | 0.041 6 | 0.002 5 | 0.002 4 | 0.033 3 | 0.003 0 | 0.004 2 |
| 11 | 甲基乙拌磷 | 0.041 6 | 0.003 5 | 0.003 4 | 0.033 3 | 0.007 1 | 0.007 2 |
| 12 | 五氯硝基苯 | 0.083 4 | 0.004 3 | 0.004 0 | 0.066 7 | 0.006 0 | 0.007 9 |
| 13 | 脱乙基阿特拉津 | 0.041 6 | 0.010 5 | 0.003 4 | 0.033 3 | 0.003 7 | 0.004 2 |
| 14 | 异噁草松 | 0.041 6 | 0.002 1 | 0.001 8 | 0.033 3 | 0.002 4 | 0.003 5 |
| 15 | 二嗪磷 | 0.041 6 | 0.001 9 | 0.001 6 | 0.033 3 | 0.003 0 | 0.003 7 |
| 16 | 地虫硫磷 | 0.041 6 | 0.001 8 | 0.001 7 | 0.033 3 | 0.004 3 | 0.003 7 |
| 17 | 乙嘧硫磷 | 0.041 6 | 0.002 4 | 0.002 0 | 0.033 3 | 0.003 5 | 0.005 9 |
| 18 | 胺丙畏 | 0.041 6 | 0.001 7 | 0.001 8 | 0.033 3 | 0.002 2 | 0.003 3 |
| 19 | 密草通 | 0.041 6 | 0.010 2 | 0.007 1 | 0.033 3 | 0.012 9 | 0.008 3 |
| 20 | 炔丙烯草胺 | 0.041 6 | 0.005 1 | 0.004 4 | 0.033 3 | 0.003 9 | 0.005 7 |
| 21 | 除线磷 | 0.041 6 | 0.007 4 | 0.006 3 | 0.033 3 | 0.004 1 | 0.003 4 |
| 22 | 兹克威 | 0.125 0 | 0.002 2 | 0.001 9 | 0.100 0 | 0.010 3 | 0.005 8 |
| 23 | 氨氟灵 | 0.166 6 | 0.005 9 | 0.006 6 | 0.133 3 | 0.021 6 | 0.016 4 |
| 24 | 乐果 | 0.166 6 | 0.013 3 | 0.012 0 | 0.133 3 | 0.000 0 | 0.000 0 |
| 25 | 艾氏剂 | 0.083 3 | 0.001 3 | 0.112 4 | 0.066 7 | 0.066 7 | 0.000 3 |
| 26 | 皮蝇磷 | 0.083 4 | 0.003 9 | 0.003 4 | 0.066 7 | 0.006 6 | 0.007 8 |
| 27 | 扑草净 | 0.041 6 | 0.005 5 | 0.004 7 | 0.033 3 | 0.007 8 | 0.007 9 |
| 28 | 环丙津 | 0.041 6 | 0.009 0 | 0.028 0 | 0.033 3 | 0.011 8 | 0.012 0 |
| 29 | 乙烯菌核利 | 0.041 6 | 0.002 6 | 0.001 9 | 0.033 3 | 0.002 9 | 0.004 4 |

**表 E.1（续）**

| 序号 | 名　称 | 含量/(mg/kg) | 重复性限 $r$ | 再现性限 $R$ | 含量/(mg/L) | 重复性限 $r$ | 再现性限 $R$ |
|---|---|---|---|---|---|---|---|
| 30 | $\beta$-六六六 | 0.041 6 | 0.002 5 | 0.001 8 | 0.033 3 | 0.003 3 | 0.003 4 |
| 31 | 甲霜灵 | 0.125 0 | 0.018 6 | 0.014 0 | 0.100 0 | 0.009 9 | 0.011 8 |
| 32 | 甲基对硫磷 | 0.166 6 | 0.007 4 | 0.007 4 | 0.133 3 | 0.008 1 | 0.013 5 |
| 33 | 毒死蜱 | 0.041 6 | 0.001 8 | 0.001 7 | 0.033 3 | 0.003 3 | 0.004 5 |
| 34 | $\delta$-六六六 | 0.083 4 | 0.006 0 | 0.004 0 | 0.066 7 | 0.003 7 | 0.006 6 |
| 35 | 倍硫磷 | 0.041 6 | 0.002 0 | 0.001 8 | 0.033 3 | 0.002 3 | 0.003 9 |
| 36 | 马拉硫磷 | 0.166 6 | 0.008 4 | 0.007 0 | 0.133 3 | 0.007 5 | 0.013 1 |
| 37 | 对氧磷 | 1.333 3 | 0.410 0 | 0.209 1 | 1.066 7 | 1.066 7 | 0.056 4 |
| 38 | 杀螟硫磷 | 0.083 4 | 0.003 7 | 0.003 5 | 0.066 7 | 0.004 1 | 0.006 9 |
| 39 | 三唑酮 | 0.083 4 | 0.009 0 | 0.004 3 | 0.066 7 | 0.015 9 | 0.014 4 |
| 40 | 对硫磷 | 0.166 6 | 0.022 7 | 0.023 2 | 0.133 3 | 0.049 8 | 0.045 5 |
| 41 | 利谷隆 | 未添加 | | | 0.213 3 | 0.090 8 | 0.067 3 |
| 42 | 二甲戊灵 | 0.166 6 | 0.007 0 | 0.007 2 | 0.133 3 | 0.010 7 | 0.015 0 |
| 43 | 杀螨醚 | 0.083 4 | 0.003 2 | 0.003 7 | 0.066 7 | 0.005 2 | 0.007 4 |
| 44 | 乙基溴硫磷 | 0.041 6 | 0.001 8 | 0.001 7 | 0.033 3 | 0.002 8 | 0.004 0 |
| 45 | 喹硫磷 | 0.041 6 | 0.010 0 | 0.008 9 | 0.033 3 | 0.002 0 | 0.003 3 |
| 46 | 反式氯丹 | 0.041 7 | 0.000 3 | 0.001 4 | 0.033 3 | 0.033 3 | 0.000 5 |
| 47 | 吡唑草胺 | 0.125 0 | 0.005 9 | 0.004 8 | 0.100 0 | 0.006 9 | 0.011 4 |
| 48 | 丙硫磷 | 0.041 6 | 0.002 1 | 0.002 1 | 0.033 3 | 0.002 5 | 0.004 0 |
| 49 | 灭菌丹 | 0.500 0 | 0.094 3 | 0.100 2 | 0.400 0 | 0.101 3 | 0.102 7 |
| 50 | 整形醇 | 0.125 0 | 0.006 1 | 0.005 4 | 0.100 0 | 0.008 3 | 0.010 2 |
| 51 | 腐霉利 | 0.041 6 | 0.002 0 | 0.001 8 | 0.033 3 | 0.101 3 | 0.014 6 |
| 52 | 狄氏剂 | 0.083 4 | 0.028 5 | 0.020 2 | 0.066 7 | 0.028 1 | 0.026 6 |
| 53 | 杀扑磷 | — | | | 0.066 7 | 0.008 7 | 0.009 1 |
| 54 | 氰草津 | 0.125 0 | 0.009 4 | 0.008 5 | 0.100 0 | 0.008 4 | 0.010 3 |
| 55 | 敌草胺 | 0.125 0 | 0.013 8 | 0.011 5 | 0.100 0 | 0.101 3 | 0.012 4 |
| 56 | 噁草酮 | 0.041 6 | 0.003 9 | 0.003 2 | 0.033 3 | 0.002 7 | 0.003 8 |
| 57 | 杀螨氯硫 | 0.041 6 | 0.002 0 | 0.002 0 | 0.033 3 | 0.101 3 | 0.003 0 |
| 58 | 苯线磷 | 0.125 0 | 0.076 9 | 0.057 4 | 0.100 0 | 0.008 6 | 0.008 7 |
| 59 | 乙嘧酚磺酸酯 | 0.041 6 | 0.013 7 | 0.005 9 | 0.033 3 | 0.007 9 | 0.003 7 |
| 60 | 氟酰胺 | 0.041 6 | 0.002 1 | 0.001 9 | 0.033 3 | 0.101 3 | 0.002 6 |
| 61 | 萎锈灵 | 0.125 0 | 0.036 2 | 0.027 7 | 0.100 0 | 0.013 7 | 0.013 6 |
| 62 | $p,p'$-滴滴滴 | 0.041 6 | 0.001 9 | 0.002 1 | 0.033 3 | 0.003 2 | 0.003 9 |
| 63 | 乙硫磷 | 0.083 4 | 0.004 4 | 0.003 2 | 0.066 7 | 0.004 9 | 0.007 8 |
| 64 | 乙环唑-1 | 0.125 0 | 0.016 9 | 0.016 9 | 0.100 0 | 0.011 4 | 0.016 0 |

表 E.1（续）

| 序号 | 名　　称 | 含量/(mg/kg) | 重复性限 $r$ | 再现性限 $R$ | 含量/(mg/L) | 重复性限 $r$ | 再现性限 $R$ |
|---|---|---|---|---|---|---|---|
| 65 | 硫丙磷 | 0.083 4 | 0.004 1 | 0.004 0 | 0.066 7 | 0.101 3 | 0.009 0 |
| 66 | 乙环唑-2 | 0.125 0 | 0.018 5 | 0.014 9 | 0.100 0 | 0.015 1 | 0.016 8 |
| 67 | 腈菌唑 | 0.041 6 | 0.015 8 | 0.009 2 | 0.033 3 | 0.101 3 | 0.004 4 |
| 68 | 丰索磷 | 0.083 4 | 0.026 7 | 0.025 6 | 0.066 7 | 0.101 3 | 0.018 5 |
| 69 | 丙环唑-1 | 0.125 0 | 0.039 4 | 0.049 6 | 0.100 0 | 0.029 3 | 0.019 3 |
| 70 | 丙环唑-2 | 0.125 0 | 0.020 7 | 0.013 1 | 0.100 0 | 0.007 6 | 0.009 9 |
| 71 | 联苯菊酯 | 0.041 6 | 0.002 5 | 0.001 7 | 0.033 3 | 0.002 7 | 0.004 3 |
| 72 | 灭蚁灵 | 0.041 6 | 0.010 0 | 0.008 7 | 0.033 3 | 0.005 0 | 0.003 5 |
| 73 | 氟苯嘧啶醇 | 0.083 4 | 0.008 9 | 0.011 2 | 0.066 7 | 0.005 7 | 0.008 7 |
| 74 | 麦锈灵 | 0.125 0 | 0.049 3 | 0.045 1 | 0.100 0 | 0.101 3 | 0.010 9 |
| 75 | 甲氧滴滴涕 | 0.041 6 | 0.002 9 | 0.002 9 | 0.033 3 | 0.002 2 | 0.004 1 |
| 76 | 噁霜灵 | 0.041 6 | 0.009 1 | 0.066 3 | 0.033 3 | 0.008 7 | 0.006 2 |
| 77 | 戊唑醇 | 0.125 0 | 0.019 9 | 0.019 7 | 0.100 0 | 0.017 9 | 0.017 7 |
| 78 | 胺菊酯 | 0.083 4 | 0.019 1 | 0.015 4 | 0.066 7 | 0.006 6 | 0.007 2 |
| 79 | 氟草敏 | 0.041 6 | 0.012 7 | 0.004 5 | 0.033 3 | 0.101 3 | 0.002 9 |
| 80 | 哒嗪硫磷 | 0.041 6 | 0.008 8 | 0.009 4 | 0.033 3 | 0.002 4 | 0.004 5 |
| 81 | 亚胺硫磷 | 0.083 4 | 0.010 8 | 0.010 0 | 0.066 7 | 0.011 3 | 0.014 6 |
| 82 | 三氯杀螨砜 | 0.041 6 | 0.014 5 | 0.005 1 | 0.033 3 | 0.101 3 | 0.003 8 |
| 83 | 吡菌磷 | 0.083 4 | 0.005 1 | 0.006 2 | 0.066 7 | 0.101 3 | 0.007 2 |
| 84 | 反式-氯菊酯 | 0.041 6 | 0.008 6 | 0.008 9 | 0.033 3 | 0.006 4 | 0.007 4 |
| 85 | 氯氰菊酯 | 0.125 0 | 0.035 4 | 0.027 0 | 0.100 0 | 0.015 2 | 0.026 3 |
| 86 | 氰戊菊酯-1 | 0.166 6 | 0.041 8 | 0.049 4 | 0.133 3 | 0.020 7 | 0.031 8 |
| 87 | 氰戊菊酯-2 | 0.166 6 | 0.063 5 | 0.017 8 | 0.133 3 | 0.101 3 | 0.017 6 |
| 88 | 溴氰菊酯 | 0.250 0 | 0.050 7 | 0.037 2 | 0.200 0 | 0.041 0 | 0.046 3 |
| B组 | | | | | | | |
| 89 | 茵草敌 | 0.012 6 | 0.000 8 | 0.000 8 | 0.010 1 | 0.001 3 | 0.000 5 |
| 90 | 丁草敌 | 0.012 6 | 0.001 0 | 0.001 1 | 0.010 1 | 0.101 3 | 0.000 6 |
| 91 | 敌草腈 | 0.000 8 | 0.000 1 | 0.000 1 | 0.000 6 | 0.000 1 | 0.000 1 |
| 92 | 克草敌 | 0.012 6 | 0.000 9 | 0.000 9 | 0.010 1 | 0.001 0 | 0.000 6 |
| 93 | 三氯甲基吡啶 | 0.012 6 | 0.001 0 | 0.001 1 | 0.010 1 | 0.001 4 | 0.000 7 |
| 94 | 速灭磷 | 0.008 4 | 0.001 7 | 0.000 8 | 0.006 7 | 0.001 8 | 0.000 8 |
| 95 | 氯苯甲醚 | 0.004 2 | 0.000 6 | 0.000 4 | 0.003 4 | 0.000 2 | 0.000 1 |
| 96 | 四氯硝基苯 | 0.008 4 | 0.000 7 | 0.000 6 | 0.006 7 | 0.000 4 | 0.000 3 |
| 97 | 庚烯磷 | 0.012 6 | 0.001 3 | 0.000 9 | 0.010 1 | 0.000 6 | 0.000 8 |
| 98 | 灭线磷 | 0.012 6 | 0.001 0 | 0.000 8 | 0.010 1 | 0.000 4 | 0.000 9 |

表 E.1（续）

| 序号 | 名　称 | 含量/(mg/kg) | 重复性限 $r$ | 再现性限 $R$ | 含量/(mg/L) | 重复性限 $r$ | 再现性限 $R$ |
|---|---|---|---|---|---|---|---|
| 99 | 六氯苯 | 0.004 2 | 0.000 3 | 0.000 3 | 0.003 4 | 0.000 1 | 0.000 1 |
| 100 | 毒草胺 | 0.012 6 | 0.001 1 | 0.001 0 | 0.010 1 | 0.000 4 | 0.000 8 |
| 101 | 顺式-燕麦敌 | 0.008 4 | 0.000 6 | 0.000 5 | 0.006 7 | 0.001 3 | 0.001 5 |
| 102 | 氟乐灵 | 0.008 4 | 0.000 8 | 0.000 6 | 0.006 7 | 0.000 3 | 0.000 3 |
| 103 | 反式-燕麦敌 | 0.008 4 | 0.000 9 | 0.000 6 | 0.006 7 | 0.000 6 | 0.000 7 |
| 104 | 氯苯胺灵 | 0.008 4 | 0.000 6 | 0.000 5 | 0.006 7 | 0.001 3 | 0.001 1 |
| 105 | 治螟磷 | 0.004 2 | 0.000 4 | 0.000 3 | 0.003 4 | 0.000 2 | 0.000 2 |
| 106 | 菜草畏 | 0.008 4 | 0.000 7 | 0.000 6 | 0.006 7 | 0.000 2 | 0.000 3 |
| 107 | α-六六六 | 0.004 2 | 0.000 7 | 0.000 9 | 0.003 4 | 0.000 1 | 0.000 2 |
| 108 | 特丁硫磷 | 0.008 4 | 0.000 7 | 0.000 6 | 0.006 7 | 0.000 3 | 0.000 5 |
| 109 | 特丁通 | 0.125 0 | 0.033 2 | 0.038 8 | 0.100 0 | 0.011 3 | 0.019 7 |
| 110 | 环丙氟灵 | 0.016 6 | 0.001 3 | 0.001 2 | 0.013 3 | 0.000 5 | 0.000 7 |
| 111 | 敌噁磷 | 0.016 6 | 0.002 5 | 0.001 8 | 0.013 3 | 0.000 6 | 0.001 0 |
| 112 | 扑灭津 | 0.004 2 | 0.000 3 | 0.000 3 | 0.003 4 | 0.000 1 | 0.000 2 |
| 113 | 氯炔灵 | 0.008 4 | 0.000 7 | 0.000 8 | 0.006 7 | 0.000 4 | 0.000 7 |
| 114 | 氯硝胺 | 0.008 4 | 0.000 8 | 0.000 7 | 0.006 7 | 0.000 3 | 0.000 4 |
| 115 | 特丁津 | 0.004 2 | 0.000 6 | 0.000 5 | 0.003 4 | 0.000 4 | 0.000 6 |
| 116 | 绿谷隆 | 0.016 6 | 0.004 8 | 0.004 9 | 0.013 3 | 0.002 3 | 0.002 9 |
| 117 | 杀螟腈 | 0.083 3 | 0.002 7 | 0.005 6 | 0.066 7 | 0.066 7 | 0.001 6 |
| 118 | 氟虫脲 | 0.012 6 | 0.002 4 | 0.003 3 | 0.010 1 | 0.002 4 | 0.002 5 |
| 119 | 甲基毒死蜱 | 0.004 2 | 0.000 6 | 0.000 5 | 0.003 4 | 0.000 2 | 0.000 2 |
| 120 | 敌草净 | 0.004 2 | 0.001 0 | 0.000 5 | 0.003 4 | 0.001 4 | 0.000 8 |
| 121 | 二甲草胺 | 0.012 6 | 0.001 0 | 0.000 8 | 0.010 1 | 0.000 6 | 0.000 9 |
| 122 | 甲草胺 | 0.012 6 | 0.001 0 | 0.000 9 | 0.010 1 | 0.000 4 | 0.000 9 |
| 123 | 甲基嘧啶磷 | 0.004 2 | 0.000 3 | 0.000 3 | 0.003 4 | 0.001 1 | 0.001 4 |
| 124 | 特丁净 | 0.008 4 | 0.000 7 | 0.000 6 | 0.006 7 | 0.001 3 | 0.001 1 |
| 125 | 丙硫特普 | 0.008 4 | 0.004 2 | 0.003 9 | 0.006 7 | 0.003 5 | 0.003 6 |
| 126 | 杀草丹 | 0.008 4 | 0.000 8 | 0.000 7 | 0.006 7 | 0.000 3 | 0.000 5 |
| 127 | 三氯杀螨醇 | 0.008 4 | 0.002 6 | 0.002 3 | 0.006 7 | 0.001 2 | 0.001 3 |
| 128 | 异丙甲草胺 | 0.004 2 | 0.000 2 | 0.000 2 | 0.003 4 | 0.000 1 | 0.000 3 |
| 129 | 嘧啶磷 | 0.008 4 | 0.000 6 | 0.000 6 | 0.006 7 | 0.000 4 | 0.000 5 |
| 130 | 氧化氯丹 | 0.004 2 | 0.000 2 | 0.000 3 | 0.003 4 | 0.000 1 | 0.000 2 |
| 131 | 苯氟磺胺 | 0.025 0 | 0.002 5 | 0.002 3 | 0.020 0 | 0.001 2 | 0.002 0 |
| 132 | 烯虫酯 | 0.016 6 | 0.001 1 | 0.000 6 | 0.013 3 | 0.002 7 | 0.003 3 |
| 133 | 溴硫磷 | 0.008 4 | 0.000 8 | 0.000 9 | 0.006 7 | 0.003 7 | 0.002 8 |

**表 E.1（续）**

| 序号 | 名　称 | 含量/(mg/kg) | 重复性限 $r$ | 再现性限 $R$ | 含量/(mg/L) | 重复性限 $r$ | 再现性限 $R$ |
|---|---|---|---|---|---|---|---|
| 134 | 乙氧呋草黄 | 0.008 4 | 0.000 6 | 0.000 6 | 0.006 7 | 0.000 5 | 0.000 5 |
| 135 | 异丙乐灵 | 0.008 4 | 0.001 0 | 0.000 7 | 0.006 7 | 0.000 3 | 0.000 4 |
| 136 | 敌稗 | 0.008 4 | 0.001 5 | 0.001 7 | 0.006 7 | 0.000 8 | 0.000 6 |
| 137 | 育畜磷 | 0.025 0 | 0.002 0 | 0.001 6 | 0.020 0 | 0.001 6 | 0.002 6 |
| 138 | 异柳磷 | 0.008 4 | 0.000 6 | 0.000 6 | 0.006 7 | 0.001 7 | 0.001 8 |
| 139 | 硫丹-1 | 0.025 0 | 0.002 8 | 0.002 6 | 0.020 0 | 0.001 8 | 0.001 9 |
| 140 | 毒虫畏 | 0.012 6 | 0.001 1 | 0.000 9 | 0.010 1 | 0.000 5 | 0.000 9 |
| 141 | 甲苯氟磺胺 | 0.012 6 | 0.001 2 | 0.001 5 | 0.010 1 | 0.001 2 | 0.001 3 |
| 142 | 顺式-氯丹 | 0.008 4 | 0.001 0 | 0.000 8 | 0.006 7 | 0.000 1 | 0.000 3 |
| 143 | 丁草胺 | 0.008 4 | 0.001 7 | 0.001 3 | 0.006 7 | 0.000 2 | 0.000 4 |
| 144 | 乙菌利 | 0.008 4 | 0.000 6 | 0.000 6 | 0.006 7 | 0.000 3 | 0.000 5 |
| 145 | $p,p'$-滴滴伊 | 0.004 2 | 0.000 3 | 0.000 3 | 0.003 4 | 0.000 0 | 0.000 2 |
| 146 | 碘硫磷 | 0.008 4 | 0.000 7 | 0.000 6 | 0.006 7 | 0.000 3 | 0.000 5 |
| 147 | 杀虫畏 | 0.012 6 | 0.001 3 | 0.001 1 | 0.010 1 | 0.000 8 | 0.000 9 |
| 148 | 氯溴隆 | 0.100 0 | 0.011 1 | 0.015 2 | 0.080 0 | 0.027 8 | 0.032 1 |
| 149 | 丙溴磷 | 0.025 0 | 0.002 2 | 0.001 9 | 0.020 0 | 0.001 0 | 0.001 9 |
| 150 | 噻嗪酮 | 0.008 4 | 0.000 7 | 0.001 1 | 0.006 7 | 0.001 6 | 0.001 7 |
| 151 | 己唑醇 | 0.025 0 | 0.001 8 | 0.001 8 | 0.020 0 | 0.002 0 | 0.001 9 |
| 152 | $o,p'$-滴滴滴 | 0.004 2 | 0.000 2 | 0.000 2 | 0.003 4 | 0.000 1 | 0.000 1 |
| 153 | 杀螨酯 | 0.008 4 | 0.000 9 | 0.000 9 | 0.006 7 | 0.000 4 | 0.000 6 |
| 154 | 氟咯草酮 | 0.008 4 | 0.001 7 | 0.002 1 | 0.006 7 | 0.000 4 | 0.000 3 |
| 155 | 异狄氏剂 | 0.050 0 | 0.002 4 | 0.002 2 | 0.040 0 | 0.001 6 | 0.002 7 |
| 156 | 多效唑 | 0.012 6 | 0.000 9 | 0.000 7 | 0.010 1 | 0.001 2 | 0.001 3 |
| 157 | $o,p'$-滴滴涕 | 0.008 4 | 0.000 8 | 0.000 9 | 0.006 7 | 0.000 1 | 0.000 3 |
| 158 | 盖草津 | 0.012 6 | 0.001 2 | 0.000 9 | 0.010 1 | 0.002 1 | 0.003 0 |
| 159 | 抑草蓬 | 0.083 3 | 0.018 6 | 0.024 3 | 0.066 7 | 0.016 2 | 0.021 8 |
| 160 | 丙酯杀螨醇 | 0.004 2 | 0.000 0 | 0.000 0 | 0.003 4 | 0.000 1 | 0.000 2 |
| 161 | 麦草氟甲酯 | 0.004 2 | 0.000 3 | 0.000 3 | 0.003 4 | 0.000 2 | 0.000 3 |
| 162 | 除草醚 | 0.025 0 | 0.002 0 | 0.002 0 | 0.020 0 | 0.000 9 | 0.001 7 |
| 163 | 乙氧氟草醚 | 0.016 6 | 0.001 4 | 0.001 3 | 0.013 3 | 0.000 6 | 0.001 1 |
| 164 | 虫螨磷 | 0.012 6 | 0.001 0 | 0.000 9 | 0.010 1 | 0.000 5 | 0.000 8 |
| 165 | 麦草氟异丙酯 | 0.004 2 | 0.000 3 | 0.000 3 | 0.003 4 | 0.000 1 | 0.000 3 |
| 166 | 硫丹-2 | 0.025 0 | 0.005 8 | 0.006 1 | 0.020 0 | 0.000 9 | 0.001 7 |
| 167 | 三硫磷 | 0.008 4 | 0.000 7 | 0.000 7 | 0.006 7 | 0.000 3 | 0.000 4 |
| 168 | $p,p'$-滴滴涕 | 0.008 4 | 0.000 9 | 0.001 0 | 0.006 7 | 0.000 1 | 0.000 3 |

表 E.1（续）

| 序号 | 名　称 | 含量/(mg/kg) | 重复性限 $r$ | 再现性限 $R$ | 含量/(mg/L) | 重复性限 $r$ | 再现性限 $R$ |
|---|---|---|---|---|---|---|---|
| 169 | 苯霜灵 | 0.004 2 | 0.000 2 | 0.000 2 | 0.003 4 | 0.000 1 | 0.000 3 |
| 170 | 敌瘟磷 | 0.008 4 | 0.001 8 | 0.001 8 | 0.006 7 | 0.000 6 | 0.000 8 |
| 171 | 三唑磷 | 0.012 6 | 0.003 0 | 0.002 0 | 0.010 1 | 0.001 3 | 0.001 2 |
| 172 | 苯腈磷 | 0.004 2 | 0.000 2 | 0.000 2 | 0.003 4 | 0.000 1 | 0.000 2 |
| 173 | 氯杀螨砜 | 0.008 4 | 0.000 7 | 0.000 7 | 0.006 7 | 0.000 6 | 0.000 9 |
| 174 | 硫丹硫酸盐 | 0.012 6 | 0.002 4 | 0.001 9 | 0.010 1 | 0.000 5 | 0.000 9 |
| 175 | 溴螨酯 | 0.008 4 | 0.001 3 | 0.000 9 | 0.006 7 | 0.000 3 | 0.000 5 |
| 176 | 新燕灵 | 0.012 6 | 0.001 0 | 0.000 8 | 0.010 1 | 0.001 2 | 0.001 6 |
| 177 | 甲氰菊酯 | 0.008 4 | 0.000 9 | 0.001 1 | 0.006 7 | 0.000 2 | 0.000 4 |
| 178 | 溴苯磷 | 0.008 4 | 0.000 9 | 0.001 0 | 0.006 7 | 0.000 2 | 0.000 3 |
| 179 | 苯硫膦 | 0.016 6 | 0.006 4 | 0.002 7 | 0.013 3 | 0.001 1 | 0.001 5 |
| 180 | 敌菌丹 | 0.075 0 | 0.023 7 | 0.027 0 | 0.060 0 | 0.004 4 | 0.008 6 |
| 181 | 环嗪酮 | 0.012 6 | 0.001 9 | 0.000 9 | 0.010 1 | 0.002 9 | 0.001 6 |
| 182 | 治草醚 | 0.008 4 | 0.002 1 | 0.002 1 | 0.006 7 | 0.000 4 | 0.000 6 |
| 183 | 伏杀硫磷 | 0.008 4 | 0.001 7 | 0.001 3 | 0.006 7 | 0.000 3 | 0.000 6 |
| 184 | 氯苯嘧啶醇 | 0.008 4 | 0.000 7 | 0.000 6 | 0.006 7 | 0.000 4 | 0.000 5 |
| 185 | 保棉磷 | 0.025 0 | 0.004 1 | 0.003 9 | 0.020 0 | 0.002 8 | 0.004 3 |
| 186 | 益棉磷 | 0.008 4 | 0.001 0 | 0.001 2 | 0.006 7 | 0.000 9 | 0.001 3 |
| 187 | 蝇毒磷 | 0.025 0 | 0.002 9 | 0.003 1 | 0.020 0 | 0.001 1 | 0.001 8 |
| 188 | 氟氯氰菊酯 | 0.050 0 | 0.007 1 | 0.006 7 | 0.040 0 | 0.004 5 | 0.005 7 |
| 189 | 氟胺氰菊酯 | 0.050 0 | 0.006 1 | 0.005 1 | 0.040 0 | 0.001 1 | 0.002 0 |
| C组 | | | | | | | |
| 190 | 敌敌畏 | 0.250 0 | 0.041 0 | 0.031 1 | 0.200 0 | 0.015 5 | 0.012 8 |
| 191 | 联苯 | 0.041 7 | 0.001 5 | 0.003 4 | 0.033 3 | 0.033 3 | 0.000 4 |
| 192 | 灭草敌 | 0.041 6 | 0.008 0 | 0.004 3 | 0.033 3 | 0.004 6 | 0.003 2 |
| 193 | 3,5-二氯苯胺 | 0.041 6 | 0.010 3 | 0.013 0 | 0.033 3 | 0.009 1 | 0.013 2 |
| 194 | 虫螨畏 | 0.041 6 | 0.005 3 | 0.002 7 | 0.033 3 | 0.010 2 | 0.021 8 |
| 195 | 禾草敌 | 0.041 6 | 0.005 5 | 0.003 0 | 0.033 3 | 0.002 5 | 0.002 4 |
| 196 | 邻苯基苯酚 | 0.041 6 | 0.005 1 | 0.002 6 | 0.033 3 | 0.001 9 | 0.002 9 |
| 197 | 四氢邻苯二甲酰亚胺 | 0.125 0 | 0.023 0 | 0.025 7 | 0.100 0 | 0.005 9 | 0.010 6 |
| 198 | 仲丁威 | 0.083 4 | 0.008 3 | 0.005 2 | 0.066 7 | 0.006 5 | 0.006 0 |
| 199 | 乙丁氟灵 | 0.041 6 | 0.004 7 | 0.002 4 | 0.033 3 | 0.002 0 | 0.003 0 |
| 200 | 氟铃脲 | 0.250 0 | 0.084 6 | 0.062 1 | 0.200 0 | 0.010 4 | 0.016 5 |
| 201 | 扑灭通 | 0.125 0 | 0.010 2 | 0.007 8 | 0.100 0 | 0.009 2 | 0.013 8 |
| 202 | 野麦畏 | 0.083 4 | 0.009 2 | 0.005 1 | 0.066 7 | 0.003 3 | 0.003 3 |

表 E.1（续）

| 序号 | 名　　称 | 含量/(mg/kg) | 重复性限 $r$ | 再现性限 $R$ | 含量/(mg/L) | 重复性限 $r$ | 再现性限 $R$ |
|---|---|---|---|---|---|---|---|
| 203 | 嘧霉胺 | 0.041 6 | 0.005 2 | 0.006 9 | 0.033 3 | 0.005 8 | 0.002 9 |
| 204 | 林丹 | 0.083 4 | 0.006 8 | 0.004 7 | 0.066 7 | 0.004 8 | 0.004 5 |
| 205 | 乙拌磷 | 0.041 6 | 0.004 9 | 0.002 7 | 0.033 3 | 0.005 1 | 0.006 7 |
| 206 | 莠去净 | 0.041 6 | 0.003 9 | 0.002 7 | 0.033 3 | 0.004 0 | 0.006 1 |
| 207 | 异稻瘟净 | 0.125 0 | 0.008 3 | 0.006 5 | 0.100 0 | 0.004 7 | 0.007 2 |
| 208 | 七氯 | 0.125 0 | 0.006 6 | 0.011 3 | 0.100 0 | 0.047 7 | 0.091 7 |
| 209 | 氯唑磷 | 0.083 4 | 0.016 8 | 0.010 8 | 0.066 7 | 0.015 4 | 0.008 9 |
| 210 | 三氯杀虫酯 | 0.083 4 | 0.006 5 | 0.003 5 | 0.066 7 | 0.012 2 | 0.011 0 |
| 211 | 氯乙氟灵 | 0.166 6 | 0.023 6 | 0.010 4 | 0.133 3 | 0.007 2 | 0.009 2 |
| 212 | 四氟苯菊酯 | 0.041 6 | 0.002 7 | 0.003 5 | 0.033 3 | 0.011 3 | 0.011 8 |
| 213 | 丁苯吗啉 | 0.041 6 | 0.008 0 | 0.004 4 | 0.033 3 | 0.011 3 | 0.006 3 |
| 214 | 甲基立枯磷 | 0.041 6 | 0.005 0 | 0.007 7 | 0.033 3 | 0.281 1 | 0.136 5 |
| 215 | 异丙草胺 | 0.041 7 | 0.001 4 | 0.003 8 | 0.033 3 | 0.000 4 | 0.001 4 |
| 216 | 莠灭净 | 0.125 0 | 0.011 9 | 0.010 8 | 0.100 0 | 0.023 5 | 0.017 8 |
| 217 | 嗪草酮 | 0.125 0 | 0.011 2 | 0.010 1 | 0.100 0 | 0.004 5 | 0.007 4 |
| 218 | 噻节因 | — | | | 0.100 0 | 0.022 3 | 0.028 5 |
| 219 | 异丙净 | 0.041 6 | 0.005 9 | 0.005 4 | 0.033 3 | 0.003 9 | 0.006 0 |
| 220 | 安硫磷 | 0.083 4 | 0.007 3 | 0.009 6 | 0.066 7 | 0.005 2 | 0.008 9 |
| 221 | 乙霉威 | 0.250 0 | 0.033 4 | 0.028 7 | 0.200 0 | 0.014 1 | 0.018 4 |
| 222 | 哌草丹 | 0.083 4 | 0.008 8 | 0.017 3 | 0.066 7 | 0.009 7 | 0.017 3 |
| 223 | 生物烯丙菊酯-1 | 0.166 6 | 0.036 3 | 0.040 2 | 0.133 3 | 0.013 3 | 0.014 4 |
| 224 | 生物烯丙菊酯-2 | 0.166 6 | 0.015 7 | 0.016 0 | 0.133 3 | 0.018 8 | 0.031 0 |
| 225 | 芬螨酯 | 0.041 6 | 0.010 5 | 0.008 7 | 0.033 3 | 0.001 3 | 0.002 9 |
| 226 | *o*,*p*′-滴滴伊 | 0.041 6 | 0.003 9 | 0.002 7 | 0.033 3 | 0.011 4 | 0.011 9 |
| 227 | 双苯酰草胺 | 0.041 6 | 0.005 5 | 0.002 8 | 0.033 3 | 0.001 6 | 0.002 6 |
| 228 | 戊菌唑 | 0.125 0 | 0.014 0 | 0.014 4 | 0.100 0 | 0.009 1 | 0.007 2 |
| 229 | 四氟醚唑 | 0.125 0 | 0.014 9 | 0.017 9 | 0.100 0 | 0.005 7 | 0.009 8 |
| 230 | 灭蚜磷 | 0.166 6 | 0.028 8 | 0.025 1 | 0.133 3 | 0.011 3 | 0.015 7 |
| 231 | 丙虫磷 | 0.083 4 | 0.002 5 | 0.007 0 | 0.066 7 | 0.000 9 | 0.002 4 |
| 232 | 氟节胺 | 0.083 4 | 0.009 0 | 0.006 8 | 0.066 7 | 0.017 5 | 0.013 2 |
| 233 | 三唑醇-1 | 0.125 0 | 0.025 1 | 0.030 4 | 0.100 0 | 0.008 0 | 0.009 5 |
| 234 | 三唑醇-2 | 0.125 0 | 0.019 0 | 0.024 5 | 0.100 0 | 0.011 7 | 0.012 8 |
| 235 | 亚胺菌 | 0.041 6 | 0.008 1 | 0.006 9 | 0.033 3 | 0.003 3 | 0.003 9 |
| 236 | 吡氟禾草灵 | 0.041 6 | 0.003 7 | 0.005 1 | 0.033 3 | 0.001 4 | 0.002 5 |
| 237 | 氟啶脲 | 0.125 0 | 0.119 6 | 0.101 7 | 0.100 0 | 0.025 6 | 0.026 2 |

表 E.1（续）

| 序号 | 名　称 | 含量/(mg/kg) | 重复性限 $r$ | 再现性限 $R$ | 含量/(mg/L) | 重复性限 $r$ | 再现性限 $R$ |
| --- | --- | --- | --- | --- | --- | --- | --- |
| 238 | 乙酯杀螨醇 | 0.041 6 | 0.002 9 | 0.002 9 | 0.033 3 | 0.004 1 | 0.004 4 |
| 239 | 烯效唑 | 0.083 4 | 0.087 9 | 0.074 5 | 0.066 7 | 0.006 6 | 0.006 8 |
| 240 | 氟哇唑 | 0.125 0 | 0.019 3 | 0.024 1 | 0.100 0 | 0.006 2 | 0.008 3 |
| 241 | 三氟硝草醚 | 0.041 6 | 0.005 3 | 0.002 5 | 0.033 3 | 0.003 7 | 0.006 3 |
| 242 | 烯唑醇 | 0.125 0 | 0.017 9 | 0.010 7 | 0.100 0 | 0.011 0 | 0.010 8 |
| 243 | 增效醚 | 0.041 6 | 0.004 4 | 0.004 5 | 0.033 3 | 0.001 1 | 0.002 6 |
| 244 | 嗯唑隆 | 0.166 6 | 0.038 6 | 0.055 2 | 0.133 3 | 0.017 7 | 0.023 1 |
| 245 | 炔螨特 | 0.083 4 | 0.007 6 | 0.004 7 | 0.066 7 | 0.007 4 | 0.006 6 |
| 246 | 灭锈胺 | 0.041 6 | 0.003 6 | 0.002 8 | 0.033 3 | 0.001 1 | 0.041 1 |
| 247 | 吡氟酰草胺 | 0.041 6 | 0.004 2 | 0.002 4 | 0.033 3 | 0.001 3 | 0.002 5 |
| 248 | 咯菌腈 | 0.041 6 | 0.010 3 | 0.005 8 | 0.033 6 | 0.003 7 | 0.003 2 |
| 249 | 喹螨醚 | 0.041 6 | 0.019 0 | 0.016 7 | 未添加 | | |
| 250 | 苯醚菊酯 | 0.041 6 | 0.004 1 | 0.002 0 | 0.033 3 | 0.003 7 | 0.003 8 |
| 251 | 苯氧威 | 0.250 0 | 0.075 6 | 0.061 4 | 0.200 0 | 0.030 9 | 0.029 3 |
| 252 | 霜霉威 | 0.125 0 | 0.024 2 | 0.016 9 | 0.100 0 | 0.027 9 | 0.014 7 |
| 253 | 莎稗磷 | 0.083 4 | 0.005 3 | 0.005 6 | 0.066 7 | 0.019 9 | 0.018 8 |
| 254 | 氟丙菊酯 | 0.083 4 | 0.009 0 | 0.012 6 | 0.066 7 | 0.006 4 | 0.005 8 |
| 255 | 高效氯氟氰菊酯 | 0.041 6 | 0.005 6 | 0.004 8 | 0.033 3 | 0.002 8 | 0.002 8 |
| 256 | 苯噻酰草胺 | 0.125 0 | 0.036 2 | 0.020 9 | 0.100 0 | 0.003 8 | 0.006 3 |
| 257 | 氯菊酯 | 0.083 4 | 0.009 4 | 0.004 6 | 0.066 7 | 0.003 6 | 0.005 1 |
| 258 | 哒螨灵 | 0.041 6 | 0.004 6 | 0.002 7 | 0.033 3 | 0.001 7 | 0.002 9 |
| 259 | 乙羧氟草醚 | 0.500 0 | 0.110 0 | 0.065 8 | 0.400 0 | 0.045 8 | 0.038 0 |
| 260 | 联苯三唑醇 | 0.125 0 | 0.015 2 | 0.015 9 | 0.100 0 | 0.005 8 | 0.014 5 |
| 261 | 醚菊酯 | 0.041 6 | 0.009 4 | 0.006 2 | 0.033 3 | 0.005 5 | 0.007 7 |
| 262 | 噻草酮 | 0.500 0 | 0.096 8 | 0.119 6 | 0.400 0 | 0.124 5 | 0.112 9 |
| 263 | 顺式-氯氰菊酯 | 0.083 4 | 0.009 8 | 0.011 4 | 0.066 7 | 0.023 3 | 0.016 2 |
| 264 | 氟氰戊菊酯 | 0.083 4 | 0.023 0 | 0.013 3 | 0.066 7 | 0.011 4 | 0.007 9 |
| 265 | 氟氰戊菊酯 | 0.083 4 | 0.022 5 | 0.025 1 | 0.066 7 | 0.008 1 | 0.006 8 |
| 266 | *S*-氰戊菊酯 | 0.166 6 | 0.039 4 | 0.056 4 | 0.133 3 | 0.047 3 | 0.036 6 |
| 267 | 苯醚甲环唑-1 | 0.250 0 | 0.033 5 | 0.035 1 | 0.200 0 | 0.021 4 | 0.014 2 |
| 268 | 苯醚甲环唑-2 | 0.250 0 | 0.039 4 | 0.041 2 | 0.200 0 | 0.035 3 | 0.043 4 |
| 269 | 丙炔氟草胺 | 0.083 4 | 0.009 9 | 0.006 9 | 0.066 7 | 0.007 3 | 0.012 9 |
| 270 | 氟烯草酸 | 0.083 4 | 0.009 8 | 0.005 3 | 0.066 7 | 0.002 5 | 0.007 6 |
| D组 | | | | | | | |
| 271 | 甲氟磷 | 0.125 0 | 0.021 0 | 0.029 7 | 0.100 0 | 0.027 0 | 0.048 7 |

表 E.1（续）

| 序号 | 名　　称 | 含量/(mg/kg) | 重复性限 $r$ | 再现性限 $R$ | 含量/(mg/L) | 重复性限 $r$ | 再现性限 $R$ |
|---|---|---|---|---|---|---|---|
| 272 | 乙拌磷亚砜 | 0.083 4 | 0.006 3 | 0.006 0 | 0.066 7 | 0.005 9 | 0.008 8 |
| 273 | 五氯苯 | 0.041 6 | 0.005 0 | 0.004 3 | 0.033 3 | 0.006 3 | 0.005 8 |
| 274 | 鼠立死 | 0.041 6 | 0.012 0 | 0.011 6 | 0.033 3 | 0.002 6 | 0.003 2 |
| 275 | 4-溴-3,5-二甲苯基-*N*-甲基氨基甲酸酯-1 | 0.083 4 | 0.025 2 | 0.016 6 | 0.066 7 | 0.010 4 | 0.014 3 |
| 276 | 燕麦酯 | 0.041 6 | 0.020 4 | 0.010 2 | 0.033 3 | 0.007 7 | 0.008 2 |
| 277 | 虫线磷 | 0.041 6 | 0.006 8 | 0.004 9 | 0.033 3 | 0.003 9 | 0.005 5 |
| 278 | 2,3,5,6-四氯苯胺 | 0.041 6 | 0.005 4 | 0.002 9 | 0.033 3 | 0.004 4 | 0.005 3 |
| 279 | 三正丁基磷酸盐 | 0.083 4 | 0.009 6 | 0.004 9 | 0.066 7 | 0.006 3 | 0.008 4 |
| 280 | 2,3,4,5-四氯甲氧基苯 | 0.041 6 | 0.004 8 | 0.003 1 | 0.033 3 | 0.004 0 | 0.005 1 |
| 281 | 五氯甲氧基苯 | 0.041 6 | 0.003 6 | 0.002 5 | 0.033 3 | 0.003 9 | 0.004 6 |
| 282 | 牧草胺 | 0.083 4 | 0.009 2 | 0.005 9 | 0.066 7 | 0.006 9 | 0.008 8 |
| 283 | 甲基苯噻隆 | 0.416 6 | 0.024 7 | 0.022 1 | 0.333 3 | 0.034 7 | 0.046 4 |
| 284 | 西玛通 | 0.083 4 | 0.008 5 | 0.011 8 | 0.066 7 | 0.008 4 | 0.006 7 |
| 285 | 阿特拉通 | 0.041 6 | 0.001 8 | 0.002 4 | 0.033 3 | 0.006 1 | 0.003 5 |
| 286 | 溴烯杀 | 0.041 6 | 0.013 1 | 0.005 4 | 0.033 3 | 0.003 1 | 0.004 0 |
| 287 | 七氟菊酯 | 0.041 6 | 0.004 6 | 0.003 6 | 0.033 3 | 0.003 1 | 0.003 5 |
| 288 | 草达津 | 0.041 6 | 0.004 1 | 0.003 0 | 0.033 3 | 0.003 4 | 0.004 4 |
| 289 | 2,6-二氯苯甲酰胺 | 0.083 4 | 0.013 5 | 0.015 4 | 0.066 7 | 0.006 2 | 0.009 8 |
| 290 | 环莠隆 | 0.125 0 | 0.048 0 | 0.031 5 | 0.100 0 | 0.013 3 | 0.015 0 |
| 291 | 2,4,4′-三氯联苯 | 0.041 6 | 0.010 1 | 0.009 0 | 0.033 3 | 0.003 4 | 0.004 3 |
| 292 | 2,4,5-三氯联苯 | 0.041 6 | 0.006 0 | 0.006 1 | 0.033 3 | 0.004 7 | 0.006 3 |
| 293 | 脱乙基另丁津 | 0.083 4 | 0.006 3 | 0.003 7 | 0.066 7 | 0.005 5 | 0.008 5 |
| 294 | 2,3,4,5-四氯苯胺 | 0.083 4 | 0.010 7 | 0.010 5 | 0.066 7 | 0.007 4 | 0.009 3 |
| 295 | 合成麝香 | 0.041 6 | 0.005 0 | 0.001 9 | 0.033 3 | 0.003 4 | 0.004 4 |
| 296 | 二甲苯麝香 | 0.041 6 | 0.006 3 | 0.004 1 | 0.033 3 | 0.003 2 | 0.004 1 |
| 297 | 五氯苯胺 | 0.041 6 | 0.004 7 | 0.003 6 | 0.033 3 | 0.003 5 | 0.004 3 |
| 298 | 叠氮津 | 0.333 4 | 0.050 1 | 0.031 0 | 0.266 7 | 0.034 4 | 0.041 2 |
| 299 | 丁咪酰胺 | 0.208 4 | 0.016 1 | 0.009 5 | 0.166 7 | 0.022 2 | 0.022 2 |
| 300 | 另丁津 | 0.041 6 | 0.004 1 | 0.003 0 | 0.033 3 | 0.002 9 | 0.004 2 |
| 301 | 麝香 | 0.041 7 | 0.000 7 | 0.001 9 | 0.033 3 | 0.033 3 | 0.000 1 |
| 302 | 2,2′,5,5′-四氯联苯 | 0.041 7 | 0.008 6 | 0.007 0 | 0.033 3 | 0.033 3 | 0.000 4 |
| 303 | 苄草丹 | 0.041 6 | 0.006 3 | 0.002 7 | 0.033 3 | 0.003 5 | 0.004 5 |
| 304 | 二甲吩草胺 | 0.041 6 | 0.005 2 | 0.003 4 | 0.033 3 | 0.003 6 | 0.004 7 |
| 305 | 4-溴-3,5-二甲苯基-*N*-甲基氨基甲酸酯-2 | 0.083 4 | 0.005 0 | 0.003 2 | 0.066 7 | 0.007 3 | 0.009 7 |
| 306 | 庚酰草胺 | 0.083 4 | 0.010 8 | 0.008 1 | 0.066 7 | 0.006 0 | 0.007 7 |

表 E.1（续）

| 序号 | 名　　称 | 含量/(mg/kg) | 重复性限 $r$ | 再现性限 $R$ | 含量/(mg/L) | 重复性限 $r$ | 再现性限 $R$ |
|---|---|---|---|---|---|---|---|
| 307 | 八氯苯乙烯 | 0.041 7 | 0.001 0 | 0.001 0 | 0.033 3 | 0.033 3 | 0.004 8 |
| 308 | 异艾氏剂 | 0.041 6 | 0.006 1 | 0.004 5 | 0.033 3 | 0.003 5 | 0.003 8 |
| 309 | 丁嗪草酮 | 0.083 4 | 0.005 7 | 0.003 2 | 0.066 7 | 0.005 7 | 0.007 8 |
| 310 | 毒壤磷 | 0.041 7 | 0.000 9 | 0.004 5 | 0.033 3 | 0.033 3 | 0.000 4 |
| 311 | 敌草索 | 0.041 6 | 0.002 6 | 0.002 1 | 0.033 3 | 0.003 2 | 0.004 3 |
| 312 | 4,4-二氯二苯甲酮 | 0.041 6 | 0.003 5 | 0.002 9 | 0.033 3 | 0.003 0 | 0.003 9 |
| 313 | 酞菌酯 | 0.083 4 | 0.004 6 | 0.005 7 | 0.066 7 | 0.007 6 | 0.009 2 |
| 314 | 麝香酮 | 0.041 6 | 0.004 8 | 0.004 7 | 0.033 3 | 0.003 5 | 0.004 4 |
| 315 | 吡咪唑 | 0.041 6 | 0.003 3 | 0.003 6 | 0.033 3 | 0.003 8 | 0.005 4 |
| 316 | 嘧菌环胺 | 0.041 6 | 0.004 0 | 0.003 9 | 0.033 3 | 0.003 3 | 0.004 4 |
| 317 | 麦穗灵 | 未添加 | | | — | | |
| 318 | 异氯磷 | 0.208 4 | 0.028 6 | 0.008 5 | 0.166 7 | 0.018 7 | 0.024 1 |
| 319 | 呋菌胺 | — | | | 0.033 3 | 0.008 7 | 0.011 8 |
| 320 | 2-甲-4-氯丁氧乙基酯 | 0.041 6 | 0.006 2 | 0.004 0 | 0.033 3 | 0.003 1 | 0.004 0 |
| 321 | 2,2′,4,5,5′-五氯联苯 | 0.041 6 | 0.003 7 | 0.002 6 | 0.033 3 | 0.002 2 | 0.002 7 |
| 322 | 水胺硫磷 | 0.083 4 | 0.007 6 | 0.004 2 | 0.066 7 | 0.006 9 | 0.008 7 |
| 323 | 甲拌磷砜 | 0.041 6 | 0.014 4 | 0.007 9 | 0.033 3 | 0.006 2 | 0.005 8 |
| 324 | 杀螨醇 | 0.041 7 | 0.000 6 | 0.000 7 | 0.033 3 | 0.033 3 | 0.000 6 |
| 325 | 反式九氯 | 0.041 6 | 0.004 0 | 0.003 7 | 0.033 3 | 0.002 7 | 0.003 0 |
| 326 | 消螨通 | — | | | 0.333 3 | 0.056 8 | 0.086 1 |
| 327 | 脱叶磷 | 0.083 4 | 0.008 1 | 0.005 0 | 0.066 7 | 0.007 8 | 0.008 4 |
| 328 | 溴苯烯磷 | 0.041 6 | 0.011 6 | 0.008 5 | 0.033 3 | 0.002 9 | 0.003 9 |
| 329 | 乙滴涕 | 0.041 6 | 0.003 7 | 0.002 7 | 0.033 3 | 0.003 2 | 0.003 4 |
| 330 | 灭菌磷 | 0.041 6 | 0.012 2 | 0.007 1 | 0.033 3 | 0.004 3 | 0.008 2 |
| 331 | 2,3,4,4′,5-五氯联苯 | 0.041 6 | 0.005 9 | 0.004 8 | 0.033 3 | 0.002 5 | 0.003 2 |
| 332 | 地胺磷 | 0.083 4 | 0.010 1 | 0.007 0 | 0.066 7 | 0.006 6 | 0.009 6 |
| 333 | 4,4-二溴二苯甲酮 | 0.041 6 | 0.007 8 | 0.006 7 | 0.033 3 | 0.003 4 | 0.004 3 |
| 334 | 粉唑醇 | 0.083 4 | 0.007 6 | 0.008 7 | 0.066 7 | 0.012 7 | 0.020 3 |
| 335 | 2,2′,4,4′,5,5′-六氯联苯 | 0.041 7 | 0.000 6 | 0.000 7 | 0.033 3 | 0.033 3 | 0.000 2 |
| 336 | 苄氯三唑醇 | 0.166 6 | 0.013 0 | 0.006 2 | 0.133 3 | 0.013 7 | 0.018 9 |
| 337 | 乙拌磷砜 | 0.083 4 | 0.008 6 | 0.005 8 | 0.066 7 | 0.019 7 | 0.016 1 |
| 338 | 噻螨酮 | 0.333 4 | 0.064 2 | 0.017 8 | 0.266 7 | 0.023 6 | 0.047 3 |
| 339 | 2,2′,3,4,4′,5-六氯联苯 | 0.041 6 | 0.004 7 | 0.003 8 | 0.033 3 | 0.002 3 | 0.002 5 |

表 E.1（续）

| 序号 | 名　称 | 含量/(mg/kg) | 重复性限 r | 再现性限 R | 含量/(mg/L) | 重复性限 r | 再现性限 R |
|---|---|---|---|---|---|---|---|
| 340 | 环丙唑 | 0.041 6 | 0.030 9 | 0.015 8 | 0.033 3 | 0.004 1 | 0.004 6 |
| 341 | 苄呋菊酯-1 | 0.083 4 | 0.014 1 | 0.010 5 | 0.066 7 | 0.017 5 | 0.020 0 |
| 342 | 苄呋菊酯-2 | 0.083 4 | 0.020 2 | 0.021 6 | 0.066 7 | 0.004 5 | 0.005 8 |
| 343 | 酞酸甲苯基丁酯 | 0.041 6 | 0.010 2 | 0.006 8 | 0.033 3 | 0.003 9 | 0.004 4 |
| 344 | 炔草酸 | 0.083 4 | 0.011 5 | 0.002 7 | 0.066 7 | 0.009 4 | 0.010 1 |
| 345 | 倍硫磷亚砜 | 0.166 6 | 0.009 8 | 0.011 3 | 0.133 3 | 0.021 6 | 0.027 5 |
| 346 | 三氟苯唑 | 0.041 6 | 0.004 0 | 0.002 2 | 0.033 3 | 0.001 9 | 0.002 8 |
| 347 | 氟草烟-1-甲庚酯 | 0.041 6 | 0.002 3 | 0.002 2 | 0.033 3 | 0.003 1 | 0.003 6 |
| 348 | 倍硫磷砜 | 0.166 6 | 0.015 3 | 0.006 8 | 0.133 3 | 0.020 9 | 0.028 2 |
| 349 | 三苯基磷酸盐 | 0.041 6 | 0.003 8 | 0.001 8 | 0.033 3 | 0.003 4 | 0.003 9 |
| 350 | 2,2′,3,4,4′,5,5′-七氯联苯 | 0.041 6 | 0.004 4 | 0.004 0 | 0.033 3 | 0.002 2 | 0.002 1 |
| 351 | 吡螨胺 | 0.041 6 | 0.004 7 | 0.002 6 | 0.033 3 | 0.003 6 | 0.004 2 |
| 352 | 解草酯 | 0.041 6 | 0.014 3 | 0.006 0 | 0.033 3 | 0.001 7 | 0.002 4 |
| 353 | 环草定 | 0.416 6 | 0.040 8 | 0.019 3 | 0.333 3 | 0.034 2 | 0.044 2 |
| 354 | 糠菌唑-1 | 0.083 4 | 0.023 5 | 0.016 1 | 0.066 7 | 0.003 9 | 0.006 9 |
| 355 | 糠菌唑-2 | 0.083 4 | 0.014 8 | 0.010 7 | 0.066 7 | 0.007 5 | 0.006 8 |
| 356 | 甲磺乐灵 | 0.416 6 | 0.045 9 | 0.037 3 | 0.333 3 | 0.044 4 | 0.042 5 |
| 357 | 苯线磷亚砜 | 0.166 6 | 0.020 1 | 0.011 3 | 0.133 3 | 0.032 8 | 0.015 2 |
| 358 | 苯线磷砜 | 0.166 6 | 0.022 4 | 0.016 6 | 0.133 3 | 0.013 3 | 0.012 7 |
| 359 | 拌种咯 | 0.166 6 | 0.019 1 | 0.023 3 | 0.133 3 | 0.007 7 | 0.010 2 |
| 360 | 氟喹唑 | 0.041 6 | 0.010 3 | 0.008 4 | 0.033 3 | 0.003 8 | 0.004 3 |
| 361 | 腈苯唑 | 0.083 4 | 0.010 6 | 0.013 0 | 0.066 7 | 0.008 0 | 0.007 5 |
| E组 | | | | | | | |
| 362 | 残杀威-1 | 0.333 4 | 0.071 6 | 0.039 2 | 0.266 7 | 0.040 7 | 0.048 2 |
| 363 | 灭除威 | 0.083 4 | 0.032 7 | 0.006 6 | 0.066 7 | 0.021 3 | 0.031 4 |
| 364 | 异丙威-1 | 0.083 4 | 0.032 8 | 0.006 2 | 0.066 7 | 0.010 0 | 0.011 6 |
| 365 | 二氢苊 | 0.041 6 | 0.023 5 | 0.017 5 | 未添加 | | |
| 366 | 驱虫特 | 0.083 4 | 0.009 1 | 0.008 8 | 0.066 7 | 0.003 9 | 0.006 5 |
| 367 | 氯氧磷 | 0.083 4 | 0.015 3 | 0.006 7 | 0.066 7 | 0.006 2 | 0.009 3 |
| 368 | 异丙威-2 | 0.083 4 | 0.012 4 | 0.013 8 | 0.066 7 | 0.004 2 | 0.006 7 |
| 369 | 丁噻隆 | 0.166 6 | 0.021 6 | 0.022 6 | 0.133 3 | 0.009 4 | 0.009 5 |
| 370 | 戊菌隆 | 0.166 6 | 0.026 6 | 0.020 4 | 0.133 3 | 0.016 9 | 0.012 1 |
| 371 | 甲基内吸磷 | 0.166 6 | 0.024 5 | 0.025 6 | 0.133 3 | 0.007 0 | 0.009 5 |
| 372 | 残杀威-2 | 0.333 4 | 0.063 0 | 0.056 4 | 0.266 7 | 0.018 8 | 0.027 7 |

表 E.1（续）

| 序号 | 名　称 | 含量/(mg/kg) | 重复性限 r | 再现性限 R | 含量/(mg/L) | 重复性限 r | 再现性限 R |
|---|---|---|---|---|---|---|---|
| 373 | 菲 | 0.041 6 | 0.004 1 | 0.004 1 | 0.033 3 | 0.002 2 | 0.003 9 |
| 374 | 螺菌环胺-1 | 0.083 3 | 0.011 9 | 0.014 6 | 0.066 7 | 0.066 7 | 0.003 5 |
| 375 | 唑螨酯 | 0.333 4 | 0.073 5 | 0.038 8 | 0.266 7 | 0.038 1 | 0.044 9 |
| 376 | 丁基嘧啶磷 | 0.083 4 | 0.008 6 | 0.081 4 | 0.066 7 | 0.003 4 | 0.006 1 |
| 377 | 茉莉酮 | 0.166 7 | 0.004 0 | 0.019 7 | 0.133 3 | 0.133 3 | 0.004 3 |
| 378 | 苯锈啶 | — | | | 0.066 7 | 0.045 6 | 0.023 6 |
| 379 | 咯喹酮 | 0.041 6 | 0.015 5 | 0.017 0 | 0.033 3 | 0.003 2 | 0.003 7 |
| 380 | 草消酚 | 0.166 6 | 0.018 6 | 0.022 6 | — | | |
| 381 | 炔苯酰草胺 | 0.083 4 | 0.032 2 | 0.006 9 | 0.066 7 | 0.003 2 | 0.005 0 |
| 382 | 解草嗪 | 0.083 4 | 0.008 9 | 0.010 7 | 0.066 7 | 0.003 8 | 0.005 1 |
| 383 | 磷胺-1 | 0.083 4 | 0.087 7 | 0.056 5 | 0.066 7 | 0.006 5 | 0.008 5 |
| 384 | 乙草胺 | 0.083 4 | 0.010 8 | 0.011 5 | 0.066 7 | 0.008 7 | 0.007 1 |
| 385 | 灭草环 | 0.166 6 | 0.023 8 | 0.025 6 | 0.133 3 | 0.016 4 | 0.014 3 |
| 386 | 活化酯 | 0.083 4 | 0.009 1 | 0.009 8 | 0.066 7 | 0.003 2 | 0.005 5 |
| 387 | 特草灵-1 | 0.083 4 | 0.047 8 | 0.035 6 | 0.066 7 | 0.066 1 | 0.069 4 |
| 388 | 特草灵-2 | 0.083 4 | 0.010 7 | 0.010 6 | 0.066 7 | 0.004 1 | 0.007 3 |
| 389 | 甲呋酰胺 | 0.083 4 | 0.010 8 | 0.009 5 | 0.066 7 | 0.003 8 | 0.005 4 |
| 390 | 呋草黄 | 0.083 4 | 0.009 9 | 0.009 4 | 0.066 7 | 0.004 0 | 0.006 8 |
| 391 | 精甲霜灵 | 0.083 4 | 0.013 8 | 0.012 0 | 0.066 7 | 0.004 7 | 0.007 8 |
| 392 | 马拉氧磷 | 0.666 6 | 0.117 1 | 0.088 3 | 0.533 3 | 0.053 4 | 0.059 5 |
| 393 | 磷胺-2 | 0.083 4 | 0.004 0 | 0.003 9 | 0.066 7 | 0.008 8 | 0.007 4 |
| 394 | 氯酞酸甲酯 | 0.083 4 | 0.009 6 | 0.009 7 | 0.066 7 | 0.004 3 | 0.007 6 |
| 395 | 硅氟唑 | 0.083 4 | 0.013 2 | 0.014 6 | 0.066 7 | 0.004 9 | 0.007 6 |
| 396 | 特草净 | 0.083 4 | 0.008 8 | 0.006 6 | 0.066 7 | 0.008 2 | 0.006 5 |
| 397 | 噻唑烟酸 | 0.083 4 | 0.010 3 | 0.010 0 | 0.066 7 | 0.003 6 | 0.006 0 |
| 398 | 甲基毒虫畏 | 0.083 4 | 0.015 5 | 0.012 8 | 0.066 7 | 0.004 5 | 0.007 1 |
| 399 | 苯酰草胺 | 0.083 4 | 0.012 4 | 0.009 3 | 0.066 7 | 0.005 1 | 0.007 2 |
| 400 | 烯丙菊酯 | 0.166 6 | 0.018 7 | 0.018 0 | 0.133 3 | 0.007 3 | 0.008 7 |
| 401 | 灭藻醌 | 0.166 6 | 0.022 8 | 0.020 1 | 0.133 3 | 0.005 5 | 0.007 3 |
| 402 | 甲醚菊酯-1 | 0.083 4 | 0.023 8 | 0.015 5 | 0.066 7 | 0.003 3 | 0.006 1 |
| 403 | 甲醚菊酯-2 | 0.083 4 | 0.012 3 | 0.012 9 | 0.066 7 | 0.003 8 | 0.006 5 |
| 404 | 稻丰散 | 3.230 0 | 0.371 0 | 0.403 8 | 2.584 0 | 0.125 6 | 0.220 0 |
| 405 | 氰菌胺 | 0.083 4 | 0.056 8 | 0.013 0 | 0.066 7 | 0.184 8 | 0.106 2 |
| 406 | 呋霜灵 | 0.083 4 | 0.010 2 | 0.010 2 | 0.066 7 | 0.003 7 | 0.006 4 |
| 407 | 噻虫嗪 | 0.166 6 | 0.051 0 | 0.047 7 | 0.133 3 | 0.058 1 | 0.048 5 |

表 E.1（续）

| 序号 | 名　　称 | 含量/(mg/kg) | 重复性限 $r$ | 再现性限 $R$ | 含量/(mg/L) | 重复性限 $r$ | 再现性限 $R$ |
|---|---|---|---|---|---|---|---|
| 408 | 除草定 | 0.083 4 | 0.020 6 | 0.020 1 | 0.066 7 | 0.003 5 | 0.005 1 |
| 409 | 啶氧菌酯 | 0.083 4 | 0.009 6 | 0.009 8 | 0.066 7 | 0.003 4 | 0.006 1 |
| 410 | 抑草磷 | 0.041 6 | 0.001 8 | 0.004 1 | 0.033 3 | 0.001 1 | 0.002 1 |
| 411 | 咪草酸 | — | | | 0.080 0 | 0.080 0 | 0.010 5 |
| 412 | 灭梭威砜 | 1.333 4 | 0.472 4 | 0.650 8 | 1.066 7 | 0.163 5 | 0.431 9 |
| 413 | 苯噻硫氰 | 0.666 6 | 0.459 8 | 0.225 9 | 0.533 3 | 0.093 9 | 0.083 7 |
| 414 | 苯氧菌胺 | 0.166 6 | 0.005 2 | 0.011 8 | 0.133 3 | 0.003 3 | 0.006 8 |
| 415 | 抑霉唑 | 0.166 6 | 0.016 8 | 0.017 5 | 0.133 3 | 0.085 1 | 0.059 3 |
| 416 | 稻瘟灵 | 0.083 4 | 0.009 0 | 0.009 8 | 0.066 7 | 0.003 7 | 0.006 6 |
| 417 | 环氟菌胺 | 0.666 6 | 0.092 8 | 0.200 9 | 0.533 3 | 0.014 9 | 0.037 7 |
| 418 | 嘧草醚 | — | | | 0.133 3 | 0.007 3 | 0.020 6 |
| 419 | 苯氧喹啉 | 0.041 6 | 0.011 5 | 0.003 7 | 0.033 3 | 0.005 7 | 0.008 6 |
| 420 | 肟菌酯 | 0.166 6 | 0.016 8 | 0.017 5 | 0.133 3 | 0.016 2 | 0.033 9 |
| 421 | 脱苯甲基亚胺唑 | 0.166 6 | 0.069 9 | 0.056 1 | 0.133 3 | 0.021 2 | 0.011 7 |
| 422 | 吡草醚 | 0.083 4 | 0.013 3 | 0.014 2 | 0.066 7 | 0.003 9 | 0.006 4 |
| 423 | 炔咪菊酯-1 | 0.083 3 | 0.010 7 | 0.012 5 | 0.066 7 | 0.066 7 | 0.003 3 |
| 424 | 氟环唑-1 | 0.333 4 | 0.078 9 | 0.054 9 | 0.266 7 | 0.068 9 | 0.085 5 |
| 425 | 炔咪菊酯-2 | 0.083 3 | 0.021 8 | 0.022 5 | 0.066 7 | 0.066 7 | 0.006 2 |
| 426 | 稗草丹 | 0.083 4 | 0.015 1 | 0.015 7 | 0.066 7 | 0.004 4 | 0.005 8 |
| 427 | 噻吩草胺 | 0.083 4 | 0.023 5 | 0.012 3 | 0.066 7 | 0.002 3 | 0.004 8 |
| 428 | 烯草酮 | 0.166 6 | 0.086 1 | 0.073 0 | 0.133 3 | 0.025 8 | 0.043 6 |
| 429 | 苯并菲(屈) | 0.041 6 | 0.004 5 | 0.004 7 | 0.033 3 | 0.002 3 | 0.003 2 |
| 430 | 吡唑解草酯 | 0.125 0 | 0.036 7 | 0.020 3 | 0.100 0 | 0.013 0 | 0.014 8 |
| 431 | 乙螨唑 | 0.250 0 | 0.051 5 | 0.050 2 | 0.200 0 | 0.024 6 | 0.035 4 |
| 432 | 氟环唑-2 | 0.333 4 | 0.036 6 | 0.036 3 | 0.266 7 | 0.022 3 | 0.024 5 |
| 433 | 吡丙醚 | 0.041 6 | 0.004 2 | 0.004 5 | 0.033 3 | 0.001 9 | 0.003 6 |
| 434 | 环虫酰肼 | 0.333 4 | 0.081 4 | 0.056 8 | 0.266 7 | 0.029 4 | 0.027 0 |
| 435 | 哌草磷 | 0.125 0 | 0.033 2 | 0.023 4 | 0.100 0 | 0.006 0 | 0.009 3 |
| 436 | 咪唑菌酮 | 0.041 6 | 0.004 0 | 0.002 7 | 0.033 3 | 0.001 0 | 0.002 7 |
| 437 | 顺式-氯菊酯 | 2.853 8 | 0.294 1 | 0.292 9 | 2.283 0 | 0.158 0 | 0.282 9 |
| 438 | 吡唑醚菊酯 | 0.500 0 | 0.014 9 | 0.037 7 | 0.400 0 | 0.076 6 | 0.097 1 |
| 439 | 三甲苯草酮 | 0.333 4 | 0.077 0 | 0.048 0 | 0.266 7 | 0.032 6 | 0.040 9 |
| 440 | 吡唑硫磷 | 0.333 4 | 0.024 0 | 0.142 7 | 0.266 7 | 0.018 6 | 0.062 1 |
| 441 | 氯亚胺硫磷 | 1.333 4 | 1.914 6 | 1.378 3 | 1.066 7 | 0.033 5 | 0.068 8 |
| 442 | 螺螨酯 | 0.333 4 | 0.058 9 | 0.052 0 | 0.266 7 | 0.020 5 | 0.032 0 |

**表 E.1（续）**

| 序号 | 名　　称 | 含量/(mg/kg) | 重复性限 $r$ | 再现性限 $R$ | 含量/(mg/L) | 重复性限 $r$ | 再现性限 $R$ |
|---|---|---|---|---|---|---|---|
| 443 | 呋草酮 | 0.083 4 | 0.011 9 | 0.012 6 | 0.066 7 | 0.005 1 | 0.009 0 |
| 444 | 嘧螨醚 | 0.083 4 | 0.012 8 | 0.018 8 | 0.066 7 | 0.016 8 | 0.024 2 |
| 445 | 氟硅菊酯 | 0.041 6 | 0.000 0 | 0.000 0 | 0.033 3 | 0.002 8 | 0.002 8 |
| 446 | 氟丙嘧草酯 | 0.041 6 | 0.004 9 | 0.005 2 | 0.033 3 | 0.001 8 | 0.003 0 |
| F 组 | | | | | | | |
| 447 | 苯磺隆 | 0.041 6 | 0.003 9 | 0.003 7 | 0.033 3 | 0.013 2 | 0.013 0 |
| 448 | 乙硫苯威 | 0.416 6 | 0.038 9 | 0.025 2 | 0.333 3 | 0.126 5 | 0.127 5 |
| 449 | 二氧威 | 0.333 4 | 0.065 0 | 0.059 7 | 0.266 7 | 0.118 7 | 0.108 1 |
| 450 | 避蚊酯 | 0.166 6 | 0.011 5 | 0.008 9 | 0.133 3 | 0.341 3 | 0.034 1 |
| 451 | 4-氯苯氧乙酸 | 0.416 6 | 0.037 3 | 0.035 9 | 未添加 | | |
| 452 | 邻苯二甲酰亚胺 | 0.333 4 | 0.124 2 | 0.117 9 | 0.266 7 | 0.126 7 | 0.128 4 |
| 453 | 乙酰甲胺磷 | 0.833 4 | 0.299 6 | 0.203 4 | 0.666 7 | 0.606 0 | 0.519 9 |
| 454 | 避蚊胺 | 0.033 3 | 0.000 9 | 0.003 6 | 0.026 7 | 0.026 7 | 0.822 9 |
| 455 | 2,4-滴 | 0.833 4 | 0.113 1 | 0.060 3 | 0.666 7 | 0.062 1 | 0.075 4 |
| 456 | 甲萘威 | 0.125 0 | 0.011 4 | 0.009 7 | 0.100 0 | 0.040 7 | 0.041 5 |
| 457 | 硫线磷 | 0.166 7 | 0.003 9 | 0.011 5 | 0.133 3 | 0.001 8 | 0.002 0 |
| 458 | 草藻灭 | 0.833 4 | 0.297 7 | 0.146 5 | 0.666 7 | 0.004 1 | 0.005 2 |
| 459 | 内吸磷 | 0.166 6 | 0.012 7 | 0.012 2 | 0.133 3 | 0.029 6 | 0.032 0 |
| 460 | 百治磷 | — | | | 0.266 7 | 0.115 0 | 0.103 7 |
| 461 | 混杀威 | 0.333 3 | 0.066 1 | 0.109 0 | 0.266 7 | 0.052 9 | 0.129 9 |
| 462 | 2,4,5-涕 | 0.833 4 | 0.220 7 | 0.166 9 | 0.666 7 | 0.077 7 | 0.081 0 |
| 463 | 3-苯基苯酚 | 0.250 0 | 0.021 7 | 0.013 4 | 0.200 0 | 0.060 0 | 0.063 1 |
| 464 | 茂谷乐 | 0.125 0 | 0.004 9 | 0.005 2 | 0.100 0 | 0.007 9 | 0.010 3 |
| 465 | 丁酰肼 | 0.333 4 | 0.134 7 | 0.101 8 | — | | |
| 466 | sobutylazine | 0.083 4 | 0.010 6 | 0.008 8 | 0.066 7 | 0.026 4 | 0.027 1 |
| 467 | 环庚草醚 | — | | | 0.066 7 | 0.007 9 | 0.009 3 |
| 468 | 抗蚜威 | — | | | 0.066 7 | 0.008 6 | 0.008 7 |
| 469 | 八氯二甲醚-1 | 0.833 4 | 0.191 1 | 0.144 0 | 0.666 7 | 0.030 7 | 0.055 2 |
| 470 | 八氯二甲醚-2 | 0.833 4 | 0.226 3 | 0.083 1 | 0.666 7 | 0.029 1 | 0.053 5 |
| 471 | 十二环吗啉 | — | | | 0.100 0 | 0.064 3 | 0.055 1 |
| 472 | 甜菜安 | 0.833 4 | 0.082 8 | 0.104 9 | 0.666 7 | 0.226 3 | 0.588 6 |
| 473 | 氧皮蝇磷 | 0.166 6 | 0.014 2 | 0.007 6 | 0.133 3 | 0.013 6 | 0.017 0 |
| 474 | 戊草丹 | 0.083 4 | 0.001 2 | 0.003 7 | 0.066 7 | 0.000 3 | 0.001 4 |
| 475 | 枯莠隆 | 0.333 4 | 0.049 2 | 0.052 0 | 0.266 7 | 0.090 6 | 0.100 5 |
| 476 | 仲丁灵 | 0.166 6 | 0.015 1 | 0.008 7 | 0.133 3 | 0.006 5 | 0.010 5 |

表 E.1（续）

| 序号 | 名　称 | 含量/(mg/kg) | 重复性限 $r$ | 再现性限 $R$ | 含量/(mg/L) | 重复性限 $r$ | 再现性限 $R$ |
|---|---|---|---|---|---|---|---|
| 477 | 异戊乙净 | 0.041 7 | 0.004 7 | 0.009 5 | 0.033 3 | 0.007 1 | 0.009 2 |
| 478 | 氟噻草胺 | 0.333 4 | 0.048 4 | 0.063 5 | 0.266 7 | 0.063 7 | 0.069 0 |
| 479 | 啶斑肟-1 | — | | | 0.266 7 | 0.065 5 | 0.056 9 |
| 480 | 地散磷 | 0.333 4 | 0.044 3 | 0.017 1 | 0.266 7 | 0.116 6 | 0.092 0 |
| 481 | 噻菌灵 | 0.833 4 | 0.088 3 | 0.096 9 | 0.666 7 | 5.143 5 | 3.788 9 |
| 482 | 缬霉威-1 | 0.166 6 | 0.014 1 | 0.011 9 | 0.133 3 | 0.032 6 | 0.025 6 |
| 483 | 戊环唑 | 0.166 6 | 0.029 2 | 0.014 3 | 0.133 3 | 0.042 3 | 0.042 5 |
| 484 | 缬霉威-2 | 0.166 6 | 0.017 1 | 0.008 8 | 0.133 3 | 0.035 6 | 0.038 8 |
| 485 | 苯虫醚-1 | 0.083 3 | 0.007 9 | 0.009 0 | 0.066 7 | 0.012 7 | 0.007 6 |
| 486 | 苯虫醚-2 | 0.083 3 | 0.013 7 | 0.034 6 | 0.066 7 | 0.015 7 | 0.018 7 |
| 487 | 苯甲醚 | 0.833 4 | 0.196 1 | 0.147 0 | 0.666 7 | 0.105 5 | 0.133 9 |
| 488 | 生物苄呋菊酯 | 0.083 4 | 0.007 5 | 0.003 9 | 0.066 7 | 0.003 7 | 0.005 8 |
| 489 | 唑酮草酯 | 0.083 4 | 0.010 4 | 0.013 4 | 0.066 7 | 0.021 7 | 0.019 6 |
| 490 | 异狄氏剂醛 | 0.833 4 | 0.426 9 | 0.431 3 | 0.666 7 | 0.128 5 | 0.102 7 |
| 491 | 氯吡嘧磺隆 | 0.083 4 | 0.174 2 | 0.249 5 | 0.066 7 | 0.213 7 | 0.232 6 |
| 492 | 三环唑 | 0.250 0 | 0.051 6 | 0.032 3 | 0.200 0 | 0.078 2 | 0.059 8 |
| 493 | 环酰菌胺 | 0.833 4 | 0.252 8 | 0.182 4 | 0.666 7 | 0.129 5 | 0.142 3 |
| 494 | 螺甲螨酯 | 0.416 6 | 0.042 5 | 0.041 1 | 0.333 3 | 0.054 9 | 0.065 5 |
| 495 | 家蝇磷 | 0.250 0 | 0.022 2 | 0.033 7 | 0.200 0 | 0.031 1 | 0.040 5 |
| 496 | 伐灭磷 | 0.166 6 | 0.020 6 | 0.022 4 | 0.133 3 | 0.068 9 | 0.074 1 |
| 497 | 氟啶胺 | 0.333 4 | 0.011 67 | 0.133 4 | 0.266 7 | 0.061 3 | 0.066 0 |
| 498 | 联苯肼酯 | 0.333 4 | 0.029 2 | 0.024 7 | 0.266 7 | 0.080 7 | 0.079 4 |
| 499 | 异狄氏剂酮 | 0.666 6 | 0.062 6 | 0.041 1 | 0.533 3 | 0.081 8 | 0.089 6 |
| 500 | 精高效氨氟氰菊酯-1 | 0.033 4 | 0.008 5 | 0.004 0 | 0.026 7 | 0.000 9 | 0.000 5 |
| 501 | 氰氟草酯 | 0.083 4 | 0.007 3 | 0.005 9 | 0.066 7 | 0.021 9 | 0.021 5 |
| 502 | 精高效氨氟氰菊酯-2 | 0.033 3 | 0.003 3 | 0.006 6 | 0.026 7 | 0.026 7 | 0.003 9 |
| 503 | 畜蜱磷 | 0.833 4 | 0.174 5 | 0.121 7 | 0.666 7 | 0.195 2 | 0.191 3 |
| 504 | 苄螨醚 | 0.083 4 | 0.014 7 | 0.012 0 | 0.066 7 | 0.004 3 | 0.003 7 |
| 505 | 环酯草醚 | 0.041 6 | 0.002 7 | 0.001 9 | 0.033 3 | 0.009 0 | 0.009 0 |
| 506 | 啶虫脒 | 0.833 4 | 0.073 2 | 0.072 3 | 0.666 7 | 0.088 3 | 0.133 6 |
| 507 | 烟酰碱 | 0.166 6 | 0.021 1 | 0.023 5 | 0.133 3 | 0.031 1 | 0.031 0 |
| 508 | 四溴菊酯-1 | 0.041 6 | 0.010 0 | 0.065 5 | 0.033 3 | 0.009 5 | 0.046 1 |
| 509 | 四溴菊酯-2 | 0.041 6 | 0.001 9 | 0.002 2 | 0.033 3 | 0.003 0 | 0.004 3 |
| 510 | 烯酰吗啉 | 0.083 4 | 0.008 5 | 0.007 1 | 0.066 7 | 0.007 2 | 0.014 6 |
| 511 | 嘧菌酯 | 0.416 7 | 0.076 5 | 0.127 4 | — | | |

# 附 录 F
## （资料性附录）
## 511 种农药及相关化学品英文中文名称对照索引（按英文字母顺序）

511 种农药及相关化学品英文中文名称对照索引（按英文字母顺序）见表 F.1。

**表 F.1　511 种农药及相关化学品英文中文名称对照索引（按英文字母顺序）**

| 序号 | 英文名称 | 中文名称 | 附录 A 中序号 |
|---|---|---|---|
| 1 | 2,3,4,5-tetrachloroaniline | 2,3,4,5-四氯苯胺 | 294 |
| 2 | 2,3,4,5-tetrachloroanisole | 2,3,4,5-四氯甲氧基苯 | 280 |
| 3 | 2,3,5,6-tetrachloroaniline | 2,3,5,6-四氯苯胺 | 278 |
| 4 | 2,4′-DDE | *o*,*p*′-滴滴伊 | 226 |
| 5 | 2,4,5-T | 2,4,5-涕 | 462 |
| 6 | 2,4-D | 2,4-滴 | 455 |
| 7 | 2,4′-DDD | *o*,*p*′-滴滴滴 | 152 |
| 8 | 2,4′-DDT | *o*,*p*′-滴滴涕 | 157 |
| 9 | 2,6-dichlorobenzamide | 2,6-二氯苯甲酰胺 | 289 |
| 10 | 2-phcnylphenol | 邻苯基苯酚 | 196 |
| 11 | 3,5-dichloroaniline | 3,5-二氯苯胺 | 193 |
| 12 | 3,4,5-trimethacarb | 混杀威 | 461 |
| 13 | 3-phenylphenol | 3-苯基苯酚 | 463 |
| 14 | 4,4′-dibromobenzophenone | 4,4′-二溴二苯甲酮 | 333 |
| 15 | 4,4′-dichlorobenzophenone | 4,4′-二氯二苯甲酮 | 312 |
| 16 | 4-chlorophenoxy acetic acid | 4-氯苯氧乙酸 | 451 |
| 17 | acenaphthene | 二氢苊 | 365 |
| 18 | acephate | 乙酰甲胺磷 | 453 |
| 19 | acetamiprid | 啶虫脒 | 506 |
| 20 | acetochlor | 乙草胺 | 384 |
| 21 | acibenzolar-*s*-methyl | 活化酯 | 386 |
| 22 | aclonifen | 苯甲醚 | 487 |
| 23 | acrinathrin | 氟丙菊酯 | 254 |
| 24 | alachlor | 甲草胺 | 122 |
| 25 | aldrin | 艾氏剂 | 25 |
| 26 | allethrin | 烯丙菊酯 | 400 |
| 27 | allidochlor | 二丙烯草胺 | 1 |
| 28 | *alpha*-cypermethrin | 顺式-氯氰菊酯 | 263 |
| 29 | *alpha*-HCH | α-六六六 | 107 |
| 30 | ametryn | 莠灭净 | 216 |
| 31 | anilofos | 莎稗磷 | 253 |
| 32 | aspon | 丙硫特普 | 125 |
| 33 | atratone | 阿特拉通 | 285 |
| 34 | atrazine-desethyl | 脱乙基阿特拉津 | 13 |
| 35 | atrizine | 莠去净 | 206 |
| 36 | azaconazole | 戊环唑 | 483 |
| 37 | azinphos-cthyl | 益棉磷 | 186 |
| 38 | azinphos-methyl | 保棉磷 | 185 |
| 39 | aziprotryne | 叠氮津 | 298 |
| 40 | azoxystrobin | 嘧菌酯 | 511 |
| 41 | BDMC-1 | 4-溴-3，5-二甲苯基-*N*-甲基氨基甲酸酯-1 | 275 |
| 42 | BDMC-2 | 4-溴-3，5-二甲苯基-*N*-甲基氨基甲酸酯-2 | 305 |
| 43 | benalaxyl | 苯霜灵 | 169 |
| 44 | benfluralin | 乙丁氟灵 | 199 |
| 45 | benfuresate | 呋草黄 | 390 |
| 46 | benodanil | 麦锈灵 | 74 |
| 47 | benoxacor | 解草嗪 | 382 |
| 48 | bensulide | 地散磷 | 480 |
| 49 | benzoylprop-ethyl | 新燕灵 | 176 |
| 50 | *beta*-HCH | β-六六六 | 30 |
| 51 | bifenazate | 联苯肼酯 | 498 |

表 F.1（续）

| 序号 | 英文名称 | 中文名称 | 附录 A 中序号 | 序号 | 英文名称 | 中文名称 | 附录 A 中序号 |
|---|---|---|---|---|---|---|---|
| 52 | bifenox | 治草醚 | 182 | 86 | chlorethoxyfos | 氯氧磷 | 367 |
| 53 | bifenthrin | 联苯菊酯 | 71 | 87 | chlorfenethol | 杀螨醇 | 324 |
| 54 | bioallethrin-1 | 生物烯丙菊酯-1 | 223 | 88 | chlorfenprop-methyl | 燕麦酯 | 276 |
| 55 | bioallethrin-2 | 生物烯丙菊酯-2 | 224 | 89 | chlorfenson | 杀螨酯 | 153 |
| 56 | bioresmethrin | 生物苄呋菊酯 | 488 | 90 | chlorfenvinphos | 毒虫畏 | 140 |
| 57 | biphenyl | 联苯 | 191 | 91 | chlorfluazuron | 氟啶脲 | 237 |
| 58 | bitertanol | 联苯三唑醇 | 260 | 92 | chlorfurenol | 整形醇 | 50 |
| 59 | boscalid | 烟酰碱 | 507 | 93 | chlormephos | 氯甲硫磷 | 4 |
| 60 | bromacil | 除草定 | 408 | 94 | chlorobenzilate | 乙酯杀螨醇 | 238 |
| 61 | bromfenvinfos | 溴苯烯磷 | 328 | 95 | chloroneb | 氯苯甲醚 | 95 |
| 62 | bromocylen | 溴烯杀 | 286 | 96 | chloropropylate | 丙酯杀螨醇 | 160 |
| 63 | bromofos | 溴硫磷 | 133 | 97 | chlorpropham | 氯苯胺灵 | 104 |
| 64 | bromophos-ethyl | 乙基溴硫磷 | 44 | 98 | chlorpyrifos (ethyl) | 毒死蜱 | 33 |
| 65 | bromopropylate | 溴螨酯 | 175 | 99 | chlorpyrifos-methyl | 甲基毒死蜱 | 119 |
| 66 | bromuconazole-1 | 糠菌唑-1 | 354 | 100 | chlorthal-dimethyl | 氯酞酸甲酯 | 394 |
| 67 | bromuconazole-2 | 糠菌唑-2 | 355 | 101 | chlorthiophos | 虫螨磷 | 164 |
| 68 | bupirimate | 乙嘧酚磺酸酯 | 59 | 102 | chlozolinate | 乙菌利 | 144 |
| 69 | buprofezin | 噻嗪酮 | 150 | 103 | chromafenozide | 环虫酰肼 | 434 |
| 70 | butachlor | 丁草胺 | 143 | 104 | chrysene | 苯并菲(屈) | 429 |
| 71 | butafenacil | 氟丙嘧草酯 | 446 | 105 | cinmethylin | 环庚草醚 | 467 |
| 72 | butamifos | 抑草磷 | 410 | 106 | *cis*-chlordane | 顺式-氯丹 | 142 |
| 73 | butralin | 仲丁灵 | 476 | 107 | *cis*-diallate | 顺式-燕麦敌 | 101 |
| 74 | butylate | 丁草敌 | 90 | 108 | *cis*-1, 2, 3, 6-tetrahydrophthalimide | 四氢邻苯二甲酰亚胺 | 197 |
| 75 | cadusafos | 硫线磷 | 457 | | | | |
| 76 | captafol | 敌菌丹 | 180 | 109 | *cis*-permethrin | 顺式-氯菊酯 | 437 |
| 77 | carbaryl | 甲萘威 | 456 | 110 | clethodim | 烯草酮 | 428 |
| 78 | carbofenothion | 三硫磷 | 167 | 111 | clodinafop-propargyl | 炔草酸 | 344 |
| 79 | carboxin | 萎锈灵 | 61 | 112 | clomazone | 异噁草松 | 14 |
| 80 | carfentrazone-ethyl | 唑酮草酯 | 489 | 113 | cloquintocet-mexyl | 解草酯 | 352 |
| 81 | chlorbenside | 杀螨醚 | 43 | 114 | coumaphos | 蝇毒磷 | 187 |
| 82 | chlorbenside sulfone | 氯杀螨砜 | 173 | 115 | crimidine | 鼠立死 | 274 |
| 83 | chlorbromuron | 氯溴隆 | 148 | 116 | crufomate | 育畜磷 | 137 |
| 84 | chlorbufam | 氯炔灵 | 113 | 117 | cyanazine | 氰草津 | 54 |
| 85 | chlordimeform | 杀虫脒 | 8 | 118 | cyanofenphos | 苯腈磷 | 172 |

**表 F.1（续）**

| 序号 | 英文名称 | 中文名称 | 附录A中序号 |
|---|---|---|---|
| 119 | cyanophos | 杀螟腈 | 117 |
| 120 | cycloate | 环草敌 | 6 |
| 121 | cycloxydim | 噻草酮 | 262 |
| 122 | cycluron | 环莠隆 | 290 |
| 123 | cyflufenamid | 环氟菌胺 | 417 |
| 124 | cyfluthrin | 氟氯氰菊酯 | 188 |
| 125 | cyhalofop-butyl | 氰氟草酯 | 501 |
| 126 | cypermethrin | 氯氰菊酯 | 85 |
| 127 | cyprazine | 环丙津 | 28 |
| 128 | cyproconazole | 环丙唑 | 340 |
| 129 | cyprodinil | 嘧菌环胺 | 316 |
| 130 | cythioate | 畜蜱磷 | 503 |
| 131 | dacthal | 敌草索 | 311 |
| 132 | DEF | 脱叶磷 | 327 |
| 133 | *delta*-HCH | δ-六六六 | 34 |
| 134 | deltamethrin | 溴氰菊酯 | 88 |
| 135 | demetom-*s* | 内吸磷 | 459 |
| 136 | demeton-*s*-methyl | 甲基内吸磷 | 371 |
| 137 | DE-PCB 101 | 2,2′,4,5,5′-五氯联苯 | 137 |
| 138 | DE-PCB 118 | 2,3,4,4′,5-五氯联苯 | 331 |
| 139 | DE-PCB 138 | 2,2′,3,4,4′,5-六氯联苯 | 339 |
| 140 | DE-PCB 153 | 2,2′,4,4′,5,5′-六氯联苯 | 335 |
| 141 | DE-PCB 180 | 2,2′,3,4,4′,5,5′-七氯联苯 | 350 |
| 142 | DE-PCB 28 | 2,4,4′-三氯联苯 | 291 |
| 143 | DE-PCB 31 | 2,4,5-三氯联苯 | 292 |
| 144 | DE-PCB 52 | 2,2′,5,5′-四氯联苯 | 302 |
| 145 | desethyl-sebuthylazine | 脱乙基另丁津 | 293 |
| 146 | desmedipham | 甜菜安 | 472 |
| 147 | desmetryn | 敌草净 | 120 |
| 148 | dialifos | 氯亚胺硫磷 | 441 |
| 149 | diazinon | 二嗪磷 | 15 |
| 150 | dibutyl succinate | 驱虫特 | 366 |
| 151 | dicapthon | 异氯磷 | 318 |
| 152 | dichlobenil | 敌草腈 | 91 |
| 153 | dichlofenthion | 除线磷 | 21 |
| 154 | dichlofluanid | 苯氟磺胺 | 131 |
| 155 | dichlormid | 烯丙酰草胺 | 2 |
| 156 | dichlorvos | 敌敌畏 | 190 |
| 157 | diclobutrazole | 苄氯三唑醇 | 336 |
| 158 | dicloran | 氯硝胺 | 114 |
| 159 | dicofol | 三氯杀螨醇 | 127 |
| 160 | dicrotophos | 百治磷 | 460 |
| 161 | dieldrin | 狄氏剂 | 52 |
| 162 | diethofencarb | 乙霉威 | 221 |
| 163 | diethyltoluamide | 避蚊胺 | 454 |
| 164 | difenconazole-1 | 苯醚甲环唑-1 | 267 |
| 165 | difenconazole-2 | 苯醚甲环唑-2 | 268 |
| 166 | difenoxuron | 枯莠隆 | 475 |
| 167 | diflufenican | 吡氟酰草胺 | 247 |
| 168 | dimefox | 甲氟磷 | 271 |
| 169 | dimefuron | 噁唑隆 | 244 |
| 170 | dimepiperate | 哌草丹 | 222 |
| 171 | dimethachlor | 二甲草胺 | 121 |
| 172 | dimethametryn | 异戊乙净 | 477 |
| 173 | dimethenamid | 二甲吩草胺 | 304 |
| 174 | dimethipin | 噻节因 | 218 |
| 175 | dimethoate | 乐果 | 24 |
| 176 | dimethomorph | 烯酰吗啉 | 510 |
| 177 | dimethyl phthalate | 避蚊酯 | 450 |
| 178 | dimethylvinphos | 甲基毒虫畏 | 398 |
| 179 | diniconazole | 烯唑醇 | 242 |
| 180 | dinitramine | 氨氟灵 | 23 |

**表 F.1（续）**

| 序号 | 英文名称 | 中文名称 | 附录A中序号 | 序号 | 英文名称 | 中文名称 | 附录A中序号 |
|---|---|---|---|---|---|---|---|
| 181 | dinobuton | 消螨通 | 326 | 215 | ethion | 乙硫磷 | 63 |
| 182 | dinoterb | 草消酚 | 380 | 216 | ethofumesate | 乙氧呋草黄 | 134 |
| 183 | diofenolan-1 | 苯虫醚-1 | 485 | 217 | ethoprophos | 灭线磷 | 98 |
| 184 | diofenolan-2 | 苯虫醚-2 | 486 | 218 | etofenprox | 醚菊酯 | 261 |
| 185 | dioxacarb | 二氧威 | 449 | 219 | etoxazole | 乙螨唑 | 431 |
| 186 | dioxathion | 敌噁磷 | 111 | 220 | etridiazol | 土菌灵 | 3 |
| 187 | diphenamid | 双苯酰草胺 | 227 | 221 | etrimfos | 乙嘧硫磷 | 17 |
| 188 | diphenylamine | 联苯二胺 | 7 | 222 | famphur | 伐灭磷 | 496 |
| 189 | dipropetryn | 异丙净 | 219 | 223 | fenamidone | 咪唑菌酮 | 436 |
| 190 | disulfoton | 乙拌磷 | 205 | 224 | fenamiphos | 苯线磷 | 58 |
| 191 | disulfoton sulfone | 乙拌磷砜 | 337 | 225 | fenamiphos sulfone | 苯线磷砜 | 358 |
| 192 | disulfoton-sulfoxide | 乙拌磷亚砜 | 272 | 226 | fenamiphos sulfoxide | 苯线磷亚砜 | 357 |
| 193 | ditalimfos | 灭菌磷 | 330 | 227 | fenarimol | 氯苯嘧啶醇 | 184 |
| 194 | DMSA | 丁酰肼 | 465 | 228 | fenazaquin | 喹螨醚 | 249 |
| 195 | dodemorph | 十二环吗啉 | 471 | 229 | fenbuconazole | 腈苯唑 | 361 |
| 196 | edifenphos | 敌瘟磷 | 170 | 230 | fenchlorphos | 氧皮蝇磷 | 473 |
| 197 | endosulfan-i | 硫丹-1 | 139 | 231 | fenfuram | 甲呋酰胺 | 389 |
| 198 | endosulfan-ii | 硫丹-2 | 166 | 232 | fenhexamid | 环酰菌胺 | 493 |
| 199 | endosulfan-sulfate | 硫丹硫酸盐 | 174 | 233 | fenitrothion | 杀螟硫磷 | 38 |
| 200 | endothal | 草藻灭 | 458 | 234 | fenobucarb | 仲丁威 | 198 |
| 201 | endrin | 异狄氏剂 | 155 | 235 | fenoxanil | 氰菌胺 | 405 |
| 202 | endrin aldehyde | 异狄氏剂醛 | 490 | 236 | fenoxycarb | 苯氧威 | 251 |
| 203 | endrin ketone | 异狄氏剂酮 | 499 | 237 | fenpiclonil | 拌种咯 | 359 |
| 204 | EPN | 苯硫膦 | 179 | 238 | fenpropathrin | 甲氰菊酯 | 177 |
| 205 | epoxiconazole-1 | 氟环唑-1 | 424 | 239 | fenpropidin | 苯锈啶 | 378 |
| 206 | epoxiconazole-2 | 氟环唑-2 | 432 | 240 | fenpropimorph | 丁苯吗啉 | 213 |
| 207 | EPTC | 茵草敌 | 89 | 241 | fenpyroximate | 唑螨酯 | 375 |
| 208 | erbon | 抑草蓬 | 159 | 242 | fenson | 芬螨酯 | 225 |
| 209 | esfenvalerate | S-氰戊菊酯 | 266 | 243 | fensulfothion | 丰索磷 | 68 |
| 210 | esprocarb | 戊草丹 | 474 | 244 | fenthion | 倍硫磷 | 35 |
| 211 | etaconazole-1 | 乙环唑-1 | 64 | 245 | fenthion sulfone | 倍硫磷砜 | 348 |
| 212 | etaconazole-2 | 乙环唑-2 | 66 | 246 | fenthion sulfoxide | 倍硫磷亚砜 | 345 |
| 213 | ethalfluralin | 乙丁烯氟灵 | 9 | 247 | fenvalerate-1 | 氰戊菊酯-1 | 86 |
| 214 | ethiofencarb | 乙硫苯威 | 448 | 248 | fenvalerate-2 | 氰戊菊酯-2 | 87 |

**表 F.1(续)**

| 序号 | 英文名称 | 中文名称 | 附录A中序号 | 序号 | 英文名称 | 中文名称 | 附录A中序号 |
|---|---|---|---|---|---|---|---|
| 249 | flamprop-isopropyl | 麦草氟异丙酯 | 165 | 282 | halfenprox | 苄螨醚 | 504 |
| 250 | flamprop-methyl | 麦草氟甲酯 | 161 | 283 | halosulfuran-methyl | 氯吡嘧磺隆 | 491 |
| 251 | fluazifop-butyl | 吡氟禾草灵 | 236 | 284 | heptachlor | 七氯 | 208 |
| 252 | fluazinam | 氟啶胺 | 497 | 285 | heptanophos | 庚烯磷 | 97 |
| 253 | fluchloralin | 氯乙氟灵 | 211 | 286 | hexachlorobenzene | 六氯苯 | 99 |
| 254 | flucythrinate-1 | 氟氰戊菊酯-1 | 264 | 287 | hexaconazole | 己唑醇 | 151 |
| 255 | flucythrinate-2 | 氟氰戊菊酯-2 | 265 | 288 | hexaflumuron | 氟铃脲 | 200 |
| 256 | fludioxonil | 咯菌腈 | 248 | 289 | hexazinone | 环嗪酮 | 181 |
| 257 | flufenacet | 氟噻草胺 | 478 | 290 | hexythiazox | 噻螨酮 | 338 |
| 258 | flufenoxuron | 氟虫脲 | 118 | 291 | imazalil | 抑霉唑 | 415 |
| 259 | flumetralin | 氟节胺 | 232 | 292 | imazamethabenz-methyl | 咪草酸 | 411 |
| 260 | flumiclorac-pentyl | 氟烯草酸 | 270 | 293 | imibenconazole-des-benzyl | 脱苯甲基亚胺唑 | 421 |
| 261 | flumioxazin | 丙炔氟草胺 | 269 | | | | |
| 262 | fluorochloridone | 氟咯草酮 | 154 | 294 | imiprothrin-1 | 炔咪菊酯-1 | 423 |
| 263 | fluorodifen | 三氟硝草醚 | 241 | 295 | imiprothrin-2 | 炔咪菊酯-2 | 425 |
| 264 | fluoroglycofen-ethyl | 乙羧氟草醚 | 259 | 296 | iodofenphos | 碘硫磷 | 146 |
| 265 | fluotrimazole | 三氟苯唑 | 346 | 297 | iprobenfos | 异稻瘟净 | 207 |
| 266 | fluquinconazole | 氟喹唑 | 360 | 298 | iprovalicarb-1 | 缬霉威-1 | 482 |
| 267 | fluroxypr-1-methyl-heptyl ester | 氟草烟-1-甲庚酯 | 347 | 299 | iprovalicarb-2 | 缬霉威-2 | 484 |
| | | | | 300 | isazofos | 氯唑磷 | 209 |
| 268 | flurtamone | 呋草酮 | 443 | 301 | isocarbamid | 丁咪酰胺 | 299 |
| 269 | flusilazole | 氟哇唑 | 240 | 302 | isocarbophos | 水胺硫磷 | 322 |
| 270 | flutolanil | 氟酰胺 | 60 | 303 | isodrin | 异艾氏剂 | 308 |
| 271 | flutriafol | 粉唑醇 | 334 | 304 | isofenphos | 异柳磷 | 138 |
| 272 | fluvalinate | 氟胺氰菊酯 | 189 | 305 | isomethiozin | 丁嗪草酮 | 309 |
| 273 | folpet | 灭菌丹 | 49 | 306 | isoprocarb-1 | 异丙威-1 | 364 |
| 274 | fonofos | 地虫硫磷 | 16 | 307 | isoprocarb-2 | 异丙威-2 | 368 |
| 275 | formothion | 安硫磷 | 220 | 308 | isopropalin | 异丙乐灵 | 135 |
| 276 | fuberidazole | 麦穗灵 | 317 | 309 | isoprothiolane | 稻瘟灵 | 416 |
| 277 | furalaxyl | 呋霜灵 | 406 | 310 | kresoxim-methyl | 亚胺菌 | 235 |
| 278 | furmecyclox | 茂谷乐 | 464 | 311 | *lambda*-cyhalothrin | 高效氯氟氰菊酯 | 255 |
| 279 | *gamma*-cyhalothrin-1 | 精高效氨氟氰菊酯-1 | 500 | 312 | lenacil | 环草定 | 353 |
| | | | | 313 | leptophos | 溴苯磷 | 178 |
| 280 | *gamma*-cyhalothrin-2 | 精高效氨氟氰菊酯-2 | 502 | 314 | linuron | 利谷隆 | 41 |
| | | | | 315 | malaoxon | 马拉氧磷 | 392 |
| 281 | *gamma*-HCH | 林丹 | 204 | 316 | malathion | 马拉硫磷 | 36 |

**表 F.1（续）**

| 序号 | 英文名称 | 中文名称 | 附录 A 中序号 | 序号 | 英文名称 | 中文名称 | 附录 A 中序号 |
|---|---|---|---|---|---|---|---|
| 317 | mcpa-butoxyethyl ester | 2-甲-4-氯丁氧乙基酯 | 320 | 350 | myclobutanil | 腈菌唑 | 67 |
| | | | | 351 | napropamide | 敌草胺 | 55 |
| 318 | mecarbam | 灭蚜磷 | 230 | 352 | nitralin | 甲磺乐灵 | 356 |
| 319 | mefenacet | 苯噻酰草胺 | 256 | 353 | nitrapyrin | 三氯甲基吡啶 | 93 |
| 320 | mefenoxam | 精甲霜灵 | 391 | 354 | nitrofen | 除草醚 | 162 |
| 321 | mefenpyr-diethyl | 吡唑解草酯 | 430 | 355 | nitrothal-isopropyl | 酞菌酯 | 313 |
| 322 | mephosfolan | 地胺磷 | 332 | 356 | norflurazon | 氟草敏 | 79 |
| 323 | mepronil | 灭锈胺 | 246 | 357 | nuarimol | 氟苯嘧啶醇 | 73 |
| 324 | metalaxyl | 甲霜灵 | 31 | 358 | octachlorostyrene | 八氯苯乙烯 | 307 |
| 325 | metazachlor | 吡唑草胺 | 47 | 359 | oxadiazone | 噁草酮 | 56 |
| 326 | methabenzthiazuron | 甲基苯噻隆 | 283 | 360 | oxadixyl | 噁霜灵 | 76 |
| 327 | methacrifos | 虫螨畏 | 194 | 361 | *oxy*-chlordane | 氧化氯丹 | 130 |
| 328 | methfuroxam | 呋菌胺 | 319 | 362 | oxyfluorfen | 乙氧氟草醚 | 163 |
| 329 | methidathion | 杀扑磷 | 53 | 363 | *p*,*p*′-DDE | *p*,*p*′-滴滴伊 | 145 |
| 330 | methiocarb sulfone | 灭梭威砜 | 412 | 364 | *p*,*p*′-DDT | *p*,*p*′-滴滴涕 | 168 |
| 331 | methoprene | 烯虫酯 | 132 | 365 | *p*,*p*′-DDD | *p*,*p*′-滴滴滴 | 62 |
| 332 | methoprotryne | 盖草津 | 158 | 366 | paclobutrazol | 多效唑 | 156 |
| 333 | methothrin-1 | 甲醚菊酯-1 | 402 | 367 | paraoxon-ethyl | 对氧磷 | 37 |
| 334 | methothrin-2 | 甲醚菊酯-2 | 403 | 368 | parathion | 对硫磷 | 40 |
| 335 | methoxychlor | 甲氧滴滴涕 | 75 | 369 | pebulate | 克草敌 | 92 |
| 336 | methyl-parathion | 甲基对硫磷 | 32 | 370 | penconazole | 戊菌唑 | 228 |
| 337 | metolachlor | 异丙甲草胺 | 128 | 371 | pencycuron | 戊菌隆 | 370 |
| 338 | metominostrobin(e) | 苯氧菌胺 | 414 | 372 | pendimethalin | 二甲戊灵 | 42 |
| 339 | metribuzin | 嗪草酮 | 217 | 373 | pentachloroaniline | 五氯苯胺 | 297 |
| 340 | mevinphos | 速灭磷 | 94 | 374 | pentachloroanisole | 五氯甲氧基苯 | 281 |
| 341 | mexacarbate | 兹克威 | 22 | 375 | pentachlorobenzene | 五氯苯 | 273 |
| 342 | mirex | 灭蚁灵 | 72 | 376 | permethrin | 氯菊酯 | 257 |
| 343 | molinate | 禾草敌 | 195 | 377 | perthane | 乙滴涕 | 329 |
| 344 | monalide | 庚酰草胺 | 306 | 378 | phenanthrene | 菲 | 373 |
| 345 | monolinuron | 绿谷隆 | 116 | 379 | phenkapton | 家蝇磷 | 495 |
| 346 | musk ambrette | 合成麝香 | 295 | 380 | phenothrin | 苯醚菊酯 | 250 |
| 347 | musk ketone | 麝香酮 | 314 | 381 | phenthoate | 稻丰散 | 404 |
| 348 | musk moskene | 麝香 | 301 | 382 | phorate | 甲拌磷 | 10 |
| 349 | musk xylene | 二甲苯麝香 | 296 | 383 | phorate sulfone | 甲拌磷砜 | 323 |

**表 F.1（续）**

| 序号 | 英文名称 | 中文名称 | 附录 A 中序号 | 序号 | 英文名称 | 中文名称 | 附录 A 中序号 |
|---|---|---|---|---|---|---|---|
| 384 | phosalone | 伏杀硫磷 | 183 | 417 | propyzamide | 炔苯酰草胺 | 381 |
| 385 | phosmet | 亚胺硫磷 | 81 | 418 | prosulfocarb | 苄草丹 | 303 |
| 386 | phosphamidon-1 | 磷胺-1 | 383 | 419 | prothiophos | 丙硫磷 | 48 |
| 387 | phosphamidon-2 | 磷胺-2 | 393 | 420 | pyraclofos | 吡唑硫磷 | 440 |
| 388 | phthalic acid，benzyl butyl ester | 酞酸甲苯基丁酯 | 343 | 421 | pyraclostrobin | 吡唑醚菊酯 | 438 |
| | | | | 422 | pyraflufen ethyl | 吡草醚 | 422 |
| 389 | phthalimide | 邻苯二甲酰亚胺 | 452 | 423 | pyrazophos | 吡菌磷 | 83 |
| 390 | picoxystrobin | 啶氧菌酯 | 409 | 424 | pyributicarb | 稗草丹 | 426 |
| 391 | piperonyl butoxide | 增效醚 | 243 | 425 | pyridaben | 哒螨灵 | 258 |
| 392 | piperophos | 哌草磷 | 435 | 426 | pyridaphenthion | 哒嗪硫磷 | 80 |
| 393 | pirimicarb | 抗蚜威 | 468 | 427 | pyrifenox-1 | 啶斑肟-1 | 479 |
| 394 | pirimiphos-ethyl | 嘧啶磷 | 129 | 428 | pyriftalid | 环酯草醚 | 505 |
| 395 | pirimiphos-methyl | 甲基嘧啶磷 | 123 | 429 | pyrimethanil | 嘧霉胺 | 203 |
| 396 | plifenate | 三氯杀虫酯 | 210 | 430 | pyrimidifen | 嘧螨醚 | 444 |
| 397 | procymidone | 腐霉利 | 51 | 431 | pyriminobac-methyl | 嘧草醚 | 418 |
| 398 | profenofos | 丙溴磷 | 149 | 432 | pyriproxyfen | 吡丙醚 | 433 |
| 399 | profluralin | 环丙氟灵 | 110 | 433 | pyroquilon | 咯喹酮 | 379 |
| 400 | prohydrojasmon | 茉莉酮 | 377 | 434 | quinalphos | 喹硫磷 | 45 |
| 401 | prometon | 扑灭通 | 201 | 435 | quinoclamine | 灭藻醌 | 401 |
| 402 | prometryne | 扑草净 | 27 | 436 | quinoxyphen | 苯氧喹啉 | 419 |
| 403 | pronamide | 炔丙烯草胺 | 20 | 437 | quintozene | 五氯硝基苯 | 12 |
| 404 | propachlor | 毒草胺 | 100 | 438 | rabenzazole | 吡咪唑 | 315 |
| 405 | propamocarb | 霜霉威 | 252 | 439 | resmethrin-1 | 苄呋菊酯-1 | 341 |
| 406 | propanil | 敌稗 | 136 | 440 | resmethrin-2 | 苄呋菊酯-2 | 342 |
| 407 | propaphos | 丙虫磷 | 231 | 441 | ronnel | 皮蝇磷 | 26 |
| 408 | propargite | 炔螨特 | 245 | 442 | s421（octachlorodipropyl ether)-1 | 八氯二甲醚-1 | 469 |
| 409 | propazine | 扑灭津 | 112 | | | | |
| 410 | propetamphos | 胺丙畏 | 18 | 443 | s421（octachlorodipropyl ether)-2 | 八氯二甲醚-2 | 470 |
| 411 | propham | 苯胺灵 | 5 | | | | |
| 412 | propiconazole-1 | 丙环唑-1 | 69 | 444 | sebutylazine | 另丁津 | 300 |
| 413 | propiconazole-2 | 丙环唑-2 | 70 | 445 | secbumeton | 密草通 | 19 |
| 414 | propisochlor | 异丙草胺 | 215 | 446 | silafluofen | 氟硅菊酯 | 445 |
| 415 | propoxur-1 | 残杀威-1 | 362 | 447 | simeconazole | 硅氟唑 | 395 |
| 416 | propoxur-2 | 残杀威-2 | 372 | 448 | simetone | 西玛通 | 284 |

表 F.1（续）

| 序号 | 英文名称 | 中文名称 | 附录 A 中序号 | 序号 | 英文名称 | 中文名称 | 附录 A 中序号 |
|---|---|---|---|---|---|---|---|
| 449 | sobutylazine | — | 466 | 481 | thiometon | 甲基乙拌磷 | 11 |
| 450 | spirodiclofen | 螺螨酯 | 442 | 482 | thionazin | 虫线磷 | 277 |
| 451 | spiromesifen | 螺甲螨酯 | 494 | 483 | tolclofos-methyl | 甲基立枯磷 | 214 |
| 452 | spiroxamine-1 | 螺菌环胺-1 | 374 | 484 | tolylfluanide | 甲苯氟磺胺 | 141 |
| 453 | sulfallate | 菜草畏 | 106 | 485 | tralkoxydim | 三甲苯草酮 | 439 |
| 454 | sulfotep | 治螟磷 | 105 | 486 | tralomethrin-1 | 四溴菊酯-1 | 508 |
| 455 | sulprofos | 硫丙磷 | 65 | 487 | tralomethrin-2 | 四溴菊酯-2 | 509 |
| 456 | tcmtb | 苯噻硫氰 | 413 | 488 | *trans*-chlordane | 反式氯丹 | 46 |
| 457 | tebuconazole | 戊唑醇 | 77 | 489 | *trans*-diallate | 反式-燕麦敌 | 103 |
| 458 | tebufenpyrad | 吡螨胺 | 351 | 490 | *trans*-nonachlor | 反式九氯 | 325 |
| 459 | tebupirimfos | 丁基嘧啶磷 | 376 | 491 | *trans*-permethrin | 反式-氯菊酯 | 84 |
| 460 | tebutam | 牧草胺 | 282 | 492 | transfluthrin | 四氟苯菊酯 | 212 |
| 461 | tebuthiuron | 丁噻隆 | 369 | 493 | triadimefon | 三唑酮 | 39 |
| 462 | tecnazene | 四氯硝基苯 | 96 | 494 | triadimenol-1 | 三唑醇-1 | 233 |
| 463 | tefluthrin | 七氟菊酯 | 287 | 495 | triadimenol-2 | 三唑醇-2 | 234 |
| 464 | terbacil | 特草净 | 396 | 496 | triallate | 野麦畏 | 202 |
| 465 | terbucarb-1 | 特草灵-1 | 387 | 497 | triazophos | 三唑磷 | 171 |
| 466 | terbucarb-2 | 特草灵-2 | 388 | 498 | tribenuron-methyl | 苯磺隆 | 447 |
| 467 | terbufos | 特丁硫磷 | 108 | 499 | trichloronat | 毒壤磷 | 310 |
| 468 | terbumeton | 特丁通 | 109 | 500 | tricyclazole | 三环唑 | 492 |
| 469 | terbuthylazine | 特丁津 | 115 | 501 | tridiphane | 灭草环 | 385 |
| 470 | terbutryn | 特丁净 | 124 | 502 | trietazine | 草达津 | 288 |
| 471 | tetrachlorvinphos | 杀虫畏 | 147 | 503 | trifloxystrobin | 肟菌酯 | 420 |
| 472 | tetraconazole | 四氟醚唑 | 229 | 504 | trifluralin | 氟乐灵 | 102 |
| 473 | tetradifon | 三氯杀螨砜 | 82 | 505 | tri-*n*-butyl phosphate | 三正丁基磷酸盐 | 279 |
| 474 | tetramethirn | 胺菊酯 | 78 | 506 | triphenyl phosphate | 三苯基磷酸盐 | 349 |
| 475 | tetrasul | 杀螨氯硫 | 57 | 507 | uniconazole | 烯效唑 | 239 |
| 476 | thenylchlor | 噻吩草胺 | 427 | 508 | vernolate | 灭草敌 | 192 |
| 477 | thiabendazole | 噻菌灵 | 481 | 509 | vinclozolin | 乙烯菌核利 | 29 |
| 478 | thiamethoxam | 噻虫嗪 | 407 | 510 | XMC | 灭除威 | 363 |
| 479 | thiazopyr | 噻唑烟酸 | 397 | 511 | zoxamide | 苯酰草胺 | 399 |
| 480 | thiobencarb | 杀草丹 | 126 | | | | |

ICS 67.050
X 04

中华人民共和国国家标准

GB/T 23211—2008



# 牛奶和奶粉中493种农药及相关化学品残留量的测定 液相色谱-串联质谱法

Determination of 493 pesticides and related chemicals residues in milk and milk powder—LC-MS-MS method

2008-12-31 发布 2009-05-01 实施

中华人民共和国国家质量监督检验检疫总局
中国国家标准化管理委员会 发布

# 前言

本标准的附录A、附录B、附录C、附录D和附录E为资料性附录。

本标准由中华人民共和国国家质量监督检验检疫总局提出并归口。

本标准起草单位:中华人民共和国秦皇岛出入境检验检疫局、山东农业大学。

本标准主要起草人:庞国芳、郑军红、范春林、王明林、李岩。

# 牛奶和奶粉中 493 种农药及相关化学品残留量的测定　液相色谱-串联质谱法

## 1　范围

本标准规定了牛奶和奶粉中 493 种农药及相关化学品(参见附录 A 和附录 E)残留量液相色谱-串联质谱测定方法。

本标准适用于牛奶中 482 种农药及相关化学品的定性鉴别,441 种农药及相关化学品的定量测定;适用于奶粉中 481 种农药及相关化学品的定性鉴别,427 种农药及相关化学品的定量测定。

本标准定量测定的牛奶中 441 种农药及相关化学品的方法检出限为 0.01 μg/L～2.41 mg/L(参见附录 A);定量测定的奶粉中 427 种农药及相关化学品的方法检出限为 0.04 μg/kg～8.04 mg/kg(参见附录 A)。

## 2　规范性引用文件

下列文件中的条款通过本标准的引用而成为本标准的条款。凡是注日期的引用文件,其随后所有的修改单(不包括勘误的内容)或修订版均不适用于本标准,然而,鼓励根据本标准达成协议的各方研究是否可使用这些文件的最新版本。凡是不注日期的引用文件,其最新版本适用于本标准。

GB/T 6379.1　测量方法与结果的准确度(正确度与精密度)　第 1 部分:总则与定义(GB/T 6379.1—2004,ISO 5725-1:1994,IDT)

GB/T 6379.2　测量方法与结果的准确度(正确度与精密度)　第 2 部分:确定标准测量方法重复性与再现性的基本方法(GB/T 6379.2—2004,ISO 5725-2:1994,IDT)

GB/T 6682　分析实验室用水规格和试验方法(GB/T 6682—2008,ISO 3696:1987,MOD)

## 3　原理

用乙腈提取试样,$C_{18}$固相萃取柱净化,用乙腈洗脱农药及相关化学品,液相色谱-串联质谱仪测定,外标法定量。

## 4　试剂和材料

水为 GB/T 6682 规定的一级水。

4.1　乙腈:色谱纯。

4.2　丙酮:色谱纯。

4.3　异辛烷:色谱纯。

4.4　甲苯:色谱纯。

4.5　正己烷:色谱纯。

4.6　甲醇:色谱纯。

4.7　甲酸:优级纯。

4.8　乙酸铵:优级纯。

4.9　0.1%甲酸溶液。

4.10　5 mmol/L 乙酸铵溶液。

4.11　乙腈＋水(3＋2,体积比)。

4.12　氯化钠：分析纯。

4.13　硫酸镁（$MgSO_4 \cdot 7H_2O$）：分析纯。

4.14　农药及相关化学品标准物质：纯度≥95％。

4.15　农药及相关化学品标准溶液

4.15.1　标准储备溶液

分别称取 5 mg～10 mg（精确至 0.1 mg）农药及相关化学品各标准物分别于 10 mL 容量瓶中，根据标准物的溶解度选甲醇、甲苯、丙酮、乙腈或异辛烷溶解并定容至刻度（溶剂选择参见附录 A）。标准储备溶液避光 4 ℃保存，可使用一年。

4.15.2　混合标准溶液（混合标准溶液 A、B、C、D、E、F 和 G）

按照农药及相关化学品的保留时间，将 493 种农药及相关化学品分成 A、B、C、D、E、F 和 G 七个组，并根据每种农药及相关化学品在仪器上的响应灵敏度，确定其在混合标准溶液中的浓度。本标准对 493 种农药及相关化学品的分组及其混合标准溶液浓度参见附录 A。

依据每种农药及相关化学品的分组、混合标准溶液浓度及其标准储备液的浓度，移取一定量的单个农药及相关化学品标准储备溶液于 100 mL 容量瓶中，用甲醇定容至刻度。混合标准溶液避光 4 ℃保存，可使用一个月。

4.15.3　基质混合标准工作溶液

农药及相关化学品基质混合标准工作溶液是用样品空白溶液配成不同浓度的基质混合标准工作溶液 A、B、C、D、E、F 和 G，用于做标准工作曲线。

基质混合标准工作溶液应现用现配。

4.16　微孔过滤膜（尼龙）：13 mm×0.2 μm。

4.17　ENVI™-18 固相萃取柱[1)]：12 mL，2 000 mg 或相当者。

## 5　仪器

5.1　液相色谱-串联质谱仪：配有电喷雾离子源。

5.2　分析天平：感量 0.1 mg 和 0.01 g。

5.3　具塞离心管：50 mL。

5.4　均质器：最低转速不低于 12 000 r/min。

5.5　离心机：最低转速不低于 4 200 r/min。

5.6　鸡心瓶：100 mL。

5.7　移液器：1 mL 和 10 mL。

5.8　旋转蒸发器。

5.9　氮气吹干仪。

5.10　样品瓶：2 mL，带聚四氟乙烯旋盖。

## 6　试样保存

奶粉试样密封常温保存；牛奶试样置于 0 ℃～4 ℃保存。

## 7　测定步骤

### 7.1　提取

奶粉：称取 3.0 g 奶粉（精确至 0.01 g）于 50 mL 离心管中，加入 20 mL 乙腈以及 4 g 硫酸镁，用均

1）ENVI™-18 柱是 SUPELCO 公司产品的商品名称，给出这一信息是为了方便本标准的使用者，并不是表示对该产品的认可。如果其他等效产品具有相同的效果，则可使用这些等效产品。

质器15 000 r/min均质提取1 min，在4 200 r/min条件下离心5 min。上清液收集于100 mL鸡心瓶中，残渣用20 mL乙腈重复提取一次，离心后，合并两次提取液，将提取液于40 ℃水浴旋转蒸发至1 mL左右，待净化。

牛奶：量取10 mL牛奶于50 mL离心管中，加入20 mL乙腈以及4 g硫酸镁和1 g氯化钠。于振荡器上剧烈振荡10 min，在4 200 r/min条件下离心8 min，收集上清液于100 mL鸡心瓶中，残液用20 mL乙腈重复提取一次，离心后，合并两次提取液，于40 ℃水浴旋转蒸发至1 mL左右，待净化。

**7.2 净化**

用10 mL乙腈活化ENVI[TM]-18固相萃取柱后，将浓缩的提取液转移至固相萃取柱中。用5 mL乙腈洗涤样品瓶，将洗涤液并入固相萃取柱中，重复此操作两次。收集流出液于100 mL鸡心瓶中，用10 mL乙腈洗脱固相萃取柱，合并流出液。40 ℃水浴旋转蒸发至0.5 mL左右。于45 ℃下氮气吹干，用1 mL乙腈＋水(3＋2，体积比)定容，经0.2 μm微孔滤膜过滤，供液相色谱-串联质谱仪分析。

同时取不含农药及相关化学品的牛奶或奶粉样品，按7.1和7.2步骤制备样品空白提取液，用于配制基质混合标准工作溶液。

**7.3 液相色谱-串联质谱测定**

**7.3.1 A、B、C、D、E和F组条件**

a) 色谱柱：ZORBAX SB-$C_{18}$，3.5 μm，100 mm×2.1 mm(内径)或相当者；

b) 流动相及梯度洗脱条件见表1；

**表1 流动相及梯度洗脱条件**

| 步骤 | 总时间/min | 流速/(μL/min) | 流动相A(0.1%甲酸水)/% | 流动相B(乙腈)/% |
|---|---|---|---|---|
| 0 | 0.00 | 400 | 99.0 | 1.0 |
| 1 | 3.00 | 400 | 70.0 | 30.0 |
| 2 | 6.00 | 400 | 60.0 | 40.0 |
| 3 | 9.00 | 400 | 60.0 | 40.0 |
| 4 | 15.00 | 400 | 40.0 | 60.0 |
| 5 | 19.00 | 400 | 1.0 | 99.0 |
| 6 | 23.00 | 400 | 1.0 | 99.0 |
| 7 | 23.01 | 400 | 99.0 | 1.0 |

c) 柱温：40 ℃；

d) 进样量：10 μL；

e) 电离源模式：电喷雾离子化；

f) 电离源极性：正模式；

g) 雾化气：氮气；

h) 雾化气压力：0.28 MPa；

i) 离子喷雾电压：4 000 V；

j) 干燥气温度：350 ℃；

k) 干燥气流速：10 L/min；

l) 监测离子对、碰撞气能量和源内碎裂电压参见附录B。

**7.3.2 G组测定条件**

a) 色谱柱：ZORBAX SB-$C_{18}$，3.5 μm，100 mm×2.1 mm(内径)或相当者；

b) 流动相及梯度洗脱条件见表2；

表 2　流动相及梯度洗脱条件

| 步骤 | 总时间/min | 流速/(μL/min) | 流动相 A(5 mmol/L 乙酸铵水)/% | 流动相 B(乙腈)/% |
|---|---|---|---|---|
| 0 | 0.00 | 400 | 99.0 | 1.0 |
| 1 | 3.00 | 400 | 70.0 | 30.0 |
| 2 | 6.00 | 400 | 60.0 | 40.0 |
| 3 | 9.00 | 400 | 60.0 | 40.0 |
| 4 | 15.00 | 400 | 40.0 | 60.0 |
| 5 | 19.00 | 400 | 1.0 | 99.0 |
| 6 | 23.00 | 400 | 1.0 | 99.0 |
| 7 | 23.01 | 400 | 99.0 | 1.0 |

c)　柱温：40 ℃；

d)　进样量：10 μL；

e)　电离源模式：电喷雾离子化；

f)　电离源极性：负模式；

g)　雾化气：氮气；

h)　雾化气压力：0.28 MPa；

i)　离子喷雾电压：4 000 V；

j)　干燥气温度：350 ℃；

k)　干燥气流速：10 L/min；

l)　监测离子对、碰撞气能量和源内碎裂电压参见附录 B。

### 7.3.3　定性测定

在相同实验条件下进行样品测定时，如果检出的色谱峰的保留时间与标准样品相一致，并且在扣除背景后的样品质谱图中，所选择的离子均出现，而且所选择的离子丰度比与标准样品的离子丰度比相一致(相对丰度＞50%，允许±20%偏差；相对丰度＞20%～50%，允许±25%偏差；相对丰度＞10%～20%，允许±30%偏差；相对丰度≤10%，允许±50%偏差)，则可判断样品中存在这种农药或相关化学品。

### 7.3.4　定量测定

本标准中液相色谱-串联质谱采用外标-校准曲线法定量测定。为减少基质对定量测定的影响，定量用标准溶液应采用基质混合标准工作溶液绘制标准曲线，并且保证所测样品中农药及相关化学品的响应值均在仪器的线性范围内。493 种农药及相关化学品多反应监测(MRM)色谱图参见附录 C。

### 7.4　平行试验

按以上步骤对同一试样进行平行试验。

### 7.5　空白试验

除不称取试样外，均按上述步骤进行。

## 8　结果计算

液相色谱-串联质谱测定采用标准曲线法定量，标准曲线法定量结果按式(1)计算：

$$X_i = c_i \times \frac{V}{m} \times \frac{1\,000}{1\,000} \qquad \cdots\cdots(1)$$

式中：

$X_i$——试样中被测组分残留量，单位为毫克每千克或毫克每升(奶粉以 mg/kg 计，牛奶以

mg/L 计）；

$c_i$——从标准曲线上得到的被测组分溶液浓度，单位为微克每毫升（μg/mL）；

$V$——样品溶液定容体积，单位为毫升（mL）；

$m$——样品溶液所代表试样的质量或体积，单位为克或毫升（奶粉以 g 计，牛奶以 mL 计）。

计算结果应扣除空白值。

## 9 精密度

本标准精密度数据是按照 GB/T 6379.1 和 GB/T 6379.2 的规定确定的，获得重复性和再现性的值是以 95%的可信度来计算。本标准方法的精密度数据参见附录 D。

# 附 录 A
## （资料性附录）
## 493 种农药及相关化学品中、英文名称、方法检出限、分组、溶剂选择和混合标准溶液浓度

493 种农药及相关化学品中、英文名称、方法检出限、分组、溶剂选择和混合标准溶液浓度见表 A.1。

表 A.1 493 种农药及相关化学品中、英文名称、方法检出限、分组、溶剂选择和混合标准溶液浓度

| 序号 | 中文名称 | 英文名称 | 牛奶检出限/(μg/L) | 奶粉检出限/(μg/kg) | 溶剂 | 混合标准溶液浓度/(mg/L) |
|---|---|---|---|---|---|---|
| A 组 | | | | | | |
| 1 | 苯胺灵 | propham | 27.50 | 91.67 | 甲苯 | 11.00 |
| 2 | 异丙威 | isoprocarb | 0.58 | 1.92 | 甲醇 | 0.23 |
| 3 | 3,4,5-混杀威 | 3,4,5-trimethacarb | 0.08 | 0.25 | 甲醇 | 0.03 |
| 4 | 环莠隆 | cycluron | 0.05 | 0.17 | 甲醇 | 0.02 |
| 5 | 甲萘威 | carbaryl | 2.58 | 8.58 | 甲醇 | 1.03 |
| 6 | 毒草胺 | propachlor | 0.08 | 0.25 | 甲醇 | 0.03 |
| 7 | 吡咪唑 | rabenzazole | 0.33 | 1.08 | 甲醇 | 0.13 |
| 8 | 西草净 | simetryn | 0.03 | 0.08 | 甲醇 | 0.01 |
| 9 | 绿谷隆 | monolinuron | 0.90 | 3.00 | 甲醇 | 0.36 |
| 10 | 速灭磷 | mevinphos | 0.40 | 1.33 | 甲苯 | 0.16 |
| 11 | 叠氮津 | aziprotryne | 0.35 | 1.17 | 甲醇 | 0.14 |
| 12 | 密草通 | secbumeton | 0.03 | 0.08 | 甲醇 | 0.01 |
| 13 | 嘧菌磺胺 | cyprodinil | 0.18 | 0.58 | 甲醇 | 0.07 |
| 14 | 播土隆 | buturon | 2.25 | 7.50 | 甲醇 | 0.90 |
| 15 | 双酰草胺 | carbetamide | 0.90 | 3.00 | 甲醇 | 0.36 |
| 16 | 抗蚜威 | pirimicarb | 0.05 | 0.17 | 甲醇 | 0.02 |
| 17 | 异噁草松 | clomazone dimethazone | 0.10 | 0.33 | 甲醇 | 0.04 |
| 18 | 扑草净[a] | prometryne | 0.05 | 0.17 | 甲醇 | 0.02 |
| 19 | 对氧磷 | paraoxon methyl | 0.20 | 0.67 | 甲醇 | 0.08 |
| 20 | 4,4′-二氯二苯甲酮[ab] | 4,4′-dichlorobenzophenone | 3.40 | 11.33 | 甲醇 | 1.36 |
| 21 | 噻虫啉 | thiacloprid | 0.10 | 0.33 | 甲醇 | 0.04 |
| 22 | 吡虫啉 | imidacloprid | 5.50 | 18.33 | 甲醇 | 2.20 |
| 23 | 磺噻隆 | ethidimuron | 0.38 | 1.25 | 甲醇 | 0.15 |
| 24 | 丁嗪草酮 | isomethiozin | 0.28 | 0.92 | 甲醇 | 0.11 |
| 25 | 燕麦敌 | diallate | 22.30 | 74.33 | 甲醇 | 8.92 |
| 26 | 乙草胺 | acetochlor | 11.85 | 39.50 | 甲醇 | 4.74 |

**表 A.1（续）**

| 序号 | 中文名称 | 英文名称 | 牛奶检出限/(μg/L) | 奶粉检出限/(μg/kg) | 溶剂 | 混合标准溶液浓度/(mg/L) |
|---|---|---|---|---|---|---|
| 27 | 烯啶虫胺[b] | nitenpyram | 4.28 | 14.25 | 甲醇 | 1.71 |
| 28 | 盖草津 | methoprotryne | 0.05 | 0.17 | 甲醇 | 0.02 |
| 29 | 二甲酚草胺 | dimethenamid | 4.32 | 3.58 | 甲醇 | 0.43 |
| 30 | 特草灵 | terrbucarb | 0.53 | 1.75 | 甲醇 | 0.21 |
| 31 | 戊菌唑 | penconazole | 0.50 | 1.67 | 甲醇 | 0.20 |
| 32 | 腈菌唑 | myclobutanil | 0.25 | 0.83 | 甲醇 | 0.10 |
| 33 | 咪唑乙烟酸[b] | imazethapyr | 0.28 | 0.92 | 甲醇 | 0.11 |
| 34 | 多效唑 | paclobutrazol | 0.15 | 0.50 | 甲醇 | 0.06 |
| 35 | 倍硫磷亚砜 | fenthion sulfoxide | 0.08 | 0.25 | 甲醇 | 0.03 |
| 36 | 三唑醇 | triadimenol | 2.65 | 8.83 | 甲醇 | 1.06 |
| 37 | 仲丁灵 | butralin | 0.48 | 1.58 | 甲醇 | 0.19 |
| 38 | 甲基立枯磷 | tolclofos methyl | 16.65 | 55.50 | 甲醇 | 6.66 |
| 39 | 甜菜胺 | desmedipham | 1.00 | 3.33 | 甲醇 | 0.40 |
| 40 | 烯丙菊酯 | allethrin | 15.10 | 50.33 | 甲醇 | 6.04 |
| 41 | 丙草胺 | pretilachlor | 0.08 | 0.25 | 甲醇 | 0.03 |
| 42 | 氟硅唑 | flusilazole | 0.15 | 0.50 | 甲醇 | 0.06 |
| 43 | 麦锈灵 | benodanil | 0.88 | 2.92 | 甲醇 | 0.35 |
| 44 | 氟酰胺 | flutolanil | 0.28 | 0.92 | 甲醇 | 0.11 |
| 45 | 氨磺磷 | famphur | 0.90 | 3.00 | 甲醇 | 0.36 |
| 46 | 苯霜灵 | benalyxyl | 0.30 | 1.00 | 甲醇 | 0.12 |
| 47 | 苄氯三唑醇 | diclobutrazole | 0.13 | 0.42 | 甲醇 | 0.05 |
| 48 | 乙环唑 | etaconazole | 0.45 | 1.50 | 甲醇 | 0.18 |
| 49 | 酞酸二环己基酯[b] | phthalic acid, dicyclobexyl ester | 0.50 | 1.67 | 甲醇 | 0.20 |
| 50 | 胺菊酯 | tetramethirn | 0.45 | 1.50 | 甲醇 | 0.18 |
| 51 | 抑菌灵 | dichlofluanid | 0.65 | 2.17 | 甲苯 | 0.26 |
| 52 | 甲基毒死蜱 | chlorprifos methyl | 4.00 | 13.33 | 甲醇 | 1.60 |
| 53 | 联苯三唑醇 | bitertanol | 8.35 | 27.83 | 甲醇 | 3.34 |
| 54 | 吡喃草酮 | tepraloxydim | 3.05 | 10.17 | 甲醇 | 1.22 |
| 55 | 甲基硫菌灵 | thiophanate methyl | 5.00 | 16.67 | 甲醇 | 2.00 |
| 56 | 益棉磷[d] | azinphos ethyl | — | 90.75 | 甲醇 | 10.89 |
| 57 | 杀铃脲 | triflumuron | 0.98 | 3.25 | 甲醇 | 0.39 |
| 58 | 莎稗磷 | anilofos | 0.18 | 0.58 | 甲醇 | 0.07 |

表 A.1（续）

| 序号 | 中文名称 | 英文名称 | 牛奶检出限/(μg/L) | 奶粉检出限/(μg/kg) | 溶剂 | 混合标准溶液浓度/(mg/L) |
|---|---|---|---|---|---|---|
| 59 | 硫菌灵 | thiophanat-ethyl | 5.05 | 16.83 | 甲醇 | 2.02 |
| 60 | 喹禾灵 | quizalofop-ethyl | 0.18 | 0.58 | 甲醇 | 0.07 |
| 61 | 精氟吡甲禾灵 | haloxyfop-methyl | 0.65 | 2.17 | 甲醇 | 0.26 |
| 62 | 吡氟禾草灵 | fluazifop butyl | 0.08 | 0.25 | 甲醇 | 0.03 |
| 63 | 乙基溴硫磷 | bromophos-ethyl | 141.93 | 473.08 | 甲醇 | 56.77 |
| 64 | 地散磷 | bensulide | 8.55 | 28.50 | 甲醇 | 3.42 |
| 65 | 溴苯烯磷 | bromfenvinfos | 0.75 | 2.50 | 甲醇 | 0.30 |
| 66 | 嘧菌酯 | azoxystrobin | 0.13 | 0.42 | 甲醇 | 0.05 |
| 67 | 吡菌磷 | pyrazophos | 0.40 | 1.33 | 甲醇 | 0.16 |
| 68 | 氟虫脲 | flufenoxuron | 0.80 | 2.67 | 甲醇 | 0.32 |
| 69 | 茚虫威 | indoxacarb | 1.88 | 6.25 | 甲醇 | 0.75 |
| 70 | 甲氨基阿维菌素苯甲酸盐[ab] | emamectin benzoate | 0.08 | 0.25 | 甲醇 | 0.03 |
| | | B组 | | | | |
| 71 | 乙撑硫脲[d] | ethylene thiourea | — | 43.50 | 甲醇 | 5.22 |
| 72 | 棉隆[ac] | dazomet | 31.75 | — | 甲醇 | 12.70 |
| 73 | 烟碱[b] | nicotine | 0.55 | 1.83 | 甲醇 | 0.22 |
| 74 | 非草隆 | fenuron | 0.25 | 0.83 | 甲醇 | 0.10 |
| 75 | 灭蝇胺[b] | cyromazine | 1.80 | 6.00 | 甲醇 | 0.72 |
| 76 | 鼠立克 | crimidine | 0.40 | 1.33 | 甲醇 | 0.16 |
| 77 | 乙酰甲胺磷 | acephate | 3.33 | 11.08 | 甲醇 | 1.33 |
| 78 | 禾草敌 | molinate | 0.53 | 1.75 | 甲醇 | 0.21 |
| 79 | 多菌灵 | carbendazim | 0.13 | 0.42 | 甲醇 | 0.05 |
| 80 | 6-氯-4-羟基-3-苯基哒嗪 | 6-chloro-4-hydroxy-3-phenyl-pyridazin | 0.43 | 1.42 | 甲醇 | 0.17 |
| 81 | 残杀威 | propoxur | 6.10 | 20.33 | 甲醇 | 2.44 |
| 82 | 异唑隆 | isouron | 0.10 | 0.33 | 甲醇 | 0.04 |
| 83 | 绿麦隆 | chlorotoluron | 0.15 | 0.50 | 甲醇 | 0.06 |
| 84 | 久效威 | thiofanox | 39.25 | 130.83 | 甲醇 | 15.70 |
| 85 | 氯草灵 | chlorbufam | 45.75 | 152.50 | 甲醇 | 18.30 |
| 86 | 噁虫威 | bendiocarb | 0.80 | 2.67 | 甲醇 | 0.32 |
| 87 | 扑灭津 | propazine | 0.08 | 0.25 | 甲醇 | 0.03 |
| 88 | 特丁津 | terbuthylazine | 0.13 | 0.42 | 甲醇 | 0.05 |

表 A.1（续）

| 序号 | 中文名称 | 英文名称 | 牛奶检出限/(μg/L) | 奶粉检出限/(μg/kg) | 溶剂 | 混合标准溶液浓度/(mg/L) |
|---|---|---|---|---|---|---|
| 89 | 敌草隆 | diuron | 0.40 | 1.33 | 甲醇 | 0.16 |
| 90 | 氯甲硫磷 | chlormephos | 112.00 | 373.33 | 甲醇 | 44.80 |
| 91 | 萎锈灵 | carboxin | 0.15 | 0.50 | 甲醇 | 0.06 |
| 92 | 野燕枯 | difenzoquat-methyl sulfate | 0.20 | 0.67 | 甲醇 | 0.08 |
| 93 | 噻虫胺 | clothianidin | 15.75 | 52.50 | 甲醇 | 6.30 |
| 94 | 拿草特 | pronamide | 3.85 | 12.83 | 甲醇 | 1.54 |
| 95 | 二甲草胺 | dimethachloro | 0.48 | 1.58 | 甲醇 | 0.19 |
| 96 | 秀谷隆 | methobromuron | 4.20 | 14.00 | 甲苯 | 1.68 |
| 97 | 甲拌磷 | phorate | 78.50 | 261.67 | 甲醇 | 31.40 |
| 98 | 苯草醚 | aclonifen | 6.05 | 20.17 | 甲醇 | 2.42 |
| 99 | 地安磷 | mephosfolan | 0.58 | 1.92 | 甲醇 | 0.23 |
| 100 | 脱苯甲基亚胺唑 | imibenzonazole-des-benzyl | 1.55 | 5.17 | 甲醇 | 0.62 |
| 101 | 草不隆 | neburon | 1.78 | 5.92 | 甲醇 | 0.71 |
| 102 | 精甲霜灵 | mefenoxam | 0.38 | 1.25 | 甲醇 | 0.15 |
| 103 | 乙氧呋草黄 | ethofume sate | 93.00 | 310.00 | 甲醇 | 37.20 |
| 104 | 异稻瘟净 | iprobenfos | 2.08 | 6.92 | 甲醇 | 0.83 |
| 105 | 特普 | TEPP | 2.60 | 8.67 | 甲醇 | 1.04 |
| 106 | 环丙唑醇 | cyproconazole | 0.18 | 0.58 | 甲醇 | 0.07 |
| 107 | 噻虫嗪 | thiamethoxam | 8.25 | 27.50 | 甲醇 | 3.30 |
| 108 | 育畜磷 | crufomate | 0.13 | 0.42 | 甲醇 | 0.05 |
| 109 | 乙嘧硫磷 | etrimfos | 4.70 | 15.67 | 甲醇 | 1.88 |
| 110 | 杀鼠醚[a] | coumatetralyl | 0.35 | 1.17 | 甲醇 | 0.14 |
| 111 | 赛灭磷 | cythioate | 20.00 | 66.67 | 甲醇 | 8.00 |
| 112 | 磷胺 | phosphamidon | 0.98 | 3.25 | 甲醇 | 0.39 |
| 113 | 甜菜宁 | phenmedipham | 1.13 | 3.75 | 甲醇 | 0.45 |
| 114 | 联苯井酯 | bifenazate | 5.70 | 19.00 | 甲醇 | 2.28 |
| 115 | 环酰菌胺[bd] | fenhexamid | — | 0.75 | 甲醇 | 0.09 |
| 116 | 粉唑醇 | flutriafol | 2.15 | 7.17 | 甲醇 | 0.86 |
| 117 | 抑菌丙胺酯 | furalaxyl | 0.20 | 0.67 | 甲醇 | 0.08 |
| 118 | 生物丙烯菊酯 | bioallethrin | 49.50 | 165.00 | 甲醇 | 19.80 |
| 119 | 苯腈磷 | cyanofenphos | 5.20 | 17.33 | 甲醇 | 2.08 |
| 120 | 甲基嘧啶磷 | pirimiphos methyl | 0.05 | 0.17 | 甲醇 | 0.02 |
| 121 | 噻嗪酮 | buprofezin | 0.23 | 0.75 | 甲醇 | 0.09 |

表 A.1（续）

| 序号 | 中文名称 | 英文名称 | 牛奶检出限/(μg/L) | 奶粉检出限/(μg/kg) | 溶剂 | 混合标准溶液浓度/(mg/L) |
|---|---|---|---|---|---|---|
| 122 | 乙拌磷砜 | disulfoton sulfone | 0.63 | 2.08 | 甲醇 | 0.25 |
| 123 | 喹螨醚 | fenazaquin | 0.08 | 0.25 | 甲醇 | 0.03 |
| 124 | 三唑磷 | triazophos | 0.18 | 0.58 | 甲苯 | 0.07 |
| 125 | 脱叶磷 | DEF | 0.40 | 1.33 | 甲苯 | 0.16 |
| 126 | 环酯草醚 | pyriftalid | 0.15 | 0.50 | 甲醇 | 0.06 |
| 127 | 叶菌唑 | metconazole | 0.33 | 1.08 | 甲醇 | 0.13 |
| 128 | 蚊蝇醚 | pyriproxyfen | 0.10 | 0.33 | 甲醇 | 0.04 |
| 129 | 噻草酮 | cycloxydim | 0.63 | 2.08 | 甲醇 | 0.25 |
| 130 | 异噁酰草胺 | isoxaben | 0.05 | 0.17 | 甲醇 | 0.02 |
| 131 | 呋草酮 | flurtamone | 0.10 | 0.33 | 甲醇 | 0.04 |
| 132 | 氟乐灵 | trifluralin | 310.00 | 1 033.33 | 甲苯 | 124.00 |
| 133 | 甲基麦草氟异丙酯 | flamprop methyl | 5.05 | 16.83 | 甲醇 | 2.02 |
| 134 | 生物苄呋菊酯[a] | bioresmethrin | 1.85 | 6.17 | 甲醇 | 0.74 |
| 135 | 丙环唑 | propiconazole | 0.45 | 1.50 | 甲醇 | 0.18 |
| 136 | 毒死蜱 | chlorpyrifos | 13.45 | 44.83 | 甲醇 | 5.38 |
| 137 | 氯乙氟灵 | fluchloralin | 122.00 | 406.67 | 甲醇 | 48.80 |
| 138 | 氯磺隆 | chlorsulfuron | 0.68 | 2.25 | 甲醇 | 0.27 |
| 139 | 烯草酮 | clethodim | 0.53 | 1.75 | 甲醇 | 0.21 |
| 140 | 麦草氟异丙酯 | flamprop isopropyl | 0.10 | 0.33 | 甲醇 | 0.04 |
| 141 | 杀虫畏 | tetrachlorvinphos | 0.55 | 1.83 | 甲醇 | 0.22 |
| 142 | 炔螨特 | propargite | 17.15 | 57.17 | 甲苯 | 6.86 |
| 143 | 糠菌唑 | bromuconazole | 0.78 | 2.58 | 甲醇 | 0.31 |
| 144 | 氟吡酰草胺 | picolinafen | 0.18 | 0.58 | 甲醇 | 0.07 |
| 145 | 氟噻乙草酯 | fluthiacet methyl | 1.33 | 4.42 | 甲醇 | 0.53 |
| 146 | 肟菌酯 | trifloxystrobin | 0.50 | 1.67 | 甲醇 | 0.20 |
| 147 | 氯嘧磺隆 | chlorimuron ethyl | 7.60 | 25.33 | 甲醇 | 3.04 |
| 148 | 氟铃脲 | hexaflumuron | 6.30 | 21.00 | 甲醇 | 2.52 |
| 149 | 氟酰脲 | novaluron | 2.00 | 6.67 | 甲醇 | 0.80 |
| 150 | 伏蚁腙 | hydramethylnon | 0.43 | 1.42 | 甲醇 | 0.17 |
| 151 | — | flurazuron | 6.70 | 22.33 | 甲醇 | 2.68 |
| C组 | | | | | | |
| 152 | 抑芽丹[ab] | maleic hydrazide | 20.00 | 66.67 | 甲醇 | 8.00 |
| 153 | 甲胺磷 | methamidophos | 1.23 | 4.08 | 甲醇 | 0.49 |

**表 A.1（续）**

| 序号 | 中文名称 | 英文名称 | 牛奶检出限/(μg/L) | 奶粉检出限/(μg/kg) | 溶剂 | 混合标准溶液浓度/(mg/L) |
|---|---|---|---|---|---|---|
| 154 | 茵草敌 | EPTC | 9.33 | 31.08 | 甲醇 | 3.73 |
| 155 | 避蚊胺 | diethyltoluamide | 0.15 | 0.50 | 甲醇 | 0.06 |
| 156 | 灭草隆 | monuron | 8.68 | 28.92 | 甲醇 | 3.47 |
| 157 | 嘧霉胺 | pyrimethanil | 0.18 | 0.58 | 甲醇 | 0.07 |
| 158 | 黑穗胺 | fenfuram | 0.20 | 0.67 | 甲醇 | 0.08 |
| 159 | 灭藻醌 | quinoclamine | 1.98 | 6.58 | 甲醇 | 0.79 |
| 160 | 仲丁威 | fenobucarb | 1.48 | 4.92 | 甲醇 | 0.59 |
| 161 | 乙菌定[b] | ethirimol | 0.15 | 0.50 | 甲醇 | 0.06 |
| 162 | 敌稗 | propanil | 5.40 | 18.00 | 甲醇 | 2.16 |
| 163 | 克百威 | carbofuran | 3.28 | 10.92 | 甲醇 | 1.31 |
| 164 | 啶虫清 | acetamiprid | 0.35 | 1.17 | 甲醇 | 0.14 |
| 165 | 嘧菌胺 | mepanipyrim | 0.08 | 0.25 | 甲醇 | 0.03 |
| 166 | 扑灭通 | prometon | 0.03 | 0.08 | 甲醇 | 0.01 |
| 167 | 甲氧隆 | metoxuron | 0.15 | 0.50 | 甲醇 | 0.06 |
| 168 | 乐果 | dimethoate | 1.90 | 6.33 | 甲醇 | 0.76 |
| 169 | 呋菌胺[bd] | methfuroxam | — | 0.25 | 甲醇 | 0.03 |
| 170 | 伏草隆 | fluometuron | 0.23 | 0.75 | 甲醇 | 0.09 |
| 171 | 百治磷 | dicrotophos | 0.28 | 0.92 | 甲醇 | 0.11 |
| 172 | 庚酰草胺 | monalide | 0.30 | 1.00 | 甲醇 | 0.12 |
| 173 | 双苯酰草胺 | diphenamid | 0.03 | 0.08 | 甲醇 | 0.01 |
| 174 | 灭线磷 | ethoprophos | 0.70 | 2.33 | 甲醇 | 0.28 |
| 175 | 地虫硫磷 | fonofos | 1.88 | 6.25 | 甲醇 | 0.75 |
| 176 | 土菌灵 | etridiazole | 25.10 | 83.67 | 甲醇 | 10.04 |
| 177 | 拌种胺[ab] | furmecyclox | 0.20 | 0.67 | 甲醇 | 0.08 |
| 178 | 环嗪酮 | hexazinone | 0.03 | 0.08 | 甲醇 | 0.01 |
| 179 | 阔草净 | dimethametryn | 0.03 | 0.08 | 甲醇 | 0.01 |
| 180 | 敌百虫 | trichlorphon | 0.28 | 0.92 | 甲醇 | 0.11 |
| 181 | 内吸磷 | demeton (*o*+*s*) | 1.70 | 5.67 | 甲醇 | 0.68 |
| 182 | 解草酮 | benoxacor | 1.73 | 5.75 | 甲醇 | 0.69 |
| 183 | 除草定 | bromacil | 5.90 | 19.67 | 甲醇 | 2.36 |
| 184 | 甲拌磷亚砜 | phorate sulfoxide | 86.63 | 288.75 | 甲醇 | 34.65 |
| 185 | 溴莠敏 | brompyrazon | 0.90 | 3.00 | 甲醇 | 0.36 |
| 186 | 氧化萎锈灵 | oxycarboxin | 0.23 | 0.75 | 甲醇 | 0.09 |

表 A.1（续）

| 序号 | 中文名称 | 英文名称 | 牛奶检出限/(μg/L) | 奶粉检出限/(μg/kg) | 溶剂 | 混合标准溶液浓度/(mg/L) |
|---|---|---|---|---|---|---|
| 187 | 灭锈胺 | mepronil | 0.10 | 0.33 | 甲醇 | 0.04 |
| 188 | 乙拌磷[a] | disulfoton | 117.43 | 391.42 | 甲醇 | 46.97 |
| 189 | 倍硫磷 | fenthion | 13.00 | 43.33 | 甲醇 | 5.20 |
| 190 | 甲霜灵 | metalaxyl | 0.13 | 0.42 | 甲醇 | 0.05 |
| 191 | 甲呋酰胺 | ofurace | 0.25 | 0.83 | 甲醇 | 0.10 |
| 192 | 吗菌灵[a] | dodemorph | 0.10 | 0.33 | 甲醇 | 0.04 |
| 193 | 甲基咪草酯 | imazamethabenz-methyl | 0.05 | 0.17 | 甲醇 | 0.02 |
| 194 | 稻瘟灵 | isoprothiolane | 0.45 | 1.50 | 甲醇 | 0.18 |
| 195 | 抑霉唑 | imazalil | 0.50 | 1.67 | 甲醇 | 0.20 |
| 196 | 辛硫磷 | phoxim | 20.70 | 69.00 | 甲醇 | 8.28 |
| 197 | 喹硫磷 | quinalphos | 0.50 | 1.67 | 甲醇 | 0.20 |
| 198 | 灭菌磷 | ditalimfos | 16.80 | 56.00 | 甲醇 | 6.72 |
| 199 | 苯氧威[b] | fenoxycarb | 4.58 | 15.25 | 甲醇 | 1.83 |
| 200 | 嘧啶磷 | pyrimitate | 0.05 | 0.17 | 甲醇 | 0.02 |
| 201 | 丰索磷 | fensulfothin | 0.50 | 1.67 | 甲醇 | 0.20 |
| 202 | 氯咯草酮 | fluorochloridone | 3.45 | 11.50 | 甲醇 | 1.38 |
| 203 | 丁草胺 | butachlor | 5.03 | 16.75 | 甲醇 | 2.01 |
| 204 | 咪唑喹啉酸[b] | imazaquin | 0.73 | 2.42 | 甲醇 | 0.29 |
| 205 | 亚胺菌 | kresoxim-methyl | 25.15 | 83.83 | 甲醇 | 10.06 |
| 206 | 戊叉菌唑 | triticonazole | 0.75 | 2.50 | 异辛烷 | 0.30 |
| 207 | 苯线磷亚砜[a] | fenamiphos sulfoxide | 0.18 | 0.58 | 甲醇 | 0.07 |
| 208 | 噻吩草胺 | thenylchlor | 6.03 | 20.08 | 甲醇 | 2.41 |
| 209 | 氰菌胺 | fenoxanil | 9.85 | 32.83 | 甲醇 | 3.94 |
| 210 | 杀草吡啶 | fluridone | 0.05 | 0.17 | 甲醇 | 0.02 |
| 211 | 氟环唑 | epoxiconazole | 1.03 | 3.42 | 甲醇 | 0.41 |
| 212 | 氯辛硫磷 | chlorphoxim | 19.40 | 64.67 | 甲醇 | 7.76 |
| 213 | 苯线磷砜 | fenamiphos sulfone | 0.10 | 0.33 | 甲醇 | 0.04 |
| 214 | 腈苯唑 | fenbuconazole | 0.40 | 1.33 | 甲醇 | 0.16 |
| 215 | 异柳磷 | isofenphos | 54.68 | 182.25 | 甲醇 | 21.87 |
| 216 | 氨磺乐灵 | oryzalin | 16.00 | 53.33 | 甲醇 | 6.40 |
| 217 | 氯化薯瘟锡[ab] | fentin-chloride | 4.33 | 14.42 | 甲醇 | 1.73 |
| 218 | 哌草磷 | piperophos | 2.30 | 7.67 | 甲醇 | 0.92 |
| 219 | 增效醚[b] | piperonyl butoxide | 0.28 | 0.92 | 甲醇 | 0.11 |

表 A.1（续）

| 序号 | 中文名称 | 英文名称 | 牛奶检出限/(μg/L) | 奶粉检出限/(μg/kg) | 溶剂 | 混合标准溶液浓度/(mg/L) |
|---|---|---|---|---|---|---|
| 220 | 乙氧氟草醚 | oxyflurofen | 14.63 | 48.75 | 甲醇 | 5.85 |
| 221 | 蝇毒磷 | coumaphos | 0.53 | 1.75 | 甲醇 | 0.21 |
| 222 | 氟噻草胺 | flufenacet | 1.33 | 4.42 | 甲醇 | 0.53 |
| 223 | 伏杀硫磷 | phosalone | 12.00 | 40.00 | 甲醇 | 4.80 |
| 224 | 甲氧虫酰肼 | methoxyfenozide | 0.93 | 3.08 | 甲醇 | 0.37 |
| 225 | 咪鲜胺 | prochloraz | 0.53 | 1.75 | 甲醇 | 0.21 |
| 226 | 丙硫特普 | aspon | 0.43 | 1.42 | 甲醇 | 0.17 |
| 227 | 乙硫磷 | ethion | 0.75 | 2.50 | 甲醇 | 0.30 |
| 228 | 丁醚脲[a] | diafenthiuron | 0.08 | 1.00 | 甲醇 | 0.03 |
| 229 | 噻吩磺隆 | thifensulfuron-methyl | 5.35 | 17.83 | 甲醇 | 2.14 |
| 230 | 乙氧嘧磺隆[b] | ethoxysulfuron | 1.15 | 3.83 | 甲醇 | 0.46 |
| 231 | 氟硫草定 | dithiopyr | 2.60 | 8.67 | 甲醇 | 1.04 |
| 232 | 螺螨酯 | spirodiclofen | 2.48 | 8.25 | 甲醇 | 0.99 |
| 233 | 唑螨酯 | fenpyroximate | 0.35 | 1.17 | 甲醇 | 0.14 |
| 234 | 胺氟草酯 | flumiclorac-pentyl | 2.65 | 8.83 | 甲醇 | 1.06 |
| 235 | 双硫磷 | temephos | 0.30 | 1.00 | 甲醇 | 0.12 |
| 236 | 氟丙嘧草酯 | butafenacil | 2.38 | 7.92 | 甲醇 | 0.95 |
| 237 | 多杀菌素[a] | spinosad | 0.15 | 0.50 | 甲醇 | 0.06 |
| D组 | | | | | | |
| 238 | 甲哌金翁 | mepiquat chloride | 0.23 | 0.75 | 甲醇 | 0.09 |
| 239 | 二丙烯草胺 | allidochlor | 10.25 | 34.17 | 甲醇 | 4.10 |
| 240 | 霜霉威[ab] | propamocarb | 0.03 | 0.08 | 甲醇 | 0.01 |
| 241 | 噻菌灵[b] | thiabendazole | 0.13 | 0.42 | 甲醇 | 0.05 |
| 242 | 苯嗪草酮 | metamitron | 1.60 | 5.33 | 甲醇 | 0.64 |
| 243 | 异丙隆 | isoproturon | 0.03 | 0.08 | 甲醇 | 0.01 |
| 244 | 莠去通 | atratone | 0.05 | 0.17 | 甲醇 | 0.02 |
| 245 | 敌草净 | desmetryn (oesmetryn) | 0.05 | 0.17 | 甲醇 | 0.02 |
| 246 | 赛克津 | metribuzin | 0.13 | 0.42 | 甲苯 | 0.05 |
| 247 | — | DMST | 10.00 | 33.33 | 甲醇 | 4.00 |
| 248 | 环草敌 | cycloate | 1.10 | 3.67 | 甲醇 | 0.44 |
| 249 | 莠去津 | atrazine | 0.10 | 0.33 | 甲醇 | 0.04 |
| 250 | 丁草敌 | butylate | 75.50 | 251.67 | 甲醇 | 30.20 |
| 251 | 吡蚜酮[c] | pymetrozin | 8.58 | — | 甲醇 | 3.43 |

表 A.1（续）

| 序号 | 中文名称 | 英文名称 | 牛奶检出限/(μg/L) | 奶粉检出限/(μg/kg) | 溶剂 | 混合标准溶液浓度/(mg/L) |
|---|---|---|---|---|---|---|
| 252 | 氯草敏 | chloridazon | 0.58 | 1.92 | 甲醇 | 0.23 |
| 253 | 菜草畏[b] | sulfallate | 51.80 | 172.67 | 甲苯 | 20.72 |
| 254 | 乙硫苯威 | ethiofencarb | 1.23 | 4.08 | 甲醇 | 0.49 |
| 255 | 特丁通 | terbumeton | 0.03 | 0.08 | 甲醇 | 0.01 |
| 256 | 环丙津 | cyanazine | 0.05 | 0.17 | 甲醇 | 0.02 |
| 257 | 莠灭津 | ametryn | 0.25 | 0.83 | 甲醇 | 0.10 |
| 258 | 木草隆 | tebuthiuron | 0.05 | 0.17 | 甲醇 | 0.02 |
| 259 | 草达津 | trietazine | 0.15 | 0.50 | 甲醇 | 0.06 |
| 260 | 另丁津 | sebutylazine | 0.08 | 0.25 | 甲醇 | 0.03 |
| 261 | 畜虫避 | dibutyl succinate | 55.60 | 185.33 | 甲醇 | 22.24 |
| 262 | 牧草胺 | tebutam | 0.03 | 0.08 | 甲醇 | 0.01 |
| 263 | 久效威亚砜 | thiofanox-sulfoxide | 2.08 | 6.92 | 甲醇 | 0.83 |
| 264 | 特丁净 | terbutryn | 0.05 | 0.17 | 甲醇 | 0.02 |
| 265 | 咪唑嗪 | triazoxide | 2.00 | 6.67 | 甲醇 | 0.80 |
| 266 | 虫线磷 | thionazin | 5.68 | 18.92 | 甲醇 | 2.27 |
| 267 | 利谷隆 | linuron | 2.90 | 9.67 | 甲醇 | 1.16 |
| 268 | 庚虫磷 | heptanophos | 1.45 | 4.83 | 甲醇 | 0.58 |
| 269 | 苄草丹 | prosulfocarb | 0.10 | 0.33 | 甲醇 | 0.04 |
| 270 | 杀草净 | dipropetryn | 0.08 | 0.25 | 甲醇 | 0.03 |
| 271 | 禾草丹 | thiobencarb | 0.83 | 2.75 | 甲醇 | 0.33 |
| 272 | 三异丁基磷酸盐[d] | tri-*iso*-butyl phosphate | — | 3.33 | 甲醇 | 0.40 |
| 273 | 三正丁基磷酸酯 | tri-*n*-butyl phosphate | 0.10 | 0.33 | 甲醇 | 0.04 |
| 274 | 乙霉威 | diethofencarb | 0.50 | 1.67 | 甲醇 | 0.20 |
| 275 | 甲草胺 | alachlor | 1.85 | 6.17 | 甲醇 | 0.74 |
| 276 | 硫线磷 | cadusafos | 0.30 | 1.00 | 甲醇 | 0.12 |
| 277 | 吡唑草胺 | metazachlor | 0.25 | 0.83 | 甲醇 | 0.10 |
| 278 | 胺丙畏 | propetamphos | 13.50 | 45.00 | 甲醇 | 5.40 |
| 279 | 特丁硫磷[ab] | terbufos | 560.00 | 1 866.67 | 甲醇 | 224.00 |
| 280 | 硅氟唑 | simeconazole | 0.73 | 2.42 | 甲醇 | 0.29 |
| 281 | 三唑酮 | triadimefon | 1.98 | 6.58 | 甲醇 | 0.79 |
| 282 | 甲拌磷砜 | phorate sulfone | 10.50 | 35.00 | 甲醇 | 4.20 |
| 283 | 十三吗啉 | tridemorph | 0.65 | 2.17 | 甲醇 | 0.26 |
| 284 | 苯噻酰草胺 | mefenacet | 0.55 | 1.83 | 甲醇 | 0.22 |

**表 A.1（续）**

| 序号 | 中文名称 | 英文名称 | 牛奶检出限/(μg/L) | 奶粉检出限/(μg/kg) | 溶剂 | 混合标准溶液浓度/(mg/L) |
|---|---|---|---|---|---|---|
| 285 | 丁苯玛琳[b] | fenpropimorph | 0.05 | 0.17 | 甲醇 | 0.02 |
| 286 | 戊唑醇 | tebuconazole | 0.55 | 1.83 | 甲醇 | 0.22 |
| 287 | 异丙乐灵[b] | isopropalin | 7.50 | 25.00 | 甲醇 | 3.00 |
| 288 | 氟苯嘧啶醇 | nuarimol | 0.25 | 0.83 | 甲醇 | 0.10 |
| 289 | 乙嘧酚磺酸酯 | bupirimate | 0.18 | 0.58 | 甲醇 | 0.07 |
| 290 | 保棉磷 | azinphos-methyl | 276.08 | 920.25 | 甲醇 | 110.43 |
| 291 | 丁基嘧啶磷 | tebupirimfos | 0.03 | 0.08 | 甲醇 | 0.01 |
| 292 | 稻丰散 | phenthoate | 23.10 | 77.00 | 甲醇 | 9.24 |
| 293 | 治螟磷 | sulfotep | 0.65 | 2.17 | 甲醇 | 0.26 |
| 294 | 硫丙磷 | sulprofos | 1.45 | 4.83 | 甲苯 | 0.58 |
| 295 | 苯硫磷 | EPN | 8.25 | 27.50 | 甲醇 | 3.30 |
| 296 | 甲基吡噁磷 | azamethiphos | 0.20 | 0.67 | 甲醇 | 0.08 |
| 297 | 烯唑醇 | diniconazole | 0.33 | 1.08 | 甲醇 | 0.13 |
| 298 | 唑嘧磺草胺 | flumetsulam | 0.08 | 0.25 | 甲醇 | 0.03 |
| 299 | 纹枯脲 | pencycuron | 0.08 | 0.25 | 甲醇 | 0.03 |
| 300 | 灭蚜磷 | mecarbam | 4.90 | 16.33 | 甲醇 | 1.96 |
| 301 | 苯草酮 | tralkoxydim | 0.08 | 0.25 | 甲醇 | 0.03 |
| 302 | 马拉硫磷 | malathion | 1.40 | 4.67 | 甲醇 | 0.56 |
| 303 | 稗草畏 | pyributicarb | 0.08 | 0.25 | 甲醇 | 0.03 |
| 304 | 嘧啶磷 | pirimiphos-ethyl | 0.01 | 0.04 | 甲醇 | 0.01 |
| 305 | 哒嗪硫磷 | pyridaphenthion | 0.23 | 0.75 | 甲醇 | 0.09 |
| 306 | 硫双威 | thiodicarb | 9.85 | 32.83 | 甲醇 | 3.94 |
| 307 | 吡唑硫磷 | pyraclofos | 0.25 | 0.83 | 甲醇 | 0.10 |
| 308 | 啶氧菌酯 | picoxystrobin | 2.10 | 7.00 | 甲醇 | 0.84 |
| 309 | 四氟醚唑 | tetraconazole | 0.43 | 1.42 | 甲醇 | 0.17 |
| 310 | 吡唑解草酯 | mefenpyr-diethyl | 3.15 | 10.50 | 甲醇 | 1.26 |
| 311 | 丙溴磷 | profenefos | 0.50 | 1.67 | 甲醇 | 0.20 |
| 312 | 百克敏 | pyraclostrobin | 0.13 | 0.42 | 甲醇 | 0.05 |
| 313 | 烯酰吗啉 | dimethomorph | 0.10 | 0.33 | 甲醇 | 0.04 |
| 314 | 噻嗯菊酯[b] | kadethrin | 0.83 | 2.75 | 甲醇 | 0.33 |
| 315 | 噻唑烟酸 | thiazopyr | 0.50 | 1.67 | 甲醇 | 0.20 |
| 316 | 甲基丙硫克百威 | benfuracarb-methyl | 4.10 | 13.67 | 甲醇 | 1.64 |
| 317 | 醚黄隆 | cinosulfuron | 0.28 | 0.92 | 甲醇 | 0.11 |

表 A.1（续）

| 序号 | 中文名称 | 英文名称 | 牛奶检出限/(μg/L) | 奶粉检出限/(μg/kg) | 溶剂 | 混合标准溶液浓度/(mg/L) |
|---|---|---|---|---|---|---|
| 318 | 吡嘧磺隆 | pyrazosulfuron-ethyl | 1.70 | 5.67 | 甲醇 | 0.68 |
| 319 | 磺草胺唑 | metosulam | 1.10 | 3.67 | 甲醇 | 0.44 |
| 320 | 氟啶脲 | chlorfluazuron | 2.18 | 7.25 | 甲醇 | 0.87 |
| E组 | | | | | | |
| 321 | 矮壮素[a] | chlormequat | 0.03 | 0.08 | 甲醇 | 0.01 |
| 322 | 灭多威 | methomyl | 2.40 | 8.00 | 甲醇 | 0.96 |
| 323 | 咯喹酮 | pyroquilon | 0.88 | 2.92 | 甲醇 | 0.35 |
| 324 | 麦穗灵 | fuberidazole | 0.48 | 1.58 | 甲醇 | 0.19 |
| 325 | 丁脒酰胺 | isocarbamid | 0.43 | 1.42 | 甲醇 | 0.17 |
| 326 | 丁酮威 | butocarboxim | 0.40 | 1.33 | 甲醇 | 0.16 |
| 327 | 杀虫脒[ab] | chlordimeform | 0.33 | 1.08 | 甲醇 | 0.13 |
| 328 | 霜脲氰 | cymoxanil | 13.90 | 46.33 | 甲醇 | 5.56 |
| 329 | 灭草敌 | vernolate | 0.08 | 0.25 | 甲醇 | 0.03 |
| 330 | 氯硫酰草胺[ab] | chlorthiamid | 2.20 | 7.33 | 甲醇 | 0.88 |
| 331 | 灭害威 | aminocarb | 4.10 | 13.67 | 甲醇 | 1.64 |
| 332 | 甲菌定[ac] | dimethirimol | 0.03 | — | 甲醇 | 0.01 |
| 333 | 绿麦隆[b] | chlortoluron | 0.08 | 0.25 | 甲醇 | 0.03 |
| 334 | 氧乐果 | omethoate | 2.43 | 8.08 | 甲醇 | 0.97 |
| 335 | 乙氧呋啉[a] | ethoxyquin | 0.88 | 2.92 | 甲醇 | 0.35 |
| 336 | 敌敌畏 | dichlorvos | 0.13 | 0.42 | 甲醇 | 0.05 |
| 337 | 涕灭威砜 | aldicarb sulfone | 5.35 | 17.83 | 甲醇 | 2.14 |
| 338 | 二氧威[a] | dioxacarb | 0.85 | 2.83 | 甲醇 | 0.34 |
| 339 | 苄基腺嘌呤 | benzyladenine | 17.70 | 59.00 | 甲醇 | 7.08 |
| 340 | 甲基内吸磷 | demeton-*s*-methyl | 1.33 | 4.42 | 甲醇 | 0.53 |
| 341 | 乙硫苯威亚砜 | ethiofencarb-sulfoxide | 56.00 | 186.67 | 甲醇 | 22.40 |
| 342 | 甲基乙拌磷 | thiometon | 144.50 | 481.67 | 甲醇 | 57.80 |
| 343 | 灭菌丹[d] | folpet | — | 115.50 | 甲醇 | 13.86 |
| 344 | 砜吸磷 | demeton-*s*-methyl sulfone | 4.95 | 16.50 | 甲醇 | 1.98 |
| 345 | 哌草丹[a] | dimepiperate | 945.00 | 3 150.00 | 甲醇 | 378.00 |
| 346 | 苯锈定[c] | fenpropidin | 0.05 | — | 甲醇 | 0.02 |
| 347 | 赛硫磷[ab] | amidithion | 164.50 | 548.33 | 甲醇 | 65.80 |
| 348 | 甲基咪草烟[b] | imazapic | 1.48 | 4.92 | 甲醇 | 0.59 |
| 349 | 甲基对氧磷 | paraoxon-ethyl | 0.13 | 0.42 | 甲醇 | 0.05 |

表 A.1（续）

| 序号 | 中文名称 | 英文名称 | 牛奶检出限/(μg/L) | 奶粉检出限/(μg/kg) | 溶剂 | 混合标准溶液浓度/(mg/L) |
|---|---|---|---|---|---|---|
| 350 | 4-十二烷基-2,6-二甲基吗啉[ab] | aldimorph | 0.80 | 2.67 | 甲醇 | 0.32 |
| 351 | 乙烯菌核利 | vinclozolin | 0.63 | 2.08 | 甲醇 | 0.25 |
| 352 | 烯效唑 | uniconazole | 0.20 | 0.67 | 甲醇 | 0.08 |
| 353 | 啶斑肟[b] | pyrifenox | 0.08 | 0.25 | 甲醇 | 0.03 |
| 354 | 氯硫磷[a] | chlorthion | 33.40 | 111.33 | 甲醇 | 13.36 |
| 355 | 异氯磷 | dicapthon | 0.05 | 0.17 | 甲醇 | 0.02 |
| 356 | 四螨嗪 | clofentezine | 0.20 | 0.67 | 甲醇 | 0.08 |
| 357 | 氟草敏 | norflurazon | 0.08 | 0.25 | 甲醇 | 0.03 |
| 358 | 野麦畏 | triallate | 5.05 | 16.83 | 甲醇 | 2.02 |
| 359 | 福美锌[bd] | ziram | — | 65.33 | 甲醇 | 7.84 |
| 360 | 苯氧喹啉 | quinoxyphen | 38.35 | 127.83 | 甲醇 | 15.34 |
| 361 | 倍硫磷砜 | fenthion sulfone | 4.38 | 14.58 | 甲醇 | 1.75 |
| 362 | 氟咯草酮 | flurochloridone | 0.33 | 1.08 | 甲醇 | 0.13 |
| 363 | 酞酸苯甲基丁酯 | phthalic acid, benzyl butyl ester | 158.00 | 526.67 | 甲醇 | 63.20 |
| 364 | 氯唑磷 | isazofos | 0.05 | 0.17 | 甲醇 | 0.02 |
| 365 | 除线磷[ab] | dichlofenthion | 7.55 | 25.17 | 甲醇 | 3.02 |
| 366 | 蚜灭多砜 | vamidothion sulfone | 119.00 | 396.67 | 甲醇 | 47.60 |
| 367 | 特丁硫磷砜 | terbufos sulfone | 22.15 | 73.83 | 甲醇 | 8.86 |
| 368 | 敌乐胺 | dinitramine | 0.45 | 1.50 | 甲苯 | 0.18 |
| 369 | 氰霜唑 | cyazofamid | 1.13 | 3.75 | 乙腈 | 0.45 |
| 370 | 毒壤磷 | trichloronat | 16.70 | 55.67 | 甲醇 | 6.68 |
| 371 | 苄呋菊酯-2 | resmethrin-2 | 0.08 | 0.25 | 甲醇 | 0.03 |
| 372 | 啶酰菌胺 | boscalid | 1.20 | 4.00 | 甲醇 | 0.48 |
| 373 | 甲磺乐灵 | nitralin | 8.60 | 28.67 | 甲醇 | 3.44 |
| 374 | 甲氰菊酯 | fenpropathrin | 61.25 | 204.17 | 甲醇 | 24.50 |
| 375 | 噻螨酮 | hexythiazox | 5.90 | 19.67 | 甲醇 | 2.36 |
| 376 | 双氟磺草胺 | florasulam | 4.35 | 14.50 | 乙腈 | 1.74 |
| 377 | 苯满特 | benzoximate | 4.93 | 16.42 | 甲醇 | 1.97 |
| 378 | 新燕灵 | benzoylprop-ethyl | 77.00 | 256.67 | 甲醇 | 30.80 |
| 379 | 呋草唑[c] | pyrimidifen | 3.50 | — | 甲醇 | 1.40 |
| 380 | 呋线威 | furathiocarb | 0.48 | 1.58 | 甲醇 | 0.19 |

表 A.1（续）

| 序号 | 中文名称 | 英文名称 | 牛奶检出限/(μg/L) | 奶粉检出限/(μg/kg) | 溶剂 | 混合标准溶液浓度/(mg/L) |
|---|---|---|---|---|---|---|
| 381 | 反式氯菊酯 | *trans*-permethin | 1.20 | 4.00 | 甲醇 | 0.48 |
| 382 | 醚菊酯 | etofenprox | 570.00 | 1 900.00 | 甲醇 | 228.00 |
| 383 | 苄草唑 | pyrazoxyfen | 0.08 | 0.25 | 甲醇 | 0.03 |
| 384 | 嘧唑螨[a] | flubenzimine | 1.95 | 6.50 | 甲醇 | 0.78 |
| 385 | 己体氯氰菊酯 | *zeta* cypermethrin | 0.18 | 0.58 | 甲醇 | 0.07 |
| 386 | 氟吡乙禾灵 | haloxyfop-2-ethoxyethyl | 0.63 | 2.08 | 甲醇 | 0.25 |
| 387 | 乙羧氟草醚 | fluoroglycofen-ethyl | 1.25 | 4.17 | 甲醇 | 0.50 |
| 388 | 氟胺氰菊酯 | *tau*-fluvalinate | 57.50 | 191.67 | 甲醇 | 23.00 |
| F组 | | | | | | |
| 389 | 丙烯酰胺 | acrylamide | 4.45 | 14.83 | 甲醇 | 1.78 |
| 390 | 叔丁基胺 | tert-butylamine | 9.75 | 32.50 | 甲醇 | 3.90 |
| 391 | 噁霉灵 | hymexazol | 56.03 | 186.75 | 甲醇 | 22.41 |
| 392 | 邻苯二甲酰亚胺 | phthalimide | 10.75 | 35.83 | 甲醇 | 4.30 |
| 393 | 甲氟磷 | dimefox | 17.05 | 56.83 | 甲醇 | 6.82 |
| 394 | 速灭威 | metolcarb | 6.35 | 21.17 | 甲醇 | 2.54 |
| 395 | 二苯胺 | diphenylamin | 0.10 | 0.33 | 甲醇 | 0.04 |
| 396 | 萘乙酸基乙酰亚胺 | 1-naphthy acetamide | 0.20 | 0.67 | 甲醇 | 0.08 |
| 397 | 脱乙基莠去津 | atrazine-desethyl | 0.15 | 0.50 | 甲醇 | 0.06 |
| 398 | 2,6-二氯苯甲酰胺 | 2,6-dichlorobenzamide | 1.13 | 3.75 | 甲醇 | 0.45 |
| 399 | 涕灭威 | aldicarb | 65.25 | 217.50 | 甲醇 | 26.10 |
| 400 | 酞酸二甲酯[ab] | dimethyl phthalate | 3.30 | 11.00 | 甲醇 | 1.32 |
| 401 | 杀虫脒盐酸盐 | chlordimeform hydrochlo-ride | 0.65 | 2.17 | 甲醇 | 0.26 |
| 402 | 西玛通 | simeton | 0.28 | 0.92 | 甲醇 | 0.11 |
| 403 | 呋虫胺 | dinotefuran | 2.55 | 8.50 | 甲醇 | 1.02 |
| 404 | 克草敌 | pebulate | 0.85 | 2.83 | 甲醇 | 0.34 |
| 405 | 活化酯 | acibenzolar-*s*-methyl | 0.78 | 2.58 | 甲醇 | 0.31 |
| 406 | 蔬果磷 | dioxabenzofos | 3.45 | 11.50 | 甲醇 | 1.38 |
| 407 | 杀线威 | oxamyl | 137.03 | 456.75 | 甲醇 | 54.81 |
| 408 | 甲基苯噻隆 | methabenzthiazuron | 0.03 | 0.08 | 甲醇 | 0.01 |
| 409 | 丁酮砜威 | butoxycarboxim | 6.65 | 22.17 | 甲醇 | 2.66 |
| 410 | 砜吸磷亚砜[c] | demeton-*s*-methyl sulfoxide | 0.98 | — | 甲醇 | 0.39 |
| 411 | 硫环磷 | phosfolan | 0.13 | 0.42 | 环己烷 | 0.05 |

**表 A.1（续）**

| 序号 | 中文名称 | 英文名称 | 牛奶检出限/(μg/L) | 奶粉检出限/(μg/kg) | 溶剂 | 混合标准溶液浓度/(mg/L) |
|---|---|---|---|---|---|---|
| 412 | 硫赶内吸磷[c] | demeton-*s* | 20.00 | — | 甲醇 | 8.00 |
| 413 | 萘丙胺 | napropamide | 0.33 | 1.08 | 甲醇 | 0.13 |
| 414 | 杀螟硫磷 | fenitrothion | 6.70 | 22.33 | 甲醇 | 2.68 |
| 415 | 酞酸二丁酯 | phthalic acid,dibutyl ester | 9.90 | 33.00 | 甲醇 | 3.96 |
| 416 | 丙草胺 | metolachlor | 0.10 | 0.33 | 甲醇 | 0.04 |
| 417 | 腐霉利 | procymidone | 21.65 | 72.17 | 甲醇 | 8.66 |
| 418 | 蚜灭磷 | vamidothion | 1.15 | 30.67 | 甲醇 | 0.46 |
| 419 | 可灭隆 | cumyluron | 0.33 | 1.08 | 甲醇 | 0.13 |
| 420 | 皮蝇磷 | ronnel | 3.28 | 10.92 | 甲醇 | 1.31 |
| 421 | 除虫菊素 | pyrethrin | 88.15 | 293.83 | 甲醇 | 35.26 |
| 422 | 酞酸二环已酯 | phthalic acid,biscyclohexyl ester | 0.18 | 0.58 | 甲醇 | 0.07 |
| 423 | 环丙酰菌胺 | carpropamid | 1.30 | 4.33 | 甲醇 | 0.52 |
| 424 | 虫酰肼 | tebufenozide | 6.95 | 23.17 | 甲醇 | 2.78 |
| 425 | 虫螨磷 | chlorthiophos | 7.95 | 26.50 | 甲醇 | 3.18 |
| 426 | 氯亚胺硫磷 | dialifos | 39.25 | 130.83 | 甲醇 | 15.70 |
| 427 | 吲哚酮草酯 | cinidon-ethyl | 3.65 | 12.17 | 甲醇 | 1.46 |
| 428 | 鱼藤酮 | rotenone | 0.58 | 1.92 | 甲醇 | 0.23 |
| 429 | 亚胺唑 | imibenconazole | 2.58 | 8.58 | 甲醇 | 1.03 |
| 430 | 噁草酸 | propaquiafop | 0.30 | 1.00 | 甲醇 | 0.12 |
| 431 | 乳氟禾草灵 | lactofen | 15.50 | 51.67 | 甲醇 | 6.20 |
| 432 | 吡草酮 | benzofenap | 0.03 | 0.08 | 甲醇 | 0.01 |
| 433 | 地乐酯[a] | dinoseb acetate | 10.33 | 34.42 | 甲醇 | 4.13 |
| 434 | 异丙草胺 | propisochlor | 0.20 | 0.67 | 甲醇 | 0.08 |
| 435 | 乙氧苯草胺 | etobenzanid | 0.20 | 0.67 | 甲醇 | 0.08 |
| 436 | 四唑酰草胺[a] | fentrazamide | 3.10 | 10.33 | 甲醇 | 1.24 |
| 437 | 苯醚氰菊酯 | cyphenothrin | 4.20 | 14.00 | 甲醇 | 1.68 |
| 438 | 狄氏剂[a] | dieldrin | 40.40 | 538.68 | 甲醇 | 16.16 |
| 439 | 马拉氧磷 | malaoxon | 1.18 | 3.92 | 甲醇 | 0.47 |
| 440 | 多果定[bd] | dodine | — | 6.67 | 甲醇 | 0.80 |
| 441 | 丙烯硫脲[a] | propylene thiourea | 7.53 | 25.08 | 甲醇 | 3.01 |
| G组 | | | | | | |
| 442 | 茅草枯 | dalapon | 57.68 | 192.25 | 甲醇 | 23.07 |

表 A.1(续)

| 序号 | 中文名称 | 英文名称 | 牛奶检出限/(μg/L) | 奶粉检出限/(μg/kg) | 溶剂 | 混合标准溶液浓度/(mg/L) |
|---|---|---|---|---|---|---|
| 443 | 四氟丙酸[b] | flupropanate | 5.75 | 19.17 | 甲醇 | 2.30 |
| 444 | 2-苯基苯酚 | 2-phenylphenol | 42.48 | 141.58 | 甲醇 | 16.99 |
| 445 | 3-苯基苯酚 | 3-phenylphenol | 1.00 | 3.33 | 甲醇 | 0.40 |
| 446 | 二氯吡啶酸 | clopyralld | 70.00 | 233.33 | 甲醇 | 28.00 |
| 447 | 4,6-二硝基邻甲酚 | DNOC | 0.65 | 2.17 | 甲醇 | 0.26 |
| 448 | 调果酸[b] | cloprop | 2.85 | 9.50 | 甲醇 | 1.14 |
| 449 | 氯硝胺 | dicloran | 12.15 | 40.50 | 甲醇 | 4.86 |
| 450 | 氯氨吡啶酸[c] | aminopyralid | 91.50 | — | 甲醇 | 36.60 |
| 451 | 氯苯胺灵 | chlorpropham | 3.95 | 13.17 | 甲醇 | 1.58 |
| 452 | 2-甲-4-氯丙酸[b] | mecoprop | 1.23 | 4.08 | 甲醇 | 0.49 |
| 453 | 特草定 | terbacil | 0.23 | 0.75 | 甲醇 | 0.09 |
| 454 | 2,4-滴[b] | 2,4-D | 2.98 | 9.92 | 甲醇 | 1.19 |
| 455 | 麦草畏[ab] | dicamba | 316.48 | 1 054.92 | 甲醇 | 126.59 |
| 456 | 二甲四氯丁酸 | MCPB | 3.55 | 11.83 | 甲醇 | 1.42 |
| 457 | 敌磺钠 | fenaminosulf | 56.35 | 187.83 | 甲醇 | 22.54 |
| 458 | 毒莠定 | picloram | 133.53 | 445.09 | 甲醇 | 53.41 |
| 459 | 灭草松 | bentazone | 0.25 | 0.83 | 甲醇 | 0.10 |
| 460 | 地乐酚 | dinoseb | 0.10 | 0.33 | 甲醇 | 0.04 |
| 461 | 草消酚 | dinoterb | 0.05 | 0.17 | 甲醇 | 0.02 |
| 462 | 氯吡脲 | forchlorfenuron | 2.85 | 9.50 | 甲醇 | 1.14 |
| 463 | 咯菌腈 | fludioxonil | 15.55 | 51.83 | 甲醇 | 6.22 |
| 464 | 2,4,5-涕[c] | 2,4,5-T | 4.38 | — | 甲醇 | 1.75 |
| 465 | 氟草烟[c] | fluroxypyr | 48.03 | — | 甲醇 | 19.21 |
| 466 | 杀螨醇 | chlorfenethol | 41.08 | 136.92 | 甲醇 | 16.43 |
| 467 | 涕丙酸[b] | fenoxaprop | 1.63 | 5.42 | 甲醇 | 0.65 |
| 468 | 环丙烯胺酸[b] | cyclanilide | 0.85 | 2.83 | 甲醇 | 0.34 |
| 469 | 溴苯腈[b] | bromoxynil | 0.45 | 1.50 | 甲醇 | 0.18 |
| 470 | 萘草胺[c] | naptalam | 0.48 | — | 甲醇 | 0.19 |
| 471 | 灭幼脲 | chlorobenzuron | 5.10 | 17.00 | 甲醇 | 2.04 |
| 472 | 氯霉素 | chloramphenicolum | 0.98 | 3.25 | 甲醇 | 0.39 |
| 473 | 禾草灭 | alloxydim-sodium | 0.05 | 0.17 | 甲醇 | 0.02 |
| 474 | 嘧草硫醚[ab] | pyrithlobac sodium | 345.50 | 1 151.67 | 甲醇 | 138.20 |
| 475 | 杀虫双[ab] | dimehypo | 100.05 | 333.50 | 甲醇 | 40.02 |

**表 A.1（续）**

| 序号 | 中文名称 | 英文名称 | 牛奶检出限/（μg/L） | 奶粉检出限/（μg/kg） | 溶剂 | 混合标准溶液浓度/（mg/L） |
|---|---|---|---|---|---|---|
| 476 | 乙酰磺胺对硝基苯 | sulfanitran | 0.75 | 2.50 | 甲醇 | 0.30 |
| 477 | 安磺灵 | oryzalin | 1.23 | 4.08 | 甲醇 | 0.49 |
| 478 | 赤霉素[b] | gibberellic acid | 16.58 | 55.25 | 甲醇 | 6.63 |
| 479 | 三氟羧草醚[b] | acifluorfen | 29.50 | 98.33 | 甲醇 | 11.80 |
| 480 | 碘苯腈[b] | ioxynil | 0.15 | 0.50 | 甲醇 | 0.06 |
| 481 | 噁唑菌酮 | famoxadone | 11.33 | 37.75 | 甲醇 | 4.53 |
| 482 | 磺酰唑草酮 | sulfentrazone | 22.40 | 74.67 | 甲醇 | 8.96 |
| 483 | 吡氟酰草胺 | diflufenican | 7.08 | 23.58 | 甲醇 | 2.83 |
| 484 | 乙虫清 | ethiprole | 9.98 | 33.25 | 甲醇 | 3.99 |
| 485 | 磺菌胺 | flusulfamide | 0.10 | 0.33 | 甲醇 | 0.04 |
| 486 | 环丙嘧磺隆 | cyclosulfamuron | 85.93 | 286.42 | 甲醇 | 34.37 |
| 487 | 氟磺胺草醚 | fomesafen | 0.50 | 1.67 | 甲醇 | 0.20 |
| 488 | 氟啶胺 | fluazinam | 17.65 | 58.83 | 甲醇 | 7.06 |
| 489 | 吡虫隆 | fluazuron | 0.05 | 0.17 | 甲醇 | 0.02 |
| 490 | 碘甲磺隆钠[b] | iodosulfuron-methyl sodium | 5.30 | 17.67 | 甲醇 | 2.12 |
| 491 | 克来范 | kelevan | 2 410.70 | 8 035.67 | 甲醇 | 964.28 |
| 492 | 氟丙菊酯 | acrinathrin | 2.03 | 6.75 | 甲醇 | 0.81 |
| 493 | 甲基碘磺隆[b] | iodosulfuron-methyl | 16.65 | 55.50 | 甲醇 | 6.66 |

[a] 为能在牛奶基质中定性鉴别的农药及相关化学品。

[b] 为能在奶粉基质中定性鉴别的农药及相关化学品。

[c] 为仅适用于牛奶基质的农药及相关化学品。

[d] 为仅适用于奶粉基质的农药及相关化学品。

# 附 录 B
## （资料性附录）
## 493 种农药及相关化学品保留时间、监测离子对、源内碎裂电压和碰撞气能量

493 种农药及相关化学品保留时间、监测离子对、源内碎裂电压和碰撞气能量见表 B.1。

**表 B.1 493 种农药及相关化学品保留时间、监测离子对、源内碎裂电压和碰撞气能量**

| 序号 | 中文名称 | 英文名称 | 保留时间/min | 定量离子 | 定性离子 | 源内碎裂电压/V | 碰撞气能量/V |
|---|---|---|---|---|---|---|---|
| A组 | | | | | | | |
| 1 | 苯胺灵 | propham | 8.80 | 180.1/138.0 | 180.1/138.0;180.1/120.0 | 80 | 5,15 |
| 2 | 异丙威 | isoprocarb | 8.38 | 194.1/95.0 | 194.1/95.0;194.1/137.1 | 80 | 20,5 |
| 3 | 3,4,5-混杀威 | 3,4,5-trimethacarb | 8.38 | 194.2/137.2 | 194.2/137.2;194.2/122.2 | 80 | 5,20 |
| 4 | 环莠隆 | cycluron | 7.73 | 199.4/72.0 | 199.4/72.0;199.4/89.0 | 120 | 25,15 |
| 5 | 甲萘威 | carbaryl | 7.45 | 202.1/145.1 | 202.1/145.1;202.1/127.1 | 80 | 10,5 |
| 6 | 毒草胺 | propachlor | 8.75 | 212.1/170.1 | 212.1/170.1;212.1/94.1 | 100 | 10,30 |
| 7 | 吡咪唑 | rabenzazole | 7.54 | 213.2/172.0 | 213.2/172;213.2/118.0 | 120 | 25,25 |
| 8 | 西草净 | simetryn | 5.32 | 214.2/124.1 | 214.2/124.1;214.2/96.1 | 120 | 20,25 |
| 9 | 绿谷隆 | monolinuron | 7.82 | 215.1/126.0 | 215.1/126.0;215.1/148.1 | 100 | 15,10 |
| 10 | 速灭磷 | mevinphos | 5.17 | 225.0/127.0 | 225.0/127.0;225.0/193 | 80 | 15,1 |
| 11 | 叠氮津 | aziprotryne | 10.40 | 226.1/156.1 | 226.1/156.1;226.1/198.1 | 100 | 10,10 |
| 12 | 密草通 | secbumeton | 5.56 | 226.2/170.1 | 226.2/170.1;226.2/142.1 | 120 | 20,25 |
| 13 | 嘧菌磺胺 | cyprodinil | 9.24 | 226.0/93.0 | 226.0/93.0;226.0/ 108.0 | 120 | 40,30 |
| 14 | 播土隆 | buturon | 9.38 | 237.1/84.1 | 237.1/84.1;237.1/126.1 | 120 | 30,15 |
| 15 | 双酰草胺 | carbetamide | 5.80 | 237.1/192.1 | 237.1/192.1;237.1/118.1 | 80 | 5,10 |
| 16 | 抗蚜威 | pirimicarb | 4.20 | 239.2/72.0 | 239.2/72.0;239.2/182.2 | 120 | 20,15 |
| 17 | 异噁草松 | clomazone dimethazone | 9.36 | 240.1/125.0 | 240.1/125.0;240.1/89.1 | 100 | 20,50 |
| 18 | 扑草净 | prometryne | 7.66 | 242.2/158.1 | 242.2/158.1;242.2/200.2 | 120 | 20,20 |
| 19 | 对氧磷 | paraoxon methyl | 6.20 | 248.0/202.1 | 248.0/202.1;248.0/90.0 | 120 | 20,30 |
| 20 | 4,4′-二氯二苯甲酮 | 4,4′-dichlorobenzophenone | 12.00 | 251.1/111.1 | 251.1/111.1;251.1/139.0 | 100 | 35,20 |
| 21 | 噻虫啉 | thiacloprid | 5.65 | 253.1/126.1 | 253.1/126.1;253.1/186.1 | 120 | 20,10 |
| 22 | 吡虫啉 | imidacloprid | 4.73 | 256.1/209.1 | 256.1/209.1;256.1/175.1 | 80 | 10,10 |
| 23 | 磺噻隆 | ethidimuron | 4.62 | 265.1/208.1 | 265.1/208.1;265.1/162.1 | 80 | 10,25 |
| 24 | 丁嗪草酮 | isomethiozin | 14.20 | 269.1/200.0 | 269.1/200.0;269.1/172.1 | 120 | 15,25 |
| 25 | 燕麦敌 | diallate | 17.40 | 270.0/86.0 | 270.0/86.0;270.0/109.0 | 100 | 15,35 |

**表 B.1（续）**

| 序号 | 中文名称 | 英文名称 | 保留时间/min | 定量离子 | 定性离子 | 源内碎裂电压/V | 碰撞气能量/V |
|---|---|---|---|---|---|---|---|
| 26 | 乙草胺 | acetochlor | 13.70 | 270.2/224.0 | 270.2/224.0;270.2/148.2 | 80 | 5,20 |
| 27 | 烯啶虫胺 | nitenpyram | 3.87 | 271.1/224.1 | 271.1/224.1;271.1/237.1 | 100 | 15,15 |
| 28 | 盖草津 | methoprotryne | 6.47 | 272.2/198.2 | 272.2/198.2;272.2/170.1 | 140 | 25,30 |
| 29 | 二甲酚草胺 | dimethenamid | 10.50 | 276.1/244.1 | 276.1/244.1;276.1/168.1 | 120 | 10,15 |
| 30 | 特草灵 | terrbucarb | 16.50 | 278.2/166.1 | 278.2/166.1;278.2/109.0 | 80 | 15,30 |
| 31 | 戊菌唑 | penconazole | 13.70 | 284.1/70.0 | 284.1/70.0;284.1/159.0 | 120 | 15,20 |
| 32 | 腈菌唑 | myclobutanil | 12.10 | 289.1/125.0 | 289.1/125.0;289.1/70.0 | 120 | 20,15 |
| 33 | 咪唑乙烟酸 | imazethapyr | 5.60 | 290.2/177.1 | 290.2/177.1;290.2/245.2 | 120 | 25,20 |
| 34 | 多效唑 | paclobutrazol | 10.32 | 294.2/70.0 | 294.2/70.0;294.2/125.0 | 100 | 15,25 |
| 35 | 倍硫磷亚砜 | fenthion sulfoxide | 7.31 | 295.1/109.0 | 295.1/109.0;295.1/280.0 | 140 | 35,20 |
| 36 | 三唑醇 | triadimenol | 10.15 | 296.1/70.0 | 296.1/70.0;296.1/99.1 | 80 | 10,10 |
| 37 | 仲丁灵 | butralin | 18.60 | 296.1/240.1 | 296.1/240.1;296.1/222.1 | 100 | 10,20 |
| 38 | 甲基立枯磷 | tolclofos methyl | 16.60 | 301.2/269.0 | 301.2 /269.0;301.2/125.2 | 120 | 15,20 |
| 39 | 甜菜胺 | desmedipham | 10.65 | 301.2/182.1 | 301.2/182.1;301.2/136.1 | 80 | 5,20 |
| 40 | 烯丙菊酯 | allethrin | 18.10 | 303.2/135.1 | 303.2/135.1;303.2/123.2 | 60 | 10,20 |
| 41 | 丙草胺 | pretilachlor | 17.15 | 312.1/252.1 | 312.1/252.1;312.1/176.2 | 100 | 15,30 |
| 42 | 氟硅唑 | flusilazole | 13.60 | 316.1/247.1 | 316.1/247.1;316.1/165.1 | 120 | 15,20 |
| 43 | 麦锈灵 | benodanil | 9.80 | 324.1/203.0 | 324.1/203.0;324.1/231.0 | 120 | 25,40 |
| 44 | 氟酰胺 | flutolanil | 14.00 | 324.2/262.1 | 324.2/262.1;324.2/282.1 | 120 | 20,10 |
| 45 | 氨磺磷 | famphur | 10.30 | 326.0/217.0 | 326.0/217.0;326.0/281.0 | 100 | 20,10 |
| 46 | 苯霜灵 | benalyxyl | 15.19 | 326.2/148.1 | 326.2/148.1;326.2/294.0 | 120 | 1,5 |
| 47 | 苄氯三唑醇 | diclobutrazole | 12.20 | 328.0/159.0 | 328.0/159.0;328.0/70.0 | 120 | 35,30 |
| 48 | 乙环唑 | etaconazole | 11.75 | 328.1/159.1 | 328.1/159.1;328.1/205.1 | 80 | 25,20 |
| 49 | 酞酸二环己基酯 | phthalicacid,dicyclobexyl ster | 4.35 | 313.2/149.1 | 313.2/149.1;313.2/205.0 | 100 | 5,1 |
| 50 | 胺菊酯 | tetramethirn | 17.85 | 332.2/164.1 | 332.2/164.1;332.2/135.1 | 100 | 15,15 |
| 51 | 抑菌灵 | dichlofluanid | 15.16 | 333.0/ 123.0 | 333.0/ 123.0;333.0/224.0 | 80 | 20,10 |
| 52 | 甲基毒死蜱 | chlorprifos methyl | 16.72 | 322.0/125.0 | 322.0/125.0;322.0/290.0 | 80 | 15,15 |
| 53 | 联苯三唑醇 | bitertanol | 13.90 | 338.2/70.0 | 338.2/70.0;338.2/269.2 | 60 | 5,1 |
| 54 | 吡喃草酮 | tepraloxydim | 12.73 | 342.2/250.2 | 342.2/250.2;342.2/166.1 | 120 | 10,25 |
| 55 | 甲基硫菌灵 | thiophanate methyl | 6.28 | 343.1/151.1 | 343.1/151.1;343.1/311.1 | 120 | 20,10 |
| 56 | 益棉磷 | azinphos ethyl | 14.00 | 346.0/233.0 | 346.0/233.0;346.0/261.1 | 120 | 10,5 |
| 57 | 杀铃脲 | triflumuron | 15.59 | 359.0/156.1 | 359.0/156.1;359.0/139.0 | 120 | 15,30 |

表 B.1（续）

| 序号 | 中文名称 | 英文名称 | 保留时间/min | 定量离子 | 定性离子 | 源内碎裂电压/V | 碰撞气能量/V |
|---|---|---|---|---|---|---|---|
| 58 | 莎稗磷 | anilofos | 17.35 | 367.9/145.2 | 367.9/145.2;367.9/205.0 | 120 | 20,5 |
| 59 | 硫菌灵 | thiophanat ethyl | 9.32 | 371.1/151.1 | 371.1/151.1;371.1/325.0 | 120 | 15,10 |
| 60 | 喹禾灵 | quizalofop-ethyl | 17.40 | 373.0/299.1 | 373.0/299.1;373.0/91.0 | 140 | 15,30 |
| 61 | 精氟吡甲禾灵 | haloxyfop-methyl | 17.11 | 376.0/316.0 | 376.0/316.0;376.0/288.0 | 120 | 15,20 |
| 62 | 吡氟禾草灵 | fluazifop butyl | 18.24 | 384.1/282.1 | 384.1/282.1;384.1/328.1 | 120 | 20,15 |
| 63 | 乙基溴硫磷 | bromophos-ethyl | 19.15 | 393.0/337.0 | 393.0/337.0;393.0/162.1 | 100 | 20,30 |
| 64 | 地散磷 | bensulide | 16.18 | 398.0/158.1 | 398.0/158.1;398.0/314.0 | 80 | 20,5 |
| 65 | 溴苯烯磷 | bromfenvinfos | 15.22 | 402.9/170.0 | 402.9/170.0;402.9/127.0 | 100 | 35,20 |
| 66 | 嘧菌酯 | azoxystrobin | 12.50 | 404.0/372.0 | 404.0/372.0;404.0/344.1 | 120 | 10,15 |
| 67 | 吡菌磷 | pyrazophos | 16.20 | 374.0/222.0 | 374.0/222.0;374.0/194.0 | 120 | 20,30 |
| 68 | 氟虫脲 | flufenoxuron | 18.30 | 489.0/158.1 | 489.0/158.1;489.0/141.1 | 80 | 10,15 |
| 69 | 茚虫威 | indoxacarb | 17.43 | 528.0/150.0 | 528.0/150.0;528.0/218.0 | 120 | 20,20 |
| 70 | 甲氨基阿维菌素苯甲酸盐 | emamectin benzoate | 17.00 | 886.7/158.2 | 886.7/158.2;886.7/126.1 | 150 | 40,40 |
| B组 | | | | | | | |
| 71 | 乙撑硫脲 | ethylene thiourea | 0.74 | 103.0/60.0 | 103.0/60.0;103.0/86.0 | 100 | 35,10 |
| 72 | 棉隆 | dazomet | 3.80 | 163.1/120.0 | 163.1/120.0;163.1/77.0 | 80 | 10,35 |
| 73 | 烟碱 | nicotine | 0.74 | 163.2/130.1 | 163.2/130.1;163.2/117.1 | 100 | 25,30 |
| 74 | 非草隆 | fenuron | 4.50 | 165.1/72.0 | 165.1/72.0;165.1/120.0 | 120 | 15,15 |
| 75 | 灭蝇胺 | cyromazine | 0.74 | 167.0/85.0 | 167.0/85.0;167.0/125.0 | 120 | 25,20 |
| 76 | 鼠立克 | crimidine | 4.47 | 172.1/107.1 | 172.1/107.1;172.1/136.2 | 120 | 30,25 |
| 77 | 乙酰甲胺磷 | acephate | 0.74 | 184.1/143.0 | 184.1/143.0;184.1/95.0 | 60 | 5,20 |
| 78 | 禾草敌 | molinate | 11.30 | 188.1/126.1 | 188.1/126.1;188.1/83.0 | 120 | 10,15 |
| 79 | 多菌灵 | carbendazim | 3.30 | 192.1/160.1 | 192.1/160.1;192.1/132.1 | 80 | 15,20 |
| 80 | 6-氯-4-羟基-3-苯基哒嗪 | 6-chloro-4-hydroxy-3-phenyl-pyridazin | 12.86 | 207.1/77.0 | 207.1/77.0;207.1/104.0 | 120 | 25,35 |
| 81 | 残杀威 | propoxur | 6.79 | 210.1/111.0 | 210.1/111.0;210.1/168.1 | 80 | 10,5 |
| 82 | 异唑隆 | isouron | 6.11 | 212.2/167.1 | 212.2/167.1;212.2/72.0 | 120 | 15,25 |
| 83 | 绿麦隆 | chlorotoluron | 7.23 | 213.1/72.0 | 213.1/72.0;213.1/140.1 | 80 | 25,25 |
| 84 | 久效威 | thiofanox | 1.00 | 241.0/184.0 | 241.0/184.0;241.0/57.1 | 120 | 15,5 |
| 85 | 氯草灵 | chlorbufam | 11.67 | 224.1/172.1 | 224.1/172.1;224.1/154.1 | 120 | 5,15 |
| 86 | 噁虫威 | bendiocarb | 6.87 | 224.1/167.1 | 224.1/167.1;224.1/109.0 | 80 | 5,10 |
| 87 | 扑灭津 | propazine | 9.37 | 229.9/146.1 | 229.9/146.1;229.9/188.1 | 120 | 20,15 |

表 B.1（续）

| 序号 | 中文名称 | 英文名称 | 保留时间/min | 定量离子 | 定性离子 | 源内碎裂电压/V | 碰撞气能量/V |
|---|---|---|---|---|---|---|---|
| 88 | 特丁津 | terbuthylazine | 10.15 | 230.1/174.1 | 230.1/174.1;230.1/132.0 | 120 | 15,20 |
| 89 | 敌草隆 | diuron | 7.82 | 233.1/72.0 | 233.1/72.0;233.1/160.1 | 120 | 20,20 |
| 90 | 氯甲硫磷 | chlormephos | 13.70 | 235.0/125.0 | 235.0/125.0;235.0/75.0 | 100 | 10,10 |
| 91 | 萎锈灵 | carboxin | 7.67 | 236.1/143.1 | 236.1/143.1;236.1/87.0 | 120 | 15,20 |
| 92 | 野燕枯 | difenzoquat-methyl sulfate | 5.51 | 249.1/130.0 | 249.1/130.0;249.1/193.1 | 140 | 40,30 |
| 93 | 噻虫胺 | clothianidin | 4.40 | 250.2/169.1 | 250.2/169.1;250.2/132.0 | 80 | 10,15 |
| 94 | 拿草特 | pronamide | 11.81 | 256.1/190.1 | 256.1/190.1;256.1/173.0 | 80 | 10,20 |
| 95 | 二甲草胺 | dimethachloro | 8.96 | 256.1/224.2 | 256.1/224.2;256.1/148.2 | 120 | 10,20 |
| 96 | 秀谷隆 | methobromuron | 8.25 | 259.0/170.1 | 259.0/170.1;259.0/148.0 | 80 | 15,15 |
| 97 | 甲拌磷 | phorate | 16.55 | 261.0/75.0 | 261.0/75.0;261.0/199.0 | 80 | 10,5 |
| 98 | 苯草醚 | aclonifen | 14.70 | 265.1/248.0 | 265.1/248.0;265.1/193.0 | 120 | 15,15 |
| 99 | 地安磷 | mephosfolan | 5.97 | 270.1/140.1 | 270.1/140.1;270.1/168.1 | 100 | 25,15 |
| 100 | 脱苯甲基亚胺唑 | imibenzonazole-des-benzyl | 5.96 | 271.0/174.0 | 271.0/174.0;271.0/70.0 | 120 | 25,25 |
| 101 | 草不隆 | neburon | 14.17 | 275.1/57.0 | 275.1/57.0;275.1/88.1 | 120 | 20,15 |
| 102 | 精甲霜灵 | mefenoxam | 7.92 | 280.1/192.1 | 280.1/192.1;280.1/220.0 | 100 | 15,10 |
| 103 | 乙氧呋草黄 | ethofume sate | 12.86 | 287.0/121.0 | 287.0/121.0;287.0/161.0 | 80 | 10,20 |
| 104 | 异稻瘟净 | iprobenfos | 13.50 | 289.1/91.0 | 289.1/91.0;289.1/205.1 | 80 | 25,5 |
| 105 | 特普 | TEPP | 5.64 | 291.1/179.0 | 291.1/179.0;291.1/99.0 | 100 | 20,35 |
| 106 | 环丙唑醇 | cyproconazole | 10.59 | 292.1/70.0 | 292.1/70.0;292.1/125.0 | 120 | 15,15 |
| 107 | 噻虫嗪 | thiamethoxam | 4.05 | 292.1/211.2 | 292.1/211.2;292.1/181.1 | 80 | 10,20 |
| 108 | 育畜磷 | crufomate | 11.56 | 292.1/236.0 | 292.1/236.0;292.1/108.1 | 120 | 20,30 |
| 109 | 乙嘧硫磷 | etrimfos | 6.16 | 293.1/125.0 | 293.1/125.0;293.1/265.1 | 80 | 20,15 |
| 110 | 杀鼠醚 | coumatetralyl | 4.68 | 293.2/107.0 | 293.2/107.0;293.2/175.1 | 140 | 35,25 |
| 111 | 赛灭磷 | cythioate | 6.59 | 298.0/217.1 | 298.0/217.1;298.0/125.0 | 100 | 15,25 |
| 112 | 磷胺 | phosphamidon | 5.77 | 300.1/174.1 | 300.1/174.1;300.1/127.0 | 120 | 10,20 |
| 113 | 甜菜宁 | phenmedipham | 10.69 | 301.1/168.1 | 301.1/168.1;301.1/136.0 | 80 | 5,20 |
| 114 | 联苯肼酯 | bifenazate | 13.28 | 301.2/198.1 | 301.2/198.1;301.2/170.1 | 60 | 5,20 |
| 115 | 环酰菌胺 | fenhexamid | 12.33 | 302.0/55.0 | 302.0/55.0;302.0/97.1 | 80 | 30,25 |
| 116 | 粉唑醇 | flutriafol | 7.55 | 302.1/70.0 | 302.1/70.0;302.1/123.0 | 120 | 15,20 |
| 117 | 抑菌丙胺酯 | furalaxyl | 10.77 | 302.2/242.2 | 302.2/242.2;302.2/270.2 | 100 | 15,5 |
| 118 | 生物丙烯菊酯 | bioallethrin | 18.00 | 303.1/135.1 | 303.1/135.1;303.1/107.0 | 80 | 10,20 |

**表 B.1（续）**

| 序号 | 中文名称 | 英文名称 | 保留时间/min | 定量离子 | 定性离子 | 源内碎裂电压/V | 碰撞气能量/V |
|---|---|---|---|---|---|---|---|
| 119 | 苯腈磷 | cyanofenphos | 16.44 | 304.0/157.0 | 304.0/157.0;304.0/276.0 | 100 | 20,10 |
| 120 | 甲基嘧啶磷 | pirimiphos methyl | 15.50 | 306.2/164.0 | 306.2/164.0;306.2/108.1 | 120 | 20,30 |
| 121 | 噻嗪酮 | buprofezin | 13.34 | 306.2/201.0 | 306.2/201.0;306.2/116.1 | 120 | 15,10 |
| 122 | 乙拌磷砜 | disulfoton sulfone | 9.79 | 307.0/97.0 | 307.0/97.0;307.0/125.0 | 100 | 30,10 |
| 123 | 喹螨醚 | fenazaquin | 18.80 | 307.2/57.1 | 307.2/57.1;307.2/161.2 | 120 | 20,15 |
| 124 | 三唑磷 | triazophos | 13.80 | 314.1/162.1 | 314.1/162.1;314.1/286.0 | 120 | 20,10 |
| 125 | 脱叶磷 | DEF | 19.21 | 315.1/169.0 | 315.1/169.0;315.1/113.0 | 100 | 10,20 |
| 126 | 环酯草醚 | pyriftalid | 12.00 | 319.0/139.1 | 319.0/139.1;319.0/179.0 | 140 | 35,35 |
| 127 | 叶菌唑 | metconazole | 13.77 | 320.2/70.0 | 320.2/70.0;320.2/125.0 | 140 | 35,55 |
| 128 | 蚊蝇醚 | pyriproxyfen | 18.00 | 322.1/96.0 | 322.1/96.0;322.1/227.1 | 120 | 15,10 |
| 129 | 噻草酮 | cycloxydim | 17.00 | 326.2/280.2 | 326.2/280.2;326.2/180.2 | 120 | 10,15 |
| 130 | 异噁酰草胺 | isoxaben | 13.21 | 333.1/165.0 | 333.1/165.0;333.1/150.1 | 120 | 15,50 |
| 131 | 呋草酮 | flurtamone | 11.25 | 334.1/247.1 | 334.1/247.1;334.1/303.0 | 120 | 30,20 |
| 132 | 氟乐灵 | trifluralin | 12.86 | 336.0/138.9 | 336.0/138.9;336.0/103.0 | 120 | 20,45 |
| 133 | 甲基麦草氟异丙酯 | flamprop methyl | 13.20 | 336.1/105.1 | 336.1/105.1;336.1/304.0 | 80 | 20,5 |
| 134 | 生物苄呋菊酯 | bioresmethrin | 19.39 | 339.2/171.1 | 339.2/171.1;339.2/143.1 | 100 | 15,25 |
| 135 | 丙环唑 | propiconazole | 14.29 | 342.1/159.1 | 342.1/159.1;342.1/69.0 | 120 | 20,20 |
| 136 | 毒死蜱 | chlorpyrifos | 18.29 | 350.0/198.0 | 350.0/198.0;350.0/79.0 | 100 | 20,35 |
| 137 | 氯乙氟灵 | fluchloralin | 17.68 | 356.0/186.0 | 356.0 /314.1;356.0/63.0 | 80 | 15,30 |
| 138 | 氯磺隆 | chlorsulfuron | 6.96 | 358.0/141.1 | 358.0/141.1;358.0/167.0 | 120 | 15,15 |
| 139 | 烯草酮 | clethodim | 17.60 | 360.1/164.1 | 360.1/164.1;360.1/268.0 | 120 | 20,10 |
| 140 | 麦草氟异丙酯 | flamprop isopropyl | 16.00 | 364.1/105.1 | 364.1/105.1;364.1/304.1 | 80 | 20,5 |
| 141 | 杀虫畏 | tetrachlorvinphos | 13.70 | 365.0/127.0 | 365.0/127.0;365.0/239.0 | 120 | 15,15 |
| 142 | 炔螨特 | propargite | 18.77 | 368.1/231.0 | 368.1/231.0;368.1/175.1 | 100 | 5,15 |
| 143 | 糠菌唑 | bromuconazole | 12.70 | 376.0/159.0 | 376.0/159.0;376.0/70.0 | 80 | 20,20 |
| 144 | 氟吡酰草胺 | picolinafen | 17.74 | 377.0/238.0 | 377.0/238.0;377.0/359.0 | 120 | 20,20 |
| 145 | 氟噻乙草酯 | fluthiacet methyl | 14.80 | 404.0/215.0 | 404.0/215.0;404.0/274.0 | 180 | 50,10 |
| 146 | 肟菌酯 | trifloxystrobin | 17.44 | 409.3/186.1 | 409.3/186.1;409.3/206.2 | 120 | 15,10 |
| 147 | 氯嘧磺隆 | chlorimuron ethyl | 11.59 | 415.0/186.1 | 415.0/186.1;415.0/213.1 | 120 | 10,10 |
| 148 | 氟铃脲 | hexaflumuron | 16.90 | 461.0/141.1 | 461.0/141.1;461.0/158.1 | 120 | 35,35 |
| 149 | 氟酰脲 | novaluron | 17.39 | 493.0/158.0 | 493.0/158.0;493.0/141.1 | 80 | 15,55 |
| 150 | 伏蚁腙 | hydramethylnon | 17.58 | 495.2/323.2 | 495.2/323.2;495.2/171.0 | 100 | 35,50 |

**表 B.1（续）**

| 序号 | 中文名称 | 英文名称 | 保留时间/min | 定量离子 | 定性离子 | 源内碎裂电压/V | 碰撞气能量/V |
|---|---|---|---|---|---|---|---|
| 151 | — | flurazuron | 18.10 | 506.0/158.1 | 506.0/158.1;506.0/141.1 | 120 | 15,50 |
| C 组 | | | | | | | |
| 152 | 抑芽丹 | maleic hydrazide | 0.73 | 113.1/67.1 | 113.1/67.1;113.1/85.0 | 100 | 20,20 |
| 153 | 甲胺磷 | methamidophos | 0.74 | 142.1/94.0 | 142.1/94.0;142.1/125.0 | 80 | 15,10 |
| 154 | 茵草敌 | EPTC | 14.00 | 190.2/86.0 | 190.2/86.0;190.2/128.1 | 100 | 10,10 |
| 155 | 避蚊胺 | diethyltoluamide | 7.70 | 192.2/119.0 | 192.2/119.0;192.2/91.0 | 100 | 15,30 |
| 156 | 灭草隆 | monuron | 5.94 | 199.0/72.0 | 199.0/72.0;199.0/126.0 | 120 | 15,15 |
| 157 | 嘧霉胺 | pyrimethanil | 6.70 | 200.2/107.0 | 200.2/107.0;200.2/183.1 | 120 | 25,25 |
| 158 | 黑穗胺 | fenfuram | 7.48 | 202.1/109.0 | 202.1/109.0;202.1/83.0 | 120 | 20,20 |
| 159 | 灭藻醌 | quinoclamine | 6.09 | 208.1/105.0 | 208.1/105.0;208.1/154.1 | 120 | 30,20 |
| 160 | 仲丁威 | fenobucarb | 9.92 | 208.2/95.0 | 208.2/95.0;208.2/152.1 | 80 | 10,5 |
| 161 | 乙菌定 | ethirimol | 4.29 | 210.2/140.1 | 210.2/140.1;210.2/98.0 | 120 | 25,30 |
| 162 | 敌稗 | propanil | 9.09 | 218.0/162.1 | 218.0/162.1;218/127.0 | 120 | 15,20 |
| 163 | 克百威 | carbofuran | 6.81 | 222.3/165.1 | 222.3/165.1;222.3/123.1 | 120 | 5,20 |
| 164 | 啶虫清 | acetamiprid | 4.86 | 223.2/126.0 | 223.2/126.0;223.2/56.0 | 120 | 15,15 |
| 165 | 嘧菌胺 | mepanipyrim | 12.23 | 224.2/77.0 | 224.2/77.0;224.2/106.0 | 120 | 30,25 |
| 166 | 扑灭通 | prometon | 5.40 | 226.2/142.0 | 226.2/142;226.2/184.1 | 120 | 20,20 |
| 167 | 甲氧隆 | metoxuron | 5.59 | 229.1/72.0 | 229.1/72.0;229.1/156.1 | 120 | 20,20 |
| 168 | 乐果 | dimethoate | 4.88 | 230.0/199.0 | 230.0/199.0;230/171.0 | 80 | 5,10 |
| 169 | 呋菌胺 | methfuroxam | 10.42 | 230.2/137.1 | 230.2/137.1;230.2/111.1 | 120 | 20,15 |
| 170 | 伏草隆 | fluometuron | 7.27 | 233.1/72.0 | 233.1/72.0;233.1/160.0 | 120 | 20,20 |
| 171 | 百治磷 | dicrotophos | 3.97 | 238.1/112.1 | 238.1/112.1;238.1/193.0 | 80 | 10,5 |
| 172 | 庚酰草胺 | monalide | 14.50 | 240.1/85.1 | 240.1/85.1;240.1/57.0 | 120 | 15,35 |
| 173 | 双苯酰草胺 | diphenamid | 9.00 | 240.1/134.1 | 240.1/134.1;240.1/167.1 | 120 | 20,25 |
| 174 | 灭线磷 | ethoprophos | 11.98 | 243.1/173.0 | 243.1/173;243.1 /215.0 | 120 | 10,10 |
| 175 | 地虫硫磷 | fonofos | 16.10 | 247.1/109.0 | 247.1/109.0;247.1/137.1 | 80 | 15,5 |
| 176 | 土菌灵 | etridiazole | 15.92 | 247.1/132.0 | 247.1/132.0;247.1/183.0 | 120 | 15,15 |
| 177 | 拌种胺 | furmecyclox | 14.00 | 252.2/170.1 | 252.2/170.1;252.2/110.1 | 100 | 10,25 |
| 178 | 环嗪酮 | hexazinone | 5.66 | 253.2/171.1 | 253.2/171.1;253.2/71.0 | 120 | 15,20 |
| 179 | 阔草净 | dimethametryn | 8.79 | 256.2/186.1 | 256.2/186.1;256.2/96.1 | 140 | 20,35 |
| 180 | 敌百虫 | trichlorphon | 4.21 | 257.0/221.0 | 257.0/221.0;257.0/109.0 | 120 | 10,20 |
| 181 | 内吸磷 | demeton (*o*+*s*) | 8.59 | 259.1/89.0 | 259.1/89.0;259.1/61.0 | 60 | 10,35 |
| 182 | 解草酮 | benoxacor | 10.83 | 260.0/149.2 | 260.0/149.2;260/134.1 | 120 | 15,20 |

表 B.1（续）

| 序号 | 中文名称 | 英文名称 | 保留时间/min | 定量离子 | 定性离子 | 源内碎裂电压/V | 碰撞气能量/V |
|---|---|---|---|---|---|---|---|
| 183 | 除草定 | bromacil | 5.78 | 261.0/205.0 | 261.0/205.0;261/188.0 | 80 | 10,20 |
| 184 | 甲拌磷亚砜 | phorate sulfoxide | 7.34 | 277.0/143.0 | 277.0/143.0;277.0/199.0 | 100 | 15,5 |
| 185 | 溴莠敏 | brompyrazon | 4.69 | 266.0/92.0 | 266.0/92.0;266.0/104.0 | 120 | 30,30 |
| 186 | 氧化萎锈灵 | oxycarboxin | 5.38 | 268.0/175.0 | 268.0/175.0;268.0/147.1 | 100 | 10,20 |
| 187 | 灭锈胺 | mepronil | 13.15 | 270.2/119.1 | 270.2/119.1;270.2/228.2 | 100 | 30,15 |
| 188 | 乙拌磷 | disulfoton | 16.80 | 275.0/89.0 | 275.0/89.0;275.0/61.0 | 80 | 5,20 |
| 189 | 倍硫磷 | fenthion | 15.54 | 279.0/169.1 | 279.0/169.1;279.0/247.0 | 120 | 15,10 |
| 190 | 甲霜灵 | metalaxyl | 7.75 | 280.1/192.2 | 280.1/192.2;280.1/220.2 | 120 | 15,20 |
| 191 | 甲呋酰胺 | ofurace | 7.65 | 282.1/160.2 | 282.1/160.2;282.1/254.2 | 120 | 20,1 |
| 192 | 吗菌灵 | dodemorph | 8.45 | 282.3/116.1 | 282.3/116.1;282.3/98.1 | 120 | 20,30 |
| 193 | 甲基咪草酯 | imazamethabenz-methyl | 5.33 | 289.1/229.0 | 289.1/229.0;289.1/86.0 | 120 | 15,25 |
| 194 | 稻瘟灵 | isoprothiolane | 13.17 | 291.1/189.1 | 291.1/189.1;291.1/231.1 | 80 | 20,5 |
| 195 | 抑霉唑 | imazalil | 6.86 | 297.0/159.0 | 297.0/159.0;297.0/255.0 | 120 | 20,20 |
| 196 | 辛硫磷 | phoxim | 16.80 | 299.0/77.0 | 299.0/77.0;299.0/129.0 | 80 | 20,10 |
| 197 | 喹硫磷 | quinalphos | 14.80 | 299.1/147.1 | 299.1/147.1;299.1/163.1 | 120 | 20,20 |
| 198 | 灭菌磷 | ditalimfos | 13.53 | 300.0/148.1 | 300.0/148.1;300.0/244.0 | 80 | 15,10 |
| 199 | 苯氧威 | fenoxycarb | 18.10 | 362.1 /288.0 | 362.1 /288.0;362.1/244.0 | 120 | 20,20 |
| 200 | 嘧啶磷 | pyrimitate | 14.00 | 306.1/170.2 | 306.1/170.2;306.1/154.2 | 120 | 20,20 |
| 201 | 丰索磷 | fensulfothin | 8.55 | 309.0/157.1 | 309.0/157.1;309.0/253.0 | 120 | 25,15 |
| 202 | 氯咯草酮 | fluorochloridone | 13.80 | 312.1/292.1 | 312.1/292.1;312.1/89.0 | 100 | 25,25 |
| 203 | 丁草胺 | butachlor | 18.00 | 312.2/238.1 | 312.2/238.1;312.2/162.0 | 80 | 10,20 |
| 204 | 咪唑喹啉酸 | imazaquin | 6.27 | 312.2/199.1 | 312.2/199.1;312.2/267.0 | 160 | 25,20 |
| 205 | 亚胺菌 | kresoxim-methyl | 15.20 | 314.1/267.0 | 314.1/267.0;314.1/206.0 | 80 | 5,5 |
| 206 | 戊叉菌唑 | triticonazole | 10.55 | 318.2/70.0 | 318.2/70.0;318.2/125.1 | 120 | 15,35 |
| 207 | 苯线磷亚砜 | fenamiphos sulfoxide | 5.87 | 320.1/171.1 | 320.1/171.1;320.1/292.1 | 140 | 25,15 |
| 208 | 噻吩草胺 | thenylchlor | 14.00 | 324.1/127.0 | 324.1/127.0;324.1/59.0 | 80 | 10,45 |
| 209 | 氰菌胺 | fenoxanil | 18.81 | 329.1/302.0 | 329.1/302.0;329.1/189.1 | 80 | 5,30 |
| 210 | 杀草吡啶 | fluridone | 10.30 | 330.1/309.1 | 330.1/309.1;330.1/259.2 | 160 | 40,55 |
| 211 | 氟环唑 | epoxiconazole | 18.81 | 330.1/141.1 | 330.1/141.1;330.1/121.1 | 120 | 20,20 |
| 212 | 氯辛硫磷 | chlorphoxim | 17.15 | 333.0/125.0 | 333.0/125.0;333.0/163.1 | 80 | 5,5 |
| 213 | 苯线磷砜 | fenamiphos sulfone | 6.63 | 336.1/188.2 | 336.1/188.2;336.1/266.2 | 120 | 30,20 |
| 214 | 腈苯唑 | fenbuconazole | 13.40 | 337.1/70.0 | 337.1/70.0;337.1/125.0 | 120 | 20,20 |
| 215 | 异柳磷 | isofenphos | 17.25 | 346.1/217.0 | 346.1/217.0;346.1/245.0 | 80 | 20,10 |

表 B.1(续)

| 序号 | 中文名称 | 英文名称 | 保留时间/min | 定量离子 | 定性离子 | 源内碎裂电压/V | 碰撞气能量/V |
|---|---|---|---|---|---|---|---|
| 216 | 氨磺乐灵 | oryzalin | 13.80 | 347.0/288.0 | 347.0/288.0;347.0/198.1 | 100 | 20,25 |
| 217 | 氯化薯瘟锡 | fentin-chloride | 7.00 | 351.1/120.0 | 351.1/120.0;351.1/170.0 | 180 | 40,30 |
| 218 | 哌草磷 | piperophos | 17.00 | 354.1/171.0 | 354.1/171.0;354.1/143.0 | 100 | 20,30 |
| 219 | 增效醚 | piperonyl butoxide | 17.75 | 356.2/177.1 | 356.2/177.1;356.2/119.0 | 100 | 10,35 |
| 220 | 乙氧氟草醚 | oxyflurofen | 18.00 | 362.0/316.1 | 362.0/316.1;362.0/237.1 | 120 | 10,25 |
| 221 | 蝇毒磷 | coumaphos | 16.42 | 363.1/227.2 | 363.1/227.2;363.1/307.1 | 120 | 20,15 |
| 222 | 氟噻草胺 | flufenacet | 14.00 | 364.0/194.0 | 364.0/194.0;364.0/152.0 | 80 | 5,10 |
| 223 | 伏杀硫磷 | phosalone | 16.79 | 368.1/182.0 | 368.1/182.0;368.1/322.0 | 80 | 10,5 |
| 224 | 甲氧虫酰肼 | methoxyfenozide | 13.41 | 313.0/149.0 | 313.0/149.0;313.0/91.0 | 100 | 10,35 |
| 225 | 咪鲜胺 | prochloraz | 11.79 | 376.1/308.0 | 376.1/308.0;376.1/266.0 | 80 | 10,10 |
| 226 | 丙硫特普 | aspon | 19.22 | 379.1/115.0 | 379.1/115.0;379.1/210.0 | 80 | 30,15 |
| 227 | 乙硫磷 | ethion | 18.46 | 385.0/199.1 | 385.0/199.1;385.0/171.0 | 80 | 5,15 |
| 228 | 丁醚脲 | diafenthiuron | 18.90 | 385.0/329.2 | 385.0/329.2;385.0/278.2 | 140 | 15,35 |
| 229 | 噻吩磺隆 | thifensulfuron-methyl | 6.40 | 388.1/167.0 | 388.1/167.0;388.1/141.1 | 120 | 10,10 |
| 230 | 乙氧嘧磺隆 | ethoxysulfuron | 11.86 | 399.2/261.1 | 399.2/261.1;399.2/218.1 | 120 | 25,25 |
| 231 | 氟硫草定 | dithiopyr | 17.81 | 402.0/354.0 | 402.0/354.0;402.0/272.0 | 120 | 20,30 |
| 232 | 螺螨酯 | spirodiclofen | 19.28 | 411.1/71.0 | 411.1/71.0;411.1/313.1 | 100 | 10,5 |
| 233 | 唑螨酯 | fenpyroximate | 18.66 | 422.2/366.2 | 422.2/366.2;422.2/135.0 | 120 | 10,35 |
| 234 | 胺氟草酯 | flumiclorac-pentyl | 18.00 | 441.1/308.0 | 441.1/308.0;441.1/354.0 | 100 | 25,10 |
| 235 | 双硫磷 | temephos | 18.30 | 467.0/125.0 | 467.0/125.0;467.0/155.0 | 100 | 30,30 |
| 236 | 氟丙嘧草酯 | butafenacil | 15.00 | 492.0/180.0 | 492.0/180.0;492.0/331.0 | 120 | 35,25 |
| 237 | 多杀菌素 | spinosad | 14.30 | 732.4/142.2 | 732.4/142.2;732.4/98.1 | 180 | 30,75 |
| | | | | D组 | | | |
| 238 | 甲哌金翁 | mepiquat chloride | 0.71 | 114.1/98.1 | 114.1/98.1;114.1/58.0 | 140 | 30,30 |
| 239 | 二丙烯草胺 | allidochlor | 5.78 | 174.1/98.1 | 174.1/98.1;174.1/81.0 | 100 | 10,15 |
| 240 | 霜霉威 | propamocarb | 2.84 | 190.1/102.1 | 190.1/102.1;190.1/74.1 | 110 | 20,30 |
| 241 | 噻菌灵 | thiabendazole | 3.32 | 202.1/175.1 | 202.1/175.1;202.1/131.1 | 120 | 30,30 |
| 242 | 苯噻草酮 | metamitron | 4.18 | 203.1/175.1 | 203.1/175.1;203.1/104.0 | 120 | 15,20 |
| 243 | 异丙隆 | isoproturon | 7.44 | 207.2/72.0 | 207.2/72.0;207.2/165.1 | 120 | 15,15 |
| 244 | 莠去通 | atratone | 4.46 | 212.2/170.2 | 212.2/170.2;212.2/100.1 | 120 | 15,30 |
| 245 | 敌草净 | oesmetryn | 4.92 | 214.1/172.1 | 214.1/172.1;214.1/82.1 | 120 | 15,25 |
| 246 | 赛克津 | metribuzin | 7.16 | 215.1/187.2 | 215.1/187.2;215.1/131.1 | 120 | 15,20 |
| 247 | — | DMST | 7.06 | 215.3/106.1 | 215.3/106.1;215.3/151.2 | 80 | 10,5 |

表 B.1（续）

| 序号 | 中文名称 | 英文名称 | 保留时间/min | 定量离子 | 定性离子 | 源内碎裂电压/V | 碰撞气能量/V |
|---|---|---|---|---|---|---|---|
| 248 | 环草敌 | cycloate | 15.95 | 216.2/83.0 | 216.2/83.0;216.2/154.1 | 120 | 15,10 |
| 249 | 莠去津 | atrazine | 7.20 | 216.0/174.2 | 216.0/174.2;216.0/132.0 | 120 | 15,20 |
| 250 | 丁草敌 | butylate | 17.20 | 218.1/57.0 | 218.1/57.0;218.1/156.2 | 80 | 10,5 |
| 251 | 吡蚜酮 | pymetrozin | 0.73 | 218.1/105.1 | 218.1/105.1;218.1/78.0 | 100 | 20,40 |
| 252 | 氯草敏 | chloridazon | 4.35 | 222.1/104.0 | 222.1/104.0;222.1/92.0 | 120 | 25,35 |
| 253 | 菜草畏 | sulfallate | 15.25 | 224.1/116.1 | 224.1/116.1;224.1/88.2 | 100 | 10,20 |
| 254 | 乙硫苯威 | ethiofencarb | 4.48 | 227.0/107.0 | 227.0/107.0;227.0/164.0 | 80 | 5,5 |
| 255 | 特丁通 | terbumeton | 5.25 | 226.2/170.1 | 226.2/170.1;226.2/114.0 | 120 | 15,20 |
| 256 | 环丙津 | cyanazine | 6.38 | 241.1/214.1 | 241.1/214.1;241.1/174.0 | 120 | 15,15 |
| 257 | 莠灭津 | ametryn | 5.85 | 228.2/186.0 | 228.2/186.0;228.2/68.0 | 120 | 20,35 |
| 258 | 木草隆 | tebuthiuron | 5.30 | 229.2/172.2 | 229.2/172.2;229.2/116.0 | 120 | 15,20 |
| 259 | 草达津 | trietazine | 12.00 | 230.1/202 | 230.1/202.0;230.1/132.1 | 160 | 20,20 |
| 260 | 另丁津 | sebutylazine | 8.65 | 230.1/174.1 | 230.1/174.1;230.1/104.0 | 120 | 15,30 |
| 261 | 畜虫避 | dibutyl succinate | 14.80 | 231.1/101.0 | 231.1/101.0;231.1/157.1 | 60 | 1,10 |
| 262 | 牧草胺 | tebutam | 13.04 | 234.2/91.1 | 234.2/91.1;234.2/192.2 | 120 | 20,15 |
| 263 | 久效威亚砜 | thiofanox-sulfoxide | 4.08 | 235.1/104.0 | 235.1/104.0;235.1/57.0 | 60 | 5,20 |
| 264 | 特丁净 | terbutryn | 7.44 | 242.2/186.1 | 242.2/186.1;242.2/71.0 | 120 | 15,20 |
| 265 | 咪唑嗪 | triazoxide | 5.66 | 248.0/68.0 | 248.0/68.0;248.0/95.0 | 100 | 35,25 |
| 266 | 虫线磷 | thionazin | 8.84 | 249.1/97.0 | 249.1/97.0;249.1/193.0 | 80 | 30,10 |
| 267 | 利谷隆 | linuron | 9.84 | 249.0/160.1 | 249.0/160.1;249.0/182.1 | 100 | 15,15 |
| 268 | 庚虫磷 | heptanophos | 7.85 | 251.0/127.0 | 251.0/127.0;251/109.0 | 80 | 10,30 |
| 269 | 苄草丹 | prosulfocarb | 17.10 | 252.1/91.0 | 252.1/91.0;252.1/128.1 | 120 | 15,10 |
| 270 | 杀草净 | dipropetryn | 8.58 | 256.1/144.1 | 256.1/144.1;256.1/214.0 | 140 | 30,20 |
| 271 | 禾草丹 | thiobencarb | 15.80 | 258.1/125.0 | 258.1/125.0;258.1/89.0 | 80 | 20,55 |
| 272 | 三异丁基磷酸盐 | tri-*iso*-butyl phosphate | 15.45 | 267.1/99.0 | 267.1/99.0;267.1/155.1 | 80 | 20,5 |
| 273 | 三正丁基磷酸酯 | tri-*n*-butyl phosphate | 15.45 | 267.2/99.0 | 267.2/99.0;267.2/155.1 | 80 | 5,15 |
| 274 | 乙霉威 | diethofencarb | 10.40 | 268.1/226.2 | 268.1/226.2;268.1/152.1 | 80 | 5,20 |
| 275 | 甲草胺 | alachlor | 13.15 | 270.2/238.2 | 270.2/238.2;270.2/162.2 | 80 | 10,20 |
| 276 | 硫线磷 | cadusafos | 15.27 | 271.1/159.1 | 271.1/159.1;271.1/131.0 | 80 | 10,20 |
| 277 | 吡唑草胺 | metazachlor | 8.36 | 278.1/134.1 | 278.1/134.1;278.1/210.1 | 80 | 20,5 |
| 278 | 胺丙畏 | propetamphos | 13.60 | 282.1/138.0 | 282.1/138.0;282.1/156.1 | 80 | 15,10 |

**表 B.1（续）**

| 序号 | 中文名称 | 英文名称 | 保留时间/min | 定量离子 | 定性离子 | 源内碎裂电压/V | 碰撞气能量/V |
|---|---|---|---|---|---|---|---|
| 279 | 特丁硫磷 | terbufos | 13.70 | 289.0/57.0 | 289.0/57.0;289.0/103.1 | 80 | 20,5 |
| 280 | 硅氟唑 | simeconazole | 11.00 | 294.2/70.1 | 294.2/70.1;294.2/135.1 | 120 | 15,15 |
| 281 | 三唑酮 | triadimefon | 11.88 | 294.2/69.0 | 294.2/69.0;294.2/197.1 | 100 | 20,15 |
| 282 | 甲拌磷砜 | phorate sulfone | 9.34 | 293.0/171.0 | 293.0/171.0;293.0/143.1 | 60 | 5,15 |
| 283 | 十三吗啉 | tridemorph | 14.00 | 298.3/130.1 | 298.3/130.1;298.3/57.1 | 160 | 25,35 |
| 284 | 苯噻酰草胺 | mefenacet | 11.60 | 299.1/148.1 | 299.1/148.1;299.1/120.1 | 100 | 15,25 |
| 285 | 丁苯玛琳 | fenpropimorph | 9.10 | 304.0/147.2 | 304.0/147.2;304.0/130.0 | 120 | 30,30 |
| 286 | 戊唑醇 | tebuconazole | 12.44 | 308.2/70.0 | 308.2/70.0;308.2/125.0 | 100 | 25,25 |
| 287 | 异丙乐灵 | isopropalin | 19.05 | 310.2/225.7 | 310.2/225.7;310.2/207.7 | 120 | 15,20 |
| 288 | 氟苯嘧啶醇 | nuarimol | 9.20 | 315.1/252.1 | 315.1/252.1;315.1/81.0 | 120 | 25,30 |
| 289 | 乙嘧酚磺酸酯 | bupirimate | 9.52 | 317.2/166.0 | 317.2/166.0;317.2/272.0 | 120 | 25,20 |
| 290 | 保棉磷 | azinphos-methyl | 10.45 | 318.1/125.0 | 318.1/125.0;318.1/160.0 | 80 | 15,10 |
| 291 | 丁基嘧啶磷 | tebupirimfos | 18.15 | 319.1/277.1 | 319.1/277.1;319.1/153.2 | 120 | 10,30 |
| 292 | 稻丰散 | phenthoate | 15.57 | 321.1/247.0 | 321.1/247.0;321.1/163.1 | 80 | 5,10 |
| 293 | 治螟磷 | sulfotep | 16.35 | 323.0/171.1 | 323.0/171.1;323.0/143.0 | 120 | 10,20 |
| 294 | 硫丙磷 | sulprofos | 18.40 | 323.0/219.1 | 323.0/219.1;323.0/247.0 | 120 | 15,10 |
| 295 | 苯硫磷 | EPN | 17.10 | 324.0/296.0 | 324.0/296.0;324.0/157.1 | 120 | 10,20 |
| 296 | 甲基吡噁磷 | azamethiphos | 6.05 | 325.0/183.0 | 325.0/183.0;325.0/139.0 | 80 | 15,25 |
| 297 | 烯唑醇 | diniconazole | 13.67 | 326.1/70.0 | 326.1/70.0;326.1/159.0 | 120 | 25,30 |
| 298 | 唑嘧磺草胺 | flumetsulam | 4.95 | 326.1/129.0 | 326.1/129.0;326.1/262.1 | 120 | 30,20 |
| 299 | 纹枯脲 | pencycuron | 16.33 | 329.2/125.0 | 329.2/125.0;329.2/218.1 | 120 | 20,15 |
| 300 | 灭蚜磷 | mecarbam | 14.46 | 330.0/227.0 | 330.0/227.0;330.0/199.0 | 80 | 5,10 |
| 301 | 苯草酮 | tralkoxydim | 18.09 | 330.2 /284.2 | 330.2 /284.2;330.2/138.1 | 100 | 10,20 |
| 302 | 马拉硫磷 | malathion | 13.20 | 331.0/127.1 | 331.0/127.1;331.0/99.0 | 80 | 5,10 |
| 303 | 稗草畏 | pyributicarb | 18.26 | 331.1/181.1 | 331.1/181.1;331.1/108.0 | 120 | 10,20 |
| 304 | 嘧啶磷 | pirimiphos-ethyl | 17.75 | 334.2/198.2 | 334.2/198.2;334.2/182.2 | 120 | 20,25 |
| 305 | 哒嗪硫磷 | pyridaphenthion | 12.32 | 341.1/189.2 | 341.1/189.2;341.1/205.2 | 120 | 20,20 |
| 306 | 硫双威 | thiodicarb | 6.55 | 355.1/88.0 | 355.1/88.0;355.1/163.0 | 80 | 15,5 |
| 307 | 吡唑硫磷 | pyraclofos | 15.34 | 361.1/257.0 | 361.1/257.0;361.1/138.0 | 120 | 25,35 |
| 308 | 啶氧菌酯 | picoxystrobin | 15.40 | 368.1/145.0 | 368.1/145.0;368.1/205.0 | 80 | 20,5 |
| 309 | 四氟醚唑 | tetraconazole | 12.54 | 372.0/159.0 | 372.0/159.0;372.0/70.0 | 120 | 35,35 |
| 310 | 吡唑解草酯 | mefenpyr-diethyl | 16.80 | 373.0/327.0 | 373.0/327.0;373.0/160.0 | 80 | 15,35 |
| 311 | 丙溴磷 | profenefos | 16.74 | 373.0/302.9 | 373.0/302.9;373.0/345.0 | 120 | 15,10 |

表 B.1（续）

| 序号 | 中文名称 | 英文名称 | 保留时间/min | 定量离子 | 定性离子 | 源内碎裂电压/V | 碰撞气能量/V |
|---|---|---|---|---|---|---|---|
| 312 | 百克敏 | pyraclostrobin | 16.04 | 388.0/163.0 | 388.0/163.0;388.0/194.0 | 120 | 20,10 |
| 313 | 烯酰吗啉 | dimethomorph | 16.04 | 388.1/165.1 | 388.1/165.1;388.1/301.1 | 120 | 25,20 |
| 314 | 噻嗯菊酯 | kadethrin | 17.95 | 397.1/171.1 | 397.1/171.1;397.1/128.0 | 100 | 15,55 |
| 315 | 噻唑烟酸 | thiazopyr | 16.15 | 397.1/377.0 | 397.1/377.0;397.1/335.1 | 140 | 20,30 |
| 316 | 甲基丙硫克百威 | benfuracarb-methyl | 8.60 | 411.1/149.1 | 411.1/149.1;411.1/182.1 | 100 | 20,20 |
| 317 | 醚黄隆 | cinosulfuron | 6.53 | 414.1/183.1 | 414.1/183.1;414.1/157.1 | 120 | 10,20 |
| 318 | 吡嘧磺隆 | pyrazosulfuron-ethyl | 17.20 | 415.1/182.1 | 415.1/182.1;415.1/369.1 | 120 | 15,10 |
| 319 | 磺草胺唑 | metosulam | 7.60 | 418.0/175.1 | 418.0/175.1;418.0/354.0 | 120 | 25,20 |
| 320 | 氟啶脲 | chlorfluazuron | 18.53 | 540.0/383.0 | 540.0/383.0;540.0/158.2 | 120 | 15,15 |
| E组 | | | | | | | |
| 321 | 矮壮素 | chlormequat | 0.72 | 122.1/58.1 | 122.1/58.1;122.1/63.1 | 100 | 35,20 |
| 322 | 灭多威 | methomyl | 3.76 | 163.2/88.1 | 163.2/88.1;163.2/106.1 | 80 | 5,10 |
| 323 | 咯喹酮 | pyroquilon | 5.87 | 174.1/117.1 | 174.1/117.1;174.1/132.2 | 140 | 35,25 |
| 324 | 麦穗灵 | fuberidazole | 3.66 | 185.2/157.2 | 185.2/157.2;185.2/92.1 | 120 | 20,25 |
| 325 | 丁脒酰胺 | isocarbamid | 4.35 | 186.2/87.1 | 186.2/87.1;186.2/130.1 | 80 | 20,5 |
| 326 | 丁酮威 | butocarboxim | 5.30 | 213.0/75.1 | 213.0/75.1;213.0/156.1 | 100 | 15,5 |
| 327 | 杀虫脒 | chlordimeform | 4.13 | 197.2/117.1 | 197.2/117.1;197.2/89.1 | 120 | 25,50 |
| 328 | 霜脲氰 | cymoxanil | 4.95 | 199.1/111.1 | 199.1/111.1;199.1/128.1 | 80 | 20,15 |
| 329 | 灭草敌 | vernolate | 3.47 | 204.2/128.2 | 204.2/128.2;204.2/175.5 | 100 | 10,10 |
| 330 | 氯硫酰草胺 | chlorthiamid | 5.80 | 206.0/189.0 | 206.0/189.0;206.0/119.0 | 80 | 15,50 |
| 331 | 灭害威 | aminocarb | 0.75 | 209.3/137.1 | 209.3/137.1;209.3/152.1 | 100 | 20,10 |
| 332 | 甲菌定 | dimethirimol | 4.20 | 210.2/71.1 | 210.2/71.1;210.2/140.0 | 120 | 25,20 |
| 333 | 绿麦隆 | chlortoluron | 7.00 | 213.1/72.1 | 213.1/72.1;213.1/140.0 | 100 | 25,25 |
| 334 | 氧乐果 | omethoate | 0.75 | 214.1/125.0 | 214.1/125.0;214.1/183.0 | 80 | 20,5 |
| 335 | 乙氧呋啉 | ethoxyquin | 7.19 | 218.2/174.2 | 218.2/174.2;218.2/160.1 | 120 | 30,35 |
| 336 | 敌敌畏 | dichlorvos | 4.20 | 222.9.0/109.0 | 222.9.0/109.0;222.9/79.0 | 120 | 15,30 |
| 337 | 涕灭威砜 | aldicarb sulfone | 3.50 | 223.1/76.0 | 223.1/76.0;223.1/148.0 | 80 | 5,5 |
| 338 | 二氧威 | dioxacarb | 4.70 | 224.1/123.1 | 224.1/123.1;224.1/167.1 | 80 | 15,5 |
| 339 | 苄基腺嘌呤 | benzyladenine | 4.16 | 226.1/91.1 | 226.1/91.1;226.1/148.0 | 140 | 20,15 |
| 340 | 甲基内吸磷 | demeton-*s*-methyl | 6.25 | 253.0/89.0 | 253.0/ 89.0;253.0/61.0 | 80 | 10,35 |
| 341 | 乙硫苯威亚砜 | ethiofencarb-sulfoxide | 3.95 | 242.2/107.1 | 242.2/107.1;242.2/185.1 | 80 | 15,5 |
| 342 | 甲基乙拌磷 | thiometon | 7.16 | 247.1/171.0 | 247.1/171.0;247.1/89.1 | 100 | 10,10 |

表 B.1（续）

| 序号 | 中文名称 | 英文名称 | 保留时间/min | 定量离子 | 定性离子 | 源内碎裂电压/V | 碰撞气能量/V |
|---|---|---|---|---|---|---|---|
| 343 | 灭菌丹 | folpet | 12.82 | 260.0/130.0 | 260.0/130.0;260.0/102.3 | 100 | 10,40 |
| 344 | 砜吸磷 | demeton-*s*-methyl sulfone | 3.96 | 263.1/169.1 | 263.1/169.1;263.1/125.0 | 80 | 15,20 |
| 345 | 哌草丹 | dimepiperate | 16.82 | 286.1/168.0 | 286.1/168.0;286.1/119.1 | 80 | 10,10 |
| 346 | 苯锈定 | fenpropidin | 8.96 | 274.0/147.1 | 274.0/147.1;274.0/86.1 | 160 | 25,25 |
| 347 | 赛硫磷 | amidithion | 14.25 | 274.1/97.0 | 274.1/97.0;274.1/122.0 | 140 | 20,15 |
| 348 | 甲基咪草烟 | imazapic | 4.80 | 276.2/163.2 | 276.2/163.2;276.2/216.2;276.2/86.1 | 120 | 20,20,25 |
| 349 | 甲基对氧磷 | paraoxon-ethyl | 8.00 | 276.2/220.1 | 276.2/220.1;276.2/94.1 | 100 | 10,40 |
| 350 | 4-十二烷基-2,6-二甲基吗啉 | aldimorph | 14.10 | 284.4/57.2 | 284.4/57.2;284.4/98.1 | 160 | 30,30 |
| 351 | 乙烯菌核利 | vinclozolin | 14.66 | 286.1 /242 | 286.1 /242.0;286.1/145.1 | 100 | 5,45 |
| 352 | 烯效唑 | uniconazole | 11.30 | 292.1/70.0 | 292.1/70.0;292.1/125.0 | 120 | 30,30 |
| 353 | 啶斑肟 | pyrifenox | 7.42 | 295.0/93.1 | 295.0/93.1;295.0/163.0 | 120 | 15,15 |
| 354 | 氯硫磷 | chlorthion | 14.45 | 298.0/125.0 | 298.0/125.0;298.0/109.0 | 100 | 15,20 |
| 355 | 异氯磷 | dicapthon | 14.47 | 298.0/125.0 | 298.0/125.0;298.0/266.1 | 80 | 10,10 |
| 356 | 四螨嗪 | clofentezine | 16.18 | 303.0/138.0 | 303.0/138.0;303.0/156.0 | 100 | 25,25 |
| 357 | 氟草敏 | norflurazon | 8.08 | 304.0/284.0 | 304.0/284.0;304.0/160.1 | 140 | 25,35 |
| 358 | 野麦畏 | triallate | 18.61 | 304.0/143.0 | 304.0/143.0;304.0/86.0 | 120 | 25,15 |
| 359 | 福美锌 | ziram | 7.32 | 305.0/185.9 | 305.0/185.9;305.0/88.1 | 120 | 10,20 |
| 360 | 苯氧喹啉 | quinoxyphen | 17.05 | 308.0/197.0 | 308.0/197.0;308.0/272.0 | 180 | 35,35 |
| 361 | 倍硫磷砜 | fenthion sulfone | 8.71 | 311.1/125.0 | 311.1/125.0;311.1/109.0 | 140 | 15,20 |
| 362 | 氟咯草酮 | flurochloridone | 13.34 | 312.2/292.2 | 312.2/292.2;312.2/53.1 | 140 | 25,30 |
| 363 | 酞酸苯甲基丁酯 | phthalic acid, benzyl butyl ester | 17.34 | 313.2/91.1 | 313.2/91.1;313.2/149.0;313.2/205.1 | 80 | 10,10,5 |
| 364 | 氯唑磷 | isazofos | 13.67 | 314.1/162.1 | 314.1/162.1;314.1/120.0 | 100 | 10,35 |
| 365 | 除线磷 | dichlofenthion | 18.15 | 315.0/259.0 | 315.0/259.0;315.0/287.0 | 100 | 10,5 |
| 366 | 蚜灭多砜 | vamidothion sulfone | 2.45 | 178.0/87.0 | 178.0/87.0;178.0/60.0 | 100 | 15,10 |
| 367 | 特丁硫磷砜 | terbufos sulfone | 12.57 | 321.2/171.1 | 321.2/171.1;321.2/143.0 | 80 | 5,15 |
| 368 | 敌乐胺 | dinitramine | 15.80 | 323.1/305.0 | 323.1/305.0;323.1/247.0 | 120 | 10,15 |
| 369 | 氰霜唑 | cyazofamid | 5.10 | 325.2/261.3 | 325.2/261.3;325.2/108.0 | 80 | 5,15 |
| 370 | 毒壤磷 | trichloronat | 18.98 | 333.1/304.9 | 333.1/304.9;333.1/161.8 | 100 | 10,45 |
| 371 | 苄呋菊酯-2 | resmethrin-2 | 12.35 | 339.2/171.1 | 339.2/171.1;339.2/143.1 | 80 | 10,25 |
| 372 | 啶酰菌胺 | boscalid | 12.20 | 343.2/307.2 | 343.2/307.2;343.2/271.0 | 140 | 20,35 |

表 B.1（续）

| 序号 | 中文名称 | 英文名称 | 保留时间/min | 定量离子 | 定性离子 | 源内碎裂电压/V | 碰撞气能量/V |
|---|---|---|---|---|---|---|---|
| 373 | 甲磺乐灵 | nitralin | 15.15 | 346.1/304.1 | 346.1/304.1;346.1/262.1 | 100 | 10,20 |
| 374 | 甲氰菊酯 | fenpropathrin | 19.00 | 350.2/125.2 | 350.2/125.2;350.2/97.0 | 120 | 5,20 |
| 375 | 噻螨酮 | hexythiazox | 18.23 | 353.1/168.1 | 353.1/168.1;353.1/228.1 | 120 | 20,10 |
| 376 | 双氟磺草胺 | florasulam | 6.80 | 360.2/129.1 | 360.2/129.1;360.2/192.0 | 120 | 30,15 |
| 377 | 苯满特 | benzoximate | 17.00 | 386.1/197.0 | 386.1/197.0;386.1/199.2 | 140 | 30,30 |
| 378 | 新燕灵 | benzoylprop-ethyl | 16.00 | 366.1/105.0 | 366.1/105.0;366.1/77.0 | 80 | 15,35 |
| 379 | 呋草唑 | pyrimidifen | 13.69 | 378.2/184.1 | 378.2/184.1;378.2/150.2 | 140 | 15,40 |
| 380 | 呋线威 | furathiocarb | 17.85 | 383.3/195.1 | 383.3/195.1;383.3/252.1;383.3/167.0 | 100 | 10,5,25 |
| 381 | 反式氯菊酯 | *trans*-permethin | 21.00 | 391.3/149.1 | 391.3/149.1;391.3/167.1 | 100 | 10,10 |
| 382 | 醚菊酯 | etofenprox | 19.73 | 394.0/177.0 | 394.0/177.0;394.0/359.0 | 100 | 15,5 |
| 383 | 苄草唑 | pyrazoxyfen | 14.30 | 403.2/91.1 | 403.2/91.1;403.2/105.1;403.2/139.1 | 140 | 25,20,20 |
| 384 | 嘧唑螨 | flubenzimine | 14.48 | 417.0/397.0 | 417.0/397.0;417.0/167.1 | 100 | 10,25 |
| 385 | 己体氯氰菊酯 | *zeta* cypermethrin | 20.45 | 433.3/416.2 | 433.3/416.2;433.3/191.2 | 100 | 5,10 |
| 386 | 氟吡乙禾灵 | haloxyfop-2-ethoxy-ethyl | 17.65 | 434.1/316.0 | 434.1/316.0;434.1/288.0;434.1/91.2 | 120 | 15,20,45 |
| 387 | 乙羧氟草醚 | fluoroglycofen-ethyl | 17.70 | 344.0/300.0 | 344.0/300.0;344.0/233.0 | 120 | 15,20 |
| 388 | 氟胺氰菊酯 | *tau*-fluvalinate | 19.58 | 503.2/181.2 | 503.2/181.2;503.2/208.1 | 80 | 25,15 |
| | | | | F组 | | | |
| 389 | 丙烯酰胺 | acrylamide | 0.73 | 72.0/55.0 | 72.0/55.0;72.0/27.0 | 100 | 10,10 |
| 390 | 叔丁基胺 | *tert*-butylamine | 0.65 | 74.1/46.0 | 74.1/46.0;74.1/56.8 | 120 | 5,5 |
| 391 | 噁霉灵 | hymexazol | 2.65 | 100.1/54.1 | 100.1/54.1;100.1/44.2;100.1/28.0 | 100 | 10,15,15 |
| 392 | 邻苯二甲酰亚胺 | phthalimide | 0.74 | 148.0/130.1 | 148.0/130.1;148.0/102.0 | 100 | 10,25 |
| 393 | 甲氟磷 | dimefox | 3.88 | 155.1/110.1 | 155.1/110.1;155.1/135.0 | 120 | 20,10 |
| 394 | 速灭威 | metolcarb | 6.50 | 166.2/109.0 | 166.2/109.0;166.2/97.1 | 80 | 15,50 |
| 395 | 二苯胺 | diphenylamin | 13.06 | 170.2/93.1 | 170.2/93.1;170.2/152.0 | 120 | 30,30 |
| 396 | 萘乙酸基乙酰亚胺 | 1-naphthy acetamide | 5.30 | 186.2/141.1 | 186.2/141.1;186.2/115.1 | 100 | 15,45 |
| 397 | 脱乙基莠去津 | atrazine-desethyl | 4.43 | 188.2/146.1 | 188.2/146.1;188.2/104.1 | 120 | 10,20 |
| 398 | 2,6-二氯苯甲酰胺 | 2,6-dichlorobenzamide | 3.85 | 190.1/173.0 | 190.1/173.0;190.1/145.0 | 100 | 20,30 |

表 B.1(续)

| 序号 | 中文名称 | 英文名称 | 保留时间/min | 定量离子 | 定性离子 | 源内碎裂电压/V | 碰撞气能量/V |
|---|---|---|---|---|---|---|---|
| 399 | 涕灭威 | aldicarb | 5.42 | 213.0/89.0 | 213.0/89.0;213.0/116.0 | 100 | 30,10 |
| 400 | 酞酸二甲酯 | dimethyl phthalate | 3.50 | 217.0/86.0 | 217.0/86.0;217.0/156.0 | 100 | 15,20 |
| 401 | 杀虫脒盐酸盐 | chlordimeform hydrochloride | 4.00 | 197.2/117.1 | 197.2/117.1;197.2/89.1 | 120 | 25,50 |
| 402 | 西玛通 | simeton | 3.94 | 198.2/100.1 | 198.2/100.1;198.2/128.2 | 120 | 25,20 |
| 403 | 呋虫胺 | dinotefuran | 3.06 | 203.3/129.2 | 203.3/129.2;203.3/87.1 | 80 | 5,10 |
| 404 | 克草敌 | pebulate | 16.05 | 204.2/72.1 | 204.2/72.1;204.2/128.0 | 100 | 10,10 |
| 405 | 活化酯 | acibenzolar-*s*-methyl | 10.00 | 211.1/91.0 | 211.1/91.0;211.1/136.0 | 120 | 20,30 |
| 406 | 蔬果磷 | dioxabenzofos | 10.15 | 217.0/77.1 | 217.0/77.1;217.0/107.1 | 100 | 40,30 |
| 407 | 杀线威 | oxamyl | 3.46 | 241.0/72.0 | 241.0/72.0;242.0/121.0 | 120 | 15,10 |
| 408 | 甲基苯噻隆 | methabenzthiazuron | 6.80 | 222.2/165.1 | 222.2/165.1;222.2/149.9 | 100 | 15,35 |
| 409 | 丁酮砜威 | butoxycarboxim | 3.30 | 223.2/63.0 | 223.2/63.0;223.2/106.1 | 80 | 10,5 |
| 410 | 砜吸磷亚砜 | demeton-*s*-methyl sulfoxide | 3.42 | 247.1/109.0 | 247.1/109;247.1/169.1 | 80 | 20,10 |
| 411 | 硫环磷 | phosfolan | 4.95 | 256.2/140.0 | 256.2/140.0;256.2/228.0 | 100 | 25,10 |
| 412 | 硫赶内吸磷 | demeton-*s* | 5.44 | 259.1/89.1 | 259.1/89.1;259.1/61.0 | 60 | 10,35 |
| 413 | 萘丙胺 | napropamide | 12.45 | 272.2/171.1 | 272.2/171.1;272.2/129.2 | 120 | 15,15 |
| 414 | 杀螟硫磷 | fenitrothion | 13.60 | 278.1/125.0 | 278.1/125.0;278.1/246.0 | 140 | 15,15 |
| 415 | 酞酸二丁酯 | phthalic acid,dibutyl ester | 17.50 | 279.2/149.0 | 279.2/149.0;279.2/121.1 | 80 | 10,45 |
| 416 | 丙草胺 | metolachlor | 13.15 | 284.1/252.2 | 284.1/252.2;284.1/176.2 | 120 | 10,15 |
| 417 | 腐霉利 | procymidone | 13.33 | 284.0/256.0 | 284.0/256.0;284.0/145.0 | 140 | 10,45 |
| 418 | 蚜灭磷 | vamidothion | 4.18 | 288.2/146.1 | 288.2/146.1;288.2/118.1 | 80 | 10,20 |
| 419 | 可灭隆 | cumyluron | 11.70 | 303.3/185.1 | 303.3/185.1;303.3/125.0 | 100 | 5,45 |
| 420 | 皮蝇磷 | ronnel | 17.70 | 320.9/125.0 | 320.9/125.0;320.9/288.8 | 120 | 10,10 |
| 421 | 除虫菊素 | pyrethrin | 14.90 | 329.1/161.1 | 329.1/161.1;329.1/133.1 | 100 | 5,15 |
| 422 | 酞酸二环已酯 | phthalic acid, biscyclohexyl ester | 19.10 | 331.3/149.1 | 331.3/149.1;331.3/167.1;331.3/249.0 | 80 | 10,5,5 |
| 423 | 环丙酰菌胺 | carpropamid | 15.36 | 334.2/196.1 | 334.2/196.1;334.2/139.1 | 120 | 10,15 |
| 424 | 虫酰肼 | tebufenozide | 14.70 | 297.0/133.0 | 297.0/133.0;297.0/105.0 | 80 | 15,35 |
| 425 | 虫螨磷 | chlorthiophos | 18.58 | 361.0/305.0 | 361.0/305.0;361.0/225.0 | 100 | 10,15 |
| 426 | 氯亚胺硫磷 | dialifos | 17.15 | 394.0/208.0 | 394.0/208.0;394.0/187.0 | 100 | 5,20 |
| 427 | 吲哚酮草酯 | cinidon-ethyl | 17.63 | 394.2/348.1 | 394.2/348.1;394.2/107.1 | 120 | 15,45 |

表 B.1（续）

| 序号 | 中文名称 | 英文名称 | 保留时间/min | 定量离子 | 定性离子 | 源内碎裂电压/V | 碰撞气能量/V |
|---|---|---|---|---|---|---|---|
| 428 | 鱼藤酮 | rotenone | 14.00 | 395.3/213.2 | 395.3/213.2;395.3/192.2 | 160 | 20,20 |
| 429 | 亚胺唑 | imibenconazole | 17.16 | 411.0/125.1 | 411.0/125.1;411.0/171.1;411.0/342.0 | 120 | 25,15,10 |
| 430 | 噁草酸 | propaquiafop | 17.56 | 444.2/100.1 | 444.2/100.1;444.2/299.1 | 140 | 15,25 |
| 431 | 乳氟禾草灵 | lactofen | 18.23 | 479.1/344.0 | 479.1/344.0;479.1/223.0 | 120 | 15,35 |
| 432 | 吡草酮 | benzofenap | 16.95 | 431.0/105.0 | 431.0/105.0;431.0/119.0 | 140 | 30,20 |
| 433 | 地乐酯 | dinoseb acetate | 0.75 | 283.1/89.2 | 283.1/89.2;283.1/133.1;283.1/177.2 | 120 | 10,10,10 |
| 434 | 异丙草胺 | propisochlor | 15.00 | 284.0/224.0 | 284.0/224.0;284.0/212.0 | 80 | 5,15 |
| 435 | 乙氧苯草胺 | etobenzanid | 15.65 | 340.0/149.0 | 340.0/149.0;340.0/121.1 | 120 | 20,30 |
| 436 | 四唑酰草胺 | fentrazamide | 16.00 | 372.1/219.0 | 372.1/219.0;372.1/83.2 | 200 | 5,35 |
| 437 | 苯醚氰菊酯 | cyphenothrin | 19.40 | 376.2/151.2 | 376.2/151.2;376.2/123.2 | 100 | 5,15 |
| 438 | 狄氏剂 | dieldrin | 3.91 | 377.0/333.0 | 377.0/333.0;377.0/221.2 | 100 | 5,35 |
| 439 | 马拉氧磷 | malaoxon | 13.80 | 331.0/99.0 | 331.0/99.0;331.0/127.0 | 120 | 20,5 |
| 440 | 多果定 | dodine | 7.46 | 228.2/57.3 | 228.2/57.3;228.2/60.1 | 160 | 25,20 |
| 441 | 丙烯硫脲 | propylene thiourea | 0.73 | 117.0/60.1 | 117.0/60.1;117.0/58.0 | 100 | 35,15 |
| G组 | | | | | | | |
| 442 | 茅草枯 | dalapon | 0.60 | 140.8/58.8 | 140.8/58.8;140.8/62.9 | 100 | 10,15 |
| 443 | 四氟丙酸 | flupropanate | 0.97 | 144.9/81.0 | 144.9/81.0;144.9/101.5 | 100 | 15,5 |
| 444 | 2-苯基苯酚 | 2-phenylphenol | 9.78 | 169.0/115.0 | 169.0/115.0;169.0/93.0 | 140 | 35,20 |
| 445 | 3-苯基苯酚 | 3-phenylphenol | 9.78 | 169.0/115.0 | 169.0/115.0;169.0/141.1 | 140 | 35,35 |
| 446 | 二氯吡啶酸 | clopyralld | 2.14 | 190.0/146.0 | 190.0/146.0;190.0/74.0 | 60 | 5,45 |
| 447 | 4,6-二硝基邻甲酚 | DNOC | 4.19 | 197.1/180.0 | 197.1/180.0;197.1/108.9 | 120 | 15,20 |
| 448 | 调果酸 | cloprop | 3.38 | 199.0/127.0 | 199.0/127.0;199.0/71.0 | 80 | 5,5 |
| 449 | 氯硝胺 | dicloran | 8.82 | 205.1/169.3 | 205.1/169.3;205.1/123.2 | 120 | 15,30 |
| 450 | 氯氨吡啶酸 | aminopyralid | 4.29 | 205.0/160.7 | 205.0/160.7;205.0/125.0 | 80 | 5,10 |
| 451 | 氯苯胺灵 | chlorpropham | 12.55 | 212.0/152.0 | 212.0/152.0;212.0/57.0 | 80 | 5,20 |
| 452 | 2-甲-4-氯丙酸 | mecoprop | 4.46 | 213.1/141.0 | 213.1/141.0;213.1/71.0 | 80 | 5,5 |
| 453 | 特草定 | terbacil | 5.94 | 215.1/159.0 | 215.1/159.0;215.1/73.0 | 120 | 10,40 |
| 454 | 2,4-滴 | 2,4-D | 4.28 | 218.9/161.0 | 218.9/161.0;218.9/125.0 | 80 | 5,20 |
| 455 | 麦草畏 | dicamba | 0.75 | 219.0/175.0 | 219.0/175.0;219.0/145.0 | 60 | 5,5 |
| 456 | 二甲四氯丁酸 | MCPB | 5.53 | 227.0/141.0 | 227.0/141.0;227.0/105.0 | 80 | 10,25 |

**表 B.1（续）**

| 序号 | 中文名称 | 英文名称 | 保留时间/min | 定量离子 | 定性离子 | 源内碎裂电压/V | 碰撞气能量/V |
|---|---|---|---|---|---|---|---|
| 457 | 敌磺钠 | fenaminosulf | 0.76 | 228.0/183.5 | 228.0/183.5;228.0/79.8 | 80 | 5,5 |
| 458 | 毒莠定 | picloram | 0.74 | 238.9/194.8 | 238.9/194.8;238.9/122.9 | 80 | 5,20 |
| 459 | 灭草松 | bentazone | 3.69 | 239.0/132.0 | 239.0/132.0;239.0/197.0 | 140 | 20,15 |
| 460 | 地乐酚 | dinoseb | 6.13 | 239.0/193.0 | 239.0/193.0;239.0/163.0 | 120 | 22,25 |
| 461 | 草消酚 | dinoterb | 6.13 | 239.0/207.0 | 239.0/207.0;239.0/176.1 | 140 | 25,35 |
| 462 | 氯吡脲 | forchlorfenuron | 7.35 | 246.1/127.0 | 246.1/127.0;246.1/91.1 | 80 | 5,25 |
| 463 | 咯菌腈 | fludioxonil | 11.10 | 247.0/180.0 | 247.0/180.0;247.0/126.0 | 140 | 10,10 |
| 464 | 2,4,5-涕 | 2,4,5-T | 2.63 | 253.0/195.0 | 253.0/195.0;253.0/158.9 | 80 | 5,25 |
| 465 | 氟草烟 | fluroxypyr | 2.63 | 252.9/195.0 | 252.9/195.0;252.9/232.5 | 80 | 5,5 |
| 466 | 杀螨醇 | chlorfenethol | 11.81 | 265.0/96.7 | 265.0/96.7;265.0/152.7 | 120 | 15,5 |
| 467 | 涕丙酸 | fenoprop | 1.83 | 267.0/194.5 | 267.0/194.5;267.0/77.1 | 120 | 15,20 |
| 468 | 环丙烯胺酸 | cyclanilide | 3.44 | 272.0/159.9 | 272.0/159.9;272.0/228.0 | 120 | 15,5 |
| 469 | 溴苯腈 | bromoxynil | 4.07 | 274.0/79.1 | 274.0/79.1;274.0/167.0 | 120 | 40,40 |
| 470 | 萘草胺 | naptalam | 4.30 | 290.0/246.0 | 290.0/246.0;290.0/168.3 | 100 | 10,30 |
| 471 | 灭幼脲 | chlorobenzuron | 14.05 | 306.9/154.0 | 306.9/154.0;306.9/125.9 | 100 | 5,20 |
| 472 | 氯霉素 | chloramphenicolum | 5.07 | 321.0/152.0 | 321.0/152.0;321.0/257.0 | 100 | 15,10 |
| 473 | 禾草灭 | alloxydim-sodium | 3.49 | 322.2/222.0 | 322.2/222.0;322.2/190.0 | 120 | 20,35 |
| 474 | 嘧草硫醚 | pyrithlobac sodium | 7.19 | 325.1/183.1 | 325.1/183.1;325.1/118.9 | 160 | 35,55 |
| 475 | 杀虫双 | dimehypo | 0.71 | 331.9/118.8 | 331.9/118.8;331.9/79.9 | 140 | 20,45 |
| 476 | 乙酰磺胺对硝基苯 | sulfanitran | 5.77 | 334.0/137.0 | 334.0/137.0;334.0/197.0 | 120 | 28,29 |
| 477 | 安磺灵 | oryzalin | 14.04 | 345.0/281.1 | 345.0/281.1;345/146.9;345/78.1 | 120 | 10,10,5 |
| 478 | 赤霉素 | gibberellic acid | 0.74 | 345.1/143.0 | 345.1/143.0;345.1/221.1;345.1/240.0 | 120 | 15,10,15 |
| 479 | 三氟羧草醚 | acifluorfen | 6.40 | 360.0/316.0 | 360.0/316.0;360.0/194.9 | 80 | 5,25 |
| 480 | 碘苯腈 | ioxynil | 4.63 | 369.8/126.9 | 369.8/126.9;369.8/215.0 | 120 | 35,35 |
| 481 | 噁唑菌酮 | famoxadone | 16.52 | 373.0/282.0 | 373.0/282.0;373.0/328.9 | 120 | 20,15 |
| 482 | 磺酰唑草酮 | sulfentrazone | 6.54 | 385.0/307.0 | 385.0/307.0;385.0/199.3 | 100 | 25,40 |
| 483 | 吡氟酰草胺 | diflufenican | 17.30 | 393.1/329.1 | 393.1/329.1;393.1/272.0 | 100 | 10,10 |
| 484 | 乙虫清 | ethiprole | 10.74 | 394.9/331.0 | 394.9/331.0;394.9/250.0 | 100 | 5,25 |
| 485 | 磺菌胺 | flusulfamide | 11.15 | 413.0/171.0 | 413.0/171.0;413.0/179.0 | 160 | 40,40 |
| 486 | 环丙嘧磺隆 | cyclosulfamuron | 7.60 | 420.2/238.8 | 420.2/238.8;420.2/265.4 | 100 | 10,5 |

表 B.1（续）

| 序号 | 中文名称 | 英文名称 | 保留时间/min | 定量离子 | 定性离子 | 源内碎裂电压/V | 碰撞气能量/V |
|---|---|---|---|---|---|---|---|
| 487 | 氟磺胺草醚 | fomesafen | 7.13 | 437.0/195.1 | 437.0/195.1;437.0/222.1 | 140 | 40,40 |
| 488 | 氟啶胺 | fluazinam | 17.25 | 462.9/415.9 | 462.9/415.9;462.9/398.0 | 120 | 20,15 |
| 489 | 吡虫隆 | fluazuron | 18.19 | 504.2/305.1 | 504.2/305.1;504.2/156.0 | 120 | 11,13 |
| 490 | 碘甲磺隆钠 | iodosulfuron-methyl sodium | 4.48 | 505.9/139.0 | 505.9/139.0;505.9/308.0 | 120 | 25,15 |
| 491 | 克来范 | kelevan | 19.50 | 628.1/169.0 | 628.1/169.0;628.1/422.6 | 120 | 24,22 |
| 492 | 氟丙菊酯 | acrinathrin | 19.60 | 540.0/345.0 | 540.0/345.0;540.0/372.0 | 120 | 15,5 |
| 493 | 甲基碘磺隆 | iodosulfuron-methyl | 4.48 | 506.0/139.0 | 506.0/139.0;506.0/307.9 | 120 | 25,15 |

# 附　录　C

## （资料性附录）

## 493 种农药及相关化学品多反应监测(MRM)色谱图

A、B、C、D、E、F 和 G 七组农药及相关化学品多应监测(MRM)色谱图如下：

A 组图

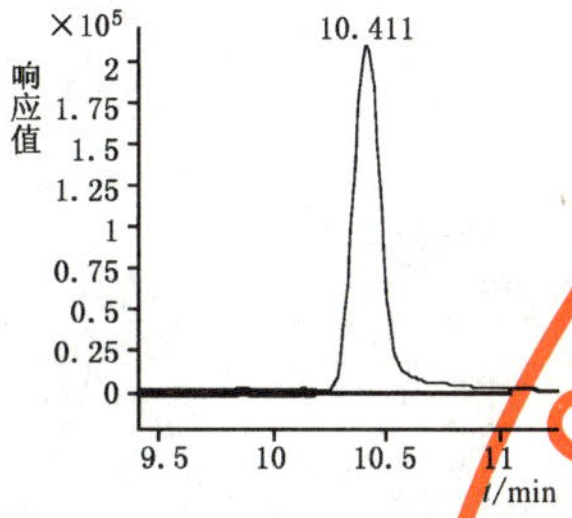


1. 苯胺灵
(propham)

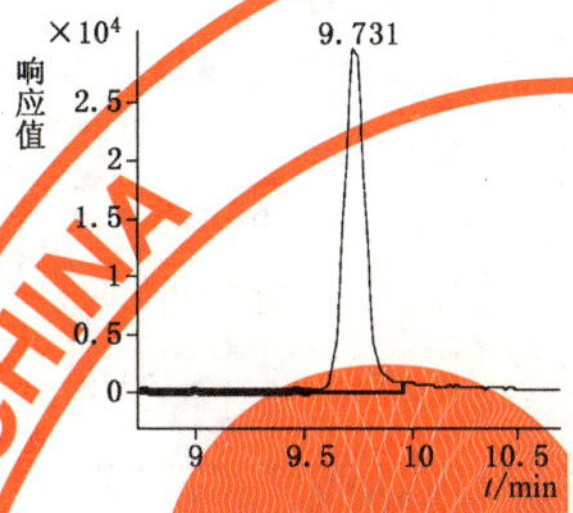


2. 异丙威
(isoprocarb)

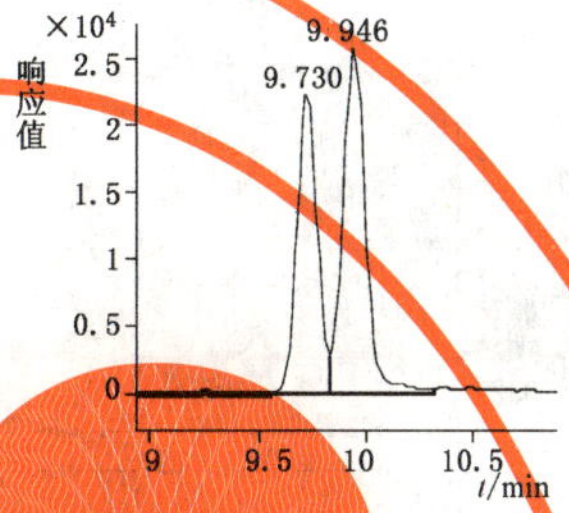


3. 3,4,5-混杀威
(3,4,5-trimethacarb)

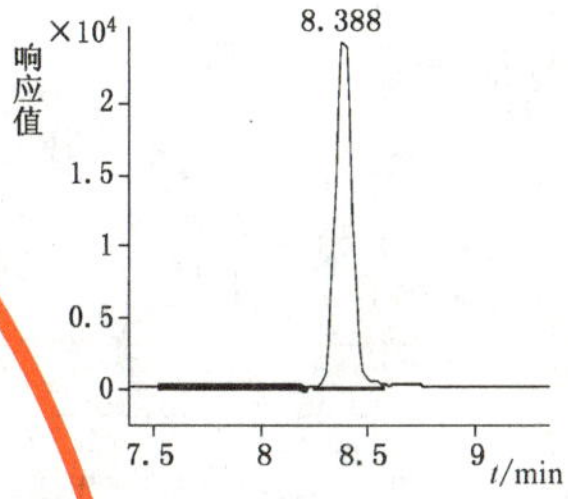


4. 环莠隆
(cycluron)

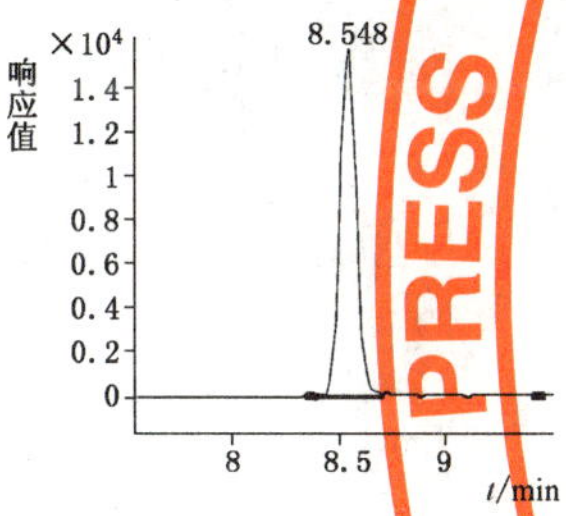


5. 甲萘威
(carbaryl)

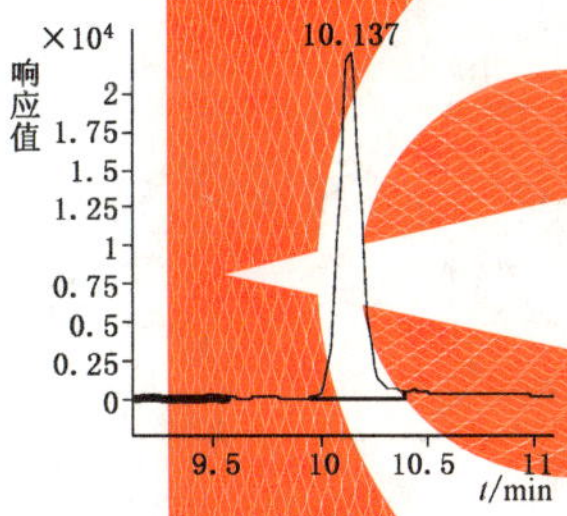


6. 毒草胺
(propachlor)

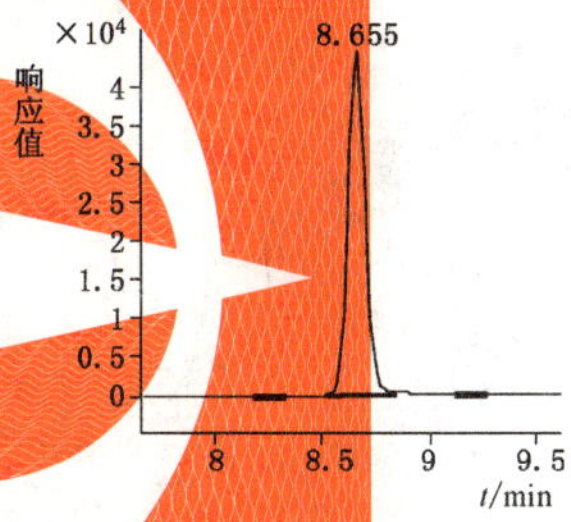


7. 吡咪唑
(rabenzazole)

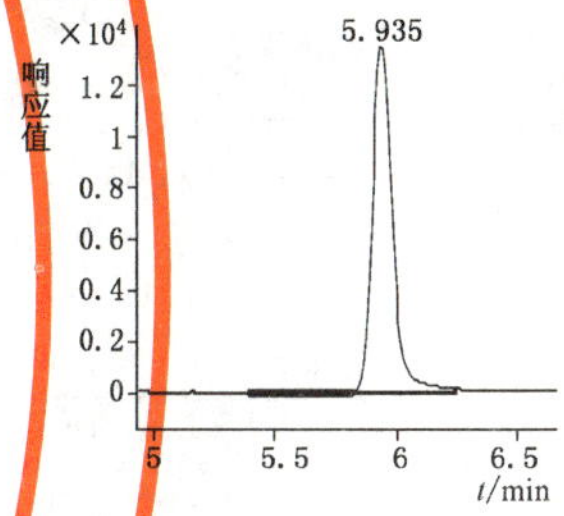


8. 西草净
(simetryn)

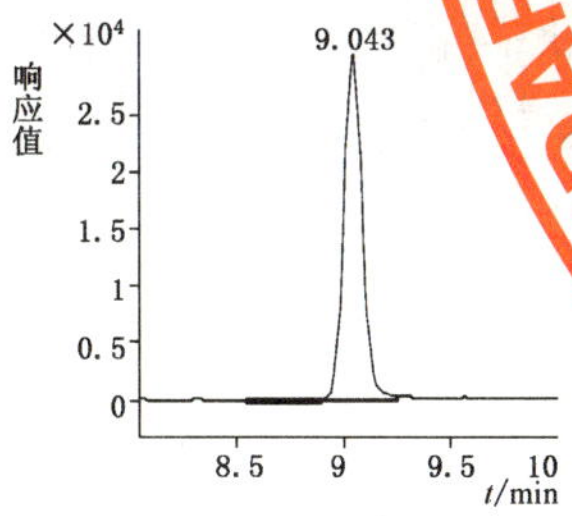


9. 绿谷隆
(monolinuron)

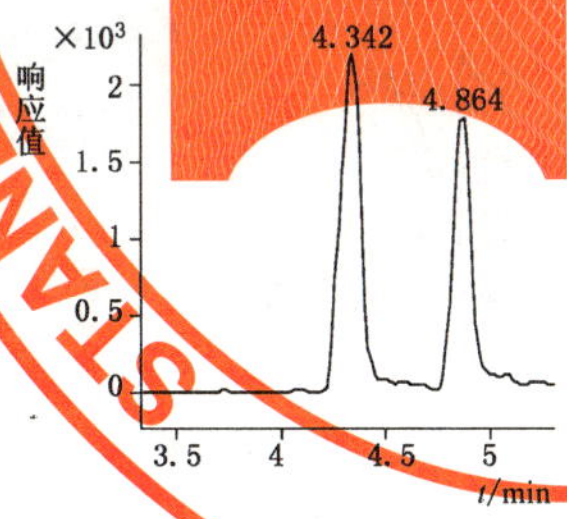


10. 速灭磷
(mevinphos)

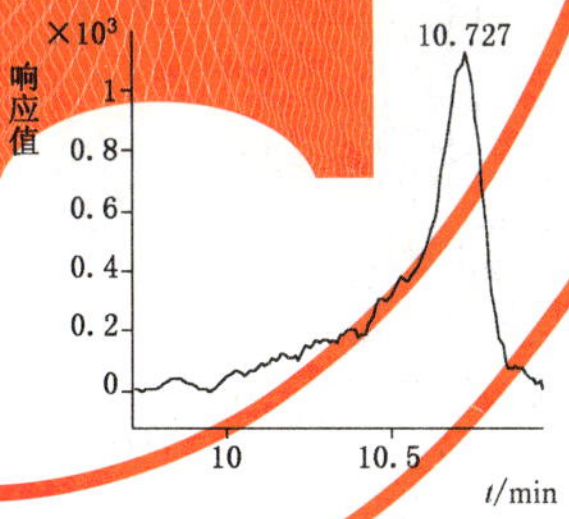


11. 叠氮津
(aziprotryne)

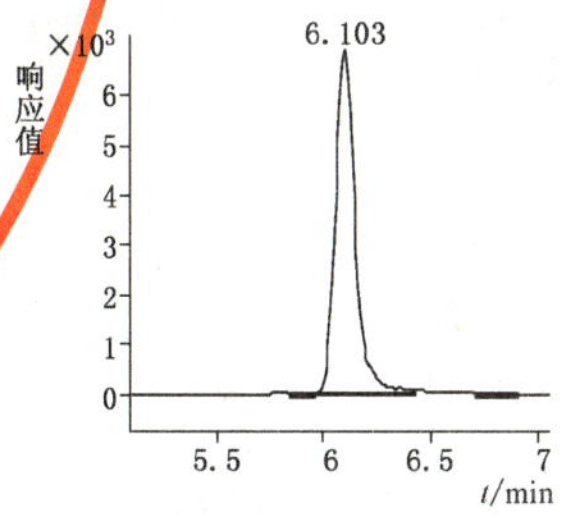


12. 密草通
(secbumeton)

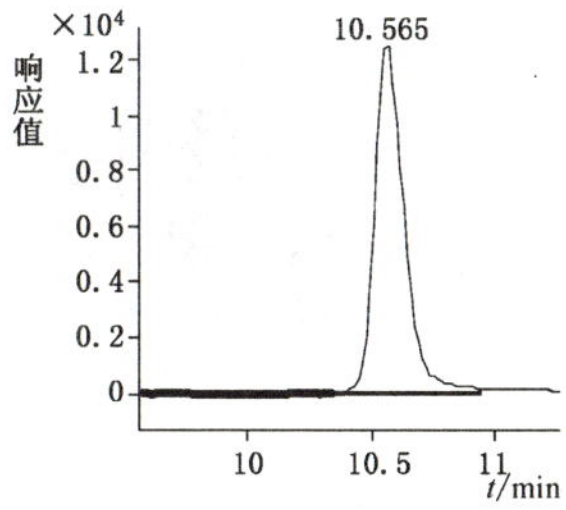


13. 嘧菌磺胺
(cyprodinil)

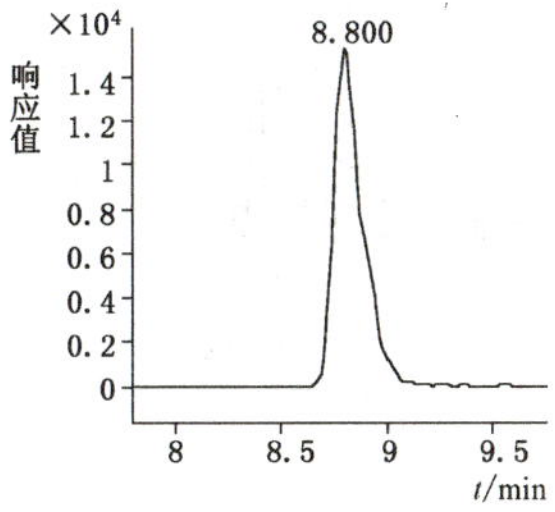


14. 播土隆
(buturon)

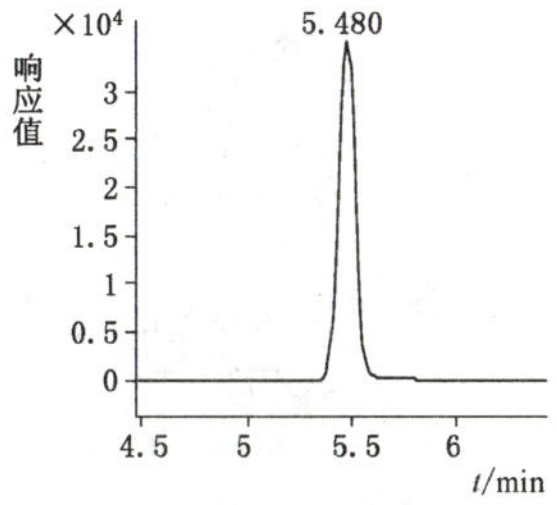


15. 双酰草胺
(carbetamide)

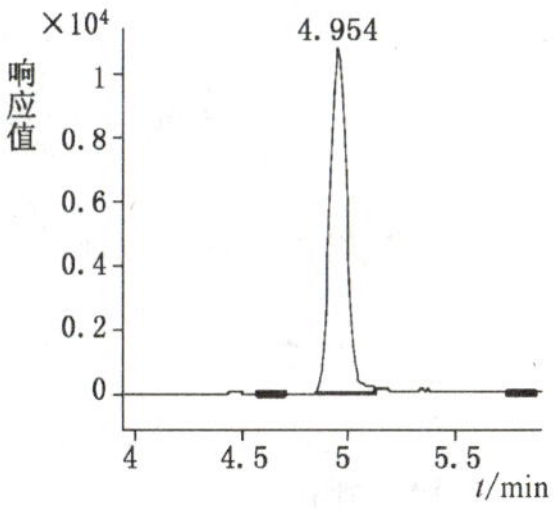


16. 抗蚜威
(pirimicarb)

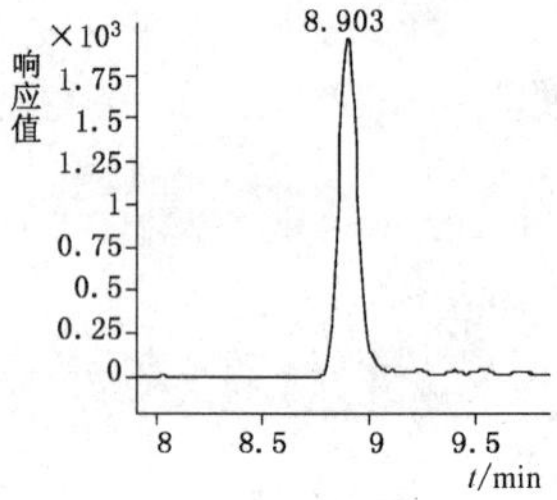


17. 异噁草松
(clomazone dimethazone)

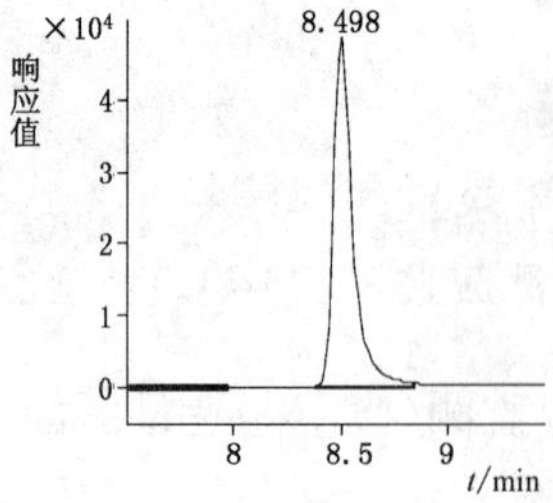


18. 扑草净
(prometryne)

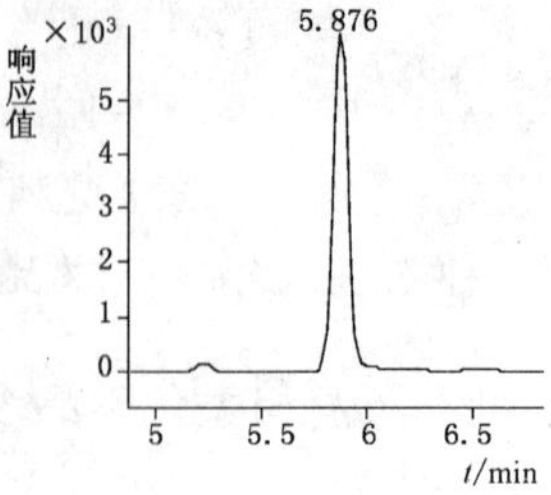


19. 对氧磷
(paraoxon methyl)

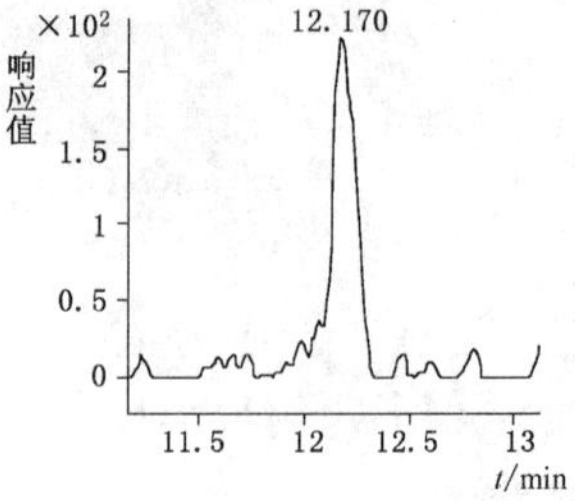


20. 4,4′-二氯二苯甲酮
(4,4′-dichlorobenzophenone)

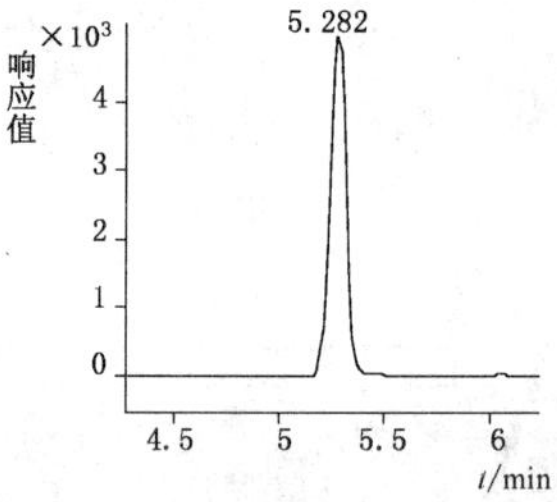


21. 噻虫啉
(thiacloprid)

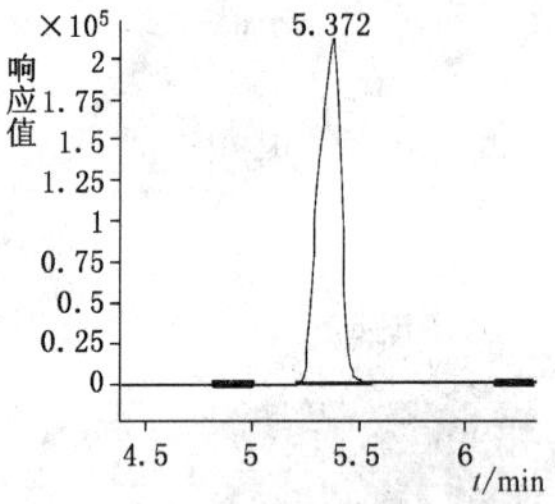


22. 吡虫啉
(imidacloprid)

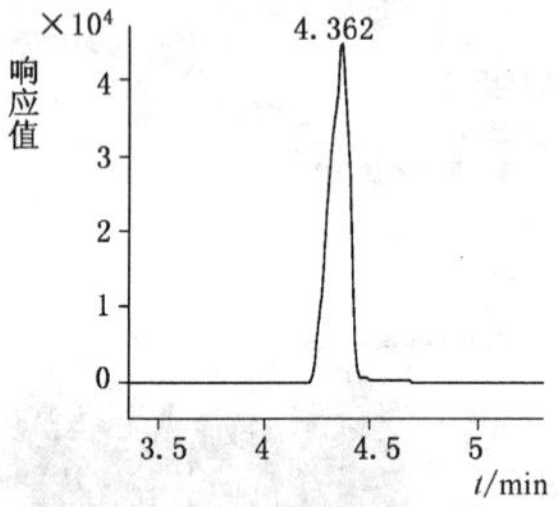


23. 磺噻隆
(ethidimuron)

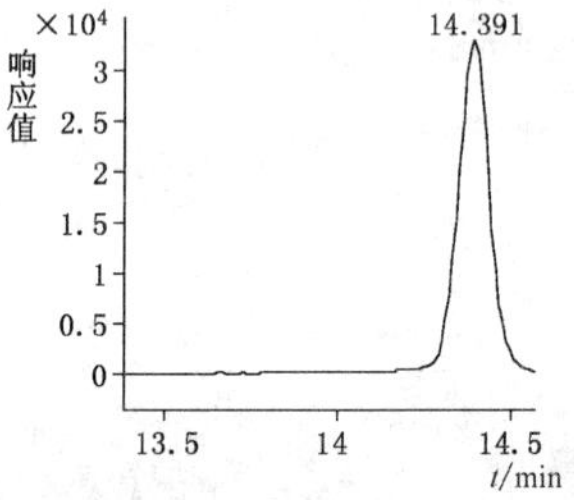


24. 丁嗪草酮
(isomethiozin)

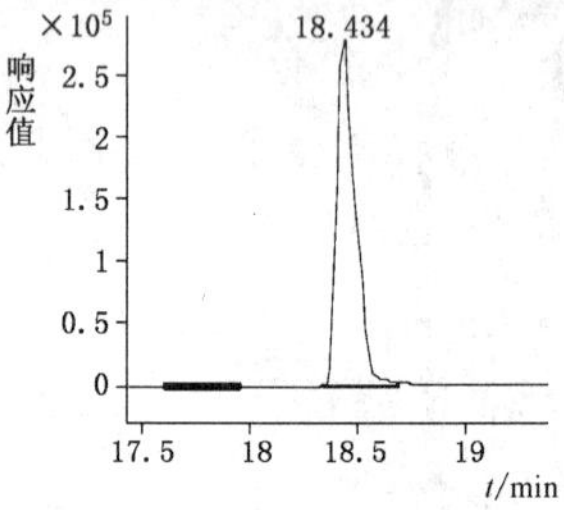


25. 燕麦敌
(diallate)

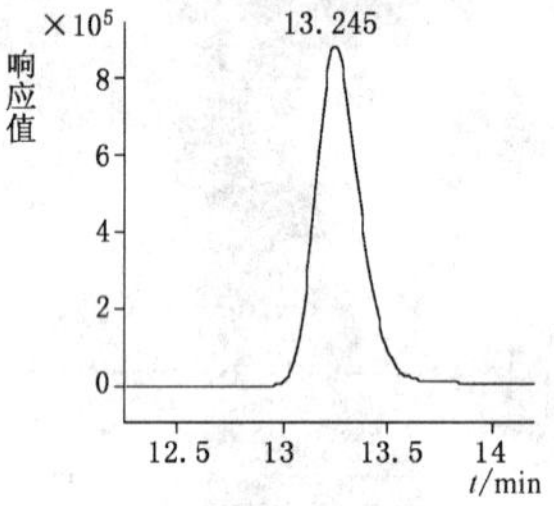


26. 乙草胺
(acetochlor)

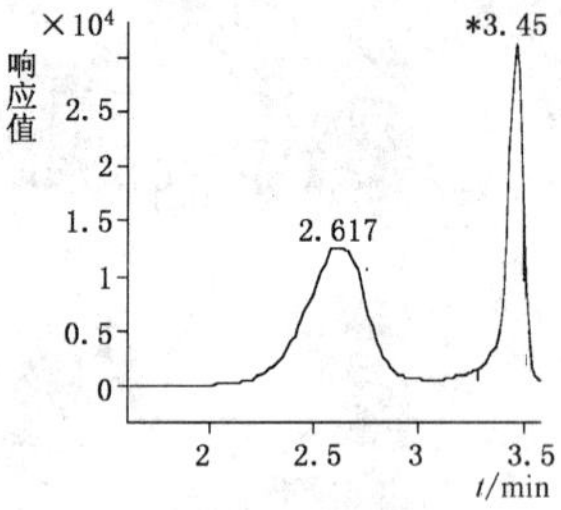


27. 烯啶虫胺
(nitenpyram)

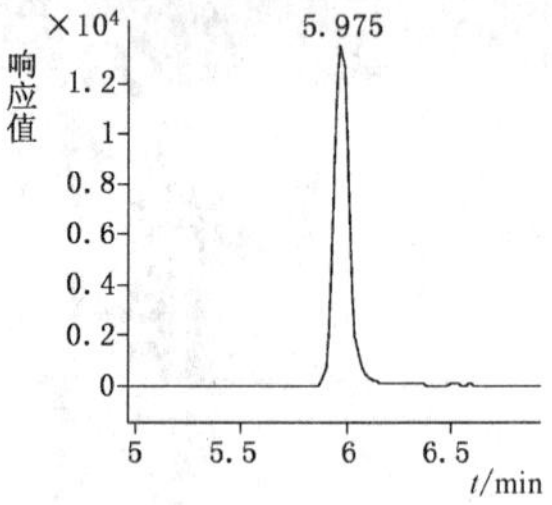


28. 盖草津
(methoprotryne)

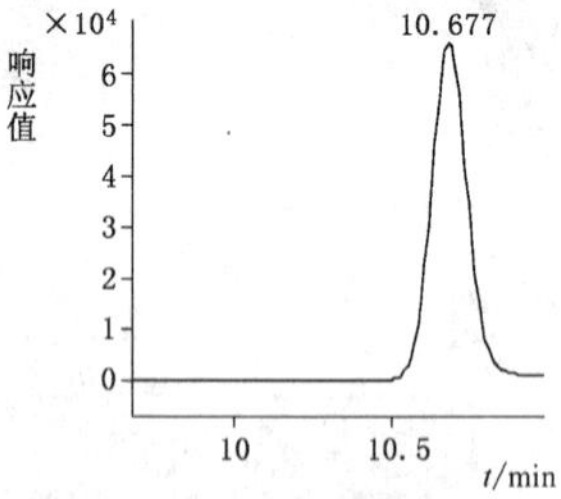


29. 二甲酚草胺
(dimethenamid)

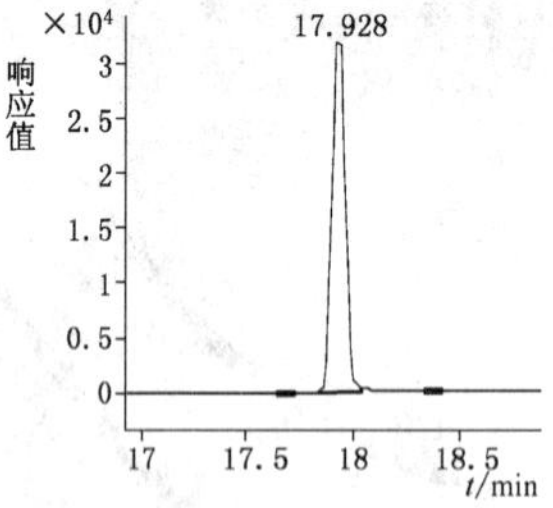


30. 特草灵
(terrbucarb)

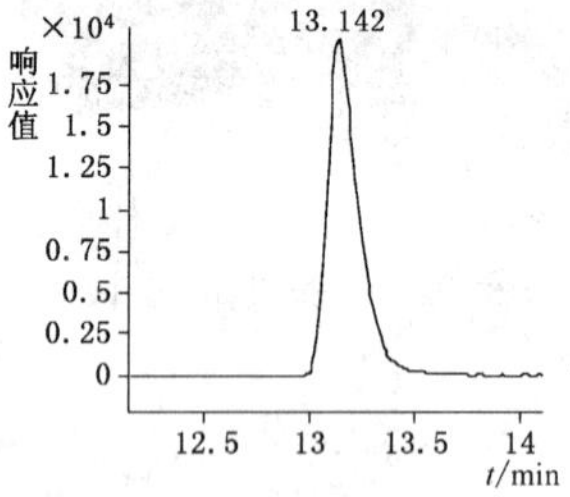


31. 戊菌唑
(penconazole)

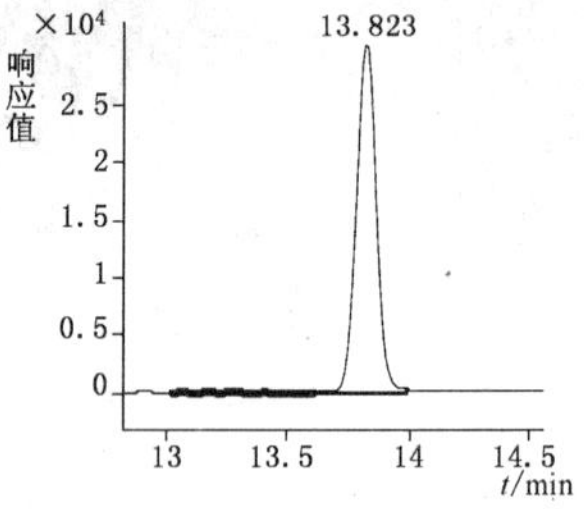


32. 腈菌唑
(myclobutanil)

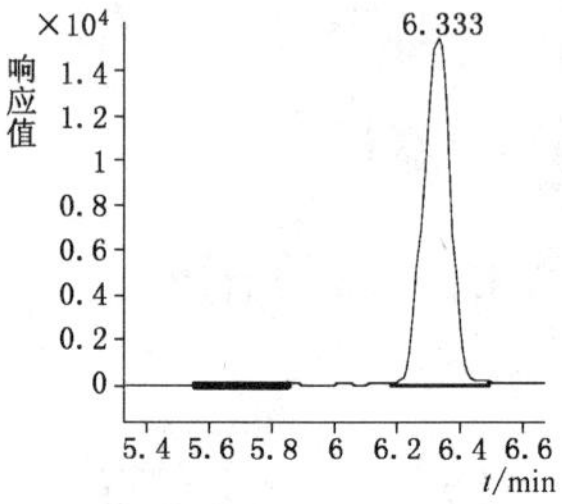


33. 咪唑乙烟酸
(imazethapyr)

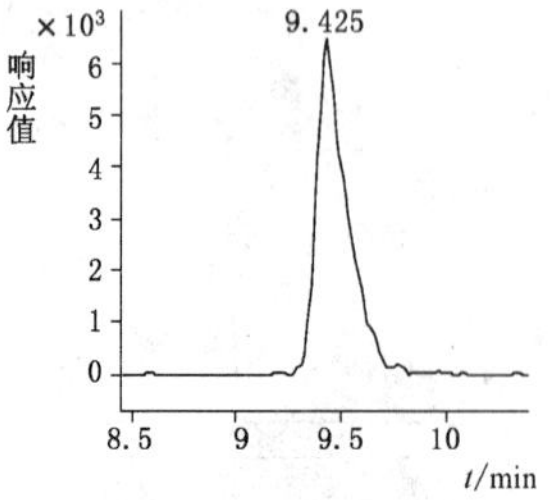


34. 多效唑
(paclobutrazol)

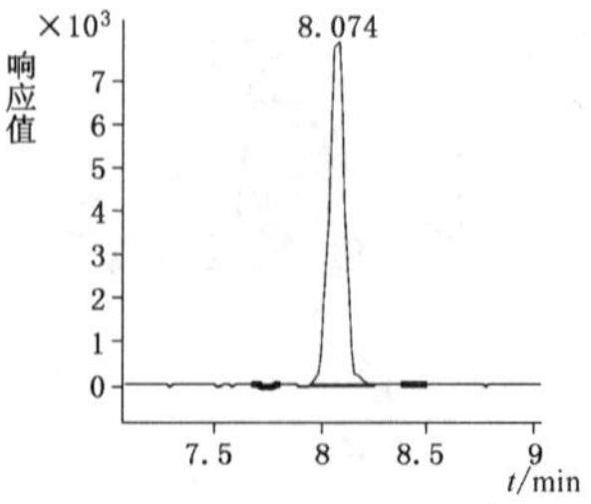


35. 倍硫磷亚砜
(fenthion sulfoxide)

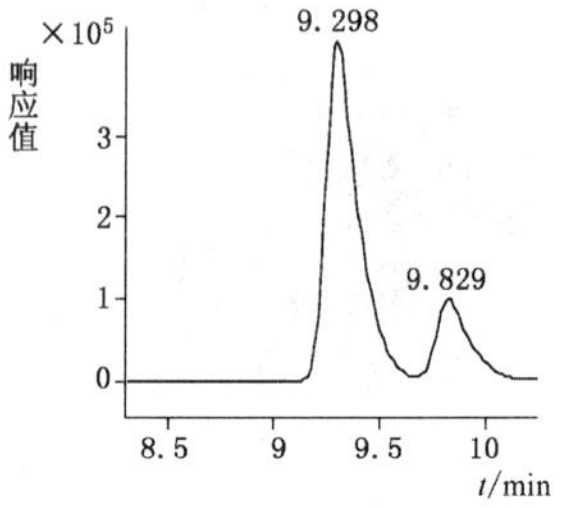


36. 三唑醇
(triadimenol)

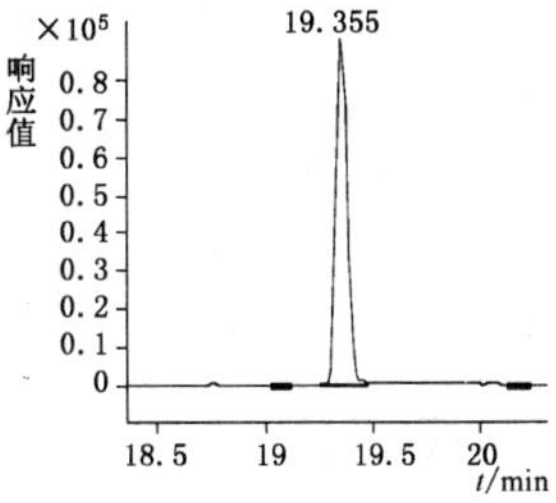


37. 仲丁灵
(butralin)

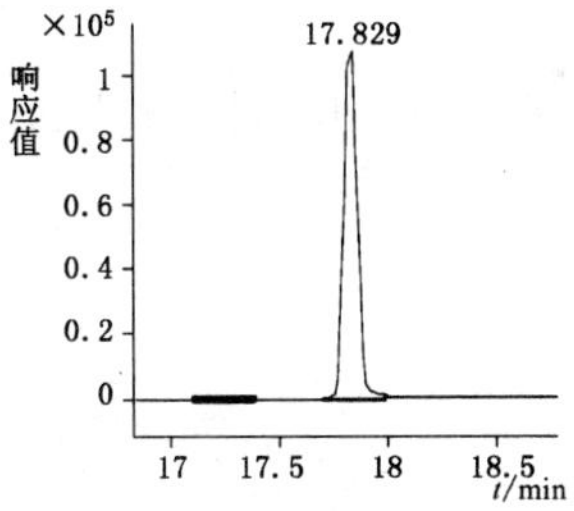


38. 甲基立枯磷
(tolclofos methyl)

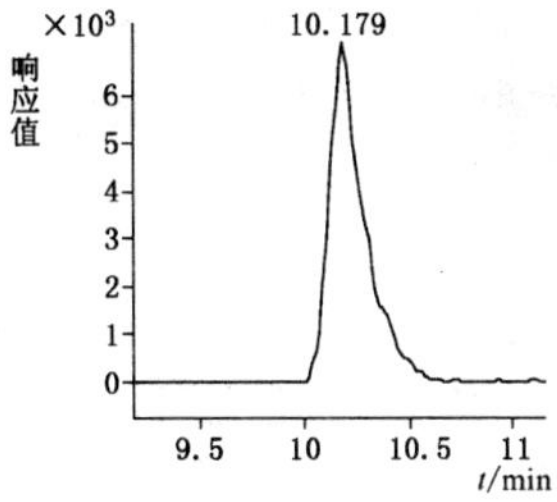


39. 甜菜胺
(desmedipham)

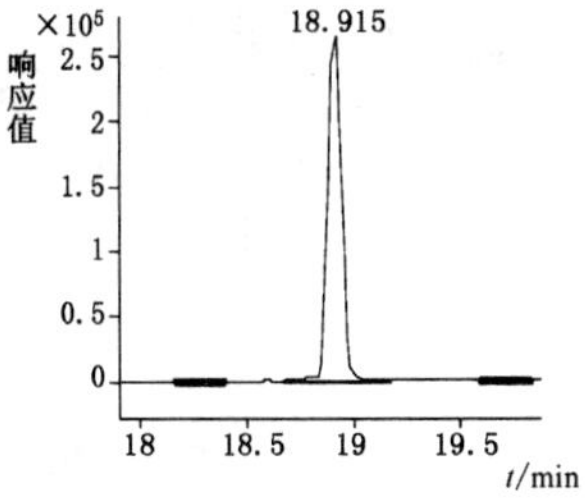


40. 烯丙菊酯
(allethrin)

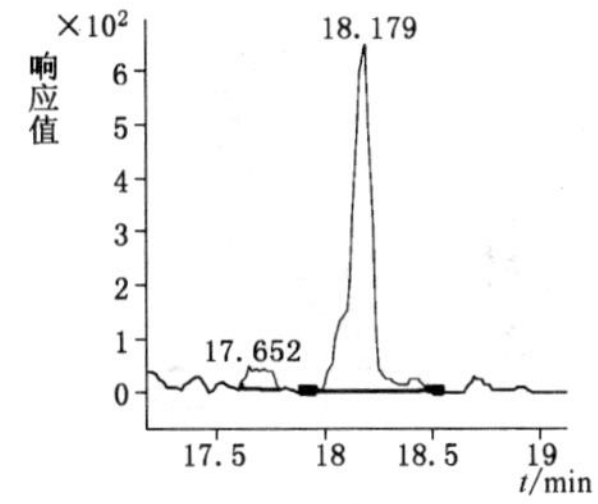


41. 丙草胺
(pretilachlor)

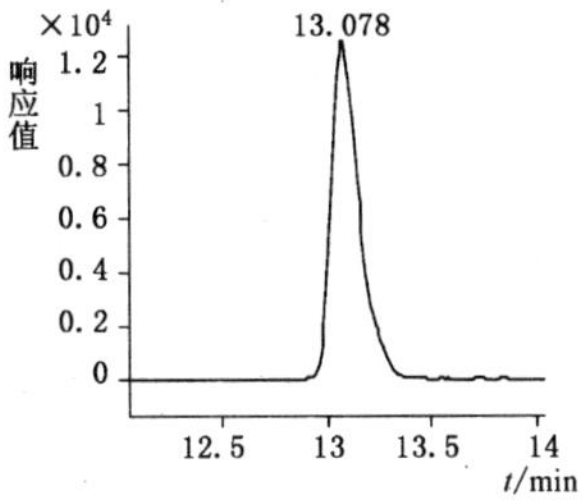


42. 氟硅唑
(flusilazole)

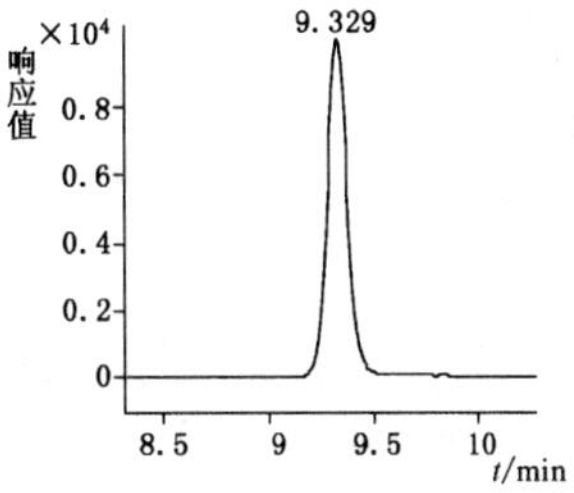


43. 麦锈灵
(benodanil)

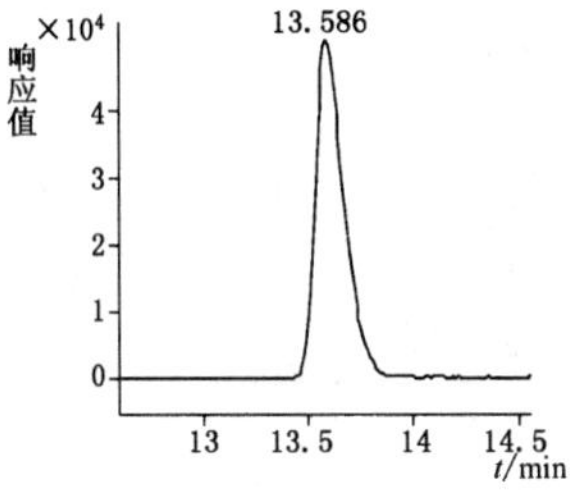


44. 氟酰胺
(flutolanil)

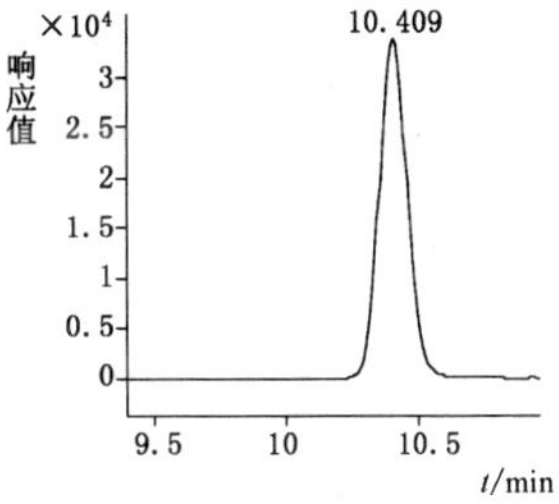


45. 氨磺磷
(famphur)

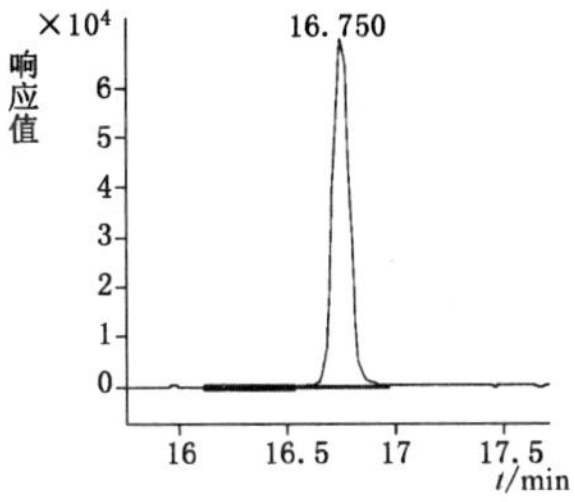


46. 苯霜灵
(benalyxyl)

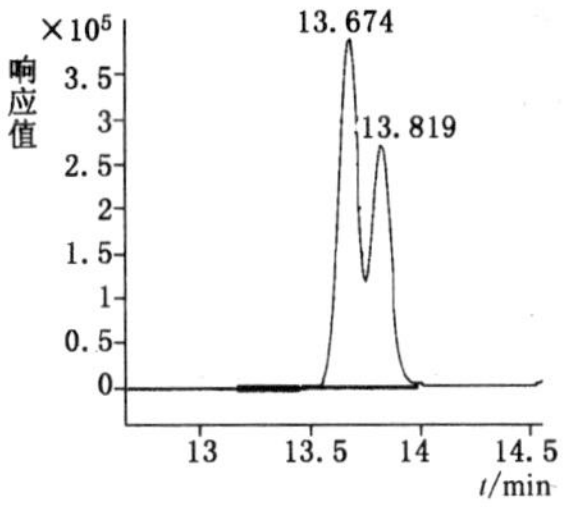


47. 苄氯三唑醇
(diclobutrazole)

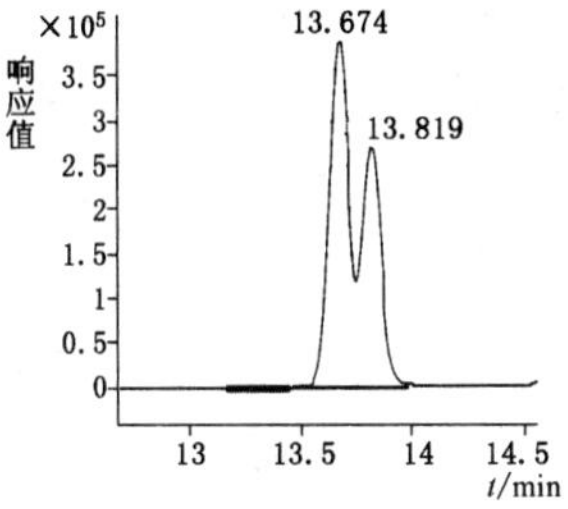


48. 乙环唑
(etaconazole)

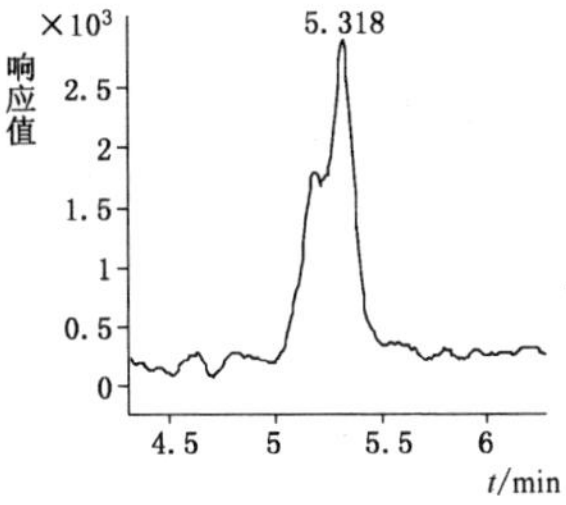


49. 酞酸二环己基酯
(phthalic acid, dicyclobexyl ester)

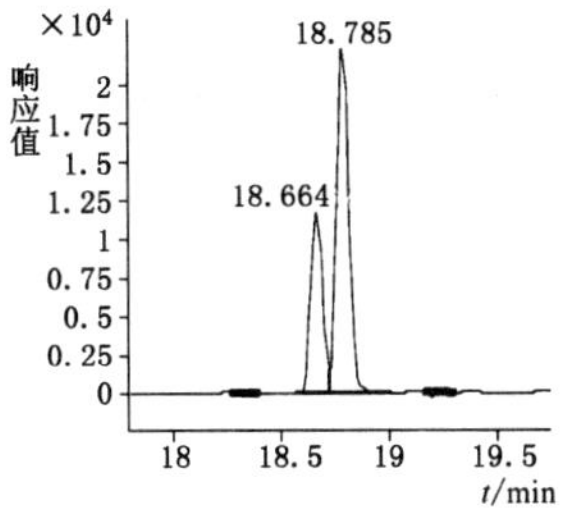


50. 胺菊酯
(tetramethirn)

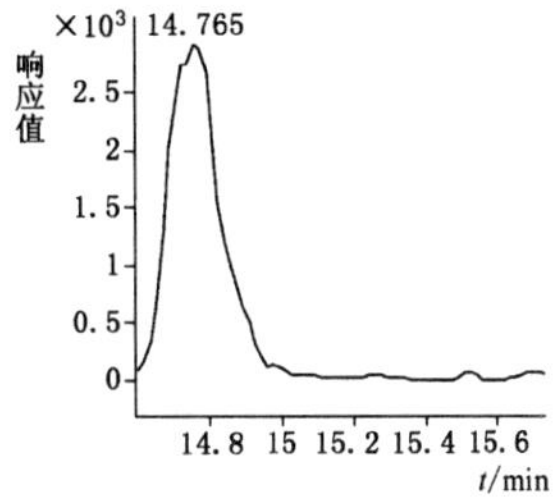


51. 抑菌灵
(dichlofluanid)

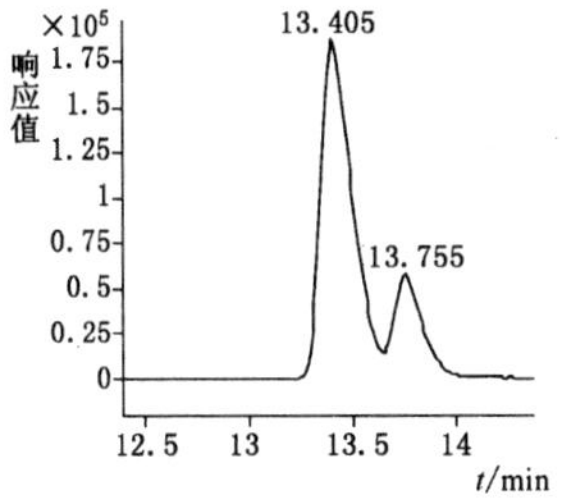


52. 联苯三唑醇
(bitertanol)

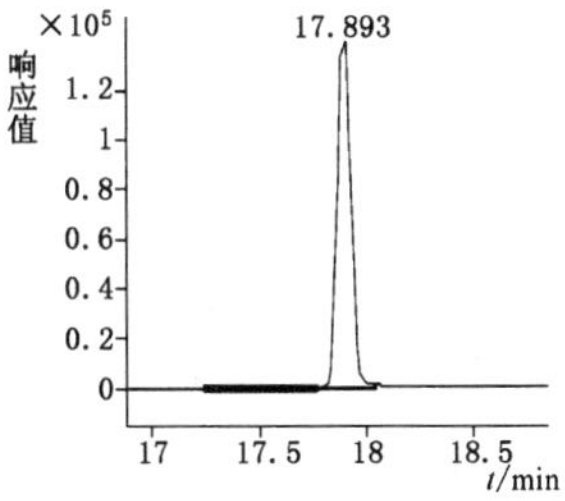


53. 甲基毒死蜱
(chlorprifos methyl)

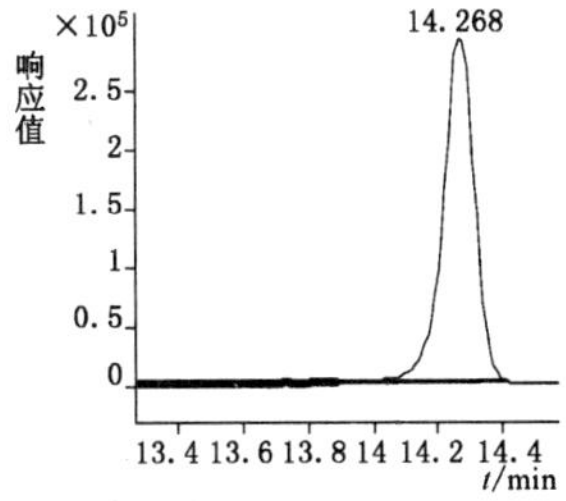


54. 吡喃草酮
(tepraloxydim)

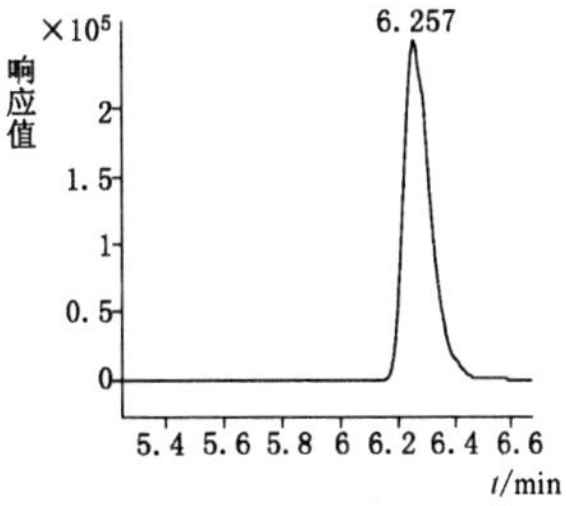


55. 甲基硫菌灵
(thiophanate methyl)

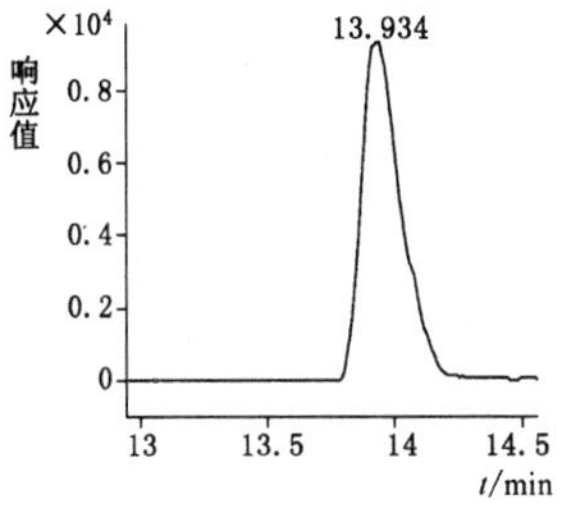


56. 益棉磷
(azinphos ethyl)

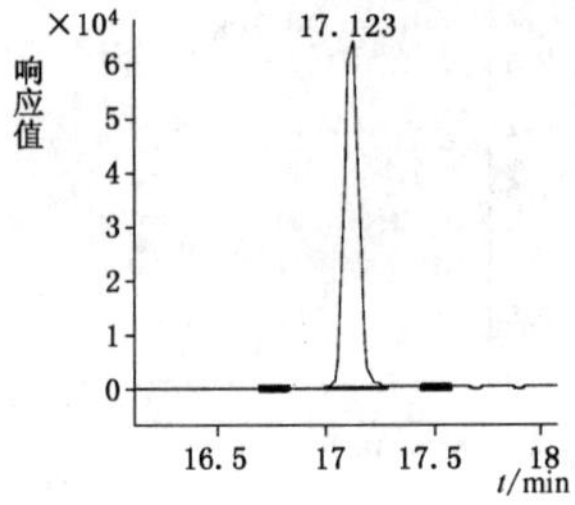


57. 杀铃脲
(triflumuron)

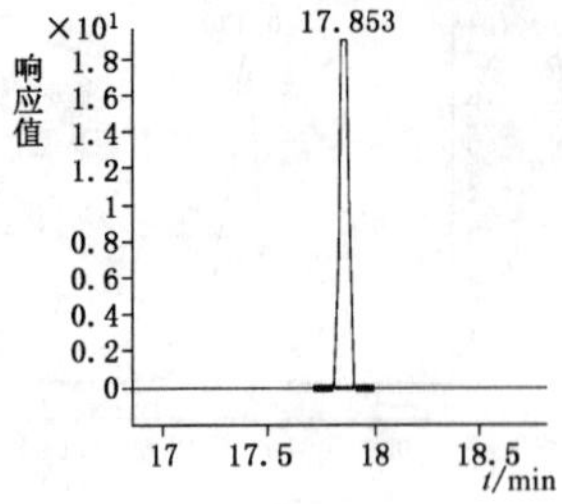


58. 莎稗磷
(anilofos)

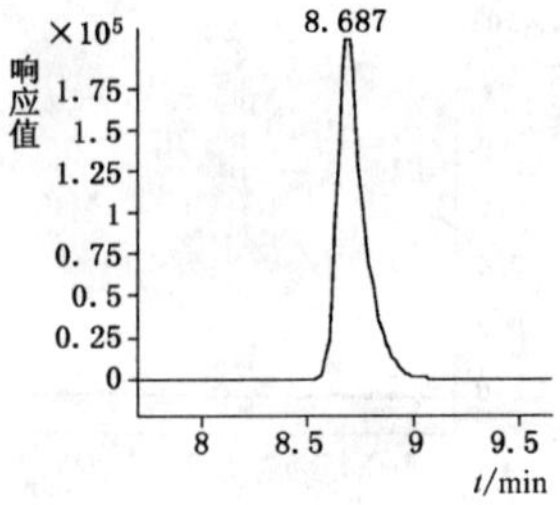


59. 硫菌灵
(thiophanat ethyl)

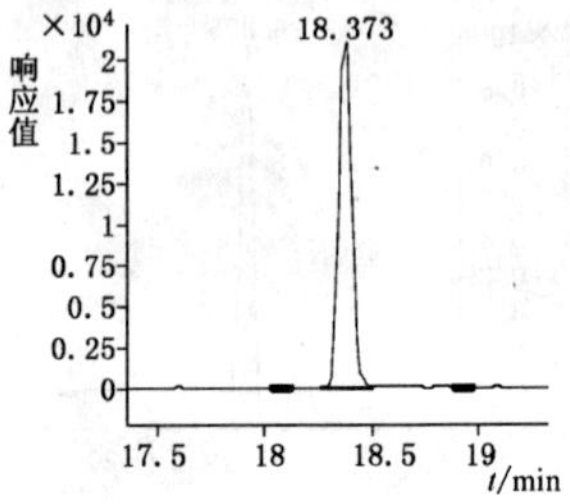


60. 喹禾灵
(quizalofop-ethyl)

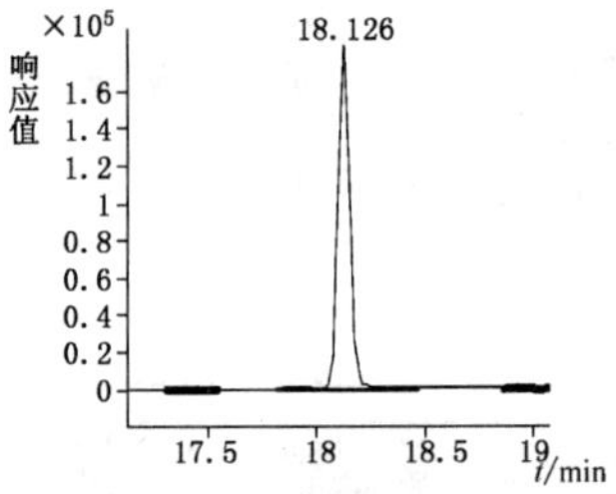


61. 精氟吡甲禾灵
(haloxyfop-methyl)

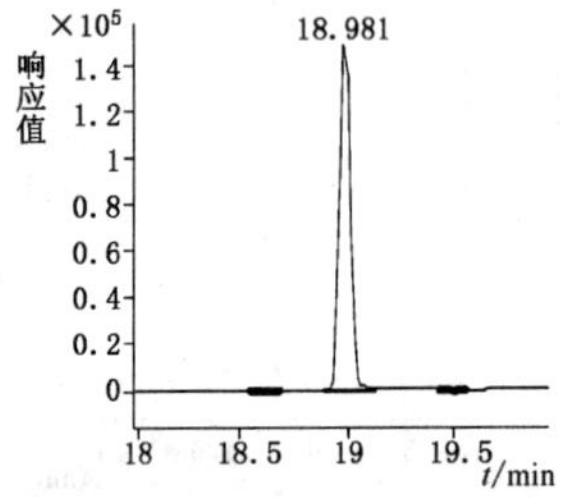


62. 吡氟禾草灵
(fluazifop butyl)

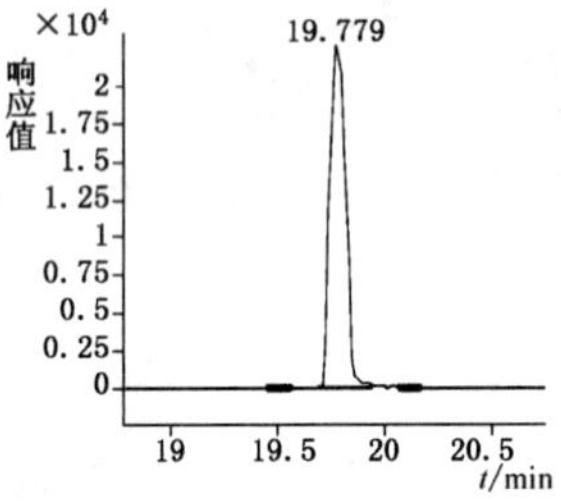


63. 乙基溴硫磷
(bromophos-ethyl)

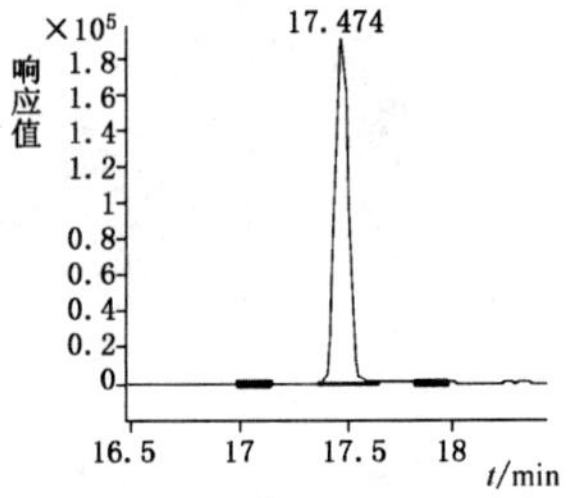


64. 地散磷
(bensulide)

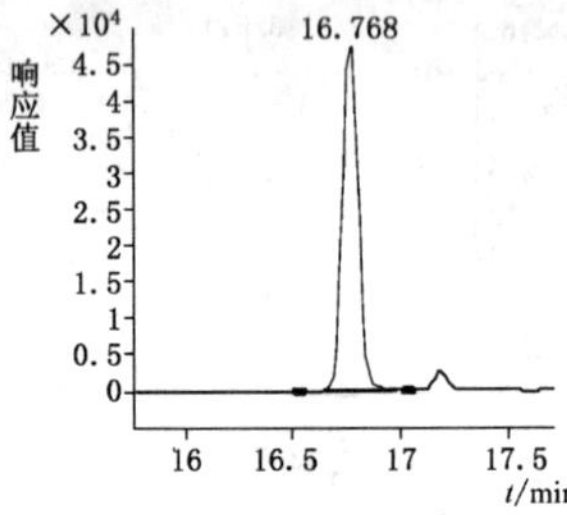


65. 溴苯烯磷
(bromfenvinfos)

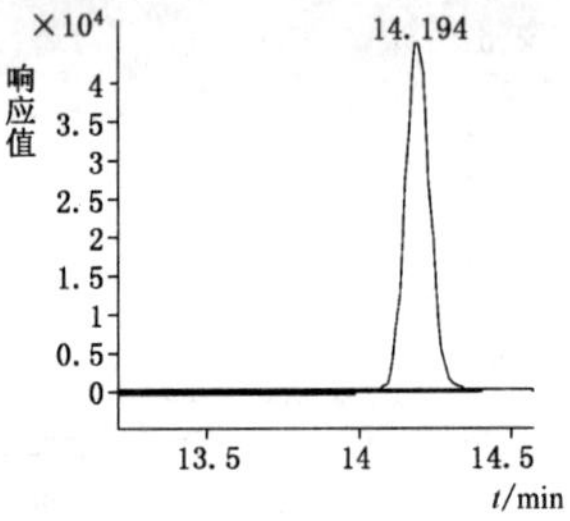


66. 嘧菌酯
(azoxystrobin)

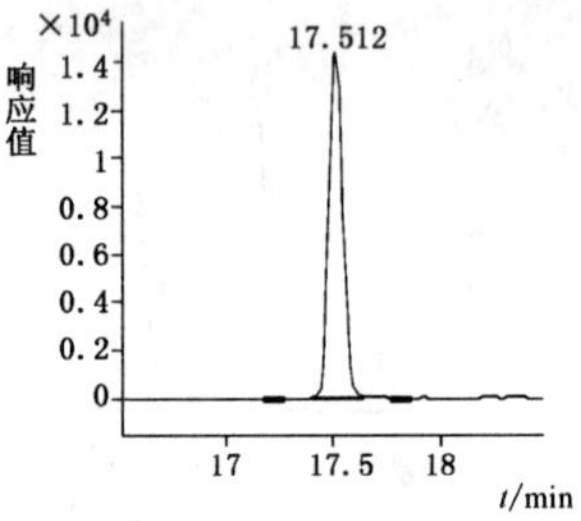


67. 吡菌磷
(pyrazophos)

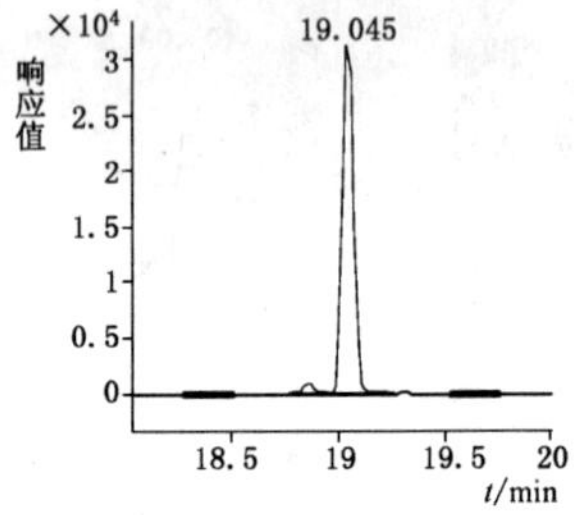


68. 氟虫脲
(flufenoxuron)

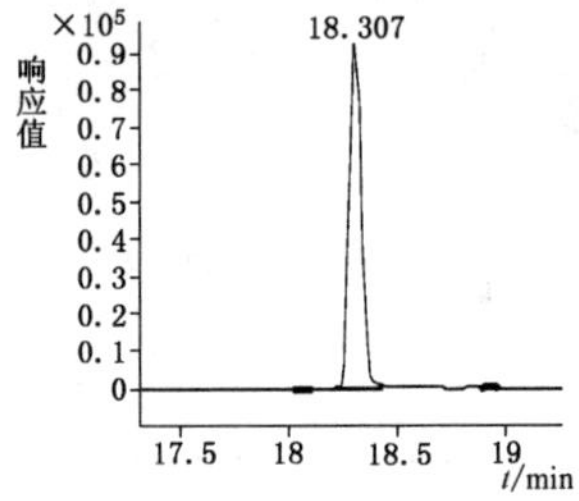


69. 茚虫威
(indoxacarb)

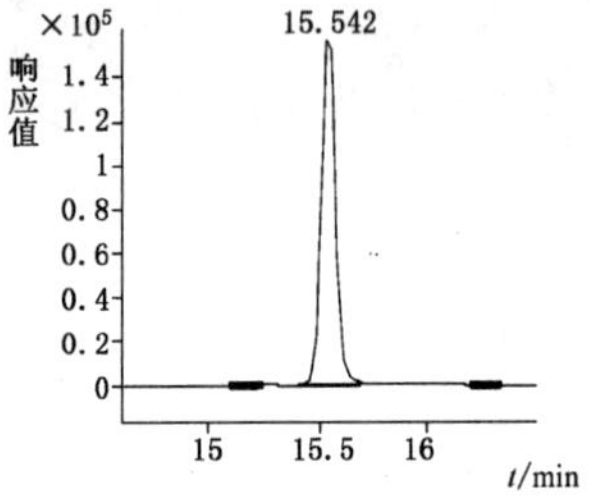


70. 甲氨基阿维菌素苯甲酸盐
(emamectin benzoate)

B组图

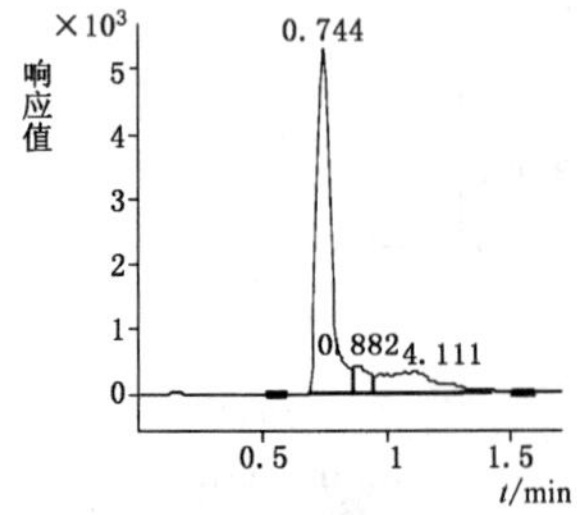


71. 乙撑硫脲
(ethylene thiourea)

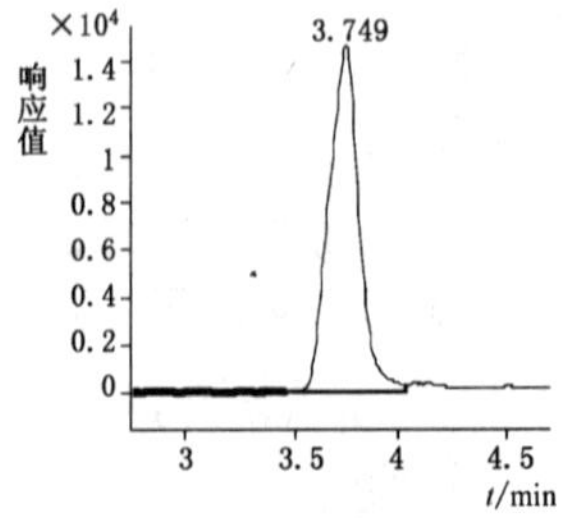


72. 棉隆
(dazomet)

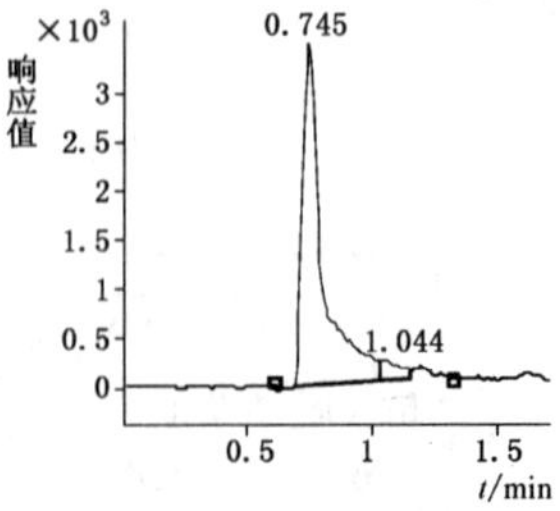


73. 烟碱
(nicotine)

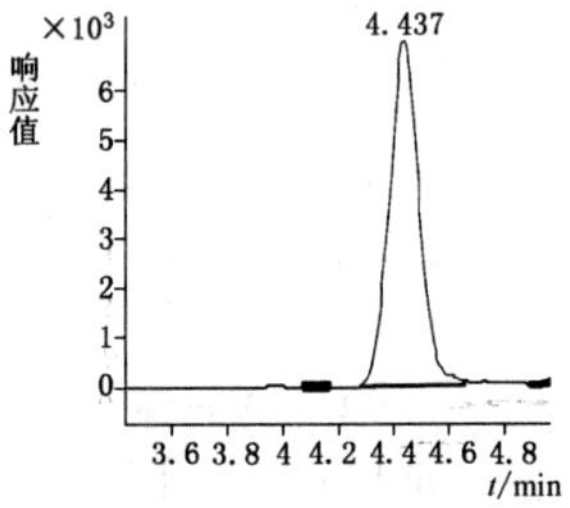


74. 非草隆
(fenuron)

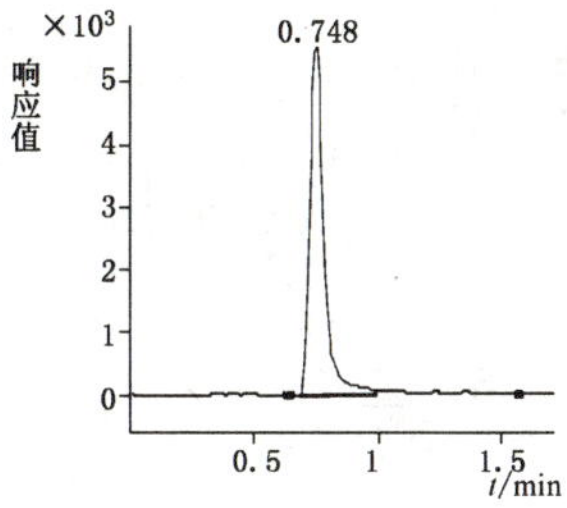


75. 灭蝇胺
(cyromazine)

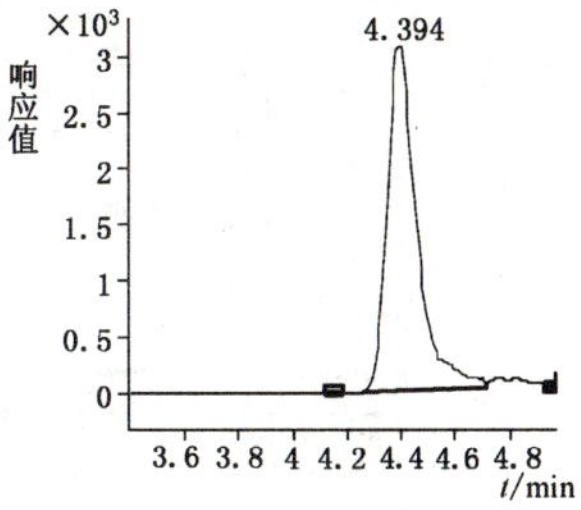


76. 鼠立克
(crimidine)

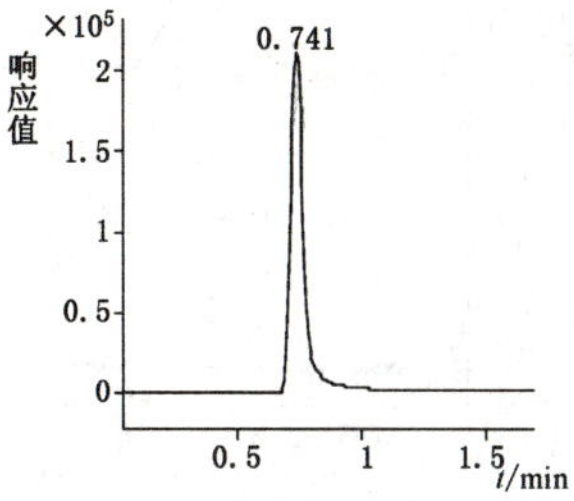


77. 乙酰甲胺磷
(acephate)

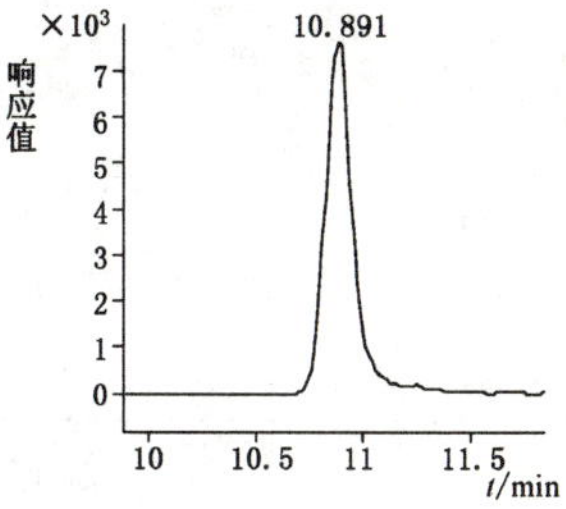


78. 禾草敌
(molinate)

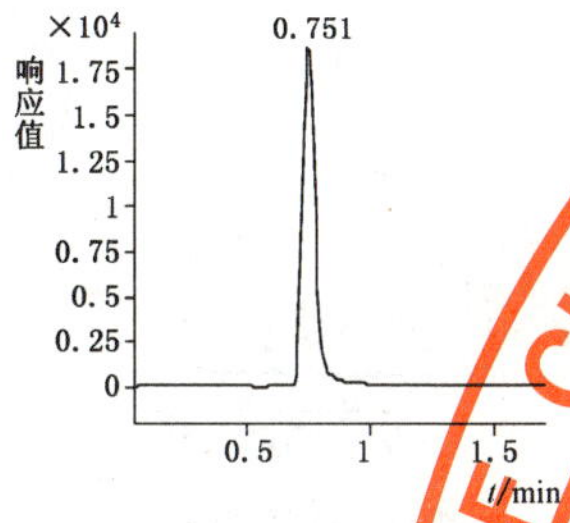


79. 多菌灵
(carbendazim)

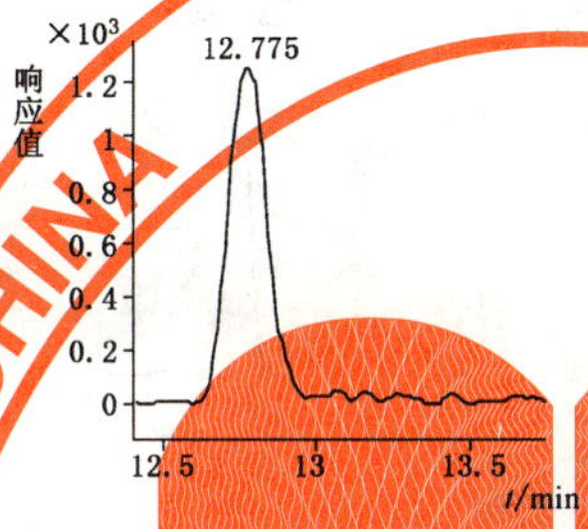


80. 6-氯-4-羟基-3-苯基哒嗪
(6-chloro-4-hydroxy-3-phenyl-pyridazin)

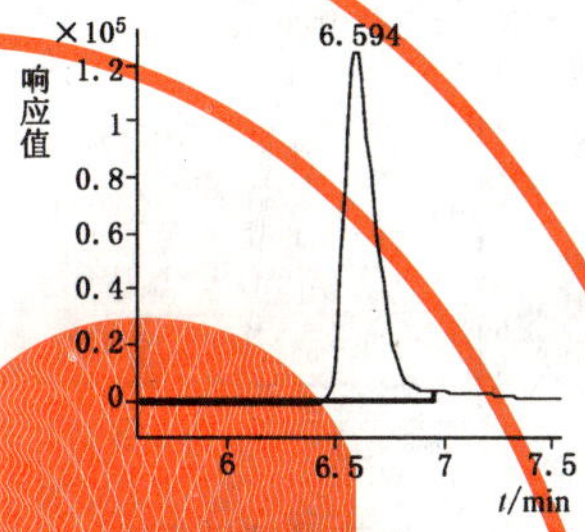


81. 残杀威
(propoxur)

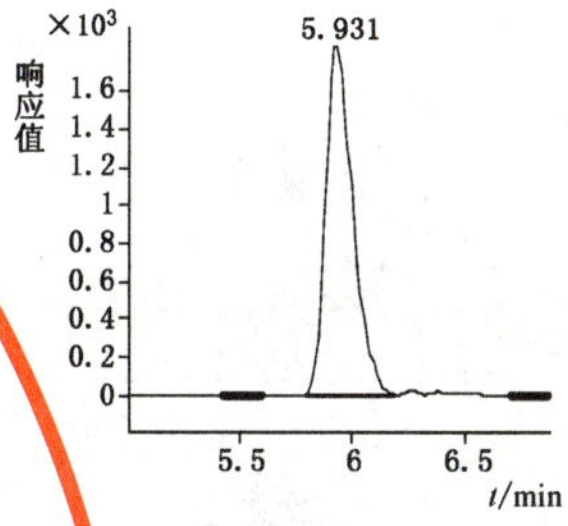


82. 异唑隆
(isouron)

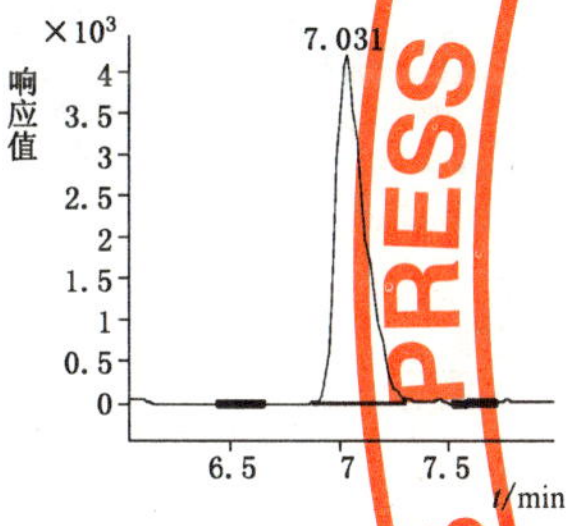


83. 绿麦隆
(chlorotoluron)

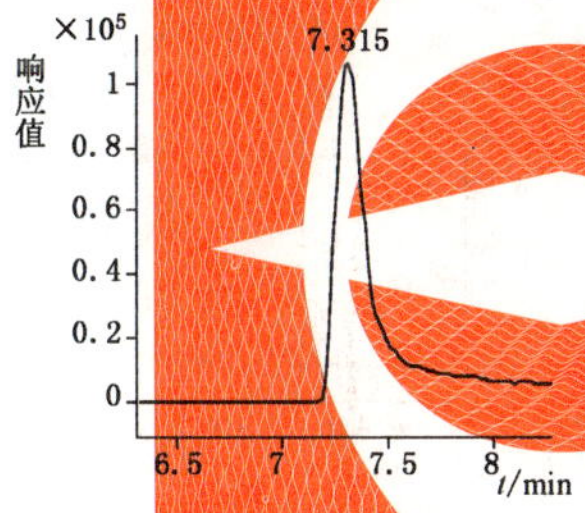


84. 久效威
(thiofanox)

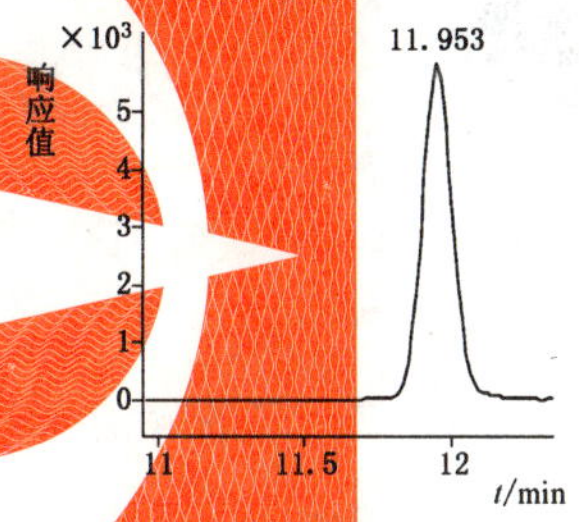


85. 氯草灵
(chlorbufam)

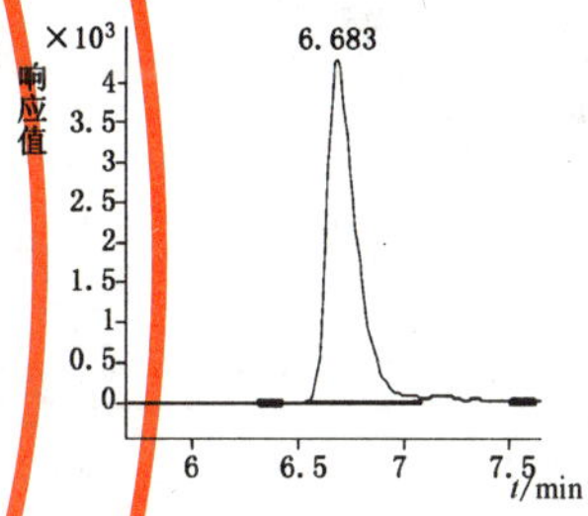


86. 噁虫威
(bendiocarb)

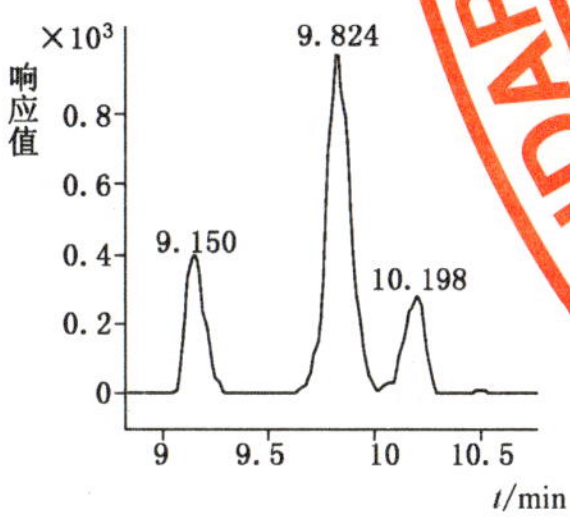


87. 扑灭津
(propazine)

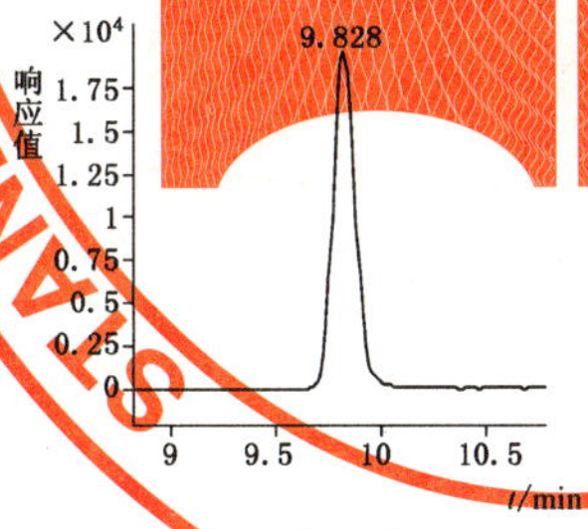


88. 特丁津
(terbuthylazine)

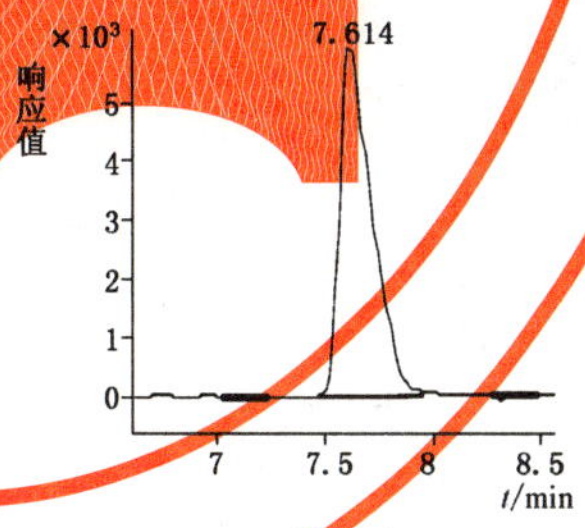


89. 敌草隆
(diuron)

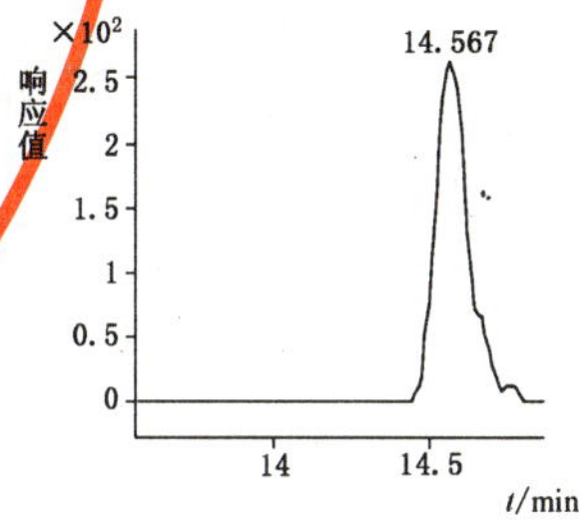


90. 氯甲硫磷
(chlormephos)

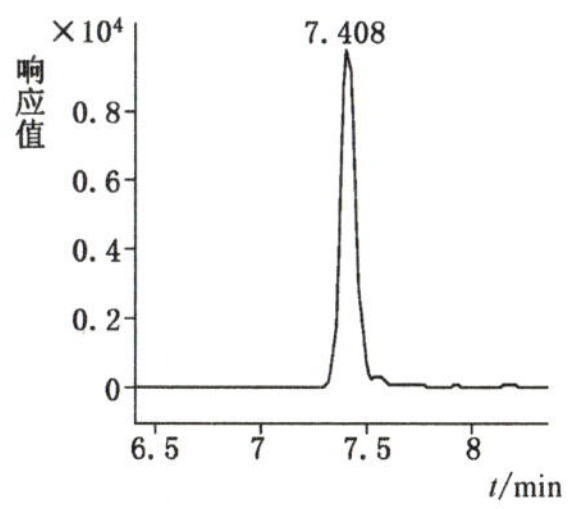


91. 萎锈灵
(carboxin)

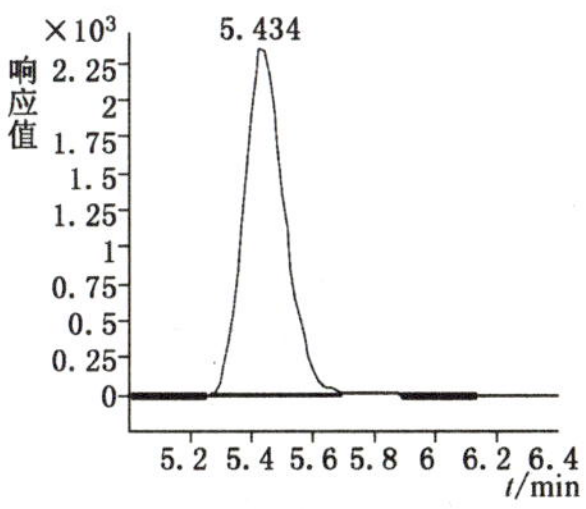


92. 野燕枯
(difenzoquat-methyl sulfate)

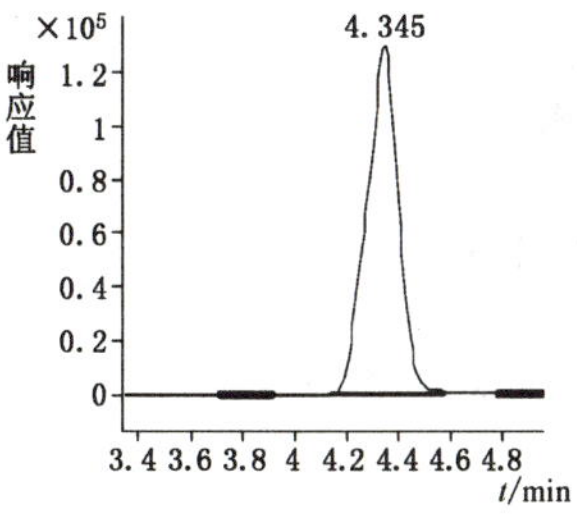


93. 噻虫胺
(clothianidin)

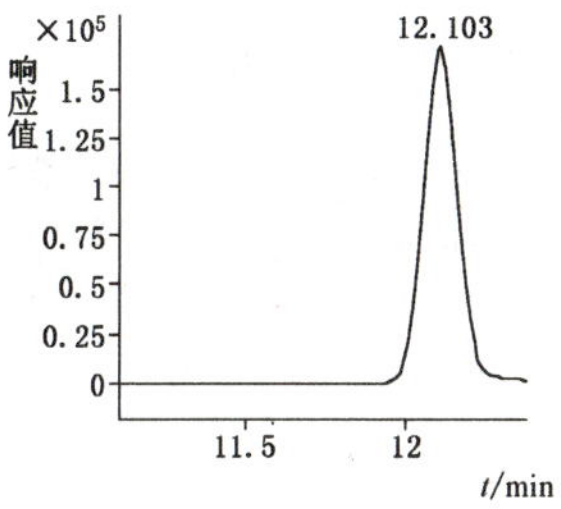


94. 拿草特
(pronamide)

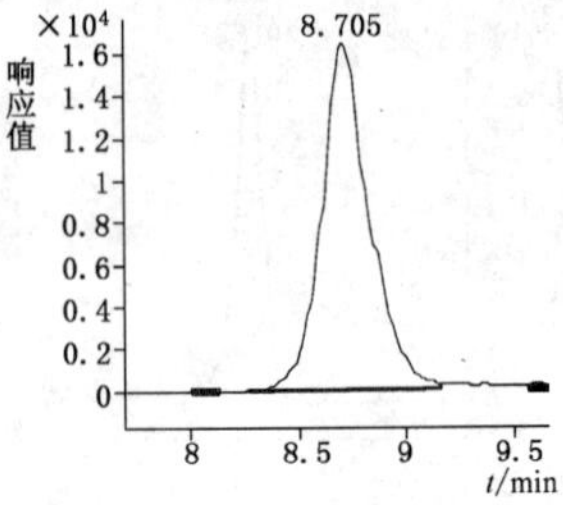


95. 二甲草胺
(dimethachloro)

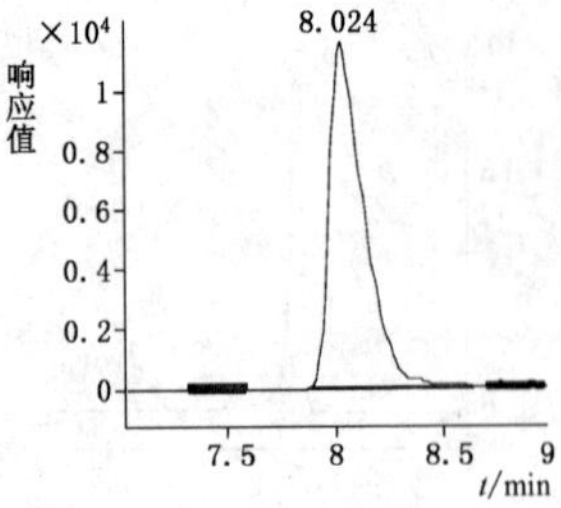


96. 秀谷隆
(methobromuron)

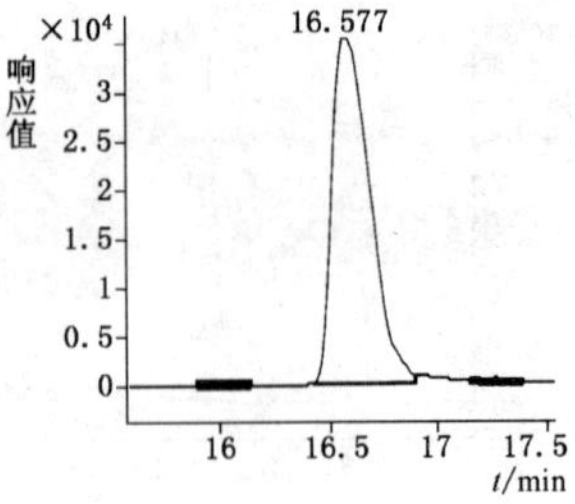


97. 甲拌磷
(phorate)

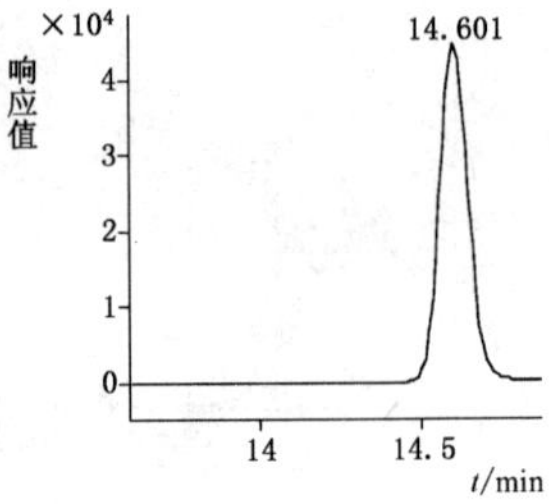


98. 苯草醚
(aclonifen)

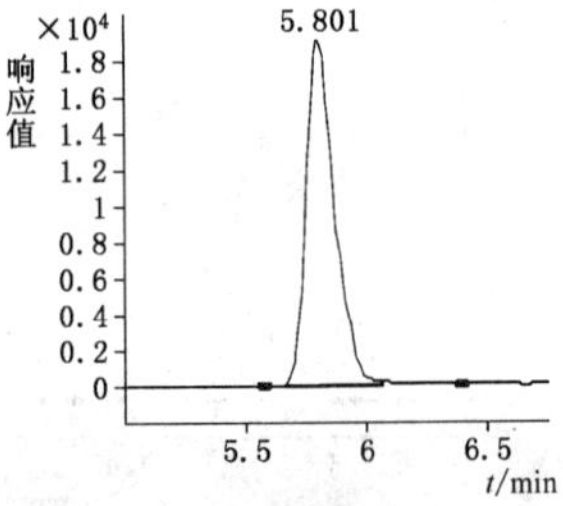


99. 地安磷
(mephosfolan)

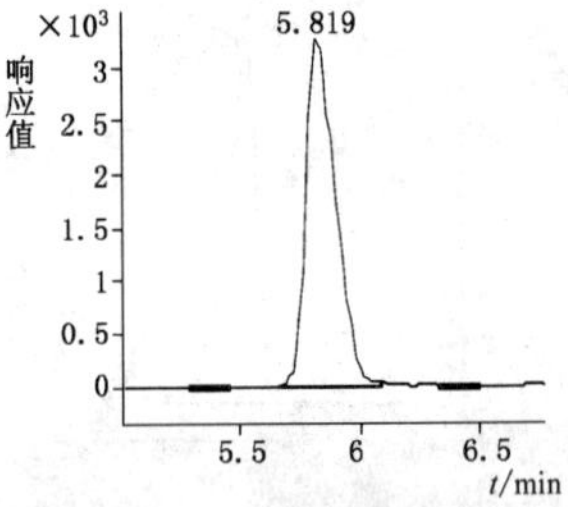


100. 脱苯甲基亚胺唑
(imibenzonazole-des-benzyl)

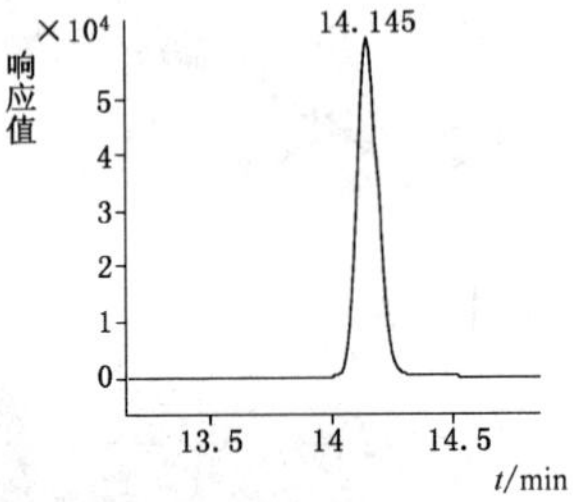


101. 草不隆
(neburon)

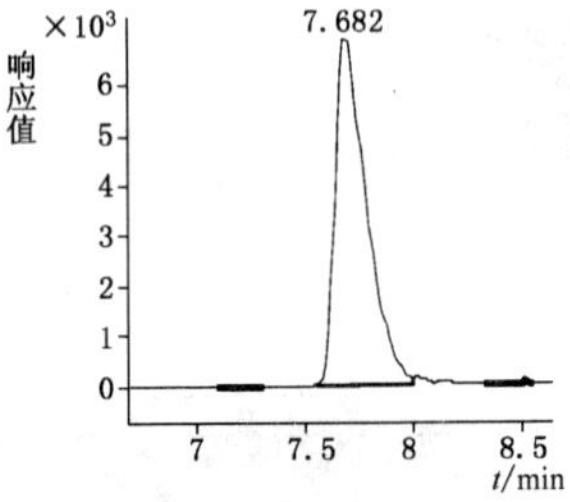


102. 精甲霜灵
(mefenoxam)

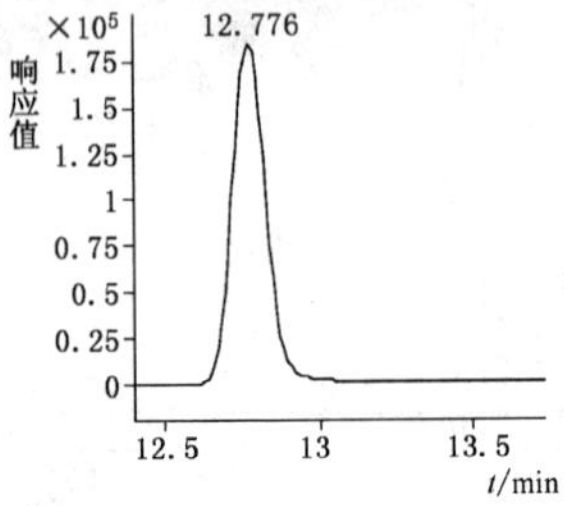


103. 乙氧呋草黄
(ethofume sate)

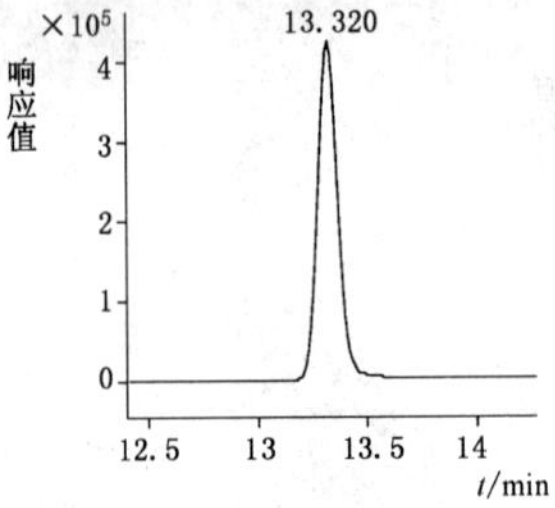


104. 异稻瘟净
(iprobenfos)

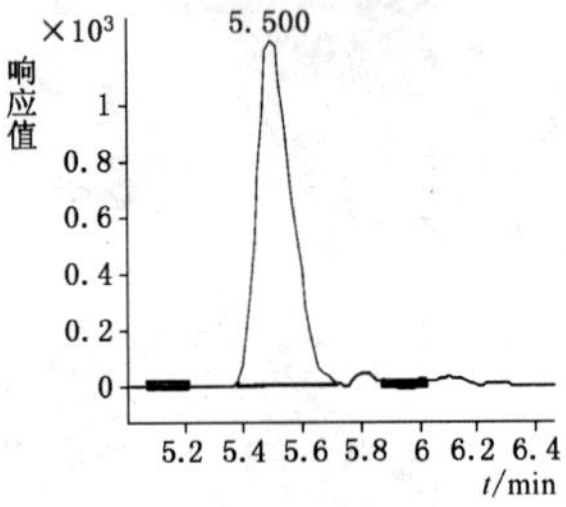


105. 特普
(TEPP)

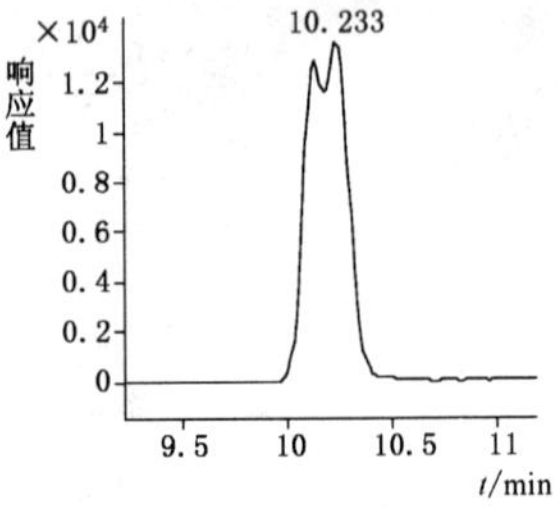


106. 环丙唑醇
(cyproconazole)

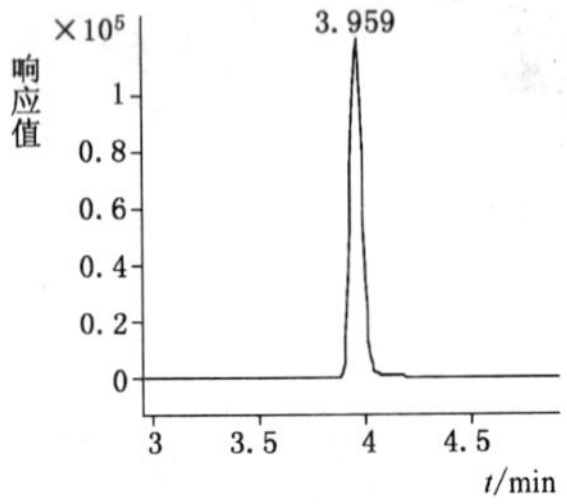


107. 噻虫嗪
(thiamethoxam)

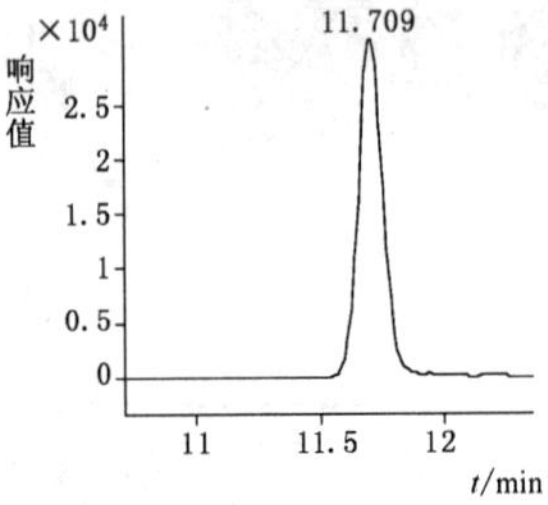


108. 育畜磷
(crufomate)

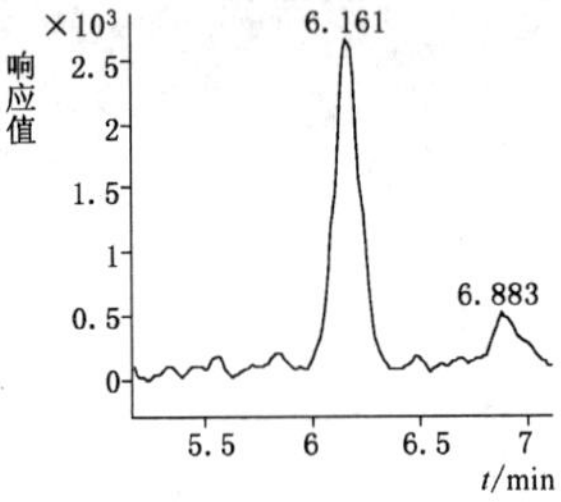


109. 乙嘧硫磷
(etrimfos)

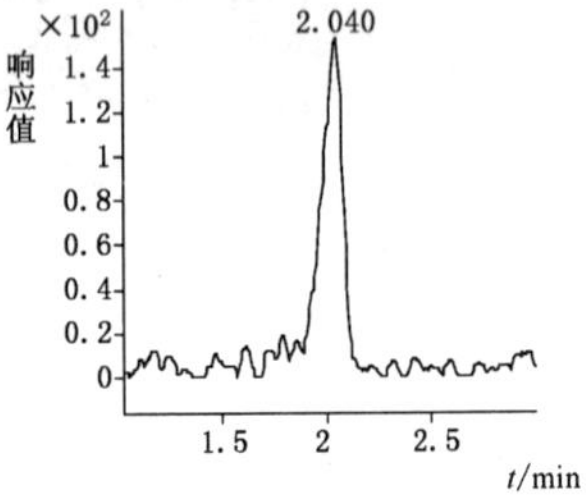


110. 杀鼠醚
(coumatetralyl)

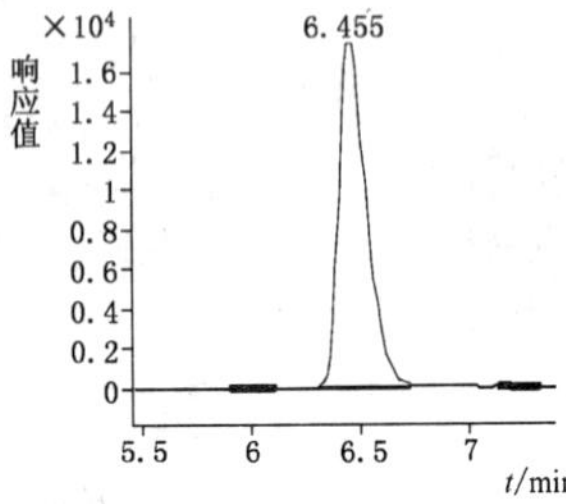


111. 赛灭磷
(cythioate)

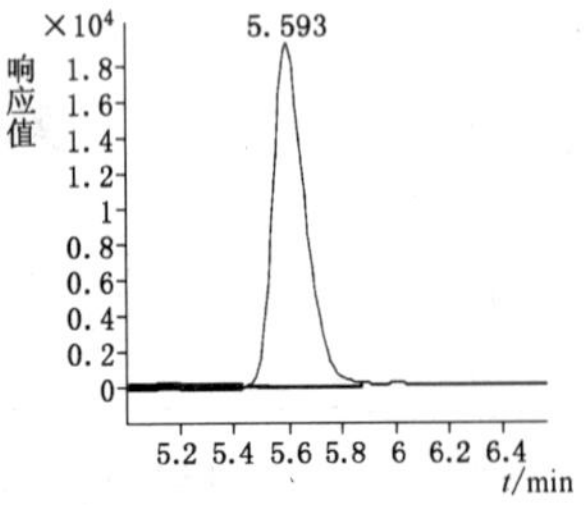


112. 磷胺
(phosphamidon)

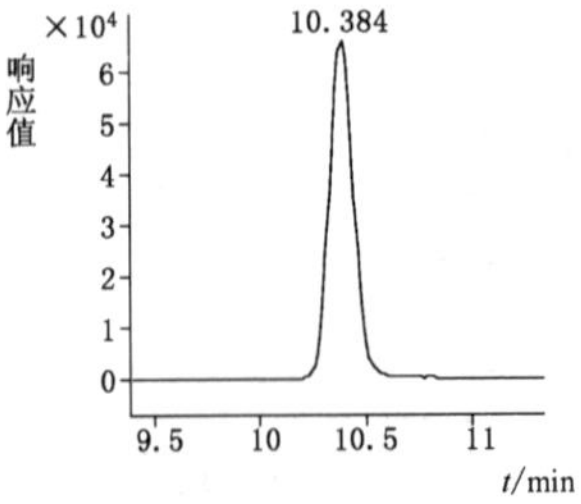


113. 甜菜宁
(phenmedipham)

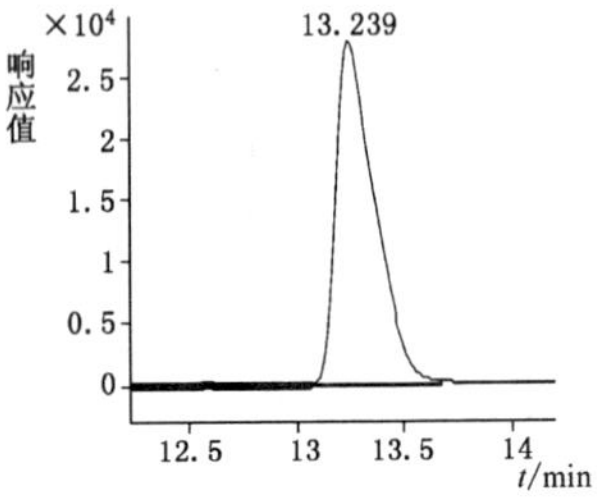


114. 联苯井酯
(bifenazate)

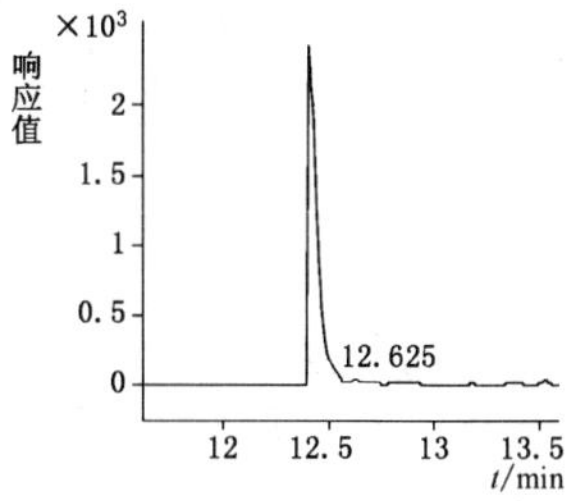


115. 环酰菌胺
(fenhexamid)

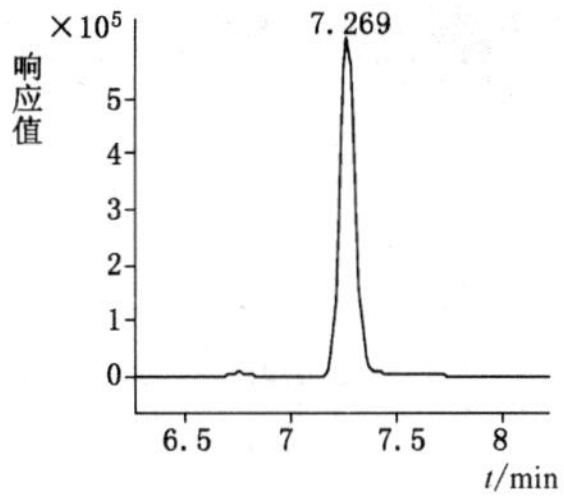


116. 粉唑醇
(flutriafol)

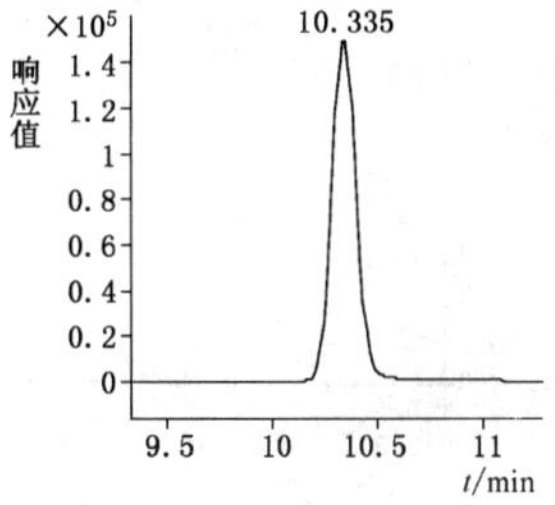


117. 抑菌丙胺酯
(furalaxyl)

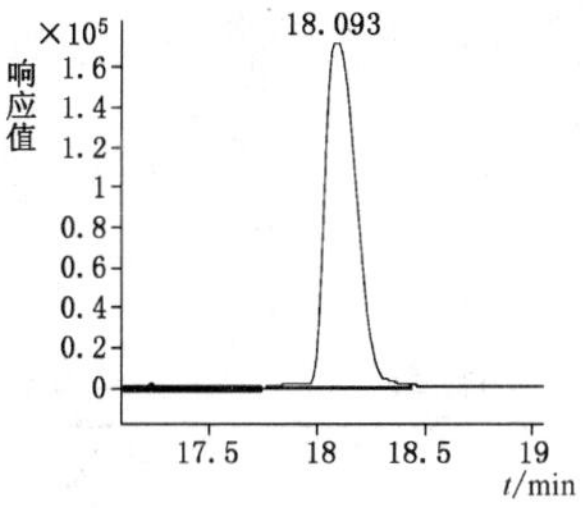


118. 生物丙烯菊酯
(bioallethrin)

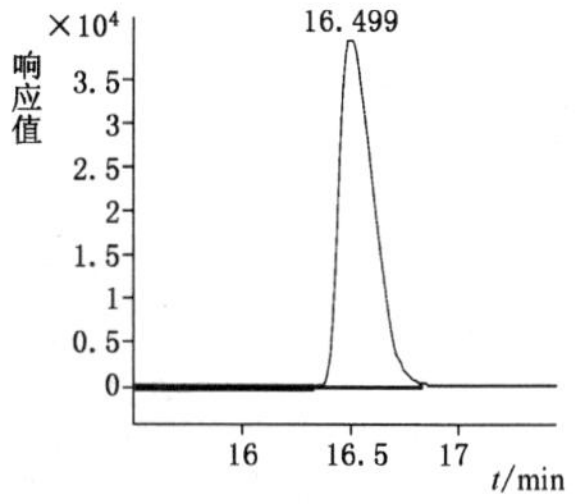


119. 苯腈磷
(cyanofenphos)

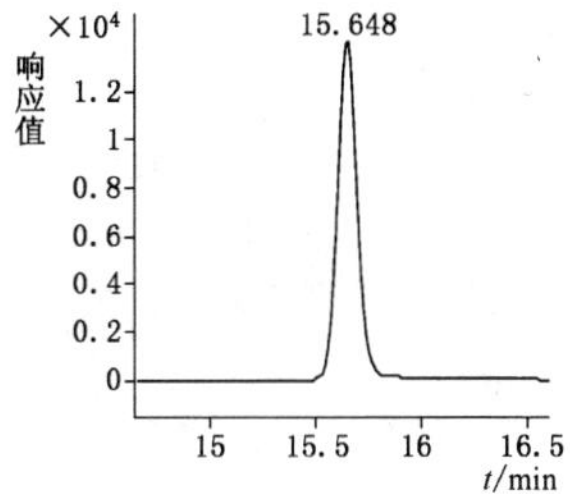


120. 甲基嘧啶磷
(pirimiphos methyl)

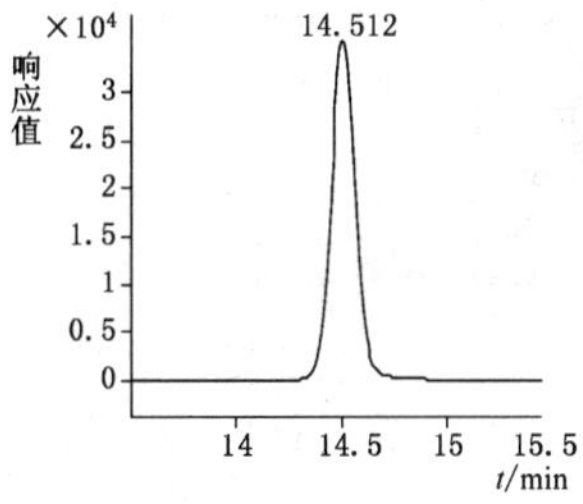


121. 噻嗪酮
(buprofezin)

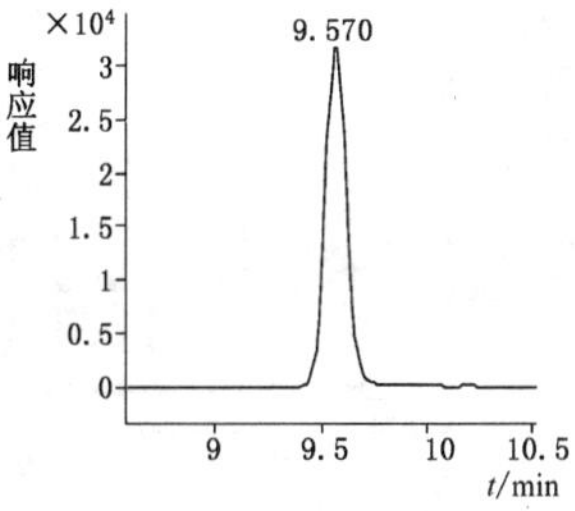


122. 乙拌磷砜
(disulfoton sulfone)

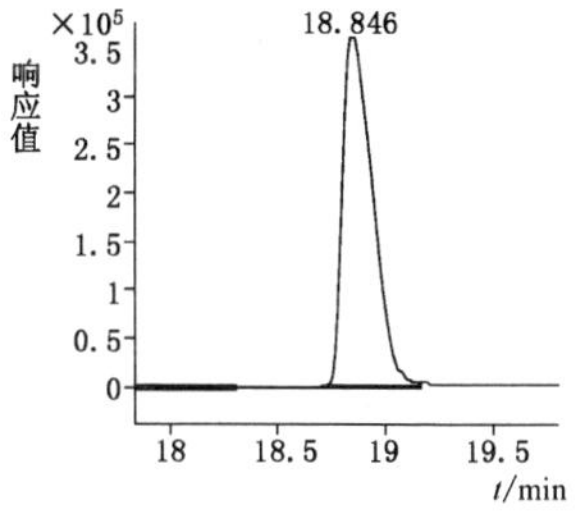


123. 喹螨醚
(fenazaquin)

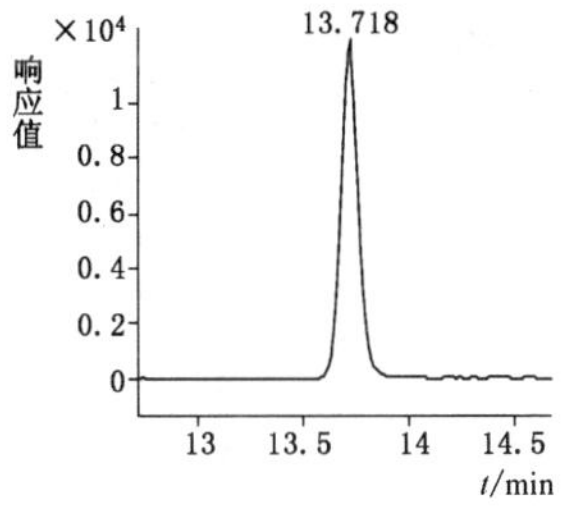


124. 三唑磷
(triazophos)

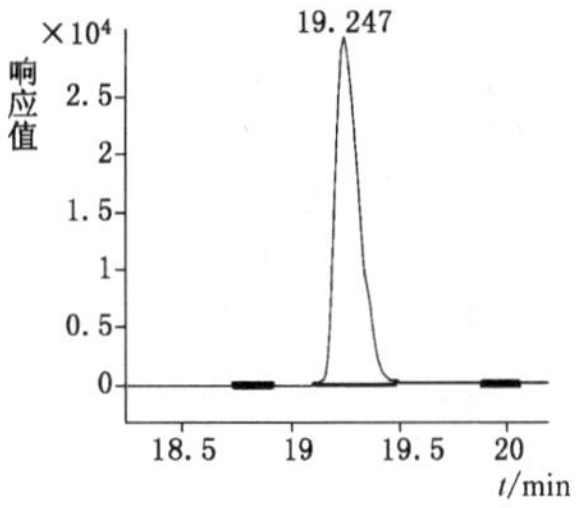


125. 脱叶磷
(DEF)

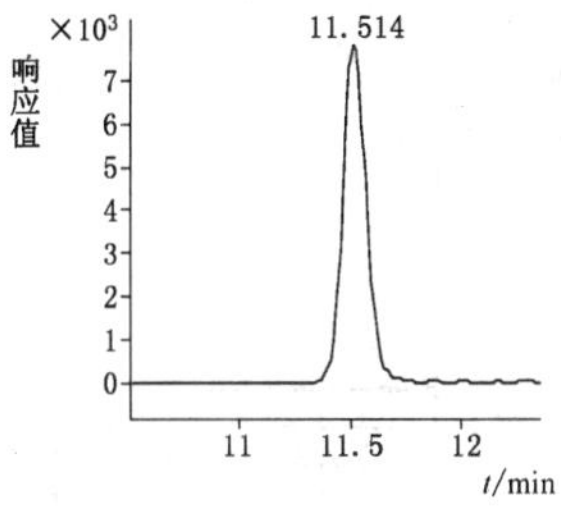


126. 环酯草醚
(pyriftalid)

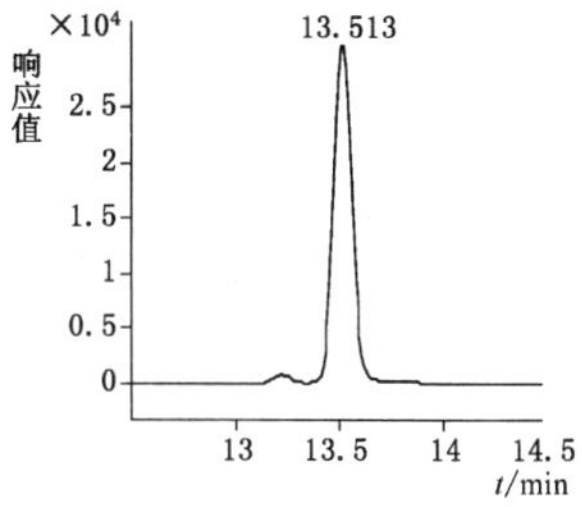


127. 叶菌唑
(metconazole)

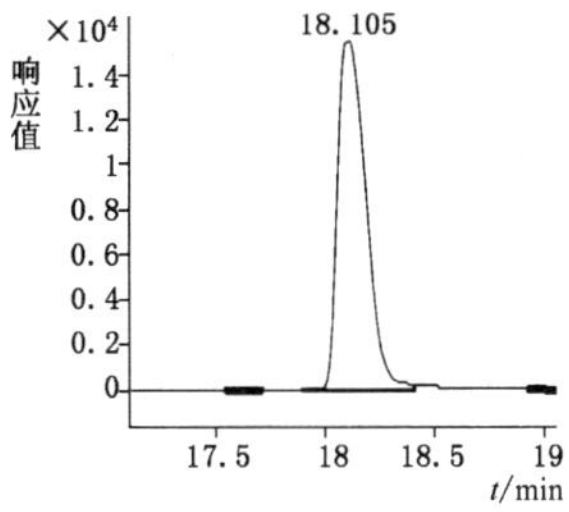


128. 蚊蝇醚
(pyriproxyfen)

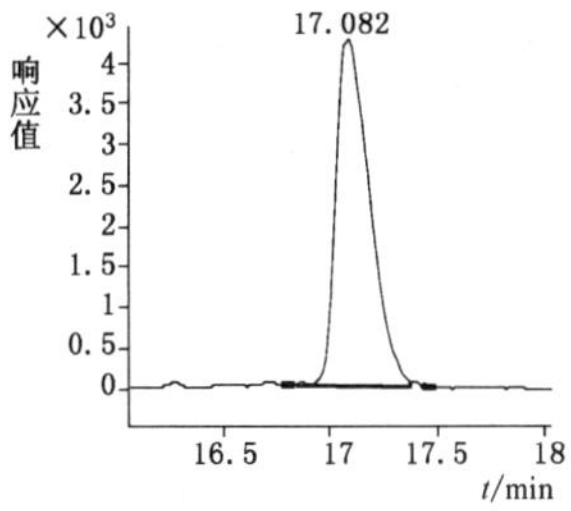


129. 噻草酮
(cycloxydim)

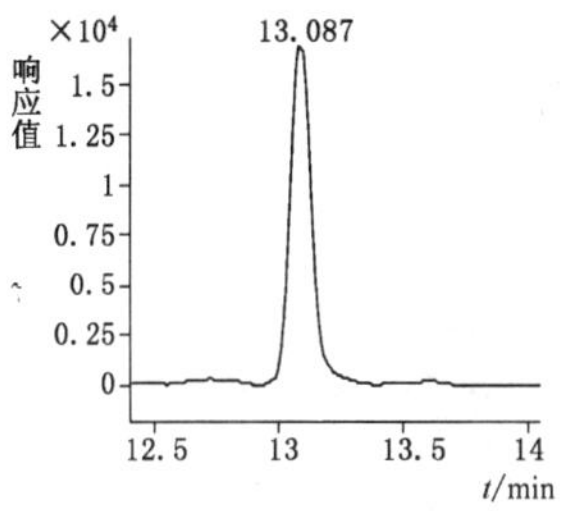


130. 异噁酰草胺
(isoxaben)

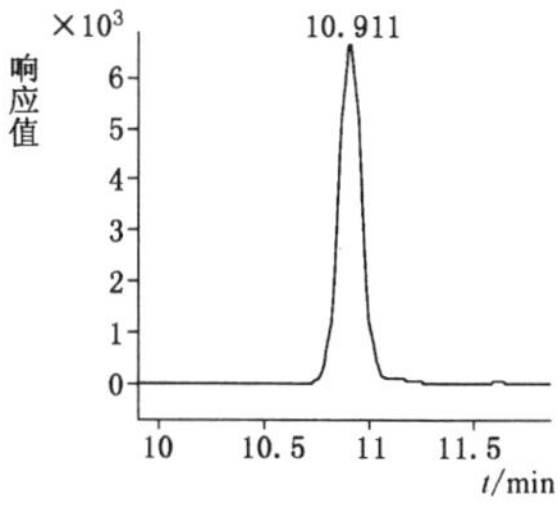


131. 呋草酮
(flurtamone)

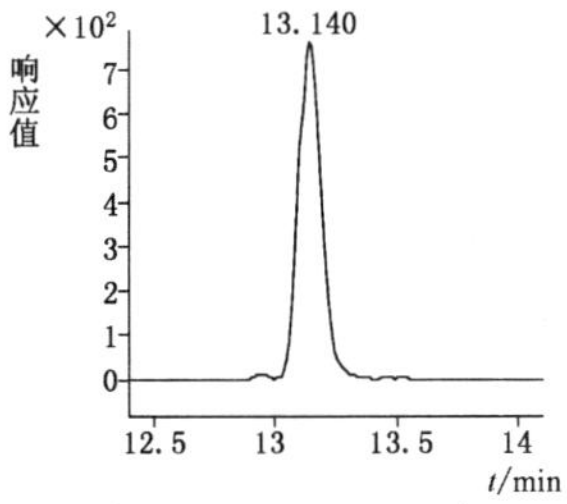


132. 氟乐灵
(trifluralin)

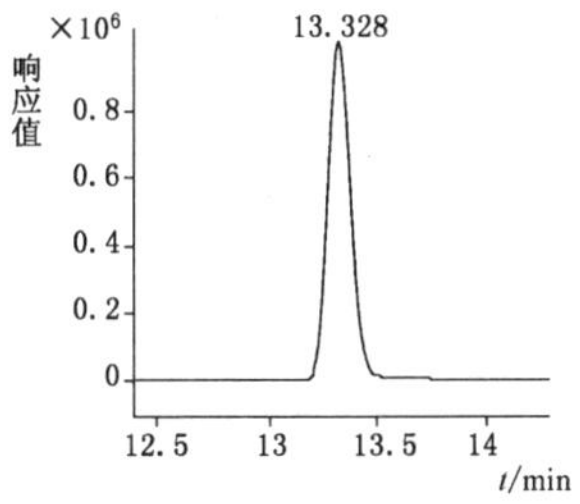


133. 甲基麦草氟异丙酯
(flamprop methyl)

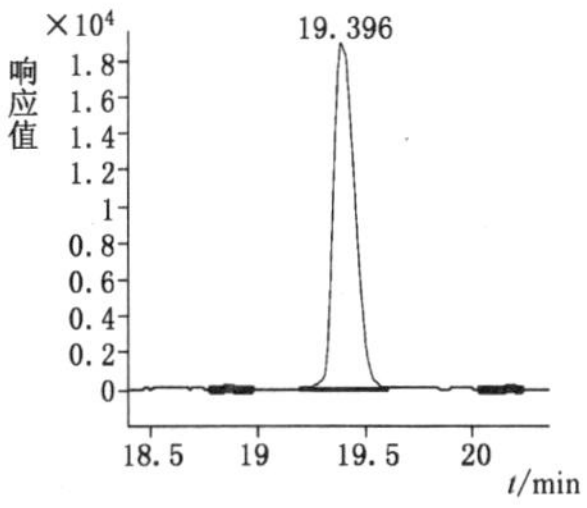


134. 生物苄呋菊酯
(bioresmethrin)

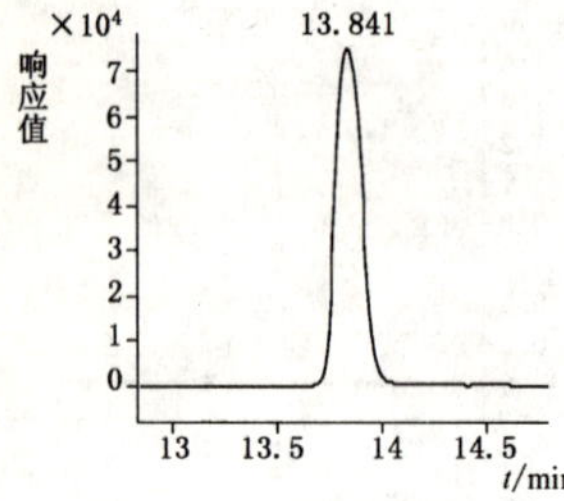


135. 丙环唑
(propiconazole)

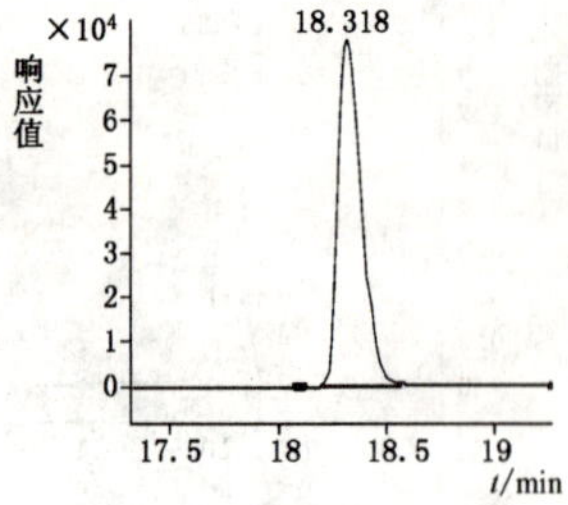


136. 毒死蜱
(chlorpyrifos)

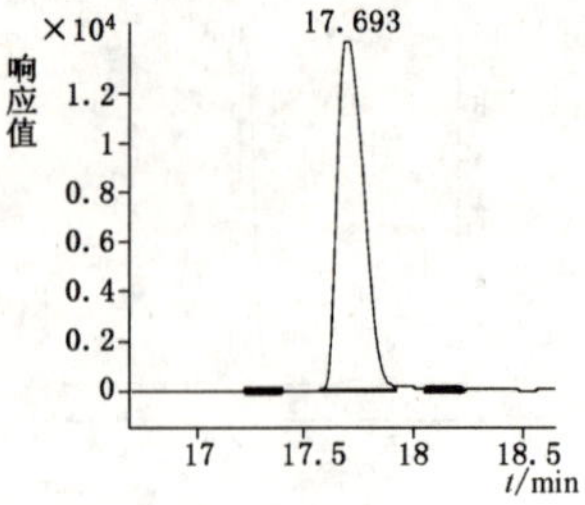


137. 氯乙氟灵
(fluchloralin)

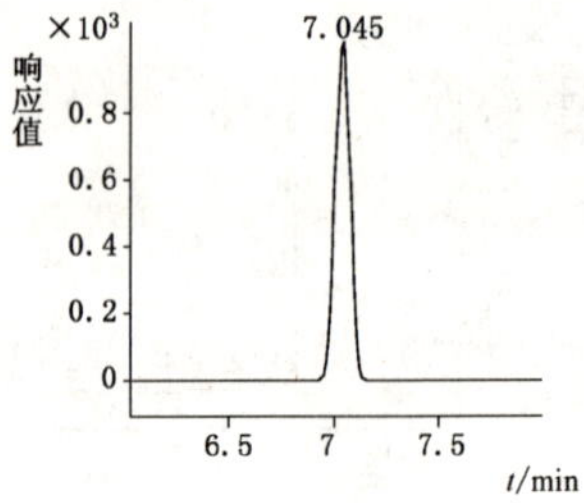


138. 氯磺隆
(chlorsulfuron)

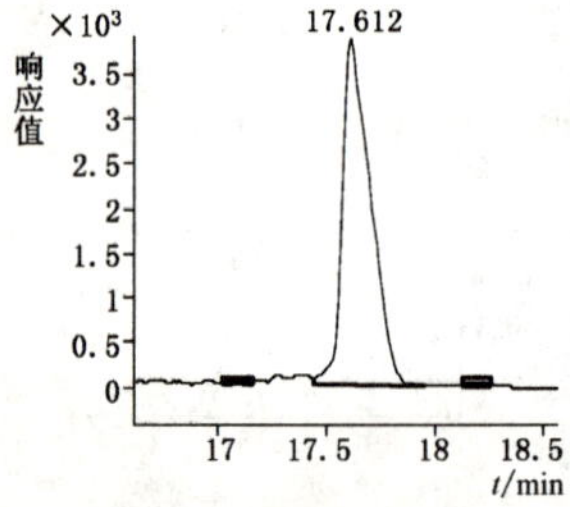


139. 烯草酮
(clethodim)

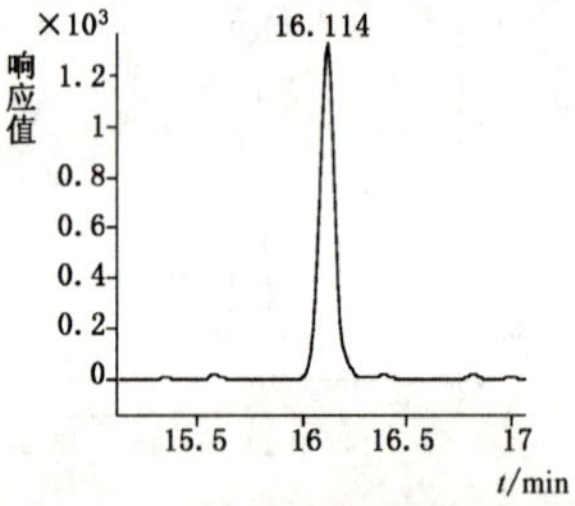


140. 麦草氟异丙酯
(flamprop isopropyl)

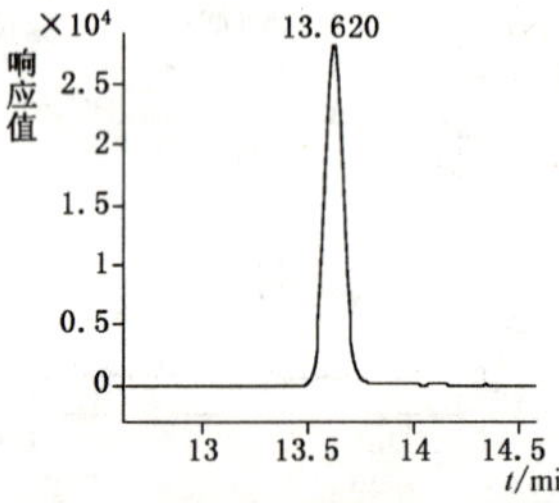


141. 杀虫畏
(tetrachlorvinphos)

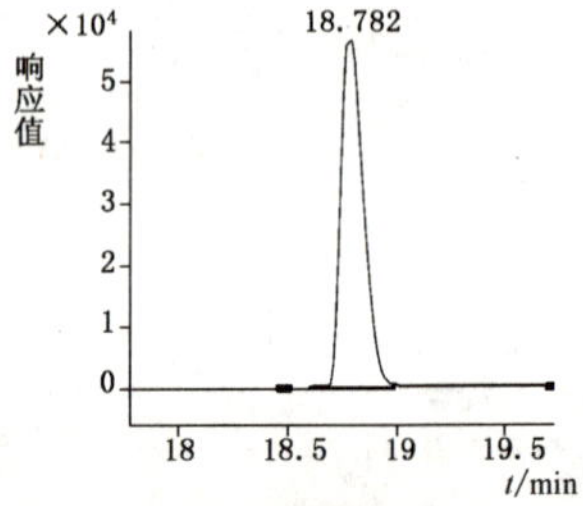


142. 炔螨特
(propargite)

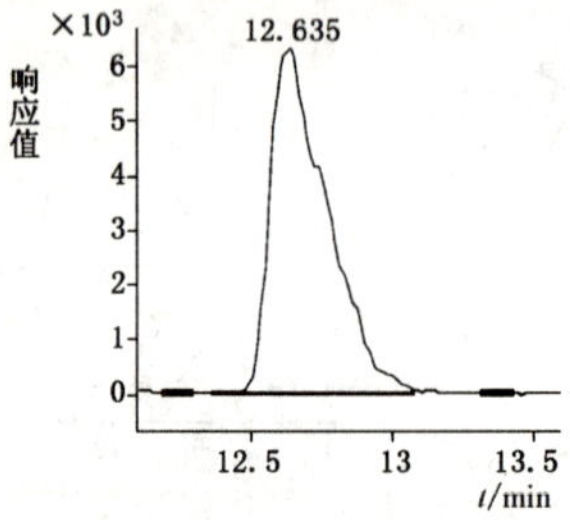


143. 糠菌唑
(bromuconazole)

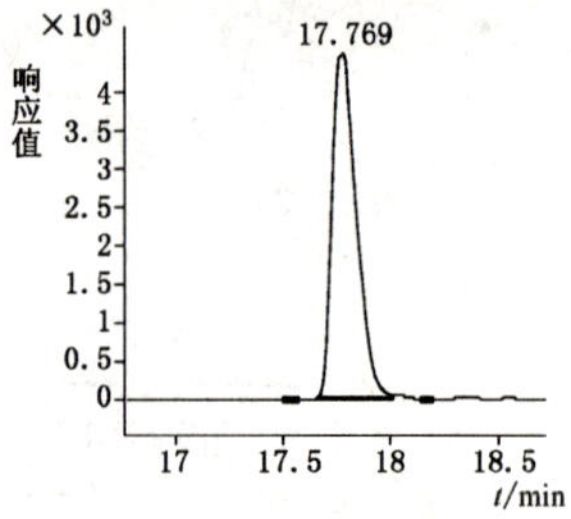


144. 氟吡酰草胺
(picolinafen)

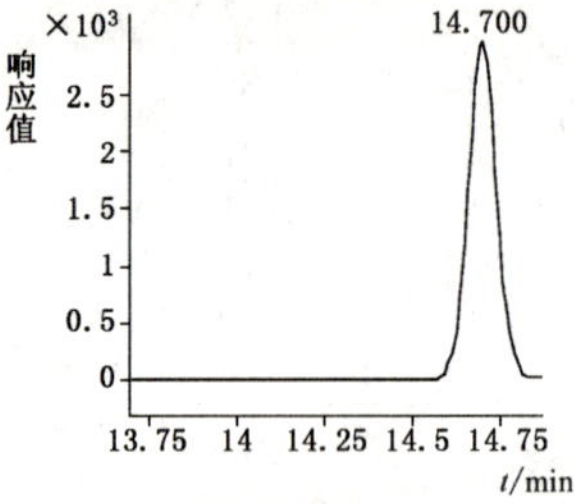


145. 氟噻乙草酯
(fluthiacet methyl)

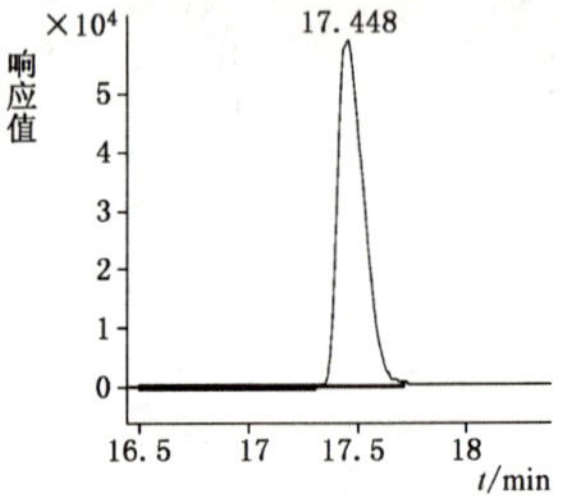


146. 肟菌酯
(trifloxystrobin)

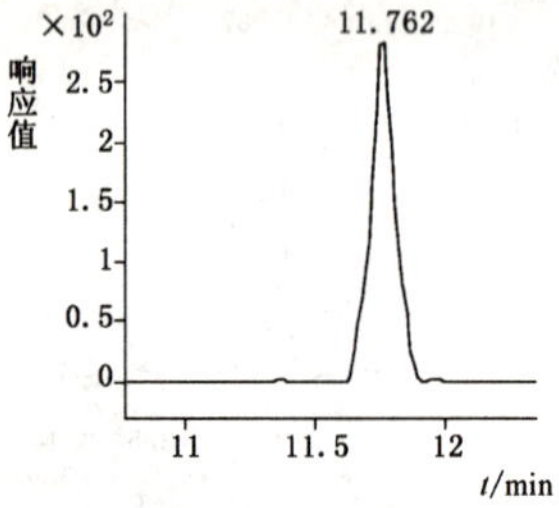


147. 氯嘧磺隆
(chlorimuron ethyl)

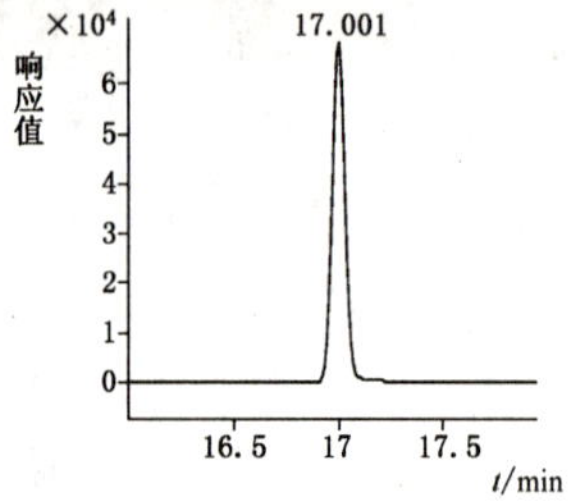


148. 氟铃脲
(hexaflumuron)

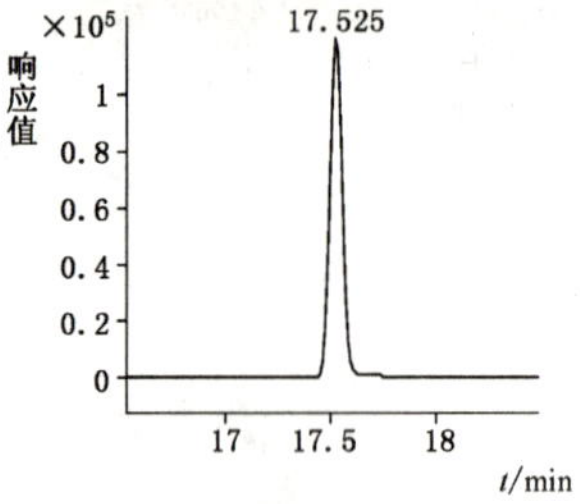


149. 氟酰脲
(novaluron)

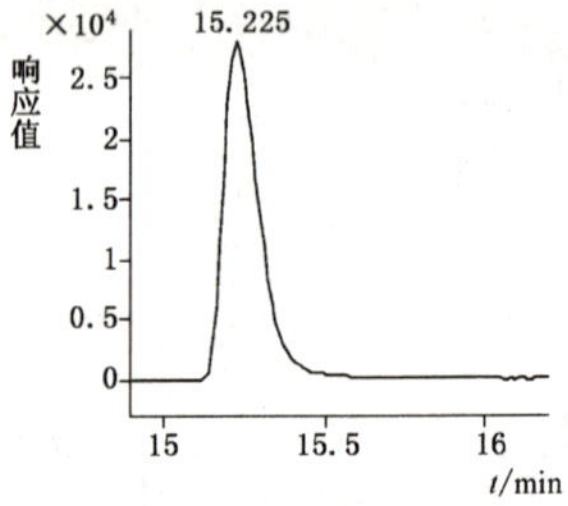


150. 伏蚁腙
(hydramethylnon)

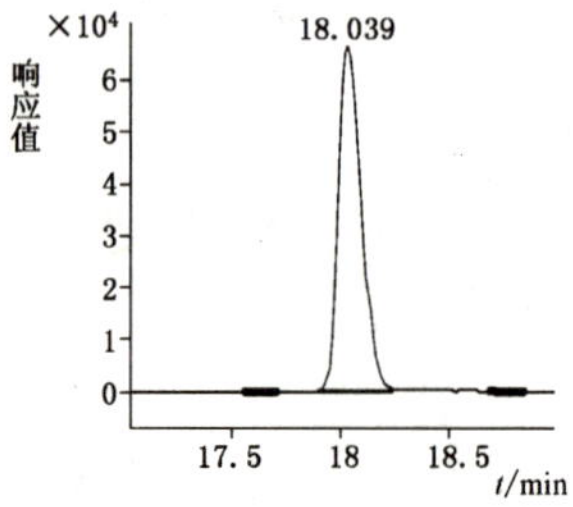


151. —
(flurazuron)

# C 组图

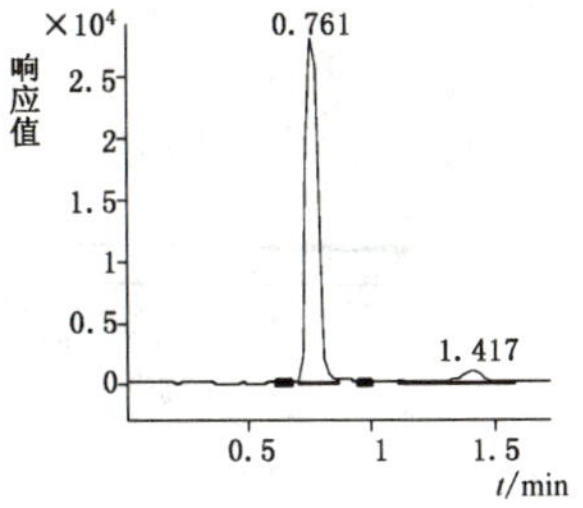


152. 抑芽丹
(maleic hydrazide)

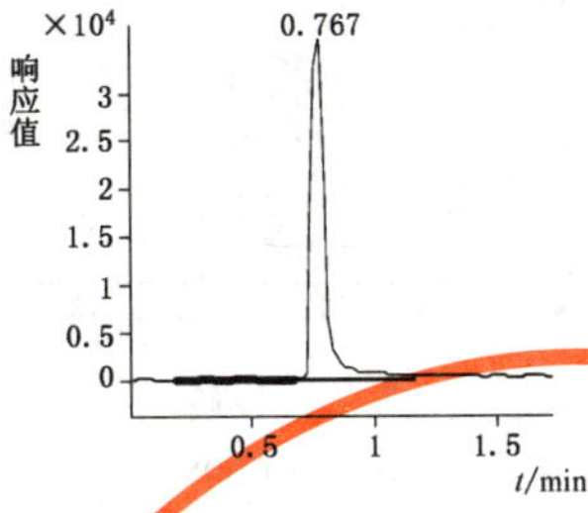


153. 甲胺磷
(methamidophos)

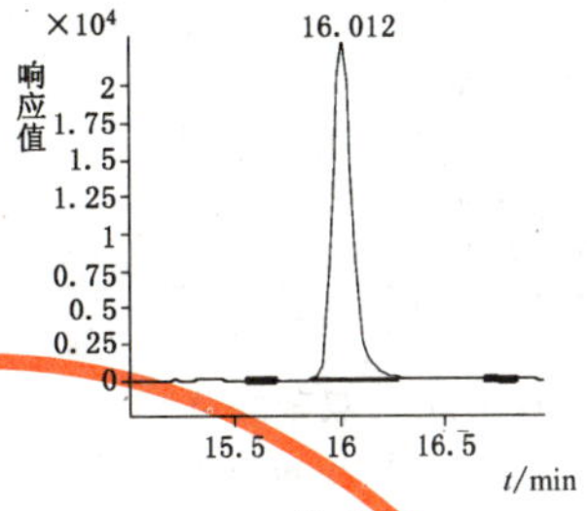


154. 茵草敌
(EPTC)

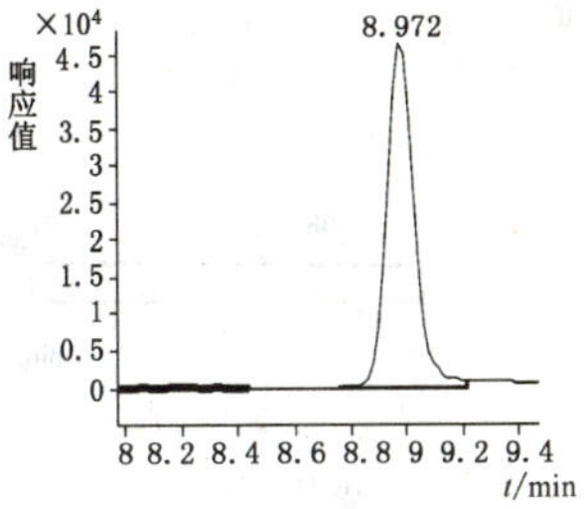


155. 避蚊胺
(diethyltoluamide)

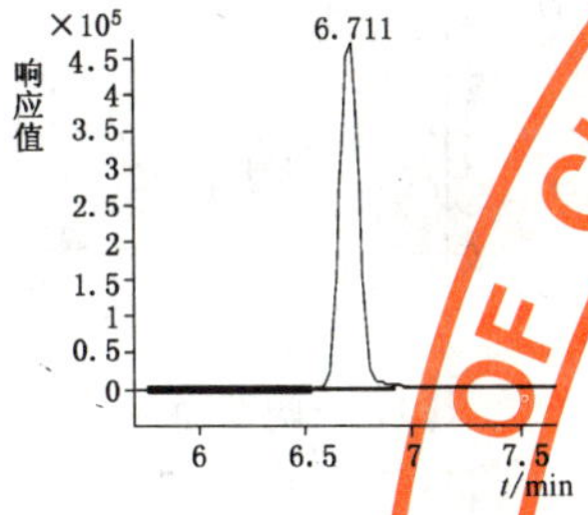


156. 灭草隆
(monuron)

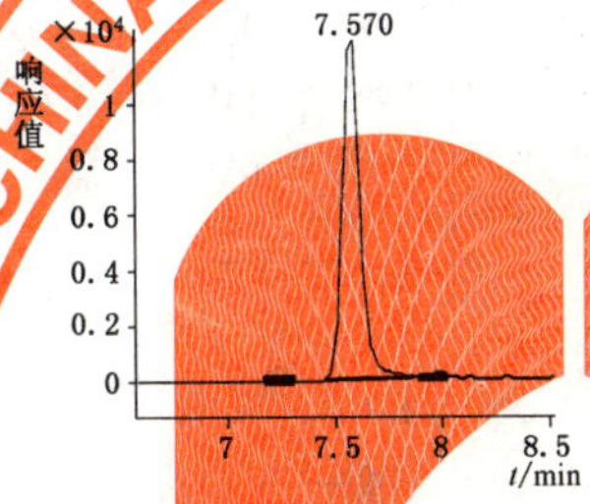


157. 嘧霉胺
(pyrimethanil)

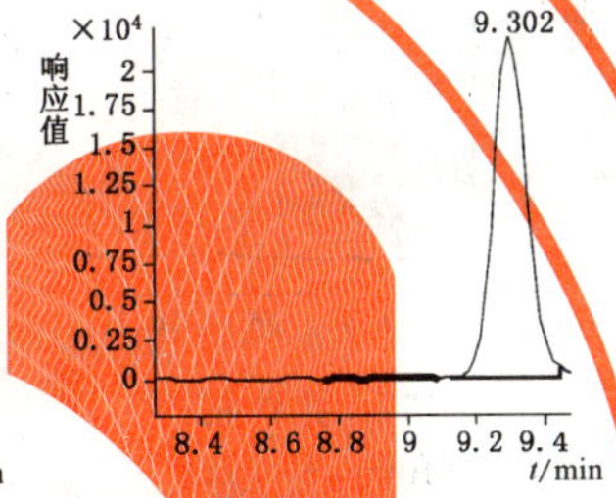


158. 黑穗胺
(fenfuram)

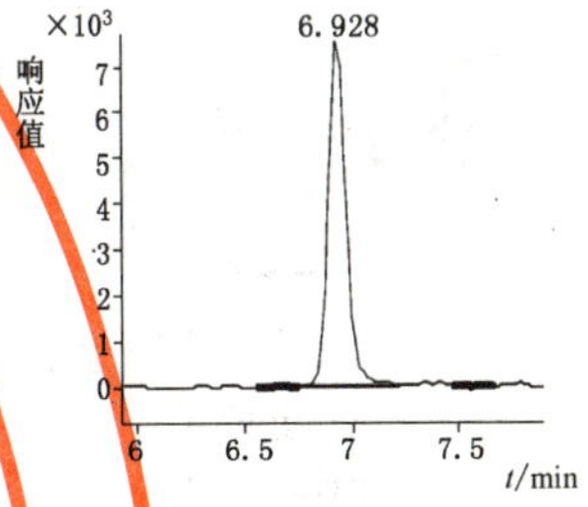


159. 灭藻醌
(quinoclamine)

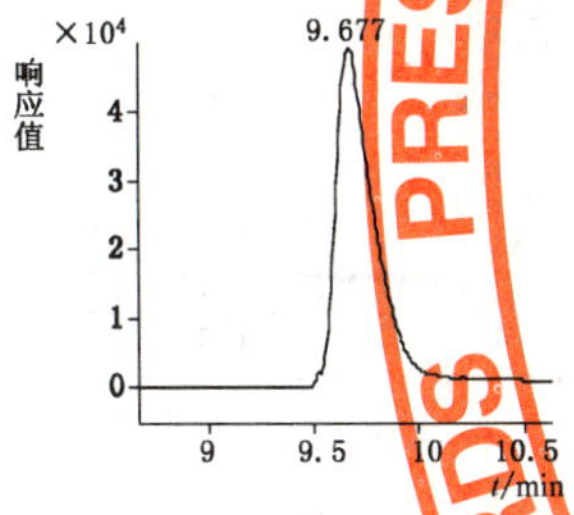


160. 仲丁威
(fenobucarb)

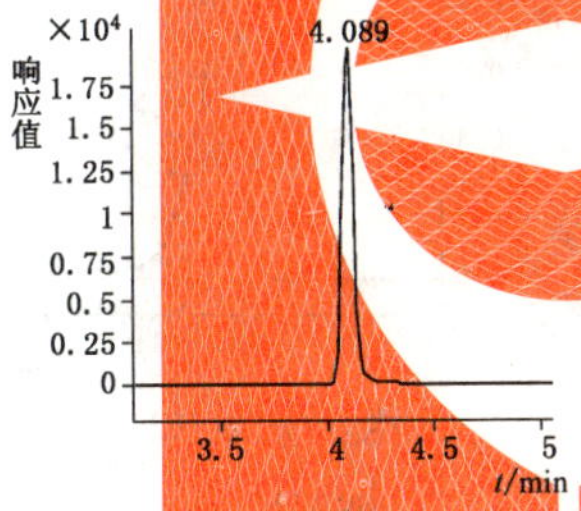


161. 乙菌定
(ethirimol)

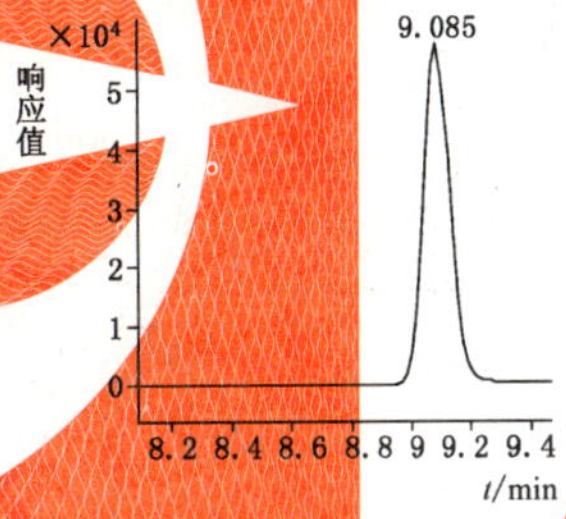


162. 敌稗
(propanil)

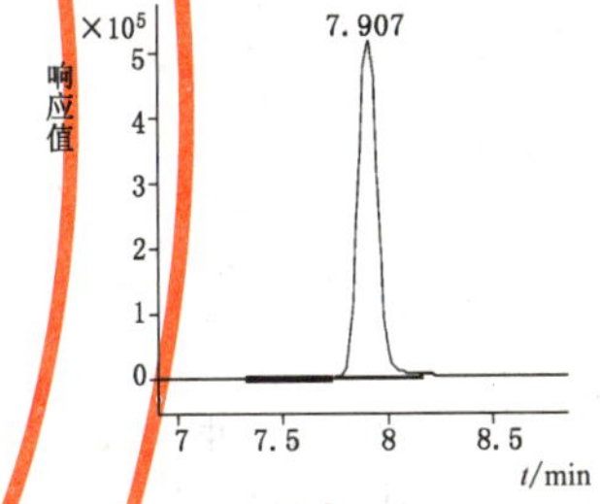


163. 克百威
(carbofuran)

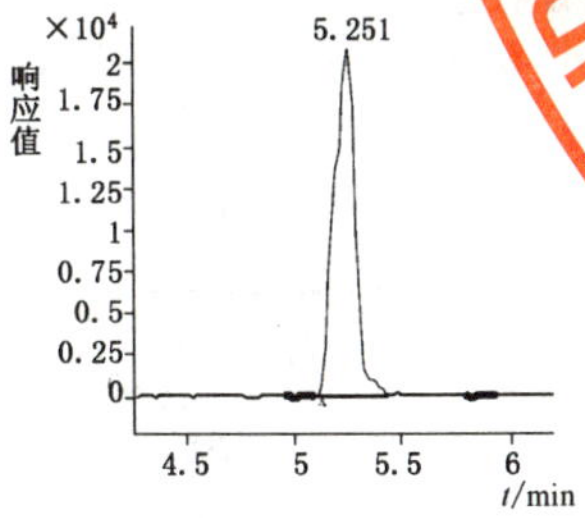


164. 啶虫清
(acetamiprid)

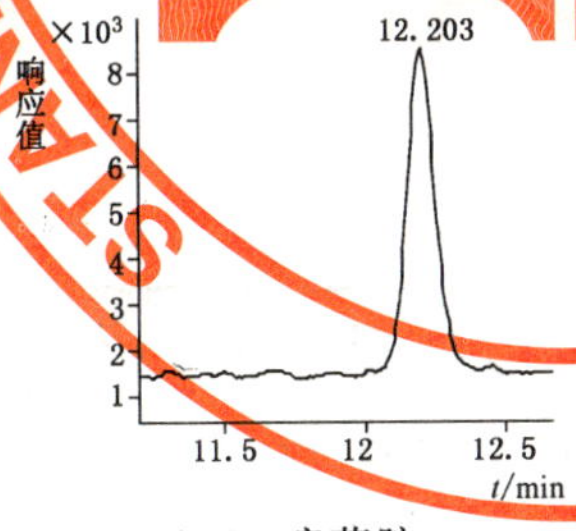


165. 嘧菌胺
(mepanipyrim)

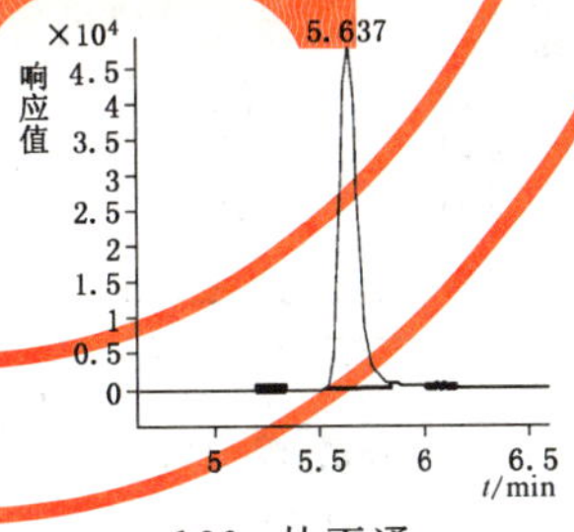


166. 扑灭通
(prometon)

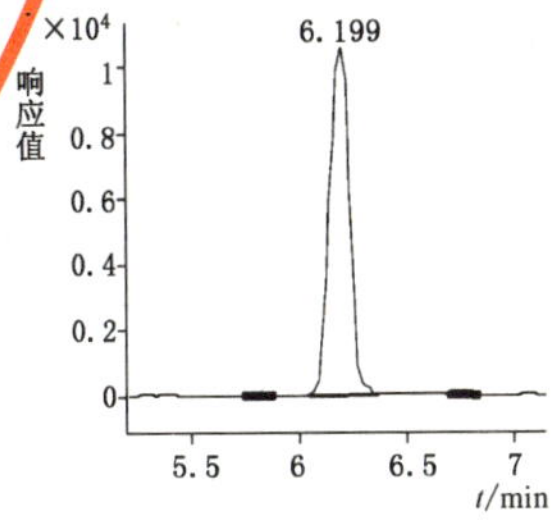


167. 甲氧隆
(metoxuron)

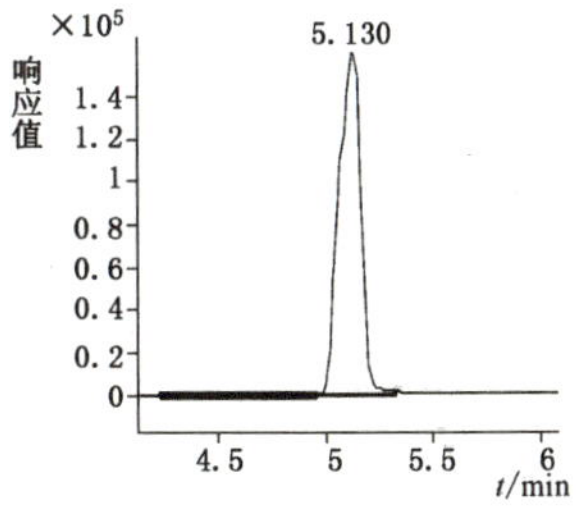


168. 乐果
(dimethoate)

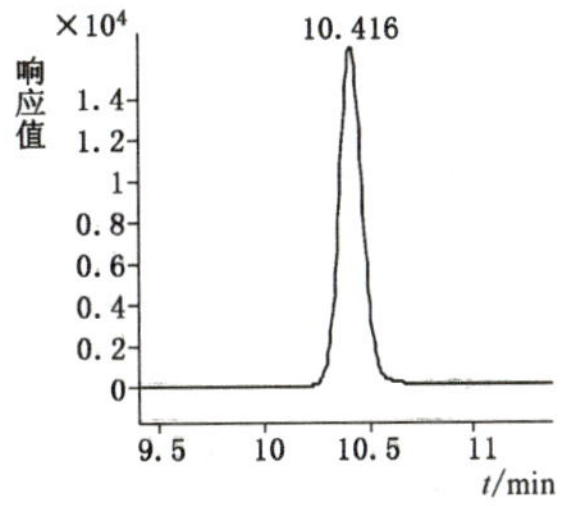


169. 呋菌胺
(methfuroxam)

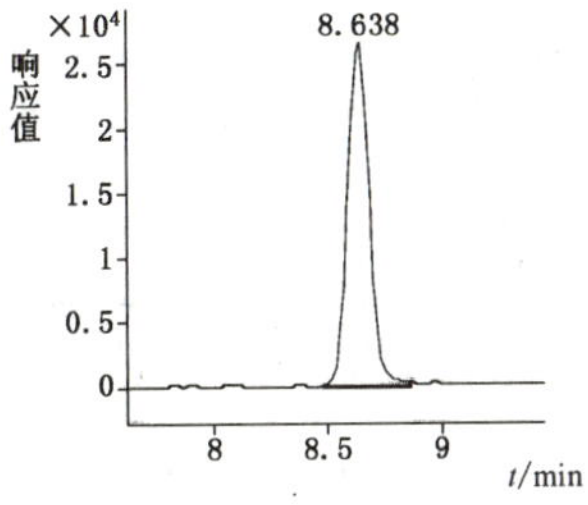


170. 伏草隆
(fluometuron)

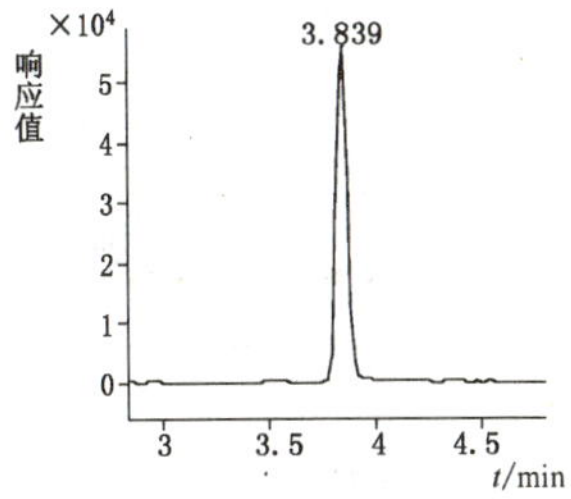


171. 百治磷
(dicrotophos)

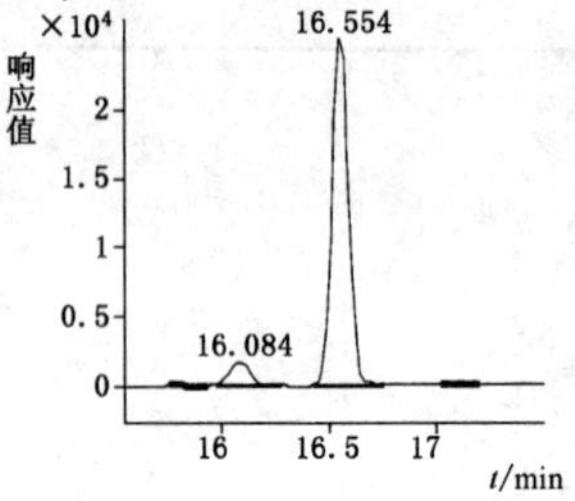


172. 庚酰草胺
(monalide)

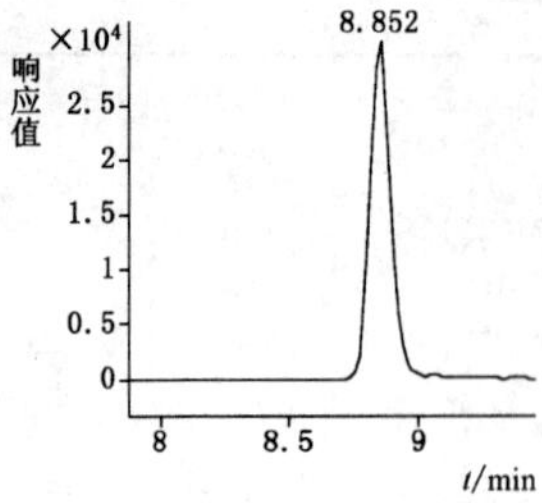


173. 双苯酰草胺
(diphenamid)

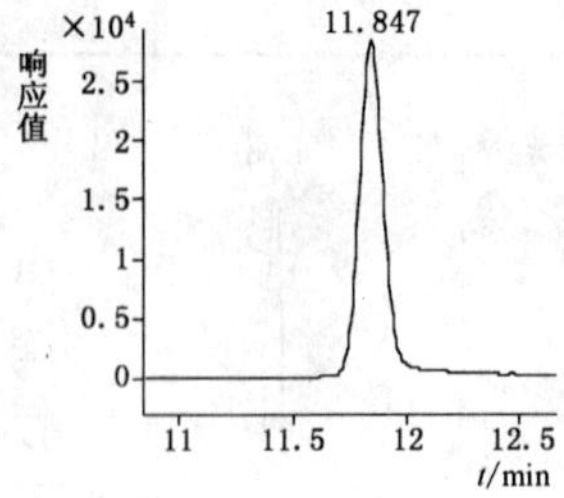


174. 灭线磷
(ethoprophos)

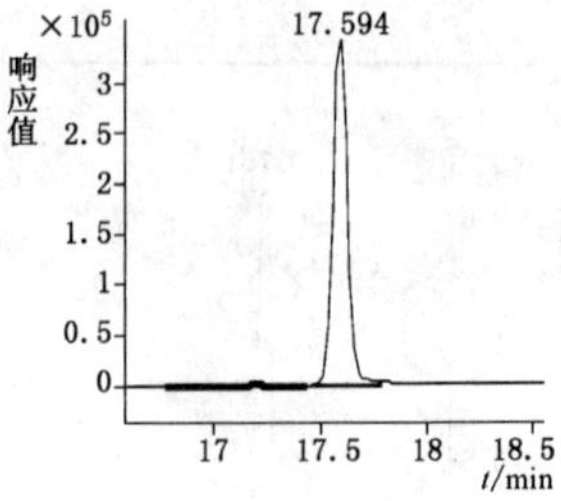


175. 地虫硫磷
(fonofos)

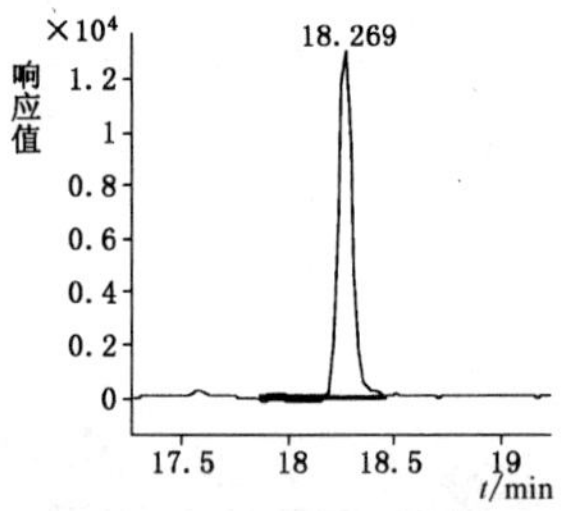


176. 土菌灵
(etridiazol)

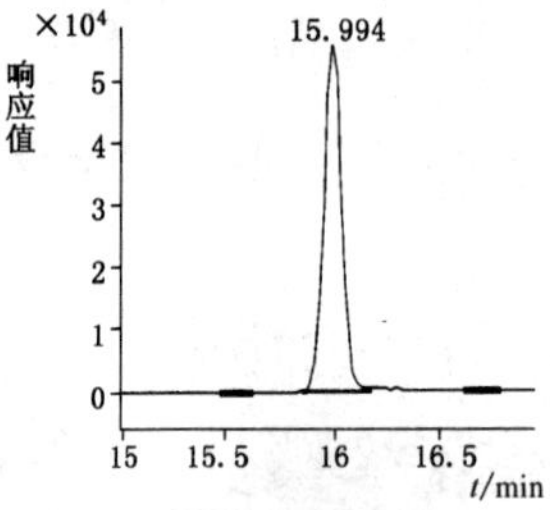


177. 拌种胺
(furmecyclox)

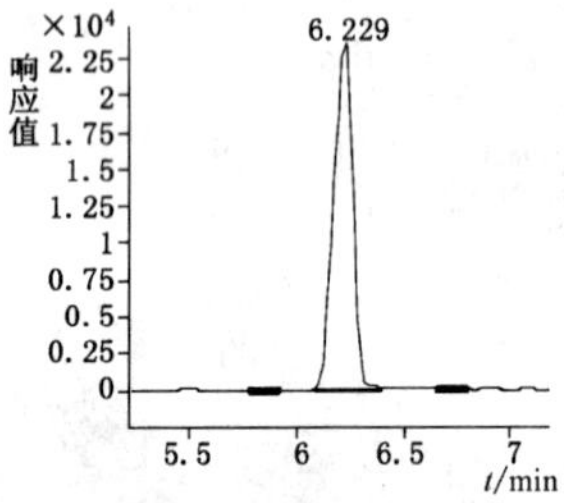


178. 环嗪酮
(hexazinone)

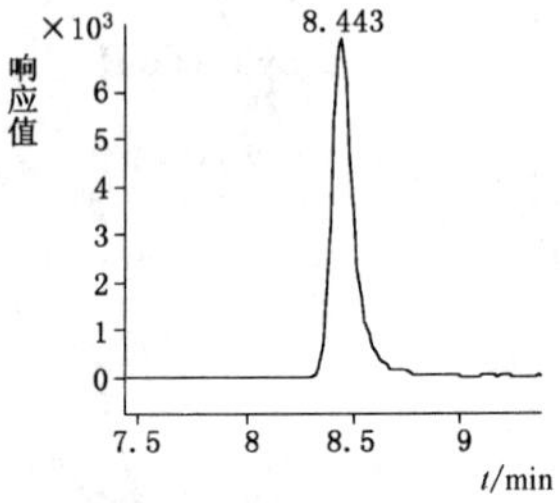


179. 阔草净
(dimethametryn)

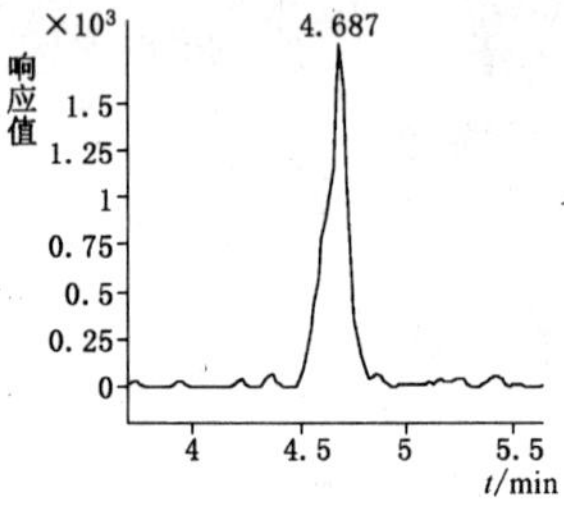


180. 敌百虫
(trichlorphon)

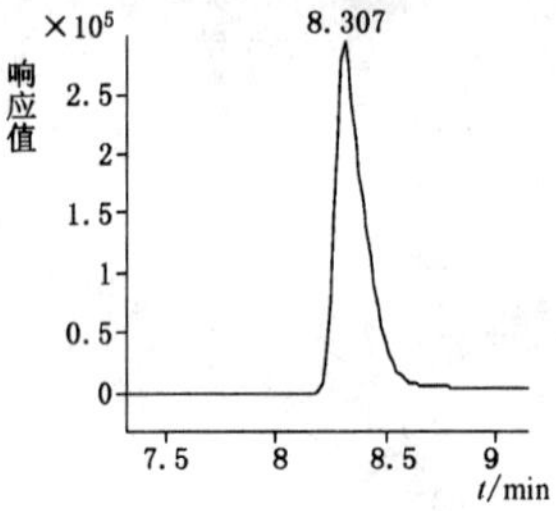


181. 内吸磷
[demeton(o+s)]

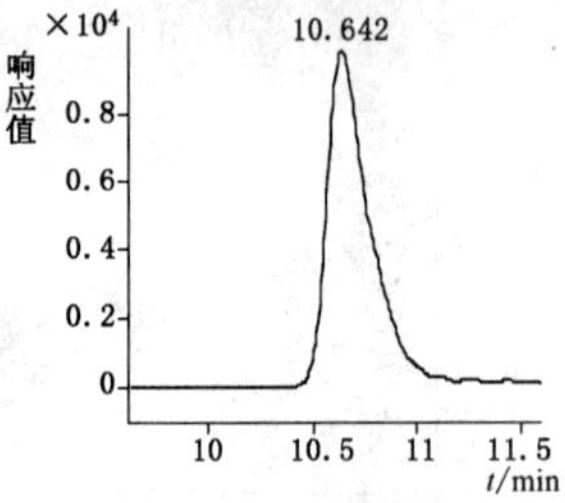


182. 解草酮
(benoxacor)

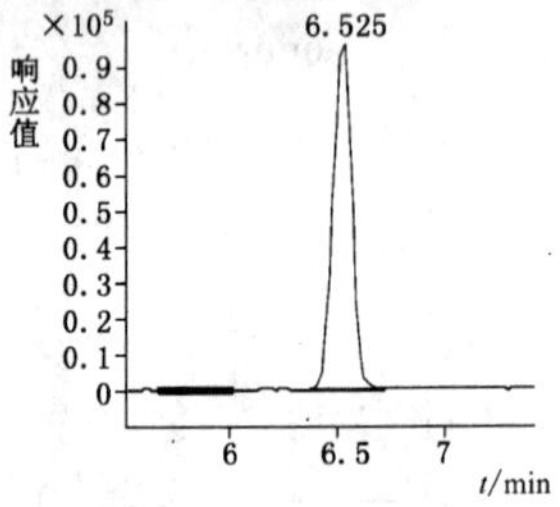


183. 除草定
(bromacil)

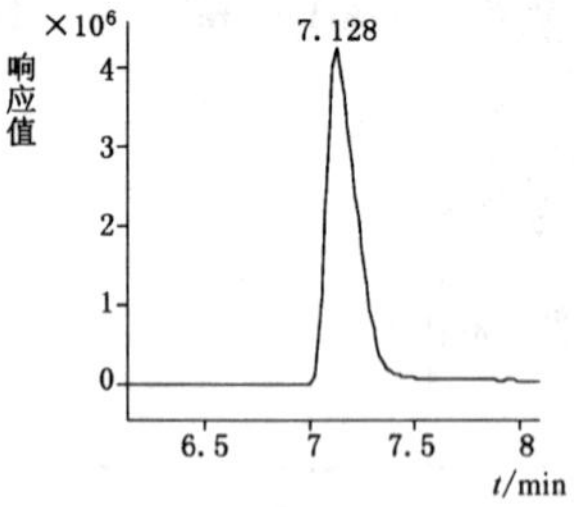


184. 甲拌磷亚砜
(phorate sulfoxide)

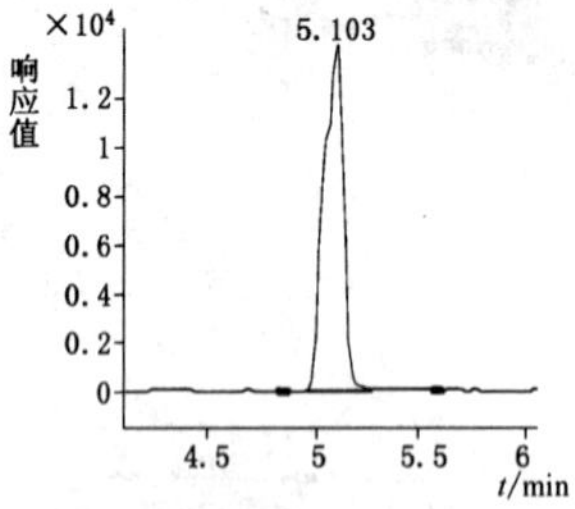


185. 溴莠敏
(brompyrazon)

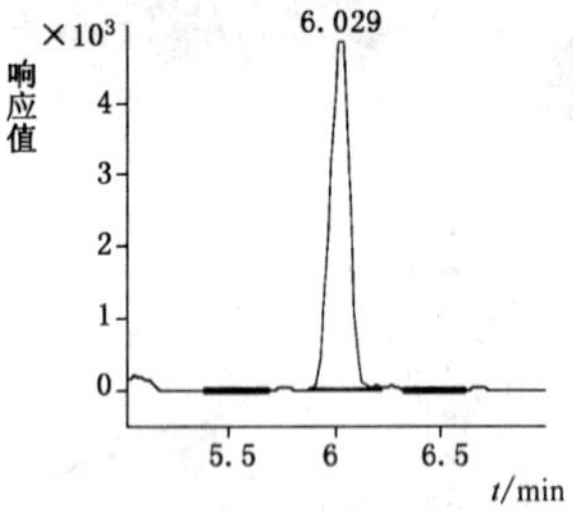


186. 氧化萎锈灵
(oxycarboxin)

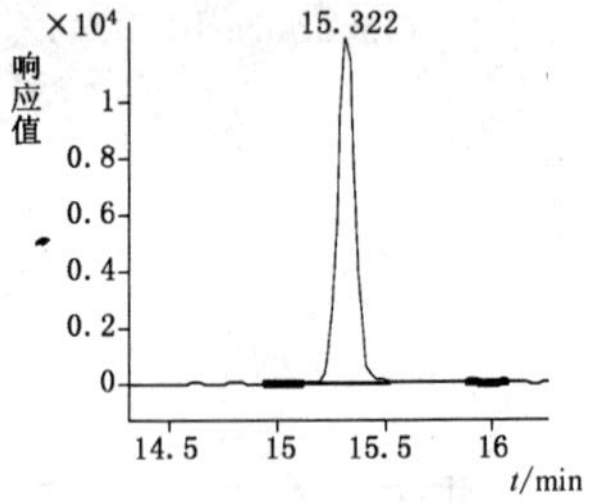


187. 灭锈胺
(mepronil)

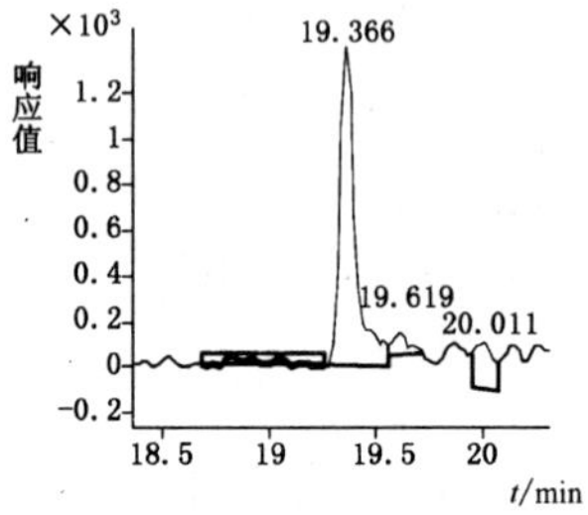


188. 乙拌磷
(disulfoton)

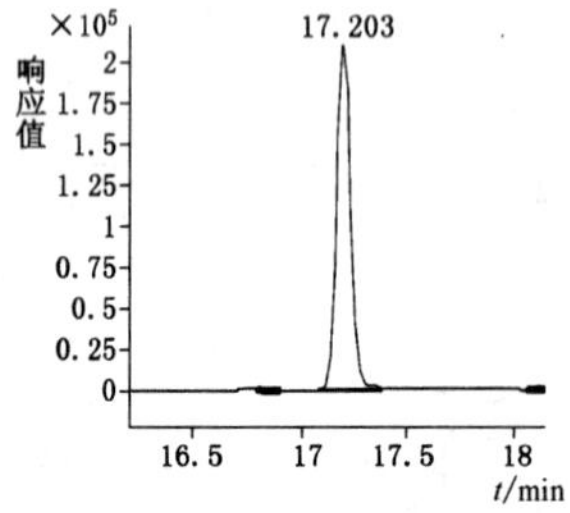


189. 倍硫磷
(fenthion)

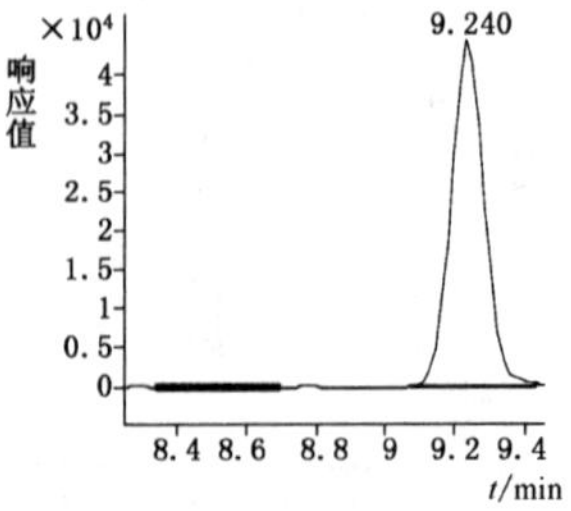


190. 甲霜灵
(metalaxyl)

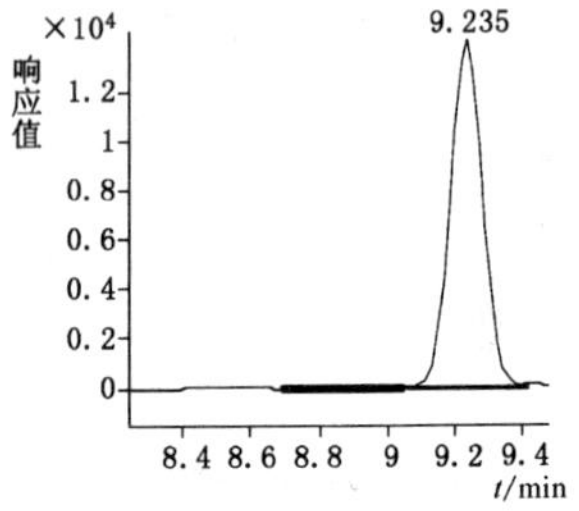


191. 甲呋酰胺
(ofurace)

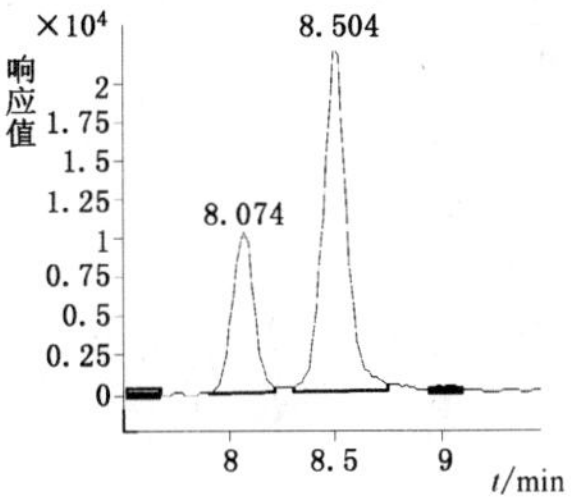


192. 吗菌灵

(dodemorph)

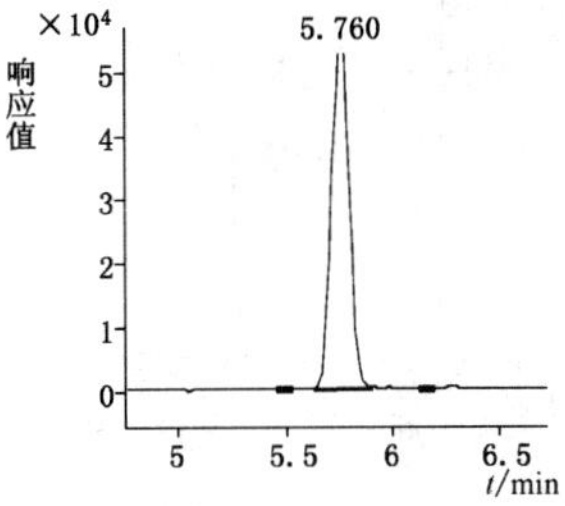


193. 甲基咪草酯

(imazamethabenz-methyl)

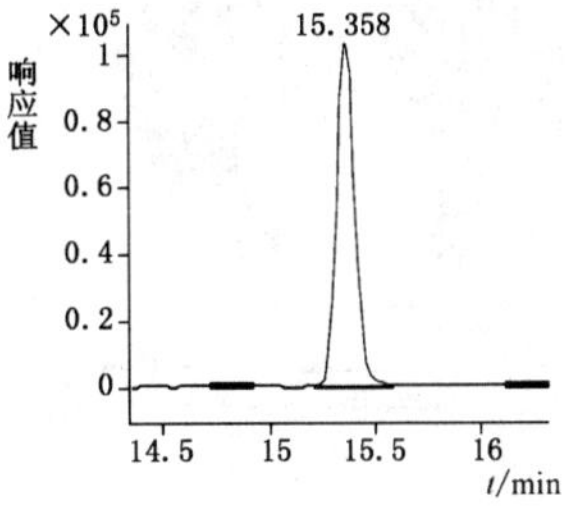


194. 稻瘟灵

(isoprothiolane)

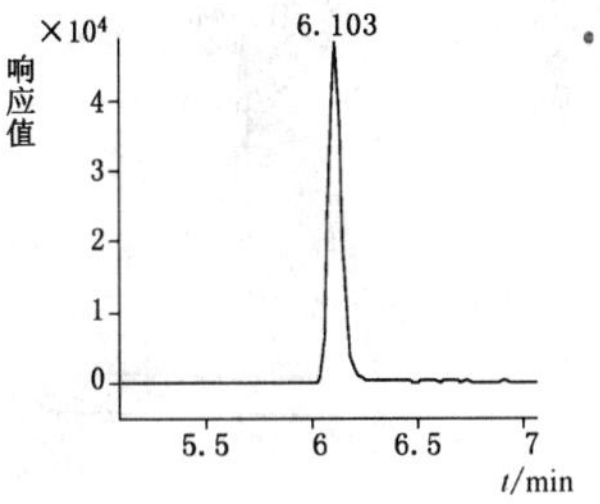


195. 抑霉唑

(imazalil)

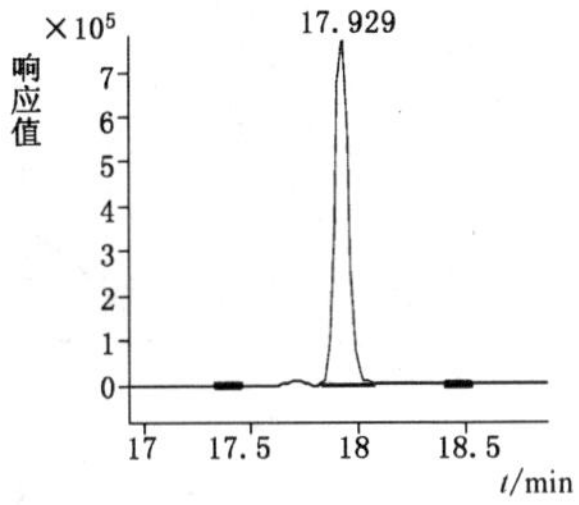


196. 辛硫磷

(phoxim)

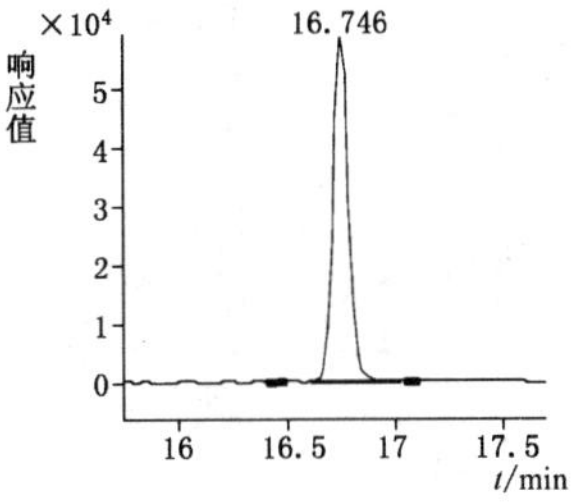


197. 喹硫磷

(quinalphos)

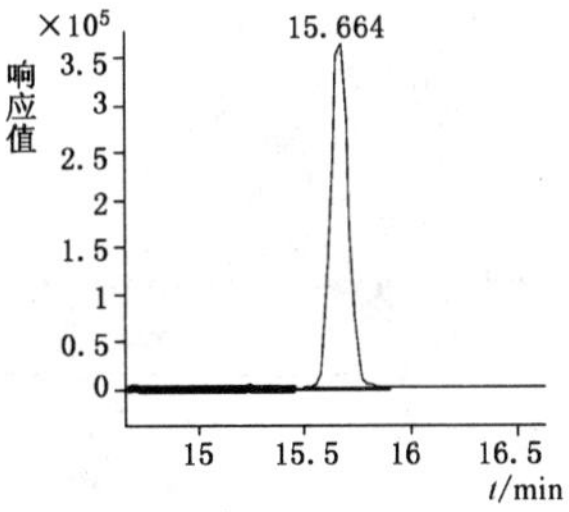


198. 灭菌磷

(ditalimfos)

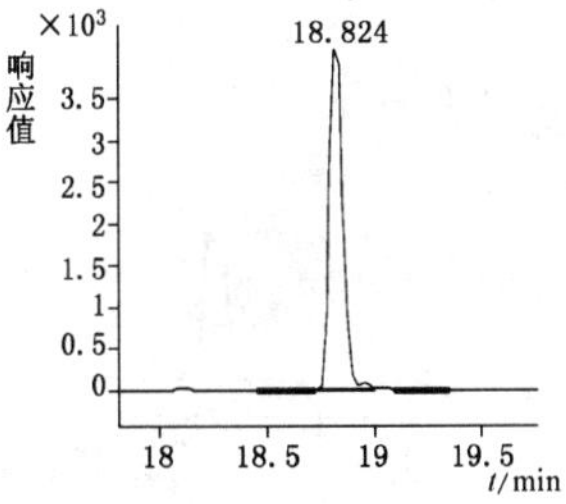


199. 苯氧威

(fenoxycarb)

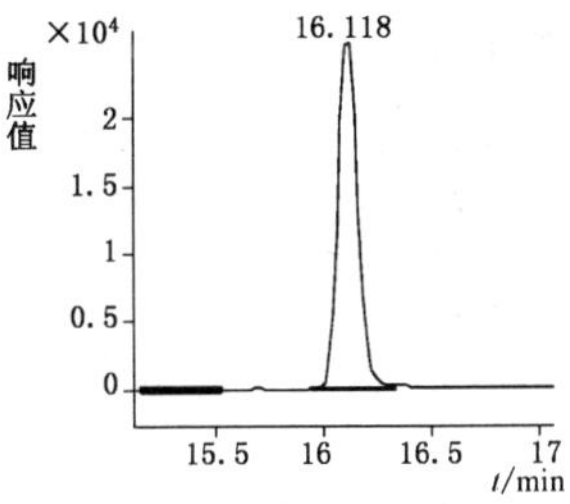


200. 嘧啶磷

(pyrimitate)

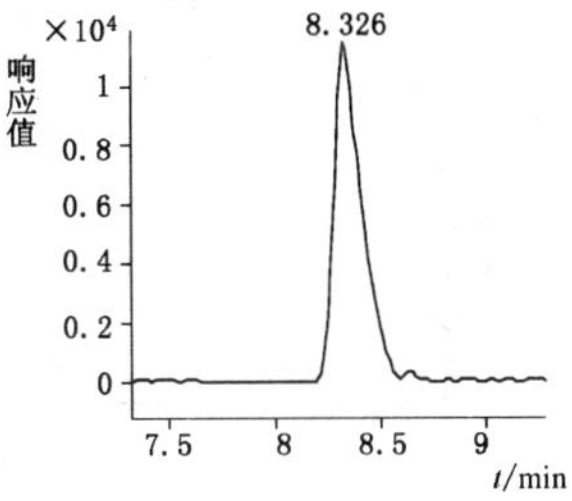


201. 丰索磷

(fensulfothin)

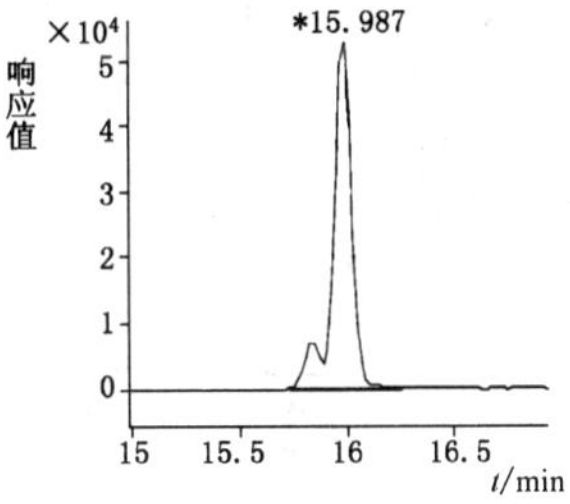


202. 氟咯草酮

(fluorochloridone)

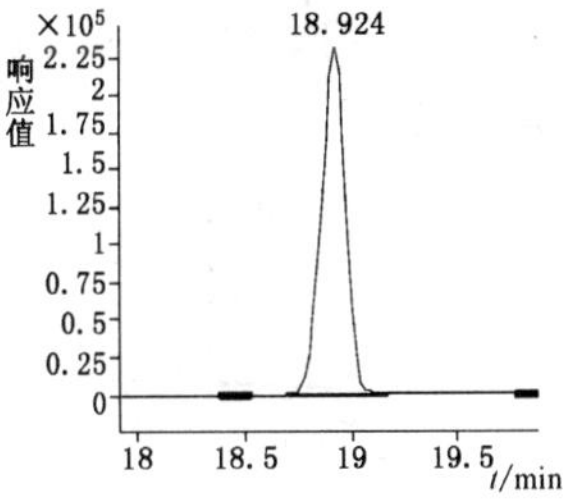


203. 丁草胺

(butachlor)

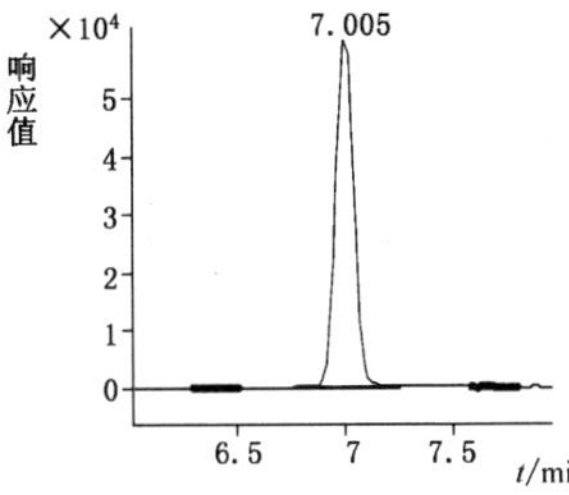


204. 咪唑喹啉酸

(imazaquin)

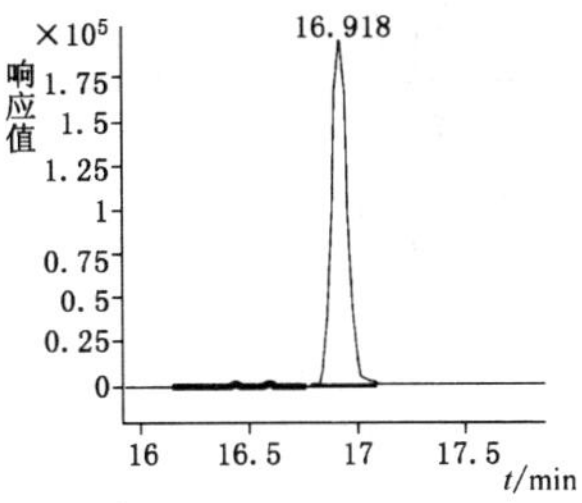


205. 亚胺菌

(kresoxim-methyl)

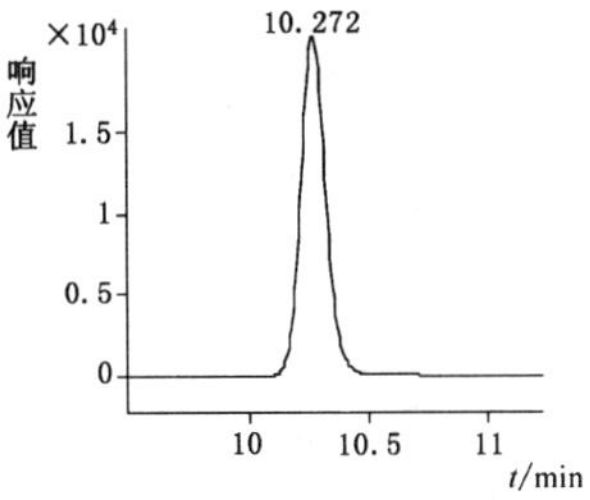


206. 戊叉菌唑

(triticonazole)

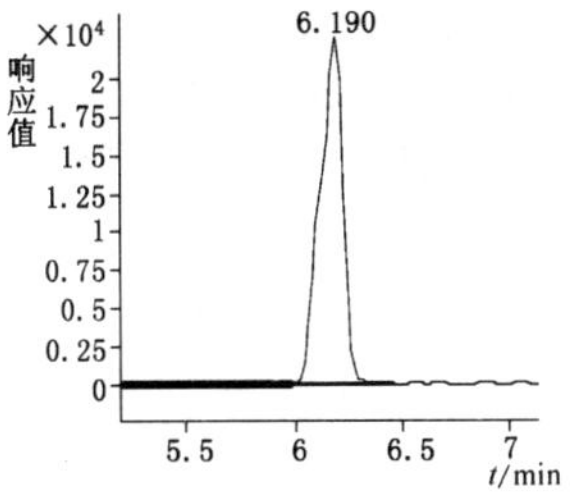


207. 苯线磷亚砜

(fenamiphos sulfoxide)

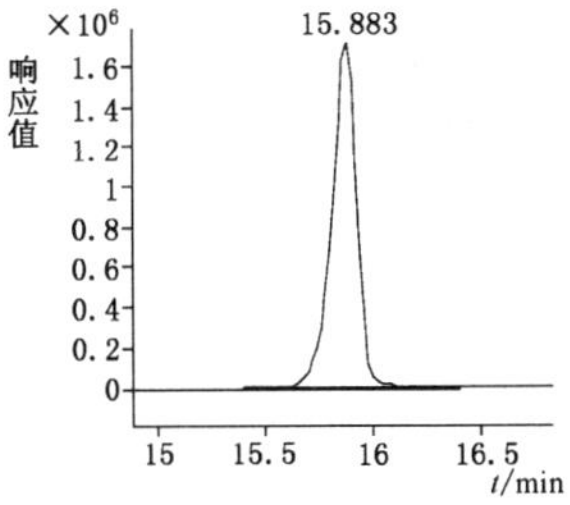


208. 噻吩草胺

(thenylchlor)

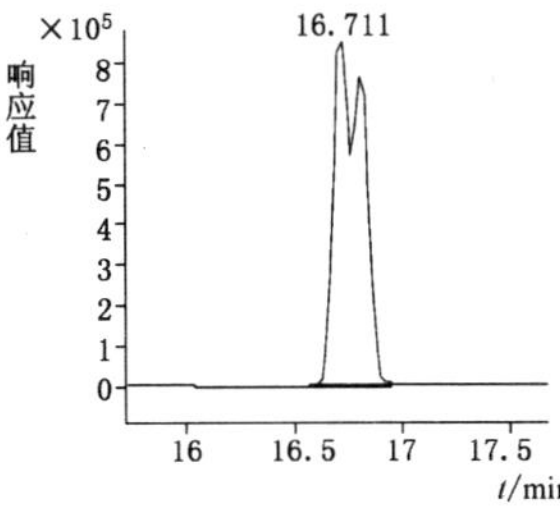


209. 氰菌胺

(fenoxanil)

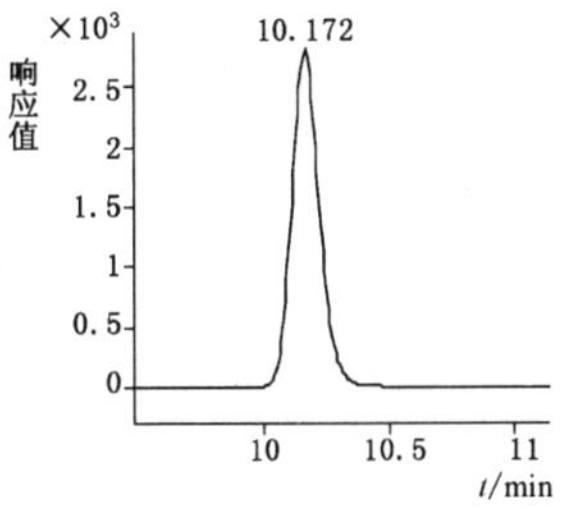


210. 杀草吡啶

(fluridone)

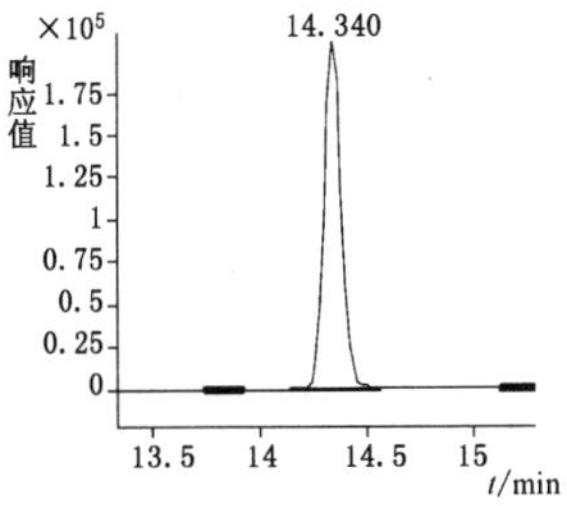


211. 氟环唑

(epoxiconazole)

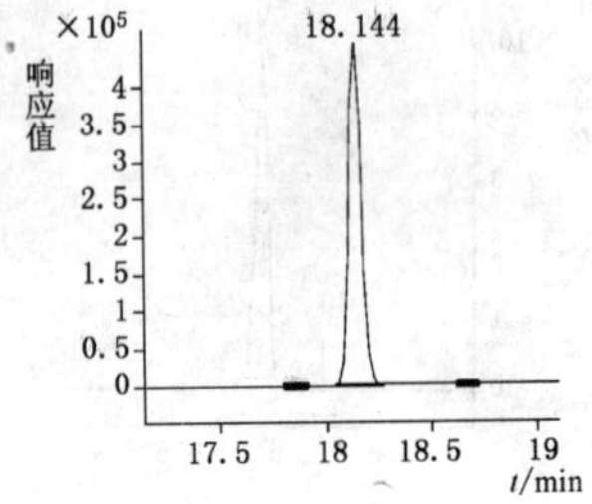


212. 氯辛硫磷
(chlorphoxim)

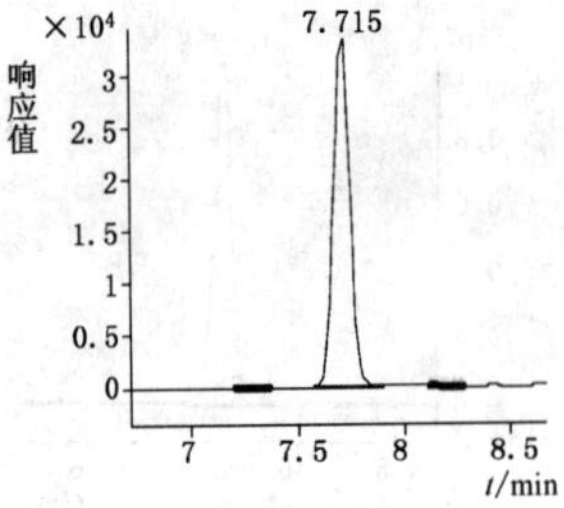


213. 苯线磷砜
(fenamiphos sulfone)

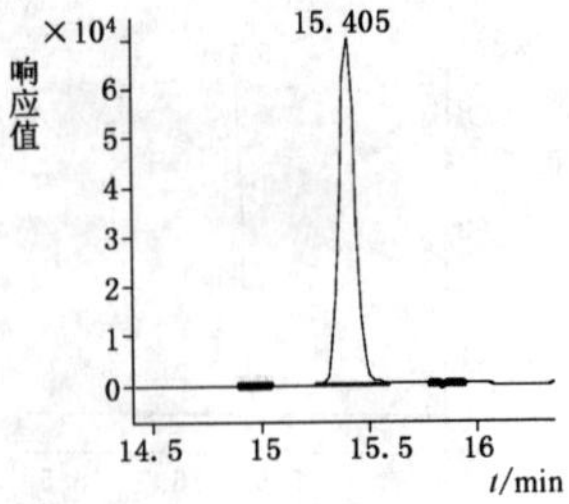


214. 腈苯唑
(fenbuconazole)

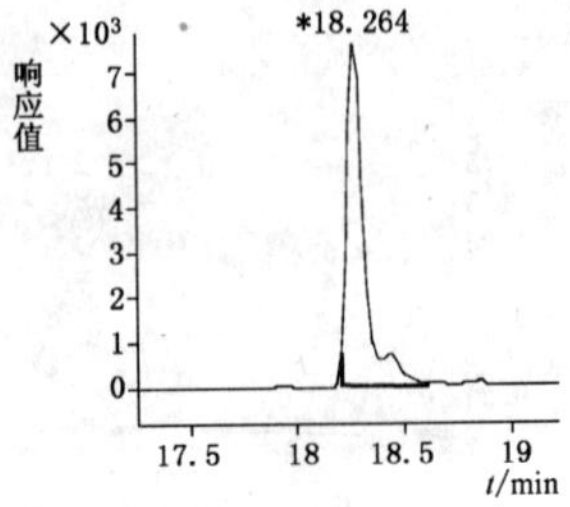


215. 异柳磷
(isofenphos)

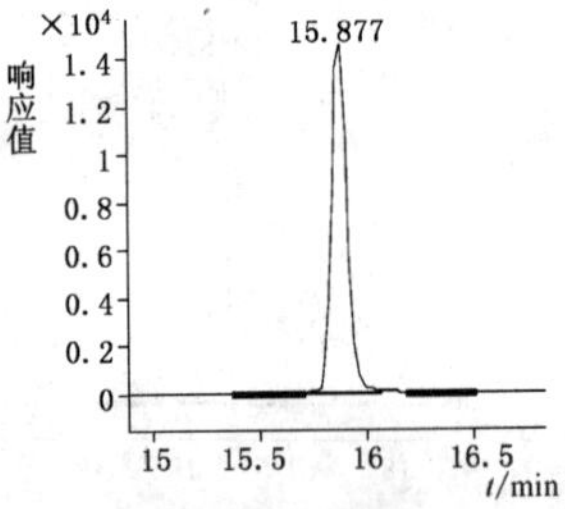


216. 氨磺乐灵
(oryzalin )

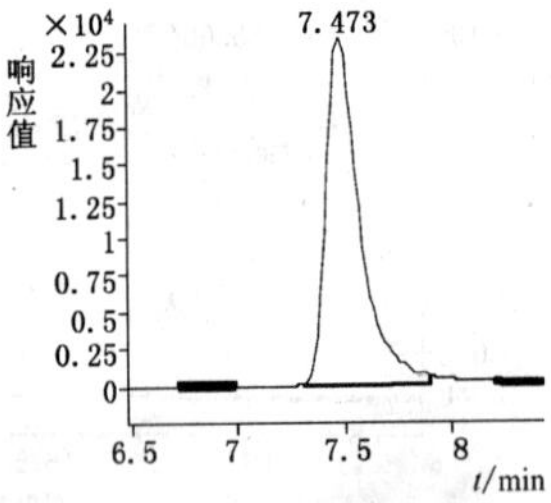


217. 氯化薯瘟锡
(fentin-chloride)

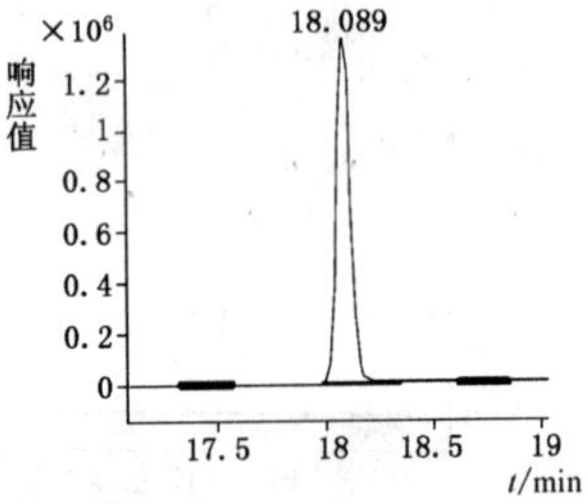


218. 哌草磷
(piperophos)

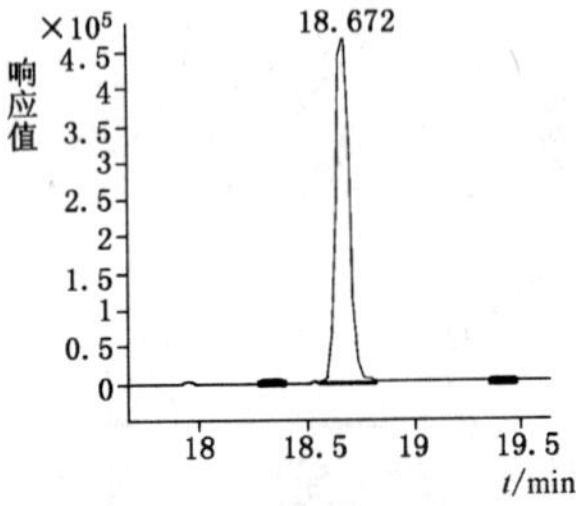


219. 增效醚
(piperonyl butoxide)

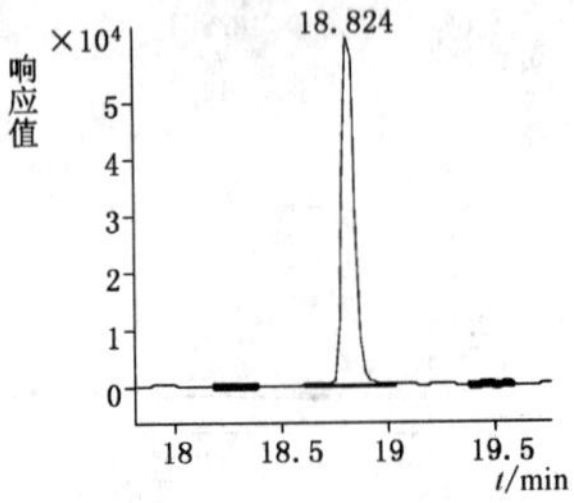


220. 乙氧氟草醚
(oxyflurofen)

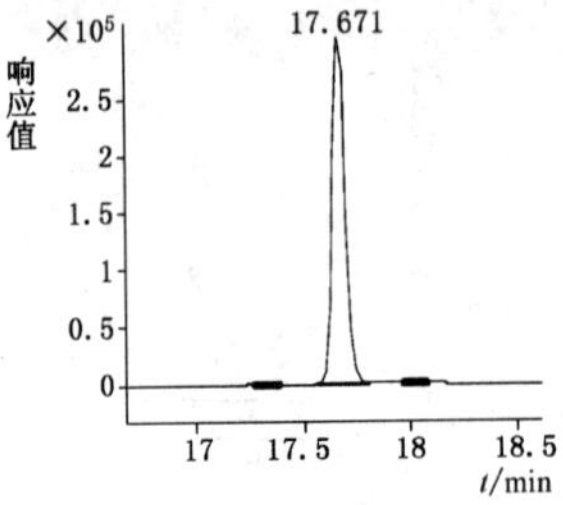


221. 蝇毒磷
(coumaphos)

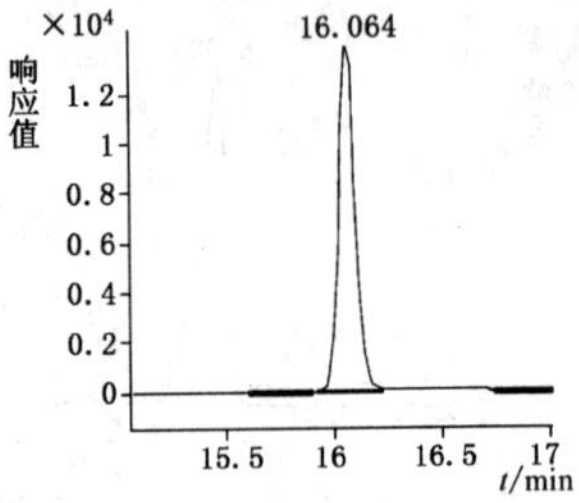


222. 氟噻草胺
(flufenacet)

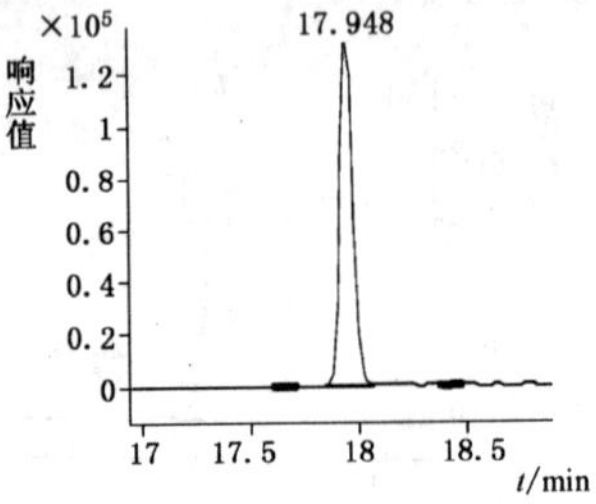


223. 伏杀硫磷
(phosalone)

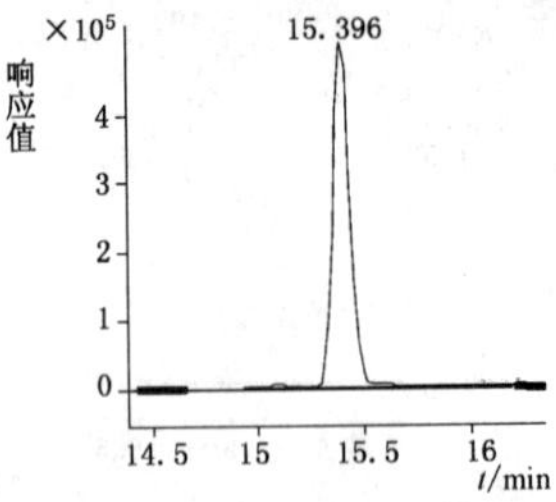


224. 甲氧虫酰肼
(methoxyfenozide)

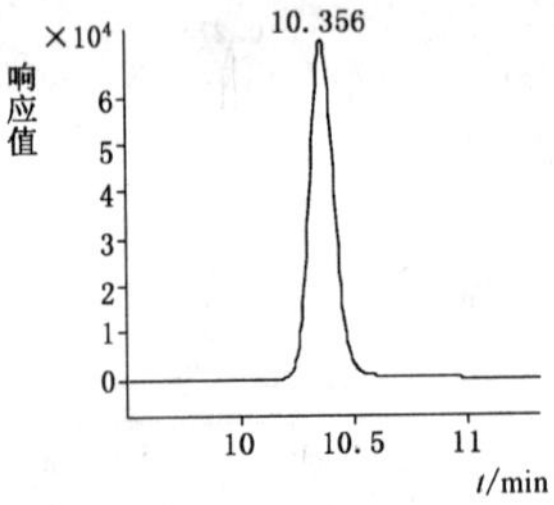


225. 咪鲜胺
(prochloraz)

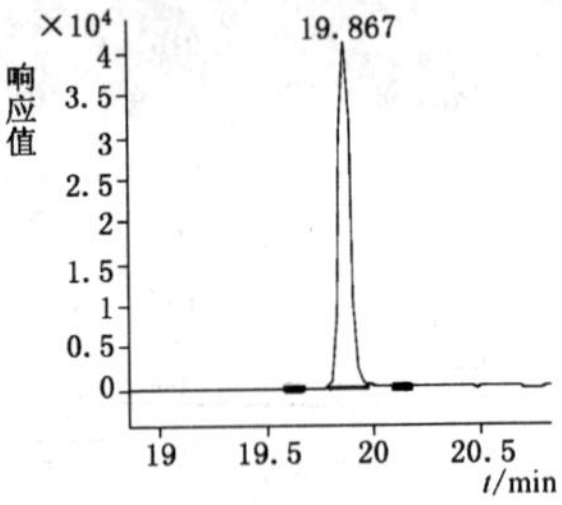


226. 丙硫特普
(aspon)

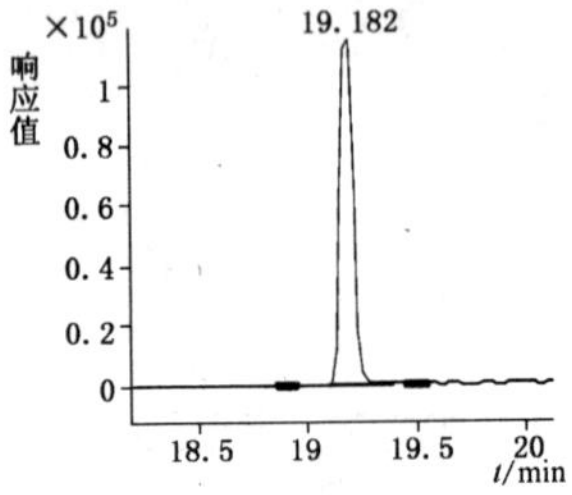


227. 乙硫磷
(ethion)

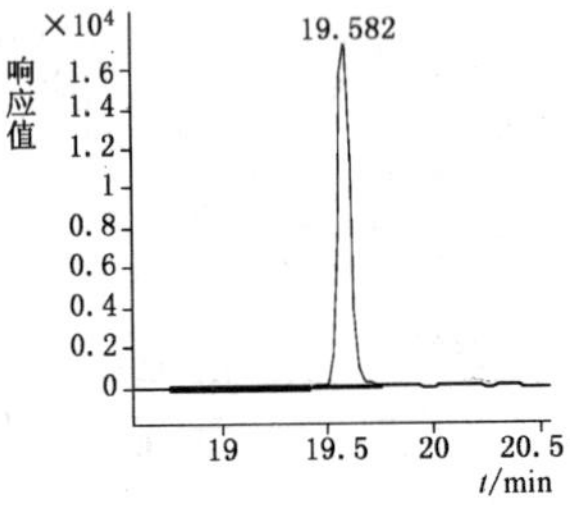


228. 丁醚脲
(diafenthiuron )

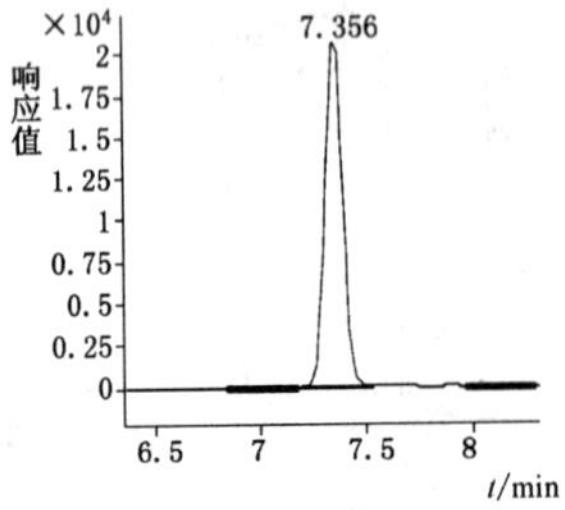


229. 噻吩磺隆
(thifensulfuron-methyl)

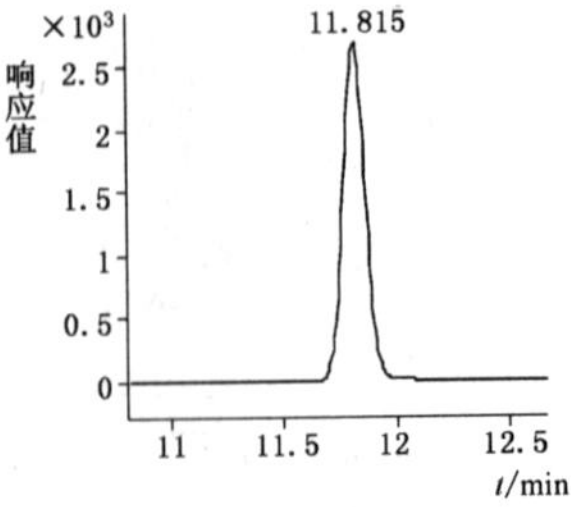


230. 乙氧嘧磺隆
(ethoxysulfuron)

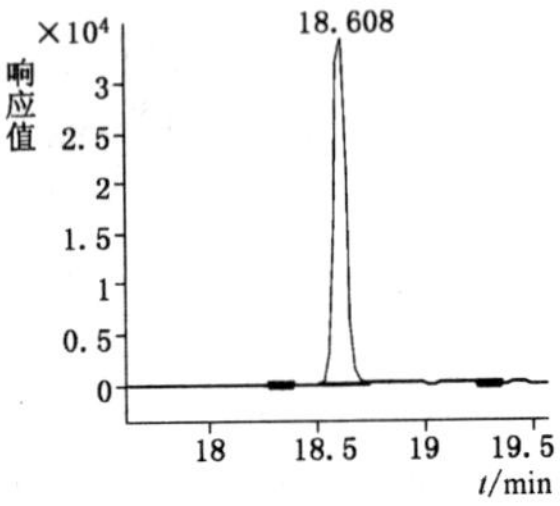


231. 氟硫草定
(dithiopyr)

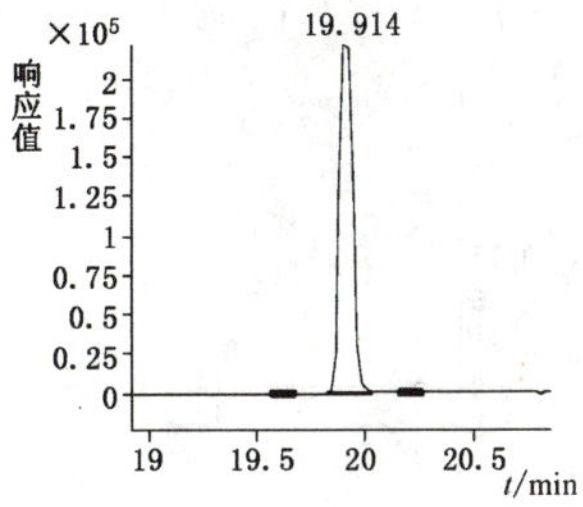


232. 螺螨酯
(spirodiclofen)

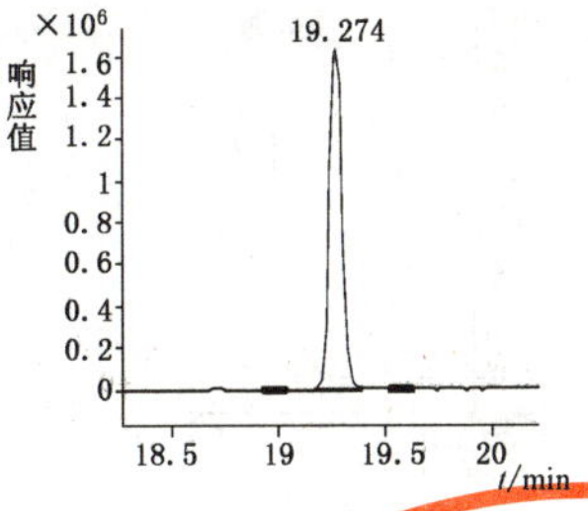


233. 唑螨酯
(fenpyroximate)

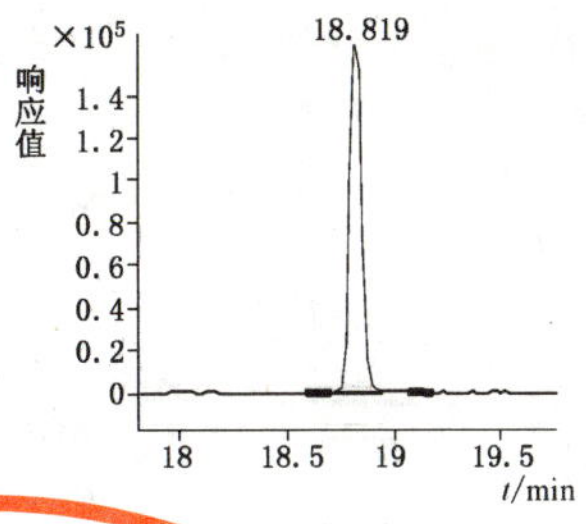


234. 胺氟草酯
(flumiclorac-pentyl)

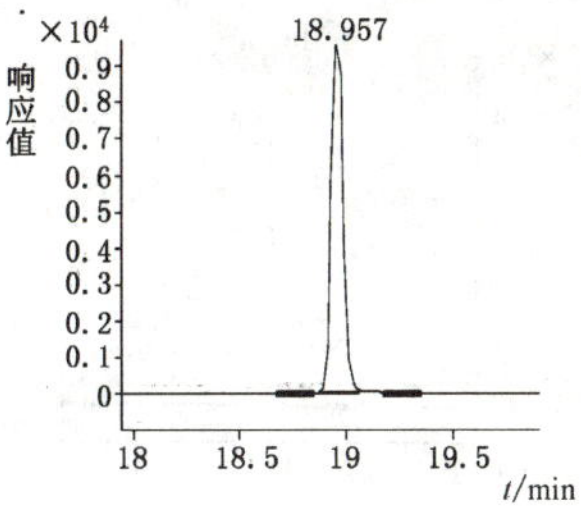


235. 双硫磷
(temephos )

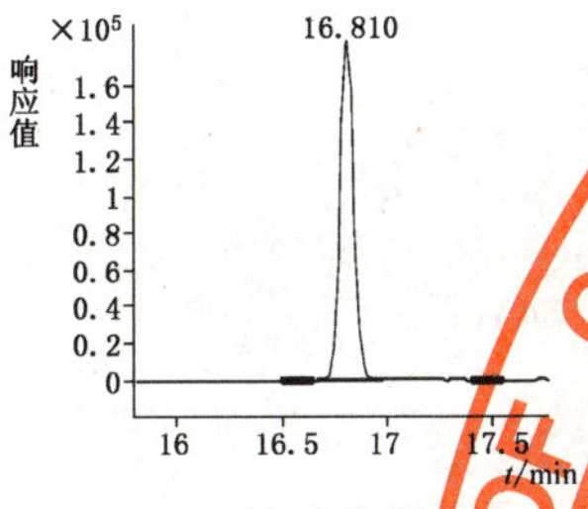


236. 氟丙嘧草酯
(butafenacil)

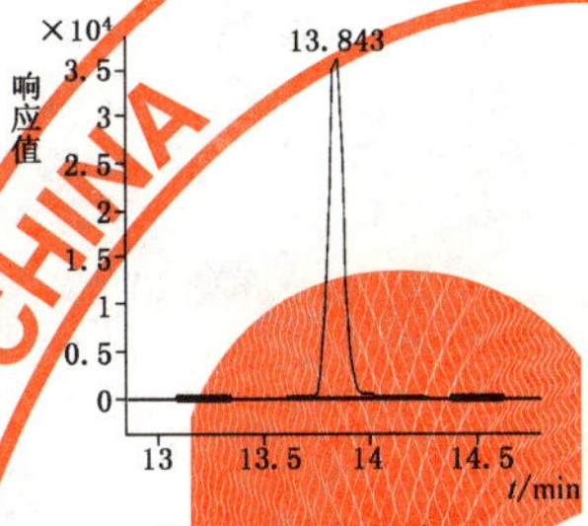


237. 多杀菌素
(spinosad)

D组图

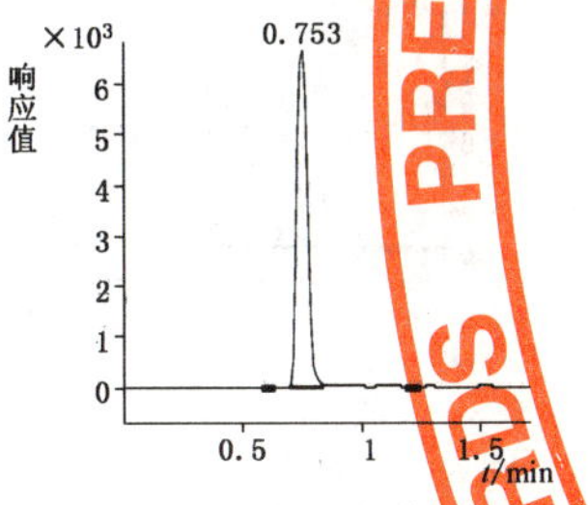


238. 甲哌金翁
(mepiquat chloride)

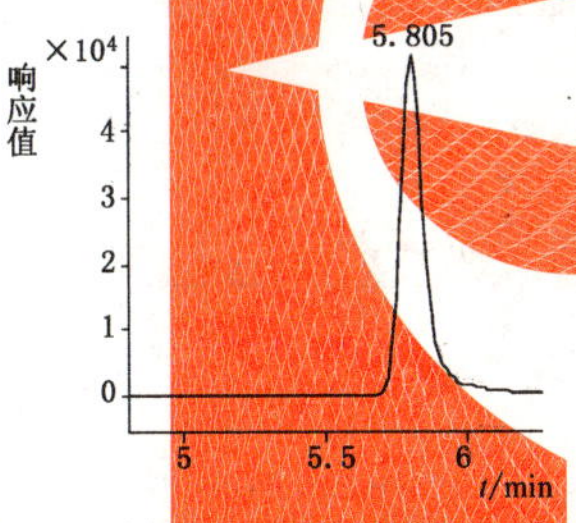


239. 二丙烯草胺
(allidochlor)

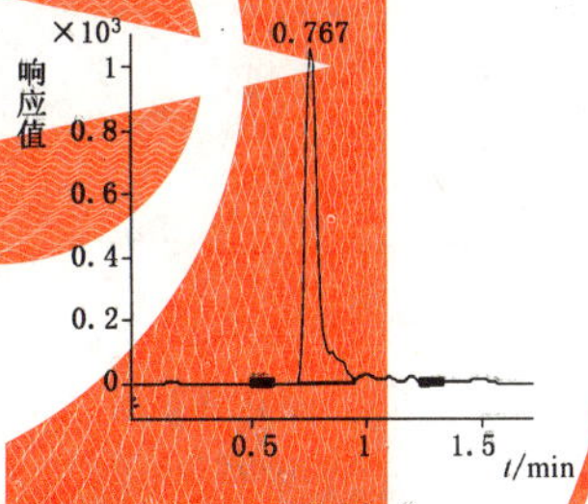


240. 霜霉威
(propamocarb)

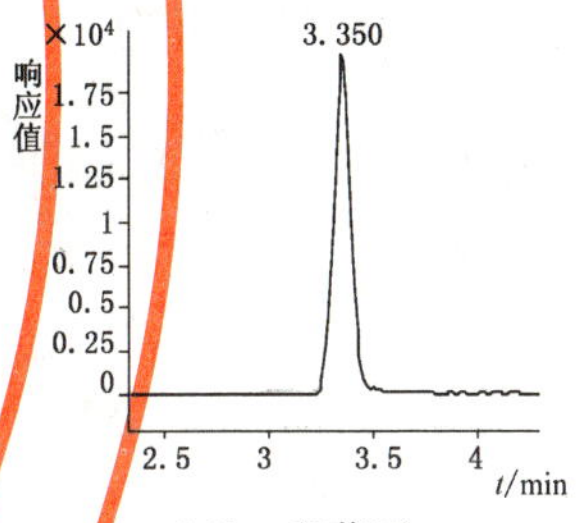


241. 噻菌灵
(thiabendazole)

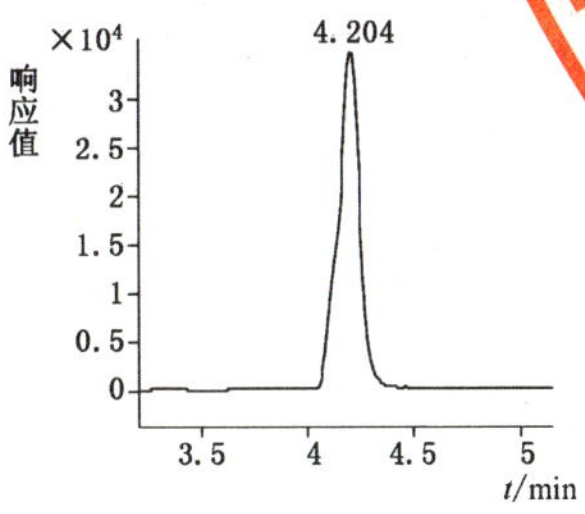


242. 苯嗪草酮
(metamitron)

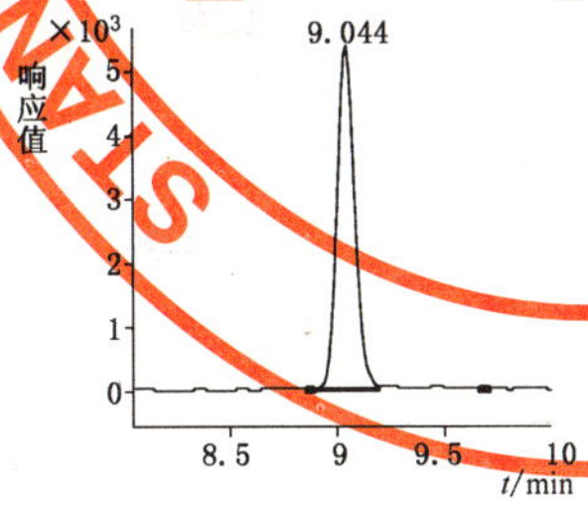


243. 异丙隆
(isoproturon)

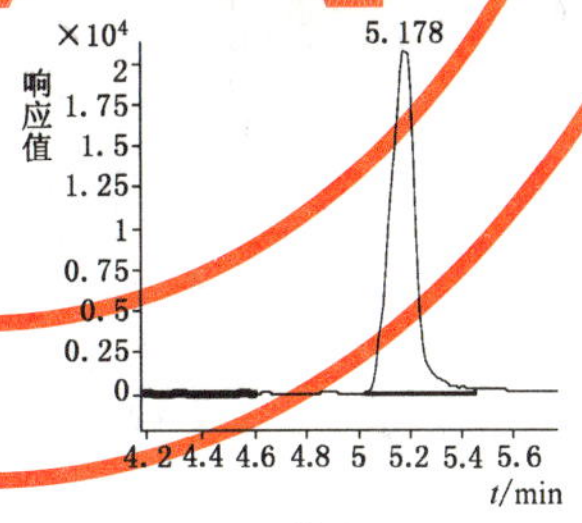


244. 莠去通
(atratone)

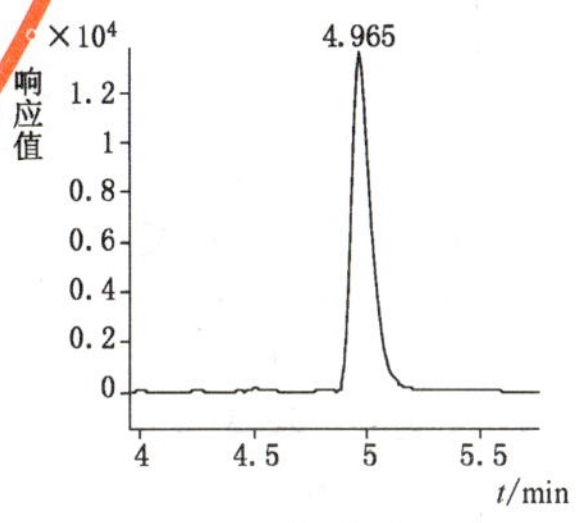


245. 敌草净
[desmetryn (oesmetryn)]

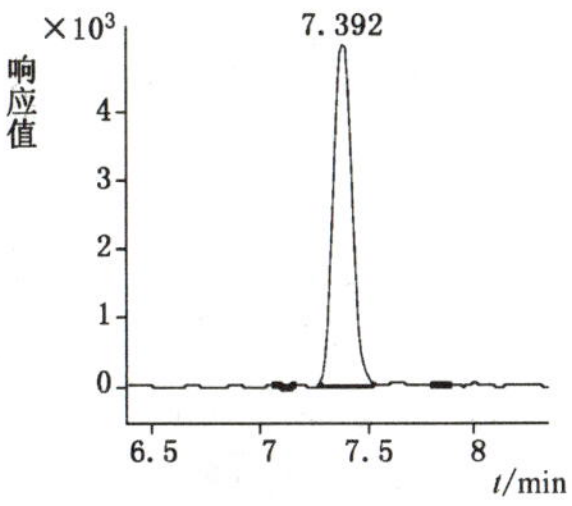


246. 赛克津
(metribuzin)

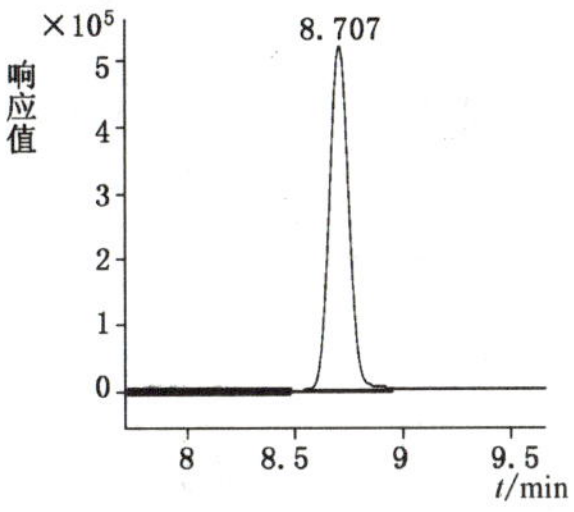


247. —
(DMST)

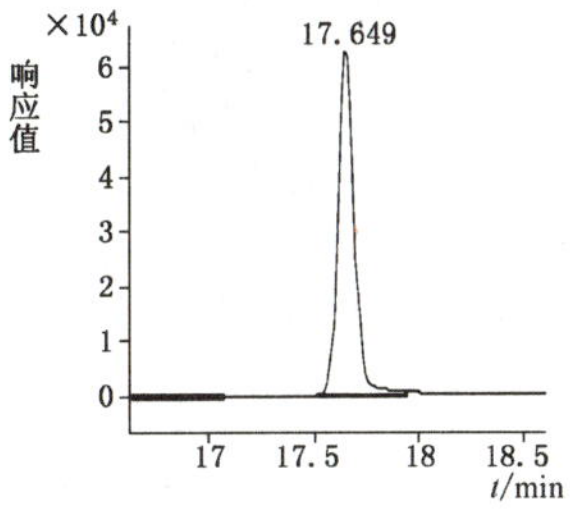


248. 环草敌
(cycloate)

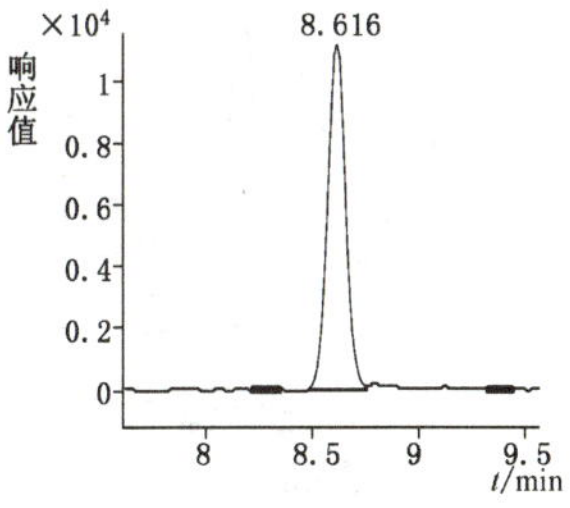


249. 莠去津
(atrazine)

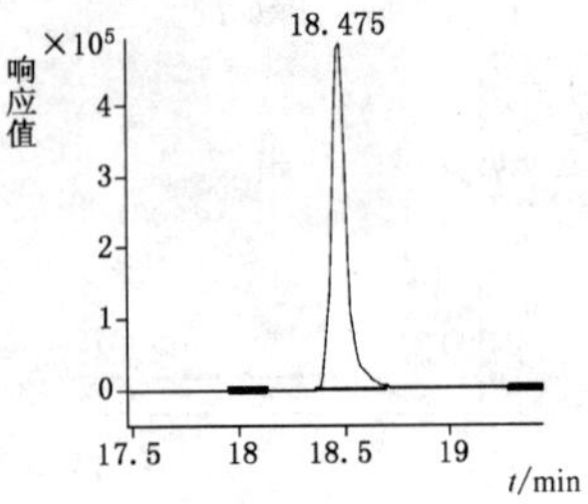


250. 丁草敌
(butylate)

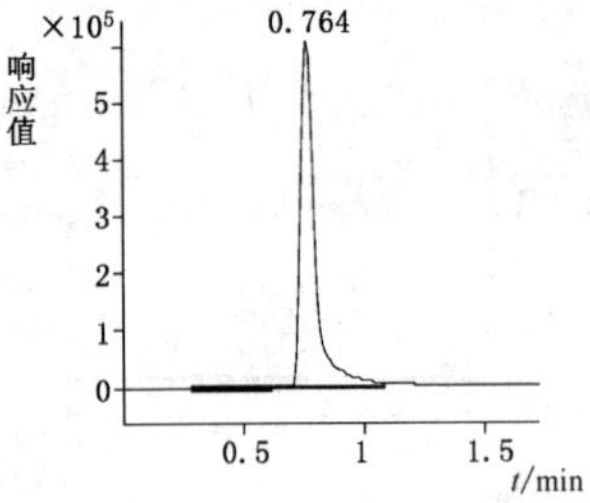


251. 吡蚜酮
(pymetrozin)

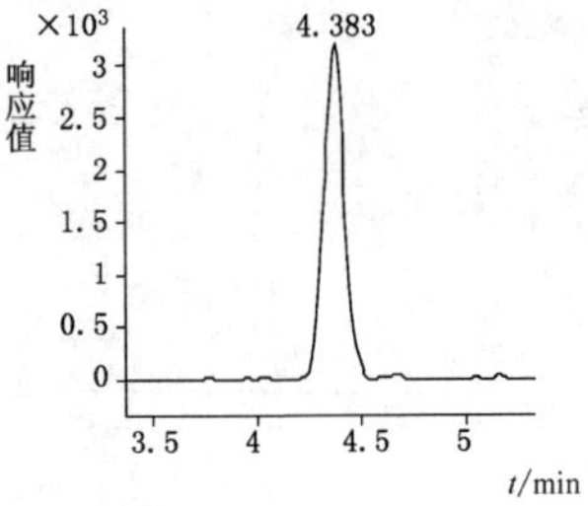


252. 氯草敏
(chloridazon)

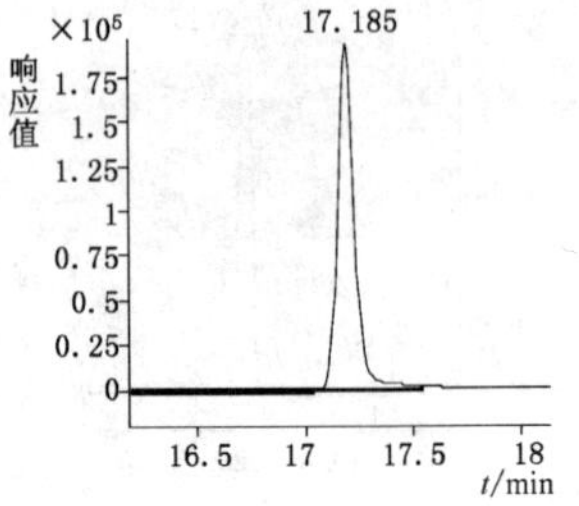


253. 菜草畏
(sulfallate)

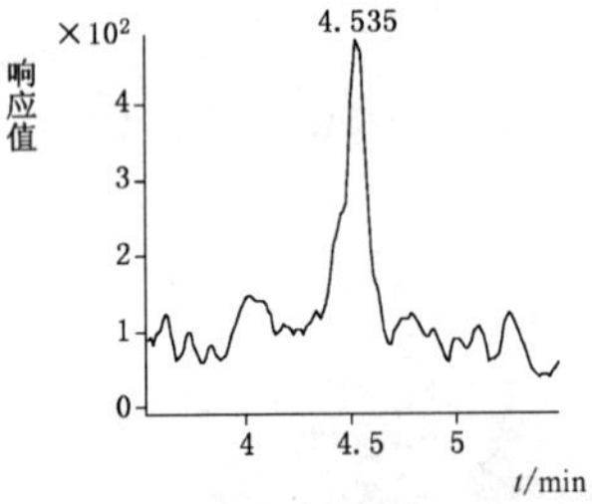


254. 乙硫苯威
(ethiofencarb)

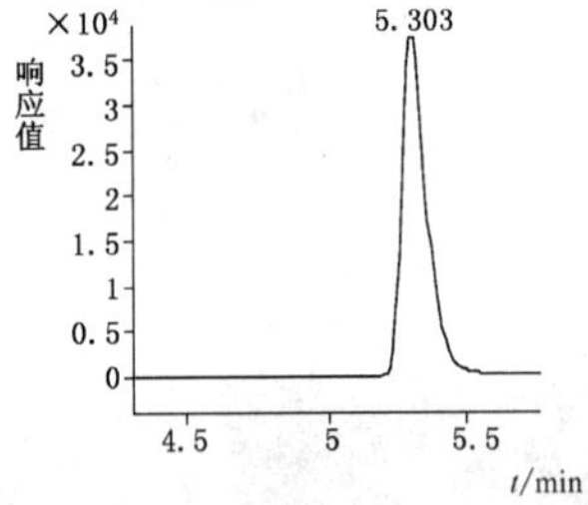


255. 特丁通
(terbumeton)

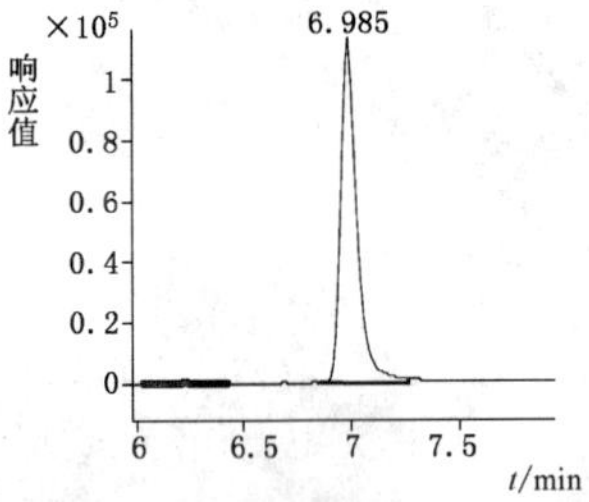


256. 环丙津
(cyprazine)

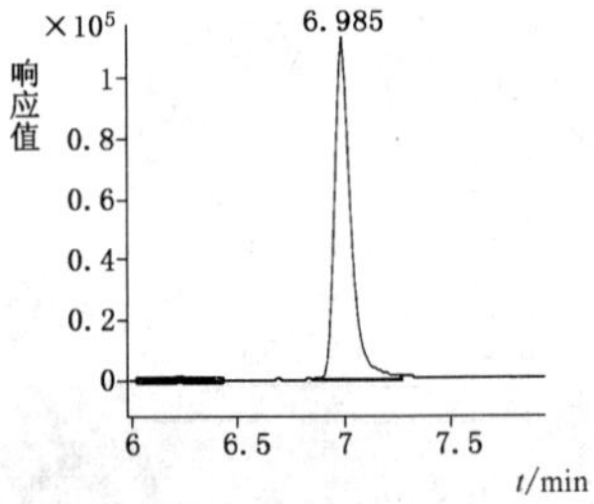


257. 莠灭津
(ametryn)

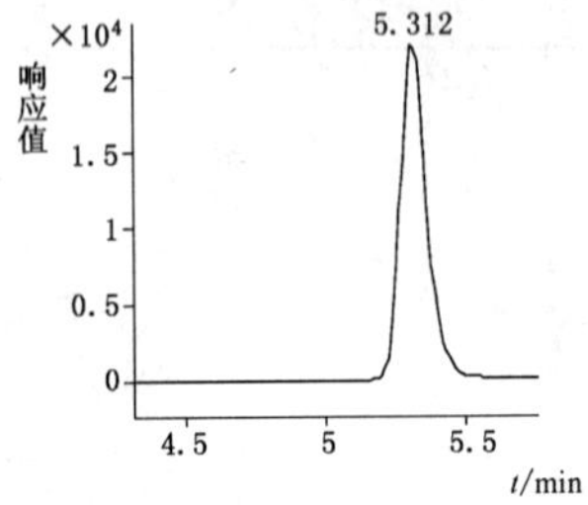


258. 木草隆
(tebuthiuron)

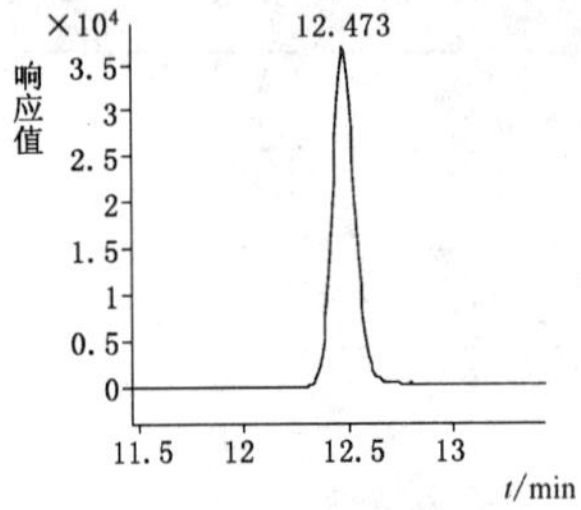


259. 草达津
(trietazine)

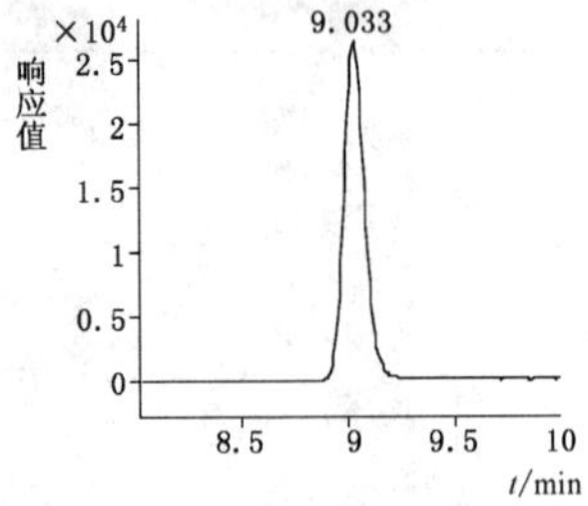


260. 另丁津
(sebutylazine)

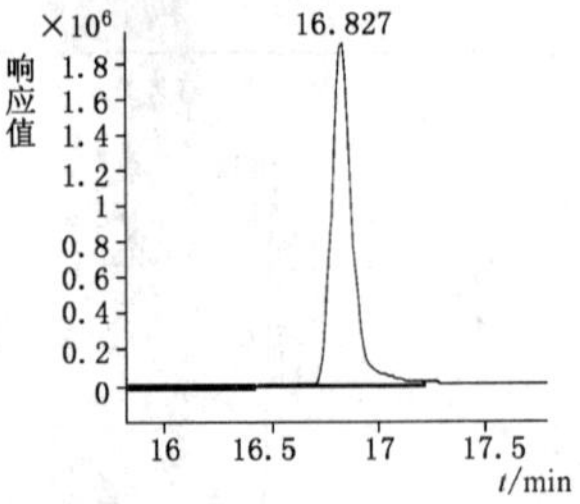


261. 畜虫避
(dibutyl succinate)

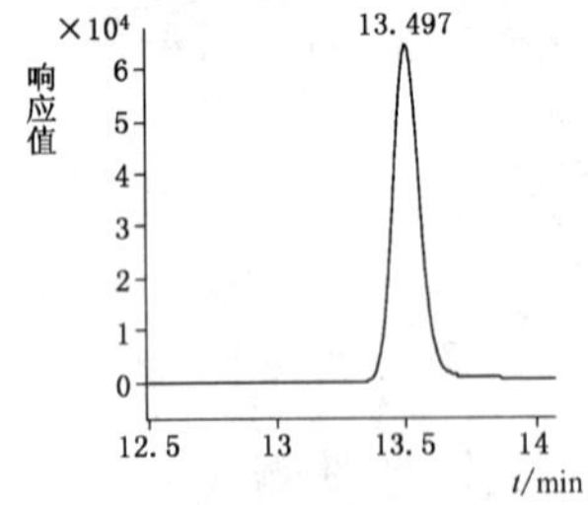


262. 牧草胺
(tebutam)

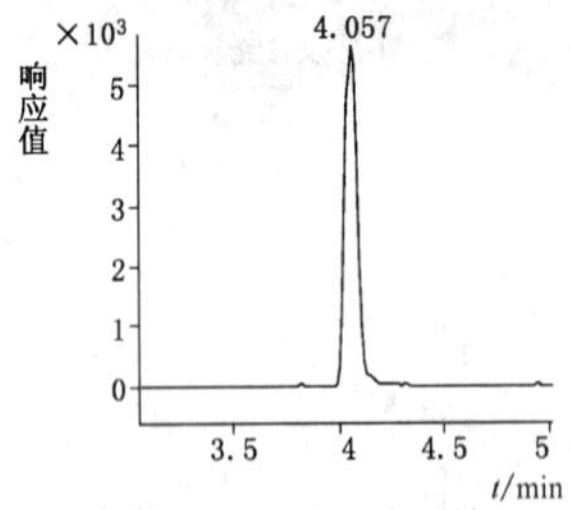


263. 久效威亚砜
(thiofanox-sulfoxide)

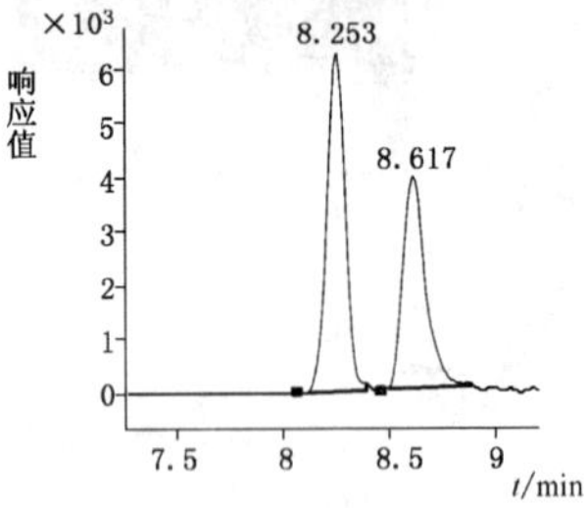


264. 特丁净
(terbutryn)

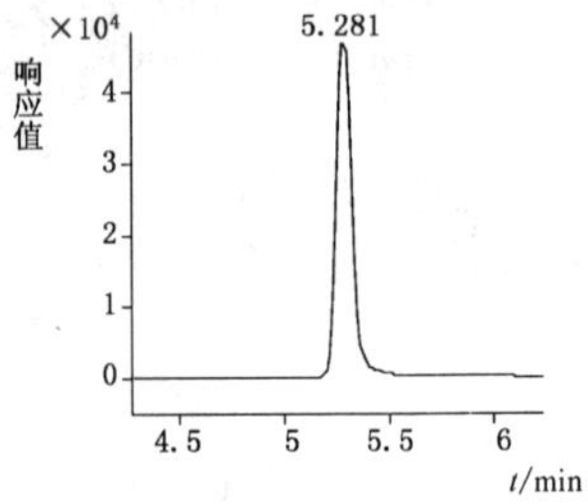


265. 咪唑嗪
(triazoxide)

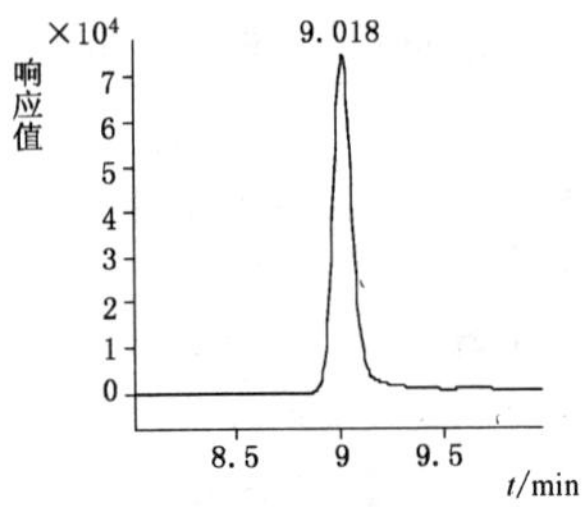


266. 虫线磷
(thionazin)

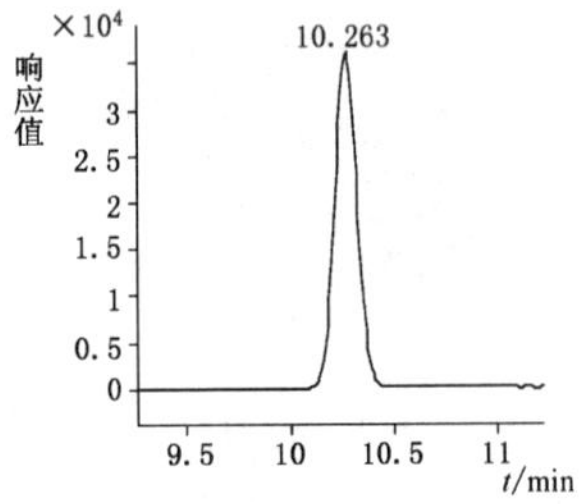


267. 利谷隆
(linuron)

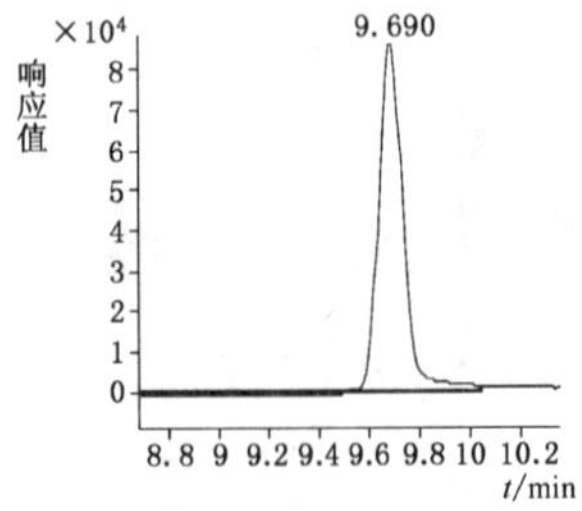


268. 庚虫磷
(heptanophos)

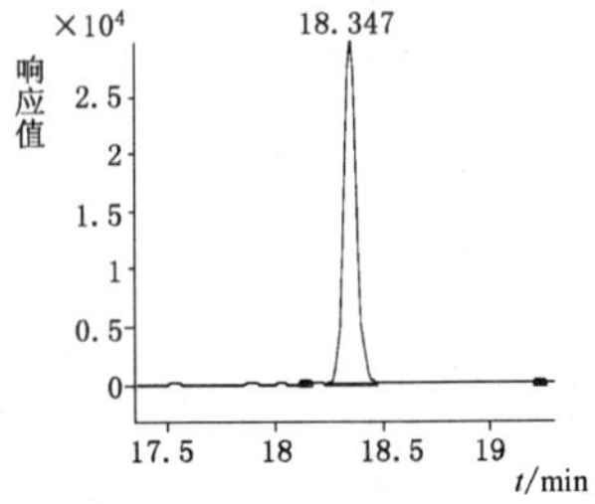


269. 苄草丹
(prosulfocarb)

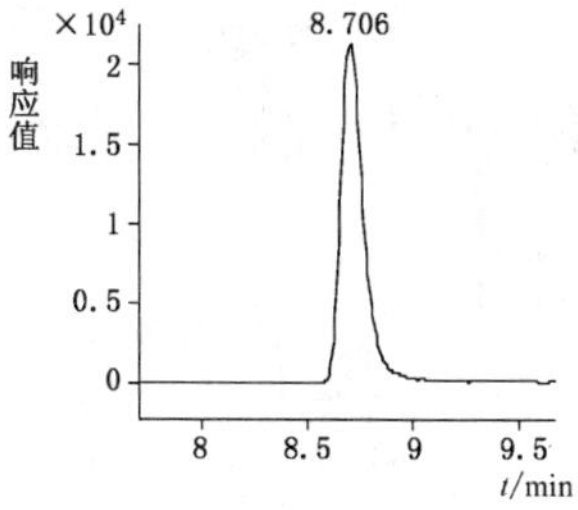


270. 杀草净
(dipropetryn)

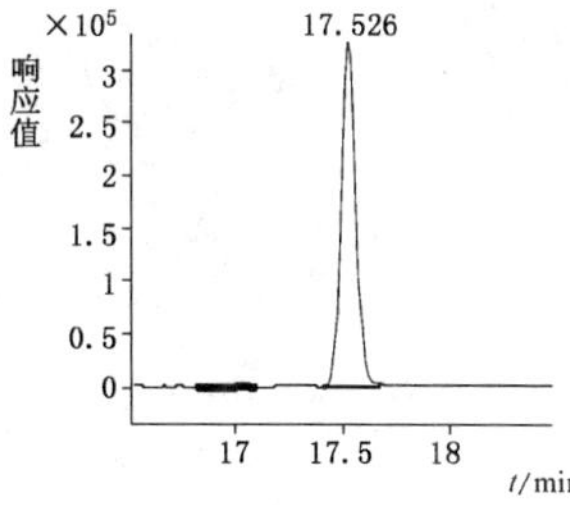


271. 禾草丹
(thiobencarb)

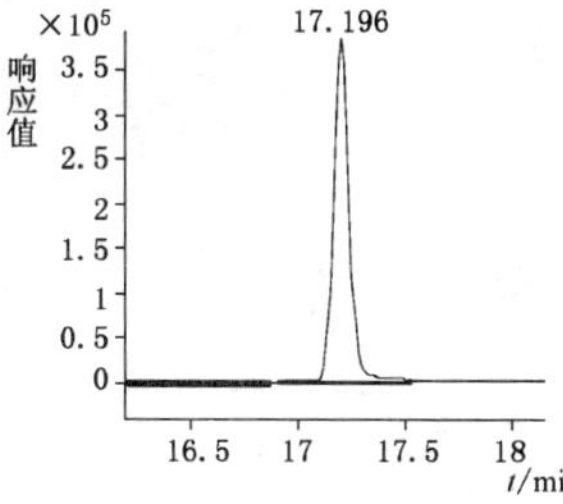


272. 三异丁基磷酸盐
(tri-iso-butyl phosphate)

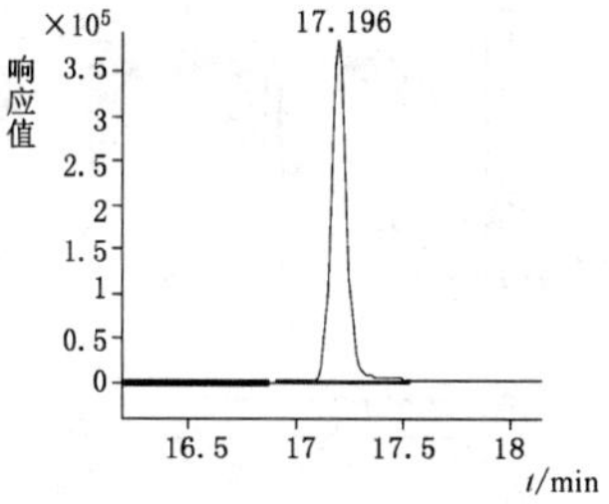


273. 三正丁基磷酸酯
(tri-n-butyl phosphate)

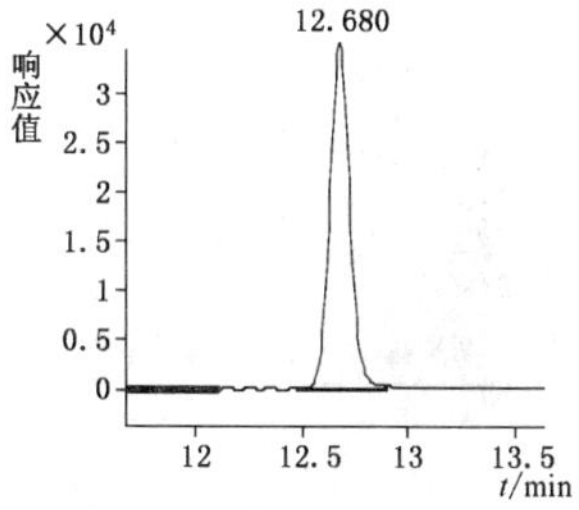


274. 乙霉威
(diethofencarb)

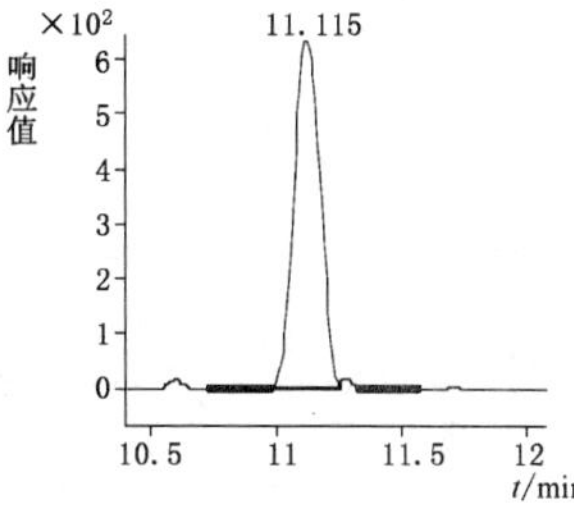


275. 甲草胺
(alachlor)

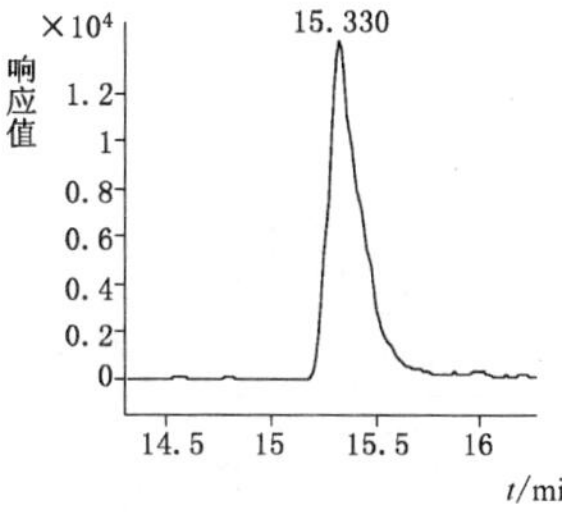


276. 硫线磷
(cadusafos)

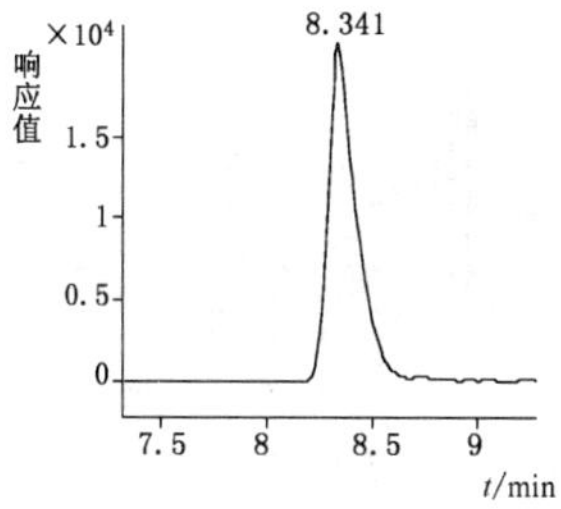


277. 吡唑草胺
(metazachlor)

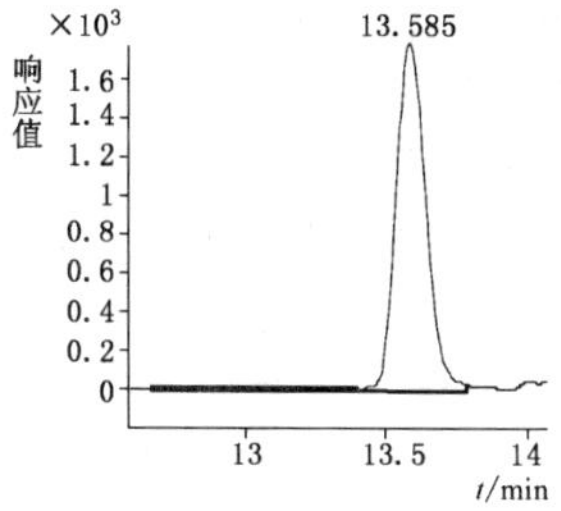


278. 胺丙畏
(propetamphos)

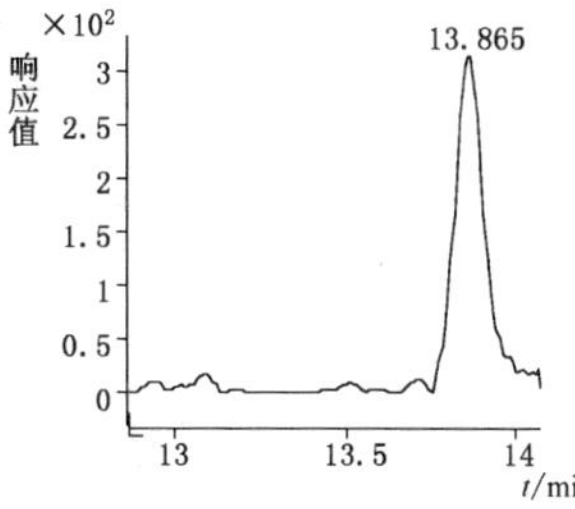


279. 特丁硫磷
(terbufos)

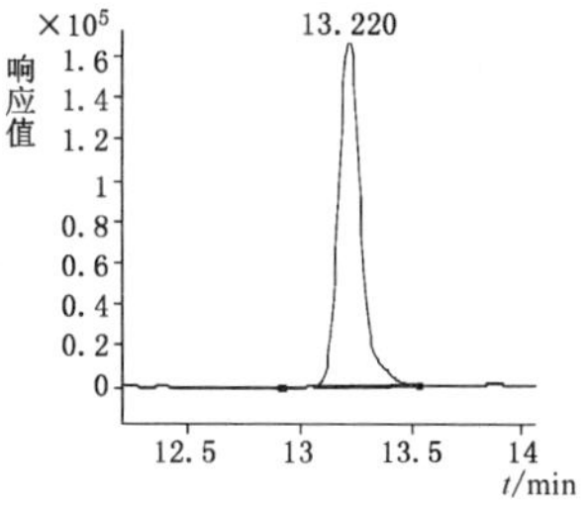


280. 硅氟唑
(simeconazole)

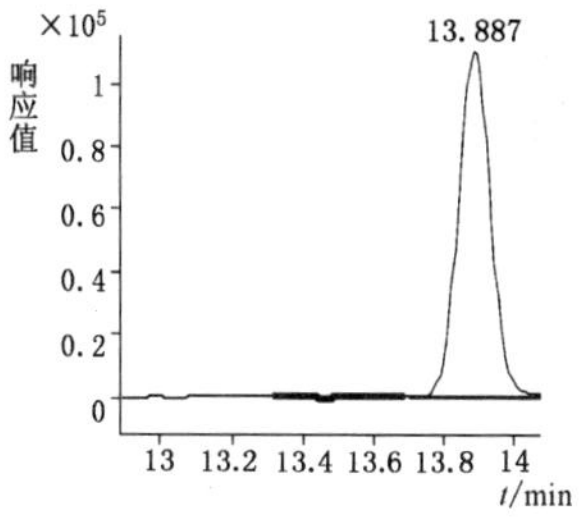


281. 三唑酮
(triadimefon)

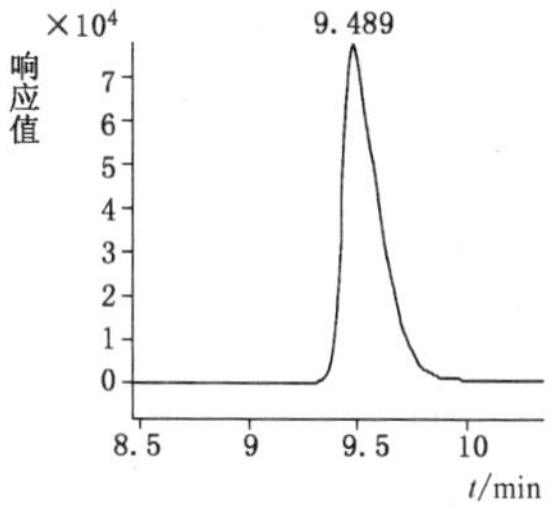


282. 甲拌磷砜
(phorate sulfone)

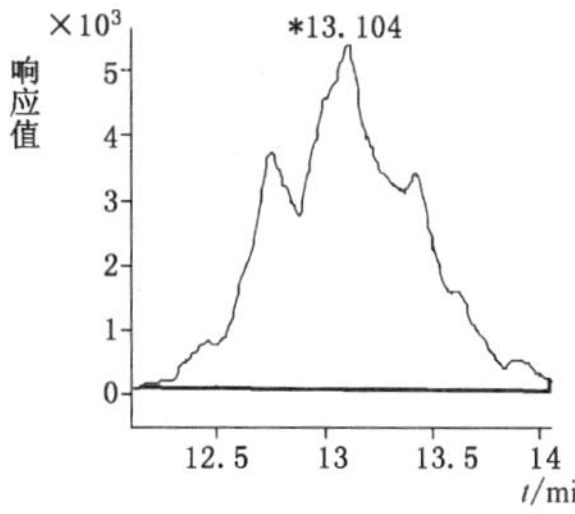


283. 十三吗啉
(tridemorph)

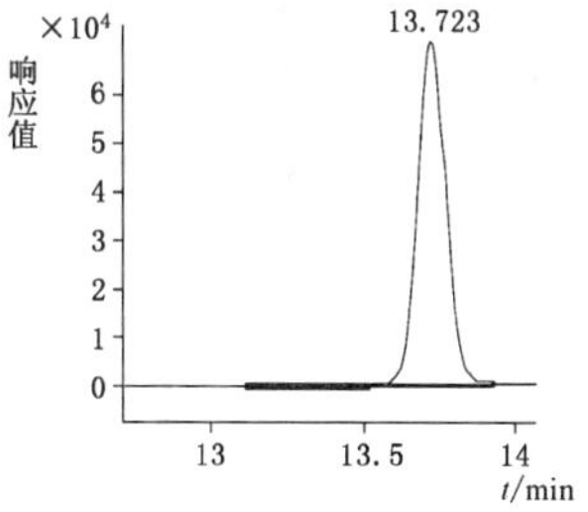


284. 苯噻酰草胺
(mefenacet)

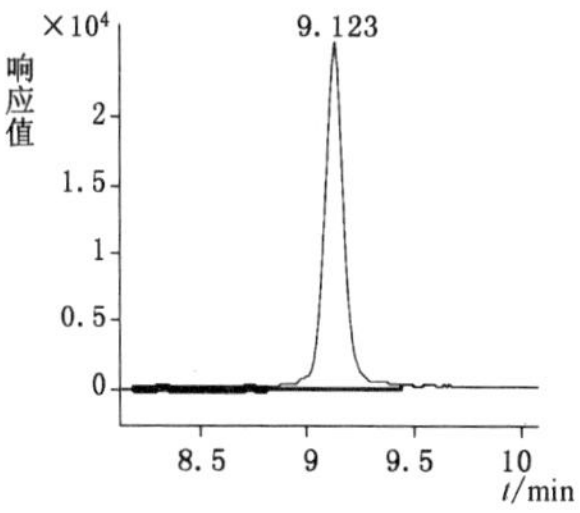


285. 丁苯玛琳
(fenpropimorph)

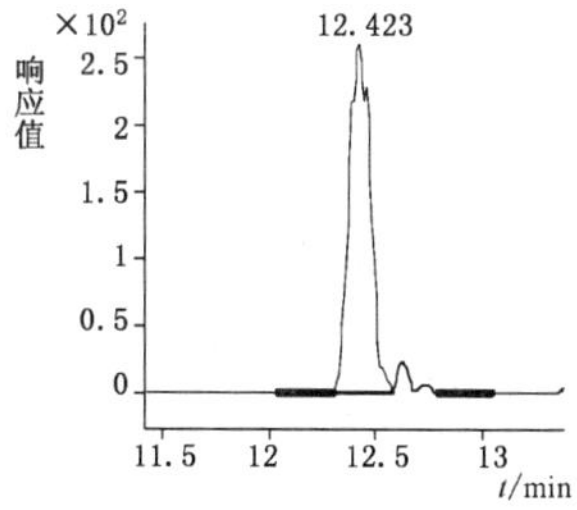


286. 戊唑醇
(tebuconazole)

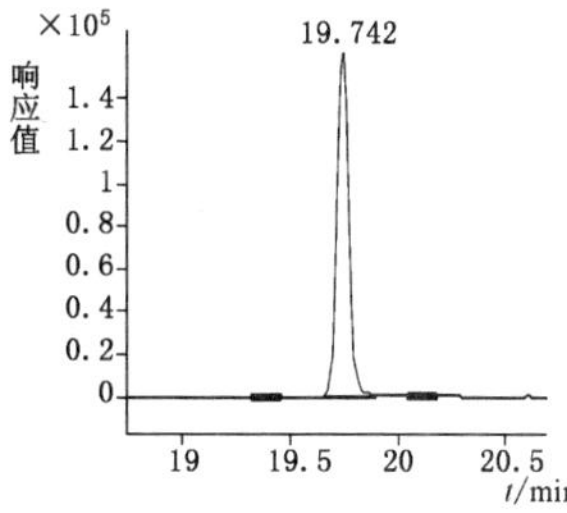


287. 异丙乐灵
(isopropalin)

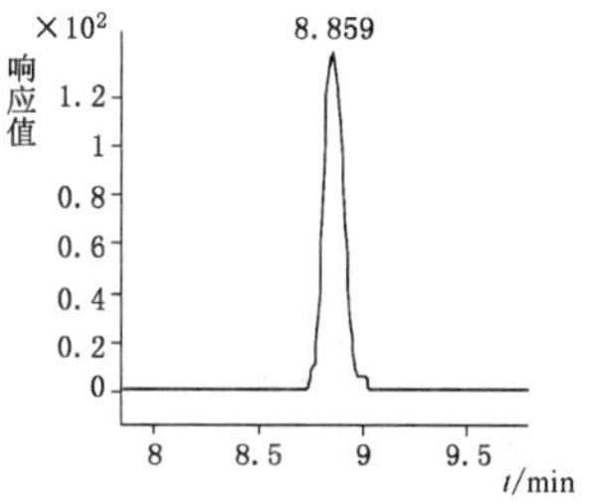


288. 氟苯嘧啶醇
(nuarimol)

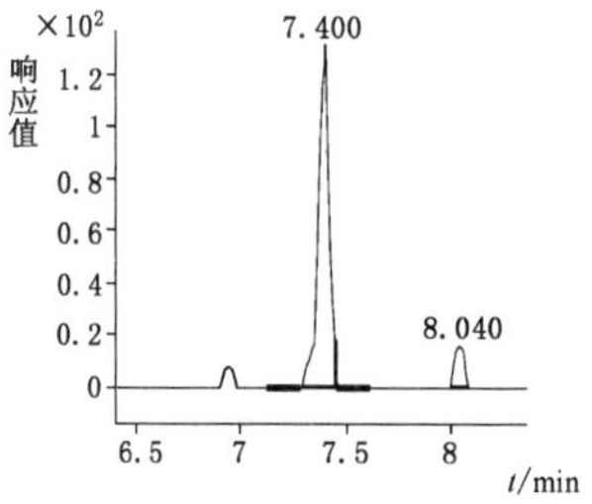


289. 乙嘧酚磺酸酯
(bupirimate)

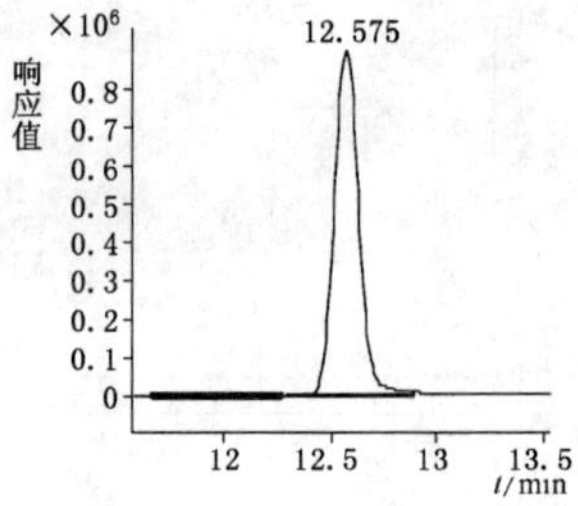


290. 保棉磷
(azinphos-methyl)

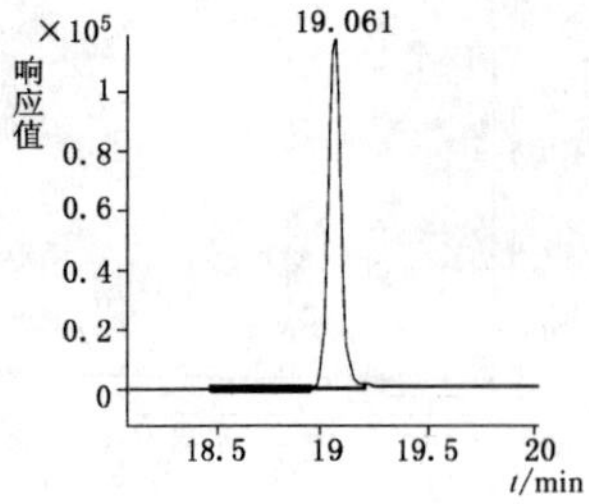


291. 丁基嘧啶磷
(tebupirimfos)

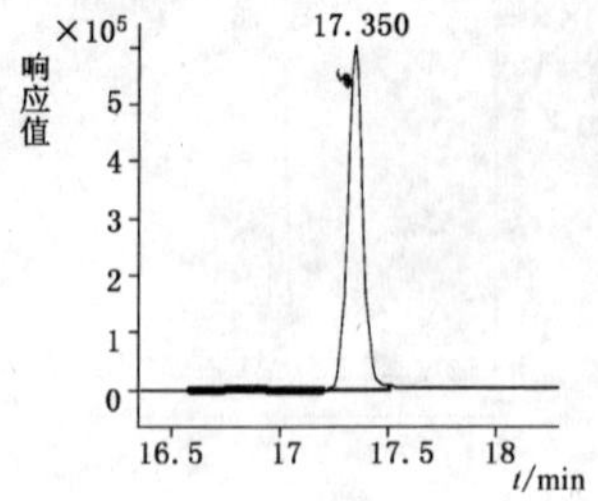


292. 稻丰散
(phenthoate)

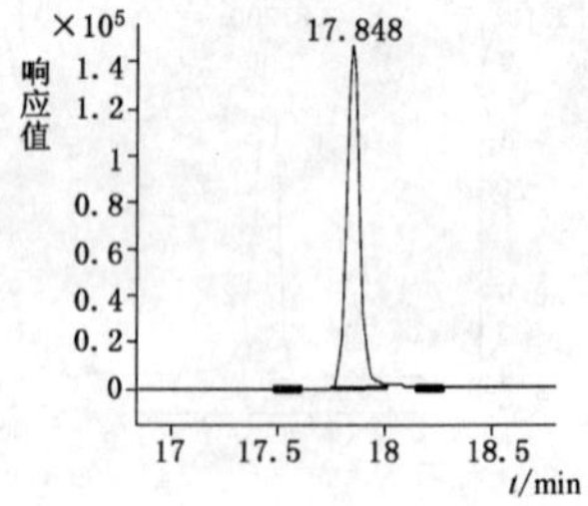


293. 治螟磷
(sulfotep)

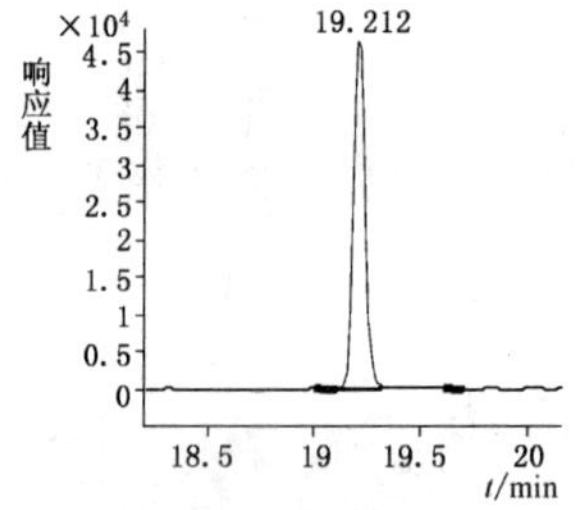


294. 硫丙磷
(sulprofos)

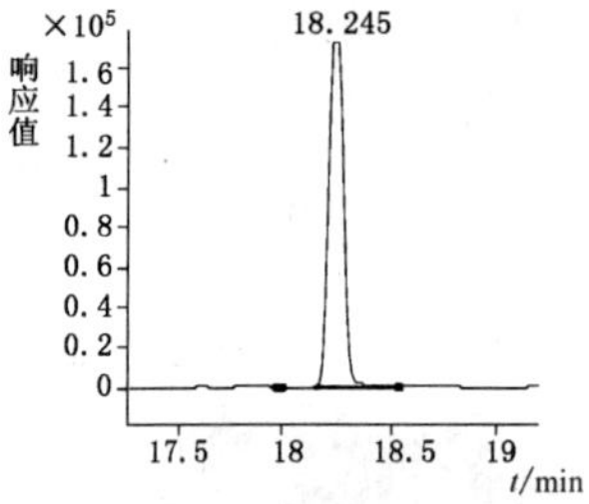


295. 苯硫磷
(EPN)

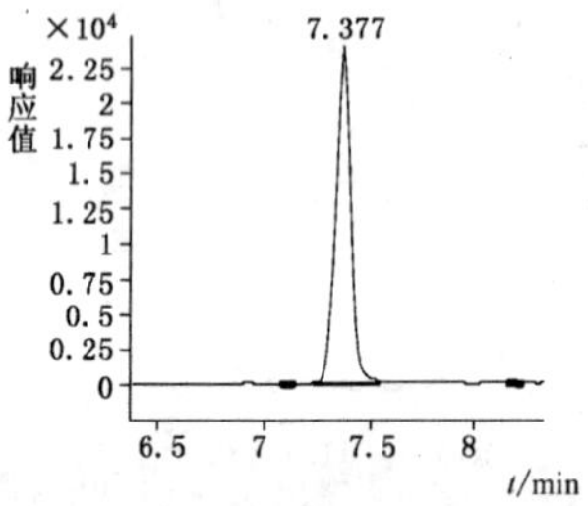


296. 甲基吡噁磷
(azamethiphos)

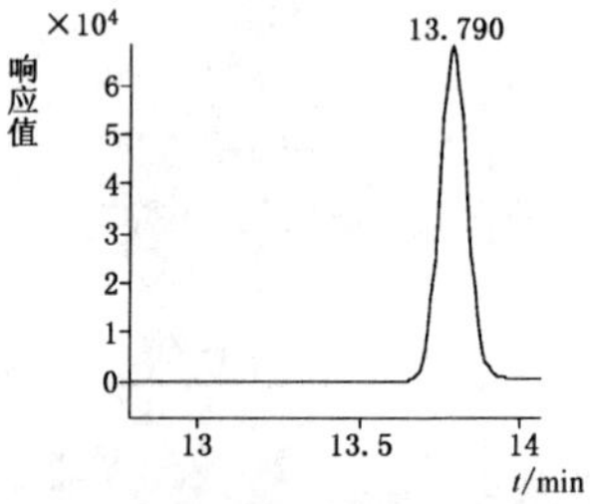


297. 烯唑醇
(diniconazole)

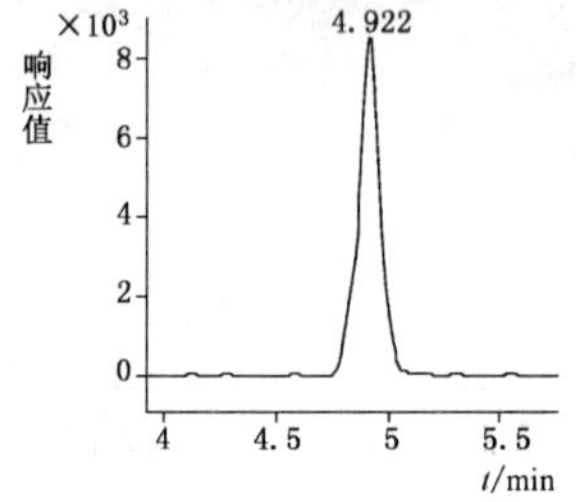


298. 唑嘧磺草胺
(flumetsulam)

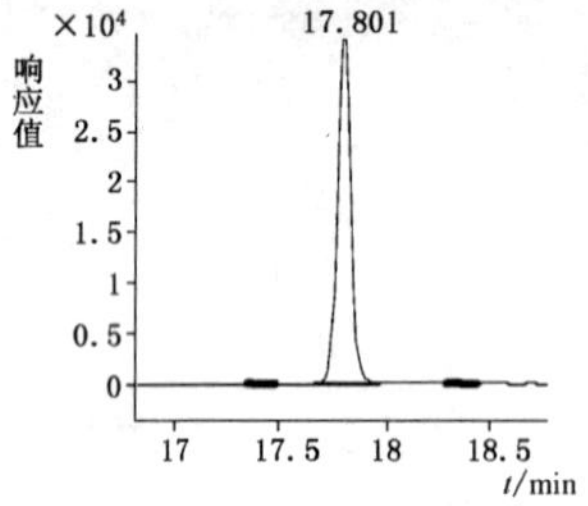


299. 纹枯脲
(pencycuron)

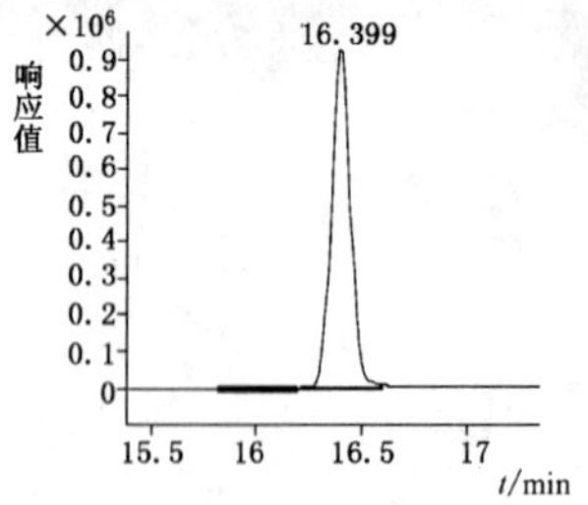


300. 灭蚜磷
(mecarbam)

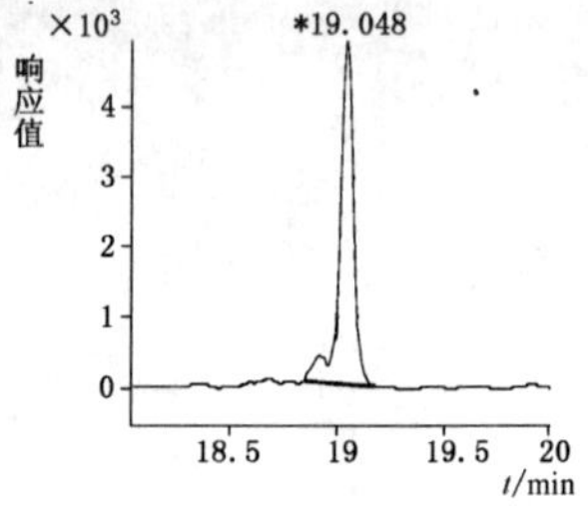


301. 苯草酮
(tralkoxydim)

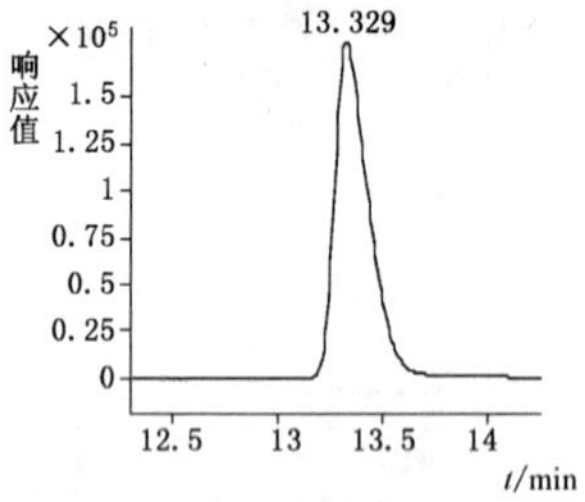


302. 马拉硫磷
(malathion)

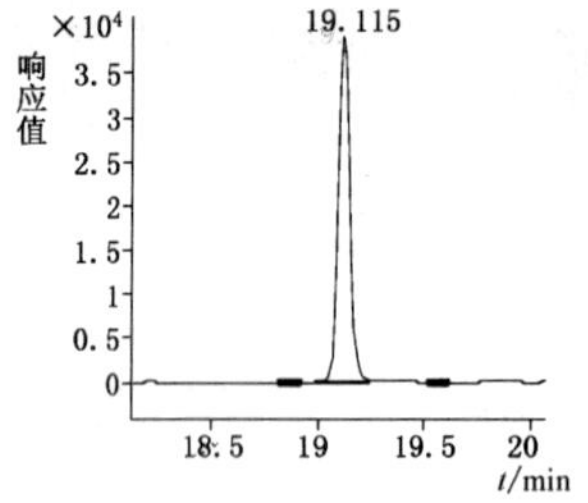


303. 稗草畏
(pyributicarb)

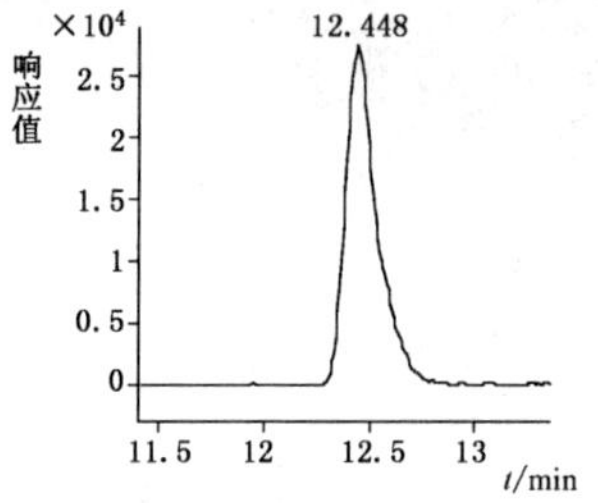


304. 哒嗪硫磷
(pyridaphenthion)

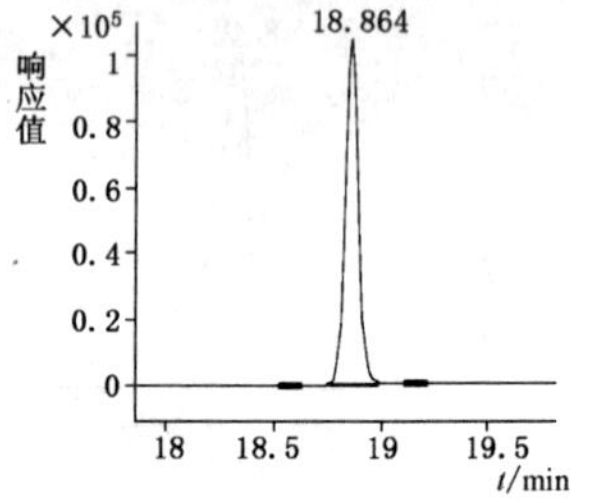


305. 嘧啶磷
(pirimiphos-ethyl)

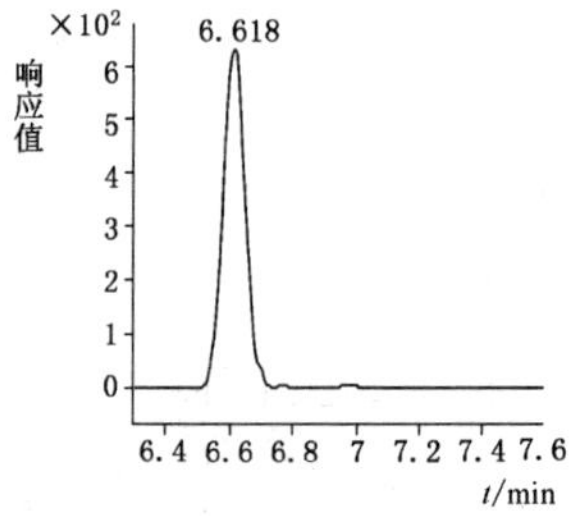


306. 硫双威
(thiodicarb)

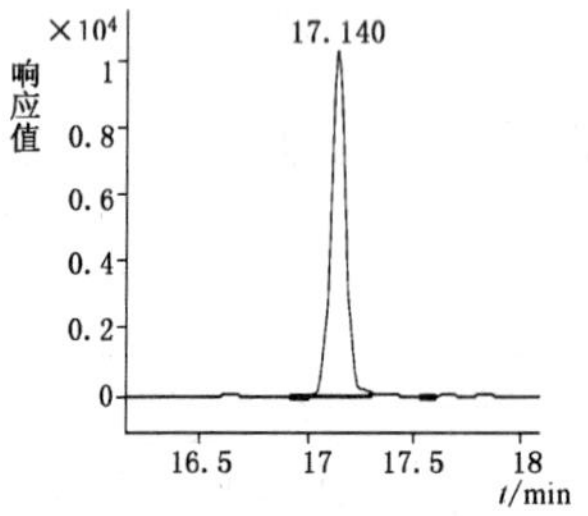


307. 吡唑硫磷
(pyraclofos)

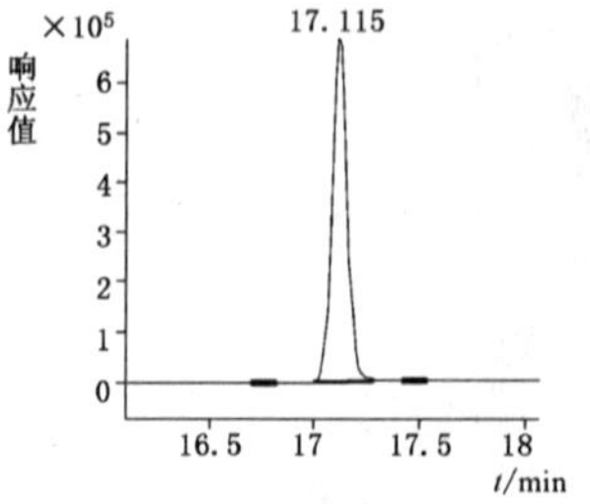


308. 啶氧菌酯
(picoxystrobin)

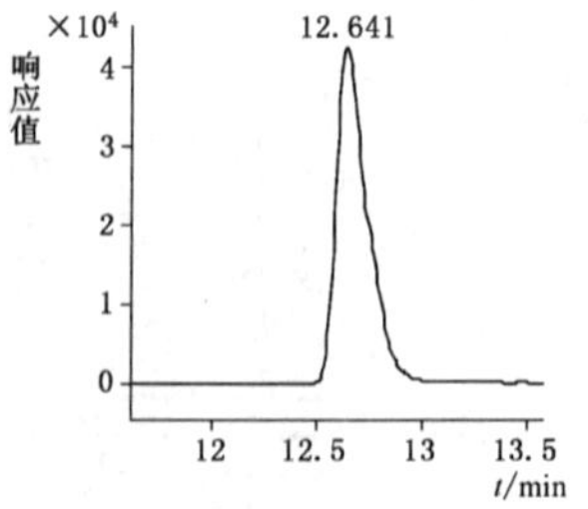


309. 四氟醚唑
(tetraconazole)

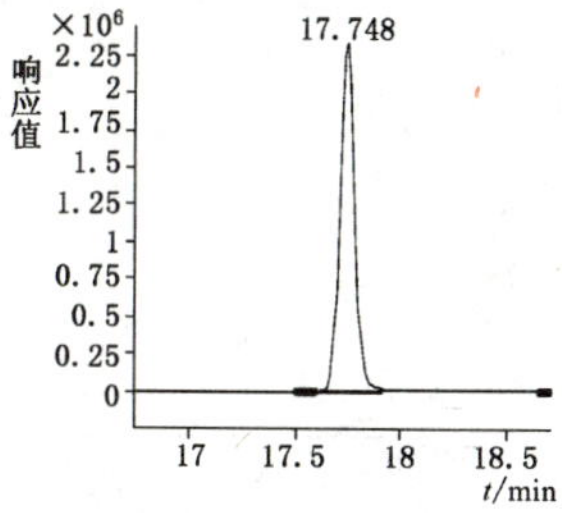


310. 吡唑解草酯
(mefenpyr-diethyl)

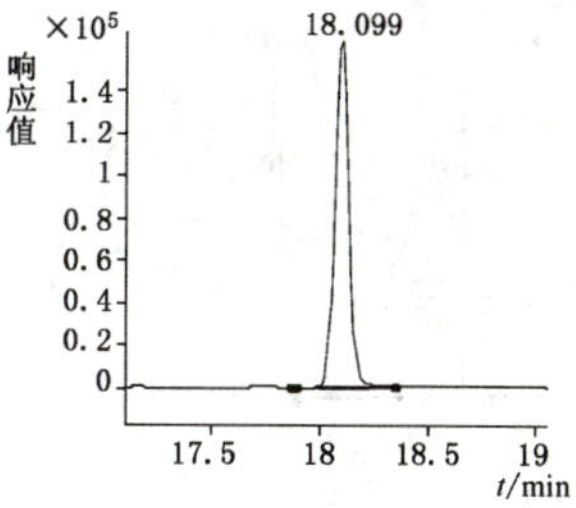


311. 丙溴磷
(profenefos)

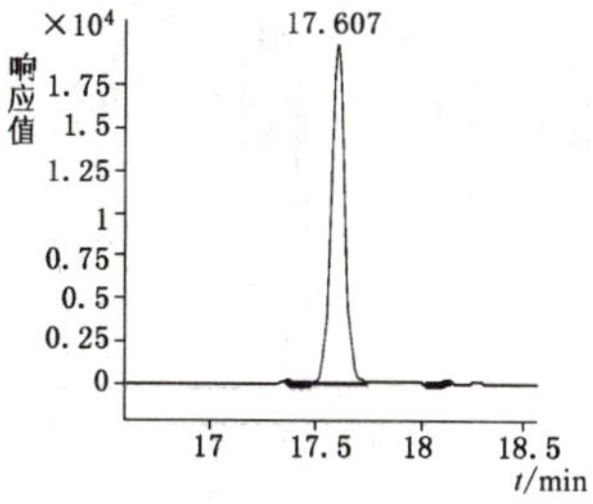


312. 百克敏
(pyraclostrobin)

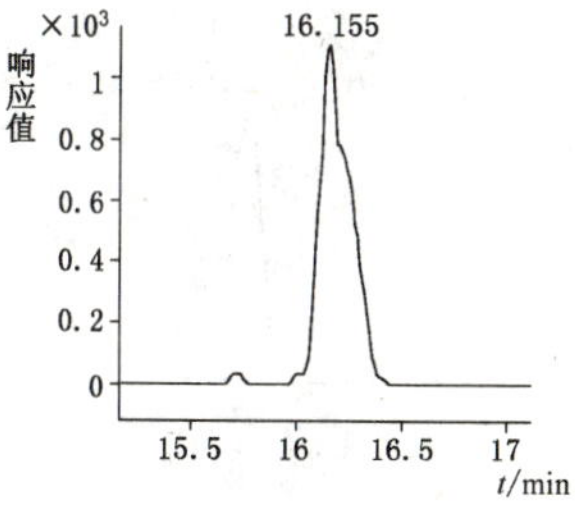


313. 烯酰吗啉
(dimethomorph)

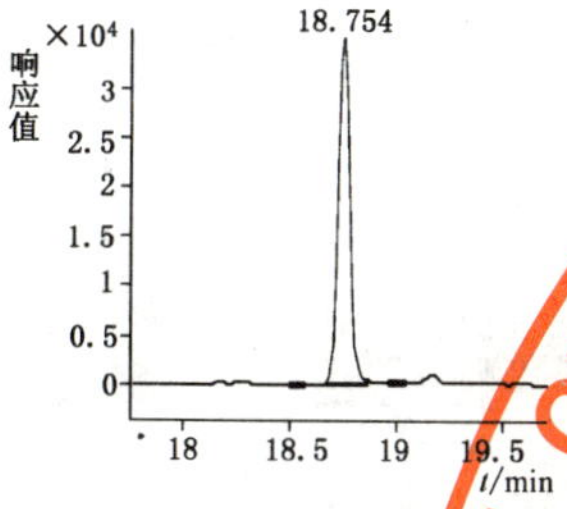


314. 噻嗯菊酯
(kadethrin)

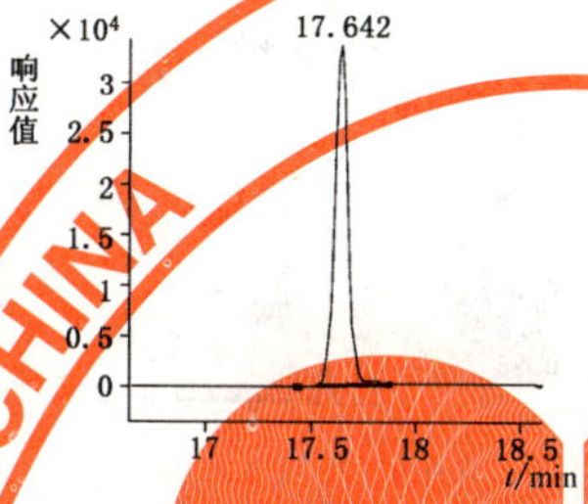


315. 噻唑烟酸
(thiazopyr)

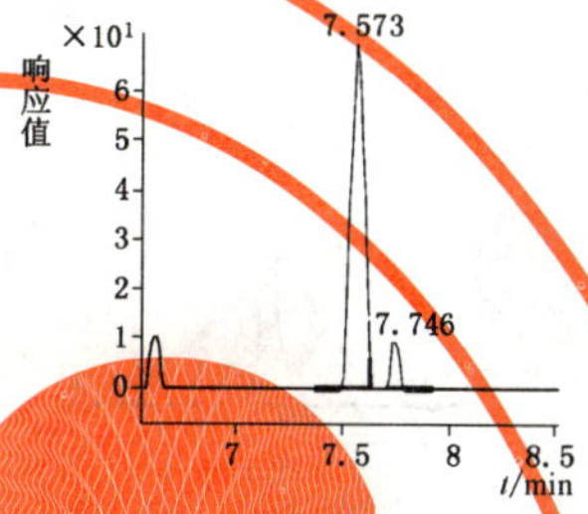


316. 丙硫克百威
(benfuracarb-methyl)

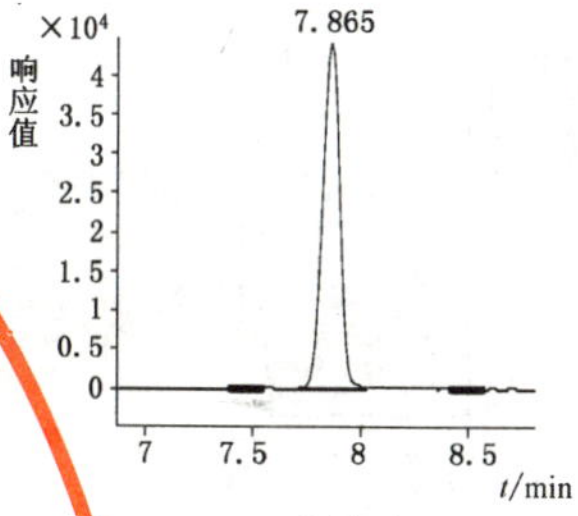


317. 醚黄隆
(cinosulfuron)

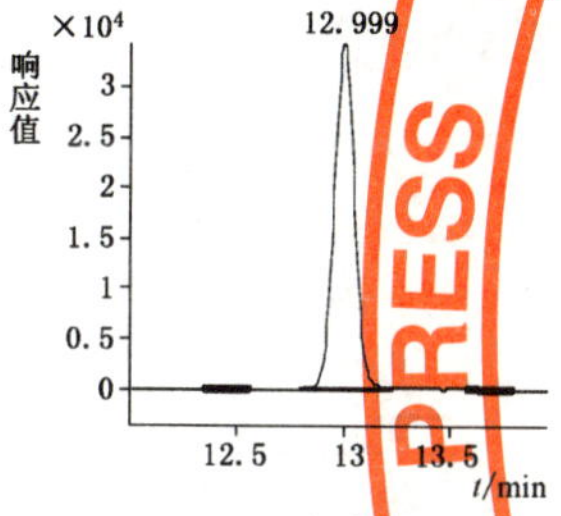


318. 吡嘧磺隆
(pyrazosulfuron-ethyl)

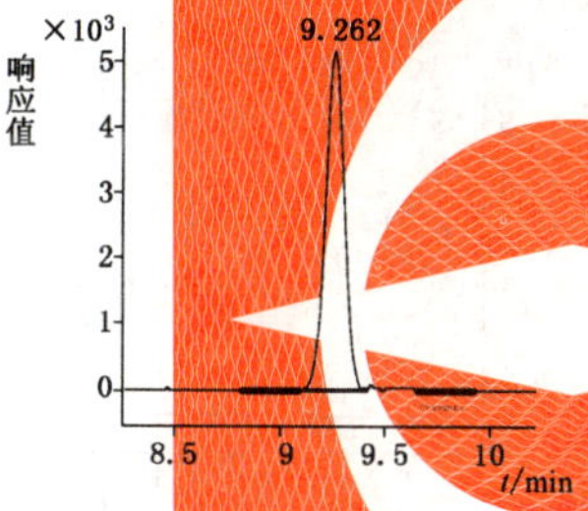


319. 磺草胺唑
(metosulam)

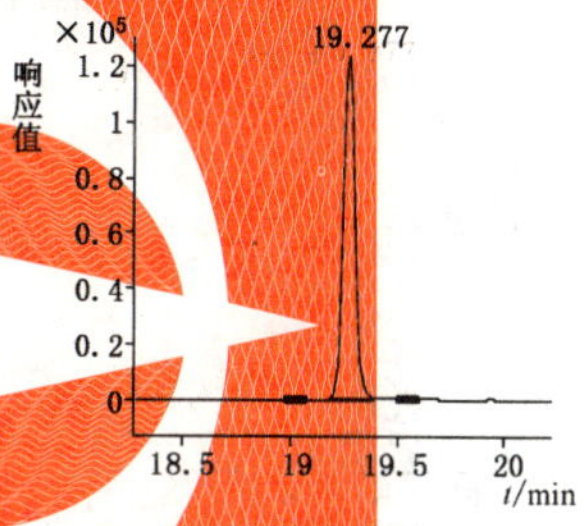


320. 氟啶脲
(chlorfluazuron)

E 组图

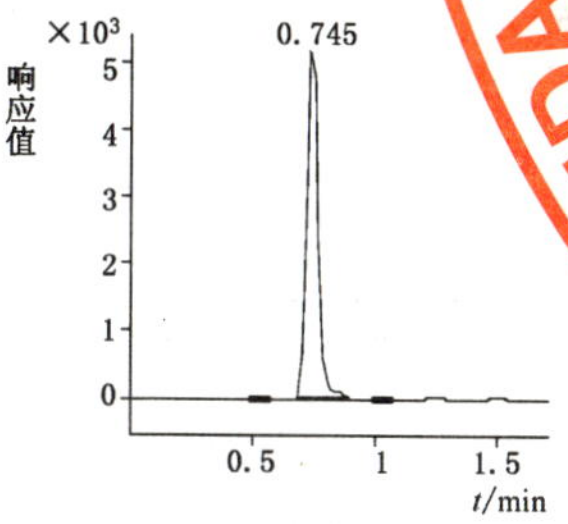


321. 矮壮素
(chlormequat)

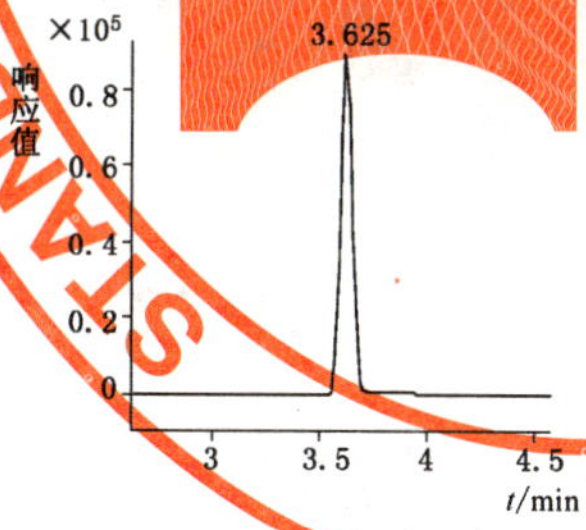


322. 灭多威
(methomyl)

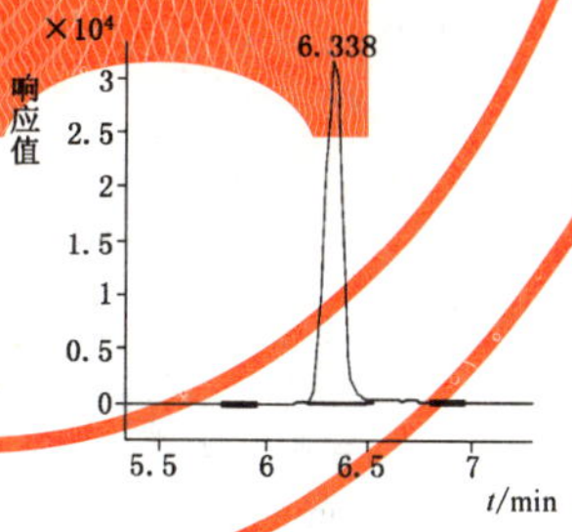


323. 咯喹酮
(pyroquilon)

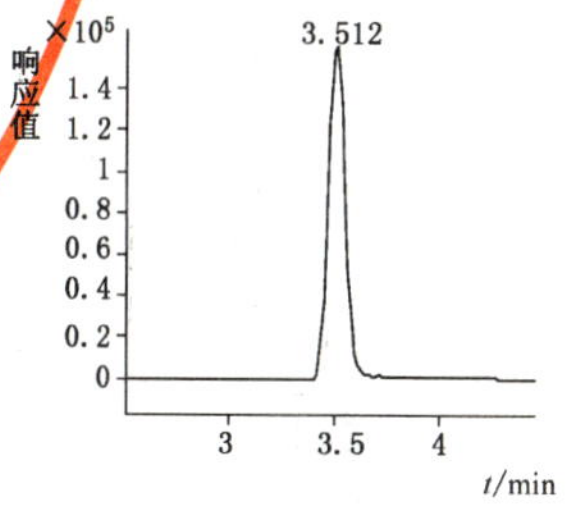


324. 麦穗灵
(fuberidazole)

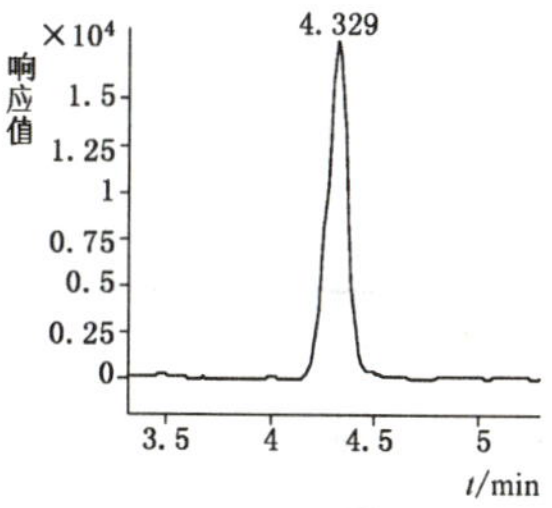


325. 丁脒酰胺
(isocarbamid)

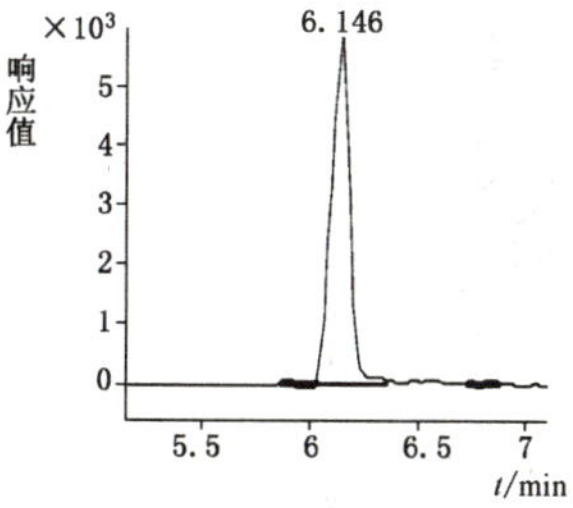


326. 丁酮威
(butocarboxim)

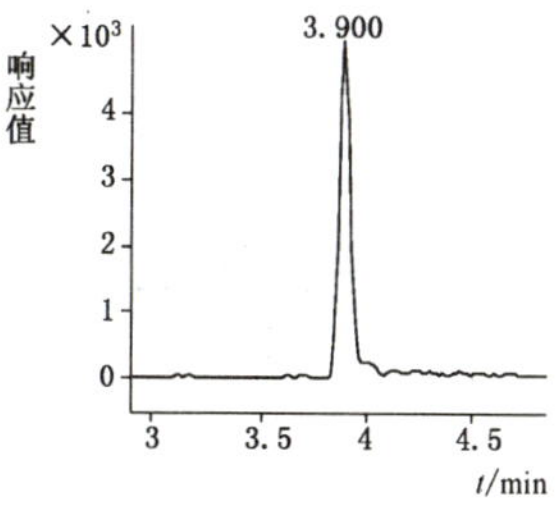


327. 杀虫脒
(chlordimeform)

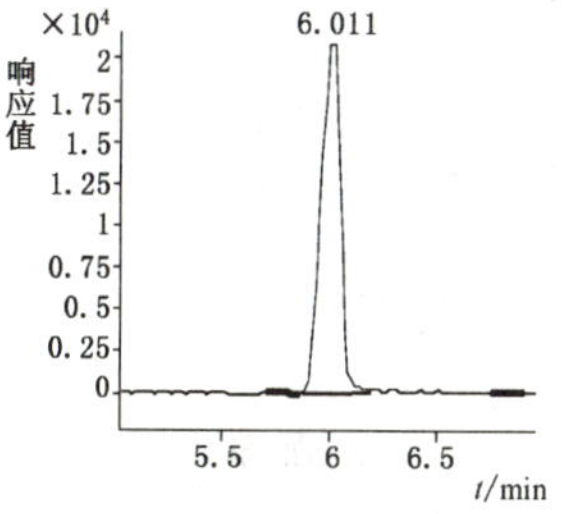


328. 霜脲氰
(cymoxanil)

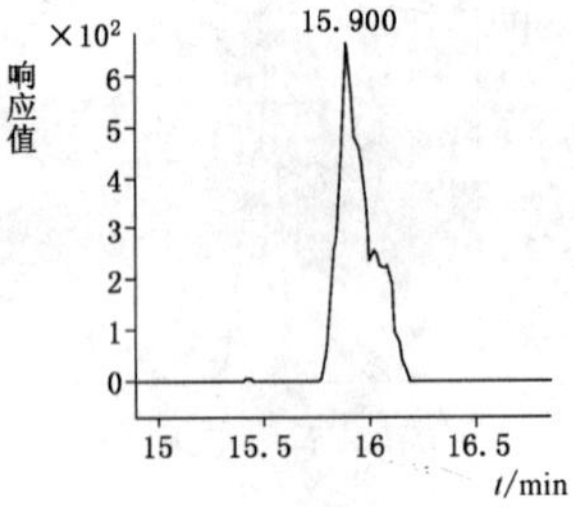


329. 灭草敌
(vernolate)

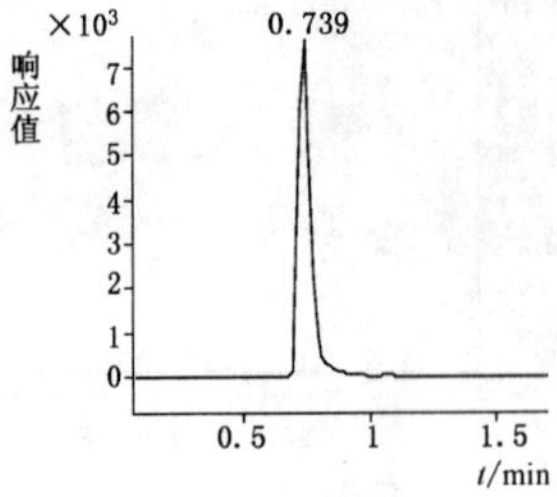


330. 氯硫酰草胺
(chlorthiamid)

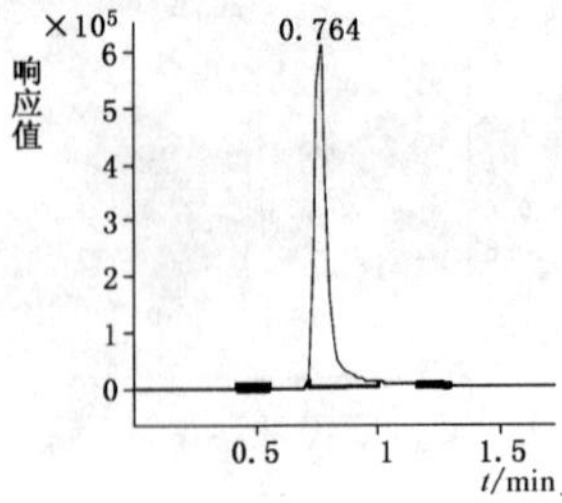


331. 灭害威
(aminocarb)

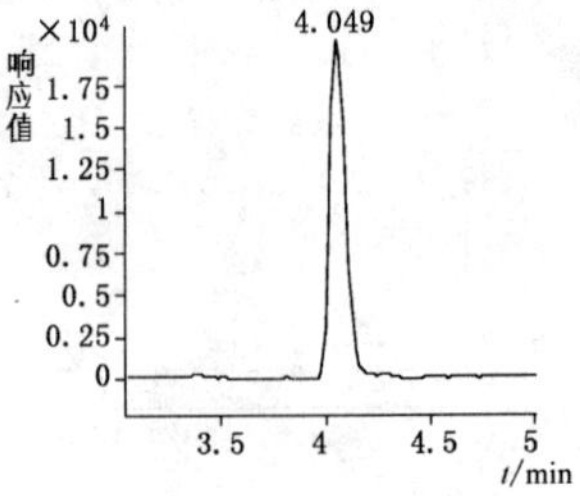


332. 甲菌定
(dimethirimol)

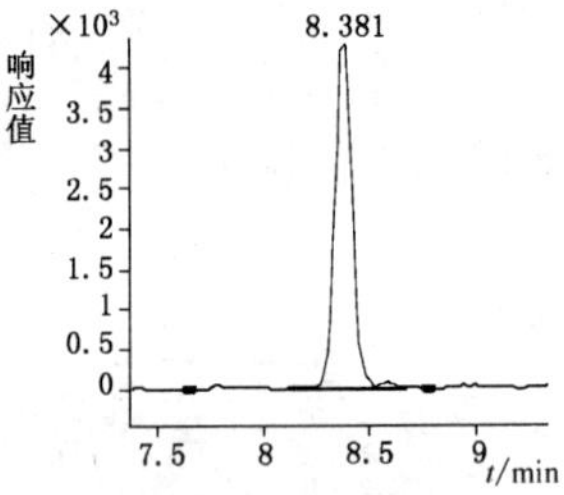


333. 绿麦隆
(chlortoluron)

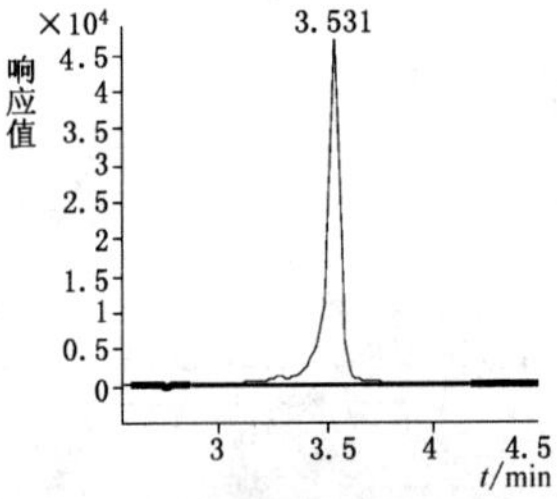


334. 氧乐果
(omethoate)

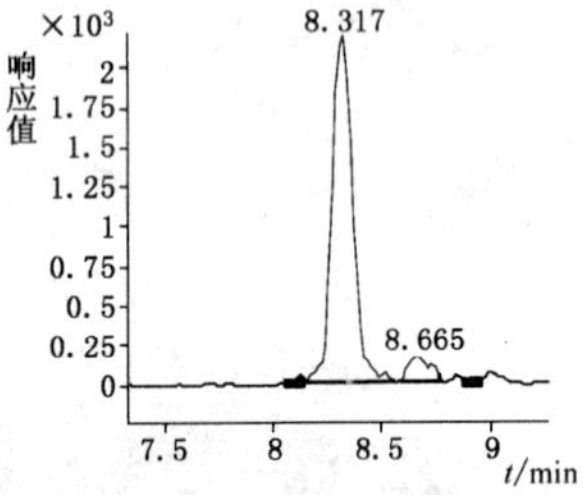


335. 乙氧呋啉
(ethoxyquin)

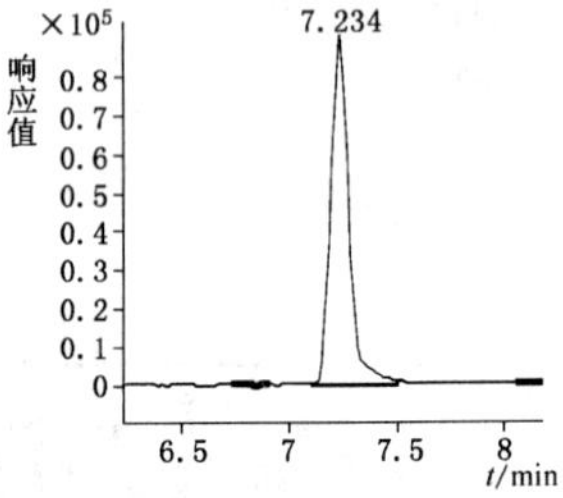


336. 敌敌畏
(dichlorvos)

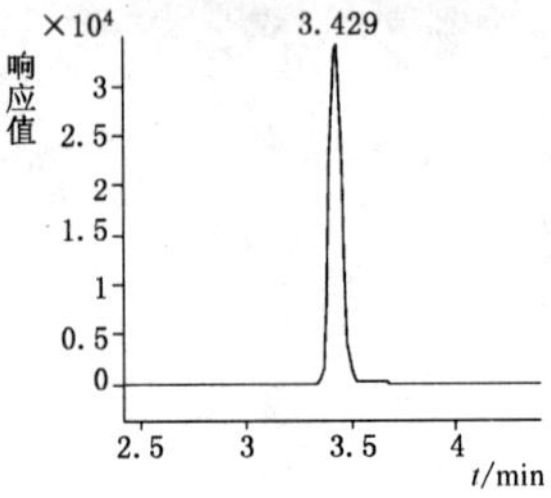


337. 涕灭威砜
(aldicarb sulfone)

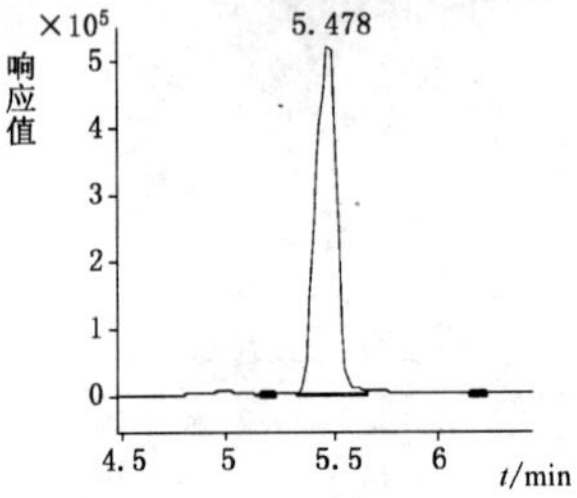


338. 二氧威
(dioxacarb)

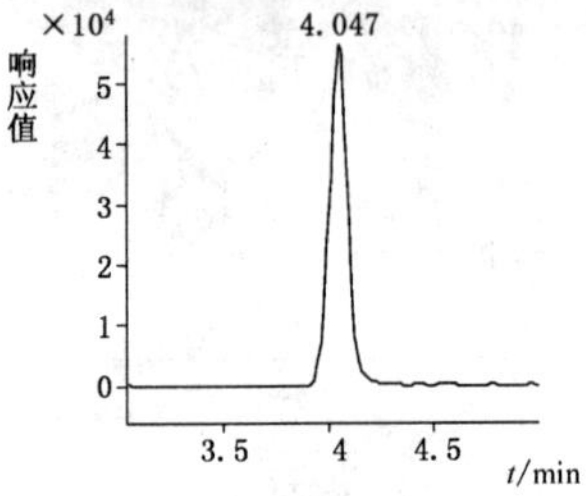


339. 苄基腺嘌呤
(benzyladenine)

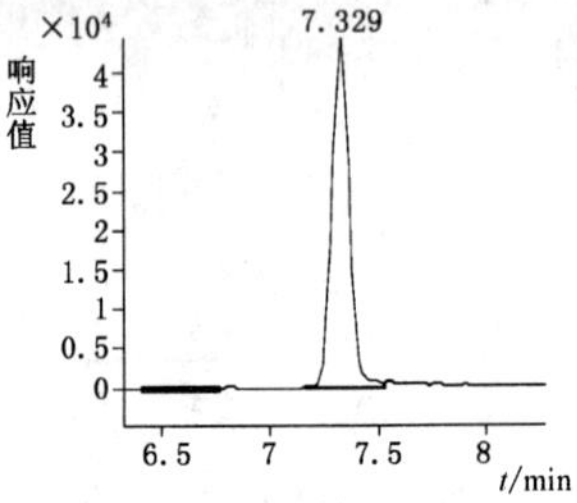


340. 甲基内吸磷
(demeton-*s*-methyl)

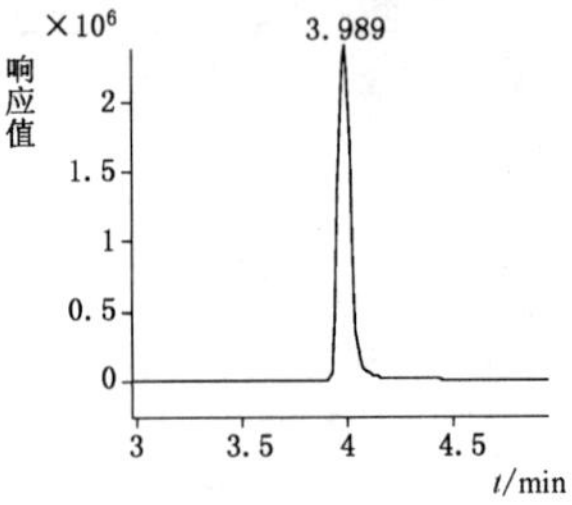


341. 杀虫丹亚砜
(ethiofencarb-sulfoxide)

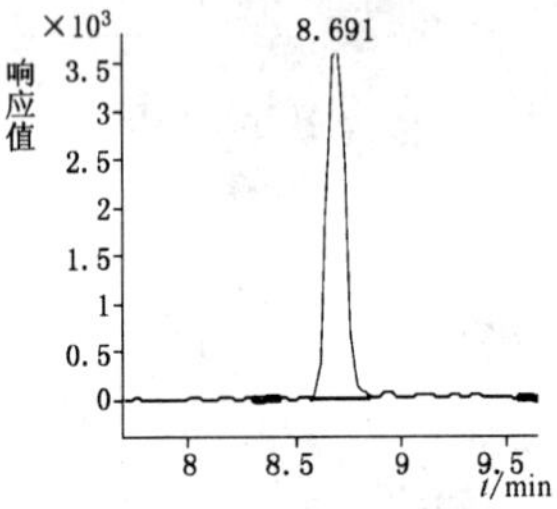


342. 甲基乙拌磷
(thiometon)

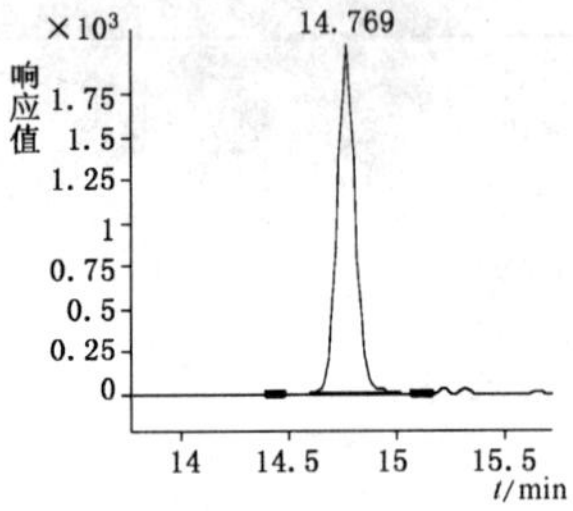


343. 灭菌丹
(folpet)

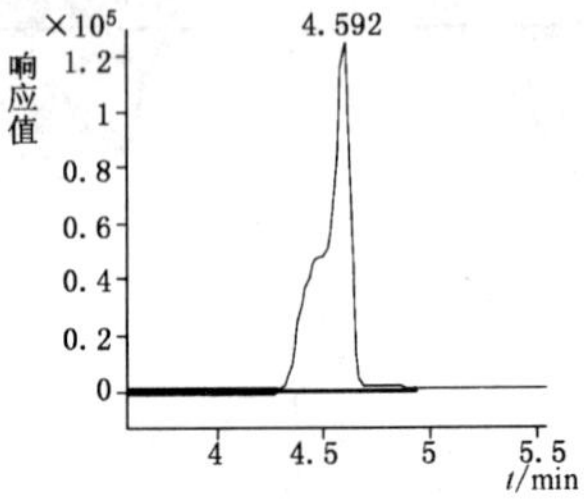


344. 磺吸磷
(demeton-*s*-methyl sulfone)

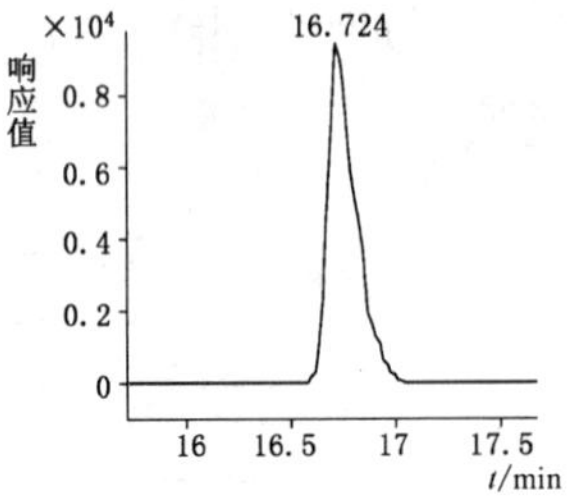


345. 哌草丹
(dimepiperate)

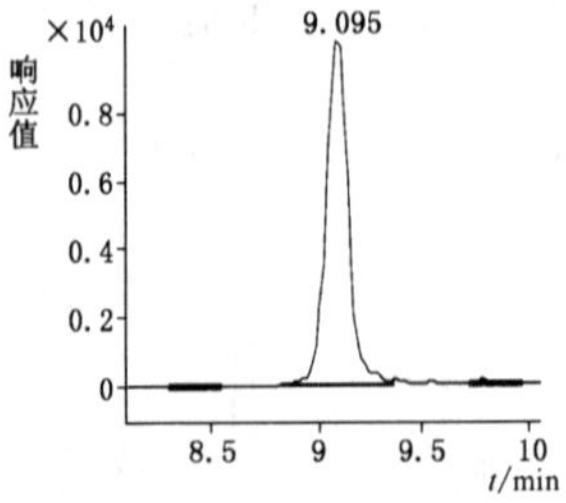


346. 苯锈定
(fenpropidin)

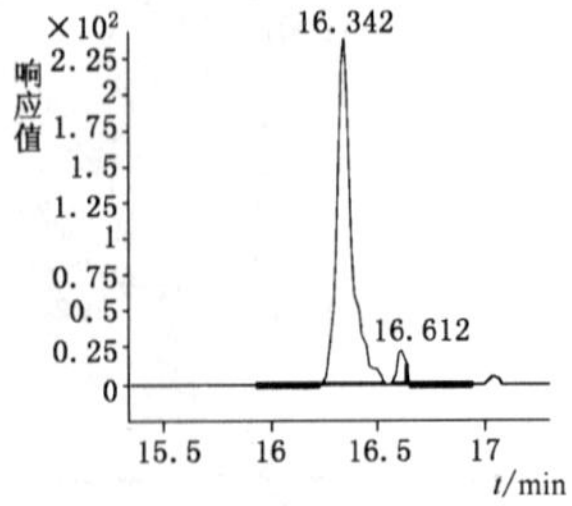


347. 赛硫磷
(amidithion)

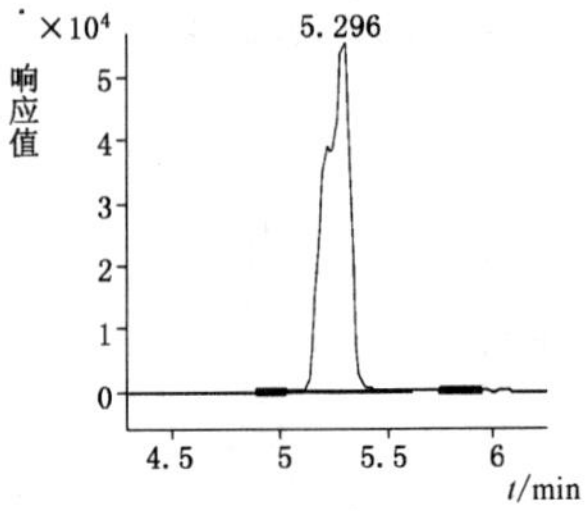


348. 甲基咪草烟
(imazapic)

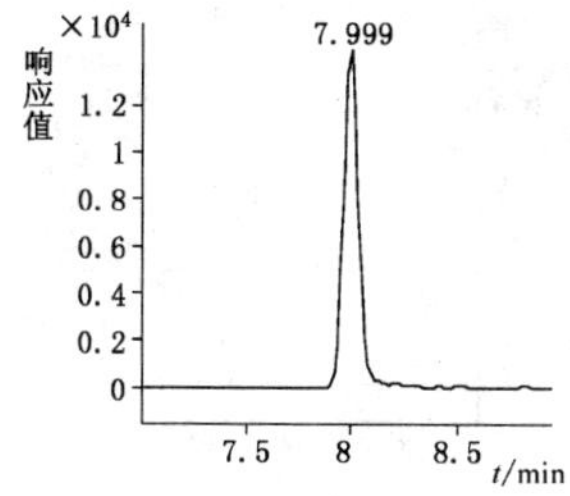


349. 甲基对氧磷
(paraoxon-ethyl)

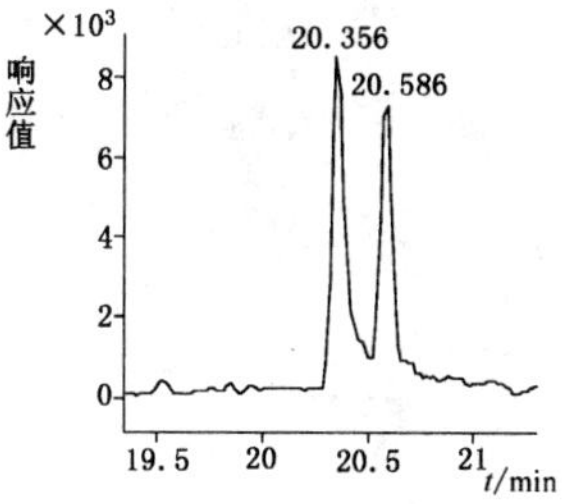


350. 4-十二烷基-2,6-二甲基吗啉
(aldimorph)

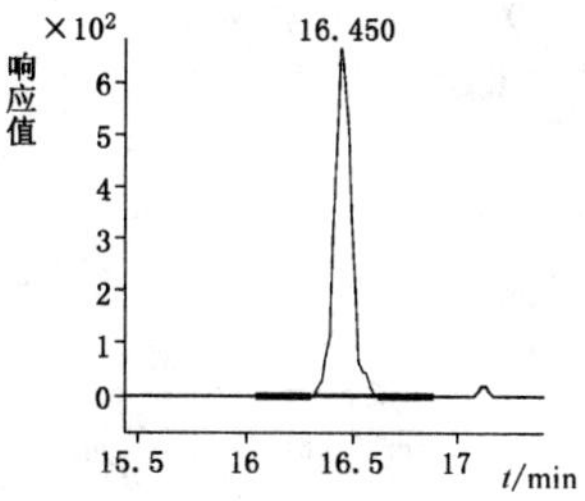


351. 乙烯菌核利
(vinclozolin)

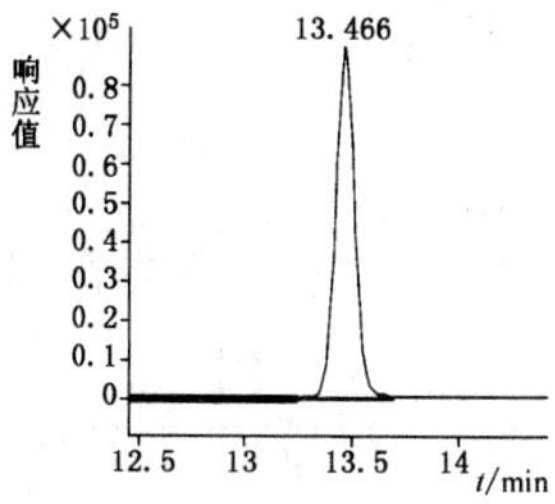


352. 烯效唑
(uniconazole)

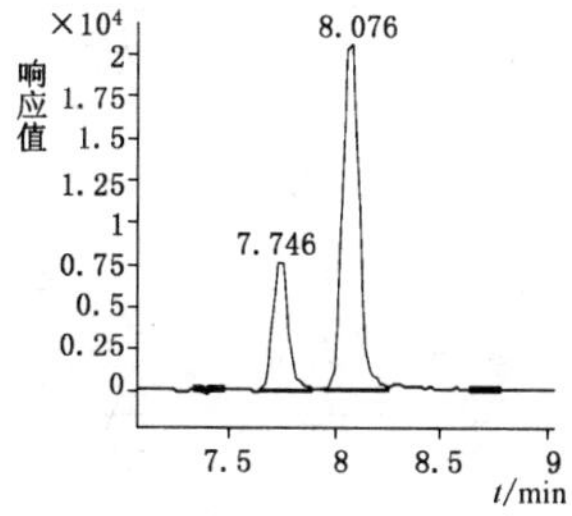


353. 啶斑肟
(pyrifenox)

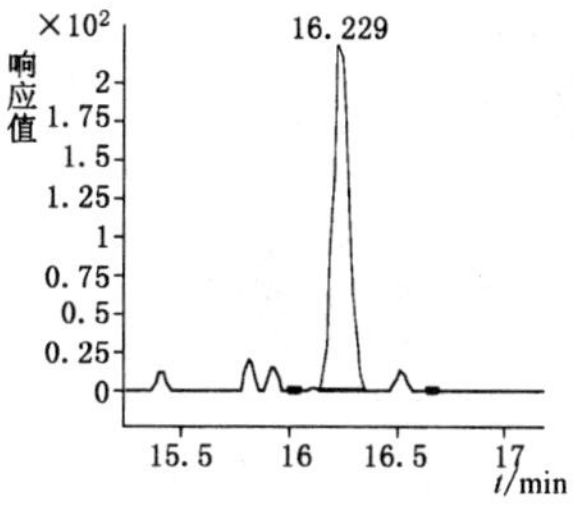


354. 氯硫磷
(chlorthion)

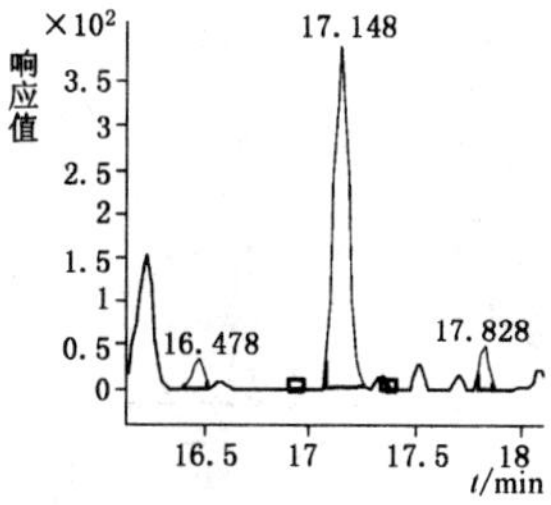


355. 异氯磷
(dicapthon)

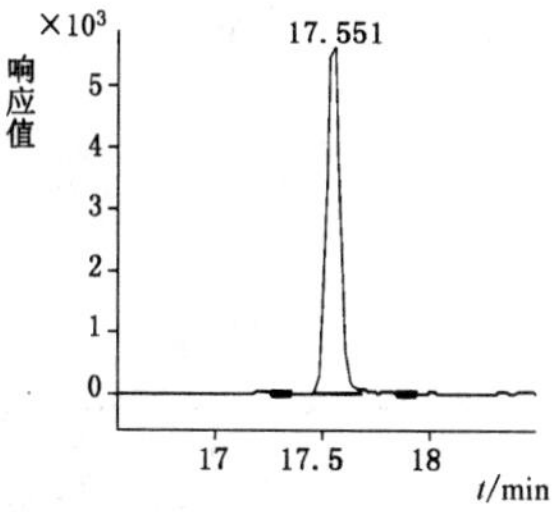


356. 四螨嗪
(clofentezine)

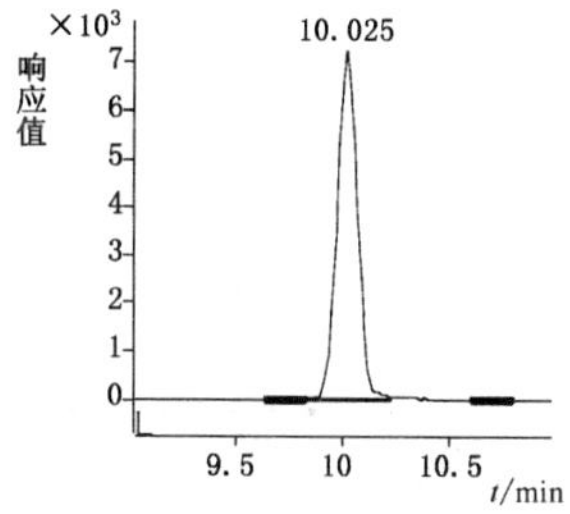


357. 氟草敏
(norflurazon)

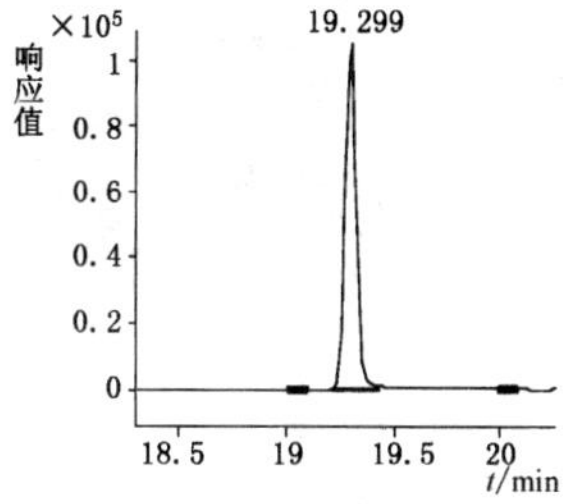


358. 野麦畏
(triallate)

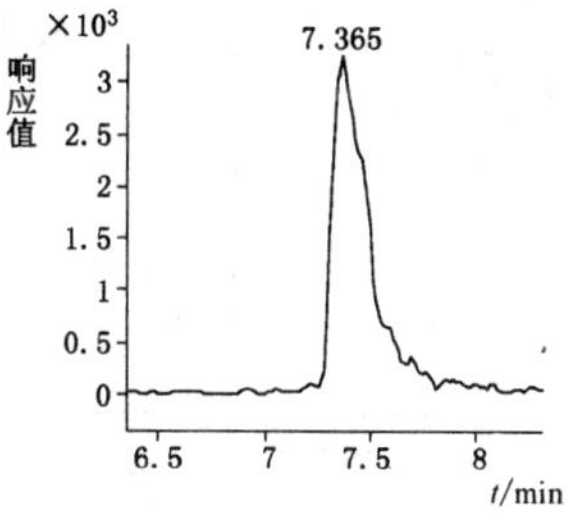


359. 福美锌
(ziram)

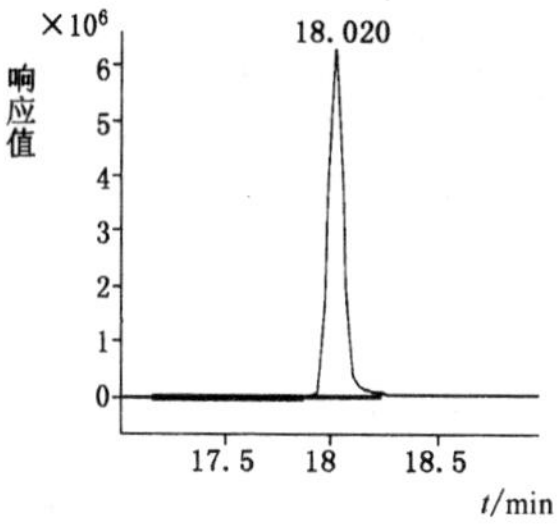


360. 苯氧喹啉
(quinoxyphen)

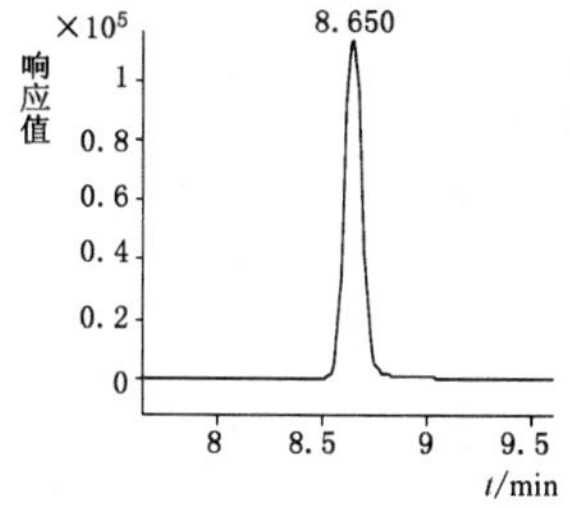


361. 倍硫磷砜
(fenthion sulfone)

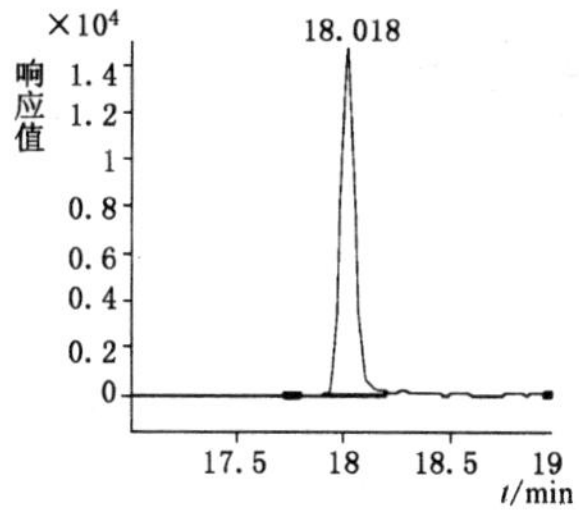


362. 氟咯草酮
(flurochloridone)

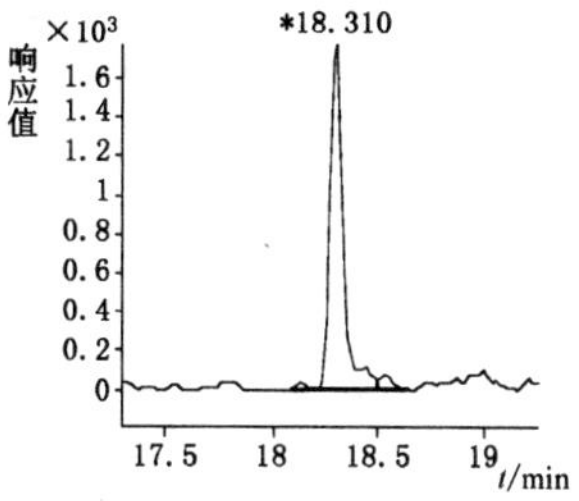


363. 酞酸苯甲基丁酯
(phthalic acid, benzyl butyl ester)

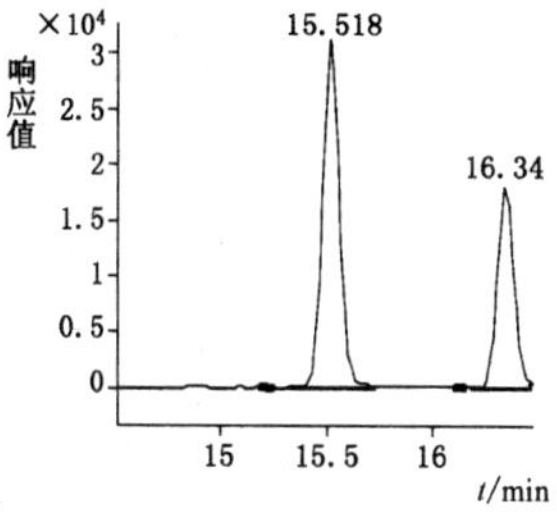


364. 氯唑磷
(isazofos)

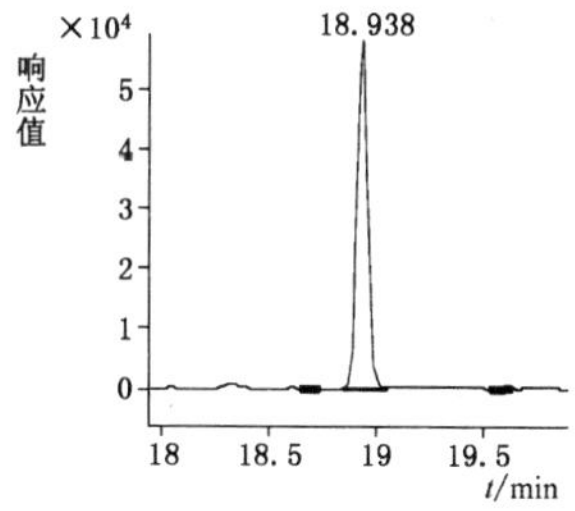


365. 除线磷
(dichlofenthion)

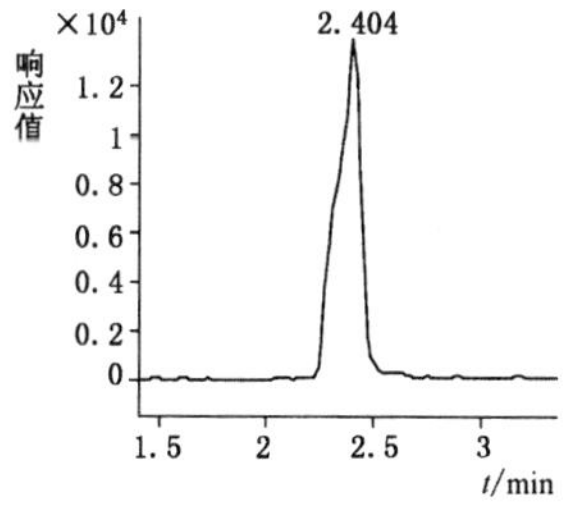


366. 蚜灭多砜
(vamidothion sulfone)

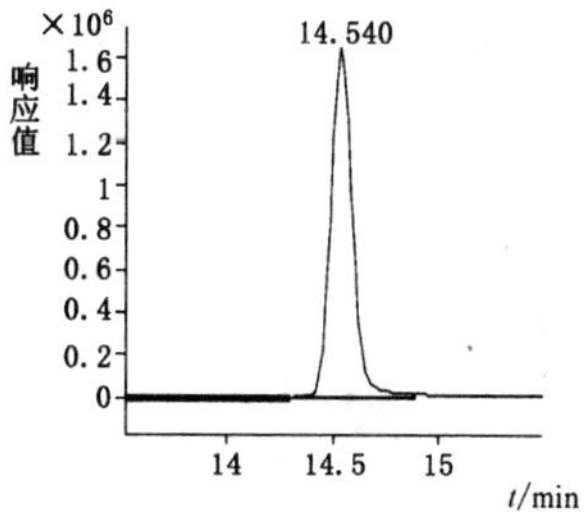


367. 特丁硫磷砜
(terbufos sulfone)

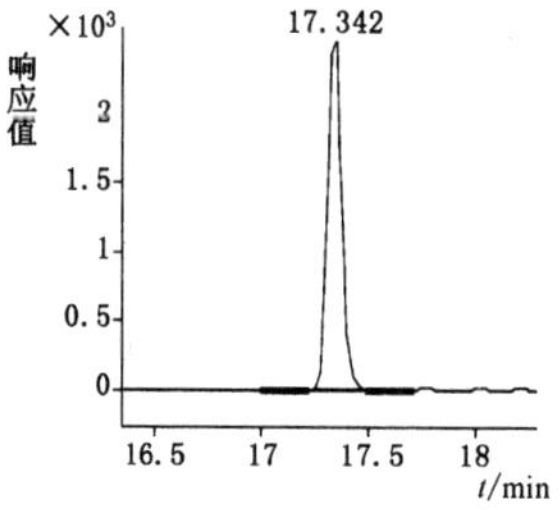


368. 敌乐胺
(dinitramine)

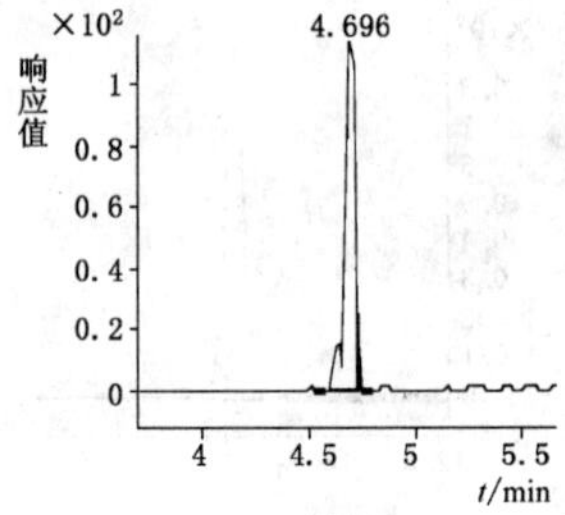


369. 氰霜唑
(cyazofamid)

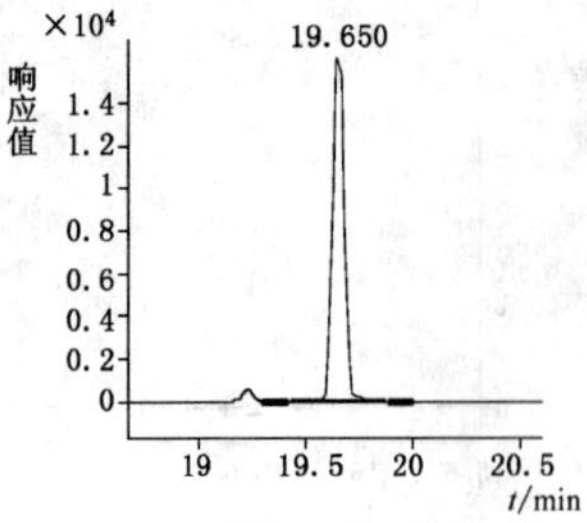


370. 毒壤磷
(trichloronat)

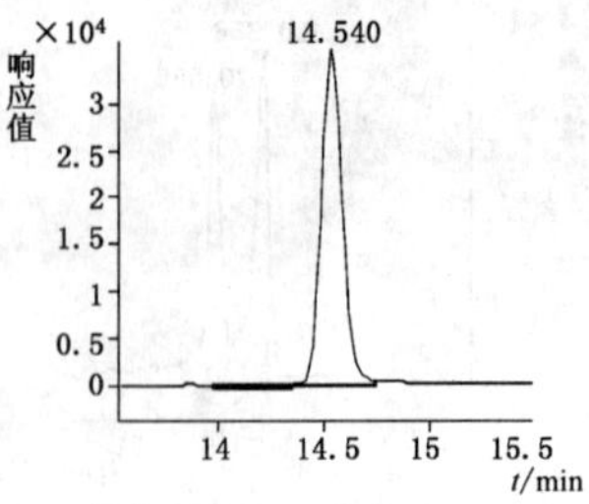


371. 苄呋菊酯
(resmethrin-2)

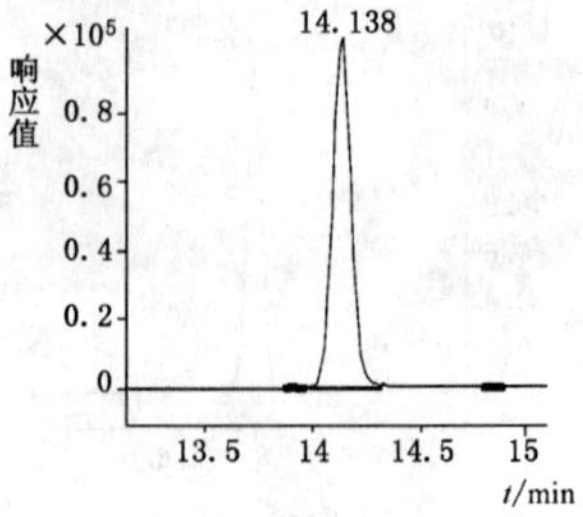


372. 啶酰菌胺
(boscalid)

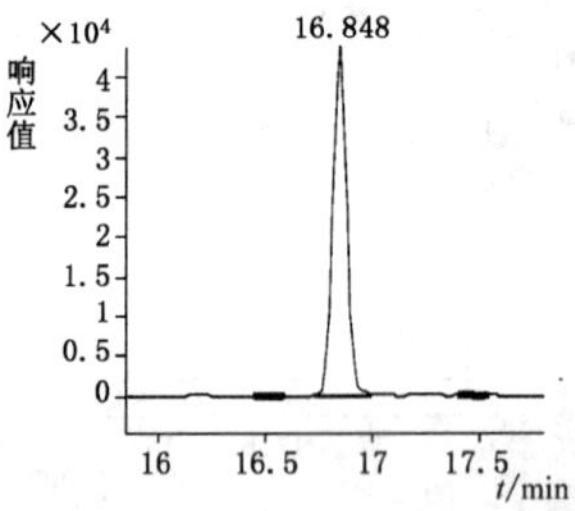


373. 甲磺乐灵
(nitralin)

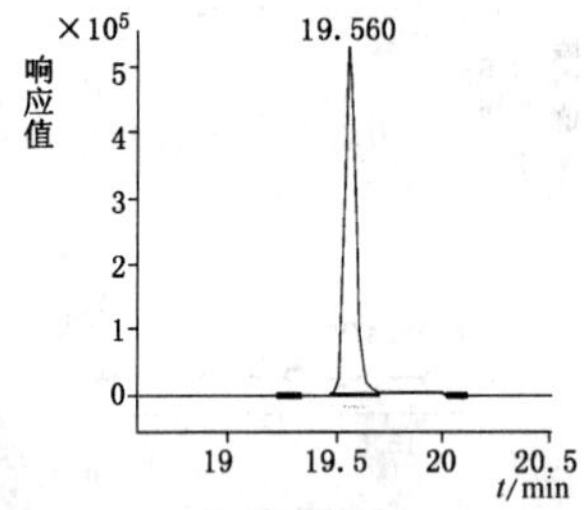


374. 甲氰菊酯
(fenpropathrin)

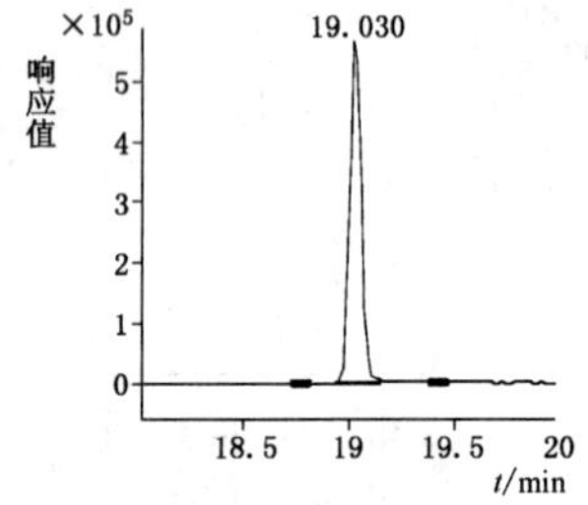


375. 噻螨酮
(hexythiazox)

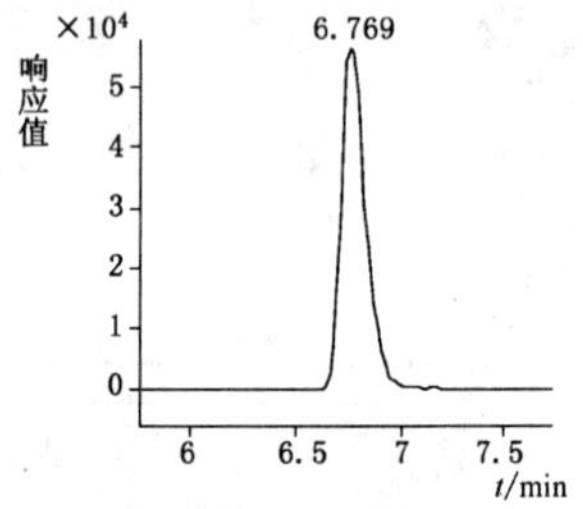


376. 双氟磺草胺
(florasulam)

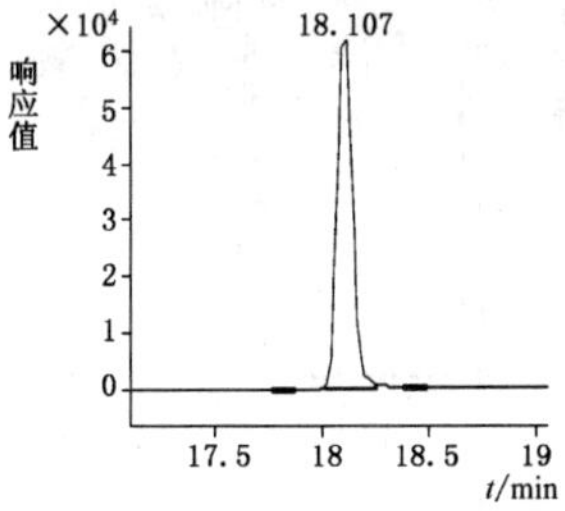


377. 苯螨特
(benzoximate)

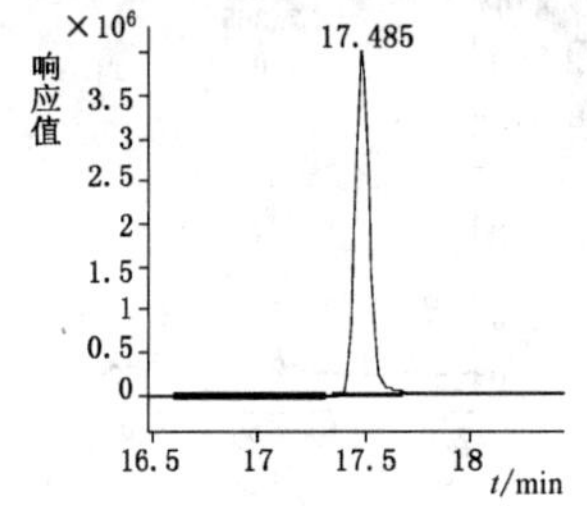


378. 新燕灵
(benzoylprop-ethyl)

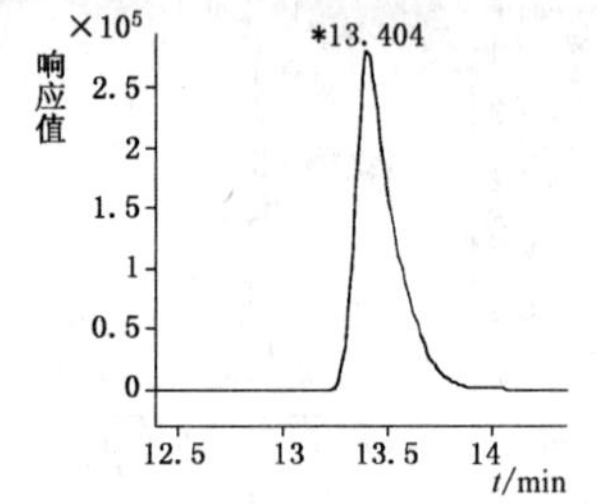


379. 呋草唑
(pyrimidifen)

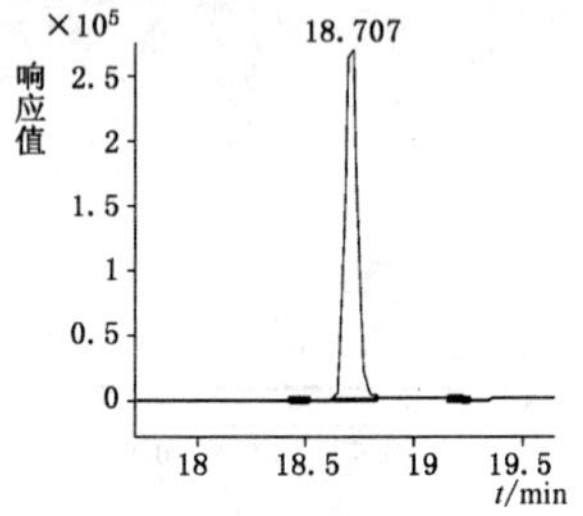


380. 呋线威
(furathiocarb)

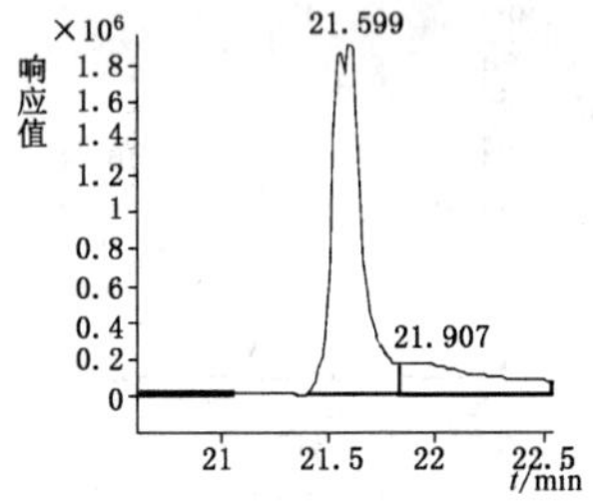


381. 反式氯菊酯
(*trans*-permethin)

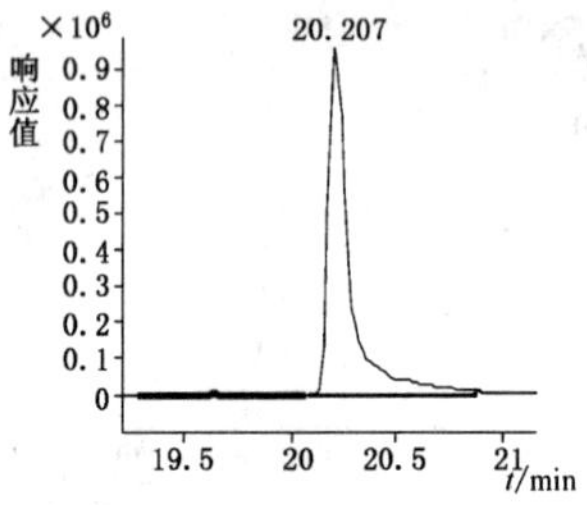


382. 醚菊酯
(etofenprox)

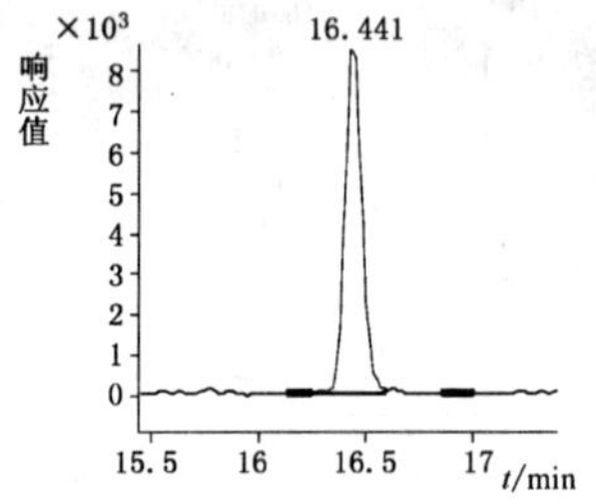


383. 苄草唑
(pyrazoxyfen)

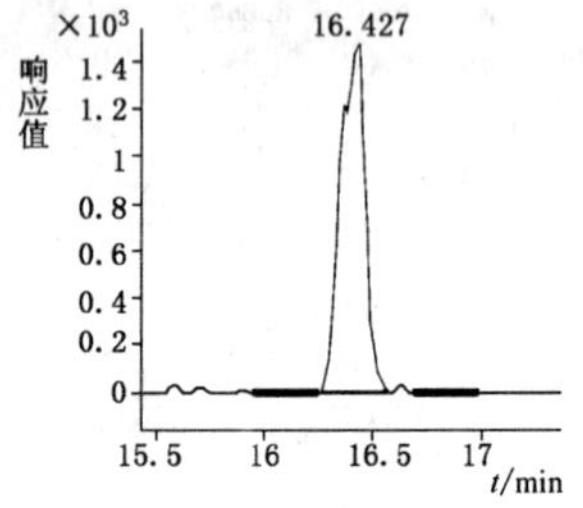


384. 嘧唑螨
(flubenzimine)

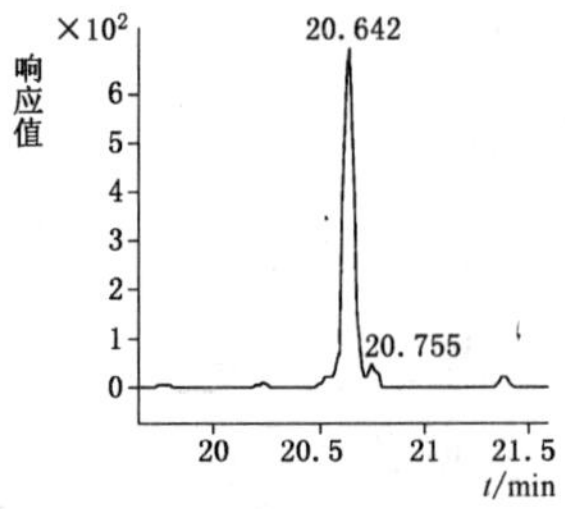


385. 己体氯氰菊酯
(*zeta* cypermethrin)

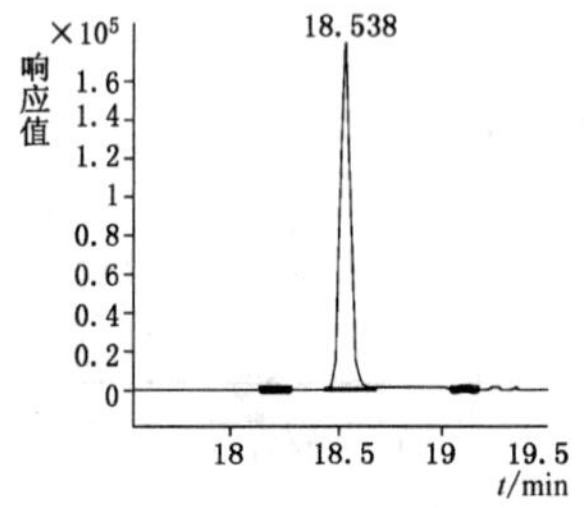


386. 氟吡乙禾
(haloxyfop-2-ethoxyethyl)

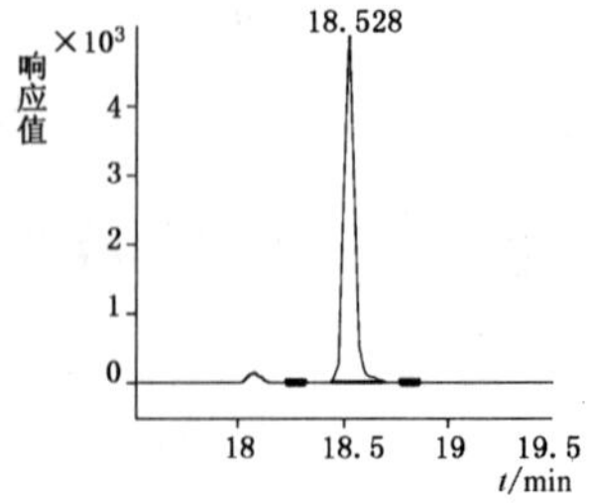


387. 乙羧氟草醚
(fluoroglycofen-ethyl)

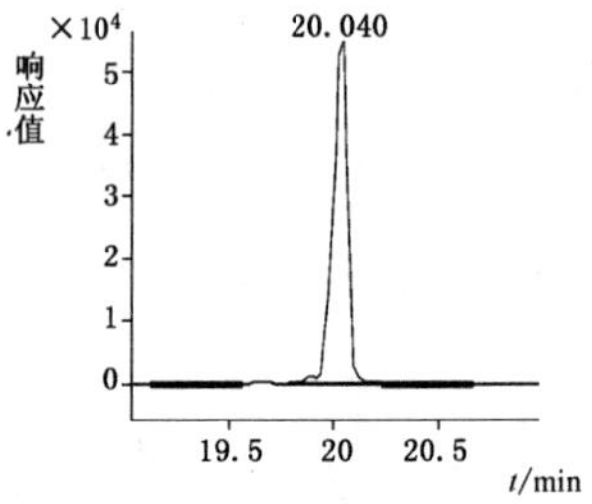


388. 氟胺氰菊酯
(*tau*-fluvalinate)

## F 组图

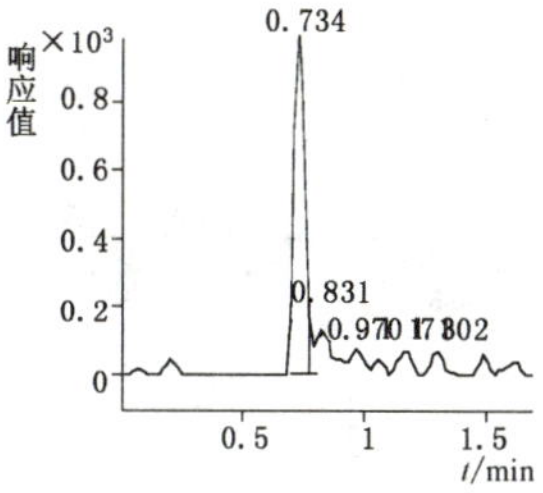


389. 丙烯酰胺
(acrylamide)

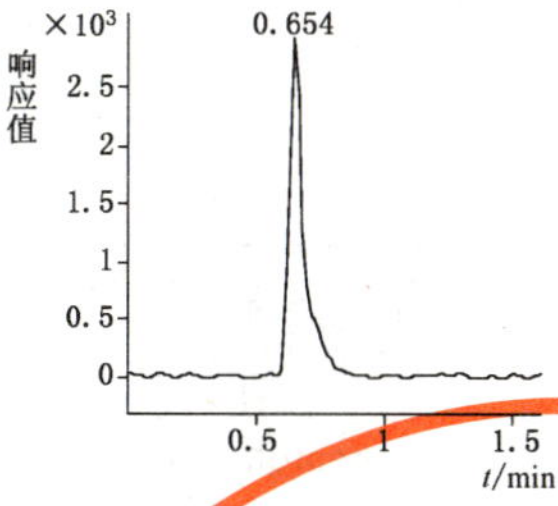


390. 叔丁基胺
(*tert*-butylamine)

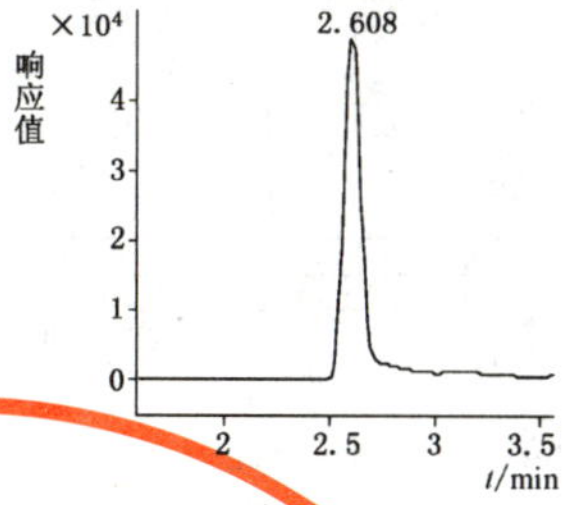


391. 噁霉灵
(hymexazol)

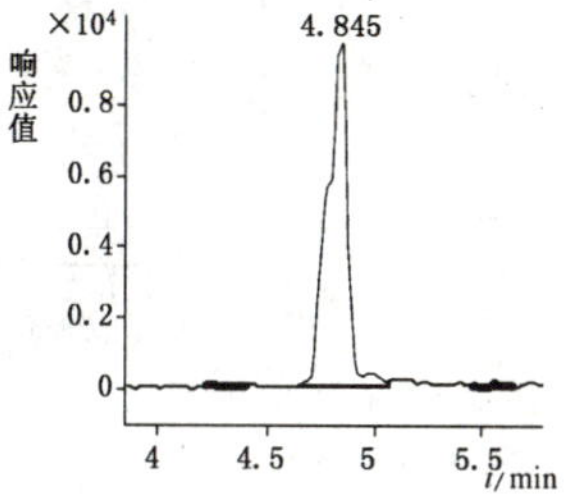


392. 邻苯二甲酰亚胺
(phthalimide)

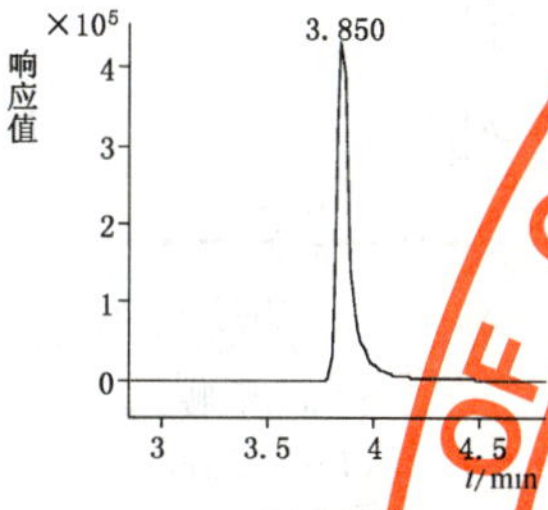


393. 甲氟磷
(dimefox)

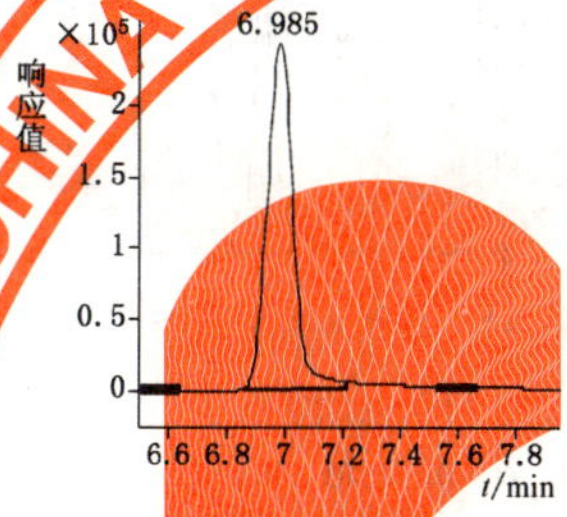


394. 速灭威
(metolcarb )

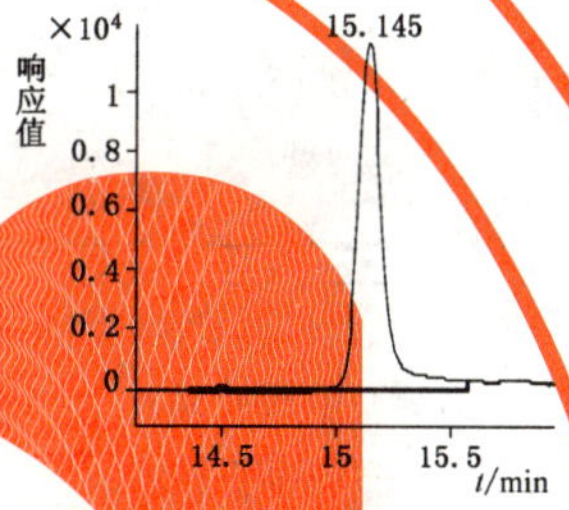


395. 二苯胺
(diphenylamin)

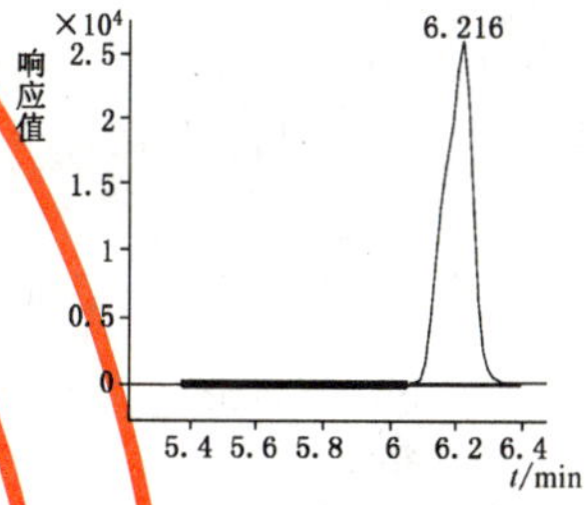


396. 萘乙酸基乙酰亚胺
(1-naphthy acetamide)

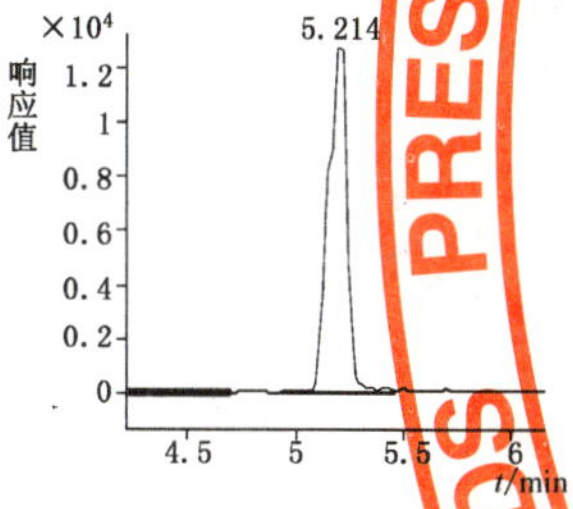


397. 脱乙基莠去津
(atrazine-desethyl)

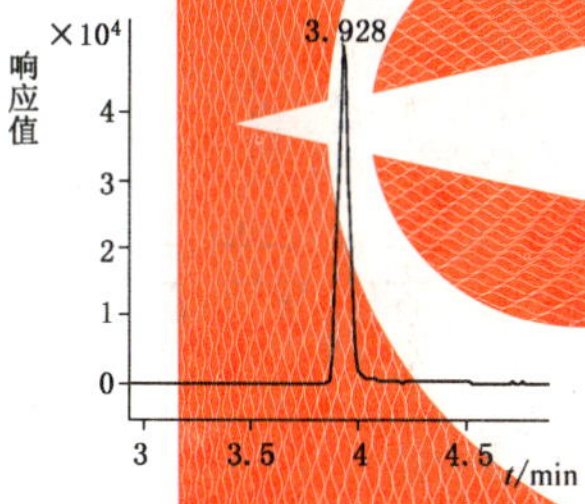


398. 2,6-二氯苯甲酰胺
(2,6-dichlorobenzamide)

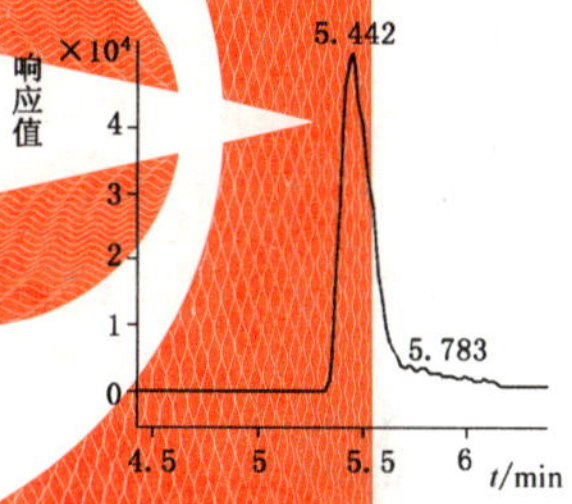


399. 涕灭威
(aldicarb)

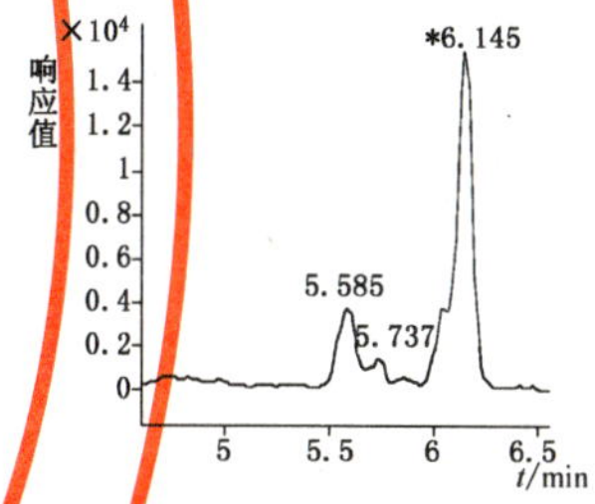


400. 酞酸二甲酯
(dimethyl phthalate)

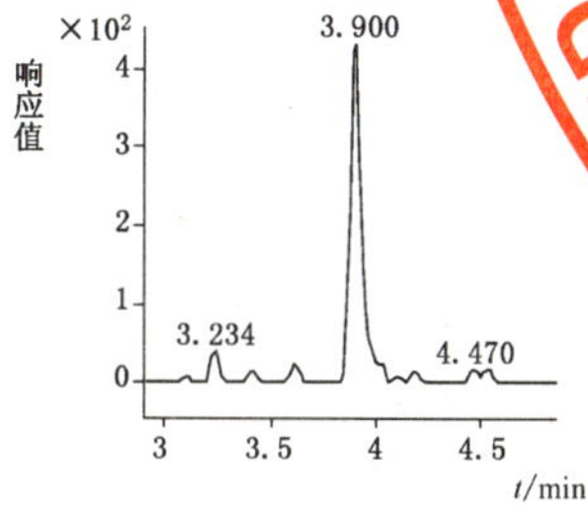


401. 杀虫脒盐酸盐
(chlordimeform hydrochloride)

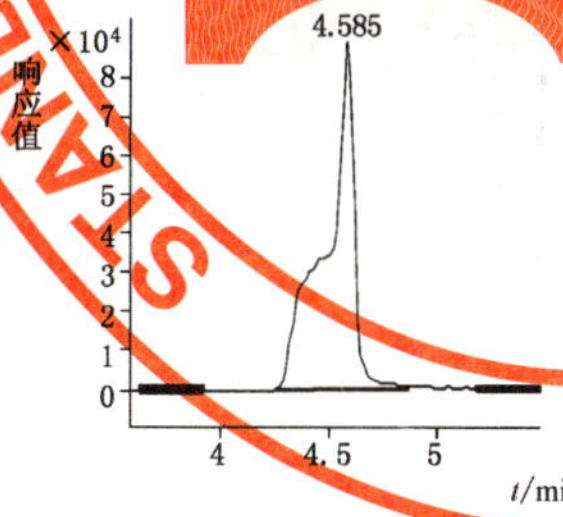


402. 西玛通
(simeton)

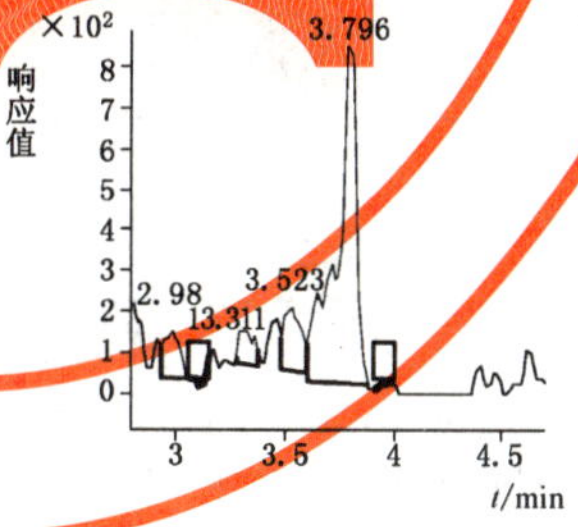


403. 呋虫胺
(dinotefuran)

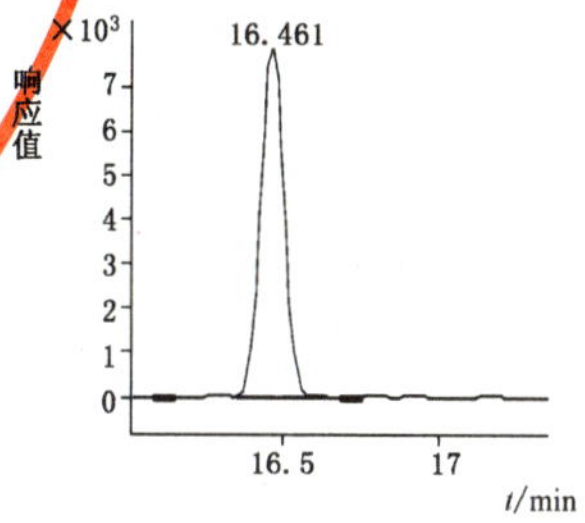


404. 克草敌
(pebulate)

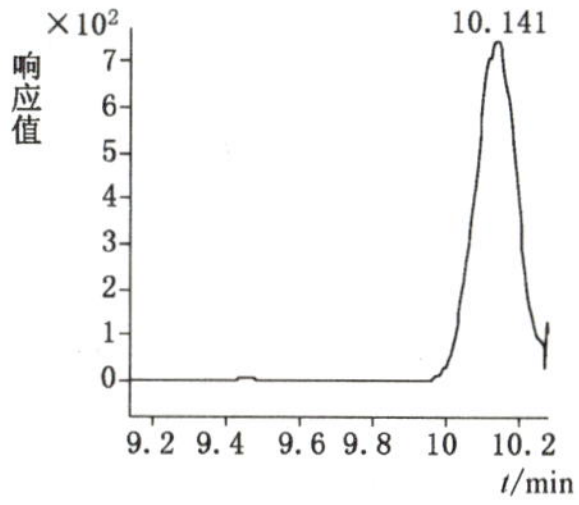


405. 活化酯
(acibenzolar-*s*-methyl)

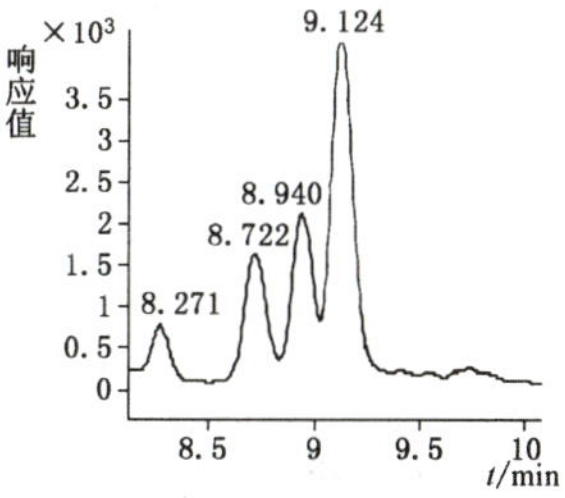


406. 蔬果磷
(dioxabenzofos)

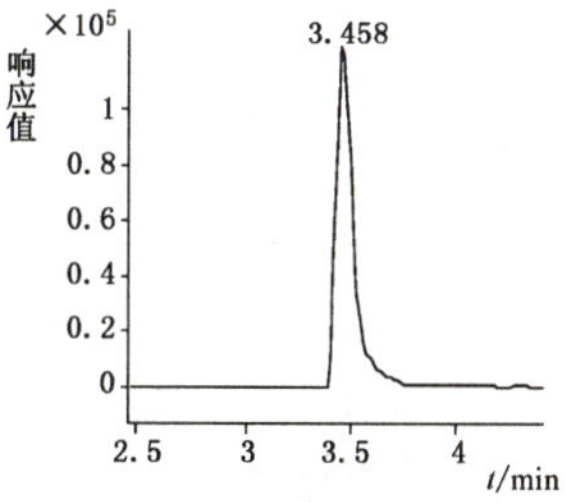


407. 杀线威
(oxamyl)

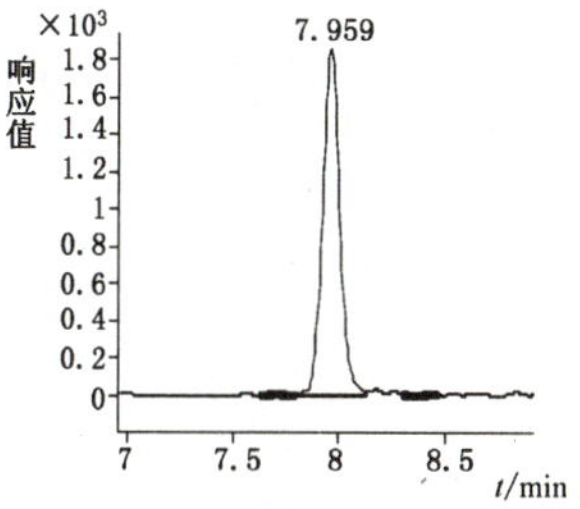


408. 甲基苯噻隆
(methabenzthiazuron)

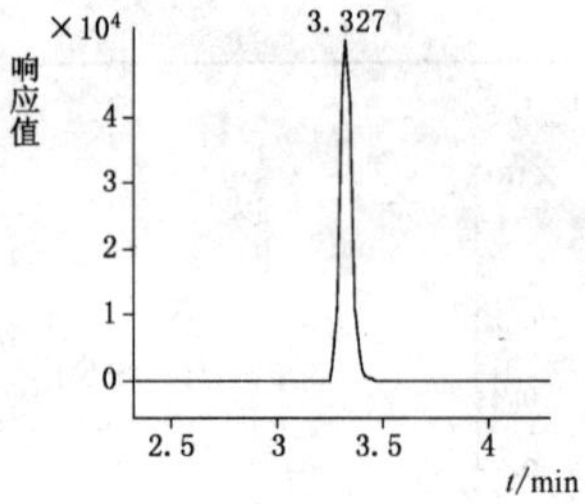


409. 丁酮砜威
(butoxycarboxim)

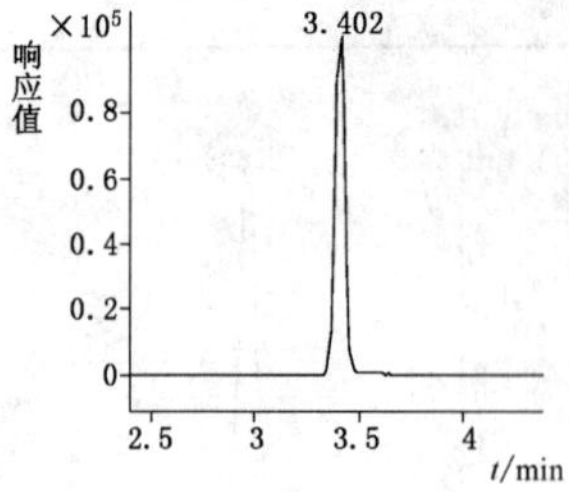


410. 砜吸磷亚砜
(demeton-*s*-methyl sulfoxide)

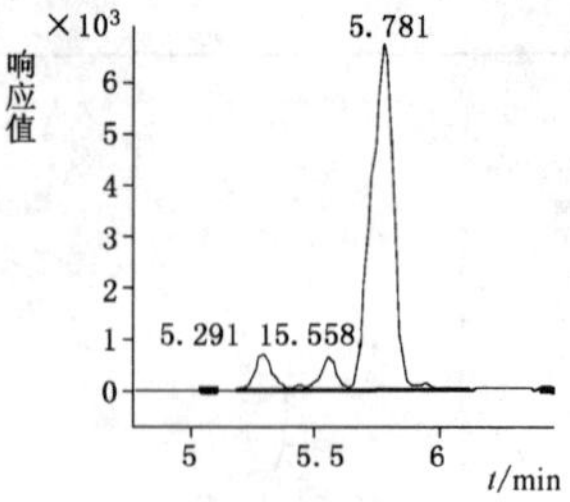


411. 硫环磷
(phosfolan)

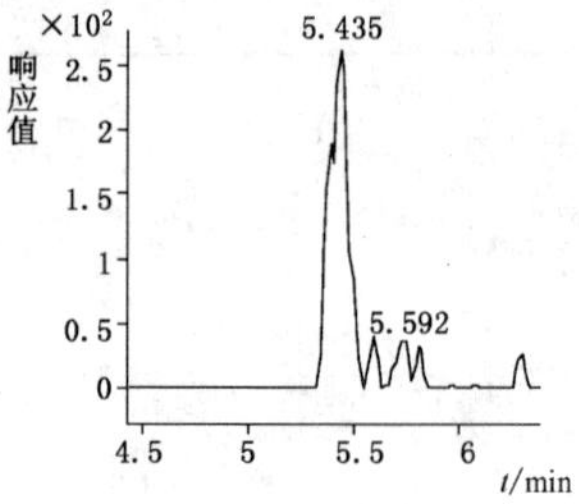


412. 硫赶内吸磷
(demeton-*s*)

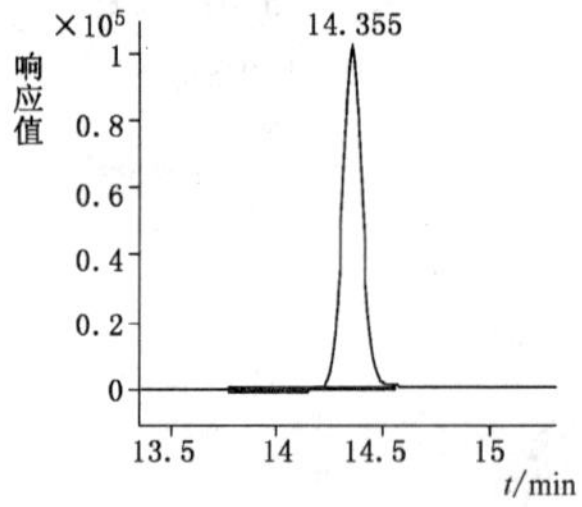


413. 萘丙胺
(napropamide)

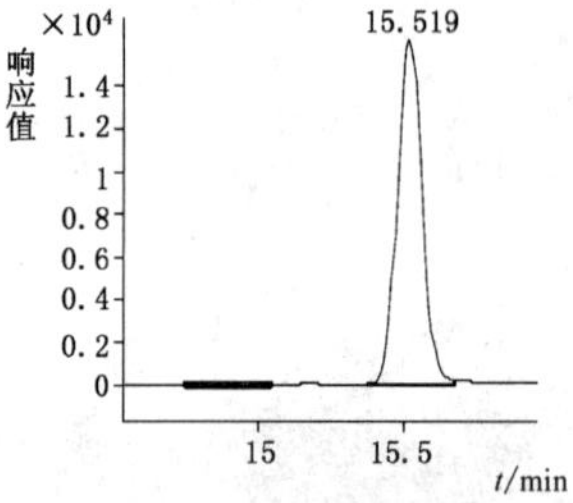


414. 杀螟硫磷
(fenitrothion)

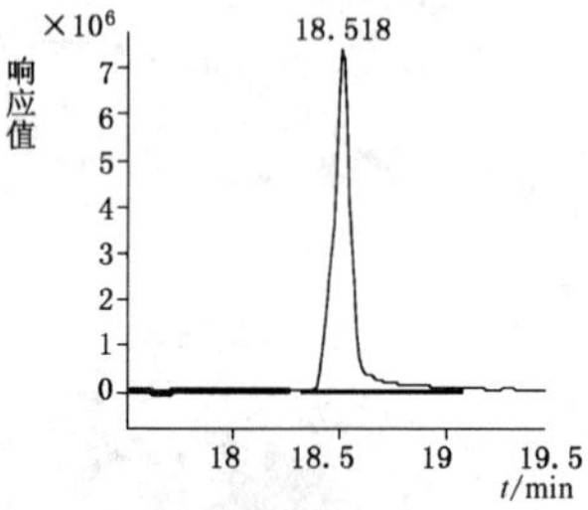


415. 酞酸二丁酯
(phthalic acid, dibutyl ester)

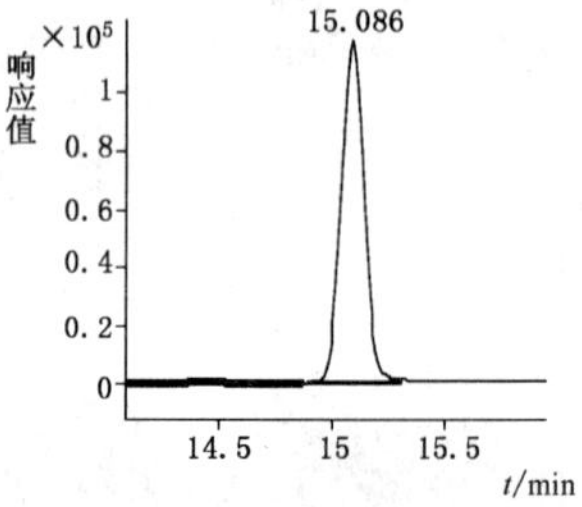


416. 丙草胺
(metolachlor)

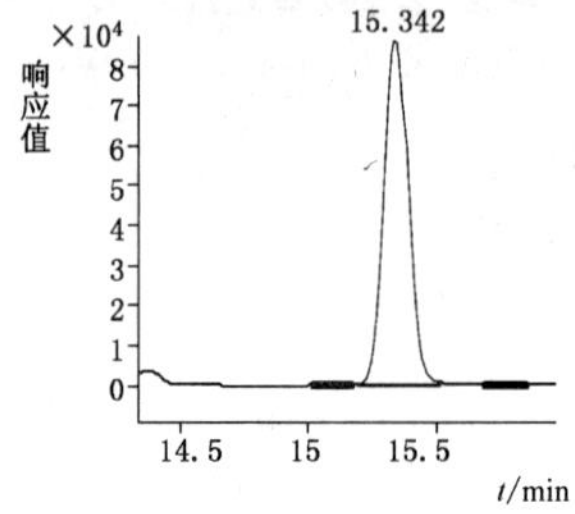


417. 腐霉利
(procymidone)

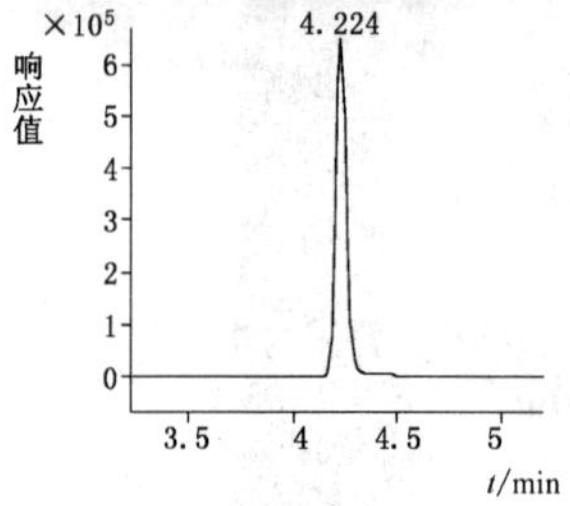


418. 蚜灭磷
(vamidothion)

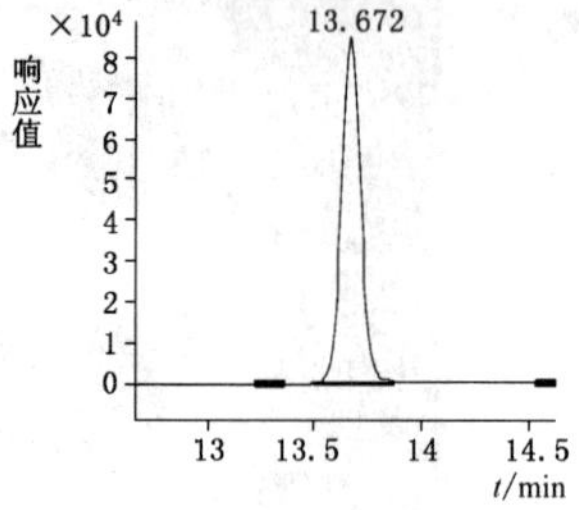


419. 可灭隆
(cumyluron)

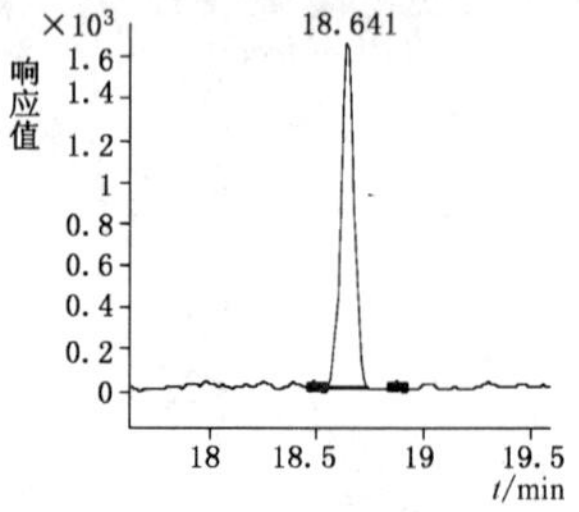


420. 皮蝇磷
(ronnel)

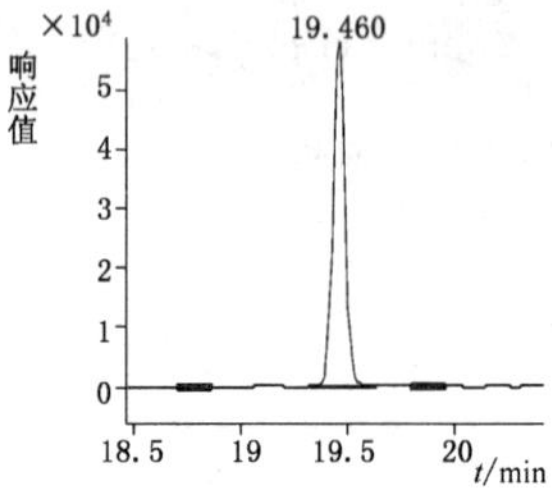


421. 除虫菊酯
(pyrethrin)

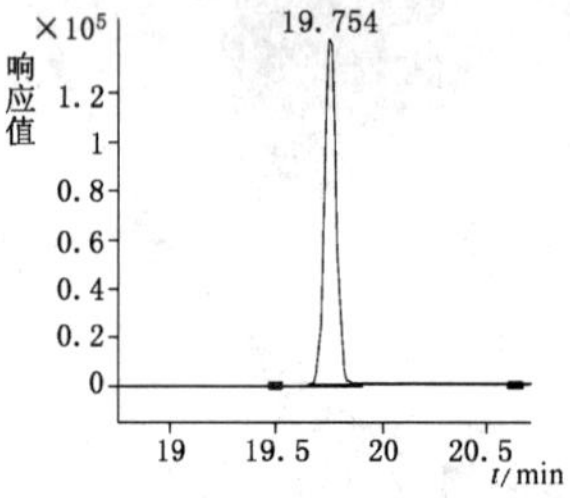


422. 酞酸二环己酯
(phthalic acid, biscyclohexyl ester)

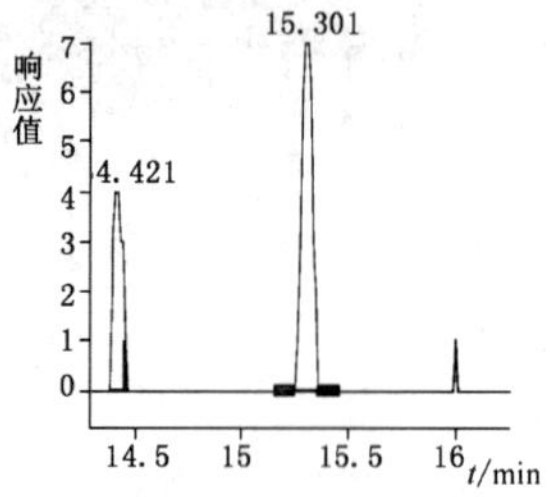


423. 环丙酰菌胺
(carpropamid)

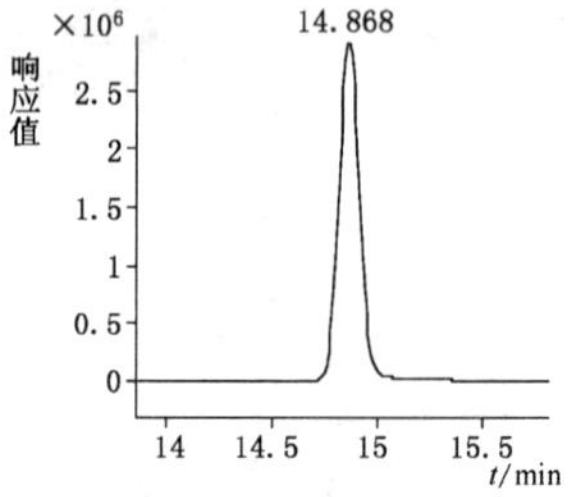


424. 虫酰肼
(tebufenozide)

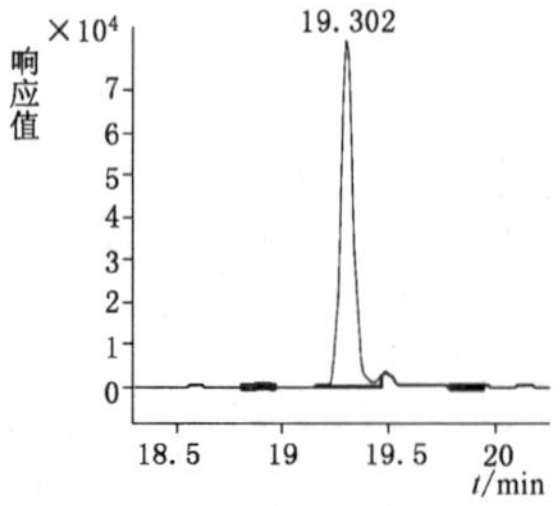


425. 虫螨磷
(chlorthiophos)

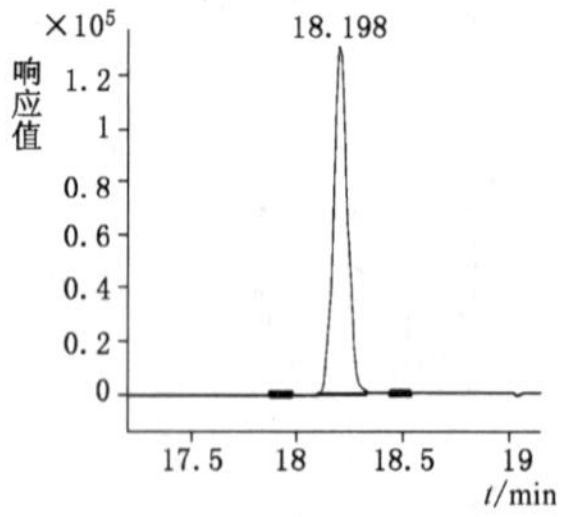


426. 氯亚胺硫磷
(dialifos)

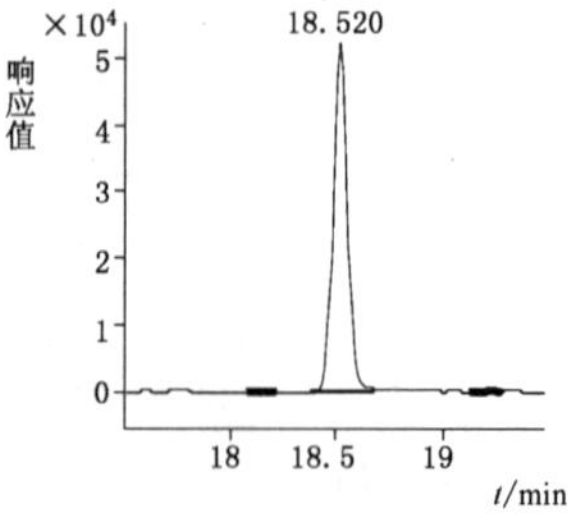


427. 吲哚酮草酯
(cinidon-ethyl)

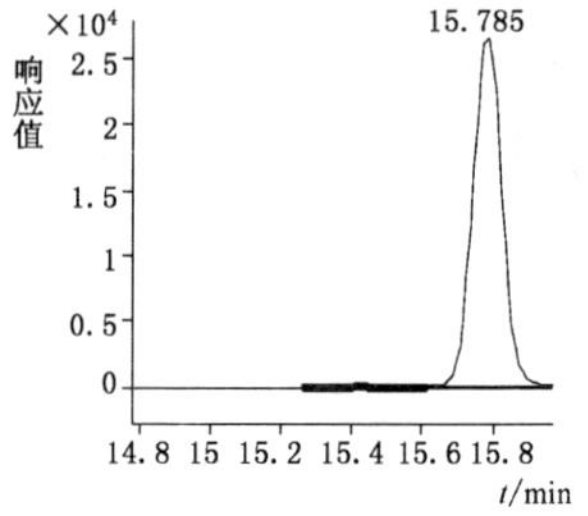


428. 鱼滕酮
(rotenone)

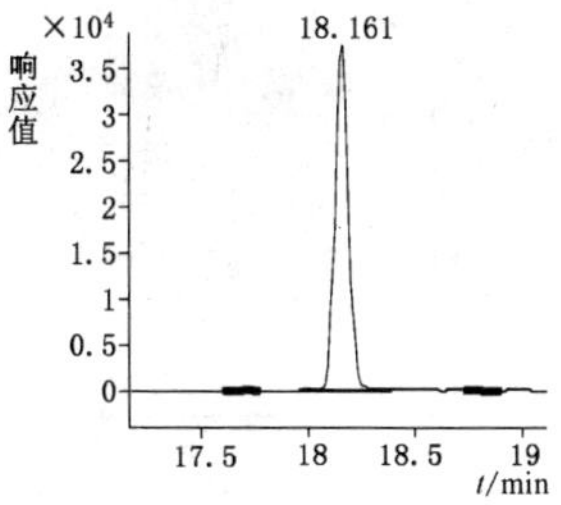


429. 亚胺唑
(imibenconazole)

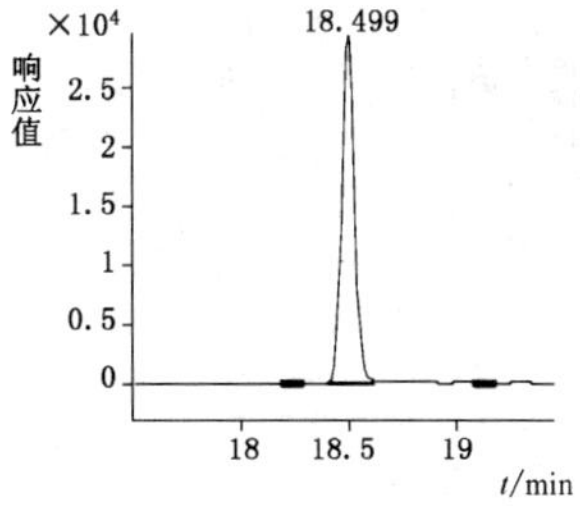


430. 噁草酸
(propaquiafop)

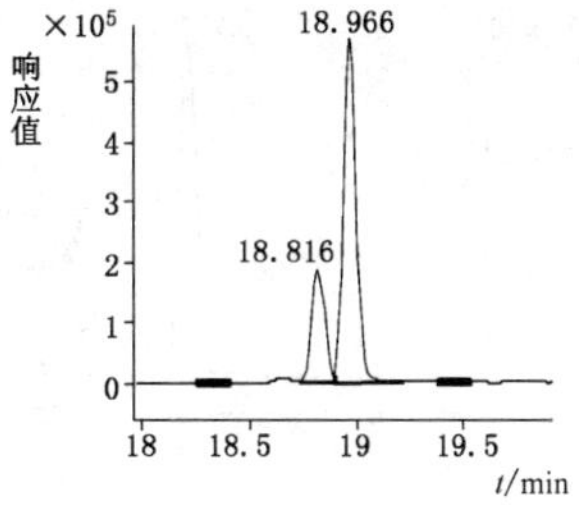


431. 乳氟禾草灵
(lactofen)

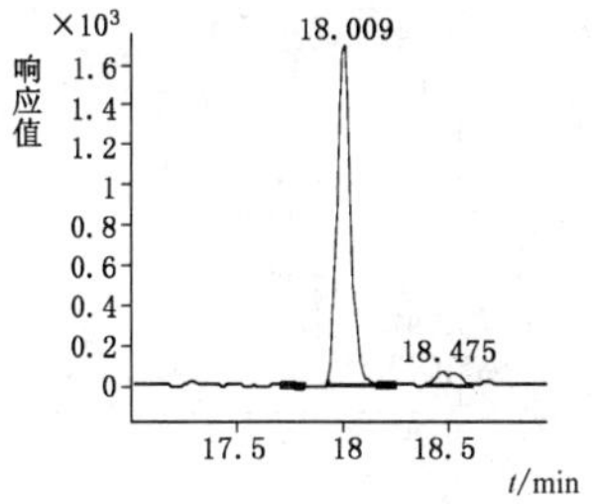


432. 吡草酮
(benzofenap)

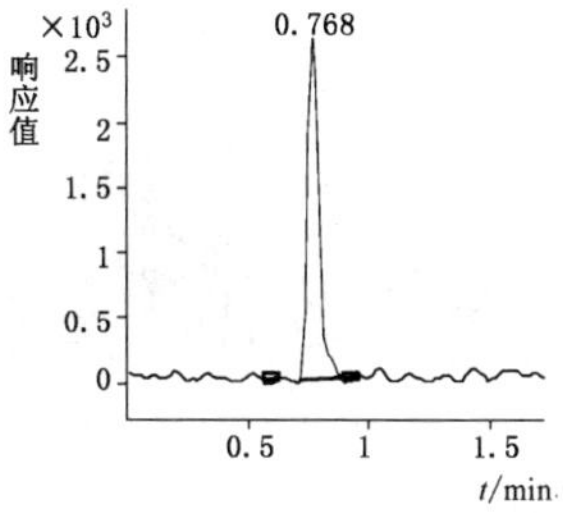


433. 地乐酯
(dinoseb acetate)

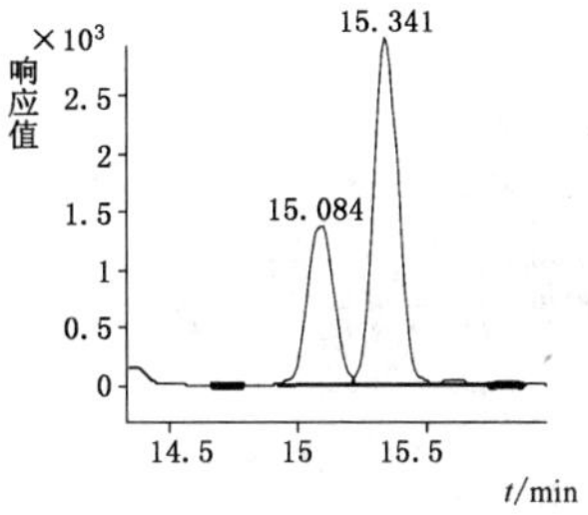


434. 异丙草胺
(propisochlor)

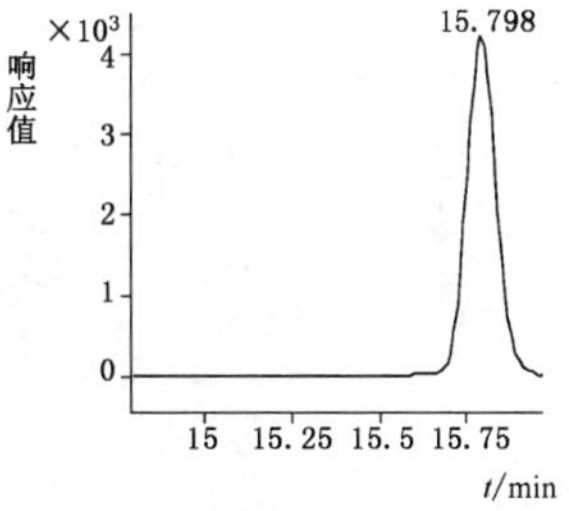


435. 乙氧苯草胺
(etobenzanid)

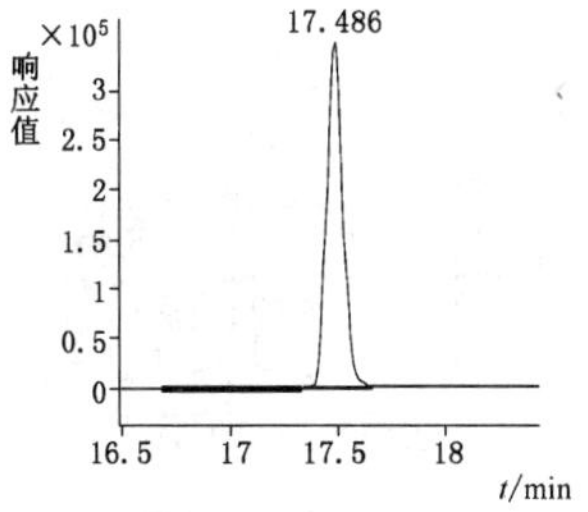


436. 四唑酰草胺
(fentrazamide)

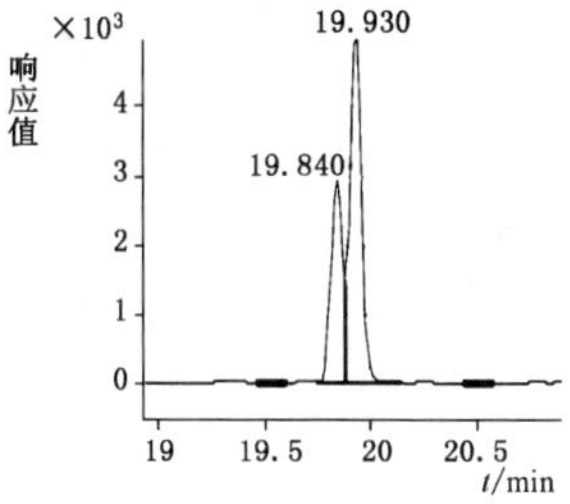


437. 苯醚氰菊酯
(cyphenothrin)

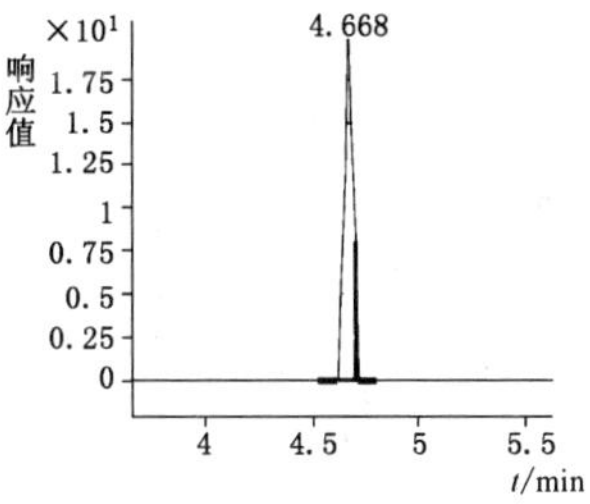


438. 狄氏剂
(dieldrin)

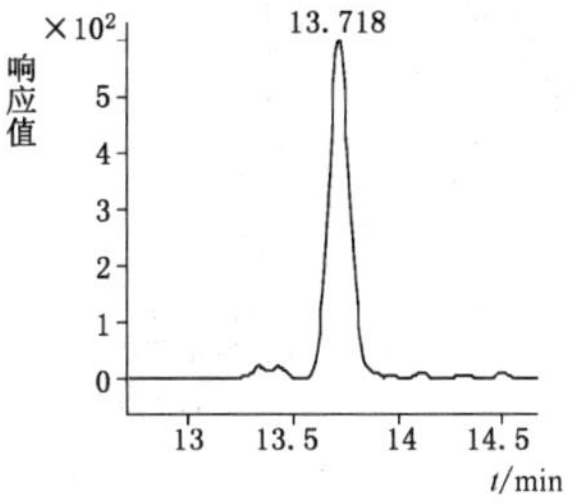


439. 马拉氧磷
(malaoxon)

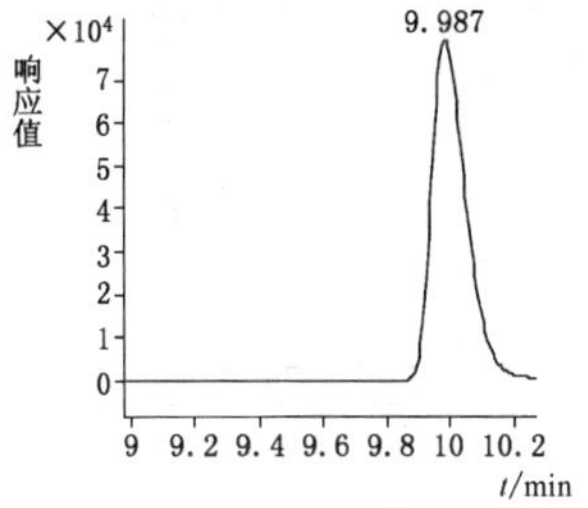


440. 多果定
(dodine)

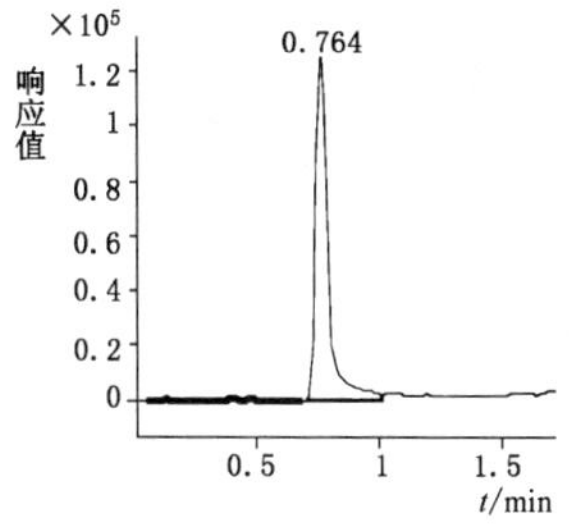


441. 丙烯硫脲
(propylene thiourea)

## G 组图

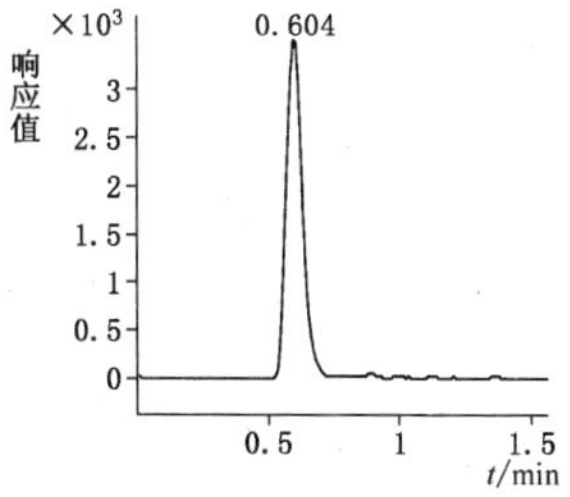


442. 茅草枯
(dalapon)

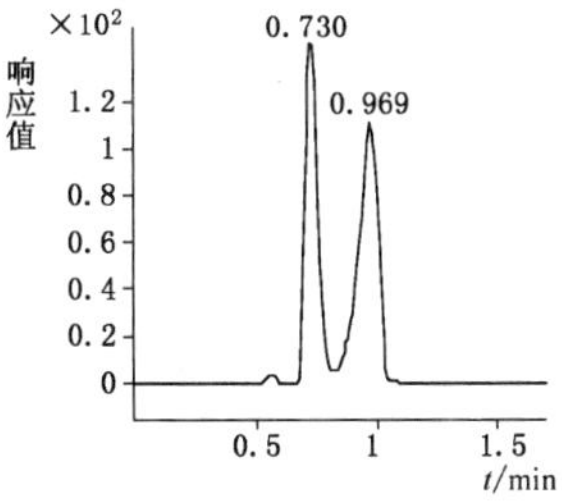


443. 四氟丙酸
(flupropanate)

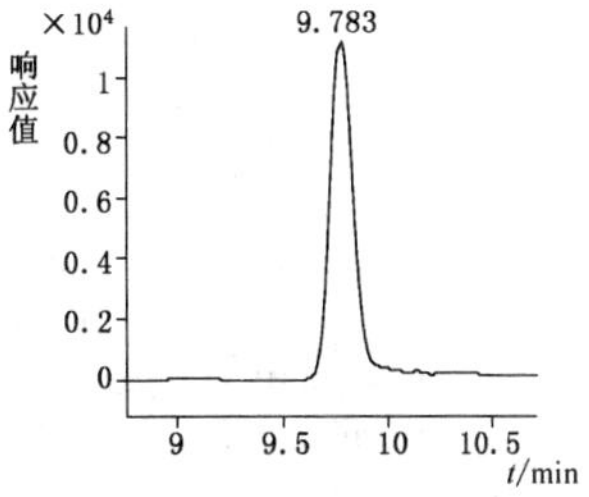


444. 2-苯基苯酚
(2-phenylphenol)

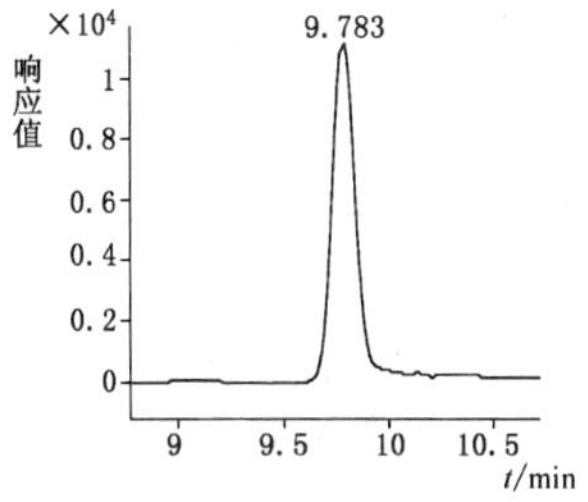


445. 3-苯基苯酚
(3-phenylphenol)

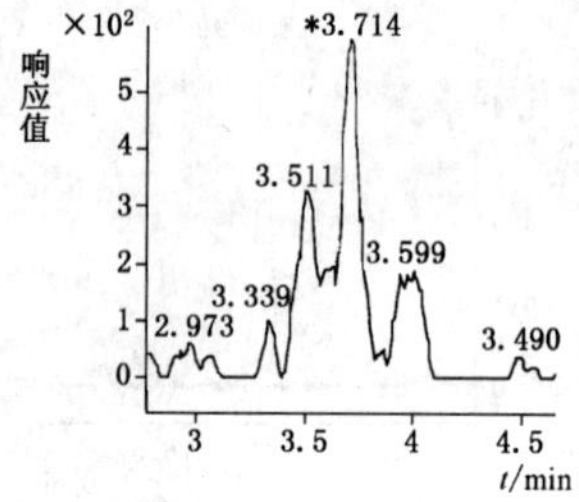


446. 二氯吡啶酸
(clopyralld)

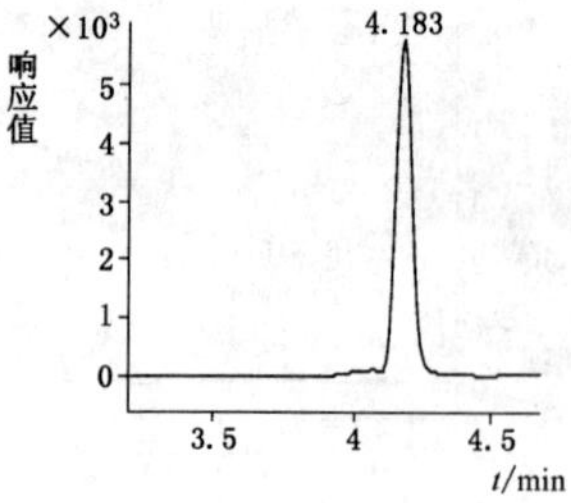


447. 4,6-二硝基邻甲酚
(DNOC)

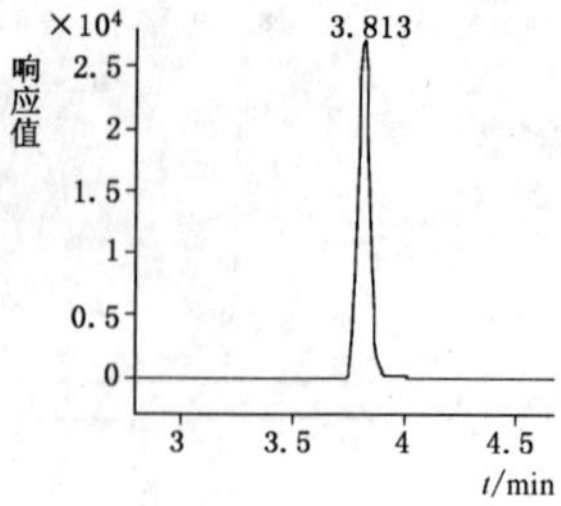


448. 调果酸
(cloprop)

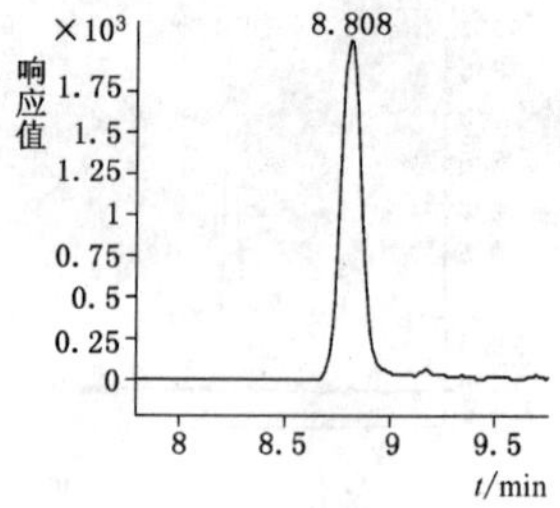


449. 氯硝胺
(dicloran)

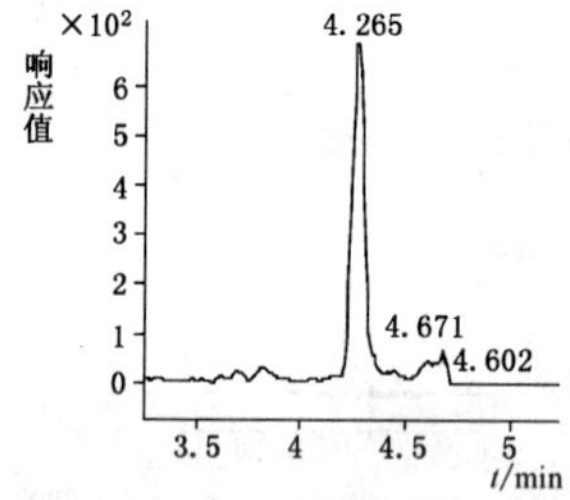


450. 氯氨吡啶酸
(aminopyralid)

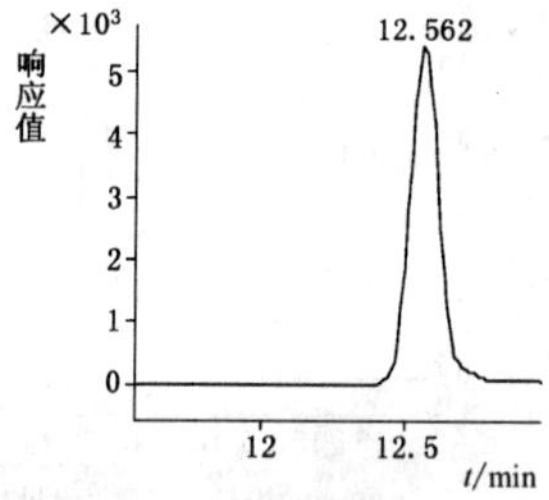


451. 氯苯胺灵
(chlorpropham)

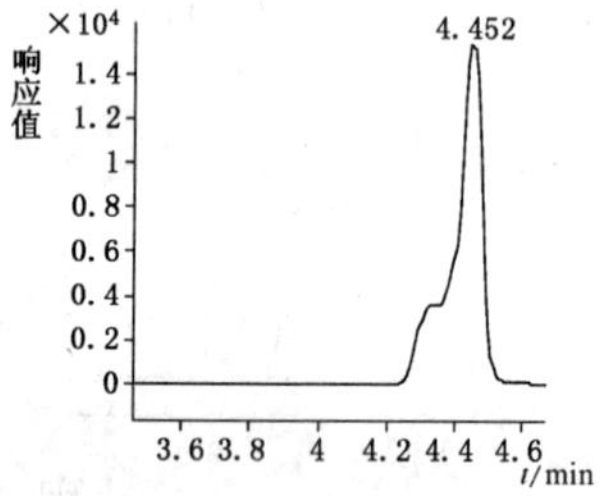


452. 2-甲-4-氯丙酸
(mecoprop)

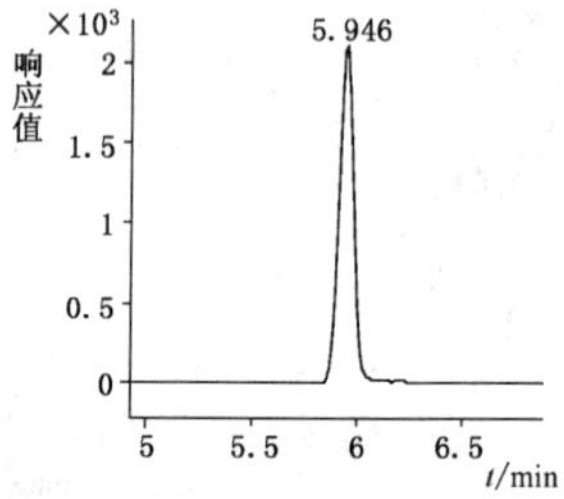


453. 特草定
(terbacil)

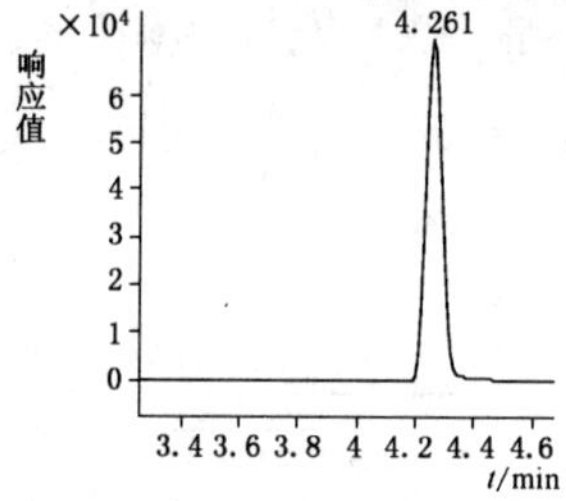


454. 2,4-滴
(2,4-D)

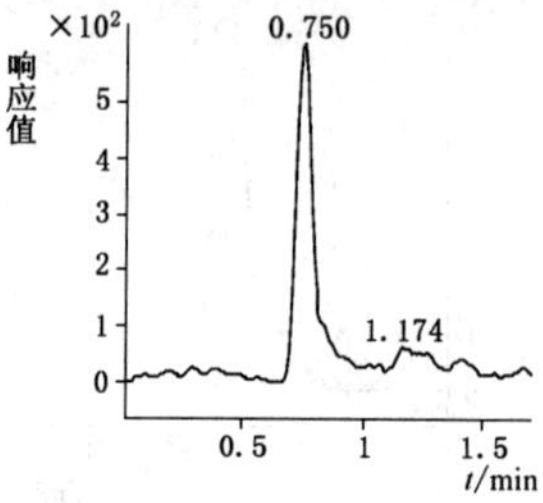


455. 麦草畏
(dicamba)

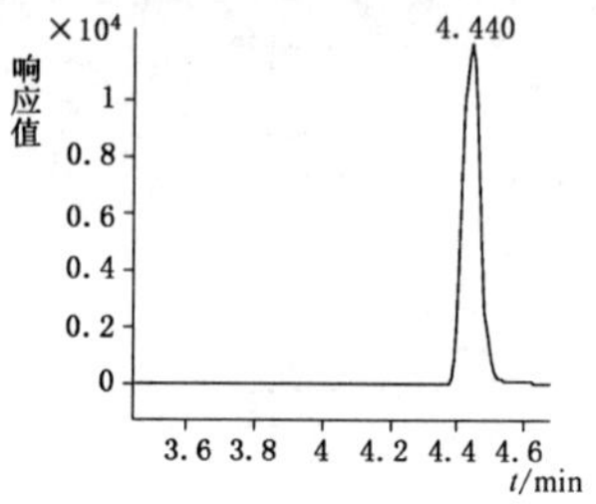


456. 二甲四氯丁酸
(MCPB)

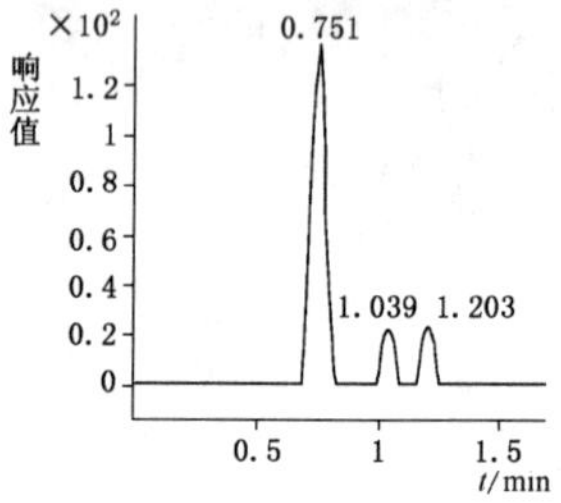


457. 敌磺钠
(fenaminosulf)

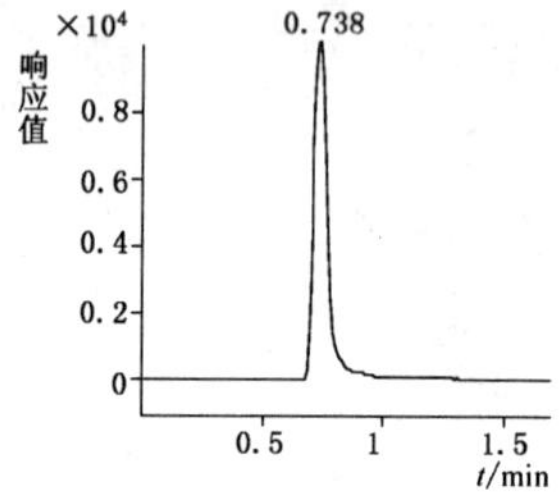


458. 毒莠定
(picloram)

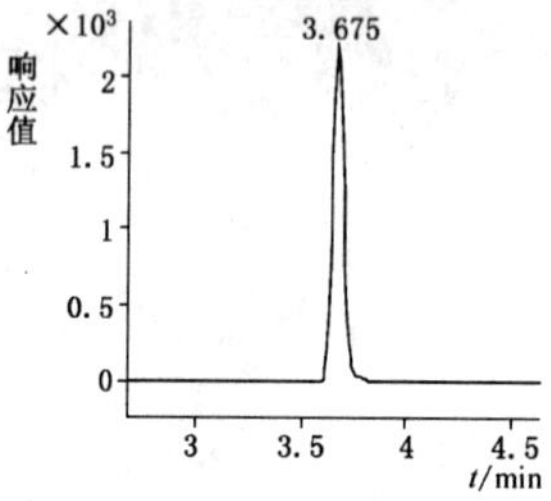


459. 灭草松
(bentazone)

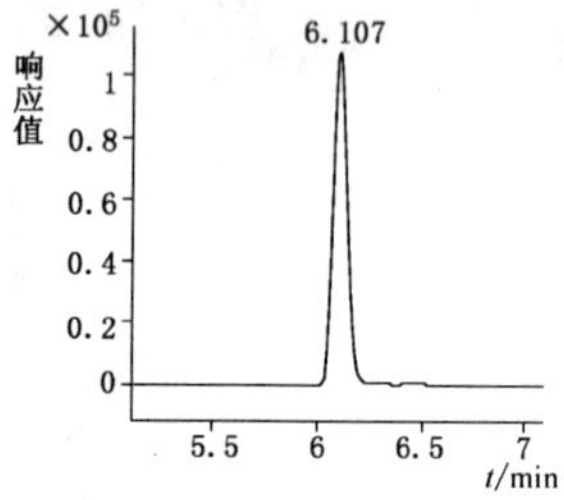


460. 地乐酚
(dinoseb)

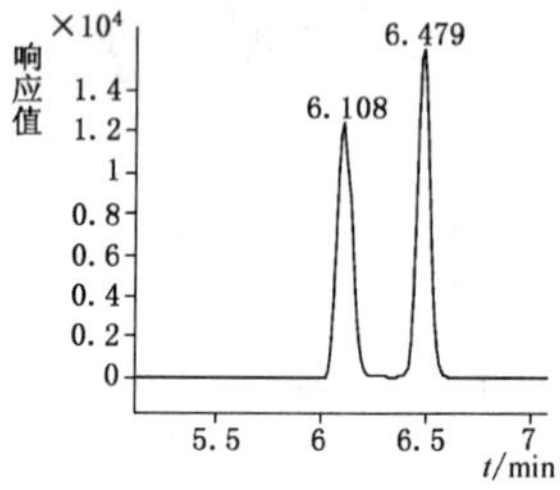


461. 草消酚
(dinoterb)

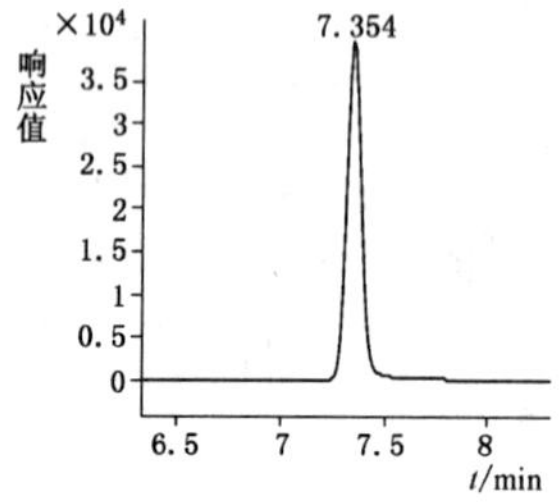


462. 氯吡脲
(forchlorfenuron)

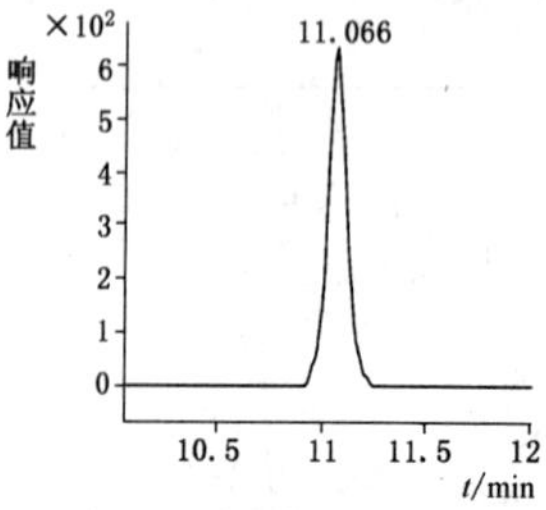


463. 咯菌腈
(fludioxonil)

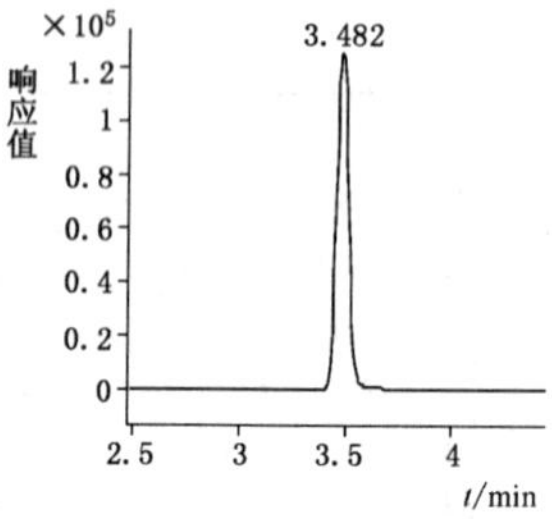


464. 2,4,5-涕
(2,4,5-T)

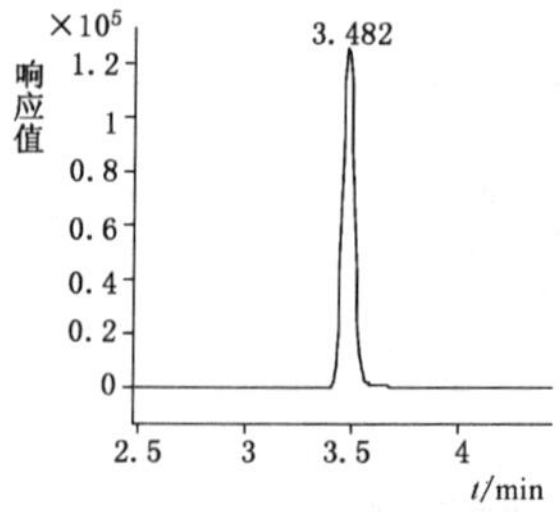


465. 氟草烟
(fluroxypyr)

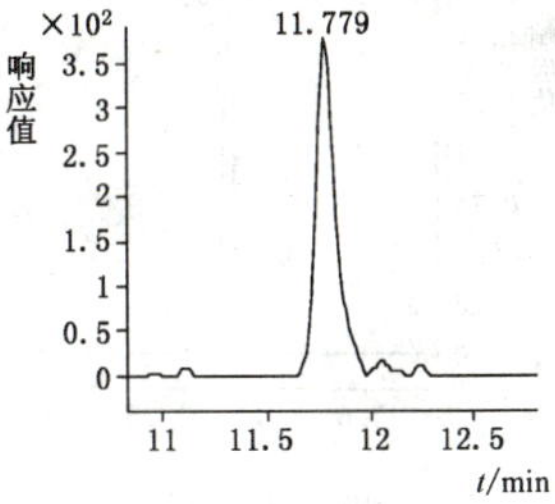


466. 杀螨醇
(chlorfenethol)

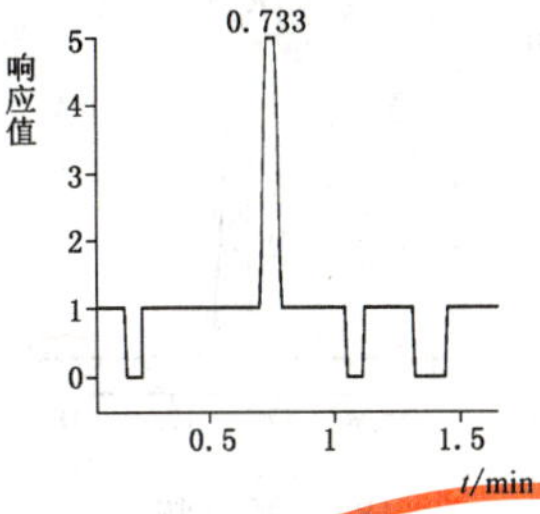


467. 涕丙酸
(fenoprop)

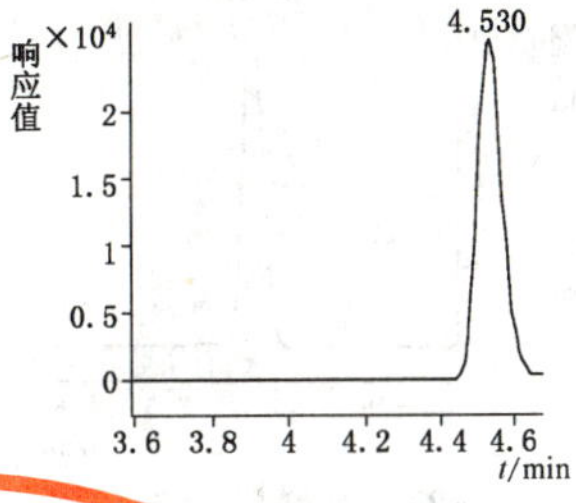


468. 环丙烯胺酸
(cyclanilide)

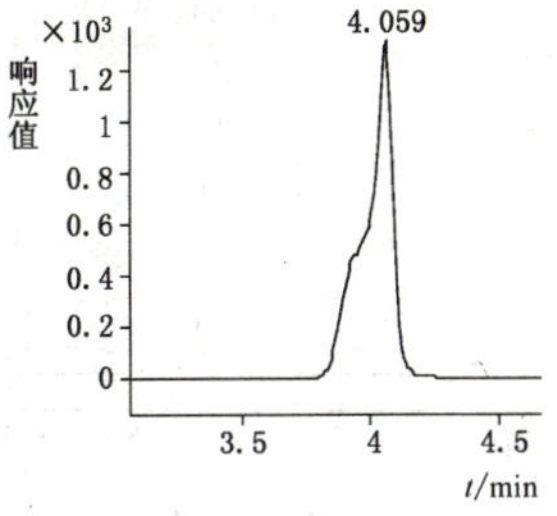


469. 溴苯腈
(bromoxynil)

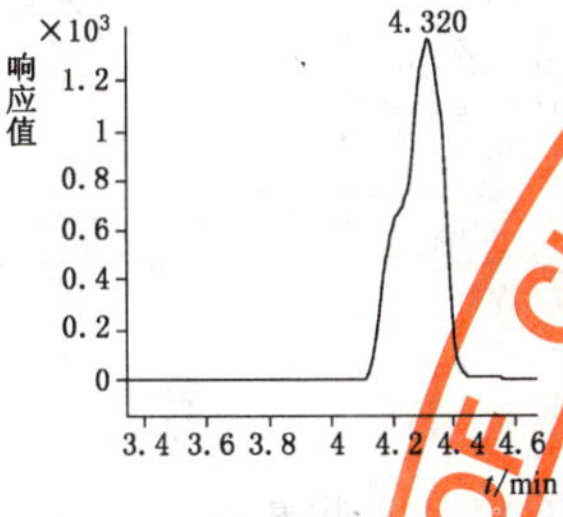


470. 萘草胺
(naptalam)

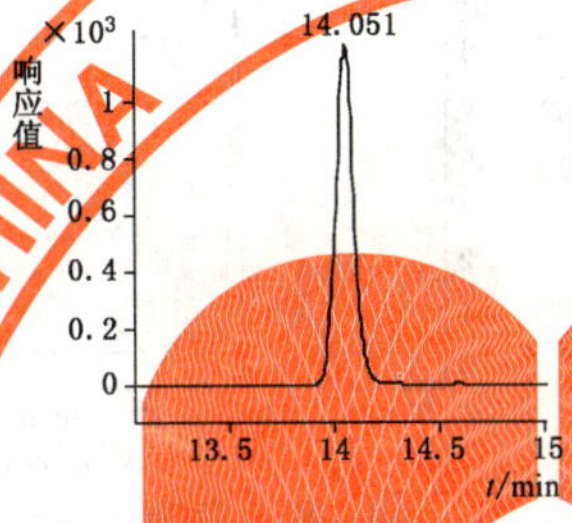


471. 灭幼脲
(chlorobenzuron)

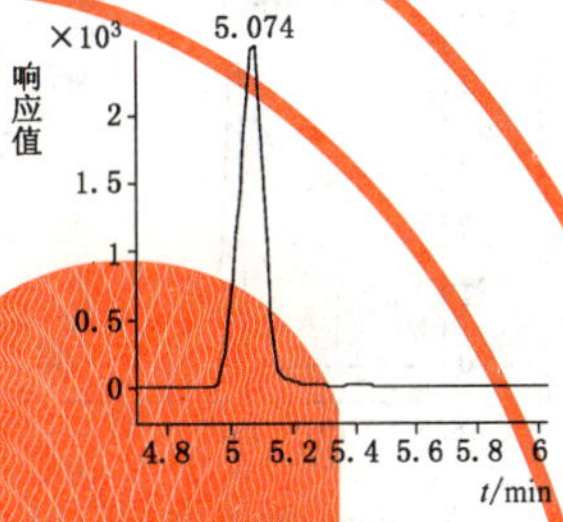


472. 氯霉素
(chloramphenicolum)

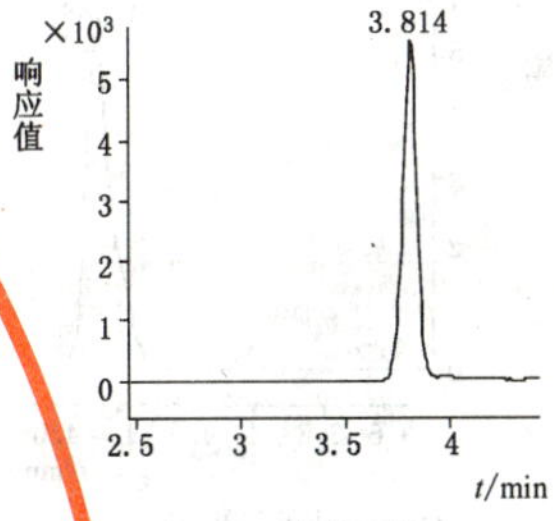


473. 禾草灭
(alloxydim-sodium)

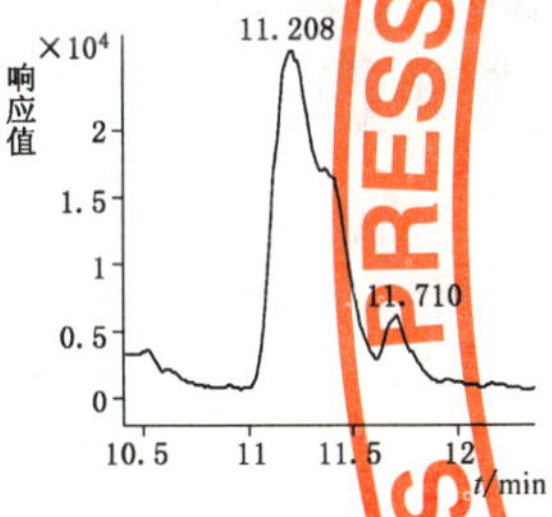


474. 嘧草硫醚
(pyrithlobac sodium)

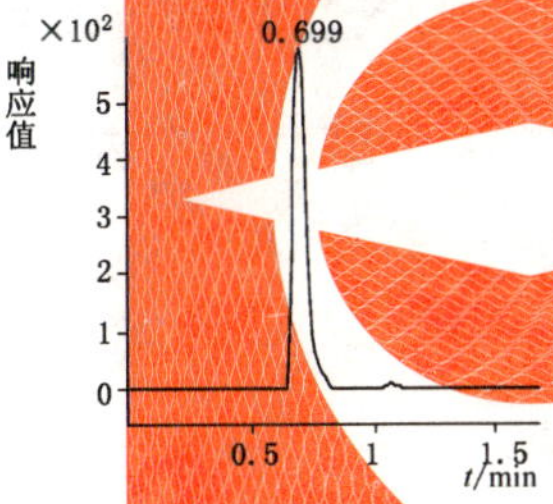


475. 杀虫双
(dimehypo)

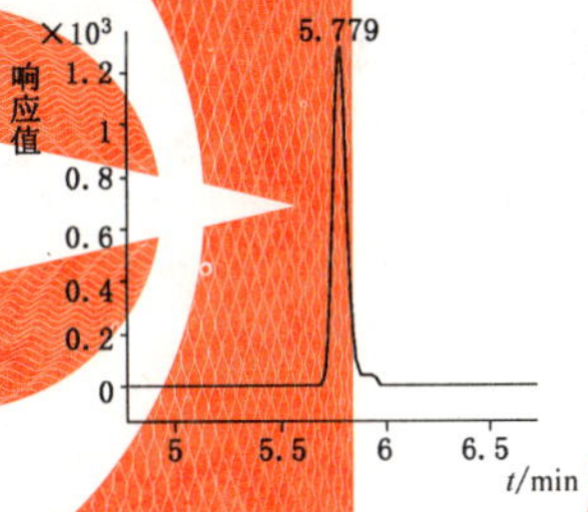


476. 乙酰磺胺对硝基苯
(sulfanitran)

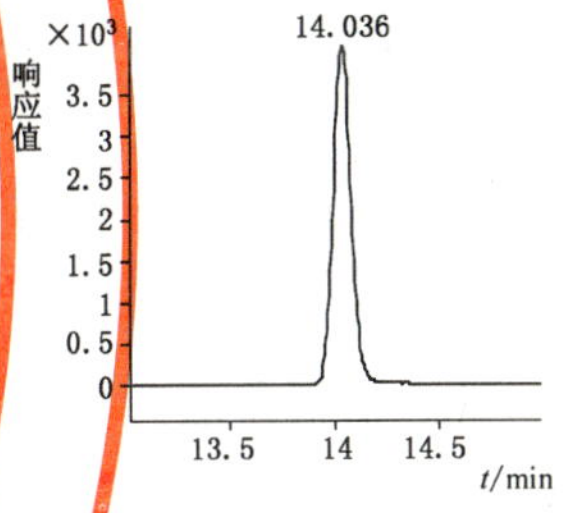


477. 安磺灵
(oryzalin)

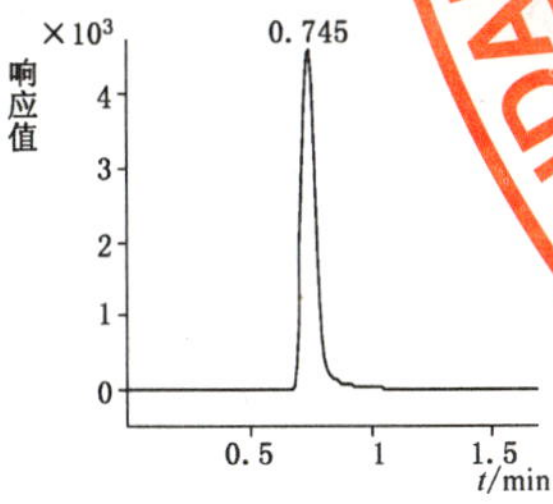


478. 赤霉素
(gibberellic acid)

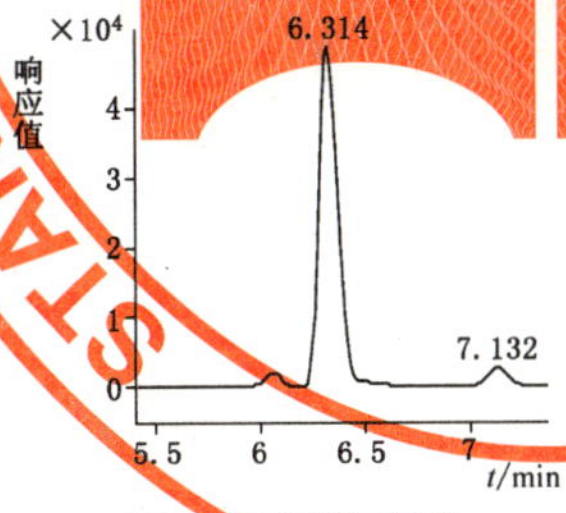


479. 三氟羧草醚
(acifluorfen)

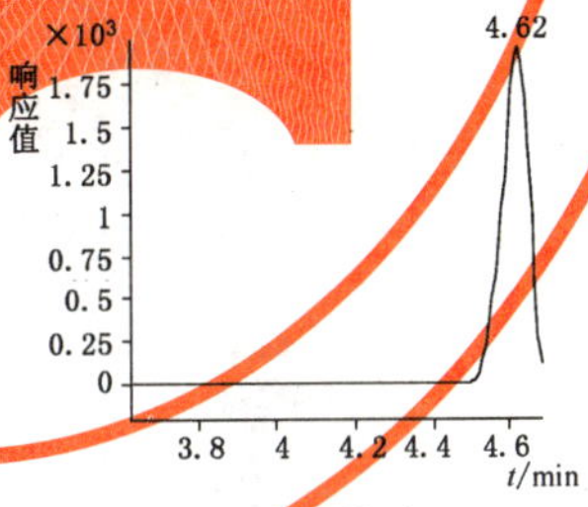


480. 碘苯腈
(ioxynil)

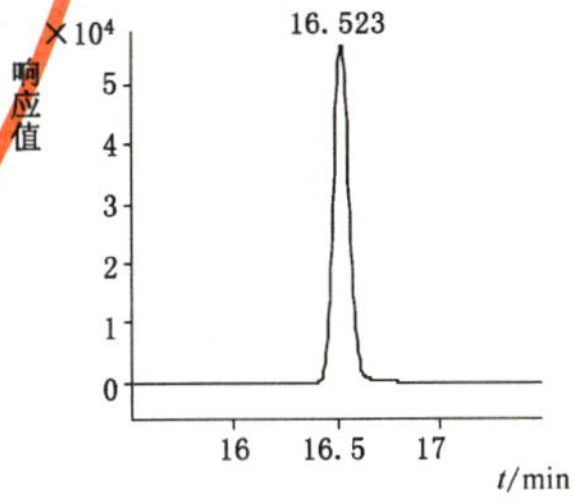


481. 噁唑菌酮
(famoxadone)

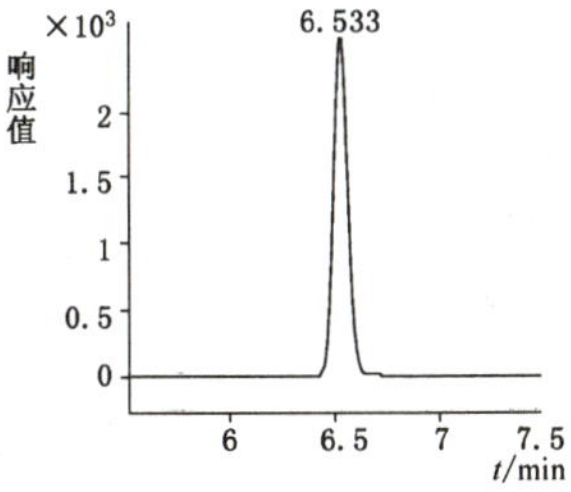


482. 磺酰唑草酮
(sulfentrazone)

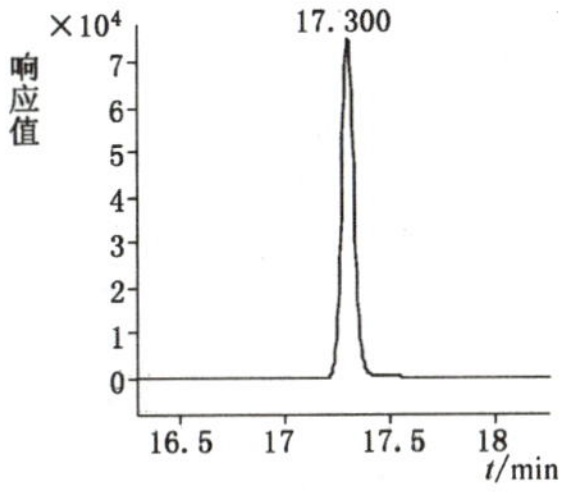


483. 吡氟酰草胺
(diflufenican)

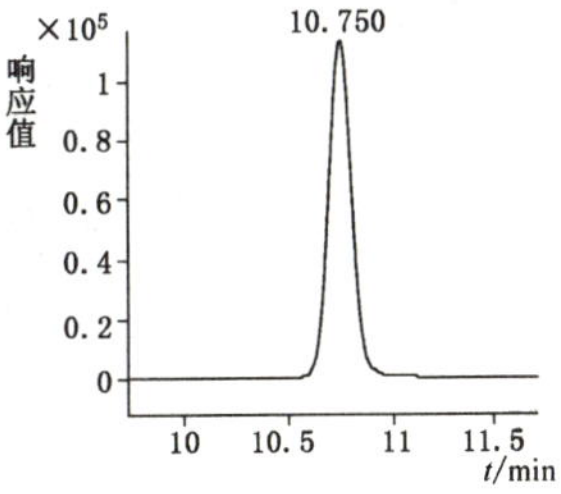


484. 乙虫清
(ethiprole)

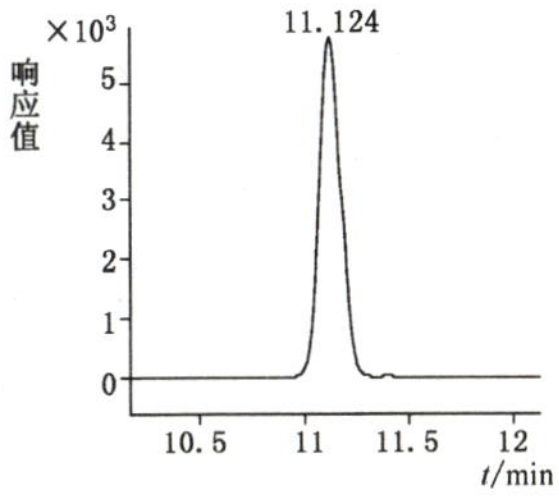


485. 磺菌胺
(flusulfamide)

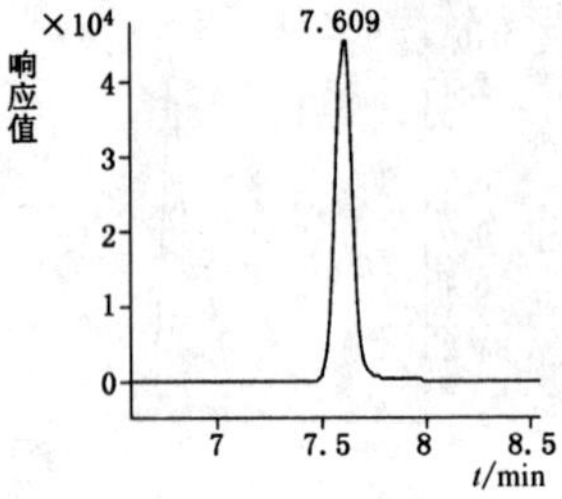


486. 环丙嘧磺隆
(cyclosulfamuron)

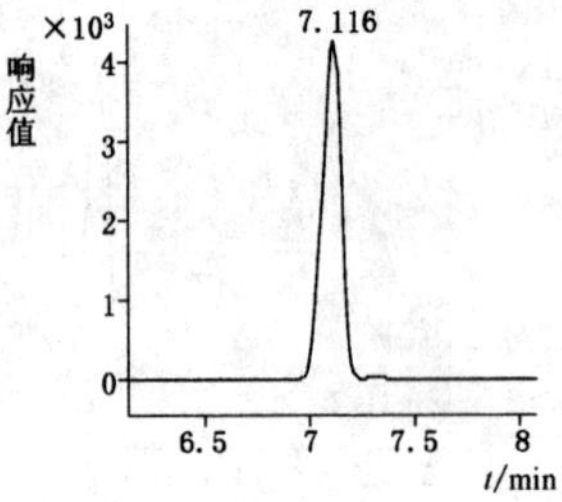


487. 氟磺胺草醚
(fomesafen)

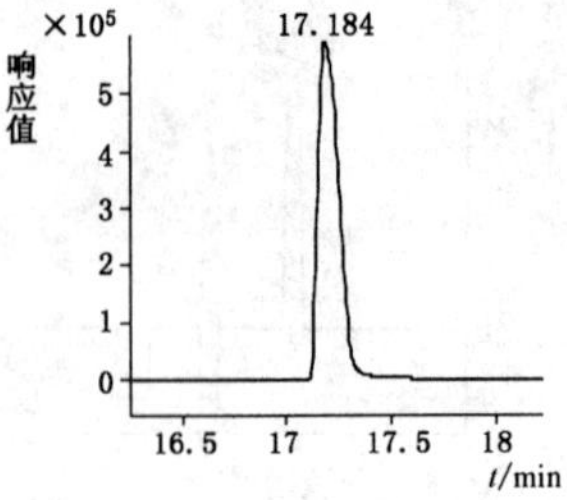


488. 氟啶胺
(fluazinam)

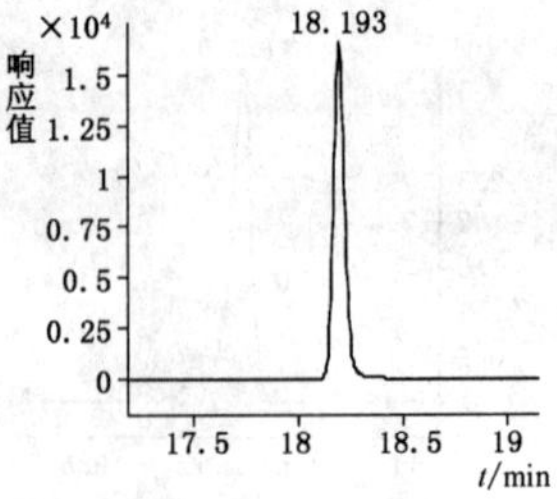


489. 吡虫隆
(fluazuron)

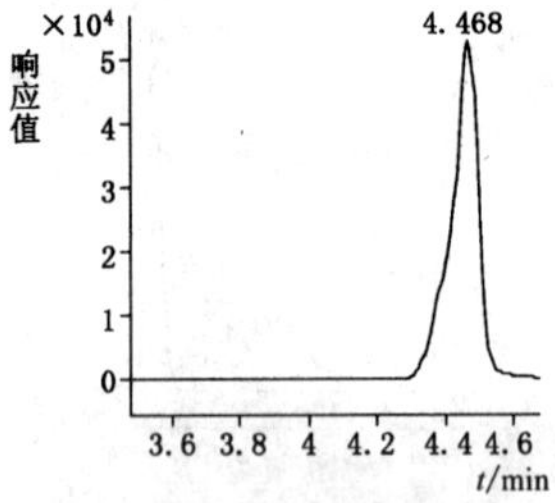


490. 碘甲磺隆钠
(iodosulfuron-methyl sodium)

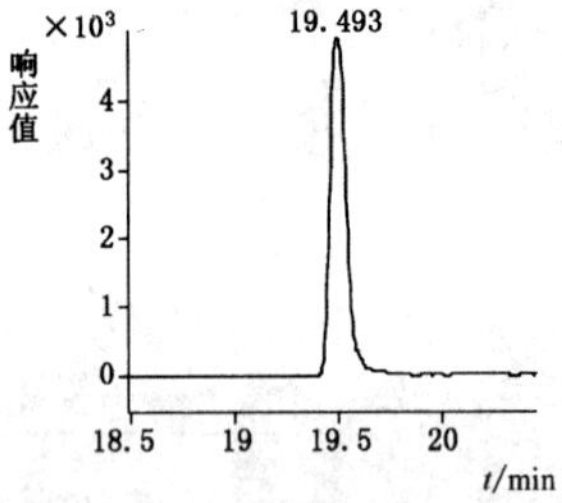


491. 克来范
(kelevan)

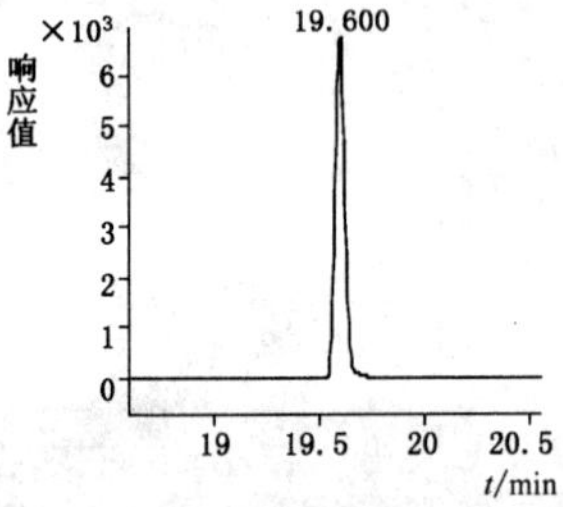


492. 氟丙菊酯
(acrinathrin)

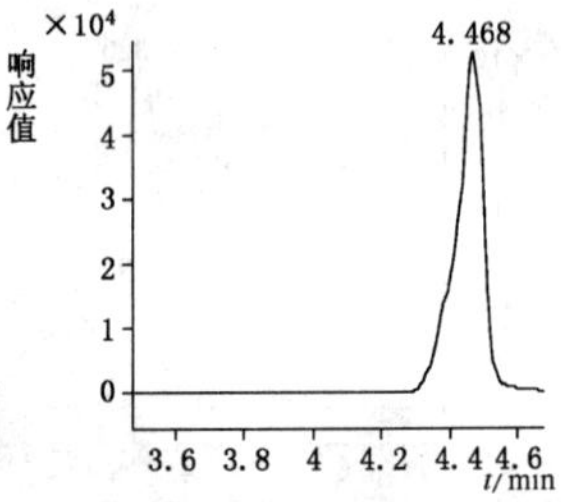


493. 甲基碘磺隆
(iodosulfuron-methyl)

# 附　录　D
（资料性附录）
## 493 种农药及相关化学品精密度数据表

493 种农药及相关化学品精密度数据表见表 D.1。

**表 D.1　493 种农药及相关化学品精密度数据表**

| 序号 | 名　　称 | 含量/(μg/kg) | 重复性限 r | 再现性限 R | 含量/(μg/L) | 重复性限 r | 再现性限 R |
|---|---|---|---|---|---|---|---|
| A 组 | | | | | | | |
| 1 | 苯胺灵 | 183.33 | 9.98 | 7.25 | 220.00 | 22.38 | 37.07 |
| 2 | 异丙威 | 3.83 | 2.05 | 1.31 | 4.60 | 1.27 | 1.11 |
| 3 | 3,4,5-混杀威 | 0.50 | 0.20 | 0.19 | 0.60 | 0.11 | 0.09 |
| 4 | 环莠隆 | 0.33 | 0.07 | 0.09 | 0.40 | 0.09 | 0.06 |
| 5 | 甲萘威 | 17.17 | 3.06 | 1.66 | 20.60 | 2.11 | 3.50 |
| 6 | 毒草胺 | 0.50 | 0.12 | 0.09 | 0.60 | 0.07 | 0.07 |
| 7 | 吡咪唑 | 2.17 | 0.30 | 0.28 | 2.60 | 0.42 | 0.79 |
| 8 | 西草净 | 0.17 | 0.03 | 0.02 | 0.20 | 0.05 | 0.03 |
| 9 | 绿谷隆 | 6.00 | 0.80 | 0.47 | 7.20 | 1.48 | 2.11 |
| 10 | 速灭磷 | 2.67 | 0.64 | 0.45 | 3.20 | 0.59 | 0.84 |
| 11 | 叠氮津 | 2.33 | 1.76 | 0.83 | 2.80 | 0.76 | 0.97 |
| 12 | 密草通 | 0.17 | 0.02 | 0.02 | 0.20 | 0.09 | 0.06 |
| 13 | 嘧菌磺胺 | 1.17 | 0.32 | 0.21 | 1.40 | 0.50 | 0.36 |
| 14 | 播土隆 | 15.00 | 1.70 | 1.87 | 18.00 | 0.59 | 0.93 |
| 15 | 双酰草胺 | 6.00 | 1.20 | 0.75 | 7.20 | 1.34 | 1.74 |
| 16 | 抗蚜威 | 0.33 | 0.04 | 0.04 | 0.40 | 0.02 | 0.03 |
| 17 | 异噁草松 | 0.67 | 0.07 | 0.03 | 0.80 | 0.08 | 0.13 |
| 18 | 扑草净 | 0.33 | 0.05 | 0.06 | 0.40 | 0.25 | 0.20 |
| 19 | 对氧磷 | 1.33 | 0.23 | 0.20 | 1.60 | 0.25 | 0.36 |
| 20 | 4,4′-二氯二苯甲酮 | 22.67 | 18.58 | 15.72 | 27.20 | 25.78 | 25.50 |
| 21 | 噻虫啉 | 0.67 | 0.19 | 0.09 | 0.80 | 0.04 | 0.07 |
| 22 | 吡虫啉 | 36.67 | 4.40 | 4.89 | 44.00 | 6.42 | 4.82 |
| 23 | 磺噻隆 | 2.50 | 0.29 | 0.37 | 3.00 | 0.83 | 0.56 |
| 24 | 丁嗪草酮 | 1.83 | 0.31 | 0.21 | 2.20 | 0.68 | 0.60 |
| 25 | 燕麦敌 | 148.67 | 14.87 | 23.46 | 178.40 | 39.02 | 24.43 |
| 26 | 乙草胺 | 79.00 | 5.32 | 2.92 | 94.80 | 29.79 | 24.18 |
| 27 | 烯啶虫胺 | 28.50 | 7.13 | 3.97 | 34.20 | 8.19 | 5.18 |
| 28 | 盖草津 | 0.33 | 0.04 | 0.03 | 0.40 | 0.34 | 0.22 |

表 D.1（续）

| 序号 | 名　　称 | 含量/(μg/kg) | 重复性限 r | 再现性限 R | 含量/(μg/L) | 重复性限 r | 再现性限 R |
|---|---|---|---|---|---|---|---|
| 29 | 二甲酚草胺 | 7.17 | 0.63 | 0.49 | 未添加 | | |
| 30 | 特草灵 | 3.50 | 0.68 | 1.16 | 4.20 | 1.19 | 2.00 |
| 31 | 戊菌唑 | 3.33 | 0.42 | 0.27 | 4.00 | 0.98 | 0.55 |
| 32 | 腈菌唑 | 1.67 | 0.31 | 0.28 | 2.00 | 0.81 | 0.92 |
| 33 | 咪唑乙烟酸 | 1.83 | 0.37 | 0.72 | 2.20 | 0.21 | 0.29 |
| 34 | 多效唑 | 1.00 | 0.16 | 0.11 | 1.20 | 0.14 | 0.20 |
| 35 | 倍硫磷亚砜 | 0.50 | 0.23 | 0.17 | 0.60 | 0.11 | 0.21 |
| 36 | 三唑醇 | 17.67 | 0.89 | 1.68 | 21.20 | 2.31 | 3.26 |
| 37 | 仲丁灵 | 3.17 | 0.80 | 1.02 | 3.80 | 0.66 | 0.41 |
| 38 | 甲基立枯磷 | 111.00 | 24.48 | 24.77 | 133.20 | 19.66 | 30.40 |
| 39 | 甜菜胺 | 6.67 | 1.66 | 6.90 | 8.00 | 1.54 | 2.66 |
| 40 | 烯丙菊酯 | 100.67 | 12.71 | 11.12 | 120.80 | 14.85 | 14.15 |
| 41 | 丙草胺 | 0.50 | 0.22 | 0.19 | 0.60 | 0.09 | 0.08 |
| 42 | 氟硅唑 | 1.00 | 0.19 | 0.21 | 1.20 | 0.46 | 0.33 |
| 43 | 麦锈灵 | 5.83 | 1.53 | 1.28 | 7.00 | 1.41 | 1.61 |
| 44 | 氟酰胺 | 1.83 | 0.18 | 0.10 | 未添加 | | |
| 45 | 氨磺磷 | 6.00 | 1.79 | 1.15 | 7.20 | 1.59 | 2.30 |
| 46 | 苯霜灵 | 2.00 | 0.50 | 0.36 | 2.40 | 0.88 | 0.89 |
| 47 | 苄氯三唑醇 | 0.83 | 0.05 | 0.09 | 1.00 | 0.08 | 0.11 |
| 48 | 乙环唑 | 3.00 | 0.20 | 0.34 | 3.60 | 0.28 | 0.39 |
| 49 | 酞酸二环己基酯 | 3.33 | 1.50 | 1.58 | 4.00 | 1.24 | 1.34 |
| 50 | 胺菊酯 | 3.00 | 1.19 | 0.65 | 3.60 | 1.71 | 3.17 |
| 51 | 抑菌灵 | 4.33 | 2.77 | 3.17 | 5.20 | 1.58 | 1.69 |
| 52 | 甲基毒死蜱 | 26.67 | 7.27 | 8.07 | 32.00 | 3.66 | 3.59 |
| 53 | 联苯三唑醇 | 55.67 | 4.29 | 6.13 | 66.80 | 27.36 | 21.66 |
| 54 | 吡喃草酮 | 20.33 | 1.34 | 2.31 | 24.40 | 3.06 | 2.69 |
| 55 | 甲基硫菌灵 | 33.33 | 4.11 | 3.74 | 40.00 | 15.02 | 8.23 |
| 56 | 益棉磷 | 181.50 | 17.33 | 15.62 | — | | |
| 57 | 杀铃脲 | 6.50 | 1.27 | 0.96 | 7.80 | 2.45 | 2.48 |
| 58 | 莎稗磷 | 1.17 | 0.34 | 0.22 | 1.40 | 0.68 | 0.60 |
| 59 | 硫菌灵 | 33.67 | 2.78 | 2.65 | 40.40 | 16.12 | 8.67 |
| 60 | 喹禾灵 | 1.17 | 0.50 | 0.38 | 1.40 | 0.71 | 0.67 |
| 61 | 精氟吡甲禾灵 | 4.33 | 0.48 | 0.47 | 5.20 | 1.14 | 0.93 |
| 62 | 吡氟禾草灵 | 0.50 | 0.13 | 0.12 | 0.60 | 0.09 | 0.10 |

**表 D.1（续）**

| 序号 | 名　　称 | 含量/(μg/kg) | 重复性限 $r$ | 再现性限 $R$ | 含量/(μg/L) | 重复性限 $r$ | 再现性限 $R$ |
|---|---|---|---|---|---|---|---|
| 63 | 乙基溴硫磷 | 946.17 | 314.44 | 303.93 | 1 135.40 | 72.63 | 73.75 |
| 64 | 地散磷 | 57.00 | 7.42 | 6.49 | 68.40 | 47.70 | 44.86 |
| 65 | 溴苯烯磷 | 5.00 | 1.42 | 0.68 | 6.00 | 3.05 | 2.96 |
| 66 | 嘧菌酯 | 0.83 | 0.16 | 0.19 | 1.00 | 0.22 | 3.67 |
| 67 | 吡菌磷 | 2.67 | 0.21 | 0.13 | 3.20 | 1.52 | 1.21 |
| 68 | 氟虫脲 | 5.33 | 1.46 | 1.29 | 6.40 | 1.82 | 1.52 |
| 69 | 茚虫威 | 12.50 | 4.33 | 2.59 | 15.00 | 11.09 | 14.12 |
| 70 | 甲氨基阿维菌素苯甲酸盐 | 0.50 | 0.16 | 0.15 | 0.60 | 0.30 | 0.22 |
| | | | | B组 | | | |
| 71 | 乙撑硫脲 | 87.00 | 12.02 | 16.54 | — | | |
| 72 | 棉隆 | — | | | 254.00 | 180.15 | 143.06 |
| 73 | 烟碱 | 3.67 | 0.91 | 1.03 | 4.40 | 0.62 | 0.67 |
| 74 | 非草隆 | 1.67 | 0.15 | 0.10 | 2.00 | 0.08 | 2.79 |
| 75 | 灭蝇胺 | 12.00 | 3.79 | 2.03 | 14.40 | 1.21 | 2.61 |
| 76 | 鼠立克 | 2.67 | 0.47 | 0.35 | 3.20 | 1.18 | 0.88 |
| 77 | 乙酰甲胺磷 | 22.17 | 1.03 | 1.30 | 26.60 | 1.26 | 20.37 |
| 78 | 禾草敌 | 3.50 | 0.44 | 0.42 | 4.20 | 4.79 | 3.31 |
| 79 | 多菌灵 | 0.83 | 0.19 | 0.08 | 1.00 | 0.08 | 0.11 |
| 80 | 6-氯-4-羟基-3-苯基哒嗪 | 2.83 | 0.31 | 0.41 | 3.40 | 0.36 | 0.99 |
| 81 | 残杀威 | 40.67 | 4.21 | 2.66 | 48.80 | 5.94 | 5.01 |
| 82 | 异噁隆 | 0.67 | 0.20 | 0.09 | 0.80 | 0.12 | 0.09 |
| 83 | 绿麦隆 | 1.00 | 0.13 | 0.08 | 1.20 | 0.07 | 3.70 |
| 84 | 久效威 | 261.67 | 29.65 | 18.87 | 314.00 | 52.95 | 70.46 |
| 85 | 氯草灵 | 305.00 | 114.36 | 84.51 | 366.00 | 73.14 | 53.20 |
| 86 | 噁虫威 | 5.33 | 1.14 | 0.54 | 6.40 | 0.49 | 2.76 |
| 87 | 扑灭津 | 0.50 | 0.09 | 0.04 | 0.60 | 0.61 | 1.12 |
| 88 | 特丁津 | 0.83 | 0.26 | 0.20 | 1.00 | 0.13 | 0.09 |
| 89 | 敌草隆 | 2.67 | 0.51 | 0.48 | 3.20 | 0.39 | 1.34 |
| 90 | 氯甲硫磷 | 0.75 | 2.44 | 1.38 | 0.90 | 0.68 | 1.72 |
| 91 | 萎锈灵 | 1.00 | 0.29 | 0.21 | 1.20 | 0.26 | 0.20 |
| 92 | 野燕枯 | 1.33 | 0.21 | 0.15 | 1.60 | 0.14 | 3.36 |
| 93 | 噻虫胺 | 105.00 | 10.92 | 6.40 | 126.00 | 7.17 | 13.68 |
| 94 | 拿草特 | 25.67 | 3.44 | 2.25 | 30.80 | 4.45 | 2.93 |

表 D.1（续）

| 序号 | 名　称 | 含量/(μg/kg) | 重复性限 r | 再现性限 R | 含量/(μg/L) | 重复性限 r | 再现性限 R |
|---|---|---|---|---|---|---|---|
| 95 | 二甲草胺 | 3.17 | 0.35 | 0.30 | 3.80 | 0.54 | 0.65 |
| 96 | 秀谷隆 | 28.00 | 2.35 | 1.90 | 33.60 | 3.45 | 4.44 |
| 97 | 甲拌磷 | 523.33 | 80.93 | 116.31 | 628.00 | 40.80 | 75.93 |
| 98 | 苯草醚 | 40.33 | 4.50 | 4.57 | 48.40 | 4.76 | 49.91 |
| 99 | 地安磷 | 3.83 | 0.20 | 0.24 | 4.60 | 0.43 | 0.24 |
| 100 | 脱苯甲基亚胺唑 | 10.33 | 3.49 | 2.42 | 12.40 | 1.39 | 2.15 |
| 101 | 草不隆 | 11.83 | 0.84 | 1.46 | 14.20 | 1.71 | 10.50 |
| 102 | 精甲霜灵 | 2.50 | 0.12 | 0.08 | 3.00 | 0.37 | 0.22 |
| 103 | 乙氧呋草黄 | 620.00 | 71.86 | 65.61 | 744.00 | 82.97 | 836.63 |
| 104 | 异稻瘟净 | 13.83 | 0.91 | 1.00 | 16.60 | 2.16 | 1.50 |
| 105 | 特普 | 17.33 | 1.58 | 1.50 | 20.80 | 14.84 | 10.60 |
| 106 | 环丙唑醇 | 1.17 | 0.11 | 0.13 | 1.40 | 0.10 | 3.43 |
| 107 | 噻虫嗪 | 55.00 | 6.56 | 5.36 | 66.00 | 8.87 | 12.27 |
| 108 | 育畜磷 | 0.83 | 0.05 | 0.03 | 1.00 | 0.14 | 0.10 |
| 109 | 乙嘧硫磷 | 31.33 | 28.09 | 9.66 | 37.60 | 1.91 | 33.74 |
| 110 | 杀鼠醚 | 2.33 | 1.10 | 0.90 | 2.80 | 1.98 | 1.61 |
| 111 | 赛灭磷 | 133.33 | 9.54 | 4.59 | 160.00 | 19.35 | 20.66 |
| 112 | 磷胺 | 6.50 | 0.69 | 0.45 | 7.80 | 0.80 | 4.19 |
| 113 | 甜菜宁 | 7.50 | 1.04 | 0.59 | 9.00 | 1.06 | 0.64 |
| 114 | 联苯井酯 | 38.00 | 9.05 | 5.81 | 45.60 | 19.82 | 15.03 |
| 115 | 环酰菌胺 | 1.50 | 2.72 | 3.05 | — | | |
| 116 | 粉唑醇 | 14.33 | 1.48 | 1.11 | 17.20 | 2.39 | 1.64 |
| 117 | 抑菌丙胺酯 | 1.33 | 0.14 | 0.11 | 1.60 | 0.17 | 0.12 |
| 118 | 生物丙烯菊酯 | 330.00 | 48.04 | 73.14 | 396.00 | 44.23 | 39.47 |
| 119 | 苯腈磷 | 34.67 | 6.79 | 9.64 | 41.60 | 3.77 | 4.75 |
| 120 | 甲基嘧啶磷 | 0.33 | 0.07 | 0.08 | 0.40 | 0.06 | 0.06 |
| 121 | 噻嗪酮 | 1.50 | 0.26 | 0.38 | 1.80 | 0.25 | 0.18 |
| 122 | 乙拌磷砜 | 4.17 | 0.62 | 0.53 | 5.00 | 0.51 | 0.32 |
| 123 | 喹螨醚 | 0.50 | 0.13 | 0.12 | 0.60 | 0.07 | 0.05 |
| 124 | 三唑磷 | 1.17 | 0.15 | 0.11 | 1.40 | 0.16 | 0.13 |
| 125 | 脱叶磷 | 2.67 | 0.76 | 1.01 | 3.20 | 0.49 | 0.54 |
| 126 | 环酯草醚 | 1.00 | 0.05 | 0.04 | 1.20 | 0.13 | 0.08 |
| 127 | 叶菌唑 | 2.17 | 0.27 | 0.23 | 2.60 | 0.27 | 0.17 |
| 128 | 蚊蝇醚 | 0.67 | 0.18 | 0.26 | 0.80 | 0.10 | 0.09 |

表 D.1（续）

| 序号 | 名　　称 | 含量/(μg/kg) | 重复性限 r | 再现性限 R | 含量/(μg/L) | 重复性限 r | 再现性限 R |
|---|---|---|---|---|---|---|---|
| 129 | 噻草酮 | 4.17 | 0.17 | 0.31 | 5.00 | 0.48 | 0.42 |
| 130 | 异噁酰草胺 | 0.33 | 0.08 | 0.09 | 0.40 | 0.05 | 0.04 |
| 131 | 呋草酮 | 0.67 | 0.15 | 0.10 | 0.80 | 0.12 | 0.09 |
| 132 | 氟乐灵 | 2 066.67 | 409.64 | 449.08 | 2 480.00 | 258.58 | 411.06 |
| 133 | 甲基麦草氟异丙酯 | 33.67 | 2.71 | 2.25 | 40.40 | 3.87 | 2.95 |
| 134 | 生物苄呋菊酯 | 12.33 | 2.20 | 4.63 | 14.80 | 2.63 | 2.77 |
| 135 | 丙环唑 | 3.00 | 0.33 | 0.31 | 3.60 | 0.40 | 0.24 |
| 136 | 毒死蜱 | 89.67 | 19.32 | 34.01 | 107.60 | 18.42 | 18.58 |
| 137 | 氯乙氟灵 | 813.33 | 63.12 | 44.12 | 976.00 | 172.31 | 159.28 |
| 138 | 氯磺隆 | 4.57 | 1.63 | 0.96 | 5.48 | 1.59 | 1.52 |
| 139 | 烯草酮 | 3.50 | 0.61 | 0.42 | 4.20 | 0.85 | 0.74 |
| 140 | 麦草氟异丙酯 | 0.67 | 0.04 | 0.05 | 0.80 | 0.09 | 0.09 |
| 141 | 杀虫畏 | 3.67 | 0.67 | 0.43 | 4.40 | 0.59 | 0.36 |
| 142 | 炔螨特 | 114.33 | 39.03 | 66.48 | 137.20 | 22.86 | 27.14 |
| 143 | 糠菌唑 | 5.17 | 1.45 | 1.38 | 6.20 | 0.88 | 0.58 |
| 144 | 氟吡酰草胺 | 1.17 | 0.36 | 0.55 | 1.40 | 0.25 | 0.19 |
| 145 | 氟噻乙草酯 | 8.83 | 1.25 | 1.12 | 10.60 | 1.58 | 1.23 |
| 146 | 肟菌酯 | 3.33 | 0.49 | 0.43 | 4.00 | 0.76 | 0.79 |
| 147 | 氯嘧磺隆 | 50.67 | 5.43 | 29.80 | 60.80 | 16.04 | 20.47 |
| 148 | 氟铃脲 | 42.00 | 8.21 | 12.01 | 50.40 | 7.08 | 6.74 |
| 149 | 氟酰脲 | 13.33 | 1.94 | 1.74 | 16.00 | 2.92 | 2.78 |
| 150 | 伏蚁腙 | 2.86 | 1.11 | 1.78 | 3.43 | 0.43 | 0.81 |
| 151 | flurazuron | 44.67 | 10.27 | 14.24 | 53.60 | 9.52 | 10.01 |
| C组 | | | | | | | |
| 152 | 抑芽丹 | 133.33 | 73.55 | 39.80 | 160.00 | 20.95 | 17.64 |
| 153 | 甲胺磷 | 8.17 | 0.81 | 2.40 | 9.80 | 1.21 | 1.35 |
| 154 | 茵草敌 | 62.17 | 11.61 | 9.10 | 74.60 | 11.57 | 13.66 |
| 155 | 避蚊胺 | 1.00 | 0.11 | 0.08 | 1.20 | 0.12 | 0.14 |
| 156 | 灭草隆 | 57.83 | 12.56 | 5.12 | 69.40 | 5.03 | 7.82 |
| 157 | 嘧霉胺 | 1.17 | 0.09 | 0.10 | 1.40 | 0.22 | 0.25 |
| 158 | 黑穗胺 | 1.30 | 0.15 | 0.18 | 1.56 | 0.14 | 0.16 |
| 159 | 灭藻醌 | 13.17 | 0.81 | 0.70 | 15.80 | 2.32 | 2.18 |
| 160 | 仲丁威 | 9.83 | 1.64 | 0.80 | 11.80 | 0.55 | 1.05 |
| 161 | 乙菌定 | 1.00 | 0.21 | 0.06 | 1.20 | 0.20 | 0.23 |

表 D.1（续）

| 序号 | 名　　称 | 含量/(μg/kg) | 重复性限 r | 再现性限 R | 含量/(μg/L) | 重复性限 r | 再现性限 R |
|---|---|---|---|---|---|---|---|
| 162 | 敌稗 | 36.00 | 6.52 | 4.45 | 43.20 | 2.01 | 2.63 |
| 163 | 克百威 | 21.83 | 4.48 | 2.21 | 26.20 | 2.96 | 2.88 |
| 164 | 啶虫清 | 2.40 | 0.39 | 0.48 | 2.88 | 0.29 | 0.43 |
| 165 | 嘧菌胺 | 0.50 | 0.10 | 0.07 | 0.60 | 0.03 | 0.04 |
| 166 | 扑灭通 | 0.17 | 0.02 | 0.02 | 0.20 | 0.01 | 0.01 |
| 167 | 甲氧隆 | 1.00 | 0.16 | 0.18 | 1.20 | 0.06 | 0.06 |
| 168 | 乐果 | 12.67 | 4.71 | 2.31 | 15.20 | 1.31 | 2.35 |
| 169 | 呋菌胺 | 0.50 | 0.03 | 0.05 | — | | |
| 170 | 伏草隆 | 1.50 | 0.22 | 0.21 | 1.80 | 0.14 | 0.28 |
| 171 | 百治磷 | 1.83 | 0.50 | 0.34 | 2.20 | 0.63 | 0.68 |
| 172 | 庚酰草胺 | 2.00 | 0.51 | 0.42 | 2.40 | 0.15 | 0.21 |
| 173 | 双苯酰草胺 | 0.17 | 0.03 | 0.03 | 0.20 | 0.02 | 0.02 |
| 174 | 灭线磷 | 4.67 | 0.85 | 0.47 | 5.60 | 0.36 | 0.38 |
| 175 | 地虫硫磷 | 12.50 | 1.68 | 1.69 | 15.00 | 0.78 | 1.14 |
| 176 | 土菌灵 | 167.33 | 22.23 | 21.89 | 200.80 | 11.81 | 8.66 |
| 177 | 拌种胺 | 1.33 | 0.28 | 0.15 | 1.60 | 0.07 | 0.05 |
| 178 | 环嗪酮 | 0.17 | 0.02 | 0.02 | 0.20 | 0.01 | 0.01 |
| 179 | 阔草净 | 0.17 | 0.05 | 0.03 | 0.20 | 0.02 | 0.02 |
| 180 | 敌百虫 | 1.83 | 0.75 | 0.42 | 2.20 | 0.26 | 0.18 |
| 181 | 内吸磷 | 11.33 | 1.79 | 1.11 | 13.60 | 0.88 | 0.84 |
| 182 | 解草酮 | 11.50 | 1.39 | 1.00 | 13.80 | 0.52 | 0.76 |
| 183 | 除草定 | 39.33 | 7.44 | 2.70 | 47.20 | 4.39 | 7.39 |
| 184 | 甲拌磷亚砜 | 577.50 | 84.33 | 46.89 | 693.00 | 42.15 | 80.91 |
| 185 | 溴莠敏 | 6.00 | 2.82 | 1.19 | 7.20 | 1.34 | 1.67 |
| 186 | 氧化萎锈灵 | 1.50 | 0.32 | 0.15 | 1.80 | 0.12 | 0.20 |
| 187 | 灭锈胺 | 0.67 | 0.40 | 0.16 | 0.80 | 0.04 | 0.04 |
| 188 | 乙拌磷 | 782.83 | 101.72 | 72.52 | 939.40 | 86.19 | 64.79 |
| 189 | 倍硫磷 | 86.67 | 12.33 | 9.76 | 104.00 | 8.76 | 11.26 |
| 190 | 甲霜灵 | 0.83 | 0.13 | 0.12 | 1.00 | 0.37 | 0.09 |
| 191 | 甲呋酰胺 | 1.67 | 0.32 | 0.18 | 2.00 | 0.10 | 0.06 |
| 192 | 吗菌灵 | 0.67 | 0.20 | 0.16 | 0.80 | 0.19 | 0.14 |
| 193 | 甲基咪草酯 | 0.33 | 0.11 | 0.07 | 0.40 | 0.04 | 0.02 |
| 194 | 稻瘟灵 | 3.00 | 0.72 | 0.28 | 3.60 | 0.09 | 0.12 |
| 195 | 抑霉唑 | 3.33 | 0.50 | 0.34 | 4.00 | 0.65 | 0.42 |

**表 D.1（续）**

| 序号 | 名　　称 | 含量/(μg/kg) | 重复性限 r | 再现性限 R | 含量/(μg/L) | 重复性限 r | 再现性限 R |
|---|---|---|---|---|---|---|---|
| 196 | 辛硫磷 | 138.00 | 13.03 | 6.05 | 165.60 | 5.68 | 9.93 |
| 197 | 喹硫磷 | 3.33 | 0.56 | 0.37 | 4.00 | 0.17 | 0.23 |
| 198 | 灭菌磷 | 112.00 | 17.75 | 9.26 | 134.40 | 4.14 | 5.80 |
| 199 | 苯氧威 | 30.50 | 22.80 | 10.12 | 36.60 | 8.43 | 10.20 |
| 200 | 嘧啶磷 | 0.33 | 0.06 | 0.03 | 0.40 | 0.02 | 0.02 |
| 201 | 丰索磷 | 3.33 | 1.14 | 0.78 | 4.00 | 0.19 | 0.23 |
| 202 | 氯咯草酮 | 23.00 | 4.16 | 1.61 | 27.60 | 2.30 | 2.52 |
| 203 | 丁草胺 | 33.50 | 6.34 | 8.93 | 40.20 | 2.46 | 4.93 |
| 204 | 咪唑喹啉酸 | 4.83 | 0.67 | 0.57 | 5.80 | 0.47 | 0.54 |
| 205 | 亚胺菌 | 167.67 | 38.87 | 21.90 | 201.20 | 8.41 | 6.34 |
| 206 | 戊叉菌唑 | 5.00 | 1.38 | 0.59 | 6.00 | 0.70 | 1.04 |
| 207 | 苯线磷亚砜 | 1.17 | 0.18 | 0.09 | 1.40 | 0.12 | 0.06 |
| 208 | 噻吩草胺 | 40.17 | 7.14 | 3.73 | 48.20 | 2.35 | 2.84 |
| 209 | 氰菌胺 | 65.67 | 8.58 | 4.80 | 78.80 | 5.09 | 3.41 |
| 210 | 杀草吡啶 | 0.33 | 0.05 | 0.05 | 0.40 | 0.03 | 0.03 |
| 211 | 氟环唑 | 6.83 | 4.00 | 2.80 | 8.20 | 0.66 | 0.71 |
| 212 | 氯辛硫磷 | 129.33 | 17.28 | 11.74 | 155.20 | 7.69 | 11.39 |
| 213 | 苯线磷砜 | 0.67 | 0.19 | 0.10 | 0.80 | 0.08 | 0.08 |
| 214 | 腈苯唑 | 2.67 | 0.48 | 0.62 | 3.20 | 0.26 | 0.32 |
| 215 | 异柳磷 | 364.50 | 26.89 | 34.17 | 437.40 | 55.33 | 46.09 |
| 216 | 氨磺乐灵 | 106.67 | 6.07 | 11.31 | 128.00 | 10.27 | 15.92 |
| 217 | 氯化薯瘟锡 | 28.75 | 2.98 | 4.99 | 34.50 | 1.70 | 1.77 |
| 218 | 呱草磷 | 15.33 | 2.02 | 1.66 | 18.40 | 1.73 | 1.08 |
| 219 | 增效醚 | 1.83 | 0.48 | 0.49 | 2.20 | 0.38 | 0.29 |
| 220 | 乙氧氟草醚 | 97.50 | 34.15 | 29.15 | 117.00 | 10.06 | 11.72 |
| 221 | 蝇毒磷 | 3.50 | 0.43 | 0.21 | 4.20 | 0.22 | 0.17 |
| 222 | 氟噻草胺 | 8.83 | 1.33 | 0.68 | 10.60 | 0.40 | 0.50 |
| 223 | 伏杀硫磷 | 80.00 | 11.41 | 9.84 | 96.00 | 4.59 | 5.79 |
| 224 | 甲氧虫酰肼 | 6.17 | 1.16 | 0.52 | 7.40 | 0.26 | 0.39 |
| 225 | 咪鲜胺 | 3.50 | 0.47 | 0.32 | 4.20 | 0.74 | 0.52 |
| 226 | 丙硫特普 | 2.83 | 0.80 | 0.90 | 3.40 | 0.33 | 0.46 |
| 227 | 乙硫磷 | 5.00 | 0.93 | 1.03 | 6.00 | 0.63 | 0.71 |
| 228 | 丁醚脲 | 0.50 | 0.00 | 0.00 | 0.60 | 0.31 | 0.23 |
| 229 | 噻吩磺隆 | 35.67 | 2.88 | 5.19 | 42.80 | 4.36 | 4.22 |

表 D.1（续）

| 序号 | 名　称 | 含量/(μg/kg) | 重复性限 r | 再现性限 R | 含量/(μg/L) | 重复性限 r | 再现性限 R |
|---|---|---|---|---|---|---|---|
| 230 | 乙氧嘧磺隆 | 7.67 | 2.27 | 1.06 | 9.20 | 0.72 | 0.63 |
| 231 | 氟硫草定 | 17.33 | 4.85 | 3.27 | 20.80 | 2.08 | 1.54 |
| 232 | 螺螨酯 | 16.51 | 1.36 | 2.03 | 19.81 | 2.05 | 2.59 |
| 233 | 唑螨酯 | 2.33 | 0.49 | 0.25 | 2.80 | 0.26 | 0.25 |
| 234 | 胺氟草酯 | 17.67 | 5.78 | 3.30 | 21.20 | 1.44 | 2.55 |
| 235 | 双硫磷 | 2.00 | 0.24 | 0.31 | 2.40 | 0.21 | 0.39 |
| 236 | 氟丙嘧草酯 | 15.83 | 2.71 | 1.80 | 19.00 | 0.48 | 0.68 |
| 237 | 多杀菌素 | 1.00 | 0.13 | 0.07 | 1.20 | 0.16 | 0.16 |
| D组 | | | | | | | |
| 238 | 甲哌金翁 | 1.50 | 0.22 | 0.17 | 1.80 | 0.17 | 0.34 |
| 239 | 二丙烯草胺 | 68.33 | 15.24 | 6.39 | 82.00 | 22.10 | 28.76 |
| 240 | 霜霉威 | 0.17 | 0.06 | 0.06 | 0.20 | 0.04 | 0.04 |
| 241 | 噻菌灵 | 0.83 | 0.06 | 0.04 | 1.00 | 0.06 | 0.05 |
| 242 | 苯噻草酮 | 10.67 | 1.22 | 1.47 | 12.80 | 0.76 | 0.55 |
| 243 | 异丙隆 | 0.17 | 0.01 | 0.02 | 0.20 | 0.03 | 0.04 |
| 244 | 莠去通 | 0.33 | 0.07 | 0.05 | 0.40 | 0.11 | 0.13 |
| 245 | 敌草净 | 0.28 | 0.06 | 0.04 | 0.34 | 0.35 | 0.03 |
| 246 | 赛克津 | 0.83 | 0.14 | 0.13 | 1.00 | 0.12 | 0.12 |
| 247 | DMST | 66.67 | 6.77 | 6.15 | 80.00 | 18.58 | 24.57 |
| 248 | 环草敌 | 7.33 | 0.84 | 0.34 | 8.80 | 1.07 | 0.91 |
| 249 | 莠去津 | 0.67 | 0.23 | 0.20 | 0.80 | 0.15 | 0.16 |
| 250 | 丁草敌 | 503.33 | 46.43 | 55.45 | 604.00 | 28.98 | 31.59 |
| 251 | 吡蚜酮 | — | | | 68.60 | 14.15 | 20.82 |
| 252 | 氯草敏 | 3.83 | 0.98 | 0.68 | 4.60 | 0.50 | 0.69 |
| 253 | 菜草畏 | 345.33 | 8.55 | 6.89 | 414.40 | 34.83 | 30.83 |
| 254 | 乙硫苯威 | 8.17 | 9.36 | 5.05 | 9.80 | 4.08 | 5.01 |
| 255 | 特丁通 | 0.17 | 0.02 | 0.01 | 0.20 | 0.01 | 0.02 |
| 256 | 环丙津 | 0.33 | 0.12 | 0.06 | 0.40 | 0.12 | 0.13 |
| 257 | 莠灭津 | 1.67 | 0.24 | 0.19 | 2.00 | 0.11 | 0.13 |
| 258 | 木草隆 | 0.33 | 0.06 | 0.06 | 0.40 | 0.04 | 0.04 |
| 259 | 草达津 | 1.00 | 0.14 | 0.15 | 1.20 | 0.11 | 0.14 |
| 260 | 另丁津 | 0.50 | 0.04 | 0.05 | 0.60 | 0.05 | 0.05 |
| 261 | 畜虫避 | 370.67 | 18.59 | 24.45 | 444.80 | 26.49 | 26.91 |
| 262 | 牧草胺 | 0.17 | 0.01 | 0.01 | 0.20 | 0.02 | 0.02 |

表 D.1（续）

| 序号 | 名　　称 | 含量/(μg/kg) | 重复性限 r | 再现性限 R | 含量/(μg/L) | 重复性限 r | 再现性限 R |
|---|---|---|---|---|---|---|---|
| 263 | 久效威亚砜 | 13.83 | 1.95 | 2.18 | 16.60 | 1.39 | 1.10 |
| 264 | 特丁净 | 0.03 | 0.01 | 0.01 | 0.04 | 0.01 | 0.01 |
| 265 | 咪唑嗪 | 13.33 | 1.71 | 1.09 | 16.00 | 2.87 | 3.94 |
| 266 | 虫线磷 | 37.83 | 4.98 | 1.63 | 45.40 | 2.34 | 2.44 |
| 267 | 利谷隆 | 19.33 | 2.96 | 2.66 | 23.20 | 2.02 | 2.25 |
| 268 | 庚虫磷 | 9.67 | 1.11 | 0.65 | 11.60 | 1.15 | 0.94 |
| 269 | 苄草丹 | 0.67 | 0.22 | 0.15 | 0.80 | 0.08 | 0.09 |
| 270 | 杀草净 | 0.50 | 0.07 | 0.04 | 0.60 | 0.04 | 0.05 |
| 271 | 禾草丹 | 5.50 | 0.72 | 0.77 | 6.60 | 0.83 | 0.71 |
| 272 | 三异丁基磷酸盐 | 6.67 | 0.71 | 0.74 | — | | |
| 273 | 三正丁基磷酸酯 | 0.67 | 0.07 | 0.07 | 0.80 | 0.11 | 0.18 |
| 274 | 乙霉威 | 3.33 | 0.52 | 0.57 | 4.00 | 0.85 | 0.70 |
| 275 | 甲草胺 | 12.33 | 1.30 | 0.74 | 14.80 | 2.90 | 3.21 |
| 276 | 硫线磷 | 2.00 | 0.14 | 0.21 | 2.40 | 0.26 | 0.24 |
| 277 | 吡唑草胺 | 1.67 | 0.19 | 0.22 | 2.00 | 0.08 | 0.09 |
| 278 | 胺丙畏 | 90.00 | 6.39 | 6.82 | 108.00 | 8.65 | 7.52 |
| 279 | 特丁硫磷 | 3 733.33 | 356.80 | 314.37 | 4 480.00 | 416.10 | 406.47 |
| 280 | 硅氟唑 | 4.83 | 0.45 | 0.37 | 5.80 | 0.37 | 0.33 |
| 281 | 三唑酮 | 13.17 | 1.57 | 2.21 | 15.80 | 1.06 | 0.83 |
| 282 | 甲拌磷砜 | 70.00 | 8.61 | 5.74 | 84.00 | 3.68 | 3.37 |
| 283 | 十三吗啉 | 4.33 | 0.28 | 0.29 | 5.20 | 0.78 | 1.00 |
| 284 | 苯噻酰草胺 | 3.67 | 0.45 | 0.42 | 4.40 | 0.23 | 0.26 |
| 285 | 丁苯玛琳 | 0.33 | 0.06 | 0.09 | 0.40 | 0.06 | 0.08 |
| 286 | 戊唑醇 | 3.67 | 0.64 | 0.63 | 4.40 | 0.60 | 0.52 |
| 287 | 异丙乐灵 | 50.00 | 5.66 | 6.03 | 60.00 | 26.36 | 27.01 |
| 288 | 氟苯嘧啶醇 | 1.67 | 0.83 | 0.62 | 2.00 | 0.59 | 0.52 |
| 289 | 乙嘧酚磺酸酯 | 1.17 | 0.13 | 0.08 | 1.40 | 0.06 | 0.10 |
| 290 | 保棉磷 | 1 840.50 | 265.76 | 163.67 | 2 208.60 | 173.79 | 216.72 |
| 291 | 丁基嘧啶磷 | 0.17 | 0.03 | 0.03 | 0.20 | 0.03 | 0.03 |
| 292 | 稻丰散 | 154.00 | 5.17 | 6.52 | 184.80 | 15.93 | 13.01 |
| 293 | 治螟磷 | 4.33 | 0.24 | 0.47 | 5.20 | 0.67 | 0.52 |
| 294 | 硫丙磷 | 9.67 | 2.93 | 1.62 | 11.60 | 1.38 | 2.55 |
| 295 | 苯硫磷 | 55.00 | 10.52 | 8.65 | 66.00 | 10.39 | 8.16 |
| 296 | 甲基吡噁磷 | 1.33 | 0.29 | 0.12 | 1.60 | 0.25 | 0.31 |

表 D.1（续）

| 序号 | 名　称 | 含量/(μg/kg) | 重复性限 r | 再现性限 R | 含量/(μg/L) | 重复性限 r | 再现性限 R |
|---|---|---|---|---|---|---|---|
| 297 | 烯唑醇 | 2.17 | 0.33 | 0.30 | 2.60 | 0.15 | 0.13 |
| 298 | 唑嘧磺草胺 | 0.50 | 0.05 | 0.06 | 0.60 | 0.07 | 0.08 |
| 299 | 纹枯脲 | 0.50 | 0.04 | 0.04 | 0.60 | 0.11 | 0.08 |
| 300 | 灭蚜磷 | 32.67 | 3.75 | 3.13 | 39.20 | 2.44 | 2.23 |
| 301 | 苯草酮 | 0.50 | 0.09 | 0.06 | 0.60 | 0.34 | 0.18 |
| 302 | 马拉硫磷 | 9.33 | 0.88 | 0.77 | 11.20 | 0.71 | 0.70 |
| 303 | 稗草畏 | 0.50 | 0.09 | 0.13 | 0.60 | 0.09 | 0.12 |
| 304 | 嘧啶磷 | 0.08 | 0.01 | 0.01 | 0.10 | 0.01 | 0.01 |
| 305 | 哒嗪硫磷 | 1.50 | 0.28 | 0.20 | 1.80 | 0.24 | 0.18 |
| 306 | 硫双威 | 65.67 | 4.60 | 2.04 | 78.80 | 4.64 | 4.41 |
| 307 | 吡唑硫磷 | 1.67 | 0.32 | 0.18 | 2.00 | 0.20 | 0.15 |
| 308 | 啶氧菌酯 | 14.00 | 0.89 | 0.91 | 16.80 | 1.44 | 1.20 |
| 309 | 四氟醚唑 | 2.83 | 0.48 | 0.44 | 3.40 | 0.28 | 0.30 |
| 310 | 吡唑解草酯 | 21.00 | 1.83 | 1.85 | 25.20 | 2.06 | 1.81 |
| 311 | 丙溴磷 | 3.33 | 0.66 | 0.64 | 4.00 | 0.58 | 0.51 |
| 312 | 百克敏 | 0.83 | 0.07 | 0.08 | 1.00 | 0.08 | 0.08 |
| 313 | 烯酰吗啉 | 0.67 | 0.14 | 0.15 | 0.80 | 0.11 | 0.10 |
| 314 | 噻嗯菊酯 | 5.50 | 1.04 | 0.73 | 6.60 | 1.54 | 1.40 |
| 315 | 噻唑烟酸 | 3.33 | 0.19 | 0.30 | 4.00 | 0.57 | 0.55 |
| 316 | 甲基丙硫克百威 | 27.33 | 4.23 | 2.31 | 32.80 | 2.43 | 2.53 |
| 317 | 醚黄隆 | 1.83 | 0.29 | 0.17 | 2.20 | 0.14 | 0.13 |
| 318 | 吡嘧磺隆 | 11.33 | 1.29 | 1.08 | 13.60 | 0.92 | 0.82 |
| 319 | 磺草胺唑 | 7.33 | 1.00 | 0.31 | 8.80 | 0.93 | 0.61 |
| 320 | 氟啶脲 | 14.50 | 4.18 | 4.76 | 17.40 | 7.29 | 6.68 |
| E组 | | | | | | | |
| 321 | 矮壮素 | 0.17 | 0.03 | 0.04 | 0.20 | 0.17 | 0.13 |
| 322 | 灭多威 | 16.00 | 3.01 | 5.52 | 19.20 | 3.84 | 3.16 |
| 323 | 咯喹酮 | 5.83 | 1.45 | 0.99 | 7.00 | 1.41 | 1.02 |
| 324 | 麦穗灵 | 3.17 | 0.96 | 0.66 | 3.80 | 0.74 | 0.57 |
| 325 | 丁脒酰胺 | 2.83 | 1.05 | 0.70 | 3.40 | 1.08 | 0.85 |
| 326 | 丁酮威 | 2.67 | 1.24 | 1.15 | 3.20 | 0.74 | 1.11 |
| 327 | 杀虫脒 | 2.17 | 0.48 | 0.51 | 2.60 | 2.50 | 1.63 |
| 328 | 霜脲氰 | 92.67 | 27.18 | 19.03 | 111.20 | 46.99 | 31.57 |
| 329 | 灭草敌 | 0.64 | 0.23 | 0.12 | 0.50 | 0.17 | 0.23 |

**表 D.1（续）**

| 序号 | 名　　称 | 含量/(μg/kg) | 重复性限 *r* | 再现性限 *R* | 含量/(μg/L) | 重复性限 *r* | 再现性限 *R* |
|---|---|---|---|---|---|---|---|
| 330 | 氯硫酰草胺 | 14.67 | 41.38 | 132.86 | 17.60 | 0.57 | 0.48 |
| 331 | 灭害威 | 27.33 | 5.86 | 3.97 | 32.80 | 2.09 | 5.28 |
| 332 | 甲菌定 | — | | | 0.20 | 0.05 | 0.04 |
| 333 | 绿麦隆 | 0.50 | 0.14 | 0.09 | 0.60 | 0.32 | 0.26 |
| 334 | 氧乐果 | 16.17 | 4.68 | 2.74 | 19.40 | 2.72 | 3.51 |
| 335 | 乙氧呋咻 | 5.83 | 2.10 | 1.50 | 7.00 | 6.12 | 5.22 |
| 336 | 敌敌畏 | 0.83 | 0.22 | 0.12 | 1.00 | 0.27 | 0.17 |
| 337 | 涕灭威砜 | 35.67 | 8.24 | 3.92 | 42.80 | 24.00 | 20.13 |
| 338 | 二氧威 | 5.67 | 0.75 | 1.48 | 6.80 | 11.26 | 12.09 |
| 339 | 苄基腺嘌呤 | 118.00 | 8.40 | 12.35 | 141.60 | 18.11 | 13.00 |
| 340 | 甲基内吸磷 | 8.83 | 4.48 | 2.00 | 10.60 | 3.07 | 4.19 |
| 341 | 乙硫苯威亚砜 | 373.33 | 153.31 | 86.47 | 448.00 | 129.12 | 85.36 |
| 342 | 甲基乙拌磷 | 963.33 | 162.25 | 94.18 | 1 156.00 | 92.84 | 118.04 |
| 343 | 灭菌丹 | 231.00 | 451.00 | 581.51 | — | | |
| 344 | 磺吸磷 | 33.00 | 4.26 | 10.71 | 39.60 | 10.78 | 8.95 |
| 345 | 呱草丹 | 6 300.00 | 834.52 | 567.84 | 7 560.00 | 625.52 | 901.94 |
| 346 | 苯锈定 | — | | | 0.40 | 0.24 | 0.20 |
| 347 | 赛硫磷 | 1 096.67 | 58.65 | 73.93 | 1 316.00 | 182.64 | 189.90 |
| 348 | 甲基咪草烟 | 9.83 | 2.83 | 2.24 | 11.80 | 2.12 | 1.61 |
| 349 | 甲基对氧磷 | 0.83 | 0.27 | 0.22 | 1.00 | 0.47 | 0.36 |
| 350 | 4-十二烷基-2,6-二甲基吗啉 | 5.33 | 4.10 | 3.85 | 6.40 | 2.68 | 4.99 |
| 351 | 乙烯菌核利 | 4.17 | 1.97 | 1.31 | 5.00 | 3.33 | 3.08 |
| 352 | 烯效唑 | 0.50 | 0.10 | 0.06 | 0.60 | 0.05 | 0.07 |
| 353 | 啶斑肟 | 222.67 | 41.22 | 29.41 | 267.20 | 18.12 | 20.31 |
| 354 | 氯硫磷 | 0.33 | 0.27 | 0.21 | 0.40 | 0.53 | 0.33 |
| 355 | 异氯磷 | 1.33 | 0.75 | 0.28 | 1.60 | 1.04 | 0.93 |
| 356 | 四螨嗪 | 0.50 | 0.18 | 0.11 | 0.60 | 0.37 | 0.26 |
| 357 | 氟草敏 | 0.50 | 0.14 | 0.10 | 0.60 | 0.06 | 0.08 |
| 358 | 野麦畏 | 33.67 | 5.77 | 2.74 | 40.40 | 16.47 | 16.68 |
| 359 | 福美锌 | 0.13 | 0.02 | 0.02 | - | | |
| 360 | 苯氧喹啉 | 255.67 | 32.88 | 24.10 | 306.80 | 61.80 | 47.39 |
| 361 | 倍硫磷砜 | 29.17 | 13.18 | 13.86 | 35.00 | 10.84 | 11.72 |
| 362 | 氟咯草酮 | 2.17 | 0.46 | 0.48 | 2.60 | 1.66 | 1.33 |

表 D.1（续）

| 序号 | 名　称 | 含量/(μg/kg) | 重复性限 r | 再现性限 R | 含量/(μg/L) | 重复性限 r | 再现性限 R |
|---|---|---|---|---|---|---|---|
| 363 | 酞酸苯甲基丁酯 | 1 053.33 | 119.33 | 149.61 | 1 264.00 | 223.62 | 219.41 |
| 364 | 氯唑磷 | 0.33 | 0.06 | 0.05 | 0.40 | 0.20 | 0.16 |
| 365 | 除线磷 | 50.33 | 14.29 | 11.11 | 60.40 | 32.44 | 24.83 |
| 366 | 蚜灭多砜 | 793.33 | 124.38 | 288.75 | 952.00 | 144.90 | 378.30 |
| 367 | 特丁硫磷砜 | 147.67 | 61.11 | 66.25 | 177.20 | 46.92 | 51.72 |
| 368 | 敌乐胺 | 3.00 | 0.59 | 0.72 | 3.60 | 0.78 | 0.67 |
| 369 | 氰霜唑 | 7.50 | 2.61 | 1.62 | 9.00 | 4.96 | 4.02 |
| 370 | 毒壤磷 | 111.33 | 29.12 | 22.63 | 133.60 | 10.20 | 16.49 |
| 371 | 苄呋菊酯-2 | 0.50 | 0.14 | 0.09 | 0.60 | 0.08 | 0.11 |
| 372 | 啶酰菌胺 | 8.00 | 0.93 | 0.74 | 9.60 | 1.48 | 1.53 |
| 373 | 甲磺乐灵 | 57.33 | 18.78 | 15.24 | 68.80 | 6.32 | 7.44 |
| 374 | 甲氰菊酯 | 408.33 | 58.42 | 98.61 | 490.00 | 56.12 | 44.21 |
| 375 | 噻螨酮 | 39.33 | 8.81 | 5.12 | 47.20 | 25.03 | 18.47 |
| 376 | 双氟磺草胺 | 29.00 | 2.03 | 3.05 | 34.80 | 8.13 | 7.25 |
| 377 | 苯满特 | 32.83 | 3.43 | 6.34 | 39.40 | 7.30 | 6.09 |
| 378 | 新燕灵 | 513.33 | 114.98 | 66.78 | 616.00 | 326.63 | 241.07 |
| 379 | 呋草唑 | — | | | 28.00 | 13.68 | 10.54 |
| 380 | 呋线威 | 3.17 | 0.86 | 0.49 | 3.80 | 2.65 | 9.45 |
| 381 | 反式氯菊酯 | 8.00 | 4.70 | 1.75 | 9.60 | 5.50 | 5.31 |
| 382 | 醚菊酯 | 3 800.00 | 153.30 | 332.41 | 4 560.00 | 80.59 | 616.44 |
| 383 | 苄草唑 | 0.50 | 0.05 | 0.04 | 0.60 | 1.05 | 0.88 |
| 384 | 嘧唑螨 | 13.00 | 14.92 | 13.95 | 15.60 | 10.10 | 6.09 |
| 385 | 己体氯氰菊酯 | 1.17 | 2.67 | 3.81 | 1.40 | 1.14 | 0.92 |
| 386 | 氟吡乙禾灵 | 4.17 | 0.95 | 0.64 | 5.00 | 4.03 | 2.87 |
| 387 | 乙羧氟草醚 | 8.33 | 1.20 | 0.61 | 10.00 | 6.70 | 5.35 |
| 388 | 氟胺氰菊酯 | 383.33 | 36.92 | 71.93 | 460.00 | 54.36 | 73.47 |
| | | | | F 组 | | | |
| 389 | 丙烯酰胺 | 29.67 | 15.00 | 21.87 | 35.60 | 5.64 | 6.11 |
| 390 | 叔丁基胺 | 65.00 | 28.69 | 14.09 | 78.00 | 29.60 | 28.07 |
| 391 | 噁霉灵 | 373.50 | 32.02 | 13.42 | 448.20 | 31.38 | 44.52 |
| 392 | 邻苯二甲酰亚胺 | 71.67 | 15.40 | 15.17 | 86.00 | 7.04 | 7.42 |
| 393 | 甲氟磷 | 113.67 | 14.30 | 12.49 | 136.40 | 14.53 | 15.56 |
| 394 | 速灭威 | 42.33 | 56.56 | 32.76 | 50.80 | 6.86 | 13.40 |
| 395 | 二苯胺 | 0.67 | 0.20 | 0.19 | 0.80 | 0.13 | 0.12 |

表 D.1（续）

| 序号 | 名　　称 | 含量/(μg/kg) | 重复性限 r | 再现性限 R | 含量/(μg/L) | 重复性限 r | 再现性限 R |
|---|---|---|---|---|---|---|---|
| 396 | 萘乙酸基乙酰亚胺 | 1.33 | 0.11 | 0.09 | 1.60 | 0.04 | 0.04 |
| 397 | 脱乙基莠去津 | 1.00 | 0.12 | 0.09 | 1.20 | 0.14 | 0.24 |
| 398 | 2,6-二氯苯甲酰胺 | 7.50 | 1.76 | 1.80 | 9.00 | 0.85 | 0.83 |
| 399 | 涕灭威 | 435.00 | 44.96 | 45.68 | 522.00 | 20.33 | 24.95 |
| 400 | 酞酸二甲酯 | 22.00 | 4.94 | 4.69 | 26.40 | 12.59 | 9.82 |
| 401 | 杀虫脒盐酸盐 | 0.00 | 1.84 | 2.37 | 0.00 | 2.06 | 2.14 |
| 402 | 西玛通 | 1.83 | 0.24 | 0.24 | 2.20 | 0.08 | 0.16 |
| 403 | 呋虫胺 | 17.00 | 2.09 | 2.26 | 20.40 | 0.97 | 1.30 |
| 404 | 克草敌 | 5.67 | 2.73 | 1.11 | 6.80 | 0.83 | 0.79 |
| 405 | 活化酯 | 5.17 | 1.41 | 1.41 | 6.20 | 0.63 | 0.57 |
| 406 | 蔬果磷 | 23.00 | 4.48 | 3.71 | 27.60 | 3.33 | 4.43 |
| 407 | 杀线威 | 913.50 | 30.72 | 65.74 | 1 096.20 | 78.24 | 85.96 |
| 408 | 甲基苯噻隆 | 0.17 | 0.01 | 0.01 | 0.20 | 0.02 | 0.01 |
| 409 | 丁酮砜威 | 44.33 | 3.47 | 3.71 | 53.20 | 10.60 | 19.85 |
| 410 | 砜吸磷亚砜 | — |  |  | 7.80 | 1.34 | 1.03 |
| 411 | 硫环磷 | 0.83 | 0.06 | 3.71 | 1.00 | 0.08 | 0.19 |
| 412 | 硫赶内吸磷 | — |  |  | 160.00 | 14.99 | 22.81 |
| 413 | 萘丙胺 | 2.17 | 0.26 | 3.71 | 2.60 | 0.13 | 0.14 |
| 414 | 杀螟硫磷 | 44.67 | 4.26 | 2.72 | 53.60 | 5.79 | 6.35 |
| 415 | 酞酸二丁酯 | 66.00 | 2.23 | 1.31 | 79.20 | 8.45 | 9.45 |
| 416 | 丙草胺 | 0.67 | 0.03 | 3.71 | 0.80 | 0.35 | 0.03 |
| 417 | 腐霉利 | 144.33 | 8.03 | 7.99 | 173.20 | 11.96 | 9.81 |
| 418 | 蚜灭磷 | 7.67 | 0.01 | 0.00 | 9.20 | 0.73 | 1.52 |
| 419 | 可灭隆 | 2.17 | 0.07 | 0.15 | 2.60 | 0.21 | 0.37 |
| 420 | 皮蝇磷 | 21.83 | 9.99 | 3.71 | 26.20 | 5.53 | 5.19 |
| 421 | 除虫菊素 | 587.67 | 98.46 | 90.93 | 705.20 | 36.76 | 62.58 |
| 422 | 酞酸二环己酯 | 1.17 | 0.12 | 0.05 | 1.40 | 0.26 | 0.27 |
| 423 | 环丙酰菌胺 | 8.67 | 0.54 | 1.57 | 10.40 | 4.10 | 4.42 |
| 424 | 虫酰肼 | 46.33 | 2.39 | 3.71 | 55.60 | 6.84 | 6.21 |
| 425 | 虫螨磷 | 53.00 | 4.99 | 3.46 | 63.60 | 15.73 | 18.07 |
| 426 | 氯亚胺硫磷 | 261.67 | 18.75 | 16.63 | 314.00 | 19.83 | 28.04 |
| 427 | 吲哚酮草酯 | 24.33 | 3.93 | 3.71 | 29.20 | 4.68 | 6.10 |
| 428 | 鱼藤酮 | 3.83 | 0.64 | 0.49 | 4.60 | 1.58 | 1.72 |
| 429 | 亚胺唑 | 17.17 | 1.49 | 1.25 | 20.60 | 1.63 | 1.61 |

表 D.1(续)

| 序号 | 名　称 | 含量/(μg/kg) | 重复性限 r | 再现性限 R | 含量/(μg/L) | 重复性限 r | 再现性限 R |
|---|---|---|---|---|---|---|---|
| 430 | 噁草酸 | 2.00 | 0.31 | 3.71 | 2.40 | 0.27 | 0.23 |
| 431 | 乳氟禾草灵 | 103.33 | 8.76 | 7.80 | 124.00 | 14.97 | 14.48 |
| 432 | 吡草酮 | 0.17 | 0.04 | 0.05 | 0.20 | 0.03 | 0.03 |
| 433 | 地乐酯 | 68.83 | 11.17 | 3.71 | 82.60 | 9.06 | 13.95 |
| 434 | 异丙草胺 | 1.33 | 0.19 | 0.12 | 1.60 | 0.25 | 0.17 |
| 435 | 乙氧苯草胺 | 1.33 | 0.07 | 3.71 | 1.60 | 0.17 | 2.60 |
| 436 | 四唑酰草胺 | 20.67 | 7.80 | 5.71 | 24.80 | 5.84 | 5.93 |
| 437 | 苯醚氰菊酯 | 28.00 | 5.18 | 3.71 | 33.60 | 7.27 | 17.87 |
| 438 | 狄氏剂 | 269.33 | 81.74 | 30.02 | 323.20 | 91.70 | 60.70 |
| 439 | 马拉氧磷 | 7.83 | 2.95 | 4.06 | 9.40 | 2.00 | 2.25 |
| 440 | 多果定 | 13.33 | 3.89 | 3.53 | — | | |
| 441 | 丙烯硫脲 | 50.17 | 14.24 | 12.53 | 60.20 | 9.84 | 12.34 |
| G组 | | | | | | | |
| 442 | 茅草枯 | 384.50 | 74.14 | 80.93 | 461.40 | 89.05 | 70.65 |
| 443 | 四氟丙酸 | 38.34 | 71.88 | 118.44 | 46.01 | 18.43 | 16.43 |
| 444 | 2-苯基苯酚 | 283.16 | 74.52 | 113.29 | 339.79 | 51.21 | 137.03 |
| 445 | 3-苯基苯酚 | 6.66 | 1.75 | 2.66 | 7.99 | 1.21 | 3.23 |
| 446 | 二氯吡啶酸 | 466.66 | 99.40 | 139.11 | 559.99 | 251.76 | 168.36 |
| 447 | 4,6-二硝基邻甲酚 | 4.34 | 0.48 | 1.11 | 5.21 | 0.08 | 1.80 |
| 448 | 调果酸 | 19.00 | 3.88 | 8.31 | 22.80 | 3.79 | 8.71 |
| 449 | 氯硝胺 | 81.00 | 21.58 | 30.25 | 97.20 | 42.22 | 38.96 |
| 450 | 氯氨吡啶酸 | — | | | 732.00 | 250.56 | 457.93 |
| 451 | 氯苯胺灵 | 26.34 | 5.81 | 5.46 | 31.61 | 13.06 | 19.06 |
| 452 | 2-甲-4-氯丙酸 | 8.16 | 0.74 | 1.61 | 9.79 | 1.58 | 3.87 |
| 453 | 特草定 | 1.50 | 0.28 | 0.27 | 1.80 | 0.45 | 0.89 |
| 454 | 2,4-滴 | 19.84 | 1.34 | 2.04 | 23.81 | 4.31 | 10.93 |
| 455 | 麦草畏 | 2 109.84 | 55.68 | 188.34 | 2 531.81 | 151.75 | 258.55 |
| 456 | 二甲四氯丁酸 | 23.66 | 4.07 | 6.11 | 28.39 | 9.09 | 7.04 |
| 457 | 敌磺钠 | 375.66 | 101.63 | 100.01 | 450.79 | 223.64 | 270.61 |
| 458 | 毒莠定 | 未添加 | | | 1 068.21 | 23.95 | 112.49 |
| 459 | 灭草松 | 1.66 | 0.30 | 0.62 | 1.99 | 1.04 | 2.00 |
| 460 | 地乐酚 | 0.66 | 0.09 | 0.11 | 0.79 | 0.13 | 0.36 |
| 461 | 草消酚 | 0.34 | 1.87 | 2.68 | 0.41 | 0.08 | 0.19 |
| 462 | 氯吡脲 | 19.00 | 1.99 | 3.33 | 22.80 | 2.79 | 9.17 |

表 D.1（续）

| 序号 | 名　称 | 含量/(μg/kg) | 重复性限 r | 再现性限 R | 含量/(μg/L) | 重复性限 r | 再现性限 R |
|---|---|---|---|---|---|---|---|
| 463 | 咯菌腈 | 103.66 | 56.32 | 28.74 | 124.39 | 60.12 | 54.50 |
| 464 | 2,4,5-涕 | — | | | 34.99 | 5.17 | 15.46 |
| 465 | 氟草烟 | — | | | 384.19 | 39.45 | 179.39 |
| 466 | 杀螨醇 | 273.84 | 99.74 | 56.77 | 328.61 | 81.15 | 81.42 |
| 467 | 涕丙酸 | 10.84 | 2.04 | 2.10 | 13.01 | 3.03 | 2.95 |
| 468 | 环丙烯胺酸 | 5.66 | 0.71 | 0.30 | 6.79 | 0.44 | 2.02 |
| 469 | 溴苯腈 | 3.00 | 0.68 | 0.79 | 3.60 | 0.80 | 3.28 |
| 470 | 萘草胺 | — | | | 3.79 | 0.54 | 1.95 |
| 471 | 灭幼脲 | 34.00 | 8.01 | 14.02 | 40.80 | 9.65 | 13.98 |
| 472 | 氯霉素 | 6.50 | 0.98 | 1.99 | 7.80 | 1.77 | 4.11 |
| 473 | 禾草灭 | 0.34 | 0.10 | 0.16 | 0.41 | 0.05 | 0.18 |
| 474 | 嘧草硫醚 | 2 303.34 | 50.80 | 382.77 | 2 764.01 | 99.71 | 497.70 |
| 475 | 杀虫双 | 667.00 | 79.33 | 117.58 | 800.40 | 85.62 | 121.74 |
| 476 | 乙酰磺胺对硝基苯 | 5.00 | 2.03 | 3.07 | 6.00 | 2.86 | 9.08 |
| 477 | 安磺灵 | 8.16 | 2.85 | 4.19 | 9.79 | 4.16 | 3.95 |
| 478 | 赤霉素 | 110.50 | 21.12 | 19.09 | 132.60 | 30.96 | 78.64 |
| 479 | 三氟羧草醚 | 196.66 | 30.09 | 54.48 | 235.99 | 56.08 | 78.54 |
| 480 | 碘苯腈 | 1.00 | 0.21 | 0.21 | 1.20 | 0.41 | 0.26 |
| 481 | 噁唑菌酮 | 75.50 | 21.89 | 28.27 | 90.60 | 30.51 | 22.99 |
| 482 | 磺酰唑草酮 | 149.34 | 143.56 | 180.95 | 179.21 | 32.23 | 113.35 |
| 483 | 吡氟酰草胺 | 47.16 | 15.89 | 19.32 | 56.59 | 19.12 | 15.46 |
| 484 | 乙虫清 | 66.50 | 17.87 | 24.35 | 79.80 | 10.66 | 37.72 |
| 485 | 磺菌胺 | 0.66 | 0.22 | 0.48 | 0.79 | 0.12 | 0.30 |
| 486 | 环丙嘧磺隆 | 572.84 | 46.37 | 113.89 | 687.41 | 117.20 | 156.77 |
| 487 | 氟磺胺草醚 | 3.34 | 1.07 | 1.09 | 4.01 | 1.14 | 1.75 |
| 488 | 氟啶胺 | 117.66 | 15.57 | 20.59 | 141.19 | 12.27 | 263.75 |
| 489 | 吡虫隆 | 0.34 | 0.12 | 0.08 | 0.41 | 0.05 | 0.08 |
| 490 | 碘甲磺隆钠 | 35.34 | 5.46 | 11.94 | 42.41 | 19.62 | 15.31 |
| 491 | 克来范 | 16 071.34 | 408.15 | 423.11 | 19 285.61 | 856.59 | 284.66 |
| 492 | 氟丙菊酯 | 13.50 | 3.18 | 4.18 | 16.20 | 4.53 | 4.27 |
| 493 | 甲基碘磺隆 | 111.00 | 21.69 | 33.97 | 133.20 | 20.02 | 52.52 |

# 附　录　E
## （资料性附录）
## 493 种农药及相关化学品英文中文名称对照索引（按英文字母顺序）

493 种农药及相关化学品英文中文名称对照索引(按英文字母顺序)见表 E.1。

**表 E.1　493 种农药及相关化学品英文中文名称对照索引（按英文字母顺序）**

| 序号 | 英文名称 | 中文名称 | 附录 A 中序号 |
|---|---|---|---|
| 1 | 1-naphthy acetamide | 萘乙酸基乙酰亚胺 | 396 |
| 2 | 2,4,5-T | 2,4,5-涕 | 464 |
| 3 | 2,4-D | 2,4-滴 | 454 |
| 4 | 2,6-dichlorobenzamide | 2,6-二氯苯甲酰胺 | 398 |
| 5 | 2-phenylphenol | 2-苯基苯酚 | 444 |
| 6 | 3,4,5-trimethacarb | 3,4,5-混杀威 | 3 |
| 7 | 3-phenylphenol | 3-苯基苯酚 | 445 |
| 8 | 4,4′-dichlorobenzophenone | 4,4′-二氯二苯甲酮 | 20 |
| 9 | 6-chloro-4-hydroxy-3-phenyl-pyridazin | 6-氯-4-羟基-3-苯基哒嗪 | 80 |
| 10 | acephate | 乙酰甲胺磷 | 77 |
| 11 | acetamiprid | 啶虫清 | 164 |
| 12 | acetochlor | 乙草胺 | 26 |
| 13 | acibenzolar-s-methyl | 活化酯 | 405 |
| 14 | acifluorfen | 三氟羧草醚 | 479 |
| 15 | aclonifen | 苯草醚 | 98 |
| 16 | acrinathrin | 氟丙菊酯 | 492 |
| 17 | acrylamide | 丙烯酰胺 | 389 |
| 18 | alachlor | 甲草胺 | 275 |
| 19 | aldicarb | 涕灭威 | 399 |
| 20 | aldicarb sulfone | 涕灭威砜 | 337 |
| 21 | aldimorph | 4-十二烷基-2,6-二甲基吗啉 | 350 |
| 22 | allethrin | 烯丙菊酯 | 40 |
| 23 | allidochlor | 二丙烯草胺 | 239 |
| 24 | alloxydim-sodium | 禾草灭 | 473 |
| 25 | ametryn | 莠灭津 | 257 |
| 26 | amidithion | 赛硫磷 | 347 |
| 27 | aminocarb | 灭害威 | 331 |
| 28 | aminopyralid | 氯氨吡啶酸 | 450 |
| 29 | anilofos | 莎稗磷 | 58 |
| 30 | aspon | 丙硫特普 | 226 |
| 31 | atratone | 莠去通 | 244 |
| 32 | atrazine | 莠去津 | 249 |
| 33 | atrazine-desethyl | 脱乙基莠去津 | 397 |
| 34 | azamethiphos | 甲基吡噁磷 | 296 |
| 35 | azinphos ethyl | 益棉磷 | 56 |
| 36 | azinphos-methyl | 保棉磷 | 290 |
| 37 | aziprotryne | 叠氮津 | 11 |
| 38 | azoxystrobin | 嘧菌酯 | 66 |
| 39 | benalyxyl | 苯霜灵 | 46 |
| 40 | bendiocarb | 噁虫威 | 86 |
| 41 | benfuracarb-methyl | 甲基丙硫克百威 | 316 |
| 42 | benodanil | 麦锈灵 | 43 |
| 43 | benoxacor | 解草酮 | 182 |
| 44 | bensulide | 地散磷 | 64 |
| 45 | bentazone | 灭草松 | 459 |
| 46 | benzofenap | 吡草酮 | 432 |
| 47 | benzoximate | 苯满特 | 377 |
| 48 | benzoylprop-ethyl | 新燕灵 | 378 |
| 49 | benzyladenine | 苄基腺嘌呤 | 339 |
| 50 | bifenazate | 联苯井酯 | 114 |
| 51 | bioallethrin | 生物丙烯菊酯 | 118 |
| 52 | bioresmethrin | 生物苄呋菊酯 | 134 |
| 53 | bitertanol | 联苯三唑醇 | 53 |
| 54 | boscalid | 啶酰菌胺 | 372 |
| 55 | bromacil | 除草定 | 183 |

表 E.1（续）

| 序号 | 英文名称 | 中文名称 | 附录A中序号 | 序号 | 英文名称 | 中文名称 | 附录A中序号 |
|---|---|---|---|---|---|---|---|
| 56 | bromfenvinfos | 溴苯烯磷 | 65 | 89 | chlorphoxim | 氯辛硫磷 | 212 |
| 57 | bromophos-ethyl | 乙基溴硫磷 | 63 | 90 | chlorprifos methyl | 甲基毒死蜱 | 52 |
| 58 | bromoxynil | 溴苯腈 | 469 | 91 | chlorpropham | 氯苯胺灵 | 451 |
| 59 | brompyrazon | 溴莠敏 | 185 | 92 | chlorpyrifos | 毒死蜱 | 136 |
| 60 | bromuconazole | 糠菌唑 | 143 | 93 | chlorsulfuron | 氯磺隆 | 138 |
| 61 | bupirimate | 乙嘧酚磺酸酯 | 289 | 94 | chlorthiamid | 氯硫酰草胺 | 330 |
| 62 | buprofezin | 噻嗪酮 | 121 | 95 | chlorthion | 氯硫磷 | 354 |
| 63 | butachlor | 丁草胺 | 203 | 96 | chlorthiophos | 虫螨磷 | 425 |
| 64 | butafenacil | 氟丙嘧草酯 | 236 | 97 | chlortoluron | 绿麦隆 | 333 |
| 65 | butocarboxim | 丁酮威 | 326 | 98 | cinidon-ethyl | 吲哚酮草酯 | 427 |
| 66 | butoxycarboxim | 丁酮砜威 | 409 | 99 | cinosulfuron | 醚黄隆 | 317 |
| 67 | butralin | 仲丁灵 | 37 | 100 | clethodim | 烯草酮 | 139 |
| 68 | buturon | 播土隆 | 14 | 101 | clofentezine | 四螨嗪 | 356 |
| 69 | butylate | 丁草敌 | 250 | 102 | clomazone dimethazone | 异噁草松 | 17 |
| 70 | cadusafos | 硫线磷 | 276 | 103 | cloprop | 调果酸 | 448 |
| 71 | carbaryl | 甲萘威 | 5 | 104 | clopyralld | 二氯吡啶酸 | 446 |
| 72 | carbendazim | 多菌灵 | 79 | 105 | clothianidin | 噻虫胺 | 93 |
| 73 | carbetamide | 双酰草胺 | 15 | 106 | coumaphos | 蝇毒磷 | 221 |
| 74 | carbofuran | 克百威 | 163 | 107 | coumatetralyl | 杀鼠醚 | 110 |
| 75 | carboxin | 萎锈灵 | 91 | 108 | crimidine | 鼠立克 | 76 |
| 76 | carpropamid | 环丙酰菌胺 | 423 | 109 | crufomate | 育畜磷 | 108 |
| 77 | chloramphenicolum | 氯霉素 | 472 | 110 | cumyluron | 可灭隆 | 419 |
| 78 | chlorbufam | 氯草灵 | 85 | 111 | cyanazine | 环丙津 | 256 |
| 79 | chlordimeform | 杀虫脒 | 327 | 112 | cyanofenphos | 苯腈磷 | 119 |
| 80 | chlordimeform hydrochloride | 杀虫脒盐酸盐 | 401 | 113 | cyazofamid | 氰霜唑 | 369 |
|  |  |  |  | 114 | cyclanilide | 环丙烯胺酸 | 468 |
| 81 | chlorfenethol | 杀螨醇 | 466 | 115 | cycloate | 环草敌 | 248 |
| 82 | chlorfluazuron | 氟啶脲 | 320 | 116 | cyclosulfamuron | 环丙嘧磺隆 | 486 |
| 83 | chloridazon | 氯草敏 | 252 | 117 | cycloxydim | 噻草酮 | 129 |
| 84 | chlorimuron ethyl | 氯嘧磺隆 | 147 | 118 | cycluron | 环莠隆 | 4 |
| 85 | chlormephos | 氯甲硫磷 | 90 | 119 | cymoxanil | 霜脲氰 | 328 |
| 86 | chlormequat | 矮壮素 | 321 | 120 | cyphenothrin | 苯醚氰菊酯 | 437 |
| 87 | chlorobenzuron | 灭幼脲 | 471 | 121 | cyproconazole | 环丙唑醇 | 106 |
| 88 | chlorotoluron | 绿麦隆 | 83 | 122 | cyprodinil | 嘧菌磺胺 | 13 |

表 E.1（续）

| 序号 | 英文名称 | 中文名称 | 附录A中序号 | 序号 | 英文名称 | 中文名称 | 附录A中序号 |
|---|---|---|---|---|---|---|---|
| 123 | cyromazine | 灭蝇胺 | 75 | 154 | dimethachloro | 二甲草胺 | 95 |
| 124 | cythioate | 赛灭磷 | 111 | 155 | dimethametryn | 阔草净 | 179 |
| 125 | dalapon | 茅草枯 | 442 | 156 | dimethenamid | 二甲酚草胺 | 29 |
| 126 | dazomet | 棉隆 | 72 | 157 | dimethirimol | 甲菌定 | 332 |
| 127 | DEF | 脱叶磷 | 125 | 158 | dimethoate | 乐果 | 168 |
| 128 | demeton (*o*+*s*) | 内吸磷 | 181 | 159 | dimethomorph | 烯酰吗啉 | 313 |
| 129 | demeton-*s* | 硫赶内吸磷 | 412 | 160 | dimethyl phthalate | 酞酸二甲酯 | 400 |
| 130 | demeton-*s*-methyl | 甲基内吸磷 | 340 | 161 | diniconazole | 烯唑醇 | 297 |
| 131 | demeton-*s*-methyl sulfone | 磺吸磷 | 344 | 162 | dinitramine | 敌乐胺 | 368 |
| | | | | 163 | dinoseb | 地乐酚 | 460 |
| 132 | demeton-*s*-methyl sulfoxide | 砜吸磷亚砜 | 410 | 164 | dinoseb acetate | 地乐酯 | 433 |
| | | | | 165 | dinotefuran | 呋虫胺 | 403 |
| 133 | desmedipham | 甜菜胺 | 39 | 166 | dinoterb | 草消酚 | 461 |
| 134 | diafenthiuron | 丁醚脲 | 228 | 167 | dioxabenzofos | 蔬果磷 | 406 |
| 135 | dialifos | 氯亚胺硫磷 | 426 | 168 | dioxacarb | 二氧威 | 338 |
| 136 | diallate | 燕麦敌 | 25 | 169 | diphenamid | 双苯酰草胺 | 173 |
| 137 | dibutyl succinate | 畜虫避 | 261 | 170 | diphenylamin | 二苯胺 | 395 |
| 138 | dicamba | 麦草畏 | 455 | 171 | dipropetryn | 杀草净 | 270 |
| 139 | dicapthon | 异氯磷 | 355 | 172 | disulfoton | 乙拌磷 | 188 |
| 140 | dichlofenthion | 除线磷 | 365 | 173 | disulfoton sulfone | 乙拌磷砜 | 122 |
| 141 | dichlofluanid | 抑菌灵 | 51 | 174 | ditalimfos | 灭菌磷 | 198 |
| 142 | dichlorvos | 敌敌畏 | 336 | 175 | dithiopyr | 氟硫草定 | 231 |
| 143 | diclobutrazole | 苄氯三唑醇 | 47 | 176 | diuron | 敌草隆 | 89 |
| 144 | dicloran | 氯硝胺 | 449 | 177 | DMST | — | 247 |
| 145 | dicrotophos | 百治磷 | 171 | 178 | DNOC | 4,6-二硝基邻甲酚 | 447 |
| 146 | dieldrin | 狄氏剂 | 438 | 179 | dodemorph | 吗菌灵 | 192 |
| 147 | diethofencarb | 乙霉威 | 274 | 180 | dodine | 多果定 | 440 |
| 148 | diethyltoluamide | 避蚊胺 | 155 | 181 | emamectin benzoate | 甲氨基阿维菌素苯甲酸盐 | 70 |
| 149 | difenzoquat-methyl sulfate | 野燕枯 | 92 | | | | |
| | | | | 182 | EPN | 苯硫磷 | 295 |
| 150 | diflufenican | 吡氟酰草胺 | 483 | 183 | epoxiconazole | 氟环唑 | 211 |
| 151 | dimefox | 甲氟磷 | 393 | 184 | EPTC | 茵草敌 | 154 |
| 152 | dimehypo | 杀虫双 | 475 | 185 | etaconazole | 乙环唑 | 48 |
| 153 | dimepiperate | 哌草丹 | 345 | 186 | ethidimuron | 磺噻隆 | 23 |

表 E.1（续）

| 序号 | 英文名称 | 中文名称 | 附录 A 中序号 | 序号 | 英文名称 | 中文名称 | 附录 A 中序号 |
|---|---|---|---|---|---|---|---|
| 187 | ethiofencarb | 乙硫苯威 | 254 | 221 | fenthion sulfone | 倍硫磷砜 | 361 |
| 188 | ethiofencarb-sulfoxide | 乙硫苯威亚砜 | 341 | 222 | fenthion sulfoxide | 倍硫磷亚砜 | 35 |
| 189 | ethion | 乙硫磷 | 227 | 223 | fentin-chloride | 氯化薯瘟锡 | 217 |
| 190 | ethiprole | 乙虫清 | 484 | 224 | fentrazamide | 四唑酰草胺 | 436 |
| 191 | ethirimol | 乙菌定 | 161 | 225 | fenuron | 非草隆 | 74 |
| 192 | ethofume sate | 乙氧呋草黄 | 103 | 226 | flamprop isopropyl | 麦草氟异丙酯 | 140 |
| 193 | ethoprophos | 灭线磷 | 174 | 227 | flamprop methyl | 甲基麦草氟异丙酯 | 133 |
| 194 | ethoxyquin | 乙氧喹啉 | 335 | 228 | florasulam | 双氟磺草胺 | 376 |
| 195 | ethoxysulfuron | 乙氧嘧磺隆 | 230 | 229 | fluazifop butyl | 吡氟禾草灵 | 62 |
| 196 | ethylene thiourea | 乙撑硫脲 | 71 | 230 | fluazinam | 氟啶胺 | 488 |
| 197 | etobenzanid | 乙氧苯草胺 | 435 | 231 | fluazuron | 吡虫隆 | 489 |
| 198 | etofenprox | 醚菊酯 | 382 | 232 | flubenzimine | 嘧唑螨 | 384 |
| 199 | etridiazole | 土菌灵 | 176 | 233 | fluchloralin | 氯乙氟灵 | 137 |
| 200 | etrimfos | 乙嘧硫磷 | 109 | 234 | fludioxonil | 咯菌腈 | 463 |
| 201 | famoxadone | 噁唑菌酮 | 481 | 235 | flufenacet | 氟噻草胺 | 222 |
| 202 | famphur | 氨磺磷 | 45 | 236 | flufenoxuron | 氟虫脲 | 68 |
| 203 | fenaminosulf | 敌磺钠 | 457 | 237 | flumetsulam | 唑嘧磺草胺 | 298 |
| 204 | fenamiphos sulfone | 苯线磷砜 | 213 | 238 | flumiclorac-pentyl | 胺氟草酯 | 234 |
| 205 | fenamiphos sulfoxide | 苯线磷亚砜 | 207 | 239 | fluometuron | 伏草隆 | 170 |
| 206 | fenazaquin | 喹螨醚 | 123 | 240 | fluorochloridone | 氯咯草酮 | 202 |
| 207 | fenbuconazole | 腈苯唑 | 214 | 241 | fluoroglycofen-ethyl | 乙羧氟草醚 | 387 |
| 208 | fenfuram | 黑穗胺 | 158 | 242 | flupropanate | 四氟丙酸 | 443 |
| 209 | fenhexamid | 环酰菌胺 | 115 | 243 | flurazuron | — | 151 |
| 210 | fenitrothion | 杀螟硫磷 | 414 | 244 | fluridone | 杀草吡啶 | 210 |
| 211 | fenobucarb | 仲丁威 | 160 | 245 | flurochloridone | 氟咯草酮 | 362 |
| 212 | fenoprop | 涕丙酸 | 467 | 246 | fluroxypyr | 氟草烟 | 465 |
| 213 | fenoxanil | 氰菌胺 | 209 | 247 | flurtamone | 呋草酮 | 131 |
| 214 | fenoxycarb | 苯氧威 | 199 | 248 | flusilazole | 氟硅唑 | 42 |
| 215 | fenpropathrin | 甲氰菊酯 | 374 | 249 | flusulfamide | 磺菌胺 | 485 |
| 216 | fenpropidin | 苯锈定 | 346 | 250 | fluthiacet methyl | 氟噻乙草酯 | 145 |
| 217 | fenpropimorph | 丁苯玛琳 | 285 | 251 | flutolanil | 氟酰胺 | 44 |
| 218 | fenpyroximate | 唑螨酯 | 233 | 252 | flutriafol | 粉唑醇 | 116 |
| 219 | fensulfothin | 丰索磷 | 201 | 253 | folpet | 灭菌丹 | 343 |
| 220 | fenthion | 倍硫磷 | 189 | 254 | fomesafen | 氟磺胺草醚 | 487 |

表 E.1（续）

| 序号 | 英文名称 | 中文名称 | 附录 A 中序号 | 序号 | 英文名称 | 中文名称 | 附录 A 中序号 |
|---|---|---|---|---|---|---|---|
| 255 | fonofos | 地虫硫磷 | 175 | 286 | isomethiozin | 丁嗪草酮 | 24 |
| 256 | forchlorfenuron | 氯吡脲 | 462 | 287 | isoprocarb | 异丙威 | 2 |
| 257 | fuberidazole | 麦穗灵 | 324 | 288 | isopropalin | 异丙乐灵 | 287 |
| 258 | furalaxyl | 抑菌丙胺酯 | 117 | 289 | isoprothiolane | 稻瘟灵 | 194 |
| 259 | furathiocarb | 呋线威 | 380 | 290 | isoproturon | 异丙隆 | 243 |
| 260 | furmecyclox | 拌种胺 | 177 | 291 | isouron | 异唑隆 | 82 |
| 261 | gibberellic acid | 赤霉素 | 478 | 292 | isoxaben | 异噁酰草胺 | 130 |
| 262 | haloxyfop-2-ethoxy-ethyl | 氟吡乙禾灵 | 386 | 293 | kadethrin | 噻嗯菊酯 | 314 |
| | | | | 294 | kelevan | 克来范 | 491 |
| 263 | haloxyfop-methyl | 精氟吡甲禾灵 | 61 | 295 | kresoxim-methyl | 亚胺菌 | 205 |
| 264 | heptanophos | 庚虫磷 | 268 | 296 | lactofen | 乳氟禾草灵 | 431 |
| 265 | hexaflumuron | 氟铃脲 | 148 | 297 | linuron | 利谷隆 | 267 |
| 266 | hexazinone | 环嗪酮 | 178 | 298 | malaoxon | 马拉氧磷 | 439 |
| 267 | hexythiazox | 噻螨酮 | 375 | 299 | malathion | 马拉硫磷 | 302 |
| 268 | hydramethylnon | 伏蚁腙 | 150 | 300 | maleic hydrazide | 抑芽丹 | 152 |
| 269 | hymexazol | 噁霉灵 | 391 | 301 | MCPB | 二甲四氯丁酸 | 456 |
| 270 | imazalil | 抑霉唑 | 195 | 302 | mecarbam | 灭蚜磷 | 300 |
| 271 | imazamethabenz-methyl | 甲基咪草酯 | 193 | 303 | mecoprop | 2-甲-4-氯丙酸 | 452 |
| 272 | imazapic | 甲基咪草烟 | 348 | 304 | mefenacet | 苯噻酰草胺 | 284 |
| 273 | imazaquin | 咪唑喹啉酸 | 204 | 305 | mefenoxam | 精甲霜灵 | 102 |
| 274 | imazethapyr | 咪唑乙烟酸 | 33 | 306 | mefenpyr-diethyl | 吡唑解草酯 | 310 |
| 275 | imibenconazole | 亚胺唑 | 429 | 307 | mepanipyrim | 嘧菌胺 | 165 |
| 276 | imibenzonazole-des-benzyl | 脱苯甲基亚胺唑 | 100 | 308 | mephosfolan | 地安磷 | 99 |
| | | | | 309 | mepiquat chloride | 甲哌金翁 | 238 |
| 277 | imidacloprid | 吡虫啉 | 22 | 310 | mepronil | 灭锈胺 | 187 |
| 278 | indoxacarb | 茚虫威 | 69 | 311 | metalaxyl | 甲霜灵 | 190 |
| 279 | iodosulfuron-methyl | 甲基碘磺隆 | 493 | 312 | metamitron | 苯嗪草酮 | 242 |
| 280 | iodosulfuron-methyl sodium | 碘甲磺隆钠 | 490 | 313 | metazachlor | 吡唑草胺 | 277 |
| | | | | 314 | metconazole | 叶菌唑 | 127 |
| 281 | ioxynil | 碘苯腈 | 480 | 315 | methabenzthiazuron | 甲基苯噻隆 | 408 |
| 282 | iprobenfos | 异稻瘟净 | 104 | 316 | methamidophos | 甲胺磷 | 153 |
| 283 | isazofos | 氯唑磷 | 364 | 317 | methfuroxam | 呋菌胺 | 169 |
| 284 | isocarbamid | 丁脒酰胺 | 325 | 318 | methobromuron | 秀谷隆 | 96 |
| 285 | isofenphos | 异柳磷 | 215 | 319 | methomyl | 灭多威 | 322 |

表 E.1(续)

| 序号 | 英文名称 | 中文名称 | 附录A中序号 | 序号 | 英文名称 | 中文名称 | 附录A中序号 |
|---|---|---|---|---|---|---|---|
| 320 | methoprotryne | 盖草津 | 28 | 354 | penconazole | 戊菌唑 | 31 |
| 321 | methoxyfenozide | 甲氧虫酰肼 | 224 | 355 | pencycuron | 纹枯脲 | 299 |
| 322 | metolachlor | 丙草胺 | 416 | 356 | phenmedipham | 甜菜宁 | 113 |
| 323 | metolcarb | 速灭威 | 394 | 357 | phenthoate | 稻丰散 | 292 |
| 324 | metosulam | 磺草胺唑 | 319 | 358 | phorate | 甲拌磷 | 97 |
| 325 | metoxuron | 甲氧隆 | 167 | 359 | phorate sulfone | 甲拌磷砜 | 282 |
| 326 | metribuzin | 赛克津 | 246 | 360 | phorate sulfoxide | 甲拌磷亚砜 | 184 |
| 327 | mevinphos | 速灭磷 | 10 | 361 | phosalone | 伏杀硫磷 | 223 |
| 328 | molinate | 禾草敌 | 78 | 362 | phosfolan | 硫环磷 | 411 |
| 329 | monalide | 庚酰草胺 | 172 | 363 | phosphamidon | 磷胺 | 112 |
| 330 | monolinuron | 绿谷隆 | 9 | 364 | phoxim | 辛硫磷 | 196 |
| 331 | monuron | 灭草隆 | 156 | 365 | phthalic acid, biscyclohexyl ester | 酞酸二环已酯 | 422 |
| 332 | myclobutanil | 腈菌唑 | 32 | | | | |
| 333 | napropamide | 萘丙胺 | 413 | 366 | phthalic acid, dibutyl ester | 酞酸二丁酯 | 415 |
| 334 | naptalam | 萘草胺 | 470 | | | | |
| 335 | neburon | 草不隆 | 101 | 367 | phthalic acid, benzyl butyl ester | 酞酸苯甲基丁酯 | 363 |
| 336 | nicotine | 烟碱 | 73 | | | | |
| 337 | nitenpyram | 烯啶虫胺 | 27 | 368 | phthalic acid, dicyclobexyl ester | 酞酸二环已基酯 | 49 |
| 338 | nitralin | 甲磺乐灵 | 373 | | | | |
| 339 | norflurazon | 氟草敏 | 357 | 369 | phthalimide | 邻苯二甲酰亚胺 | 392 |
| 340 | novaluron | 氟酰脲 | 149 | 370 | picloram | 毒莠定 | 458 |
| 341 | nuarimol | 氟苯嘧啶醇 | 288 | 371 | picolinafen | 氟吡酰草胺 | 144 |
| 342 | oesmetryn | 敌草净 | 245 | 372 | picoxystrobin | 啶氧菌酯 | 308 |
| 343 | ofurace | 甲呋酰胺 | 191 | 373 | piperonyl butoxide | 增效醚 | 219 |
| 344 | omethoate | 氧乐果 | 334 | 374 | piperophos | 哌草磷 | 218 |
| 345 | oryzalin | 氨磺乐灵 | 216 | 375 | pirimicarb | 抗蚜威 | 16 |
| 346 | oryzalin | 安磺灵 | 477 | 376 | pirimiphos methyl | 甲基嘧啶磷 | 120 |
| 347 | oxamyl | 杀线威 | 407 | 377 | pirimiphos-ethyl | 嘧啶磷 | 304 |
| 348 | oxycarboxin | 氧化萎锈灵 | 186 | 378 | pretilachlor | 丙草胺 | 41 |
| 349 | oxyflurofen | 乙氧氟草醚 | 220 | 379 | prochloraz | 咪鲜胺 | 225 |
| 350 | paclobutrazol | 多效唑 | 34 | 380 | procymidone | 腐霉利 | 417 |
| 351 | paraoxon methyl | 对氧磷 | 19 | 381 | profenefos | 丙溴磷 | 311 |
| 352 | paraoxon-ethyl | 甲基对氧磷 | 349 | 382 | prometon | 扑灭通 | 166 |
| 353 | pebulate | 克草敌 | 404 | 383 | prometryne | 扑草净 | 18 |

表 E.1(续)

| 序号 | 英文名称 | 中文名称 | 附录A中序号 | 序号 | 英文名称 | 中文名称 | 附录A中序号 |
|---|---|---|---|---|---|---|---|
| 384 | pronamide | 拿草特 | 94 | 418 | quizalofop-ethyl | 喹禾灵 | 60 |
| 385 | propachlor | 毒草胺 | 6 | 419 | rabenzazole | 吡咪唑 | 7 |
| 386 | propamocarb | 霜霉威 | 240 | 420 | resmethrin-2 | 苄呋菊酯-2 | 371 |
| 387 | propanil | 敌稗 | 162 | 421 | ronnel | 皮蝇磷 | 420 |
| 388 | propaquiafop | 噁草酸 | 430 | 422 | rotenone | 鱼藤酮 | 428 |
| 389 | propargite | 炔螨特 | 142 | 423 | sebutylazine | 另丁津 | 260 |
| 390 | propazine | 扑灭津 | 87 | 424 | secbumeton | 密草通 | 12 |
| 391 | propetamphos | 胺丙畏 | 278 | 425 | simeconazole | 硅氟唑 | 280 |
| 392 | propham | 苯胺灵 | 1 | 426 | simeton | 西玛通 | 402 |
| 393 | propiconazole | 丙环唑 | 135 | 427 | simetryn | 西草净 | 8 |
| 394 | propisochlor | 异丙草胺 | 434 | 428 | spinosad | 多杀菌素 | 237 |
| 395 | propoxur | 残杀威 | 81 | 429 | spirodiclofen | 螺螨酯 | 232 |
| 396 | propylene thiourea | 丙烯硫脲 | 441 | 430 | sulfallate | 菜草畏 | 253 |
| 397 | prosulfocarb | 苄草丹 | 269 | 431 | sulfanitran | 乙酰磺胺对硝基苯 | 476 |
| 398 | pymetrozin | 吡蚜酮 | 251 | 432 | sulfentrazone | 磺酰唑草酮 | 482 |
| 399 | pyraclofos | 吡唑硫磷 | 307 | 433 | sulfotep | 治螟磷 | 293 |
| 400 | pyraclostrobin | 百克敏 | 312 | 434 | sulprofos | 硫丙磷 | 294 |
| 401 | pyrazophos | 吡菌磷 | 67 | 435 | *tau*-fluvalinate | 氟胺氰菊酯 | 388 |
| 402 | pyrazosulfuron-ethyl | 吡嘧磺隆 | 318 | 436 | tebuconazole | 戊唑醇 | 286 |
| 403 | pyrazoxyfen | 苄草唑 | 383 | 437 | tebufenozide | 虫酰肼 | 424 |
| 404 | pyrethrin | 除虫菊素 | 421 | 438 | tebupirimfos | 丁基嘧啶磷 | 291 |
| 405 | pyributicarb | 稗草畏 | 303 | 439 | tebutam | 牧草胺 | 262 |
| 406 | pyridaphenthion | 哒嗪硫磷 | 305 | 440 | tebuthiuron | 木草隆 | 258 |
| 407 | pyrifenox | 啶斑肟 | 353 | 441 | temephos | 双硫磷 | 235 |
| 408 | pyriftalid | 环酯草醚 | 126 | 442 | TEPP | 特普 | 105 |
| 409 | pyrimethanil | 嘧霉胺 | 157 | 443 | tepraloxydim | 吡喃草酮 | 54 |
| 410 | pyrimidifen | 呋草唑 | 379 | 444 | terbacil | 特草定 | 453 |
| 411 | pyrimitate | 嘧啶磷 | 200 | 445 | terbufos | 特丁硫磷 | 279 |
| 412 | pyriproxyfen | 蚊蝇醚 | 128 | 446 | terbufos sulfone | 特丁硫磷砜 | 367 |
| 413 | pyrithlobac sodium | 嘧草硫醚 | 474 | 447 | terbumeton | 特丁通 | 255 |
| 414 | pyroquilon | 咯喹酮 | 323 | 448 | terbuthylazine | 特丁津 | 88 |
| 415 | quinalphos | 喹硫磷 | 197 | 449 | terbutryn | 特丁净 | 264 |
| 416 | quinoclamine | 灭藻醌 | 159 | 450 | terrbucarb | 特草灵 | 30 |
| 417 | quinoxyphen | 苯氧喹啉 | 360 | 451 | *tert*-butylamine | 叔丁基胺 | 390 |

**表 E.1（续）**

| 序号 | 英文名称 | 中文名称 | 附录 A 中序号 | 序号 | 英文名称 | 中文名称 | 附录 A 中序号 |
|---|---|---|---|---|---|---|---|
| 452 | tetrachlorvinphos | 杀虫畏 | 141 | 473 | triadimenol | 三唑醇 | 36 |
| 453 | tetraconazole | 四氟醚唑 | 309 | 474 | triallate | 野麦畏 | 358 |
| 454 | tetramethirn | 胺菊酯 | 50 | 475 | triazophos | 三唑磷 | 124 |
| 455 | thenylchlor | 噻吩草胺 | 208 | 476 | triazoxide | 咪唑嗪 | 265 |
| 456 | thiabendazole | 噻菌灵 | 241 | 477 | trichloronat | 毒壤磷 | 370 |
| 457 | thiacloprid | 噻虫啉 | 21 | 478 | trichlorphon | 敌百虫 | 180 |
| 458 | thiamethoxam | 噻虫嗪 | 107 | 479 | tridemorph | 十三吗啉 | 283 |
| 459 | thiazopyr | 噻唑烟酸 | 315 | 480 | trietazine | 草达津 | 259 |
| 460 | thifensulfuron-methyl | 噻吩磺隆 | 229 | 481 | trifloxystrobin | 肟菌酯 | 146 |
| 461 | thiobencarb | 禾草丹 | 271 | 482 | triflumuron | 杀铃脲 | 57 |
| 462 | thiodicarb | 硫双威 | 306 | 483 | trifluralin | 氟乐灵 | 132 |
| 463 | thiofanox | 久效威 | 84 | 484 | tri-*iso*-butyl phosphate | 三异丁基磷酸盐 | 272 |
| 464 | thiofanox-sulfoxide | 久效威亚砜 | 263 | 485 | tri-*n*-butyl phosphate | 三正丁基磷酸酯 | 273 |
| 465 | thiometon | 甲基乙拌磷 | 342 | 486 | triticonazole | 戊叉菌唑 | 206 |
| 466 | thionazin | 虫线磷 | 266 | 487 | uniconazole | 烯效唑 | 352 |
| 467 | thiophanat ethyl | 硫菌灵 | 59 | 488 | vamidothion | 蚜灭磷 | 418 |
| 468 | thiophanate methyl | 甲基硫菌灵 | 55 | 489 | vamidothion sulfone | 蚜灭多砜 | 366 |
| 469 | tolclofos methyl | 甲基立枯磷 | 38 | 490 | vernolate | 灭草敌 | 329 |
| 470 | tralkoxydim | 苯草酮 | 301 | 491 | vinclozolin | 乙烯菌核利 | 351 |
| 471 | *trans*-permethin | 反式氯菊酯 | 381 | 492 | *zeta* cypermethrin | 己体氯氰菊酯 | 385 |
| 472 | triadimefon | 三唑酮 | 281 | 493 | ziram | 福美锌 | 359 |

ICS 67.050
X 04

# 中华人民共和国国家标准

GB/T 23212—2008

# 牛奶和奶粉中黄曲霉毒素 $B_1$、$B_2$、$G_1$、$G_2$、$M_1$、$M_2$ 的测定 液相色谱-荧光检测法

**Determination of aflatoxin $B_1$, $B_2$, $G_1$, $G_2$, $M_1$, $M_2$ content in milk and milk powder—HPLC-fluorescence detection method**

2008-12-31 发布　　2009-05-01 实施

中华人民共和国国家质量监督检验检疫总局
中国国家标准化管理委员会　发布

# 前　言

本标准的附录 A、附录 B 为资料性附录。

本标准由中华人民共和国国家质量监督检验检疫总局提出并归口。

本标准起草单位：中华人民共和国秦皇岛出入境检验检疫局、中华人民共和国河北出入境检验检疫局。

本标准主要起草人：陈瑞春、段文仲、吕红英、郭春海、王丹娜、刘凌云、姚春毅、杨秀萍、庞国芳。

# 牛奶和奶粉中黄曲霉毒素 $B_1$、$B_2$、$G_1$、$G_2$、$M_1$、$M_2$ 的测定 液相色谱-荧光检测法

## 1 范围

本标准规定了牛奶、奶粉中黄曲霉毒素 $B_1$、$B_2$、$G_1$、$G_2$、$M_1$、$M_2$ 含量的液相色谱-荧光检测法。

本标准适用于牛奶、奶粉中黄曲霉毒素 $B_1$、$B_2$、$G_1$、$G_2$、$M_1$、$M_2$ 含量的测定。

本标准方法的检出限：牛奶中：黄曲霉毒素 $B_1$ 为 0.002 μg/kg，黄曲霉毒素 $B_2$ 为 0.001 μg/kg，黄曲霉毒素 $G_1$、$G_2$ 为 0.003 μg/kg，黄曲霉毒素 $M_1$、$M_2$ 为 0.005 μg/kg；奶粉中：黄曲霉毒素 $B_1$ 为 0.02 μg/kg，黄曲霉毒素 $B_2$ 为 0.01 μg/kg，黄曲霉毒素 $G_1$、$G_2$ 为 0.03 μg/kg，黄曲霉毒素 $M_1$、$M_2$ 为 0.05 μg/kg。

## 2 规范性引用文件

下列文件中的条款通过本标准的引用而成为本标准的条款。凡是注日期的引用文件，其随后所有的修改单（不包括勘误的内容）或修订版均不适用于本标准，然而，鼓励根据本标准达成协议的各方研究是否可使用这些文件的最新版本。凡是不注日期的引用文件，其最新版本适用于本标准。

GB/T 6379.1　测量方法与结果的准确度（正确度与精密度）　第1部分：总则与定义（GB/T 6379.1—2004，ISO 5725-1:1994，IDT）

GB/T 6379.2　测量方法与结果的准确度（正确度与精密度）　第2部分：确定标准测量方法重复性与再现性的基本方法（GB/T 6379.2—2004，ISO 5725-2:1994，IDT）

GB/T 6682　分析实验室用水规格和试验方法（GB/T 6682—2008，ISO 3696:1987，MOD）

## 3 原理

试样经溶解、离心、过滤后，当样品通过免疫亲和柱时，黄曲霉毒素特异性抗体选择性地与存在的黄曲霉毒素 $B_1$、$B_2$、$G_1$、$G_2$、$M_1$、$M_2$（抗原）键合，形成抗体-抗原复合体。甲醇-乙腈混合溶液洗脱，带荧光检测器的高效液相色谱仪经柱后衍生测定黄曲霉毒素 $B_1$、$B_2$、$G_1$、$G_2$、$M_1$、$M_2$ 的含量，外标法定量。

## 4 试剂和材料

除另有说明外，所用试剂均为分析纯，水为 GB/T 6682 规定的一级水。

4.1　甲醇：色谱纯。

4.2　乙腈：色谱纯。

4.3　过溴化溴化吡啶。

4.4　甲醇-乙腈混合溶液（4+5）：取 40 mL 甲醇，加入 50 mL 乙腈，混合均匀。

4.5　柱后衍生液：称取 0.05 g 过溴化溴化吡啶，溶解于 1 000 mL 水中，以 0.45 μm 的尼龙滤膜过滤，4 ℃避光保存。

4.6　黄曲霉毒素 $B_1$（CAS NO. 1162-65-8）、$B_2$（CAS NO. 7220-81-7）、$G_1$（CAS NO. 1165-39-5）、$G_2$（CAS NO. 7241-98-7）、$M_1$（CAS NO. 6795-23-9）、$M_2$（CAS NO. 6885-57-0）标准物质：纯度大于等于 99%。

4.7 黄曲霉毒素($B_1$、$B_2$、$G_1$、$G_2$、$M_1$、$M_2$)标准储备溶液：将黄曲霉毒素 $B_1$、$B_2$、$G_1$、$G_2$、$M_1$、$M_2$ 标准物质(4.6)，分别用甲醇配成 60 ng/mL 的标准储备液。储备液于－4 ℃保存。

4.8 黄曲霉毒素($B_1$、$B_2$、$G_1$、$G_2$、$M_1$、$M_2$)混合标准工作液：根据需要用流动相将黄曲霉毒素 $B_1$、$B_2$、$G_1$、$G_2$、$M_1$、$M_2$ 稀释成所需浓度的混合标准工作溶液，混合标准工作溶液现用现配。

4.9 免疫亲和柱：免疫亲和柱应含有黄曲霉毒素 $B_1$、$B_2$、$G_1$、$G_2$、$M_1$、$M_2$ 的抗体。亲和柱的最大容量不小于 100 ng 黄曲霉毒素 $B_1$、$B_2$、$G_1$、$G_2$、$M_1$、$M_2$(相当于 50 mL 浓度为 2 μg/L 的试样)。

4.10 滤膜：0.45 μm。

## 5 仪器和设备

5.1 液相色谱仪：配有荧光检测器，带柱后衍生系统。

5.2 分析天平：感量 0.1 mg，0.01 g。

5.3 水浴：50 ℃±2 ℃。

5.4 冷冻离心机。

5.5 空气压力泵。

5.6 旋涡混合器。

5.7 玻璃纤维滤纸：孔径 1.5 μm。

5.8 塑料离心管：50 mL。

5.9 玻璃注射器：10 mL。

5.10 玻璃刻度试管：10 mL。

## 6 试样的制备与保存

### 6.1 试样的制备

将牛奶从冰箱中取出，放置至室温，摇匀，备用。

### 6.2 试样保存

牛奶置于 0 ℃～4 ℃冰箱中避光保存，奶粉常温避光保存。

## 7 测定步骤

### 7.1 提取

#### 7.1.1 牛奶

称取 20 g 试样，精确到 0.01 g，置于 50 mL 的离心管中。于 10 000 r/min、－5 ℃条件下离心 10 min，玻璃纤维滤纸过滤，待净化。

#### 7.1.2 奶粉

称取 2 g 试样，精确到 0.01 g，置于 50 mL 的离心管中。将 20 mL 已预热到 50 ℃的水边加边振摇至奶粉完全溶解，旋涡混合器(5.6)振荡 2 min，混合均匀。如果奶粉不能完全溶解，将离心管在 50 ℃的水浴(5.3)上加热，仔细混匀。将奶粉乳浊液冷却至室温后，于 10 000 r/min、－5 ℃条件下离心 10 min，再用玻璃纤维滤纸过滤，待净化。

### 7.2 净化

将 7.1 的过滤液全部转移到 10 mL 玻璃注射器(5.9)中，调节空气压力泵(5.5)，控制试样以 2 mL/min～3 mL/min 稳定的流速过柱，直至 2 mL～3 mL 空气通过柱体。

向上述注射器内加入 10 mL 水，以稳定的流速洗柱，弃去全部流出液，并使 2 mL～3 mL 空气通过柱体。准确加入 1.0 mL 甲醇-乙腈混合溶液(4.4)至上述注射器，以 2 mL/min～3 mL/min 稳定的流速将亲和柱上的黄曲霉毒素 $B_1$、$B_2$、$G_1$、$G_2$、$M_1$、$M_2$ 洗脱下来，收集全部洗脱液于玻璃刻度试管(5.10)中，用水定容至 2 mL。于旋涡混合器(5.6)上振荡 1 min，过 0.45 μm 滤膜(4.10)。供液相色谱测定。

### 7.3 测定条件

#### 7.3.1 液相色谱参考条件

a) 色谱柱：Inertsil ODS-3，5 μm，250 mm×4.6 mm(内径)或相当者；

b) 流动相：水＋甲醇＋乙腈(11＋4＋5)；

c) 流速：流动相：1.0 mL/min，柱后衍生液：0.45 mL/min，柱后衍生反应器温度：35 ℃；

d) 柱温：35 ℃；

e) 检测波长：激发波长：355 nm，发射波长：430 nm；

f) 进样量：100 μL。

#### 7.3.2 液相色谱测定

根据样液中黄曲霉毒素 $B_1$、$B_2$、$G_1$、$G_2$、$M_1$、$M_2$ 的含量情况，选定浓度相近的混合标准工作液，混合标准工作液中黄曲霉毒素 $B_1$、$B_2$、$G_1$、$G_2$、$M_1$、$M_2$ 的响应值应在仪器检测的线性范围内。对混合标准工作液和样液等体积参插进样测定。在上述色谱条件下，黄曲霉毒素 $B_1$、$B_2$、$G_1$、$G_2$、$M_1$、$M_2$ 参考保留时间分别为 7.1 min、8.0 min、9.2 min、10.6 min、11.4 min、13.3 min。黄曲霉毒素 $B_1$、$B_2$、$G_1$、$G_2$、$M_1$、$M_2$ 标准物质液相色谱图参见图 A.1。

### 7.4 平行试验

按以上步骤，对同一试样进行平行试验测定。

### 7.5 空白试验

除不称取试样外，均按上述步骤同时完成空白试验。

### 7.6 回收率试验

向阴性试样中添加标准溶液，均按上述步骤操作，测定后计算试样中添加的回收率。添加浓度及回收率范围参见表 B.1。

## 8 结果计算

每种黄曲霉毒素含量的测定按式(1)计算：

$$X_i = c_i \times \frac{V}{m} \times \frac{1\,000}{1\,000} \qquad \cdots\cdots(1)$$

式中：

$X_i$——试样中被测组分残留量，单位为微克每千克(μg/kg)；

$c_i$——从标准工作曲线上得到的被测组分溶液浓度，单位为纳克每毫升(ng/mL)；

$V$——样品溶液定容体积，单位为毫升(mL)；

$m$——样品溶液所代表试样的质量，单位为克(g)。

$i$ 表示第 $i$ 种黄曲霉毒素，计算结果应扣除空白值。

## 9 精密度

### 9.1 一般规定

本标准的精密度数据是按照 GB/T 6379.1 和 GB/T 6379.2 的规定确定的，重复性和再现性的值以 95%的可信度来计算。

### 9.2 重复性

在重复性条件下，获得的两次独立测试结果的绝对差值不超过重复性限($r$)，牛奶和奶粉中黄曲霉毒素 $B_1$、$B_2$、$G_1$、$G_2$、$M_1$、$M_2$ 添加浓度范围及重复性方程见表 1 和表 2。

表 1 添加浓度范围及重复性和再现性方程(牛奶) 单位为微克每千克

| 化合物名称 | 添加浓度范围 | 重复性限 $r$ | 再现性限 $R$ |
|---|---|---|---|
| 黄曲霉毒素 $B_1$ | 0.002～0.02 | $r=0.0828m+0.1356$ | $R=0.2840m-0.1494$ |
| 黄曲霉毒素 $B_2$ | 0.001～0.01 | $r=0.0706m+0.0499$ | $R=0.2266m+0.034$ |
| 黄曲霉毒素 $G_1$ | 0.003～0.03 | $r=0.2649m-0.4593$ | $R=0.4041m-0.3288$ |
| 黄曲霉毒素 $G_2$ | 0.003～0.03 | $r=0.2642m-0.3705$ | $R=0.3424m-0.3056$ |
| 黄曲霉毒素 $M_1$ | 0.005～0.05 | $r=0.1364m+0.0347$ | $R=0.3251m-0.0808$ |
| 黄曲霉毒素 $M_2$ | 0.005～0.05 | $r=0.2196m-0.5016$ | $R=0.4198m+0.2699$ |
| 注：$m$ 为两次测定结果的算术平均值。 | | | |

表 2 添加浓度范围及重复性和再现性方程(奶粉) 单位为微克每千克

| 化合物名称 | 添加浓度范围 | 重复性限 $r$ | 再现性限 $R$ |
|---|---|---|---|
| 黄曲霉毒素 $B_1$ | 0.02～0.2 | $r=0.0841m+0.2187$ | $R=0.1929m+1.0944$ |
| 黄曲霉毒素 $B_2$ | 0.01～0.1 | $r=0.1515m-0.1558$ | $R=0.2840m-0.4642$ |
| 黄曲霉毒素 $G_1$ | 0.03～0.3 | $r=0.1316m+0.0758$ | $R=0.1536m+1.5094$ |
| 黄曲霉毒素 $G_2$ | 0.03～0.3 | $r=0.1326m+0.4572$ | $R=0.1858m+0.7329$ |
| 黄曲霉毒素 $M_1$ | 0.05～0.5 | $r=0.1507m-0.5879$ | $R=0.2461m+2.4964$ |
| 黄曲霉毒素 $M_2$ | 0.05～0.5 | $r=0.1590m-3.6476$ | $R=0.3274m-7.6695$ |
| 注：$m$ 为两次测定结果的算术平均值。 | | | |

如果差值超过重复性限，应舍弃试验结果并重新完成两次单个试验的测定。

### 9.3 再现性

在再现性条件下，获得的两次独立测试结果的绝对差值不超过再现性限($R$)，牛奶和奶粉中黄曲霉毒素 $B_1$、$B_2$、$G_1$、$G_2$、$M_1$、$M_2$ 添加浓度范围及再现性方程见表 1 和表 2。

# 附　录　A
（资料性附录）
## 标准物质色谱图

黄曲霉毒素 $B_1$、$B_2$、$G_1$、$G_2$、$M_1$、$M_2$ 标准物质液相色谱图见图 A.1。

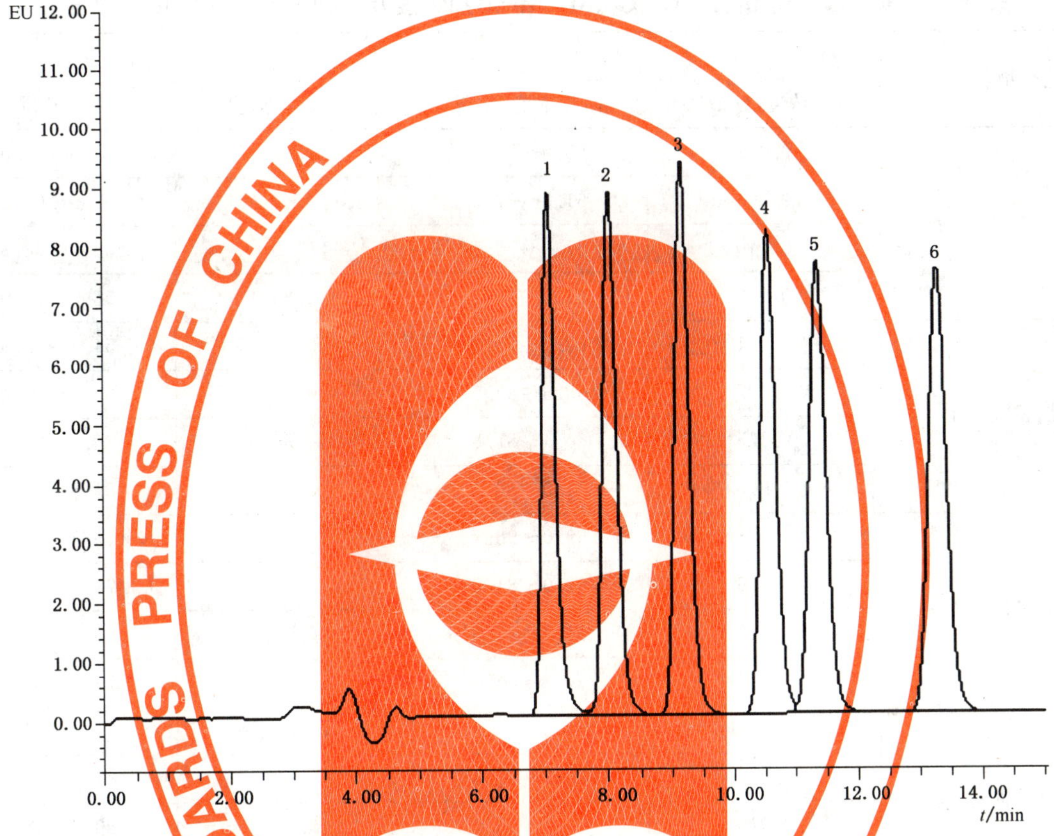


1——黄曲霉毒素 $M_2$；

2——黄曲霉毒素 $M_1$；

3——黄曲霉毒素 $G_2$；

4——黄曲霉毒素 $G_1$；

5——黄曲霉毒素 $B_2$；

6——黄曲霉毒素 $B_1$。

**图 A.1　黄曲霉毒素 $B_1$、$B_2$、$G_1$、$G_2$、$M_1$、$M_2$ 标准物质液相色谱图**

# 附 录 B
## （资料性附录）
## 回 收 率

黄曲霉毒素 $B_1$、$B_2$、$G_1$、$G_2$、$M_1$、$M_2$ 添加浓度及其回收率范围的试验数据见表 B.1。

**表 B.1 黄曲霉毒素 $B_1$、$B_2$、$G_1$、$G_2$、$M_1$、$M_2$ 添加浓度及其回收率范围的试验数据**

| 化合物名称 | 牛奶 | | 奶粉 | |
|---|---|---|---|---|
| | 添加浓度/(μg/kg) | 回收率范围/% | 添加浓度/(μg/kg) | 回收率范围/% |
| 黄曲霉毒素 $B_1$ | 0.002 | 55.0～71.0 | 0.02 | 51.8～67.5 |
| | 0.004 | 61.5～67.5 | 0.04 | 53.3～69.8 |
| | 0.010 | 57.0～76.1 | 0.10 | 58.9～68.5 |
| | 0.020 | 61.0～78.5 | 0.20 | 58.5～72.0 |
| 黄曲霉毒素 $B_2$ | 0.001 | 62.7～75.5 | 0.10 | 54.2～78.5 |
| | 0.002 | 63.5～83.5 | 0.20 | 61.5～77.0 |
| | 0.005 | 60.4～87.8 | 0.50 | 60.6～80.0 |
| | 0.010 | 71.5～86.1 | 0.10 | 59.8～80.6 |
| 黄曲霉毒素 $G_1$ | 0.003 | 69.0～96.7 | 0.03 | 56.3～72.0 |
| | 0.006 | 62.0～81.5 | 0.06 | 73.3～85.0 |
| | 0.015 | 64.7～95.3 | 0.15 | 65.3～76.0 |
| | 0.030 | 63.0～100 | 0.30 | 73.0～86.7 |
| 黄曲霉毒素 $G_2$ | 0.003 | 71.3～98.3 | 0.03 | 71.0～96.7 |
| | 0.006 | 79.2～91.3 | 0.06 | 81.5～96.5 |
| | 0.015 | 75.3～96.0 | 0.15 | 83.3～93.3 |
| | 0.030 | 74.3～102 | 0.30 | 77.0～94.7 |
| 黄曲霉毒素 $M_1$ | 0.005 | 58.8～83.6 | 0.05 | 68.4～86.8 |
| | 0.010 | 70.1～97.5 | 0.10 | 66.5～90.1 |
| | 0.025 | 66.8～85.2 | 0.25 | 60.0～86.8 |
| | 0.050 | 71.8～86.2 | 0.50 | 72.4～90.2 |
| 黄曲霉毒素 $M_2$ | 0.005 | 43.0～74.8 | 0.50 | 51.0～64.6 |
| | 0.010 | 51.3～73.6 | 0.10 | 61.6～72.3 |
| | 0.025 | 50.8～74.8 | 0.25 | 55.2～72.8 |
| | 0.050 | 54.0～75.6 | 0.50 | 58.0～71.8 |

ICS 67.050
X 04

# 中华人民共和国国家标准

GB/T 23213—2008

# 植物油中多环芳烃的测定 气相色谱-质谱法

Determination of polycyclic aromatic hydrocarbons in vegetable oils—GC-MS method

2008-12-31 发布　　　　2009-05-01 实施

中华人民共和国国家质量监督检验检疫总局
中国国家标准化管理委员会　发布

# 前　言

本标准的附录A、附录B为资料性附录。

本标准由中华人民共和国国家质量监督检验检疫总局提出并归口。

本标准起草单位：中华人民共和国秦皇岛出入境检验检疫局、中华人民共和国山东出入境检验检疫局。

本标准主要起草人：王建华、郭翠、张艺兵、王艳丽、庞国芳。

# 植物油中多环芳烃的测定 气相色谱-质谱法

## 1 范围

本标准规定了植物油中16种多环芳烃(简写PAH,具体名称见表1)的气相色谱-质谱测定方法。

本标准适用于植物油中多环芳烃的测定。

本标准的方法检出限:1 μg/kg。

## 2 规范性引用文件

下列文件中的条款通过本标准的引用而成为本标准的条款。凡是注日期的引用文件,其随后所有的修改单(不包括勘误的内容)或修订版均不适用于本标准,然而,鼓励根据本标准达成协议的各方研究是否可使用这些文件的最新版本。凡是不注日期的引用文件,其最新版本适用于本标准。

GB/T 6379.1 测量方法与结果的准确度(正确度与精密度) 第1部分:总则与定义(GB/T 6379.1—2004,ISO 5725-1:1994,IDT)

GB/T 6379.2 测量方法与结果的准确度(正确度与精密度) 第2部分:确定标准测量方法重复性与再现性的基本方法(GB/T 6379.2—2004,ISO 5725-2:1994,IDT)

GB/T 6682 分析实验室用水规格和试验方法(GB/T 6682—2008,ISO 3696:1987,MOD)

## 3 原理

试样中多环芳烃用丙酮-乙腈溶液超声提取,提取液浓缩至干,乙酸乙酯-环己烷(1+1)溶解后,用凝胶渗透色谱净化,供气相色谱-质谱仪测定,内标法定量。

## 4 试剂和材料

除另有规定外,试剂均为分析纯,水为GB/T 6682规定的一级水。

4.1 乙腈。

4.2 丙酮。

4.3 乙酸乙酯:色谱纯。

4.4 环己烷:色谱纯。

4.5 乙腈+丙酮(60+40):将60份乙腈和40份丙酮混匀,室温保存。

4.6 乙酸乙酯+环己烷(50+50):将50份环己烷和50份乙酸乙酯混匀,室温保存。

4.7 标准物质:EPA16种多环芳烃混合标准储备液的质量浓度均为2 g/L,纯度≥99%。

4.8 氘代内标标准物质:氘代-菲D10,氘代-蒽D10,氘代-苯并(*a*)芘D12,纯度≥99%。

4.9 多环芳烃标准溶液:准确称取适量标准物(4.7)分别于50 mL容量瓶中,用乙酸乙酯+环己烷(50+50)(4.6)定容至刻度,浓度1 μg/mL,储备液储存于−20 ℃。

4.10 内标标准溶液:准确称量10 mg标准物(4.7)分别于100 mL容量瓶中,用乙酸乙酯+环己烷(50+50)(4.6)定容至刻度,浓度100 μg/mL,储备液储存于−20 ℃。再以乙酸乙酯+环己烷(50+50)稀释成适用浓度溶液,保存于4 ℃冰箱中。

4.11 标准工作溶液:多环芳烃标准溶液(4.9)和内标标准溶液(4.10)混合后备用。

## 5 仪器

5.1 气相色谱-质谱仪：配有电子轰击源。

5.2 玻璃离心管：5 mL 和 50 mL，具塞。

5.3 移液枪：20 μL～100 μL，200 μL～1 000 μL。

5.4 分析天平：感量 0.1 mg 和 0.01 g 各一台。

5.5 离心机。

5.6 涡旋混匀器。

5.7 氮气浓缩仪。

5.8 凝胶渗透色谱仪：凝胶渗透色谱柱 250 mm×15 mm，内装 Bio Beads S-X3 填料。

## 6 试样的制备与保存

### 6.1 试样的制备

取有代表性样品，制成实验室样品。试样分为两份，置于样品瓶中，密封，并做上标记。

### 6.2 试样保存

将试样置于 2 ℃～8 ℃下保存。

## 7 测定步骤

### 7.1 提取

称取样品 4 g(精确到 0.01 g)于 50 mL 玻璃离心管中，加入内标(4.10)400 μL 100 ng/mL，静置 10 min，加入乙腈＋丙酮(4.5)10 mL，超声 10 min，振荡 20 min，3 000 r/min 离心 5 min，将上清液转入 50 mL 梨形瓶中；将残渣用 20 mL 乙腈＋丙酮(4.5)重复提取两次，离心后合并上清液于梨形瓶中，于 40 ℃水浴中旋转浓缩至近干，用乙酸乙酯转移到 15 mL 带刻度的离心管中，氮气吹至低于 0.1 mL，定容到以 4 mL 乙酸乙酯＋环己烷(4.6)，涡旋溶解，过有机相滤膜转入进样管中准备净化。

### 7.2 凝胶渗透色谱净化

以流速 3.0 mL/min 乙酸乙酯 ＋环己烷(4.6)流动相，进样 1 mL，收集时间 10 min～18 min 馏分，波长紫外检测 254 nm，收集液于 40 ℃水浴中旋转浓缩至近干，用乙酸乙酯＋环己烷(4.6)转移到 5 mL 带刻度的离心管中，于 40 ℃水浴中氮气吹至低于 0.5 mL，定容到以 0.5 mL 乙酸乙酯＋环己烷(4.6)，涡旋溶解，待 GC-MS 测定。

### 7.3 测定条件

#### 7.3.1 气相色谱参考条件

载气：高纯氦气，恒压模式(135 kPa)；柱温程序：初始温度 70 ℃，保持 2.0 min，以 25 ℃/min 的速率，升温到 150 ℃，以 3 ℃/min 的速率，升温到 200 ℃，再以 8 ℃/min 的速率，升温到 280 ℃，保持 10.0 min；进样量：1 μL。

#### 7.3.2 质谱参考条件

离子源温度：150 ℃，四极杆温度：230 ℃，色谱-质谱接口温度：280 ℃；离子化方式：EI；电子能量：70 eV；调谐方式：选择离子。

#### 7.3.3 定性测定

定性测定的依据为：被测样品色谱峰的保留时间与标准工作溶液相一致；所选择的离子均出现，被测样品的监测离子的相对丰度与标准工作溶液的相对丰度两者之差不大于允许相对偏差(相对丰度设为 $k$；$k \geq 50\%$，允许±10%偏差；$50\% > k \geq 20\%$，允许±15%偏差；$10\% < k < 20\%$，允许±20%偏差；$k \leq 10\%$，允许±50%偏差)，则可判断样品中存在对应的被测物。在上述色谱条件下，总离子流图参见图 A.1。参考保留时间和特征离子见表 1。

表 1 多环芳烃的参考保留时间和特征离子

| 序号 | 化合物中文名称 | 化合物英文名称 | 参考保留时间/min | 选择离子(m/z) |
|---|---|---|---|---|
| 1 | 萘 | naphthalene | 5.33 | 128 129 127 102 |
| 2 | 苊烯 | acenaphthylene | 7.83 | 152 153 151 150 |
| 3 | 苊 | acenaphthene | 8.35 | 153 152 151 150 |
| 4 | 芴 | fluorene | 9.89 | 166 165 167 139 |
| 5 | 菲 | phenanthrene | 13.81 | 178 179 176 152 |
| 6 | 蒽 | anthracene | 14.02 | 178 176 179 152 |
| 7 | 荧蒽 | fluoranthene | 20.83 | 202 203 200 101 |
| 8 | 芘 | pyrene | 22.20 | 202 203 200 101 |
| 9 | 苯并(*a*)蒽 | bnezo(*a*)anthracene | 28.37 | 228 226 229 227 |
| 10 | 屈 | chrysene | 28.52 | 278 279 276 139 |
| 11 | 苯并(*b*)荧蒽 | benzo(*b*)flouranthene | 32.06 | 253 252 250 126 |
| 12 | 苯并(*k*)荧蒽 | benzo(*k*)fluoranthene | 32.24 | 252 253 250 126 |
| 13 | 苯并(*a*)芘 | benzo(*a*)pyrene | 33.21 | 252 253 250 126 |
| 14 | 茚并(1,2,3-*cd*)芘 | indeno(1,2,3-*cd*)pyrene | 38.00 | 276 277 138 248 |
| 15 | 二苯并(*a*,*h*)蒽 | dibenz(*a*,*h*)anthracene | 38.25 | 228 226 227 202 |
| 16 | 苯并(*g*,*h*,*i*)苝 | benzo(*g*,*h*,*i*)perylene | 39.09 | 276 277 252 138 |

#### 7.3.4 定量测定

配制系列标准工作溶液分别进样，仪器测定，以峰面积比对浓度绘制标准工作曲线，用标准工作曲线内标法对样品进行定量，样品溶液中待测物质的响应值均应在仪器测定的线性范围内。本标准中多环芳烃添加浓度及其平均回收率的试验数据参见表 B.1。

### 7.4 平行试验

按以上步骤，对同一试样进行平行试验测定。

### 7.5 空白试验

除不称取试样外，均按上述步骤进行。

## 8 结果计算

多环芳烃残留量的测定按式(1)计算：

$$X = c_s \times \frac{A}{A_s} \times \frac{c_i}{c_{si}} \times \frac{A_{si}}{A_i} \times \frac{V}{m} \times \frac{1\,000}{1\,000} \quad \cdots\cdots (1)$$

式中：

$X$——试样中被测物残留量，单位为微克每千克(μg/kg)；

$c_s$——基质标准工作溶液中被测物的浓度，单位为纳克每毫升(ng/mL)；

$A$——试样溶液中被测物的色谱峰面积；

$A_s$——基质标准工作溶液中被测物的色谱峰面积；

$c_i$——试样溶液中内标物的浓度，单位为纳克每毫升(ng/mL)；

$c_{si}$——基质标准工作溶液中内标物的浓度，单位为纳克每毫升(ng/mL)；

$A_{si}$——基质标准工作溶液中内标物的色谱峰面积；

$A_i$——试样溶液中内标物的色谱峰面积；

$V$——样液最终定容体积，单位为毫升(mL)；

$m$——试样溶液所代表试样的质量，单位为克(g)。

注：计算结果应扣除空白值。

## 9 精密度

### 9.1 一般规定

本标准的精密度数据是按照GB/T 6379.1和GB/T 6379.2的规定确定的，其重复性和再现性的值是以95%的可信度来计算。

### 9.2 重复性

在重复性条件下，获得的两次独立测试结果的绝对差值不超过重复性限($r$)，多环芳烃在花生油中的添加浓度范围及重复性方程见表2。

**表2 添加浓度范围及重复性和再现性方程**

单位为微克每千克

| 化合物名称 | 添加浓度范围 | 重复性限 $r$ | 再现性限 $R$ |
|---|---|---|---|
| 萘 | 1～10 | $r$=0.288 8 $m$−0.175 9 | $R$=0.298 9 $m$−0.060 1 |
| 苊烯 | 1～10 | $r$=0.225 6 $m$+0.003 9 | $R$=0.327 6 $m$−0.111 2 |
| 苊 | 1～10 | $r$=0.281 8 $m$−0.125 6 | $R$=0.276 9 $m$+0.041 7 |
| 芴 | 1～10 | $r$=0.244 24 $m$+0.089 7 | $R$=0.276 3 $m$−0.052 8 |
| 菲 | 1～10 | $r$=0.164 9 $m$+0.186 9 | $R$=0.312 1 $m$−0.088 8 |
| 蒽 | 1～10 | $r$=0.274 7 $m$−0.004 0 | $R$=0.310 9 $m$−0.130 9 |
| 荧蒽 | 1～10 | $r$=0.901 1 $m$−1.296 0 | $R$=0.806 4 $m$−0.697 7 |
| 芘 | 1～10 | $r$=0.230 6 $m$+0.017 5 | $R$=0.231 8 $m$+0.158 1 |
| 苯并($a$)蒽 | 1～10 | $r$=0.195 3 $m$+0.158 8 | $R$=0.287 9 $m$+0.069 2 |
| 屈 | 1～10 | $r$= 0.209 7 $m$+0.177 0 | $R$=0.207 3 $m$+0.296 7 |
| 苯并($b$)荧蒽 | 1～10 | $r$=0.216 1 $m$+0.121 3 | $R$=0.355 2 $m$−0.189 0 |
| 苯并($k$)荧蒽 | 1～10 | $r$=0.290 4 $m$+0.020 7 | $R$=0.352 9 $m$−0.155 9 |
| 苯并($a$)芘 | 1～10 | $r$=0.386 8 $m$+0.081 2 | $R$=0.325 5 $m$+0.301 4 |
| 茚苯(1,2,3-$cd$)芘 | 1～10 | $r$=0.253 3 $m$−0.072 2 | $R$=0.294 6 $m$−0.017 6 |
| 芘二苯并($a$,$h$)蒽 | 1～10 | $r$=0.222 4 $m$+0.038 4 | $R$=0.226 2 $m$+0.145 5 |
| 苯并($g$,$h$,$i$)苝 | 1～10 | $r$=0.333 1 $m$−0.270 4 | $R$=0.308 5 $m$−0.037 3 |
| 注：$m$为两次测定结果的算术平均值。 | | | |

如果差值超过重复性限，应舍弃试验结果并重新完成两次单个试验的测定。

### 9.3 再现性

在再现性条件下，获得的两次独立测试结果的绝对差值不超过再现性限($R$)，多环芳烃在花生油中的添加浓度范围及再现性方程见表2。

# 附 录 A
# （资料性附录）
# 总离子流图

16 种多环芳烃的总离子流图见图 A.1。

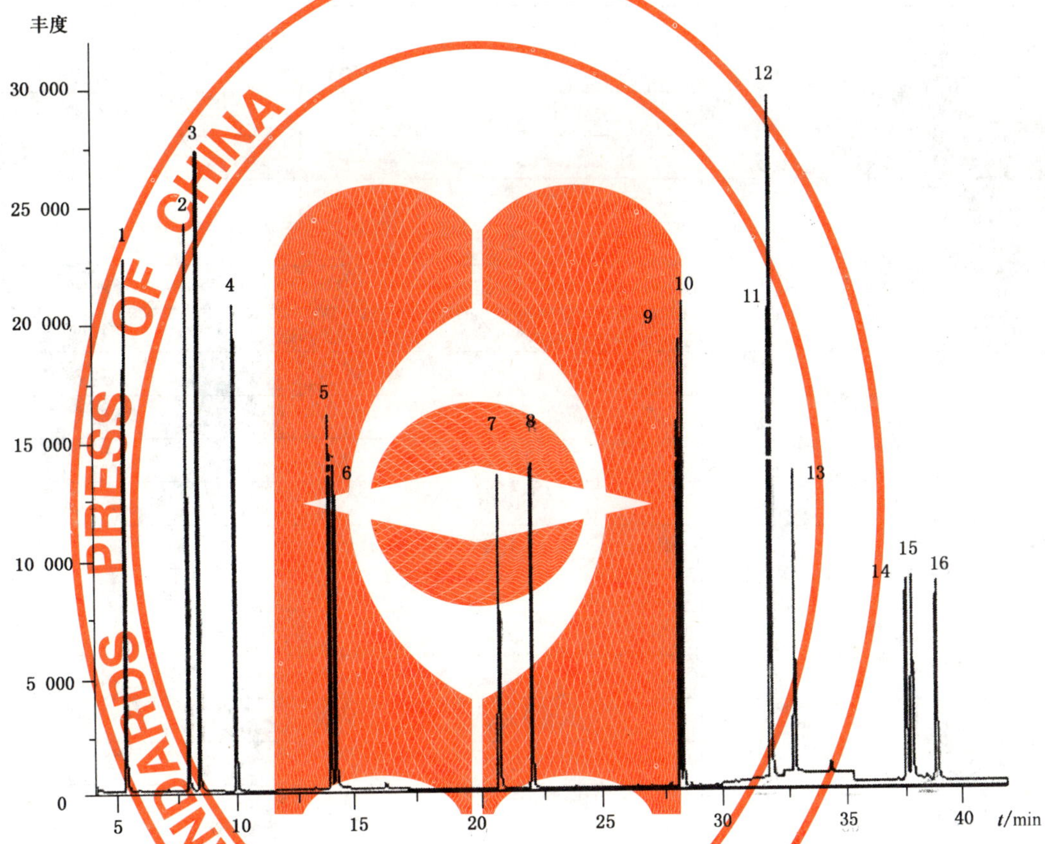


1——萘；
2——苊烯；
3——苊；
4——芴；
5——菲；
6——蒽；
7——荧蒽；
8——芘；
9——苯并(*a*)蒽；
10——屈；
11——苯并(*k*)荧蒽；
12——苯并(*b*)荧蒽；
13——苯并(*a*)芘；
14——茚并(1,2,3-*cd*)；
15——芘二苯并(*a*,*h*)蒽；
16——苯并(*g*,*h*,*i*)芘；
内标 1——D10-菲；
内标 2——D10-蒽；
内标 3——D12-苯并(*a*)芘。

图 A.1 16 种多环芳烃的总离子流图

# 附 录 B
## （资料性附录）
## 回 收 率

本标准中添加浓度及其平均回收率的试验数据见表B.1。

**表B.1 添加浓度及其平均回收率的试验数据**

| 化合物名称 | 添加浓度/(μg/kg) | 平均回收率/% |
|---|---|---|
| 萘 | 1.0 | 85.0 |
| | 2.0 | 94.0 |
| | 5.0 | 82.8 |
| | 10.0 | 86.8 |
| 苊烯 | 1.0 | 91.8 |
| | 2.0 | 86.8 |
| | 5.0 | 89.0 |
| | 10.0 | 84.8 |
| 苊 | 1.0 | 84.5 |
| | 2.0 | 86.3 |
| | 5.0 | 87.1 |
| | 10.0 | 85.1 |
| 菲 | 1.0 | 86.9 |
| | 2.0 | 91.3 |
| | 5.0 | 85.7 |
| | 10.0 | 82.8 |
| 芴 | 1.0 | 94.2 |
| | 2.0 | 85.7 |
| | 5.0 | 84.3 |
| | 10.0 | 85.2 |
| 蒽 | 1.0 | 93.2 |
| | 2.0 | 88.7 |
| | 5.0 | 82.7 |
| | 10.0 | 87.1 |
| 荧蒽 | 1.0 | 92.0 |
| | 2.0 | 87.9 |
| | 5.0 | 97.8 |
| | 10.0 | 83.0 |
| 芘 | 1.0 | 87.2 |
| | 2.0 | 91.5 |
| | 5.0 | 94.2 |
| | 10.0 | 84.3 |

**表 B.1（续）**

| 化合物名称 | 添加浓度/(μg/kg) | 平均回收率/% |
|---|---|---|
| 苯并(*a*)蒽 | 1.0 | 85.3 |
| | 2.0 | 91.9 |
| | 5.0 | 71.5 |
| | 10.0 | 82.1 |
| 屈 | 1.0 | 89.3 |
| | 2.0 | 88.7 |
| | 5.0 | 90.7 |
| | 10.0 | 92.5 |
| 苯并(*k*)荧蒽 | 1.0 | 93.5 |
| | 2.0 | 87.8 |
| | 5.0 | 85.9 |
| | 10.0 | 88.1 |
| 苯并(*b*)荧蒽 | 1.0 | 93.1 |
| | 2.0 | 87.8 |
| | 5.0 | 83.8 |
| | 10.0 | 83.1 |
| 苯并(*a*)芘 | 1.0 | 85.3 |
| | 2.0 | 77.6 |
| | 5.0 | 82.5 |
| | 10.0 | 83.9 |
| 茚并(1,2,3-*cd*) | 1.0 | 92.9 |
| | 2.0 | 88.8 |
| | 5.0 | 89.0 |
| | 10.0 | 94.0 |
| 芘二苯并(*a*,*h*)蒽 | 1.0 | 86.8 |
| | 2.0 | 89.2 |
| | 5.0 | 86.7 |
| | 10.0 | 93.6 |
| 苯并(*g*,*h*,*i*)芘 | 1.0 | 96.7 |
| | 2.0 | 90.4 |
| | 5.0 | 85.6 |
| | 10.0 | 85.5 |

ICS 67.050
X 04

# 中华人民共和国国家标准

GB/T 23214—2008

# 饮用水中450种农药及相关化学品残留量的测定 液相色谱-串联质谱法

Determination of 450 pesticides and related chemicals residues in drinking water—LC-MS-MS method



2008-12-31 发布 2009-05-01 实施

中华人民共和国国家质量监督检验检疫总局
中国国家标准化管理委员会 发布

# 前　言

本标准的附录A、附录B、附录C、附录D、附录E为资料性附录。

本标准由中华人民共和国国家质量监督检验检疫总局提出并归口。

本标准起草单位：中华人民共和国秦皇岛出入境检验检疫局、山东农业大学、河北大学。

本标准主要起草人：庞国芳、郑锋、范春林、李岩、纪欣欣、王明林。

# 饮用水中450种农药及相关化学品残留量的测定 液相色谱-串联质谱法

## 1 范围

本标准规定了饮用水中450种农药及相关化学品(参见附录A和附录E)残留量液相色谱-串联质谱测定方法。

本标准适用于饮用水中450种农药及相关化学品的定性鉴别,也适用于其中427种农药及相关化学品的定量测定。

本标准定量测定的427种农药及相关化学品方法检出限为0.010 μg/L～0.065 mg/L(参见附录A)。

## 2 规范性引用文件

下列文件中的条款通过本标准的引用而成为本标准的条款。凡是注日期的引用文件,其随后所有的修改单(不包括勘误的内容)或修订版均不适用于本标准,然而,鼓励根据本标准达成协议的各方研究是否可使用这些文件的最新版本。凡是不注日期的引用文件,其最新版本适用于本标准。

GB/T 6379.1 测量方法与结果的准确度(正确度与精密度) 第1部分:总则与定义(GB/T 6379.1—2004,ISO 5725-1:1994,IDT)

GB/T 6379.2 测量方法与结果的准确度(正确度与精密度) 第2部分:确定标准测量方法重复性与再现性的基本方法(GB/T 6379.2—2004,ISO 5725-2:1994,IDT)

GB/T 6682 分析实验室用水规格和试验方法(GB/T 6682—2008,ISO 3696:1987,MOD)

## 3 原理

试样用1%乙酸乙腈溶液提取,Sep-Pak Vac柱[1)]净化,乙腈+甲苯(3+1)洗脱农药及相关化学品,液相色谱-串联质谱仪检测,外标法定量。

## 4 试剂和材料

水为GB/T 6682规定的一级水。

4.1 乙腈:色谱纯。

4.2 丙酮:色谱纯。

4.3 异辛烷:色谱纯。

4.4 甲苯:优级纯。

4.5 正己烷:色谱纯。

4.6 甲醇:色谱纯。

4.7 乙酸:优级纯。

4.8 甲酸:优级纯。

4.9 乙酸胺:优级纯。

1) Sep-Pak Vac柱是Waters公司产品的商品名称,给出这一信息是为了方便本标准的使用者,并不是表示对该产品的认可。如果其他等效产品具有相同的效果,则可使用这些等效产品。

4.10 无水乙酸钠:分析纯。

4.11 微孔过滤膜(尼龙):13 mm×0.2 μm,13 mm×0.2 μm。

4.12 Waters Sep-Pak Vac(6 mL,1 g)氨基固相萃取柱或相当者。

4.13 无水硫酸钠,无水硫酸镁:分析纯。用前在650 ℃灼烧4 h,贮于干燥器中,冷却后备用。

4.14 0.1%甲酸溶液(体积分数)。

4.15 5 mmol/L乙酸铵溶液:称取0.375 g乙酸铵加水稀释至1 000 mL。

4.16 乙腈+甲苯(3+1,体积比)。

4.17 1%乙酸乙腈(体积分数)。

4.18 乙腈+水(3+2,体积比)。

4.19 农药及相关化学品标准物质:纯度≥95%。

4.20 农药及相关化学品标准溶液

4.20.1 标准储备溶液

分别称取5 mg～10 mg(精确至0.1 mg)农药及相关化学品各标准物质分别于10 mL容量瓶中,根据标准物的溶解度选甲醇、甲苯、丙酮、乙腈或异辛烷溶解并定容至刻度(溶剂选择参见附录A)。标准储备溶液避光4 ℃保存,可使用一年。

4.20.2 混合标准溶液

按照农药及相关化学品的保留时间,将450种农药及相关化学品分成A、B、C、D、E、F、G七个组,并根据每种农药及相关化学品在仪器上的响应灵敏度,确定其在混合标准溶液中的浓度。本标准对450种农药及相关化学品的分组及其混合标准溶液浓度参见附录A。

依据每种农药及相关化学品的分组、混合标准溶液浓度及其标准储备液的浓度,移取一定量的单个农药及相关化学品标准储备溶液于100 mL容量瓶中,用甲醇定容至刻度。混合标准溶液避光4 ℃保存,可使用一个月。

4.20.3 基质混合标准工作溶液

农药及相关化学品基质混合标准工作溶液是用样品空白溶液配成不同浓度的基质混合标准工作溶液A、B、C、D、E、F、G,用于做标准工作曲线。

基质混合标准工作溶液应现用现配。

## 5 仪器

5.1 液相色谱-串联质谱仪:配有电喷雾离子源。

5.2 分析天平:感量0.1 mg和0.01 g。

5.3 鸡心瓶:200 mL。

5.4 移液器:1 mL,10 mL。

5.5 样品瓶:2 mL,带聚四氟乙烯旋盖。

5.6 具塞离心管:100 mL。

5.7 氮气吹干仪。

5.8 旋涡混合器。

5.9 低速离心机:4 200 r/min。

5.10 旋转蒸发仪。

## 6 试样制备与保存

### 6.1 试样的制备

将取得的全部原始样品倒入洁净的聚四氟乙烯样桶内,密封,作为试样,标明标记。

### 6.2 试样的保存

将试样置于冷藏状态下保存。

## 7 测定步骤

### 7.1 提取

移取 25 mL 试样(精确至 0.1 mL)于 100 mL 具塞离心管中,加入 40 mL 1%乙酸乙腈溶液,在旋涡混合器上混合 2 min。向具塞离心管中加入 4 g 无水乙酸钠,再振荡 1 min,再向离心管中加入 15 g 无水硫酸镁,振荡 5 min,4 200 r/min 离心 5 min,准确移取 20 mL 上清液至鸡心瓶中,在 40 ℃水浴中旋转浓缩至约 2 mL 待净化。

### 7.2 净化

在 Sep-Pak Vac 柱中加入约 2 cm 高无水硫酸钠,并将柱子放入下接鸡心瓶的固定架上。加样前先用 5 mL 乙腈+甲苯(3+1)预洗柱,当液面到达硫酸钠的顶部时,迅速将样品提取液转移至净化柱上,并更换新鸡心瓶接收。在净化柱上加上 50 mL 贮液器,用 25 mL 乙腈+甲苯(3+1)洗脱农药及相关化学品,合并于鸡心瓶中,并在 40 ℃水浴中旋转浓缩至约 0.5 mL,于 35 ℃下氮气吹干,1 mL 乙腈+水(3+2) 定容,经 0.2 μm 微孔滤膜过滤后供液相色谱-串联质谱分析。

### 7.3 液相色谱-串联质谱测定

#### 7.3.1 条件

##### 7.3.1.1 A、B、C、D、E、F 组液相色谱串联质谱仪器条件

a) 色谱柱:ZORBAX SB-$C_{18}$,3.5 μm,100 mm×2.1 mm(内径)或相当者;

b) 流动相及梯度洗脱条件见表 1;

**表 1 流动相及梯度洗脱条件**

| 时间/min | 流速/(μL/min) | 流动相 A(0.1%甲酸水)/% | 流动相 B(乙腈)/% |
|---|---|---|---|
| 0.00 | 400 | 99.0 | 1.0 |
| 3.00 | 400 | 70.0 | 30.0 |
| 6.00 | 400 | 60.0 | 40.0 |
| 9.00 | 400 | 60.0 | 40.0 |
| 15.00 | 400 | 40.0 | 60.0 |
| 19.00 | 400 | 1.0 | 99.0 |
| 23.00 | 400 | 1.0 | 99.0 |
| 23.01 | 400 | 99.0 | 1.0 |

c) 柱温:40 ℃;

d) 进样量:10 μL;

e) 电离源模式:电喷雾离子化;

f) 电离源极性:正模式;

g) 雾化气:氮气;

h) 雾化气压力:0.28 MPa;

i) 离子喷雾电压:4 000 V;

j) 干燥气温度:350 ℃;

k) 干燥气流速:10 L/min;

l) 监测离子对、碰撞气能量和源内碎裂电压参见附录 B。

##### 7.3.1.2 G 组液相色谱串联质谱仪器条件

a) 色谱柱:ZORBAX SB-$C_{18}$,3.5 μm,100 mm×2.1 mm(内径)或相当者;

b) 流动相及梯度洗脱条件见表 2;

表 2 流动相及梯度洗脱条件

| 总时间/min | 流速/(μL/min) | 流动相 A(5 mmol 乙酸铵水)/% | 流动相 B(乙腈)/% |
|---|---|---|---|
| 0.00 | 400 | 99.0 | 1.0 |
| 3.00 | 400 | 70.0 | 30.0 |
| 6.00 | 400 | 60.0 | 40.0 |
| 9.00 | 400 | 60.0 | 40.0 |
| 15.00 | 400 | 40.0 | 60.0 |
| 19.00 | 400 | 1.0 | 99.0 |
| 23.00 | 400 | 1.0 | 99.0 |
| 23.01 | 400 | 99.0 | 1.0 |

c) 柱温:40 ℃;

d) 进样量:10 μL;

e) 电离源模式:电喷雾离子化;

f) 电离源极性:负模式;

g) 雾化气:氮气;

h) 雾化气压力:0.28 MPa;

i) 离子喷雾电压:4 000 V;

j) 干燥气温度:350 ℃;

k) 干燥气流速:10 L/min;

l) 监测离子对、碰撞气能量和源内碎裂电压参见附录 B。

**7.3.2 定性测定**

在相同实验条件下进行样品测定时,如果检出的色谱峰的保留时间与标准样品相一致,并且在扣除背景后的样品质谱图中,所选择的离子均出现,而且所选择的离子丰度比与标准样品的离子丰度比相一致(相对丰度>50%,允许±20%偏差;相对丰度>20%~50%,允许±25%偏差;相对丰度>10%~20%,允许±30%偏差;相对丰度≤10%,允许±50%偏差),则可判断样品中存在这种农药或相关化学品。

**7.3.3 定量测定**

本标准中液相色谱-串联质谱采用外标-校准曲线法定量测定。为减少基质对定量测定的影响,定量用标准溶液应采用基质混合标准工作溶液绘制标准曲线。并且保证所测样品中农药及相关化学品的响应值均在仪器的线性范围内。450 种农药及相关化学品多反应监测(MRM)色谱图参见附录 C。

**7.4 平行试验**

按以上步骤对同一试样进行平行试验。

**7.5 空白试验**

除不称取试样外,均按上述步骤进行。

## 8 结果计算

液相色谱-串联质谱测定采用标准曲线法定量,标准曲线法定量结果按式(1)计算:

$$X_i = c_i \times \frac{V_1}{V_2} \times \frac{1\,000}{1\,000} \qquad \cdots\cdots(1)$$

式中:

$X_i$——试样中被测组分残留量,单位为毫克每升(mg/L);

$c_i$——从标准曲线上得到的被测组分溶液浓度，单位为微克每毫升(μg/mL)；

$V_1$——样品溶液定容体积，单位为毫升(mL)；

$V_2$——样品溶液所代表试样的体积，单位为毫升(mL)。

计算结果应扣除空白值。

## 9 精密度

本标准精密度数据是按照 GB/T 6379.1 和 GB/T 6379.2 的规定确定的，获得重复性和再现性的值是以 95%的可信度来计算。本标准方法的精密度数据参见附录 D。

# 附 录 A
## （资料性附录）
## 450 种农药及相关化学品中、英文名称、方法检出限、分组、溶剂选择和混合标准溶液浓度

450 种农药及相关化学品中、英文名称、方法检出限、分组、溶剂选择和混合标准溶液浓度见表 A.1。

**表 A.1 450 种农药及相关化学品中、英文名称、方法检出限、分组、溶剂选择和混合标准溶液浓度**

| 序号 | 中文名称 | 英文名称 | 检出限/(μg/L) | 溶剂 | 混合标准溶液浓度/(mg/L) |
|---|---|---|---|---|---|
| A 组 | | | | | |
| 1 | 苯胺灵 | propham | 11.00 | 甲苯 | 11.00 |
| 2 | 异丙威 | isoprocarb | 0.23 | 甲醇 | 0.23 |
| 3 | 3,4,5-混杀威 | 3,4,5-trimethacarb | 0.03 | 甲醇 | 0.03 |
| 4 | 环莠隆 | cycluron | 0.02 | 甲醇 | 0.02 |
| 5 | 甲萘威 | carbaryl | 1.03 | 甲醇 | 1.03 |
| 6 | 毒草胺 | propachlor | 0.03 | 甲醇 | 0.03 |
| 7 | 吡咪唑 | rabenzazole | 0.13 | 甲醇 | 0.13 |
| 8 | 西草净 | simetryn | 0.01 | 甲醇 | 0.01 |
| 9 | 绿谷隆 | monolinuron | 0.36 | 甲醇 | 0.36 |
| 10 | 速灭磷 | mevinphos | 0.16 | 甲苯 | 0.16 |
| 11 | 叠氮津 | aziprotryne | 0.14 | 甲醇 | 0.14 |
| 12 | 密草通 | secbumeton | 0.01 | 甲醇 | 0.01 |
| 13 | 嘧菌磺胺 | cyprodinil | 0.07 | 甲醇 | 0.07 |
| 14 | 播土隆 | buturon | 0.90 | 甲醇 | 0.90 |
| 15 | 双酰草胺 | carbetamide | 0.36 | 甲醇 | 0.36 |
| 16 | 抗蚜威 | pirimicarb | 0.02 | 甲醇 | 0.02 |
| 17 | 异噁草松 | clomazone | 0.04 | 甲醇 | 0.04 |
| 18 | 氰草津 | cyanazine | 0.02 | 甲醇 | 0.02 |
| 19 | 扑草净 | prometryne | 0.02 | 甲醇 | 0.02 |
| 20 | 甲基对氧磷 | paraoxon methyl | 0.08 | 甲醇 | 0.08 |
| 21 | 4,4′-二氯二苯甲酮 | 4,4′-dichlorobenzophenone | 1.36 | 甲醇 | 1.36 |
| 22 | 噻虫啉 | thiacloprid | 0.04 | 甲醇 | 0.04 |
| 23 | 吡虫啉 | imidacloprid | 2.20 | 甲醇 | 2.20 |
| 24 | 磺噻隆 | ethidimuron | 0.15 | 甲醇 | 0.15 |
| 25 | 丁嗪草酮 | isomethiozin | 0.11 | 甲醇 | 0.11 |
| 26 | 燕麦敌 | diallate | 8.92 | 甲醇 | 8.92 |

表 A.1（续）

| 序号 | 中文名称 | 英文名称 | 检出限/(μg/L) | 溶剂 | 混合标准溶液浓度/(mg/L) |
|---|---|---|---|---|---|
| 27 | 乙草胺 | acetochlor | 4.74 | 甲醇 | 4.74 |
| 28 | 烯啶虫胺 | nitenpyram | 1.71 | 甲醇 | 1.71 |
| 29 | 盖草津 | methoprotryne | 0.02 | 甲醇 | 0.02 |
| 30 | 二甲酚草胺 | dimethenamid | 0.43 | 甲醇 | 0.43 |
| 31 | 特草灵 | terrbucarb | 0.21 | 甲醇 | 0.21 |
| 32 | 戊菌唑 | penconazole | 0.20 | 甲醇 | 0.20 |
| 33 | 腈菌唑 | myclobutanil | 0.10 | 甲醇 | 0.10 |
| 34 | 咪唑乙烟酸 | imazethapyr | 0.11 | 甲醇 | 0.11 |
| 35 | 多效唑 | paclobutrazol | 0.06 | 甲醇 | 0.06 |
| 36 | 倍硫磷亚砜 | fenthion sulfoxide | 0.03 | 甲醇 | 0.03 |
| 37 | 三唑醇 | triadimenol | 1.06 | 甲醇 | 1.06 |
| 38 | 仲丁灵 | butralin | 0.19 | 甲醇 | 0.19 |
| 39 | 螺噁茂胺 | spiroxamine | 0.01 | 甲醇 | 0.01 |
| 40 | 甲基立枯磷 | tolclofos methyl | 6.66 | 甲醇 | 6.66 |
| 41 | 甜菜胺 | desmedipham | 0.40 | 甲醇 | 0.40 |
| 42 | 杀扑磷 | methidathion | 1.07 | 甲醇 | 1.07 |
| 43 | 烯丙菊酯 | allethrin | 6.04 | 甲醇 | 6.04 |
| 44 | 二嗪磷 | diazinon | 0.07 | 甲苯 | 0.07 |
| 45 | 敌瘟磷 | edifenphos | 0.08 | 甲醇 | 0.08 |
| 46 | 丙草胺 | pretilachlor | 0.03 | 甲醇 | 0.03 |
| 47 | 氟硅唑 | flusilazole | 0.06 | 甲醇 | 0.06 |
| 48 | 丙森锌 | iprovalicarb | 0.23 | 甲醇 | 0.23 |
| 49 | 麦锈灵 | benodanil | 0.35 | 甲醇 | 0.35 |
| 50 | 氟酰胺 | flutolanil | 0.12 | 甲醇 | 0.12 |
| 51 | 氨磺磷 | famphur | 0.36 | 甲醇 | 0.36 |
| 52 | 苯霜灵 | benalyxyl | 0.12 | 甲醇 | 0.12 |
| 53 | 苄氯三唑醇 | diclobutrazole | 0.05 | 甲醇 | 0.05 |
| 54 | 乙环唑 | etaconazole | 0.18 | 甲醇 | 0.18 |
| 55 | 氯苯嘧啶醇 | fenarimol | 0.06 | 甲醇 | 0.06 |
| 56 | 胺菊酯 | tetramethirn | 0.18 | 甲醇 | 0.18 |
| 57 | 抑菌灵 | dichlofluanid | 0.26 | 甲苯 | 0.26 |
| 58 | 解草酯 | cloquintocet mexyl | 0.19 | 甲醇 | 0.19 |
| 59 | 联苯三唑醇 | bitertanol | 3.34 | 甲醇 | 3.34 |
| 60 | 甲基毒死蜱 | chlorprifos methyl | 1.60 | 甲醇 | 1.60 |

表 A.1(续)

| 序号 | 中文名称 | 英文名称 | 检出限/(μg/L) | 溶剂 | 混合标准溶液浓度/(mg/L) |
|---|---|---|---|---|---|
| 61 | 吡喃草酮 | tepraloxydim | 1.22 | 甲醇 | 1.22 |
| 62 | 甲基硫菌灵 | thiophanate methyl | 2.00 | 甲醇 | 2.00 |
| 63 | 益棉磷 | azinphos ethyl | 10.89 | 甲醇 | 10.89 |
| 64 | 炔草酸 | clodinafop propargyl | 0.24 | 甲醇 | 0.24 |
| 65 | 杀铃脲 | triflumuron | 0.39 | 甲醇 | 0.39 |
| 66 | 异噁氟草 | isoxaflutole | 0.39 | 甲醇 | 0.39 |
| 67 | 莎稗磷 | anilofos | 0.07 | 甲醇 | 0.07 |
| 68 | 硫菌灵 | thiophanat ethyl | 8.06 | 甲醇 | 2.02 |
| 69 | 喹禾灵 | quizalofop-ethyl | 0.07 | 甲醇 | 0.07 |
| 70 | 精氟吡甲禾灵 | haloxyfop-methyl | 0.26 | 甲醇 | 0.26 |
| 71 | 精吡磺草隆 | fluazifop butyl | 0.03 | 甲醇 | 0.03 |
| 72 | 乙基溴硫磷 | bromophos-ethyl | 56.77 | 甲醇 | 56.77 |
| 73 | 地散磷 | bensulide | 3.42 | 甲醇 | 3.42 |
| 74 | 醚苯磺隆 | triasulfuron | 0.16 | 甲醇 | 0.16 |
| 75 | 溴苯烯磷 | bromfenvinfos | 0.30 | 甲醇 | 0.30 |
| 76 | 嘧菌酯 | azoxystrobin | 0.05 | 甲醇 | 0.05 |
| 77 | 吡菌磷 | pyrazophos | 0.16 | 甲醇 | 0.16 |
| 78 | 氟虫脲 | flufenoxuron | 0.32 | 甲醇 | 0.32 |
| 79 | 茚虫威 | indoxacarb | 0.75 | 甲醇 | 0.75 |
| B组 | | | | | |
| 80 | 丁酰肼 | daminozide | 1.04 | 甲醇 | 0.26 |
| 81 | 烟碱 | nicotine | 0.22 | 甲醇 | 0.22 |
| 82 | 非草隆 | fenuron | 0.10 | 甲醇 | 0.10 |
| 83 | 灭蝇胺 | cyromazine | 0.72 | 甲醇 | 0.72 |
| 84 | 鼠立克 | crimidine | 0.16 | 甲醇 | 0.16 |
| 85 | 乙酰甲胺磷 | acephate | 1.33 | 甲醇 | 1.33 |
| 86 | 禾草敌 | molinate | 0.21 | 甲醇 | 0.21 |
| 87 | 多菌灵 | carbendazim | 0.05 | 甲醇 | 0.05 |
| 88 | 6-氯-4-羟基-3-苯基哒嗪 | 6-chloro-4-hydroxy-3-phenyl-pyridazin | 0.66 | 甲醇 | 0.17 |
| 89 | 残杀威 | propoxur | 2.44 | 甲醇 | 2.44 |
| 90 | 异唑隆 | isouron | 0.04 | 甲醇 | 0.04 |
| 91 | 绿麦隆 | chlorotoluron | 0.06 | 甲醇 | 0.06 |
| 92 | 久效威 | thiofanox | 15.70 | 甲醇 | 15.70 |
| 93 | 氯草灵 | chlorbufam | 18.30 | 甲醇 | 18.30 |

表 A.1（续）

| 序号 | 中文名称 | 英文名称 | 检出限/(μg/L) | 溶剂 | 混合标准溶液浓度/(mg/L) |
|---|---|---|---|---|---|
| 94 | 噁虫威 | bendiocarb | 0.32 | 甲醇 | 0.32 |
| 95 | 扑灭津 | propazine | 0.03 | 甲醇 | 0.03 |
| 96 | 特丁津 | terbuthylazine | 0.05 | 甲醇 | 0.05 |
| 97 | 敌草隆 | diuron | 0.16 | 甲醇 | 0.16 |
| 98 | 氯甲硫磷 | chlormephos | 44.8 | 甲醇 | 44.8 |
| 99 | 萎锈灵 | carboxin | 0.06 | 甲醇 | 0.06 |
| 100 | 噻虫胺 | clothianidin | 6.30 | 甲醇 | 6.30 |
| 101 | 拿草特 | pronamide | 1.54 | 甲醇 | 1.54 |
| 102 | 二甲草胺 | dimethachloro | 0.19 | 甲醇 | 0.19 |
| 103 | 溴谷隆 | methobromuron | 1.68 | 甲苯 | 1.68 |
| 104 | 甲拌磷 | phorate | 31.40 | 甲醇 | 31.40 |
| 105 | 苯草醚 | aclonifen | 2.42 | 甲醇 | 2.42 |
| 106 | 地安磷 | mephosfolan | 0.23 | 甲醇 | 0.23 |
| 107 | 脱苯甲基亚胺唑 | imibenconazole-des-benzyl | 0.62 | 甲醇 | 0.62 |
| 108 | 草不隆 | neburon | 0.71 | 甲醇 | 0.71 |
| 109 | 精甲霜灵 | mefenoxam | 0.15 | 甲醇 | 0.15 |
| 110 | 乙氧呋草黄 | ethofume sate | 37.20 | 甲醇 | 37.20 |
| 111 | 异稻瘟净 | iprobenfos | 0.83 | 甲醇 | 0.83 |
| 112 | 特普 | TEPP | 1.04 | 甲醇 | 1.04 |
| 113 | 环丙唑醇 | cyproconazole | 0.07 | 甲醇 | 0.07 |
| 114 | 噻虫嗪 | thiamethoxam | 3.30 | 甲醇 | 3.30 |
| 115 | 乙嘧硫磷 | etrimfos | 1.88 | 甲醇 | 1.88 |
| 116 | 杀鼠醚 | coumatetralyl | 0.54 | 甲醇 | 0.14 |
| 117 | 赛灭磷 | cythioate | 8.00 | 甲醇 | 8.00 |
| 118 | 磷胺 | phosphamidon | 0.39 | 甲醇 | 0.39 |
| 119 | 甜菜宁 | phenmedipham | 0.45 | 甲醇 | 0.45 |
| 120 | 联苯井酯 | bifenazate | 2.28 | 甲醇 | 2.28 |
| 121 | 粉唑醇 | flutriafol | 0.86 | 甲醇 | 0.86 |
| 122 | 抑菌丙胺酯 | furalaxyl | 0.08 | 甲醇 | 0.08 |
| 123 | 生物丙烯菊酯 | bioallethrin | 19.80 | 甲醇 | 19.80 |
| 124 | 苯腈磷 | cyanofenphos | 2.08 | 甲醇 | 2.08 |
| 125 | 甲基嘧啶磷 | pirimiphos methyl | 0.02 | 甲醇 | 0.02 |
| 126 | 噻嗪酮 | buprofezin | 0.09 | 甲醇 | 0.09 |
| 127 | 乙拌磷砜 | disulfoton sulfone | 0.25 | 甲醇 | 0.25 |

**表 A.1(续)**

| 序号 | 中文名称 | 英文名称 | 检出限/(μg/L) | 溶剂 | 混合标准溶液浓度/(mg/L) |
|---|---|---|---|---|---|
| 128 | 喹螨醚 | fenazaquin | 0.03 | 甲醇 | 0.03 |
| 129 | 三唑磷 | triazophos | 0.07 | 甲苯 | 0.07 |
| 130 | 脱叶磷 | DEF | 0.16 | 甲醇 | 0.16 |
| 131 | 环酯草醚 | pyriftalid | 0.06 | 甲醇 | 0.06 |
| 132 | 叶菌唑 | metconazole | 0.13 | 甲醇 | 0.13 |
| 133 | 蚊蝇醚 | pyriproxyfen | 0.04 | 甲醇 | 0.04 |
| 134 | 噻草酮 | cycloxydim | 1.02 | 甲醇 | 0.25 |
| 135 | 异噁酰草胺 | isoxaben | 0.02 | 甲醇 | 0.02 |
| 136 | 呋草酮 | flurtamone | 0.04 | 甲醇 | 0.04 |
| 137 | 氟乐灵 | trifluralin | 33.48 | 甲苯 | 33.48 |
| 138 | 甲基麦草氟异丙酯 | flamprop methyl | 2.02 | 甲醇 | 2.02 |
| 139 | 生物苄呋菊酯 | bioresmethrin | 0.74 | 甲醇 | 0.74 |
| 140 | 丙环唑 | propiconazole | 0.18 | 甲醇 | 0.18 |
| 141 | 毒死蜱 | chlorpyrifos | 5.38 | 甲醇 | 5.38 |
| 142 | 氯乙氟灵 | fluchloralin | 48.80 | 甲醇 | 48.80 |
| 143 | 氯磺隆 | chlorsulfuron | 0.27 | 甲醇 | 0.27 |
| 144 | 烯草酮 | clethodim | 0.21 | 甲醇 | 0.21 |
| 145 | 麦草氟异丙酯 | flamprop isopropyl | 0.04 | 甲醇 | 0.04 |
| 146 | 杀虫畏 | tetrachlorvinphos | 0.22 | 甲苯 | 0.22 |
| 147 | 炔螨特 | propargite | 6.86 | 甲醇 | 6.86 |
| 148 | 糠菌唑 | bromuconazole | 0.31 | 甲醇 | 0.31 |
| 149 | 氟吡酰草胺 | picolinafen | 0.07 | 甲醇 | 0.07 |
| 150 | 氟噻乙草酯 | fluthiacet methyl | 0.53 | 甲醇 | 0.53 |
| 151 | 肟菌酯 | trifloxystrobin | 0.20 | 甲醇 | 0.20 |
| 152 | 氟铃脲 | hexaflumuron | 2.52 | 甲醇 | 2.52 |
| 153 | 氟酰脲 | novaluron | 0.80 | 甲醇 | 0.80 |
| 154 | 啶蜱脲 | flurazuron | 2.68 | 甲醇 | 2.68 |
| C组 | | | | | |
| 155 | 甲胺磷 | methamidophos | 0.49 | 甲醇 | 0.49 |
| 156 | 茵草敌 | EPTC | 3.73 | 甲醇 | 3.73 |
| 157 | 避蚊胺 | diethyltoluamide | 0.06 | 甲醇 | 0.06 |
| 158 | 灭草隆 | monuron | 3.47 | 甲醇 | 3.47 |
| 159 | 嘧霉胺 | pyrimethanil | 0.07 | 甲醇 | 0.07 |
| 160 | 黑穗胺 | fenfuram | 0.08 | 甲醇 | 0.08 |

表 A.1(续)

| 序号 | 中文名称 | 英文名称 | 检出限/(μg/L) | 溶剂 | 混合标准溶液浓度/(mg/L) |
|---|---|---|---|---|---|
| 161 | 灭藻醌 | quinoclamine | 0.79 | 甲醇 | 0.79 |
| 162 | 仲丁威 | fenobucarb | 0.59 | 甲醇 | 0.59 |
| 163 | 乙菌定 | ethirimol | 0.06 | 甲醇 | 0.06 |
| 164 | 敌稗 | propanil | 2.16 | 甲醇 | 2.16 |
| 165 | 克百威 | carbofuran | 1.31 | 甲醇 | 1.31 |
| 166 | 啶虫清 | acetamiprid | 0.14 | 甲醇 | 0.14 |
| 167 | 嘧菌胺 | mepanipyrim | 0.03 | 甲醇 | 0.03 |
| 168 | 扑灭通 | prometon | 0.01 | 甲醇 | 0.01 |
| 169 | 甲硫威 | methiocarb | 4.12 | 甲醇 | 4.12 |
| 170 | 甲氧隆 | metoxuron | 0.06 | 甲醇 | 0.06 |
| 171 | 乐果 | dimethoate | 0.76 | 甲醇 | 0.76 |
| 172 | 呋菌胺 | methfuroxam | 0.03 | 甲醇 | 0.03 |
| 173 | 伏草隆 | fluometuron | 0.09 | 甲醇 | 0.09 |
| 174 | 百治磷 | dicrotophos | 0.11 | 甲醇 | 0.11 |
| 175 | 庚酰草胺 | monalide | 0.12 | 甲醇 | 0.12 |
| 176 | 双苯酰草胺 | diphenamid | 0.01 | 甲醇 | 0.01 |
| 177 | 灭线磷 | ethoprophos | 0.28 | 甲醇 | 0.28 |
| 178 | 地虫硫磷 | fonofos | 0.75 | 甲醇 | 0.75 |
| 179 | 土菌灵 | etridiazol | 10.04 | 甲醇 | 10.04 |
| 180 | 拌种胺 | furmecyclox | 0.08 | 甲醇 | 0.08 |
| 181 | 环嗪酮 | hexazinone | 0.01 | 甲醇 | 0.01 |
| 182 | 异戊乙净 | dimethametryn | 0.01 | 甲醇 | 0.01 |
| 183 | 敌百虫 | trichlorphon | 0.11 | 甲醇 | 0.11 |
| 184 | 内吸磷 | demeton(*o*+*s*) | 0.68 | 甲醇 | 0.68 |
| 185 | 解草酮 | benoxacor | 0.69 | 甲醇 | 0.69 |
| 186 | 除草定 | bromacil | 2.36 | 甲醇 | 2.36 |
| 187 | 甲拌磷亚砜 | phorate sulfoxide | 36.83 | 甲醇 | 36.83 |
| 188 | 溴莠敏 | brompyrazon | 0.36 | 甲醇 | 0.36 |
| 189 | 氧化萎锈灵 | oxycarboxin | 0.09 | 甲醇 | 0.09 |
| 190 | 灭锈胺 | mepronil | 0.04 | 甲醇 | 0.04 |
| 191 | 乙拌磷 | disulfoton | 46.97 | 甲醇 | 46.97 |
| 192 | 倍硫磷 | fenthion | 5.20 | 甲醇 | 5.20 |
| 193 | 甲霜灵 | metalaxyl | 0.05 | 甲醇 | 0.05 |
| 194 | 甲呋酰胺 | ofurace | 0.10 | 甲醇 | 0.10 |

**表 A.1(续)**

| 序号 | 中文名称 | 英文名称 | 检出限/(μg/L) | 溶剂 | 混合标准溶液浓度/(mg/L) |
|---|---|---|---|---|---|
| 195 | 吗菌灵 | dodemorph | 0.04 | 甲醇 | 0.04 |
| 196 | 甲基咪草酯 | imazamethabenz-methyl | 0.02 | 甲醇 | 0.02 |
| 197 | 乙拌磷亚砜 | disulfoton-sulfoxide | 0.28 | 甲醇 | 0.28 |
| 198 | 稻瘟灵 | isoprothiolane | 0.19 | 甲醇 | 0.19 |
| 199 | 抑霉唑 | imazalil | 0.20 | 甲醇 | 0.20 |
| 200 | 辛硫磷 | phoxim | 8.28 | 甲醇 | 8.28 |
| 201 | 喹硫磷 | quinalphos | 0.20 | 甲醇 | 0.20 |
| 202 | 灭菌磷 | ditalimfos | 6.72 | 甲醇 | 6.72 |
| 203 | 苯氧威 | fenoxycarb | 1.83 | 甲醇 | 1.83 |
| 204 | 嘧啶磷 | pyrimitate | 0.02 | 甲醇 | 0.02 |
| 205 | 丰索磷 | fensulfothin | 0.20 | 甲醇 | 0.20 |
| 206 | 氯咯草酮 | fluorochloridone | 1.38 | 甲醇 | 1.38 |
| 207 | 丁草胺 | butachlor | 2.01 | 甲醇 | 2.01 |
| 208 | 咪唑喹啉酸 | imazaquin | 0.29 | 甲醇 | 0.29 |
| 209 | 亚胺菌 | kresoxim-methyl | 10.06 | 甲醇 | 10.06 |
| 210 | 戊叉菌唑 | triticonazole | 0.30 | 异辛烷 | 0.30 |
| 211 | 苯线磷亚砜 | fenamiphos sulfoxide | 0.07 | 甲醇 | 0.07 |
| 212 | 噻吩草胺 | thenylchlor | 2.41 | 甲醇 | 2.41 |
| 213 | 氰菌胺 | fenoxanil | 3.94 | 甲醇 | 3.94 |
| 214 | 氟啶草酮 | fluridone | 0.02 | 甲醇 | 0.02 |
| 215 | 氟环唑 | epoxiconazole | 0.41 | 甲醇 | 0.41 |
| 216 | 氯辛硫磷 | chlorphoxim | 7.76 | 甲醇 | 7.76 |
| 217 | 苯线磷砜 | fenamiphos sulfone | 0.05 | 甲醇 | 0.05 |
| 218 | 腈苯唑 | fenbuconazole | 0.17 | 甲醇 | 0.17 |
| 219 | 异柳磷 | isofenphos | 21.87 | 甲醇 | 21.87 |
| 220 | 苯醚菊酯 | phenothrin | 33.92 | 甲醇 | 33.92 |
| 221 | 氯化薯瘟锡[a] | fentin-chloride | 1.73 | 甲醇 | 1.73 |
| 222 | 哌草磷 | piperophos | 0.92 | 甲醇 | 0.92 |
| 223 | 增效醚 | piperonyl butoxide | 0.11 | 甲醇 | 0.11 |
| 224 | 乙氧氟草醚 | oxyflurofen | 5.86 | 甲醇 | 5.86 |
| 225 | 蝇毒磷 | coumaphos | 0.21 | 甲醇 | 0.21 |
| 226 | 氟噻草胺 | flufenacet | 0.53 | 甲醇 | 0.53 |
| 227 | 伏杀硫磷 | phosalone | 4.80 | 甲醇 | 4.80 |
| 228 | 甲氧虫酰肼 | methoxyfenozide | 0.37 | 甲醇 | 0.37 |

**表 A.1（续）**

| 序号 | 中文名称 | 英文名称 | 检出限/(μg/L) | 溶剂 | 混合标准溶液浓度/(mg/L) |
|---|---|---|---|---|---|
| 229 | 咪鲜胺 | prochloraz | 0.21 | 甲醇 | 0.21 |
| 230 | 丙硫特普 | aspon | 0.17 | 甲醇 | 0.17 |
| 231 | 乙硫磷 | ethion | 0.30 | 甲醇 | 0.30 |
| 232 | 丁醚脲 | diafenthiuron | 0.03 | 甲醇 | 0.03 |
| 233 | 噻吩磺隆 | thifensulfuron-methyl | 2.14 | 甲醇 | 2.14 |
| 234 | 乙氧嘧磺隆 | ethoxysulfuron | 0.46 | 甲醇 | 0.46 |
| 235 | 氟硫草定 | dithiopyr | 1.04 | 甲醇 | 1.04 |
| 236 | 螺螨酯 | spirodiclofen | 0.99 | 甲醇 | 0.99 |
| 237 | 唑螨酯 | fenpyroximate | 0.14 | 甲醇 | 0.14 |
| 238 | 胺氟草酯 | flumiclorac-pentyl | 1.06 | 甲醇 | 1.06 |
| 239 | 双硫磷 | temephos | 0.12 | 甲醇 | 0.12 |
| 240 | 氟丙嘧草酯 | butafenacil | 0.95 | 甲醇 | 0.95 |
| 241 | 多杀菌素 | spinosad | 0.06 | 甲醇 | 0.06 |
| D组 | | | | | |
| 242 | 甲哌金翁 | mepiquat chloride | 0.09 | 甲醇 | 0.09 |
| 243 | 二丙烯草胺 | allidochlor | 4.10 | 甲醇 | 4.10 |
| 244 | 霜霉威 | propamocarb | 0.01 | 甲醇 | 0.01 |
| 245 | 噻菌灵 | thiabendazole | 0.05 | 甲醇 | 0.05 |
| 246 | 苯嗪草酮 | metamitron | 0.64 | 甲醇 | 0.64 |
| 247 | 异丙隆 | isoproturon | 0.01 | 甲醇 | 0.01 |
| 248 | 莠去通 | atratone | 0.02 | 甲醇 | 0.02 |
| 249 | 赛克津 | metribuzin | 0.05 | 甲苯 | 0.05 |
| 250 | — | DMST | 4.00 | 甲醇 | 4.00 |
| 251 | 环草敌 | cycloate | 0.44 | 甲醇 | 0.44 |
| 252 | 阿特拉津 | atrazine | 0.04 | 甲醇 | 0.04 |
| 253 | 丁草敌 | butylate | 120.80 | 甲醇 | 30.20 |
| 254 | 吡蚜酮 | pymetrozin | 3.43 | 甲醇 | 3.43 |
| 255 | 氯草敏 | chloridazon | 0.23 | 甲醇 | 0.23 |
| 256 | 菜草畏[a] | sulfallate | 20.72 | 甲苯 | 20.72 |
| 257 | 乙硫苯威 | ethiofencarb | 0.49 | 甲醇 | 0.49 |
| 258 | 特丁通 | terbumeton | 0.01 | 甲醇 | 0.01 |
| 259 | 莠灭净 | ametryn | 0.10 | 甲醇 | 0.10 |
| 260 | 木草隆 | tebuthiuron | 0.02 | 甲醇 | 0.02 |
| 261 | 草达津 | trietazine | 0.06 | 甲醇 | 0.06 |

表 A.1（续）

| 序号 | 中文名称 | 英文名称 | 检出限/(μg/L) | 溶剂 | 混合标准溶液浓度/(mg/L) |
|---|---|---|---|---|---|
| 262 | 另丁津 | sebutylazine | 0.13 | 甲醇 | 0.03 |
| 263 | 畜虫避 | dibutyl succinate | 22.24 | 甲醇 | 22.24 |
| 264 | 牧草胺 | tebutam | 0.01 | 甲醇 | 0.01 |
| 265 | 久效威亚砜 | thiofanox-sulfoxide | 0.83 | 甲醇 | 0.83 |
| 266 | 杀螟丹[a] | cartap hydrochloride | 208.00 | 甲醇 | 208.00 |
| 267 | 虫螨畏[a] | methacrifos | 242.37 | 甲醇 | 242.37 |
| 268 | 咪唑嗪[a] | triazoxide | 0.80 | 甲醇 | 0.80 |
| 269 | 虫线磷 | thionazin | 2.27 | 甲醇 | 2.27 |
| 270 | 利谷隆 | linuron | 1.16 | 甲醇 | 1.16 |
| 271 | 庚虫磷 | heptanophos | 0.58 | 甲醇 | 0.58 |
| 272 | 苄草丹 | prosulfocarb | 0.04 | 甲醇 | 0.04 |
| 273 | 杀草净 | dipropetryn | 0.03 | 甲醇 | 0.03 |
| 274 | 禾草丹 | thiobencarb | 0.33 | 甲醇 | 0.33 |
| 275 | 三正丁基磷酸盐 | tri-*n*-butyl phosphate | 0.04 | 甲醇 | 0.04 |
| 276 | 甲草胺 | alachlor | 0.74 | 甲醇 | 0.74 |
| 277 | 硫线磷 | cadusafos | 0.12 | 甲醇 | 0.12 |
| 278 | 吡唑草胺 | metazachlor | 0.10 | 甲醇 | 0.10 |
| 279 | 胺丙畏 | propetamphos | 5.40 | 甲醇 | 5.40 |
| 280 | 特丁硫磷[a] | terbufos | 224.00 | 甲醇 | 224.00 |
| 281 | 硅氟唑 | simeconazole | 0.29 | 甲醇 | 0.29 |
| 282 | 三唑酮 | triadimefon | 0.79 | 甲醇 | 0.79 |
| 283 | 甲拌磷砜 | phorate sulfone | 4.20 | 甲醇 | 4.20 |
| 284 | 十三吗啉 | tridemorph | 0.26 | 甲醇 | 0.26 |
| 285 | 苯噻酰草胺 | mefenacet | 0.22 | 甲醇 | 0.22 |
| 286 | 丁苯吗琳 | fenpropimorph | 0.02 | 甲醇 | 0.02 |
| 287 | 戊唑醇 | tebuconazole | 0.89 | 甲醇 | 0.22 |
| 288 | 异丙乐灵 | isopropalin | 3.00 | 甲醇 | 3.00 |
| 289 | 氟苯嘧啶醇 | nuarimol | 0.10 | 甲醇 | 0.10 |
| 290 | 乙嘧酚磺酸酯 | bupirimate | 0.28 | 甲醇 | 0.07 |
| 291 | 保棉磷[a] | azinphos-methyl | 110.43 | 甲醇 | 110.43 |
| 292 | 丁基嘧啶磷 | tebupirimfos | 0.01 | 甲醇 | 0.01 |
| 293 | 稻丰散 | phenthoate | 9.24 | 甲醇 | 9.24 |
| 294 | 治螟磷 | sulfotep | 0.26 | 甲醇 | 0.26 |
| 295 | 硫丙磷 | sulprofos | 0.58 | 甲苯 | 0.58 |

表 A.1（续）

| 序号 | 中文名称 | 英文名称 | 检出限/(μg/L) | 溶剂 | 混合标准溶液浓度/(mg/L) |
|---|---|---|---|---|---|
| 296 | 苯硫磷 | EPN | 3.30 | 甲醇 | 3.30 |
| 297 | 甲基吡噁磷 | azamethiphos | 0.08 | 甲醇 | 0.08 |
| 298 | 烯唑醇 | diniconazole | 0.13 | 甲醇 | 0.13 |
| 299 | 唑嘧磺草胺 | flumetsulam | 0.03 | 甲醇 | 0.03 |
| 300 | 纹枯脲 | pencycuron | 0.11 | 甲醇 | 0.03 |
| 301 | 灭蚜磷 | mecarbam | 1.96 | 甲醇 | 1.96 |
| 302 | 苯草酮 | tralkoxydim | 0.03 | 甲醇 | 0.03 |
| 303 | 马拉硫磷 | malathion | 2.26 | 甲醇 | 0.56 |
| 304 | 稗草畏 | pyributicarb | 0.03 | 甲醇 | 0.03 |
| 305 | 哒嗪硫磷 | pyridaphenthion | 0.09 | 甲醇 | 0.09 |
| 306 | 硫双威 | thiodicarb | 15.75 | 甲醇 | 3.94 |
| 307 | 吡唑硫磷 | pyraclofos | 0.10 | 甲醇 | 0.10 |
| 308 | 啶氧菌酯 | picoxystrobin | 0.84 | 甲醇 | 0.84 |
| 309 | 四氟醚唑 | tetraconazole | 0.17 | 甲醇 | 0.17 |
| 310 | 吡唑解草酯 | mefenpyr-diethyl | 1.26 | 甲醇 | 1.26 |
| 311 | 丙溴磷 | profenefos | 0.20 | 甲醇 | 0.20 |
| 312 | 百克敏 | pyraclostrobin | 0.05 | 甲醇 | 0.05 |
| 313 | 烯酰吗啉 | dimethomorph | 0.04 | 甲醇 | 0.04 |
| 314 | 噻嗯菊酯 | kadethrin | 0.33 | 甲醇 | 0.33 |
| 315 | 噻唑烟酸 | thiazopyr | 0.20 | 甲醇 | 0.20 |
| 316 | 醚黄隆[a] | cinosulfuron | 0.11 | 甲醇 | 0.11 |
| 317 | 吡嘧磺隆 | pyrazosulfuron-ethyl | 0.68 | 甲醇 | 0.68 |
| 318 | 磺草胺唑 | metosulam | 1.76 | 甲醇 | 0.44 |
| E组 | | | | | |
| 319 | 4-氨基吡啶 | 4-aminopyridine | 0.09 | 甲醇 | 0.09 |
| 320 | 矮壮素 | chlormequat | 0.01 | 甲醇 | 0.01 |
| 321 | 灭多威 | methomyl | 0.96 | 甲醇 | 0.96 |
| 322 | 咯喹酮 | pyroquilon | 0.35 | 甲醇 | 0.35 |
| 323 | 麦穗灵 | fuberidazole | 0.19 | 甲醇 | 0.19 |
| 324 | 丁脒酰胺 | isocarbamid | 0.17 | 甲醇 | 0.17 |
| 325 | 丁酮威 | butocarboxim | 0.63 | 甲醇 | 0.16 |
| 326 | 杀虫脒 | chlordimeform | 0.13 | 甲醇 | 0.13 |
| 327 | 霜脲氰 | cymoxanil | 5.56 | 甲醇 | 5.56 |
| 328 | 灭害威 | aminocarb | 1.64 | 甲醇 | 1.64 |

表 A.1(续)

| 序号 | 中文名称 | 英文名称 | 检出限/(μg/L) | 溶剂 | 混合标准溶液浓度/(mg/L) |
|---|---|---|---|---|---|
| 329 | 甲菌定 | dimethirimol | 0.01 | 甲醇 | 0.01 |
| 330 | 氧乐果 | omethoate | 0.97 | 甲醇 | 0.97 |
| 331 | 乙氧喹啉 | ethoxyquin | 0.35 | 甲醇 | 0.35 |
| 332 | 敌敌畏 | dichlorvos | 0.06 | 甲醇 | 0.06 |
| 333 | 涕灭威砜 | aldicarb sulfone | 2.14 | 甲醇 | 2.14 |
| 334 | 二氧威 | dioxacarb | 0.34 | 甲醇 | 0.34 |
| 335 | 苄基腺嘌呤 | benzyladenine | 7.08 | 甲醇 | 7.08 |
| 336 | 甲基内吸磷 | demeton-*s*-methyl | 0.53 | 甲醇 | 0.53 |
| 337 | 乙硫苯威亚砜 | ethiofencarb-sulfoxide | 22.40 | 甲醇 | 22.40 |
| 338 | 甲基乙拌磷 | thiometon | 57.80 | 甲醇 | 57.80 |
| 339 | 灭菌丹 | folpet | 13.86 | 甲醇 | 13.86 |
| 340 | 甲基内吸磷砜 | demeton-*s*-methyl sulfone | 1.98 | 甲醇 | 1.98 |
| 341 | 苯锈定 | fenpropidin | 0.02 | 甲醇 | 0.02 |
| 342 | 甲咪唑烟酸 | imazapic | 0.59 | 甲醇 | 0.59 |
| 343 | 对氧磷 | paraoxon-ethyl | 0.05 | 甲醇 | 0.05 |
| 344 | 乙烯菌核利 | vinclozolin | 0.25 | 甲醇 | 0.25 |
| 345 | 烯效唑 | uniconazole | 0.24 | 甲醇 | 0.24 |
| 346 | 啶斑肟 | pyrifenox | 0.03 | 甲醇 | 0.03 |
| 347 | 异氯磷 | dicapthon | 0.10 | 甲醇 | 0.02 |
| 348 | 四螨嗪 | clofentezine | 0.08 | 甲醇 | 0.08 |
| 349 | 氟草敏 | norflurazon | 0.03 | 甲醇 | 0.03 |
| 350 | 野麦畏 | triallate | 4.62 | 甲醇 | 4.62 |
| 351 | 福美锌[a] | ziram | 7.84 | 甲醇 | 7.84 |
| 352 | 苯氧喹啉 | quinoxyphen | 15.34 | 甲醇 | 15.34 |
| 353 | 倍硫磷砜 | fenthion sulfone | 1.75 | 甲醇 | 1.75 |
| 354 | 氟咯草酮 | flurochloridone | 0.13 | 甲醇 | 0.13 |
| 355 | 酞酸苯甲基丁酯 | phthalic acid, benzyl butyl ester | 63.20 | 甲醇 | 63.20 |
| 356 | 氯唑磷 | isazofos | 0.02 | 甲醇 | 0.02 |
| 357 | 除线磷 | dichlofenthion | 3.02 | 甲醇 | 3.02 |
| 358 | 特丁硫磷砜 | terbufos sulfone | 8.86 | 甲醇 | 8.86 |
| 359 | 敌乐胺 | dinitramine | 0.18 | 甲苯 | 0.18 |
| 360 | 毒壤磷 | trichloronat | 6.68 | 甲醇 | 6.68 |
| 361 | 苄呋菊酯 | resmethrin | 0.03 | 甲醇 | 0.03 |
| 362 | 啶酰菌胺 | boscalid | 0.48 | 甲醇 | 0.48 |

**表 A.1（续）**

| 序号 | 中文名称 | 英文名称 | 检出限/(μg/L) | 溶剂 | 混合标准溶液浓度/(mg/L) |
|---|---|---|---|---|---|
| 363 | 甲氰菊酯 | fenpropathrin | 24.50 | 甲醇 | 24.50 |
| 364 | 噻螨酮 | hexythiazox | 2.36 | 甲醇 | 2.36 |
| 365 | 嘧螨醚 | pyrimidifen | 1.40 | 甲醇 | 1.40 |
| 366 | 呋线威 | furathiocarb | 0.19 | 甲醇 | 0.19 |
| 367 | 反式氯菊酯 | *trans*-permethin | 0.48 | 甲醇 | 0.48 |
| 368 | 苄草唑[a] | pyrazoxyfen | 0.03 | 甲醇 | 0.03 |
| 369 | 嘧唑螨 | flubenzimine | 0.78 | 甲醇 | 0.78 |
| 370 | *Z*-氯氰菊酯 | *zeta* cypermethrin | 0.07 | 甲醇 | 0.07 |
| 371 | 氟吡乙禾灵 | haloxyfop-2-ethoxyethyl | 0.25 | 甲醇 | 0.25 |
| 372 | 氟胺氰菊酯 | *tau*-fluvalinate | 23.00 | 甲醇 | 23.00 |
| F 组 | | | | | |
| 373 | 叔丁基胺 | *tert*-butylamine | 3.90 | 甲醇 | 3.90 |
| 374 | 噁霉灵 | hymexazol | 22.41 | 甲醇 | 22.41 |
| 375 | 矮壮素氯化物 | chlormequat chloride | 0.07 | 甲醇 | 0.07 |
| 376 | 邻苯二甲酰亚胺[a] | phthalimide | 4.30 | 甲醇 | 4.30 |
| 377 | 甲氟磷 | dimefox | 6.82 | 甲醇 | 6.82 |
| 378 | 二苯胺 | diphenylamin | 0.04 | 甲醇 | 0.04 |
| 379 | 1-萘基乙酰胺 | 1-naphthyl acetamide | 0.08 | 甲醇 | 0.08 |
| 380 | 脱乙基莠去津 | atrazine-desethyl | 0.25 | 甲醇 | 0.06 |
| 381 | 2,6-二氯苯甲酰胺[a] | 2,6-dichlorobenzamide | 0.45 | 甲醇 | 0.45 |
| 382 | 涕灭威 | aldicarb | 26.10 | 甲醇 | 26.10 |
| 383 | 邻苯二甲酸二甲酯 | dimethyl phthalate | 1.32 | 甲醇 | 1.32 |
| 384 | 西玛通 | simeton | 0.11 | 甲醇 | 0.11 |
| 385 | 呋草胺 | dinotefuran | 1.02 | 甲醇 | 1.02 |
| 386 | 克草敌 | pebulate | 0.34 | 甲醇 | 0.34 |
| 387 | 蔬果磷 | dioxabenzofos | 5.54 | 甲醇 | 1.38 |
| 388 | 杀线威 | oxamyl | 54.81 | 甲醇 | 54.81 |
| 389 | 甲基苯噻隆 | methabenzthiazuron | 0.01 | 甲醇 | 0.01 |
| 390 | 丁酮砜威 | butoxycarboxim | 10.64 | 甲醇 | 2.66 |
| 391 | 甲基内吸磷亚砜 | demeton-*s*-methyl sulfoxide | 0.39 | 甲醇 | 0.39 |
| 392 | 硫环磷[a] | phosfolan | 0.05 | 环己烷 | 0.05 |
| 393 | 氧倍硫磷 | fenthion oxon | 0.12 | 甲醇 | 0.12 |
| 394 | 萘丙胺 | napropamide | 0.13 | 甲醇 | 0.13 |
| 395 | 杀螟硫磷 | fenitrothion | 2.68 | 甲醇 | 2.68 |

**表 A.1（续）**

| 序号 | 中文名称 | 英文名称 | 检出限/(μg/L) | 溶剂 | 混合标准溶液浓度/(mg/L) |
|---|---|---|---|---|---|
| 396 | 酞酸二丁酯 | phthalic acid, dibutyl ester | 15.84 | 甲醇 | 3.96 |
| 397 | 腐霉利 | procymidone | 8.66 | 甲醇 | 8.66 |
| 398 | 可灭隆 | cumyluron | 0.13 | 甲醇 | 0.13 |
| 399 | 甲氧咪草烟 | imazamox | 0.72 | 甲醇 | 0.18 |
| 400 | 亚胺硫磷[a] | phosmet | 1.77 | 甲醇 | 1.77 |
| 401 | 皮蝇磷 | ronnel | 1.31 | 甲醇 | 1.31 |
| 402 | — | phthalic acid, biscyclohexyl ester | 0.07 | 甲醇 | 0.07 |
| 403 | 吡螨胺 | tebufenpyrad | 0.03 | 甲醇 | 0.03 |
| 404 | 虫螨磷 | chlorthiophos | 3.18 | 甲醇 | 3.18 |
| 405 | 氯亚胺硫磷 | dialifos | 15.70 | 甲醇 | 15.70 |
| 406 | 鱼滕酮 | rotenone | 0.23 | 甲醇 | 0.23 |
| 407 | 亚胺唑 | imibenconazole | 1.03 | 甲醇 | 1.03 |
| 408 | 噁草酸 | propaquizafop | 0.12 | 甲醇 | 0.12 |
| 409 | 乳氟禾草灵 | lactofen | 6.20 | 甲醇 | 6.20 |
| 410 | 2,3,4,5-四氯苯胺 | 2,3,4,5-tetrachloroaniline | 5.36 | 甲醇 | 5.36 |
| 411 | 苯螨特 | benzoximate | 0.86 | 甲醇 | 0.86 |
| 412 | 地乐酯 | dinoseb acetate | 4.13 | 甲醇 | 4.13 |
| 413 | 异丙草胺 | propisochlor | 0.08 | 甲醇 | 0.08 |
| 414 | 氟硅菊酯[a] | silafluofen | 243.20 | 甲醇 | 60.80 |
| 415 | 乙氧苯草胺[a] | etobenzanid | 0.08 | 甲醇 | 0.08 |
| 416 | 四唑酰草胺[a] | fentrazamide | 1.24 | 甲醇 | 1.24 |
| G组 | | | | | |
| 417 | 茅草枯 | dalapon | 23.07 | 甲醇 | 23.07 |
| 418 | 2-苯基苯酚 | 2-phenylphenol | 16.99 | 甲醇 | 16.99 |
| 419 | 3-苯基苯酚 | 3-phenylphenol | 0.40 | 甲醇 | 0.40 |
| 420 | 4,6-二硝基邻甲酚 | DNOC | 0.26 | 甲醇 | 0.26 |
| 421 | 调果酸[a] | cloprop | 1.14 | 甲醇 | 1.14 |
| 422 | 氯硝胺 | dicloran | 19.42 | 甲醇 | 4.86 |
| 423 | 氯苯胺灵 | chlorpropham | 1.58 | 甲醇 | 1.58 |
| 424 | 2-甲-4-氯丙酸[a] | mecoprop | 0.49 | 甲醇 | 0.49 |
| 425 | 特草定 | terbacil | 0.35 | 甲醇 | 0.09 |
| 426 | 2,4-滴[a] | 2,4-D | 1.19 | 甲醇 | 1.19 |
| 427 | 麦草畏 | dicamba | 126.59 | 甲醇 | 126.59 |
| 428 | 二甲四氯丁酸 | MCPB | 1.42 | 甲醇 | 1.42 |

表 A.1（续）

| 序号 | 中文名称 | 英文名称 | 检出限/(μg/L) | 溶剂 | 混合标准溶液浓度/(mg/L) |
|---|---|---|---|---|---|
| 429 | 地乐酚 | dinoseb | 0.04 | 甲醇 | 0.04 |
| 430 | 草消酚 | dinoterb | 0.02 | 甲醇 | 0.02 |
| 431 | 杀螨醇 | chlorfenethol | 65.72 | 甲醇 | 16.43 |
| 432 | 溴苯腈 | bromoxynil | 0.18 | 甲醇 | 0.18 |
| 433 | 灭幼脲 | chlorobenzuron | 2.04 | 甲醇 | 2.04 |
| 434 | 氯霉素 | chloramphenicolum | 1.55 | 甲醇 | 0.39 |
| 435 | 禾草灭 | alloxydim-sodium | 0.08 | 甲醇 | 0.02 |
| 436 | 杀虫双[a] | dimehypo | 40.02 | 甲醇 | 40.02 |
| 437 | 氟吡草腙钠[a] | diflufenzopyr-sodium | 3.08 | 甲醇 | 3.08 |
| 438 | 乙酰磺胺对硝基苯 | sulfanitran | 0.30 | 甲醇 | 0.30 |
| 439 | 安磺灵 | oryzalin | 0.49 | 甲醇 | 0.49 |
| 440 | 三氟羧草醚 | acifluorfen | 11.80 | 甲醇 | 11.80 |
| 441 | 碘苯腈 | ioxynil | 0.25 | 甲醇 | 0.06 |
| 442 | 噁唑菌酮 | famoxadone | 4.53 | 甲醇 | 4.53 |
| 443 | 吡氟酰草胺 | diflufenican | 2.83 | 甲醇 | 2.83 |
| 444 | 氟氰唑 | ethiprole | 3.99 | 甲醇 | 3.99 |
| 445 | 磺菌胺[a] | flusulfamide | 0.04 | 甲醇 | 0.04 |
| 446 | 环丙嘧磺隆 | cyclosulfamuron | 34.37 | 甲醇 | 34.37 |
| 447 | 氟磺胺草醚 | fomesafen | 0.20 | 甲醇 | 0.20 |
| 448 | 氟啶胺 | fluazinam | 7.06 | 甲醇 | 7.06 |
| 449 | 吡虫隆 | fluazuron | 0.01 | 甲醇 | 0.01 |
| 450 | 氟丙菊酯 | acrinathrin | 0.81 | 甲醇 | 0.81 |

a 表示仅可定性的农药及相关化学品种类。

## 附 录 B
（资料性附录）
## 450 种农药及相关化学品监测离子对、碰撞气能量、源内碎裂电压和保留时间

450 种农药及相关化学品监测离子对、碰撞气能量、源内碎裂电压和保留时间见表 B.1。

**表 B.1 450 种农药及相关化学品监测离子对、碰撞气能量、源内碎裂电压和保留时间**

| 序号 | 中文名称 | 英文名称 | 保留时间/min | 定量离子 | 定性离子 | 源内碎裂电压/V | 碰撞气能量/V |
|---|---|---|---|---|---|---|---|
| A 组 | | | | | | | |
| 1 | 苯胺灵 | propham | 8.80 | 180.1/138.0 | 180.1/138.0;180.1/120 | 80 | 5;15 |
| 2 | 异丙威 | isoprocarb | 8.38 | 194.1/95.0 | 194.1/95.0;194.1/137.1 | 80 | 20;5 |
| 3 | 3,4,5-混杀威 | 3,4,5-trimethacarb | 8.38 | 194.2/137.2 | 194.2/137.2;194.2/122.2 | 80 | 5;20 |
| 4 | 环莠隆 | cycluron | 7.73 | 199.4/72.0 | 199.4/72.0;199.4/89.0 | 120 | 25;15 |
| 5 | 甲萘威 | carbaryl | 7.45 | 202.1/145.1 | 202.1/145.1;202.1/127.1 | 80 | 10;5 |
| 6 | 毒草胺 | propachlor | 8.75 | 212.1/170.1 | 212.1/170.1;212.1/94.1 | 100 | 10;30 |
| 7 | 吡咪唑 | rabenzazole | 7.54 | 213.2/172 | 213.2/172;213.2/118.0 | 120 | 25;25 |
| 8 | 西草净 | simetryn | 5.32 | 214.2/124.1 | 214.2/124.1;214.2/96.1 | 120 | 20;25 |
| 9 | 绿谷隆 | monolinuron | 7.82 | 215.1/126.0 | 215.1/126.0;215.1/148.1 | 100 | 15;10 |
| 10 | 速灭磷 | mevinphos | 5.17 | 225.0/127.0 | 225.0/127.0;225.0/193.0 | 80 | 15;10 |
| 11 | 叠氮津 | aziprotryne | 10.40 | 226.1/156.1 | 226.1/156.1;226.1/198.1 | 100 | 10;10 |
| 12 | 密草通 | secbumeton | 5.56 | 226.2/170.1 | 226.2/170.1;226.2/142.1 | 120 | 20;25 |
| 13 | 嘧菌磺胺 | cyprodinil | 9.24 | 226.0/93.0 | 226.0/93.0;226.0/ 108.0 | 120 | 40;30 |
| 14 | 播土隆 | buturon | 9.38 | 237.1/84.1 | 237.1/84.1;237.1/126.1 | 120 | 30;15 |
| 15 | 双酰草胺 | carbetamide | 5.80 | 237.1/192.1 | 237.1/192.1;237.1/118.1 | 80 | 5;10 |
| 16 | 抗蚜威 | pirimicarb | 4.20 | 239.2/72.0 | 239.2/72.0;239.2/182.2 | 120 | 20;15 |
| 17 | 异噁草松 | clomazone | 9.36 | 240.1/125.0 | 240.1/125.0;240.1/89.1 | 100 | 20;50 |
| 18 | 氰草津 | cyanazine | 6.38 | 241.1/214.1 | 241.1/214.1;241.1/174.0 | 120 | 15;15 |
| 19 | 扑草净 | prometryne | 7.66 | 242.2/158.1 | 242.2/158.1;242.2/200.2 | 120 | 20;20 |
| 20 | 甲基对氧磷 | paraoxon methyl | 6.20 | 248.0/202.1 | 248.0/202.1;248.0/90.0 | 120 | 20;30 |
| 21 | 4,4′-二氯二苯甲酮 | 4,4′-dichlorobenzophenone | 12.00 | 251.1/111.1 | 251.1/111.1;251.1/139.0 | 100 | 35;20 |
| 22 | 噻虫啉 | thiacloprid | 5.65 | 253.1/126.1 | 253.1/126.1;253.1/186.1 | 120 | 20;10 |
| 23 | 吡虫啉 | imidacloprid | 4.73 | 256.1/209.1 | 256.1/209.1;256.1/175.1 | 80 | 10;10 |
| 24 | 磺噻隆 | ethidimuron | 4.62 | 265.1/208.1 | 265.1/208.1;265.1/162.1 | 80 | 10;25 |
| 25 | 丁嗪草酮 | isomethiozin | 14.20 | 269.1/200.0 | 269.1/200.0;269.1/172.1 | 120 | 15;25 |

**表 B.1（续）**

| 序号 | 中文名称 | 英文名称 | 保留时间/min | 定量离子 | 定性离子 | 源内碎裂电压/V | 碰撞气能量/V |
|---|---|---|---|---|---|---|---|
| 26 | 燕麦敌 | diallate | 17.40 | 270.0/86.0 | 270.0/86.0;270.0/109.0 | 100 | 15;35 |
| 27 | 乙草胺 | acetochlor | 13.70 | 270.2/224.0 | 270.2/224;270.2/148.2 | 80 | 5;20 |
| 28 | 烯啶虫胺 | nitenpyram | 3.87 | 271.1/224.1 | 271.1/224.1;271.1/237.1 | 100 | 15;15 |
| 29 | 盖草津 | methoprotryne | 6.47 | 272.2/198.2 | 272.2/198.2;272.2/170.1 | 140 | 25;30 |
| 30 | 二甲酚草胺 | dimethenamid | 10.50 | 276.1/244.1 | 276.1/244.1;276.1/168.1 | 120 | 10;15 |
| 31 | 特草灵 | terrbucarb | 16.50 | 278.2/166.1 | 278.2/166.1;278.2/109.0 | 80 | 15;30 |
| 32 | 戊菌唑 | penconazole | 13.70 | 284.1/70.0 | 284.1/70.0;284.1/159.0 | 120 | 15;20 |
| 33 | 腈菌唑 | myclobutanil | 12.10 | 289.1/125.0 | 289.1/125.0;289.1/70.0 | 120 | 20;15 |
| 34 | 咪唑乙烟酸 | imazethapyr | 5.60 | 290.2/177.1 | 290.2/177.1;290.2/245.2 | 120 | 25;20 |
| 35 | 多效唑 | paclobutrazol | 10.32 | 294.2/70.0 | 294.2/70.0;294.2/125.0 | 100 | 15;25 |
| 36 | 倍硫磷亚砜 | fenthion sulfoxide | 7.31 | 295.1/109.0 | 295.1/109;295.1/280.0 | 140 | 35;20 |
| 37 | 三唑醇 | triadimenol | 10.15 | 296.1/70.0 | 296.1/70.0;296.1/99.1 | 80 | 10;10 |
| 38 | 仲丁灵 | butralin | 18.60 | 296.1/240.1 | 296.1/240.1;296.1/222.1 | 100 | 10;20 |
| 39 | 螺噁茂胺 | spiroxamine | 9.90 | 298.2/144.2 | 298.2/144.2;298.2/100.1 | 120 | 20;35 |
| 40 | 甲基立枯磷 | tolclofos methyl | 16.60 | 301.2/269.0 | 301.2/269.0;301.2/125.2 | 120 | 15;20 |
| 41 | 甜菜胺 | desmedipham | 10.65 | 301.2/182.1 | 301.2/182.1;301.2/136.1 | 80 | 5;20 |
| 42 | 杀扑磷 | methidathion | 10.69 | 303.0/145.1 | 303.0/145.1;303.0/85.0 | 80 | 5;10 |
| 43 | 烯丙菊酯 | allethrin | 18.10 | 303.2/135.1 | 303.2/135.1;303.2/123.2 | 60 | 10;20 |
| 44 | 二嗪磷 | diazinon | 15.95 | 305.0/169.1 | 305.0/169.1;305.0/153.2 | 160 | 20;20 |
| 45 | 敌瘟磷 | edifenphos | 3.00 | 311.1/283.0 | 311.1/283.0;311.1/109.0 | 100 | 10;35 |
| 46 | 丙草胺 | pretilachlor | 17.15 | 312.1/252.1 | 312.1/252.1;312.1/176.2 | 100 | 15;30 |
| 47 | 氟硅唑 | flusilazole | 13.60 | 316.1/247.1 | 316.1/247.1;316.1/165.1 | 120 | 15;20 |
| 48 | 丙森锌 | iprovalicarb | 12.00 | 321.1/119.0 | 321.1/119.0;321.1/203.2 | 100 | 25;5 |
| 49 | 麦锈灵 | benodanil | 9.80 | 324.1/203.0 | 324.1/203.0;324.1/231.0 | 120 | 25;40 |
| 50 | 氟酰胺 | flutolanil | 14.00 | 324.2/262.1 | 324.2/262.1;324.2/282.1 | 120 | 20;10 |
| 51 | 氨磺磷 | famphur | 10.30 | 326.0/217.0 | 326.0/217.0;326.0/281.0 | 100 | 20;10 |
| 52 | 苯霜灵 | benalyxyl | 15.19 | 326.2/148.1 | 326.2/148.1;326.2/294.0 | 120 | 1;5 |
| 53 | 苄氯三唑醇 | diclobutrazole | 12.20 | 328.0/159.0 | 328.0/159.0;328.0/70.0 | 120 | 35;30 |
| 54 | 乙环唑 | etaconazole | 11.75 | 328.1/159.1 | 328.1/159.1;328.1/205.1 | 80 | 25;20 |
| 55 | 氯苯嘧啶醇 | fenarimol | 12.20 | 331.0/268.1 | 331.0/268.1;331.0/81.0 | 120 | 25;30 |
| 56 | 胺菊酯 | tetramethirn | 17.85 | 332.2/164.1 | 332.2/164.1;332.2/135.1 | 100 | 15;15 |
| 57 | 抑菌灵 | dichlofluanid | 15.16 | 333.0/ 123.0 | 333.0/ 123.0;333.0/224.0 | 80 | 20;10 |
| 58 | 解草酯 | cloquintocet mexyl | 17.36 | 336.1/238.1 | 336.1/238.1;336.1/192.1 | 120 | 15;20 |
| 59 | 联苯三唑醇 | bitertanol | 13.90 | 338.2/70.0 | 338.2/70.0;338.2/269.2 | 60 | 5;1 |

表 B.1（续）

| 序号 | 中文名称 | 英文名称 | 保留时间/min | 定量离子 | 定性离子 | 源内碎裂电压/V | 碰撞气能量/V |
|---|---|---|---|---|---|---|---|
| 60 | 甲基毒死蜱 | chlorprifos methyl | 16.72 | 322.0/ 125.0 | 322.0/125.0;322.0/290.0 | 80 | 15;15 |
| 61 | 吡喃草酮 | tepraloxydim | 12.73 | 342.2/250.2 | 342.2/250.2;342.2/166.1 | 120 | 10;25 |
| 62 | 甲基硫菌灵 | thiophanate methyl | 6.28 | 343.1/151.1 | 343.1/151.1;343.1/311.1 | 120 | 20;10 |
| 63 | 益棉磷 | azinphos ethyl | 14.00 | 346.0/233.0 | 346.0/233;346.0/261.1 | 120 | 10;5 |
| 64 | 炔草酸 | clodinafop propargyl | 16.09 | 350.1/266.1 | 350.1/266.1;350.1/238.1 | 120 | 15;20 |
| 65 | 杀铃脲 | triflumuron | 15.59 | 359.0/156.1 | 359.0/156.1;359.0/139.0 | 120 | 15;30 |
| 66 | 异噁氟草 | isoxaflutole | 12.00 | 360.0/251.1 | 360.0/251.1;360.0/220.1 | 120 | 10;45 |
| 67 | 莎稗磷 | anilofos | 17.35 | 367.9/145.2 | 367.9/145.2;367.9/205.0 | 120 | 20;5 |
| 68 | 硫菌灵 | thiophanat ethyl | 9.32 | 371.1/151.1 | 371.1/151.1;371.1/325.0 | 120 | 15;10 |
| 69 | 喹禾灵 | quizalofop-ethyl | 17.40 | 373.0/299.1 | 373.0/299.1;373.0/91.0 | 140 | 15;30 |
| 70 | 精氟吡甲禾灵 | haloxyfop-methyl | 17.11 | 376.0/316.0 | 376.0/316.0;376.0/288.0 | 120 | 15;20 |
| 71 | 精吡磺草隆 | fluazifop butyl | 18.24 | 384.1/282.1 | 384.1/282.1;384.1/328.1 | 120 | 20;15 |
| 72 | 乙基溴硫磷 | bromophos-ethyl | 19.15 | 393.0/337.0 | 393.0/337.0;393.0/162.1 | 100 | 20;30 |
| 73 | 地散磷 | bensulide | 16.18 | 398.0/158.1 | 398.0/158.1;398.0/314.0 | 80 | 20;5 |
| 74 | 醚苯磺隆 | triasulfuron | 7.27 | 402.1/167.1 | 402.1/167.1;402.1/141.1 | 120 | 15;20 |
| 75 | 溴苯烯磷 | bromfenvinfos | 15.22 | 402.9/170.0 | 402.9/170.0;402.9/127.0 | 100 | 35;20 |
| 76 | 嘧菌酯 | azoxystrobin | 12.50 | 404.0/372.0 | 404.0/372.0;404.0/344.1 | 120 | 10;15 |
| 77 | 吡菌磷 | pyrazophos | 16.20 | 374.0/222.0 | 374.0/222.0;374.0/194.0 | 120 | 20;30 |
| 78 | 氟虫脲 | flufenoxuron | 18.30 | 489.0/158.1 | 489.0/158.1;489.0/141.1 | 80 | 10;15 |
| 79 | 茚虫威 | indoxacarb | 17.43 | 528.0/150.0 | 528.0/150.0;528.0/218.0 | 120 | 20;20 |
| B组 | | | | | | | |
| 80 | 丁酰肼 | daminozide | 0.74 | 161.1/143.1 | 161.1/143.1;161.1/102.2 | 80 | 15;15 |
| 81 | 烟碱 | nicotine | 0.74 | 163.2/130.1 | 163.2/130.1;163.2/117.1 | 100 | 25;30 |
| 82 | 非草隆 | fenuron | 4.50 | 165.1/72.0 | 165.1/72.0;165.1/120.0 | 120 | 15;15 |
| 83 | 灭蝇胺 | cyromazine | 0.74 | 167.0/85.0 | 167.0/85.0;167.0/125.0 | 120 | 25;20 |
| 84 | 鼠立克 | crimidine | 4.47 | 172.1/107.1 | 172.1/107.1;172.1/136.2 | 120 | 30;25 |
| 85 | 乙酰甲胺磷 | acephate | 0.74 | 184.1/143.0 | 184.1/143.0;184.1/95.0 | 60 | 5;20 |
| 86 | 禾草敌 | molinate | 11.30 | 188.1/126.1 | 188.1/126.1;188.1/83.0 | 120 | 10;15 |
| 87 | 多菌灵 | carbendazim | 3.30 | 192.1/160.1 | 192.1/160.1;192.1/132.1 | 80 | 15;20 |
| 88 | 6-氯-4-羟基-3-苯基哒嗪 | 6-chloro-4-hydroxy-3-phenyl-pyridazin | 12.86 | 207.1/77.0 | 207.1/77.0;207.1/104.0 | 120 | 25;35 |
| 89 | 残杀威 | propoxur | 6.79 | 210.1/111.0 | 210.1/111;210.1/168.1 | 80 | 10;5 |
| 90 | 异唑隆 | isouron | 6.11 | 212.2/167.1 | 212.2/167.1;212.2/72.0 | 120 | 15;25 |
| 91 | 绿麦隆 | chlorotoluron | 7.23 | 213.1/72.0 | 213.1/72.0;213.1/140.1 | 80 | 25;25 |

表 B.1（续）

| 序号 | 中文名称 | 英文名称 | 保留时间/min | 定量离子 | 定性离子 | 源内碎裂电压/V | 碰撞气能量/V |
|---|---|---|---|---|---|---|---|
| 92 | 久效威 | thiofanox | 1.00 | 241.0/184.0 | 241.0/184.0;241.0/57.1 | 120 | 15;5 |
| 93 | 氯草灵 | chlorbufam | 11.67 | 224.1/172.1 | 224.1/172.1;224.1/154.1 | 120 | 5;15 |
| 94 | 噁虫威 | bendiocarb | 6.87 | 224.1/109.0 | 224.1/109.0;224.1/167.1 | 80 | 5;10 |
| 95 | 扑灭津 | propazine | 9.37 | 229.9/146.1 | 229.9/146.1;229.9/188.1 | 120 | 20;15 |
| 96 | 特丁津 | terbuthylazine | 10.15 | 230.1/174.1 | 230.1/174.1;230.1/132.0 | 120 | 15;20 |
| 97 | 敌草隆 | diuron | 7.82 | 233.1/72.0 | 233.1/72.0;233.1/160.1 | 120 | 20;20 |
| 98 | 氯甲硫磷 | chlormephos | 13.70 | 235.0/125.0 | 235.0/125.0;235.0/75.0 | 100 | 10;10 |
| 99 | 萎锈灵 | carboxin | 7.67 | 236.1/143.1 | 236.1/143.1;236.1/87.0 | 120 | 15;20 |
| 100 | 噻虫胺 | clothianidin | 4.40 | 250.2/169.1 | 250.2/169.1;250.2/132.0 | 80 | 10;15 |
| 101 | 拿草特 | pronamide | 11.81 | 256.1/190.1 | 256.1/190.1;256.1/173.0 | 80 | 10;20 |
| 102 | 二甲草胺 | dimethachloro | 8.96 | 256.1/224.2 | 256.1/224.2;256.1/148.2 | 120 | 10;20 |
| 103 | 溴谷隆 | methobromuron | 8.25 | 259.0/170.1 | 259.0/170.1;259.0/148.0 | 80 | 15;15 |
| 104 | 甲拌磷 | phorate | 16.55 | 261.0/75.0 | 261.0/75.0;261.0/199.0 | 80 | 10;5 |
| 105 | 苯草醚 | aclonifen | 14.70 | 265.1/248.0 | 265.1/248.0;265.1/193.0 | 120 | 15;15 |
| 106 | 地安磷 | mephosfolan | 5.97 | 270.1/140.1 | 270.1/140.1;270.1/168.1 | 100 | 25;15 |
| 107 | 脱苯甲基亚胺唑 | imibenconazole-des-benzyl | 5.96 | 271.0/174.0 | 271.0/174.0;271.0/70.0 | 120 | 25;25 |
| 108 | 草不隆 | neburon | 14.17 | 275.1/57.0 | 275.1/57.0;275.1/88.1 | 120 | 20;15 |
| 109 | 精甲霜灵 | mefenoxam | 7.92 | 280.1/192.1 | 280.1/192.1;280.1/220.0 | 100 | 15;10 |
| 110 | 乙氧呋草黄 | ethofume sate | 12.86 | 287.0/121.0 | 287.0/121.0;287.0/161.0 | 80 | 10;20 |
| 111 | 异稻瘟净 | iprobenfos | 13.50 | 289.1/91.0 | 289.1/91.0;289.1/205.1 | 80 | 25;5 |
| 112 | 特普 | TEPP | 5.64 | 291.1/179.0 | 291.1/179.0;291.1/99.0 | 100 | 20;35 |
| 113 | 环丙唑醇 | cyproconazole | 10.59 | 292.1/70.0 | 292.1/70.0;292.1/125.0 | 120 | 15;15 |
| 114 | 噻虫嗪 | thiamethoxam | 4.05 | 292.1/211.2 | 292.1/211.2;292.1/181.1 | 80 | 10;20 |
| 115 | 乙嘧硫磷 | etrimfos | 6.16 | 293.1/125.0 | 293.1/125.0;293.1/265.1 | 80 | 20;15 |
| 116 | 杀鼠醚 | coumatetralyl | 4.68 | 293.2/107.0 | 293.2/107.0;293.2/175.1 | 140 | 35;25 |
| 117 | 赛灭磷 | cythioate | 6.59 | 298.0/217.1 | 298/217.1;298.0/125.0 | 100 | 15;25 |
| 118 | 磷胺 | phosphamidon | 5.77 | 300.1/174.1 | 300.1/174.1;300.1/127.0 | 120 | 10;20 |
| 119 | 甜菜宁 | phenmedipham | 10.69 | 301.1/168.1 | 301.1/168.1;301.1/136.0 | 80 | 5;20 |
| 120 | 联苯井酯 | bifenazate | 13.28 | 301.2/198.1 | 301.2/198.1;301.2/170.1 | 60 | 5;20 |
| 121 | 粉唑醇 | flutriafol | 7.55 | 302.1/70.0 | 302.1/70.0;302.1/123.0 | 120 | 15;20 |
| 122 | 抑菌丙胺酯 | furalaxyl | 10.77 | 302.2/242.2 | 302.2/242.2;302.2/270.2 | 100 | 15;5 |
| 123 | 生物丙烯菊酯 | bioallethrin | 18.00 | 303.1/135.1 | 303.1/135.1;303.1/107.0 | 80 | 10;20 |
| 124 | 苯腈磷 | cyanofenphos | 16.44 | 304.0/157.0 | 304.0/157.0;304.0/276.0 | 100 | 20;10 |

表 B.1（续）

| 序号 | 中文名称 | 英文名称 | 保留时间/min | 定量离子 | 定性离子 | 源内碎裂电压/V | 碰撞气能量/V |
|---|---|---|---|---|---|---|---|
| 125 | 甲基嘧啶磷 | pirimiphos methyl | 15.50 | 306.2/164.0 | 306.2/164.0;306.2/108.1 | 120 | 20;30 |
| 126 | 噻嗪酮 | buprofezin | 13.34 | 306.2/201.0 | 306.2/201.0;306.2/116.1 | 120 | 15;10 |
| 127 | 乙拌磷砜 | disulfoton sulfone | 9.79 | 307.0/97.0 | 307.0/97.0;307.0/125.0 | 100 | 30;10 |
| 128 | 喹螨醚 | fenazaquin | 18.80 | 307.2/57.1 | 307.2/57.1;307.2/161.2 | 120 | 20;15 |
| 129 | 三唑磷 | triazophos | 13.80 | 314.1/162.1 | 314.1/162.1;314.1/286.0 | 120 | 20;10 |
| 130 | 脱叶磷 | DEF | 19.21 | 315.1/169.0 | 315.1/169.0;315.1/113.0 | 100 | 10;20 |
| 131 | 环酯草醚 | pyriftalid | 12.00 | 319.0/139.1 | 319.0/139.1;319.0/179.0 | 140 | 35;35 |
| 132 | 叶菌唑 | metconazole | 13.77 | 320.2/70.0 | 320.2/70.0;320.2/125.0 | 140 | 35;55 |
| 133 | 蚊蝇醚 | pyriproxyfen | 18.00 | 322.1/96.0 | 322.1/96.0;322.1/227.1 | 120 | 15;10 |
| 134 | 噻草酮 | cycloxydim | 17.00 | 326.2/280.2 | 326.2/280.2;326.2/180.2 | 120 | 10;15 |
| 135 | 异噁酰草胺 | isoxaben | 13.21 | 333.1/165.0 | 333.1/165.0;333.1/150.1 | 120 | 15;50 |
| 136 | 呋草酮 | flurtamone | 11.25 | 334.1/247.1 | 334.1/247.1;334.1/303.0 | 120 | 30;20 |
| 137 | 氟乐灵 | trifluralin | 12.86 | 336.0/138.9 | 336.0/138.9;336.0/103.0 | 120 | 20;45 |
| 138 | 甲基麦草氟异丙酯 | flamprop methyl | 13.20 | 336.1/105.1 | 336.1/105.1;336.1/304.0 | 80 | 20;5 |
| 139 | 生物苄呋菊酯 | bioresmethrin | 19.39 | 339.2/171.1 | 339.2/171.1;339.2/143.1 | 100 | 15;25 |
| 140 | 丙环唑 | propiconazole | 14.29 | 342.1/159.1 | 342.1/159.1;342.1/69.0 | 120 | 20;20 |
| 141 | 毒死蜱 | chlorpyrifos | 18.29 | 350.0/198.0 | 350.0/198.0;350.0/79.0 | 100 | 20;35 |
| 142 | 氯乙氟灵 | fluchloralin | 17.68 | 356.0/186.0 | 356.0/314.1;356.0/63.0 | 80 | 15;30 |
| 143 | 氯磺隆 | chlorsulfuron | 6.96 | 358.0/141.1 | 358.0/141.1;358.0/167.0 | 120 | 15;15 |
| 144 | 烯草酮 | clethodim | 17.60 | 360.1/164.1 | 360.1/164.1;360.1/268.0 | 120 | 20;10 |
| 145 | 麦草氟异丙酯 | flamprop isopropyl | 16.00 | 364.1/105.1 | 364.1/105.1;364.1/304.1 | 80 | 20;5 |
| 146 | 杀虫畏 | tetrachlorvinphos | 13.70 | 365.0/127.0 | 365.0/127.0;365.0/239.0 | 120 | 15;15 |
| 147 | 炔螨特 | propargite | 18.77 | 368.1/231.0 | 368.1/231.0;368.1/175.1 | 100 | 5;15 |
| 148 | 糠菌唑 | bromuconazole | 12.70 | 376.0/159.0 | 376.0/159.0;376.0/70.0 | 80 | 20;20 |
| 149 | 氟吡酰草胺 | picolinafen | 17.74 | 377.0/238.0 | 377.0/238.0;377.0/359.0 | 120 | 20;20 |
| 150 | 氟噻乙草酯 | fluthiacet methyl | 14.80 | 404.0/215.0 | 404.0/215.0;404.0/274.0 | 180 | 50;10 |
| 151 | 肟菌酯 | trifloxystrobin | 17.44 | 409.3/186.1 | 409.3/186.1;409.3/206.2 | 120 | 15;10 |
| 152 | 氟铃脲 | hexaflumuron | 16.90 | 461.0/141.1 | 461/141.1;461.0/158.1 | 120 | 35;35 |
| 153 | 氟酰脲 | novaluron | 17.39 | 493.0/158.0 | 493.0/158.0;493/141.1 | 80 | 15;55 |
| 154 | 啶蜱脲 | flurazuron | 18.10 | 506.0/158.1 | 506/158.1;506.0/141.1 | 120 | 15;50 |
| C 组 | | | | | | | |
| 155 | 甲胺磷 | methamidophos | 0.74 | 142.1/94.0 | 142.1/94.0;142.1/125.0 | 80 | 15;10 |
| 156 | 茵草敌 | EPTC | 14.00 | 190.2/86.0 | 190.2/86.0;190.2/128.1 | 100 | 10;10 |

表 B.1（续）

| 序号 | 中文名称 | 英文名称 | 保留时间/min | 定量离子 | 定性离子 | 源内碎裂电压/V | 碰撞气能量/V |
|---|---|---|---|---|---|---|---|
| 157 | 避蚊胺 | diethyltoluamide | 7.70 | 192.2/119.0 | 192.2/119.0;192.2/91.0 | 100 | 15;30 |
| 158 | 灭草隆 | monuron | 5.94 | 199.0/72.0 | 199.0/72.0;199.0/126.0 | 120 | 15;15 |
| 159 | 嘧霉胺 | pyrimethanil | 6.70 | 200.2/107.0 | 200.2/107.0;200.2/183.1 | 120 | 25;25 |
| 160 | 黑穗胺 | fenfuram | 7.48 | 202.1/109.0 | 202.1/109.0;202.1/83.0 | 120 | 20;20 |
| 161 | 灭藻醌 | quinoclamine | 6.09 | 208.1/105.0 | 208.1/105.0;208.1/154.1 | 120 | 30;20 |
| 162 | 仲丁威 | fenobucarb | 9.92 | 208.2/95.0 | 208.2/95.0;208.2/152.1 | 80 | 10;5 |
| 163 | 乙菌定 | ethirimol | 4.29 | 210.2/140.1 | 210.2/140.1;210.2/98.0 | 120 | 25;30 |
| 164 | 敌稗 | propanil | 9.09 | 218.0/162.1 | 218.0/162.1;218.0/127.0 | 120 | 15;20 |
| 165 | 克百威 | carbofuran | 6.81 | 222.3/165.1 | 222.3/165.1;222.3/123.1 | 120 | 5;20 |
| 166 | 啶虫清 | acetamiprid | 4.86 | 223.2/126.0 | 223.2/126.0;223.2/56.0 | 120 | 15;15 |
| 167 | 嘧菌胺 | mepanipyrim | 12.23 | 224.2/77.0 | 224.2/77.0;224.2/106.0 | 120 | 30;25 |
| 168 | 扑灭通 | prometon | 5.40 | 226.2/142.0 | 226.2/142;226.2/184.1 | 120 | 20;20 |
| 169 | 甲硫威 | methiocarb | 4.51 | 226.2/121.1 | 226.2/121.1;226.2/169.1 | 80 | 10;5 |
| 170 | 甲氧隆 | metoxuron | 5.59 | 229.1/72.0 | 229.1/72.0;229.1/156.1 | 120 | 20;20 |
| 171 | 乐果 | dimethoate | 4.88 | 230.0/199.0 | 230.0/199.0;230.0/171.0 | 80 | 5;10 |
| 172 | 呋菌胺 | methfuroxam | 10.42 | 230.2/137.1 | 230.2/137.1;230.2/111.1 | 120 | 20;15 |
| 173 | 伏草隆 | fluometuron | 7.27 | 233.1/72.0 | 233.1/72.0;233.1/160.0 | 120 | 20;20 |
| 174 | 百治磷 | dicrotophos | 3.97 | 238.1/112.1 | 238.1/112.1;238.1/193.0 | 80 | 10;5 |
| 175 | 庚酰草胺 | monalide | 14.50 | 240.1/85.1 | 240.1/85.1;240.1/57.0 | 120 | 15;35 |
| 176 | 双苯酰草胺 | diphenamid | 9.00 | 240.1/134.1 | 240.1/134.1;240.1/167.1 | 120 | 20;25 |
| 177 | 灭线磷 | ethoprophos | 11.98 | 243.1/173.0 | 243.1/173.0;243.1/215.0 | 120 | 10;10 |
| 178 | 地虫硫磷 | fonofos | 16.10 | 247.1/109.0 | 247.1/109.0;247.1/137.1 | 80 | 15;5 |
| 179 | 土菌灵 | etridiazol | 17.20 | 247.1/183.1 | 247.1/183.1;247.1/132.0 | 120 | 15;15 |
| 180 | 拌种胺 | furmecyclox | 14.00 | 252.2/170.1 | 252.2/170.1;252.2/110.1 | 100 | 10;25 |
| 181 | 环嗪酮 | hexazinone | 5.66 | 253.2/171.1 | 253.2/171.1;253.2/71.0 | 120 | 15;20 |
| 182 | 异戊乙净 | dimethametryn | 8.79 | 256.2/186.1 | 256.2/186.1;256.2/96.1 | 140 | 20;35 |
| 183 | 敌百虫 | trichlorphon | 4.21 | 257.0/221.0 | 257.0/221.0;257.0/109.0 | 120 | 10;20 |
| 184 | 内吸磷 | demeton(*o*+*s*) | 8.59 | 259.1/89.0 | 259.1/89.0;259.1/61.0 | 60 | 10;35 |
| 185 | 解草酮 | benoxacor | 10.83 | 260.0/149.2 | 260.0/149.2;260/134.1 | 120 | 15;20 |
| 186 | 除草定 | bromacil | 5.78 | 261.0/205.0 | 261.0/205.0;261.0/188.0 | 80 | 10;20 |
| 187 | 甲拌磷亚砜 | phorate sulfoxide | 7.34 | 277.0/143.0 | 277.0/143.0;277.0/199.0 | 100 | 15;5 |
| 188 | 溴莠敏 | brompyrazon | 4.69 | 266.0/92.0 | 266.0/92.0;266.0/104.0 | 120 | 30;30 |
| 189 | 氧化萎锈灵 | oxycarboxin | 5.38 | 268.0/175.0 | 268.0/175.0;268/147.1 | 100 | 10;20 |
| 190 | 灭锈胺 | mepronil | 13.15 | 270.2/119.1 | 270.2/119.1;270.2/228.2 | 100 | 30;15 |

表 B.1（续）

| 序号 | 中文名称 | 英文名称 | 保留时间/min | 定量离子 | 定性离子 | 源内碎裂电压/V | 碰撞气能量/V |
|---|---|---|---|---|---|---|---|
| 191 | 乙拌磷 | disulfoton | 16.80 | 275.0/89.0 | 275.0/89.0;275.0/61.0 | 80 | 5;20 |
| 192 | 倍硫磷 | fenthion | 15.54 | 279.0/169.1 | 279.0/169.1;279.0/247.0 | 120 | 15;10 |
| 193 | 甲霜灵 | metalaxyl | 7.75 | 280.1/192.2 | 280.1/192.2;280.1/220.2 | 120 | 15;20 |
| 194 | 甲呋酰胺 | ofurace | 7.65 | 282.1/160.2 | 282.1/160.2;282.1/254.2 | 120 | 20.1 |
| 195 | 吗菌灵 | dodemorph | 8.45 | 282.3/116.1 | 282.3/116.1;282.3/98.1 | 120 | 20;30 |
| 196 | 甲基咪草酯 | imazamethabenz-methyl | 5.33 | 289.1/229.0 | 289.1/229.0;289.1/86.0 | 120 | 15;25 |
| 197 | 乙拌磷亚砜 | disulfoton-sulfoxide | 7.38 | 291.0/185.0 | 291.0/185;291.0/157.0 | 80 | 10;20 |
| 198 | 稻瘟灵 | isoprothiolane | 13.17 | 291.1/189.1 | 291.1/189.1;291.1/231.1 | 80 | 20;5 |
| 199 | 抑霉唑 | imazalil | 6.86 | 297.0/159.0 | 297.0/159.0;297.0/255.0 | 120 | 20;20 |
| 200 | 辛硫磷 | phoxim | 16.80 | 299.0/77.0 | 299.0/77.0;299.0/129.0 | 80 | 20;10 |
| 201 | 喹硫磷 | quinalphos | 14.80 | 299.1/147.1 | 299.1/147.1;299.1/163.1 | 120 | 20;20 |
| 202 | 灭菌磷 | ditalimfos | 13.53 | 300.0/148.1 | 300.0/148.1;300.0/244.0 | 80 | 15;10 |
| 203 | 苯氧威 | fenoxycarb | 18.10 | 362.1/288.0 | 362.1/288.0;362.1/244.0 | 120 | 20;20 |
| 204 | 嘧啶磷 | pyrimitate | 14.00 | 306.1/170.2 | 306.1/170.2;306.1/154.2 | 120 | 20;20 |
| 205 | 丰索磷 | fensulfothin | 8.55 | 309.0/157.1 | 309.0/157.1;309.0/253.0 | 120 | 25;15 |
| 206 | 氯咯草酮 | fluorochloridone | 13.80 | 312.1/292.1 | 312.1/292.1;312.1/89.0 | 100 | 25;25 |
| 207 | 丁草胺 | butachlor | 18.00 | 312.2/238.1 | 312.2/238.1;312.2/162.0 | 80 | 10;20 |
| 208 | 咪唑喹啉酸 | imazaquin | 6.27 | 312.2/199.1 | 312.2/199.1;312.2/267.0 | 160 | 25;20 |
| 209 | 亚胺菌 | kresoxim-methyl | 15.20 | 314.1/267.0 | 314.1/267.0;314.1/206.0 | 80 | 5;5 |
| 210 | 戊叉菌唑 | triticonazole | 10.55 | 318.2/70.0 | 318.2/70.0;318.2/125.1 | 120 | 15;35 |
| 211 | 苯线磷亚砜 | fenamiphos sulfoxide | 5.87 | 320.1/171.1 | 320.1/171.1;320.1/292.1 | 140 | 25;15 |
| 212 | 噻吩草胺 | thenylchlor | 14.00 | 324.1/127.0 | 324.1/127.0;324.1/59.0 | 80 | 10;45 |
| 213 | 氰菌胺 | fenoxanil | 18.81 | 329.1/302.0 | 329.1/302.0;329.1/189.1 | 80 | 5;30 |
| 214 | 氟啶草酮 | fluridone | 10.30 | 330.1/309.1 | 330.1/309.1;330.1/259.2 | 160 | 40;55 |
| 215 | 氟环唑 | epoxiconazole | 18.81 | 330.1/141.1 | 330.1/141.1;330.1/121.1 | 120 | 20;20 |
| 216 | 氯辛硫磷 | chlorphoxim | 17.15 | 333.0/125.0 | 333.0/125.0;333.0/163.1 | 80 | 5;5 |
| 217 | 苯线磷砜 | fenamiphos sulfone | 6.63 | 336.1/188.2 | 336.1/188.2;336.1/266.2 | 120 | 30;20 |
| 218 | 腈苯唑 | fenbuconazole | 13.40 | 337.1/70.0 | 337.1/70.0;337.1/125.0 | 120 | 20;20 |
| 219 | 异柳磷 | isofenphos | 17.25 | 346.1/217.0 | 346.1/217.0;346.1/245.0 | 80 | 20;10 |
| 220 | 苯醚菊酯 | phenothrin | 19.70 | 351.1/183.2 | 351.1/183.2;351.1/237.0 | 100 | 15;5 |
| 221 | 氯化薯瘟锡 | fentin-chloride | 7.00 | 351.1/120.0 | 351.1/120.0;351.1/170.0 | 180 | 40;30 |
| 222 | 哌草磷 | piperophos | 17.00 | 354.1/171.0 | 354.1/171.0;354.1/143.0 | 100 | 20;30 |

**表 B.1（续）**

| 序号 | 中文名称 | 英文名称 | 保留时间/min | 定量离子 | 定性离子 | 源内碎裂电压/V | 碰撞气能量/V |
|---|---|---|---|---|---|---|---|
| 223 | 增效醚 | piperonyl butoxide | 17.75 | 356.2/177.1 | 356.2/177.1;356.2/119.0 | 100 | 10;35 |
| 224 | 乙氧氟草醚 | oxyflurofen | 18.00 | 362.0/316.1 | 362.0/316.1;362/237.1 | 120 | 10;25 |
| 225 | 蝇毒磷 | coumaphos | 16.42 | 363.1/227.2 | 363.1/227.2;363.1/307.1 | 120 | 20;15 |
| 226 | 氟噻草胺 | flufenacet | 14.00 | 364.0/194.0 | 364.0/194.0;364/152.0 | 80 | 5;10 |
| 227 | 伏杀硫磷 | phosalone | 16.79 | 368.1/182.0 | 368.1/182.0;368.1/322.0 | 80 | 10;5 |
| 228 | 甲氧虫酰肼 | methoxyfenozide | 13.41 | 313.0/149.0 | 313.0/149.0;313.0/91.0 | 100 | 10;35 |
| 229 | 咪鲜胺 | prochloraz | 11.79 | 376.1/308.0 | 376.1/308.0;376.1/266.0 | 80 | 10;10 |
| 230 | 丙硫特普 | aspon | 19.22 | 379.1/115.0 | 379.1/115.0;379.1/210.0 | 80 | 30;15 |
| 231 | 乙硫磷 | ethion | 18.46 | 385.0/199.1 | 385.0/199.1;385.0/171.0 | 80 | 5;15 |
| 232 | 丁醚脲 | diafenthiuron | 18.90 | 385.0/329.2 | 385.0/329.2;385.0/278.2 | 140 | 15;35 |
| 233 | 噻吩磺隆 | thifensulfuron-methyl | 6.40 | 388.1/167.0 | 388.1/167.0;388.1/141.1 | 120 | 10;10 |
| 234 | 乙氧嘧磺隆 | ethoxysulfuron | 11.86 | 399.2/261.1 | 399.2/261.1;399.2/218.1 | 120 | 25;25 |
| 235 | 氟硫草定 | dithiopyr | 17.81 | 402.0/354.0 | 402.0/354.0;402.0/272.0 | 120 | 20;30 |
| 236 | 螺螨酯 | spirodiclofen | 19.28 | 411.1/71.0 | 411.1/71.0;411.1/313.1 | 100 | 10;5 |
| 237 | 唑螨酯 | fenpyroximate | 18.66 | 422.2/366.2 | 422.2/366.2;422.2/135.0 | 120 | 10;35 |
| 238 | 胺氟草酯 | flumiclorac-pentyl | 18.00 | 441.1/308.0 | 441.1/308.0;441.1/354.0 | 100 | 25;10 |
| 239 | 双硫磷 | temephos | 18.30 | 467.0/125.0 | 467.0/125.0;467.0/155.0 | 100 | 30;30 |
| 240 | 氟丙嘧草酯 | butafenacil | 15.00 | 492.0/180.0 | 492.0/180.0;492.0/331.0 | 120 | 35;25 |
| 241 | 多杀菌素 | spinosad | 14.30 | 732.4/142.2 | 732.4/142.2;732.4/98.1 | 180 | 30;75 |
| D组 | | | | | | | |
| 242 | 甲哌金翁 | mepiquat chloride | 0.71 | 114.1/98.1 | 114.1/98.1;114.1/58.0 | 140 | 30;30 |
| 243 | 二丙烯草胺 | allidochlor | 5.78 | 174.1/98.1 | 174.1/98.1;174.1/81.0 | 100 | 10;15 |
| 244 | 霜霉威 | propamocarb | 2.84 | 190.1/102.1 | 190.1/102.1;190.1/74.1 | 110 | 20;30 |
| 245 | 噻菌灵 | thiabendazole | 3.32 | 202.1/175.1 | 202.1/175.1;202.1/131.1 | 120 | 30;30 |
| 246 | 苯噻草酮 | metamitron | 4.18 | 203.1/175.1 | 203.1/175.1;203.1/104.0 | 120 | 15;20 |
| 247 | 异丙隆 | isoproturon | 7.44 | 207.2/72.0 | 207.2/72.0;207.2/165.1 | 120 | 15;15 |
| 248 | 莠去通 | atratone | 4.46 | 212.2/170.2 | 212.2/170.2;212.2/100.1 | 120 | 15;30 |
| 249 | 赛克津 | metribuzin | 7.16 | 215.1/187.2 | 215.1/187.2;215.1/131.1 | 120 | 15;20 |
| 250 | — | DMST | 7.06 | 215.3/106.1 | 215.3/106.1;215.3/151.2 | 80 | 10;5 |
| 251 | 环草敌 | cycloate | 15.95 | 216.2/83.0 | 216.2/83.0;216.2/154.1 | 120 | 15;10 |
| 252 | 阿特拉津 | atrazine | 7.20 | 216.0/174.2 | 216.0/174.2;216.0/132.0 | 120 | 15;20 |
| 253 | 丁草敌 | butylate | 17.20 | 218.1/57.0 | 218.1/57.0;218.1/156.2 | 80 | 10;5 |
| 254 | 吡蚜酮 | pymetrozin | 0.73 | 218.1/105.1 | 218.1/105.1;218.1/78.0 | 100 | 20;40 |

表 B.1(续)

| 序号 | 中文名称 | 英文名称 | 保留时间/min | 定量离子 | 定性离子 | 源内碎裂电压/V | 碰撞气能量/V |
|---|---|---|---|---|---|---|---|
| 255 | 氯草敏 | chloridazon | 4.35 | 222.1/104.0 | 222.1/104.0;222.1/92.0 | 120 | 25;35 |
| 256 | 菜草畏 | sulfallate | 15.25 | 224.1/116.1 | 224.1/116.1;224.1/88.2 | 100 | 10;20 |
| 257 | 乙硫苯威 | ethiofencarb | 4.48 | 227.0/107.0 | 227.0/107.0;227.0/164.0 | 80 | 5;5 |
| 258 | 特丁通 | terbumeton | 5.25 | 226.2/170.1 | 226.2/170.1;226.2/114.0 | 120 | 15;20 |
| 259 | 莠灭净 | ametryn | 5.85 | 228.2/186.0 | 228.2/186.0;228.2/68.0 | 120 | 20;35 |
| 260 | 木草隆 | tebuthiuron | 5.30 | 229.2/172.2 | 229.2/172.2;229.2/116.0 | 120 | 15;20 |
| 261 | 草达津 | trietazine | 12.00 | 230.1/202.0 | 230.1/202.0;230.1/132.1 | 160 | 20;20 |
| 262 | 另丁津 | sebutylazine | 8.65 | 230.1/174.1 | 230.1/174.1;230.1/104 | 12 | 15;30 |
| 263 | 畜虫避 | dibutyl succinate | 14.80 | 231.1/101.0 | 231.1/101.0;231.1/157.1 | 60 | 1;10 |
| 264 | 牧草胺 | tebutam | 13.04 | 234.2/91.1 | 234.2/91.1;234.2/192.2 | 120 | 20;15 |
| 265 | 久效威亚砜 | thiofanox-sulfoxide | 4.08 | 235.1/104.0 | 235.1/104.0;235.1/57 | 60 | 5;20 |
| 266 | 杀螟丹 | cartap hydrochloride | 5.90 | 238.0/73.0 | 238.0/73.0;238.0/150.0 | 100 | 30;10 |
| 267 | 虫螨畏 | methacrifos | 10.03 | 241.0/209.0 | 241.0/209.0;241.0/125.0 | 60 | 5;20 |
| 268 | 咪唑嗪 | triazoxide | 5.66 | 248.0/68.0 | 248.0/68.0;248.0/95.0 | 100 | 35;25 |
| 269 | 虫线磷 | thionazin | 8.84 | 249.1/97.0 | 249.1/97.0;249.1/193.0 | 80 | 30;10 |
| 270 | 利谷隆 | linuron | 9.84 | 249.0/160.1 | 249.0/160.1;249.0/182.1 | 100 | 15;15 |
| 271 | 庚虫磷 | heptanophos | 7.85 | 251.0/127.0 | 251.0/127.0;251.0/109.0 | 80 | 10;30 |
| 272 | 苄草丹 | prosulfocarb | 17.10 | 252.1/91.0 | 252.1/91.0;252.1/128.1 | 120 | 15;10 |
| 273 | 杀草净 | dipropetryn | 8.58 | 256.1/144.1 | 256.1/144.1;256.1/214.0 | 140 | 30;20 |
| 274 | 禾草丹 | thiobencarb | 15.80 | 258.1/125.0 | 258.1/125.0;258.1/89.0 | 80 | 20;55 |
| 275 | 三正丁基磷酸盐 | tri-*n*-butyl phosphate | 15.45 | 267.2/99.0 | 267.2/99.0;267.2/155.1 | 80 | 5;15 |
| 276 | 甲草胺 | alachlor | 13.15 | 270.2/238.2 | 270.2/238.2;270.2/162.2 | 80 | 10;20 |
| 277 | 硫线磷 | cadusafos | 15.27 | 271.1/159.1 | 271.1/159.1;271.1/131 | 80 | 10;20 |
| 278 | 吡唑草胺 | metazachlor | 8.36 | 278.1/134.1 | 278.1/134.1;278.1/210.1 | 80 | 20;5 |
| 279 | 胺丙畏 | propetamphos | 13.60 | 282.1/138.0 | 282.1/138.0;282.1/156.1 | 80 | 15;10 |
| 280 | 特丁硫磷 | terbufos | 13.70 | 289.0/57.0 | 289.0/57.0;289.0/103.1 | 80 | 20;5 |
| 281 | 硅氟唑 | simeconazole | 11.00 | 294.2/70.1 | 294.2/70.1;294.2/135.1 | 120 | 15;15 |
| 282 | 三唑酮 | triadimefon | 11.88 | 294.2/69.0 | 294.2/69.0;294.2/197.1 | 100 | 20;15 |
| 283 | 甲拌磷砜 | phorate sulfone | 9.34 | 293.0/171.0 | 293.0/171.0;293/143.1 | 60 | 5;15 |
| 284 | 十三吗啉 | tridemorph | 14.00 | 298.3/130.1 | 298.3/130.1;298.3/57.1 | 160 | 25;35 |
| 285 | 苯噻酰草胺 | mefenacet | 11.60 | 299.1/148.1 | 299.1/148.1;299.1/120.1 | 100 | 15;25 |
| 286 | 丁苯吗琳 | fenpropimorph | 9.10 | 304.0/147.2 | 304.0/ 147.2;304.0/130.0 | 120 | 30;30 |
| 287 | 戊唑醇 | tebuconazole | 12.44 | 308.2/70.0 | 308.2/70.0;308.2/125.0 | 100 | 25;25 |

**表 B.1（续）**

| 序号 | 中文名称 | 英文名称 | 保留时间/min | 定量离子 | 定性离子 | 源内碎裂电压/V | 碰撞气能量/V |
|---|---|---|---|---|---|---|---|
| 288 | 异丙乐灵 | isopropalin | 19.05 | 310.2/225.7 | 310.2/225.7;310.2/207.7 | 120 | 15;20 |
| 289 | 氟苯嘧啶醇 | nuarimol | 9.20 | 315.1/252.1 | 315.1/252.1;315.1/81.0 | 120 | 25;30 |
| 290 | 乙嘧酚磺酸酯 | bupirimate | 9.52 | 317.2/166.0 | 317.2/166.0;317.2/272.0 | 120 | 25;20 |
| 291 | 保棉磷 | azinphos-methyl | 10.45 | 318.1/125.0 | 318.1/125.0;318.1/160.0 | 80 | 15;10 |
| 292 | 丁基嘧啶磷 | tebupirimfos | 18.15 | 319.1/277.1 | 319.1/277.1;319.1/153.2 | 120 | 10;30 |
| 293 | 稻丰散 | phenthoate | 15.57 | 321.1/247.0 | 321.1/247.0;321.1/163.1 | 80 | 5;10 |
| 294 | 治螟磷 | sulfotep | 16.35 | 323.0/171.1 | 323.0/171.1;323.0/143.0 | 120 | 10;20 |
| 295 | 硫丙磷 | sulprofos | 18.40 | 323.0/219.1 | 323.0/219.1;323.0/247.0 | 120 | 15;10 |
| 296 | 苯硫磷 | EPN | 17.10 | 324.0/296.0 | 324.0/296.0;324.0/157.1 | 120 | 10;20 |
| 297 | 甲基吡噁磷 | azamethiphos | 6.05 | 325.0/183.0 | 325.0/183.0;325.0/139.0 | 80 | 15;25 |
| 298 | 烯唑醇 | diniconazole | 13.67 | 326.1/70.0 | 326.1/70.0;326.1/159.0 | 120 | 25;30 |
| 299 | 唑嘧磺草胺 | flumetsulam | 4.95 | 326.1/129.0 | 326.1/129.0;326.1/262.1 | 120 | 30;20 |
| 300 | 纹枯脲 | pencycuron | 16.33 | 329.2/125.0 | 329.2/125.0;329.2/218.1 | 120 | 20;15 |
| 301 | 灭蚜磷 | mecarbam | 14.46 | 330.0/227.0 | 330.0/227.0;330.0/199.0 | 80 | 5;10 |
| 302 | 苯草酮 | tralkoxydim | 18.09 | 330.2/284.2 | 330.2/284.2;330.2/138.1 | 100 | 10;20 |
| 303 | 马拉硫磷 | malathion | 13.20 | 331.0/127.1 | 331.0/127.1;331.0/99.0 | 80 | 5;10 |
| 304 | 稗草畏 | pyributicarb | 18.26 | 331.1/181.1 | 331.1/181.1;331.1/108.0 | 120 | 10;20 |
| 305 | 哒嗪硫磷 | pyridaphenthion | 12.32 | 341.1/189.2 | 341.1/189.2;341.1/205.2 | 120 | 20;20 |
| 306 | 硫双威 | thiodicarb | 6.55 | 355.1/88.0 | 355.1/88.0;355.1/163.0 | 80 | 15;5 |
| 307 | 吡唑硫磷 | pyraclofos | 15.34 | 361.1/257.0 | 361.1/257.0;361.1/138.0 | 120 | 25;35 |
| 308 | 啶氧菌酯 | picoxystrobin | 15.40 | 368.1/145.0 | 368.1/145.0;368.1/205.0 | 80 | 20;5 |
| 309 | 四氟醚唑 | tetraconazole | 12.54 | 372.0/159.0 | 372.0/159.0;372.0/70.0 | 120 | 35;35 |
| 310 | 吡唑解草酯 | mefenpyr-diethyl | 16.80 | 373.0/327.0 | 373.0/327.0;373.0/160.0 | 80 | 15;35 |
| 311 | 丙溴磷 | profenefos | 16.74 | 373.0/302.9 | 373.0/302.9;373.0/345.0 | 120 | 15;10 |
| 312 | 百克敏 | pyraclostrobin | 16.04 | 388.0/163.0 | 388.0/163.0;388.0/194.0 | 120 | 20;10 |
| 313 | 烯酰吗啉 | dimethomorph | 16.04 | 388.1/165.1 | 388.1/165.1;388.1/301.1 | 120 | 25;20 |
| 314 | 噻嗯菊酯 | kadethrin | 17.95 | 397.1/171.1 | 397.1/171.1;397.1/128.0 | 100 | 15;55 |
| 315 | 噻唑烟酸 | thiazopyr | 16.15 | 397.1/377.0 | 397.1/377.0;397.1/335.1 | 140 | 20;30 |
| 316 | 醚黄隆 | cinosulfuron | 6.53 | 414.1/183.1 | 414.1/183.1;414.1/157.1 | 120 | 10;20 |
| 317 | 吡嘧磺隆 | pyrazosulfuron-ethyl | 17.20 | 415.1/182.1 | 415.1/182.1;415.1/369.1 | 120 | 15;10 |
| 318 | 磺草胺唑 | metosulam | 7.60 | 418.0/175.1 | 418.0/175.1;418.0/354.0 | 120 | 25;20 |
| E组 | | | | | | | |
| 319 | 4-氨基吡啶 | 4-aminopyridine | 0.72 | 95.1/52.1 | 95.1/52.1;95.1/78.1 | 120 | 25;5 |
| 320 | 矮壮素 | chlormequat | 0.72 | 122.1/58.1 | 122.1/58.1;122.1/63.1 | 100 | 35;20 |

表 B.1（续）

| 序号 | 中文名称 | 英文名称 | 保留时间/min | 定量离子 | 定性离子 | 源内碎裂电压/V | 碰撞气能量/V |
|---|---|---|---|---|---|---|---|
| 321 | 灭多威 | methomyl | 3.76 | 163.2/88.1 | 163.2/88.1;163.2/106.1 | 80 | 5;10 |
| 322 | 咯喹酮 | pyroquilon | 5.87 | 174.1/117.1 | 174.1/117.1;174.1/132.2 | 140 | 35;25 |
| 323 | 麦穗灵 | fuberidazole | 3.66 | 185.2/157.2 | 185.2/157.2;185.2/92.1 | 120 | 20;25 |
| 324 | 丁脒酰胺 | isocarbamid | 4.35 | 186.2/87.1 | 186.2/87.1;186.2/130.1 | 80 | 20;5 |
| 325 | 丁酮威 | butocarboxim | 5.30 | 213.0/75.1 | 213.0/75.1;213.0/156.1 | 100 | 15;5 |
| 326 | 杀虫脒 | chlordimeform | 4.13 | 197.2/117.1 | 197.2/117.1;197.2/89.1 | 120 | 25;50 |
| 327 | 霜脲氰 | cymoxanil | 4.95 | 199.1/111.1 | 199.1/111.1;199.1/128.1 | 80 | 20;15 |
| 328 | 灭害威 | aminocarb | 0.75 | 209.3/137.1 | 209.3/137.1;209.3/152.1 | 100 | 20;10 |
| 329 | 甲菌定 | dimethirimol | 4.20 | 210.2/71.1 | 210.2/71.1;210.2/140.0 | 120 | 25;20 |
| 330 | 氧乐果 | omethoate | 0.75 | 214.1/125.0 | 214.1/125.0;214.1/183.0 | 80 | 20;5 |
| 331 | 乙氧喹啉 | ethoxyquin | 7.19 | 218.2/174.2 | 218.2/174.2;218.2/160.1 | 120 | 30;35 |
| 332 | 敌敌畏 | dichlorvos | 4.20 | 222.9/ 109.0 | 222.9/109.0;222.9/79.0 | 120 | 15;30 |
| 333 | 涕灭威砜 | aldicarb sulfone | 3.50 | 223.1/76.0 | 223.1/76.0;223.1/148.0 | 80 | 5;5 |
| 334 | 二氧威 | dioxacarb | 4.70 | 224.1/123.1 | 224.1/123.1;224.1/167.1 | 80 | 15;5 |
| 335 | 苄基腺嘌呤 | benzyladenine | 4.16 | 226.1/91.1 | 226.1/91.1;226.1/148.0 | 140 | 20;15 |
| 336 | 甲基内吸磷 | demeton-*s*-methyl | 6.25 | 253.0/89.0 | 253.0/ 89.0;253.0/61.0 | 80 | 10;35 |
| 337 | 乙硫苯威亚砜 | ethiofencarb-sulfoxide | 3.95 | 242.2/107.1 | 242.2/107.1;242.2/185.1 | 80 | 15;5 |
| 338 | 甲基乙拌磷 | thiometon | 7.16 | 247.1/171.0 | 247.1/171.0;247.1/89.1 | 100 | 10;10 |
| 339 | 灭菌丹 | folpet | 12.82 | 260.0/130.0 | 260.0/130.0;260.0/102.3 | 100 | 10;40 |
| 340 | 甲基内吸磷砜 | demeton-*s*-methyl sulfone | 3.96 | 263.1/169.1 | 263.1/169.1;263.1/125.0 | 80 | 15;20 |
| 341 | 苯锈定 | fenpropidin | 8.96 | 274.0/147.1 | 274.0/147.1;274.0/86.1 | 160 | 25;25 |
| 342 | 甲咪唑烟酸 | imazapic | 4.80 | 276.2/163.2 | 276.2/163.2;276.2/216.2;276.2/86.1 | 120 | 20;20;25 |
| 343 | 对氧磷 | paraoxon-ethyl | 8.00 | 276.2/220.1 | 276.2/220.1;276.2/94.1 | 100 | 10;40 |
| 344 | 乙烯菌核利 | vinclozolin | 14.66 | 286.1/242.0 | 286.1/242.0;286.1/145.1 | 100 | 5;45 |
| 345 | 烯效唑 | uniconazole | 11.69 | 292.1/70.1 | 292.1/70.1;292.1/125.1 | 120 | 30;30 |
| 346 | 啶斑肟 | pyrifenox | 7.42 | 295.0/93.1 | 295.0/93.1;295.0/163.0 | 120 | 15;15 |
| 347 | 异氯磷 | dicapthon | 14.47 | 298.0/125.0 | 298.0/125.0;298.0/266.1 | 80 | 10;10 |
| 348 | 四螨嗪 | clofentezine | 16.18 | 303.0/138.0 | 303.0/138.0;303.0/156.0 | 100 | 25;25 |
| 349 | 氟草敏 | norflurazon | 8.08 | 304.0/284.0 | 304.0/284.0;304.0/160.1 | 140 | 25;35 |
| 350 | 野麦畏 | triallate | 18.52 | 304.0/143.0 | 304.0/143.0;304.0/86.1 | 120 | 25;15 |
| 351 | 福美锌 | ziram | 7.32 | 305.0/185.9 | 305/185.9;305/88.1 | 120 | 10;20 |

表 B.1（续）

| 序号 | 中文名称 | 英文名称 | 保留时间/min | 定量离子 | 定性离子 | 源内碎裂电压/V | 碰撞气能量/V |
|---|---|---|---|---|---|---|---|
| 352 | 苯氧喹啉 | quinoxyphen | 17.05 | 308.0/197.0 | 308.0/197.0;308.0/272.0 | 180 | 35;35 |
| 353 | 倍硫磷砜 | fenthion sulfone | 8.71 | 311.1/125.0 | 311.1/125.0;311.1/109 | 140 | 15;20 |
| 354 | 氟咯草酮 | flurochloridone | 13.34 | 312.2/292.2 | 312.2/292.2;312.2/53.1 | 140 | 25;30 |
| 355 | 酞酸苯甲基丁酯 | phthalic acid, benzyl butyl ester | 17.34 | 313.2/91.1 | 313.2/91.1;313.2/149.0;313.2/205.1 | 80 | 10;10;5 |
| 356 | 氯唑磷 | isazofos | 13.67 | 314.1/162.1 | 314.1/162.1;314.1/120.0 | 100 | 10;35 |
| 357 | 除线磷 | dichlofenthion | 18.15 | 315.0/259.0 | 315.0/259.0;315.0/287.0 | 100 | 10;5 |
| 358 | 特丁硫磷砜 | terbufos sulfone | 12.57 | 321.2/171.1 | 321.2/171.1;321.2/143.0 | 80 | 5;15 |
| 359 | 敌乐胺 | dinitramine | 15.80 | 323.1/305.0 | 323.1/305.0;323.1/247.0 | 120 | 10;15 |
| 360 | 毒壤磷 | trichloronat | 18.98 | 333.1/304.9 | 333.1/304.9;333.1/161.8 | 100 | 10;45 |
| 361 | 苄呋菊酯 | resmethrin | 12.35 | 339.2/171.1 | 339.2/171.1;339.2/143.1 | 80 | 10;25 |
| 362 | 啶酰菌胺 | boscalid | 12.20 | 343.2/307.2 | 343.2/307.2;343.2/271.0 | 140 | 20;35 |
| 363 | 甲氰菊酯 | fenpropathrin | 19.00 | 350.2/125.2 | 350.2/125.2;350.2/97.0 | 120 | 5;20 |
| 364 | 噻螨酮 | hexythiazox | 18.23 | 353.1/168.1 | 353.1/168.1;353.1/228.1 | 120 | 20;10 |
| 365 | 嘧螨醚 | pyrimidifen | 13.69 | 378.2/184.1 | 378.2/184.1;378.2/150.2 | 140 | 15;40 |
| 366 | 呋线威 | furathiocarb | 17.85 | 383.3/195.1 | 383.3/195.1;383.3/252.1;383.3/167.0 | 100 | 10;5;25 |
| 367 | 反式氯菊酯 | *trans*-permethin | 21.00 | 391.3/149.1 | 391.3/149.1;391.3/167.1 | 100 | 10;10 |
| 368 | 苄草唑 | pyrazoxyfen | 14.30 | 403.2/91.1 | 403.2/91.1;403.2/105.1;403.2/139.1 | 140 | 25;20;20 |
| 369 | 嘧唑螨 | flubenzimine | 14.48 | 417.0/397.0 | 417.0/397.0;417.0/167.1 | 100 | 10;25 |
| 370 | *Z*-氯氰菊酯 | *zeta*-cypermethrin | 20.45 | 433.3/416.2 | 433.3/416.2;433.3/191.2 | 100 | 5;10 |
| 371 | 氟吡乙禾灵 | haloxyfop-2-ethoxyethyl | 17.65 | 434.1/316.0 | 434.1/316.0;434.1/288.0;434.1/91.2 | 120 | 15;20;45 |
| 372 | 氟胺氰菊酯 | *tau*-fluvalinate | 19.58 | 503.2/181.2 | 503.2/181.2;503.2/208.1 | 80 | 25;15 |
| | | | | F组 | | | |
| 373 | 叔丁基胺 | *tert*-butylamine | 0.65 | 74.1/46.0 | 74.1/46.0;74.1/56.8 | 120 | 5;5 |
| 374 | 噁霉灵 | hymexazol | 2.65 | 100.1/54.1 | 100.1/54.1;100.1/44.2;100.1/28.0 | 100 | 10;15;15 |
| 375 | 矮壮素氯化物 | chlormequat chloride | 0.69 | 122.1/58.1 | 122.1/58.1;122.1/63.0 | 120 | 30;20 |
| 376 | 邻苯二甲酰亚胺 | phthalimide | 0.74 | 148.0/130.1 | 148.0/130.1;148.0/102.0 | 100 | 10;25 |
| 377 | 甲氟磷 | dimefox | 3.88 | 155.1/110.1 | 155.1/110.1;155.1/135.0 | 120 | 20;10 |
| 378 | 二苯胺 | diphenylamin | 13.06 | 170.2/93.1 | 170.2/93.1;170.2/152.0 | 120 | 30;30 |
| 379 | 1-萘基乙酰胺 | 1-naphthyl acetamide | 5.30 | 186.2/141.1 | 186.2/141.1;186.2/115.1 | 100 | 15;45 |

表 B.1（续）

| 序号 | 中文名称 | 英文名称 | 保留时间/min | 定量离子 | 定性离子 | 源内碎裂电压/V | 碰撞气能量/V |
|---|---|---|---|---|---|---|---|
| 380 | 脱乙基莠去津 | atrazine-desethyl | 4.43 | 188.2/146.1 | 188.2/146.1;188.2/104.1 | 120 | 10;20 |
| 381 | 2,6-二氯苯甲酰胺 | 2,6-dichloro-benzamide | 3.85 | 190.1/173.0 | 190.1/173.0;190.1/145.0 | 100 | 20;30 |
| 382 | 涕灭威 | aldicarb | 5.42 | 213.0/89.0 | 213.0/89.0;213.0/116.0 | 100 | 30;10 |
| 383 | 邻苯二甲酸二甲酯 | dimethyl phthalate | 3.50 | 217.0/86.0 | 217.0/86.0;217.0/156.0 | 100 | 15;20 |
| 384 | 西玛通 | simeton | 3.94 | 198.2/100.1 | 198.2/100.1;198.2/128.2 | 120 | 25;20 |
| 385 | 呋草胺 | dinotefuran | 3.06 | 203.3/129.2 | 203.3/129.2;203.3/87.1 | 80 | 5;10 |
| 386 | 克草敌 | pebulate | 16.05 | 204.2/72.1 | 204.2/72.1;204.2/128.0 | 100 | 10;10 |
| 387 | 蔬果磷 | dioxabenzofos | 10.15 | 217.0/77.1 | 217.0/77.1;217.0/107.1 | 100 | 40;30 |
| 388 | 杀线威 | oxamyl | 3.46 | 241.0/72.0 | 241.0/72.0;242.0/121.0 | 120 | 15;10 |
| 389 | 甲基苯噻隆 | methabenzthiazuron | 6.80 | 222.2/165.1 | 222.2/165.1;222.2/149.9 | 100 | 15;35 |
| 390 | 丁酮砜威 | butoxycarboxim | 3.30 | 223.2/63.0 | 223.2/63.0;223.2/106.1 | 80 | 10;5 |
| 391 | 甲基内吸磷亚砜 | demeton-*s*-methyl sulfoxide | 3.42 | 247.1/109.0 | 247.1/109.0;247.1/169.1 | 80 | 20;10 |
| 392 | 硫环磷 | phosfolan | 4.95 | 256.2/140.0 | 256.2/140.0;256.2/228.0 | 100 | 25;10 |
| 393 | 氧倍硫磷 | fenthion oxon | 8.15 | 263.2/230.0 | 263.2/230.0;263.2/216.0 | 100 | 10;20 |
| 394 | 萘丙胺 | napropamide | 12.45 | 272.2/171.1 | 272.2/171.1;272.2/129.2 | 120 | 15;15 |
| 395 | 杀螟硫磷 | fenitrothion | 13.60 | 278.1/125.0 | 278.1/125.0;278.1/246.0 | 140 | 15;15 |
| 396 | 酞酸二丁酯 | phthalic acid, dibutyl ester | 17.50 | 279.2/149.0 | 279.2/149.0;279.2/121.1 | 80 | 10;45 |
| 397 | 腐霉利 | procymidone | 13.33 | 284.0/256.0 | 284.0/256.0;284.0/145.0 | 140 | 10;45 |
| 398 | 可灭隆 | cumyluron | 11.70 | 303.3/185.1 | 303.3/185.1;303.3/125.0 | 100 | 5;45 |
| 399 | 甲氧咪草烟 | imazamox | 3.00 | 304.2/260.0 | 304.2/260.0;304.2/186.0 | 100 | 5;40 |
| 400 | 亚胺硫磷 | phosmet | 11.14 | 318.0/160.1 | 318.0/160.1;318.0/133.0 | 80 | 10;35 |
| 401 | 皮蝇磷 | ronnel | 17.70 | 320.9/125.0 | 320.9/125.0;320.9/288.8 | 120 | 10;10 |
| 402 | — | phthalic acid, biscyclohexyl ester | 19.10 | 331.3/149.1 | 331.3/149.1;331.3/167.1;331.3/249.0 | 80 | 10;5;5 |
| 403 | 吡螨胺 | tebufenpyrad | 17.32 | 334.3/147.0 | 334.3/147.0;334.3/117.1 | 160 | 25;40 |
| 404 | 虫螨磷 | chlorthiophos | 18.58 | 361.0/305.0 | 361.0/305.0;361.0/225.0 | 100 | 10;15 |
| 405 | 氯亚胺硫磷 | dialifos | 17.15 | 394.0/208.0 | 394.0/208;394.0/187.0 | 100 | 5;20 |
| 406 | 鱼滕酮 | rotenone | 14.00 | 395.3/213.2 | 395.3/213.2;395.3/192.2 | 160 | 20;20 |
| 407 | 亚胺唑 | imibenconazole | 17.16 | 411.0/125.1 | 411.0/125.1;411.0/171.1;41.01/342.0 | 120 | 25;15;10 |
| 408 | 噁草酸 | propaquizafop | 17.56 | 444.2/100.1 | 444.2/100.1;444.2/299.1 | 140 | 15;25 |

表 B.1（续）

| 序号 | 中文名称 | 英文名称 | 保留时间/min | 定量离子 | 定性离子 | 源内碎裂电压/V | 碰撞气能量/V |
|---|---|---|---|---|---|---|---|
| 409 | 乳氟禾草灵 | lactofen | 18.23 | 479.1/344.0 | 479.1/344.0;479.1/223.0 | 120 | 15;35 |
| 410 | 2,3,4,5-四氯苯胺 | 2,3,4,5-tetrachloroaniline | 0.72 | 229.7/194.0 | 229.7/194.0;229.7/159.0 | 100 | 20;35 |
| 411 | 苯螨特 | benzoximate | 17.02 | 386.1/197.0 | 386.1/197.0;386.1/199.2 | 140 | 30;30 |
| 412 | 地乐酯 | dinoseb acetate | 0.75 | 283.1/89.2 | 283.1/89.2;283.1/133.1;283.1/177.2 | 120 | 10;10;10 |
| 413 | 异丙草胺 | propisochlor | 15.00 | 284.0/224.0 | 284.0/224.0;284.0/212.0 | 80 | 5;15 |
| 414 | 氟硅菊酯 | silafluofen | 20.80 | 412.0/91.0 | 412.0/91.0;412.0/72.1 | 100 | 40;30 |
| 415 | 乙氧苯草胺 | etobenzanid | 15.65 | 340.0/149.0 | 340.0/149.0;340.0/121.1 | 120 | 20;30 |
| 416 | 四唑酰草胺 | fentrazamide | 16.00 | 372.1/219.0 | 372.1/219.0;372.1/83.2 | 200 | 5;35 |
| G组 | | | | | | | |
| 417 | 茅草枯 | dalapon | 0.60 | 140.8/58.8 | 140.8/58.8;140.8/62.9 | 100 | 10;15 |
| 418 | 2-苯基苯酚 | 2-phenylphenol | 9.78 | 169.0/115.0 | 169.0/115.0;169.0/93.0 | 140 | 35;20 |
| 419 | 3-苯基苯酚 | 3-phenylphenol | 9.78 | 169.0/115.0 | 169.0/115.0;169/141.1 | 140 | 35;35 |
| 420 | 4,6-二硝基邻甲酚 | DNOC | 4.19 | 197.1/180.0 | 197.1/180.0;197.1/108.9 | 120 | 15;20 |
| 421 | 调果酸 | cloprop | 3.38 | 199.0/127.0 | 199.0/127.0;199.0/71.0 | 80 | 5;5 |
| 422 | 氯硝胺 | dicloran | 8.82 | 205.1/169.3 | 205.1/169.3;205.1/123.2 | 120 | 15;30 |
| 423 | 氯苯胺灵 | chlorpropham | 12.55 | 212.0/152.0 | 212.0/152;212.0/57.0 | 80 | 5;20 |
| 424 | 2-甲-4-氯丙酸 | mecoprop | 4.46 | 213.1/141.0 | 213.1/141.0;213.1/71.0 | 80 | 5;5 |
| 425 | 特草定 | terbacil | 5.94 | 215.1/159.0 | 215.1/159.0;215.1/73.0 | 120 | 10;40 |
| 426 | 2,4-滴 | 2,4-D | 4.28 | 218.9/161.0 | 218.9/161.0;218.9/125.0 | 80 | 5;20 |
| 427 | 麦草畏 | dicamba | 0.75 | 219.0/175.0 | 219.0/175.0;219.0/145.0 | 60 | 5;5 |
| 428 | 二甲四氯丁酸 | mcpb | 5.53 | 227.0/141.0 | 227.0/141.0;227.0/105.0 | 80 | 10;25 |
| 429 | 地乐酚 | dinoseb | 6.13 | 239.0/193.0 | 239.0/193.0;239.0/163.0 | 120 | 22;25 |
| 430 | 草消酚 | dinoterb | 6.13 | 239.0/207.0 | 239.0/207.0;239.0/176.1 | 140 | 25;35 |
| 431 | 杀螨醇 | chlorfenethol | 11.81 | 265.0/96.7 | 265.0/96.7;265.0/152.7 | 120 | 15;5 |
| 432 | 溴苯腈 | bromoxynil | 4.07 | 274.0/79.1 | 274.0/79.1;274.0/167.0 | 120 | 40;40 |
| 433 | 灭幼脲 | chlorobenzuron | 14.05 | 306.9/154.0 | 306.9/154.0;306.9/125.9 | 100 | 5;20 |
| 434 | 氯霉素 | chloramphenicolum | 5.07 | 321.0/152.0 | 321.0/152.0;321.0/257.0 | 100 | 15;10 |
| 435 | 禾草灭 | alloxydim-sodium | 3.49 | 322.2/222.0 | 322.2/222.0;322.2/190.0 | 120 | 20;35 |
| 436 | 杀虫双 | dimehypo | 0.71 | 331.9/118.8 | 331.9/118.8;331.9/79.9 | 140 | 20;45 |
| 437 | 氟吡草腙钠 | diflufenzopyr-sodium | 0.72 | 333.1/160.0 | 333.1/160.0;333.1/134.0;333.1/128.0 | 80 | 5;10;10 |

表 B.1（续）

| 序号 | 中文名称 | 英文名称 | 保留时间/min | 定量离子 | 定性离子 | 源内碎裂电压/V | 碰撞气能量/V |
|---|---|---|---|---|---|---|---|
| 438 | 乙酰磺胺对硝基苯 | sulfanitran | 5.77 | 334.0/137.0 | 334.0/137.0;334.0/197.0 | 120 | 28;29 |
| 439 | 安磺灵 | oryzalin | 14.04 | 345.0/281.1 | 345/281.1;345.0/146.9;345.0/78.1 | 120 | 10;10;5 |
| 440 | 三氟羧草醚 | acifluorfen | 6.40 | 360.0/316.0 | 360.0/316.0;360.0/194.9 | 80 | 5;25 |
| 441 | 碘苯腈 | ioxynil | 4.63 | 369.8/126.9 | 369.8/126.9;369.8/215.0 | 120 | 35;35 |
| 442 | 噁唑菌酮 | famoxadone | 16.52 | 373.0/282.0 | 373.0/282.0;373.0/328.9 | 120 | 20;15 |
| 443 | 吡氟酰草胺 | diflufenican | 17.30 | 393.1/329.1 | 393.1/329.1;393.1/272.0 | 100 | 10;10 |
| 444 | 氟氰唑 | ethiprole | 10.74 | 394.9/331.0 | 394.9/331.0;394.9/250.0 | 100 | 5;25 |
| 445 | 磺菌胺 | flusulfamide | 11.15 | 413.0/171.0 | 413.0/171.0;413.0/179.0 | 160 | 40;40 |
| 446 | 环丙嘧磺隆 | cyclosulfamuron | 7.60 | 420.2/238.8 | 420.2/238.8;420.2/265.4 | 100 | 10;5 |
| 447 | 氟磺胺草醚 | fomesafen | 7.13 | 437.0/195.1 | 437/195.1;437/222.1 | 140 | 40;40 |
| 448 | 氟啶胺 | fluazinam | 17.25 | 462.9/415.9 | 462.9/415.9;462.9/398.0 | 120 | 20;15 |
| 449 | 吡虫隆 | fluazuron | 18.19 | 504.2/305.1 | 504.2/305.1;504.2/156.0 | 120 | 11;13 |
| 450 | 氟丙菊酯 | acrinathrin | 19.60 | 540.0/345.0 | 540.0/345.0;540/372.0 | 120 | 15;5 |

# 附 录 C
## （资料性附录）
## 450 种农药及相关化学品多反应监测(MRM)色谱图

A、B、C、D、E、F 和 G 七组农药及相关化学品多反应监测(MRM)色谱图如下：

A 组

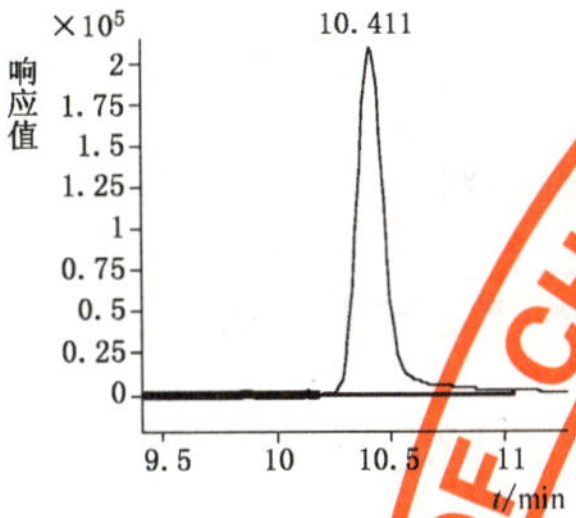

1. 苯胺灵
(propham)

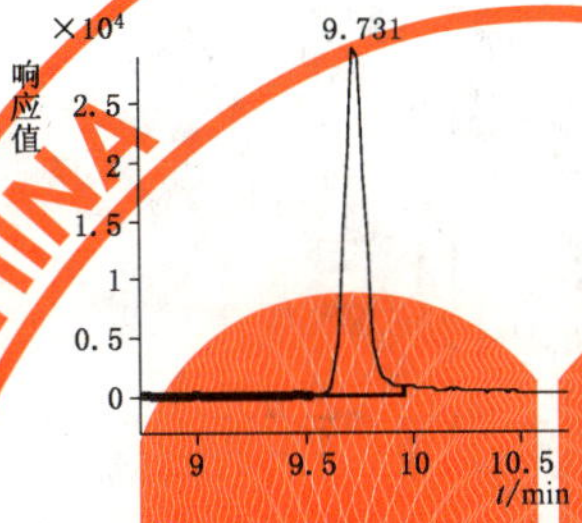

2. 异丙威
(isoprocarb)

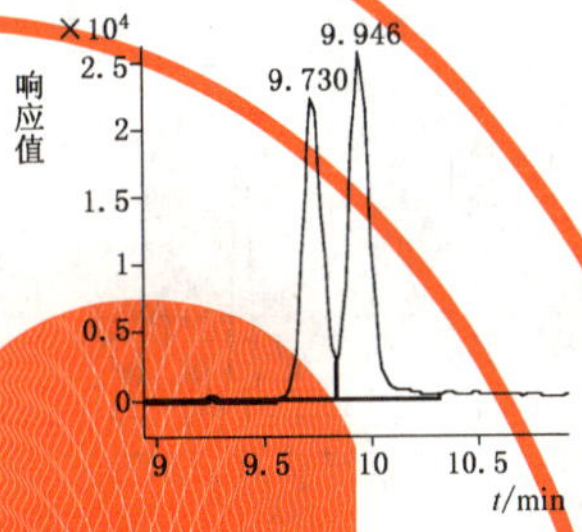

3. 3,4,5-混杀威
(3,4,5-trimethacarb)

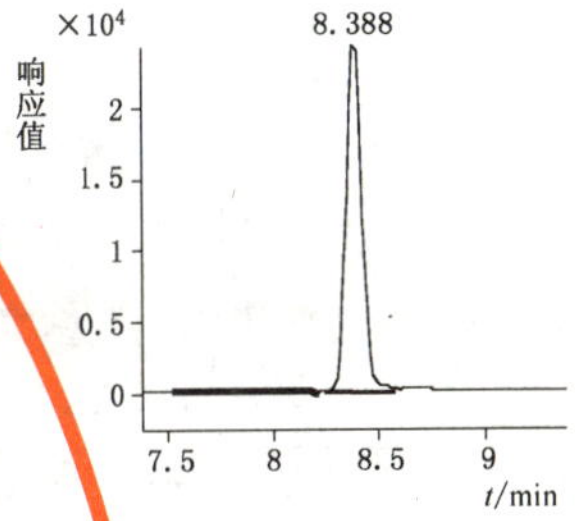

4. 环莠隆
(cycluron)

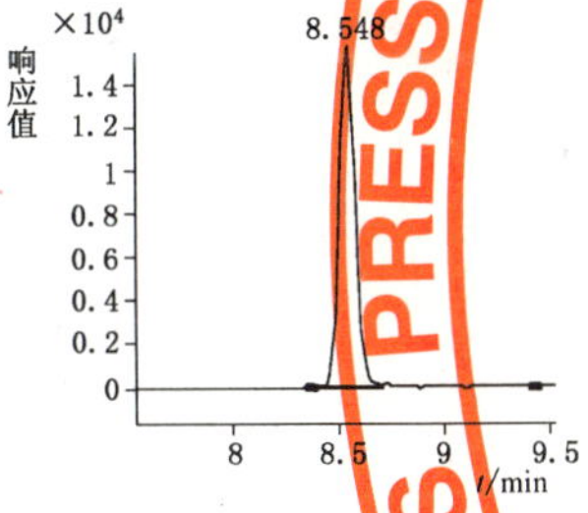

5. 甲萘威
(carbaryl)

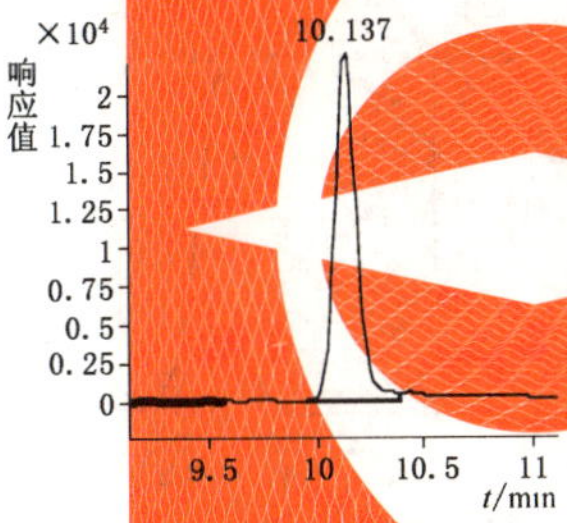

6. 毒草胺
(propachlor)

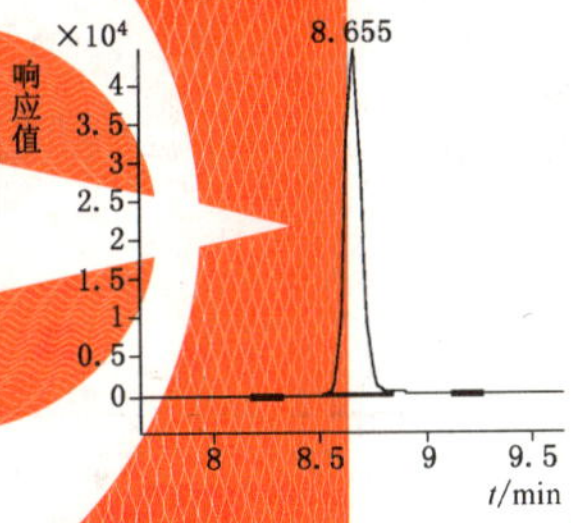

7. 吡咪唑
(rabenzazole)

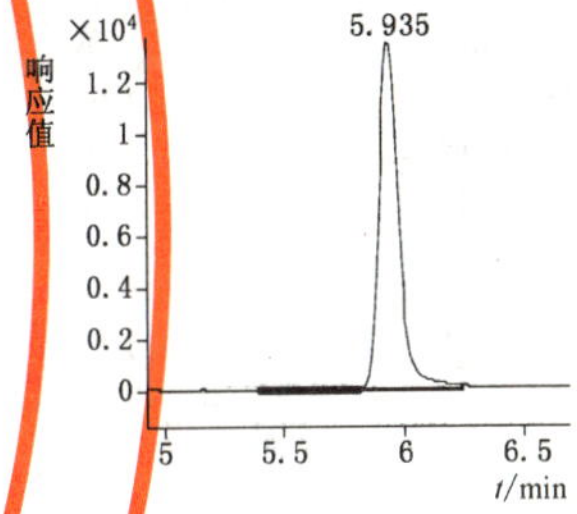

8. 西草净
(simetryn)

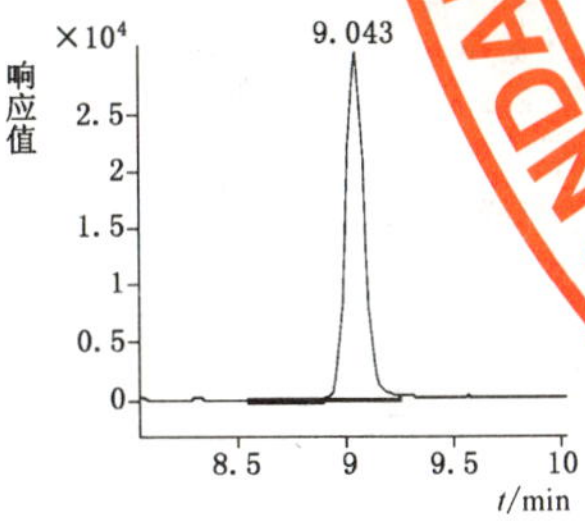

9. 绿谷隆
(monolinuron)

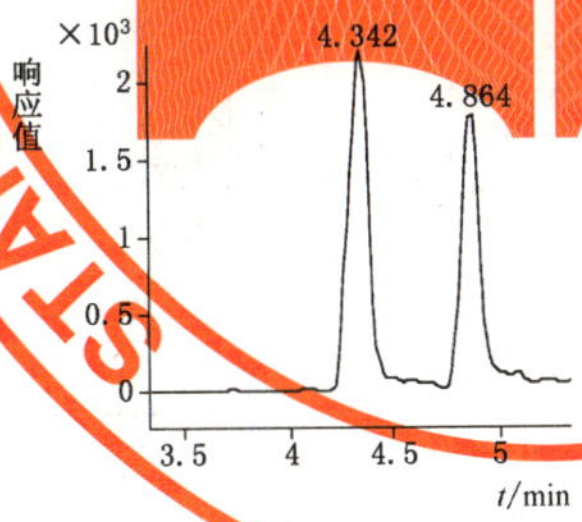

10. 速灭磷
(mevinphos)

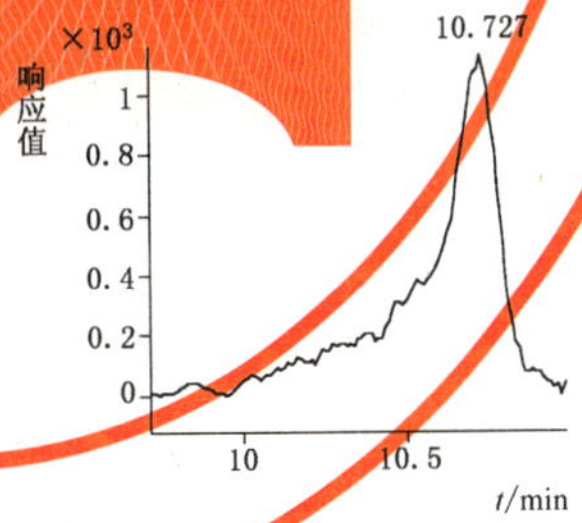

11. 叠氮津
(aziprotryne)

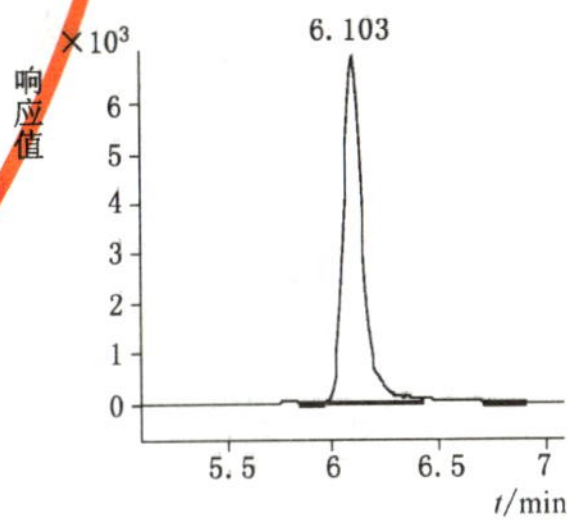

12. 密草通
(secbumeton)

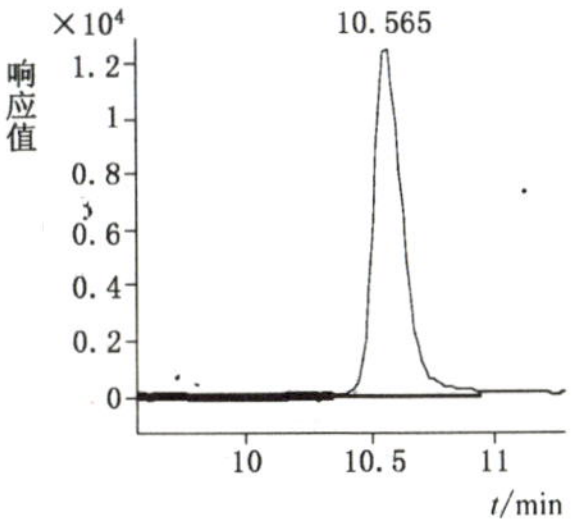

13. 嘧菌磺胺
(cyprodinil)

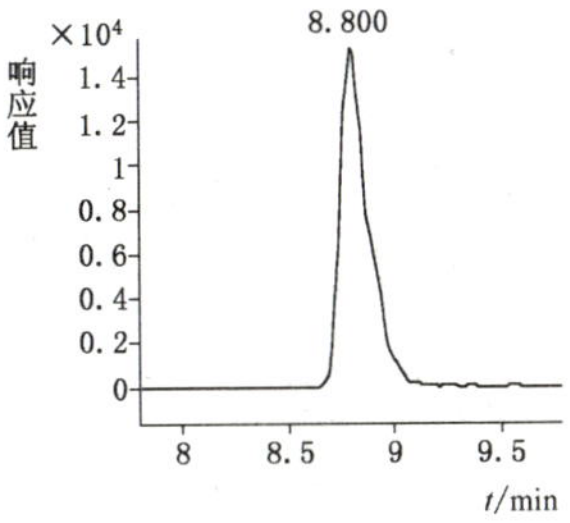

14. 播土隆
(buturon)

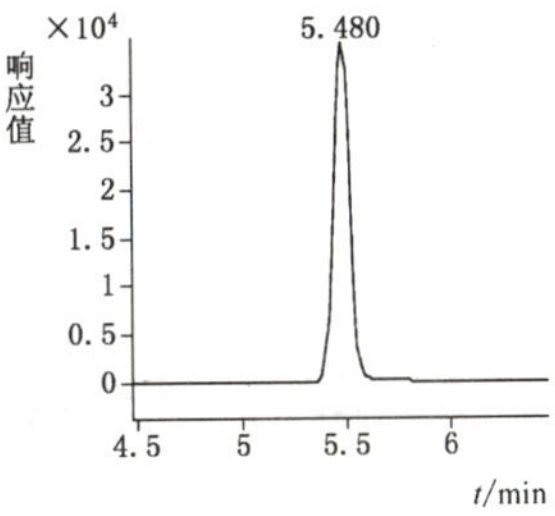

15. 双酰草胺
(carbetamide)

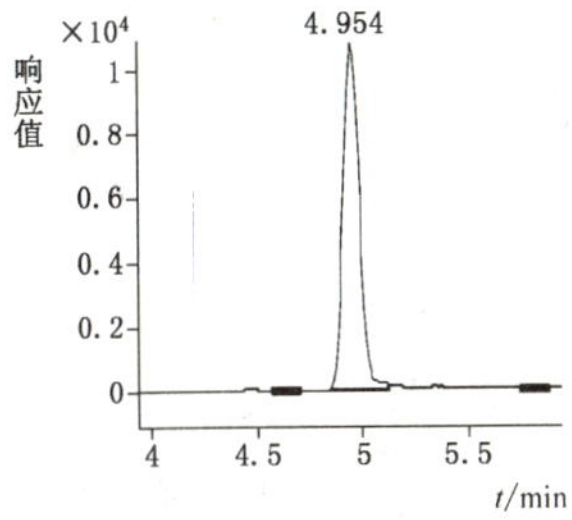

16. 抗蚜威
(pirimicarb)

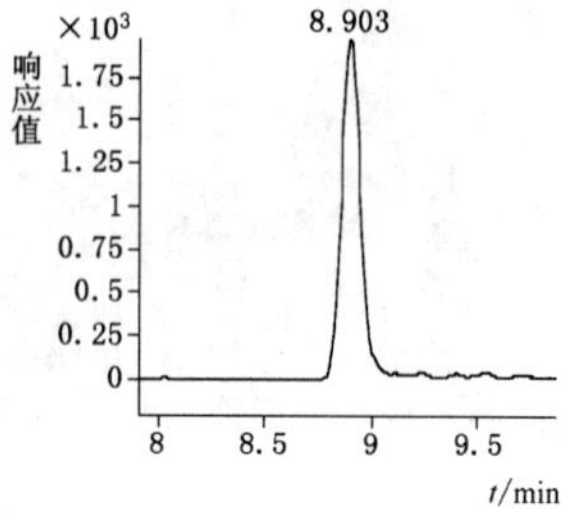


17. 异噁草松
(clomazone)

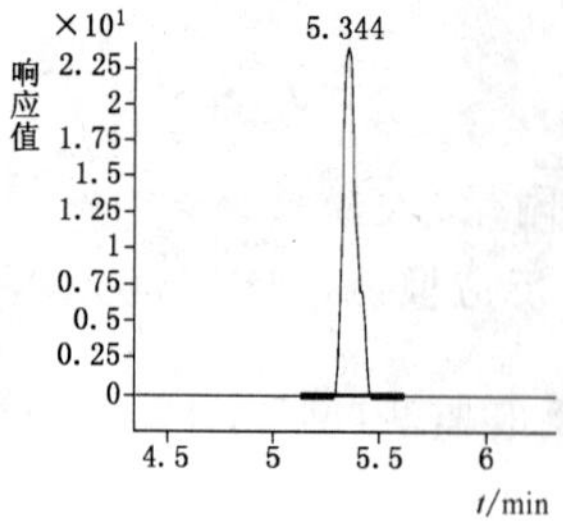


18. 氰草津
(cyanazine)

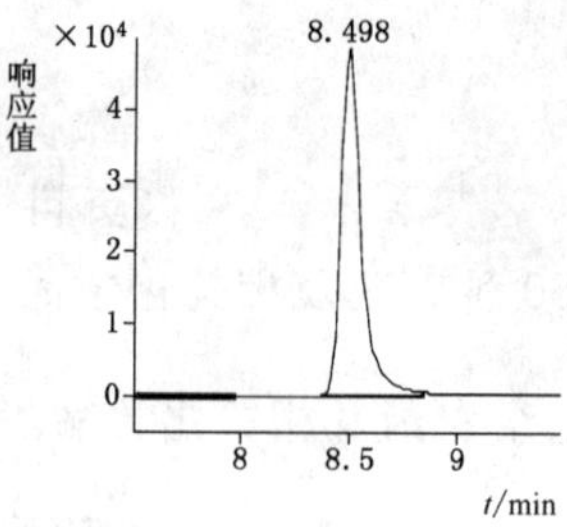


19. 扑草净
(prometryne)

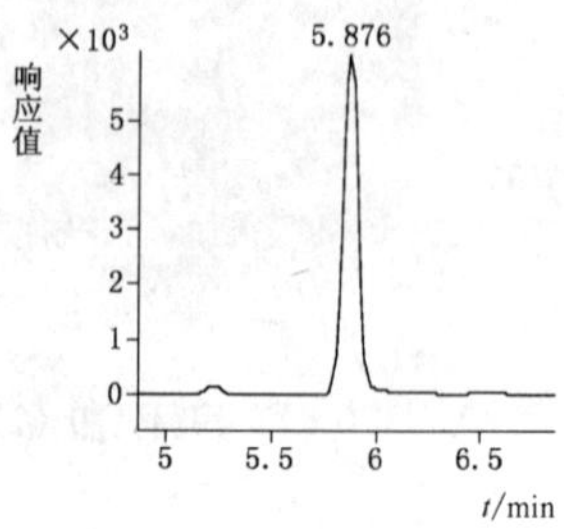


20. 甲基对氧磷
(paraoxon methyl)

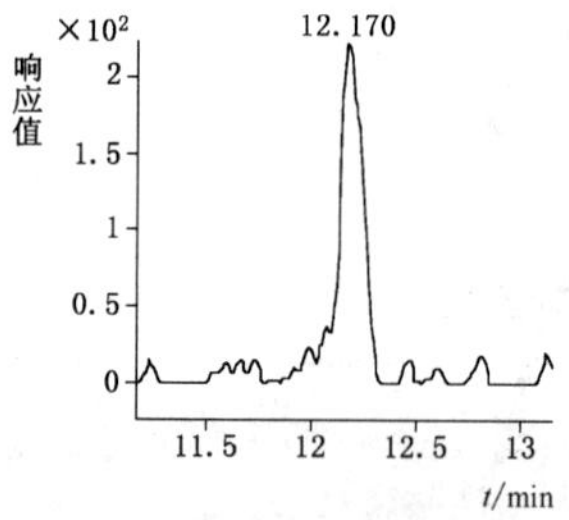


21. 4,4′-二氯二苯甲酮
(4,4′-dichlorobenzophenone)

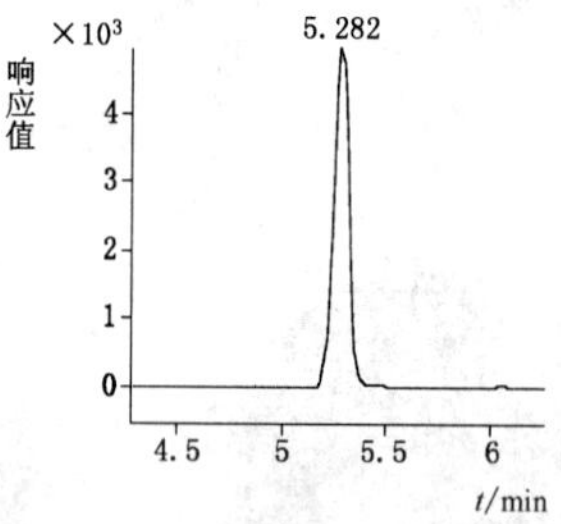


22. 噻虫啉
(thiacloprid)

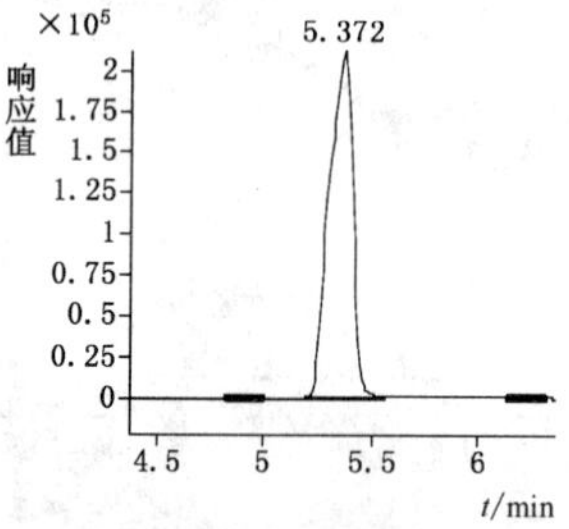


23. 吡虫啉
(imidacloprid)

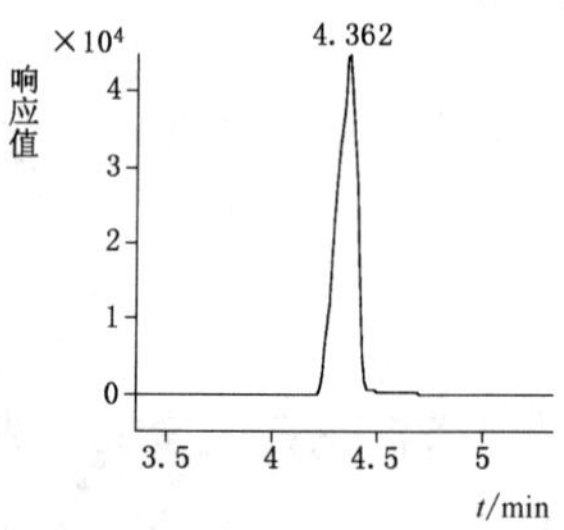


24. 磺噻隆
(ethidimuron)

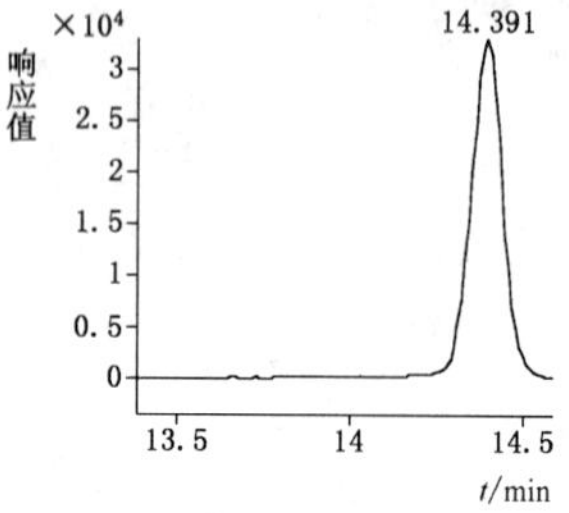


25. 丁嗪草酮
(isomethiozin)

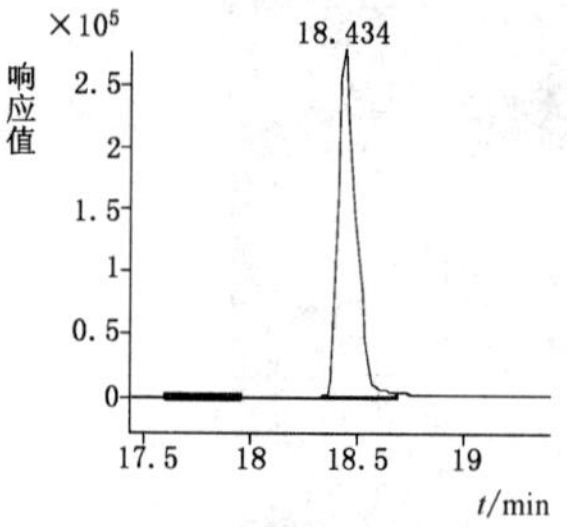


26. 燕麦敌
(diallate)

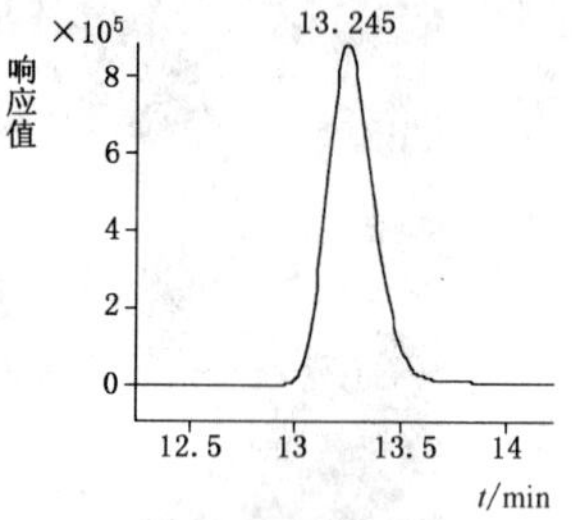


27. 乙草胺
(acetochlor)

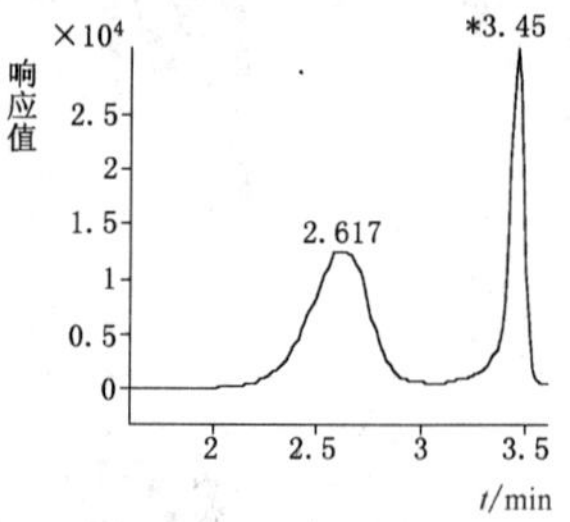


28. 烯啶虫胺
(nitenpyram)

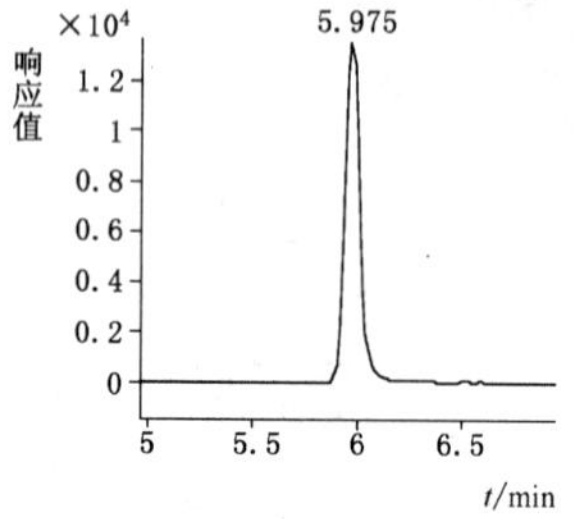


29. 盖草津
(methoprotryne)

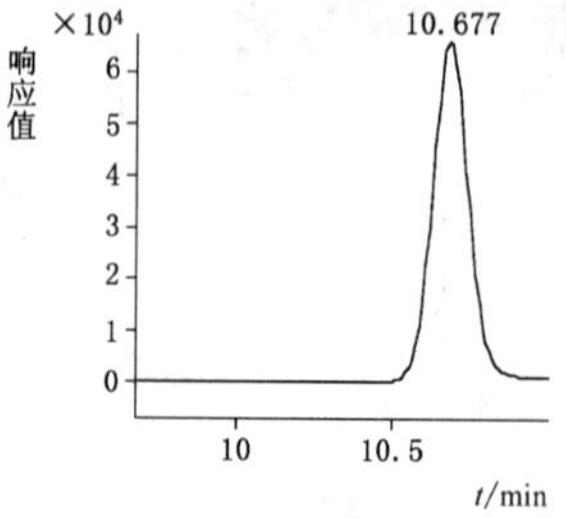


30. 二甲酚草胺
(dimethenamid)

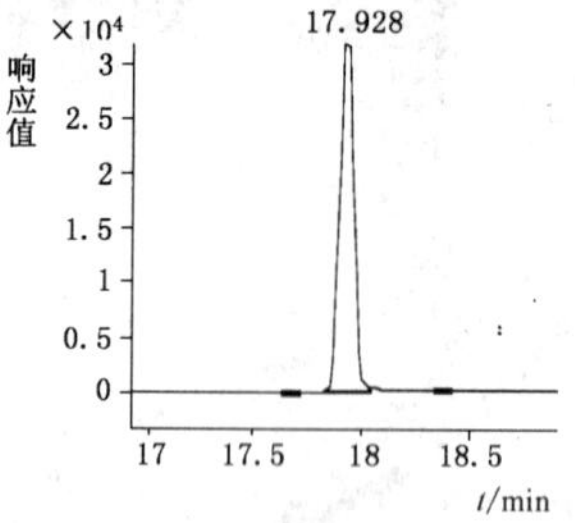


31. 特草灵
(terrbucarb)

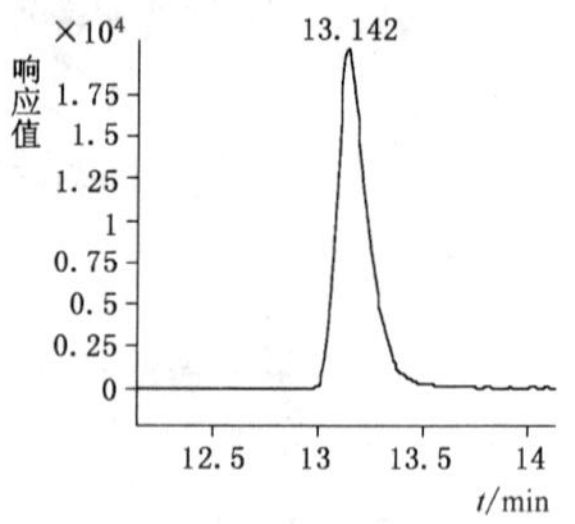


32. 戊菌唑
(penconazole)

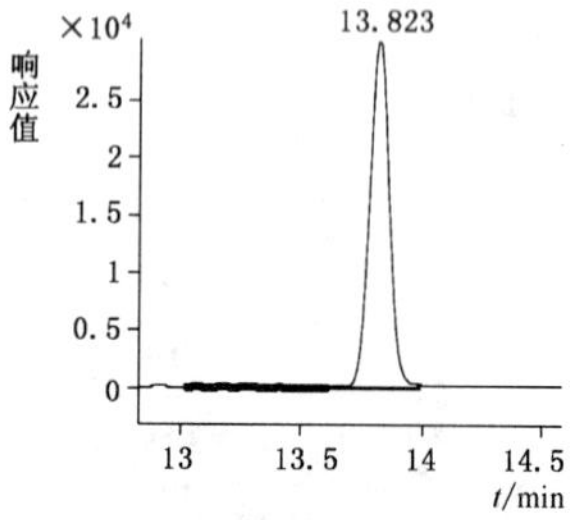


33. 腈菌唑
(myclobutanil)

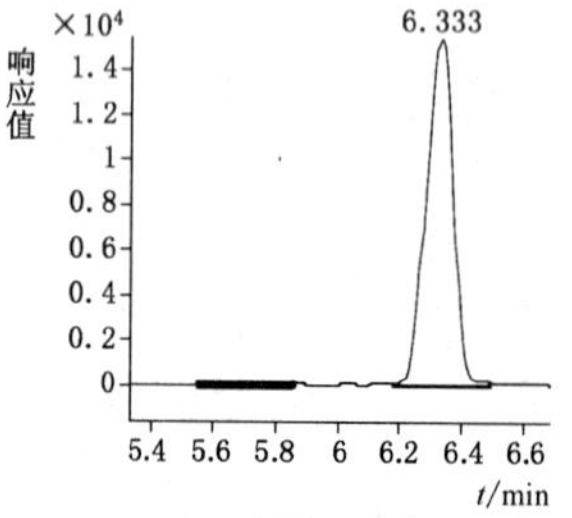


34. 咪唑乙烟酸
(imazethapyr)

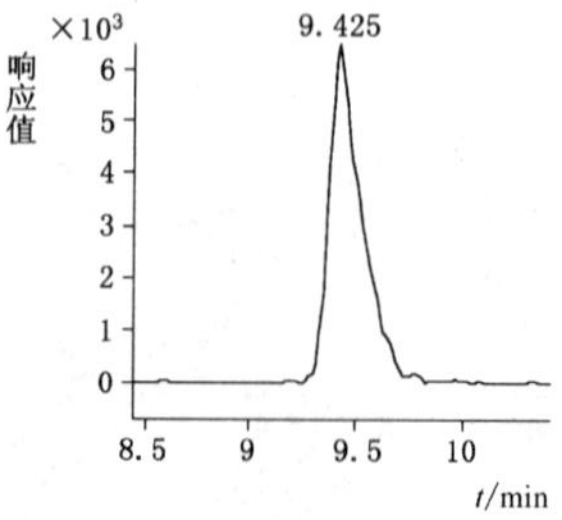


35. 多效唑
(paclobutrazol)

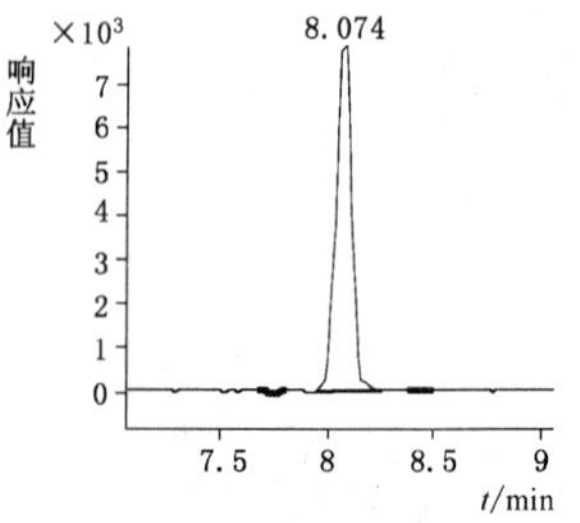


36. 倍硫磷亚砜
(fenthion sulfoxide)

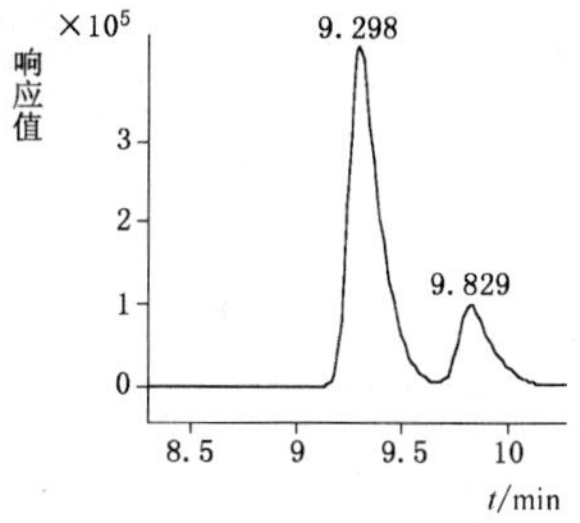


37. 三唑醇
(triadimenol)

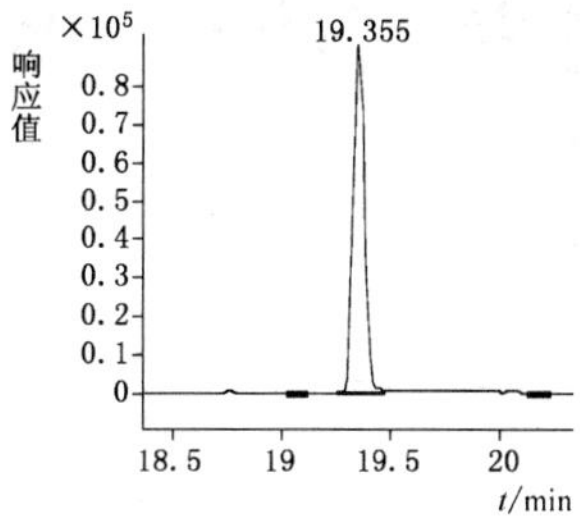


38. 仲丁灵
(butralin)

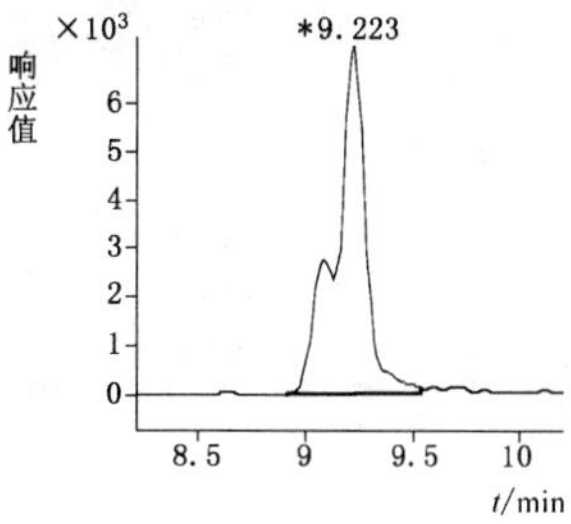


39. 螺噁茂胺
(spiroxamine)

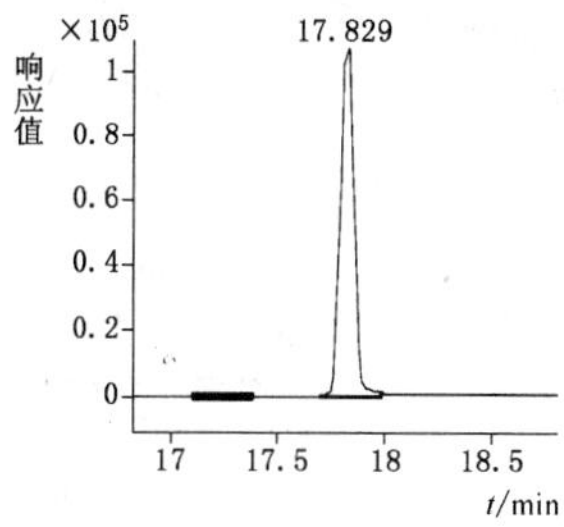


40. 甲基立枯磷
(tolclofos methyl)

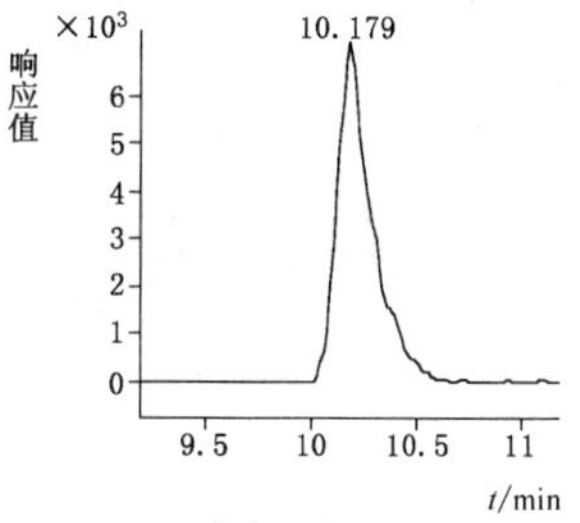


41. 甜菜胺
(desmedipham)

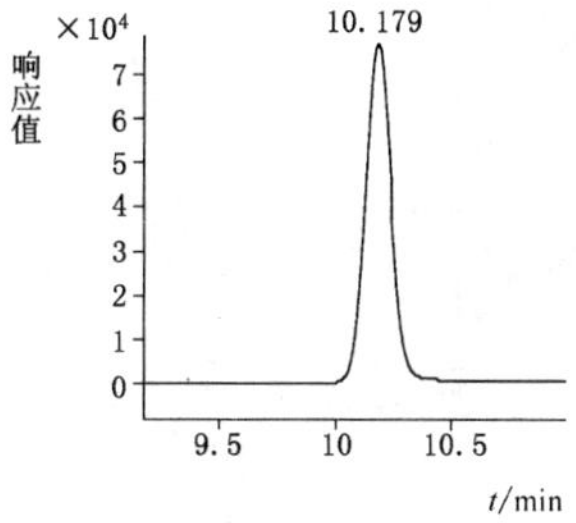


42. 杀扑磷
(methidathion)

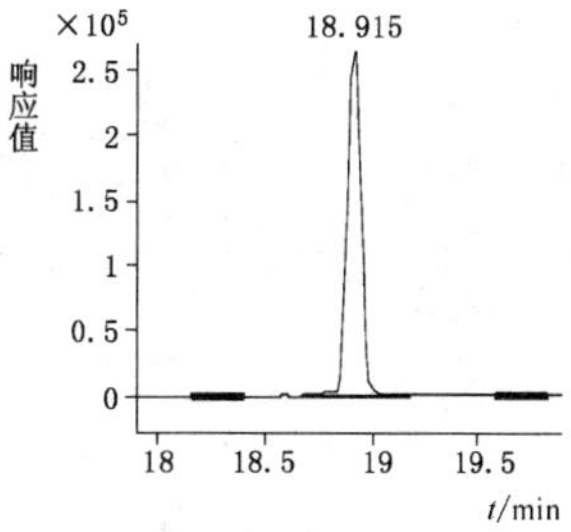


43. 烯丙菊酯
(allethrin)

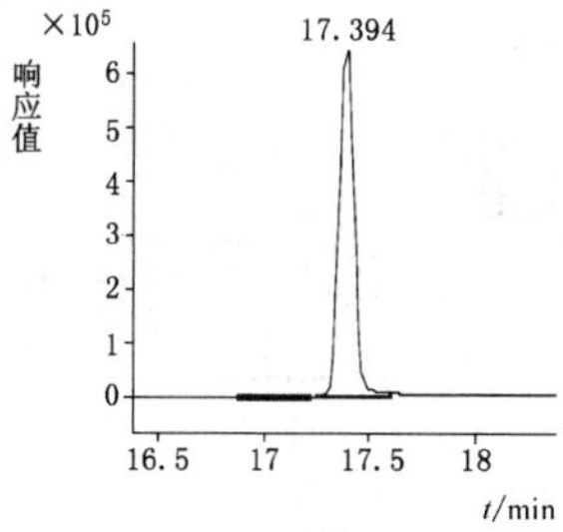


44. 二嗪磷
(diazinon)

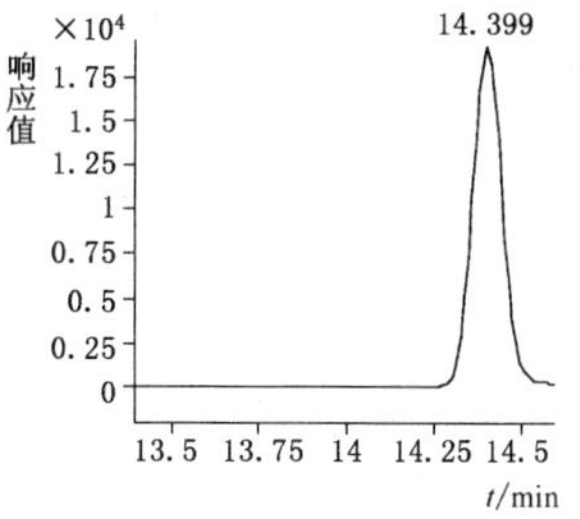


45. 敌瘟磷
(edifenphos)

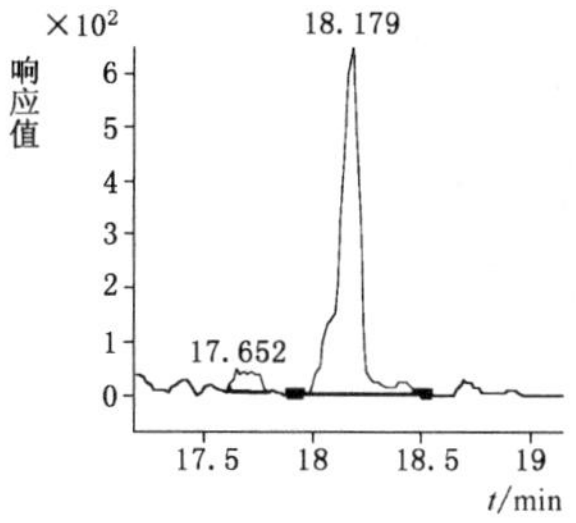


46. 丙草胺
(pretilachlor)

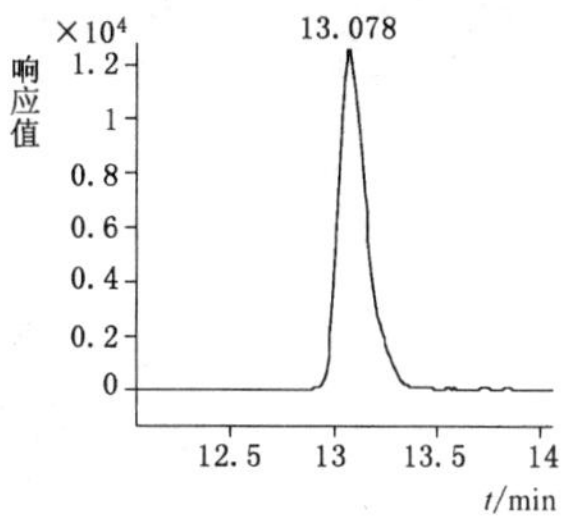


47. 氟硅唑
(flusilazole)

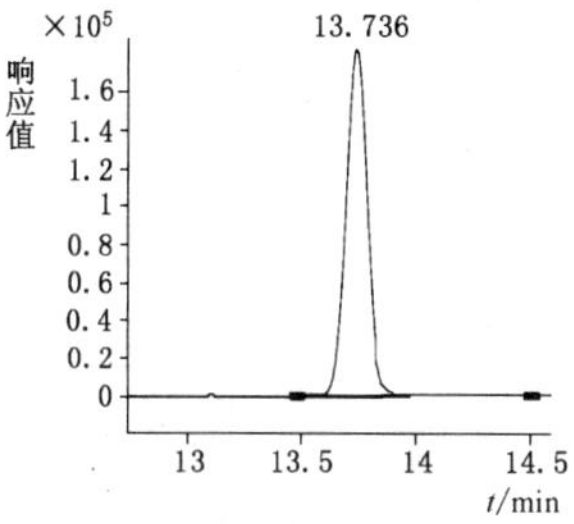


48. 丙森锌
(iprovalicarb)

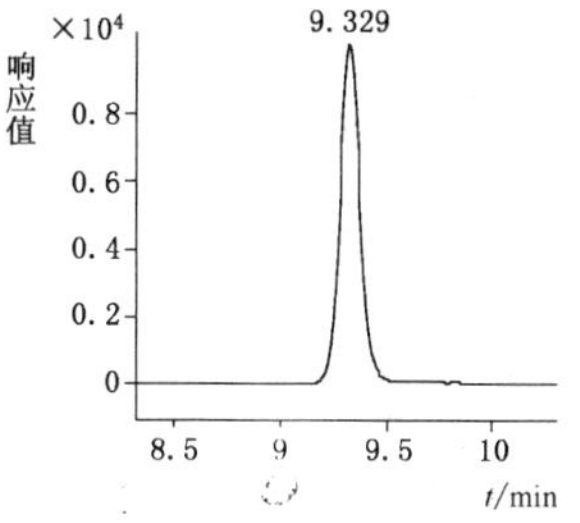


49. 麦锈灵
(benodanil)

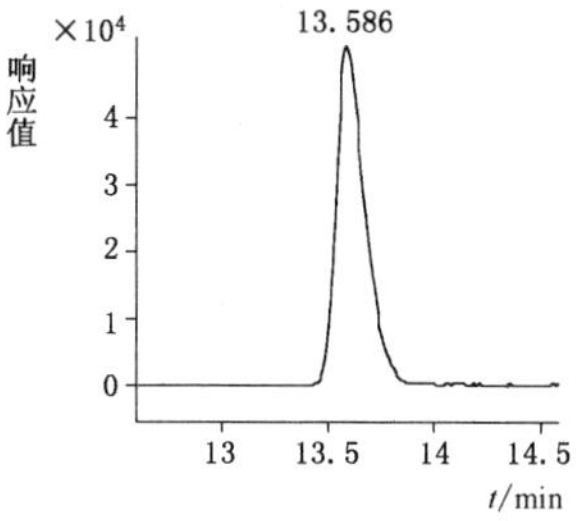


50. 氟酰胺
(flutolanil)

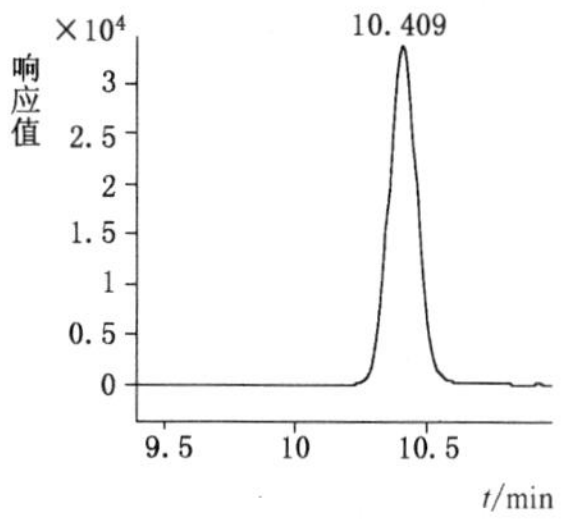


51. 氨磺磷
(famphur)

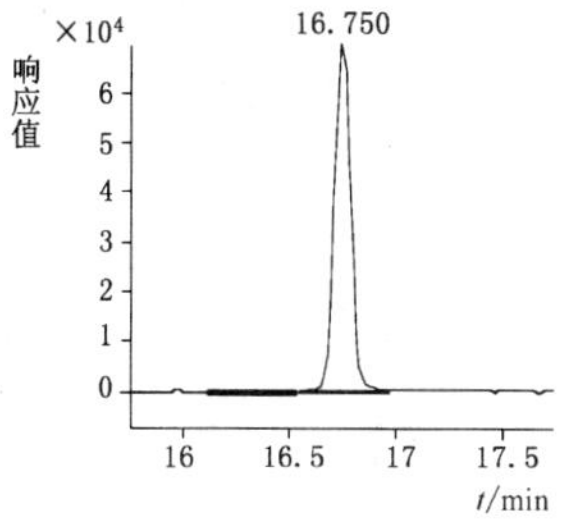


52. 苯霜灵
(benalyxyl)

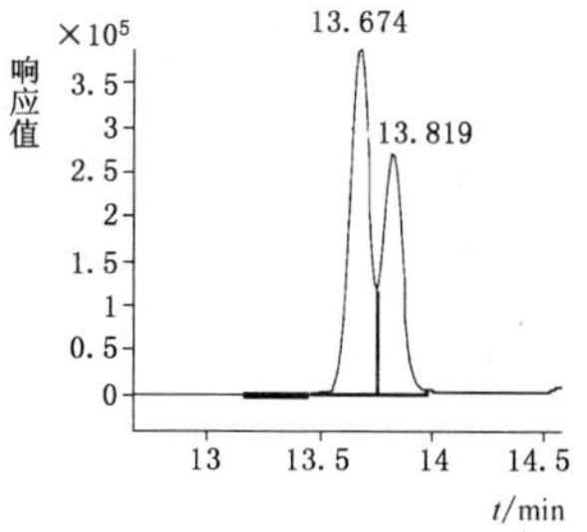


53. 苄氯三唑醇
(diclobutrazole)

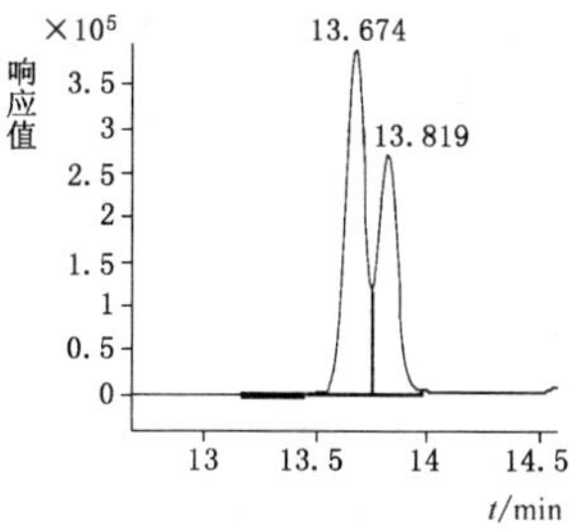


54. 乙环唑
(etaconazole)

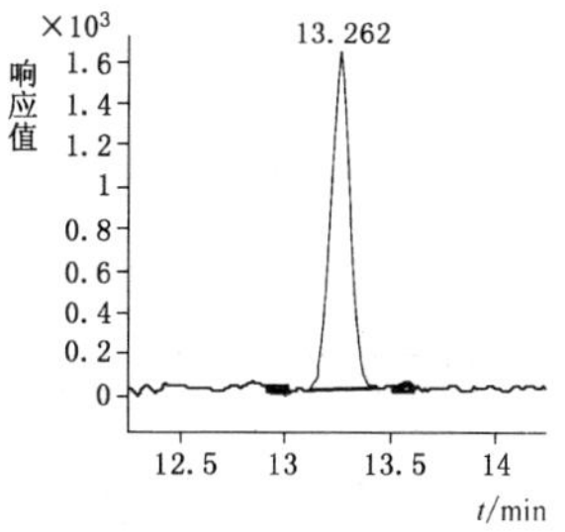


55. 氯苯嘧啶醇
(fenarimol)

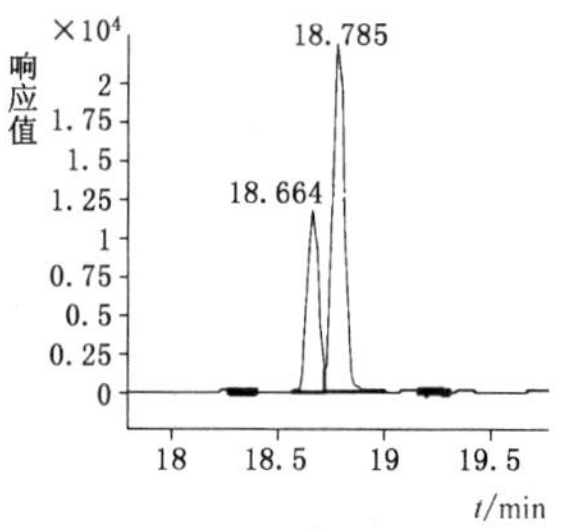


56. 胺菊酯
(tetramethirn)

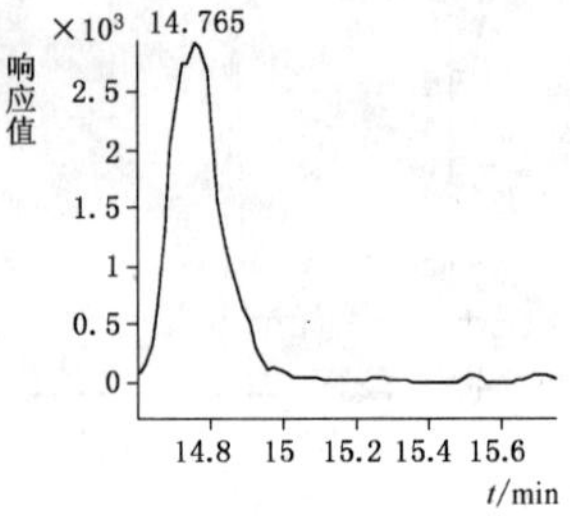


57. 抑菌灵
(dichlofluanid)

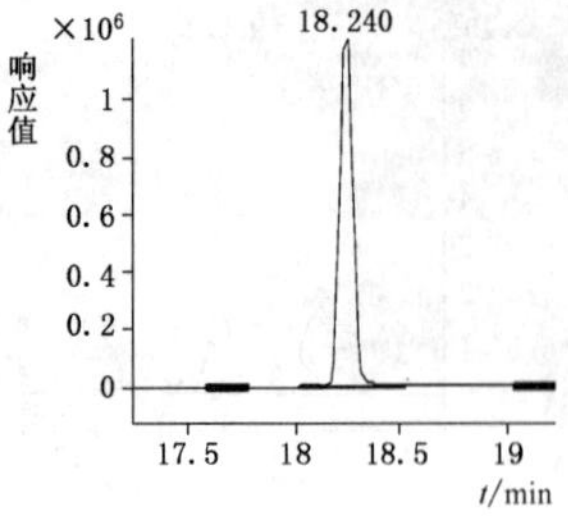


58. 解草酯
(cloquintocet mexyl)

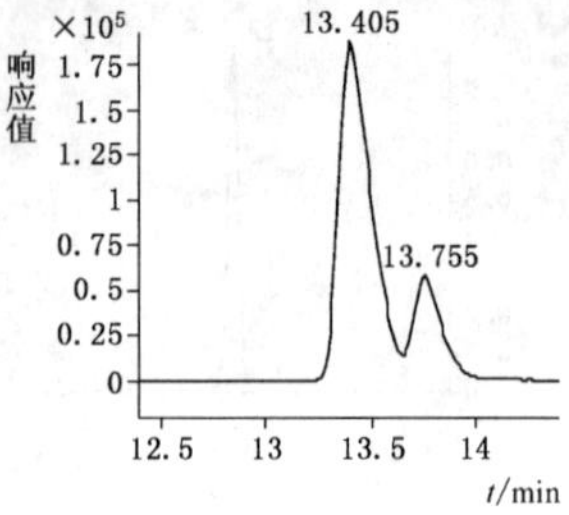


59. 联苯三唑醇
(bitertanol)

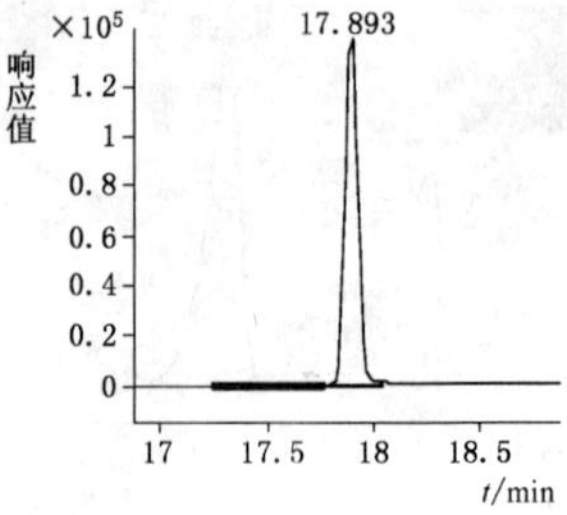


60. 甲基毒死蜱
(chlorprifos methyl)

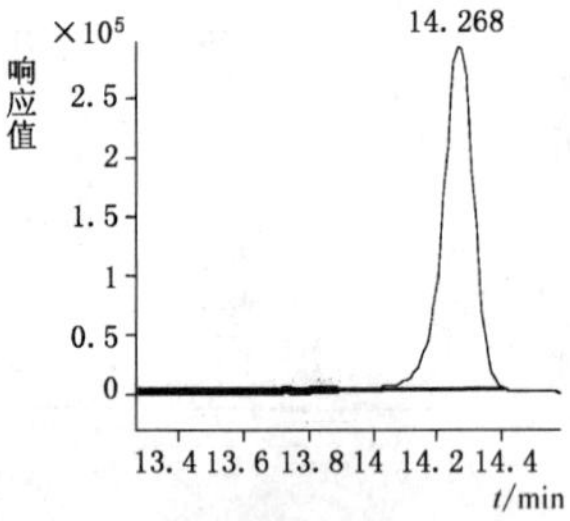


61. 吡喃草酮
(tepraloxydim)

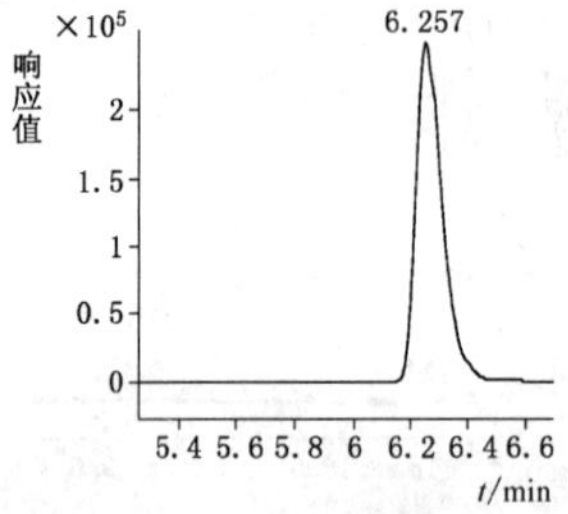


62. 甲基硫菌灵
(thiophanate methyl)

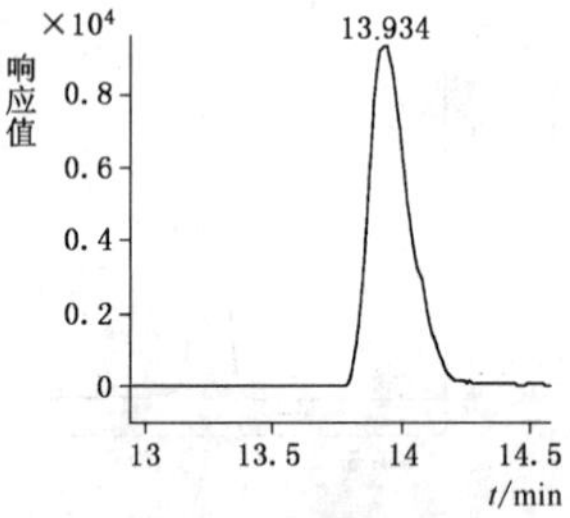


63. 益棉磷
(azinphos ethyl)

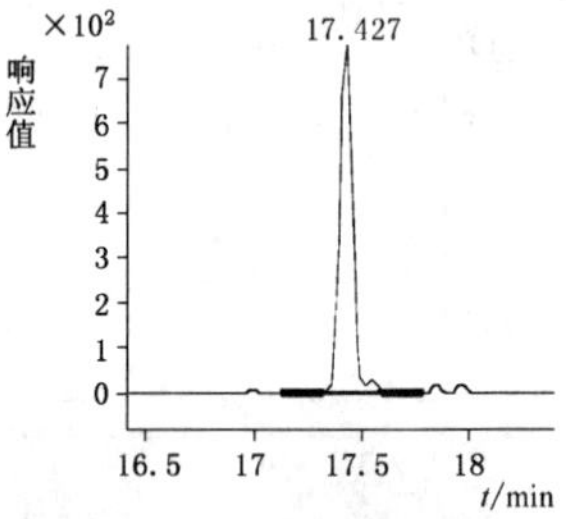


64. 炔草酸
(clodinafop propargyl)

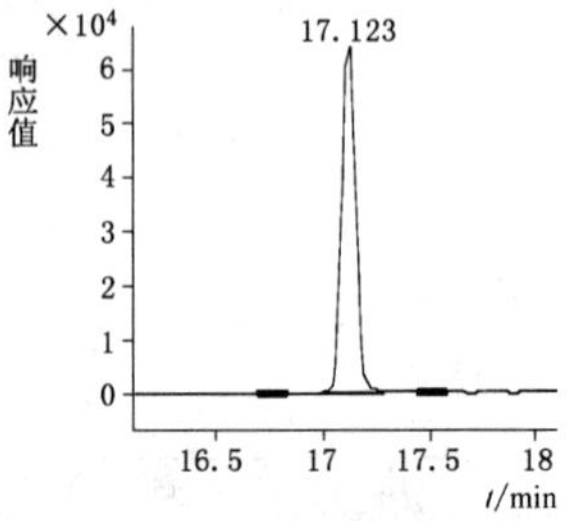


65. 杀铃脲
(triflumuron)

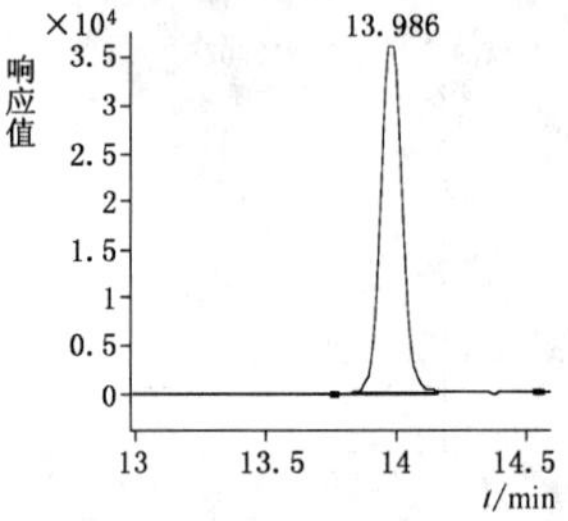


66. 异噁氟草
(isoxaflutole)

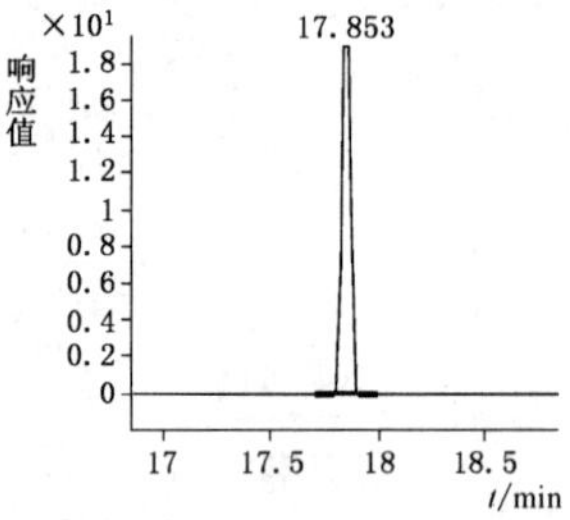


67. 莎稗磷
(anilofos)

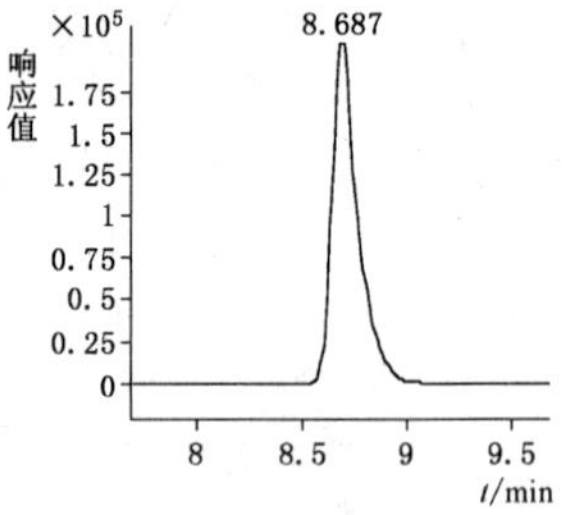


68. 硫菌灵
(thiophanat ethyl)

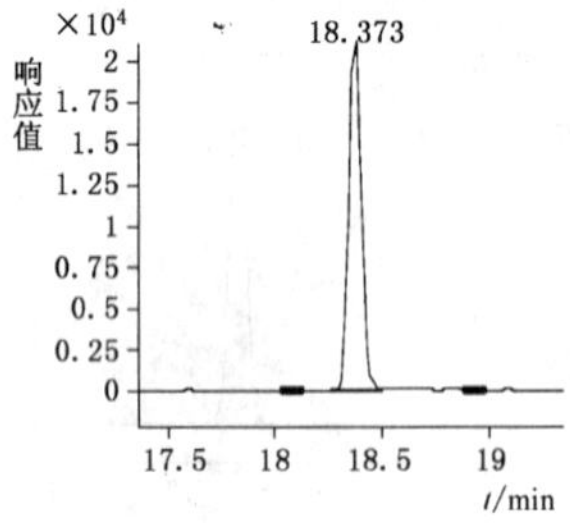


69. 喹禾灵
(quizalofop-ethyl)

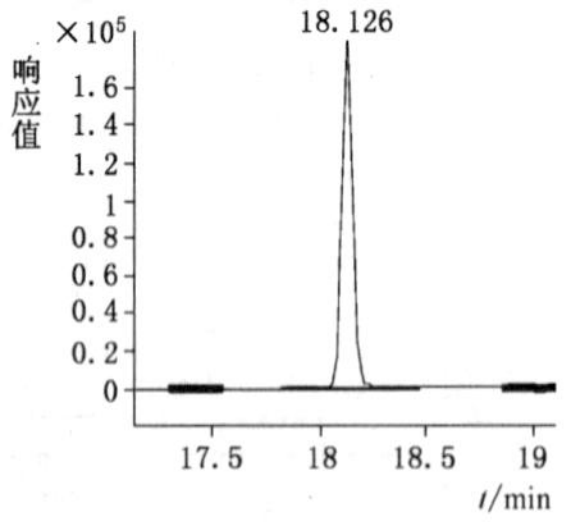


70. 精氟吡甲禾灵
(haloxyfop-methyl)

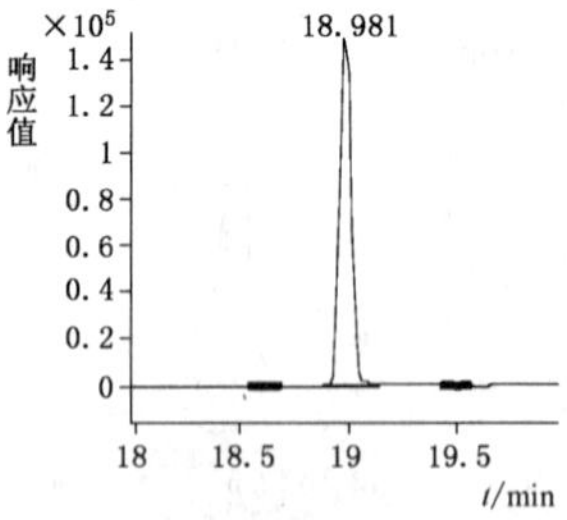


71. 精吡磺草隆
(fluazifop butyl)

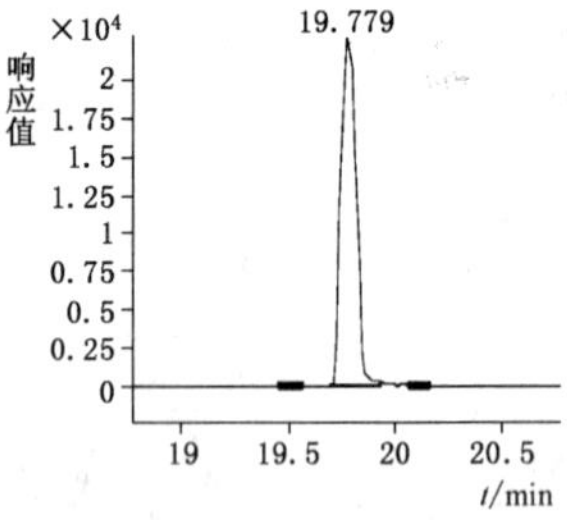


72. 乙基溴硫磷
(bromophos-ethyl)

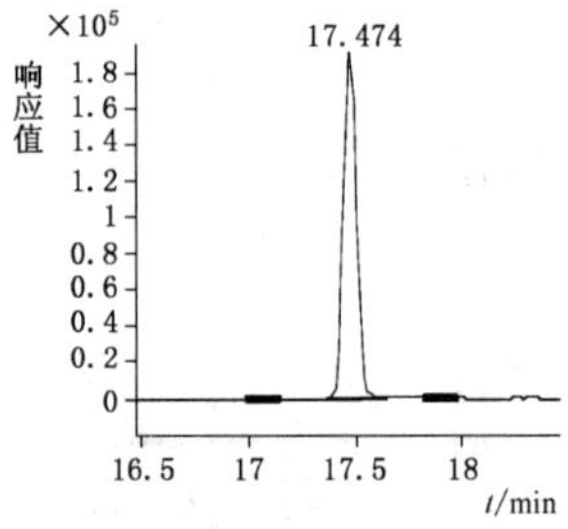


73. 地散磷
(bensulide)

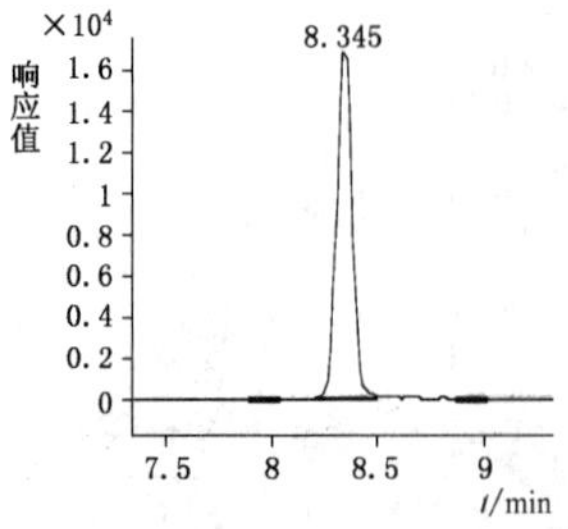


74. 醚苯磺隆
(triasulfuron)

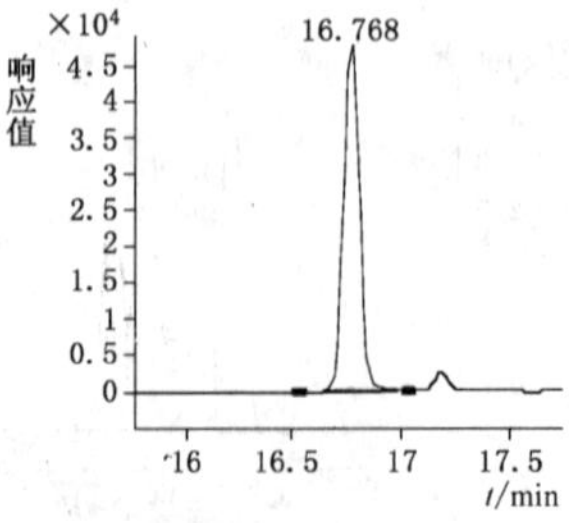


75. 溴苯烯磷
(bromfenvinfos)

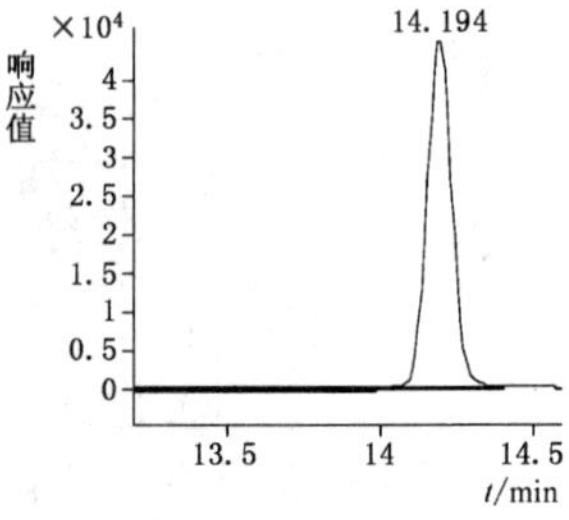


76. 嘧菌酯
(azoxystrobin)

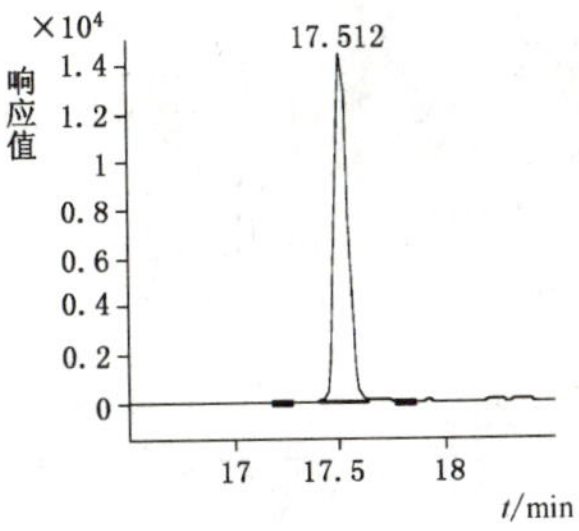


77. 吡菌磷
(pyrazophos)

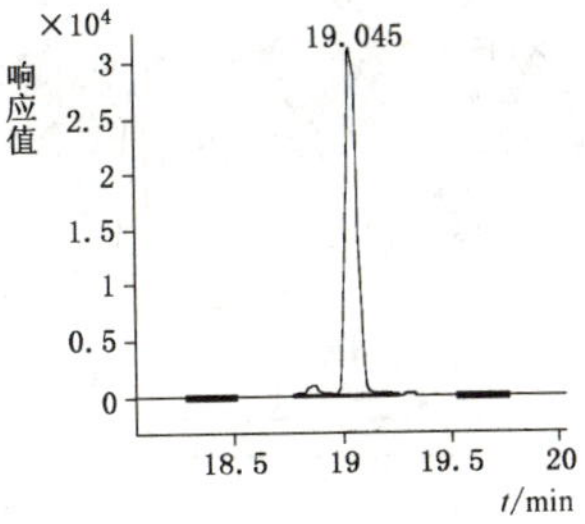


78. 氟虫脲
(flufenoxuron)

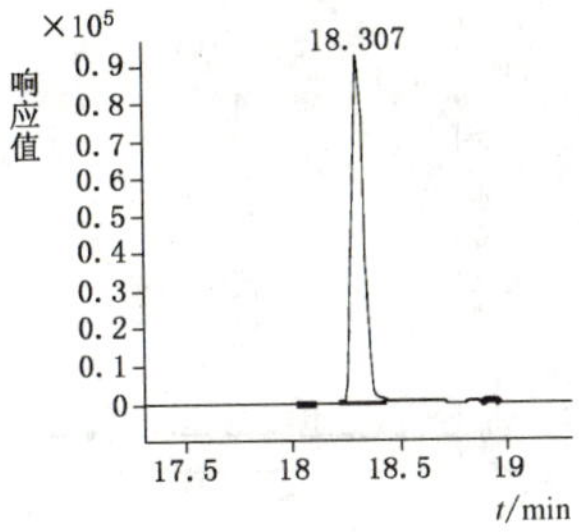


79. 茚虫威
(indoxacarb)

## B组

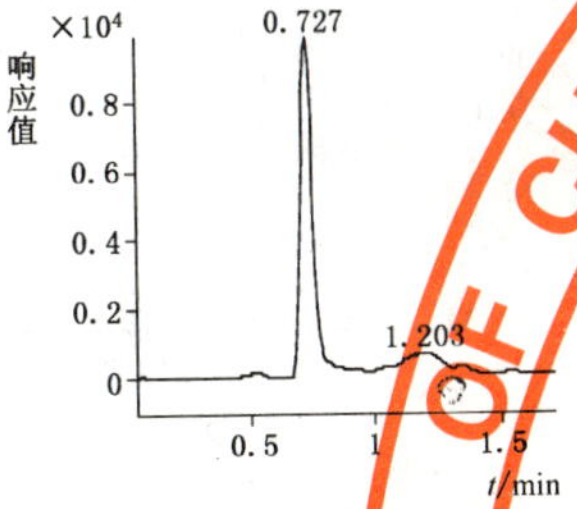


80. 丁酰肼
(daminozide)

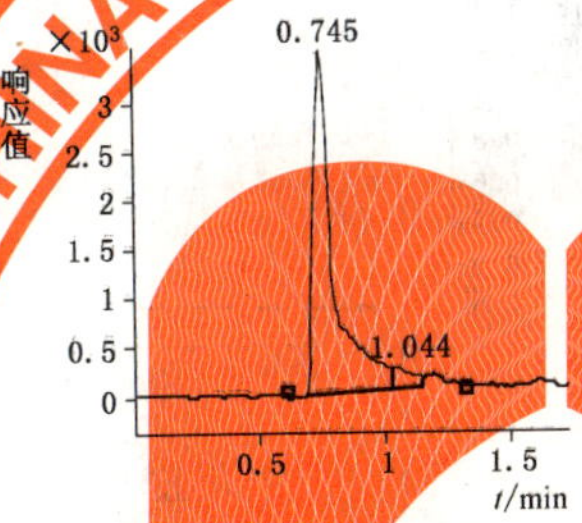


81. 烟碱
(nicotine)

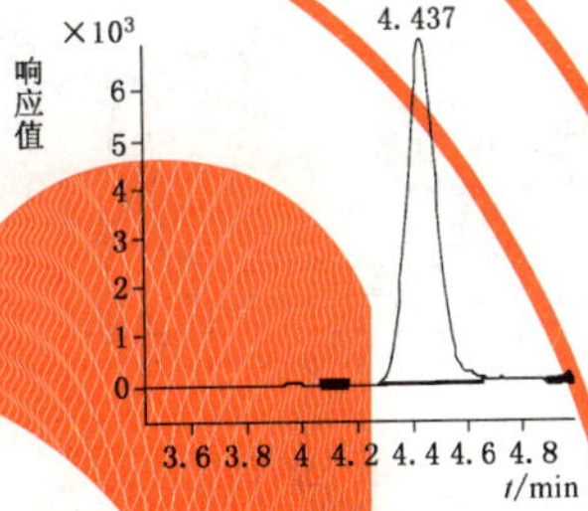


82. 非草隆
(fenuron)

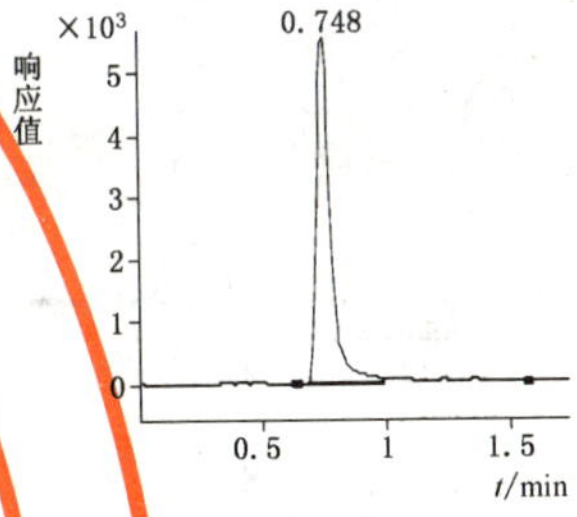


83. 灭蝇胺
(cyromazine)

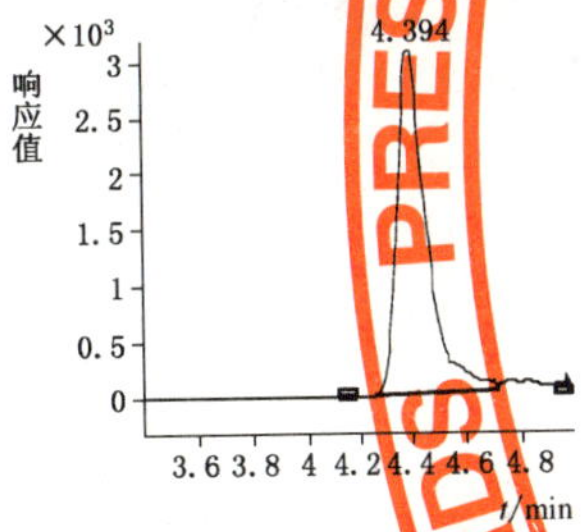


84. 鼠立克
(crimidine)

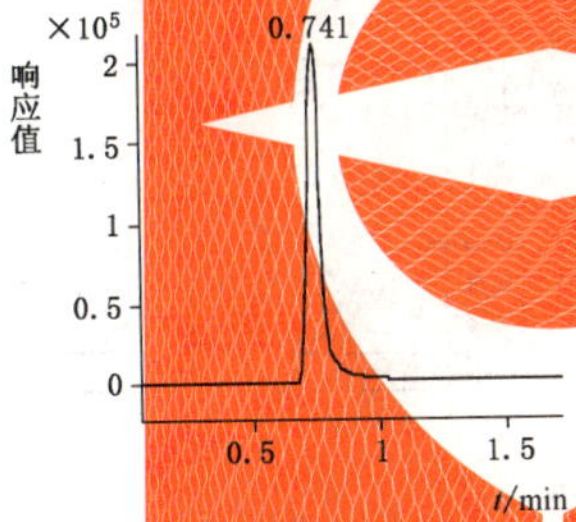


85. 乙酰甲胺磷
(acephate)

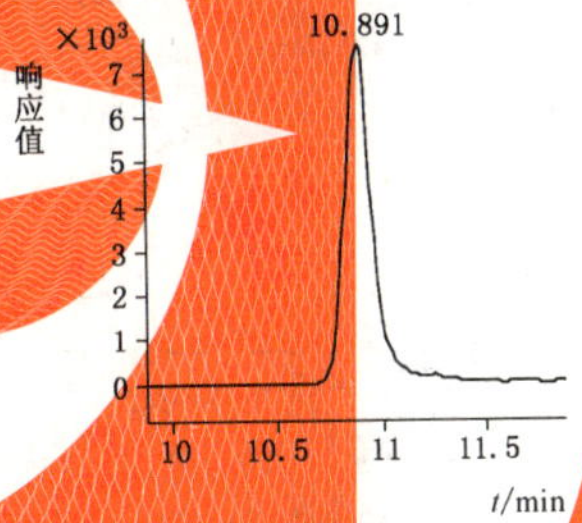


86. 禾草敌
(molinate)

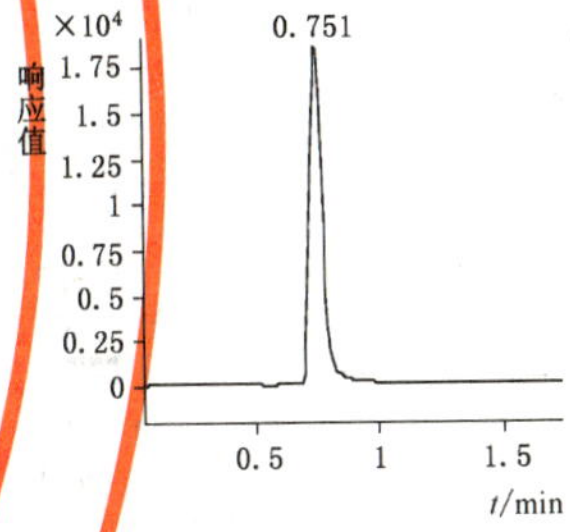


87. 多菌灵
(carbendazim)

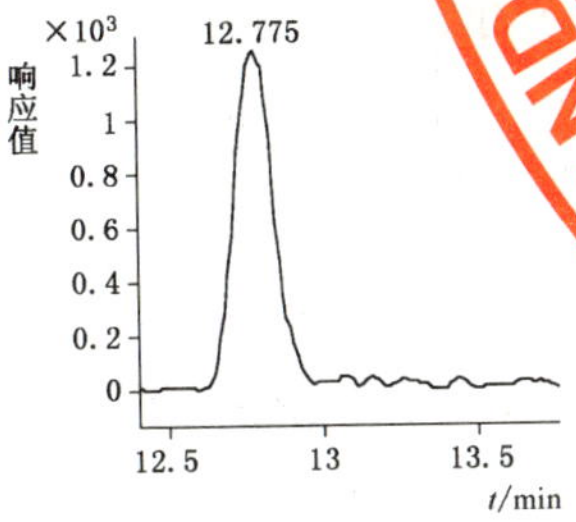


88. 6-氯-4-羟基-3-苯基哒嗪
(6-chloro-4-hydroxy-3-phenyl-pyridazin)

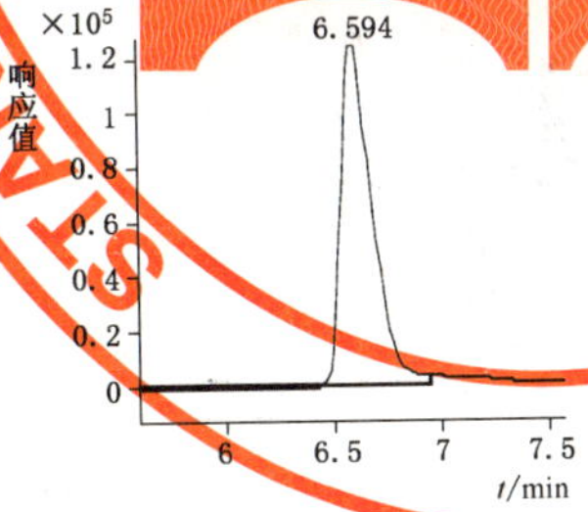


89. 残杀威
(propoxur)

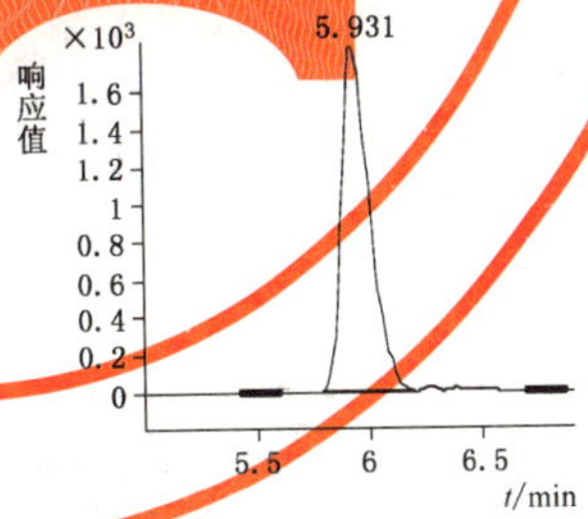


90. 异唑隆
(isouron)

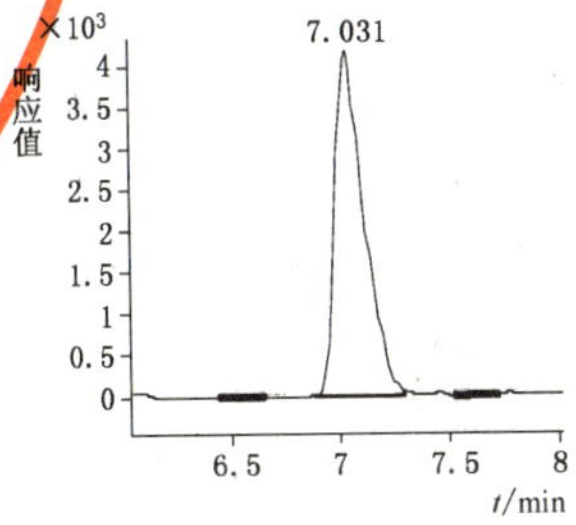


91. 绿麦隆
(chlorotoluron)

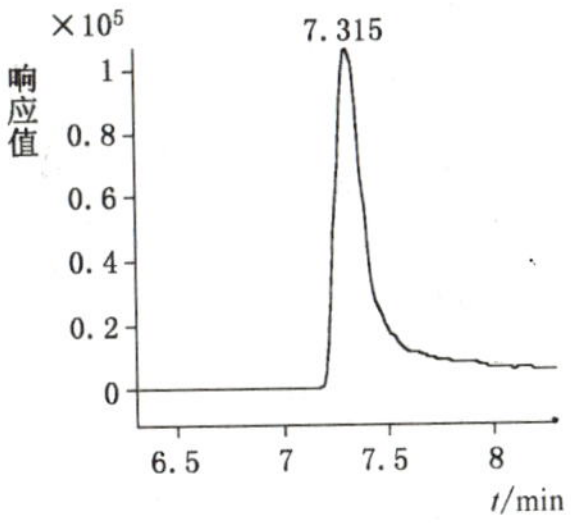


92. 久效威
(thiofanox)

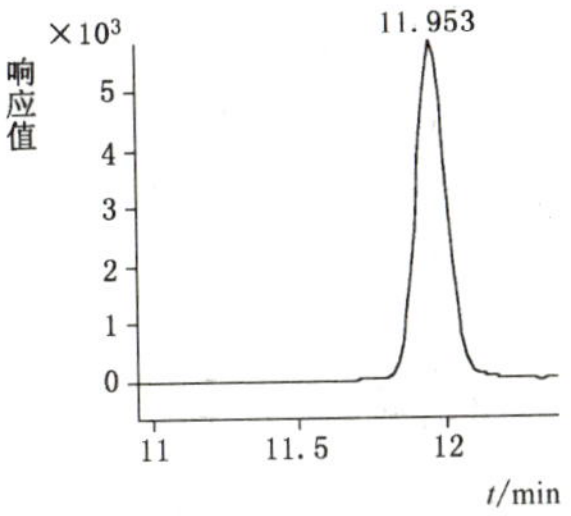


93. 氯草灵
(chlorbufam)

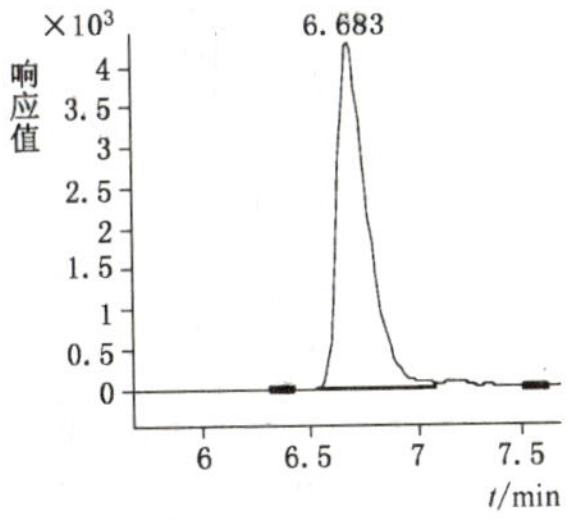


94. 噁虫威
(bendiocarb)

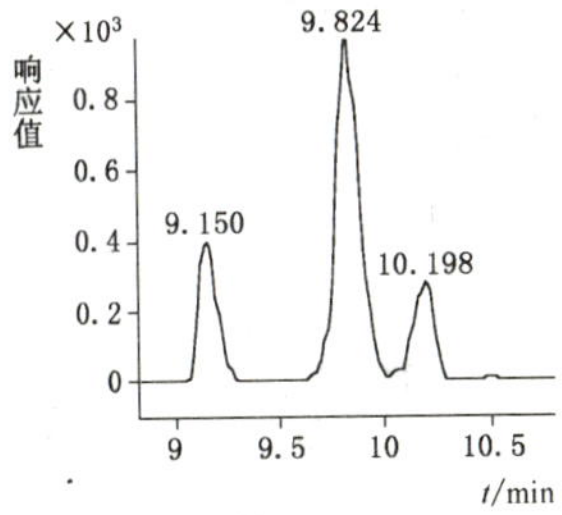


95. 扑灭津
(propazine)

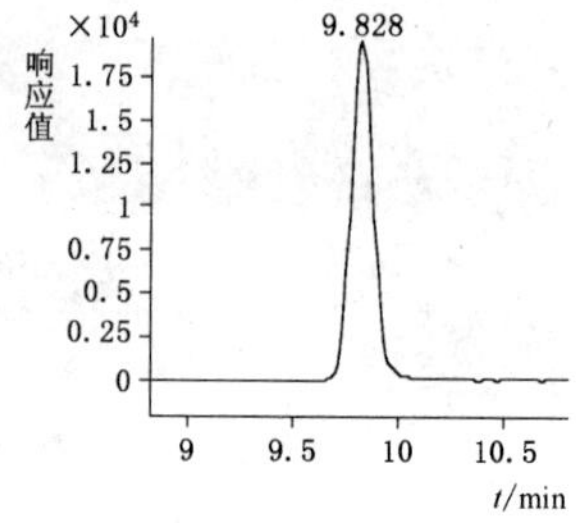


96. 特丁津
(terbuthylazine)

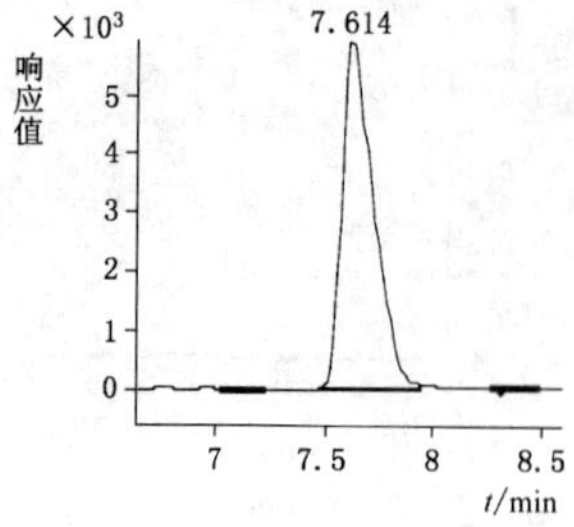


97. 敌草隆
(diuron)

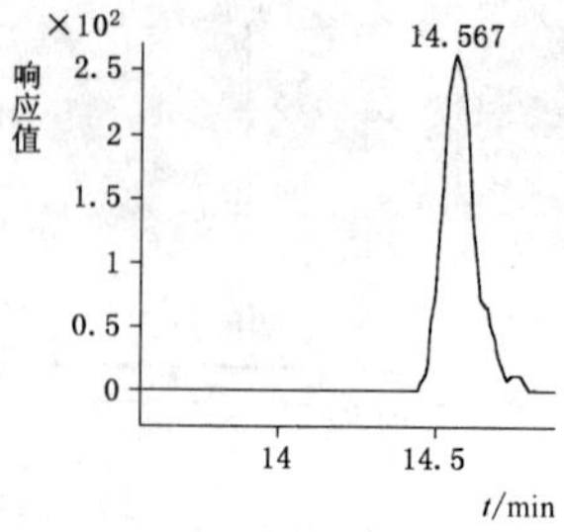


98. 氯甲硫磷
(chlormephos)

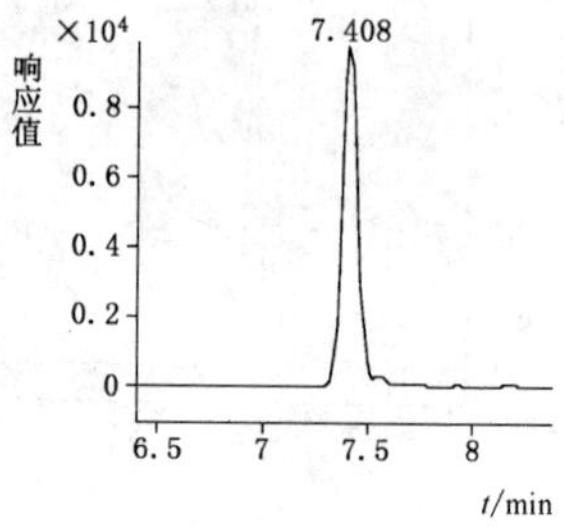


99. 萎锈灵
(carboxin)

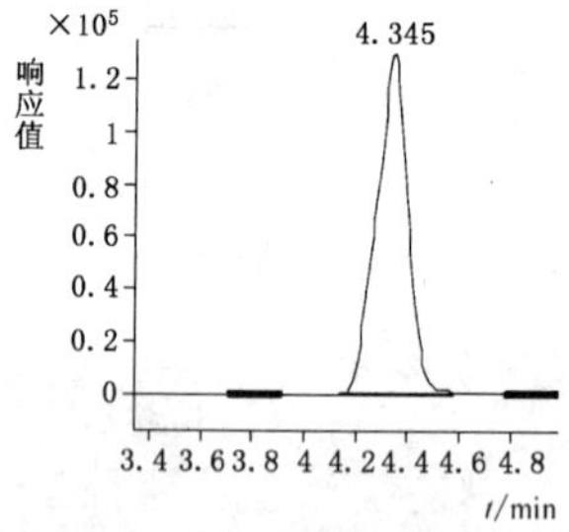


100. 噻虫胺
(clothianidin)

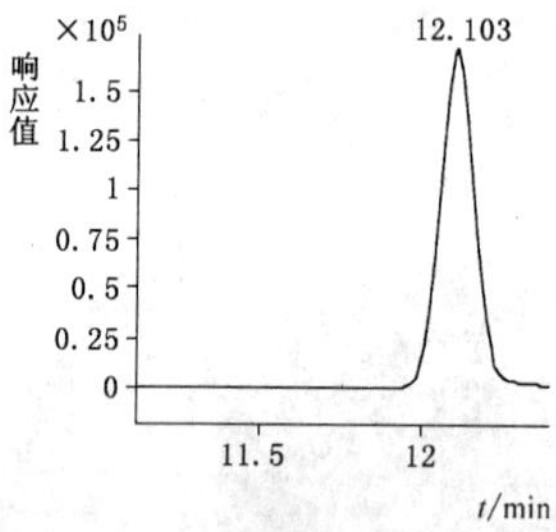


101. 拿草特
(pronamide)

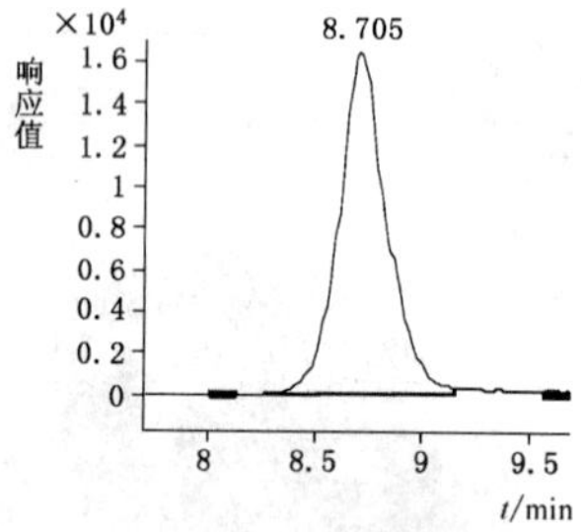


102. 二甲草胺
(dimethachloro)

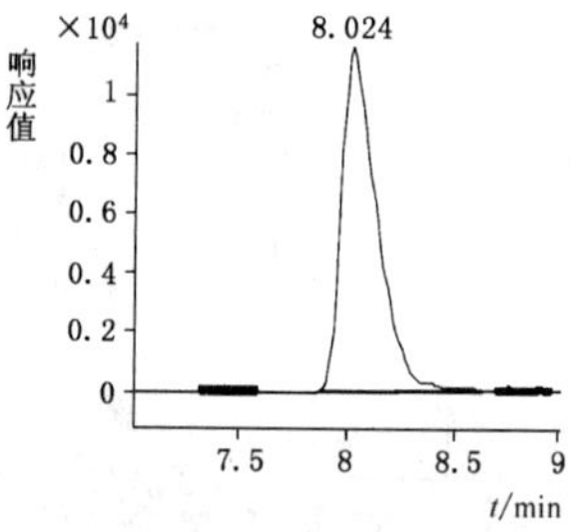


103. 溴谷隆
(methobromuron)

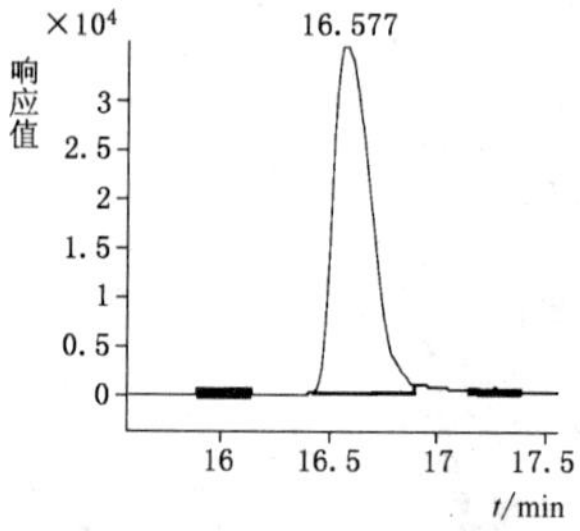


104. 甲拌磷
(phorate)

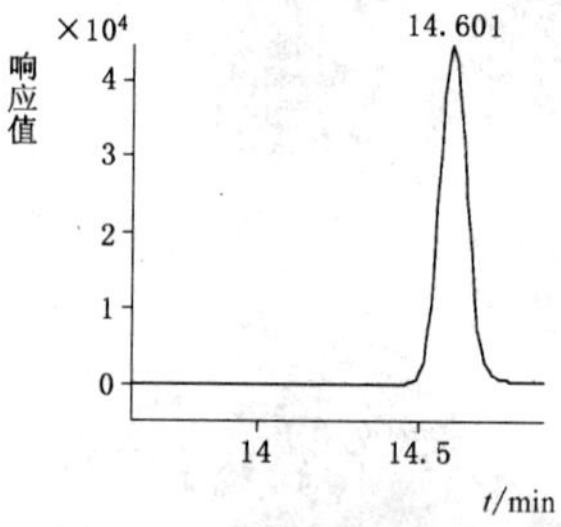


105. 苯草醚
(aclonifen)

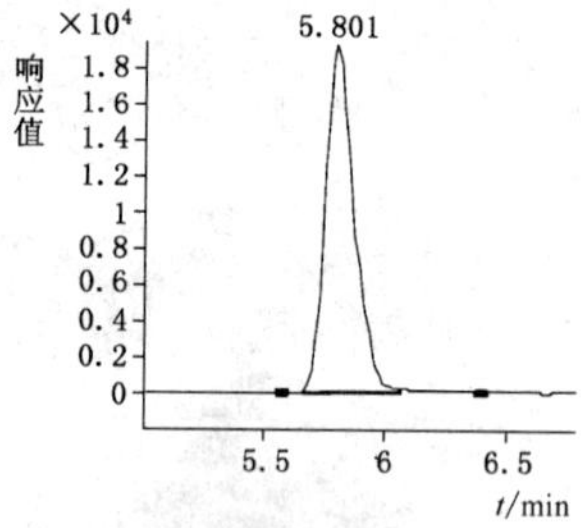


106. 地安磷
(mephosfolan)

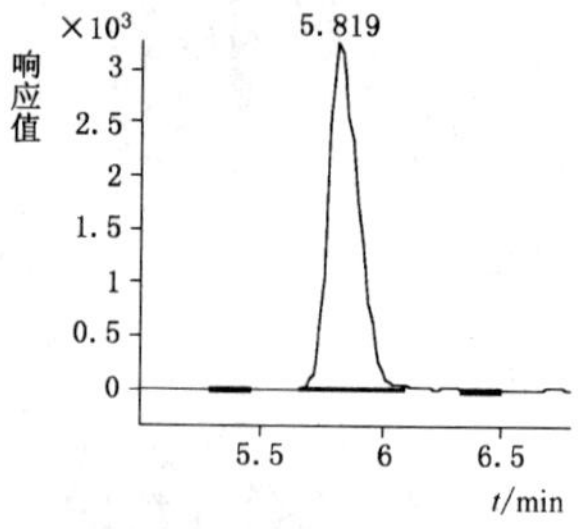


107. 脱苯甲基亚胺唑
(imibenconazole-des-benzyl)

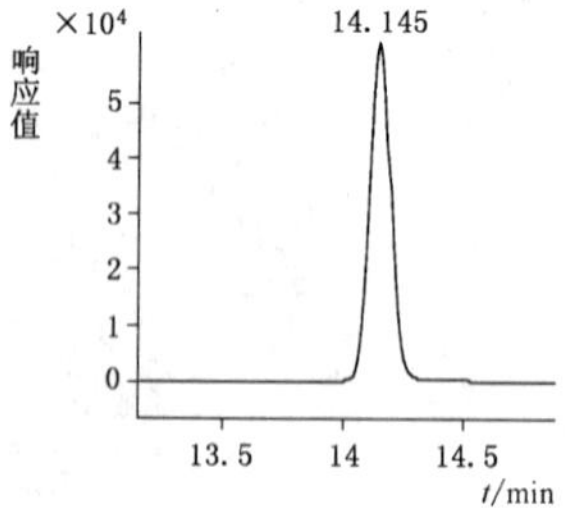


108. 草不隆
(neburon)

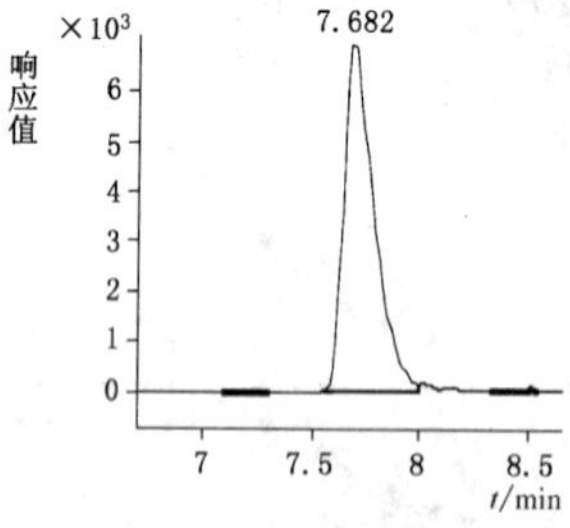


109. 精甲霜灵
(mefenoxam)

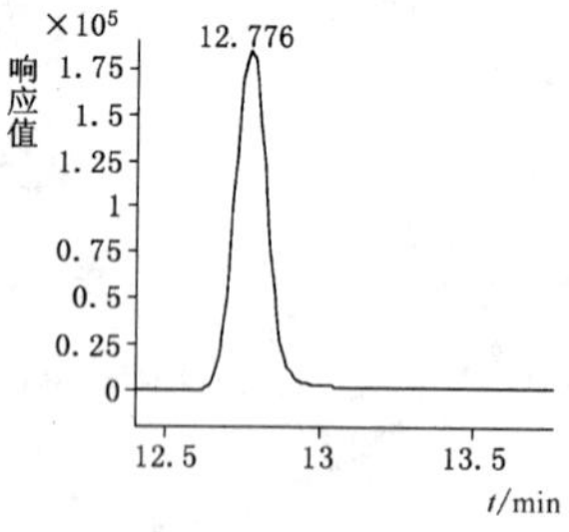


110. 乙氧呋草黄
(ethofume sate)

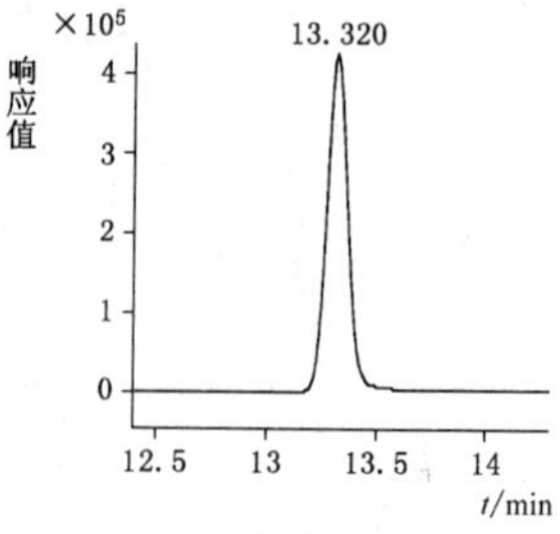


111. 异稻瘟净
(iprobenfos)

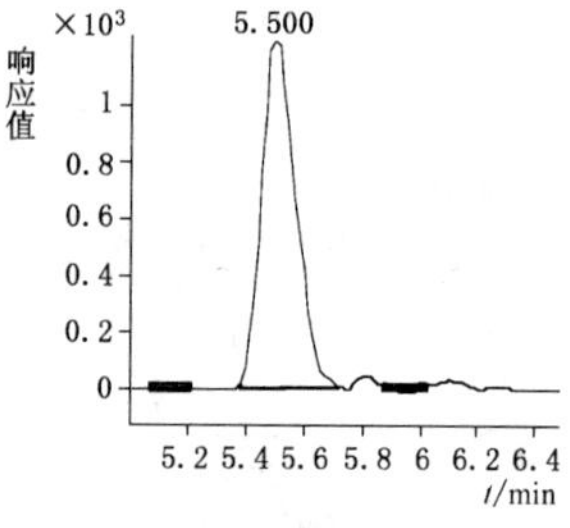


112. 特普
(TEPP)

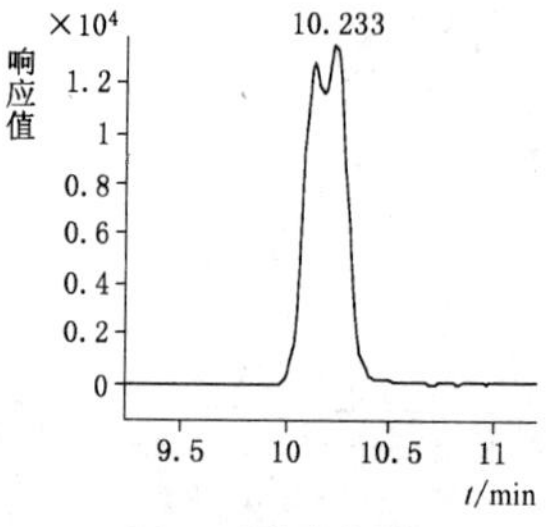


113. 环丙唑醇
(cyproconazole)

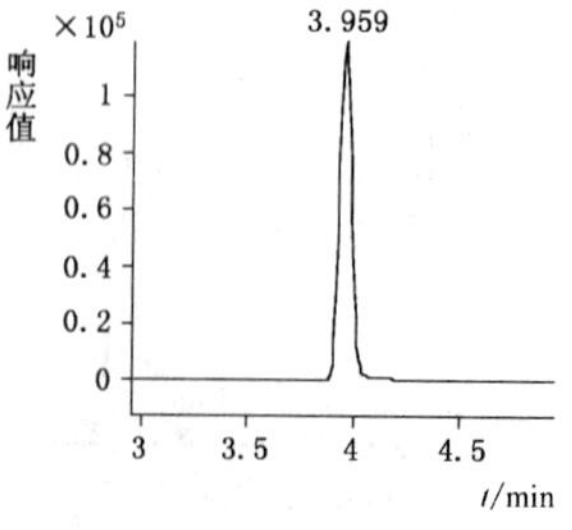


114. 噻虫嗪
(thiamethoxam)

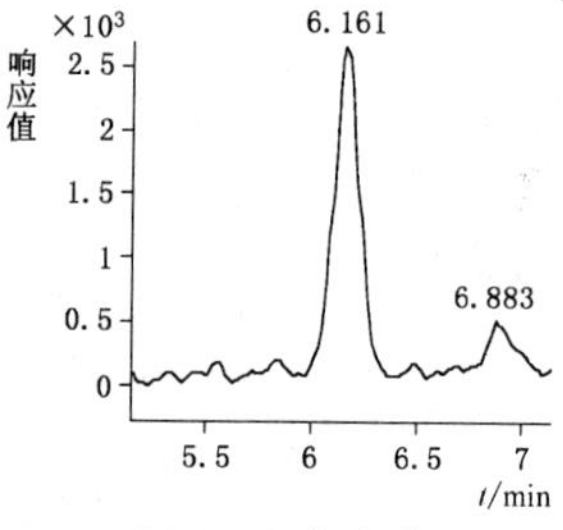


115. 乙嘧硫磷
(etrimfos)

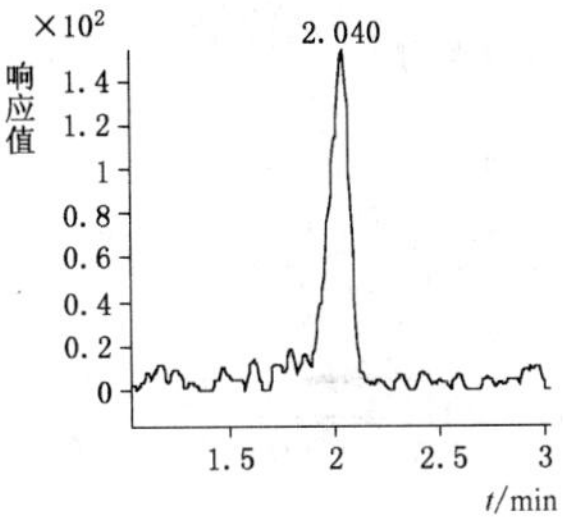


116. 杀鼠醚
(coumatetralyl)

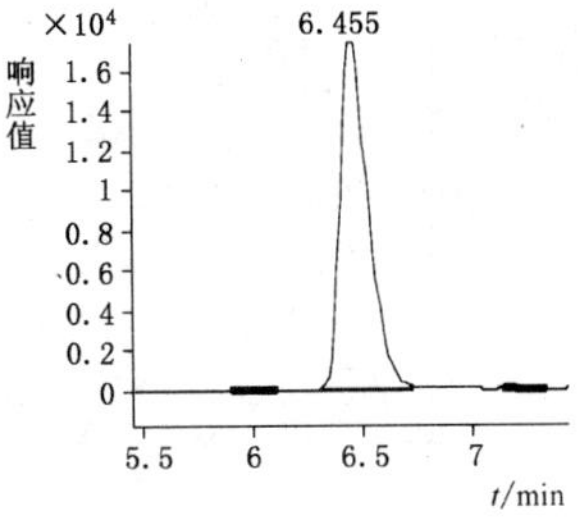


117. 赛灭磷
(cythioate)

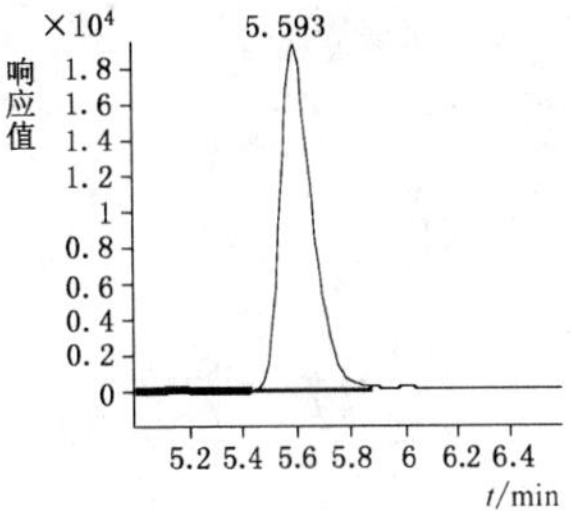


118. 磷胺
(phosphamidon)

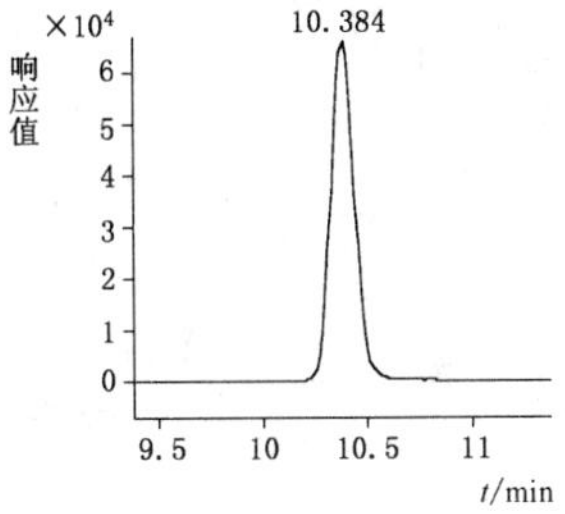


119. 甜菜宁
(phenmedipham)

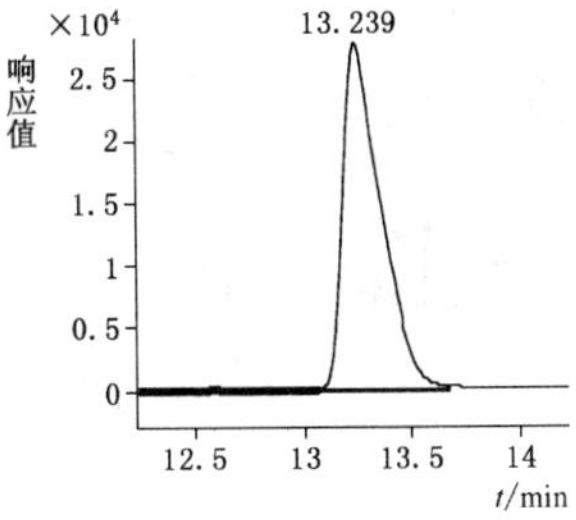


120. 联苯肼酯
(bifenazate)

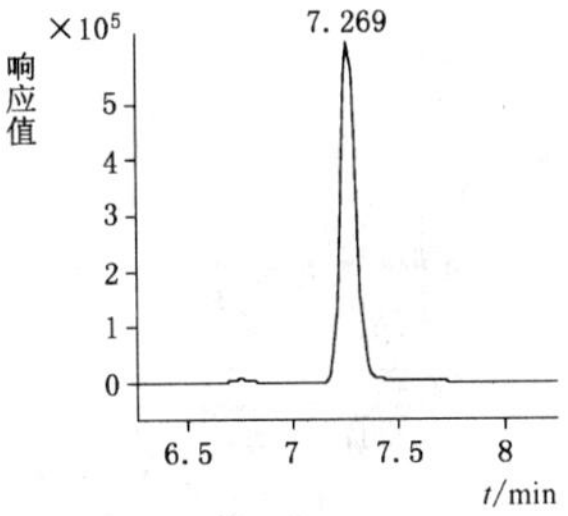


121. 粉唑醇
(flutriafol)

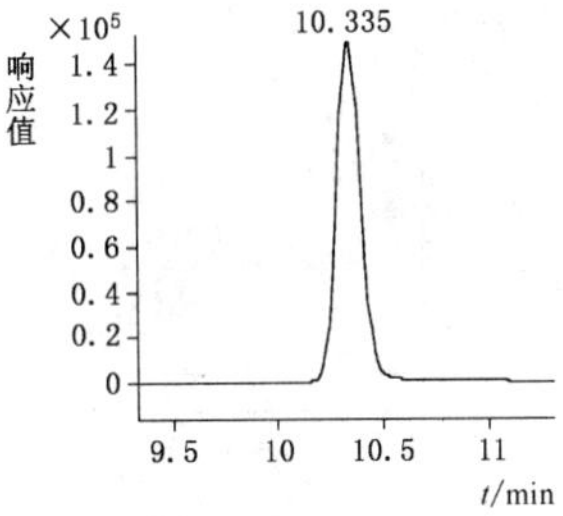


122. 抑菌丙胺酯
(furalaxyl)

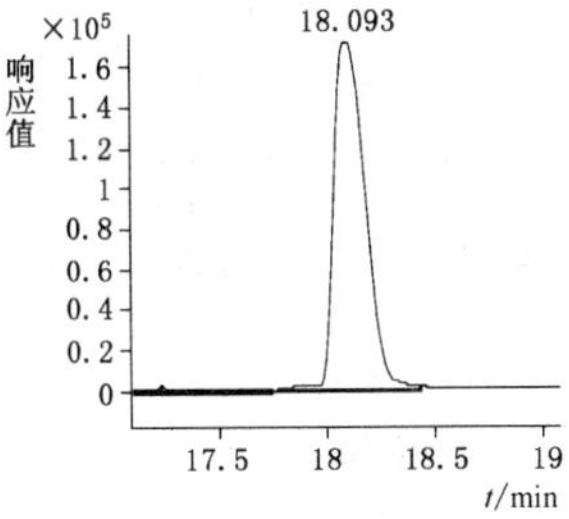


123. 生物丙烯菊酯
(bioallethrin)

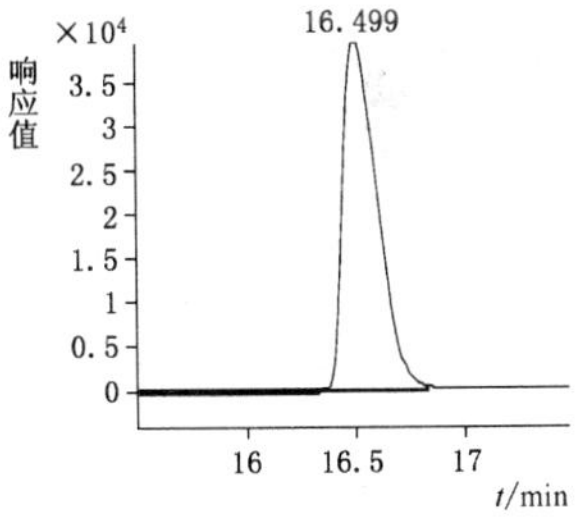


124. 苯腈磷
(cyanofenphos)

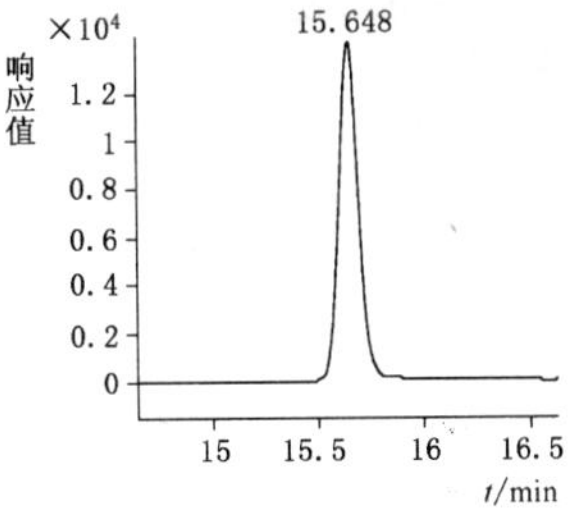


125. 甲基嘧啶磷
(pirimiphos methyl)

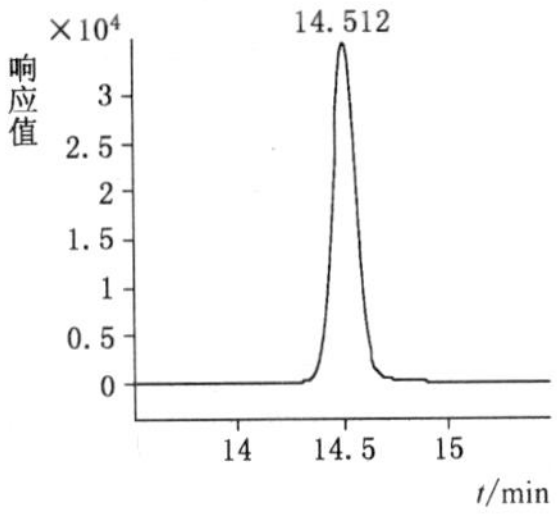


126. 噻嗪酮
(buprofezin)

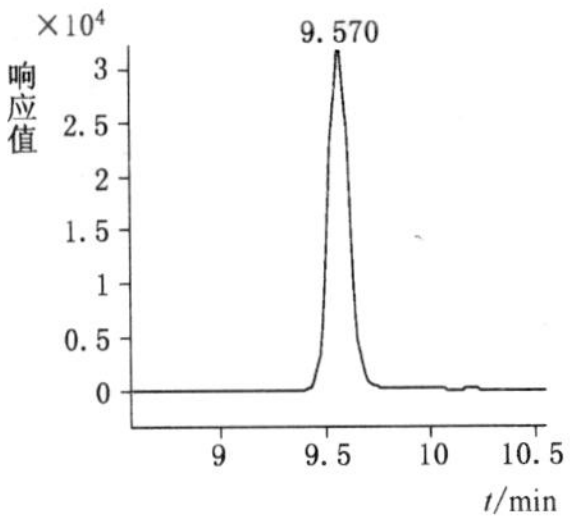


127. 乙拌磷砜
(disulfoton sulfone)

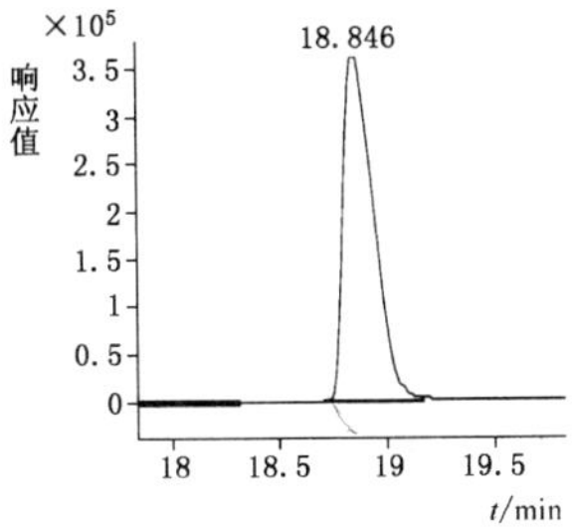


128. 喹螨醚
(fenazaquin)

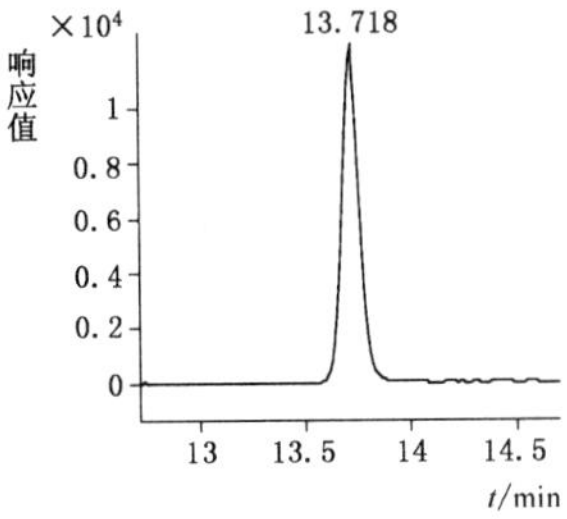


129. 三唑磷
(triazophos)

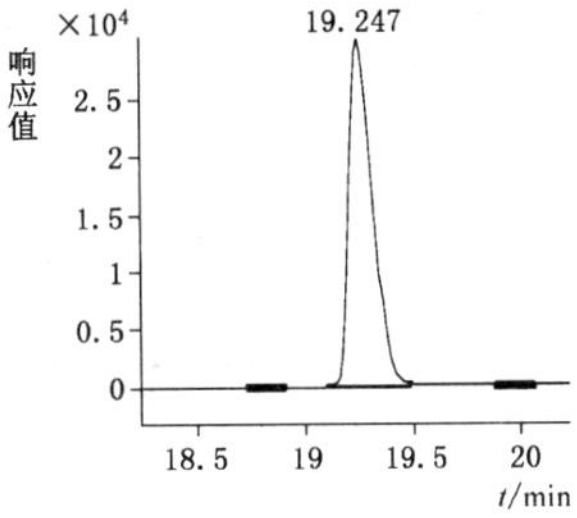


130. 脱叶磷
(DEF)

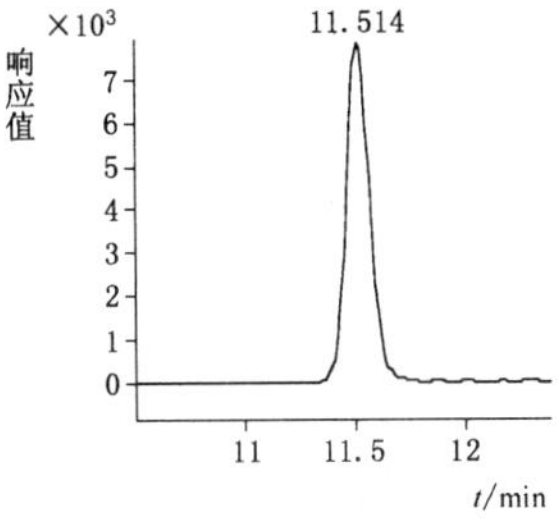


131. 环酯草醚
(pyriftalid)

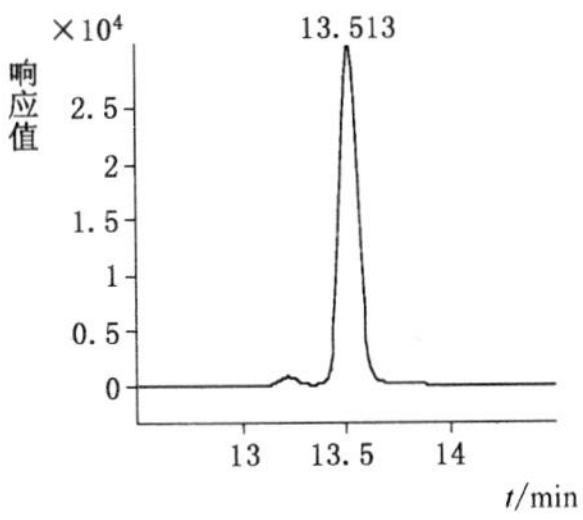


132. 叶菌唑
(metconazole)

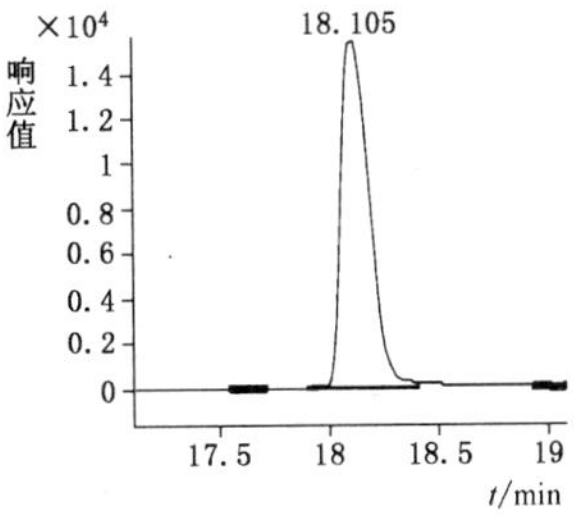


133. 蚊蝇醚
(pyriproxyfen)

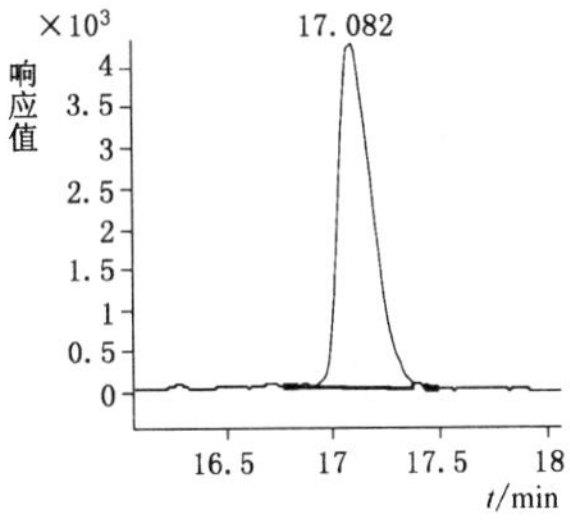


134. 噻草酮
(cycloxydim)

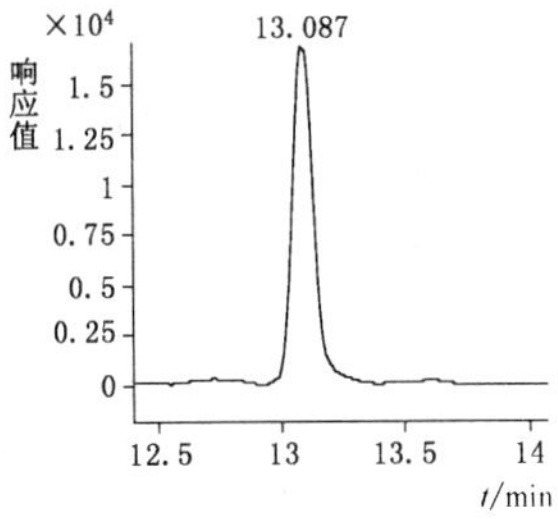


135. 异噁酰草胺
(isoxaben)

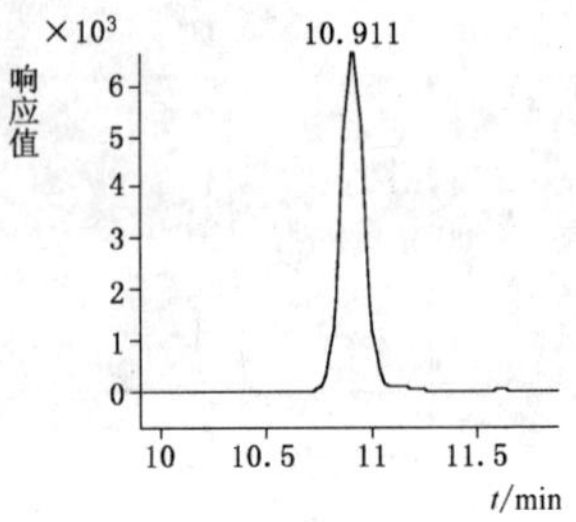


136. 呋草酮
(flurtamone)

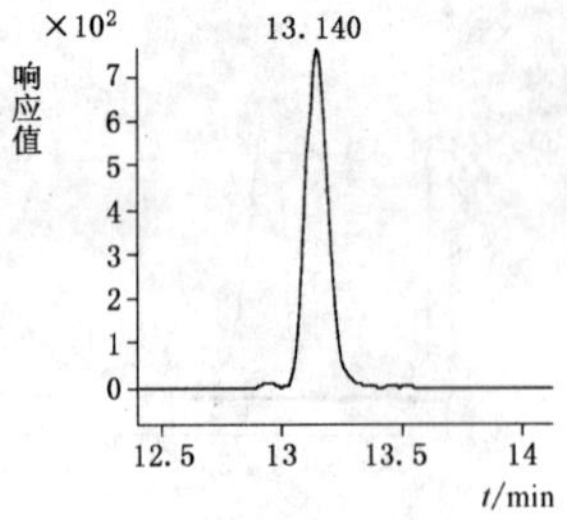


137. 氟乐灵
(trifluralin)

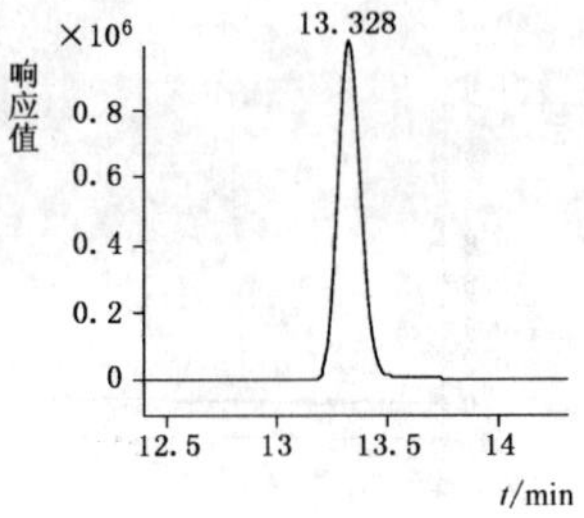


138. 甲基麦草氟异丙酯
(flamprop methyl)

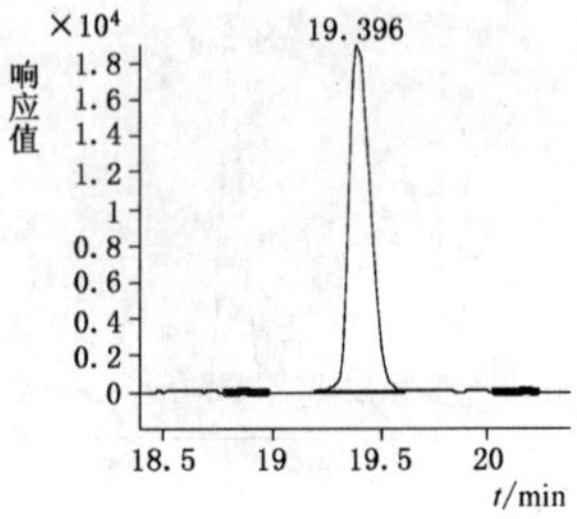


139. 生物苄呋菊酯
(bioresmethrin)

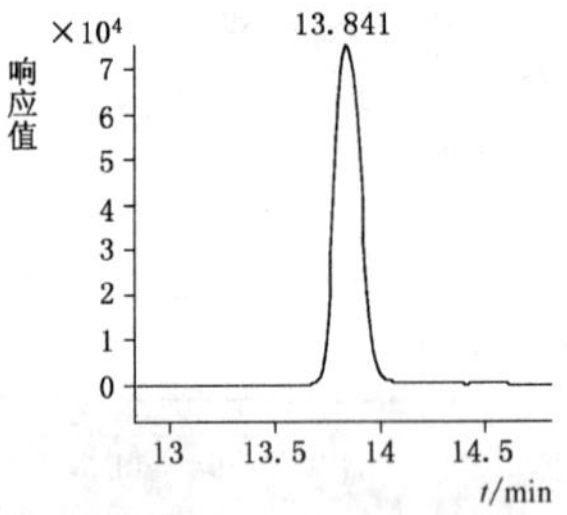


140. 丙环唑
(propiconazole)

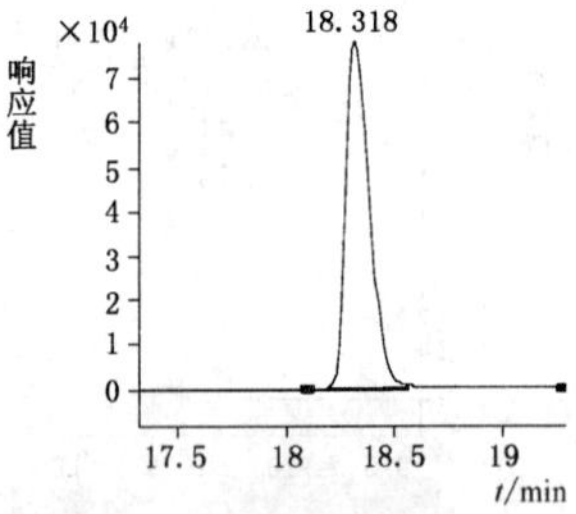


141. 毒死蜱
(chlorpyrifos)

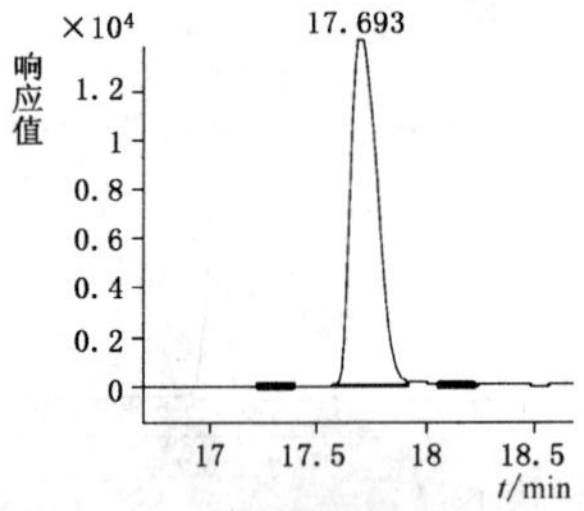


142. 氯乙氟灵
(fluchloralin)

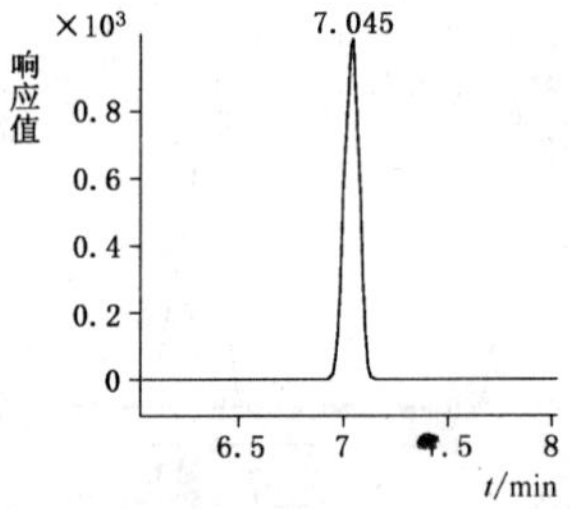


143. 氯磺隆
(chlorsulfuron)

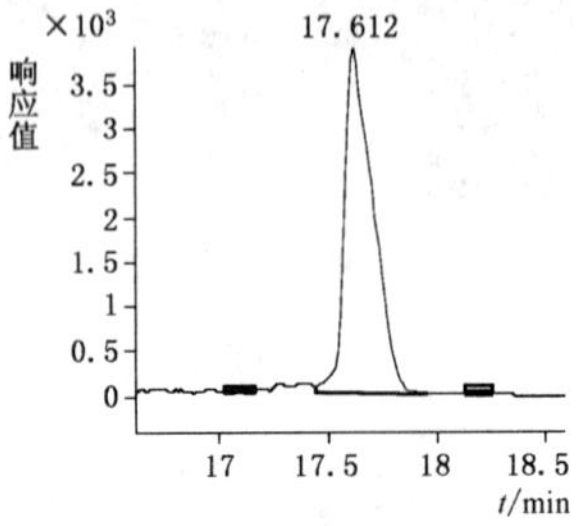


144. 烯草酮
(clethodim)

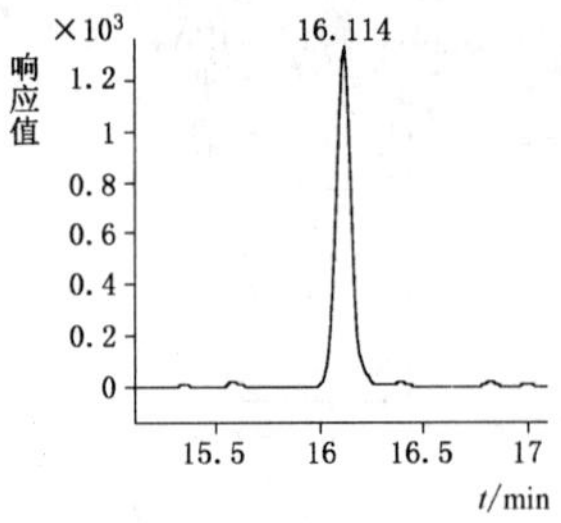


145. 麦草氟异丙酯
(flamprop isopropyl)

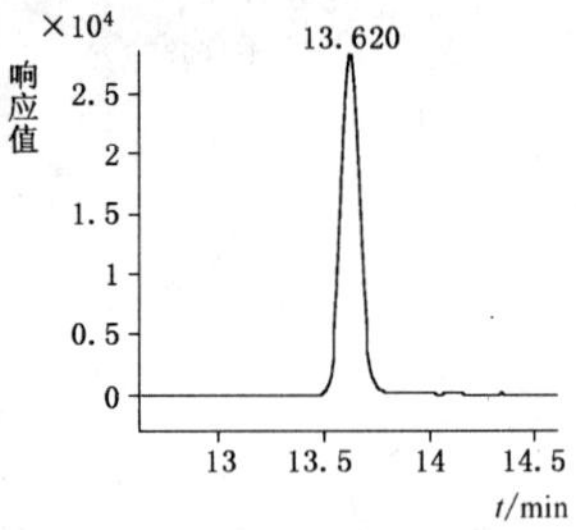


146. 杀虫畏
(tetrachlorvinphos)

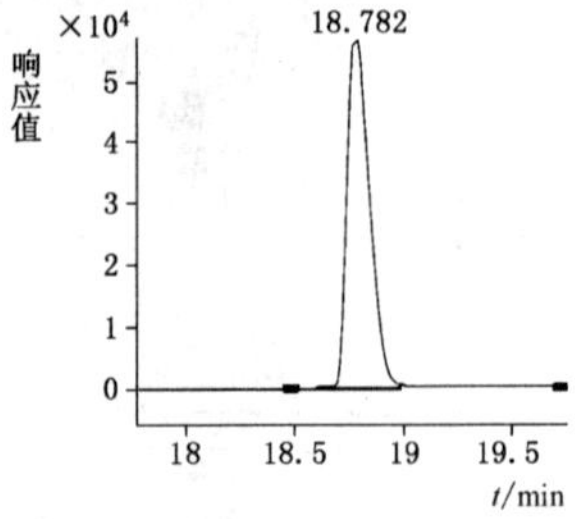


147. 炔螨特
(propargite)

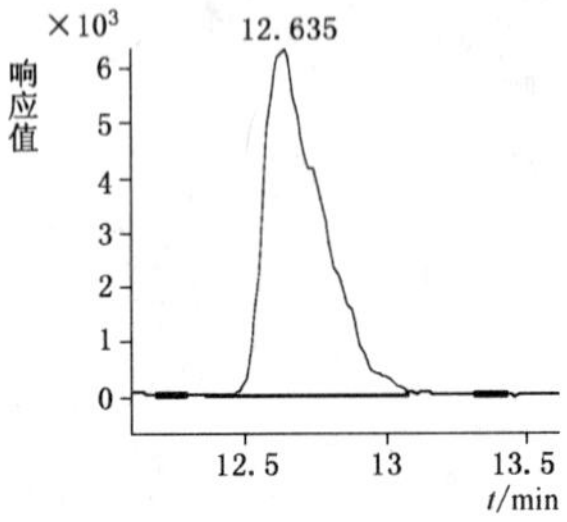


148. 糠菌唑
(bromuconazole)

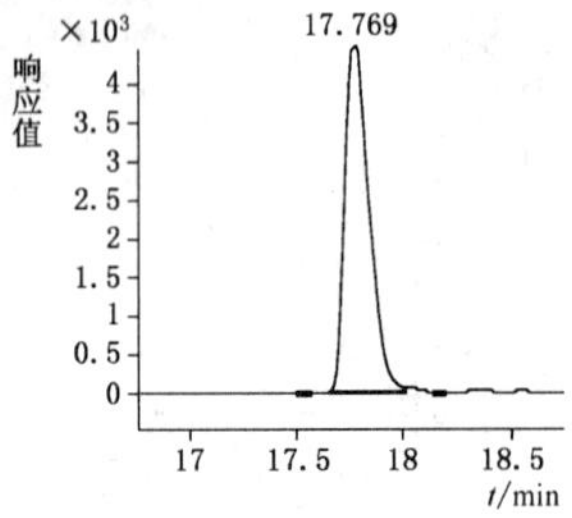


149. 氟吡酰草胺
(picolinafen)

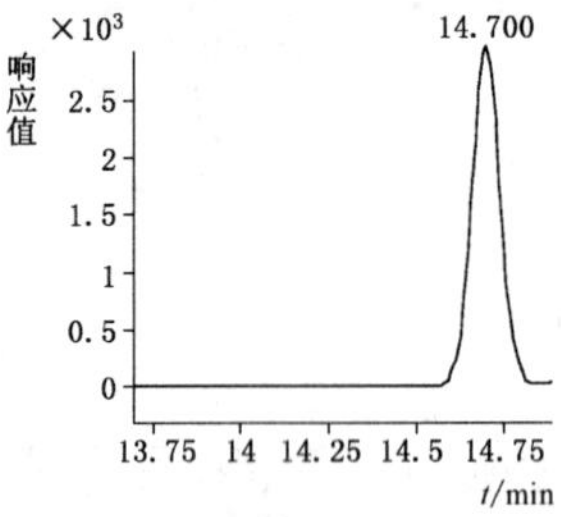


150. 氟噻乙草酯
(fluthiacet methyl)

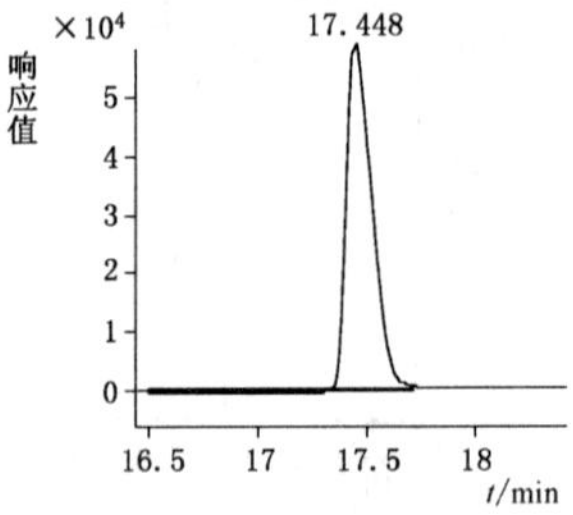


151. 肟菌酯
(trifloxystrobin)

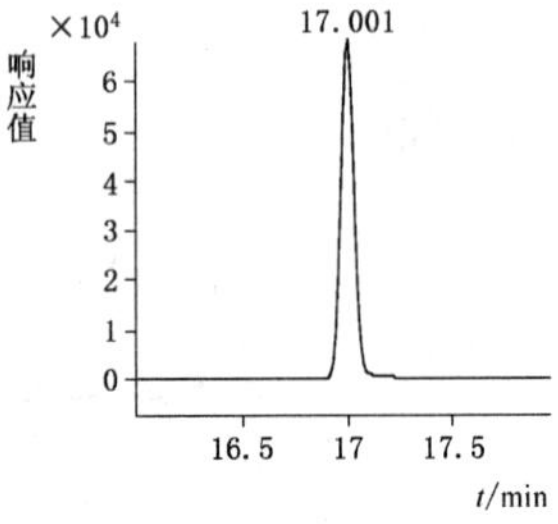


152. 氟铃脲
(hexaflumuron)

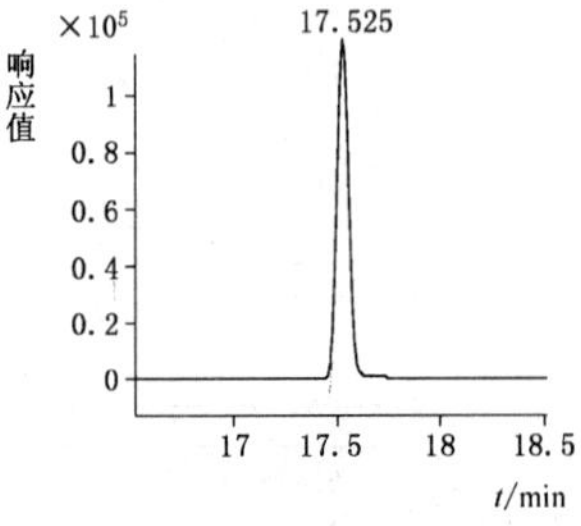


153. 氟酰脲
(novaluron)

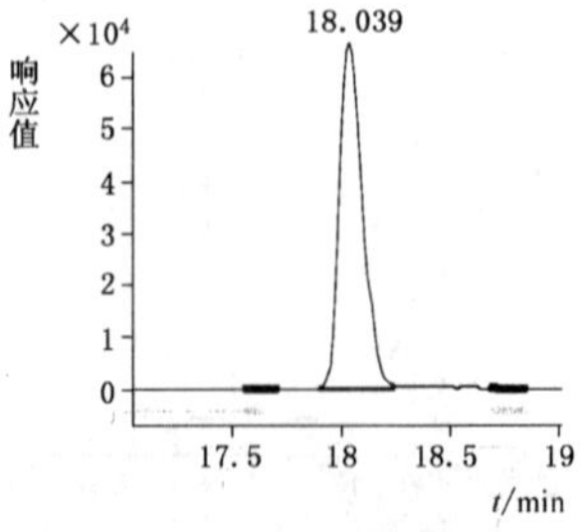


154. 啶蜱脲
(flurazuron)

## C组

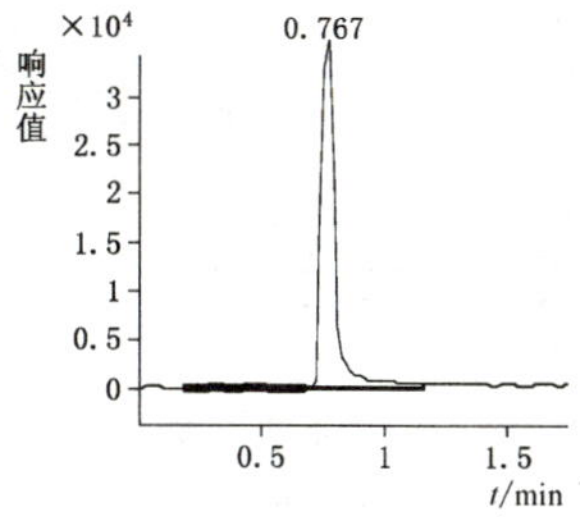


155. 甲胺磷
(methamidophos)

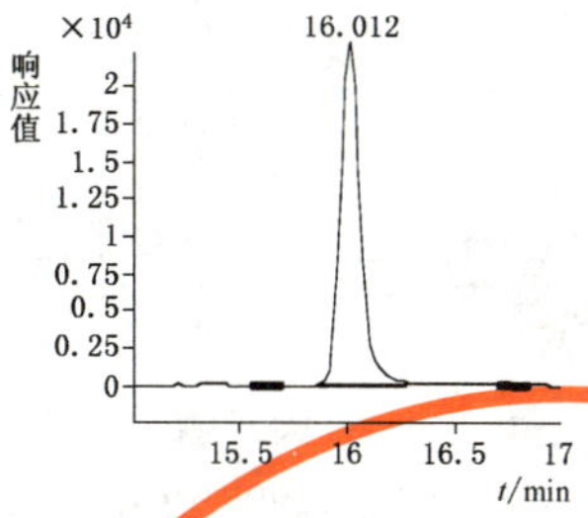


156. 茵草敌
(EPTC)

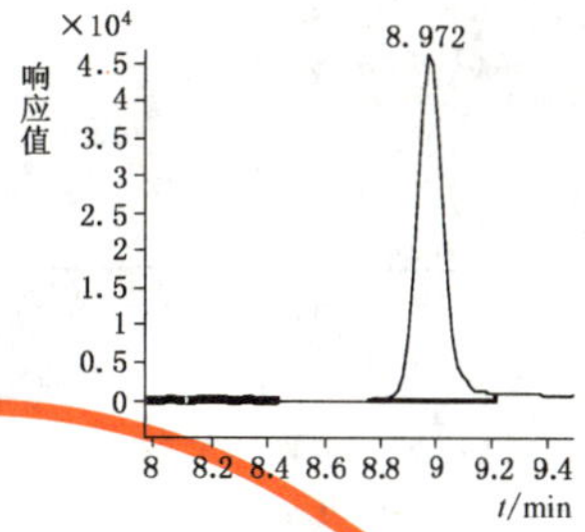


157. 避蚊胺
(diethyltoluamide)

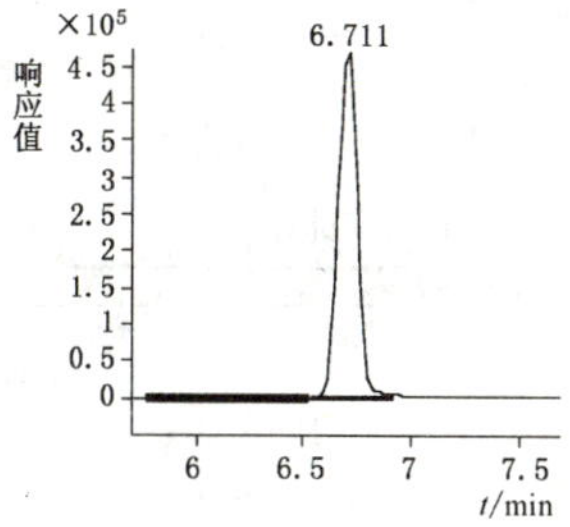


158. 灭草隆
(monuron)

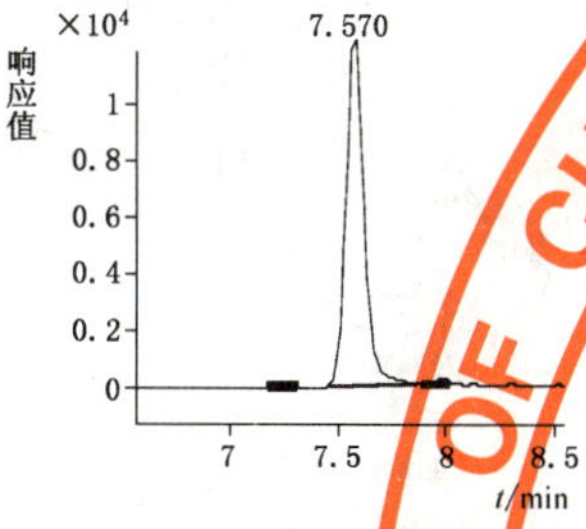


159. 嘧霉胺
(pyrimethanil)

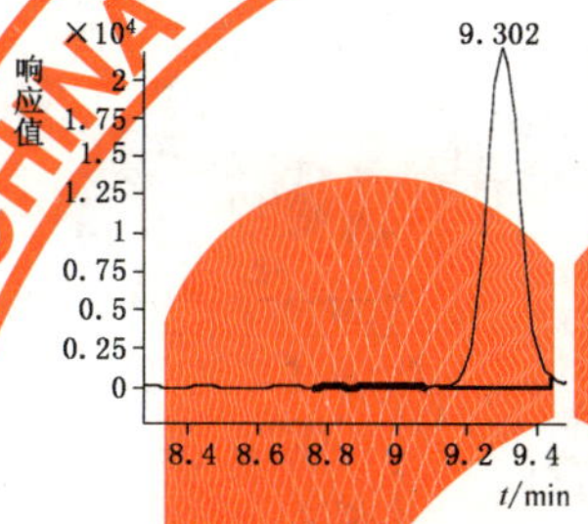


160. 黑穗胺
(fenfuram)

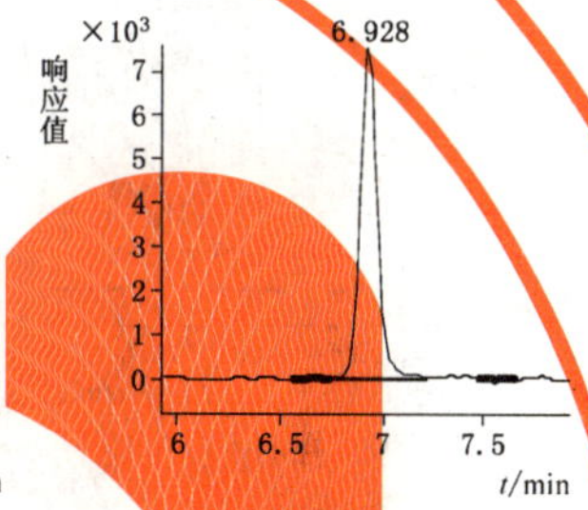


161. 灭藻醌
(quinoclamine)

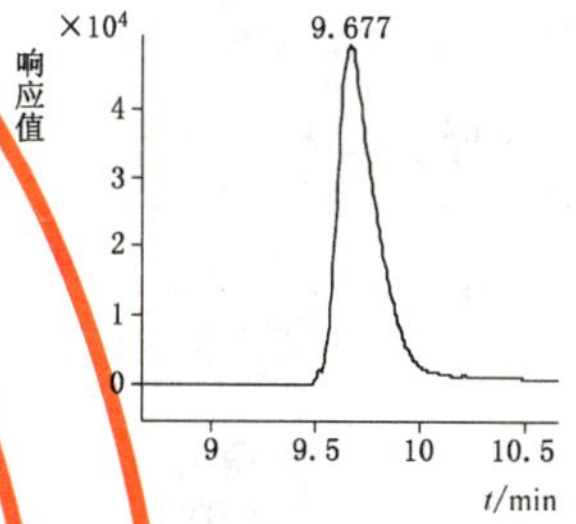


162. 仲丁威
(fenobucarb)

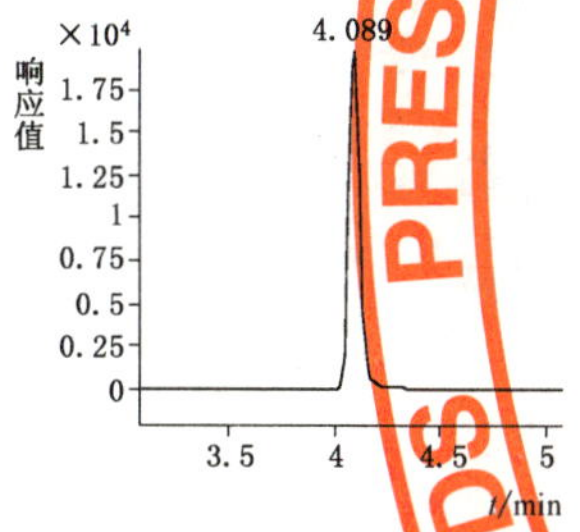


163. 乙菌定
(ethirimol)

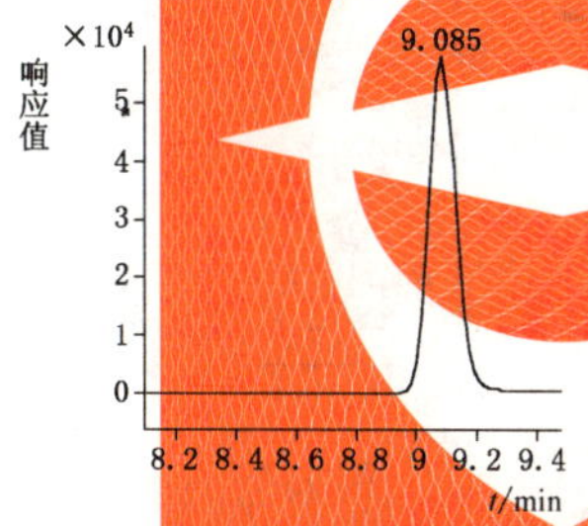


164. 敌稗
(propanil)

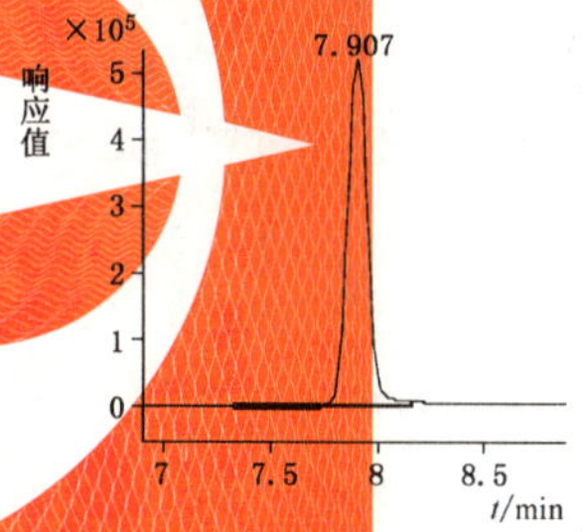


165. 克百威
(carbofuran)

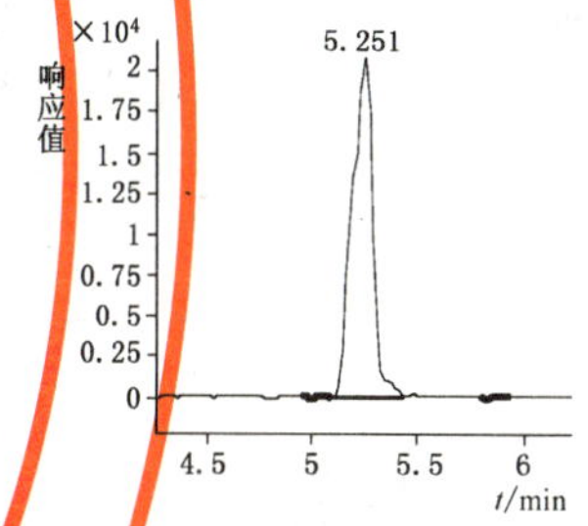


166. 啶虫清
(acetamiprid)

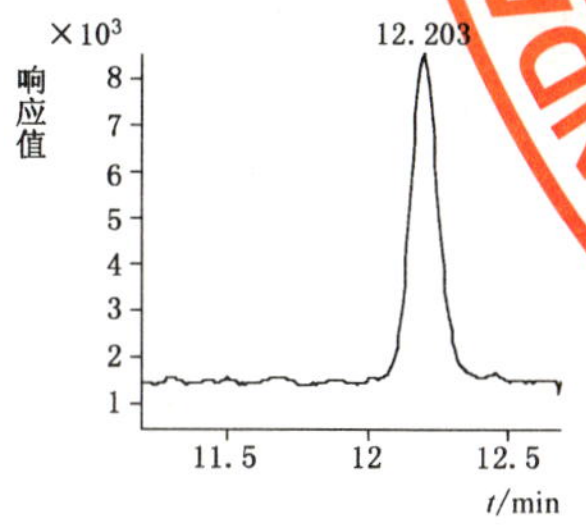


167. 嘧菌胺
(mepanipyrim)

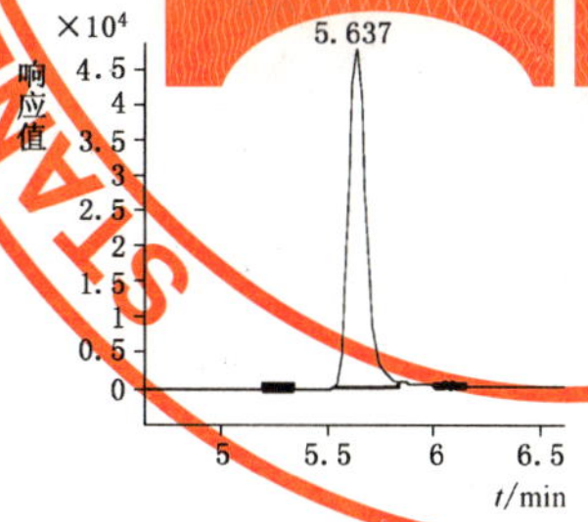


168. 扑灭通
(prometon)

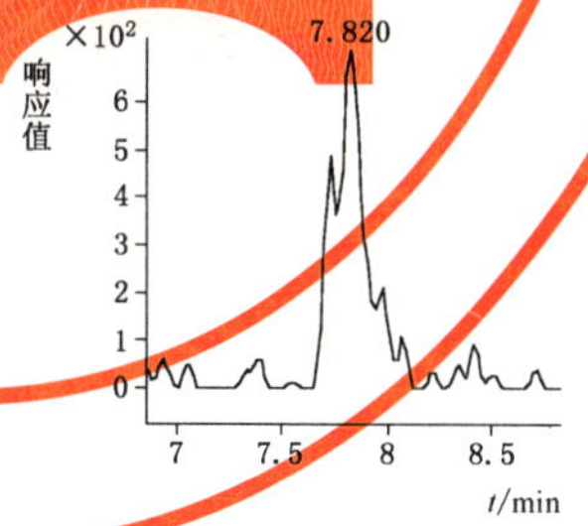


169. 甲硫威
(methiocarb)

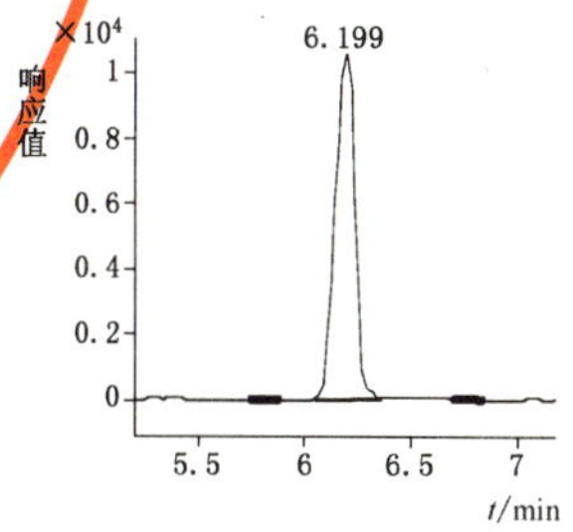


170. 甲氧隆
(metoxuron)

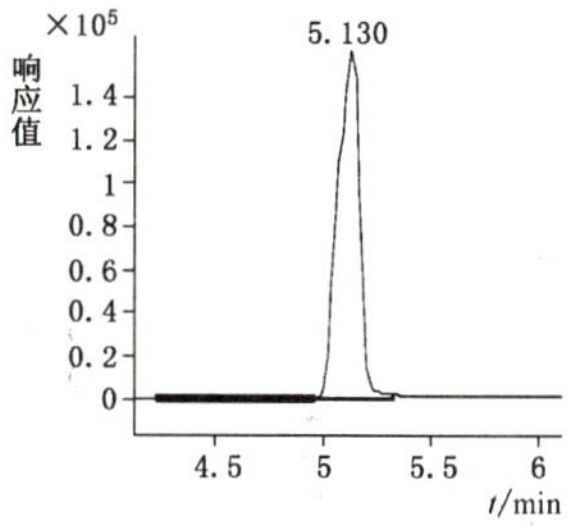


171. 乐果
(dimethoate)

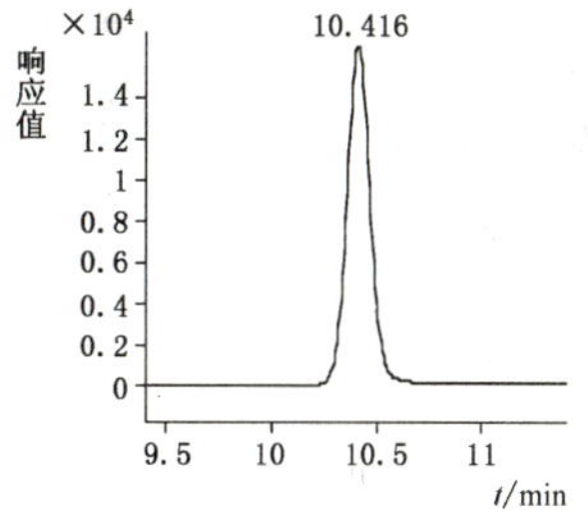


172. 呋菌胺
(methfuroxam)

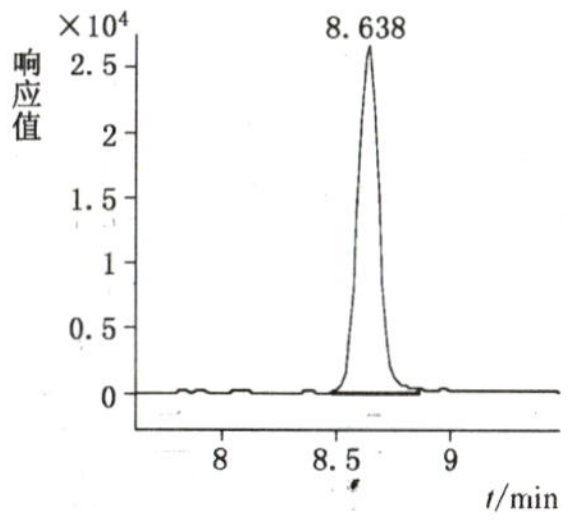


173. 伏草隆
(fluometuron)

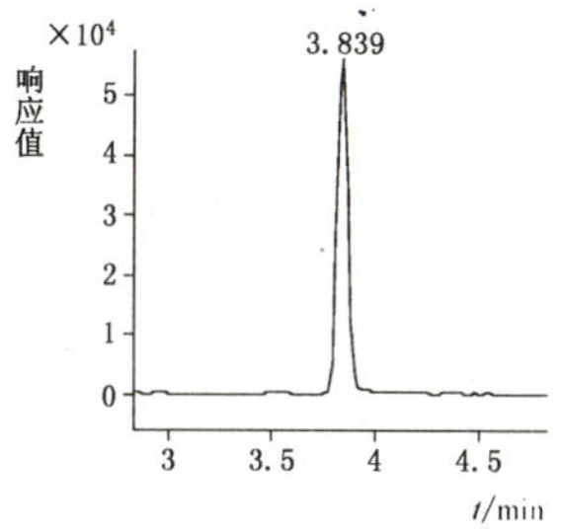


174. 百治磷
(dicrotophos)

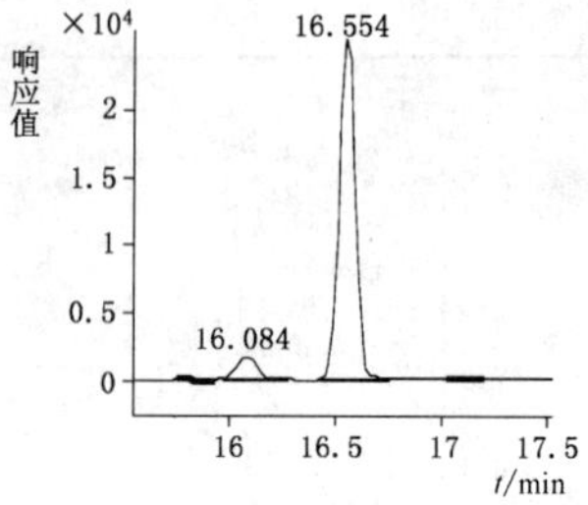


175. 庚酰草胺
(monalide)

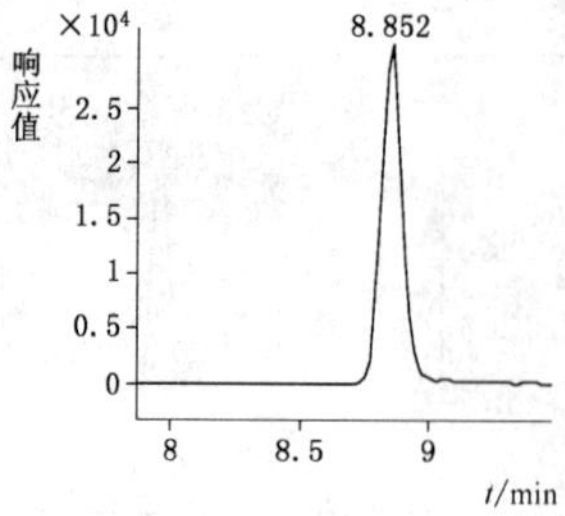


176. 双苯酰草胺
(diphenamid)

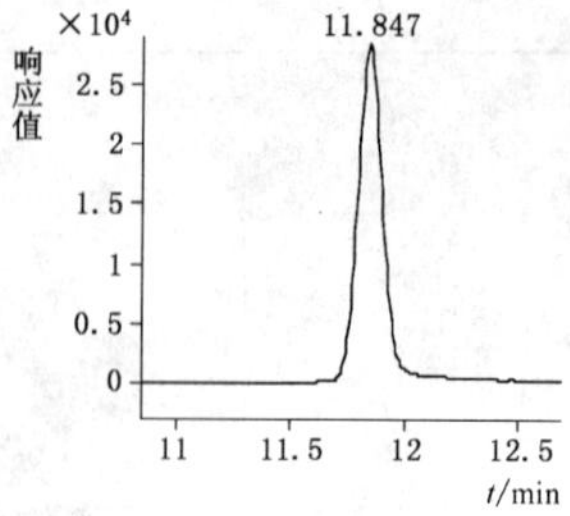


177. 灭线磷
(ethoprophos)

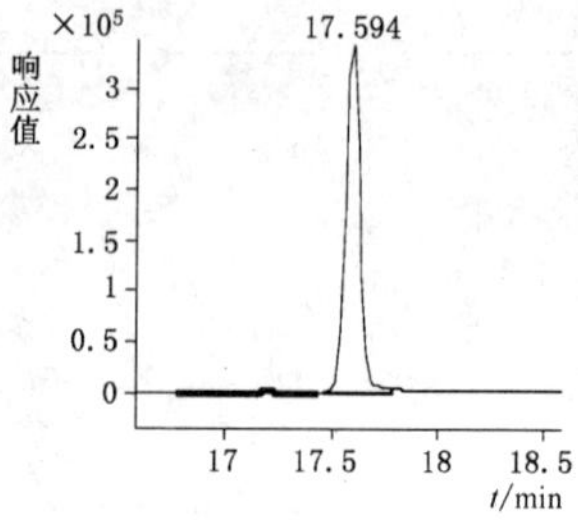


178. 地虫硫磷
(fonofos)

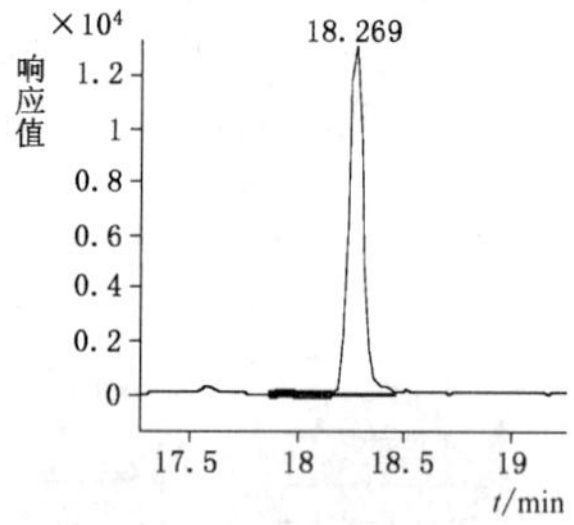


179. 土菌灵
(etridiazol)

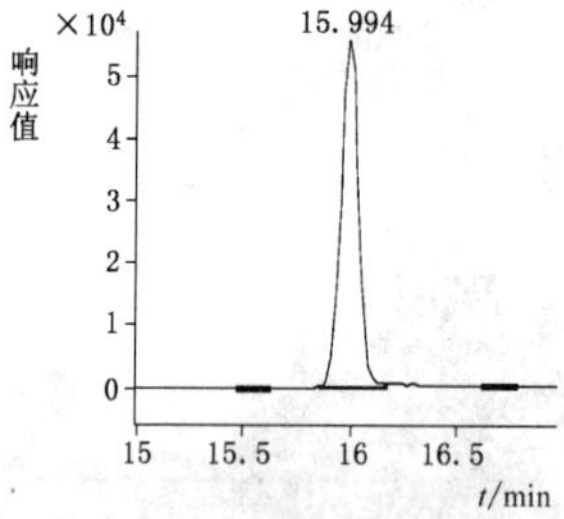


180. 拌种胺
(furmecyclox)

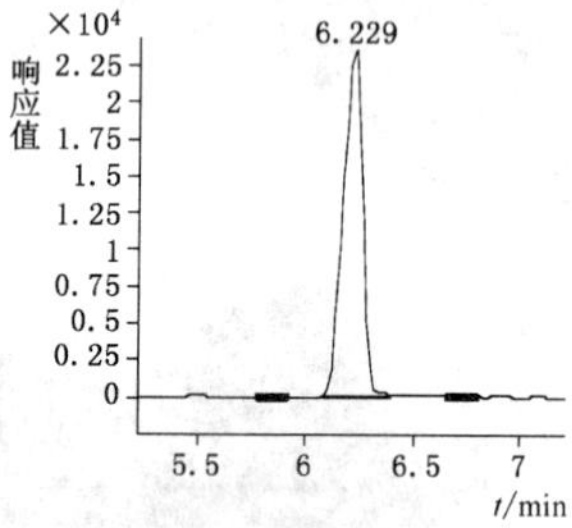


181. 环嗪酮
(hexazinone)

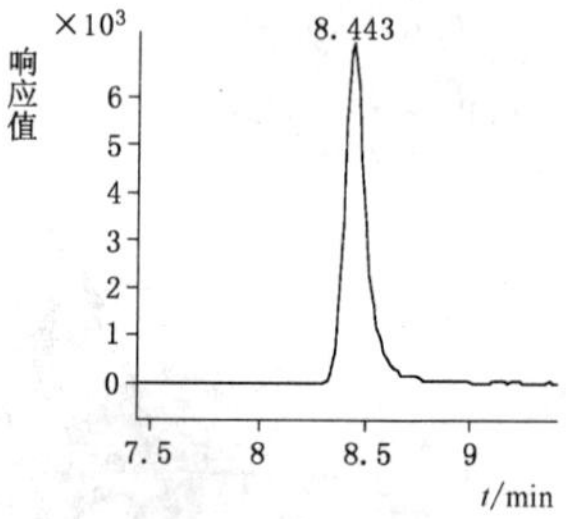


182. 异戊乙净
(dimethametryn)

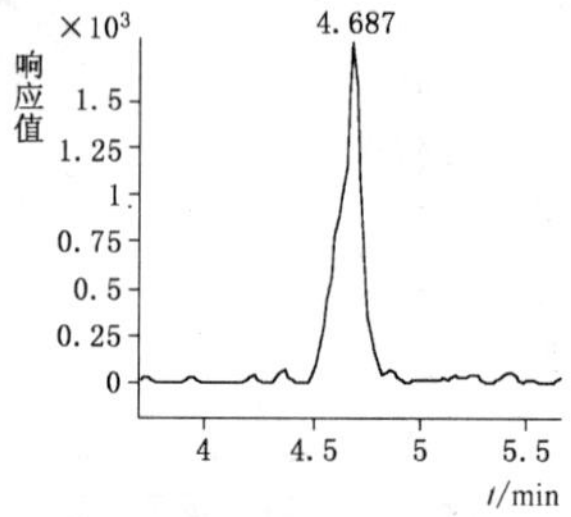


183. 敌百虫
(trichlorphon)

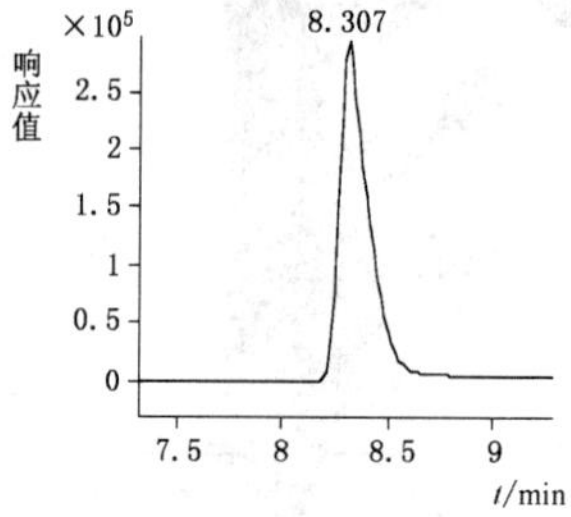


184. 内吸磷
[demeton($o+s$)]

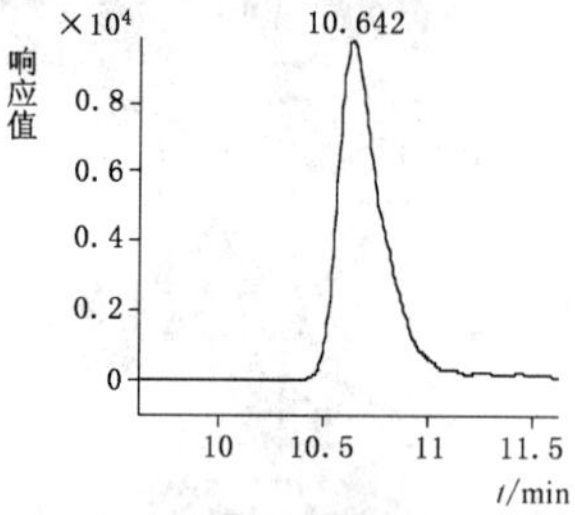


185. 解草酮
(benoxacor)

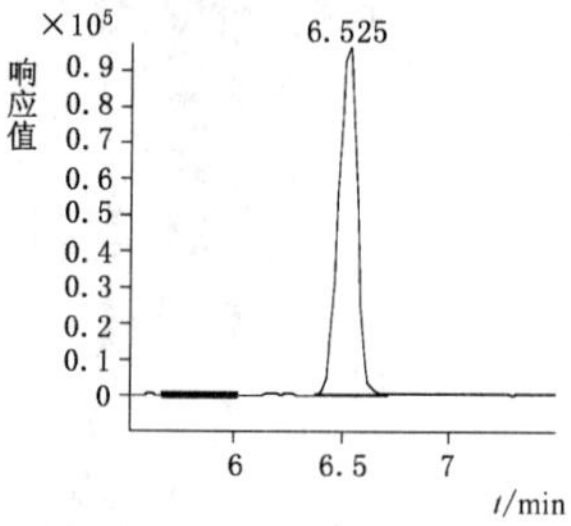


186. 除草定
(bromacil)

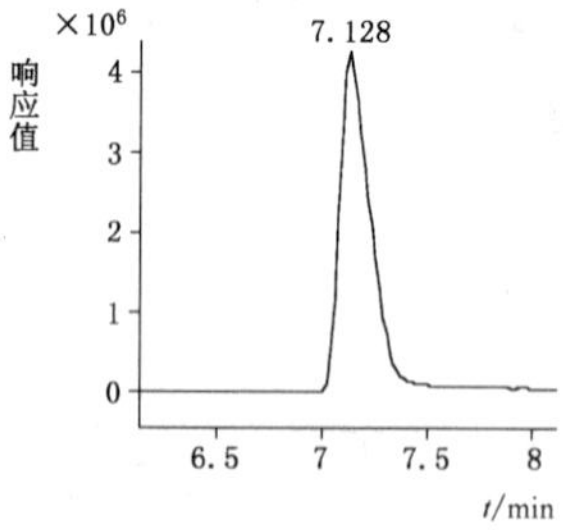


187. 甲拌磷亚砜
(phorate sulfoxide)

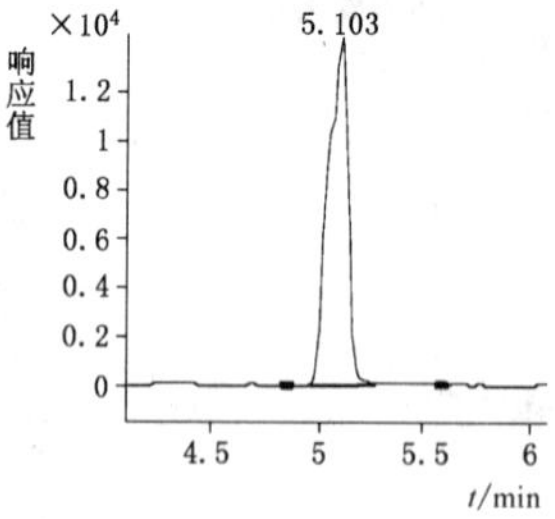


188. 溴莠敏
(brompyrazon)

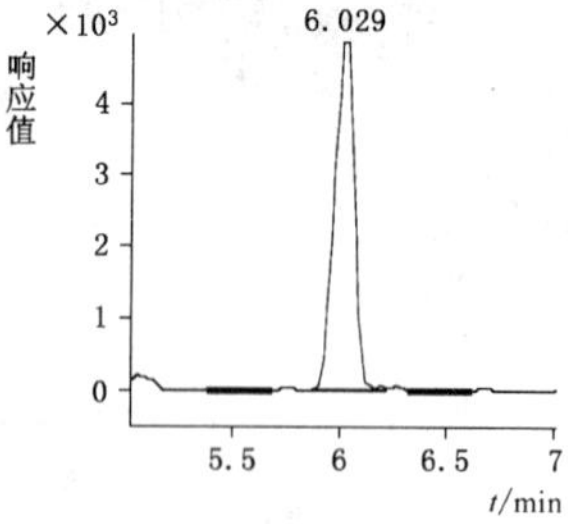


189. 氧化萎锈灵
(oxycarboxin)

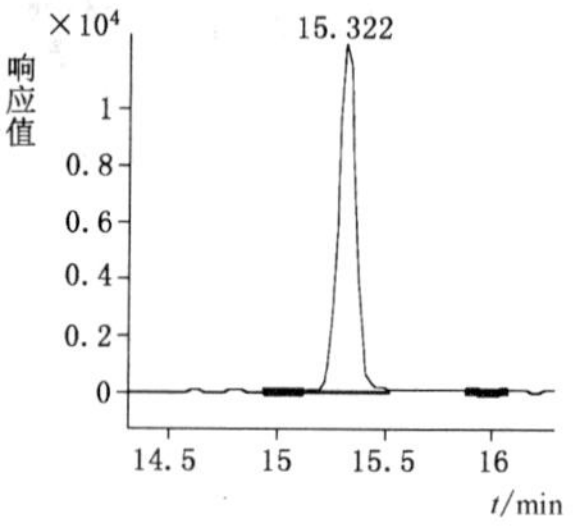


190. 灭锈胺
(mepronil)

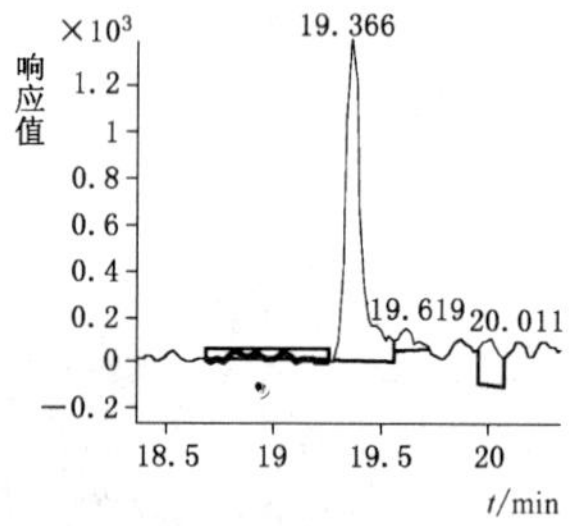


191. 乙拌磷
(disulfoton)

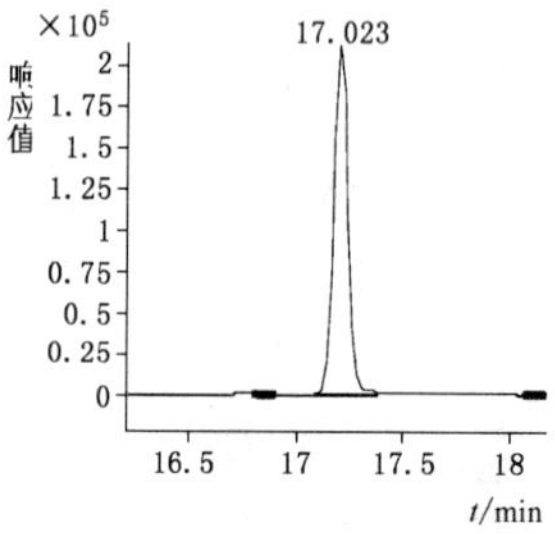


192. 倍硫磷
(fenthion)

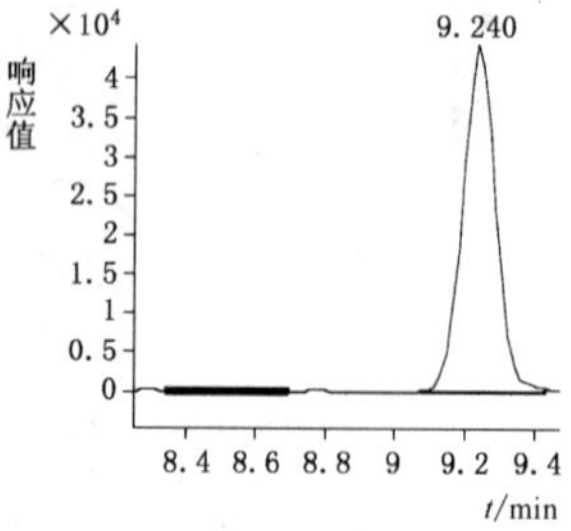


193. 甲霜灵
(metalaxyl)

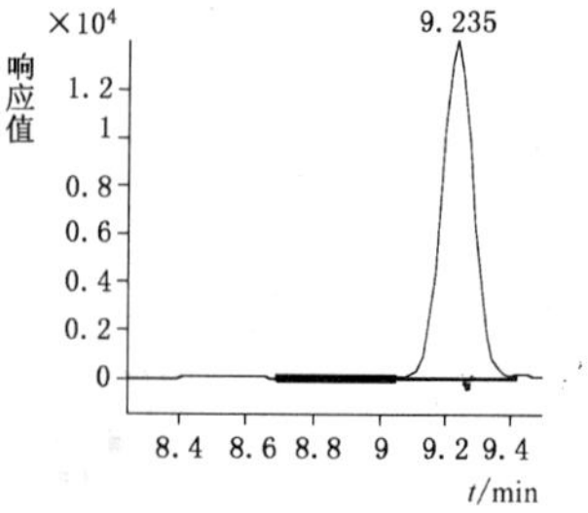


194. 甲呋酰胺
(ofurace)

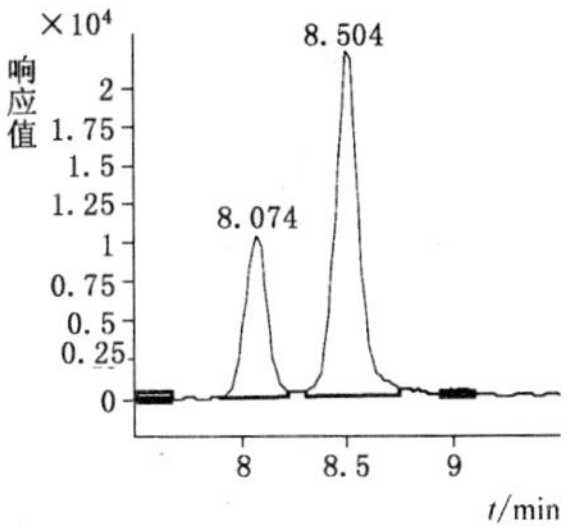


195. 吗菌灵
(dodemorph)

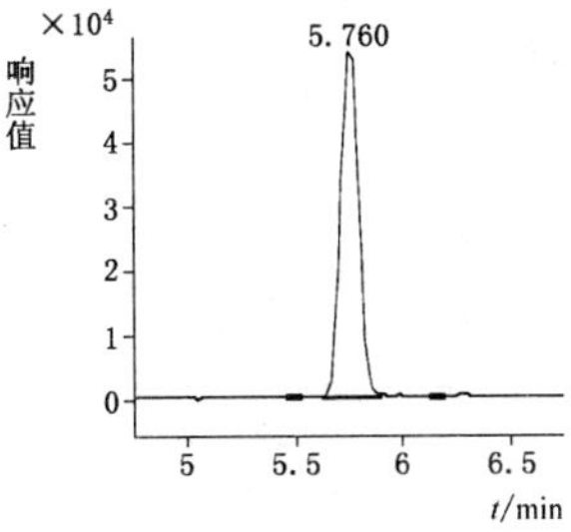


196. 甲基咪草酯
(imazamethabenz-methyl)

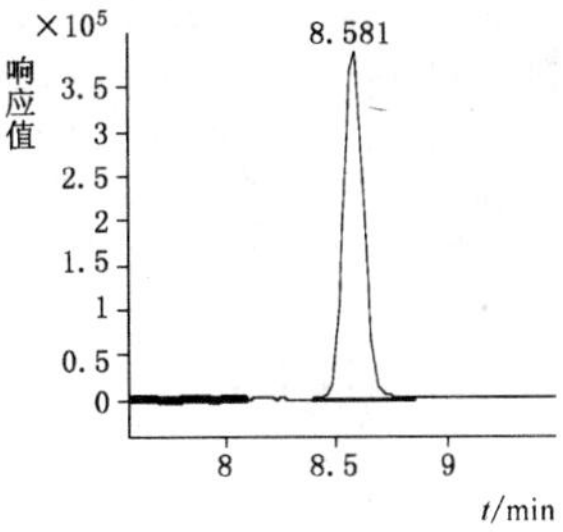


197. 乙拌磷亚砜
(disulfoton-sulfoxide)

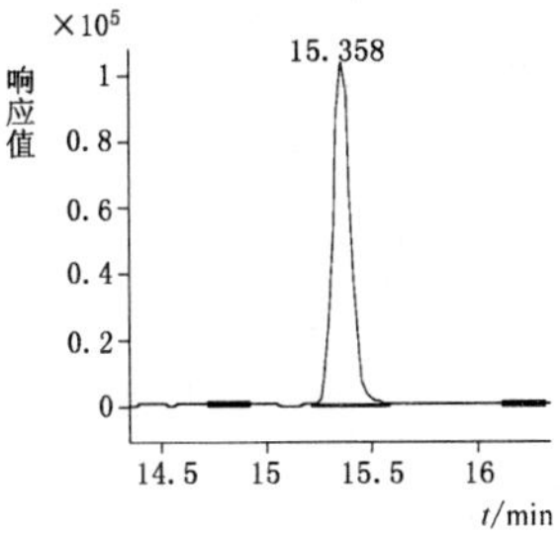


198. 稻瘟灵
(isoprothiolane)

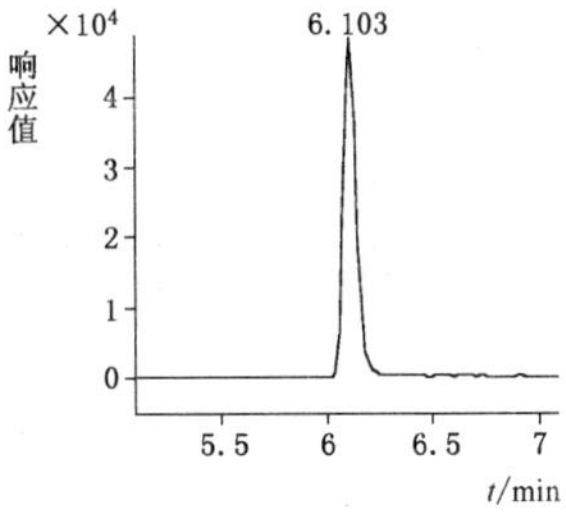


199. 抑霉唑
(imazalil)

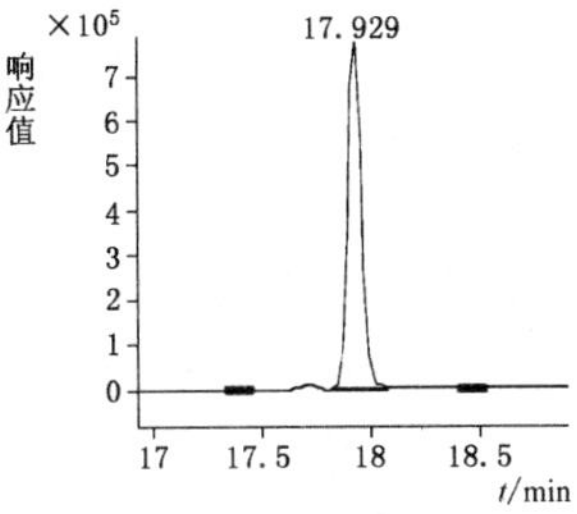


200. 辛硫磷
(phoxim)

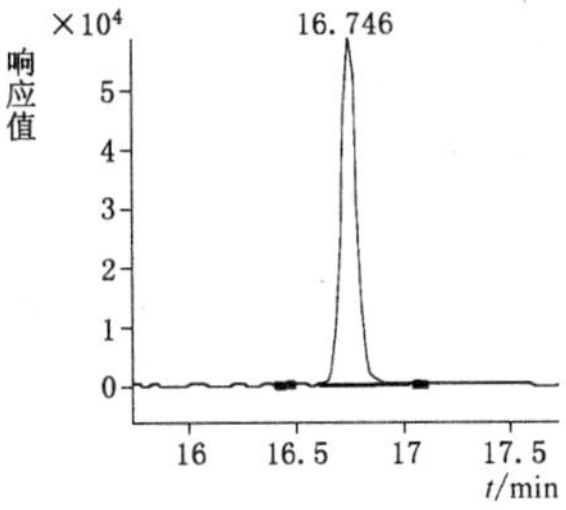


201. 喹硫磷
(quinalphos)

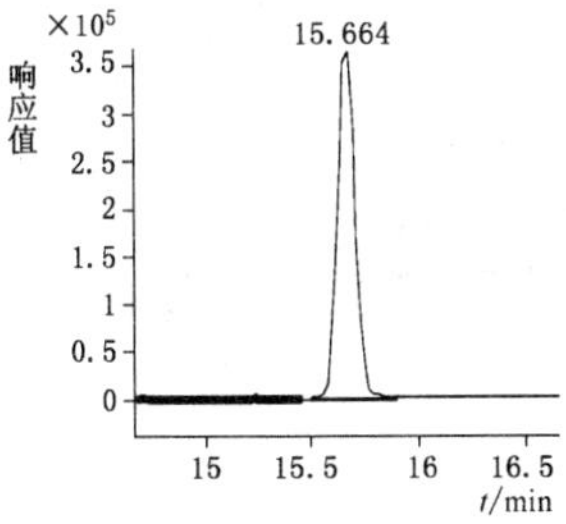


202. 灭菌磷
(ditalimfos)

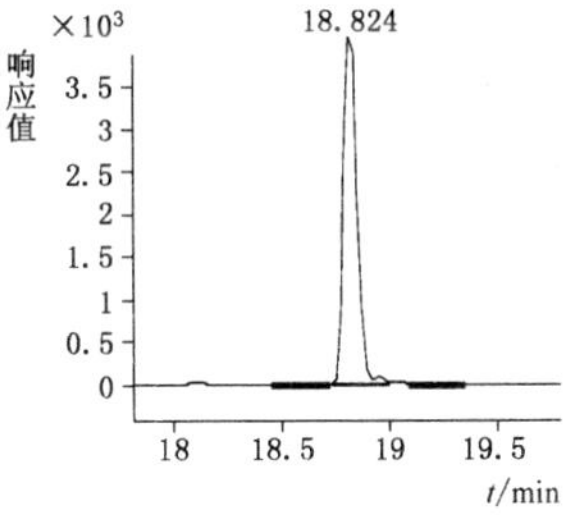


203. 苯氧威
(fenoxycarb)

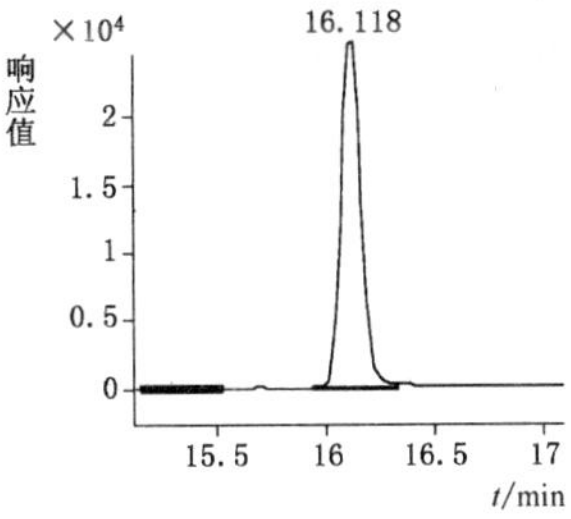


204. 嘧啶磷
(pyrimitate)

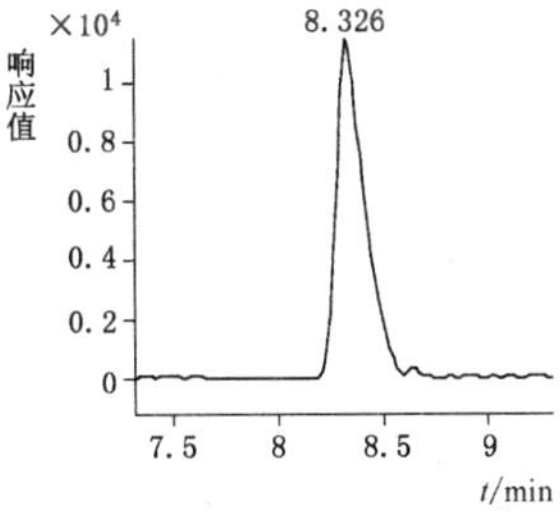


205. 丰索磷
(fensulfothin)

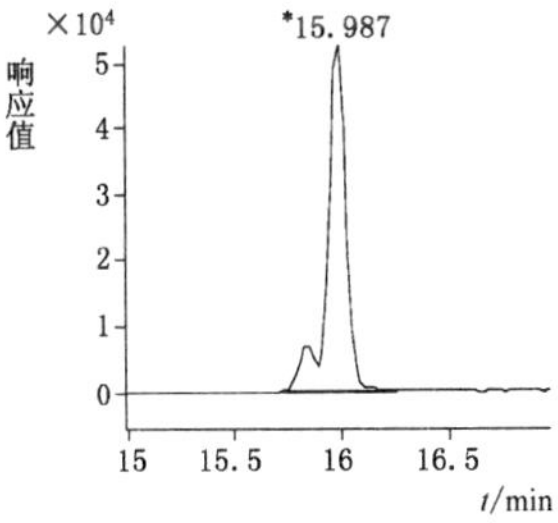


206. 氯咯草酮
(fluorochloridone)

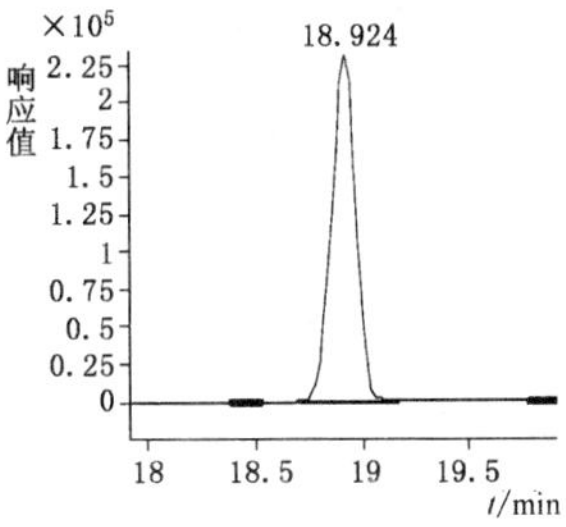


207. 丁草胺
(butachlor)

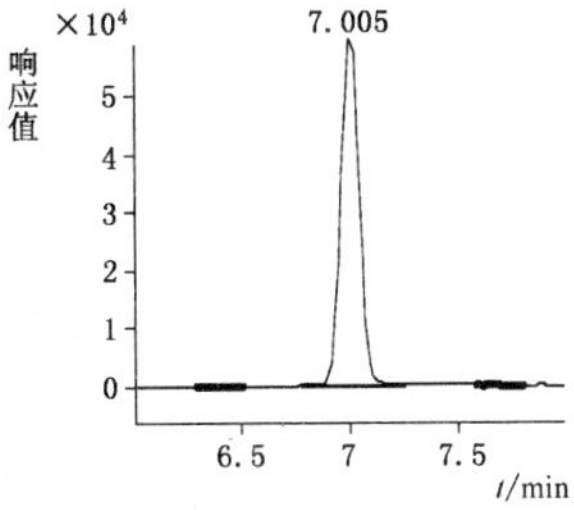


208. 咪唑喹啉酸
(imazaquin)

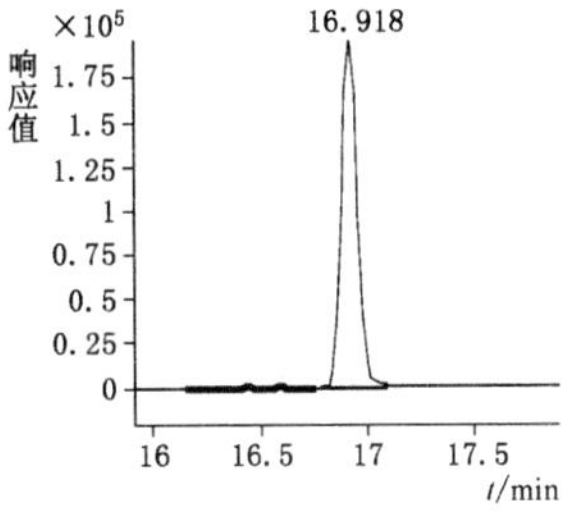


209. 亚胺菌
(kresoxim-methyl)

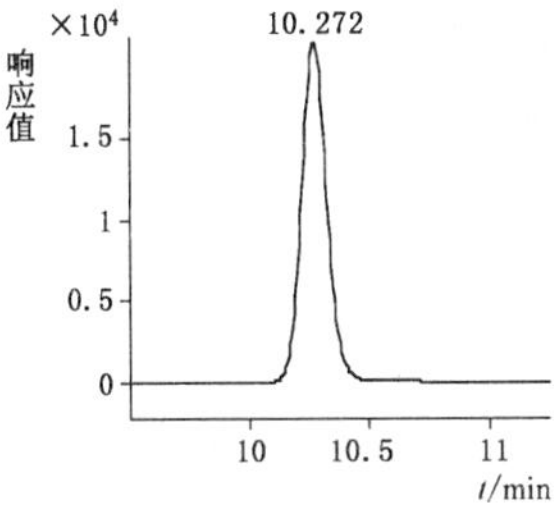


210. 戊叉菌唑
(triticonazole)

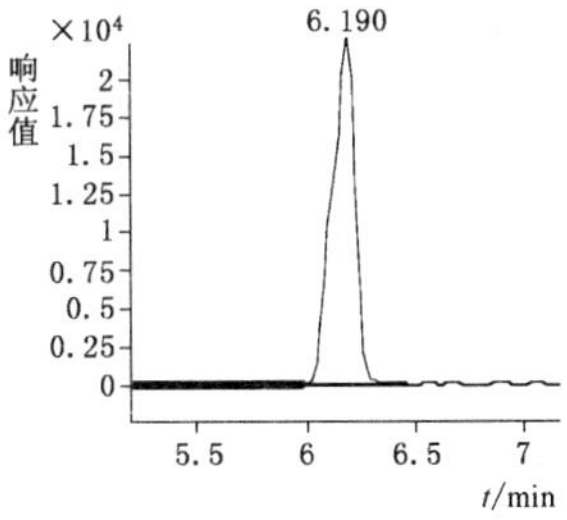


211. 苯线磷亚砜
(fenamiphos sulfoxide)

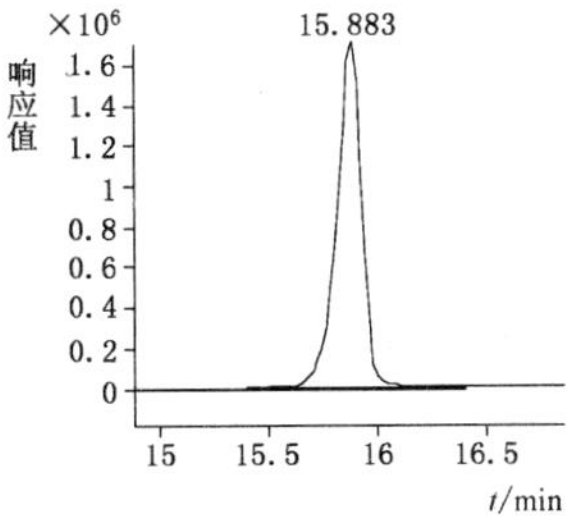


212. 噻吩草胺
(thenylchlor)

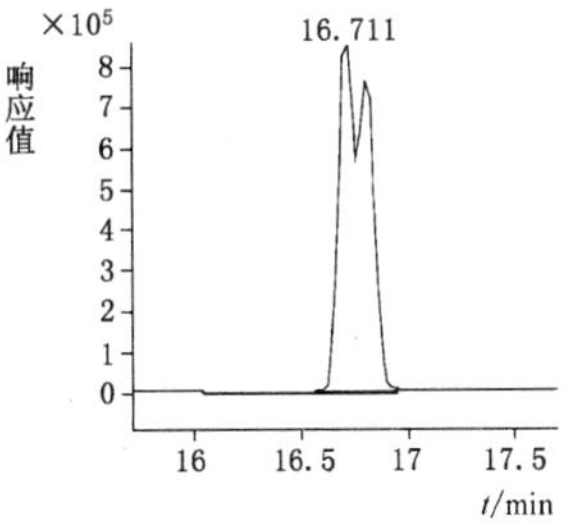


213. 氰菌胺
(fenoxanil)

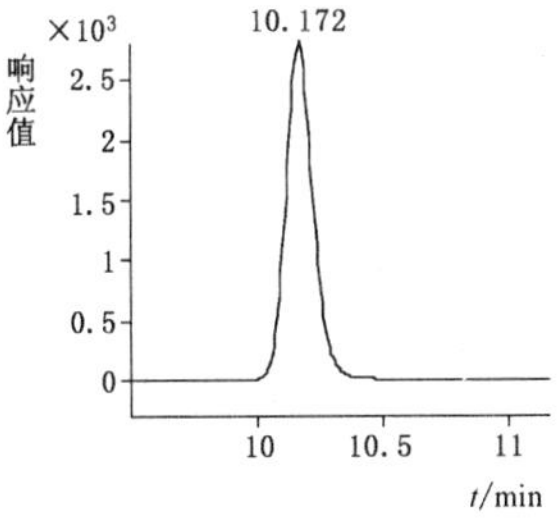


214. 氟啶草酮
(fluridone)

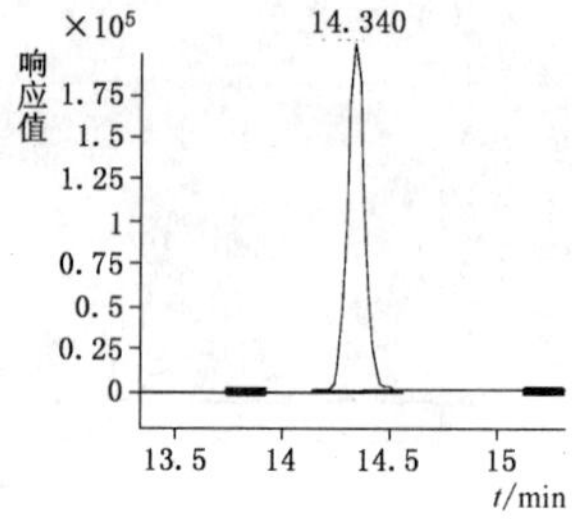


215. 氟环唑
(epoxiconazole)

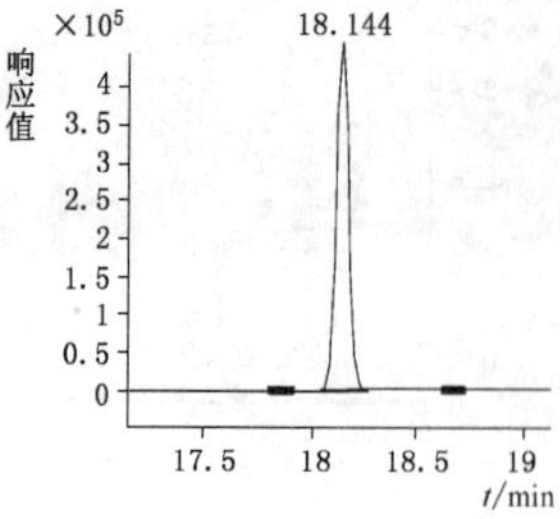


216. 氯辛硫磷
(chlorphoxim)

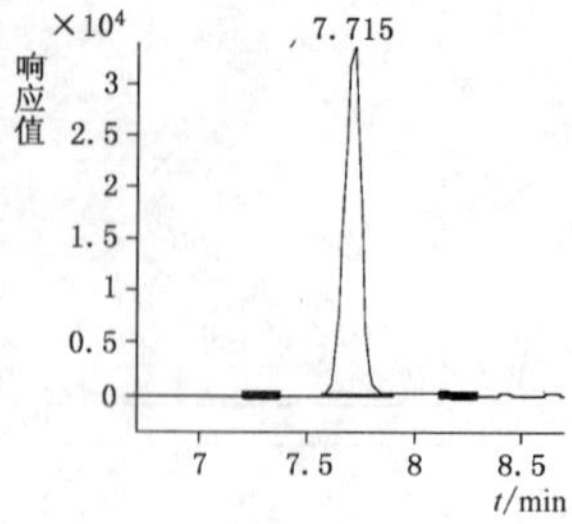


217. 苯线磷砜
(fenamiphos sulfone)

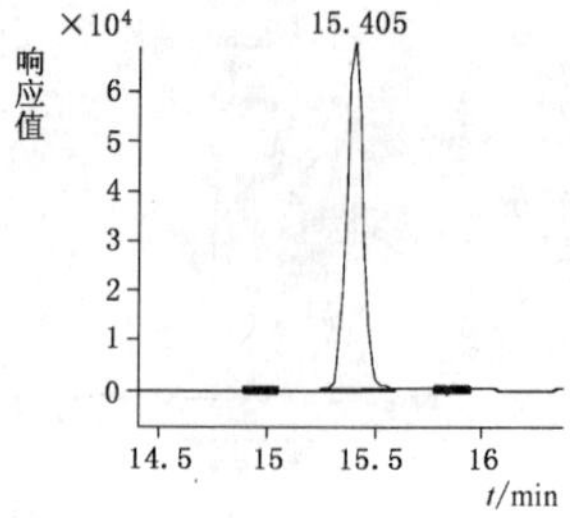


218. 腈苯唑
(fenbuconazole)

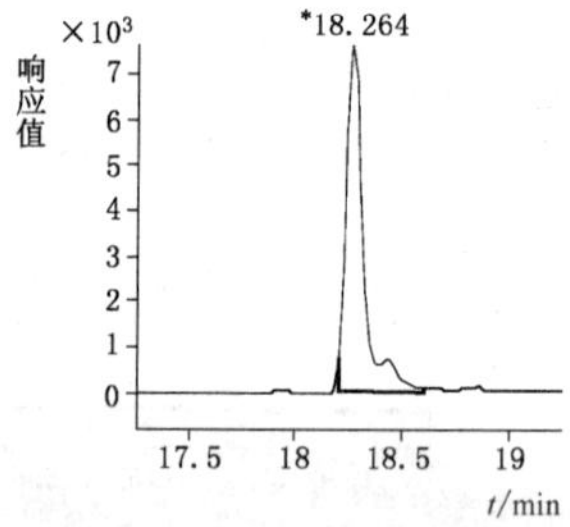


219. 异柳磷
(isofenphos)

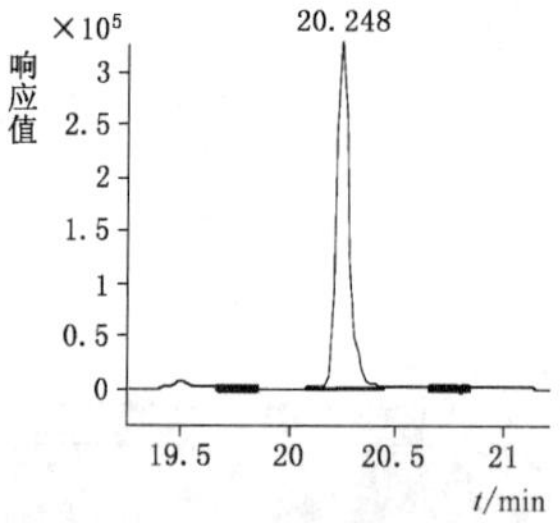


220. 苯醚菊酯
(phenothrin)

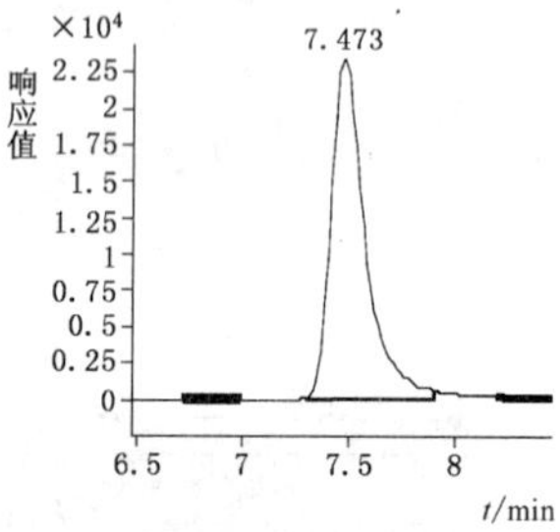


221. 氯化薯瘟锡
(fentin-chloride)

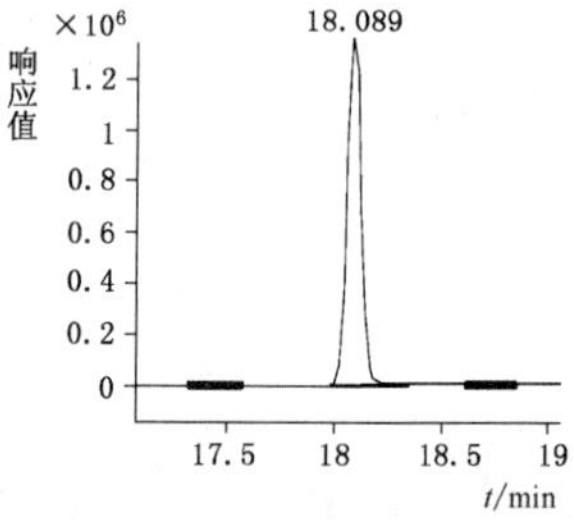


222. 哌草磷
(piperophos)

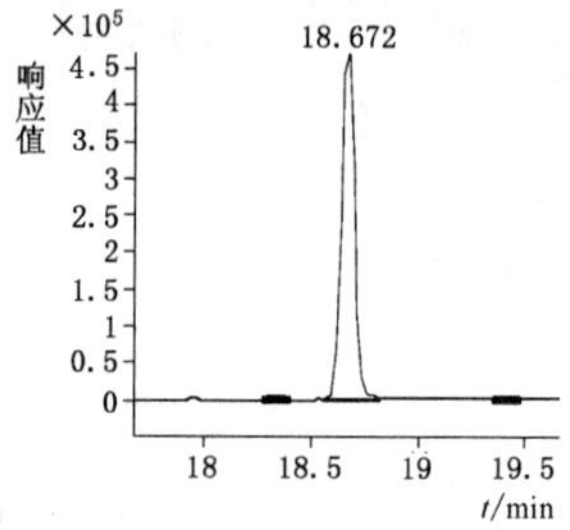


223. 增效醚
(piperonyl butoxide)

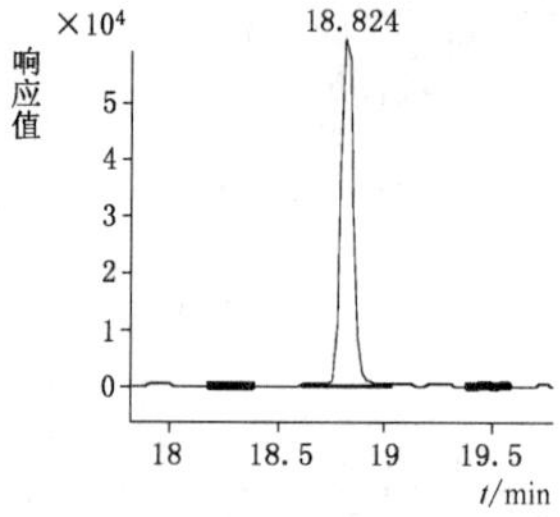


224. 乙氧氟草醚
(oxyflurofen)

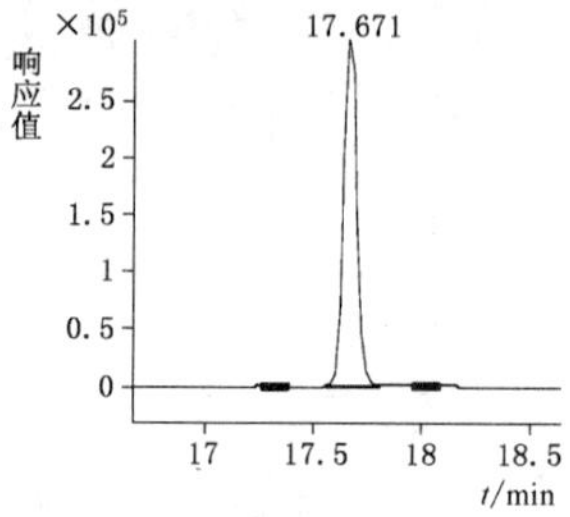


225. 蝇毒磷
(coumaphos)

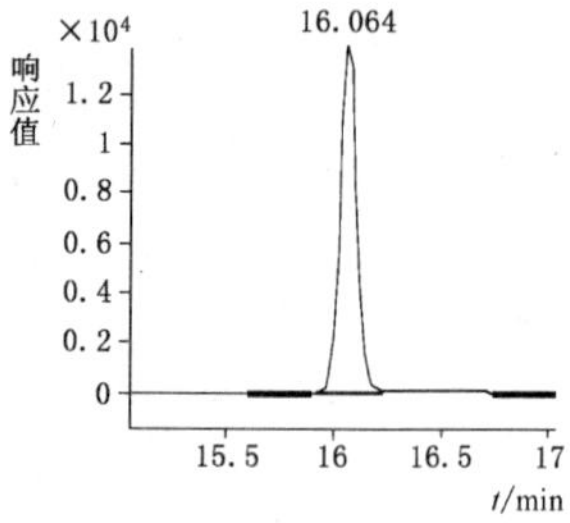


226. 氟噻草胺
(flufenacet)

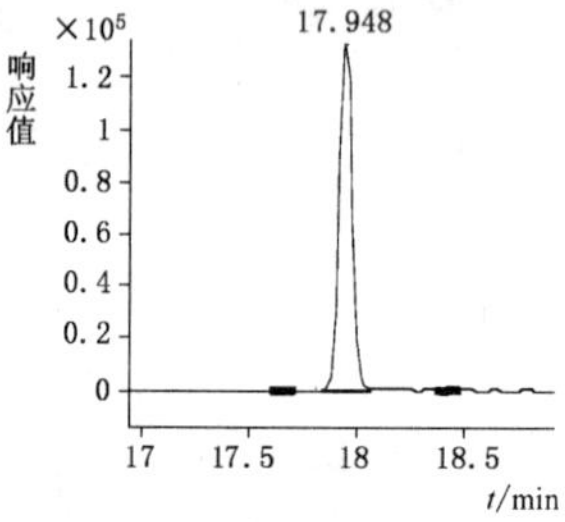


227. 伏杀硫磷
(phosalone)

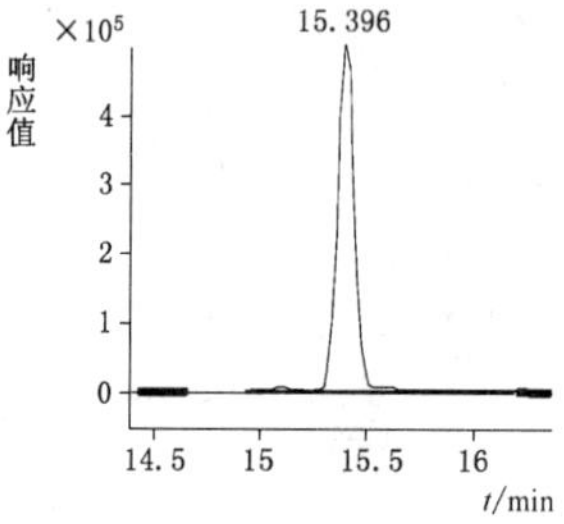


228. 甲氧虫酰肼
(methoxyfenozide)

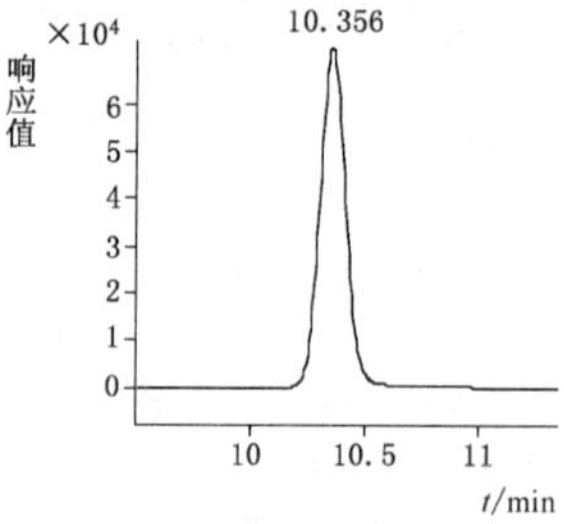


229. 咪鲜胺
(prochloraz)

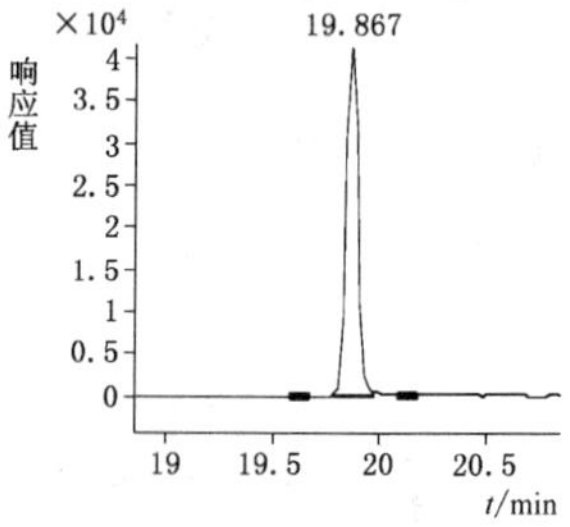


230. 丙硫特普
(aspon)

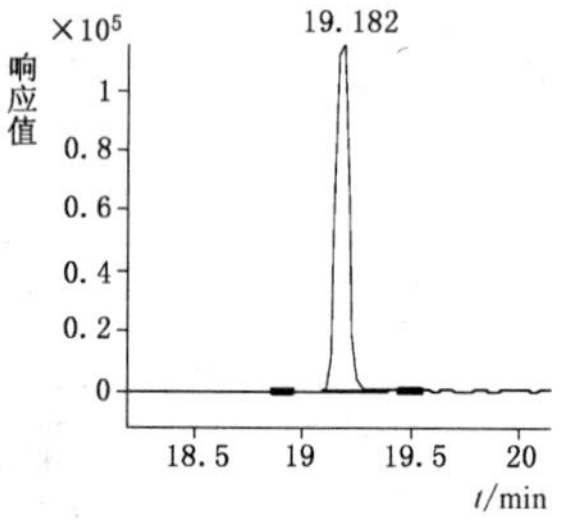


231. 乙硫磷
(ethion)

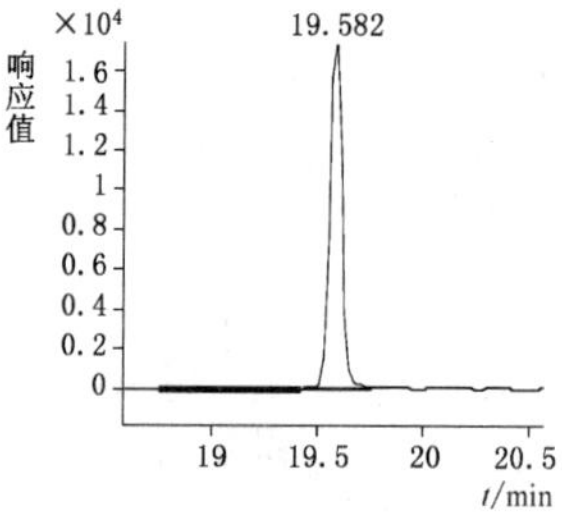


232. 丁醚脲
(diafenthiuron)

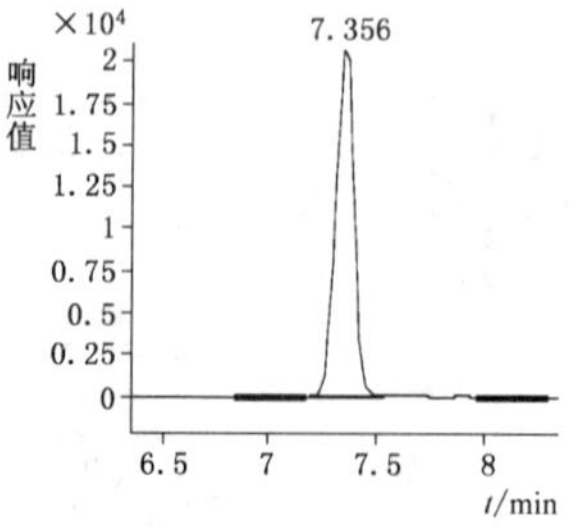


233. 噻吩磺隆
(thifensulfuron-methyl)

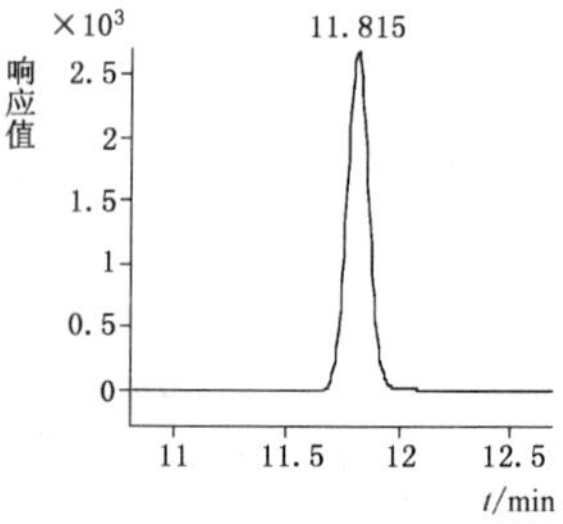


234. 乙氧嘧磺隆
(ethoxysulfuron)

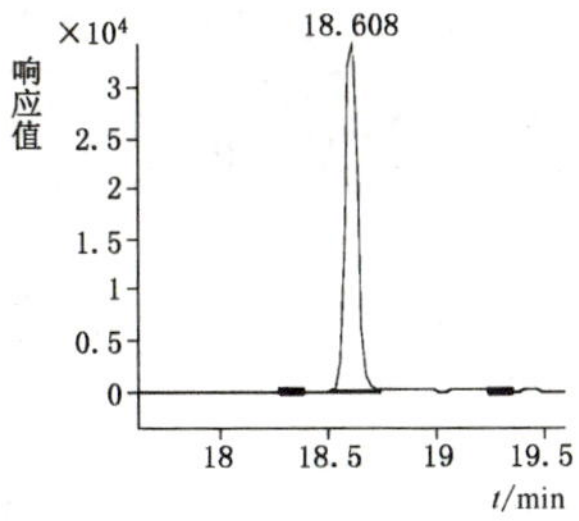


235. 氟硫草定
(dithiopyr)

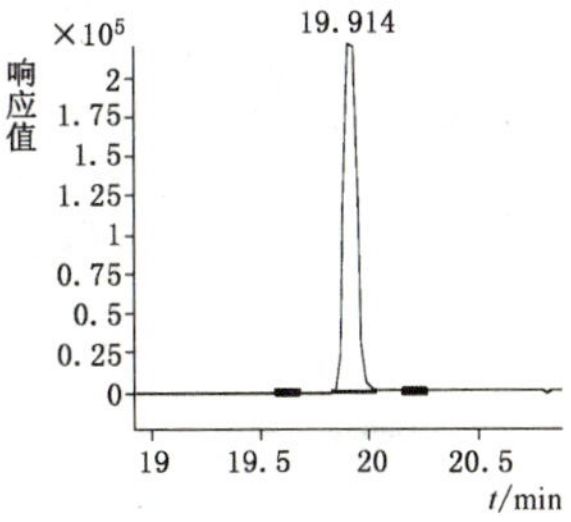


236. 螺螨酯
(spirodiclofen)

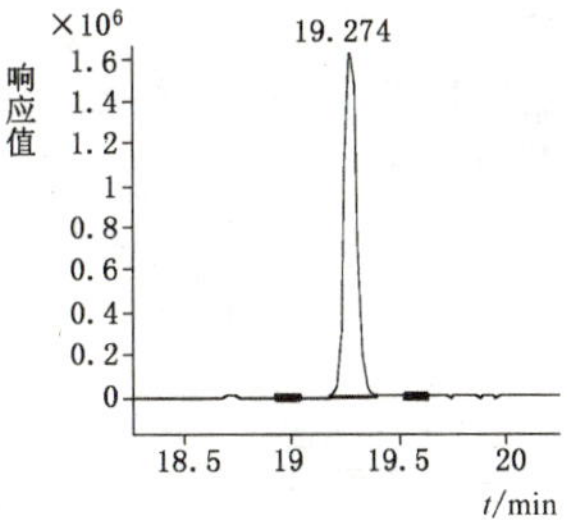


237. 唑螨酯
(fenpyroximate)

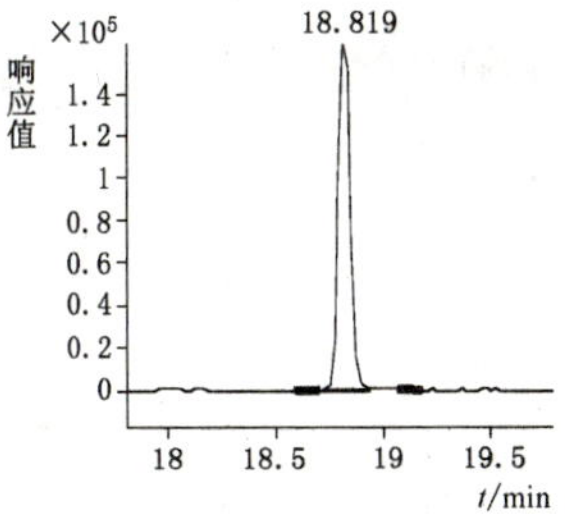


238. 胺氟草酯
(flumiclorac-pentyl)

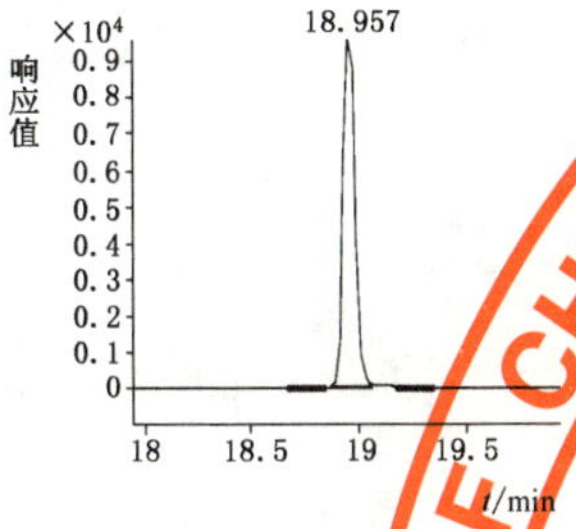


239. 双硫磷
(temephos)

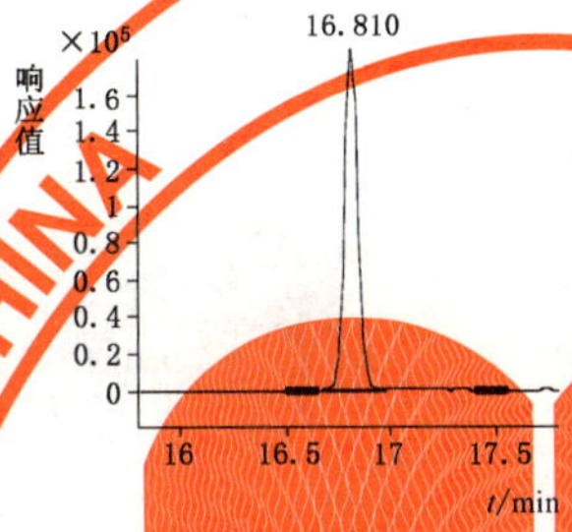


240. 氟丙嘧草酯
(butafenacil)

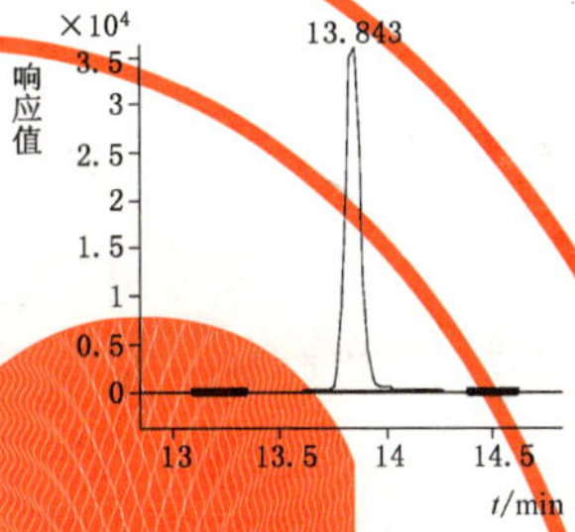


241. 多杀菌素
(spinosad)

D 组

---

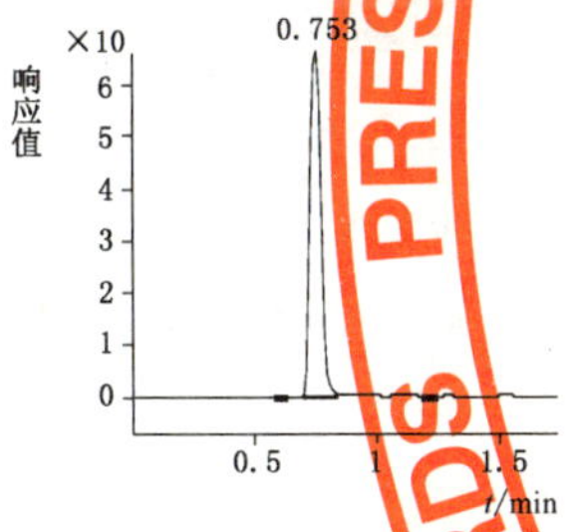


242. 甲哌金翁
(mepiquat chloride)

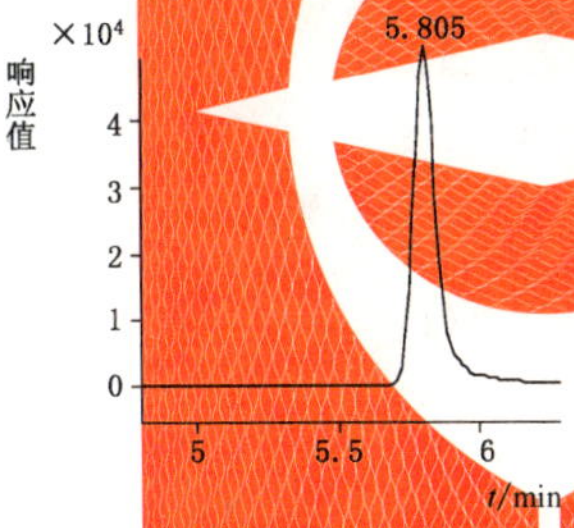


243. 二丙烯草胺
(allidochlor)

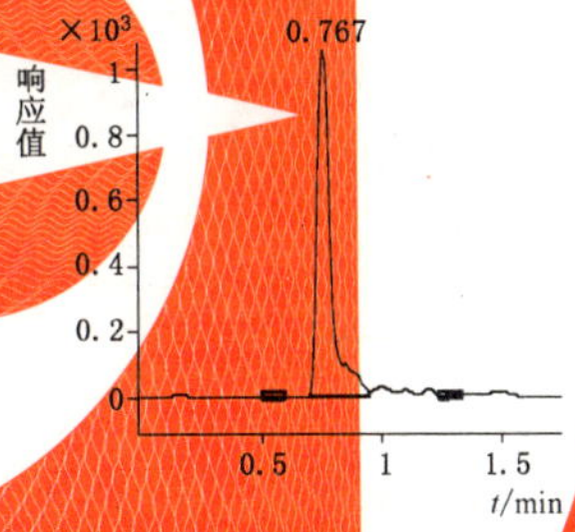


244. 霜霉威
(propamocarb)

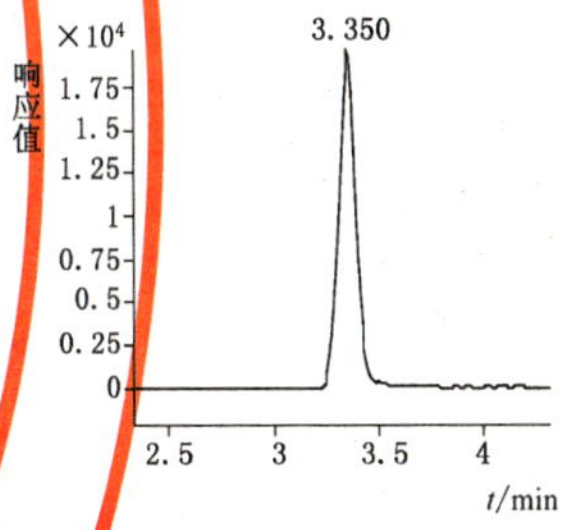


245. 噻菌灵
(thiabendazole)

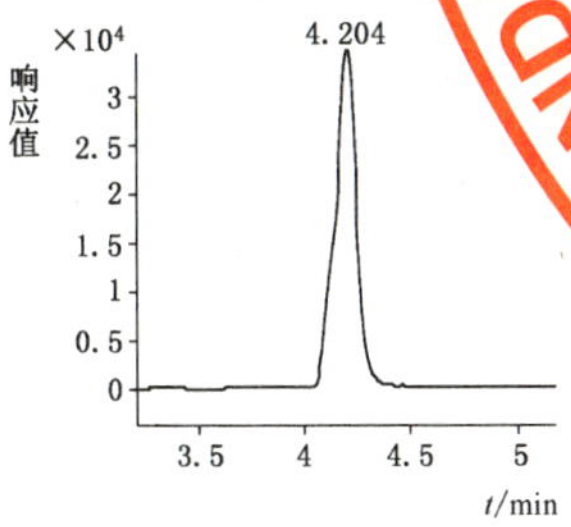


246. 苯嗪草酮
(metamitron)

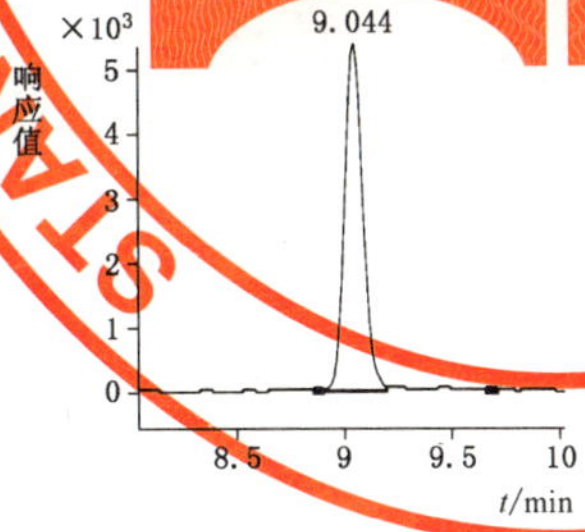


247. 异丙隆
(isoproturon)

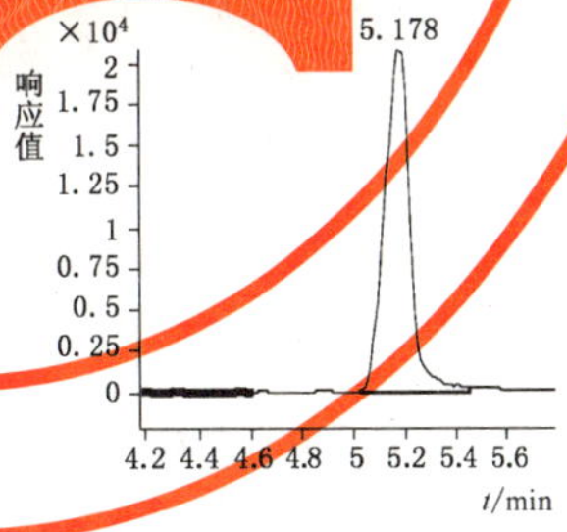


248. 莠去通
(atratone)

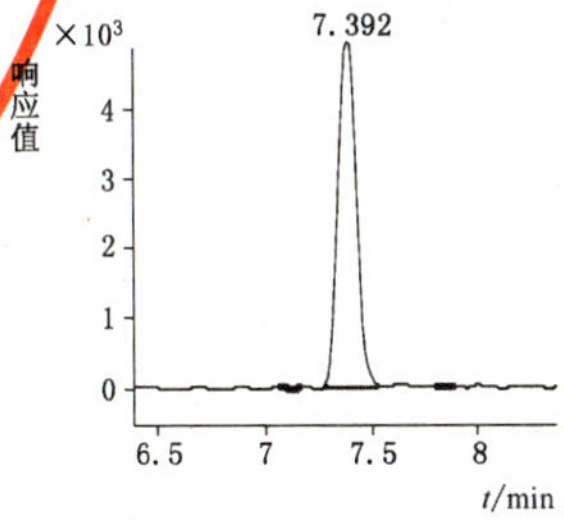


249. 赛克津
(metribuzin)

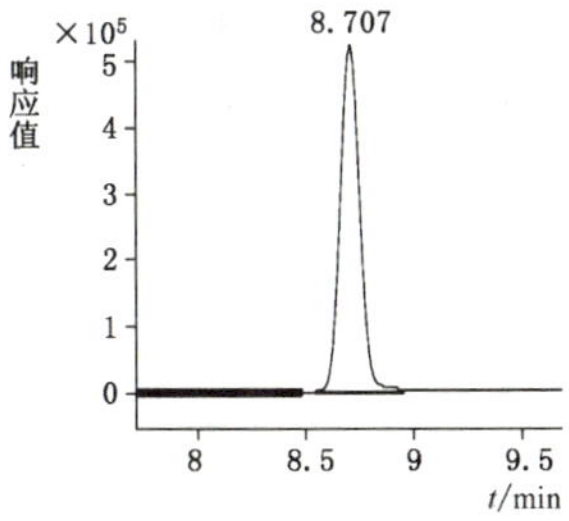


250. —
(DMST)

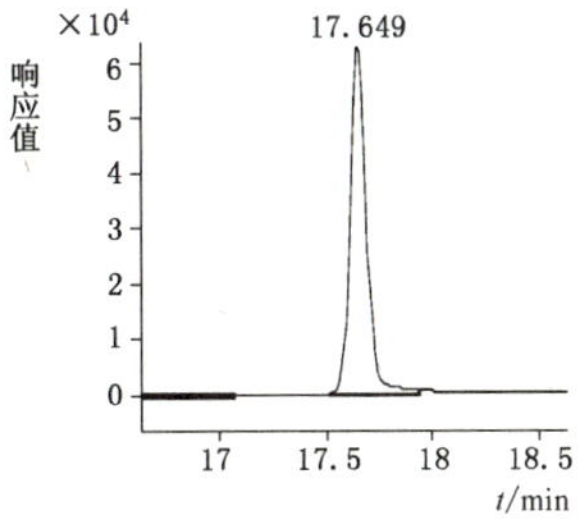


251. 环草敌
(cycloate)

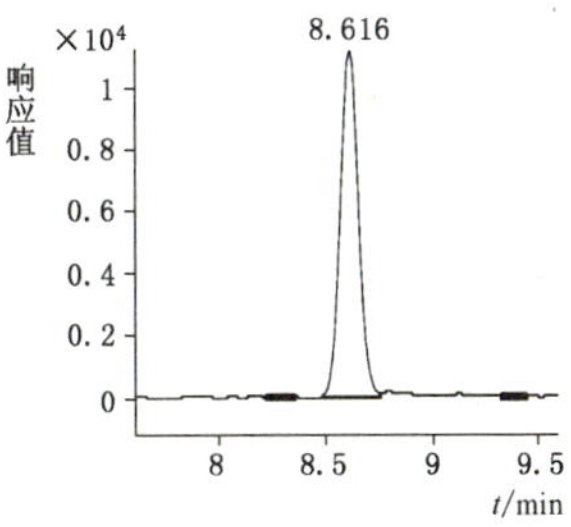


252. 阿特拉津
(atrazine)

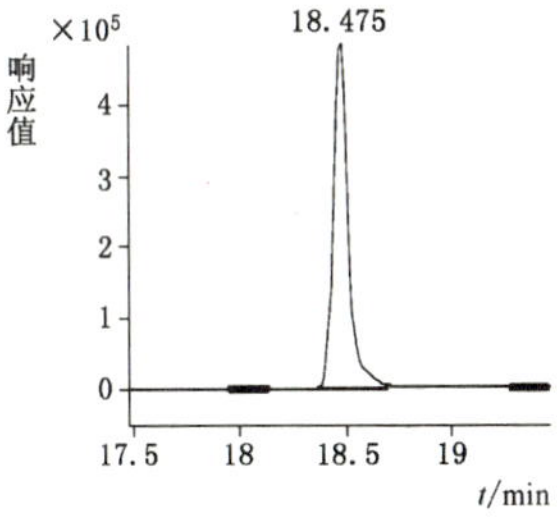


253. 丁草敌
(butylate)

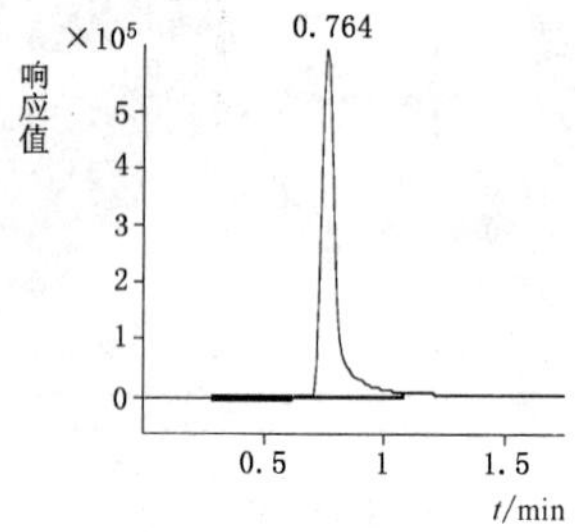


254. 吡蚜酮
(pymetrozin)

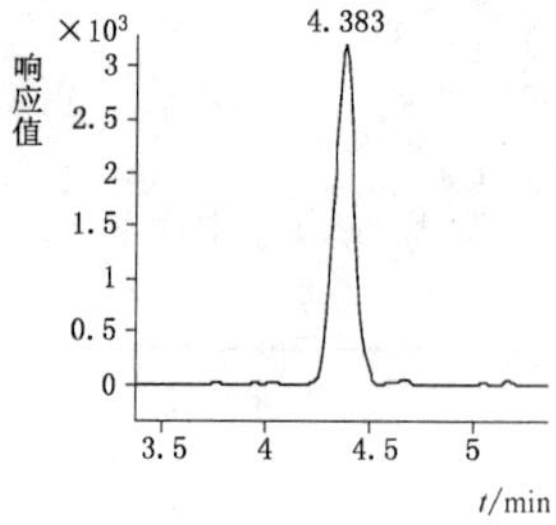


255. 氯草敏
(chloridazon)

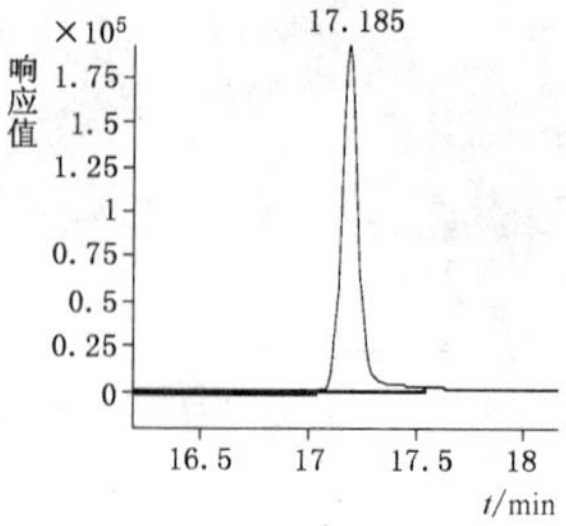


256. 菜草畏
(sulfallate)

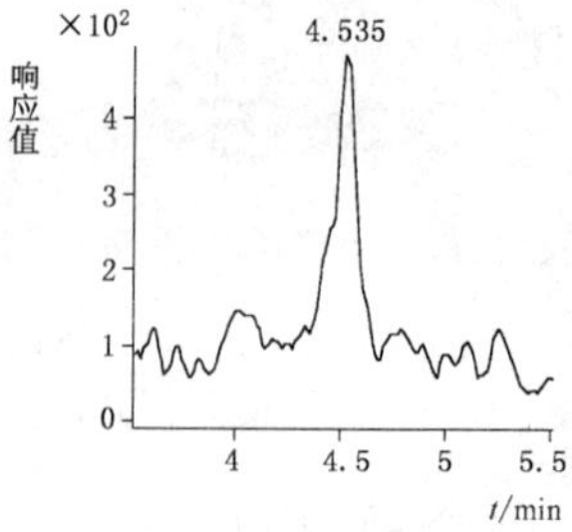


257. 乙硫苯威
(ethiofencarb)

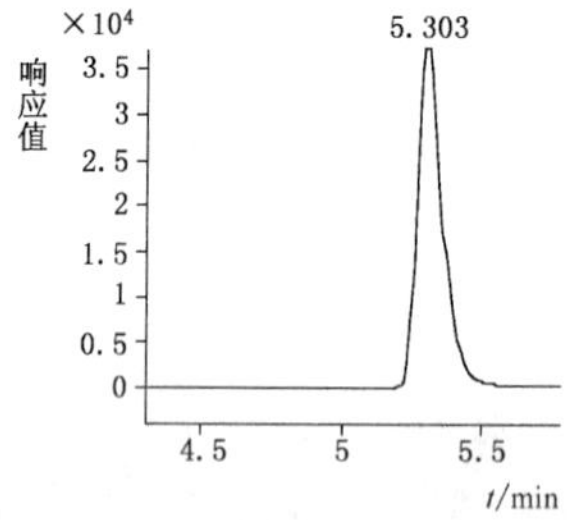


258. 特丁通
(terbumeton)

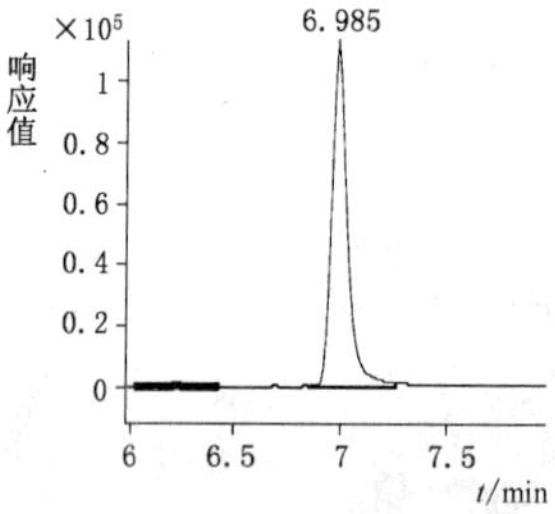


259. 莠灭净
(ametryn)

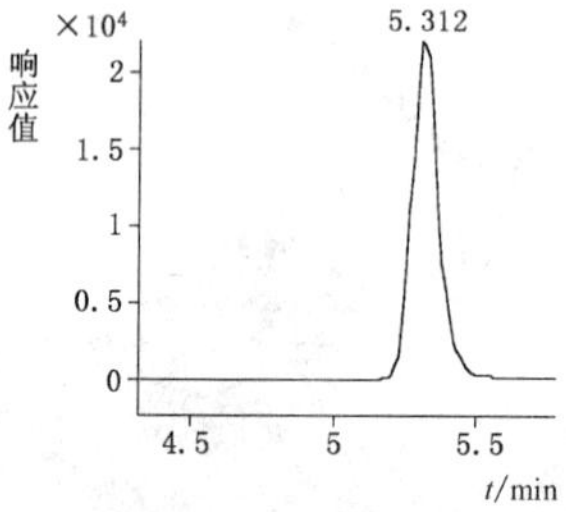


260. 木草隆
(tebuthiuron)

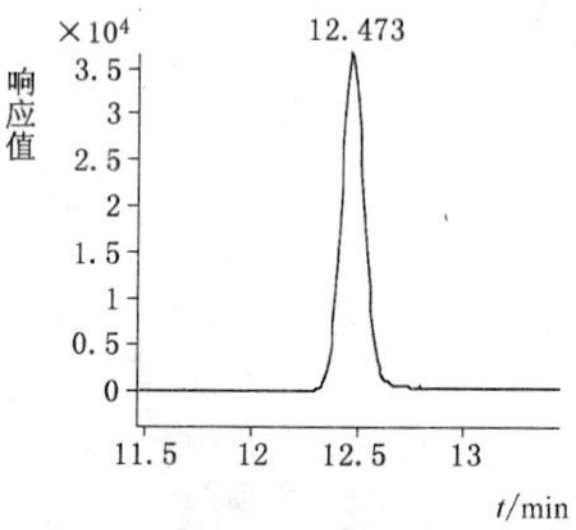


261. 草达津
(trietazine)

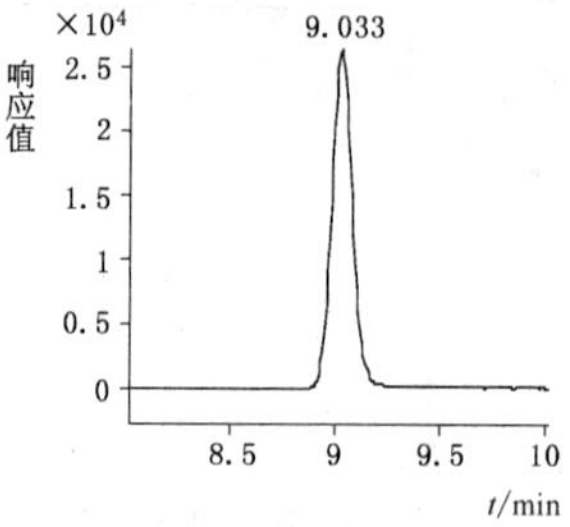


262. 另丁津
(sebutylazine)

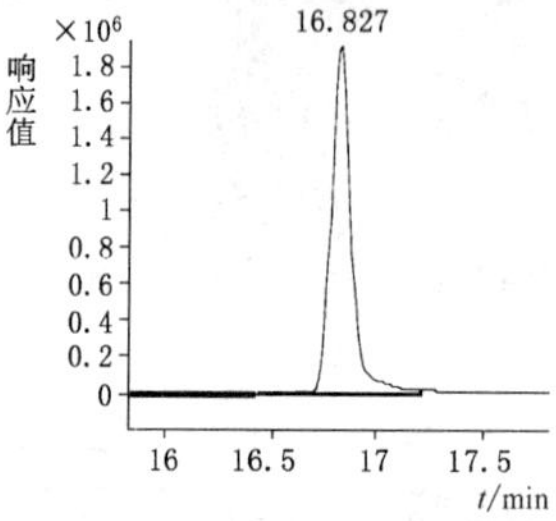


263. 畜虫避
(dibutyl succinate)

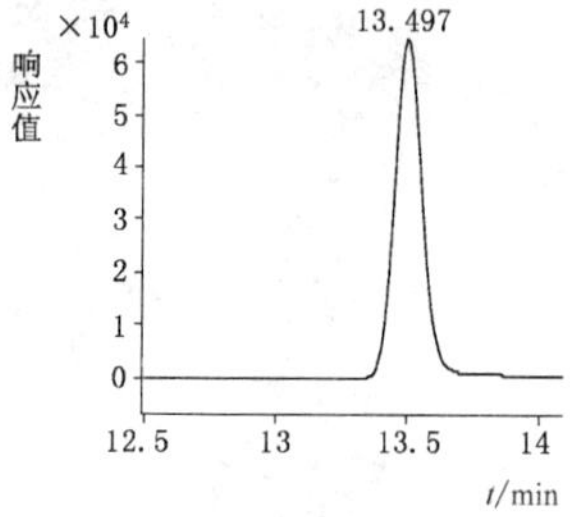


264. 牧草胺
(tebutam)

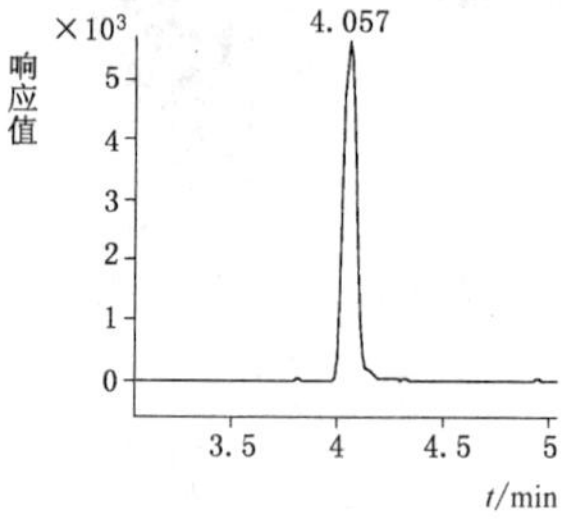


265. 久效威亚砜
(thiofanox-sulfoxide)

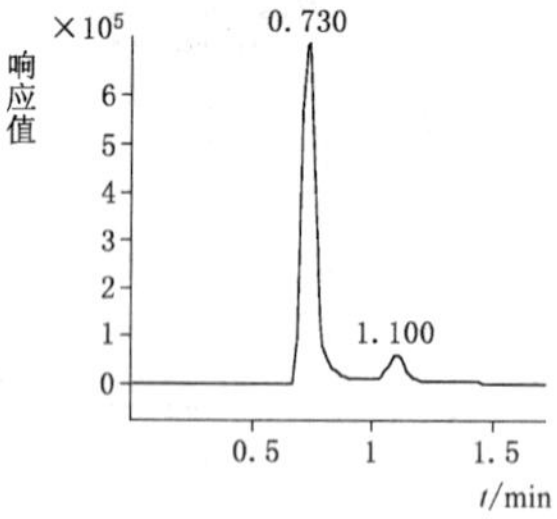


266. 杀螟丹
(cartap hydrochloride)

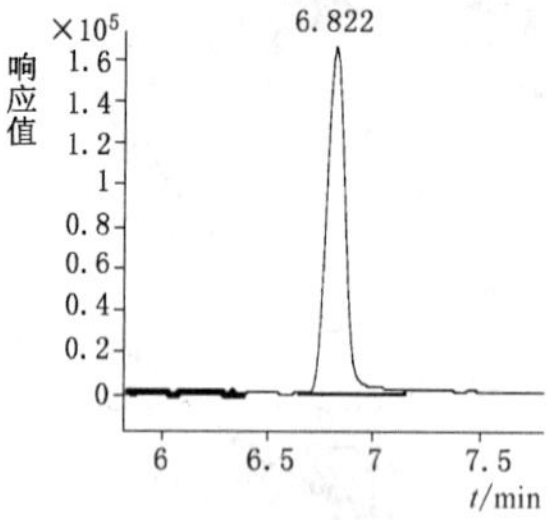


267. 虫螨畏
(methacrifos)

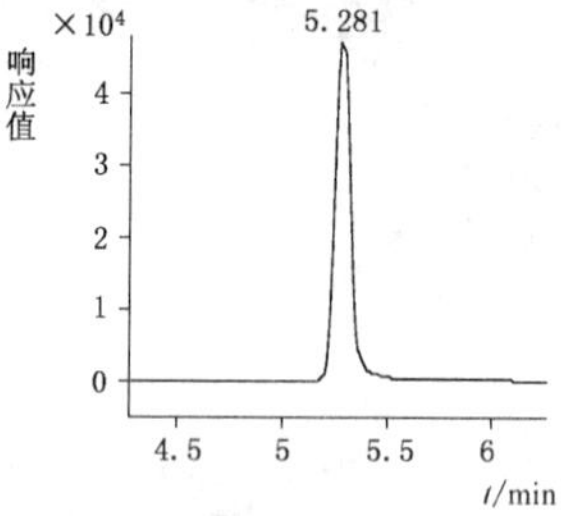


268. 咪唑嗪
(triazoxide)

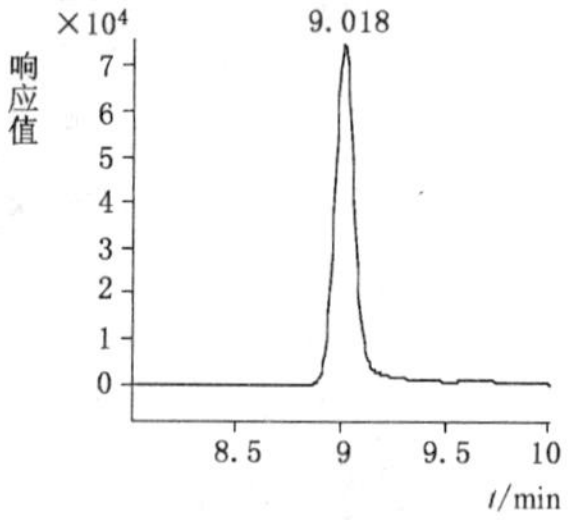


269. 虫线磷
(thionazin)

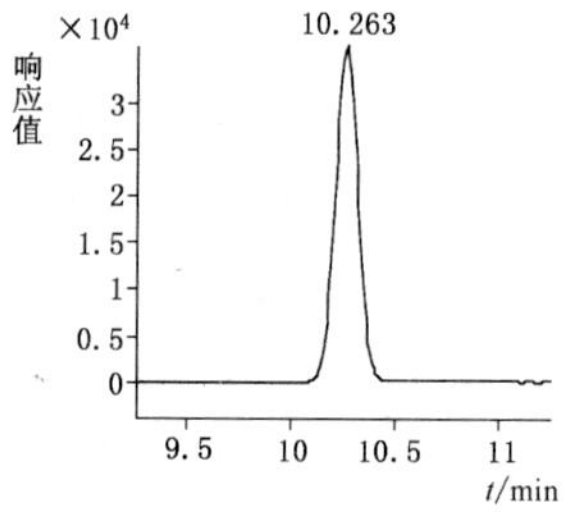


270. 利谷隆
(linuron)

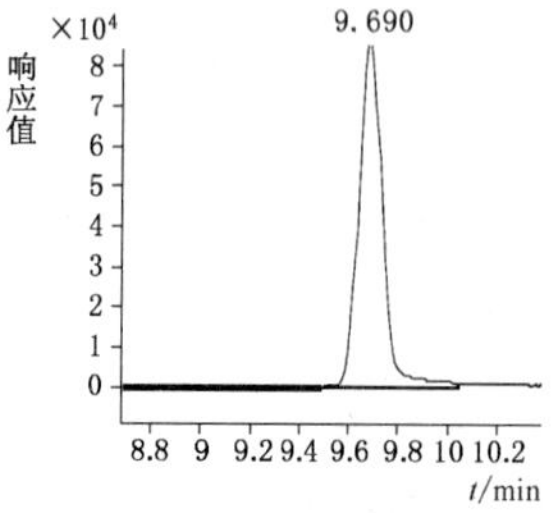


271. 庚虫磷
(heptanophos)

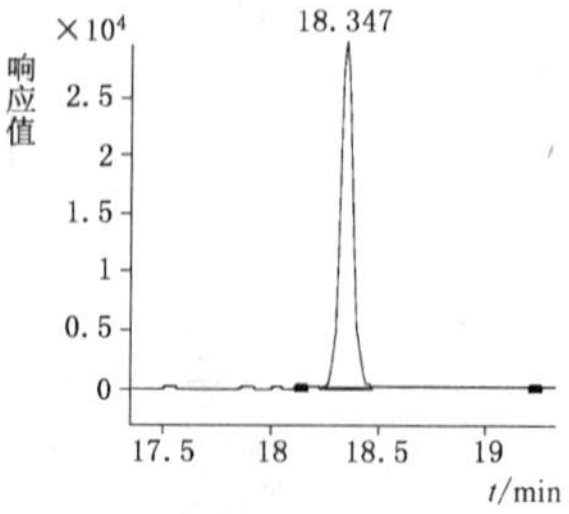


272. 苄草丹
(prosulfocarb)

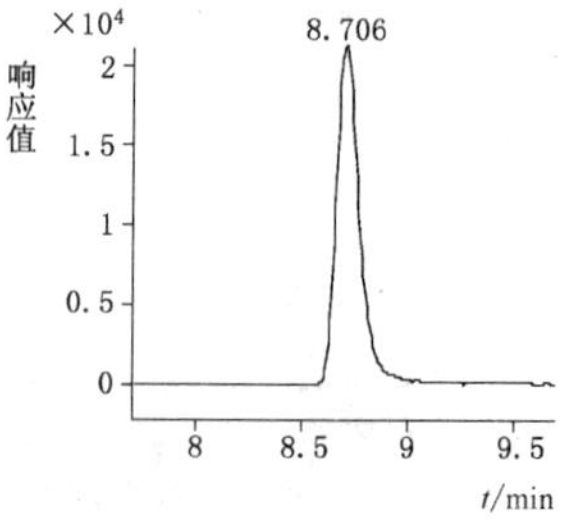


273. 杀草净
(dipropetryn)

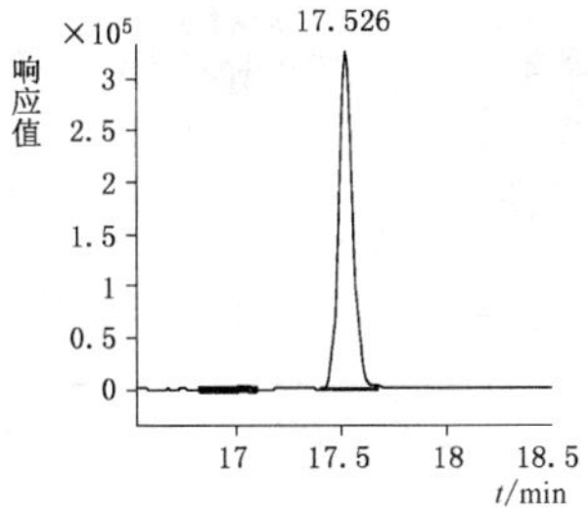


274. 禾草丹
(thiobencarb)

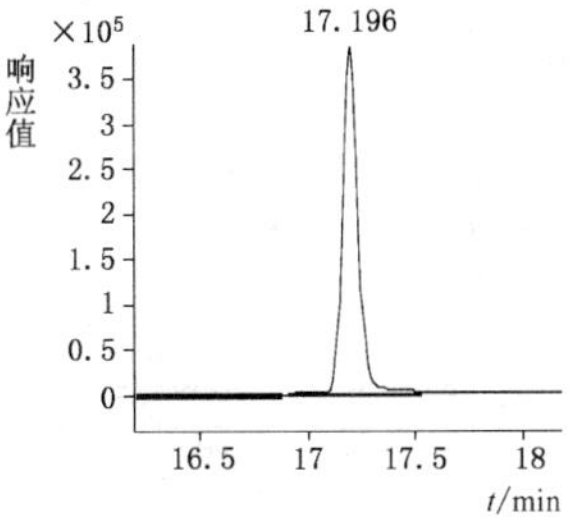


275. 三正丁基磷酸盐
(tri-*n*-butyl phosphate)

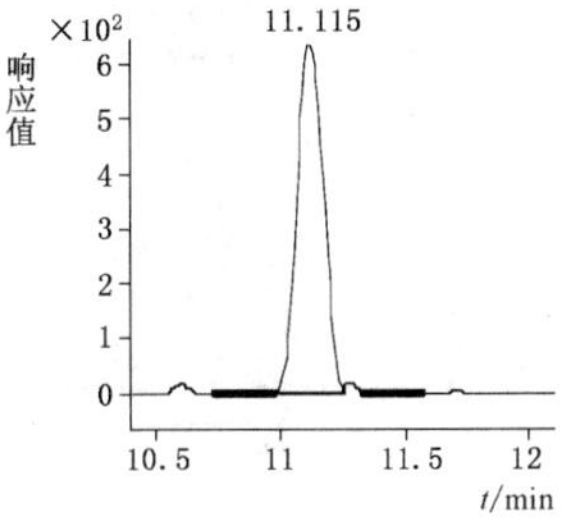


276. 甲草胺
(alachlor)

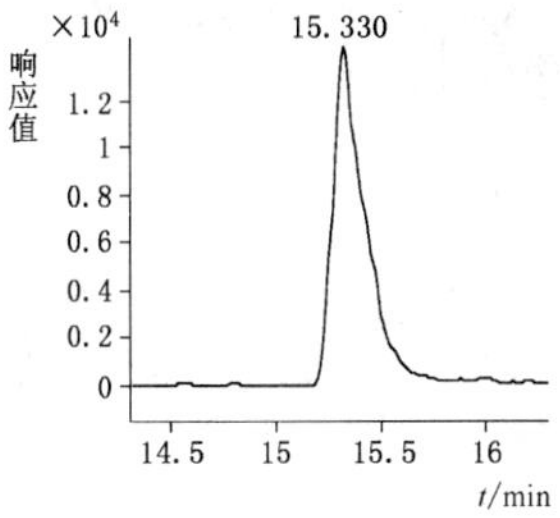


277. 硫线磷
(cadusafos)

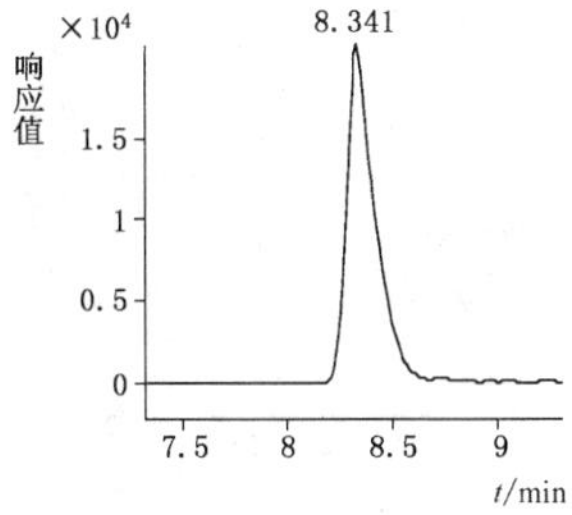


278. 吡唑草胺
(metazachlor)

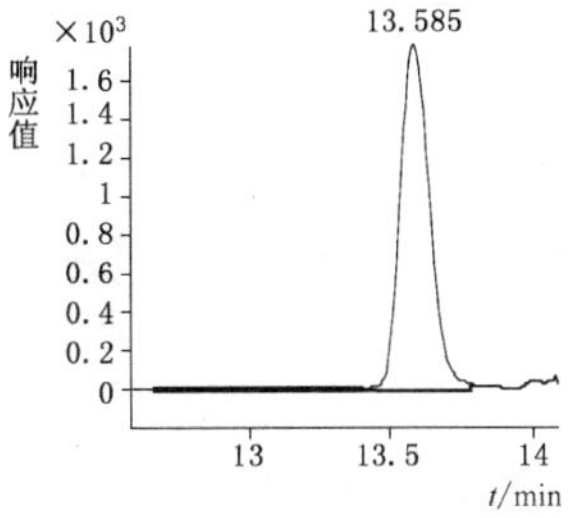


279. 胺丙畏
(propetamphos)

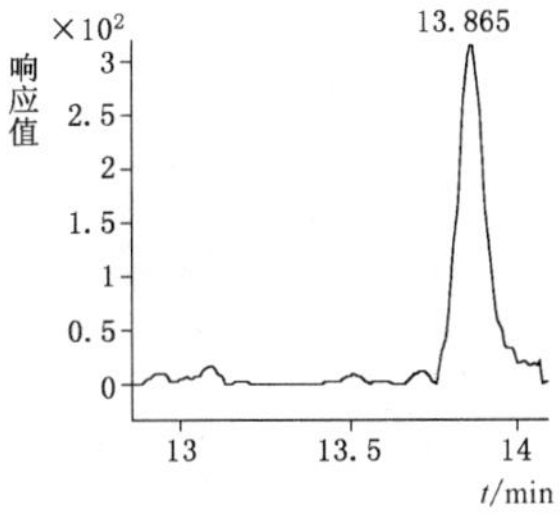


280. 特丁硫磷
(terbufos)

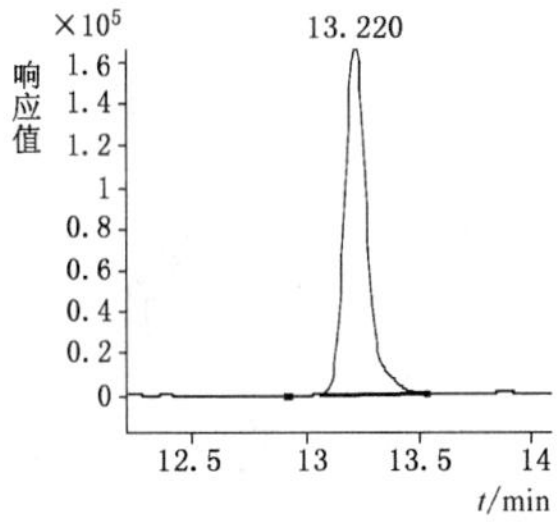


281. 硅氟唑
(simeconazole)

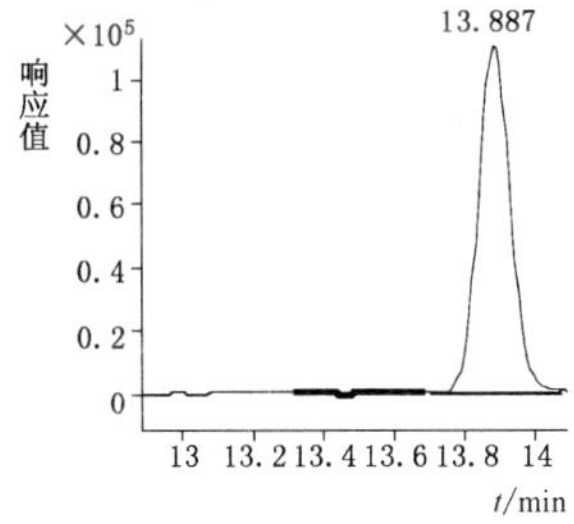


282. 三唑酮
(triadimefon)

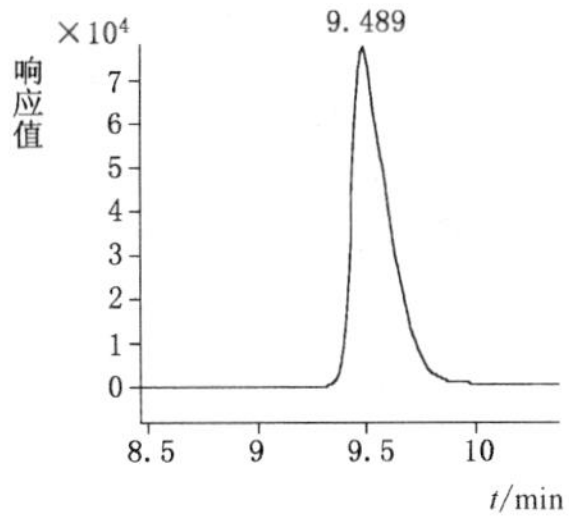


283. 甲拌磷砜
(phorate sulfone)

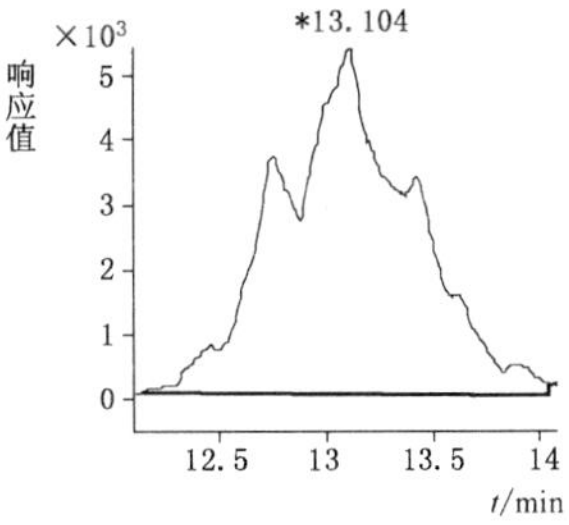


284. 十三吗啉
(tridemorph)

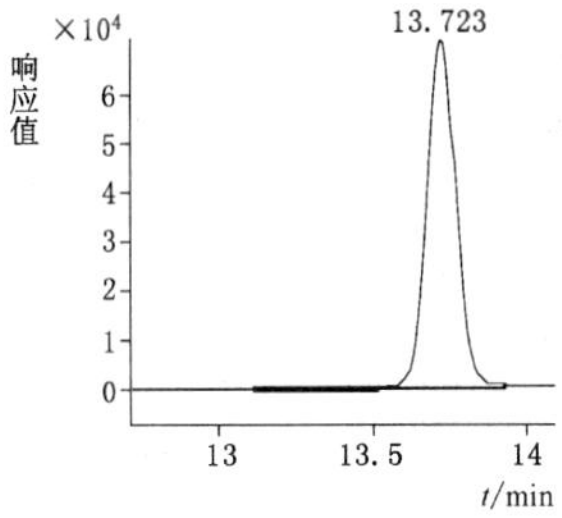


285. 苯噻酰草胺
(mefenacet)

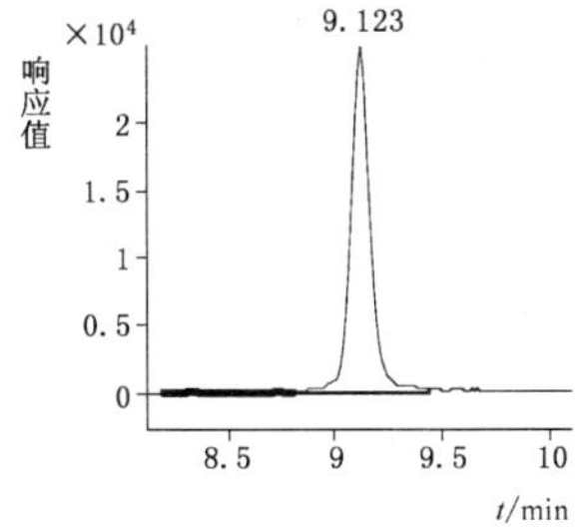


286. 丁苯吗啉
(fenpropimorph)

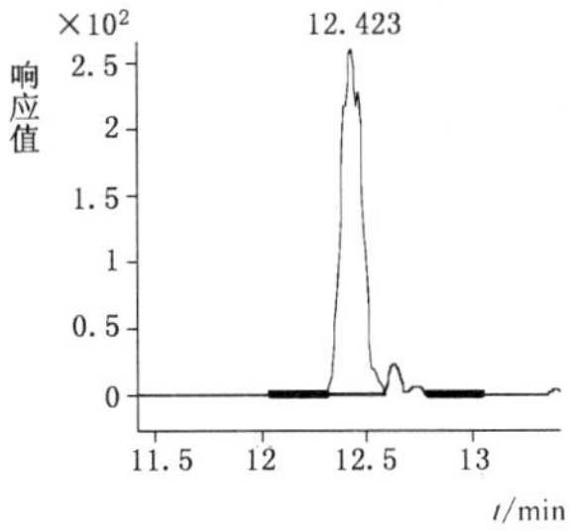


287. 戊唑醇
(tebuconazole)

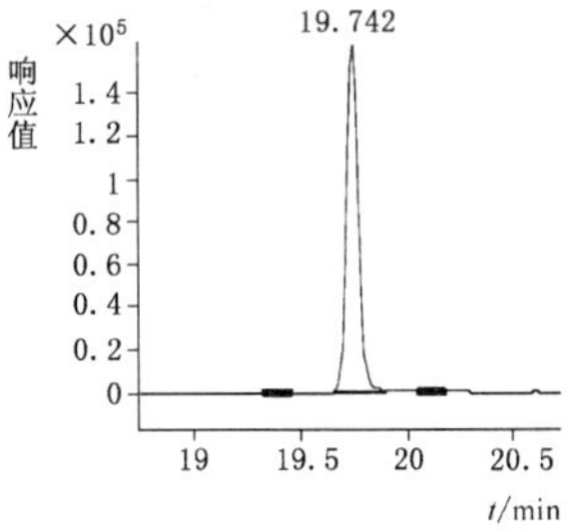


288. 异丙乐灵
(isopropalin)

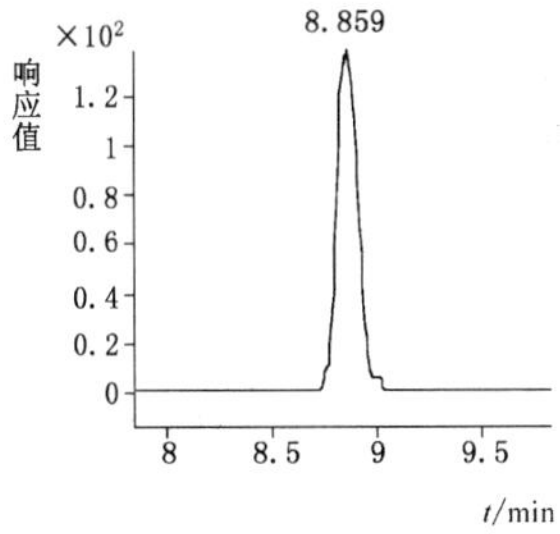


289. 氟苯嘧啶醇
(nuarimol)

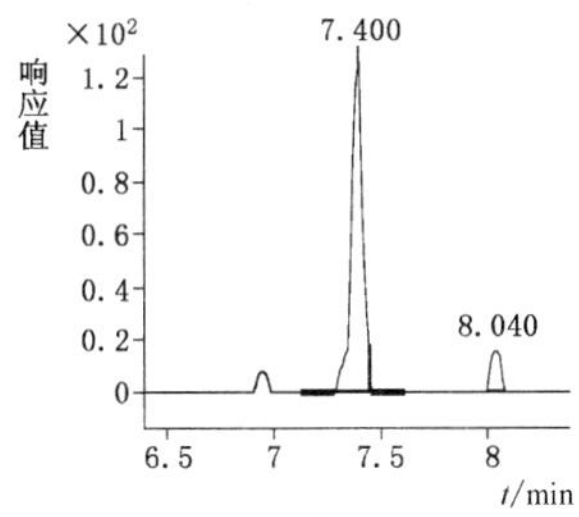


290. 乙嘧酚磺酸酯
(bupirimate)

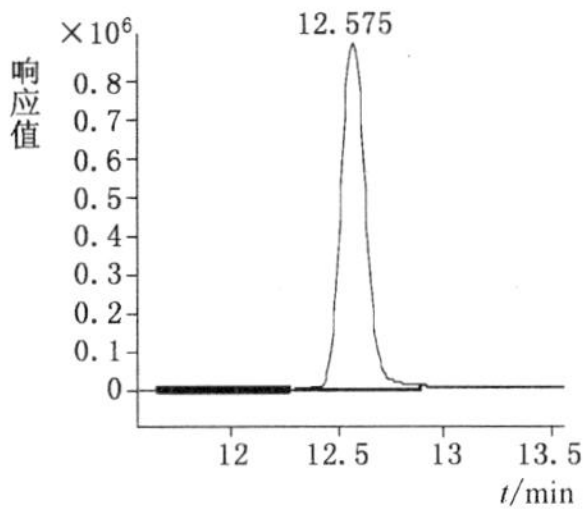


291. 保棉磷
(azinphos-methyl)

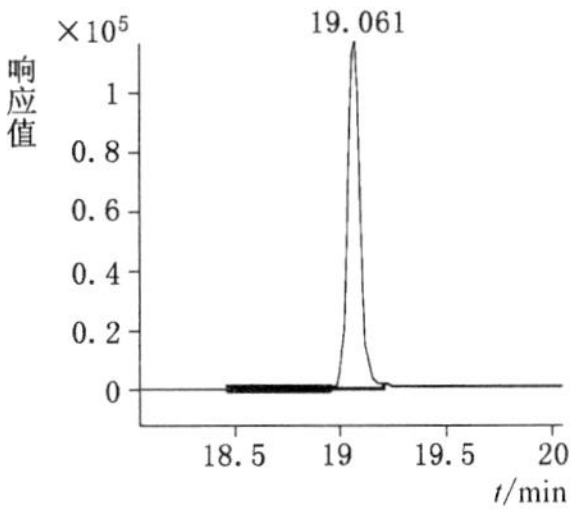


292. 丁基嘧啶磷
(tebupirimfos)

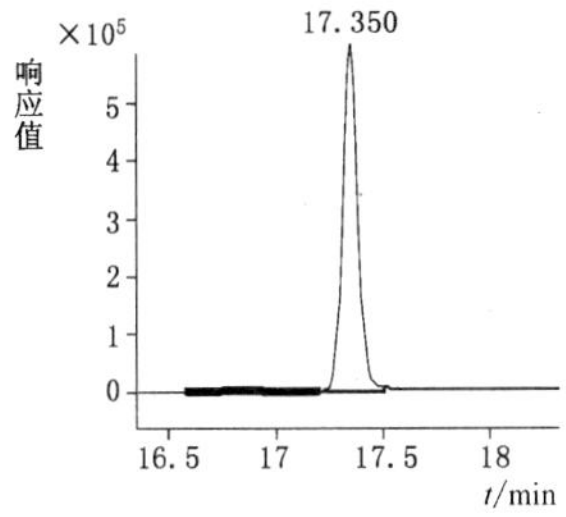


293. 稻丰散
(phenthoate)

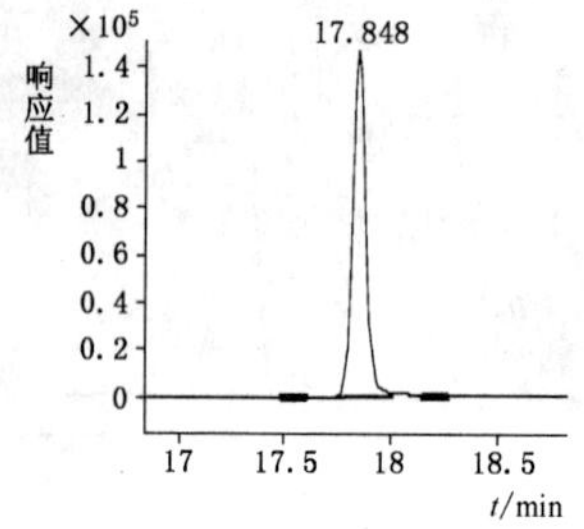


294. 治螟磷
(sulfotep)

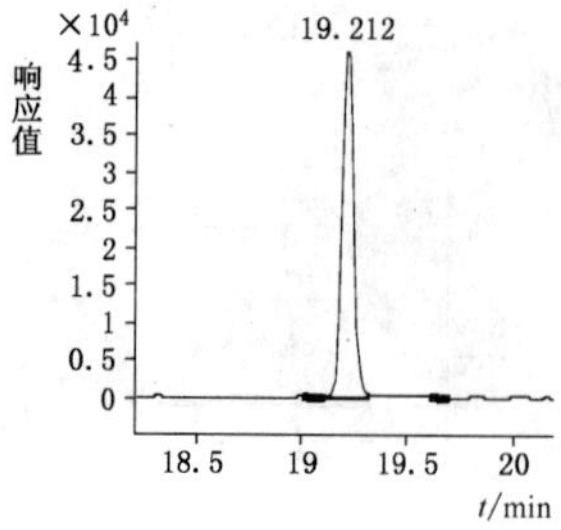


295. 硫丙磷
(sulprofos)

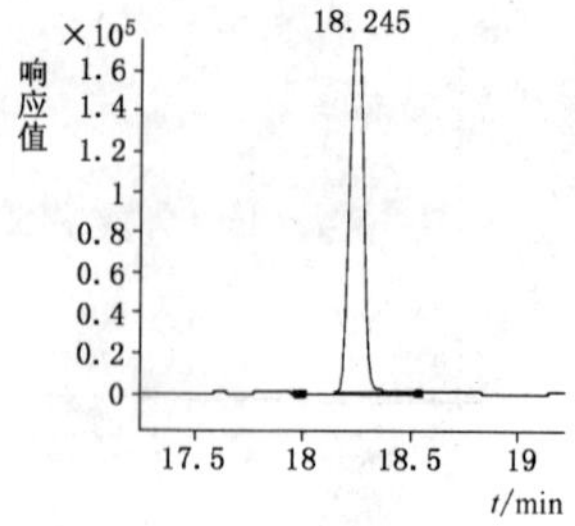


296. 苯硫磷
(EPN)

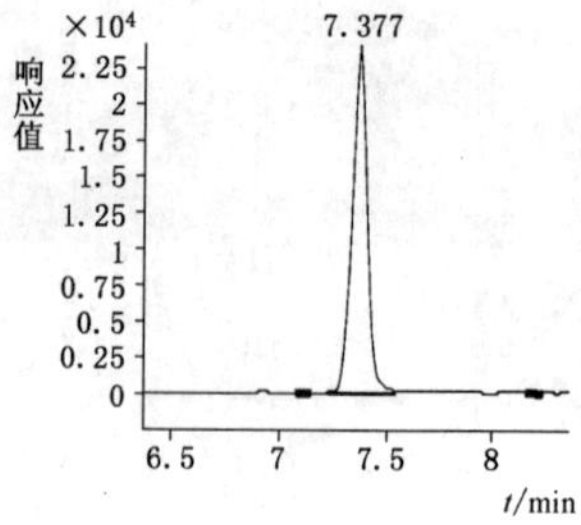


297. 甲基吡噁磷
(azamethiphos)

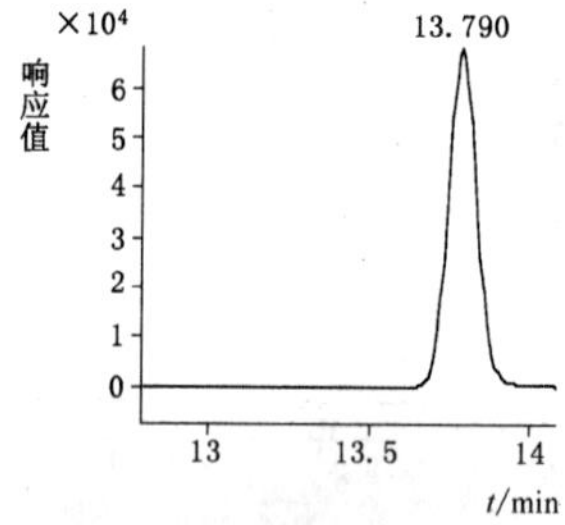


298. 烯唑醇
(diniconazole)

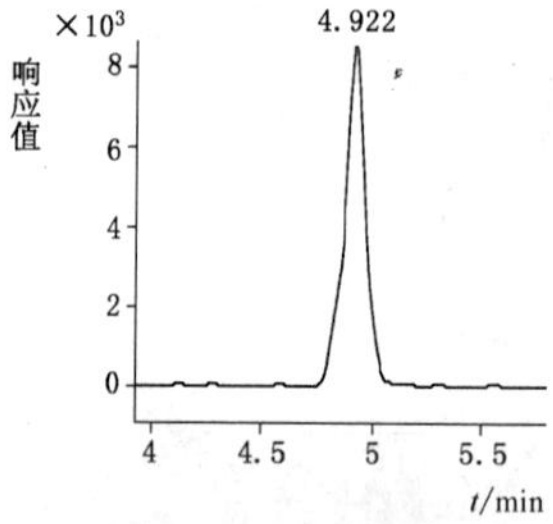


299. 唑嘧磺草胺
(flumetsulam)

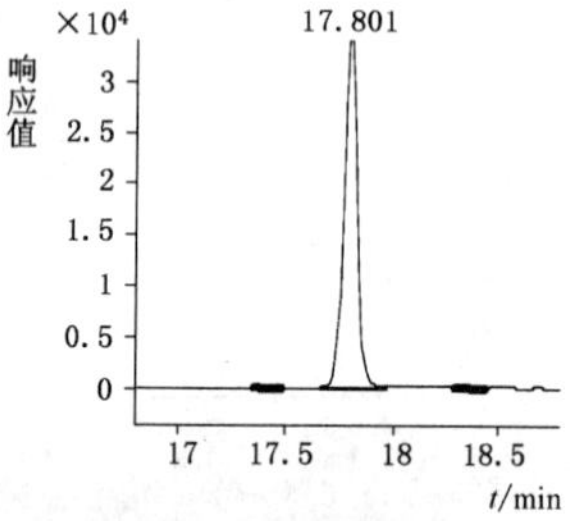


300. 纹枯脲
(pencycuron)

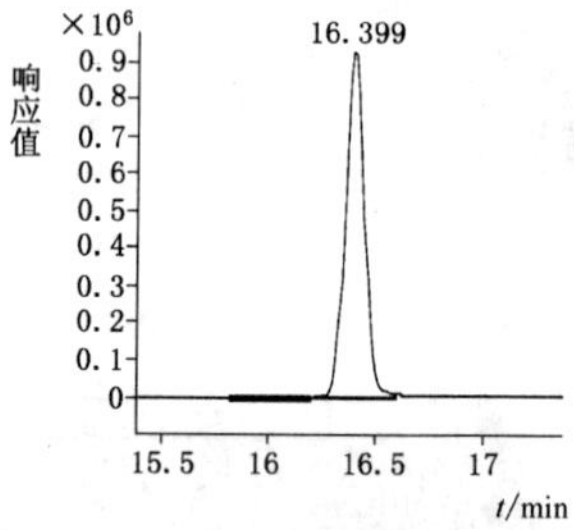


301. 灭蚜磷
(mecarbam)

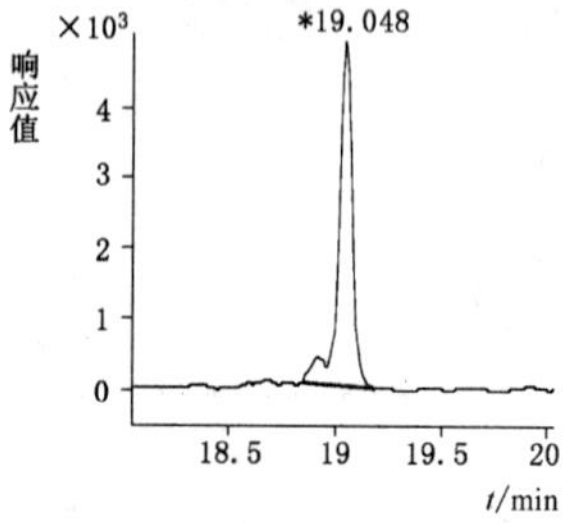


302. 苯草酮
(tralkoxydim)

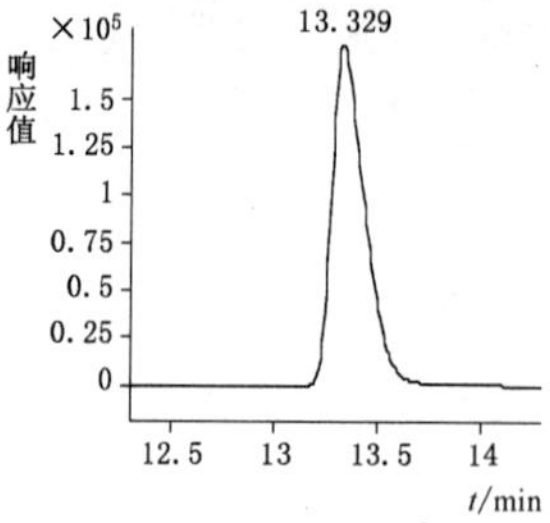


303. 马拉硫磷
(malathion)

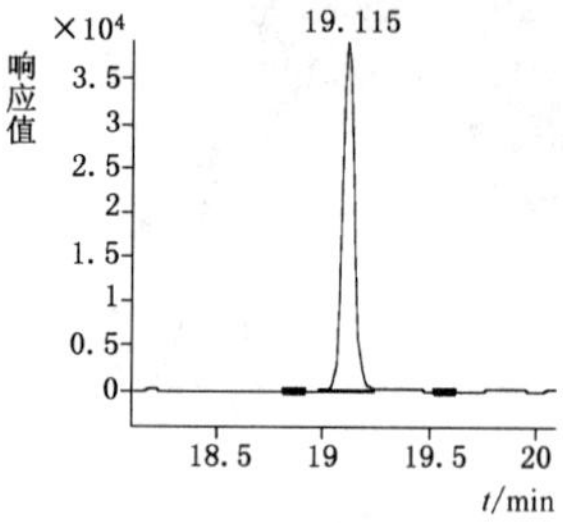


304. 稗草畏
(pyributicarb)

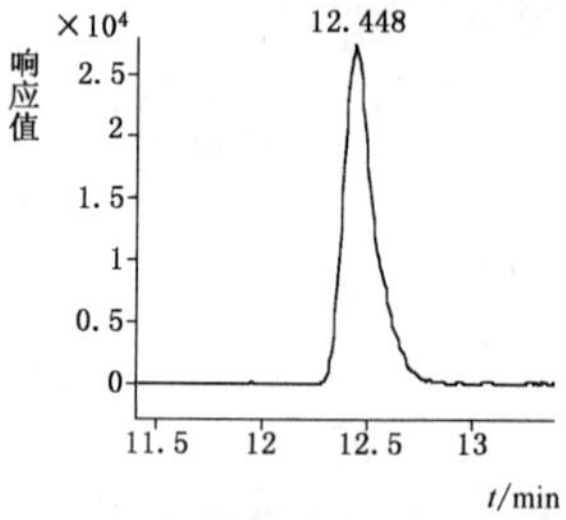


305. 哒嗪硫磷
(pyridaphenthion)

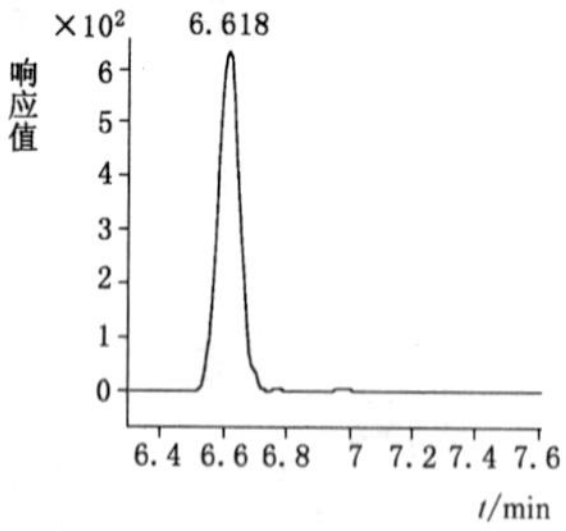


306. 硫双威
(thiodicarb)

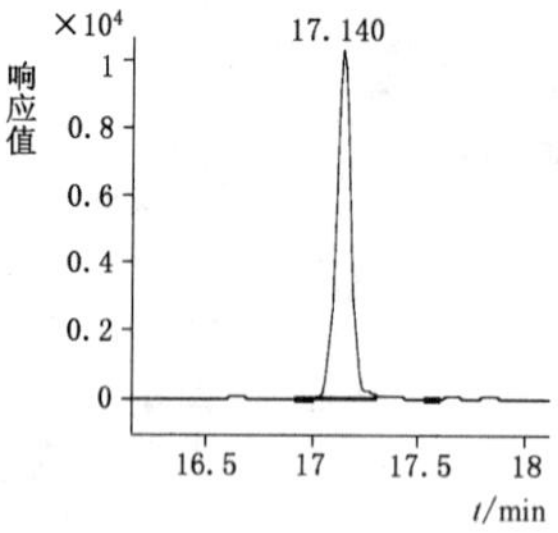


307. 吡唑硫磷
(pyraclofos)

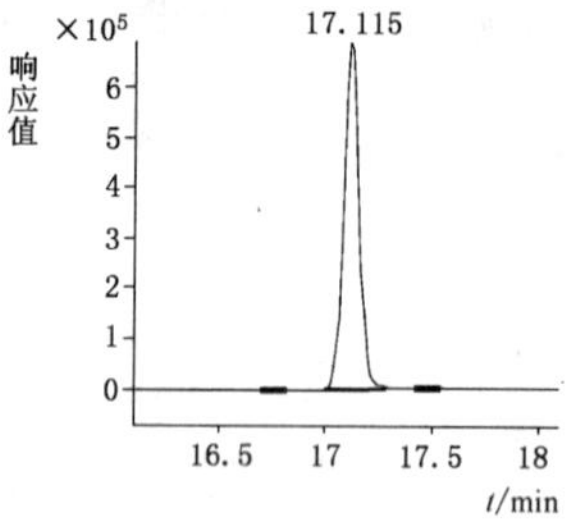


308. 啶氧菌酯
(picoxystrobin)

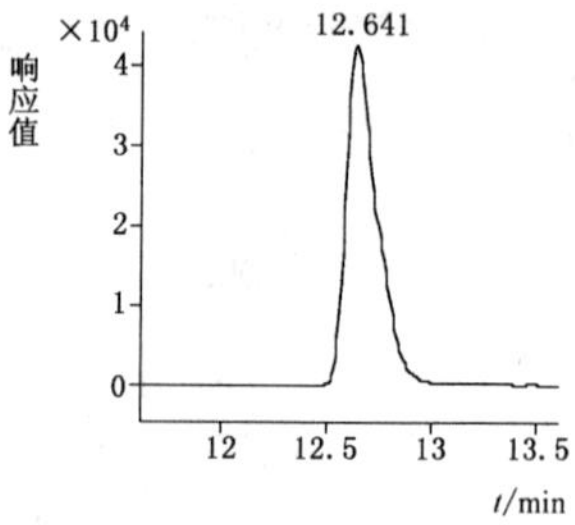


309. 四氟醚唑
(tetraconazole)

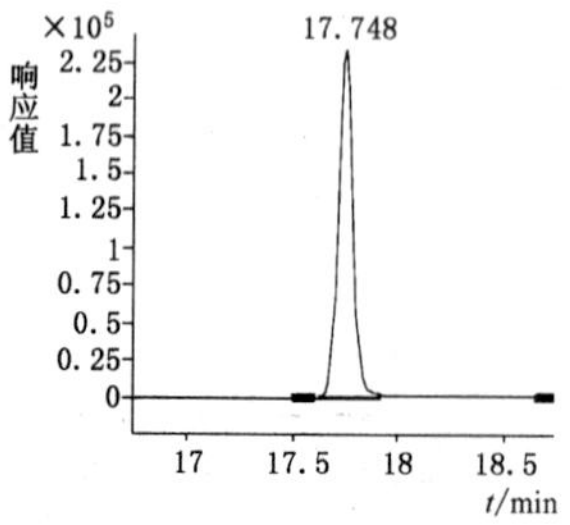


310. 吡唑解草酯
(mefenpyr-diethyl)

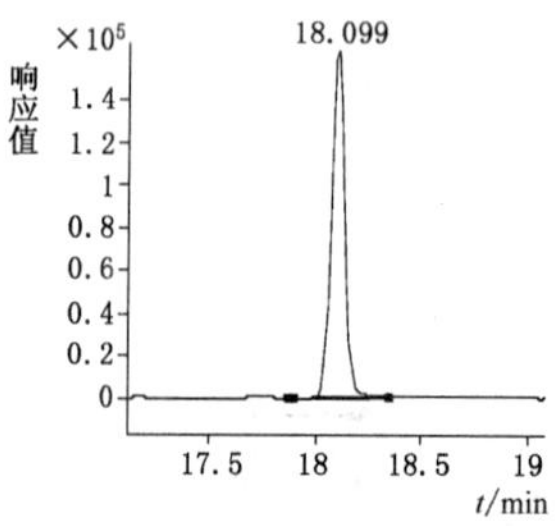


311. 丙溴磷
(profenefos)

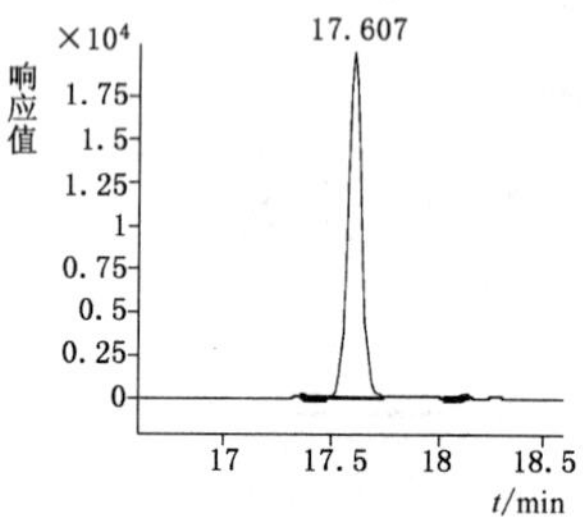


312. 百克敏
(pyraclostrobin)

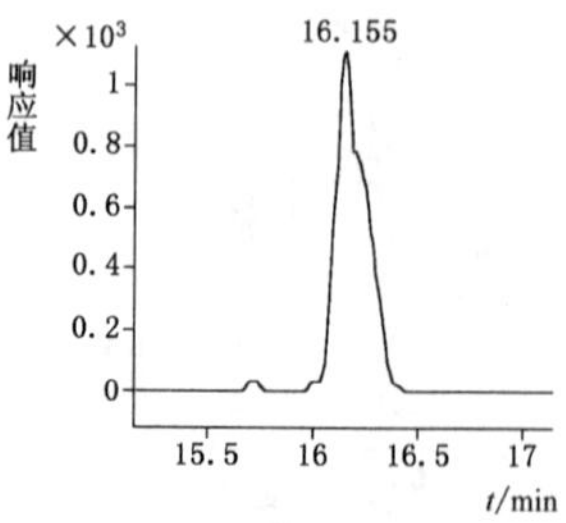


313. 烯酰吗啉
(dimethomorph)

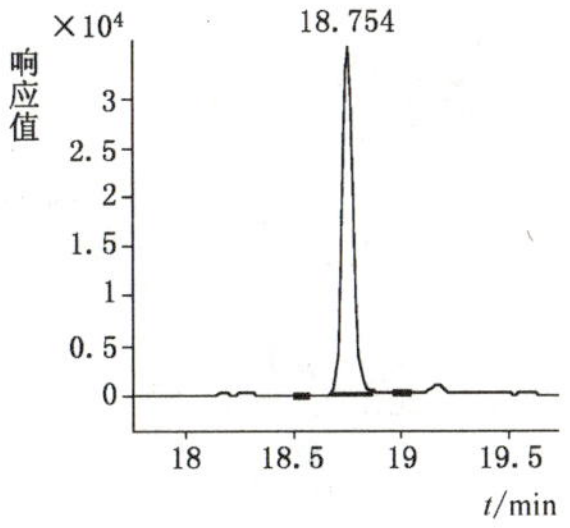


314. 噻嗯菊酯
(kadethrin)

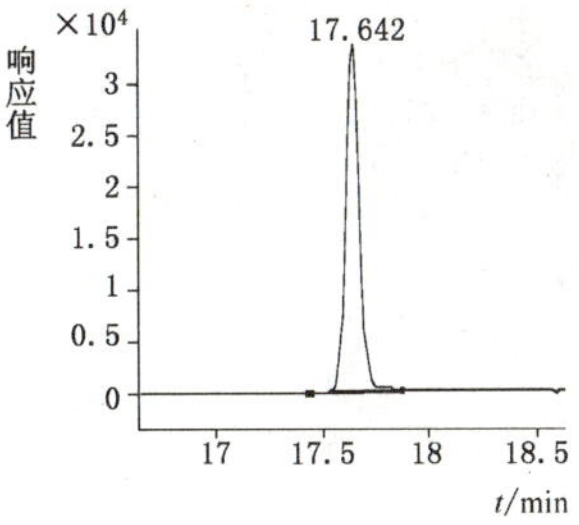


315. 噻唑烟酸
(thiazopyr)

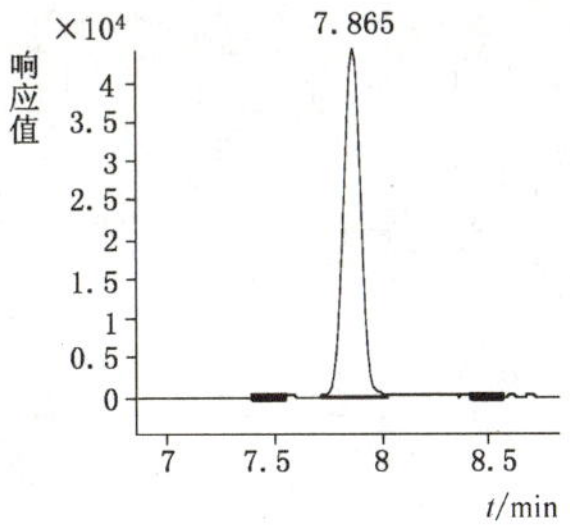


316. 醚黄隆
(cinosulfuron)

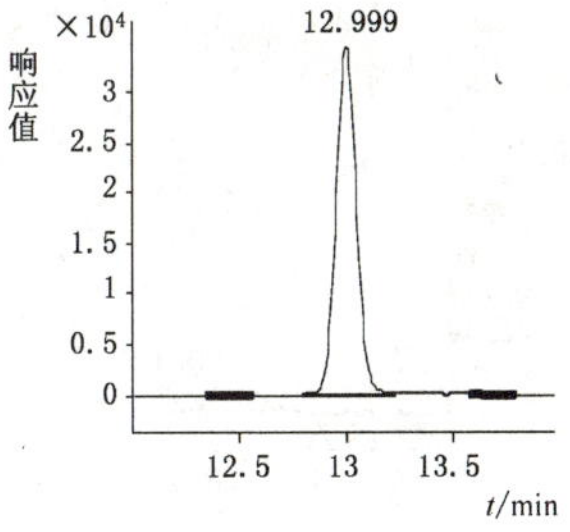


317. 吡嘧磺隆
(pyrazosulfuron-ethyl)

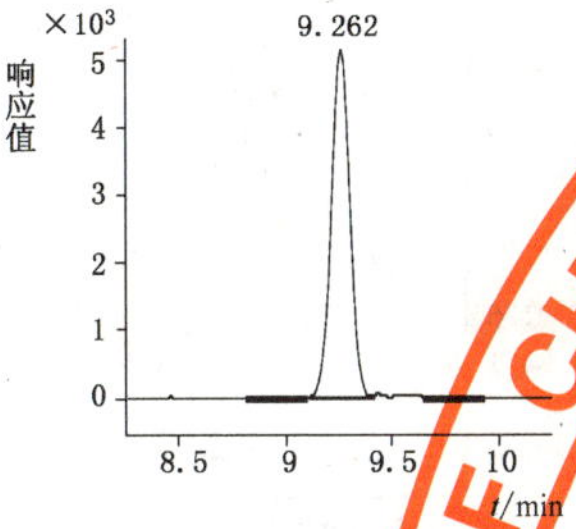


318. 磺草胺唑
(metosulam)

E 组

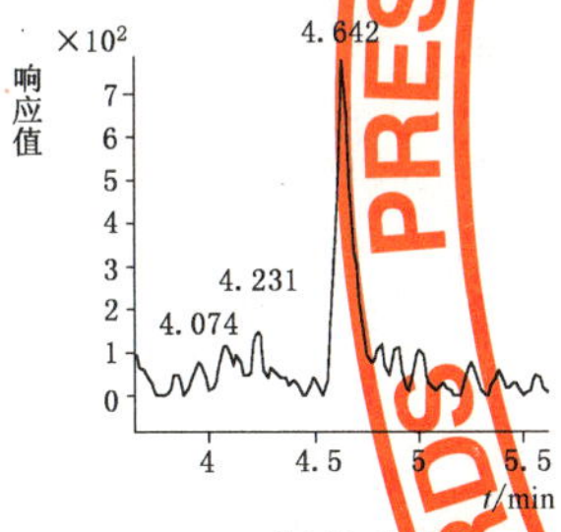


319. 4-氨基吡啶
(4-aminopyridine)

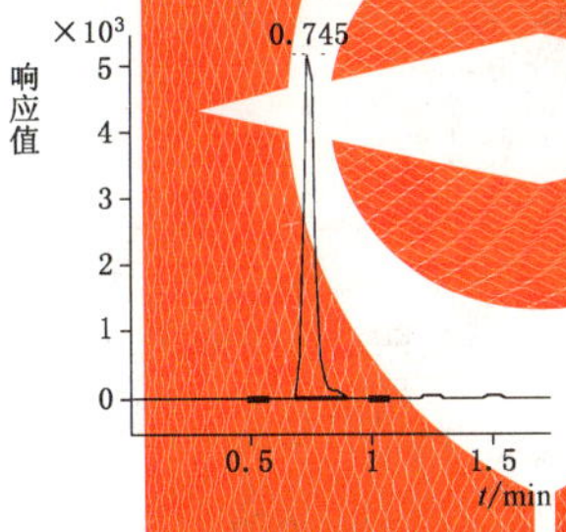


320. 矮壮素
(chlormequat)

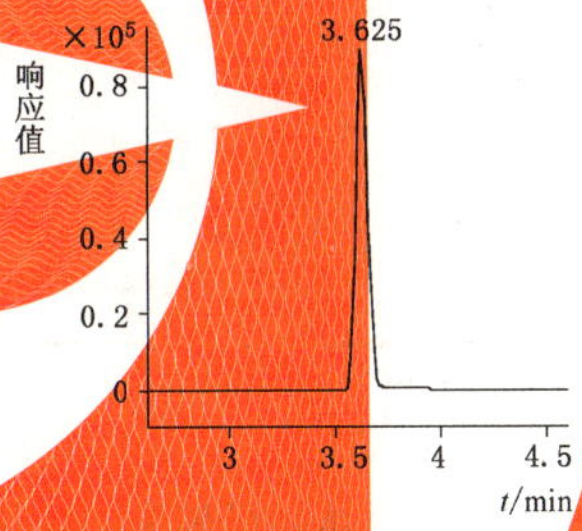


321. 灭多威
(methomyl)

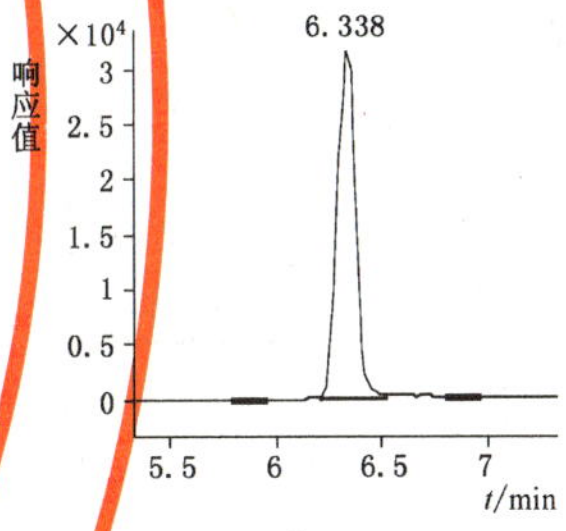


322. 咯喹酮
(pyroquilon)

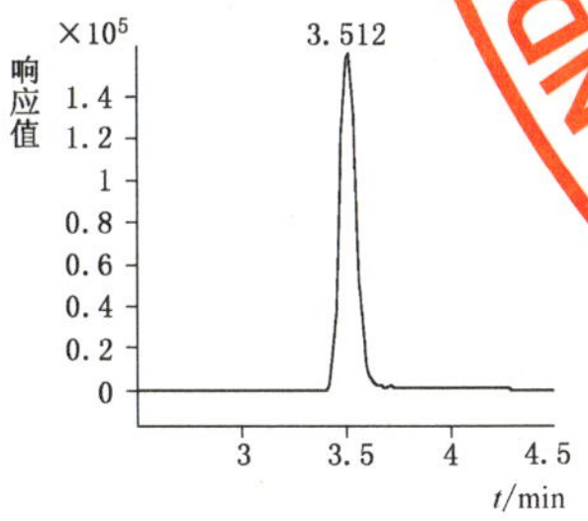


323. 麦穗灵
(fuberidazole)

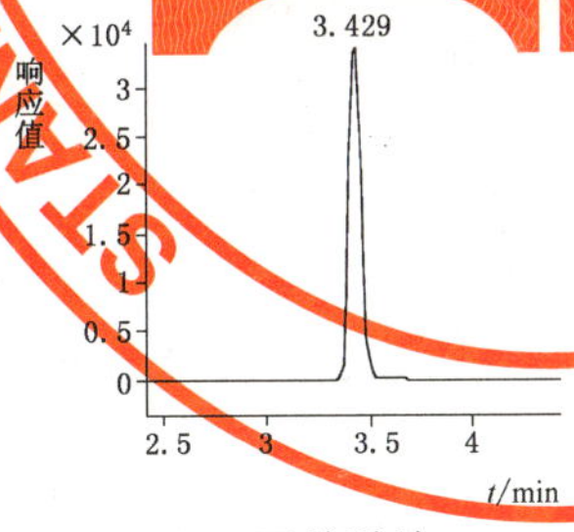


324. 丁脒酰胺
(isocarbamid)

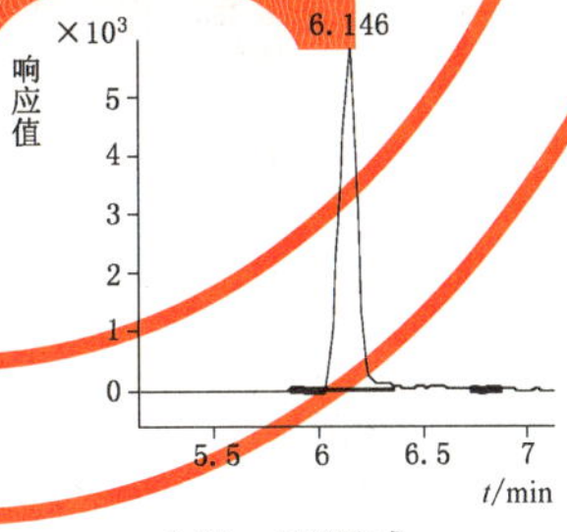


325. 丁酮威
(butocarboxim)

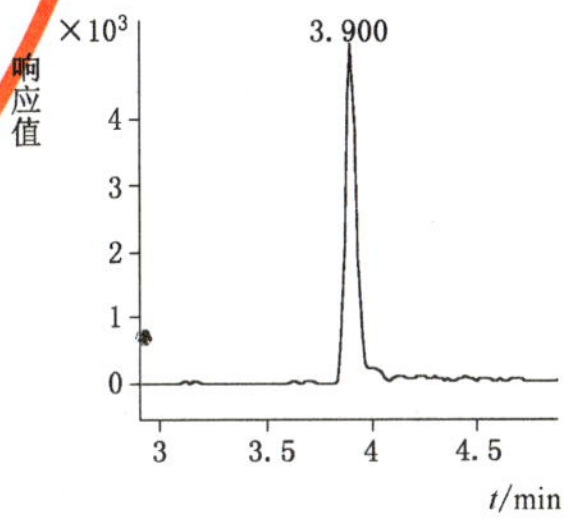


326. 杀虫脒
(chlordimeform)

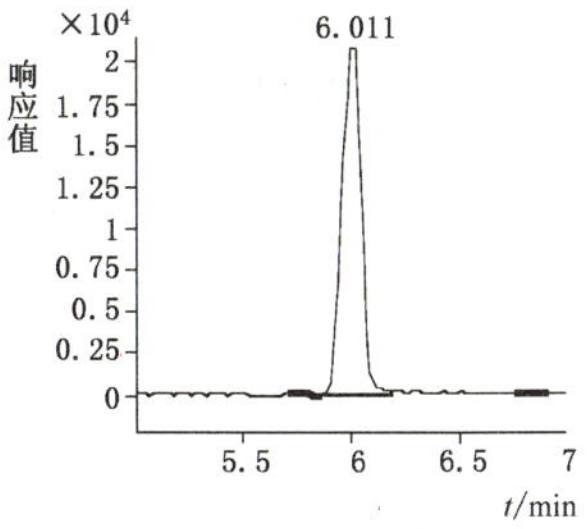


327. 霜脲氰
(cymoxanil)

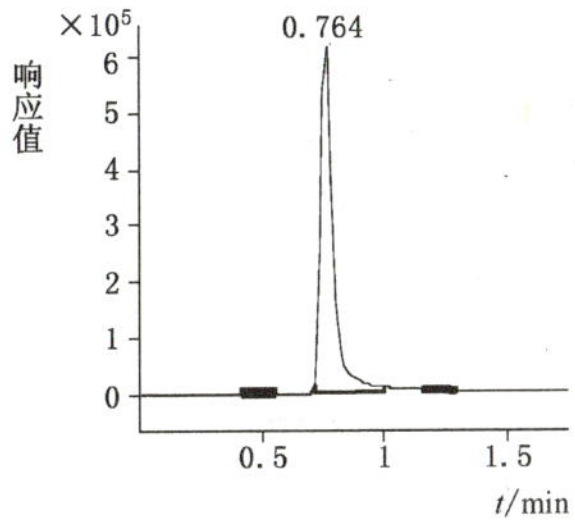


328. 灭害威
(aminocarb)

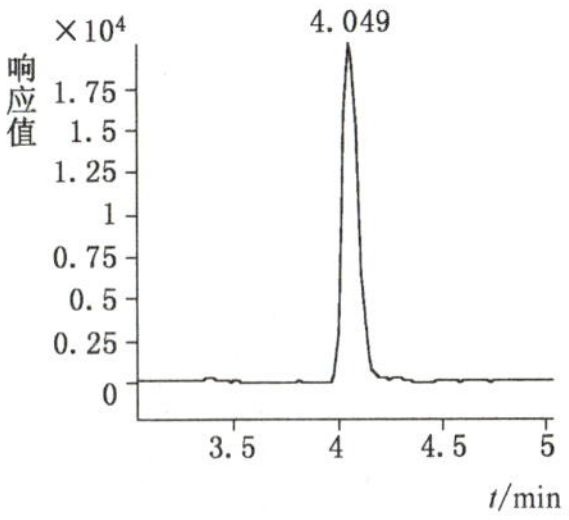


329. 甲菌定
(dimethirimol)

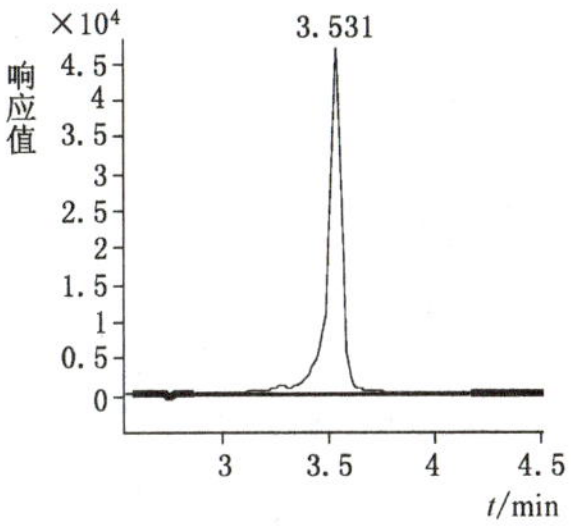


330. 氧乐果
(omethoate)

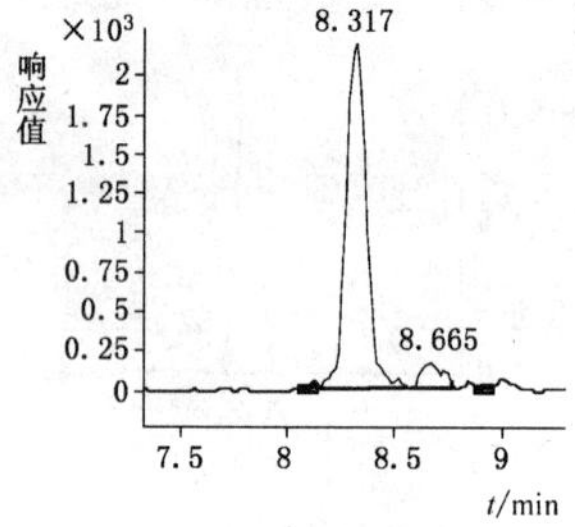


331. 乙氧喹啉
(ethoxyquin)

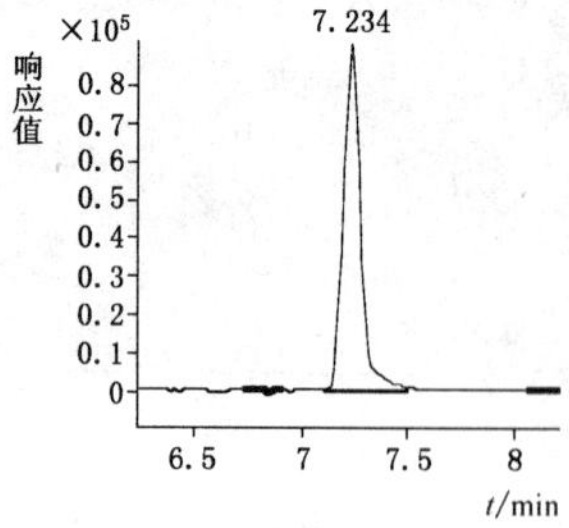


332. 敌敌畏
(dichlorvos)

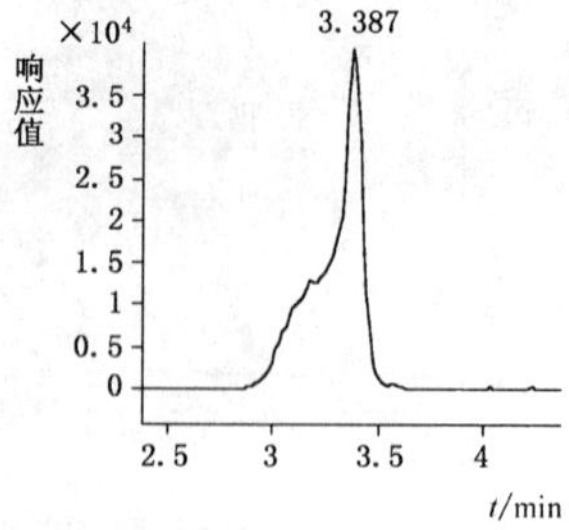


333. 涕灭威砜
(aldicarb sulfone)

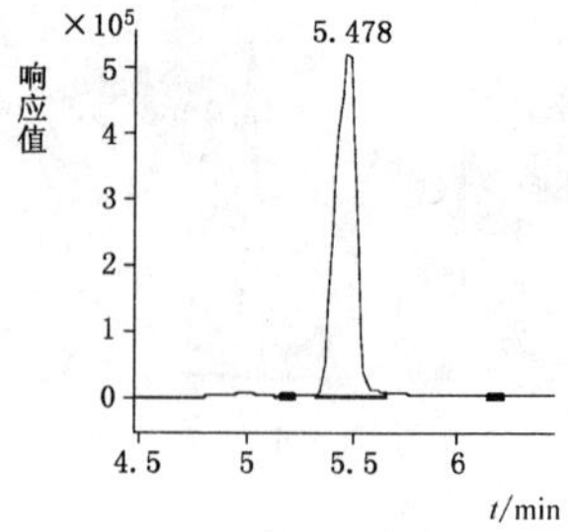


334. 二氧威
(dioxacarb)

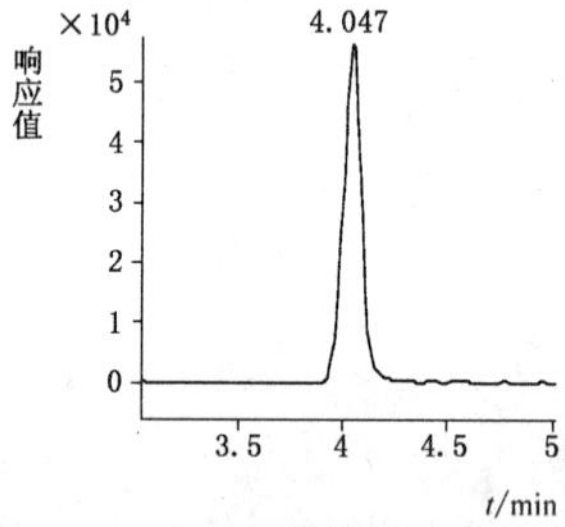


335. 苄基腺嘌呤
(benzyladenine)

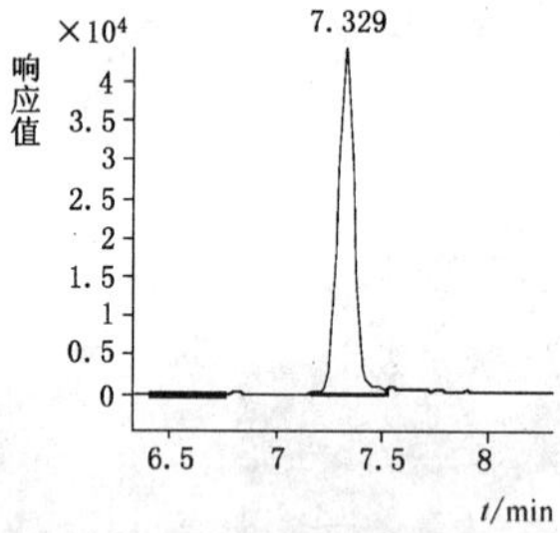


336. 甲基内吸磷
(demeton-*s*-methyl)

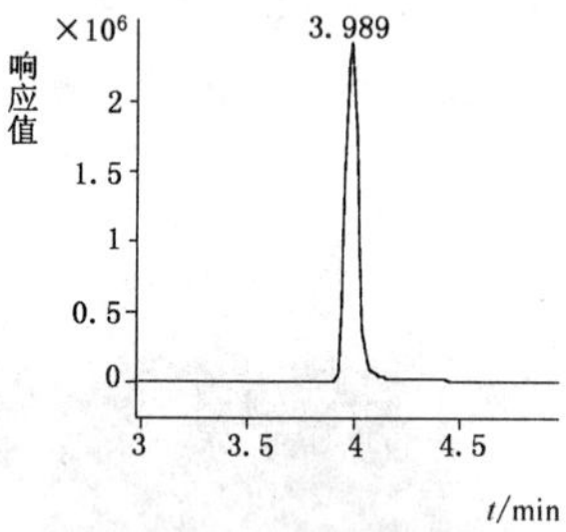


337. 乙硫苯威亚砜
(ethiofencarb-sulfoxide)

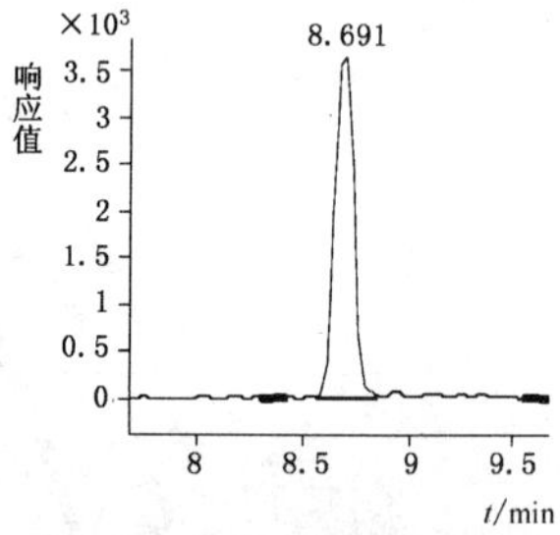


338. 甲基乙拌磷
(thiometon)

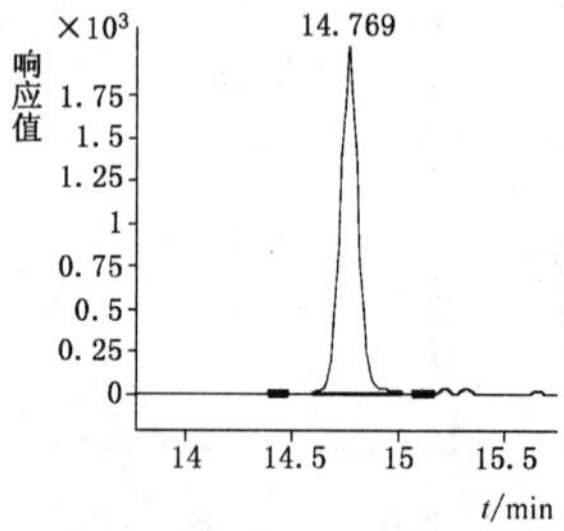


339. 灭菌丹
(folpet)

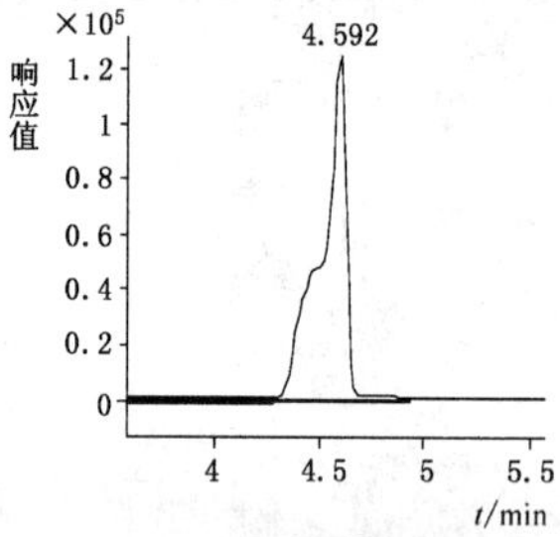


340. 甲基内吸磷砜
(demeton-*s*-methyl sulfone)

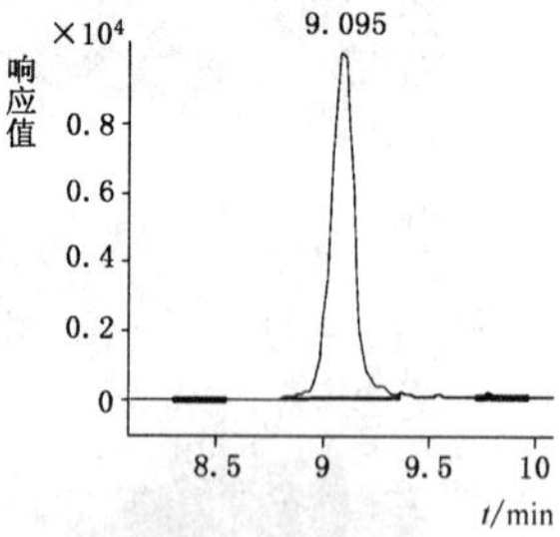


341. 苯锈定
(fenpropidin)

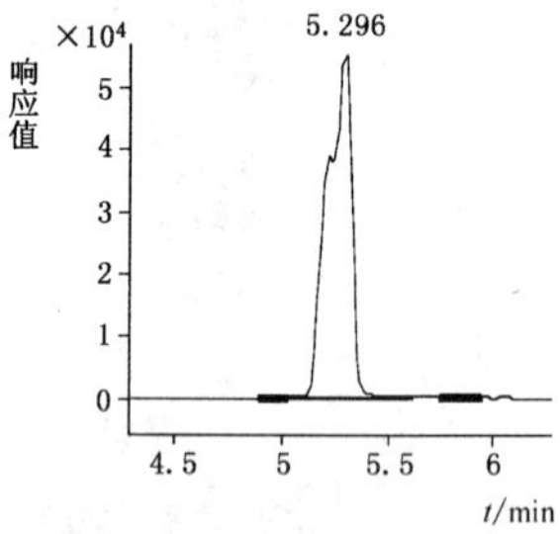


342. 甲咪唑烟酸
(imazapic)

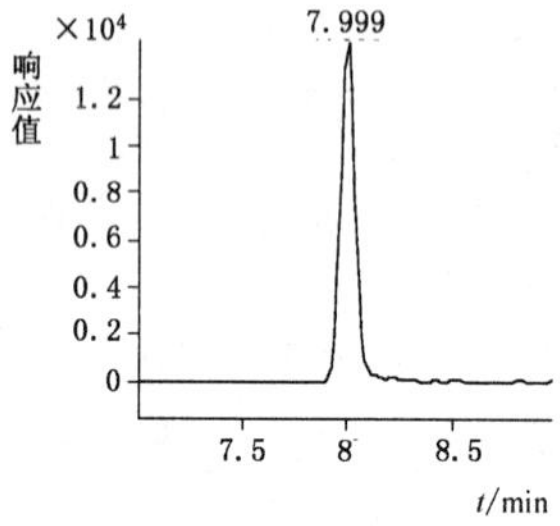


343. 对氧磷
(paraoxon-ethyl)

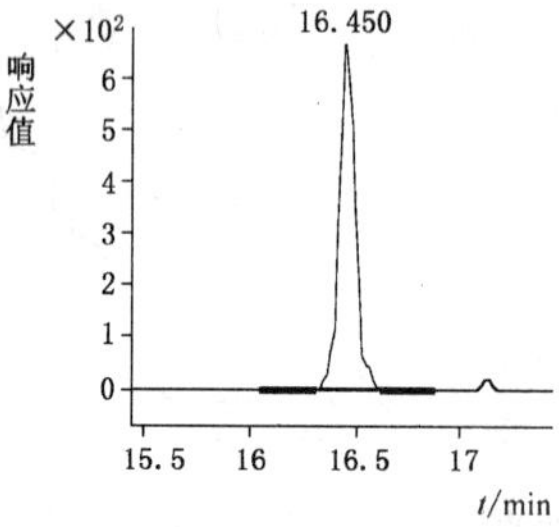


344. 乙烯菌核利
(vinclozolin)

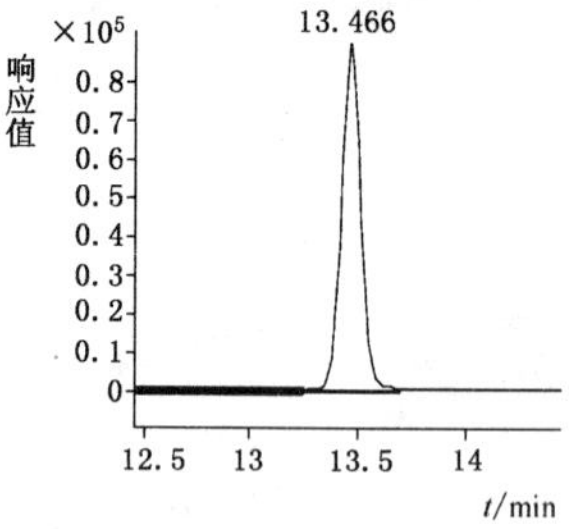


345. 烯效唑
(uniconazole)

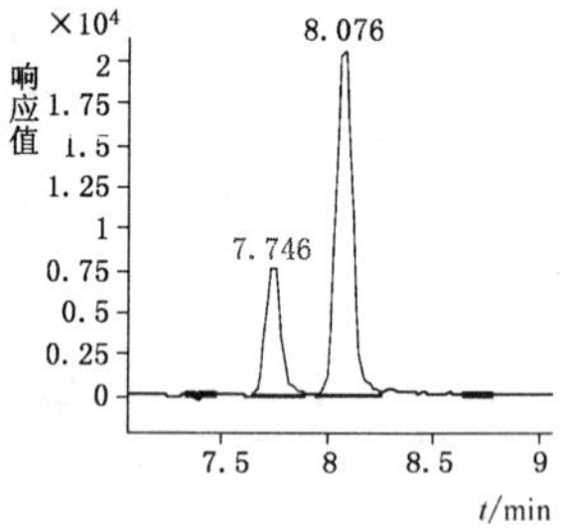


346. 啶斑肟
(pyrifenox)

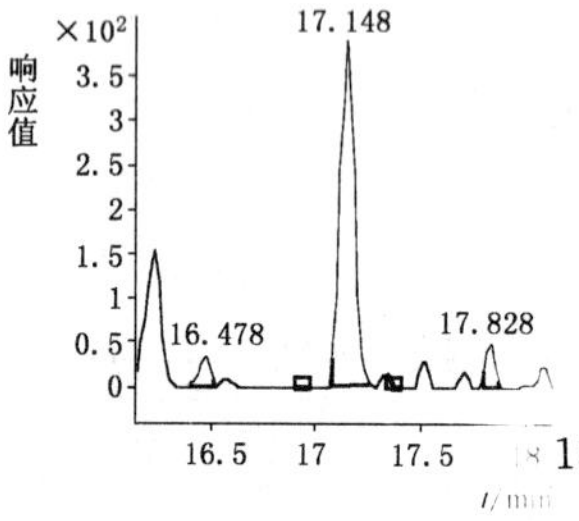


347. 异氯磷
(dicapthon)

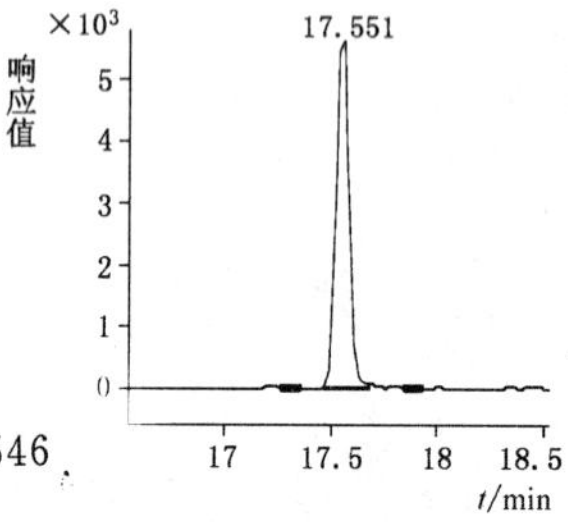


348. 四螨嗪
(clofentezine)

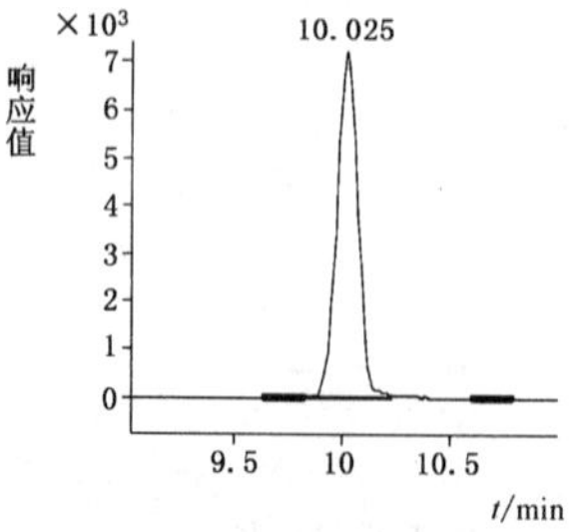


349. 氟草敏
(norflurazon)

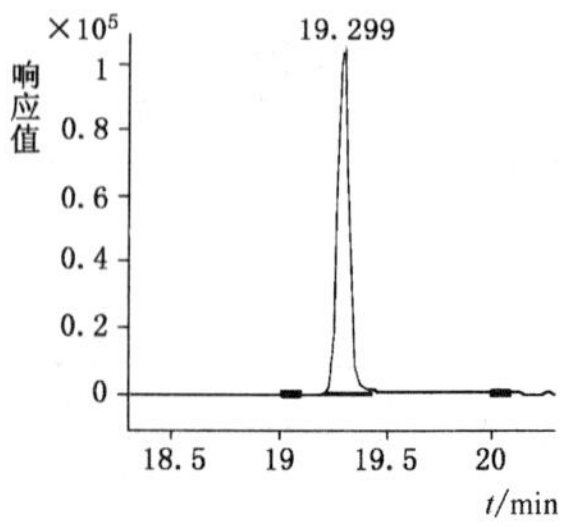


350. 野麦畏
(triallate)

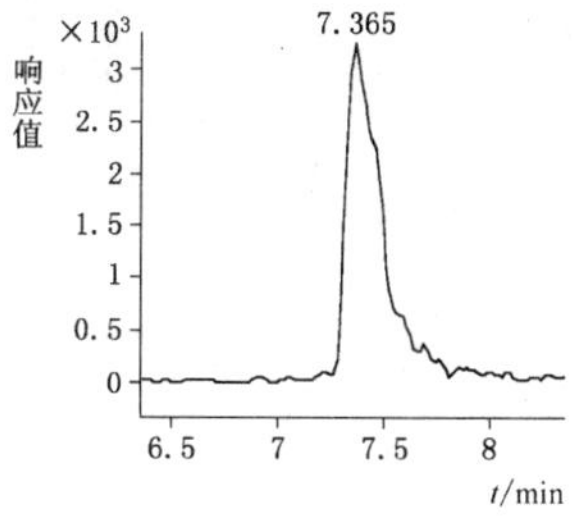


351. 福美锌
(ziram)

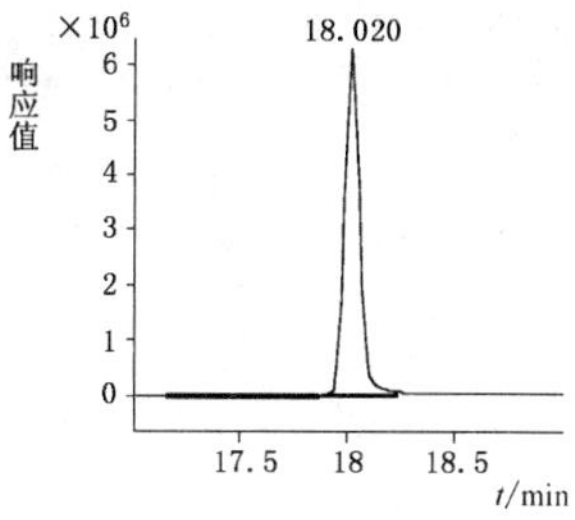


352. 苯氧喹啉
(quinoxyphen)

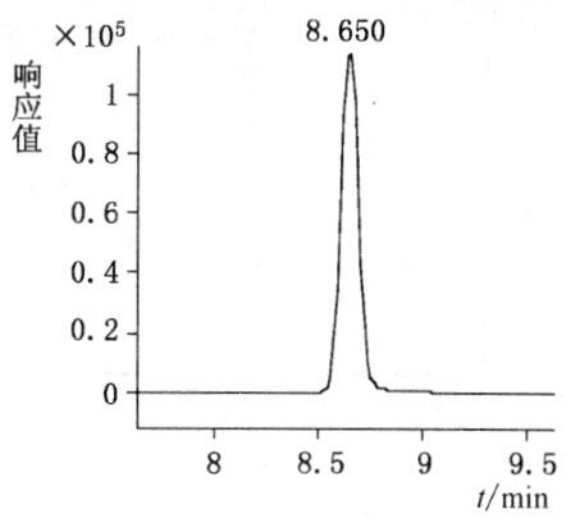


353. 倍硫磷砜
(fenthion sulfone)

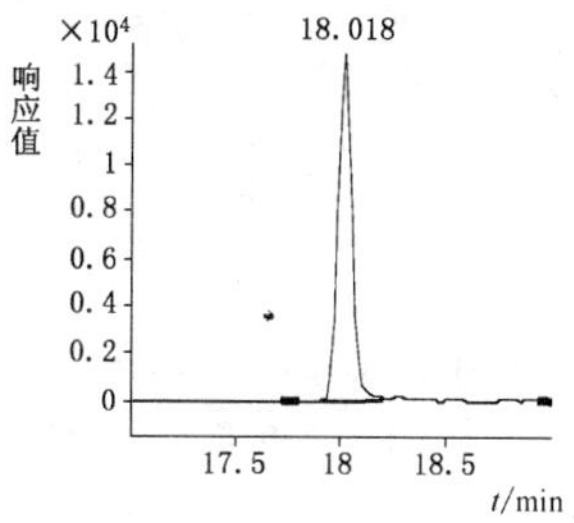


354. 氟咯草酮
(flurochloridone)

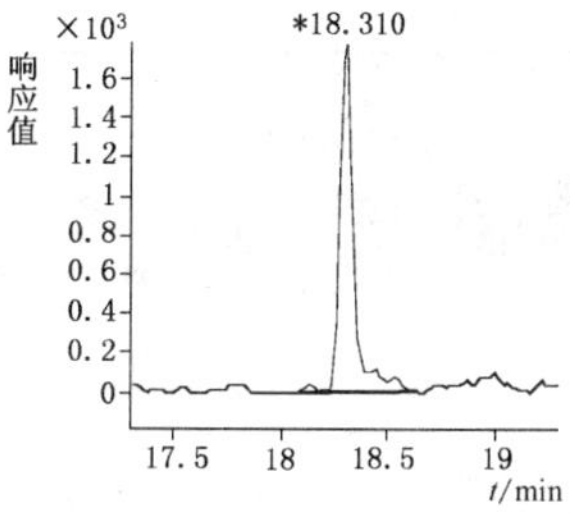


355. 酞酸苯甲基丁酯
(phthalic acid, benzyl butyl ester)

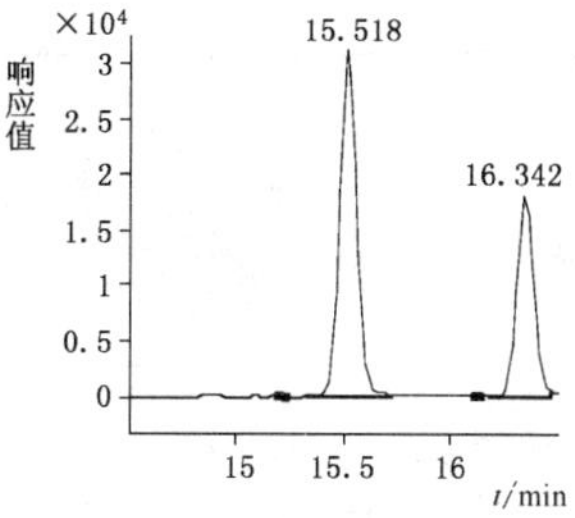


356. 氯唑磷
(isazofos)

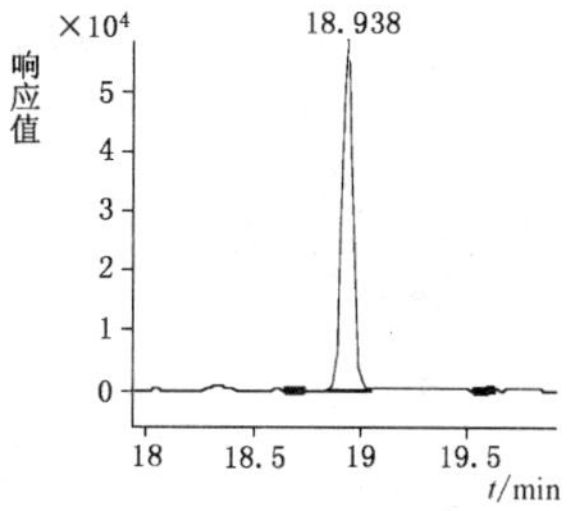


357. 除线磷
(dichlofenthion)

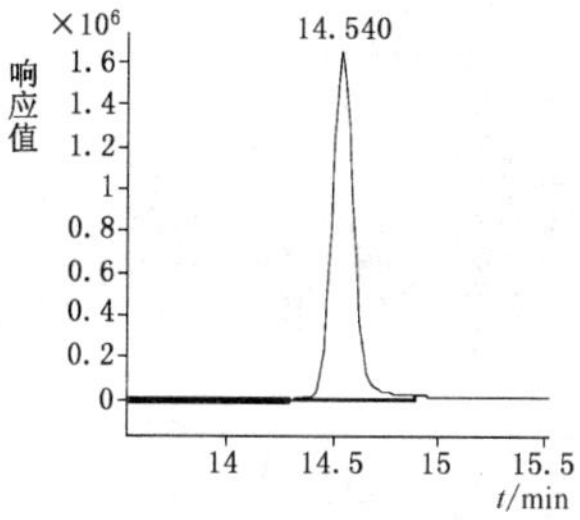


358. 特丁硫磷砜
(terbufos sulfone)

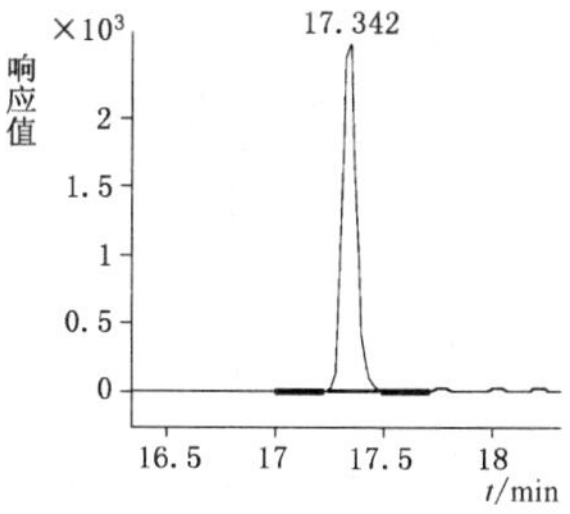


359. 敌乐胺
(dinitramine)

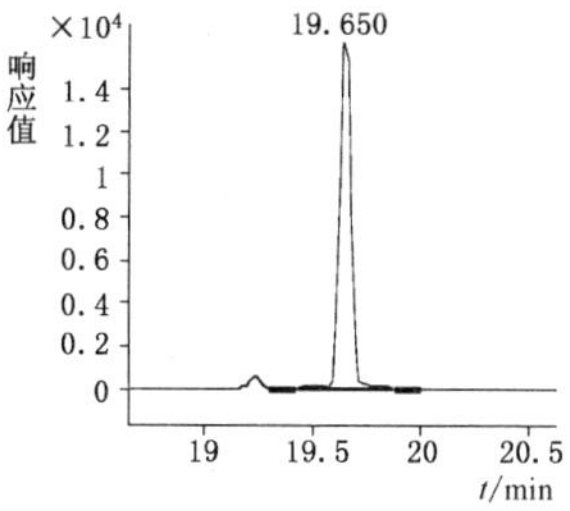


360. 毒壤磷
(trichloronat)

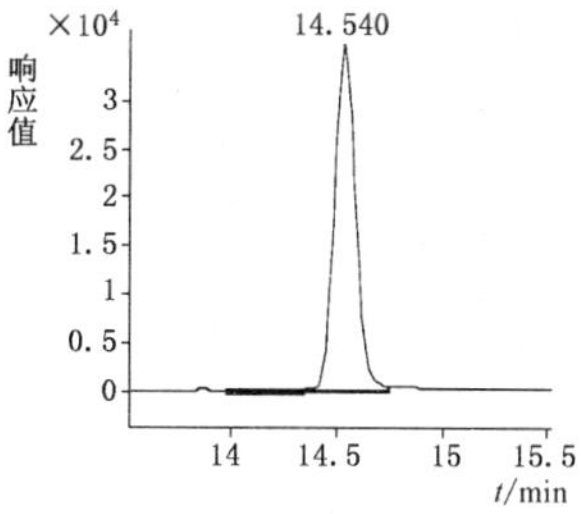


361. 苄呋菊酯
(resmethrin)

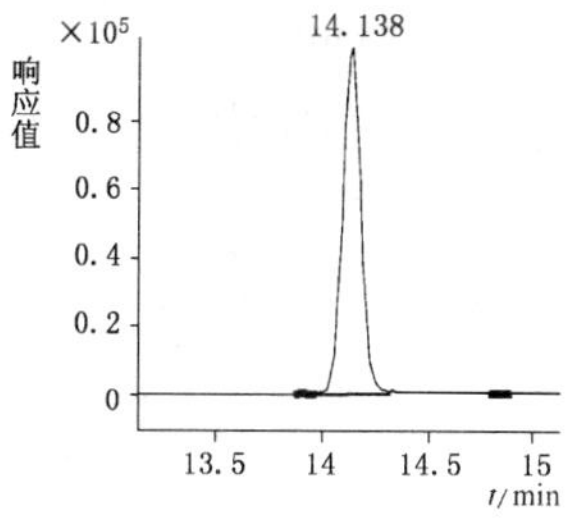


362. 啶酰菌胺
(boscalid)

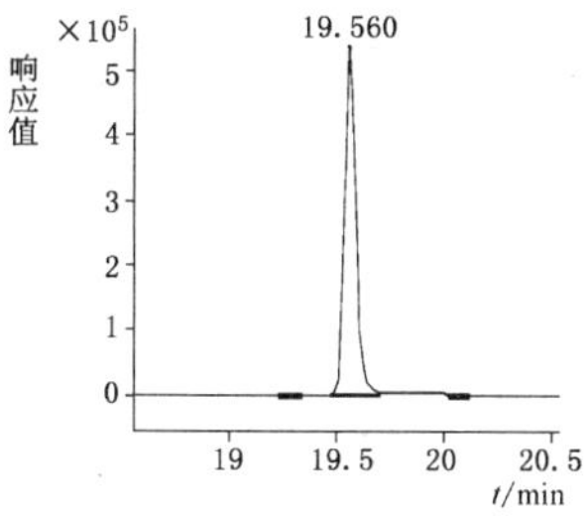


363. 甲氰菊酯
(fenpropathrin)

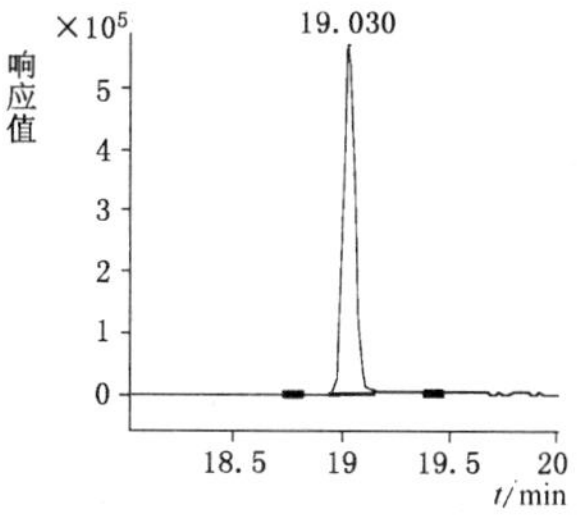


364. 噻螨酮
(hexythiazox)

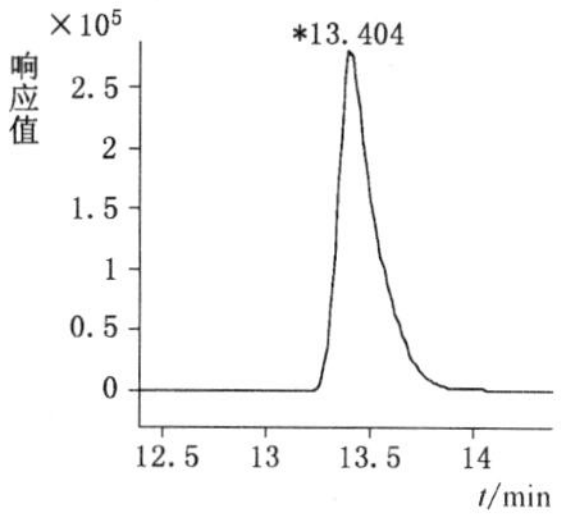


365. 嘧螨醚
(pyrimidifen)

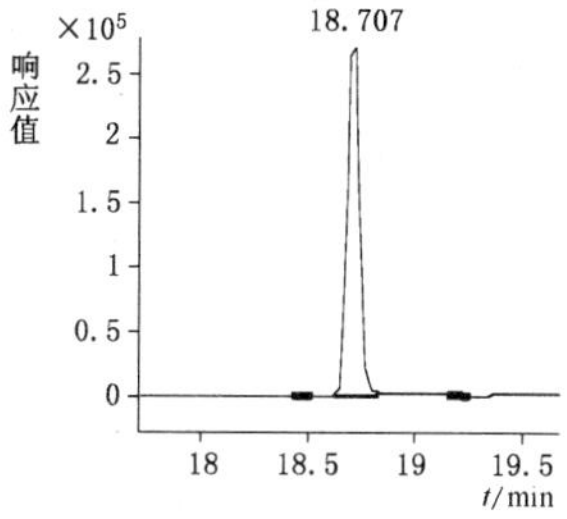


366. 呋线威
(furathiocarb)

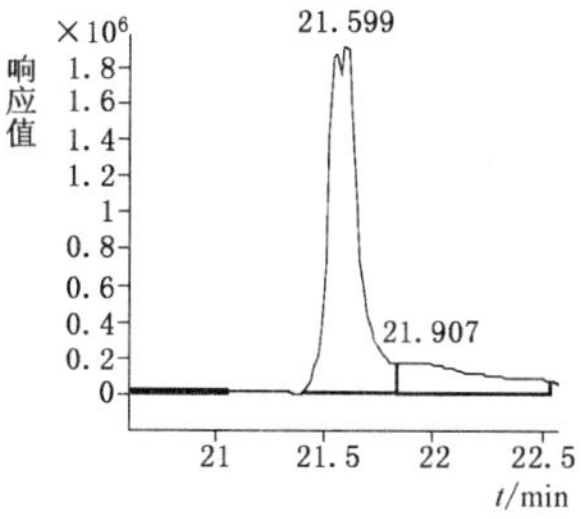


367. 反式氯菊酯
(*trans*-permethin)

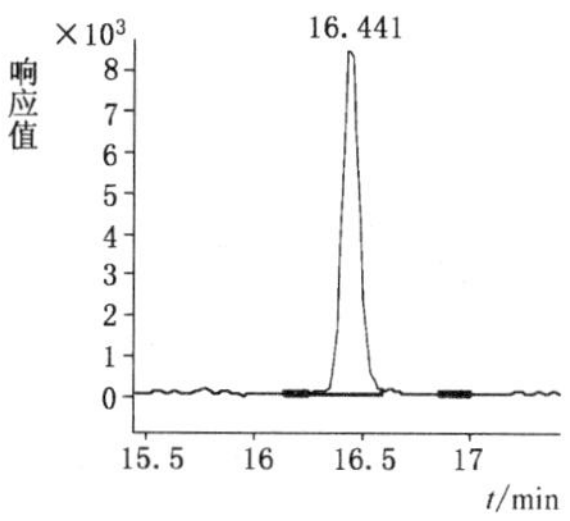


368. 苄草唑
(pyrazoxyfen)

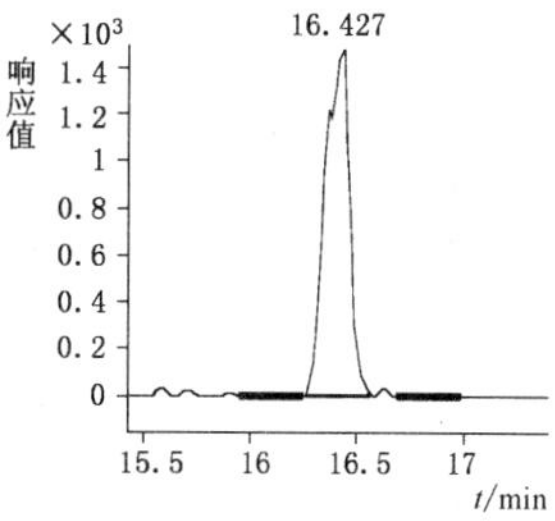


369. 嘧唑螨
(flubenzimine)

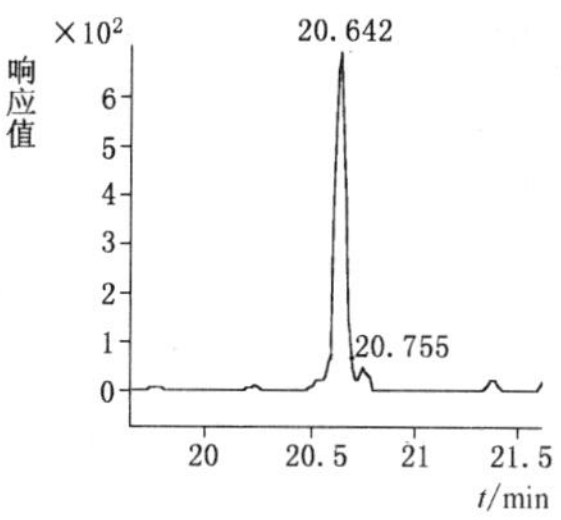


370. *Z*-氯氰菊酯
(*zeta* cypermethrin)

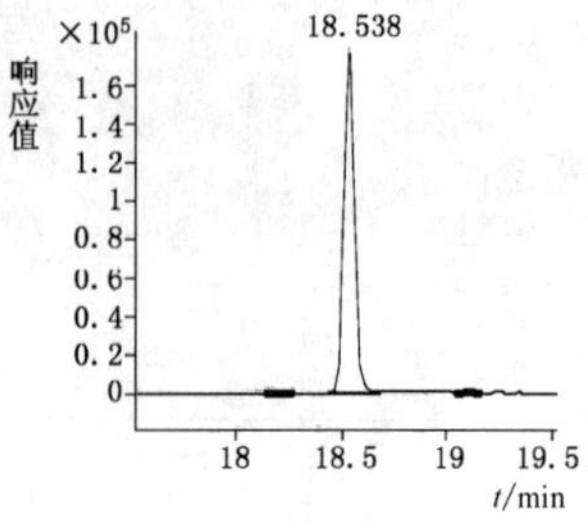


371. 氟吡乙禾灵
(haloxyfop-2-ethoxyethyl)

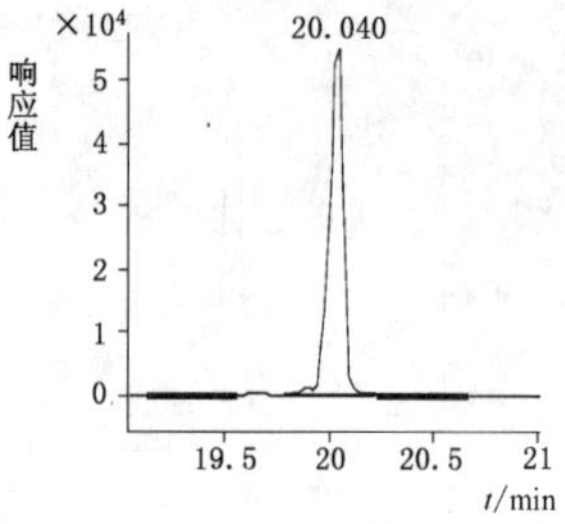


372. 氟胺氰菊酯
(*tau*-fluvalinate)

F 组

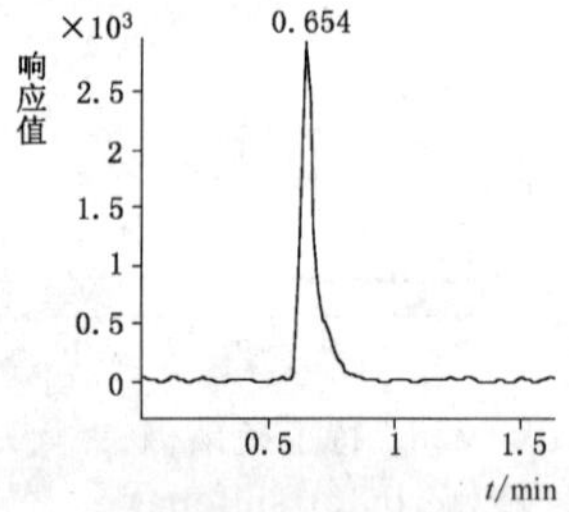


373. 叔丁基胺
(*tert*-butylamine)

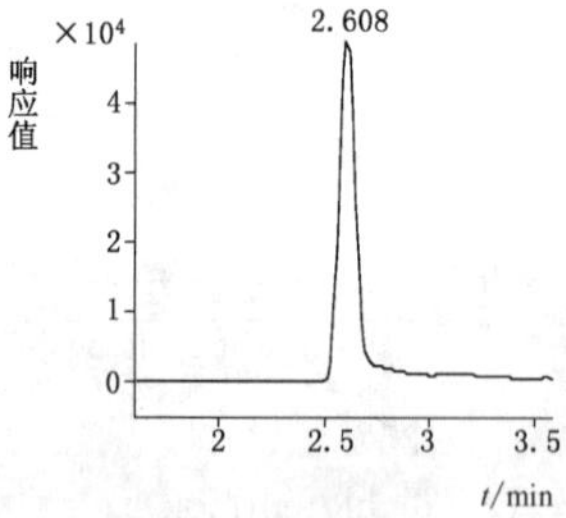


374. 噁霉灵
(hymexazol)

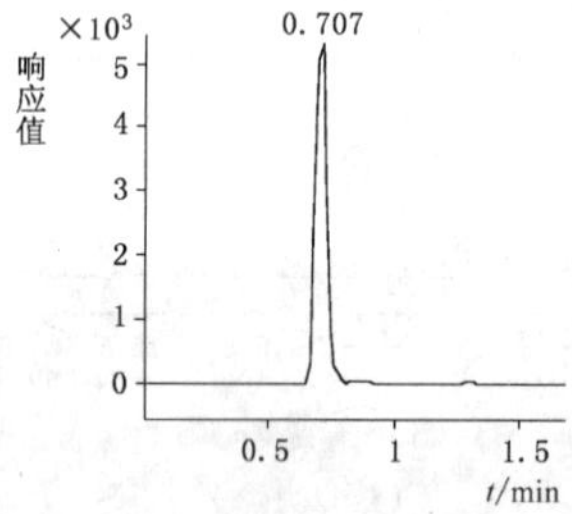


375. 矮壮素氯化物
(chlormequat chloride)

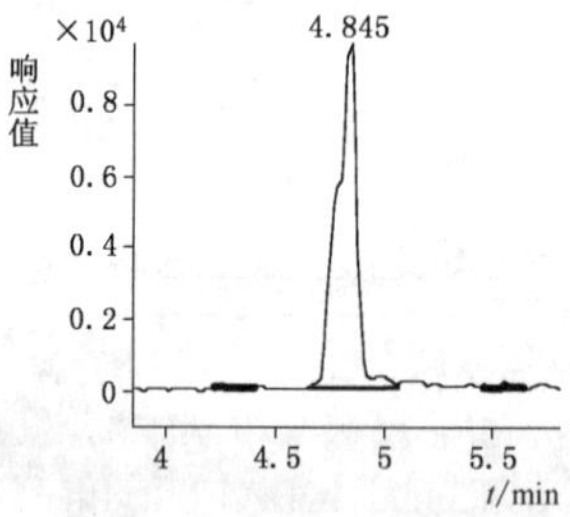


376. 邻苯二甲酰亚胺
(phthalimide)

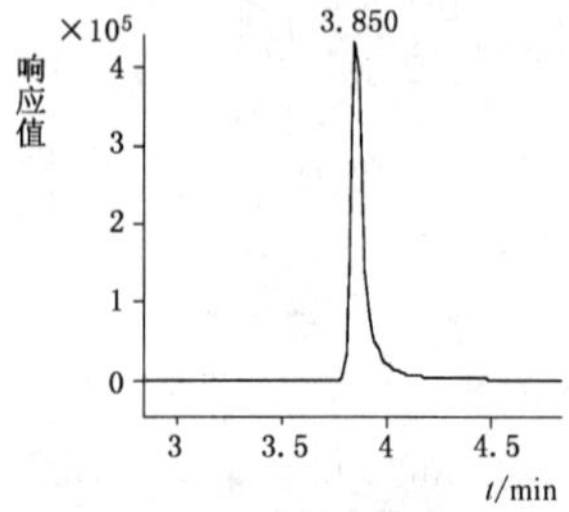


377. 甲氟磷
(dimefox)

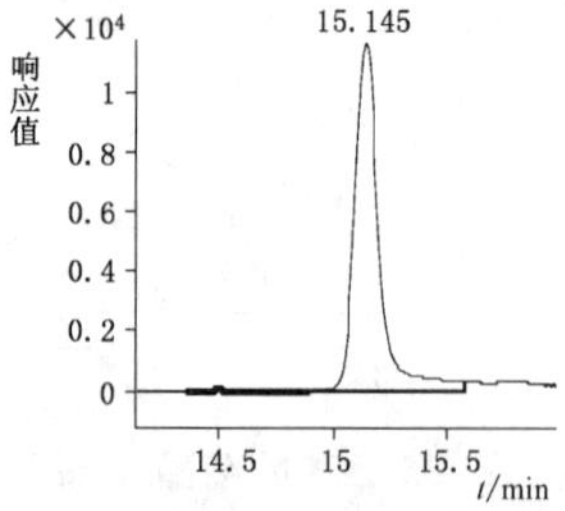


378. 二苯胺
(diphenylamin)

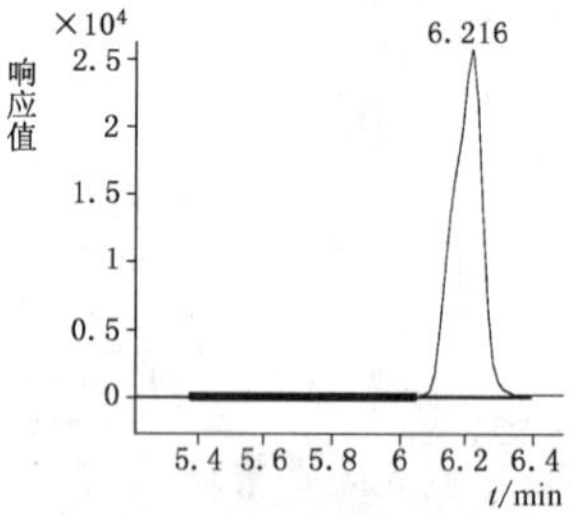


379. 1-萘基乙酰胺
(1-naphthyl acetamide)

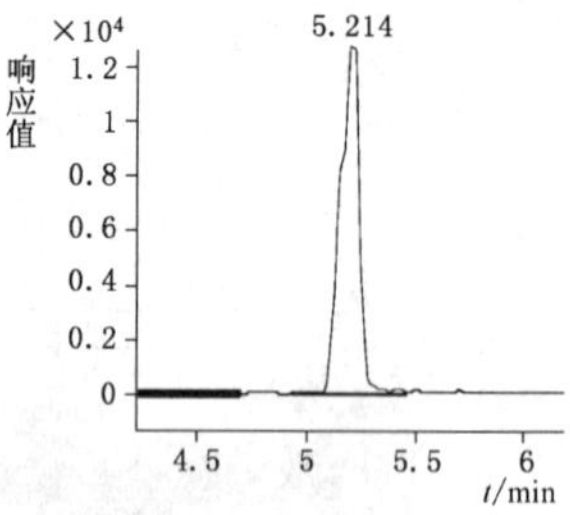


380. 脱乙基莠去津
(atrazine-desethyl)

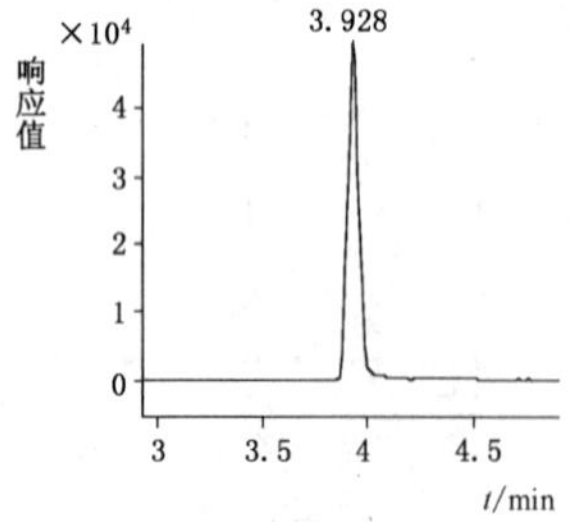


381. 2,6-二氯苯甲酰胺
(2,6-dichlorobenzamide)

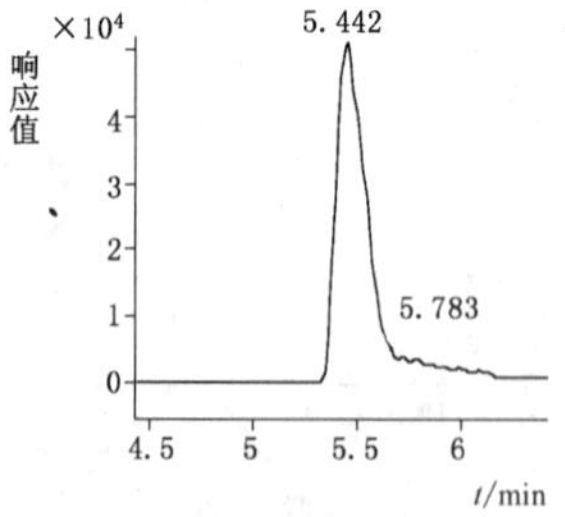


382. 涕灭威
(aldicarb)

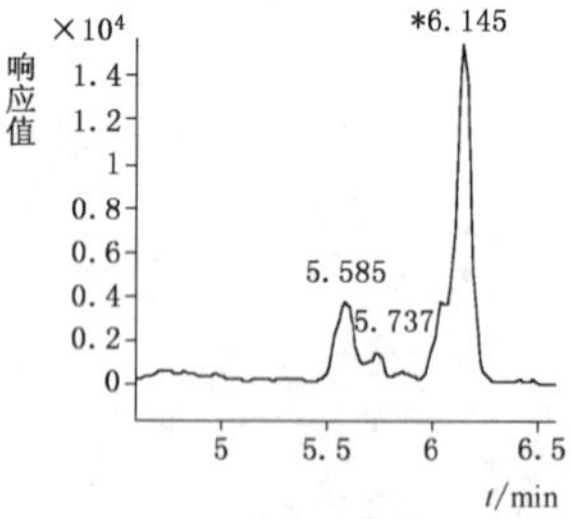


383. 邻苯二甲酸二甲酯
(dimethyl phthalate)

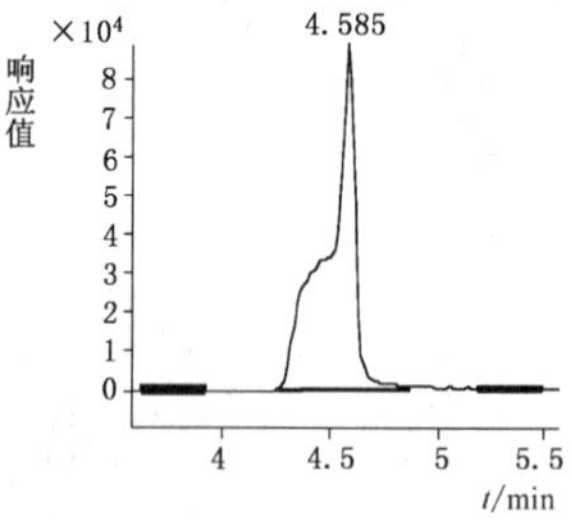


384. 西玛通
(simeton)

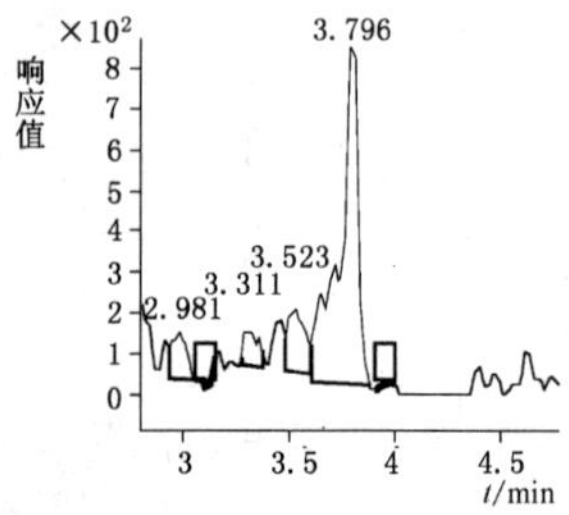


385. 呋草胺
(dinotefuran)

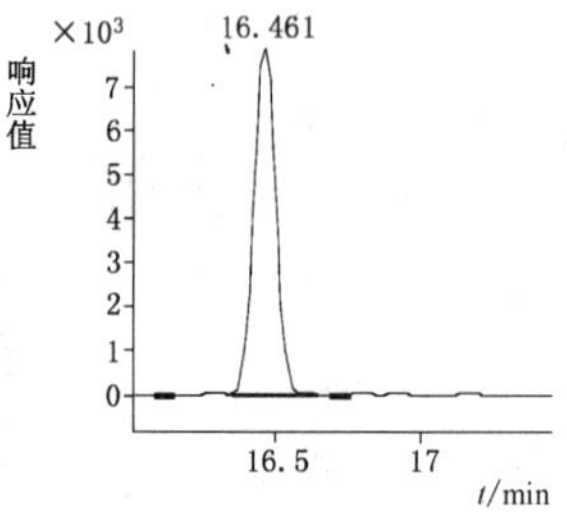


386. 克草敌
(pebulate)

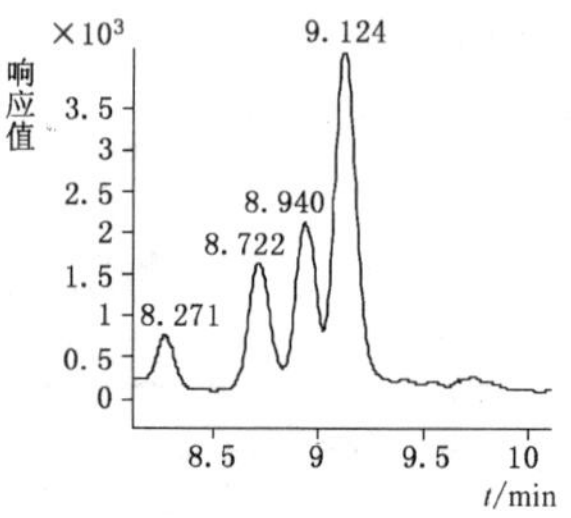


387. 蔬果磷
(dioxabenzofos)

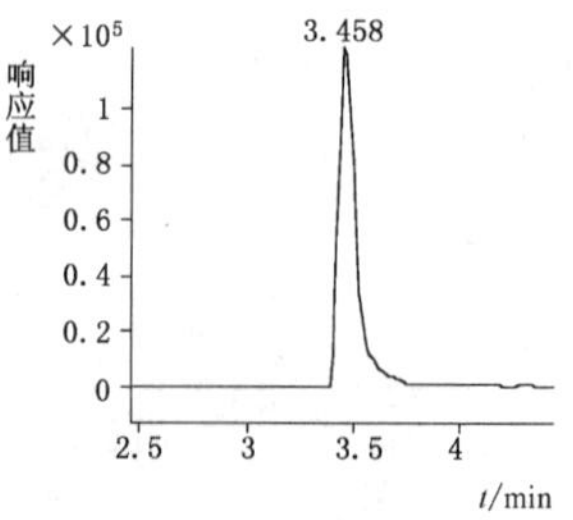


388. 杀线威
(oxamyl)

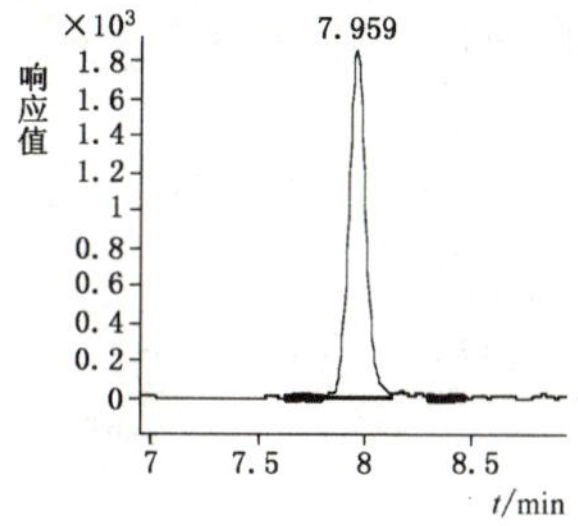

389. 甲基苯噻隆
(methabenzthiazuron)

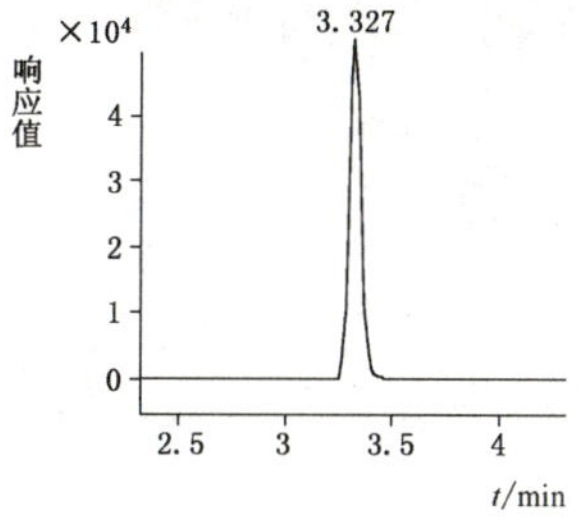

390. 丁酮砜威
(butoxycarboxim)

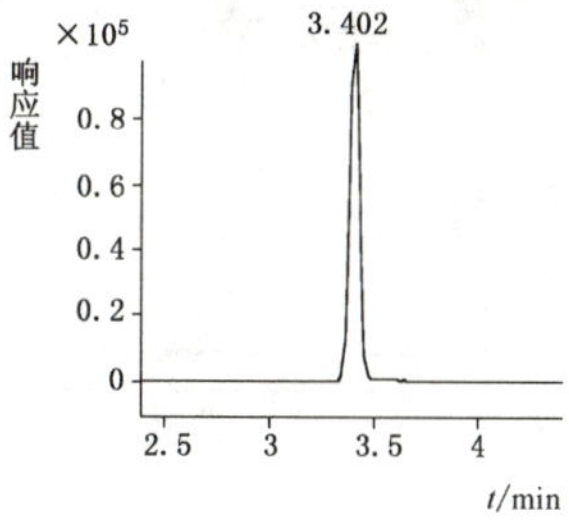

391. 甲基内吸磷亚砜
(demeton-*s*-methyl sulfoxide)

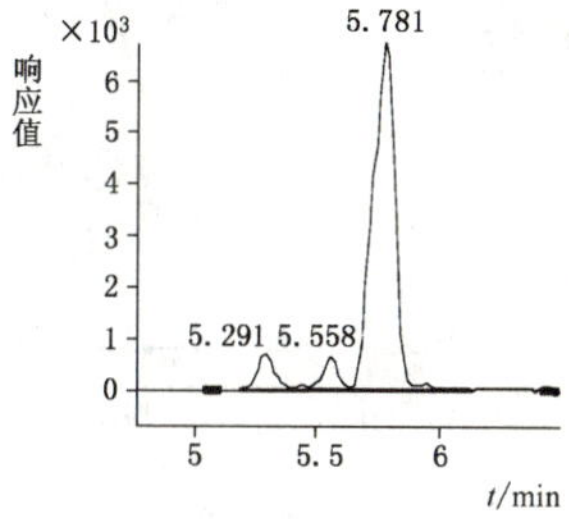

392. 硫环磷
(phosfolan)

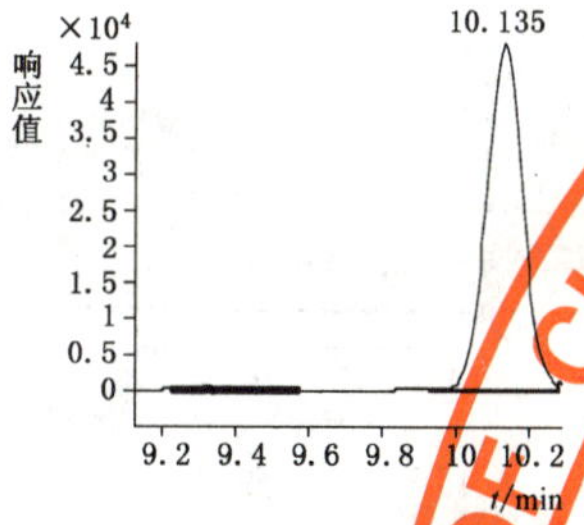

393. 氧倍硫磷
(fenthion oxon)

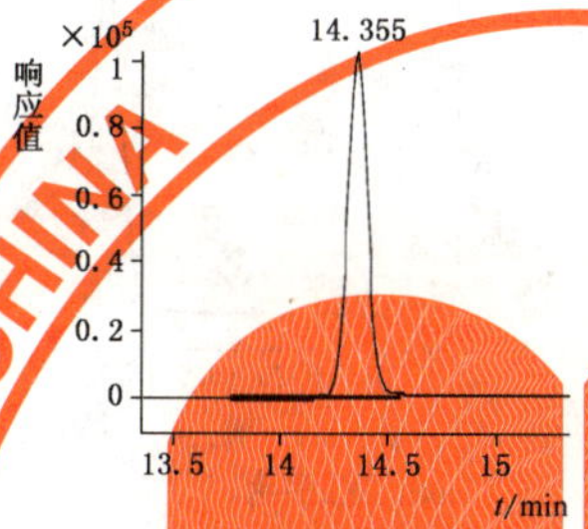

394. 萘丙胺
(napropamide)

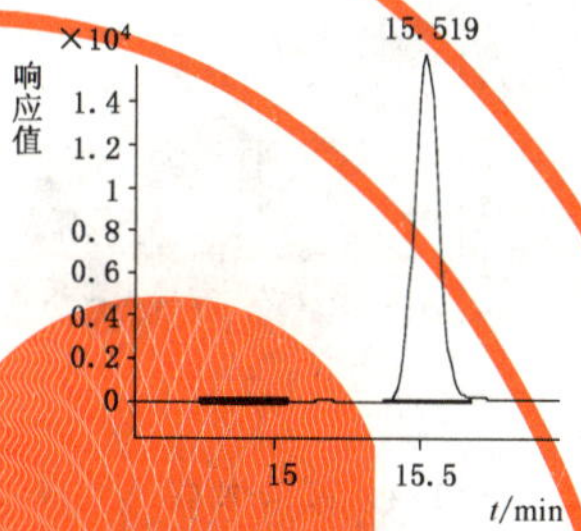

395. 杀螟硫磷
(fenitrothion)

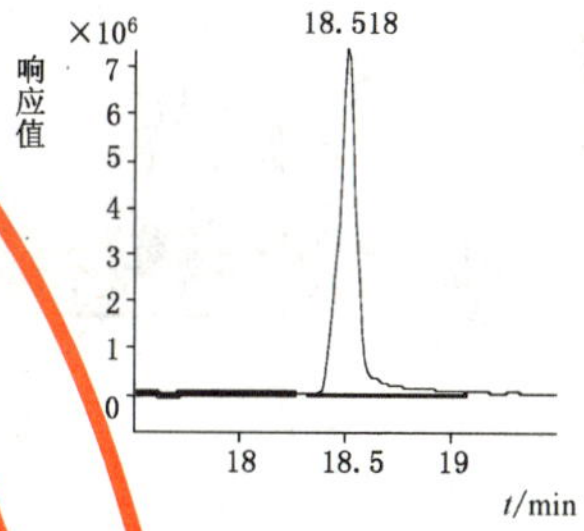

396. 酞酸二丁酯
(phthalic acid, dibutyl ester)

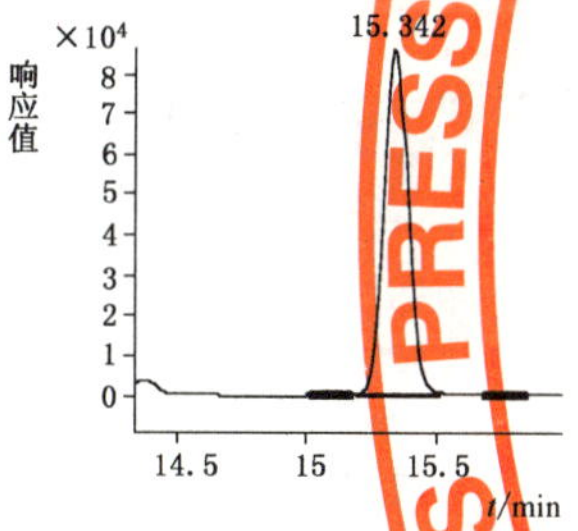

397. 腐霉利
(procymidone)

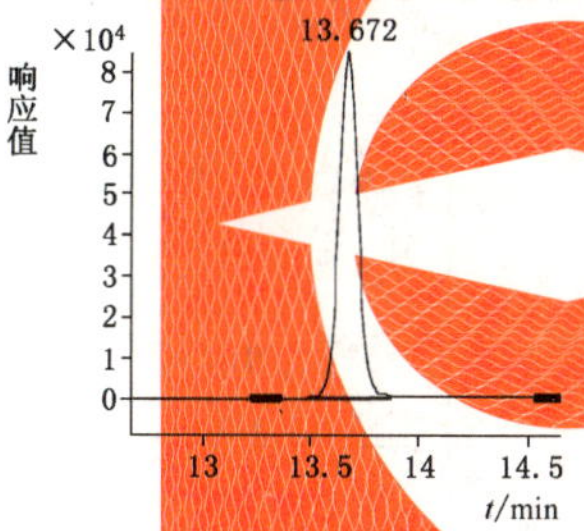

398. 可灭隆
(cumyluron)

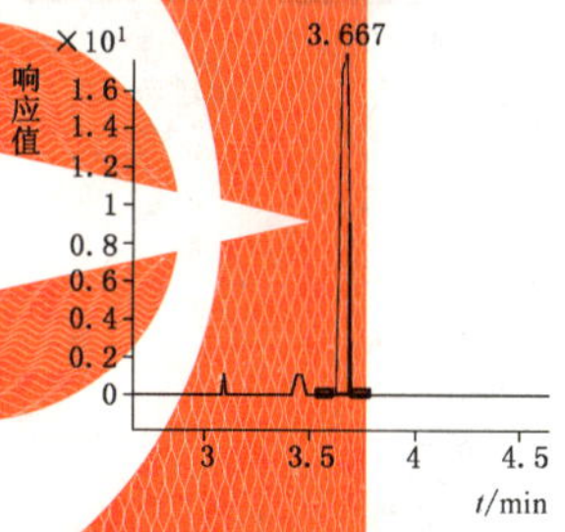

399. 甲氧咪草烟
(imazamox)

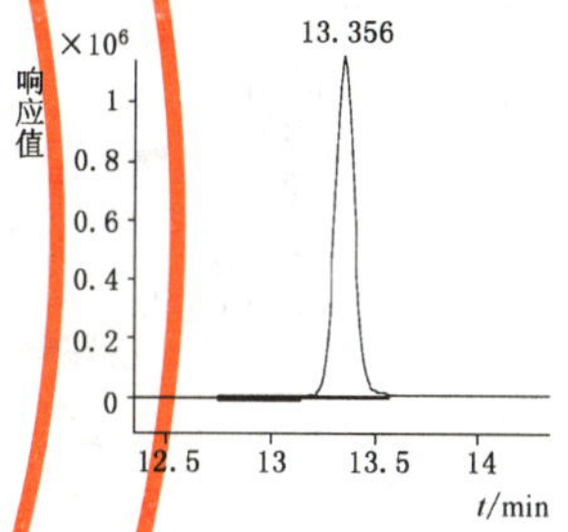

400. 亚胺硫磷
(phosmet)

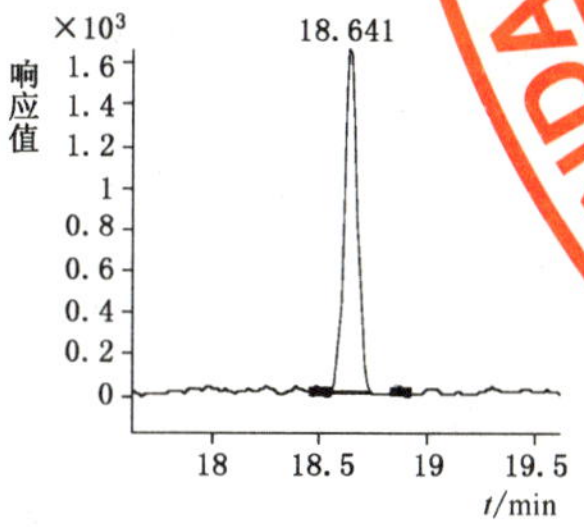

401. 皮蝇磷
(ronnel)

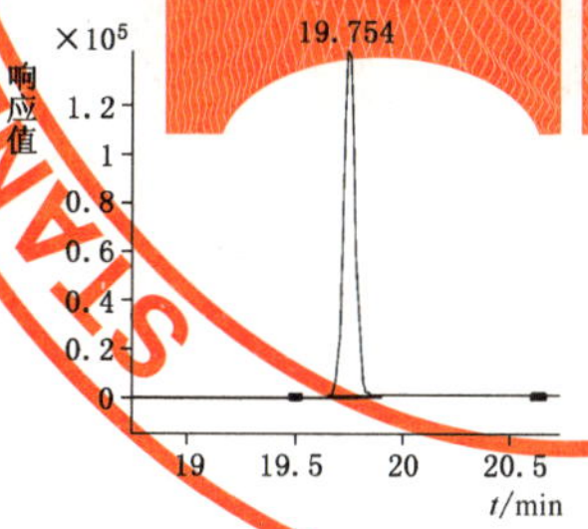

402. —
(phthalic acid, biscyclohexyl ester)

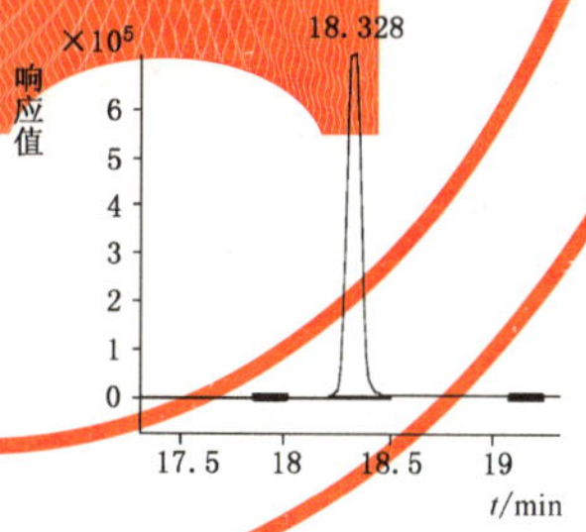

403. 吡螨胺
(tebufenpyrad)

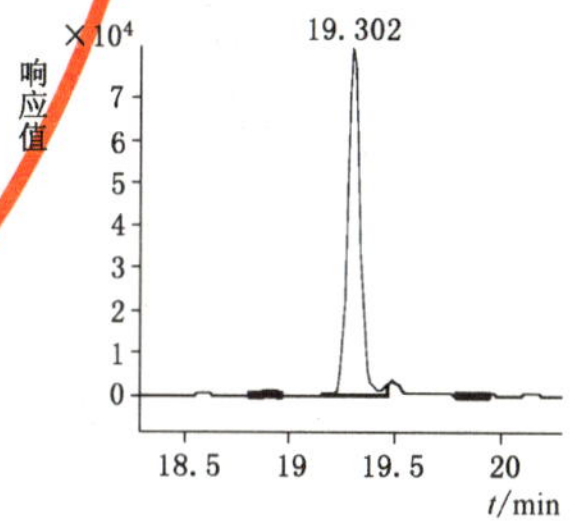

404. 虫螨磷
(chlorthiophos)

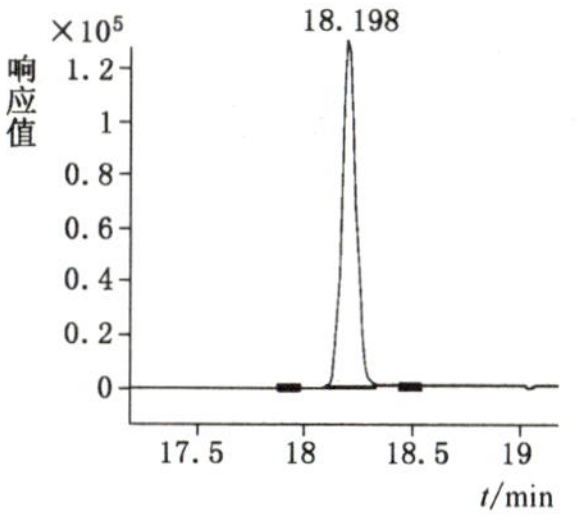

405. 氯亚胺硫磷
(dialifos)

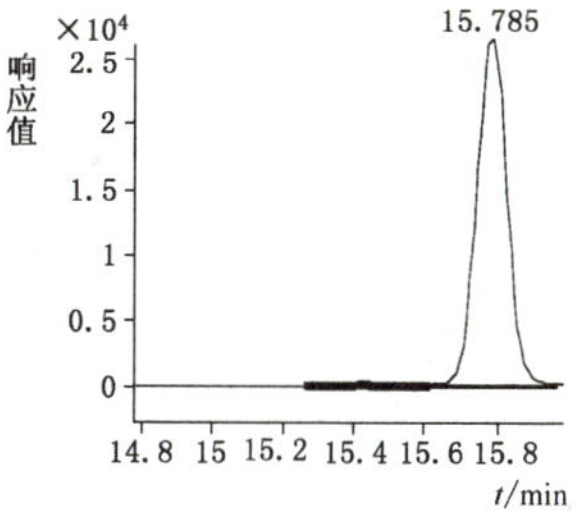

406. 鱼滕酮
(rotenone)

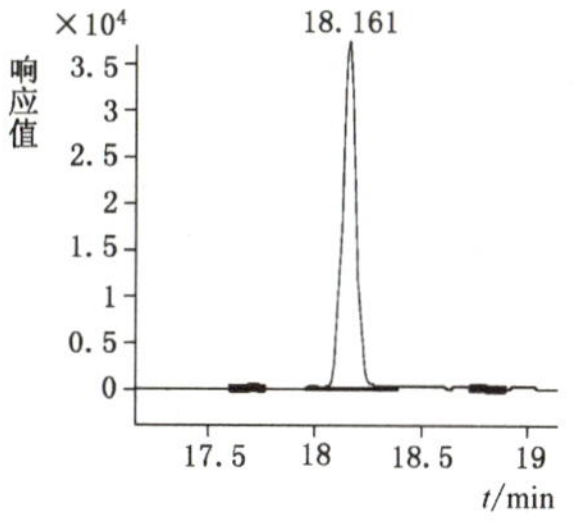

407. 亚胺唑
(imibenconazole)

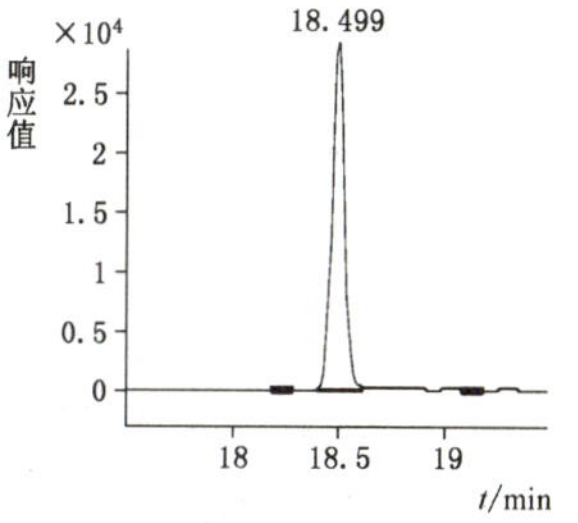

408. 噁草酸
(propaquizafop)

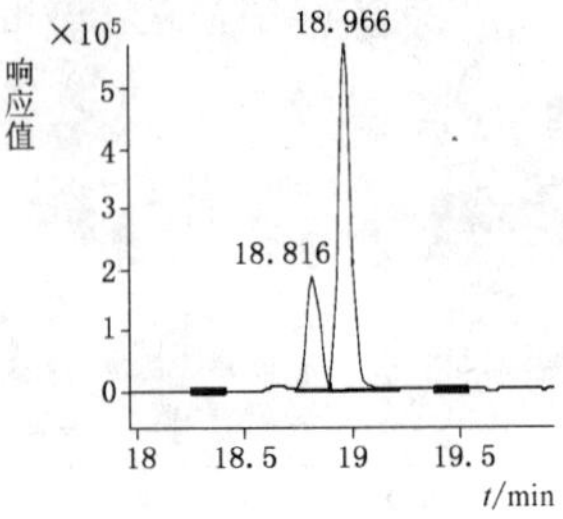


409. 乳氟禾草灵
(lactofen)

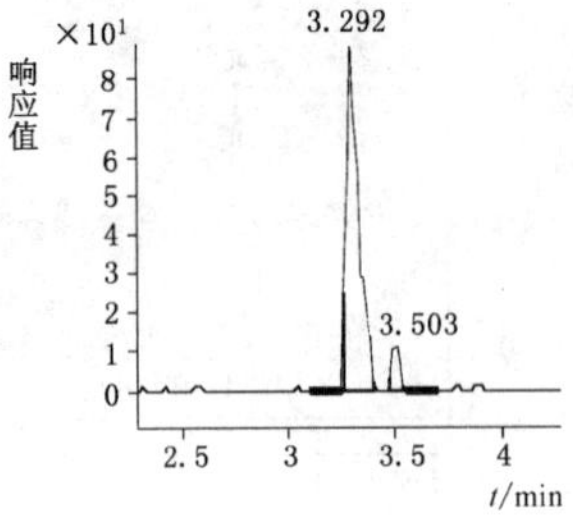


410. 2,3,4,5-四氯苯胺
(2,3,4,5-tetrachloroaniline)

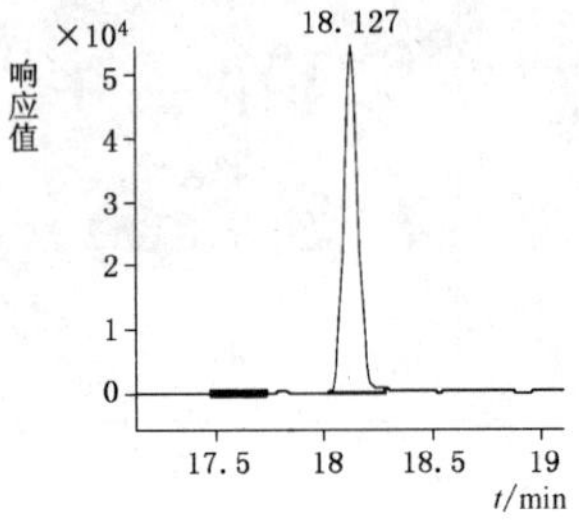


411. 苯螨特
(benzoximate)

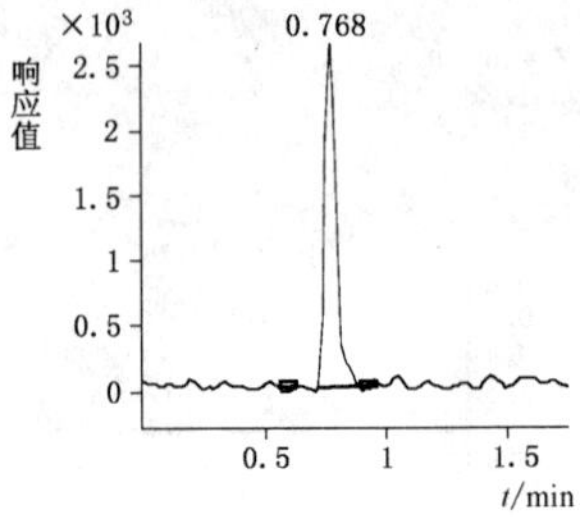


412. 地乐酯
(dinoseb acetate)

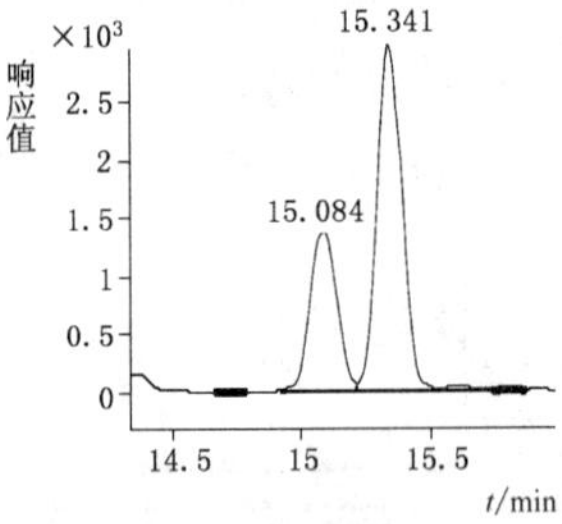


413. 异丙草胺
(propisochlor)

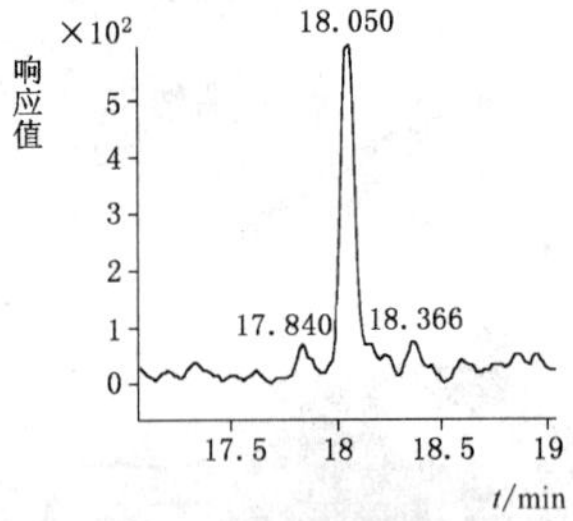


414. 氟硅菊酯
(silafluofen)

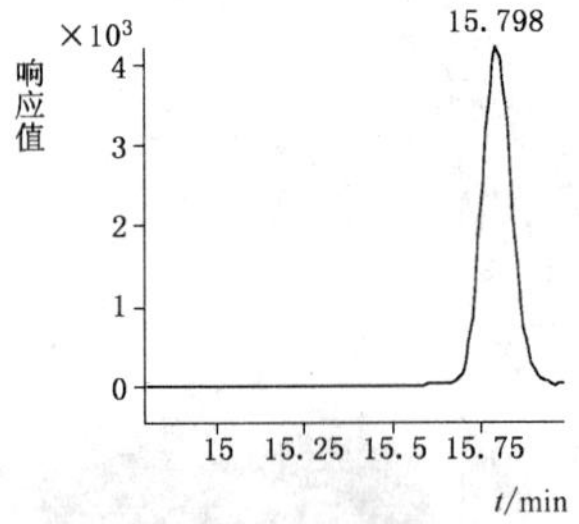


415. 乙氧苯草胺
(etobenzanid)

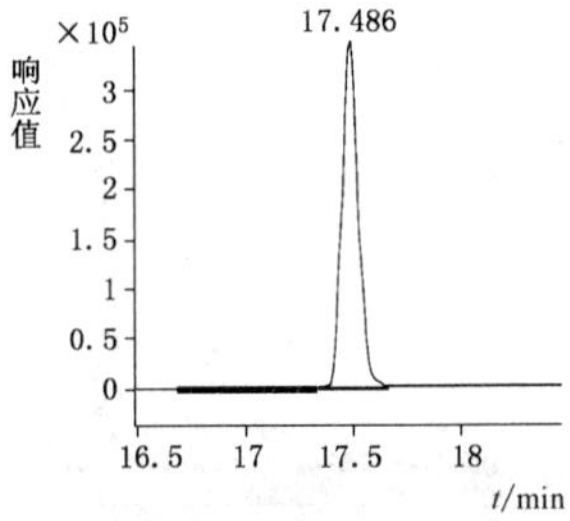


416. 四唑酰草胺
(fentrazamide)

G 组

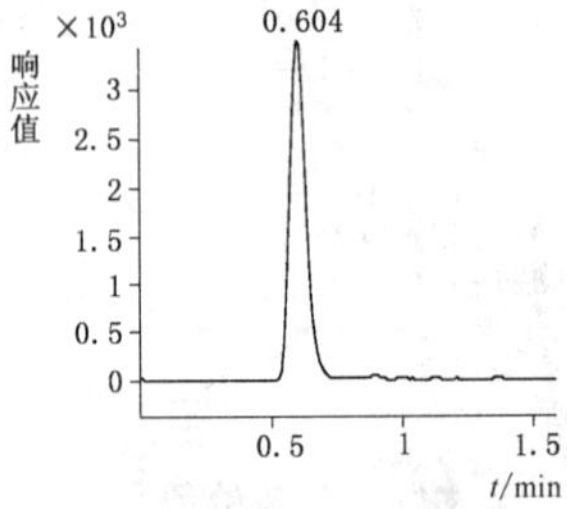


417. 茅草枯
(dalapon)

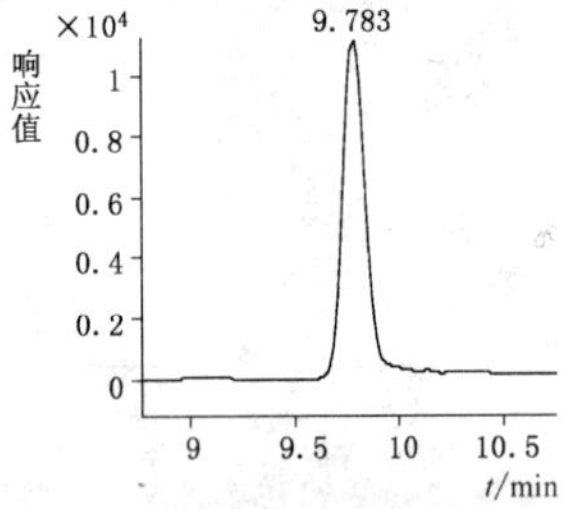


418. 2-苯基苯酚
(2-phenylphenol)

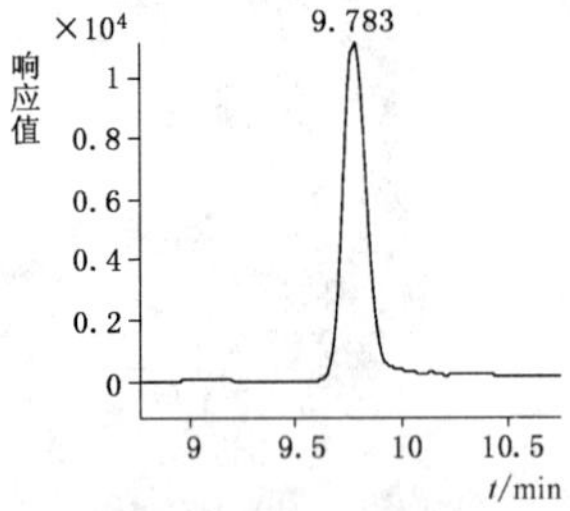


419. 3-苯基苯酚
(3-phenylphenol)

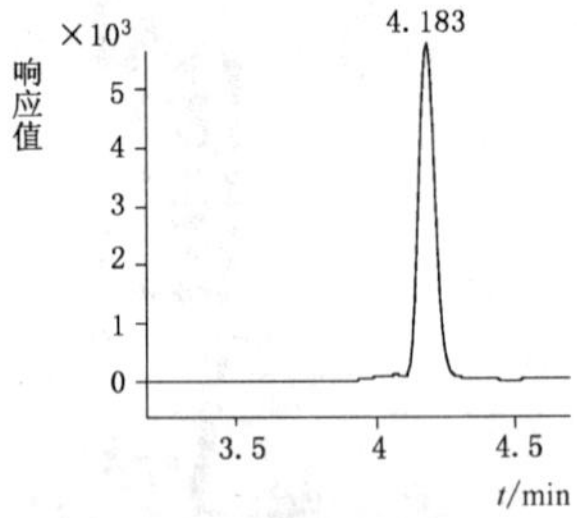


420. 4,6-二硝基邻甲酚
(DNOC)

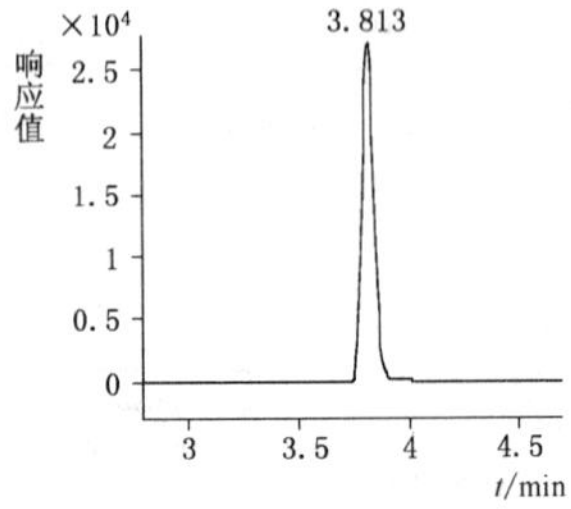


421. 调果酸
(cloprop)

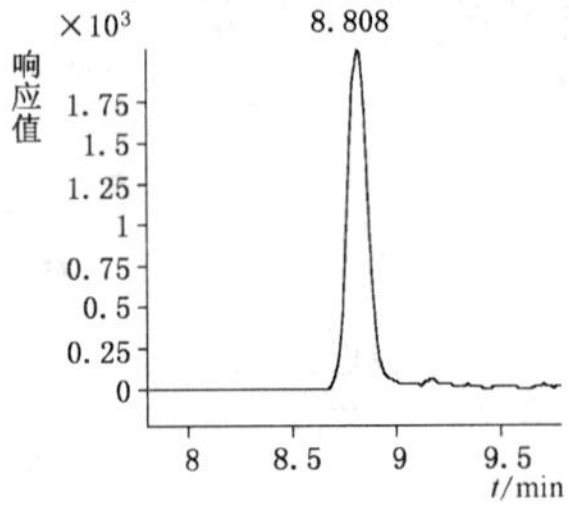


422. 氯硝胺
(dicloran)

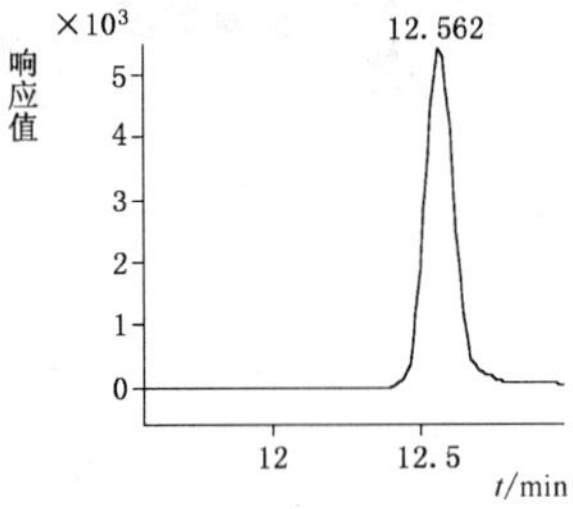


423. 氯苯胺灵
(chlorpropham)

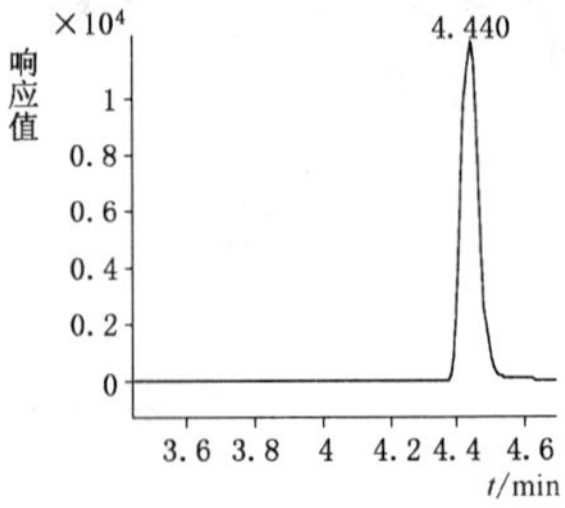


424. 2-甲-4-氯丙酸
(mecoprop)

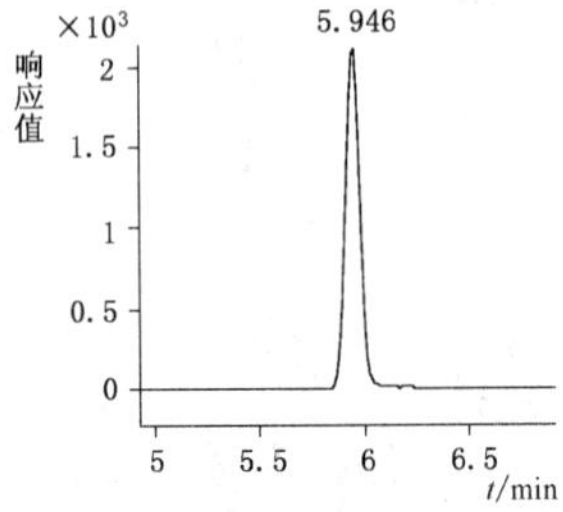


425. 特草定
(terbacil)

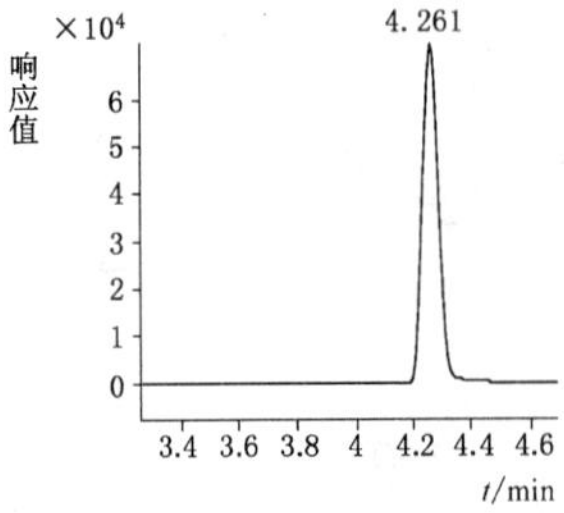


426. 2,4-滴
(2,4-D)

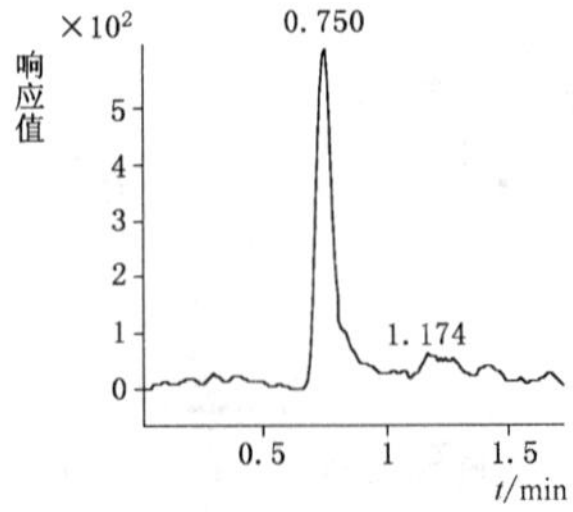


427. 麦草畏
(dicamba)

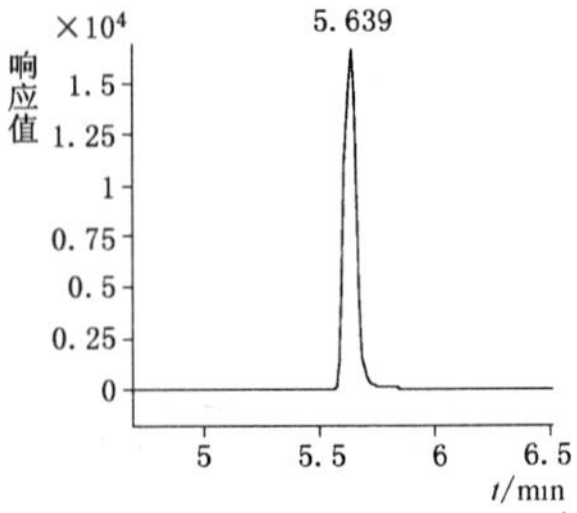


428. 二甲四氯丁酸
(MCPB)

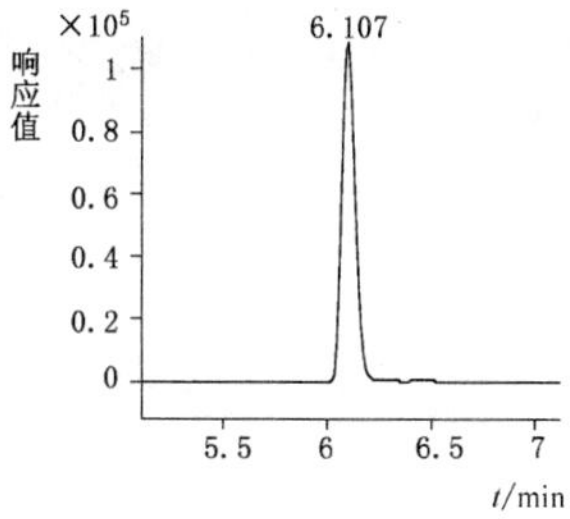


429. 地乐酚
(dinoseb)

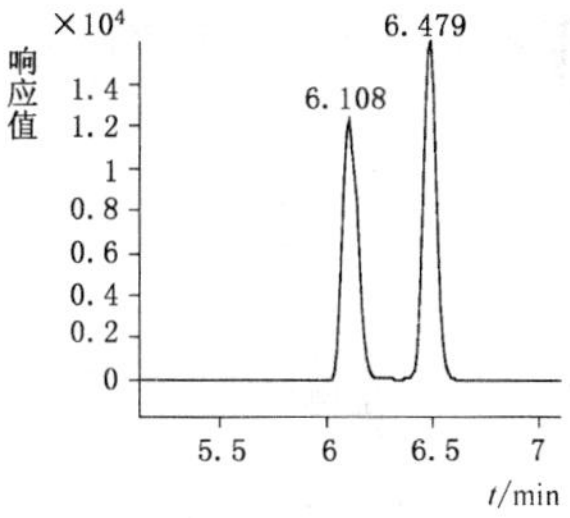


430. 草消酚
(dinoterb)

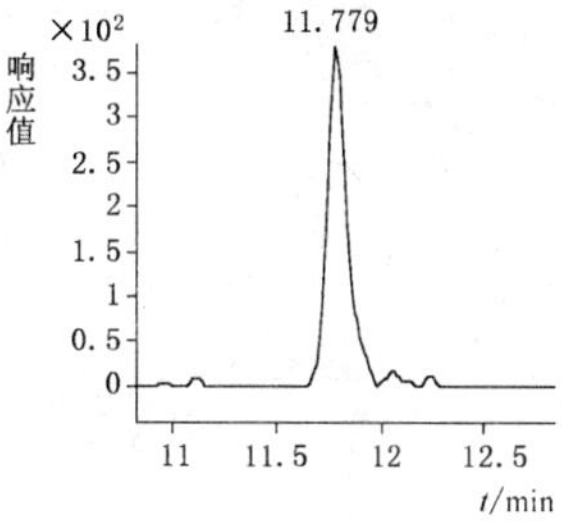


431. 杀螨醇
(chlorfenethol)

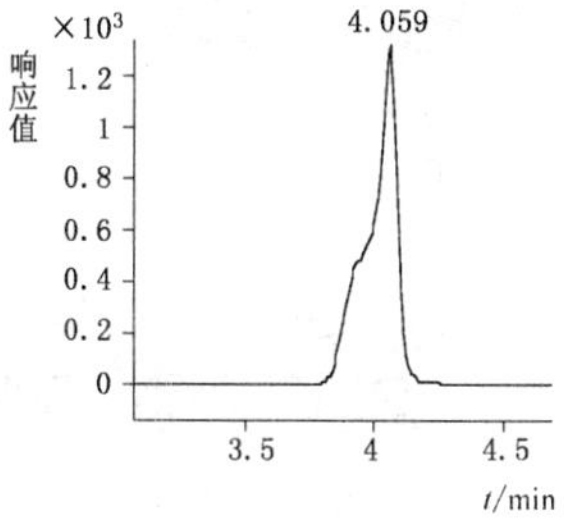


432. 溴苯腈
(bromoxynil)

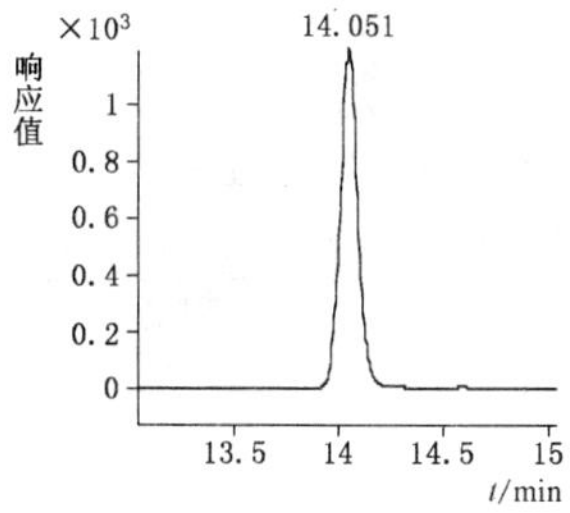


433. 灭幼脲
(chlorobenzuron)

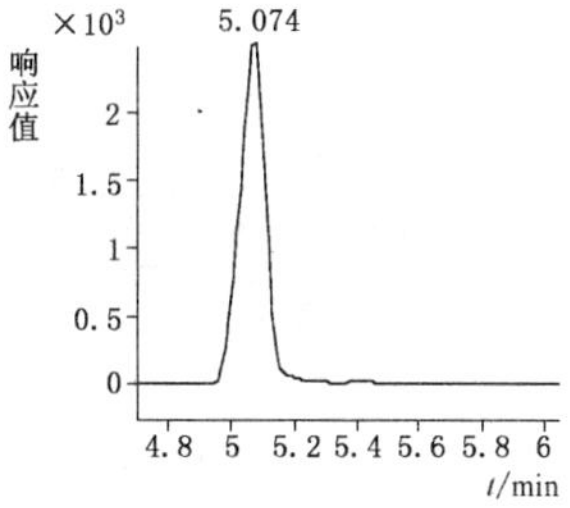


434. 氯霉素
(chloramphenicolum)

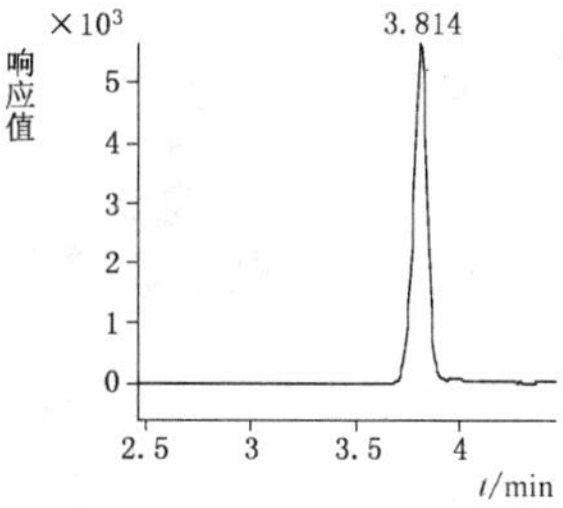


435. 禾草灭
(alloxydim-sodium)

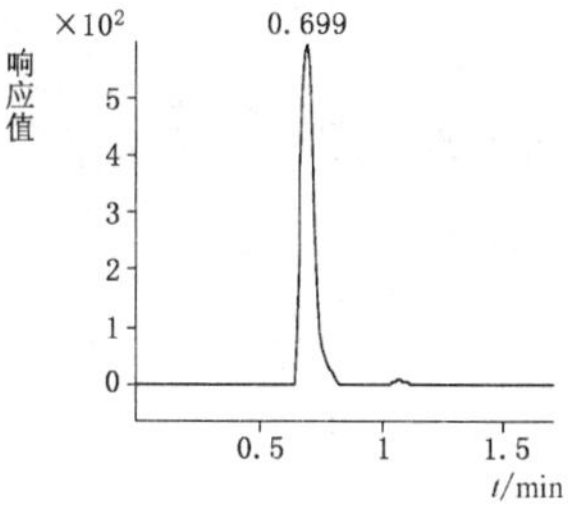


436. 杀虫双
(dimehypo)

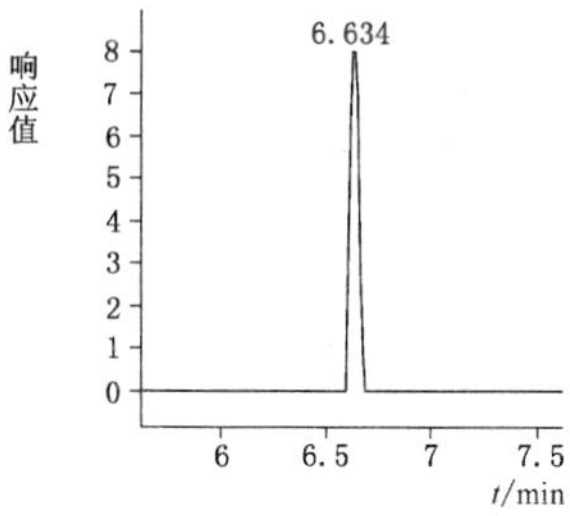


437. 氟吡草腙钠
(diflufenzopyr-sodium)

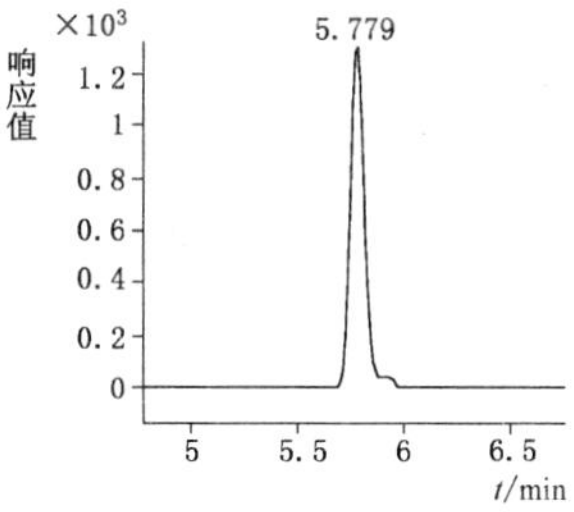


438. 乙酰磺胺对硝基苯
(sulfanitran)

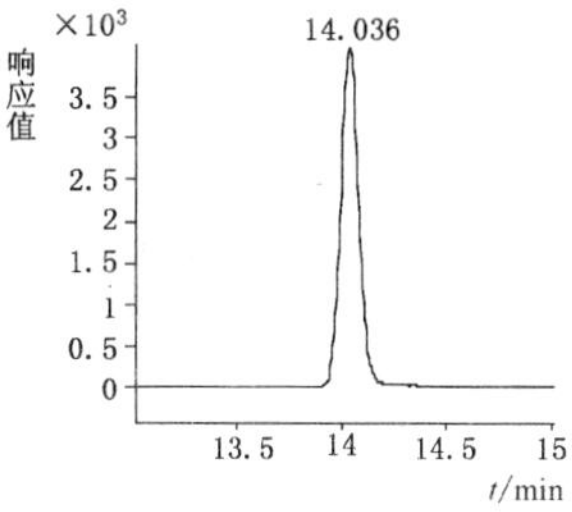


439. 安磺灵
(oryzalin)

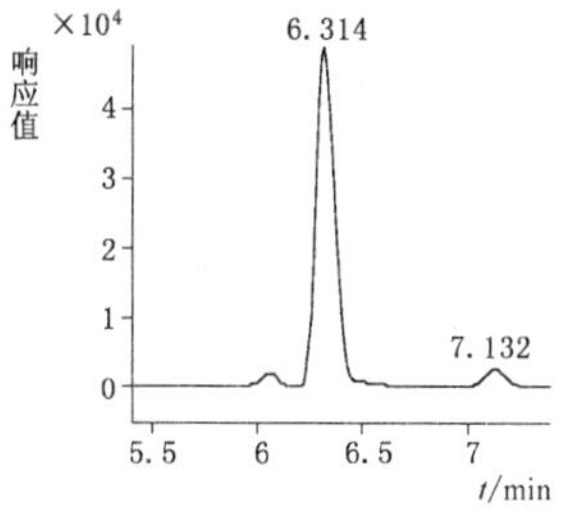


440. 三氟羧草醚
(acifluorfen)

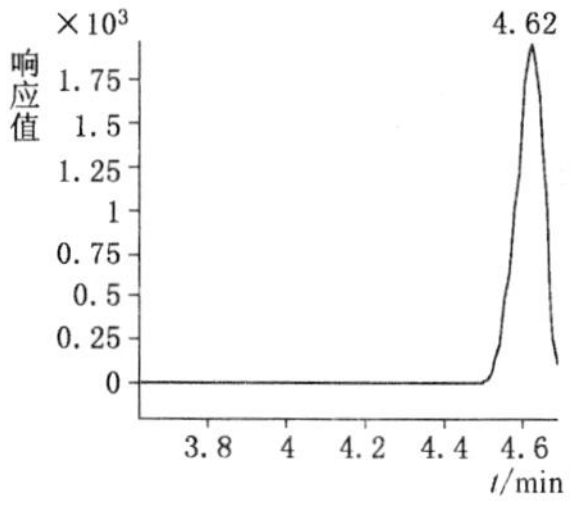


441. 碘苯腈
(ioxynil)

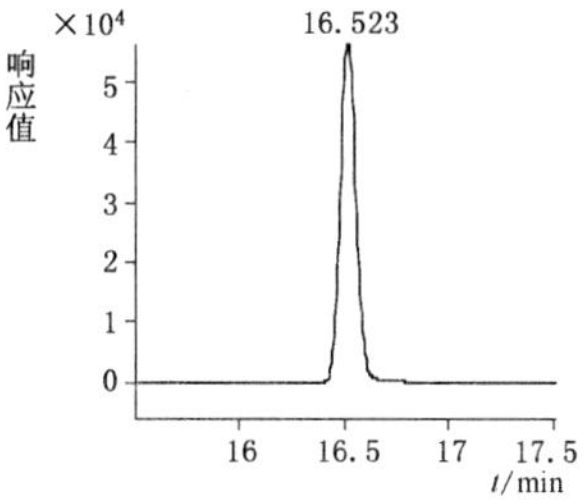


442. 噁唑菌酮
(famoxadone)

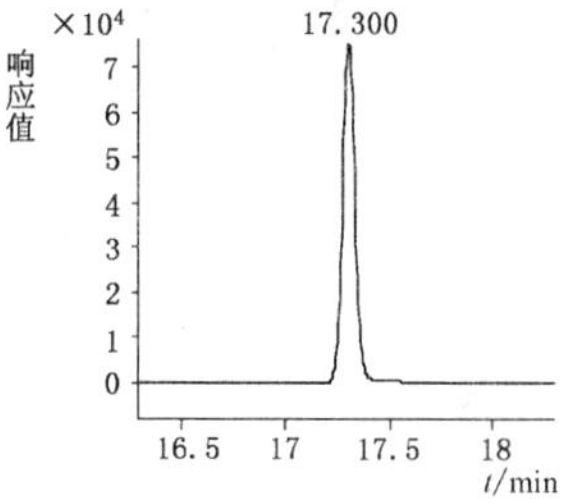


443. 吡氟酰草胺
(diflufenican)

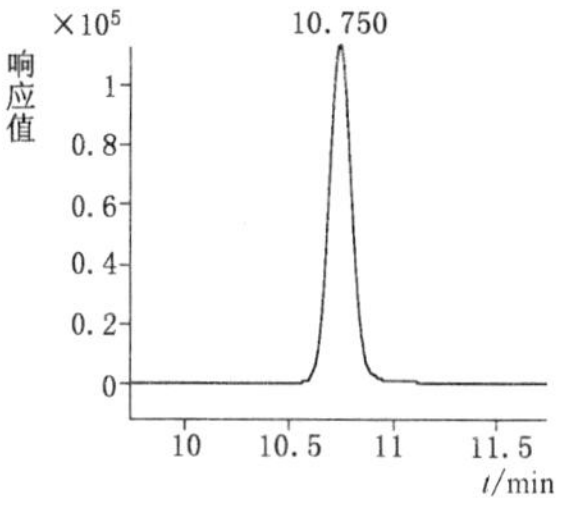


444. 氟氰唑
(ethiprole)

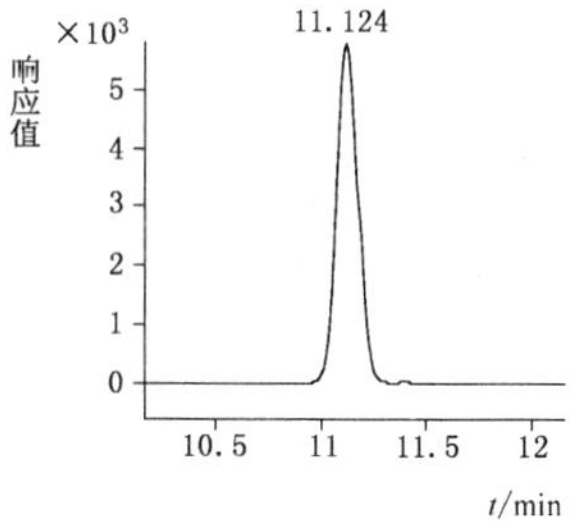


445. 磺菌胺
(flusulfamide)

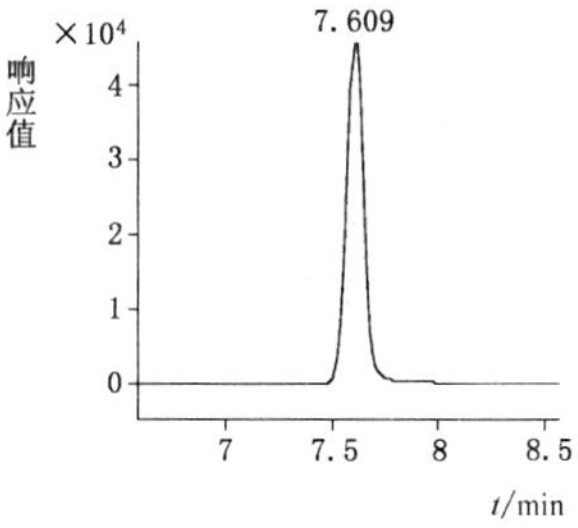


446. 环丙嘧磺隆
(cyclosulfamuron)

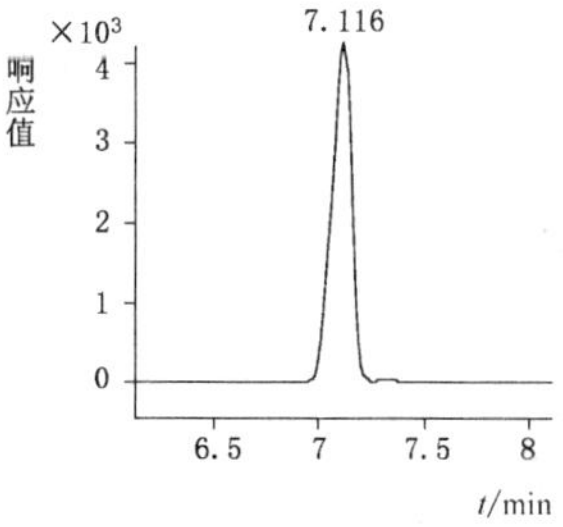


447. 氟磺胺草醚
(fomesafen)

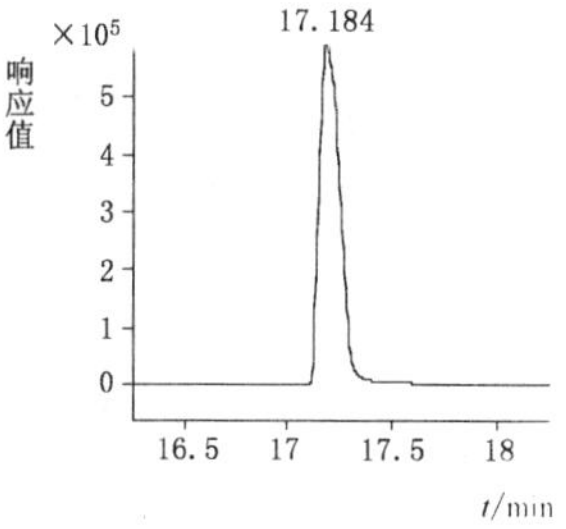


448. 氟啶胺
(fluazinam)

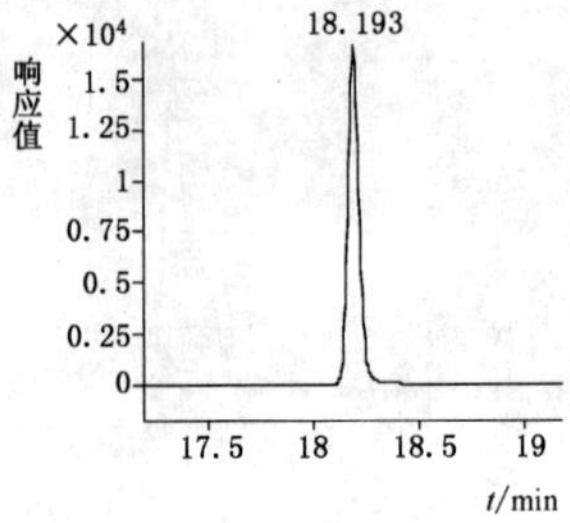


449. 吡虫隆
(fluazuron)

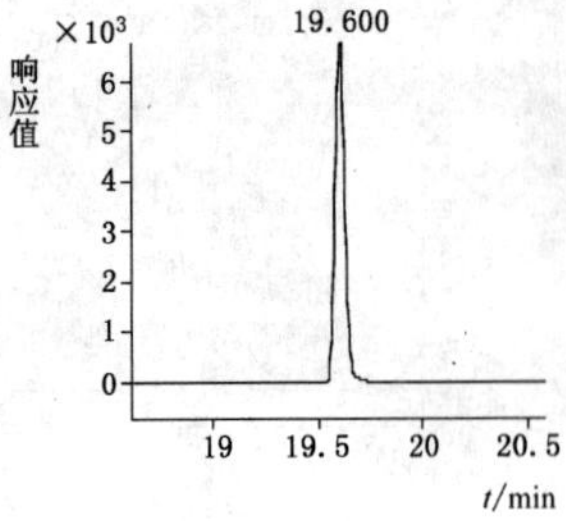


450. 氟丙菊酯
(acrinathrin)

# 附　录　D
（资料性附录）
# 450 种农药及相关化学品精密度数据表

450 种农药及相关化学品精密度数据表见表 D.1。

**表 D.1　450 种农药及相关化学品精密度数据表**

| 序号 | 名　　称 | 含量/(μg/L) | 重复性限 $r$ | 再现性限 $R$ | 含量/(μg/L) | 重复性限 $r$ | 再现性限 $R$ |
|---|---|---|---|---|---|---|---|
| | | | | A 组 | | | |
| 1 | 苯胺灵 | 22.000 0 | 2.841 5 | 5.665 2 | 88.000 0 | 16.600 3 | 29.506 7 |
| 2 | 异丙威 | 0.460 0 | 0.047 3 | 0.106 3 | 1.840 0 | 0.314 5 | 0.637 1 |
| 3 | 3,4,5-混杀威 | 0.068 8 | 0.008 1 | 0.010 6 | 0.275 2 | 0.050 2 | 0.116 9 |
| 4 | 环莠隆 | 0.041 2 | 0.002 3 | 0.006 7 | 0.164 8 | 0.015 1 | 0.038 5 |
| 5 | 甲萘威 | 2.064 0 | 0.090 0 | 0.660 0 | 8.256 0 | 1.050 0 | 2.440 0 |
| 6 | 毒草胺 | 0.054 8 | 0.007 5 | 0.016 0 | 0.219 2 | 0.038 7 | 0.078 8 |
| 7 | 吡咪唑 | 0.266 4 | 0.045 8 | 0.056 6 | 1.065 6 | 0.154 9 | 0.255 7 |
| 8 | 西草净 | 0.027 2 | 0.000 8 | 0.002 4 | 0.108 6 | 0.021 8 | 0.043 8 |
| 9 | 绿谷隆 | 0.712 0 | 0.097 5 | 0.209 8 | 2.848 0 | 0.456 3 | 1.115 7 |
| 10 | 速灭磷 | 0.313 2 | 0.026 7 | 0.077 5 | 1.252 8 | 0.168 6 | 0.502 3 |
| 11 | 叠氮津 | 0.276 4 | 0.024 4 | 0.071 2 | 1.105 6 | 0.202 4 | 0.445 2 |
| 12 | 密草通 | 0.014 5 | 0.002 9 | 0.002 7 | 0.057 9 | 0.010 0 | 0.014 0 |
| 13 | 嘧菌磺胺 | 0.147 9 | 0.003 6 | 0.007 4 | 0.591 6 | 0.010 9 | 0.037 4 |
| 14 | 播土隆 | 1.792 0 | 0.050 0 | 0.080 0 | 7.168 0 | 0.110 0 | 0.220 0 |
| 15 | 双酰草胺 | 0.728 0 | 0.120 0 | 0.340 0 | 2.912 0 | 0.900 0 | 2.480 0 |
| 16 | 抗蚜威 | 0.030 3 | 0.002 9 | 0.003 8 | 0.121 1 | 0.018 4 | 0.042 2 |
| 17 | 异噁草松 | 0.084 4 | 0.050 0 | 0.140 0 | 0.337 6 | 0.210 0 | 0.645 0 |
| 18 | 氰草津 | 0.032 8 | 0.060 0 | 0.110 0 | 0.131 0 | 0.150 0 | 0.730 0 |
| 19 | 扑草净 | 0.032 4 | 0.003 1 | 0.009 1 | 0.129 7 | 0.018 3 | 0.048 7 |
| 20 | 甲基对氧磷 | 0.152 4 | 0.015 0 | 0.022 6 | 0.609 6 | 0.058 8 | 0.123 7 |
| 21 | 4,4′-二氯二苯甲酮 | 2.720 0 | 0.210 6 | 0.805 7 | 10.880 0 | 1.028 6 | 6.381 0 |
| 22 | 噻虫啉 | 0.074 0 | 0.008 5 | 0.032 7 | 0.296 0 | 0.039 8 | 0.117 0 |
| 23 | 吡虫啉 | 4.400 0 | 0.471 8 | 1.683 1 | 17.600 0 | 2.742 3 | 7.719 1 |
| 24 | 磺噻隆 | 0.300 0 | 0.037 4 | 0.092 7 | 1.200 0 | 0.115 1 | 0.393 4 |
| 25 | 丁嗪草酮 | 0.213 2 | 0.017 8 | 0.066 7 | 0.852 8 | 0.091 9 | 0.158 7 |
| 26 | 燕麦敌 | 17.840 0 | 0.340 0 | 0.960 0 | 71.360 0 | 3.000 0 | 6.290 0 |
| 27 | 乙草胺 | 9.480 0 | 1.317 3 | 4.039 3 | 37.920 0 | 2.536 1 | 17.734 6 |
| 28 | 烯啶虫胺 | 3.424 0 | 0.378 7 | 0.592 5 | 13.696 0 | 1.032 0 | 1.755 4 |
| 29 | 盖草津 | 0.048 4 | 0.007 1 | 0.016 8 | 0.193 6 | 0.020 4 | 0.032 5 |

**表 D.1（续）**

| 序号 | 名　称 | 含量/(μg/L) | 重复性限 $r$ | 再现性限 $R$ | 含量/(μg/L) | 重复性限 $r$ | 再现性限 $R$ |
|---|---|---|---|---|---|---|---|
| 30 | 二甲酚草胺 | 0.860 2 | 0.050 0 | 0.090 0 | 3.440 6 | 0.200 0 | 0.820 0 |
| 31 | 特草灵 | 0.420 0 | 0.051 3 | 0.149 5 | 1.680 0 | 0.088 3 | 0.562 6 |
| 32 | 戊菌唑 | 0.400 0 | 0.041 2 | 0.064 3 | 1.600 0 | 0.156 3 | 0.400 7 |
| 33 | 腈菌唑 | 0.199 2 | 0.031 5 | 0.058 4 | 0.796 8 | 0.109 1 | 0.273 7 |
| 34 | 咪唑乙烟酸 | 0.225 2 | 0.037 9 | 0.168 7 | 0.900 8 | 0.098 4 | 0.850 3 |
| 35 | 多效唑 | 0.114 8 | 0.014 4 | 0.058 8 | 0.459 2 | 0.081 3 | 0.102 2 |
| 36 | 倍硫磷亚砜 | 0.062 7 | 0.009 2 | 0.038 3 | 0.250 9 | 0.032 7 | 0.092 5 |
| 37 | 三唑醇 | 2.110 7 | 0.260 8 | 0.526 2 | 8.442 9 | 0.694 7 | 2.422 0 |
| 38 | 仲丁灵 | 0.380 0 | 0.110 0 | 0.300 0 | 1.520 0 | 0.530 0 | 0.980 0 |
| 39 | 螺噁茂胺 | 0.010 3 | 0.002 2 | 0.004 1 | 0.041 3 | 0.005 2 | 0.014 0 |
| 40 | 甲基立枯磷 | 13.312 0 | 1.212 2 | 4.477 6 | 53.248 0 | 8.012 0 | 14.825 6 |
| 41 | 甜菜胺 | 0.805 9 | 0.020 0 | 0.020 0 | 3.223 7 | 0.050 0 | 1.200 0 |
| 42 | 杀扑磷 | 2.132 0 | 0.162 9 | 0.532 5 | 8.528 0 | 1.479 7 | 3.745 0 |
| 43 | 烯丙菊酯 | 12.080 0 | 1.002 3 | 4.429 0 | 48.320 0 | 9.059 8 | 17.539 9 |
| 44 | 二嗪磷 | 0.142 6 | 0.120 0 | 0.290 0 | 0.570 2 | 0.420 0 | 8.260 0 |
| 45 | 敌瘟磷 | 0.150 4 | 0.012 5 | 0.014 2 | 0.601 6 | 0.064 7 | 0.119 9 |
| 46 | 丙草胺 | 0.066 8 | 0.006 8 | 0.004 4 | 0.267 2 | 0.089 6 | 0.078 9 |
| 47 | 氟硅唑 | 0.116 3 | 0.011 6 | 0.027 2 | 0.465 1 | 0.042 8 | 0.101 7 |
| 48 | 丙森锌 | 0.464 0 | 0.017 8 | 0.115 3 | 1.856 0 | 0.272 3 | 0.486 0 |
| 49 | 麦锈灵 | 0.696 0 | 0.051 6 | 0.123 6 | 2.784 0 | 0.378 7 | 1.055 1 |
| 50 | 氟酰胺 | 0.229 2 | 0.022 3 | 0.148 9 | 0.916 8 | 0.138 1 | 0.563 8 |
| 51 | 氨磺磷 | 0.720 0 | 0.072 2 | 0.260 0 | 2.880 0 | 0.431 7 | 0.477 2 |
| 52 | 苯霜灵 | 0.248 5 | 0.041 7 | 0.065 4 | 0.994 1 | 0.182 0 | 0.239 3 |
| 53 | 苄氯三唑醇 | 0.093 6 | 0.010 0 | 0.030 0 | 0.374 4 | 0.070 0 | 0.070 0 |
| 54 | 乙环唑 | 0.356 4 | 0.019 7 | 0.081 5 | 1.425 6 | 0.176 2 | 0.477 7 |
| 55 | 氯苯嘧啶醇 | 0.121 6 | 0.015 1 | 0.029 6 | 0.486 2 | 0.061 1 | 0.120 0 |
| 56 | 胺菊酯 | 0.364 0 | 0.039 5 | 0.128 6 | 1.456 0 | 0.150 0 | 0.482 9 |
| 57 | 抑菌灵 | 0.520 0 | 2.090 0 | 3.620 0 | 2.079 9 | 5.160 0 | 0.190 0 |
| 58 | 解草酯 | 0.376 8 | 0.010 0 | 0.030 0 | 1.507 2 | 0.030 0 | 0.100 0 |
| 59 | 联苯三唑醇 | 6.680 0 | 0.645 9 | 1.907 1 | 26.720 0 | 1.616 3 | 3.745 7 |
| 60 | 甲基毒死蜱 | 3.200 0 | 0.070 0 | 0.180 0 | 12.800 0 | 0.440 0 | 0.940 0 |
| 61 | 吡喃草酮 | 2.440 0 | 0.453 8 | 1.285 7 | 9.760 0 | 1.034 8 | 1.480 6 |
| 62 | 甲基硫菌灵 | 4.000 0 | 0.542 3 | 1.102 2 | 16.000 0 | 4.098 4 | 7.250 3 |
| 63 | 益棉磷 | 21.785 6 | 2.147 1 | 9.444 5 | 87.142 4 | 11.376 2 | 8.956 0 |
| 64 | 炔草酸 | 0.488 0 | 4.160 0 | 9.840 0 | 1.952 0 | 10.010 0 | 18.030 0 |

表 D.1（续）

| 序号 | 名　　称 | 含量/(μg/L) | 重复性限 r | 再现性限 R | 含量/(μg/L) | 重复性限 r | 再现性限 R |
|---|---|---|---|---|---|---|---|
| 65 | 杀铃脲 | 0.784 0 | 0.072 5 | 0.256 3 | 3.136 0 | 0.468 3 | 1.398 8 |
| 66 | 异噁氟草 | 0.780 0 | 0.104 6 | 0.359 7 | 3.120 0 | 0.564 0 | 1.955 5 |
| 67 | 莎稗磷 | 0.142 8 | 0.028 7 | 0.036 3 | 0.571 2 | 0.123 5 | 0.320 3 |
| 68 | 硫菌灵 | 4.032 0 | 1.285 2 | 1.240 0 | 16.128 0 | 1.486 8 | 3.141 7 |
| 69 | 喹禾灵 | 0.136 4 | 0.018 6 | 0.087 2 | 0.545 6 | 0.055 7 | 0.160 8 |
| 70 | 精氟吡甲禾灵 | 0.528 0 | 0.029 6 | 0.222 3 | 2.112 0 | 0.622 5 | 0.786 1 |
| 71 | 精吡磺草隆 | 0.052 6 | 0.006 8 | 0.018 9 | 0.210 5 | 0.033 8 | 0.064 6 |
| 72 | 乙基溴硫磷 | 113.538 2 | 10.317 3 | 42.491 1 | 454.153 0 | 74.952 5 | 222.066 8 |
| 73 | 地散磷 | 6.840 0 | 1.041 0 | 4.076 8 | 27.360 0 | 5.611 0 | 14.869 6 |
| 74 | 醚苯磺隆 | 0.321 8 | 0.093 3 | 0.113 4 | 1.287 1 | 0.240 9 | 0.582 7 |
| 75 | 溴苯烯磷 | 0.604 0 | 0.061 7 | 0.107 5 | 2.416 0 | 0.271 5 | 0.719 8 |
| 76 | 嘧菌酯 | 0.090 2 | 0.006 9 | 0.029 7 | 0.360 8 | 0.083 3 | 0.133 8 |
| 77 | 吡菌磷 | 0.324 8 | 0.026 4 | 0.041 3 | 1.299 2 | 0.287 5 | 0.535 4 |
| 78 | 氟虫脲 | 0.633 6 | 0.047 2 | 0.237 4 | 2.534 4 | 0.451 2 | 1.029 1 |
| 79 | 茚虫威 | 1.508 0 | 0.223 6 | 1.176 6 | 6.032 0 | 1.394 1 | 2.468 4 |
| B组 | | | | | | | |
| 80 | 丁酰肼 | 0.520 0 | 0.031 4 | 0.231 4 | 2.080 0 | 0.557 2 | 1.060 6 |
| 81 | 烟碱 | 0.440 0 | 0.107 5 | 0.193 7 | 1.760 0 | 0.335 7 | 0.478 7 |
| 82 | 非草隆 | 0.206 0 | 0.020 5 | 0.049 8 | 0.824 0 | 0.099 8 | 0.230 8 |
| 83 | 灭蝇胺 | 1.448 0 | 0.661 8 | 0.771 0 | 5.792 0 | 0.502 5 | 1.476 3 |
| 84 | 鼠立克 | 0.311 6 | 0.029 7 | 0.074 9 | 1.246 4 | 0.126 6 | 0.353 7 |
| 85 | 乙酰甲胺磷 | 2.668 0 | 1.537 4 | 1.240 9 | 10.672 0 | 0.754 6 | 1.609 2 |
| 86 | 禾草敌 | 0.420 0 | 0.056 7 | 0.160 8 | 1.680 0 | 0.097 1 | 0.484 1 |
| 87 | 多菌灵 | 0.093 6 | 0.049 7 | 0.056 1 | 0.374 4 | 0.016 8 | 0.039 7 |
| 88 | 6-氯-4-羟基-3-苯基哒嗪 | 0.330 8 | 0.039 8 | 0.124 2 | 1.323 2 | 0.143 0 | 0.155 1 |
| 89 | 残杀威 | 4.880 0 | 0.816 9 | 1.277 3 | 19.520 0 | 1.673 2 | 1.676 2 |
| 90 | 异唑隆 | 0.081 6 | 0.012 7 | 0.014 4 | 0.326 4 | 0.022 8 | 0.033 7 |
| 91 | 绿麦隆 | 0.124 8 | 0.029 9 | 0.023 1 | 0.499 2 | 0.026 1 | 0.048 0 |
| 92 | 久效威 | 31.400 0 | 10.214 2 | 13.253 9 | 125.600 0 | 8.707 1 | 11.757 5 |
| 93 | 氯草灵 | 36.600 0 | 5.931 2 | 15.262 4 | 146.400 0 | 14.716 7 | 19.900 2 |
| 94 | 噁虫威 | 0.636 0 | 0.219 3 | 0.284 0 | 2.544 0 | 0.202 8 | 0.484 2 |
| 95 | 扑灭津 | 0.064 0 | 0.018 3 | 0.025 3 | 0.256 0 | 0.073 6 | 0.116 6 |
| 96 | 特丁津 | 0.093 6 | 0.048 7 | 0.067 0 | 0.374 4 | 0.346 0 | 0.290 9 |
| 97 | 敌草隆 | 0.312 0 | 0.038 7 | 0.054 8 | 1.248 0 | 0.174 7 | 0.142 5 |
| 98 | 氯甲硫磷 | 89.600 0 | 9.220 0 | 45.640 0 | 358.400 0 | 39.480 0 | 143.010 0 |

表 D.1（续）

| 序号 | 名　　称 | 含量/(μg/L) | 重复性限 r | 再现性限 R | 含量/(μg/L) | 重复性限 r | 再现性限 R |
|---|---|---|---|---|---|---|---|
| 99 | 萎锈灵 | 0.111 2 | 0.063 5 | 0.074 1 | 0.444 8 | 0.071 5 | 0.123 4 |
| 100 | 噻虫胺 | 12.600 0 | 1.397 2 | 2.554 9 | 50.400 0 | 7.141 4 | 10.140 3 |
| 101 | 拿草特 | 3.076 0 | 0.346 9 | 0.709 7 | 12.304 0 | 1.705 5 | 3.439 0 |
| 102 | 二甲草胺 | 0.380 4 | 0.083 2 | 0.093 5 | 1.521 6 | 0.049 0 | 0.183 3 |
| 103 | 溴谷隆 | 3.368 0 | 0.435 9 | 0.490 7 | 13.472 0 | 1.189 6 | 1.782 1 |
| 104 | 甲拌磷 | 62.800 0 | 16.040 8 | 19.510 0 | 251.200 0 | 10.411 4 | 26.895 5 |
| 105 | 苯草醚 | 4.840 0 | 0.634 8 | 1.061 9 | 19.360 0 | 1.774 1 | 7.367 3 |
| 106 | 地安磷 | 0.464 0 | 0.050 8 | 0.075 2 | 1.856 0 | 0.067 1 | 0.069 0 |
| 107 | 脱苯甲基亚胺唑 | 1.244 0 | 0.135 0 | 0.350 5 | 4.976 0 | 0.564 0 | 0.239 9 |
| 108 | 草不隆 | 1.420 0 | 0.136 8 | 0.261 4 | 5.680 0 | 1.398 1 | 1.467 1 |
| 109 | 精甲霜灵 | 0.307 6 | 0.059 1 | 0.088 6 | 1.230 4 | 0.172 1 | 0.179 8 |
| 110 | 乙氧呋草黄 | 74.400 0 | 4.060 2 | 15.983 0 | 297.600 0 | 12.049 4 | 12.833 3 |
| 111 | 异稻瘟净 | 1.656 0 | 0.217 7 | 0.398 4 | 6.624 0 | 1.356 3 | 1.810 5 |
| 112 | 特普 | 2.080 0 | 1.312 9 | 1.177 9 | 8.320 0 | 1.046 8 | 1.173 4 |
| 113 | 环丙唑醇 | 0.146 4 | 0.026 1 | 0.045 1 | 0.585 6 | 0.060 8 | 0.199 2 |
| 114 | 噻虫嗪 | 6.600 0 | 1.646 1 | 2.391 7 | 26.400 0 | 2.890 5 | 3.890 8 |
| 115 | 乙嘧硫磷 | 3.752 0 | 0.467 3 | 1.478 9 | 15.008 0 | 1.962 9 | 6.945 0 |
| 116 | 杀鼠醚 | 0.270 4 | 0.114 6 | 0.167 0 | 1.081 6 | 0.244 5 | 0.486 6 |
| 117 | 赛灭磷 | 16.000 0 | 4.037 5 | 3.799 5 | 64.000 0 | 5.061 5 | 6.908 3 |
| 118 | 磷胺 | 0.776 0 | 0.061 1 | 0.089 6 | 3.104 0 | 0.240 0 | 0.317 4 |
| 119 | 甜菜宁 | 0.896 0 | 0.072 8 | 0.134 8 | 3.584 0 | 0.398 2 | 0.742 8 |
| 120 | 联苯井酯 | 4.560 0 | 0.591 1 | 1.540 8 | 18.240 0 | 1.664 4 | 7.701 3 |
| 121 | 粉唑醇 | 1.716 0 | 1.067 6 | 1.051 3 | 6.864 0 | 0.754 5 | 0.573 5 |
| 122 | 抑菌丙胺酯 | 0.154 0 | 0.015 5 | 0.060 8 | 0.616 0 | 0.083 7 | 0.286 5 |
| 123 | 生物丙烯菊酯 | 39.600 0 | 5.301 3 | 6.457 5 | 158.400 0 | 7.670 6 | 17.145 0 |
| 124 | 苯腈磷 | 4.160 0 | 0.641 3 | 0.557 1 | 16.640 0 | 2.093 1 | 2.100 5 |
| 125 | 甲基嘧啶磷 | 0.040 4 | 0.008 6 | 0.012 9 | 0.161 6 | 0.010 5 | 0.015 2 |
| 126 | 噻嗪酮 | 0.175 6 | 0.015 7 | 0.048 6 | 0.702 4 | 0.078 6 | 0.227 8 |
| 127 | 乙拌磷砜 | 0.492 0 | 0.212 9 | 0.281 0 | 1.968 0 | 0.298 4 | 0.294 7 |
| 128 | 喹螨醚 | 0.064 8 | 0.013 0 | 0.011 9 | 0.259 2 | 0.015 9 | 0.042 1 |
| 129 | 三唑磷 | 0.136 0 | 0.020 0 | 0.053 3 | 0.544 0 | 0.118 0 | 0.134 2 |
| 130 | 脱叶磷 | 0.322 8 | 0.038 7 | 0.062 7 | 1.291 2 | 0.155 6 | 0.204 5 |
| 131 | 环酯草醚 | 0.124 8 | 0.020 3 | 0.038 5 | 0.499 2 | 0.068 9 | 0.108 0 |
| 132 | 叶菌唑 | 0.263 6 | 0.034 4 | 0.310 4 | 1.054 4 | 0.135 6 | 0.162 6 |
| 133 | 蚊蝇醚 | 0.086 0 | 0.008 8 | 0.009 9 | 0.344 0 | 0.024 1 | 0.037 6 |

**表 D.1（续）**

| 序号 | 名　　称 | 含量/(μg/L) | 重复性限 $r$ | 再现性限 $R$ | 含量/(μg/L) | 重复性限 $r$ | 再现性限 $R$ |
|---|---|---|---|---|---|---|---|
| 134 | 噻草酮 | 0.508 0 | 0.135 2 | 0.182 1 | 2.032 0 | 0.309 2 | 0.359 1 |
| 135 | 异噁酰草胺 | 0.037 2 | 0.018 4 | 0.029 0 | 0.148 8 | 0.020 6 | 0.029 3 |
| 136 | 呋草酮 | 0.088 8 | 0.065 4 | 0.044 4 | 0.355 2 | 0.040 0 | 0.050 0 |
| 137 | 氟乐灵 | 66.96 | 32.4 | 37.66 | 267.84 | 26.51 | 112.300 0 |
| 138 | 甲基麦草氟异丙酯 | 4.040 0 | 1.226 5 | 1.415 1 | 16.160 0 | 12.056 5 | 11.433 3 |
| 139 | 生物苄呋菊酯 | 1.484 0 | 0.429 4 | 0.660 4 | 5.936 0 | 17.715 3 | 8.920 6 |
| 140 | 丙环唑 | 0.351 6 | 0.083 2 | 0.107 8 | 1.406 4 | 0.327 4 | 0.475 7 |
| 141 | 毒死蜱 | 10.760 0 | 2.205 1 | 2.573 7 | 43.040 0 | 4.432 4 | 6.565 1 |
| 142 | 氯乙氟灵 | 97.600 0 | 19.273 6 | 27.987 5 | 390.400 0 | 44.365 4 | 125.472 3 |
| 143 | 氯磺隆 | 0.548 0 | 0.128 4 | 0.171 3 | 2.192 0 | 0.312 3 | 0.304 6 |
| 144 | 烯草酮 | 0.416 0 | 0.201 7 | 0.226 2 | 1.664 0 | 0.151 1 | 0.397 2 |
| 145 | 麦草氟异丙酯 | 0.086 8 | 0.065 9 | 0.064 8 | 0.347 2 | 0.062 2 | 0.102 1 |
| 146 | 杀虫畏 | 0.444 0 | 0.073 9 | 0.190 5 | 1.776 0 | 0.326 0 | 0.320 3 |
| 147 | 炔螨特 | 13.720 0 | 3.727 1 | 4.046 9 | 54.880 0 | 3.043 6 | 12.178 1 |
| 148 | 糠菌唑 | 0.628 0 | 0.060 0 | 0.091 3 | 2.512 0 | 0.137 2 | 0.216 5 |
| 149 | 氟吡酰草胺 | 0.145 2 | 0.035 8 | 0.072 5 | 0.580 8 | 0.051 3 | 0.085 1 |
| 150 | 氟噻乙草酯 | 1.060 0 | 0.594 5 | 0.690 2 | 4.240 0 | 0.441 4 | 5.139 3 |
| 151 | 肟菌酯 | 0.400 0 | 0.292 7 | 0.300 3 | 1.600 0 | 0.106 5 | 0.256 6 |
| 152 | 氟铃脲 | 5.040 0 | 3.386 7 | 2.932 1 | 20.160 0 | 3.595 6 | 2.968 3 |
| 153 | 氟酰脲 | 1.608 0 | 0.366 5 | 0.961 5 | 6.432 0 | 0.648 7 | 0.640 0 |
| 154 | 啶蜱脲 | 5.360 0 | 3.301 1 | 3.415 9 | 21.440 0 | 1.856 0 | 1.894 1 |
| C 组 | | | | | | | |
| 155 | 甲胺磷 | 0.986 0 | 0.166 6 | 0.426 4 | 3.944 0 | 0.650 6 | 1.094 9 |
| 156 | 茵草敌 | 7.467 6 | 1.309 7 | 2.240 8 | 29.870 4 | 6.413 3 | 13.870 7 |
| 157 | 避蚊胺 | 0.110 0 | 0.008 3 | 0.043 7 | 0.440 0 | 0.062 6 | 0.209 0 |
| 158 | 灭草隆 | 6.947 2 | 0.373 4 | 0.724 2 | 27.788 8 | 1.429 9 | 6.411 9 |
| 159 | 嘧霉胺 | 0.136 0 | 0.005 5 | 0.009 0 | 0.544 0 | 0.058 0 | 0.250 9 |
| 160 | 黑穗胺 | 0.156 0 | 0.038 5 | 0.071 7 | 0.624 0 | 0.148 9 | 0.350 9 |
| 161 | 灭藻醌 | 1.584 0 | 0.135 5 | 0.287 8 | 6.336 0 | 0.563 3 | 2.514 4 |
| 162 | 仲丁威 | 1.180 0 | 0.014 0 | 0.034 6 | 4.720 0 | 0.023 2 | 0.207 3 |
| 163 | 乙菌定 | 0.112 0 | 0.013 9 | 0.096 0 | 0.448 0 | 0.032 2 | 0.183 4 |
| 164 | 敌稗 | 4.318 0 | 0.811 3 | 1.857 8 | 17.272 0 | 1.892 0 | 8.427 3 |
| 165 | 克百威 | 2.612 0 | 0.160 1 | 0.486 0 | 10.448 0 | 0.205 1 | 0.270 7 |
| 166 | 啶虫清 | 0.288 0 | 0.066 0 | 0.051 2 | 1.152 0 | 0.205 1 | 0.270 7 |
| 167 | 嘧菌胺 | 0.064 0 | 0.067 4 | 0.029 4 | 0.256 0 | 0.596 4 | 0.873 1 |

表 D.1（续）

| 序号 | 名　称 | 含量/(μg/L) | 重复性限 r | 再现性限 R | 含量/(μg/L) | 重复性限 r | 再现性限 R |
|---|---|---|---|---|---|---|---|
| 168 | 扑灭通 | 0.026 2 | 0.004 7 | 0.005 6 | 0.104 8 | 0.005 9 | 0.030 2 |
| 169 | 甲硫威 | 8.240 0 | 0.594 7 | 4.738 2 | 32.960 0 | 3.882 4 | 11.834 4 |
| 170 | 甲氧隆 | 0.127 4 | 0.025 2 | 0.028 9 | 0.509 8 | 0.038 6 | 0.160 4 |
| 171 | 乐果 | 1.520 0 | 0.183 6 | 1.290 9 | 6.080 0 | 0.146 6 | 1.564 8 |
| 172 | 呋菌胺 | 0.054 1 | 0.012 6 | 0.024 5 | 0.216 3 | 0.033 2 | 0.077 1 |
| 173 | 伏草隆 | 0.184 0 | 0.020 7 | 0.038 1 | 0.736 0 | 0.065 2 | 0.173 5 |
| 174 | 百治磷 | 0.228 8 | 0.031 5 | 0.043 2 | 0.915 2 | 0.152 2 | 0.364 7 |
| 175 | 庚酰草胺 | 0.240 0 | 0.018 7 | 0.038 9 | 0.960 0 | 0.074 7 | 0.169 0 |
| 176 | 双苯酰草胺 | 0.028 3 | 0.005 8 | 0.016 7 | 0.113 1 | 0.021 1 | 0.057 2 |
| 177 | 灭线磷 | 0.553 0 | 0.061 1 | 0.334 2 | 2.211 8 | 0.348 1 | 0.433 8 |
| 178 | 地虫硫磷 | 1.491 6 | 0.025 9 | 2.356 4 | 5.966 4 | 0.104 9 | 3.008 1 |
| 179 | 土菌灵 | 20.084 2 | 1.340 9 | 33.494 3 | 80.336 8 | 5.896 1 | 24.695 1 |
| 180 | 拌种胺 | 0.166 4 | 0.030 4 | 0.046 6 | 0.665 6 | 0.343 0 | 0.146 8 |
| 181 | 环嗪酮 | 0.023 8 | 0.001 1 | 0.007 2 | 0.095 2 | 0.008 3 | 0.021 7 |
| 182 | 阔草净 | 0.022 0 | 0.005 0 | 0.031 2 | 0.088 0 | 0.018 6 | 0.050 2 |
| 183 | 敌百虫 | 0.224 5 | 0.039 1 | 0.053 3 | 0.897 9 | 0.100 5 | 0.192 7 |
| 184 | 内吸磷 | 1.354 1 | 1.016 0 | 1.779 9 | 5.416 3 | 1.181 1 | 2.337 7 |
| 185 | 解草酮 | 1.380 0 | 244.017 3 | 251.188 2 | 5.520 0 | 0.330 2 | 10.109 3 |
| 186 | 除草定 | 4.720 0 | 0.436 6 | 1.277 1 | 18.880 0 | 0.818 6 | 4.507 2 |
| 187 | 甲拌磷亚砜 | 73.656 0 | 2 232.67 | 8 722.76 | 294.624 0 | 45.187 8 | 129.807 3 |
| 188 | 溴莠敏 | 0.720 0 | 0.104 2 | 0.128 5 | 2.880 0 | 0.477 6 | 0.760 7 |
| 189 | 氧化萎锈灵 | 0.179 2 | 0.037 9 | 0.045 4 | 0.716 8 | 0.060 7 | 0.170 9 |
| 190 | 灭锈胺 | 0.075 6 | 0.012 5 | 0.011 7 | 0.302 4 | 0.030 4 | 0.147 2 |
| 191 | 乙拌磷 | 93.939 2 | 6.286 1 | 41.218 0 | 375.756 8 | 53.146 8 | 114.664 9 |
| 192 | 倍硫磷 | 10.400 0 | 0.254 2 | 5.887 4 | 41.600 0 | 0.697 4 | 10.519 5 |
| 193 | 甲霜灵 | 0.100 0 | 0.009 2 | 0.039 5 | 0.400 0 | 0.087 7 | 0.191 7 |
| 194 | 甲呋酰胺 | 0.200 0 | 0.032 9 | 0.034 2 | 0.800 0 | 0.143 0 | 0.327 6 |
| 195 | 吗菌灵 | 0.080 0 | 0.017 9 | 0.142 4 | 0.320 0 | 0.204 1 | 0.338 5 |
| 196 | 甲基咪草酯 | 0.032 8 | 0.004 4 | 0.009 7 | 0.131 0 | 0.011 0 | 0.027 1 |
| 197 | 乙拌磷亚砜 | 0.568 8 | 0.113 7 | 0.233 1 | 2.275 2 | 0.213 1 | 0.953 8 |
| 198 | 稻瘟灵 | 0.369 6 | 0.012 7 | 0.074 4 | 1.478 4 | 0.237 7 | 0.303 3 |
| 199 | 抑霉唑 | 0.400 0 | 0.050 7 | 0.059 9 | 1.600 0 | 0.081 5 | 0.343 7 |
| 200 | 辛硫磷 | 16.560 0 | 1.156 3 | 4.374 4 | 66.240 0 | 2.516 6 | 14.059 9 |
| 201 | 喹硫磷 | 0.399 6 | 0.018 3 | 0.130 5 | 1.598 4 | 0.126 1 | 0.235 6 |
| 202 | 灭菌磷 | 76.360 0 | 1.212 0 | 10.451 7 | 305.440 0 | 2.934 4 | 9.605 9 |

表 D.1（续）

| 序号 | 名　　称 | 含量/(μg/L) | 重复性限 $r$ | 再现性限 $R$ | 含量/(μg/L) | 重复性限 $r$ | 再现性限 $R$ |
|---|---|---|---|---|---|---|---|
| 203 | 苯氧威 | 3.654 0 | 1.078 4 | 1.611 7 | 14.616 0 | 6.718 3 | 11.768 1 |
| 204 | 嘧啶磷 | 0.034 8 | 0.003 2 | 0.038 5 | 0.139 2 | 0.014 4 | 0.036 0 |
| 205 | 丰索磷 | 0.400 3 | 0.126 7 | 0.333 7 | 1.601 0 | 0.282 9 | 1.383 9 |
| 206 | 氯咯草酮 | 2.756 0 | 0.145 0 | 0.526 6 | 11.024 0 | 1.201 1 | 1.329 3 |
| 207 | 丁草胺 | 4.013 2 | 0.334 7 | 0.619 0 | 16.052 8 | 2.051 7 | 3.922 3 |
| 208 | 咪唑喹啉酸 | 0.577 6 | 0.039 7 | 0.989 1 | 2.310 4 | 0.644 2 | 3.422 2 |
| 209 | 亚胺菌 | 20.116 0 | 1.209 7 | 5.046 2 | 80.464 0 | 7.106 6 | 8.673 7 |
| 210 | 戊叉菌唑 | 0.604 0 | 158.185 8 | 270.013 1 | 2.416 0 | 0.204 7 | 4.467 3 |
| 211 | 苯线磷亚砜 | 0.147 8 | 0.018 3 | 0.013 3 | 0.591 4 | 0.062 2 | 0.117 7 |
| 212 | 噻吩草胺 | 4.828 0 | 0.216 5 | 0.923 1 | 19.312 0 | 0.736 8 | 3.310 1 |
| 213 | 氰菌胺 | 7.880 0 | 0.077 7 | 0.281 2 | 31.520 0 | 0.157 8 | 0.540 8 |
| 214 | 氟啶草酮 | 0.036 0 | 0.003 8 | 0.067 8 | 0.144 0 | 0.023 9 | 0.040 8 |
| 215 | 氟环唑 | 0.811 2 | 0.025 2 | 0.107 8 | 3.244 8 | 0.077 6 | 0.436 9 |
| 216 | 氯辛硫磷 | 15.514 8 | 1.258 0 | 2.833 4 | 62.059 2 | 5.032 1 | 11.333 8 |
| 217 | 苯线磷砜 | 0.089 0 | 0.015 4 | 0.013 0 | 0.356 2 | 0.019 8 | 0.052 5 |
| 218 | 腈苯唑 | 0.329 8 | 0.016 8 | 0.049 6 | 1.319 2 | 0.070 2 | 0.338 0 |
| 219 | 异柳磷 | 43.734 4 | 7.116 5 | 15.054 7 | 174.937 6 | 21.002 5 | 109.592 8 |
| 220 | 苯醚菊酯 | 67.840 0 | 12.329 4 | 26.320 6 | 271.360 0 | 32.909 4 | 119.882 9 |
| 221 | 氯化薯瘟锡 | 3.450 0 | 1.242 1 | 2.333 2 | 13.800 0 | 3.184 6 | 13.356 2 |
| 222 | 呱草磷 | 1.848 0 | 0.145 6 | 2.634 7 | 7.392 0 | 0.476 7 | 0.771 1 |
| 223 | 增效醚 | 0.226 3 | 0.030 3 | 0.069 0 | 0.905 3 | 0.162 2 | 0.166 8 |
| 224 | 乙氧氟草醚 | 11.709 6 | 0.214 7 | 2.777 5 | 46.838 4 | 4.868 0 | 19.520 6 |
| 225 | 蝇毒磷 | 0.420 0 | 0.035 6 | 0.220 0 | 1.680 0 | 0.281 2 | 0.733 5 |
| 226 | 氟噻草胺 | 1.060 0 | 0.293 5 | 0.262 3 | 4.240 0 | 0.292 8 | 0.940 2 |
| 227 | 伏杀硫磷 | 9.608 2 | 0.529 9 | 8.151 8 | 38.432 6 | 1.619 5 | 3.224 6 |
| 228 | 甲氧虫酰肼 | 0.740 0 | 0.016 7 | 0.095 1 | 2.960 0 | 0.168 2 | 0.445 1 |
| 229 | 咪鲜胺 | 0.414 0 | 0.069 5 | 0.257 8 | 1.655 8 | 0.149 6 | 0.428 6 |
| 230 | 丙硫特普 | 0.346 0 | 0.044 2 | 0.430 2 | 1.384 0 | 0.277 2 | 0.555 7 |
| 231 | 乙硫磷 | 0.591 2 | 0.051 0 | 0.664 8 | 2.365 0 | 0.201 3 | 0.487 8 |
| 232 | 丁醚脲 | 0.056 0 | 0.005 1 | 0.046 8 | 0.224 0 | 0.037 5 | 0.104 1 |
| 233 | 噻吩磺隆 | 4.280 0 | 0.468 3 | 1.358 1 | 17.120 0 | 1.757 7 | 7.477 9 |
| 234 | 乙氧嘧磺隆 | 0.916 4 | 0.367 5 | 0.754 4 | 3.665 6 | 1.365 7 | 6.164 2 |
| 235 | 氟硫草定 | 2.080 0 | 0.476 3 | 0.449 7 | 8.320 0 | 0.742 7 | 6.846 7 |
| 236 | 螺螨酯 | 1.981 2 | 0.379 7 | 1.240 5 | 7.924 8 | 1.522 8 | 3.222 1 |
| 237 | 唑螨酯 | 0.272 0 | 0.486 6 | 0.776 9 | 1.088 0 | 1.678 7 | 1.122 0 |

表 D.1（续）

| 序号 | 名　称 | 含量/(μg/L) | 重复性限 r | 再现性限 R | 含量/(μg/L) | 重复性限 r | 再现性限 R |
|---|---|---|---|---|---|---|---|
| 238 | 胺氟草酯 | 2.121 6 | 0.219 7 | 1.193 7 | 8.486 4 | 2.162 6 | 2.720 4 |
| 239 | 双硫磷 | 0.243 0 | 0.022 1 | 0.358 1 | 0.972 0 | 0.107 2 | 0.442 7 |
| 240 | 氟丙嘧草酯 | 1.900 0 | 0.393 8 | 0.499 0 | 7.600 0 | 0.574 8 | 1.522 4 |
| 241 | 多杀菌素 | 0.113 7 | 0.012 9 | 0.009 7 | 0.454 7 | 0.021 9 | 0.102 0 |
| D组 | | | | | | | |
| 242 | 甲呱金翁 | 0.180 0 | 0.020 9 | 0.064 4 | 0.720 0 | 0.049 1 | 0.061 6 |
| 243 | 二丙烯草胺 | 8.208 0 | 1.641 7 | 2.485 9 | 32.832 0 | 4.067 8 | 7.862 6 |
| 244 | 霜霉威 | 0.017 5 | 4.660 0 | 9.750 0 | 0.070 1 | 5.330 0 | 7.860 0 |
| 245 | 噻菌灵 | 0.097 6 | 0.005 4 | 0.011 2 | 0.390 4 | 0.004 4 | 0.055 6 |
| 246 | 苯噻草酮 | 1.272 0 | 0.069 0 | 0.175 3 | 5.088 0 | 0.179 5 | 0.852 9 |
| 247 | 异丙隆 | 0.027 1 | 0.003 4 | 0.011 0 | 0.108 5 | 0.008 7 | 0.028 8 |
| 248 | 莠去通 | 0.036 6 | 0.000 3 | 0.009 2 | 0.146 6 | 0.005 5 | 0.032 2 |
| 249 | 赛克津 | 0.108 0 | 0.016 6 | 0.039 7 | 0.432 0 | 0.011 4 | 0.064 7 |
| 250 | DMST | 8.000 0 | 0.918 1 | 0.663 7 | 32.000 0 | 0.958 3 | 1.281 3 |
| 251 | 环草敌 | 0.888 0 | 0.204 5 | 0.278 1 | 3.552 0 | 0.257 5 | 0.310 6 |
| 252 | 阿特拉津 | 0.072 1 | 0.001 3 | 0.015 0 | 0.288 3 | 0.009 9 | 0.043 4 |
| 253 | 丁草敌 | 60.400 0 | 9.066 9 | 35.996 6 | 241.600 0 | 24.165 4 | 45.928 7 |
| 254 | 吡蚜酮 | 6.856 0 | 1.354 7 | 1.050 6 | 27.424 0 | 1.693 6 | 2.760 7 |
| 255 | 氯草敏 | 0.465 6 | 0.138 5 | 0.092 4 | 1.862 4 | 0.316 0 | 3.097 3 |
| 256 | 莱草畏 | 41.440 0 | 5.131 5 | 8.682 7 | 165.760 0 | 3.815 1 | 9.067 4 |
| 257 | 乙硫苯威 | 0.984 0 | 0.179 1 | 0.326 1 | 3.936 0 | 0.487 6 | 1.678 5 |
| 258 | 特丁通 | 0.019 2 | 0.005 8 | 0.021 7 | 0.076 8 | 0.009 0 | 0.047 9 |
| 259 | 阔草净 | 0.192 0 | 0.012 9 | 0.036 2 | 0.768 0 | 0.054 6 | 0.038 5 |
| 260 | 木草隆 | 0.043 4 | 0.032 7 | 0.039 5 | 0.173 4 | 0.026 8 | 0.112 9 |
| 261 | 草达津 | 0.120 8 | 0.007 9 | 0.158 0 | 0.483 2 | 0.036 0 | 0.068 2 |
| 262 | 另丁津 | 0.062 8 | 0.012 0 | 0.105 7 | 0.251 2 | 0.211 8 | 0.199 9 |
| 263 | 畜虫避 | 44.480 0 | 11.664 8 | 17.839 3 | 177.920 0 | 9.998 2 | 15.776 8 |
| 264 | 牧草胺 | 0.027 2 | 0.002 9 | 0.019 1 | 0.108 8 | 0.016 5 | 0.033 2 |
| 265 | 久效威亚砜 | 1.658 8 | 0.286 8 | 0.616 6 | 6.635 2 | 0.373 0 | 1.433 1 |
| 266 | 杀螟丹 | 416.000 0 | 65.386 4 | 109.716 4 | 1 664.00 | 230.667 2 | 325.408 3 |
| 267 | 虫螨畏 | 484.739 2 | 107.681 2 | 83.401 0 | 1 938.12 | 248.096 5 | 252.660 2 |
| 268 | 咪唑嗪 | 1.600 0 | 0.724 8 | 2.158 2 | 6.400 0 | 1.217 5 | 15.408 5 |
| 269 | 虫线磷 | 4.536 0 | 0.973 8 | 1.464 8 | 18.144 0 | 2.525 7 | 18.935 1 |
| 270 | 利谷隆 | 2.326 8 | 0.625 2 | 0.724 1 | 9.307 2 | 2.044 7 | 1.984 9 |
| 271 | 庚虫磷 | 1.168 0 | 0.197 9 | 0.268 5 | 4.672 0 | 0.395 9 | 0.462 1 |

表 D.1（续）

| 序号 | 名　称 | 含量/(μg/L) | 重复性限 $r$ | 再现性限 $R$ | 含量/(μg/L) | 重复性限 $r$ | 再现性限 $R$ |
|---|---|---|---|---|---|---|---|
| 272 | 苄草丹 | 0.073 4 | 0.007 1 | 0.024 2 | 0.293 4 | 0.047 7 | 0.039 1 |
| 273 | 杀草净 | 0.054 0 | 1.331 8 | 1.267 2 | 0.216 0 | 0.014 4 | 0.056 6 |
| 274 | 禾草丹 | 0.660 0 | 0.082 9 | 0.131 5 | 2.640 0 | 0.269 8 | 0.157 7 |
| 275 | 三正丁基磷酸盐 | 0.074 8 | 0.008 2 | 0.029 7 | 0.299 2 | 0.007 6 | 0.028 9 |
| 276 | 甲草胺 | 1.480 0 | 0.957 7 | 1.865 7 | 5.920 0 | 0.437 8 | 1.530 4 |
| 277 | 硫线磷 | 0.230 4 | 0.045 3 | 0.083 5 | 0.921 6 | 0.157 7 | 0.265 1 |
| 278 | 吡唑草胺 | 0.196 0 | 0.115 4 | 0.149 9 | 0.784 0 | 0.042 7 | 0.210 6 |
| 279 | 胺丙畏 | 10.800 0 | 0.380 0 | 0.830 0 | 43.200 0 | 0.420 0 | 0.840 0 |
| 280 | 特丁硫磷 | 448.000 9 | 69.356 7 | 171.046 0 | 1 792.00 | 322.306 3 | 329.054 3 |
| 281 | 硅氟唑 | 0.588 0 | 0.029 0 | 0.052 0 | 2.352 0 | 0.060 1 | 0.310 7 |
| 282 | 三唑酮 | 1.576 0 | 0.210 0 | 0.474 0 | 6.304 0 | 0.401 5 | 1.255 0 |
| 283 | 甲拌磷砜 | 8.400 0 | 1.474 3 | 1.711 8 | 33.600 0 | 4.704 1 | 16.116 3 |
| 284 | 十三吗啉 | 0.520 8 | 0.058 9 | 0.274 2 | 2.083 2 | 0.242 2 | 1.014 7 |
| 285 | 苯噻酰草胺 | 0.441 6 | 0.008 7 | 0.062 6 | 1.766 4 | 0.111 0 | 0.156 5 |
| 286 | 丁苯吗啉 | 0.036 8 | 0.001 2 | 0.005 1 | 0.147 2 | 40.416 4 | 44.741 7 |
| 287 | 戊唑醇 | 0.446 4 | 0.128 2 | 0.564 0 | 1.785 6 | 0.944 5 | 1.375 1 |
| 288 | 异丙乐灵 | 6.000 0 | 3.368 1 | 3.239 3 | 24.000 0 | 2.837 4 | 12.993 9 |
| 289 | 氟苯嘧啶醇 | 0.199 2 | 0.032 7 | 0.044 8 | 0.796 8 | 0.138 1 | 0.225 6 |
| 290 | 乙嘧酚磺酸酯 | 0.140 0 | 0.074 4 | 0.148 8 | 0.560 0 | 0.046 9 | 0.862 1 |
| 291 | 保棉磷 | 220.866 8 | 29.129 6 | 17.774 5 | 883.467 2 | 44.278 2 | 111.849 7 |
| 292 | 丁基嘧啶磷 | 0.025 8 | 0.003 3 | 0.007 9 | 0.103 4 | 0.008 8 | 0.026 7 |
| 293 | 稻丰散 | 18.470 4 | 2.345 3 | 2.124 9 | 73.881 6 | 0.433 4 | 3.778 1 |
| 294 | 治螟磷 | 0.520 0 | 0.002 9 | 0.285 4 | 2.080 0 | 0.181 8 | 0.781 0 |
| 295 | 硫丙磷 | 1.168 0 | 0.110 4 | 0.117 6 | 4.672 0 | 0.128 2 | 0.826 7 |
| 296 | 苯硫磷 | 6.600 0 | 0.780 8 | 0.721 8 | 26.400 0 | 0.652 7 | 4.028 3 |
| 297 | 甲基吡噁磷 | 0.161 6 | 0.000 5 | 0.022 8 | 0.646 4 | 0.046 4 | 0.082 3 |
| 298 | 烯唑醇 | 0.268 8 | 0.089 7 | 0.075 2 | 1.075 2 | 0.133 3 | 0.331 1 |
| 299 | 唑嘧磺草胺 | 0.059 4 | 0.046 5 | 0.076 3 | 0.237 4 | 0.042 6 | 0.045 9 |
| 300 | 纹枯脲 | 0.054 6 | 0.007 1 | 0.058 7 | 0.218 6 | 0.032 2 | 0.147 5 |
| 301 | 灭蚜磷 | 3.920 0 | 0.608 2 | 0.309 0 | 15.680 0 | 0.879 9 | 1.071 7 |
| 302 | 苯草酮 | 0.064 2 | 0.002 8 | 0.018 8 | 0.256 6 | 0.134 8 | 0.138 1 |
| 303 | 马拉硫磷 | 1.128 8 | 2.837 7 | 3.112 2 | 4.515 4 | 15.330 9 | 15.586 1 |
| 304 | 稗草畏 | 0.067 8 | 0.004 8 | 0.024 1 | 0.271 0 | 0.050 0 | 0.215 1 |
| 305 | 哒嗪硫磷 | 0.174 4 | 0.089 8 | 0.158 5 | 0.697 6 | 800.043 5 | 1 077.47 |
| 306 | 硫双威 | 7.873 6 | 0.439 5 | 0.910 1 | 31.494 4 | 3.020 8 | 3.859 9 |

表 D.1（续）

| 序号 | 名　称 | 含量/(μg/L) | 重复性限 r | 再现性限 R | 含量/(μg/L) | 重复性限 r | 再现性限 R |
|---|---|---|---|---|---|---|---|
| 307 | 吡唑硫磷 | 0.200 8 | 0.043 6 | 0.041 2 | 0.803 2 | 0.026 0 | 0.099 2 |
| 308 | 啶氧菌酯 | 1.688 0 | 0.290 5 | 0.025 6 | 6.752 0 | 0.160 4 | 0.777 1 |
| 309 | 四氟醚唑 | 0.344 0 | 0.045 7 | 0.197 6 | 1.376 0 | 77.841 3 | 77.388 3 |
| 310 | 吡唑解草酯 | 2.512 0 | 0.807 5 | 1.655 8 | 10.048 0 | 0.089 0 | 3.659 0 |
| 311 | 丙溴磷 | 0.403 2 | 0.219 4 | 0.295 0 | 1.612 8 | 0.552 8 | 0.621 3 |
| 312 | 百克敏 | 0.101 0 | 0.006 5 | 0.046 0 | 0.404 1 | 0.071 7 | 0.248 5 |
| 313 | 烯酰吗啉 | 0.070 5 | 0.020 6 | 0.082 2 | 0.281 9 | 0.142 3 | 0.166 1 |
| 314 | 噻嗯菊酯 | 0.665 6 | 0.033 7 | 0.301 0 | 2.662 4 | 0.127 3 | 1.514 4 |
| 315 | 噻唑烟酸 | 0.392 0 | 0.043 2 | 0.022 7 | 1.568 0 | 0.059 9 | 0.201 7 |
| 316 | 醚黄隆 | 0.224 8 | 0.050 3 | 0.049 2 | 0.899 2 | 0.065 1 | 0.076 9 |
| 317 | 吡嘧磺隆 | 1.368 0 | 0.248 1 | 0.300 7 | 5.472 0 | 1.177 8 | 0.791 4 |
| 318 | 磺草胺唑 | 0.880 0 | 0.046 9 | 0.255 0 | 3.520 0 | 0.107 2 | 0.378 2 |
| | | | | E组 | | | |
| 319 | 4-氨基吡啶 | 0.173 6 | 0.036 8 | 0.015 2 | 0.694 4 | 0.151 7 | 0.286 4 |
| 320 | 矮壮素 | 0.024 2 | 0.004 0 | 0.002 9 | 0.096 8 | 0.028 8 | 0.022 6 |
| 321 | 灭多威 | 1.912 0 | 0.160 5 | 0.249 7 | 7.648 0 | 0.503 9 | 1.786 8 |
| 322 | 咯喹酮 | 0.696 0 | 0.051 1 | 0.030 2 | 2.784 0 | 0.643 9 | 0.381 0 |
| 323 | 麦穗灵 | 0.378 0 | 0.043 2 | 0.055 0 | 1.512 0 | 0.321 9 | 0.299 6 |
| 324 | 丁脒酰胺 | 0.339 6 | 0.011 5 | 0.047 4 | 1.358 4 | 0.164 3 | 0.272 9 |
| 325 | 丁酮威 | 0.314 0 | 0.060 3 | 0.275 5 | 1.256 0 | 0.228 3 | 0.730 7 |
| 326 | 杀虫脒 | 0.266 4 | 0.109 2 | 0.071 4 | 1.065 6 | 0.068 8 | 0.212 8 |
| 327 | 霜脲氰 | 11.120 0 | 1.058 9 | 1.488 5 | 44.480 0 | 3.575 7 | 10.848 8 |
| 328 | 灭害威 | 3.284 0 | 0.340 3 | 0.337 1 | 13.136 0 | 2.549 3 | 1.691 0 |
| 329 | 甲菌定 | 0.024 9 | 0.004 0 | 0.006 7 | 0.099 7 | 0.016 7 | 0.028 7 |
| 330 | 氧乐果 | 1.930 0 | 0.091 5 | 0.503 0 | 7.720 0 | 1.449 8 | 1.895 4 |
| 331 | 乙氧喹啉 | 0.704 0 | 0.094 4 | 0.786 0 | 2.816 0 | 1.129 5 | 1.573 0 |
| 332 | 敌敌畏 | 0.109 6 | 0.016 9 | 0.005 4 | 0.438 4 | 0.074 4 | 0.050 5 |
| 333 | 涕灭威砜 | 4.280 0 | 0.889 1 | 1.336 5 | 17.120 0 | 3.289 7 | 5.165 6 |
| 334 | 二氧威 | 0.672 0 | 0.100 8 | 0.134 0 | 2.688 0 | 0.522 8 | 0.870 9 |
| 335 | 苄基腺嘌呤 | 14.160 0 | 1.006 7 | 1.138 9 | 56.640 0 | 16.741 0 | 29.419 4 |
| 336 | 甲基内吸磷 | 1.060 0 | 0.021 8 | 0.198 0 | 4.240 0 | 1.561 9 | 2.895 5 |
| 337 | 乙硫苯威亚砜 | 44.800 0 | 3.346 8 | 3.577 5 | 179.200 0 | 9.728 0 | 17.324 8 |
| 338 | 甲基乙拌磷 | 115.600 0 | 3.359 4 | 67.901 6 | 462.400 0 | 122.150 8 | 192.947 9 |
| 339 | 灭菌丹 | 27.720 0 | 7.673 9 | 6.124 7 | 110.880 0 | 9.461 1 | 33.214 0 |
| 340 | 甲基内吸磷砜 | 3.952 0 | 0.444 2 | 0.654 8 | 15.808 0 | 2.392 8 | 3.681 7 |

**表 D.1（续）**

| 序号 | 名　称 | 含量/(μg/L) | 重复性限 r | 再现性限 R | 含量/(μg/L) | 重复性限 r | 再现性限 R |
|---|---|---|---|---|---|---|---|
| 341 | 苯锈定 | 0.036 6 | 0.009 4 | 0.025 4 | 0.146 4 | 0.038 6 | 0.067 9 |
| 342 | 甲咪唑烟酸 | 1.180 0 | 0.097 7 | 0.133 8 | 4.720 0 | 2.298 5 | 2.275 2 |
| 343 | 对氧磷 | 0.094 8 | 0.026 8 | 0.028 1 | 0.379 2 | 0.026 8 | 0.028 1 |
| 344 | 乙烯菌核利 | 0.508 0 | 0.123 0 | 0.589 5 | 2.032 0 | 0.480 3 | 1.122 6 |
| 345 | 烯效唑 | 0.480 0 | 0.052 2 | 0.086 7 | 1.920 0 | 0.320 8 | 0.290 2 |
| 346 | 啶斑肟 | 0.053 2 | 0.004 9 | 0.092 8 | 0.212 8 | 0.011 4 | 0.395 7 |
| 347 | 异氯磷 | 0.047 6 | 0.046 6 | 0.083 6 | 0.190 4 | 0.861 0 | 0.622 0 |
| 348 | 四螨嗪 | 0.152 8 | 0.011 2 | 0.065 5 | 0.611 2 | 0.104 2 | 0.160 4 |
| 349 | 氟草敏 | 0.051 6 | 0.014 4 | 0.011 9 | 0.206 4 | 0.071 3 | 0.080 1 |
| 350 | 野麦畏 | 9.240 0 | 0.825 5 | 2.280 0 | 36.960 0 | 5.728 5 | 10.070 2 |
| 351 | 福美锌 | 15.680 0 | 2.750 0 | 5.010 0 | 62.720 0 | 10.510 0 | 12.530 0 |
| 352 | 苯氧喹啉 | 30.680 0 | 0.280 0 | 3.494 3 | 122.720 0 | 19.825 5 | 29.675 9 |
| 353 | 倍硫磷砜 | 3.492 0 | 1.172 3 | 3.640 5 | 13.968 0 | 2.527 0 | 7.785 6 |
| 354 | 氟咯草酮 | 0.258 0 | 0.020 9 | 0.067 9 | 1.032 0 | 0.106 3 | 0.199 3 |
| 355 | 酞酸苯甲基丁酯 | 126.400 0 | 13.829 6 | 38.786 3 | 505.600 0 | 87.672 8 | 166.648 2 |
| 356 | 氯唑磷 | 0.035 7 | 0.009 2 | 0.004 4 | 0.142 7 | 0.022 1 | 0.014 8 |
| 357 | 除线磷 | 6.040 0 | 1.324 1 | 0.615 9 | 24.160 0 | 9.257 3 | 7.540 0 |
| 358 | 特丁硫磷砜 | 17.720 0 | 1.158 6 | 1.779 9 | 70.880 0 | 3.846 3 | 7.192 9 |
| 359 | 敌乐胺 | 0.358 4 | 0.046 5 | 0.147 5 | 1.433 6 | 0.100 1 | 0.683 0 |
| 360 | 毒壤磷 | 13.360 0 | 0.005 0 | 0.011 4 | 53.440 0 | 0.012 7 | 0.020 1 |
| 361 | 苄呋菊酯 | 0.060 0 | 0.083 4 | 0.206 7 | 0.240 0 | 0.692 8 | 0.433 1 |
| 362 | 啶酰菌胺 | 0.952 0 | 0.083 4 | 0.206 7 | 3.808 0 | 0.692 8 | 0.433 1 |
| 363 | 甲氰菊酯 | 49.000 0 | 4.682 9 | 6.212 0 | 196.000 0 | 18.731 6 | 24.848 2 |
| 364 | 噻螨酮 | 4.720 0 | 0.683 5 | 0.319 8 | 18.880 0 | 4.044 6 | 4.800 1 |
| 365 | 嘧螨醚 | 2.800 0 | 0.174 8 | 0.136 0 | 11.200 0 | 0.699 4 | 0.544 1 |
| 366 | 呋线威 | 0.383 6 | 0.088 3 | 0.078 4 | 1.534 4 | 0.236 9 | 0.339 9 |
| 367 | 反式氯菊酯 | 0.960 0 | 0.400 0 | 0.651 8 | 3.840 0 | 3.814 0 | 2.117 8 |
| 368 | 苄草唑 | 0.065 2 | 0.006 7 | 0.017 8 | 0.260 8 | 0.017 0 | 0.050 9 |
| 369 | 嘧唑螨 | 1.556 0 | 0.579 6 | 0.864 8 | 6.224 0 | 1.982 5 | 3.904 6 |
| 370 | *Z*-氯氰菊酯 | 0.135 6 | 0.381 7 | 0.357 3 | 0.542 4 | 0.133 5 | 0.885 1 |
| 371 | 氟吡乙禾灵 | 0.500 0 | 0.083 7 | 0.070 7 | 2.000 0 | 1.119 0 | 0.654 2 |
| 372 | 氟胺氰菊酯 | 46.000 0 | 8.668 4 | 9.009 4 | 184.000 0 | 67.034 9 | 73.757 0 |
| F 组 | | | | | | | |
| 373 | 叔丁基胺 | 7.790 0 | 3.430 0 | 4.080 0 | 31.160 0 | 13.720 0 | 16.340 0 |
| 374 | 噁霉灵 | 44.827 2 | 8.292 4 | 24.944 0 | 179.308 8 | 36.365 6 | 67.791 3 |

表 D.1（续）

| 序号 | 名　　称 | 含量/(μg/L) | 重复性限 r | 再现性限 R | 含量/(μg/L) | 重复性限 r | 再现性限 R |
|---|---|---|---|---|---|---|---|
| 375 | 矮壮素氯化物 | 0.140 8 | 0.050 9 | 0.334 6 | 0.563 2 | 0.358 6 | 0.544 0 |
| 376 | 邻苯二甲酰亚胺 | 8.600 0 | 1.086 6 | 2.612 4 | 34.400 0 | 2.841 7 | 6.378 4 |
| 377 | 甲氟磷 | 13.640 0 | 2.610 0 | 3.786 4 | 54.560 0 | 4.492 0 | 5.471 2 |
| 378 | 二苯胺 | 0.082 8 | 0.005 8 | 0.015 5 | 0.331 2 | 0.137 6 | 0.142 4 |
| 379 | 1-萘基乙酰胺 | 0.162 0 | 0.007 9 | 0.061 8 | 0.648 0 | 0.217 2 | 0.152 8 |
| 380 | 脱乙基莠去津 | 0.124 0 | 0.032 7 | 0.039 4 | 0.496 0 | 0.070 6 | 0.151 5 |
| 381 | 2,6-二氯苯甲酰胺 | 0.900 0 | 0.085 5 | 0.344 5 | 3.600 0 | 0.236 1 | 0.884 3 |
| 382 | 涕灭威 | 52.200 0 | 7.237 8 | 22.297 9 | 208.800 0 | 19.173 9 | 27.648 3 |
| 383 | 邻苯二甲酸二甲酯 | 2.640 0 | 0.526 6 | 0.805 0 | 10.560 0 | 2.106 4 | 3.220 0 |
| 384 | 西玛通 | 0.220 8 | 0.008 7 | 0.038 9 | 0.883 2 | 0.045 9 | 0.043 6 |
| 385 | 呋草胺 | 2.036 0 | 0.356 2 | 0.656 0 | 8.144 0 | 0.969 6 | 1.023 5 |
| 386 | 克草敌 | 0.680 0 | 0.222 1 | 0.388 8 | 2.720 0 | 3.002 8 | 1.272 5 |
| 387 | 蔬果磷 | 2.768 0 | 0.542 5 | 0.657 1 | 11.072 0 | 2.017 6 | 7.627 6 |
| 388 | 杀线威 | 109.612 2 | 10.703 3 | 12.352 9 | 438.448 6 | 74.525 7 | 186.693 9 |
| 389 | 甲基苯噻隆 | 0.014 7 | 0.021 3 | 0.019 8 | 0.058 7 | 0.017 5 | 0.027 2 |
| 390 | 丁酮砜威 | 5.320 0 | 0.770 7 | 1.334 0 | 21.280 0 | 3.155 1 | 3.472 7 |
| 391 | 甲基内吸磷亚砜 | 0.784 0 | 0.034 3 | 0.243 3 | 3.136 0 | 0.573 0 | 5.577 5 |
| 392 | 硫环磷 | 0.097 2 | 0.013 7 | 0.027 5 | 0.388 8 | 0.057 7 | 0.035 9 |
| 393 | 氧倍硫磷 | 0.237 6 | 0.123 6 | 0.177 8 | 0.950 4 | 0.800 5 | 0.762 6 |
| 394 | 萘丙胺 | 0.254 8 | 0.038 1 | 0.097 8 | 1.019 2 | 0.038 1 | 0.097 8 |
| 395 | 杀螟硫磷 | 5.360 0 | 0.114 8 | 1.552 4 | 21.440 0 | 2.211 2 | 2.930 8 |
| 396 | 酞酸二丁酯 | 7.920 0 | 0.905 4 | 1.622 9 | 31.680 0 | 9.112 1 | 7.219 4 |
| 397 | 腐霉利 | 17.320 0 | 1.029 4 | 2.584 7 | 69.280 0 | 6.343 1 | 5.620 3 |
| 398 | 可灭隆 | 0.263 6 | 0.030 6 | 0.049 6 | 1.054 4 | 0.745 7 | 0.696 6 |
| 399 | 甲氧咪草烟 | 0.360 0 | 0.01 | 0.16 | 1.440 0 | 0.06 | 0.11 |
| 400 | 亚胺硫磷 | 3.544 0 | 0.575 5 | 0.885 7 | 14.176 0 | 8.722 7 | 9.028 0 |
| 401 | 皮蝇磷 | 2.626 0 | 0.348 6 | 0.691 0 | 10.504 0 | 0.993 7 | 2.377 0 |
| 402 | phthalic acid, biscyclohexyl ester | 0.135 6 | 0.160 7 | 0.295 3 | 0.542 4 | 0.695 0 | 0.815 5 |
| 403 | 吡螨胺 | 0.050 9 | 0.01 | 0.01 | 0.203 7 | 0.03 | 0.05 |
| 404 | 虫螨磷 | 6.360 0 | 2.315 7 | 2.590 2 | 25.440 0 | 8.494 7 | 3.986 3 |
| 405 | 氯亚胺硫磷 | 31.400 0 | 6.183 3 | 12.453 3 | 125.600 0 | 5.915 0 | 5.478 8 |
| 406 | 鱼滕酮 | 0.464 0 | 0.323 3 | 0.567 9 | 1.856 0 | 2.475 8 | 1.966 7 |
| 407 | 亚胺唑 | 2.052 0 | 0.895 6 | 0.696 9 | 8.208 0 | 0.704 5 | 1.041 6 |
| 408 | 噁草酸 | 0.247 2 | 0.053 6 | 0.081 6 | 0.988 8 | 0.067 3 | 0.060 4 |

**表 D.1（续）**

| 序号 | 名　称 | 含量/(μg/L) | 重复性限 r | 再现性限 R | 含量/(μg/L) | 重复性限 r | 再现性限 R |
|---|---|---|---|---|---|---|---|
| 409 | 乳氟禾草灵 | 12.400 0 | 2.380 3 | 3.449 4 | 49.600 0 | 9.127 9 | 4.590 7 |
| 410 | 2,3,4,5-四氯苯胺 | 10.720 0 | 3.912 3 | 2.597 4 | 42.880 0 | 3.927 3 | 16.433 4 |
| 411 | 苯螨特 | 1.712 0 | 0.865 4 | 0.464 3 | 6.848 0 | 1.061 0 | 2.174 5 |
| 412 | 地乐酯 | 8.256 0 | 1.797 8 | 5.552 8 | 33.024 0 | 19.534 3 | 9.539 4 |
| 413 | 异丙草胺 | 0.160 0 | 0.016 0 | 0.054 8 | 0.640 0 | 0.190 6 | 0.179 0 |
| 414 | 氟硅菊酯 | 121.600 0 | 10.677 3 | 44.847 6 | 486.400 0 | 26.823 9 | 173.927 8 |
| 415 | 乙氧苯草胺 | 0.160 0 | 0.308 7 | 0.691 6 | 0.640 0 | 0.757 0 | 2.660 1 |
| 416 | 四唑酰草胺 | 2.480 0 | 0.677 8 | 1.567 6 | 9.920 0 | 0.854 2 | 3.307 5 |
| G 组 | | | | | | | |
| 417 | 茅草枯 | 46.148 0 | 0.177 9 | 7.294 6 | 184.592 0 | 37.887 3 | 31.044 3 |
| 418 | 2-苯基苯酚 | 33.976 0 | 3.138 0 | 11.342 7 | 135.904 0 | 24.507 8 | 55.229 2 |
| 419 | 3-苯基苯酚 | 0.800 6 | 0.073 9 | 0.267 3 | 3.202 5 | 0.577 5 | 1.301 5 |
| 420 | 4,6-二硝基邻甲酚 | 0.520 0 | 0.043 1 | 0.164 0 | 2.080 0 | 0.262 5 | 0.955 1 |
| 421 | 调果酸 | 2.280 0 | 0.007 5 | 0.306 7 | 9.120 0 | 0.166 4 | 1.811 3 |
| 422 | 氯硝胺 | 38.844 8 | 0.605 6 | 6.869 0 | 155.379 2 | 6.460 1 | 15.208 8 |
| 423 | 氯苯胺灵 | 3.153 6 | 0.251 4 | 1.087 8 | 12.614 4 | 1.657 8 | 3.917 9 |
| 424 | 2-甲-4-氯丙酸 | 0.979 2 | 0.004 3 | 0.176 9 | 3.916 8 | 0.178 1 | 1.071 1 |
| 425 | 特草定 | 0.702 2 | 0.010 7 | 0.090 2 | 2.809 0 | 0.115 7 | 0.292 7 |
| 426 | 2,4-滴 | 2.372 0 | 0.009 2 | 0.378 4 | 9.488 0 | 0.130 6 | 1.714 1 |
| 427 | 麦草畏 | 253.184 0 | 24.028 4 | 156.873 4 | 1 012.736 0 | 127.930 9 | 413.090 7 |
| 428 | 二甲四氯丁酸 | 2.836 0 | 0.046 5 | 0.496 6 | 11.344 0 | 1.536 5 | 1.888 4 |
| 429 | 地乐酚 | 0.079 2 | 0.006 6 | 0.019 4 | 0.316 8 | 0.030 3 | 0.667 7 |
| 430 | 草消酚 | 0.048 0 | 0.003 2 | 0.009 5 | 0.192 0 | 0.034 3 | 0.083 9 |
| 431 | 杀螨醇 | 131.440 0 | 4.441 5 | 8.659 7 | 525.760 0 | 0.727 1 | 14.158 0 |
| 432 | 溴苯腈 | 0.359 8 | 0.022 7 | 0.189 3 | 1.439 4 | 0.170 6 | 2.757 1 |
| 433 | 灭幼脲 | 4.080 0 | 0.348 1 | 4.524 7 | 16.320 0 | 0.941 2 | 4.092 1 |
| 434 | 氯霉素 | 3.104 0 | 0.052 4 | 0.872 2 | 12.416 0 | 0.341 1 | 0.552 4 |
| 435 | 禾草灭 | 0.159 6 | 0.003 8 | 0.008 8 | 0.638 2 | 0.016 6 | 0.047 6 |
| 436 | 杀虫双 | 80.040 0 | 2.471 6 | 15.088 7 | 320.160 0 | 48.606 3 | 123.015 8 |
| 437 | 氟吡草腙钠 | 6.160 0 | 0.270 1 | 3.341 5 | 24.640 0 | 2.080 1 | 7.921 4 |
| 438 | 乙酰磺胺对硝基苯 | 0.608 0 | 0.175 8 | 1.364 3 | 2.432 0 | 0.400 0 | 1.711 2 |
| 439 | 安磺灵 | 0.982 8 | 0.061 4 | 0.230 7 | 3.931 2 | 0.867 4 | 1.496 9 |
| 440 | 三氟羧草醚 | 23.600 0 | 0.452 8 | 6.653 1 | 94.400 0 | 6.524 8 | 8.687 4 |
| 441 | 碘苯腈 | 0.492 3 | 0.009 0 | 0.088 6 | 1.969 3 | 0.050 0 | 0.114 7 |
| 442 | 噁唑菌酮 | 9.057 6 | 0.806 2 | 4.318 6 | 36.230 4 | 3.118 0 | 13.300 8 |

表 D.1（续）

| 序号 | 名　　称 | 含量/(μg/L) | 重复性限 r | 再现性限 R | 含量/(μg/L) | 重复性限 r | 再现性限 R |
|---|---|---|---|---|---|---|---|
| 443 | 吡氟酰草胺 | 5.654 4 | 0.489 5 | 1.265 3 | 22.617 6 | 3.482 9 | 18.295 4 |
| 444 | 氟氰唑 | 7.970 4 | 0.557 6 | 10.280 8 | 31.881 6 | 1.136 8 | 4.847 9 |
| 445 | 磺菌胺 | 0.082 8 | 0.004 7 | 0.014 9 | 0.331 2 | 0.027 4 | 0.143 2 |
| 446 | 环丙嘧磺隆 | 68.736 0 | 2.230 1 | 43.863 0 | 274.944 0 | 17.419 3 | 111.968 9 |
| 447 | 氟磺胺草醚 | 0.404 0 | 0.038 1 | 0.175 2 | 1.616 0 | 0.1375 | 1.057 1 |
| 448 | 氟啶胺 | 14.120 0 | 1.247 2 | 1.896 7 | 56.480 0 | 3.525 2 | 18.271 5 |
| 449 | 吡虫隆 | 0.004 0 | 0.000 3 | 0.000 8 | 0.016 0 | 0.000 6 | 0.003 7 |
| 450 | 氟丙菊酯 | 1.616 0 | 0.142 1 | 0.820 1 | 6.464 0 | 1.087 2 | 3.436 5 |

# 附 录 E
# （资料性附录）
# 450种农药及相关化学品英文中文名称对照索引
# （按英文字母顺序）

450种农药及相关化学品英文中文名称对照索引（按英文字母顺序）见表E.1。

**表E.1 450种农药及相关化学品英文中文名称对照索引**
**（按英文字母顺序）**

| 序号 | 英文名称 | 中文名称 | 附录A中序号 | 序号 | 英文名称 | 中文名称 | 附录A中序号 |
|---|---|---|---|---|---|---|---|
| 1 | 1-naphthyl acetamide | 1-萘基乙酰胺 | 379 | 24 | aminocarb | 灭害威 | 328 |
| 2 | 2,3,4,5-tetrachloroaniline | 2,3,4,5-四氯苯胺 | 410 | 25 | anilofos | 莎稗磷 | 67 |
| | | | | 26 | aspon | 丙硫特普 | 230 |
| 3 | 2,4-D | 2,4-滴 | 426 | 27 | atratone | 莠去通 | 248 |
| 4 | 2,6-dichlorobenzamide | 2,6-二氯苯甲酰胺 | 381 | 28 | atrazine | 阿特拉津 | 252 |
| | | | | 29 | atrazine-desethyl | 脱乙基莠去津 | 380 |
| 5 | 2-phenylphenol | 2-苯基苯酚 | 418 | 30 | azamethiphos | 甲基吡噁磷 | 297 |
| 6 | 3,4,5-trimethacarb | 3,4,5-混杀威 | 3 | 31 | azinphos ethyl | 益棉磷 | 63 |
| 7 | 3-phenylphenol | 3-苯基苯酚 | 419 | 32 | azinphos-methyl | 保棉磷 | 291 |
| 8 | 4,4′-dichlorobenzophenone | 4,4′-二氯二苯甲酮 | 21 | 33 | aziprotryne | 叠氮津 | 11 |
| | | | | 34 | azoxystrobin | 嘧菌酯 | 76 |
| 9 | 4-aminopyridine | 4-氨基吡啶 | 319 | 35 | benalyxyl | 苯霜灵 | 52 |
| 10 | 6-chloro-4-hydroxy-3-phenyl-pyridazin | 6-氯-4-羟基-3-苯基哒嗪 | 88 | 36 | bendiocarb | 噁虫威 | 94 |
| | | | | 37 | benodanil | 麦锈灵 | 49 |
| 11 | acephate | 乙酰甲胺磷 | 85 | 38 | benoxacor | 解草酮 | 185 |
| 12 | acetamiprid | 啶虫清 | 166 | 39 | bensulide | 地散磷 | 73 |
| 13 | acetochlor | 乙草胺 | 27 | 40 | benzoximate | 苯螨特 | 411 |
| 14 | acifluorfen | 三氟羧草醚 | 440 | 41 | benzyladenine | 苄基腺嘌呤 | 335 |
| 15 | aclonifen | 苯草醚 | 105 | 42 | bifenazate | 联苯肼酯 | 120 |
| 16 | acrinathrin | 氟丙菊酯 | 450 | 43 | bioallethrin | 生物丙烯菊酯 | 123 |
| 17 | alachlor | 甲草胺 | 276 | 44 | bioresmethrin | 生物苄呋菊酯 | 139 |
| 18 | aldicarb | 涕灭威 | 382 | 45 | bitertanol | 联苯三唑醇 | 59 |
| 19 | aldicarb sulfone | 涕灭威砜 | 333 | 46 | boscalid | 啶酰菌胺 | 362 |
| 20 | allethrin | 烯丙菊酯 | 43 | 47 | bromacil | 除草定 | 186 |
| 21 | allidochlor | 二丙烯草胺 | 243 | 48 | bromfenvinfos | 溴苯烯磷 | 75 |
| 22 | alloxydim-sodium | 禾草灭 | 435 | 49 | bromophos-ethyl | 乙基溴硫磷 | 72 |
| 23 | ametryn | 莠灭净 | 259 | 50 | bromoxynil | 溴苯腈 | 432 |

表 E.1（续）

| 序号 | 英文名称 | 中文名称 | 附录 A 中序号 | 序号 | 英文名称 | 中文名称 | 附录 A 中序号 |
|---|---|---|---|---|---|---|---|
| 51 | brompyrazon | 溴莠敏 | 188 | 85 | cinosulfuron | 醚黄隆 | 316 |
| 52 | bromuconazole | 糠菌唑 | 148 | 86 | clethodim | 烯草酮 | 144 |
| 53 | bupirimate | 乙嘧酚磺酸酯 | 290 | 87 | clodinafop propargyl | 炔草酸 | 64 |
| 54 | buprofezin | 噻嗪酮 | 126 | 88 | clofentezine | 四螨嗪 | 348 |
| 55 | butachlor | 丁草胺 | 207 | 89 | clomazone | 异噁草松 | 17 |
| 56 | butafenacil | 氟丙嘧草酯 | 240 | 90 | cloprop | 调果酸 | 421 |
| 57 | butocarboxim | 丁酮威 | 325 | 91 | cloquintocet mexyl | 解草酯 | 58 |
| 58 | butoxycarboxim | 丁酮砜威 | 390 | 92 | clothianidin | 噻虫胺 | 100 |
| 59 | butralin | 仲丁灵 | 38 | 93 | coumaphos | 蝇毒磷 | 225 |
| 60 | buturon | 播土隆 | 14 | 94 | coumatetralyl | 杀鼠醚 | 116 |
| 61 | butylate | 丁草敌 | 253 | 95 | crimidine | 鼠立克 | 84 |
| 62 | cadusafos | 硫线磷 | 277 | 96 | cumyluron | 可灭隆 | 398 |
| 63 | carbaryl | 甲萘威 | 5 | 97 | cyanazine | 氰草津 | 18 |
| 64 | carbendazim | 多菌灵 | 87 | 98 | cyanofenphos | 苯腈磷 | 124 |
| 65 | carbetamide | 双酰草胺 | 15 | 99 | cycloate | 环草敌 | 251 |
| 66 | carbofuran | 克百威 | 165 | 100 | cyclosulfamuron | 环丙嘧磺隆 | 446 |
| 67 | carboxin | 萎锈灵 | 99 | 101 | cycloxydim | 噻草酮 | 134 |
| 68 | cartap hydrochloride | 杀螟丹 | 266 | 102 | cycluron | 环莠隆 | 4 |
| 69 | chloramphenicolum | 氯霉素 | 434 | 103 | cymoxanil | 霜脲氰 | 327 |
| 70 | chlorbufam | 氯草灵 | 93 | 104 | cyproconazole | 环丙唑醇 | 113 |
| 71 | chlordimeform | 杀虫脒 | 326 | 105 | cyprodinil | 嘧菌磺胺 | 13 |
| 72 | chlorfenethol | 杀螨醇 | 431 | 106 | cyromazine | 灭蝇胺 | 83 |
| 73 | chloridazon | 氯草敏 | 255 | 107 | cythioate | 赛灭磷 | 117 |
| 74 | chlormephos | 氯甲硫磷 | 98 | 108 | dalapon | 茅草枯 | 417 |
| 75 | chlormequat | 矮壮素 | 320 | 109 | daminozide | 丁酰肼 | 80 |
| 76 | chlormequat chloride | 矮壮素氯化物 | 375 | 110 | DEF | 脱叶磷 | 130 |
| 77 | chlorobenzuron | 灭幼脲 | 433 | 111 | demeton(*o*+*s*) | 内吸磷 | 184 |
| 78 | chlorphoxim | 氯辛硫磷 | 216 | 112 | demeton-*s*-methyl | 甲基内吸磷 | 336 |
| 79 | chlorprifos methyl | 甲基毒死蜱 | 60 | 113 | demeton-*s*-methyl sulfone | 甲基内吸磷砜 | 340 |
| 80 | chlorpropham | 氯苯胺灵 | 423 | | | | |
| 81 | chlorpyrifos | 毒死蜱 | 141 | 114 | demeton-*s*-methyl sulfoxide | 甲基内吸磷亚砜 | 391 |
| 82 | chlorsulfuron | 氯磺隆 | 143 | | | | |
| 83 | chlorthiophos | 虫螨磷 | 404 | 115 | desmedipham | 甜菜胺 | 41 |
| 84 | chlortoluron | 绿麦隆 | 91 | 116 | diafenthiuron | 丁醚脲 | 232 |

表 E.1（续）

| 序号 | 英文名称 | 中文名称 | 附录 A 中序号 | 序号 | 英文名称 | 中文名称 | 附录 A 中序号 |
|---|---|---|---|---|---|---|---|
| 117 | dialifos | 氯亚胺硫磷 | 405 | 150 | diphenylamin | 二苯胺 | 378 |
| 118 | diallate | 燕麦敌 | 26 | 151 | dipropetryn | 杀草净 | 273 |
| 119 | diazinon | 二嗪磷 | 44 | 152 | disulfoton | 乙拌磷 | 191 |
| 120 | dibutyl succinate | 畜虫避 | 263 | 153 | disulfoton sulfone | 乙拌磷砜 | 127 |
| 121 | dicamba | 麦草畏 | 427 | 154 | disulfoton-sulfoxide | 乙拌磷亚砜 | 197 |
| 122 | dicapthon | 异氯磷 | 347 | 155 | ditalimfos | 灭菌磷 | 202 |
| 123 | dichlofenthion | 除线磷 | 357 | 156 | dithiopyr | 氟硫草定 | 235 |
| 124 | dichlofluanid | 抑菌灵 | 57 | 157 | diuron | 敌草隆 | 97 |
| 125 | dichlorvos | 敌敌畏 | 332 | 158 | DMST | — | 250 |
| 126 | diclobutrazole | 苄氯三唑醇 | 53 | 159 | DNOC | 4,6-二硝基邻甲酚 | 420 |
| 127 | dicloran | 氯硝胺 | 422 | | | | |
| 128 | dicrotophos | 百治磷 | 174 | 160 | dodemorph | 吗菌灵 | 195 |
| 129 | diethyltoluamide | 避蚊胺 | 157 | 161 | edifenphos | 敌瘟磷 | 45 |
| 130 | diflufenican | 吡氟酰草胺 | 443 | 162 | EPN | 苯硫磷 | 296 |
| 131 | diflufenzopyr-sodium | 氟吡草腙钠 | 437 | 163 | epoxiconazole | 氟环唑 | 215 |
| 132 | dimefox | 甲氟磷 | 377 | 164 | EPTC | 茵草敌 | 156 |
| 133 | dimehypo | 杀虫双 | 436 | 165 | etaconazole | 乙环唑 | 54 |
| 134 | dimethachloro | 二甲草胺 | 102 | 166 | ethidimuron | 磺噻隆 | 24 |
| 135 | dimethametryn | 异戊乙净 | 182 | 167 | ethiofencarb | 乙硫苯威 | 257 |
| 136 | dimethenamid | 二甲酚草胺 | 30 | 168 | ethiofencarb-sulfoxide | 乙硫苯威亚砜 | 337 |
| 137 | dimethirimol | 甲菌定 | 329 | 169 | Ethion | 乙硫磷 | 231 |
| 138 | dimethoate | 乐果 | 171 | 170 | ethiprole | 氟氰唑 | 444 |
| 139 | dimethomorph | 烯酰吗啉 | 313 | 171 | ethirimol | 乙菌定 | 163 |
| 140 | dimethyl phthalate | 邻苯二甲酸二甲酯 | 383 | 172 | ethofumesate | 乙氧呋草黄 | 110 |
| | | | | 173 | ethoprophos | 灭线磷 | 177 |
| 141 | diniconazole | 烯唑醇 | 298 | 174 | ethoxyquin | 乙氧喹啉 | 331 |
| 142 | dinitramine | 敌乐胺 | 359 | 175 | ethoxysulfuron | 乙氧嘧磺隆 | 234 |
| 143 | dinoseb | 地乐酚 | 429 | 176 | etobenzanid | 乙氧苯草胺 | 415 |
| 144 | dinoseb acetate | 地乐酯 | 412 | 177 | etridiazol | 土菌灵 | 179 |
| 145 | dinotefuran | 呋草胺 | 385 | 178 | etrimfos | 乙嘧硫磷 | 115 |
| 146 | dinoterb | 草消酚 | 430 | 179 | famoxadone | 噁唑菌酮 | 442 |
| 147 | dioxabenzofos | 蔬果磷 | 387 | 180 | famphur | 氨磺磷 | 51 |
| 148 | dioxacarb | 二氧威 | 334 | 181 | fenamiphos sulfone | 苯线磷砜 | 217 |
| 149 | diphenamid | 双苯酰草胺 | 176 | 182 | fenamiphos sulfoxide | 苯线磷亚砜 | 211 |

表 E.1（续）

| 序号 | 英文名称 | 中文名称 | 附录 A 中序号 | 序号 | 英文名称 | 中文名称 | 附录 A 中序号 |
|---|---|---|---|---|---|---|---|
| 183 | fenarimol | 氯苯嘧啶醇 | 55 | 216 | flurazuron | 啶蜱脲 | 154 |
| 184 | fenazaquin | 喹螨醚 | 128 | 217 | fluridone | 氟啶草酮 | 214 |
| 185 | fenbuconazole | 腈苯唑 | 218 | 218 | flurochloridone | 氟咯草酮 | 354 |
| 186 | fenfuram | 黑穗胺 | 160 | 219 | flurtamone | 呋草酮 | 136 |
| 187 | fenitrothion | 杀螟硫磷 | 395 | 220 | flusilazole | 氟硅唑 | 47 |
| 188 | fenobucarb | 仲丁威 | 162 | 221 | flusulfamide | 磺菌胺 | 445 |
| 189 | fenoxanil | 氰菌胺 | 213 | 222 | fluthiacet methyl | 氟噻乙草酯 | 150 |
| 190 | fenoxycarb | 苯氧威 | 203 | 223 | flutolanil | 氟酰胺 | 50 |
| 191 | fenpropathrin | 甲氰菊酯 | 363 | 224 | flutriafol | 粉唑醇 | 121 |
| 192 | fenpropidin | 苯锈定 | 341 | 225 | folpet | 灭菌丹 | 339 |
| 193 | fenpropimorph | 丁苯吗琳 | 286 | 226 | fomesafen | 氟磺胺草醚 | 447 |
| 194 | fenpyroximate | 唑螨酯 | 237 | 227 | fonofos | 地虫硫磷 | 178 |
| 195 | fensulfothin | 丰索磷 | 205 | 228 | fuberidazole | 麦穗灵 | 323 |
| 196 | fenthion | 倍硫磷 | 192 | 229 | furalaxyl | 抑菌丙胺酯 | 122 |
| 197 | fenthion oxon | 氧倍硫磷 | 393 | 230 | furathiocarb | 呋线威 | 366 |
| 198 | fenthion sulfone | 倍硫磷砜 | 353 | 231 | furmecyclox | 拌种胺 | 180 |
| 199 | fenthion sulfoxide | 倍硫磷亚砜 | 36 | 232 | haloxyfop-2-ethoxyethyl | 氟吡乙禾灵 | 371 |
| 200 | fentin-chloride | 氯化薯瘟锡 | 221 | 233 | haloxyfop-methyl | 精氟吡甲禾灵 | 70 |
| 201 | fentrazamide | 四唑酰草胺 | 416 | 234 | heptanophos | 庚虫磷 | 271 |
| 202 | fenuron | 非草隆 | 82 | 235 | hexaflumuron | 氟铃脲 | 152 |
| 203 | flamprop isopropyl | 麦草氟异丙酯 | 145 | 236 | hexazinone | 环嗪酮 | 181 |
| 204 | flamprop methyl | 甲基麦草氟异丙酯 | 138 | 237 | hexythiazox | 噻螨酮 | 364 |
| | | | | 238 | hymexazol | 噁霉灵 | 374 |
| 205 | fluazifop butyl | 精吡磺草隆 | 71 | 239 | imazalil | 抑霉唑 | 199 |
| 206 | fluazinam | 氟啶胺 | 448 | 240 | imazamethabenz-methyl | 甲基咪草酯 | 196 |
| 207 | fluazuron | 吡虫隆 | 449 | 241 | imazamox | 甲氧咪草烟 | 399 |
| 208 | flubenzimine | 嘧唑螨 | 369 | 242 | imazapic | 甲咪唑烟酸 | 342 |
| 209 | fluchloralin | 氯乙氟灵 | 142 | 243 | imazaquin | 咪唑喹啉酸 | 208 |
| 210 | flufenacet | 氟噻草胺 | 226 | 244 | imazethapyr | 咪唑乙烟酸 | 34 |
| 211 | flufenoxuron | 氟虫脲 | 78 | 245 | imibenconazole | 亚胺唑 | 407 |
| 212 | flumetsulam | 唑嘧磺草胺 | 299 | 246 | imibenconazole-des-benzyl | 脱苯甲基亚胺唑 | 107 |
| 213 | flumiclorac-pentyl | 胺氟草酯 | 238 | | | | |
| 214 | fluometuron | 伏草隆 | 173 | 247 | imidacloprid | 吡虫啉 | 23 |
| 215 | fluorochloridone | 氯咯草酮 | 206 | 248 | indoxacarb | 茚虫威 | 79 |

表 E.1（续）

| 序号 | 英文名称 | 中文名称 | 附录 A 中序号 | 序号 | 英文名称 | 中文名称 | 附录 A 中序号 |
|---|---|---|---|---|---|---|---|
| 249 | ioxynil | 碘苯腈 | 441 | 283 | methacrifos | 虫螨畏 | 267 |
| 250 | iprobenfos | 异稻瘟净 | 111 | 284 | methamidophos | 甲胺磷 | 155 |
| 251 | iprovalicarb | 丙森锌 | 48 | 285 | methfuroxam | 呋菌胺 | 172 |
| 252 | isazofos | 氯唑磷 | 356 | 286 | methidathion | 杀扑磷 | 42 |
| 253 | isocarbamid | 丁脒酰胺 | 324 | 287 | methiocarb | 甲硫威 | 169 |
| 254 | isofenphos | 异柳磷 | 219 | 288 | methobromuron | 溴谷隆 | 103 |
| 255 | isomethiozin | 丁嗪草酮 | 25 | 289 | methomyl | 灭多威 | 321 |
| 256 | isoprocarb | 异丙威 | 2 | 290 | methoprotryne | 盖草津 | 29 |
| 257 | isopropalin | 异丙乐灵 | 288 | 291 | methoxyfenozide | 甲氧虫酰肼 | 228 |
| 258 | isoprothiolane | 稻瘟灵 | 198 | 292 | metosulam | 磺草胺唑 | 318 |
| 259 | isoproturon | 异丙隆 | 247 | 293 | metoxuron | 甲氧隆 | 170 |
| 260 | isouron | 异唑隆 | 90 | 294 | metribuzin | 赛克津 | 249 |
| 261 | isoxaben | 异噁酰草胺 | 135 | 295 | mevinphos | 速灭磷 | 10 |
| 262 | isoxaflutole | 异噁氟草 | 66 | 296 | molinate | 禾草敌 | 86 |
| 263 | kadethrin | 噻嗯菊酯 | 314 | 297 | monalide | 庚酰草胺 | 175 |
| 264 | kresoxim-methyl | 亚胺菌 | 209 | 298 | monolinuron | 绿谷隆 | 9 |
| 265 | lactofen | 乳氟禾草灵 | 409 | 299 | monuron | 灭草隆 | 158 |
| 266 | linuron | 利谷隆 | 270 | 300 | myclobutanil | 腈菌唑 | 33 |
| 267 | malathion | 马拉硫磷 | 303 | 301 | napropamide | 萘丙胺 | 394 |
| 268 | MCPB | 二甲四氯丁酸 | 428 | 302 | neburon | 草不隆 | 108 |
| 269 | mecarbam | 灭蚜磷 | 301 | 303 | nicotine | 烟碱 | 81 |
| 270 | mecoprop | 2-甲-4-氯丙酸 | 424 | 304 | nitenpyram | 烯啶虫胺 | 28 |
| 271 | mefenacet | 苯噻酰草胺 | 285 | 305 | norflurazon | 氟草敏 | 349 |
| 272 | mefenoxam | 精甲霜灵 | 109 | 306 | novaluron | 氟酰脲 | 153 |
| 273 | mefenpyr-diethyl | 吡唑解草酯 | 310 | 307 | nuarimol | 氟苯嘧啶醇 | 289 |
| 274 | mepanipyrim | 嘧菌胺 | 167 | 308 | ofurace | 甲呋酰胺 | 194 |
| 275 | mephosfolan | 地安磷 | 106 | 309 | omethoate | 氧乐果 | 330 |
| 276 | mepiquat chloride | 甲哌金翁 | 242 | 310 | oryzalin | 安磺灵 | 439 |
| 277 | mepronil | 灭锈胺 | 190 | 311 | oxamyl | 杀线威 | 388 |
| 278 | metalaxyl | 甲霜灵 | 193 | 312 | oxycarboxin | 氧化萎锈灵 | 189 |
| 279 | metamitron | 苯嗪草酮 | 246 | 313 | oxyflurofen | 乙氧氟草醚 | 224 |
| 280 | metazachlor | 吡唑草胺 | 278 | 314 | paclobutrazol | 多效唑 | 35 |
| 281 | metconazole | 叶菌唑 | 132 | 315 | paraoxon methyl | 甲基对氧磷 | 20 |
| 282 | methabenzthiazuron | 甲基苯噻隆 | 389 | 316 | paraoxon-ethyl | 对氧磷 | 343 |

表 E.1（续）

| 序号 | 英文名称 | 中文名称 | 附录 A 中序号 | 序号 | 英文名称 | 中文名称 | 附录 A 中序号 |
|---|---|---|---|---|---|---|---|
| 317 | pebulate | 克草敌 | 386 | 348 | propachlor | 毒草胺 | 6 |
| 318 | penconazole | 戊菌唑 | 32 | 349 | propamocarb | 霜霉威 | 244 |
| 319 | pencycuron | 纹枯脲 | 300 | 350 | propanil | 敌稗 | 164 |
| 320 | phenmedipham | 甜菜宁 | 119 | 351 | propaquizafop | 噁草酸 | 408 |
| 321 | phenothrin | 苯醚菊酯 | 220 | 352 | propargite | 炔螨特 | 147 |
| 322 | phenthoate | 稻丰散 | 293 | 353 | propazine | 扑灭津 | 95 |
| 323 | phorate | 甲拌磷 | 104 | 354 | propetamphos | 胺丙畏 | 279 |
| 324 | phorate sulfone | 甲拌磷砜 | 283 | 355 | propham | 苯胺灵 | 1 |
| 325 | phorate sulfoxide | 甲拌磷亚砜 | 187 | 356 | propiconazole | 丙环唑 | 140 |
| 326 | phosalone | 伏杀硫磷 | 227 | 357 | propisochlor | 异丙草胺 | 413 |
| 327 | phosfolan | 硫环磷 | 392 | 358 | propoxur | 残杀威 | 89 |
| 328 | phosmet | 亚胺硫磷 | 400 | 359 | prosulfocarb | 苄草丹 | 272 |
| 329 | phosphamidon | 磷胺 | 118 | 360 | pymetrozin | 吡蚜酮 | 254 |
| 330 | phoxim | 辛硫磷 | 200 | 361 | pyraclofos | 吡唑硫磷 | 307 |
| 331 | phthalic acid，biscyclohexyl ester | — | 402 | 362 | pyraclostrobin | 百克敏 | 312 |
| | | | | 363 | pyrazophos | 吡菌磷 | 77 |
| 332 | phthalic acid，dibutylester | 酞酸二丁酯 | 396 | 364 | pyrazosulfuron-ethyl | 吡嘧磺隆 | 317 |
| | | | | 365 | pyrazoxyfen | 苄草唑 | 368 |
| 333 | phthalic acid，benzyl butyl ester | 酞酸苯甲基丁酯 | 355 | 366 | pyributicarb | 稗草畏 | 304 |
| | | | | 367 | pyridaphenthion | 哒嗪硫磷 | 305 |
| 334 | phthalimide | 邻苯二甲酰亚胺 | 376 | 368 | pyrifenox | 啶斑肟 | 346 |
| 335 | picolinafen | 氟吡酰草胺 | 149 | 369 | pyriftalid | 环酯草醚 | 131 |
| 336 | picoxystrobin | 啶氧菌酯 | 308 | 370 | pyrimethanil | 嘧霉胺 | 159 |
| 337 | piperonyl butoxide | 增效醚 | 223 | 371 | pyrimidifen | 嘧螨醚 | 365 |
| 338 | piperophos | 哌草磷 | 222 | 372 | pyrimitate | 嘧啶磷 | 204 |
| 339 | pirimicarb | 抗蚜威 | 16 | 373 | pyriproxyfen | 蚊蝇醚 | 133 |
| 340 | pirimiphos methyl | 甲基嘧啶磷 | 125 | 374 | pyroquilon | 咯喹酮 | 322 |
| 341 | pretilachlor | 丙草胺 | 46 | 375 | quinalphos | 喹硫磷 | 201 |
| 342 | prochloraz | 咪鲜胺 | 229 | 376 | quinoclamine | 灭藻醌 | 161 |
| 343 | procymidone | 腐霉利 | 397 | 377 | quinoxyphen | 苯氧喹啉 | 352 |
| 344 | profenefos | 丙溴磷 | 311 | 378 | quizalofop-ethyl | 喹禾灵 | 69 |
| 345 | prometon | 扑灭通 | 168 | 379 | rabenzazole | 吡咪唑 | 7 |
| 346 | prometryne | 扑草净 | 19 | 380 | resmethrin | 苄呋菊酯 | 361 |
| 347 | pronamide | 拿草特 | 101 | 381 | ronnel | 皮蝇磷 | 401 |

**表 E.1（续）**

| 序号 | 英文名称 | 中文名称 | 附录 A 中序号 | 序号 | 英文名称 | 中文名称 | 附录 A 中序号 |
|---|---|---|---|---|---|---|---|
| 382 | rotenone | 鱼滕酮 | 406 | 416 | thiabendazole | 噻菌灵 | 245 |
| 383 | sebutylazine | 另丁津 | 262 | 417 | thiacloprid | 噻虫啉 | 22 |
| 384 | secbumeton | 密草通 | 12 | 418 | thiamethoxam | 噻虫嗪 | 114 |
| 385 | silafluofen | 氟硅菊酯 | 414 | 419 | thiazopyr | 噻唑烟酸 | 315 |
| 386 | simeconazole | 硅氟唑 | 281 | 420 | thifensulfuron-methyl | 噻吩磺隆 | 233 |
| 387 | simeton | 西玛通 | 384 | 421 | thiobencarb | 禾草丹 | 274 |
| 388 | simetryn | 西草净 | 8 | 422 | thiodicarb | 硫双威 | 306 |
| 389 | spinosad | 多杀菌素 | 241 | 423 | thiofanox | 久效威 | 92 |
| 390 | spirodiclofen | 螺螨酯 | 236 | 424 | thiofanox-sulfoxide | 久效威亚砜 | 265 |
| 391 | spiroxamine | 螺噁茂胺 | 39 | 425 | thiometon | 甲基乙拌磷 | 338 |
| 392 | sulfallate | 菜草畏 | 256 | 426 | thionazin | 虫线磷 | 269 |
| 393 | sulfanitran | 乙酰磺胺对硝基苯 | 438 | 427 | thiophanat ethyl | 硫菌灵 | 68 |
| | | | | 428 | thiophanate methyl | 甲基硫菌灵 | 62 |
| 394 | sulfotep | 治螟磷 | 294 | 429 | tolclofos methyl | 甲基立枯磷 | 40 |
| 395 | sulprofos | 硫丙磷 | 295 | 430 | tralkoxydim | 苯草酮 | 302 |
| 396 | *tau*-fluvalinate | 氟胺氰菊酯 | 372 | 431 | *trans*-permethin | 反式氯菊酯 | 367 |
| 397 | tebuconazole | 戊唑醇 | 287 | 432 | triadimefon | 三唑酮 | 282 |
| 398 | tebufenpyrad | 吡螨胺 | 403 | 433 | triadimenol | 三唑醇 | 37 |
| 399 | tebupirimfos | 丁基嘧啶磷 | 292 | 434 | triallate | 野麦畏 | 350 |
| 400 | tebutam | 牧草胺 | 264 | 435 | triasulfuron | 醚苯磺隆 | 74 |
| 401 | tebuthiuron | 木草隆 | 260 | 436 | triazophos | 三唑磷 | 129 |
| 402 | temephos | 双硫磷 | 239 | 437 | triazoxide | 咪唑嗪 | 268 |
| 403 | TEPP | 特普 | 112 | 438 | trichloronat | 毒壤磷 | 360 |
| 404 | tepraloxydim | 吡喃草酮 | 61 | 439 | trichlorphon | 敌百虫 | 183 |
| 405 | terbacil | 特草定 | 425 | 440 | tridemorph | 十三吗啉 | 284 |
| 406 | terbufos | 特丁硫磷 | 280 | 441 | trietazine | 草达津 | 261 |
| 407 | terbufos sulfone | 特丁硫磷砜 | 358 | 442 | trifloxystrobin | 肟菌酯 | 151 |
| 408 | terbumeton | 特丁通 | 258 | 443 | triflumuron | 杀铃脲 | 65 |
| 409 | terbuthylazine | 特丁津 | 96 | 444 | trifluralin | 氟乐灵 | 137 |
| 410 | terrbucarb | 特草灵 | 31 | 445 | tri-*n*-butyl phosphate | 三正丁基磷酸盐 | 275 |
| 411 | *tert*-butylamine | 叔丁基胺 | 373 | 446 | triticonazole | 戊叉菌唑 | 210 |
| 412 | tetrachlorvinphos | 杀虫畏 | 146 | 447 | uniconazole | 烯效唑 | 345 |
| 413 | tetraconazole | 四氟醚唑 | 309 | 448 | vinclozolin | 乙烯菌核利 | 344 |
| 414 | tetramethirn | 胺菊酯 | 56 | 449 | *zeta* cypermethrin | *Z*-氯氰菊酯 | 370 |
| 415 | thenylchlor | 噻吩草胺 | 212 | 450 | ziram | 福美锌 | 351 |

ICS 67.050
X 04

# 中华人民共和国国家标准

GB/T 23215—2008

# 贝类中多种麻痹性贝类毒素含量的测定 液相色谱-荧光检测法

**Determination of paralytic shellfish poison in shellfish—HPLC-fluorescence detection method**

2008-12-31 发布　　2009-05-01 实施

中华人民共和国国家质量监督检验检疫总局
中国国家标准化管理委员会　发布

# 前　言

本标准的附录 A、附录 B 为资料性附录。

本标准由中华人民共和国国家质量监督检验检疫总局提出并归口。

本标准负责起草单位：中华人民共和国秦皇岛出入境检验检疫局、中华人民共和国深圳出入境检验检疫局、中华人民共和国辽宁出入境检验检疫局。

本标准主要起草人：欧阳姗、谢丽琪、朱玉兰、岳振峰、沈金灿、陈沛金、宋文斌、庞国芳。

# 贝类中多种麻痹性贝类毒素含量的测定<br>液相色谱-荧光检测法

## 1 范围

本标准规定了贝类中麻痹性贝类毒素的高效液相色谱测定方法。

本标准适用于贝类中麻痹性贝类毒素的测定。

本标准的方法检出限：GTX4 为 16.7 μg/kg；GTX1 为 50.7 μg/kg；dcGTX3 为 4.8 μg/kg；B1 为 31.9 μg/kg；dcGTX2 为 17.3 μg/kg；GTX3 为 6.5 μg/kg；GTX2 为 19.6 μg/kg；neoSTX 为 15.7 μg/kg；dcSTX 为 12.5 μg/kg；STX 为 14.5 μg/kg；合麻痹性贝类毒素总量(STXeq)为 125 μg/kg。

## 2 规范性引用文件

下列文件中的条款通过本标准的引用而成为本标准的条款。凡是注日期的引用文件，其随后所有的修改单(不包括勘误的内容)或修订版均不适用于本标准，然而，鼓励根据本标准达成协议的各方研究是否可使用这些文件的最新版本。凡是不注日期的引用文件，其最新版本适用于本标准。

GB/T 6379.1 测量方法与结果的准确度(正确度与精密度) 第 1 部分：总则与定义(GB/T 6379.1—2004，ISO 5725-1:1994，IDT)

GB/T 6379.2 测量方法与结果的准确度(正确度与精密度) 第 2 部分：确定标准测量方法重复性与再现性的基本方法(GB/T 6379.2—2004，ISO 5725-2:1994，IDT)

GB/T 6682 分析实验室用水规格和试验方法(GB/T 6682—2008，ISO 3696:1987，MOD)

## 3 原理

试样中的麻痹性贝类毒素用 0.1 mol/L 的盐酸提取，离心后，将上清液过 $C_{18}$ 固相萃取柱净化，再经过分子质量 10 000 的分子筛超滤离心管过滤，滤液用高效液相色谱进行分离，经在线柱后衍生反应后，进行荧光检测，外标法定量。

## 4 试剂和材料

除特殊规定外，所用的试剂均为分析纯。

4.1 水：GB/T 6682，一级。

4.2 乙腈：色谱纯。

4.3 无水乙酸。

4.4 盐酸：36%～38%(质量分数)。

4.5 庚烷磺酸钠。

4.6 磷酸：85%(质量分数)。

4.7 二水合高碘酸。

4.8 磷酸氢二钾。

4.9 氢氧化钾。

4.10 氨水。

4.11 100 mmol/L 庚烷磺酸钠溶液：称取 20.2 g 庚烷磺酸钠(4.5)，用水溶解定容至 1 000 mL。

4.12 500 mmol/L 磷酸溶液：称取 49.0 g 磷酸(4.6)，用水溶解定容至 1 000 mL。

4.13 250 mmol/L 磷酸氢二钾溶液：称取 43.5 g 磷酸氢二钾(4.8)，用水溶解定容至 1 000 mL。

4.14 1.0 mol/L 氢氧化钾溶液：称取 56.1 g 氢氧化钾(4.9)，用水溶解定容至 1 000 mL。

4.15 500 mmol/L 高碘酸溶液：称取 114.0 g 二水合高碘酸(4.7)，用水溶解定容至 1 000 mL。

4.16 1.0 mol/L 乙酸溶液：称取 60.0 g 无水乙酸(4.3)，用水溶解定容至 1 000 mL。

4.17 0.01 mol/L 乙酸溶液：量取 10.0 mL 1.0 mol/L 乙酸溶液(4.16)，用水稀释定容至 1 000 mL。

4.18 0.1 mol/L 盐酸溶液：量取 9.0 mL 盐酸(4.4)，用水稀释定容至 1 000 mL。

4.19 标准溶液：麻痹性贝类毒素 GTX1，4、GTX2，3、dcGTX2，3、B1(GTX5)、neoSTX、STX、dcSTX 标准溶液，避光保存于－20 ℃以下。

4.20 标准储备液：将标准溶液用 0.01 mol/L 乙酸溶液(4.17)稀释成一定浓度的标准储备液，避光保存于－20 ℃以下。

4.21 混合标准溶液：分别准确吸取适量各标准储备液，用 0.01mol/L 乙酸溶液(4.17)配成所需浓度的混合标准溶液，现配现用。

4.22 流动相 A：量取 15.0 mL 100 mmol/L 庚烷磺酸钠溶液(4.11)、8.5 mL 500 mmol/L 磷酸溶液(4.12)，用约 450 mL 水稀释，用氨水(4.10)调 pH 至 7.2，用水定容到 500 mL，过 0.45 μm 滤膜。

4.23 流动相 B：量取 20.0 mL 100 mmol/L 庚烷磺酸钠溶液(4.11)、45.0 mL 500 mmol/L 磷酸溶液(4.12)，用约 450 mL 水稀释，用氨水(4.10)调 pH 至 7.2，用水定容到 500 mL，过 0.45 μm 滤膜。

4.24 氧化液：量取 10.0 mL 500 mmol/L 高碘酸(4.15)、100 mL 250 mmol/L 磷酸氢二钾溶液(4.13)，用约 450 mL 水溶解，用 1.0 mol/L 氢氧化钾溶液(4.14)调 pH 至 9.0，用水定容到 500 mL。

4.25 中和液：1.0 mol/L 乙酸溶液(4.16)。

4.26 $C_{18}$ 固相萃取柱：Sep-Pak Vac $C_{18}$[1)]，3 mL，或相当者。

4.27 滤膜：0.45 μm。

## 5 仪器和设备

5.1 高效液相色谱仪，配有荧光检测器，柱后衍生反应装置。

5.2 离心机，5 000 r/min。

5.3 固相萃取装置。

5.4 旋涡振荡器。

5.5 恒温水浴锅。

5.6 超滤离心管，分子质量 10 000：Millipore YM-10[2)]，0.5 mL，或相当者。

## 6 试样制备与保存

### 6.1 试样制备

从所取全部样品中取出有代表性样品可食部分约 500 g，充分捣碎均匀，均分成两份，分别装入洁净容器中，密封，并标明标记。

在制样的操作过程中，应防止样品污染或发生残留物含量的变化。

---

1) Sep-Pak Vac $C_{18}$ 固相萃取柱是 Waters 公司产品的商品名称，给出这一信息是为了方便本标准的使用者，并不是表示对该产品的认可。如果其他等效产品具有相同的效果，则可使用这些等效产品。

2) Millipore YM-10 超滤离心管是 Millipore 公司产品的商品名称，给出这一信息是为了方便本标准的使用者，并不是表示对该产品的认可。如果其他等效产品具有相同的效果，则可使用这些等效产品。

6.2 试样保存

试样置于−18 ℃以下避光保存。

## 7 测定步骤

7.1 提取

准确称取 5 g 试样，精确至 0.01 g，于 15 mL 具塞离心管中，加入 10 mL 0.1mol/L 盐酸溶液(4.18)，振荡均匀。将离心管置于 100 ℃的沸水浴中，加热 5 min，冷却后，以 5 000 r/min 离心 10min。

7.2 净化

$C_{18}$固相萃取柱(4.26)使用前依次用 6.0 mL 甲醇和 6.0 mL 水活化，将 7.1 离心得到的上清液过柱，收集流出液，用水定容至 10 mL。取约 1 mL 收集液，于分子质量 10 000 的超滤离心管(5.6)中离心，滤液供液相色谱测定。

7.3 测定条件

7.3.1 液相色谱参考条件

a) 色谱柱：Inertsil C8-3(250 mm×4.6 mm，5 μm)，或相当者。

b) 色谱柱温度：30 ℃。

c) 流动相：流动相 A(4.22)，流动相 B(4.23)，流动相 C：乙腈(4.2)。

d) 流动相时间梯度，见表 1。

表 1 流动相时间梯度

| 时间/min | 流动相 A/% | 流动相 B/% | 流动相 C/% | 流速/(mL/min) |
|---|---|---|---|---|
| 0 | 100 | 0 | 0 | 1.0 |
| 20.0 | 100 | 0 | 0 | 1.0 |
| 20.5 | 0 | 93.5 | 6.5 | 0.9 |
| 45.0 | 0 | 93.5 | 6.5 | 0.9 |
| 45.5 | 100 | 0 | 0 | 1.0 |
| 60.0 | 100 | 0 | 0 | 1.0 |

e) 柱后衍生：氧化液(4.24)，中和液(4.25)，反应温度：50 ℃，反应液流速梯度见表 2。

表 2 柱后衍生反应液流速梯度

单位为毫升每分钟

| 反应液 | 时间 | | | | | |
|---|---|---|---|---|---|---|
| | 0 min | 25 min | 25.5 min | 45 min | 45.5 min | 60 min |
| 氧化液 | 0.4 | 0.4 | 0.8 | 0.8 | 0.4 | 0.4 |
| 中和液 | 0.4 | 0.4 | 0.8 | 0.8 | 0.4 | 0.4 |

f) 荧光检测：激发波长 330 nm，发射波长 390 nm。

g) 进样量：10 μL。

7.3.2 色谱测定

根据样液中麻痹性贝类毒素的含量情况，选定峰面积相近的标准工作液。标准工作液和样液中麻痹性贝类毒素的响应值均应在仪器检测的线性范围内。标准工作液和样液等体积参插进样测定。在上述色谱条件下，标准物质的液相色谱图参见图 A.1。

7.3.3 空白试验

除不加试样外，均按上述测定步骤进行。

7.3.4 平行试验

按以上步骤，对同一试样进行平行试验测定。

7.3.5 回收率试验

阴性样品中添加标准溶液，按7.1和7.2操作，测定后计算样品添加的回收率。本标准中10种麻痹性贝类毒素添加浓度及其回收率范围的试验数据参见表B.1。

## 8 结果计算和表述

### 8.1 结果计算

样品中各种麻痹性贝类毒素的含量按式(1)计算。

$$X = c \times \frac{V}{m} \times \frac{1\,000}{1\,000} \quad \cdots\cdots(1)$$

式中：

$X$——试样中被测组分残留量，单位为微克每千克(μg/kg)；

$c$——从标准工作曲线上得到的被测组分溶液浓度，单位为纳克每毫升(ng/mL)；

$V$——样品溶液定容体积，单位为毫升(mL)；

$m$——样品溶液所代表试样的质量，单位为克(g)。

计算结果应扣除空白值。

### 8.2 毒性转换

按照国际惯例，STX毒素的毒性因子设为1，其他各种麻痹性毒素按照相对于STX的毒性大小来确定毒性因子(如表3所列)；样品中麻痹性贝类毒素的含量则按照毒性因子，统一转换为STXeq来表示，计算公式见式(2)：

$$\text{STXeq} = \sum_{i=1}^{n} X_i \cdot r_i \quad \cdots\cdots(2)$$

式中：

$X_i$——各种麻痹性贝类毒素的含量，单位为微克每千克(μg/kg)；

$r_i$——毒性因子。

表3 各种麻痹性贝类毒素的毒性因子

| 毒素 | GTX1 | GTX4 | GTX2 | GTX3 | dcGTX2 | dcGTX3 | B1(GTX5) | neoSTX | STX | dcSTX |
|---|---|---|---|---|---|---|---|---|---|---|
| 毒性因子 | 0.99 | 0.73 | 0.36 | 0.64 | 0.65 | 0.75 | 0.06 | 0.92 | 1 | 0.51 |

## 9 精密度

### 9.1 一般规定

本标准的精密度数据是按照GB/T 6379.1和GB/T 6379.2的规定确定的，重复性和再现性的值以95%的可信度来计算。

### 9.2 重复性

在重复性条件下，获得的两次独立测试结果的绝对差值不超过重复性限$r$，元贝和扇贝中10种麻痹性贝类毒素的添加浓度范围及重复性方程见表4。

表4 添加浓度范围及重复性和再现性方程　　单位为微克每千克

| 化合物名称 | 添加浓度范围 | 样品基质 | 重复性限$r$ | 再现性限$R$ |
|---|---|---|---|---|
| GTX4 | 16.7～167 | 元贝 | $\lg r=0.850\,0\lg m-0.818\,8$ | $\lg R=0.859\,1\lg m-0.608\,8$ |
| | | 扇贝 | $\lg r=0.853\,9\lg m-0.900\,2$ | $\lg R=0.729\,3\lg m-0.506\,7$ |
| GTX1 | 50.7～507 | 元贝 | $\lg r=1.130\,6\lg m-1.443$ | $\lg R=0.897\,2\lg m-0.752\,8$ |
| | | 扇贝 | $\lg r=0.969\lg m-1.186\,7$ | $\lg R=0.719\,6\lg m-0.528\,6$ |

**表 4（续）**

单位为微克每千克

| 化合物名称 | 添加浓度范围 | 样品基质 | 重复性限 $r$ | 再现性限 $R$ |
|---|---|---|---|---|
| dcGTX3 | 4.8～48 | 元贝 | $\lg r=1.1546\lg m-1.1726$ | $\lg R=0.9646\lg m-0.8163$ |
| | | 扇贝 | $\lg r=1.3927\lg m-1.7253$ | $\lg R=0.9323\lg m-0.9648$ |
| B1 | 31.9～319 | 元贝 | $\lg r=0.8315\lg m-0.6425$ | $\lg R=0.8174\lg m-0.5147$ |
| | | 扇贝 | $\lg r=0.9016\lg m-0.8929$ | $\lg R=0.7068\lg m-0.4729$ |
| dcGTX2 | 17.3～173 | 元贝 | $\lg r=0.9312\lg m-0.8304$ | $\lg R=0.8573\lg m-0.6391$ |
| | | 扇贝 | $\lg r=0.8868\lg m-0.7943$ | $\lg R=0.7262\lg m-0.4253$ |
| GTX3 | 6.5～65 | 元贝 | $\lg r=0.922\lg m-0.7962$ | $\lg R=0.9336\lg m-0.7881$ |
| | | 扇贝 | $\lg r=0.8927\lg m-0.7661$ | $\lg R=0.8415\lg m-0.5554$ |
| GTX2 | 19.6～196 | 元贝 | $\lg r=0.9129\lg m-0.869$ | $\lg R=1.1636\lg m-1.177$ |
| | | 扇贝 | $\lg r=0.8554\lg m-0.802$ | $\lg R=0.6884\lg m-0.4122$ |
| neoSTX | 15.7～157 | 元贝 | $\lg r=0.8441\lg m-0.5777$ | $\lg R=0.8394\lg m-0.5405$ |
| | | 扇贝 | $\lg r=0.6535\lg m-0.2342$ | $\lg R=0.702\lg m-0.3294$ |
| dcSTX | 12.5～125 | 元贝 | $\lg r=0.9042\lg m-0.8163$ | $\lg R=0.8585\lg m-0.6523$ |
| | | 扇贝 | $\lg r=0.7435\lg m-0.5299$ | $\lg R=0.7552\lg m-0.4355$ |
| STX | 14.5～145 | 元贝 | $\lg r=0.8132\lg m-0.6609$ | $\lg R=0.6211\lg m-0.3105$ |
| | | 扇贝 | $\lg r=0.9079\lg m-0.8351$ | $\lg R=0.7346\lg m-0.4503$ |
| 注：$m$ 为两次测定结果的算术平均值。 | | | | |

如果差值超过重复性限，应舍弃试验结果并重新完成两次单个试验的测定。

### 9.3 再现性

在再现性条件下，获得的两次独立测试结果的绝对差值不超过再现性限 $R$，元贝和扇贝中 10 种麻痹性贝类毒素的添加浓度范围及再现性方程见表 4。

# 附 录 A
## （资料性附录）
## 标准物质液相色谱图

10 种麻痹性贝类毒素标准物质液相色谱图见图 A.1。

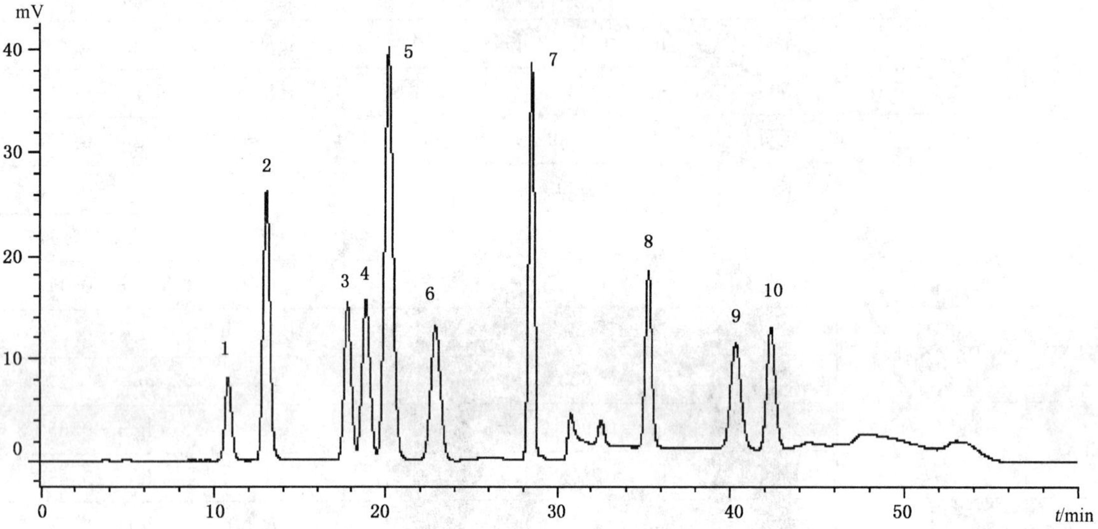


1——GTX4；

2——GTX1；

3——dcGTX3；

4——B1；

5——dcGTX2；

6——GTX3；

7——GTX2；

8——neoSTX；

9——dcSTX；

10——STX。

**图 A.1　10 种麻痹性贝类毒素标准物质液相色谱图**

# 附 录 B
## （资料性附录）
## 回 收 率

本标准中10种麻痹性贝类毒素添加浓度及其回收率范围的试验数据见表B.1。

**表B.1 10种麻痹性贝类毒素添加浓度及其回收率范围的试验数据**

| 项目名称 | 添加水平/(μg/kg) | 回收率范围/% | | 添加水平/(μg/kg) | 回收率范围/% | | 添加水平/(μg/kg) | 回收率范围/% | | 添加水平/(μg/kg) | 回收率范围/% | |
|---|---|---|---|---|---|---|---|---|---|---|---|---|
| | | 元贝 | 扇贝 | | 元贝 | 扇贝 | | 元贝 | 扇贝 | | 元贝 | 扇贝 |
| GTX4 | 16.7 | 73.7～95.8 | 76.6～93.4 | 33.4 | 75.7～94.3 | 80.5～97.3 | 100 | 82.7～88.5 | 80.5～86.3 | 167 | 76.6～92.8 | 76.6～93.4 |
| GTX1 | 50.7 | 80.7～92.3 | 80.1～91.3 | 101 | 80.1～86.1 | 79.5～86.7 | 304 | 78.3～87.8 | 80.6～87.2 | 507 | 80.5～91.3 | 80.5～91.3 |
| DcGTX3 | 4.8 | 79.4～95.4 | 81.7～90.6 | 9.60 | 82.2～87.4 | 83.2～88.5 | 28.8 | 79.2～93.1 | 82.6～92.4 | 48 | 76.0～95.4 | 76.0～95.4 |
| B1 | 31.9 | 80.9～89.3 | 78.1～90.3 | 63.8 | 79.8～86.2 | 79.8～86.7 | 191 | 81.7～86.9 | 82.2～86.4 | 319 | 78.1～90.3 | 78.1～90.3 |
| DcGTX2 | 17.3 | 68.8～98.3 | 69.4～94.2 | 34.6 | 77.5～98.3 | 78.9～92.5 | 104 | 75.0～84.2 | 76.4～83.7 | 173 | 72.3～94.2 | 72.3～94.2 |
| GTX3 | 6.5 | 71.5～97.4 | 71.7～96.2 | 13.0 | 74.5～103.8 | 75.4～96.9 | 39.0 | 71.3～94.9 | 73.1～93.6 | 65 | 75.2～97.4 | 75.2～97.4 |
| GTX2 | 19.6 | 78.1～94.9 | 76.0～91.8 | 39.2 | 75.3～94.6 | 75.0～91.8 | 118 | 79.1～87.7 | 79.5～87.8 | 196 | 76.0～89.8 | 76.0～91.8 |
| neoSTX | 15.7 | 62.4～96.8 | 67.5～97.5 | 31.4 | 71.7～94.9 | 72.3～96.2 | 94.2 | 78.0～89.4 | 78.0～90.2 | 157 | 78.3～100.6 | 75.8～95.5 |
| dcSTX | 12.5 | 78.4～96.0 | 72.8～96.0 | 25.0 | 79.2～96.0 | 75.2～93.2 | 75.0 | 78.9～95.7 | 76.0～94.9 | 125 | 77.2～96.0 | 72.8～96.0 |
| STX | 14.5 | 74.5～96.6 | 75.2～96.6 | 29.0 | 75.2～96.6 | 76.2～93.4 | 87.0 | 78.5～92.0 | 75.6～87.7 | 145 | 75.2～93.8 | 75.2～96.6 |
| STXeq | 125 | 80.7～89.9 | 81.8～88.3 | 250 | 83.5～88.0 | 82.5～87.8 | 750 | 81.1～86.0 | 82.6～85.4 | 1 250 | 82.6～88.5 | 82.0～88.4 |

ICS 67.050
X 04

# 中华人民共和国国家标准

GB/T 23216—2008

# 食用菌中503种农药及相关化学品残留量的测定 气相色谱-质谱法

**Determination of 503 pesticides and related chemicals residues in mushrooms—GC-MS method**

2008-12-31 发布 2009-05-01 实施

中华人民共和国国家质量监督检验检疫总局
中国国家标准化管理委员会 发布

# 前　言

本标准的附录 A、附录 B、附录 C、附录 D、附录 E、附录 F 为资料性附录。

本标准由中华人民共和国国家质量监督检验检疫总局提出并归口。

本标准起草单位：中华人民共和国秦皇岛出入境检验检疫局、山东农业大学、河北大学。

本标准主要起草人：庞国芳、郑军红、范春林、郑锋、王明林、姚翠翠。

# 食用菌中503种农药及相关化学品残留量的测定　气相色谱-质谱法

## 1　范围

本标准规定了滑子菇、金针菇、黑木耳和香菇中503种农药及相关化学品(参见附录A和附录F)残留量气相色谱-质谱测定方法。

本标准适用于滑子菇、金针菇、黑木耳和香菇中503种农药及相关化学品的定性鉴别,478种农药及相关化学品的定量测定。

本标准中478种可定量的农药及相关化学品方法检出限为0.001 3 mg/kg～1.6 mg/kg(参见附录A)。

## 2　规范性引用文件

下列文件中的条款通过本标准的引用而成为本标准的条款。凡是注日期的引用文件,其随后所有的修改单(不包括勘误的内容)或修订版均不适用于本标准,然而,鼓励根据本标准达成协议的各方研究是否可使用这些文件的最新版本。凡是不注日期的引用文件,其最新版本适用于本标准。

GB/T 6379.1　测量方法与结果的准确度(正确度与精密度)　第1部分:总则与定义(GB/T 6379.1—2004,ISO 5725-1:1994,IDT)

GB/T 6379.2　测量方法与结果的准确度(正确度与精密度)　第2部分:确定标准测量方法重复性与再现性的基本方法(GB/T 6379.2—2004,ISO 5725-2:1994,IDT)

## 3　原理

试样用乙腈匀浆提取,盐析离心,固相萃取柱净化,用乙腈+甲苯(3+1,体积比)洗脱农药及相关化学品,用气相色谱-质谱仪测定,内标法定量。

## 4　试剂和材料

4.1　乙腈:色谱纯。

4.2　甲苯:色谱纯。

4.3　正己烷:色谱纯。

4.4　丙酮:色谱纯。

4.5　环己烷:色谱纯。

4.6　异辛烷:色谱纯。

4.7　乙酸乙酯:色谱纯。

4.8　乙腈+甲苯(3+1,体积比)。

4.9　氯化钠:优级纯。

4.10　无水硫酸钠:分析纯。650 ℃灼烧4 h,贮于干燥器中,冷却后备用。

4.11　农药及相关化学品标准物质:纯度≥95%,参见附录A。

4.12　标准溶液

4.12.1　标准储备溶液

准确称取5 mg～10 mg(精确至0.1 mg)农药及相关化学品各标准物分别放入10 mL容量瓶中,根据标准物的溶解性和测定的需要选甲苯、甲苯+丙酮混合液、二氯甲烷等溶剂溶解并定容至刻度(溶剂选择参见附录A)。标准储备溶液避光4℃保存,可使用一年。

4.12.2 内标溶液

准确称取3.5 mg环氧七氯于100 mL容量瓶中,用甲苯定容至刻度。

4.12.3 混合标准溶液(混合标准溶液A、B、C、D、E和F)

按照农药及相关化学品的性质和保留时间,将503种农药及相关化学品分成A、B、C、D、E、F六个组,并根据每种农药及相关化学品在仪器上的响应灵敏度,确定其在混合标准溶液中的浓度。本标准对503种农药及相关化学品的分组及其混合标准溶液浓度参见附录A。

依据每种农药及相关化学品的分组号、混合标准溶液浓度及其标准储备液的浓度,移取一定量的单个农药及相关化学品标准储备溶液于100 mL容量瓶中,用甲苯定容至刻度。混合标准溶液避光4℃保存,可使用一个月。

4.12.4 基质混合标准工作溶液

A、B、C、D、E、F组农药及相关化学品基质混合标准工作溶液是将40 μL内标溶液和一定体积的A、B、C、D、E、F组混合标准溶液分别加到1.0 mL的样品空白基质提取液中,混匀,配成基质混合标准工作溶液A、B、C、D、E和F。

基质混合标准工作溶液应现用现配。

4.13 固相萃取柱:Sep-Pak Carbon $NH_2$[1)],6 mL,1 g或相当者。

## 5 仪器

5.1 气相色谱-质谱仪:配有电子轰击源(EI)。

5.2 分析天平:感量0.1 mg和0.01 g。

5.3 离心管:80 mL。

5.4 高速组织捣碎机:最低转速不低于12 000 r/min。

5.5 离心机:最低转速不低于4 200 r/min。

5.6 鸡心瓶:100 mL。

5.7 移液器:1 mL和10 mL。

5.8 旋转蒸发器。

5.9 样品瓶:2 mL,带聚四氟乙烯旋盖。

## 6 试样制备与保存

### 6.1 试样的制备

食用菌样品取可食部分切碎,混匀,密封,作为试样,标明标记。

### 6.2 试样的保存

将试样置于0℃~4℃保存。

## 7 测定步骤

### 7.1 提取

称取20 g试样(精确至0.01 g)于80 mL离心管中,加入40 mL乙腈,15 000 r/min匀浆提取1 min,加入5 g氯化钠,再匀浆提取1 min,在4 200 r/min条件下离心5 min,取上清液20 mL(相当于10 g试样量),40℃水浴中旋转浓缩至1 mL左右,待净化。

---

1) Sep-Pak CarbonNH$_2$ 固相萃取柱是Waters公司产品的商品名称,给出这一信息是为了方便本标准的使用者,并不是表示对该产品的认可。如果其他等效产品具有相同的效果,则可使用这些等效产品。

### 7.2 净化

在 Sep-Pak Carbon $NH_2$ 固相萃取柱中加入约 2 cm 高无水硫酸钠，置于下接废液瓶的固相萃取装置上。加样前先用 4 mL 乙腈＋甲苯(3＋1，体积比)预洗柱，当液面到达无水硫酸钠的顶部时，迅速将样品浓缩液转移至净化柱上中，并更换鸡心瓶接收。用 2 mL 乙腈＋甲苯(3＋1，体积比)将残留样液转移于萃取柱中，此操作重复 3 次。在固相萃取柱顶端连接 50 mL 贮液器，用 25 mL 乙腈＋甲苯(3＋1，体积比)洗脱农药及相关化学品，合并于 100 mL 鸡心瓶中，40 ℃水浴旋转浓缩至 0.5 mL 左右。加入 5 mL 正己烷进行溶剂交换，重复两次。定容 1 mL 左右，加入 40 μL 内标溶液，混匀，供气相色谱-质谱仪测定。

同时取不含农药及相关化学品的食用菌样品，按上述步骤制备样品空白提取液，用于配制基质混合标准工作溶液。

### 7.3 气相色谱-质谱法测定

#### 7.3.1 仪器条件

a) 色谱柱：DB-1701(14%氰丙基-苯基)-甲基聚硅氧烷，30 m×0.25 mm×0.25 μm，石英毛细管柱或相当者；

b) 色谱柱温度：40 ℃保持 1 min，然后以 30 ℃/min 升温至 130 ℃，再以 5 ℃/min 升温至 250 ℃，再以 10 ℃/min 升温至 300 ℃，保持 5 min；

c) 载气：氦气，纯度≥99.999%，流速，1.2 mL/min；

d) 进样口温度：290 ℃；

e) 进样量：1 μL；

f) 进样方式：无分流进样，1.5 min 后打开阀；

g) 电子轰击源：70 eV；

h) 离子源温度：230 ℃；

i) GC-MS 接口温度：280 ℃；

j) 溶剂延迟：A 组 8.30 min，B 组 7.80 min，C 组 7.30 min，D 组 5.50 min，E 组 6.10 min，F 组 5.50 min；

k) 选择离子监测：每种化合物分别选择一个定量离子，2 个～3 个定性离子。每组所有需要检测的离子按照出峰顺序，分时段分别检测。每种化合物的保留时间、定量离子、定性离子及定量离子与定性离子的丰度比值，参见附录 B。每组检测离子的开始时间和驻留时间参见附录 C。

#### 7.3.2 定性测定

进行样品测定时，如果检出的色谱峰的保留时间与标准样品相一致，并且在扣除背景后的样品质谱图中，所选择的离子均出现，而且所选择的离子丰度比与标准样品的离子丰度比相一致(相对丰度＞50%，允许±10%偏差；相对丰度＞20%～50%，允许±15%偏差；相对丰度＞10%～20%，允许±20%偏差；相对丰度≤10%，允许±50%偏差)，则可判断样品中存在这种农药或相关化学品。如果不能确证，应重新进样，以扫描方式(有足够灵敏度)或采用增加其他确证离子的方式或用其他灵敏度更高的分析仪器来确证。

#### 7.3.3 定量测定

本标准采用内标法单离子定量测定。内标物为环氧七氯。为减少基质的影响，定量用标准应采用基质样品液配制混合标准工作溶液。标准溶液的浓度应与待测化合物的浓度相近。本标准的 A、B、C、D、E、F 六组标准物质在滑子菇基质中选择离子监测 GC-MS 图参见附录 D。

### 7.4 平行试验

按以上步骤对同一试样进行平行试验测定。

### 7.5 空白试验

除不称取试样外，均按上述步骤进行。

## 8 结果计算

气相色谱-质谱测定结果可由色谱工作站按内标法自动计算，也可按式(1)计算：

$$X_i = c_s \times \frac{A}{A_s} \times \frac{c_i}{c_{si}} \times \frac{A_{si}}{A_i} \times \frac{V}{m} \times \frac{1\ 000}{1\ 000} \qquad \cdots\cdots(1)$$

式中：

$X_i$——试样中被测物残留量，单位为毫克每千克(mg/kg)；

$c_s$——基质标准工作溶液中被测物的浓度，单位为微克每毫升(μg/mL)；

$A$——试样溶液中被测物的色谱峰面积；

$A_s$——基质标准工作溶液中被测物的色谱峰面积；

$c_i$——试样溶液中内标物的浓度，单位为微克每毫升(μg/mL)；

$c_{si}$——基质标准工作溶液中内标物的浓度，单位为微克每毫升(μg/mL)；

$A_{si}$——基质标准工作溶液中内标物的色谱峰面积；

$A_i$——试样溶液中内标物的色谱峰面积；

$V$——样液最终定容体积，单位为毫升(mL)；

$m$——试样溶液所代表试样的质量，单位为克(g)。

计算结果应扣除空白值。

## 9 精密度

本标准精密度数据是按照 GB/T 6379.1 和 GB/T 6379.2 的规定确定的，获得重复性和再现性的值是以 95% 的可信度来计算。本标准方法的精密度数据参见附录 E。

# 附 录 A
## （资料性附录）
## 503 种农药及相关化学品中、英文名称、方法检出限、分组、溶剂选择和混合标准溶液浓度

503 种农药及相关化学品中、英文名称、方法检出限、分组、溶剂选择和混合标准溶液浓度见表 A.1。

**表 A.1 503 种农药及相关化学品中、英文名称、方法检出限、分组、溶剂选择和混合标准溶液浓度**

| 序号 | 中文名称 | 英文名称 | 检出限/(μg/kg) | 溶 剂 | 混合标准溶液浓度/(mg/L) |
|---|---|---|---|---|---|
| A 组 | | | | | |
| 1 | 二丙烯草胺 | allidochlor | 0.012 5 | 甲苯 | 5.00 |
| 2 | 土菌灵 | etridiazol | 0.018 8 | 甲苯 | 7.50 |
| 3 | 氯甲硫磷 | chlormephos | 0.012 5 | 甲苯 | 5.00 |
| 4 | 苯胺灵 | propham | 0.006 3 | 甲苯 | 2.50 |
| 5 | 环草敌 | cycloate | 0.006 3 | 甲苯 | 2.50 |
| 6 | 联苯二胺[a] | diphenylamine | 0.006 3 | 甲苯 | 2.50 |
| 7 | 杀虫脒 | chlordimeform | 0.006 3 | 正己烷 | 2.50 |
| 8 | 乙丁烯氟灵 | ethalfluralin | 0.025 0 | 甲苯 | 10.00 |
| 9 | 甲拌磷 | phorate | 0.006 3 | 甲苯 | 2.50 |
| 10 | 甲基乙拌磷 | thiometon | 0.006 3 | 甲苯 | 2.50 |
| 11 | 五氯硝基苯 | quintozene | 0.012 5 | 甲苯 | 5.00 |
| 12 | 脱乙基阿特拉津[a] | atrazine-desethyl | 0.006 3 | 甲苯+丙酮(8+2) | 2.50 |
| 13 | 异噁草松 | clomazone | 0.006 3 | 甲苯 | 2.50 |
| 14 | 二嗪磷 | diazinon | 0.006 3 | 甲苯 | 2.50 |
| 15 | 地虫硫磷 | fonofos | 0.006 3 | 甲苯 | 2.50 |
| 16 | 乙嘧硫磷 | etrimfos | 0.006 3 | 甲苯 | 2.50 |
| 17 | 胺丙畏 | propetamphos | 0.006 3 | 甲苯 | 2.50 |
| 18 | 密草通 | secbumeton | 0.006 3 | 甲苯 | 2.50 |
| 19 | 炔丙烯草胺 | pronamide | 0.006 3 | 甲苯+丙酮(9+1) | 2.50 |
| 20 | 除线磷 | dichlofenthion | 0.006 3 | 甲苯 | 2.50 |
| 21 | 兹克威 | mexacarbate | 0.018 8 | 甲苯 | 7.50 |
| 22 | 乐果 | dimethoate | 0.025 0 | 甲苯 | 10.00 |
| 23 | 氨氟灵 | dinitramine | 0.025 0 | 甲苯 | 10.00 |
| 24 | 艾氏剂 | aldrin | 0.012 5 | 甲苯 | 5.00 |
| 25 | 皮蝇磷 | ronnel | 0.012 5 | 甲苯 | 5.00 |
| 26 | 扑草净 | prometryne | 0.006 3 | 甲苯 | 2.50 |
| 27 | 环丙津 | cyprazine | 0.006 3 | 甲苯+丙酮(9+1) | 2.50 |

表 A.1(续)

| 序号 | 中文名称 | 英文名称 | 检出限/(μg/kg) | 溶　剂 | 混合标准溶液浓度/(mg/L) |
|---|---|---|---|---|---|
| 28 | 乙烯菌核利 | vinclozolin | 0.006 3 | 甲苯 | 2.50 |
| 29 | β-六六六 | *beta*-HCH | 0.006 3 | 甲苯 | 2.50 |
| 30 | 甲霜灵 | metalaxyl | 0.018 8 | 甲苯 | 7.50 |
| 31 | 甲基对硫磷 | methyl-parathion | 0.025 0 | 甲苯 | 10.00 |
| 32 | 毒死蜱 | chlorpyrifos (-ethyl) | 0.006 3 | 甲苯 | 2.50 |
| 33 | δ-六六六 | *delta*-HCH | 0.012 5 | 甲苯 | 5.00 |
| 34 | 蒽醌 | anthraquinone | 0.006 3 | 二氯甲烷 | 2.50 |
| 35 | 倍硫磷 | fenthion | 0.006 3 | 甲苯 | 2.50 |
| 36 | 马拉硫磷[a] | malathion | 0.025 0 | 甲苯 | 10.00 |
| 37 | 对氧磷 | paraoxon-ethyl | 0.200 0 | 甲苯 | 80.00 |
| 38 | 杀螟硫磷 | fenitrothion | 0.012 5 | 甲苯 | 5.00 |
| 39 | 三唑酮 | triadimefon | 0.012 5 | 甲苯 | 5.00 |
| 40 | 利谷隆[a] | linuron | 0.025 0 | 甲苯+丙酮(9+1) | 10.00 |
| 41 | 二甲戊灵 | pendimethalin | 0.025 0 | 甲苯 | 10.00 |
| 42 | 杀螨醚 | chlorbenside | 0.012 5 | 甲苯 | 5.00 |
| 43 | 乙基溴硫磷 | bromophos-ethyl | 0.006 3 | 甲苯 | 2.50 |
| 44 | 喹硫磷 | quinalphos | 0.006 3 | 甲苯 | 2.50 |
| 45 | 反式氯丹 | *trans*-chlordane | 0.006 3 | 甲苯 | 2.50 |
| 46 | 稻丰散 | phenthoate | 0.012 5 | 甲苯 | 5.00 |
| 47 | 吡唑草胺[a] | metazachlor | 0.018 8 | 甲苯 | 7.50 |
| 48 | 丙硫磷 | prothiophos | 0.006 3 | 甲苯 | 2.50 |
| 49 | 整形醇 | chlorfurenol | 0.018 8 | 甲苯+丙酮(9+1) | 7.50 |
| 50 | 腐霉利 | procymidone | 0.006 3 | 甲苯 | 2.50 |
| 51 | 狄氏剂 | dieldrin | 0.012 5 | 甲苯 | 5.00 |
| 52 | 杀扑磷[a] | methidathion | 0.012 5 | 甲苯 | 5.00 |
| 53 | 敌草胺 | napropamide | 0.018 8 | 甲苯 | 7.50 |
| 54 | 氰草津[a] | cyanazine | 0.018 8 | 甲苯+丙酮(8+2) | 7.50 |
| 55 | 噁草酮 | oxadiazone | 0.006 3 | 甲苯 | 2.50 |
| 56 | 苯线磷[a] | fenamiphos | 0.018 8 | 甲苯 | 7.50 |
| 57 | 杀螨氯硫 | tetrasul | 0.006 3 | 甲苯 | 2.50 |
| 58 | 乙嘧酚磺酸酯 | bupirimate | 0.006 3 | 甲苯 | 2.50 |
| 59 | 氟酰胺 | flutolanil | 0.006 3 | 甲苯 | 2.50 |
| 60 | 萎锈灵 | carboxin | 0.150 0 | 甲苯 | 60.00 |
| 61 | *p*,*p*′-滴滴滴 | *p*,*p*′-DDD | 0.006 3 | 甲苯 | 2.50 |

**表 A.1（续）**

| 序号 | 中文名称 | 英文名称 | 检出限/(μg/kg) | 溶 剂 | 混合标准溶液浓度/(mg/L) |
|---|---|---|---|---|---|
| 62 | 乙硫磷 | ethion | 0.012 5 | 甲苯 | 5.00 |
| 63 | 乙环唑-1 | etaconazole-1 | 0.018 8 | 甲苯 | 7.50 |
| 64 | 硫丙磷 | sulprofos | 0.012 5 | 甲苯 | 5.00 |
| 65 | 乙环唑-2 | etaconazole-2 | 0.018 8 | 甲苯 | 7.50 |
| 66 | 腈菌唑 | myclobutanil | 0.006 3 | 甲苯 | 2.50 |
| 67 | 丰索磷 | fensulfothion | 0.012 5 | 甲苯 | 5.00 |
| 68 | 禾草灵 | diclofop-methyl | 0.006 3 | 甲苯 | 2.50 |
| 69 | 丙环唑-1 | propiconazole-1 | 0.018 8 | 甲苯 | 7.50 |
| 70 | 丙环唑-2 | propiconazole-2 | 0.018 8 | 甲苯 | 7.50 |
| 71 | 联苯菊酯 | bifenthrin | 0.006 3 | 正己烷 | 2.50 |
| 72 | 灭蚁灵 | mirex | 0.006 3 | 甲苯 | 2.50 |
| 73 | 氟苯嘧啶醇 | nuarimol | 0.012 5 | 甲苯+丙酮(9+1) | 5.00 |
| 74 | 麦锈灵 | benodanil | 0.018 8 | 甲苯 | 7.50 |
| 75 | 甲氧滴滴涕 | methoxychlor | 0.050 0 | 甲苯 | 20.00 |
| 76 | 噁霜灵 | oxadixyl | 0.006 3 | 甲苯 | 2.50 |
| 77 | 戊唑醇 | tebuconazole | 0.018 8 | 甲苯 | 7.50 |
| 78 | 胺菊酯 | tetramethirn | 0.012 5 | 甲苯 | 5.00 |
| 79 | 氟草敏 | norflurazon | 0.006 3 | 甲苯+丙酮(9+1) | 2.50 |
| 80 | 哒嗪硫磷 | pyridaphenthion | 0.006 3 | 甲苯 | 2.50 |
| 81 | 亚胺硫磷 | phosmet | 0.012 5 | 甲苯 | 5.00 |
| 82 | 三氯杀螨砜 | tetradifon | 0.006 3 | 甲苯 | 2.50 |
| 83 | 顺式-氯菊酯 | *cis*-permethrin | 0.006 3 | 甲苯 | 2.50 |
| 84 | 吡菌磷 | pyrazophos | 0.012 5 | 甲苯 | 5.00 |
| 85 | 反式-氯菊酯 | *trans*-permethrin | 0.006 3 | 甲苯 | 2.50 |
| 86 | 氯氰菊酯 | cypermethrin | 0.018 8 | 甲苯 | 7.50 |
| 87 | 氰戊菊酯-1 | fenvalerate-1 | 0.025 0 | 甲苯 | 10.00 |
| 88 | 氰戊菊酯-2 | fenvalerate-2 | 0.025 0 | 甲苯 | 10.00 |
| 89 | 溴氰菊酯 | deltamethrin | 0.037 5 | 甲苯 | 15.00 |
| B 组 | | | | | |
| 90 | 茵草敌 | EPTC | 0.018 8 | 甲苯 | 7.50 |
| 91 | 丁草敌[a] | butylate | 0.018 8 | 甲苯 | 7.50 |
| 92 | 敌草腈 | dichlobenil | 0.001 3 | 甲苯 | 0.50 |
| 93 | 克草敌 | pebulate | 0.018 8 | 甲苯 | 7.50 |
| 94 | 三氯甲基吡啶 | nitrapyrin | 0.018 8 | 甲苯 | 7.50 |

表 A.1（续）

| 序号 | 中文名称 | 英文名称 | 检出限/(μg/kg) | 溶剂 | 混合标准溶液浓度/(mg/L) |
|---|---|---|---|---|---|
| 95 | 速灭磷 | mevinphos | 0.012 5 | 甲苯 | 5.00 |
| 96 | 氯苯甲醚 | chloroneb | 0.006 3 | 甲苯 | 2.50 |
| 97 | 四氯硝基苯 | tecnazene | 0.012 5 | 甲苯 | 5.00 |
| 98 | 庚烯磷 | heptanophos | 0.018 8 | 甲苯 | 7.50 |
| 99 | 灭线磷 | ethoprophos | 0.018 8 | 甲苯 | 7.50 |
| 100 | 六氯苯 | hexachlorobenzene | 0.006 3 | 甲苯 | 2.50 |
| 101 | 毒草胺 | propachlor | 0.018 8 | 甲苯 | 7.50 |
| 102 | 顺式-燕麦敌 | *cis*-diallate | 0.012 5 | 甲苯 | 5.00 |
| 103 | 氟乐灵 | trifluralin | 0.012 5 | 甲苯 | 5.00 |
| 104 | 反式-燕麦敌 | *trans*-diallate | 0.012 5 | 甲苯 | 5.00 |
| 105 | 氯苯胺灵 | chlorpropham | 0.012 5 | 甲苯 | 5.00 |
| 106 | 治螟磷 | sulfotep | 0.006 3 | 甲苯 | 2.50 |
| 107 | 菜草畏 | sulfallate | 0.012 5 | 甲苯 | 5.00 |
| 108 | α-六六六 | *alpha*-HCH | 0.006 3 | 甲苯 | 2.50 |
| 109 | 特丁硫磷 | terbufos | 0.012 5 | 甲苯 | 5.00 |
| 110 | 特丁通[a] | terbumeton | 0.018 8 | 甲苯 | 7.50 |
| 111 | 环丙氟灵 | profluralin | 0.025 0 | 甲苯 | 10.00 |
| 112 | 敌噁磷 | dioxathion | 0.025 0 | 甲苯 | 10.00 |
| 113 | 扑灭津 | propazine | 0.006 3 | 甲苯 | 2.50 |
| 114 | 氯炔灵 | chlorbufam | 0.012 5 | 甲苯 | 5.00 |
| 115 | 氯硝胺 | dicloran | 0.012 5 | 甲苯 | 5.00 |
| 116 | 特丁津 | terbuthylazine | 0.006 3 | 甲苯 | 2.50 |
| 117 | 绿谷隆 | monolinuron | 0.025 0 | 甲苯 | 10.00 |
| 118 | 氟虫脲 | flufenoxuron | 0.018 8 | 甲苯 | 7.50 |
| 119 | 甲基毒死蜱 | chlorpyrifos-methyl | 0.006 3 | 甲苯 | 2.50 |
| 120 | 敌草净 | desmetryn | 0.006 3 | 甲苯 | 2.50 |
| 121 | 二甲草胺 | dimethachlor | 0.018 8 | 甲苯 | 7.50 |
| 122 | 甲草胺 | alachlor | 0.018 8 | 甲苯 | 7.50 |
| 123 | 甲基嘧啶磷 | pirimiphos-methyl | 0.006 3 | 甲苯 | 2.50 |
| 124 | 特丁净 | terbutryn | 0.012 5 | 甲苯 | 5.00 |
| 125 | 丙硫特普 | aspon | 0.012 5 | 甲苯 | 5.00 |
| 126 | 杀草丹 | thiobencarb | 0.012 5 | 甲苯 | 5.00 |
| 127 | 三氯杀螨醇 | dicofol | 0.012 5 | 甲苯 | 5.00 |
| 128 | 异丙甲草胺 | metolachlor | 0.006 3 | 甲苯 | 2.50 |

表 A.1（续）

| 序号 | 中文名称 | 英文名称 | 检出限/(μg/kg) | 溶　剂 | 混合标准溶液浓度/(mg/L) |
|---|---|---|---|---|---|
| 129 | 嘧啶磷 | pirimiphos-ethyl | 0.012 5 | 甲苯 | 5.00 |
| 130 | 苯氟磺胺 | dichlofluanid | 0.300 0 | 甲苯＋丙酮(9＋1) | 120.00 |
| 131 | 烯虫酯 | methoprene | 0.025 0 | 甲苯 | 10.00 |
| 132 | 溴硫磷 | bromofos | 0.012 5 | 甲苯 | 5.00 |
| 133 | 乙氧呋草黄 | ethofumesate | 0.012 5 | 甲苯 | 5.00 |
| 134 | 异丙乐灵 | isopropalin | 0.012 5 | 甲苯 | 5.00 |
| 135 | 敌稗 | propanil | 0.012 5 | 甲苯 | 5.00 |
| 136 | 育畜磷 | crufomate | 0.037 5 | 甲苯 | 15.00 |
| 137 | 异柳磷 | isofenphos | 0.012 5 | 甲苯 | 5.00 |
| 138 | 硫丹-1 | endosulfan-1 | 0.037 5 | 甲苯 | 15.00 |
| 139 | 毒虫畏 | chlorfenvinphos | 0.018 8 | 甲苯 | 7.50 |
| 140 | 甲苯氟磺胺 | tolylfluanide | 0.150 0 | 甲苯 | 60.00 |
| 141 | 顺式-氯丹 | *cis*-chlordane | 0.012 5 | 甲苯 | 5.00 |
| 142 | 丁草胺 | butachlor | 0.012 5 | 甲苯 | 5.00 |
| 143 | 乙菌利[a] | chlozolinate | 0.012 5 | 甲苯 | 5.00 |
| 144 | *p*,*p*′-滴滴伊 | *p*,*p*′-DDE | 0.006 3 | 甲苯 | 2.50 |
| 145 | 碘硫磷 | iodofenphos | 0.012 5 | 甲苯 | 5.00 |
| 146 | 杀虫畏 | tetrachlorvinphos | 0.018 8 | 甲苯 | 7.50 |
| 147 | 氯溴隆 | chlorbromuron | 0.150 0 | 甲苯 | 60.00 |
| 148 | 丙溴磷 | profenofos | 0.037 5 | 甲苯 | 15.00 |
| 149 | 噻嗪酮 | buprofezin | 0.012 5 | 甲苯 | 5.00 |
| 150 | *o*,*p*′-滴滴滴 | *o*,*p*′-DDD | 0.006 3 | 甲苯 | 2.50 |
| 151 | 杀螨酯[a] | chlorfenson | 0.012 5 | 甲苯 | 5.00 |
| 152 | 氟咯草酮 | fluorochloridone | 0.012 5 | 甲苯 | 5.00 |
| 153 | 异狄氏剂 | endrin | 0.075 0 | 甲苯 | 30.00 |
| 154 | 多效唑 | paclobutrazol | 0.018 8 | 甲苯 | 7.50 |
| 155 | *o*,*p*′-滴滴涕 | *o*,*p*′-DDT | 0.012 5 | 甲苯 | 5.00 |
| 156 | 盖草津 | methoprotryne | 0.018 8 | 甲苯 | 7.50 |
| 157 | 丙酯杀螨醇 | chloropropylate | 0.006 3 | 甲苯 | 2.50 |
| 158 | 麦草氟甲酯 | flamprop-methyl | 0.006 3 | 甲苯＋丙酮(8＋2) | 2.50 |
| 159 | 除草醚 | nitrofen | 0.037 5 | 甲苯 | 15.00 |
| 160 | 乙氧氟草醚 | oxyfluorfen | 0.025 0 | 甲苯 | 10.00 |
| 161 | 虫螨磷 | chlorthiophos | 0.018 8 | 甲苯 | 7.50 |
| 162 | 麦草氟异丙酯 | flamprop-isopropyl | 0.006 3 | 甲苯 | 2.50 |

**表 A.1（续）**

| 序号 | 中文名称 | 英文名称 | 检出限/(μg/kg) | 溶　剂 | 混合标准溶液浓度/(mg/L) |
|---|---|---|---|---|---|
| 163 | 硫丹-2 | endosulfan-2 | 0.037 5 | 甲苯 | 15.00 |
| 164 | 三硫磷 | carbofenothion | 0.012 5 | 甲苯 | 5.00 |
| 165 | *p*,*p*′-滴滴涕 | *p*,*p*′-DDT | 0.012 5 | 甲苯 | 5.00 |
| 166 | 苯霜灵 | benalaxyl | 0.006 3 | 甲苯 | 2.50 |
| 167 | 敌瘟磷 | edifenphos | 0.012 5 | 甲苯 | 5.00 |
| 168 | 三唑磷 | triazophos | 0.018 8 | 甲苯 | 7.50 |
| 169 | 苯腈磷 | cyanofenphos | 0.006 3 | 甲苯 | 2.50 |
| 170 | 氯杀螨砜 | chlorbenside sulfone | 0.012 5 | 甲苯 | 5.00 |
| 171 | 硫丹硫酸盐 | endosulfan-sulfate | 0.018 8 | 甲苯 | 7.50 |
| 172 | 溴螨酯 | bromopropylate | 0.012 5 | 甲苯 | 5.00 |
| 173 | 新燕灵 | benzoylprop-ethyl | 0.018 8 | 甲苯 | 7.50 |
| 174 | 甲氰菊酯 | fenpropathrin | 0.012 5 | 甲苯 | 5.00 |
| 175 | 苯硫膦 | EPN | 0.025 0 | 甲苯 | 10.00 |
| 176 | 敌菌丹[a] | captafol | 0.112 5 | 甲苯 | 45.00 |
| 177 | 环嗪酮 | hexazinone | 0.018 8 | 甲苯 | 7.50 |
| 178 | 溴苯磷 | leptophos | 0.012 5 | 甲苯 | 5.00 |
| 179 | 治草醚 | bifenox | 0.012 5 | 甲苯 | 5.00 |
| 180 | 伏杀硫磷 | phosalone | 0.012 5 | 甲苯 | 5.00 |
| 181 | 保棉磷 | azinphos-methyl | 0.037 5 | 甲苯 | 15.00 |
| 182 | 氯苯嘧啶醇 | fenarimol | 0.012 5 | 甲苯 | 5.00 |
| 183 | 益棉磷 | azinphos-ethyl | 0.012 5 | 甲苯 | 5.00 |
| 184 | 氟氯氰菊酯 | cyfluthrin | 0.075 0 | 甲苯 | 30.00 |
| 185 | 咪鲜胺 | prochloraz | 0.037 5 | 甲苯 | 15.00 |
| 186 | 蝇毒磷 | coumaphos | 0.037 5 | 甲苯 | 15.00 |
| 187 | 氟胺氰菊酯 | *tau*-fluvalinate | 0.075 0 | 甲苯 | 30.00 |
| C　组 | | | | | |
| 188 | 敌敌畏 | dichlorvos | 0.037 5 | 甲苯 | 15.00 |
| 189 | 联苯 | biphenyl | 0.006 3 | 甲苯 | 2.50 |
| 190 | 霜霉威 | propamocarb | 0.018 8 | 甲苯 | 7.50 |
| 191 | 灭草敌 | vernolate | 0.006 3 | 甲苯 | 2.50 |
| 192 | 3,5-二氯苯胺 | 3,5-dichloroaniline | 0.006 3 | 甲苯 | 2.50 |
| 193 | 虫螨畏[a] | methacrifos | 0.006 3 | 甲苯 | 2.50 |
| 194 | 禾草敌 | molinate | 0.006 3 | 甲苯 | 2.50 |
| 195 | 邻苯基苯酚 | 2-phenylphenol | 0.006 3 | 甲苯 | 2.50 |

表 A.1（续）

| 序号 | 中文名称 | 英文名称 | 检出限/(μg/kg) | 溶　剂 | 混合标准溶液浓度/(mg/L) |
|---|---|---|---|---|---|
| 196 | 四氢邻苯二甲酰亚胺 | *cis*-1,2,3,6-tetrahydrophthalimide | 0.018 8 | 甲醇 | 7.50 |
| 197 | 仲丁威 | fenobucarb | 0.012 5 | 甲苯 | 5.00 |
| 198 | 乙丁氟灵 | benfluralin | 0.006 3 | 甲苯 | 2.50 |
| 199 | 氟铃脲 | hexaflumuron | 0.037 5 | 甲苯 | 15.00 |
| 200 | 扑灭通 | prometon | 0.018 8 | 甲苯 | 7.50 |
| 201 | 野麦畏 | triallate | 0.012 5 | 环己烷 | 5.00 |
| 202 | 嘧霉胺 | pyrimethanil | 0.006 3 | 甲苯 | 2.50 |
| 203 | 林丹 | *gamma*-HCH | 0.012 5 | 甲苯 | 5.00 |
| 204 | 乙拌磷[a] | disulfoton | 0.006 3 | 甲苯 | 2.50 |
| 205 | 莠去净 | atrizine | 0.006 3 | 甲苯 | 2.50 |
| 206 | 异稻瘟净 | iprobenfos | 0.018 8 | 甲苯 | 7.50 |
| 207 | 氯唑磷 | isazofos | 0.012 5 | 甲苯 | 5.00 |
| 208 | 三氯杀虫酯 | plifenate | 0.012 5 | 甲苯 | 5.00 |
| 209 | 氯乙氟灵 | fluchloralin | 0.025 0 | 环己烷 | 10.00 |
| 210 | 四氟苯菊酯 | transfluthrin | 0.006 3 | 甲苯 | 2.50 |
| 211 | 丁苯吗啉 | fenpropimorph | 0.006 3 | 甲苯 | 2.50 |
| 212 | 甲基立枯磷 | tolclofos-methyl | 0.006 3 | 甲苯 | 2.50 |
| 213 | 异丙草胺 | propisochlor | 0.006 3 | 甲苯 | 2.50 |
| 214 | 溴谷隆 | metobromuron | 0.037 5 | 甲苯 | 15.00 |
| 215 | 莠灭净 | ametryn | 0.018 8 | 甲苯+丙酮(9+1) | 7.50 |
| 216 | 西草净 | simetryn | 0.012 5 | 甲苯 | 5.00 |
| 217 | 嗪草酮 | metribuzin | 0.018 8 | 甲苯 | 7.50 |
| 218 | 噻节因 | dimethipin | 0.018 8 | 甲苯 | 7.50 |
| 219 | 异丙净 | dipropetryn | 0.006 3 | 甲苯 | 2.50 |
| 220 | 乙霉威 | diethofencarb | 0.037 5 | 甲苯 | 15.00 |
| 221 | 哌草丹 | dimepiperate | 0.012 5 | 甲苯 | 5.00 |
| 222 | 生物烯丙菊酯-1 | bioallethrin-1 | 0.025 0 | 甲苯 | 10.00 |
| 223 | 生物烯丙菊酯-2 | bioallethrin-2 | 0.025 0 | 甲苯 | 10.00 |
| 224 | 芬螨酯 | fenson | 0.006 3 | 甲苯 | 2.50 |
| 225 | *o*,*p*′-滴滴伊 | *o*,*p*′-DDE | 0.006 3 | 甲苯 | 2.50 |
| 226 | 双苯酰草胺 | diphenamid | 0.006 3 | 甲苯 | 2.50 |
| 227 | 戊菌唑 | penconazole | 0.018 8 | 甲苯 | 7.50 |
| 228 | 四氟醚唑 | tetraconazole | 0.018 8 | 甲苯 | 7.50 |

表 A.1（续）

| 序号 | 中文名称 | 英文名称 | 检出限/(μg/kg) | 溶　剂 | 混合标准溶液浓度/(mg/L) |
|---|---|---|---|---|---|
| 229 | 灭蚜磷 | mecarbam | 0.025 0 | 甲苯 | 10.00 |
| 230 | 丙虫磷 | propaphos | 0.012 5 | 甲苯 | 5.00 |
| 231 | 氟节胺 | flumetralin | 0.012 5 | 环己烷 | 5.00 |
| 232 | 三唑醇-1 | triadimenol-1 | 0.018 8 | 甲苯 | 7.50 |
| 233 | 三唑醇-2 | triadimenol-2 | 0.018 8 | 甲苯 | 7.50 |
| 234 | 丙草胺 | pretilachlor | 0.012 5 | 甲苯 | 5.00 |
| 235 | 亚胺菌 | kresoxim-methyl | 0.006 3 | 甲苯 | 2.50 |
| 236 | 吡氟禾草灵 | fluazifop-butyl | 0.006 3 | 环己烷 | 2.50 |
| 237 | 氟啶脲 | chlorfluazuron | 0.018 8 | 甲苯 | 7.50 |
| 238 | 乙酯杀螨醇 | chlorobenzilate | 0.006 3 | 甲苯 | 2.50 |
| 239 | 氟哇唑 | flusilazole | 0.018 8 | 甲苯 | 7.50 |
| 240 | 三氟硝草醚 | fluorodifen | 0.006 3 | 甲苯 | 2.50 |
| 241 | 烯唑醇 | diniconazole | 0.018 8 | 甲苯 | 7.50 |
| 242 | 增效醚 | piperonyl butoxide | 0.006 3 | 甲苯 | 2.50 |
| 243 | 噁唑隆 | dimefuron | 0.025 0 | 甲苯 | 10.00 |
| 244 | 炔螨特 | propargite | 0.012 5 | 甲苯 | 5.00 |
| 245 | 灭锈胺 | mepronil | 0.006 3 | 甲苯 | 2.50 |
| 246 | 吡氟酰草胺 | diflufenican | 0.006 3 | 乙酸乙酯 | 2.50 |
| 247 | 咯菌腈 | fludioxonil | 0.006 3 | 甲苯 | 2.50 |
| 248 | 喹螨醚 | fenazaquin | 0.006 3 | 甲苯 | 2.50 |
| 249 | 苯醚菊酯 | phenothrin | 0.006 3 | 甲苯 | 2.50 |
| 250 | 苯氧威 | fenoxycarb | 0.037 5 | 甲苯 | 15.00 |
| 251 | 稀禾啶 | sethoxydim | 0.450 0 | 甲苯 | 180.00 |
| 252 | 双甲脒[a] | amitraz | 0.018 8 | 甲苯 | 7.50 |
| 253 | 莎稗磷 | anilofos | 0.012 5 | 甲苯 | 5.00 |
| 254 | 氟丙菊酯 | acrinathrin | 0.012 5 | 甲苯 | 5.00 |
| 255 | 高效氯氟氰菊酯 | *lambda*-cyhalothrin | 0.006 3 | 甲苯 | 2.50 |
| 256 | 苯噻酰草胺 | mefenacet | 0.018 8 | 甲苯 | 7.50 |
| 257 | 氯菊酯 | permethrin | 0.012 5 | 甲苯 | 5.00 |
| 258 | 哒螨灵 | pyridaben | 0.006 3 | 甲苯 | 2.50 |
| 259 | 乙羧氟草醚 | fluoroglycofen-ethyl | 0.075 0 | 甲苯 | 30.00 |
| 260 | 联苯三唑醇 | bitertanol | 0.018 8 | 甲苯 | 7.50 |
| 261 | 醚菊酯 | etofenprox | 0.006 3 | 甲苯 | 2.50 |
| 262 | 噻草酮[a] | cycloxydim | 0.600 0 | 甲苯 | 240.00 |

表 A.1（续）

| 序号 | 中文名称 | 英文名称 | 检出限/(μg/kg) | 溶　剂 | 混合标准溶液浓度/(mg/L) |
|---|---|---|---|---|---|
| 263 | 顺式-氯氰菊酯 | *alpha*-cypermethrin | 0.012 5 | 甲苯 | 5.00 |
| 264 | 氟氰戊菊酯 | flucythrinate-1 | 0.012 5 | 甲苯+丙酮(8+2) | 5.00 |
| 265 | 氟氰戊菊酯 | flucythrinate-2 | 0.012 5 | 甲苯 | 5.00 |
| 266 | *S*-氰戊菊酯 | esfenvalerate | 0.025 0 | 甲苯 | 10.00 |
| 267 | 苯醚甲环唑-2 | difenconazole-2 | 0.037 5 | 甲苯 | 15.00 |
| 268 | 苯醚甲环唑-1 | difenonazole-1 | 0.037 5 | 甲苯+丙酮(8+2) | 15.00 |
| 269 | 丙炔氟草胺 | flumioxazin | 0.012 5 | 甲苯 | 5.00 |
| 270 | 氟烯草酸 | flumiclorac-pentyl | 0.012 5 | 甲苯 | 5.00 |
| D　组 | | | | | |
| 271 | 甲氟磷 | dimefox | 0.018 8 | 甲苯 | 7.50 |
| 272 | 乙拌磷亚砜 | disulfoton-sulfoxide | 0.100 0 | 甲苯 | 5.00 |
| 273 | 五氯苯 | pentachlorobenzene | 0.006 3 | 甲苯 | 2.50 |
| 274 | 三异丁基磷酸盐 | tri-*iso*-butyl phosphate | 0.006 3 | 甲苯 | 2.50 |
| 275 | 鼠立死 | crimidine | 0.006 3 | 甲苯 | 2.50 |
| 276 | 4-溴-3,5-二甲苯基-*N*-甲基氨基甲酸酯-1 | BDMC-1 | 0.012 5 | 甲苯+丙酮(8+2) | 5.00 |
| 277 | 燕麦酯 | chlorfenprop-methyl | 0.006 3 | 甲苯 | 2.50 |
| 278 | 虫线磷 | thionazin | 0.006 3 | 甲苯 | 2.50 |
| 279 | 2,3,5,6-四氯苯胺 | 2,3,5,6-tetrachloroaniline | 0.006 3 | 甲苯 | 2.50 |
| 280 | 三正丁基磷酸盐 | tri-*n*-butyl phosphate | 0.012 5 | 甲苯 | 5.00 |
| 281 | 2,3,4,5-四氯甲氧基苯 | 2,3,4,5-tetrachloroanisole | 0.006 3 | 甲苯+丙酮(8+2) | 2.50 |
| 282 | 五氯甲氧基苯 | pentachloroanisole | 0.006 3 | 甲苯 | 2.50 |
| 283 | 牧草胺 | tebutam | 0.012 5 | 甲苯 | 5.00 |
| 284 | 蔬果磷 | dioxabenzofos | 0.062 5 | 甲苯 | 25.00 |
| 285 | 甲基苯噻隆 | methabenzthiazuron | 0.062 5 | 甲苯 | 25.00 |
| 286 | 西玛通 | simetone | 0.012 5 | 甲苯 | 5.00 |
| 287 | 阿特拉通 | atratone | 0.006 3 | 甲苯 | 2.50 |
| 288 | 七氟菊酯 | tefluthrin | 0.006 3 | 甲苯 | 2.50 |
| 289 | 溴烯杀 | bromocylen | 0.006 3 | 甲苯 | 2.50 |
| 290 | 草达津 | trietazine | 0.006 3 | 甲苯 | 2.50 |
| 291 | 2,6-二氯苯甲酰胺 | 2,6-dichlorobenzamide | 0.012 5 | 甲苯 | 5.00 |
| 292 | 环莠隆 | cycluron | 0.018 8 | 甲苯 | 7.50 |
| 293 | 2,4,4′-三氯联苯 | DE-PCB 28 | 0.006 3 | 甲苯 | 2.50 |
| 294 | 2,4,5-三氯联苯 | DE-PCB 31 | 0.006 3 | 甲苯 | 2.50 |

表 A.1（续）

| 序号 | 中文名称 | 英文名称 | 检出限/(μg/kg) | 溶 剂 | 混合标准溶液浓度/(mg/L) |
|---|---|---|---|---|---|
| 295 | 脱乙基另丁津[a] | desethyl-sebuthylazine | 0.012 5 | 甲苯 | 5.00 |
| 296 | 2,3,4,5-四氯苯胺 | 2,3,4,5-tetrachloroaniline | 0.012 5 | 甲苯 | 5.00 |
| 297 | 合成麝香 | musk ambrette | 0.006 3 | 甲苯 | 2.50 |
| 298 | 五氯苯胺 | pentachloroaniline | 0.006 3 | 甲苯 | 2.50 |
| 299 | 叠氮津 | aziprotryne | 0.050 0 | 甲苯 | 20.00 |
| 300 | 丁咪酰胺 | isocarbamid | 0.031 3 | 甲苯 | 12.50 |
| 301 | 另丁津 | sebutylazine | 0.006 3 | 甲苯 | 2.50 |
| 302 | 麝香 | musk moskene | 0.006 3 | 甲苯 | 2.50 |
| 303 | 2,2′,5,5′-四氯联苯 | DE-PCB 52 | 0.006 3 | 甲苯+丙酮(8+2) | 2.50 |
| 304 | 苄草丹 | prosulfocarb | 0.006 3 | 甲苯 | 2.50 |
| 305 | 二甲吩草胺 | dimethenamid | 0.006 3 | 甲醇 | 2.50 |
| 306 | 4-溴-3,5-二甲苯基-*N*-甲基氨基甲酸酯-2 | BDMC-2 | 0.012 5 | 甲苯 | 5.00 |
| 307 | 庚酰草胺 | monalide | 0.012 5 | 甲苯 | 5.00 |
| 308 | 西藏麝香 | musk tibeten | 0.006 3 | 甲苯+丙酮(8+2) | 2.50 |
| 309 | 八氯苯乙烯 | octachlorostyrene | 0.006 3 | 甲苯 | 2.50 |
| 310 | 异艾氏剂 | isodrin | 0.006 3 | 甲苯 | 2.50 |
| 311 | 丁嗪草酮 | isomethiozin | 0.012 5 | 甲苯 | 5.00 |
| 312 | 毒壤磷 | trichloronat | 0.006 3 | 甲苯 | 2.50 |
| 313 | 敌草索 | dacthal | 0.006 3 | 甲苯 | 2.50 |
| 314 | 4,4′-二氯二苯甲酮 | 4,4′-dichlorobenzophenone | 0.006 3 | 甲苯 | 2.50 |
| 315 | 酞菌酯 | nitrothal-isopropyl | 0.012 5 | 甲苯 | 5.00 |
| 316 | 吡咪唑 | rabenzazole | 0.006 3 | 甲苯 | 2.50 |
| 317 | 嘧菌环胺 | cyprodinil | 0.006 3 | 甲苯 | 2.50 |
| 318 | 麦穗灵 | fuberidazole | 0.031 3 | 甲苯 | 12.50 |
| 319 | 异氯磷 | dicapthon | 0.031 3 | 甲苯 | 12.50 |
| 320 | 2-甲-4-氯丁氧乙基酯 | MCPA-butoxyethyl ester | 0.006 3 | 甲苯+丙酮(8+2) | 2.50 |
| 321 | 2,2′,4,5,5′-五氯联苯 | DE-PCB 101 | 0.006 3 | 甲苯 | 2.50 |
| 322 | 呋菌胺 | methfuroxam | 0.006 3 | 甲苯 | 2.50 |
| 323 | 水胺硫磷 | isocarbophos | 0.012 5 | 甲苯 | 5.00 |
| 324 | 甲拌磷砜 | phorate sulfone | 0.006 3 | 甲苯 | 2.50 |
| 325 | 杀螨醇 | chlorfenethol | 0.006 3 | 甲苯 | 2.50 |
| 326 | 反式九氯 | *trans*-nonachlor | 0.006 3 | 甲苯 | 2.50 |
| 327 | 脱叶磷 | DEF | 0.012 5 | 甲苯 | 5.00 |

表 A.1（续）

| 序号 | 中文名称 | 英文名称 | 检出限/(μg/kg) | 溶 剂 | 混合标准溶液浓度/(mg/L) |
|---|---|---|---|---|---|
| 328 | 氟咯草酮 | flurochloridone | 0.012 5 | 甲苯+丙酮(9+1) | 5.00 |
| 329 | 溴苯烯磷 | bromfenvinfos | 0.006 3 | 甲苯 | 2.50 |
| 330 | 乙滴涕 | perthane | 0.006 3 | 甲苯 | 2.50 |
| 331 | 灭菌磷 | ditalimfos | 0.006 3 | 甲苯+丙酮(8+2) | 2.50 |
| 332 | 2,3,4,4′,5-五氯联苯 | DE-PCB 118 | 0.006 3 | 甲苯 | 2.50 |
| 333 | 地胺磷 | mephosfolan | 0.012 5 | 甲苯+丙酮(9+1) | 5.00 |
| 334 | 4,4′-二溴二苯甲酮 | 4,4′-dibromobenzophenone | 0.006 3 | 甲苯 | 2.50 |
| 335 | 粉唑醇 | flutriafol | 0.012 5 | 甲苯 | 5.00 |
| 336 | 乙基杀扑磷 | athidathion | 0.100 0 | 甲苯 | 5.00 |
| 337 | 2,2′,4,4′,5,5′-六氯联苯 | DE-PCB 153 | 0.006 3 | 甲苯 | 2.50 |
| 338 | 苄氯三唑醇 | diclobutrazole | 0.025 0 | 甲苯 | 10.00 |
| 339 | 乙拌磷砜 | disulfoton sulfone | 0.012 5 | 甲苯 | 5.00 |
| 340 | 2,2′,3,4,4′,5-六氯联苯 | DE-PCB 138 | 0.006 3 | 甲苯 | 2.50 |
| 341 | 环丙唑 | cyproconazole | 0.006 3 | 甲苯 | 2.50 |
| 342 | 苄呋菊酯-1 | resmethrin-1 | 0.100 0 | 甲苯+丙酮(8+2) | 40.00 |
| 343 | 苄呋菊酯-2 | resmethrin-2 | 0.100 0 | 甲苯 | 40.00 |
| 344 | 酞酸甲苯基丁酯 | phthalic acid, benzyl butyl ester | 0.006 3 | 甲苯 | 2.50 |
| 345 | 炔草酸 | clodinafop-propargyl | 0.012 5 | 甲苯 | 5.00 |
| 346 | 倍硫磷亚砜[a] | fenthion sulfoxide | 0.025 0 | 甲苯+丙酮(8+2) | 10.00 |
| 347 | 三氟苯唑 | fluotrimazole | 0.006 3 | 甲醇 | 2.50 |
| 348 | 氟草烟-1-甲庚酯 | fluroxypr-1-methylheptyl ester | 0.006 3 | 甲苯+丙酮(8+2) | 2.50 |
| 349 | 倍硫磷砜 | fenthion sulfone | 0.025 0 | 甲苯 | 10.00 |
| 350 | 苯嗪草酮 | metamitron | 0.062 5 | 甲苯 | 25.00 |
| 351 | 三苯基磷酸盐 | triphenyl phosphate | 0.006 3 | 甲苯 | 2.50 |
| 352 | 2,2′,3,4,4′,5,5′-七氯联苯 | DE-PCB 180 | 0.006 3 | 甲苯 | 2.50 |
| 353 | 吡螨胺 | tebufenpyrad | 0.006 3 | 甲苯 | 2.50 |
| 354 | 解草酯 | cloquintocet-mexyl | 0.006 3 | 甲苯 | 2.50 |
| 355 | 环草定 | lenacil | 0.062 5 | 甲苯 | 25.00 |
| 356 | 糠菌唑-1 | bromuconazole-1 | 0.012 5 | 甲苯 | 5.00 |
| 357 | 糠菌唑-2 | bromuconazole-2 | 0.012 5 | 甲苯 | 5.00 |
| 358 | 甲磺乐灵 | nitralin | 0.062 5 | 甲苯 | 25.00 |
| 359 | 苯线磷亚砜 | fenamiphos sulfoxide | 0.200 0 | 甲苯 | 80.00 |
| 360 | 苯线磷砜 | fenamiphos sulfone | 0.025 0 | 甲苯+丙酮(8+2) | 10.00 |

表 A.1（续）

| 序号 | 中文名称 | 英文名称 | 检出限/(μg/kg) | 溶 剂 | 混合标准溶液浓度/(mg/L) |
|---|---|---|---|---|---|
| 361 | 拌种咯 | fenpiclonil | 0.025 0 | 甲苯 | 10.00 |
| 362 | 氟喹唑 | fluquinconazole | 0.006 3 | 甲苯 | 2.50 |
| 363 | 腈苯唑 | fenbuconazole | 0.012 5 | 甲苯＋丙酮(8＋2) | 5.00 |
| | | E 组 | | | |
| 364 | 残杀威-1 | propoxur-1 | 0.012 5 | 甲苯 | 5.00 |
| 365 | 灭除威 | XMC | 0.012 5 | 甲苯 | 5.00 |
| 366 | 异丙威-1 | isoprocarb-1 | 0.012 5 | 甲苯 | 5.00 |
| 367 | 特草灵-1 | terbucarb-1 | 0.012 5 | 甲苯 | 5.00 |
| 368 | 驱虫特 | dibutyl succinate | 0.012 5 | 甲苯 | 5.00 |
| 369 | 氯氧磷 | chlorethoxyfos | 0.100 0 | 甲苯 | 5.00 |
| 370 | 异丙威-2 | isoprocarb-2 | 0.012 5 | 环已烷 | 5.00 |
| 371 | 丁噻隆 | tebuthiuron | 0.025 0 | 甲苯 | 10.00 |
| 372 | 戊菌隆 | pencycuron | 0.025 0 | 甲苯 | 10.00 |
| 373 | 甲基内吸磷 | demeton-*s*-methyl | 0.025 0 | 甲苯 | 10.00 |
| 374 | 残杀威-2 | propoxur-2 | 0.012 5 | 环已烷 | 5.00 |
| 375 | 二溴磷 | naled | 0.100 0 | 甲苯 | 40.00 |
| 376 | 菲 | phenanthrene | 0.006 3 | 甲苯 | 2.50 |
| 377 | 唑螨酯 | fenpyroximate | 0.050 0 | 甲苯 | 20.00 |
| 378 | 丁基嘧啶磷 | tebupirimfos | 0.012 5 | 甲苯 | 5.00 |
| 379 | 苯锈啶 | fenpropidin | 0.012 5 | 甲苯 | 5.00 |
| 380 | 氯硝胺 | dichloran | 0.012 5 | 甲苯 | 5.00 |
| 381 | 咯喹酮 | pyroquilon | 0.050 4 | 甲苯 | 2.50 |
| 382 | 炔苯酰草胺 | propyzamide | 0.100 0 | 甲苯 | 5.00 |
| 383 | 抗蚜威 | pirimicarb | 0.012 5 | 甲苯 | 5.00 |
| 384 | 解草嗪 | benoxacor | 0.012 5 | 环已烷 | 5.00 |
| 385 | 磷胺-1 | phosphamidon-1 | 0.400 0 | 甲苯 | 20.00 |
| 386 | 乙草胺 | acetochlor | 0.012 5 | 甲苯 | 5.00 |
| 387 | 灭草环 | tridiphane | 0.100 0 | 甲苯 | 10.00 |
| 388 | 戊草丹 | esprocarb | 0.012 5 | 甲苯 | 5.00 |
| 389 | 特草灵-2 | terbucarb-2 | 0.012 5 | 甲苯 | 5.00 |
| 390 | 甲呋酰胺 | fenfuram | 0.012 5 | 甲苯 | 5.00 |
| 391 | 活化酯 | acibenzolar-*s*-methyl | 0.012 5 | 甲苯 | 5.00 |
| 392 | 呋草黄 | benfuresate | 0.100 0 | 甲苯 | 5.00 |
| 393 | 精甲霜灵 | mefenoxam | 0.012 5 | 甲苯 | 5.00 |

表 A.1（续）

| 序号 | 中文名称 | 英文名称 | 检出限/(μg/kg) | 溶　剂 | 混合标准溶液浓度/(mg/L) |
|---|---|---|---|---|---|
| 394 | 马拉氧磷 | malaoxon | 0.100 0 | 甲苯 | 40.00 |
| 395 | 磷胺-2 | phosphamidon-2 | 0.400 0 | 甲苯 | 20.00 |
| 396 | 氯酞酸甲酯 | chlorthal-dimethyl | 0.012 5 | 甲苯 | 5.00 |
| 397 | 硅氟唑 | simeconazole | 0.012 5 | 甲苯 | 5.00 |
| 398 | 特草净 | terbacil | 0.012 5 | 甲苯 | 5.00 |
| 399 | 噻唑烟酸 | thiazopyr | 0.012 5 | 甲苯 | 5.00 |
| 400 | 甲基毒虫畏 | dimethylvinphos | 0.012 5 | 甲苯 | 5.00 |
| 401 | 苯酰草胺 | zoxamide | 0.012 5 | 甲苯 | 5.00 |
| 402 | 烯丙菊酯 | allethrin | 0.025 0 | 甲苯 | 10.00 |
| 403 | 灭藻醌 | quinoclamine | 0.025 0 | 甲苯 | 10.00 |
| 404 | 氟噻草胺 | flufenacet | 0.050 0 | 甲苯 | 20.00 |
| 405 | 氰菌胺 | fenoxanil | 0.012 5 | 甲苯 | 5.00 |
| 406 | 呋霜灵 | furalaxyl | 0.012 5 | 甲苯 | 5.00 |
| 407 | 嘧菌胺 | mepanipyrim | 0.050 0 | 甲苯＋丙酮(8＋2) | 2.50 |
| 408 | 噻虫嗪 | thiamethoxam | 0.200 0 | 乙腈 | 10.00 |
| 409 | 克菌丹 | captan | 0.800 0 | 甲苯 | 40.00 |
| 410 | 除草定 | bromacil | 0.012 5 | 甲苯 | 5.00 |
| 411 | 啶氧菌酯 | picoxystrobin | 0.012 5 | 甲苯 | 5.00 |
| 412 | 抑草磷 | butamifos | 0.006 3 | 甲苯 | 2.50 |
| 413 | 咪草酸 | imazamethabenz-methyl | 0.018 8 | 甲苯 | 7.50 |
| 414 | 苯噻硫氰 | TCMTB | 0.800 0 | 甲苯 | 40.00 |
| 415 | 苯氧菌胺 | metominostrobin | 0.025 0 | 甲苯 | 10.00 |
| 416 | 抑霉唑 | imazalil | 0.025 0 | 甲苯＋丙酮(8＋2) | 10.00 |
| 417 | 稻瘟灵 | isoprothiolane | 0.012 5 | 甲苯 | 5.00 |
| 418 | 环氟菌胺 | cyflufenamid | 0.100 0 | 甲苯 | 40.00 |
| 419 | 苯氧喹啉 | quinoxyphen | 0.006 3 | 甲苯 | 2.50 |
| 420 | 肟菌酯 | trifloxystrobin | 0.025 0 | 甲苯＋丙酮(8＋2) | 10.00 |
| 421 | 脱苯甲基亚胺唑 | imibenconazole-des-benzyl | 0.025 0 | 甲苯 | 10.00 |
| 422 | 炔咪菊酯-1 | imiprothrin-1 | 0.012 5 | 甲苯 | 5.00 |
| 423 | 氟虫腈 | fipronil | 0.050 0 | 甲苯 | 20.00 |
| 424 | 炔咪菊酯-2 | imiprothrin-2 | 0.012 5 | 甲苯 | 5.00 |
| 425 | 氟环唑-1 | epoxiconazole-1 | 0.050 0 | 甲苯 | 20.00 |
| 426 | 稗草丹 | pyributicarb | 0.012 5 | 乙腈 | 5.00 |
| 427 | 吡草醚 | pyraflufen ethyl | 0.012 5 | 甲苯 | 5.00 |

**表 A.1（续）**

| 序号 | 中文名称 | 英文名称 | 检出限/(μg/kg) | 溶 剂 | 混合标准溶液浓度/(mg/L) |
|---|---|---|---|---|---|
| 428 | 噻吩草胺 | thenylchlor | 0.012 5 | 甲苯 | 5.00 |
| 429 | 烯草酮 | clethodim | 0.025 0 | 环己烷 | 10.00 |
| 430 | 吡唑解草酯 | mefenpyr-diethyl | 0.018 8 | 甲苯 | 7.50 |
| 431 | 乙螨唑 | etoxazole | 0.037 5 | 甲苯 | 15.00 |
| 432 | 氟环唑-2 | epoxiconazole-2 | 0.050 0 | 环己烷 | 20.00 |
| 433 | 伐灭磷 | famphur | 0.025 0 | 甲苯 | 10.00 |
| 434 | 吡丙醚 | pyriproxyfen | 0.012 5 | 甲苯 | 5.00 |
| 435 | 异菌脲 | iprodione | 0.025 0 | 甲苯 | 10.00 |
| 436 | 呋酰胺 | ofurace | 0.018 8 | 甲苯 | 7.50 |
| 437 | 哌草磷 | piperophos | 0.018 8 | 环己烷 | 7.50 |
| 438 | 咪唑菌酮 | fenamidone | 0.006 3 | 甲苯 | 2.50 |
| 439 | 吡唑醚菊酯 | pyraclostrobin | 1.200 0 | 甲苯 | 60.00 |
| 440 | 三甲苯草酮[a] | tralkoxydim | 0.050 0 | 甲苯 | 20.00 |
| 441 | 吡唑硫磷 | pyraclofos | 0.400 0 | 甲苯 | 20.00 |
| 442 | 氯亚胺硫磷 | dialifos | 1.600 0 | 甲苯 | 80.00 |
| 443 | 螺螨酯 | spirodiclofen | 0.050 0 | 甲苯 | 20.00 |
| 444 | 呋草酮 | flurtamone | 0.012 5 | 甲苯 | 5.00 |
| 445 | 环酯草醚 | pyriftalid | 0.006 3 | 环己烷 | 2.50 |
| 446 | 氟硅菊酯 | silafluofen | 0.006 3 | 甲苯 | 2.50 |
| 447 | 嘧螨醚 | pyrimidifen | 0.012 5 | 甲苯 | 5.00 |
| 448 | 氟丙嘧草酯 | butafenacil | 0.006 3 | 乙腈 | 2.50 |
| 449 | 氟啶草酮 | fluridone | 0.012 5 | 甲苯 | 5.00 |
| F 组 | | | | | |
| 450 | 苯磺隆[a] | tribenuron-methyl | 0.006 3 | 甲苯 | 2.50 |
| 451 | 乙硫苯威 | ethiofencarb | 0.062 5 | 甲苯 | 25.00 |
| 452 | 二氧威 | dioxacarb | 0.050 0 | 甲苯 | 20.00 |
| 453 | 避蚊酯 | dimethyl phthalate | 0.025 0 | 甲苯 | 10.00 |
| 454 | 4-氯苯氧乙酸 | 4-chlorophenoxy acetic acid | 0.003 1 | 甲苯 | 1.25 |
| 455 | 氟菌唑 | triflumizole | 0.200 0 | 甲苯 | 10.00 |
| 456 | 邻苯二甲酰亚胺[a] | phthalimide | 0.012 5 | 甲苯 | 5.00 |
| 457 | 乙酰甲胺磷[a] | acephate | 0.125 0 | 甲苯 | 50.00 |
| 458 | 避蚊胺 | diethyltoluamide | 0.005 0 | 甲苯 | 2.00 |
| 459 | 2,4-滴 | 2,4-D | 0.125 0 | 甲苯 | 50.00 |
| 460 | 甲萘威 | carbaryl | 0.018 8 | 甲苯 | 7.50 |

表 A.1（续）

| 序号 | 中文名称 | 英文名称 | 检出限/(μg/kg) | 溶 剂 | 混合标准溶液浓度/(mg/L) |
|---|---|---|---|---|---|
| 461 | 硫线磷 | cadusafos | 0.025 0 | 甲苯 | 10.00 |
| 462 | 内吸磷 | demetom-s | 0.200 0 | 甲苯 | 10.00 |
| 463 | 螺菌环胺-1 | spiroxamine-1 | 0.012 5 | 甲苯 | 5.00 |
| 464 | 百治磷 | dicrotophos | 0.050 0 | 甲苯 | 20.00 |
| 465 | 2,4,5-涕 | 2,4,5-T | 0.125 0 | 甲苯 | 50.00 |
| 466 | 3-苯基苯酚 | 3-phenylphenol | 0.037 5 | 甲苯 | 15.00 |
| 467 | 茂谷乐 | furmecyclox | 0.018 8 | 环己烷 | 7.50 |
| 468 | 螺菌环胺-2 | spiroxamine-2 | 0.012 5 | 甲苯 | 5.00 |
| 469 | 丁酰肼 | DMSA | 0.050 0 | 甲苯 | 20.00 |
| 470 | — | sobutylazine | 0.100 0 | 甲苯 | 5.00 |
| 471 | 八氯二甲醚-1 | s421 ( octachlorodipropyl ether)-1 | 0.125 0 | 甲苯 | 50.00 |
| 472 | 八氯二甲醚-2 | s421 ( octachlorodipropyl ether)-2 | 0.125 0 | 甲苯 | 50.00 |
| 473 | 十二环吗啉 | dodemorph | 0.018 8 | 甲苯 | 7.50 |
| 474 | 甜菜安 | desmedipham | 0.125 0 | 甲苯 | 50.00 |
| 475 | 氧皮蝇磷 | fenchlorphos | 0.025 0 | 甲苯 | 10.00 |
| 476 | 仲丁灵 | butralin | 0.025 0 | 甲苯 | 10.00 |
| 477 | 啶斑肟-2 | pyrifenox-2 | 0.050 0 | 甲苯 | 20.00 |
| 478 | 异戊乙净 | dimethametryn | 0.006 3 | 甲苯 | 2.50 |
| 479 | 啶斑肟-1 | pyrifenox-1 | 0.050 0 | 甲苯 | 20.00 |
| 480 | 噻菌灵 | thiabendazole | 0.125 0 | 甲苯 | 50.00 |
| 481 | 缬霉威-1 | iprovalicarb-1 | 0.025 0 | 甲苯 | 10.00 |
| 482 | 戊环唑 | azaconazole | 0.025 0 | 甲苯 | 10.00 |
| 483 | 缬霉威-2 | iprovalicarb-2 | 0.025 0 | 甲苯 | 10.00 |
| 484 | 苯虫醚-1 | diofenolan-1 | 0.012 5 | 甲苯 | 5.00 |
| 485 | 苯虫醚-2 | diofenolan-2 | 0.012 5 | 甲苯 | 5.00 |
| 486 | 苯甲醚 | aclonifen | 0.125 0 | 甲苯 | 50.00 |
| 487 | 溴虫腈 | chlorfenapyr | 0.050 0 | 甲苯 | 20.00 |
| 488 | 生物苄呋菊酯 | bioresmethrin | 0.012 5 | 甲苯 | 5.00 |
| 489 | 唑酮草酯 | carfentrazone-ethyl | 0.012 5 | 甲苯 | 5.00 |
| 490 | 三环唑[a] | tricyclazole | 0.037 5 | 甲苯 | 15.00 |
| 491 | 螺甲螨酯[a] | spiromesifen | 0.062 5 | 甲苯 | 25.00 |
| 492 | 家蝇磷 | phenkapton | 0.300 0 | 甲苯 | 15.00 |
| 493 | 联苯肼酯 | bifenazate | 0.050 0 | 甲苯 | 20.00 |

表 A.1（续）

| 序号 | 中文名称 | 英文名称 | 检出限/(μg/kg) | 溶　剂 | 混合标准溶液浓度/(mg/L) |
|---|---|---|---|---|---|
| 494 | 异狄氏剂酮 | endrin ketone | 0.100 0 | 甲苯 | 40.00 |
| 495 | 氟草敏代谢物 | norflurazon-desmethyl | 0.025 0 | 甲苯 | 10.00 |
| 496 | — | metoconazole | 0.025 0 | 甲苯 | 10.00 |
| 497 | 氰氟草酯 | cyhalofop-butyl | 0.012 5 | 甲苯 | 5.00 |
| 498 | 苄螨醚 | halfenprox | 0.012 5 | 甲苯 | 5.00 |
| 499 | 啶虫脒 | acetamiprid | 0.025 0 | 甲苯 | 10.00 |
| 500 | 烟酰碱 | boscalid | 0.025 0 | 甲苯 | 10.00 |
| 501 | 四溴菊酯-1 | tralomethrin-1 | 0.050 0 | 甲苯 | 2.50 |
| 502 | 四溴菊酯-2 | tralomethrin-2 | 0.050 0 | 甲苯 | 2.50 |
| 503 | 烯酰吗啉 | dimethomorph | 0.012 5 | 甲苯 | 5.00 |

[a] 为仅能定性的农药及相关化学品的品种。

# 附 录 B
（资料性附录）
# 503种农药及相关化学品和内标化合物的保留时间、定量离子、定性离子及定量离子与定性离子的比值

503种农药及相关化学品和内标化合物的保留时间、定量离子、定性离子及定量离子与定性离子的比值见表B.1。

**表B.1 503种农药及相关化学品和内标化合物的保留时间、定量离子、定性离子及定量离子与定性离子的比值**

| 序号 | 中文名称 | 英文名称 | 保留时间/min | 定量离子 | 定性离子1 | 定性离子2 | 定性离子3 |
|---|---|---|---|---|---|---|---|
| 内标 | 环氧七氯 | heptachlor-epoxide | 22.1 | 353(100) | 355(79) | 351(52) | |
| A组 | | | | | | | |
| 1 | 二丙烯草胺 | allidochlor | 8.78 | 138(100) | 158(10) | 173(15) | |
| 2 | 土菌灵 | etridiazol | 10.42 | 211(100) | 183(73) | 140(19) | |
| 3 | 氯甲硫磷 | chlormephos | 10.53 | 121(100) | 234(70) | 154(70) | |
| 4 | 苯胺灵 | propham | 11.36 | 179(100) | 137(66) | 120(51) | |
| 5 | 环草敌 | cycloate | 13.56 | 154(100) | 186(5) | 215(12) | |
| 6 | 联苯二胺 | diphenylamine | 14.55 | 169(100) | 168(58) | 167(29) | |
| 7 | 杀虫脒 | chlordimeform | 14.93 | 196(100) | 198(30) | 195(18) | 183(23) |
| 8 | 乙丁烯氟灵 | ethalfluralin | 15.00 | 276(100) | 316(81) | 292(42) | |
| 9 | 甲拌磷 | phorate | 15.46 | 260(100) | 121(160) | 231(56) | 153(3) |
| 10 | 甲基乙拌磷 | thiometon | 16.20 | 88(100) | 125(55) | 246(9) | |
| 11 | 五氯硝基苯 | quintozene | 16.75 | 295(100) | 237(159) | 249(114) | |
| 12 | 脱乙基阿特拉津 | atrazine-desethyl | 16.76 | 172(100) | 187(32) | 145(17) | |
| 13 | 异噁草松 | clomazone | 17.00 | 204(100) | 138(4) | 205(13) | |
| 14 | 二嗪磷 | diazinon | 17.14 | 304(100) | 179(192) | 137(172) | |
| 15 | 地虫硫磷 | fonofos | 17.31 | 246(100) | 137(141) | 174(15) | 202(6) |
| 16 | 乙嘧硫磷 | etrimfos | 17.92 | 292(100) | 181(40) | 277(31) | |
| 17 | 胺丙畏 | propetamphos | 17.97 | 138(100) | 194(49) | 236(30) | |
| 18 | 密草通 | secbumeton | 18.36 | 196(100) | 210(38) | 225(39) | |
| 19 | 炔丙烯草胺 | pronamide | 18.72 | 173(100) | 175(62) | 255(22) | |
| 20 | 除线磷 | dichlofenthion | 18.80 | 279(100) | 223(78) | 251(38) | |
| 21 | 兹克威 | mexacarbate | 18.83 | 165(100) | 150(66) | 222(27) | |
| 22 | 乐果 | dimethoate | 19.25 | 125(100) | 143(16) | 229(11) | |
| 23 | 氨氟灵 | dinitramine | 19.35 | 305(100) | 307(38) | 261(29) | |
| 24 | 艾氏剂 | aldrin | 19.67 | 263(100) | 265(65) | 293(40) | 329(8) |
| 25 | 皮蝇磷 | ronnel | 19.80 | 285(100) | 287(67) | 125(32) | |

**表 B.1（续）**

| 序号 | 中文名称 | 英文名称 | 保留时间/min | 定量离子 | 定性离子 1 | 定性离子 2 | 定性离子 3 |
|---|---|---|---|---|---|---|---|
| 26 | 扑草净 | prometryne | 20.13 | 241(100) | 184(78) | 226(60) | |
| 27 | 环丙津 | cyprazine | 20.18 | 212(100) | 227(58) | 170(29) | |
| 28 | 乙烯菌核利 | vinclozolin | 20.29 | 285(100) | 212(109) | 198(96) | |
| 29 | β-六六六 | *beta*-HCH | 20.31 | 219(100) | 217(78) | 181(94) | 254(12) |
| 30 | 甲霜灵 | metalaxyl | 20.67 | 206(100) | 249(53) | 234(38) | |
| 31 | 甲基对硫磷 | methyl-parathion | 20.82 | 263(100) | 233(66) | 246(8) | 200(6) |
| 32 | 毒死蜱 | chlorpyrifos (-ethyl) | 20.96 | 314(100) | 258(57) | 286(42) | |
| 33 | δ-六六六 | *delta*-HCH | 21.16 | 219(100) | 217(80) | 181(99) | 254(10) |
| 34 | 蒽醌 | anthraquinone | 21.49 | 208(100) | 180(84) | 152(69) | |
| 35 | 倍硫磷 | fenthion | 21.53 | 278(100) | 169(16) | 153(9) | |
| 36 | 马拉硫磷 | malathion | 21.54 | 173(100) | 158(36) | 143(15) | |
| 37 | 对氧磷 | paraoxon-ethyl | 21.57 | 275(100) | 220(60) | 247(58) | 263(11) |
| 38 | 杀螟硫磷 | fenitrothion | 21.62 | 277(100) | 260(52) | 247(60) | |
| 39 | 三唑酮 | triadimefon | 22.22 | 208(100) | 210(50) | 181(74) | |
| 40 | 利谷隆 | linuron | 22.44 | 61(100) | 248(30) | 160(12) | |
| 41 | 二甲戊灵 | pendimethalin | 22.59 | 252(100) | 220(22) | 162(12) | |
| 42 | 杀螨醚 | chlorbenside | 22.96 | 268(100) | 270(41) | 143(11) | |
| 43 | 乙基溴硫磷 | bromophos-ethyl | 23.06 | 359(100) | 303(77) | 357(74) | |
| 44 | 喹硫磷 | quinalphos | 23.10 | 146(100) | 298(28) | 157(66) | |
| 45 | 反式氯丹 | *trans*-chlordane | 23.29 | 373(100) | 375(96) | 377(51) | |
| 46 | 稻丰散 | phenthoate | 23.30 | 274(100) | 246(24) | 320(5) | |
| 47 | 吡唑草胺 | metazachlor | 23.32 | 209(100) | 133(120) | 211(32) | |
| 48 | 丙硫磷 | prothiophos | 24.04 | 309(100) | 267(88) | 162(55) | |
| 49 | 整形醇 | chlorfurenol | 24.15 | 215(100) | 152(40) | 274(11) | |
| 50 | 腐霉利 | procymidone | 24.36 | 283(100) | 285(70) | 255(15) | |
| 51 | 狄氏剂 | dieldrin | 24.43 | 263(100) | 277(82) | 380(30) | 345(35) |
| 52 | 杀扑磷 | methidathion | 24.49 | 145(100) | 157(2) | 302(4) | |
| 53 | 敌草胺 | napropamide | 24.84 | 271(100) | 128(111) | 171(34) | |
| 54 | 氰草津 | cyanazine | 24.94 | 225(100) | 240(56) | 198(61) | |
| 55 | 噁草酮 | oxadiazone | 25.06 | 175(100) | 258(62) | 302(37) | |
| 56 | 苯线磷 | fenamiphos | 25.29 | 303(100) | 154(56) | 288(31) | 217(22) |
| 57 | 杀螨氯硫 | tetrasul | 25.85 | 252(100) | 324(64) | 254(68) | |
| 58 | 乙嘧酚磺酸酯 | bupirimate | 26.00 | 273(100) | 316(41) | 208(83) | |
| 59 | 氟酰胺 | flutolanil | 26.23 | 173(100) | 145(25) | 323(14) | |

表 B.1（续）

| 序号 | 中文名称 | 英文名称 | 保留时间/min | 定量离子 | 定性离子 1 | 定性离子 2 | 定性离子 3 |
|---|---|---|---|---|---|---|---|
| 60 | 萎锈灵 | carboxin | 26.25 | 235(100) | 143(168) | 87(52) | |
| 61 | p,p′-滴滴滴 | p,p′-DDD | 26.59 | 235(100) | 237(64) | 199(12) | 165(46) |
| 62 | 乙硫磷 | ethion | 26.69 | 231(100) | 384(13) | 199(9) | |
| 63 | 乙环唑-1 | etaconazole-1 | 26.81 | 245(100) | 173(85) | 247(65) | |
| 64 | 硫丙磷 | sulprofos | 26.87 | 322(100) | 156(62) | 280(11) | |
| 65 | 乙环唑-2 | etaconazole-2 | 26.89 | 245(100) | 173(85) | 247(65) | |
| 66 | 腈菌唑 | myclobutanil | 27.19 | 179(100) | 288(14) | 150(45) | |
| 67 | 丰索磷 | fensulfothion | 27.94 | 292(100) | 308(22) | 293(73) | |
| 68 | 禾草灵 | diclofop-methyl | 28.08 | 253(100) | 281(50) | 342(82) | |
| 69 | 丙环唑-1 | propiconazole-1 | 28.15 | 259(100) | 173(97) | 261(65) | |
| 70 | 丙环唑-2 | propiconazole-2 | 28.15 | 259(100) | 173(97) | 261(65) | |
| 71 | 联苯菊酯 | bifenthrin | 28.57 | 181(100) | 166(25) | 165(23) | |
| 72 | 灭蚁灵 | mirex | 28.72 | 272(100) | 237(49) | 274(80) | |
| 73 | 氟苯嘧啶醇 | nuarimol | 28.90 | 314(100) | 235(155) | 203(108) | |
| 74 | 麦锈灵 | benodanil | 29.14 | 231(100) | 323(38) | 203(22) | |
| 75 | 甲氧滴滴涕 | methoxychlor | 29.38 | 227(100) | 228(16) | 212(4) | |
| 76 | 噁霜灵 | oxadixyl | 29.50 | 163(100) | 233(18) | 278(11) | |
| 77 | 戊唑醇 | tebuconazole | 29.51 | 250(100) | 163(55) | 252(36) | |
| 78 | 胺菊酯 | tetramethirn | 29.59 | 164(100) | 135(3) | 232(1) | |
| 79 | 氟草敏 | norflurazon | 29.99 | 303(100) | 145(101) | 102(47) | |
| 80 | 哒嗪硫磷 | pyridaphenthion | 30.17 | 340(100) | 199(48) | 188(51) | |
| 81 | 亚胺硫磷 | phosmet | 30.46 | 160(100) | 161(11) | 317(4) | |
| 82 | 三氯杀螨砜 | tetradifon | 30.70 | 227(100) | 356(70) | 159(196) | |
| 83 | 顺式-氯菊酯 | *cis*-permethrin | 31.42 | 183(100) | 184(15) | 255(2) | |
| 84 | 吡菌磷 | pyrazophos | 31.60 | 221(100) | 232(35) | 373(19) | |
| 85 | 反式-氯菊酯 | *trans*-permethrin | 31.68 | 183(100) | 184(15) | 255(2) | |
| 86 | 氯氰菊酯 | cypermethrin | 33.19 | 181(100) | 152(23) | 180(16) | |
| 87 | 氰戊菊酯-1 | fenvalerate-1 | 34.45 | 167(100) | 225(53) | 419(37) | 181(41) |
| 88 | 氰戊菊酯-2 | fenvalerate-2 | 34.79 | 167(101) | 225(54) | 419(38) | 181(42) |
| 89 | 溴氰菊酯 | deltamethrin | 35.77 | 181(100) | 172(25) | 174(25) | |
| B 组 | | | | | | | |
| 90 | 茵草敌 | EPTC | 8.54 | 128(100) | 189(30) | 132(32) | |
| 91 | 丁草敌 | butylate | 9.49 | 156(100) | 146(115) | 217(27) | |
| 92 | 敌草腈 | dichlobenil | 9.75 | 171(100) | 173(68) | 136(15) | |

表 B.1（续）

| 序号 | 中文名称 | 英文名称 | 保留时间/min | 定量离子 | 定性离子 1 | 定性离子 2 | 定性离子 3 |
|---|---|---|---|---|---|---|---|
| 93 | 克草敌 | pebulate | 10.18 | 128(100) | 161(21) | 203(20) | |
| 94 | 三氯甲基吡啶 | nitrapyrin | 10.89 | 194(100) | 196(97) | 198(23) | |
| 95 | 速灭磷 | mevinphos | 11.23 | 127(100) | 192(39) | 164(29) | |
| 96 | 氯苯甲醚 | chloroneb | 11.85 | 191(100) | 193(67) | 206(66) | |
| 97 | 四氯硝基苯 | tecnazene | 13.54 | 261(100) | 203(135) | 215(113) | |
| 98 | 庚烯磷 | heptanophos | 13.78 | 124(100) | 215(17) | 250(14) | |
| 99 | 灭线磷 | ethoprophos | 14.40 | 158(100) | 200(40) | 242(23) | 168(15) |
| 100 | 六氯苯 | hexachlorobenzene | 14.69 | 284(100) | 286(81) | 282(51) | |
| 101 | 毒草胺 | propachlor | 14.73 | 120(100) | 176(45) | 211(11) | |
| 102 | 顺式-燕麦敌 | *cis*-diallate | 14.75 | 234(100) | 236(37) | 128(38) | |
| 103 | 氟乐灵 | trifluralin | 15.23 | 306(100) | 264(72) | 335(7) | |
| 104 | 反式-燕麦敌 | *trans*-diallate | 15.29 | 234(100) | 236(37) | 128(38) | |
| 105 | 氯苯胺灵 | chlorpropham | 15.49 | 213(100) | 171(59) | 153(24) | |
| 106 | 治螟磷 | sulfotep | 15.55 | 322(100) | 202(43) | 238(27) | 266(24) |
| 107 | 菜草畏 | sulfallate | 15.75 | 188(100) | 116(7) | 148(4) | |
| 108 | α-六六六 | *alpha*-HCH | 16.06 | 219(100) | 183(98) | 221(47) | 254(6) |
| 109 | 特丁硫磷 | terbufos | 16.83 | 231(100) | 153(25) | 288(10) | 186(13) |
| 110 | 特丁通 | terbumeton | 17.20 | 210(100) | 169(66) | 225(32) | |
| 111 | 环丙氟灵 | profluralin | 17.36 | 318(100) | 304(47) | 347(13) | |
| 112 | 敌噁磷 | dioxathion | 17.51 | 270(100) | 197(43) | 169(19) | |
| 113 | 扑灭津 | propazine | 17.67 | 214(100) | 229(67) | 172(51) | |
| 114 | 氯炔灵 | chlorbufam | 17.85 | 223(100) | 153(53) | 164(64) | |
| 115 | 氯硝胺 | dicloran | 17.89 | 206(100) | 176(128) | 160(52) | |
| 116 | 特丁津 | terbuthylazine | 18.07 | 214(100) | 229(33) | 173(35) | |
| 117 | 绿谷隆 | monolinuron | 18.15 | 61(100) | 126(45) | 214(51) | |
| 118 | 氟虫脲 | flufenoxuron | 18.83 | 305(100) | 126(67) | 307(32) | |
| 119 | 甲基毒死蜱 | chlorpyrifos-methyl | 19.38 | 286(100) | 288(70) | 197(5) | |
| 120 | 敌草净 | desmetryn | 19.64 | 213(100) | 198(60) | 171(30) | |
| 121 | 二甲草胺 | dimethachlor | 19.80 | 134(100) | 197(47) | 210(16) | |
| 122 | 甲草胺 | alachlor | 20.03 | 188(100) | 237(35) | 269(15) | |
| 123 | 甲基嘧啶磷 | pirimiphos-methyl | 20.30 | 290(100) | 276(86) | 305(74) | |
| 124 | 特丁净 | terbutryn | 20.61 | 226(100) | 241(64) | 185(73) | |
| 125 | 丙硫特普 | aspon | 20.62 | 211(100) | 253(52) | 378(14) | |
| 126 | 杀草丹 | thiobencarb | 20.63 | 100(100) | 257(25) | 259(9) | |

表 B.1（续）

| 序号 | 中文名称 | 英文名称 | 保留时间/min | 定量离子 | 定性离子1 | 定性离子2 | 定性离子3 |
|---|---|---|---|---|---|---|---|
| 127 | 三氯杀螨醇 | dicofol | 21.33 | 139(100) | 141(72) | 250(23) | 251(4) |
| 128 | 异丙甲草胺 | metolachlor | 21.34 | 238(100) | 162(159) | 240(33) | |
| 129 | 嘧啶磷 | pirimiphos-ethyl | 21.59 | 333(100) | 318(93) | 304(69) | |
| 130 | 苯氟磺胺 | dichlofluanid | 21.68 | 224(100) | 226(74) | 167(120) | |
| 131 | 烯虫酯 | methoprene | 21.71 | 73(100) | 191(29) | 153(29) | |
| 132 | 溴硫磷 | bromofos | 21.75 | 331(100) | 329(75) | 213(7) | |
| 133 | 乙氧呋草黄 | ethofumesate | 21.84 | 207(100) | 161(54) | 286(27) | |
| 134 | 异丙乐灵 | isopropalin | 22.10 | 280(100) | 238(40) | 222(4) | |
| 135 | 敌稗 | propanil | 22.68 | 161(100) | 217(21) | 163(62) | |
| 136 | 育畜磷 | crufomate | 22.93 | 256(100) | 182(154) | 276(58) | |
| 137 | 异柳磷 | isofenphos | 22.99 | 213(100) | 255(44) | 185(45) | |
| 138 | 硫丹-1 | endosulfan-1 | 23.10 | 241(100) | 265(66) | 339(46) | |
| 139 | 毒虫畏 | chlorfenvinphos | 23.19 | 323(100) | 267(139) | 269(92) | |
| 140 | 甲苯氟磺胺 | tolylfluanide | 23.45 | 238(100) | 240(71) | 137(210) | |
| 141 | 顺式-氯丹 | *cis*-chlordane | 23.55 | 373(100) | 375(96) | 377(51) | |
| 142 | 丁草胺 | butachlor | 23.82 | 176(100) | 160(75) | 188(46) | |
| 143 | 乙菌利 | chlozolinate | 23.83 | 259(100) | 188(83) | 331(91) | |
| 144 | *p*,*p'*-滴滴伊 | *p*,*p'*-DDE | 23.92 | 318(100) | 316(80) | 246(139) | 248(70) |
| 145 | 碘硫磷 | iodofenphos | 24.33 | 377(100) | 379(37) | 250(6) | |
| 146 | 杀虫畏 | tetrachlorvinphos | 24.36 | 329(100) | 331(96) | 333(31) | |
| 147 | 氯溴隆 | chlorbromuron | 24.37 | 61(100) | 294(17) | 292(13) | |
| 148 | 丙溴磷 | profenofos | 24.65 | 339(100) | 374(39) | 297(37) | |
| 149 | 噻嗪酮 | buprofezin | 24.87 | 105(100) | 172(54) | 305(24) | |
| 150 | *o*,*p'*-滴滴滴 | *o*,*p'*-DDD | 24.94 | 235(100) | 237(65) | 165(39) | 199(14) |
| 151 | 杀螨酯 | chlorfenson | 25.05 | 302(100) | 175(282) | 177(103) | |
| 152 | 氟咯草酮 | fluorochloridone | 25.14 | 311(100) | 313(64) | 187(85) | |
| 153 | 异狄氏剂 | endrin | 25.15 | 263(100) | 317(30) | 345(26) | |
| 154 | 多效唑 | paclobutrazol | 25.21 | 236(100) | 238(37) | 167(39) | |
| 155 | *o*,*p'*-滴滴涕 | *o*,*p'*-DDT | 25.56 | 235(100) | 237(63) | 165(37) | 199(14) |
| 156 | 盖草津 | methoprotryne | 25.63 | 256(100) | 213(24) | 271(17) | |
| 157 | 丙酯杀螨醇 | chloropropylate | 25.85 | 251(100) | 253(64) | 141(18) | |
| 158 | 麦草氟甲酯 | flamprop-methyl | 25.90 | 105(100) | 77(26) | 276(11) | |
| 159 | 除草醚 | nitrofen | 26.12 | 283(100) | 253(90) | 202(48) | 139(15) |
| 160 | 乙氧氟草醚 | oxyfluorfen | 26.13 | 252(100) | 361(35) | 300(35) | |

表 B.1(续)

| 序号 | 中文名称 | 英文名称 | 保留时间/min | 定量离子 | 定性离子1 | 定性离子2 | 定性离子3 |
|---|---|---|---|---|---|---|---|
| 161 | 虫螨磷 | chlorthiophos | 26.52 | 325(100) | 360(52) | 297(54) | |
| 162 | 麦草氟异丙酯 | flamprop-isopropyl. | 26.70 | 105(100) | 276(19) | 363(3) | |
| 163 | 硫丹-2 | endosulfan-2 | 26.72 | 241(100) | 265(66) | 339(46) | |
| 164 | 三硫磷 | carbofenothion | 27.19 | 157(100) | 342(49) | 199(28) | |
| 165 | *p*,*p*′-滴滴涕 | *p*,*p*′-DDT | 27.22 | 235(100) | 237(65) | 246(7) | 165(34) |
| 166 | 苯霜灵 | benalaxyl | 27.54 | 148(100) | 206(32) | 325(8) | |
| 167 | 敌瘟磷 | edifenphos | 27.94 | 173(100) | 310(76) | 201(37) | |
| 168 | 三唑磷 | triazophos | 28.23 | 161(100) | 172(47) | 257(38) | |
| 169 | 苯腈磷 | cyanofenphos | 28.43 | 157(100) | 169(56) | 303(20) | |
| 170 | 氯杀螨砜 | chlorbenside sulfone | 28.88 | 127(100) | 99(14) | 89(33) | |
| 171 | 硫丹硫酸盐 | endosulfan-sulfate | 29.05 | 387(100) | 272(165) | 389(64) | |
| 172 | 溴螨酯 | bromopropylate | 29.30 | 341(100) | 183(34) | 339(49) | |
| 173 | 新燕灵 | benzoylprop-ethyl | 29.40 | 292(100) | 365(36) | 260(37) | |
| 174 | 甲氰菊酯 | fenpropathrin | 29.56 | 265(100) | 181(237) | 349(25) | |
| 175 | 苯硫膦 | EPN | 30.06 | 157(100) | 169(53) | 323(14) | |
| 176 | 敌菌丹 | captafol | 30.11 | 79(100) | 183(5) | 311(3) | |
| 177 | 环嗪酮 | hexazinone | 30.14 | 171(100) | 252(3) | 128(12) | |
| 178 | 溴苯磷 | leptophos | 30.19 | 377(100) | 375(73) | 379(28) | |
| 179 | 治草醚 | bifenox | 30.81 | 341(100) | 189(30) | 310(27) | |
| 180 | 伏杀硫磷 | phosalone | 31.22 | 182(100) | 367(30) | 154(20) | |
| 181 | 保棉磷 | azinphos-methyl | 31.41 | 160(100) | 132(71) | 77(58) | |
| 182 | 氯苯嘧啶醇 | fenarimol | 31.65 | 139(100) | 219(70) | 330(42) | |
| 183 | 益棉磷 | azinphos-ethyl | 32.01 | 160(100) | 132(103) | 77(51) | |
| 184 | 氟氯氰菊酯 | cyfluthrin | 32.94 | 206(100) | 199(63) | 226(72) | |
| 185 | 咪鲜胺 | prochloraz | 33.07 | 180(100) | 308(59) | 266(18) | |
| 186 | 蝇毒磷 | coumaphos | 33.22 | 362(100) | 226(56) | 364(39) | |
| 187 | 氟胺氰菊酯 | *tau*-fluvalinate | 34.94 | 250(100) | 252(38) | 181(18) | |
| C 组 | | | | | | | |
| 188 | 敌敌畏 | dichlorvos | 7.80 | 109(100) | 185(34) | 220(7) | |
| 189 | 联苯 | biphenyl | 9.00 | 154(100) | 153(40) | 152(27) | |
| 190 | 霜霉威 | propamocarb | 9.40 | 58(100) | 129(6) | 188(5) | |
| 191 | 灭草敌 | vernolate | 9.82 | 128(100) | 146(17) | 203(9) | |
| 192 | 3,5-二氯苯胺 | 3,5-dichloroaniline | 11.20 | 161(100) | 163(62) | 126(10) | |
| 193 | 虫螨畏 | methacrifos | 11.86 | 125(100) | 208(74) | 240(44) | |

**表 B.1（续）**

| 序号 | 中文名称 | 英文名称 | 保留时间/min | 定量离子 | 定性离子 1 | 定性离子 2 | 定性离子 3 |
|---|---|---|---|---|---|---|---|
| 194 | 禾草敌 | molinate | 11.92 | 126(100) | 187(24) | 158(2) | |
| 195 | 邻苯基苯酚 | 2-phenylphenol | 12.47 | 170(100) | 169(72) | 141(31) | |
| 196 | 四氢邻苯二甲酰亚胺 | *cis*-1,2,3,6-tetrahydrophthalimide | 13.39 | 151(100) | 123(16) | 122(16) | |
| 197 | 仲丁威 | fenobucarb | 14.60 | 121(100) | 150(32) | 107(8) | |
| 198 | 乙丁氟灵 | benfluralin | 15.23 | 292(100) | 264(20) | 276(13) | |
| 199 | 氟铃脲 | hexaflumuron | 16.20 | 176(100) | 279(28) | 277(43) | |
| 200 | 扑灭通 | prometon | 16.66 | 210(100) | 225(91) | 168(67) | |
| 201 | 野麦威 | triallate | 17.12 | 268(100) | 270(73) | 143(19) | |
| 202 | 嘧霉胺 | pyrimethanil | 17.28 | 198(100) | 199(45) | 200(5) | |
| 203 | 林丹 | *gamma*-HCH | 17.48 | 183(100) | 219(93) | 254(13) | 221(40) |
| 204 | 乙拌磷 | disulfoton | 17.61 | 88(100) | 274(15) | 186(18) | |
| 205 | 莠去净 | atrizine | 17.64 | 200(100) | 215(62) | 173(29) | |
| 206 | 异稻瘟净 | iprobenfos | 18.44 | 204(100) | 246(18) | 288(17) | |
| 207 | 氯唑磷 | isazofos | 18.54 | 161(100) | 257(53) | 285(39) | 313(15) |
| 208 | 三氯杀虫酯 | plifenate | 18.87 | 217(100) | 175(96) | 242(91) | |
| 209 | 氯乙氟灵 | fluchloralin | 18.89 | 306(100) | 326(87) | 264(54) | |
| 210 | 四氟苯菊酯 | transfluthrin | 19.04 | 163(100) | 165(23) | 335(7) | |
| 211 | 丁苯吗啉 | fenpropimorph | 19.22 | 128(100) | 303(5) | 129(9) | |
| 212 | 甲基立枯磷 | tolclofos-methyl | 19.69 | 265(100) | 267(36) | 250(10) | |
| 213 | 异丙草胺 | propisochlor | 19.89 | 162(100) | 223(200) | 146(17) | |
| 214 | 溴谷隆 | metobromuron | 20.07 | 61(100) | 258(11) | 170(16) | |
| 215 | 莠灭净 | ametryn | 20.11 | 227(100) | 212(53) | 185(17) | |
| 216 | 西草净 | simetryn | 20.18 | 213(100) | 170(26) | 198(16) | |
| 217 | 嗪草酮 | metribuzin | 20.33 | 198(100) | 199(21) | 144(12) | |
| 218 | 噻节因 | dimethipin | 20.38 | 118(100) | 210(26) | 103(20) | |
| 219 | 异丙净 | dipropetryn | 20.82 | 255(100) | 240(42) | 222(20) | |
| 220 | 乙霉威 | diethofencarb | 21.43 | 267(100) | 225(98) | 151(31) | |
| 221 | 哌草丹 | dimepiperate | 22.28 | 119(100) | 145(30) | 263(8) | |
| 222 | 生物烯丙菊酯-1 | bioallethrin-1 | 22.29 | 123(100) | 136(24) | 107(29) | |
| 223 | 生物烯丙菊酯-2 | bioallethrin-2 | 22.34 | 123(100) | 136(24) | 107(29) | |
| 224 | 芬螨酯 | fenson | 22.54 | 141(100) | 268(53) | 77(104) | |
| 225 | *o*,*p*′-滴滴伊 | *o*,*p*′-DDE | 22.64 | 246(100) | 318(34) | 176(26) | 248(70) |
| 226 | 双苯酰草胺 | diphenamid | 22.87 | 167(100) | 239(30) | 165(43) | |

表 B.1（续）

| 序号 | 中文名称 | 英文名称 | 保留时间/min | 定量离子 | 定性离子 1 | 定性离子 2 | 定性离子 3 |
|---|---|---|---|---|---|---|---|
| 227 | 戊菌唑 | penconazole | 23.17 | 248(100) | 250(33) | 161(50) | |
| 228 | 四氟醚唑 | tetraconazole | 23.35 | 336(100) | 338(33) | 171(10) | |
| 229 | 灭蚜磷 | mecarbam | 23.46 | 131(100) | 296(22) | 329(40) | |
| 230 | 丙虫磷 | propaphos | 23.92 | 304(100) | 220(108) | 262(34) | |
| 231 | 氟节胺 | flumetralin | 24.10 | 143(100) | 157(25) | 404(10) | |
| 232 | 三唑醇-1 | triadimenol-1 | 24.22 | 112(100) | 168(81) | 130(15) | |
| 233 | 三唑醇-2 | triadimenol-2 | 24.94 | 112(100) | 168(71) | 130(10) | |
| 234 | 丙草胺 | pretilachlor | 24.67 | 162(100) | 238(26) | 262(8) | |
| 235 | 亚胺菌 | kresoxim-methyl | 25.04 | 116(100) | 206(25) | 131(66) | |
| 236 | 吡氟禾草灵 | fluazifop-butyl | 25.21 | 282(100) | 383(44) | 254(49) | |
| 237 | 氟啶脲 | chlorfluazuron | 25.27 | 321(100) | 323(71) | 356(8) | |
| 238 | 乙酯杀螨醇 | chlorobenzilate | 25.90 | 251(100) | 253(65) | 152(5) | |
| 239 | 氟哇唑 | flusilazole | 26.19 | 233(100) | 206(33) | 315(9) | |
| 240 | 三氟硝草醚 | fluorodifen | 26.59 | 190(100) | 328(35) | 162(34) | |
| 241 | 烯唑醇 | diniconazole | 27.03 | 268(100) | 270(65) | 232(13) | |
| 242 | 增效醚 | piperonyl butoxide | 27.46 | 176(100) | 177(33) | 149(14) | |
| 243 | 噁唑隆 | dimefuron | 27.82 | 140(100) | 105(75) | 267(36) | |
| 244 | 炔螨特 | propargite | 27.87 | 135(100) | 350(7) | 173(16) | |
| 245 | 灭锈胺 | mepronil | 27.91 | 119(100) | 269(26) | 120(9) | |
| 246 | 吡氟酰草胺 | diflufenican | 28.45 | 266(100) | 394(25) | 267(14) | |
| 247 | 咯菌腈 | fludioxonil | 28.93 | 248(100) | 127(24) | 154(21) | |
| 248 | 喹螨醚 | fenazaquin | 28.97 | 145(100) | 160(46) | 117(10) | |
| 249 | 苯醚菊酯 | phenothrin | 29.08 | 123(100) | 183(74) | 350(6) | |
| 250 | 苯氧威 | fenoxycarb | 29.57 | 255(100) | 186(82) | 116(93) | |
| 251 | 稀禾啶 | sethoxydim | 29.63 | 178(100) | 281(51) | 219(36) | |
| 252 | 双甲脒 | amitraz | 30.00 | 293(100) | 162(138) | 132(168) | |
| 253 | 莎稗磷 | anilofos | 30.68 | 226(100) | 184(52) | 334(10) | |
| 254 | 氟丙菊酯 | acrinathrin | 31.07 | 181(100) | 289(31) | 247(12) | |
| 255 | 高效氯氟氰菊酯 | *lambda*-cyhalothrin | 31.11 | 181(100) | 197(100) | 141(20) | |
| 256 | 苯噻酰草胺 | mefenacet | 31.29 | 192(100) | 120(35) | 136(29) | |
| 257 | 氯菊酯 | permethrin | 31.57 | 183(100) | 184(14) | 255(1) | |
| 258 | 哒螨灵 | pyridaben | 31.86 | 147(100) | 117(11) | 364(7) | |
| 259 | 乙羧氟草醚 | fluoroglycofen-ethyl | 32.01 | 447(100) | 428(20) | 449(35) | |
| 260 | 联苯三唑醇 | bitertanol | 32.25 | 170(100) | 112(8) | 141(6) | |

**表 B.1（续）**

| 序号 | 中文名称 | 英文名称 | 保留时间/min | 定量离子 | 定性离子1 | 定性离子2 | 定性离子3 |
|---|---|---|---|---|---|---|---|
| 261 | 醚菊酯 | etofenprox | 32.75 | 163(100) | 376(4) | 183(6) | |
| 262 | 噻草酮 | cycloxydim | 33.05 | 178(100) | 279(7) | 251(4) | |
| 263 | 顺式-氯氰菊酯 | *alpha*-cypermethrin | 33.35 | 163(100) | 181(84) | 165(63) | |
| 264 | 氟氰戊菊酯 | flucythrinate-1 | 33.58 | 199(100) | 157(90) | 451(22) | |
| 265 | 氟氰戊菊酯 | flucythrinate-2 | 33.85 | 199(101) | 157(91) | 451(23) | |
| 266 | S-氰戊菊酯 | esfenvalerate | 34.65 | 419(100) | 225(158) | 181(189) | |
| 267 | 苯醚甲环唑-2 | difenconazole-2 | 35.49 | 323(100) | 325(69) | 265(70) | |
| 268 | 苯醚甲环唑-1 | difenonazole-1 | 35.40 | 323(100) | 325(66) | 265(83) | |
| 269 | 丙炔氟草胺 | flumioxazin | 35.50 | 354(100) | 287(24) | 259(15) | |
| 270 | 氟烯草酸 | flumiclorac-pentyl | 36.34 | 423(100) | 308(51) | 318(29) | |
| D 组 | | | | | | | |
| 271 | 甲氟磷 | dimefox | 5.62 | 110(100) | 154(75) | 153(17) | |
| 272 | 乙拌磷亚砜 | disulfoton-sulfoxide | 8.41 | 212(100) | 153(61) | 184(20) | |
| 273 | 五氯苯 | pentachlorobenzene | 11.11 | 250(100) | 252(64) | 215(24) | |
| 274 | 三异丁基磷酸盐 | tri-*iso*-butyl phosphate | 11.65 | 155(100) | 139(67) | 211(24) | |
| 275 | 鼠立死 | crimidine | 13.13 | 142(100) | 156(90) | 171(84) | |
| 276 | 4-溴-3,5-二甲苯基-*N*-甲基氨基甲酸酯-1 | BDMC-1 | 13.25 | 200(100) | 202(104) | 201(13) | |
| 277 | 燕麦酯 | chlorfenprop-methyl | 13.57 | 165(100) | 196(87) | 197(49) | |
| 278 | 虫线磷 | thionazin | 14.04 | 143(100) | 192(39) | 220(14) | |
| 279 | 2,3,5,6-四氯苯胺 | 2,3,5,6-tetrachloroaniline | 14.22 | 231(100) | 229(76) | 158(25) | |
| 280 | 三正丁基磷酸盐 | tri-*n*-butyl phosphate | 14.33 | 155(100) | 211(61) | 167(8) | |
| 281 | 2,3,4,5-四氯甲氧基苯 | 2,3,4,5-tetrachloroanisole | 14.66 | 246(100) | 203(70) | 231(51) | |
| 282 | 五氯甲氧基苯 | pentachloroanisole | 15.19 | 280(100) | 265(100) | 237(85) | |
| 283 | 牧草胺 | tebutam | 15.30 | 190(100) | 106(38) | 142(24) | |
| 284 | 蔬果磷 | dioxabenzofos | 16.14 | 216(100) | 201(26) | 171(5) | |
| 285 | 甲基苯噻隆 | methabenzthiazuron | 16.34 | 164(100) | 136(81) | 108(27) | |
| 286 | 西玛通 | simetone | 16.69 | 197(100) | 196(40) | 182(38) | |
| 287 | 阿特拉通 | atratone | 16.70 | 196(100) | 211(68) | 197(105) | |
| 288 | 七氟菊酯 | tefluthrin | 17.24 | 177(100) | 197(26) | 161(5) | |
| 289 | 溴烯杀 | bromocylen | 17.43 | 359(100) | 357(99) | 394(14) | |
| 290 | 草达津 | trietazine | 17.53 | 200(100) | 229(51) | 214(45) | |
| 291 | 2,6-二氯苯甲酰胺 | 2,6-dichlorobenzamide | 17.93 | 173(100) | 189(36) | 175(62) | |

表 B.1（续）

| 序号 | 中文名称 | 英文名称 | 保留时间/min | 定量离子 | 定性离子 1 | 定性离子 2 | 定性离子 3 |
|---|---|---|---|---|---|---|---|
| 292 | 环莠隆 | cycluron | 17.95 | 89(100) | 198(36) | 114(9) | |
| 293 | 2,4,4′-三氯联苯 | DE-PCB 28 | 18.15 | 256(100) | 186(53) | 258(97) | |
| 294 | 2,4,5-三氯联苯 | DE-PCB 31 | 18.19 | 256(100) | 186(53) | 258(97) | |
| 295 | 脱乙基另丁津 | desethyl-sebuthylazine | 18.32 | 172(100) | 174(32) | 186(11) | |
| 296 | 2,3,4,5-四氯苯胺 | 2,3,4,5-tetrachloroaniline | 18.55 | 231(100) | 229(76) | 233(48) | |
| 297 | 合成麝香 | musk ambrette | 18.62 | 253(100) | 268(35) | 223(18) | |
| 298 | 五氯苯胺 | pentachloroaniline | 18.91 | 265(100) | 263(63) | 230(8) | |
| 299 | 叠氮津 | aziprotryne | 19.11 | 199(100) | 184(83) | 157(31) | |
| 300 | 丁咪酰胺 | isocarbamid | 19.24 | 142(100) | 185(2) | 143(6) | |
| 301 | 另丁津 | sebutylazine | 19.26 | 200(100) | 214(14) | 229(13) | |
| 302 | 麝香 | musk moskene | 19.46 | 263(100) | 278(12) | 264(15) | |
| 303 | 2,2′,5,5′-四氯联苯 | DE-PCB 52 | 19.48 | 292(100) | 220(88) | 255(32) | |
| 304 | 苄草丹 | prosulfocarb | 19.51 | 251(100) | 252(14) | 162(10) | |
| 305 | 二甲吩草胺 | dimethenamid | 19.55 | 154(100) | 230(43) | 203(21) | |
| 306 | 4-溴-3,5-二甲苯基-*N*-甲基氨基甲酸酯-2 | BDMC-2 | 19.74 | 200(100) | 202(101) | 201(12) | |
| 307 | 庚酰草胺 | monalide | 20.02 | 197(100) | 199(31) | 239(45) | |
| 308 | 西藏麝香 | musk tibeten | 20.40 | 251(100) | 266(25) | 252(14) | |
| 309 | 八氯苯乙烯 | octachlorostyrene | 20.60 | 380(100) | 343(94) | 308(120) | |
| 310 | 异艾氏剂 | isodrin | 21.01 | 193(100) | 263(46) | 195(83) | |
| 311 | 丁嗪草酮 | isomethiozin | 21.06 | 225(100) | 198(86) | 184(13) | |
| 312 | 毒壤磷 | trichloronat | 21.10 | 297(100) | 269(86) | 196(16) | |
| 313 | 敌草索 | dacthal | 21.25 | 301(100) | 332(31) | 221(16) | |
| 314 | 4,4′-二氯二苯甲酮 | 4,4′-dichlorobenzophenone | 21.29 | 250(100) | 252(62) | 215(26) | |
| 315 | 酞菌酯 | nitrothal-isopropyl | 21.69 | 236(100) | 254(54) | 212(74) | |
| 316 | 吡咪唑 | rabenzazole | 21.73 | 212(100) | 170(26) | 195(19) | |
| 317 | 嘧菌环胺 | cyprodinil | 21.94 | 224(100) | 225(62) | 210(9) | |
| 318 | 麦穗灵 | fuberidazole | 22.10 | 184(100) | 155(21) | 129(12) | |
| 319 | 异氯磷 | dicapthon | 22.44 | 262(100) | 263(10) | 216(10) | |
| 320 | 2-甲-4-氯丁氧乙基酯 | MCPA-butoxyethyl ester | 22.61 | 300(100) | 200(71) | 182(41) | |
| 321 | 2,2′,4,5,5′-五氯联苯 | DE-PCB 101 | 22.62 | 326(100) | 254(66) | 291(18) | |
| 322 | 呋菌胺 | methfuroxam | 22.71 | 229(100) | 212(4) | 230(16) | |

**表 B.1(续)**

| 序号 | 中文名称 | 英文名称 | 保留时间/min | 定量离子 | 定性离子 1 | 定性离子 2 | 定性离子 3 |
|---|---|---|---|---|---|---|---|
| 323 | 水胺硫磷 | isocarbophos | 22.87 | 136(100) | 230(26) | 289(22) | |
| 324 | 甲拌磷砜 | phorate sulfone | 23.15 | 199(100) | 171(30) | 215(11) | |
| 325 | 杀螨醇 | chlorfenethol | 23.29 | 251(100) | 253(66) | 266(12) | |
| 326 | 反式九氯 | *trans*-nonachlor | 23.62 | 409(100) | 407(89) | 411(63) | |
| 327 | 脱叶磷 | DEF | 24.08 | 202(100) | 226(51) | 258(55) | |
| 328 | 氟咯草酮 | flurochloridone | 24.31 | 311(100) | 187(74) | 313(66) | |
| 329 | 溴苯烯磷 | bromfenvinfos | 24.62 | 267(100) | 323(56) | 295(18) | |
| 330 | 乙滴涕 | perthane | 24.81 | 223(100) | 224(20) | 178(9) | |
| 331 | 灭菌磷 | ditalimfos | 24.82 | 130(100) | 148(43) | 299(34) | |
| 332 | 2,3,4,4′,5-五氯联苯 | DE-PCB 118 | 25.08 | 326(100) | 254(38) | 184(16) | |
| 333 | 地胺磷 | mephosfolan | 25.29 | 196(100) | 227(49) | 168(60) | |
| 334 | 4,4′-二溴二苯甲酮 | 4,4′-dibromobenzophenone | 25.30 | 340(100) | 259(30) | 185(179) | |
| 335 | 粉唑醇 | flutriafol | 25.31 | 219(100) | 164(96) | 201(7) | |
| 336 | 乙基杀扑磷 | athidathion | 25.63 | 145(100) | 330(1) | 129(12) | |
| 337 | 2,2′,4,4′,5,5′-六氯联苯 | DE-PCB 153 | 25.64 | 360(100) | 290(62) | 218(24) | |
| 338 | 苄氯三唑醇 | diclobutrazole | 25.95 | 270(100) | 272(68) | 159(42) | |
| 339 | 乙拌磷砜 | disulfoton sulfone | 26.16 | 213(100) | 229(4) | 185(11) | |
| 340 | 2,2′,3,4,4′,5-六氯联苯 | DE-PCB 138 | 26.84 | 360(100) | 290(68) | 218(26) | |
| 341 | 环丙唑 | cyproconazole | 27.23 | 222(100) | 224(35) | 223(11) | |
| 342 | 苄呋菊酯-1 | resmethrin-1 | 27.26 | 171(100) | 143(83) | 338(7) | |
| 343 | 苄呋菊酯-2 | resmethrin-2 | 27.43 | 171(100) | 143(80) | 338(7) | |
| 344 | 酞酸甲苯基丁酯 | phthalic acid,benzyl butyl ester | 27.56 | 206(100) | 312(4) | 230(1) | |
| 345 | 炔草酸 | clodinafop-propargyl | 27.74 | 349(100) | 238(96) | 266(83) | |
| 346 | 倍硫磷亚砜 | fenthion sulfoxide | 28.06 | 278(100) | 279(290) | 294(145) | |
| 347 | 三氟苯唑 | fluotrimazole | 28.39 | 311(100) | 379((60) | 233(36) | |
| 348 | 氟草烟-1-甲庚酯 | fluroxypr-1-methylheptyl ester | 28.45 | 366(100) | 254(67) | 237(60) | |
| 349 | 倍硫磷砜 | fenthion sulfone | 28.55 | 310(100) | 136(25) | 231(10) | |
| 350 | 苯嗪草酮 | metamitron | 28.63 | 202(100) | 174(52) | 186(12) | |
| 351 | 三苯基磷酸盐 | triphenyl phosphate | 28.65 | 326(100) | 233(16) | 215(20) | |
| 352 | 2,2′,3,4,4′,5,5′-七氯联苯 | DE-PCB 180 | 29.05 | 394(100) | 324(70) | 359(20) | |

表 B.1（续）

| 序号 | 中文名称 | 英文名称 | 保留时间/min | 定量离子 | 定性离子 1 | 定性离子 2 | 定性离子 3 |
|---|---|---|---|---|---|---|---|
| 353 | 吡螨胺 | tebufenpyrad | 29.06 | 318(100) | 333(78) | 276(44) | |
| 354 | 解草酯 | cloquintocet-mexyl | 29.32 | 192(100) | 194(32) | 220(4) | |
| 355 | 环草定 | lenacil | 29.70 | 153(100) | 136(6) | 234(2) | |
| 356 | 糠菌唑-1 | bromuconazole-1 | 29.90 | 173(100) | 175(65) | 214(15) | |
| 357 | 糠菌唑-2 | bromuconazole-2 | 30.72 | 173(100) | 175(67) | 214(14) | |
| 358 | 甲磺乐灵 | nitralin | 30.92 | 316(100) | 274(58) | 300(15) | |
| 359 | 苯线磷亚砜 | fenamiphos sulfoxide | 31.03 | 304(100) | 319(29) | 196(22) | |
| 360 | 苯线磷砜 | fenamiphos sulfone | 31.34 | 320(100) | 292(57) | 335(7) | |
| 361 | 拌种咯 | fenpiclonil | 32.37 | 236(100) | 238(66) | 174(36) | |
| 362 | 氟喹唑 | fluquinconazole | 32.62 | 340(100) | 342(37) | 341(20) | |
| 363 | 腈苯唑 | fenbuconazole | 34.02 | 129(100) | 198(51) | 125(31) | |
| E 组 | | | | | | | |
| 364 | 残杀威-1 | propoxur-1 | 6.58 | 110(100) | 152(16) | 111(9) | |
| 365 | 灭除威 | XMC | 7.40 | 122(100) | 121(37) | 107(114) | |
| 366 | 异丙威-1 | isoprocarb-1 | 7.56 | 121(100) | 136(34) | 103(20) | |
| 367 | 特草灵-1 | terbucarb-1 | 10.89 | 205(100) | 220(51) | 206(16) | |
| 368 | 驱虫特 | dibutyl succinate | 12.20 | 101(100) | 157(19) | 175(5) | |
| 369 | 氯氧磷 | chlorethoxyfos | 13.43 | 153(100) | 125(67) | 301(19) | |
| 370 | 异丙威-2 | isoprocarb-2 | 13.69 | 121(100) | 136(34) | 103(20) | |
| 371 | 丁噻隆 | tebuthiuron | 14.25 | 156(100) | 171(30) | 157(9) | |
| 372 | 戊菌隆 | pencycuron | 14.30 | 125(100) | 180(65) | 209(20) | |
| 373 | 甲基内吸磷 | demeton-*s*-methyl | 15.19 | 109(100) | 142(43) | 230(5) | |
| 374 | 残杀威-2 | propoxur-2 | 15.48 | 110(100) | 152(19) | 111(8) | |
| 375 | 二溴磷 | naled | 15.51 | 109(100) | 145(26) | 185(15) | |
| 376 | 菲 | phenanthrene | 16.97 | 188(100) | 160(9) | 189(16) | |
| 377 | 唑螨酯 | fenpyroximate | 17.49 | 213(100) | 142(21) | 198(9) | |
| 378 | 丁基嘧啶磷 | tebupirimfos | 17.61 | 318(100) | 261(107) | 234(100) | |
| 379 | 苯锈啶 | fenpropidin | 17.85 | 98(100) | 273(5) | 145(5) | |
| 380 | 氯硝胺 | dichloran | 18.10 | 176(100) | 206(87) | 124(101) | |
| 381 | 咯喹酮 | pyroquilon | 18.28 | 173(100) | 130(69) | 144(38) | |
| 382 | 炔苯酰草胺 | propyzamide | 19.01 | 173(100) | 255(23) | 240(9) | |
| 383 | 抗蚜威 | pirimicarb | 19.08 | 166(100) | 238(23) | 138(8) | |
| 384 | 解草嗪 | benoxacor | 19.62 | 120(100) | 259(38) | 176(19) | |
| 385 | 磷胺-1 | phosphamidon-1 | 19.66 | 264(100) | 138(62) | 227(25) | |

表 B.1（续）

| 序号 | 中文名称 | 英文名称 | 保留时间/min | 定量离子 | 定性离子 1 | 定性离子 2 | 定性离子 3 |
|---|---|---|---|---|---|---|---|
| 386 | 乙草胺 | acetochlor | 19.84 | 146(100) | 162(59) | 223(59) | |
| 387 | 灭草环 | tridiphane | 19.90 | 173(100) | 187(90) | 219(46) | |
| 388 | 戊草丹 | esprocarb | 20.01 | 222(100) | 265(10) | 162(61) | |
| 389 | 特草灵-2 | terbucarb-2 | 20.06 | 205(100) | 220(52) | 206(16) | |
| 390 | 甲呋酰胺 | fenfuram | 20.35 | 109(100) | 201(29) | 202(5) | |
| 391 | 活化酯 | acibenzolar-*s*-methyl | 20.42 | 182(100) | 135(64) | 153(34) | |
| 392 | 呋草黄 | benfuresate | 20.68 | 163(100) | 256(17) | 121(18) | |
| 393 | 精甲霜灵 | mefenoxam | 20.91 | 206(100) | 249(46) | 279(11) | |
| 394 | 马拉氧磷 | malaoxon | 21.17 | 127(100) | 268(11) | 195(15) | |
| 395 | 磷胺-2 | phosphamidon-2 | 21.36 | 264(100) | 138(54) | 227(17) | |
| 396 | 氯酞酸甲酯 | chlorthal-dimethyl | 21.39 | 301(100) | 332(27) | 221(17) | |
| 397 | 硅氟唑 | simeconazole | 21.41 | 121(100) | 278(14) | 211(34) | |
| 398 | 特草净 | terbacil | 21.50 | 161(100) | 160(70) | 117(39) | |
| 399 | 噻唑烟酸 | thiazopyr | 21.91 | 327(100) | 363(73) | 381(34) | |
| 400 | 甲基毒虫畏 | dimethylvinphos | 22.21 | 295(100) | 297(56) | 109(74) | |
| 401 | 苯酰草胺 | zoxamide | 22.30 | 187(100) | 242(68) | 299(9) | |
| 402 | 烯丙菊酯 | allethrin | 22.60 | 123(100) | 107(24) | 136(20) | |
| 403 | 灭藻醌 | quinoclamine | 22.89 | 207(100) | 172(259) | 144(64) | |
| 404 | 氟噻草胺 | flufenacet | 23.09 | 151(100) | 211(61) | 363(6) | |
| 405 | 氰菌胺 | fenoxanil | 23.58 | 140(100) | 189(14) | 301(6) | |
| 406 | 呋霜灵 | furalaxyl | 23.97 | 242(100) | 301(24) | 152(40) | |
| 407 | 嘧菌胺 | mepanipyrim | 24.29 | 222(100) | 223(53) | 221(9) | |
| 408 | 噻虫嗪 | thiamethoxam | 24.38 | 182(100) | 212(92) | 247(124) | |
| 409 | 克菌丹 | captan | 24.55 | 149(100) | 264(32) | 236(10) | |
| 410 | 除草定 | bromacil | 24.73 | 205(100) | 207(46) | 231(5) | |
| 411 | 啶氧菌酯 | picoxystrobin | 24.97 | 335(100) | 303(43) | 367(9) | |
| 412 | 抑草磷 | butamifos | 25.41 | 286(100) | 200(57) | 232(37) | |
| 413 | 咪草酸 | imazamethabenz-methyl | 25.50 | 144(100) | 187(117) | 256(95) | |
| 414 | 苯噻硫氰 | TCMTB | 25.59 | 180(100) | 238(108) | 136(30) | |
| 415 | 苯氧菌胺 | metominostrobin | 25.61 | 191(100) | 238(56) | 196(75) | |
| 416 | 抑霉唑 | imazalil | 25.72 | 215(100) | 173(66) | 296(5) | |
| 417 | 稻瘟灵 | isoprothiolane | 25.87 | 290(100) | 231(82) | 204(88) | |
| 418 | 环氟菌胺 | cyflufenamid | 26.02 | 91(100) | 412(11) | 294(11) | |
| 419 | 苯氧喹啉 | quinoxyphen | 27.14 | 237(100) | 272(37) | 307(29) | |

表 B.1（续）

| 序号 | 中文名称 | 英文名称 | 保留时间/min | 定量离子 | 定性离子 1 | 定性离子 2 | 定性离子 3 |
|---|---|---|---|---|---|---|---|
| 420 | 肟菌酯 | trifloxystrobin | 27.71 | 116(100) | 131(40) | 222(30) | |
| 421 | 脱苯甲基亚胺唑 | imibenconazole-des-benzyl | 27.86 | 235(100) | 270(35) | 272(35) | |
| 422 | 炔咪菊酯-1 | imiprothrin-1 | 28.31 | 123(100) | 151(55) | 107(54) | |
| 423 | 氟虫腈 | fipronil | 28.34 | 367(100) | 369(69) | 351(15) | |
| 424 | 炔咪菊酯-2 | imiprothrin-2 | 28.50 | 123(100) | 151(21) | 107(17) | |
| 425 | 氟环唑-1 | epoxiconazole-1 | 28.58 | 192(100) | 183(24) | 138(35) | |
| 426 | 稗草丹 | pyributicarb | 28.87 | 165(100) | 181(23) | 108(64) | |
| 427 | 吡草醚 | pyraflufen ethyl | 28.91 | 412(100) | 349(41) | 339(34) | |
| 428 | 噻吩草胺 | thenylchlor | 29.12 | 127(100) | 288(25) | 141(17) | |
| 429 | 烯草酮 | clethodim | 29.21 | 164(100) | 205(50) | 267(15) | |
| 430 | 吡唑解草酯 | mefenpyr-diethyl | 29.55 | 227(100) | 299(131) | 372(18) | |
| 431 | 乙螨唑 | etoxazole | 29.64 | 300(100) | 330(69) | 359(65) | |
| 432 | 氟环唑-2 | epoxiconazole-2 | 29.73 | 192(100) | 183(13) | 138(30) | |
| 433 | 伐灭磷 | famphur | 29.80 | 218(100) | 125(27) | 217(22) | |
| 434 | 吡丙醚 | pyriproxyfen | 30.06 | 136(100) | 226(8) | 185(10) | |
| 435 | 异菌脲 | iprodione | 30.24 | 187(100) | 244(65) | 246(42) | |
| 436 | 呋酰胺 | ofurace | 30.36 | 160(100) | 232(83) | 204(35) | |
| 437 | 哌草磷 | piperophos | 30.42 | 320(100) | 140(123) | 122(114) | |
| 438 | 咪唑菌酮 | fenamidone | 30.66 | 268(100) | 238(111) | 206(32) | |
| 439 | 吡唑醚菊酯 | pyraclostrobin | 31.98 | 132(100) | 325(14) | 283(21) | |
| 440 | 三甲苯草酮 | tralkoxydim | 32.14 | 283(100) | 226(7) | 268(8) | |
| 441 | 吡唑硫磷 | pyraclofos | 32.18 | 360(100) | 194(79) | 362(38) | |
| 442 | 氯亚胺硫磷 | dialifos | 32.27 | 186(100) | 357(143) | 210(397) | |
| 443 | 螺螨酯 | spirodiclofen | 32.50 | 312(100) | 259(48) | 277(28) | |
| 444 | 呋草酮 | flurtamone | 32.78 | 333(100) | 199(63) | 247(25) | |
| 445 | 环酯草醚 | pyriftalid | 32.94 | 318(100) | 274(71) | 303(44) | |
| 446 | 氟硅菊酯 | silafluofen | 33.18 | 287(100) | 286(274) | 258(289) | |
| 447 | 嘧螨醚 | pyrimidifen | 33.63 | 184(100) | 186(32) | 185(10) | |
| 448 | 氟丙嘧草酯 | butafenacil | 33.85 | 331(100) | 333(34) | 180(35) | |
| 449 | 氟啶草酮 | fluridone | 37.61 | 328(100) | 329(100) | 330(100) | |
| F 组 | | | | | | | |
| 450 | 苯磺隆 | tribenuron-methyl | 9.34 | 154(100) | 124(45) | 110(18) | |
| 451 | 乙硫苯威 | ethiofencarb | 11.00 | 107(100) | 168(34) | 77(26) | |

**表 B.1（续）**

| 序号 | 中文名称 | 英文名称 | 保留时间/min | 定量离子 | 定性离子 1 | 定性离子 2 | 定性离子 3 |
|---|---|---|---|---|---|---|---|
| 452 | 二氧威 | dioxacarb | 11.10 | 121(100) | 166(44) | 165(36) | |
| 453 | 避蚊酯 | dimethyl phthalate | 11.54 | 163(100) | 194(7) | 133(5) | |
| 454 | 4-氯苯氧乙酸 | 4-chlorophenoxy acetic acid | 11.84 | 200(100) | 141(93) | 111(61) | |
| 455 | 氟菌唑 | triflumizole | 12.16 | 182(100) | 221(61) | 250(20) | |
| 456 | 邻苯二甲酰亚胺 | phthalimide | 13.21 | 147(100) | 104(61) | 103(35) | |
| 457 | 乙酰甲胺磷 | acephate | 13.89 | 136(100) | 94(50) | 183(3) | |
| 458 | 避蚊胺 | diethyltoluamide | 14.00 | 119(100) | 190(32) | 191(31) | |
| 459 | 2,4-滴 | 2,4-D | 14.35 | 199(100) | 234(63) | 175(61) | |
| 460 | 甲萘威 | carbaryl | 14.42 | 144(100) | 115(100) | 116(43) | |
| 461 | 硫线磷 | cadusafos | 15.14 | 159(100) | 213(14) | 270(13) | |
| 462 | 内吸磷 | demetom-*s* | 16.88 | 88(100) | 170(15) | 143(11) | |
| 463 | 螺菌环胺-1 | spiroxamine-1 | 17.26 | 100(100) | 126(7) | 198(5) | |
| 464 | 百治磷 | dicrotophos | 17.31 | 127(100) | 237(11) | 109(8) | |
| 465 | 2,4,5-涕 | 2,4,5-T | 17.75 | 233(100) | 268(49) | 209(36) | |
| 466 | 3-苯基苯酚 | 3-phenylphenol | 18.11 | 170(100) | 141(23) | 115(17) | |
| 467 | 茂谷乐 | furmecyclox | 18.22 | 123(100) | 251(6) | 94(10) | |
| 468 | 螺菌环胺-2 | spiroxamine-2 | 18.23 | 100(100) | 126(5) | 198(5) | |
| 469 | 丁酰肼 | DMSA | 18.45 | 200(100) | 92(123) | 121(8) | |
| 470 | — | sobutylazine | 18.63 | 172(100) | 174(32) | 186(11) | |
| 471 | 八氯二甲醚-1 | s421 (octachlorodipropyl ether)-1 | 19.31 | 130(100) | 132(96) | 211(8) | |
| 472 | 八氯二甲醚-2 | s421 (octachlorodipropyl ether)-2 | 19.57 | 130(100) | 132(97) | 211(7) | |
| 473 | 十二环吗啉 | dodemorph | 19.62 | 154(100) | 281(12) | 238(10) | |
| 474 | 甜菜安 | desmedipham | 19.76 | 181(100) | 109(75) | 135(20) | |
| 475 | 氧皮蝇磷 | fenchlorphos | 19.84 | 285(100) | 287(69) | 270(6) | |
| 476 | 仲丁灵 | butralin | 22.18 | 266(100) | 224(16) | 295(9) | |
| 477 | 啶斑肟-2 | pyrifenox-2 | 22.47 | 262(100) | 294(16) | 227(15) | |
| 478 | 异戊乙净 | dimethametryn | 22.75 | 212(100) | 255(9) | 213(2) | |
| 479 | 啶斑肟-1 | pyrifenox-1 | 23.46 | 262(100) | 294(18) | 227(15) | |
| 480 | 噻菌灵 | thiabendazole | 24.97 | 201(100) | 174(87) | 175(9) | |
| 481 | 缬酶威-1 | iprovalicarb-1 | 26.13 | 119(100) | 134(126) | 158(62) | |
| 482 | 戊环唑 | azaconazole | 26.50 | 217(100) | 173(59) | 219(64) | |
| 483 | 缬酶威-2 | iprovalicarb-2 | 26.54 | 134(100) | 119(75) | 158(48) | |

表 B.1（续）

| 序号 | 中文名称 | 英文名称 | 保留时间/min | 定量离子 | 定性离子 1 | 定性离子 2 | 定性离子 3 |
|---|---|---|---|---|---|---|---|
| 484 | 苯虫醚-1 | diofenolan-1 | 26.76 | 186(100) | 300(60) | 225(24) | |
| 485 | 苯虫醚-2 | diofenolan-2 | 27.09 | 186(100) | 300(60) | 225(29) | |
| 486 | 苯甲醚 | aclonifen | 27.24 | 264(100) | 212(65) | 194(57) | |
| 487 | 溴虫腈 | chlorfenapyr | 27.47 | 247(100) | 328(54) | 408(51) | |
| 488 | 生物苄呋菊酯 | bioresmethrin | 27.55 | 123(100) | 171(54) | 143(31) | |
| 489 | 唑酮草酯 | carfentrazone-ethyl | 28.09 | 312(100) | 330(52) | 290(53) | |
| 490 | 三环唑 | tricyclazole | 28.34 | 189(100) | 162(54) | 161(40) | |
| 491 | 螺甲螨酯 | spiromesifen | 29.56 | 272(100) | 254(27) | 370(14) | |
| 492 | 家蝇磷 | phenkapton | 29.62 | 121(100) | 153(79) | 191(65) | |
| 493 | 联苯肼酯 | bifenazate | 30.38 | 300(100) | 258(99) | 199(100) | |
| 494 | 异狄氏剂酮 | endrin ketone | 30.40 | 317(100) | 250(28) | 281(35) | |
| 495 | 氟草敏代谢物 | norflurazon-desmethyl | 30.80 | 145(100) | 289(76) | 88(35) | |
| 496 | — | metoconazole | 31.12 | 125(100) | 319(14) | 250(17) | |
| 497 | 氰氟草酯 | cyhalofop-butyl | 31.40 | 256(100) | 357(74) | 229(79) | |
| 498 | 苄螨醚 | halfenprox | 32.81 | 263(100) | 237(5) | 476(5) | |
| 499 | 啶虫脒 | acetamiprid | 33.67 | 126(100) | 152(114) | 166(64) | |
| 500 | 烟酰碱 | boscalid | 34.16 | 342(100) | 140(229) | 112(71) | |
| 501 | 四溴菊酯-1 | tralomethrin-1 | 35.51 | 181(100) | 253(147) | 251(40) | |
| 502 | 四溴菊酯-2 | tralomethrin-2 | 35.97 | 181(100) | 253(140) | 251(40) | |
| 503 | 烯酰吗啉 | dimethomorph | 37.40 | 301(100) | 387(32) | 165(28) | |

# 附　录　C
## （资料性附录）
## 503 种农药及相关化学品选择离子监测分组表

A、B、C、D、E、F 六组农药及相关化学品选择离子监测分组表见表 C.1。

表 C.1　A、B、C、D、E、F 六组农药及相关化学品选择离子监测分组表

| 序号 | 保留时间/min | 离子/amu | 驻留时间/ms |
|---|---|---|---|
| A　组 | | | |
| 1 | 8.30 | 138,158,173 | 200 |
| 2 | 9.60 | 124,140,166,172,183,211 | 90 |
| 3 | 10.50 | 121,154,234 | 200 |
| 4 | 10.75 | 120,137,179 | 200 |
| 5 | 11.70 | 154,186,215 | 200 |
| 6 | 14.40 | 167,168,169 | 200 |
| 7 | 14.90 | 121,142,143,153,183,195,196,198,230,231,260,276,292,316 | 30 |
| 8 | 16.20 | 88,125,246 | 200 |
| 9 | 16.70 | 137,138,145,172,174,179,187,202,204,205,237,246,249,295,304 | 30 |
| 10 | 17.80 | 138,173,175,181,186,194,196,201,210,225,236,255,277,292 | 30 |
| 11 | 18.80 | 150,165,173,175,222,223,251,255,279 | 50 |
| 12 | 19.20 | 125,143,229,261,263,265,293,305,307,329 | 50 |
| 13 | 19.80 | 125,261,263,265,285,287,293,305,307,329 | 50 |
| 14 | 20.10 | 170,181,184,198,200,206,212,217,219,226,227,233,234,241,246,249,254,258,263,264,266,268,285,286,314 | 10 |
| 15 | 21.40 | 143,152,153,158,169,173,180,181,208,217,219,220,247,254,256,260,275,277,278,351,353,355 | 10 |
| 16 | 22.30 | 61,143,160,162,181,186,208,210,220,235,248,252,263,268,270,291,351,353,355 | 20 |
| 17 | 23.00 | 133,143,146,157,209,211,246,268,270,274,298,303,320,357,359,373,375,377 | 20 |
| 18 | 23.70 | 72,104,133,145,152,157,160,162,209,211,215,253,255,260,263,267,274,277,283,285,297,302,309,345,380 | 10 |
| 19 | 24.80 | 128,145,154,157,171,175,198,217,225,240,255,258,271,283,285,288,302,303 | 20 |
| 20 | 25.50 | 154,185,217,252,253,254,288,303,319,324,334 | 50 |
| 21 | 26.00 | 87,139,143,145,165,173,199,208,231,235,237,251,253,273,316,323,384 | 20 |
| 22 | 26.80 | 145,150,156,165,173,179,199,231,235,237,245,247,280,288,322,323,384 | 20 |
| 23 | 27.90 | 165,166,173,181,253,259,261,281,292,293,308,342 | 40 |
| 24 | 28.60 | 118,160,165,166,181,203,212,227,228,231,235,237,272,274,314,323 | 30 |

表 C.1（续）

| 序号 | 保留时间/min | 离子/amu | 驻留时间/ms |
|---|---|---|---|
| 25 | 29.30 | 135,163,164,212,227,228,232,233,250,252,278 | 40 |
| 26 | 30.00 | 102,145,159,160,161,188,199,227,303,317,340,356 | 40 |
| 27 | 31.00 | 175,183,184,220,221,223,232,250,255,267,373 | 40 |
| 28 | 33.00 | 127,180,181 | 200 |
| 29 | 34.40 | 167,181,225,419 | 150 |
| 30 | 35.70 | 172,174,181 | 200 |
| B 组 | | | |
| 1 | 7.80 | 128,132,189 | 200 |
| 2 | 8.80 | 146,156,217 | 200 |
| 3 | 9.70 | 128,136,161,171,173,203 | 90 |
| 4 | 10.70 | 127,164,192,194,196,198 | 90 |
| 5 | 11.70 | 191,193,206 | 200 |
| 6 | 13.40 | 124,203,215,250,261 | 100 |
| 7 | 14.40 | 158,168,200,242,282,284,286 | 80 |
| 8 | 14.70 | 116,120,128,148,153,171,176,188,202,211,213,234,236,238,264,266,282,284,286,306,322,335 | 10 |
| 9 | 16.00 | 116,148,183,188,219,221,254 | 80 |
| 10 | 16.80 | 153,186,231,288 | 150 |
| 11 | 17.10 | 153,160,164,169,172,173,176,197,206,210,214,223,225,229,270,318,330,347 | 20 |
| 12 | 18.20 | 61,126,160,173,176,206,214,229 | 60 |
| 13 | 18.70 | 126,127,134,148,164,171,172,180,192,197,198,210,213,223,243,286,288,305,307 | 20 |
| 14 | 19.90 | 134,171,188,197,198,210,213,237,269,276,290,305 | 40 |
| 15 | 20.60 | 100,185,211,226,241,253,257,259,378 | 50 |
| 16 | 21.20 | 73,139,141,153,161,162,167,185,191,207,213,224,226,237,238,240,250,251,286,304,318,329,331,333,351,353,355,387 | 10 |
| 17 | 22.00 | 161,167,207,222,224,226,238,264,280,286,351,353,355 | 40 |
| 18 | 22.70 | 161,163,170,171,182,185,205,213,217,241,255,256,265,267,269,276,323,339 | 20 |
| 19 | 23.40 | 137,160,176,188,238,240,246,248,259,267,269,316,318,323,331,373,375,377 | 20 |
| 20 | 23.90 | 61,160,166,176,188,193,194,246,248,250,259,292,294,297,316,318,329,331,333,339,374,377,379 | 20 |
| 21 | 24.90 | 61,105,165,167,172,175,177,187,199,214,231,235,236,237,238,256,263,292,294,297,302,305,311,313,317,339,345,374 | 10 |
| 22 | 25.60 | 77,105,139,141,165,169,171,199,202,213,223,235,237,251,252,253,256,271,276,283,297,300,325,360,361 | 10 |

表 C.1（续）

| 序号 | 保留时间/min | 离子/amu | 驻留时间/ms |
|---|---|---|---|
| 23 | 26.70 | 105,157,165,195,199,235,237,246,276,297,325,339,342,360,363 | 30 |
| 24 | 27.60 | 148,157,161,169,172,173,201,206,257,303,310,325 | 40 |
| 25 | 28.90 | 89,99,126,127,157,161,169,172,181,183,257,260,265,272,292,303,339,341,349,365,387,389 | 10 |
| 26 | 29.80 | 79,181,183,265,311,349 | 90 |
| 27 | 30.00 | 128,157,169,171,189,252,310,323,341,375,377,379 | 40 |
| 28 | 31.20 | 132,139,154,160,161,182,189,251,310,330,341,367 | 40 |
| 29 | 32.90 | 180,199,206,226,266,308,334,362,364 | 50 |
| 30 | 34.00 | 181,250,252 | 200 |
| C 组 | | | |
| 1 | 7.30 | 109,185,220 | 200 |
| 2 | 8.70 | 152,153,154 | 200 |
| 3 | 9.30 | 58,128,129,146,188,203 | 90 |
| 4 | 11.20 | 126,161,163 | 200 |
| 5 | 11.75 | 125,126,141,158,169,170,187,208,240 | 50 |
| 6 | 13.50 | 122,123,124,151,215,250 | 90 |
| 7 | 14.70 | 107,121,150,264,276,292 | 90 |
| 8 | 16.00 | 174,202,217 | 200 |
| 9 | 16.50 | 126,141,143,156,168,176,198,199,200,210,225,268,270,277,279 | 30 |
| 10 | 17.60 | 88,173,183,186,200,215,219,254,274 | 50 |
| 11 | 18.40 | 104,130,159,161,204,237,246,257,272,285,288,313,337 | 40 |
| 12 | 18.90 | 128,129,161,163,165,175,204,217,242,246,257,264,285,288,303,306,313,326,335 | 20 |
| 13 | 19.80 | 73,89,146,162,185,212,223,227,250,265,267 | 50 |
| 14 | 20.30 | 61,144,146,162,170,185,198,199,212,213,223,227,258 | 40 |
| 15 | 20.70 | 61,103,118,144,170,181,198,199,210,217,219,222,240,254,255 | 30 |
| 16 | 21.35 | 108,117,151,160,161,170,219,221,224,225,257,267,351,353,355 | 30 |
| 17 | 22.20 | 107,108,119,123,136,145,176,219,221,246,248,263,318,351,353,355 | 20 |
| 18 | 22.70 | 77,141,165,167,174,176,206,234,239,246,248,267,268,297,299,318 | 20 |
| 19 | 23.20 | 105,123,134,161,248,250,267,297,299 | 50 |
| 20 | 23.50 | 131,143,157,161,171,220,248,250,262,296,304,329,336,338,404 | 30 |
| 21 | 24.30 | 112,130,162,168,238,262 | 90 |
| 22 | 25.10 | 112,116,130,131,162,168,206,233,234,235,238,262 | 40 |
| 23 | 25.30 | 254,282,321,323,356,383 | 90 |
| 24 | 26.00 | 131,152,206,233,234,236,251,253,315 | 50 |

表 C.1（续）

| 序号 | 保留时间/min | 离子/amu | 驻留时间/ms |
| --- | --- | --- | --- |
| 25 | 26.90 | 149,162,176,177,190,232,268,270,328 | 50 |
| 26 | 27.90 | 105,119,120,135,140,173,266,267,269,350,394 | 50 |
| 27 | 28.80 | 105,117,123,140,145,160,183,266,267,350,394 | 50 |
| 28 | 29.00 | 117,123,127,145,154,160,183,248,350 | 50 |
| 29 | 29.60 | 116,178,186,191,219,255 | 90 |
| 30 | 30.30 | 132,162,178,184,219,226,281,293,334 | 50 |
| 31 | 31.10 | 120,136,141,147,181,183,184,192,197,247,255,289,309,364 | 30 |
| 32 | 32.00 | 112,141,147,170,183,184,255,309,364,428,447,449 | 40 |
| 33 | 32.60 | 112,141,163,170,183,376,428,447,449 | 50 |
| 34 | 33.10 | 163,165,178,181,251,279 | 90 |
| 35 | 33.80 | 157,199,451 | 200 |
| 36 | 34.70 | 181,225,250,252,419 | 100 |
| 37 | 35.40 | 259,265,287,323,325,354 | 90 |
| 38 | 36.40 | 308,318,423 | 200 |
| D 组 | | | |
| 1 | 5.50 | 110,153,154 | 200 |
| 2 | 8.00 | 153,184,212 | 200 |
| 3 | 11.00 | 139,155,211,215,250,252 | 90 |
| 4 | 13.00 | 142,156,165,171,196,197,200,201,202 | 50 |
| 5 | 14.00 | 143,155,158,167,192,203,211,220,229,231,246 | 40 |
| 6 | 15.00 | 106,142,190,237,265,280 | 90 |
| 7 | 16.00 | 108,136,145,158,164,171,173,182,186,196,197,201,211,216,213,288 | 20 |
| 8 | 17.20 | 161,174,177,197,200,202,214,229,246,357,359,394 | 40 |
| 9 | 17.90 | 89,114,128,172,173,174,175,186,189,198,223,229,230,231,233,253,256,258,263,265,268,277,282,292,297 | 10 |
| 10 | 19.20 | 142,143,154,157,162,184,185,199,200,201,202,203,214,220,229,230,247,251,252,255,263,264,270,278,285,287,292 | 10 |
| 11 | 20.00 | 153,180,197,199,200,201,202,230,239,247,251,252,266,305,308,311,343,375,380,412 | 15 |
| 12 | 21.00 | 115,184,193,195,196,198,215,221,225,250,252,263,269,276,285,297,301,332 | 20 |
| 13 | 21.60 | 128,170,194,195,210,212,224,225,236,254,279,294 | 40 |
| 14 | 22.10 | 129,155,182,184,200,201,210,212,216,224,225,229,230,254,262,263,291,300,314,326,351,353,355 | 10 |
| 15 | 23.00 | 136,171,199,215,230,251,253,266,289,407,409,411 | 40 |
| 16 | 23.90 | 130,148,178,187,202,211,223,224,226,240,258,267,295,299,311,313,323 | 20 |

表 C.1(续)

| 序号 | 保留时间/min | 离子/amu | 驻留时间/ms |
|---|---|---|---|
| 17 | 25.00 | 129,130,145,148,164,168,184,185,196,201,218,219,227,254,259,290,299,326,330,340,360 | 15 |
| 18 | 26.00 | 156,159,184,185,213,218,227,229,270,272,290,360 | 40 |
| 19 | 27.10 | 143,160,171,206,222,223,224,230,238,251,266,294,312,338,349 | 30 |
| 20 | 28.00 | 136,174,186,202,215,231,233,237,254,278,279,294,310,311,326,366,379 | 20 |
| 21 | 29.00 | 136,153,192,194,220,234,276,318,324,333,359,394 | 40 |
| 22 | 30.00 | 160,161,171,173,175,214,317,375,377 | 50 |
| 23 | 30.80 | 173,175,196,213,230,274,292,300,304,316,319,320,335,373 | 30 |
| 24 | 32.40 | 147,236,238,340,341,342 | 90 |
| 25 | 34.00 | 125,129,198 | 200 |
| E 组 | | | |
| 1 | 6.10 | 110,111,152 | 200 |
| 2 | 7.00 | 103,107,121,122,136 | 100 |
| 3 | 9.00 | 94,95,141 | 200 |
| 4 | 10.40 | 160,162,164 | 200 |
| 5 | 12.00 | 101,157,175 | 200 |
| 6 | 12.90 | 103,121,125,136,153,301 | 100 |
| 7 | 13.90 | 125,156,157,171,180,209 | 100 |
| 8 | 14.80 | 109,110,111,142,145,152,185,213,230 | 40 |
| 9 | 16.80 | 98,142,145,153,160,184,189,198,213,234,254,261,273,318 | 30 |
| 10 | 17.95 | 124,130,144,173,176,187,206 | 50 |
| 11 | 18.70 | 138,166,173,238,240,255 | 90 |
| 12 | 19.20 | 109,119,120,135,138,146,153,162,173,176,182,187,201,202,205,206,219,220,222,223,227,232,259,264,265,296 | 15 |
| 13 | 20.30 | 109,121,127,135,153,163,182,195,201,202,206,249,256,268,279,286,306,354 | 20 |
| 14 | 20.90 | 117,121,138,160,161,211,221,227,264,278,301,327,332,363,381 | 20 |
| 15 | 21.95 | 295,297,299 | 200 |
| 16 | 22.30 | 104,107,123,135,136,144,151,172,211,363,207 | 50 |
| 17 | 23.30 | 140,152,189,242,301 | 100 |
| 18 | 24.00 | 149,182,205,207,212,221,222,223,231,236,247,264,303,335,367 | 40 |
| 19 | 25.00 | 91,136,137,144,173,180,185,187,191,196,200,204,215,231,232,238,256,286,290,294,296,412 | 15 |
| 20 | 26.10 | 105,125,157,177,302,313,314,330,361 | 50 |
| 21 | 26.90 | 116,131,194,222,235,237,270,272,307,447,449 | 50 |
| 22 | 28.00 | 107,123,138,151,183,192,351,367,369 | 50 |

表 C.1（续）

| 序号 | 保留时间/min | 离子/amu | 驻留时间/ms |
|---|---|---|---|
| 23 | 28.60 | 108,127,141,164,165,181,205,267,288,339,349,412 | 40 |
| 24 | 29.20 | 120,125,136,138,183,185,187,192,217,218,226,227,236,240,244,246,299,300,330,359,372 | 15 |
| 25 | 30.05 | 122,140,148,160,204,206,232,238,266,268,288,290,320,376 | 15 |
| 26 | 31.60 | 132,144,171,186,194,199,210,226,247,259,268,274,277,291,303,312,318,325,333,346,357,360,362,442,461,283 | 15 |
| 27 | 33.00 | 180,184,185,186,258,286,287,331,333 | 50 |
| 28 | 34.00 | 100,119,188 | 200 |
| 29 | 37.00 | 328,329,330 | 200 |
| F 组 | | | |
| 1 | 5.50 | 110,124,154 | 180 |
| 2 | 10.50 | 77,107,111,121,133,141,163,165,166,168,182,194,200,221,250 | 40 |
| 3 | 13.00 | 94,103,104,115,116,136,144,147,159,175,183,199,213,234,270 | 40 |
| 4 | 15.25 | 68,100,140 | 170 |
| 5 | 16.65 | 88,109,121,127,136,143,169,170,193,209,210,225,233,237,268 | 40 |
| 6 | 17.90 | 86,92,94,101,105,115,116,121,123,138,141,154,163,166,169,170,172,174,186,200,211,238,240,251 | 20 |
| 7 | 19.30 | 122,130,132,135,154,162,181,211,222,238,265,270,281,285,287 | 35 |
| 8 | 20.30 | 97,103,115,226,241,242,285,286,306,311,354,375 | 30 |
| 9 | 21.59 | 43,109,115,142,147,163,185,212,213,224,227,240,255,262,266,294,295,297,351,353,355 | 30 |
| 10 | 22.70 | 77,115,140,141,142,151,170,185,189,211,212,213,215,227,243,255,262,267,269,272,294,301,323,363 | 30 |
| 11 | 24.00 | 112,128,135,168,169,174,175,201,237,258,272,355,378,416 | 30 |
| 12 | 25.95 | 119,134,158,173,186,194,212,217,219,225,264,300 | 40 |
| 13 | 27.35 | 123,143,161,162,171,189,247,250,253,255,260,279,290,295,312,327,328,330,342,345,408 | 40 |
| 14 | 28.30 | 97,109,118,127,128,160,161,162,163,177,189,250,260,279,290,295,301,327,345 | 30 |
| 15 | 29.30 | 88,121,125,145,153,191,199,217,218,250,254,258,272,281,289,300,317,370,371,387,417 | 30 |
| 16 | 30.80 | 88,125,141,145,181,197,229,250,256,289,319,357 | 30 |
| 17 | 31.75 | 109,125,237,263,274,297,303,318,476 | 50 |
| 18 | 33.50 | 112,126,140,152,166,342 | 90 |
| 19 | 35.00 | 171,181,197,251,253,383 | 80 |
| 20 | 36.80 | 165,301,344,404,387,388 | 80 |

# 附 录 D
（资料性附录）
## 标准物质在滑子菇基质中选择离子监测 GC-MS 图

**D.1** A 组标准物质在滑子菇基质中选择离子监测 GC-MS 图见图 D.1。

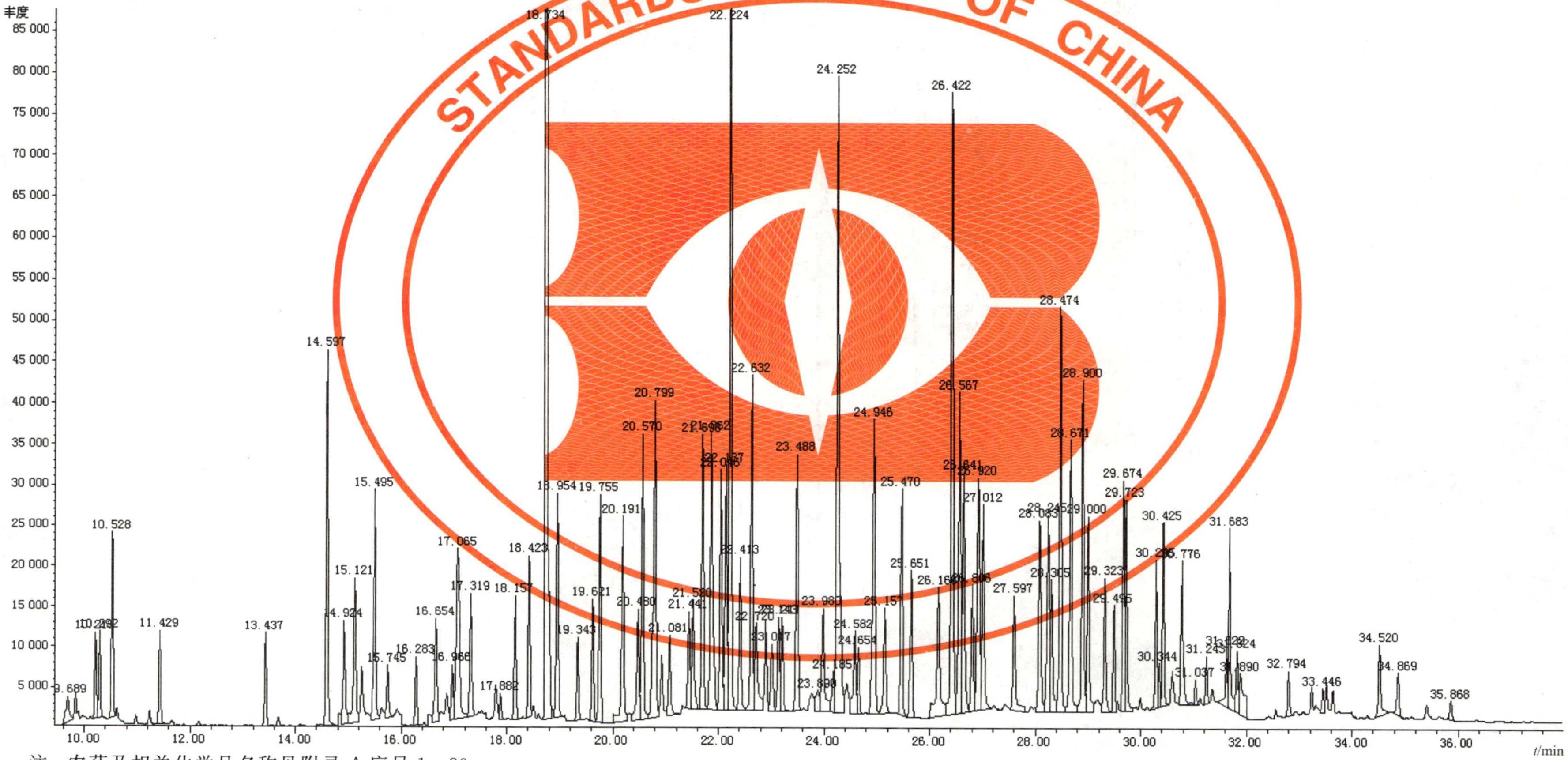


注：农药及相关化学品名称见附录 A 序号 1～89。

**图 D.1 A 组标准物质在滑子菇基质中选择离子监测 GC-MS 图**

**D. 2**　B组标准物质在滑子菇基质中选择离子监测 GC-MS 图见图 D. 2。

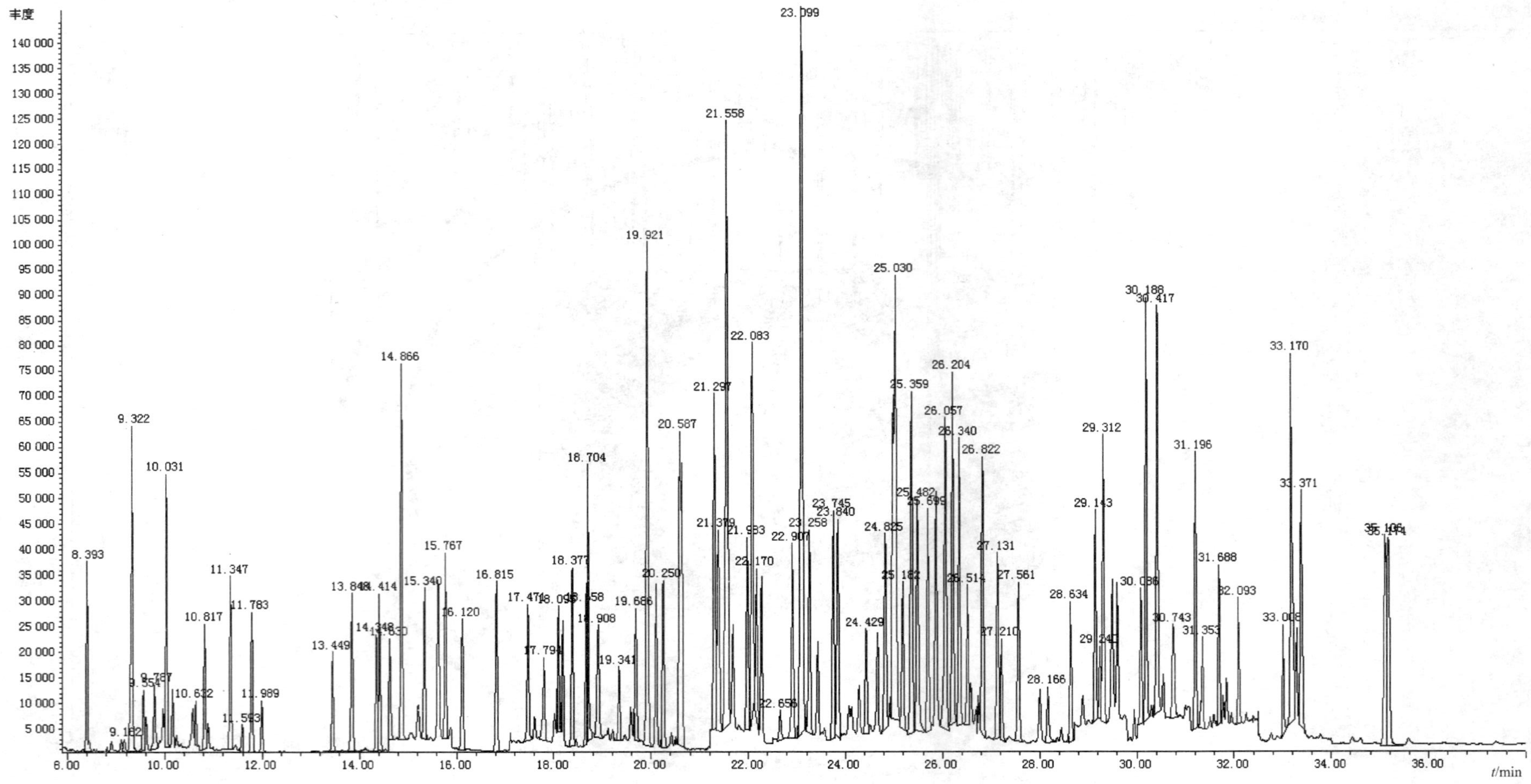


注：农药及相关化学品名称见附录 A 序号 90～187。

**图 D. 2　B 组标准物质在滑子菇基质中选择离子监测 GC-MS 图**

**D.3** C组标准物质在滑子菇基质中选择离子监测 GC-MS 图见图 D.3。

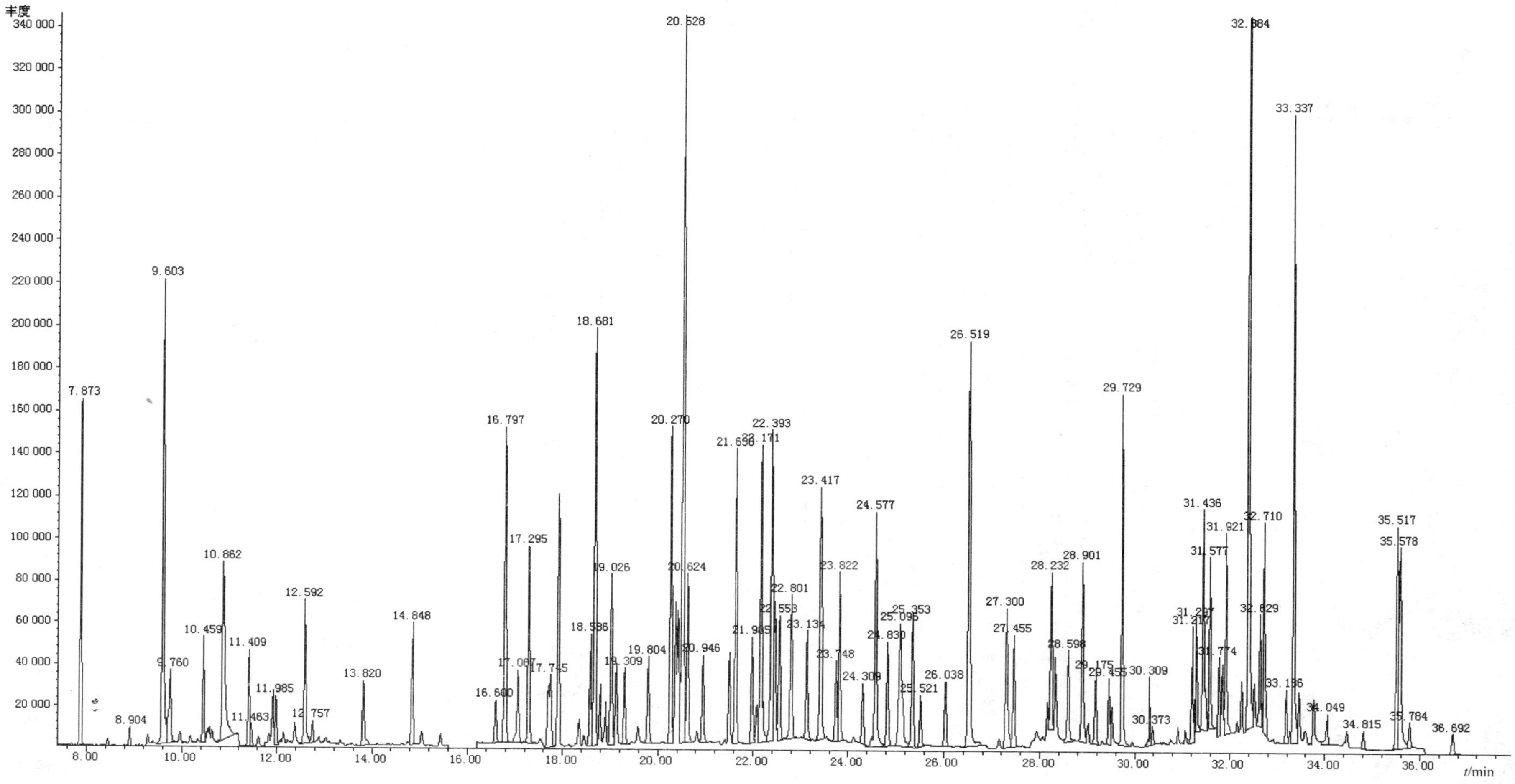


注：农药及相关化学品名称见附录 A 序号 188～270。

**图 D.3 C组标准物质在滑子菇基质中选择离子监测 GC-MS 图**

**D.4** D组标准物质在滑子菇基质中选择离子监测 GC-MS 图见图 D.4。

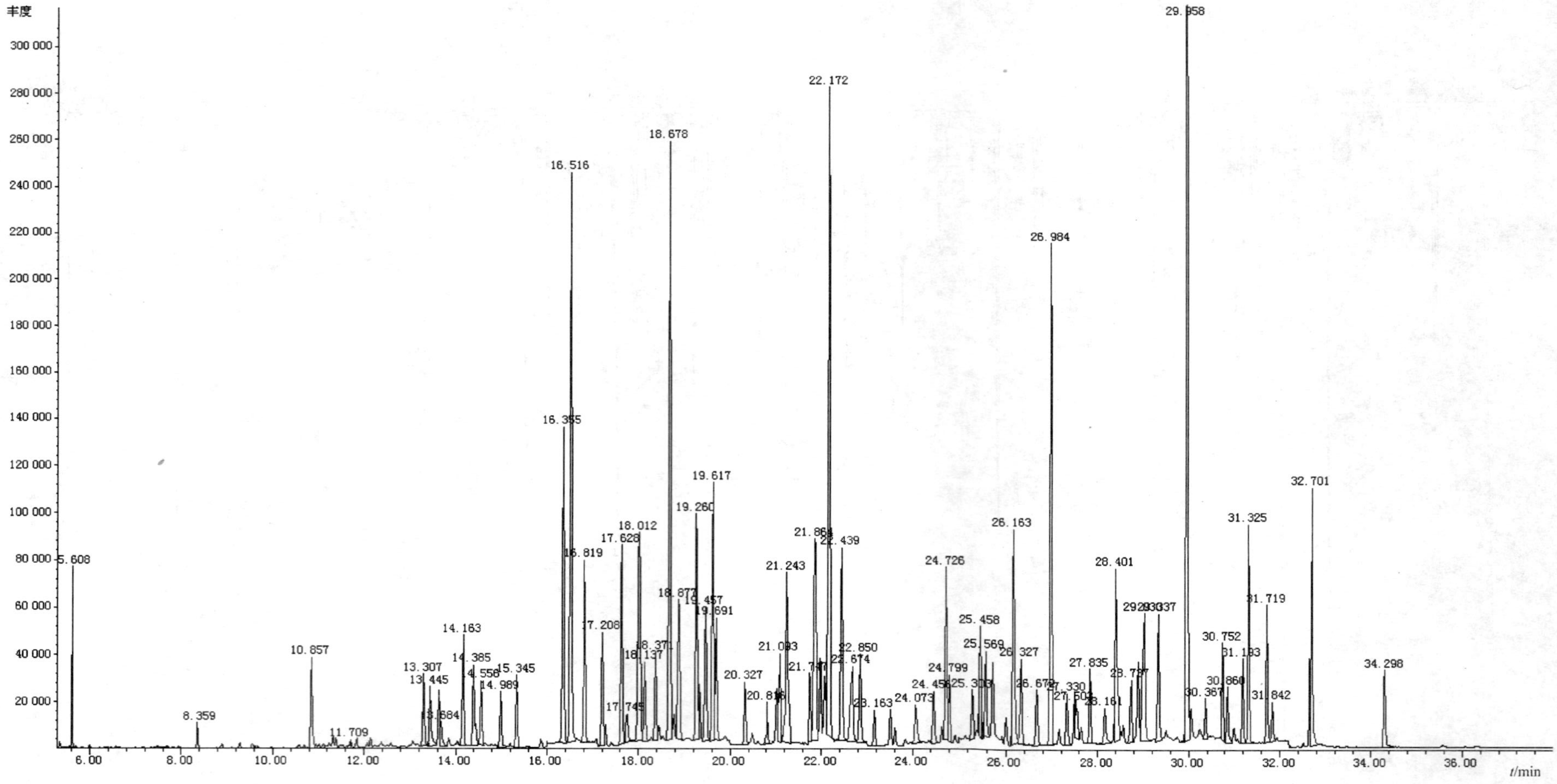


注：农药及相关化学品名称见附录 A 序号 271～363。

**图 D.4　D组标准物质在滑子菇基质中选择离子监测 GC-MS 图**

**D.5** E组标准物质在滑子菇基质中选择离子监测 GC-MS 图见图 D.5。

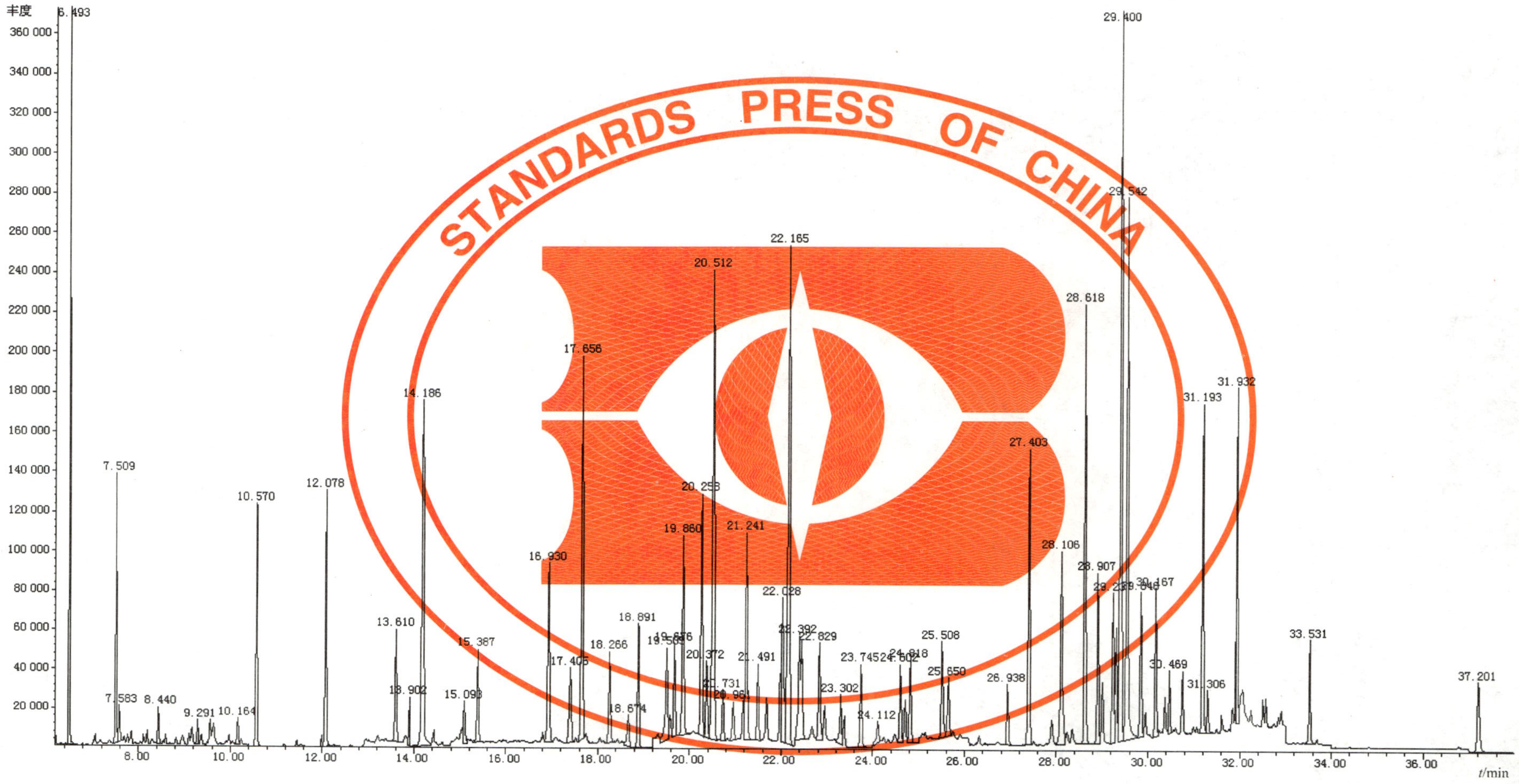


注：农药及相关化学品名称见附录 A 序号 364～449。

**图 D.5　E组标准物质在滑子菇基质中选择离子监测 GC-MS 图**

**D.6** F 组标准物质在滑子菇基质中选择离子监测 GC-MS 图见图 D.6。

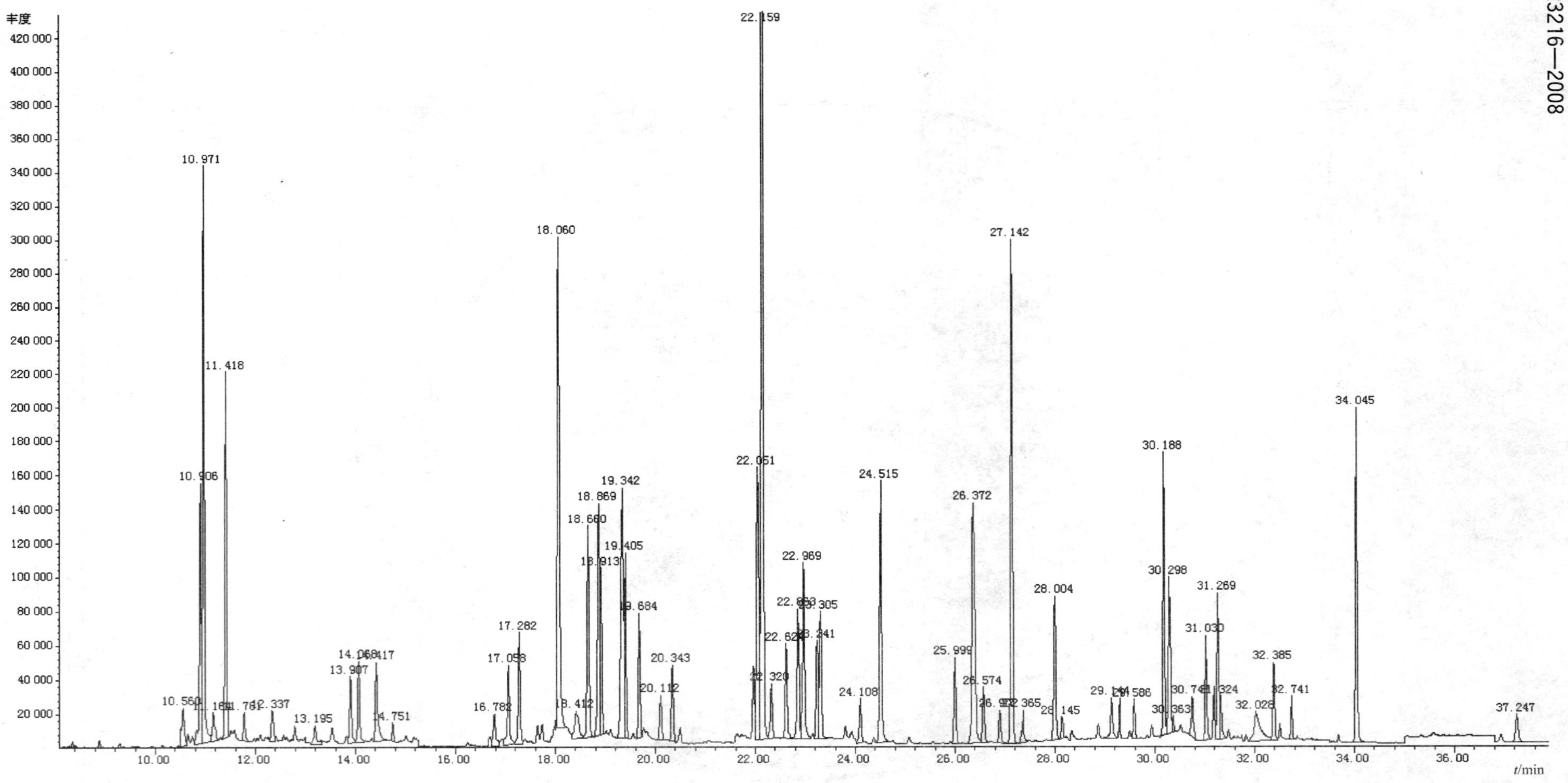


注：农药及相关化学品名称见附录 A 序号 450～503。

**图 D.6　F 组标准物质在滑子菇基质中选择离子监测 GC-MS 图**

# 附 录 E
## (资料性附录)
## 503 种农药及相关化学品精密度数据表

503 种农药及相关化学品精密度数据表见表 E.1。

**表 E.1 503 种农药及相关化学品精密度数据表**

| 序号 | 名 称 | 含量/(mg/kg) | 重复性限 $r$ | 再现性限 $R$ | 含量/(mg/kg) | 重复性限 $r$ | 再现性限 $R$ |
|---|---|---|---|---|---|---|---|
| 1 | 二丙烯草胺 | 0.025 0 | 0.001 1 | 0.002 2 | 0.100 0 | 0.048 3 | 0.023 1 |
| 2 | 土菌灵 | 0.037 6 | 0.004 2 | 0.006 0 | 0.150 4 | 0.054 4 | 0.077 7 |
| 3 | 氯甲硫磷 | 0.025 0 | 0.002 5 | 0.002 7 | 0.100 0 | 0.038 0 | 0.013 2 |
| 4 | 苯胺灵 | 0.012 6 | 0.001 9 | 0.001 4 | 0.050 4 | 0.010 2 | 0.004 4 |
| 5 | 环草敌 | 0.012 6 | 0.000 5 | 0.000 9 | 0.050 4 | 0.013 7 | 0.008 2 |
| 6 | 联苯二胺 | 0.012 6 | 0.003 2 | 0.005 2 | 0.050 4 | 0.048 8 | 0.066 2 |
| 7 | 杀虫脒 | 0.012 6 | 0.000 9 | 0.000 6 | 0.050 4 | 0.005 0 | 0.004 2 |
| 8 | 乙丁烯氟灵 | 0.050 0 | 0.002 4 | 0.005 3 | 0.200 0 | 0.039 5 | 0.018 6 |
| 9 | 甲拌磷 | 0.012 6 | 0.000 6 | 0.001 1 | 0.050 4 | 0.008 2 | 0.004 1 |
| 10 | 甲基乙拌磷 | 0.012 6 | 0.000 6 | 0.001 2 | 0.050 4 | 0.008 6 | 0.004 2 |
| 11 | 五氯硝基苯 | 0.025 0 | 0.001 0 | 0.002 1 | 0.100 0 | 0.018 5 | 0.007 2 |
| 12 | 脱乙基阿特拉津 | 0.012 6 | 0.001 2 | 0.001 0 | 0.050 4 | 0.012 8 | 0.004 6 |
| 13 | 异噁草松 | 0.012 6 | 0.000 5 | 0.000 8 | 0.050 4 | 0.009 6 | 0.005 9 |
| 14 | 二嗪磷 | 0.012 6 | 0.000 5 | 0.001 0 | 0.050 4 | 0.005 4 | 0.003 9 |
| 15 | 地虫硫磷 | 0.012 6 | 0.000 5 | 0.000 9 | 0.050 4 | 0.008 8 | 0.005 0 |
| 16 | 乙嘧硫磷 | 0.012 6 | 0.000 4 | 0.014 6 | 0.050 4 | 0.007 6 | 0.064 1 |
| 17 | 胺丙畏 | 0.012 6 | 0.000 6 | 0.001 0 | 0.050 4 | 0.008 3 | 0.004 3 |
| 18 | 密草通 | 0.012 6 | 0.002 8 | 0.003 5 | 0.050 4 | 0.010 2 | 0.007 0 |
| 19 | 炔丙烯草胺 | 0.012 6 | 0.001 3 | 0.001 8 | 0.050 4 | 0.006 9 | 0.003 8 |
| 20 | 除线磷 | 0.012 6 | 0.000 9 | 0.001 9 | 0.050 4 | 0.008 4 | 0.006 0 |
| 21 | 兹克威 | 0.037 6 | 0.001 4 | 0.002 1 | 0.150 4 | 0.017 1 | 0.010 5 |
| 22 | 乐果 | 0.050 0 | 0.005 3 | 0.004 4 | 0.200 0 | 0.032 5 | 0.028 5 |
| 23 | 氨氟灵 | 0.050 0 | 0.002 1 | 0.003 2 | 0.200 0 | 0.026 8 | 0.018 2 |
| 24 | 艾氏剂 | 0.025 0 | 0.001 3 | 0.000 8 | 0.100 0 | 0.001 8 | 0.001 6 |
| 25 | 皮蝇磷 | 0.025 0 | 0.000 8 | 0.001 7 | 0.100 0 | 0.017 5 | 0.005 9 |
| 26 | 扑草净 | 0.012 6 | 0.004 2 | 0.004 3 | 0.050 4 | 0.010 7 | 0.006 4 |
| 27 | 环丙津 | 0.012 6 | 0.001 0 | 0.006 0 | 0.050 4 | 0.000 4 | 0.005 7 |
| 28 | 乙烯菌核利 | 0.012 6 | 0.002 2 | 0.004 2 | 0.050 4 | 0.016 9 | 0.008 8 |
| 29 | β-六六六 | 0.012 6 | 0.002 0 | 0.002 9 | 0.050 4 | 0.008 1 | 0.022 5 |
| 30 | 甲霜灵 | 0.037 6 | 0.001 2 | 0.001 6 | 0.150 4 | 0.028 0 | 0.017 3 |

表 E.1（续）

| 序号 | 名　称 | 含量/(mg/kg) | 重复性限 $r$ | 再现性限 $R$ | 含量/(mg/kg) | 重复性限 $r$ | 再现性限 $R$ |
|---|---|---|---|---|---|---|---|
| 31 | 甲基对硫磷 | 0.050 0 | 0.002 7 | 0.005 4 | 0.200 0 | 0.039 8 | 0.021 2 |
| 32 | 毒死蜱 | 0.012 6 | 0.000 5 | 0.000 9 | 0.050 4 | 0.005 7 | 0.005 1 |
| 33 | δ-六六六 | 0.025 0 | 0.001 1 | 0.000 6 | 0.100 0 | 0.013 7 | 0.006 3 |
| 34 | 蒽醌 | 0.012 6 | 0.002 9 | 0.004 7 | 0.050 4 | 0.009 8 | 0.009 4 |
| 35 | 倍硫磷 | 0.012 6 | 0.002 2 | 0.004 1 | 0.050 4 | 0.008 2 | 0.005 6 |
| 36 | 马拉硫磷 | 0.050 0 | 0.002 6 | 0.005 2 | 0.200 0 | 0.045 4 | 0.019 2 |
| 37 | 对氧磷 | 0.400 0 | 0.019 8 | 0.010 7 | 1.600 0 | 0.182 3 | 0.177 4 |
| 38 | 杀螟硫磷 | 0.025 0 | 0.000 8 | 0.001 7 | 0.100 0 | 0.017 3 | 0.007 7 |
| 39 | 三唑酮 | 0.025 0 | 0.001 3 | 0.001 3 | 0.100 0 | 0.016 1 | 0.009 2 |
| 40 | 利谷隆 | 0.050 0 | 0.001 5 | 0.002 5 | 0.200 0 | 0.044 0 | 0.024 9 |
| 41 | 二甲戊灵 | 0.050 0 | 0.001 7 | 0.002 8 | 0.200 0 | 0.026 1 | 0.010 4 |
| 42 | 杀螨醚 | 0.025 0 | 0.000 9 | 0.001 7 | 0.100 0 | 0.010 2 | 0.005 8 |
| 43 | 乙基溴硫磷 | 0.012 6 | 0.000 5 | 0.001 0 | 0.050 4 | 0.003 4 | 0.003 5 |
| 44 | 喹硫磷 | 0.012 6 | 0.000 6 | 0.001 1 | 0.050 4 | 0.007 9 | 0.005 3 |
| 45 | 反式氯丹 | 0.012 6 | 0.000 5 | 0.001 0 | 0.050 4 | 0.005 9 | 0.004 2 |
| 46 | 稻丰散 | 0.025 0 | 0.000 7 | 0.000 7 | 0.100 0 | 0.047 0 | 0.128 7 |
| 47 | 吡唑草胺 | 0.037 6 | 0.001 5 | 0.001 7 | 0.150 4 | 0.026 3 | 0.011 4 |
| 48 | 丙硫磷 | 0.012 6 | 0.004 1 | 0.001 3 | 0.050 4 | 0.010 7 | 0.012 3 |
| 49 | 整形醇 | 0.037 6 | 0.010 9 | 0.008 4 | 0.150 4 | 0.018 9 | 0.011 5 |
| 50 | 腐霉利 | 0.012 6 | 0.004 1 | 0.002 1 | 0.050 4 | 0.006 6 | 0.002 5 |
| 51 | 狄氏剂 | 0.025 0 | 0.002 9 | 0.001 2 | 0.100 0 | 0.029 6 | 0.026 9 |
| 52 | 杀扑磷 | 0.025 0 | 0.000 6 | 0.000 7 | 0.100 0 | 0.006 2 | 0.007 2 |
| 53 | 敌草胺 | 0.037 6 | 0.004 1 | 0.003 5 | 0.150 4 | 0.015 9 | 0.006 6 |
| 54 | 氰草津 | 0.037 6 | 0.010 8 | 0.014 3 | 0.150 4 | 0.039 4 | 0.022 5 |
| 55 | 噁草酮 | 0.012 6 | 0.000 2 | 0.000 9 | 0.050 4 | 0.003 1 | 0.006 0 |
| 56 | 苯线磷 | 0.037 6 | 0.001 1 | 0.001 9 | 0.150 4 | 0.010 1 | 0.010 9 |
| 57 | 杀螨氯硫 | 0.012 6 | 0.000 6 | 0.001 6 | 0.050 4 | 0.002 1 | 0.003 3 |
| 58 | 乙嘧酚磺酸酯 | 0.012 6 | 0.000 5 | 0.000 3 | 0.050 4 | 0.007 3 | 0.006 7 |
| 59 | 氟酰胺 | 0.012 6 | 0.001 2 | 0.001 8 | 0.050 4 | 0.006 7 | 0.003 3 |
| 60 | 萎锈灵 | 0.300 0 | 0.012 7 | 0.019 3 | 1.200 0 | 0.026 7 | 0.044 5 |
| 61 | $p,p'$-滴滴滴 | 0.012 6 | 0.000 4 | 0.000 8 | 0.050 4 | 0.007 5 | 0.003 6 |
| 62 | 乙硫磷 | 0.025 0 | 0.000 7 | 0.001 4 | 0.100 0 | 0.011 2 | 0.005 0 |
| 63 | 乙环唑-1 | 0.037 6 | 0.004 9 | 0.011 4 | 0.150 4 | 0.010 9 | 0.038 6 |
| 64 | 硫丙磷 | 0.025 0 | 0.005 8 | 0.002 8 | 0.100 0 | 0.013 1 | 0.010 7 |
| 65 | 乙环唑-2 | 0.037 6 | 0.002 2 | 0.001 8 | 0.150 4 | 0.024 3 | 0.031 9 |

表 E.1（续）

| 序号 | 名　　称 | 含量/(mg/kg) | 重复性限 $r$ | 再现性限 $R$ | 含量/(mg/kg) | 重复性限 $r$ | 再现性限 $R$ |
|---|---|---|---|---|---|---|---|
| 66 | 腈菌唑 | 0.012 6 | 0.001 6 | 0.003 6 | 0.050 4 | 0.001 8 | 0.004 4 |
| 67 | 丰索磷 | 0.025 0 | 0.002 6 | 0.003 3 | 0.100 0 | 0.004 7 | 0.005 0 |
| 68 | 禾草灵 | 0.012 5 | 0.002 2 | 0.002 9 | 0.050 0 | 0.000 4 | 0.005 3 |
| 69 | 丙环唑-1 | 0.037 6 | 0.002 8 | 0.005 3 | 0.150 4 | 0.016 6 | 0.039 3 |
| 70 | 丙环唑-2 | 0.037 6 | 0.002 8 | 0.005 3 | 0.150 4 | 0.016 6 | 0.039 3 |
| 71 | 联苯菊酯 | 0.012 6 | 0.000 3 | 0.000 8 | 0.050 4 | 0.008 5 | 0.006 7 |
| 72 | 灭蚜灵 | 0.012 6 | 0.003 2 | 0.001 1 | 0.050 4 | 0.012 8 | 0.008 8 |
| 73 | 氟苯嘧啶醇 | 0.025 0 | 0.003 2 | 0.010 1 | 0.100 0 | 0.002 8 | 0.002 8 |
| 74 | 麦锈灵 | 0.037 6 | 0.003 3 | 0.001 5 | 0.150 4 | 0.017 7 | 0.008 0 |
| 75 | 甲氧滴滴涕 | 0.100 0 | 0.014 9 | 0.013 2 | 0.400 0 | 0.057 2 | 0.033 3 |
| 76 | 噁霜灵 | 0.012 6 | 0.000 2 | 0.000 8 | 0.050 4 | 0.003 7 | 0.009 5 |
| 77 | 戊唑醇 | 0.037 6 | 0.008 6 | 0.007 6 | 0.150 4 | 0.020 2 | 0.010 2 |
| 78 | 胺菊酯 | 0.025 0 | 0.006 0 | 0.008 4 | 0.100 0 | 0.000 8 | 0.010 2 |
| 79 | 氟草敏 | 0.012 6 | 0.000 3 | 0.000 8 | 0.050 4 | 0.002 2 | 0.004 9 |
| 80 | 哒嗪硫磷 | 0.012 6 | 0.001 8 | 0.001 7 | 0.050 4 | 0.010 3 | 0.016 9 |
| 81 | 亚胺硫磷 | 0.025 0 | 0.001 3 | 0.002 4 | 0.100 0 | 0.064 9 | 0.044 8 |
| 82 | 三氯杀螨砜 | 0.025 0 | 0.000 9 | 0.001 5 | 0.100 0 | 0.010 2 | 0.021 3 |
| 83 | 顺式-氯菊酯 | 0.012 6 | 0.000 7 | 0.000 5 | 0.050 4 | 0.008 3 | 0.009 0 |
| 84 | 吡菌磷 | 0.025 0 | 0.001 3 | 0.005 3 | 0.100 0 | 0.008 2 | 0.017 6 |
| 85 | 反式-氯菊酯 | 0.012 6 | 0.002 0 | 0.002 3 | 0.050 4 | 0.013 0 | 0.012 7 |
| 86 | 氯氰菊酯 | 0.037 6 | 0.005 6 | 0.007 2 | 0.150 4 | 0.027 8 | 0.030 7 |
| 87 | 氰戊菊酯-1 | 0.050 0 | 0.002 2 | 0.003 8 | 0.200 0 | 0.032 0 | 0.048 7 |
| 88 | 氰戊菊酯-2 | 0.050 0 | 0.002 2 | 0.003 8 | 0.200 0 | 0.032 0 | 0.048 7 |
| 89 | 溴氰菊酯 | 0.075 0 | 0.003 2 | 0.003 1 | 0.300 0 | 0.107 3 | 0.112 2 |
| B　组 | | | | | | | |
| 90 | 茵草敌 | 0.037 6 | 0.001 9 | 0.002 0 | 0.150 4 | 0.028 4 | 0.027 9 |
| 91 | 丁草敌 | 0.037 6 | 0.001 5 | 0.001 3 | 0.150 4 | 0.013 5 | 0.047 9 |
| 92 | 敌草腈 | 0.002 6 | 0.000 1 | 0.000 1 | 0.010 4 | 0.002 5 | 0.001 5 |
| 93 | 克草敌 | 0.037 6 | 0.001 7 | 0.001 3 | 0.150 4 | 0.032 1 | 0.045 7 |
| 94 | 三氯甲基吡啶 | 0.037 6 | 0.003 0 | 0.002 7 | 0.150 4 | 0.036 3 | 0.017 8 |
| 95 | 速灭磷 | 0.025 0 | 0.000 4 | 0.000 2 | 0.100 0 | 0.007 3 | 0.015 3 |
| 96 | 氯苯甲醚 | 0.012 6 | 0.000 6 | 0.000 4 | 0.050 4 | 0.005 8 | 0.006 5 |
| 97 | 四氯硝基苯 | 0.025 0 | 0.001 5 | 0.001 1 | 0.100 0 | 0.010 2 | 0.007 2 |
| 98 | 庚烯磷 | 0.037 6 | 0.002 0 | 0.001 3 | 0.150 4 | 0.058 3 | 0.041 1 |
| 99 | 灭线磷 | 0.037 6 | 0.001 6 | 0.001 1 | 0.150 4 | 0.015 6 | 0.010 6 |

表 E.1（续）

| 序号 | 名　　称 | 含量/(mg/kg) | 重复性限 $r$ | 再现性限 $R$ | 含量/(mg/kg) | 重复性限 $r$ | 再现性限 $R$ |
|---|---|---|---|---|---|---|---|
| 100 | 六氯苯 | 0.012 6 | 0.000 7 | 0.000 5 | 0.050 4 | 0.008 5 | 0.006 0 |
| 101 | 毒草胺 | 0.037 6 | 0.002 2 | 0.001 2 | 0.150 4 | 0.016 1 | 0.011 1 |
| 102 | 顺式-燕麦敌 | 0.025 0 | 0.001 4 | 0.000 7 | 0.100 0 | 0.011 5 | 0.009 9 |
| 103 | 氟乐灵 | 0.025 0 | 0.001 3 | 0.000 7 | 0.100 0 | 0.007 5 | 0.005 7 |
| 104 | 反式-燕麦敌 | 0.025 0 | 0.001 3 | 0.000 9 | 0.100 0 | 0.011 2 | 0.009 8 |
| 105 | 氯苯胺灵 | 0.025 0 | 0.001 0 | 0.000 7 | 0.100 0 | 0.006 8 | 0.009 9 |
| 106 | 治螟磷 | 0.012 6 | 0.001 4 | 0.000 7 | 0.050 4 | 0.007 6 | 0.005 3 |
| 107 | 菜草畏 | 0.025 0 | 0.001 2 | 0.000 9 | 0.100 0 | 0.023 1 | 0.028 0 |
| 108 | α-六六六 | 0.012 6 | 0.000 4 | 0.000 3 | 0.050 4 | 0.008 9 | 0.005 9 |
| 109 | 特丁硫磷 | 0.025 0 | 0.001 3 | 0.000 7 | 0.100 0 | 0.012 3 | 0.012 0 |
| 110 | 特丁通 | 0.037 6 | 0.014 4 | 0.013 6 | 0.150 4 | 0.122 1 | 0.324 3 |
| 111 | 环丙氟灵 | 0.050 0 | 0.003 3 | 0.002 1 | 0.200 0 | 0.023 7 | 0.020 9 |
| 112 | 敌噁磷 | 0.050 0 | 0.002 8 | 0.002 2 | 0.200 0 | 0.043 3 | 0.023 8 |
| 113 | 扑灭津 | 0.012 6 | 0.000 5 | 0.000 4 | 0.050 4 | 0.005 1 | 0.003 9 |
| 114 | 氯炔灵 | 0.025 0 | 0.005 9 | 0.002 5 | 0.100 0 | 0.010 3 | 0.020 8 |
| 115 | 氯硝胺 | 0.025 0 | 0.002 3 | 0.001 8 | 0.100 0 | 0.002 3 | 0.001 8 |
| 116 | 特丁津 | 0.012 6 | 0.000 5 | 0.000 4 | 0.050 4 | 0.006 6 | 0.004 2 |
| 117 | 绿谷隆 | 0.050 0 | 0.012 0 | 0.009 4 | 0.200 0 | 0.023 4 | 0.028 5 |
| 118 | 氟虫脲 | 0.037 6 | 0.004 8 | 0.007 1 | 0.150 4 | 0.031 8 | 0.034 5 |
| 119 | 甲基毒死蜱 | 0.012 5 | 0.004 3 | 0.004 8 | 0.050 0 | 0.000 4 | 0.005 2 |
| 120 | 敌草净 | 0.012 6 | 0.000 6 | 0.000 3 | 0.050 4 | 0.005 9 | 0.004 2 |
| 121 | 二甲草胺 | 0.037 6 | 0.001 6 | 0.001 1 | 0.150 4 | 0.022 1 | 0.015 2 |
| 122 | 甲草胺 | 0.037 6 | 0.003 0 | 0.001 6 | 0.150 4 | 0.024 9 | 0.018 0 |
| 123 | 甲基嘧啶磷 | 0.012 6 | 0.000 8 | 0.000 4 | 0.050 4 | 0.008 5 | 0.004 6 |
| 124 | 特丁净 | 0.025 0 | 0.005 3 | 0.002 2 | 0.100 0 | 0.019 6 | 0.012 1 |
| 125 | 丙硫特普 | 0.025 0 | 0.000 9 | 0.011 4 | 0.100 0 | 0.001 8 | 0.006 6 |
| 126 | 杀草丹 | 0.025 0 | 0.001 3 | 0.000 6 | 0.100 0 | 0.011 4 | 0.007 1 |
| 127 | 三氯杀螨醇 | 0.025 0 | 0.011 3 | 0.008 2 | 0.100 0 | 0.074 0 | 0.075 0 |
| 128 | 异丙甲草胺 | 0.012 6 | 0.000 5 | 0.000 3 | 0.050 4 | 0.007 5 | 0.005 1 |
| 129 | 嘧啶磷 | 0.025 0 | 0.001 1 | 0.000 7 | 0.100 0 | 0.013 8 | 0.010 0 |
| 130 | 苯氟磺胺 | 0.600 0 | 0.060 0 | 0.074 7 | 2.400 0 | 1.493 6 | 1.121 9 |
| 131 | 烯虫酯 | 0.050 0 | 0.002 9 | 0.003 1 | 0.200 0 | 0.029 2 | 0.021 3 |
| 132 | 溴硫磷 | 0.025 0 | 0.001 7 | 0.000 9 | 0.100 0 | 0.039 7 | 0.025 8 |
| 133 | 乙氧呋草黄 | 0.025 0 | 0.009 7 | 0.003 0 | 0.100 0 | 0.023 8 | 0.130 7 |
| 134 | 异丙乐灵 | 0.025 0 | 0.002 6 | 0.002 0 | 0.100 0 | 0.009 6 | 0.010 1 |

表 E.1(续)

| 序号 | 名　　称 | 含量/(mg/kg) | 重复性限 $r$ | 再现性限 $R$ | 含量/(mg/kg) | 重复性限 $r$ | 再现性限 $R$ |
|---|---|---|---|---|---|---|---|
| 135 | 敌稗 | 0.025 0 | 0.003 4 | 0.003 5 | 0.100 0 | 0.012 9 | 0.010 2 |
| 136 | 育畜磷 | 0.075 0 | 0.005 7 | 0.007 6 | 0.300 0 | 0.036 0 | 0.076 5 |
| 137 | 异柳磷 | 0.025 0 | 0.006 1 | 0.003 9 | 0.100 0 | 0.024 3 | 0.012 9 |
| 138 | 硫丹-1 | 0.075 0 | 0.005 8 | 0.006 9 | 0.300 0 | 0.038 7 | 0.039 8 |
| 139 | 毒虫畏 | 0.037 6 | 0.003 2 | 0.002 9 | 0.150 4 | 0.019 9 | 0.018 7 |
| 140 | 甲苯氟磺胺 | 0.300 0 | 0.017 1 | 0.029 2 | 1.200 0 | 0.662 6 | 0.384 3 |
| 141 | 顺式-氯丹 | 0.025 0 | 0.001 1 | 0.000 7 | 0.100 0 | 0.015 5 | 0.012 9 |
| 142 | 丁草胺 | 0.025 0 | 0.003 3 | 0.002 6 | 0.100 0 | 0.012 0 | 0.009 2 |
| 143 | 乙菌利 | 0.025 0 | 0.005 9 | 0.005 0 | 0.100 0 | 0.011 0 | 0.014 2 |
| 144 | $p,p'$-滴滴伊 | 0.012 6 | 0.001 5 | 0.001 3 | 0.050 4 | 0.006 1 | 0.006 4 |
| 145 | 碘硫磷 | 0.025 0 | 0.001 9 | 0.001 1 | 0.100 0 | 0.042 9 | 0.029 5 |
| 146 | 杀虫畏 | 0.037 6 | 0.004 2 | 0.002 5 | 0.150 4 | 0.029 5 | 0.028 0 |
| 147 | 氯溴隆 | 0.300 0 | 0.051 0 | 0.052 8 | 1.200 0 | 0.504 0 | 0.357 7 |
| 148 | 丙溴磷 | 0.075 0 | 0.005 1 | 0.003 5 | 0.300 0 | 0.032 8 | 0.027 1 |
| 149 | 噻嗪酮 | 0.025 0 | 0.006 4 | 0.005 9 | 0.100 0 | 0.010 4 | 0.006 3 |
| 150 | $o,p'$-滴滴滴 | 0.012 6 | 0.001 5 | 0.001 5 | 0.050 4 | 0.011 3 | 0.006 7 |
| 151 | 杀螨酯 | 0.025 0 | 0.002 8 | 0.002 2 | 0.100 0 | 0.011 3 | 0.011 6 |
| 152 | 氟咯草酮 | 0.025 0 | 0.004 0 | 0.004 2 | 0.100 0 | 0.019 0 | 0.016 7 |
| 153 | 异狄氏剂 | 0.150 0 | 0.020 1 | 0.027 8 | 0.600 0 | 0.173 6 | 0.184 8 |
| 154 | 多效唑 | 0.037 6 | 0.003 5 | 0.004 1 | 0.150 4 | 0.022 4 | 0.016 4 |
| 155 | $o,p'$-滴滴涕 | 0.025 0 | 0.002 7 | 0.002 4 | 0.100 0 | 0.015 1 | 0.012 8 |
| 156 | 盖草津 | 0.037 6 | 0.001 8 | 0.001 8 | 0.150 4 | 0.036 3 | 0.083 6 |
| 157 | 丙酯杀螨醇 | 0.012 6 | 0.000 6 | 0.000 4 | 0.050 4 | 0.009 1 | 0.007 6 |
| 158 | 麦草氟甲酯 | 0.012 6 | 0.001 9 | 0.001 9 | 0.050 4 | 0.008 6 | 0.006 3 |
| 159 | 除草醚 | 0.075 0 | 0.004 8 | 0.003 4 | 0.300 0 | 0.026 0 | 0.028 4 |
| 160 | 乙氧氟草醚 | 0.050 0 | 0.002 7 | 0.001 4 | 0.200 0 | 0.023 8 | 0.021 2 |
| 161 | 虫螨磷 | 0.037 6 | 0.003 1 | 0.001 7 | 0.150 4 | 0.027 1 | 0.020 2 |
| 162 | 麦草氟异丙酯 | 0.012 6 | 0.001 0 | 0.001 2 | 0.050 4 | 0.008 1 | 0.005 8 |
| 163 | 硫丹-2 | 0.075 0 | 0.010 7 | 0.007 6 | 0.300 0 | 0.056 0 | 0.048 7 |
| 164 | 三硫磷 | 0.025 0 | 0.002 1 | 0.001 6 | 0.100 0 | 0.016 3 | 0.018 8 |
| 165 | $p,p'$-滴滴涕 | 0.025 0 | 0.006 9 | 0.004 7 | 0.100 0 | 0.019 8 | 0.016 0 |
| 166 | 苯霜灵 | 0.012 6 | 0.000 6 | 0.000 3 | 0.050 4 | 0.007 0 | 0.005 3 |
| 167 | 敌瘟磷 | 0.025 0 | 0.002 9 | 0.001 6 | 0.100 0 | 0.016 7 | 0.018 0 |
| 168 | 三唑磷 | 0.037 6 | 0.006 6 | 0.008 8 | 0.150 4 | 0.026 7 | 0.026 4 |
| 169 | 苯腈磷 | 0.012 6 | 0.000 4 | 0.000 4 | 0.050 4 | 0.008 7 | 0.006 0 |

表 E.1(续)

| 序号 | 名　　称 | 含量/(mg/kg) | 重复性限 r | 再现性限 R | 含量/(mg/kg) | 重复性限 r | 再现性限 R |
|---|---|---|---|---|---|---|---|
| 170 | 氯杀螨砜 | 0.025 0 | 0.001 0 | 0.001 0 | 0.100 0 | 0.034 9 | 0.047 4 |
| 171 | 硫丹硫酸盐 | 0.037 6 | 0.008 8 | 0.006 7 | 0.150 4 | 0.063 5 | 0.040 4 |
| 172 | 溴螨酯 | 0.025 0 | 0.002 7 | 0.003 1 | 0.100 0 | 0.007 6 | 0.008 6 |
| 173 | 新燕灵 | 0.037 6 | 0.005 7 | 0.004 7 | 0.150 4 | 0.018 6 | 0.014 0 |
| 174 | 甲氰菊酯 | 0.025 0 | 0.002 9 | 0.001 7 | 0.100 0 | 0.028 2 | 0.027 9 |
| 175 | 苯硫膦 | 0.050 0 | 0.002 9 | 0.002 2 | 0.200 0 | 0.018 3 | 0.015 8 |
| 176 | 敌菌丹 | 未添加 | | | 0.900 0 | 0.373 2 | 0.384 0 |
| 177 | 环嗪酮 | 0.037 6 | 0.005 8 | 0.006 3 | 0.150 4 | 0.018 5 | 0.014 7 |
| 178 | 溴苯磷 | 0.025 0 | 0.001 3 | 0.000 8. | 0.100 0 | 0.023 6 | 0.019 1 |
| 179 | 治草醚 | 0.025 0 | 0.002 7 | 0.001 6 | 0.100 0 | 0.007 3 | 0.006 9 |
| 180 | 伏杀硫磷 | 0.025 0 | 0.000 8 | 0.000 7 | 0.100 0 | 0.020 4 | 0.017 4 |
| 181 | 保棉磷 | 0.075 0 | 0.007 7 | 0.014 3 | 0.300 0 | 0.029 6 | 0.054 2 |
| 182 | 氯苯嘧啶醇 | 0.025 0 | 0.001 0 | 0.000 8 | 0.100 0 | 0.014 1 | 0.007 6 |
| 183 | 益棉磷 | 0.025 0 | 0.002 6 | 0.004 8 | 0.100 0 | 0.015 0 | 0.027 5 |
| 184 | 氟氯氰菊酯 | 0.150 0 | 0.044 5 | 0.037 4 | 0.600 0 | 0.135 9 | 0.113 4 |
| 185 | 咪鲜胺 | 0.075 0 | 0.014 2 | 0.005 2 | 0.300 0 | 0.056 0 | 0.086 7 |
| 186 | 蝇毒磷 | 0.075 0 | 0.005 5 | 0.003 9 | 0.300 0 | 0.048 9 | 0.060 7 |
| 187 | 氟胺氰菊酯 | 0.150 0 | 0.011 7 | 0.008 8 | 0.600 0 | 0.219 5 | 0.171 1 |
| C 组 | | | | | | | |
| 188 | 敌敌畏 | 0.075 0 | 0.013 3 | 0.015 2 | 0.300 0 | 0.177 8 | 0.137 3 |
| 189 | 联苯 | 0.012 6 | 0.002 4 | 0.001 3 | 0.050 4 | 0.012 1 | 0.010 1 |
| 190 | 霜霉威 | 0.037 6 | 0.025 3 | 0.029 5 | 0.150 4 | 0.015 7 | 0.031 8 |
| 191 | 灭草敌 | 0.012 6 | 0.002 4 | 0.001 8 | 0.050 4 | 0.010 4 | 0.008 0 |
| 192 | 3,5-二氯苯胺 | 0.100 0 | 0.050 7 | 0.022 2 | 0.400 0 | 0.119 4 | 0.071 6 |
| 193 | 虫螨畏 | 0.012 6 | 0.003 1 | 0.005 1 | 0.050 4 | 0.009 1 | 0.005 8 |
| 194 | 禾草敌 | 0.012 6 | 0.006 9 | 0.007 6 | 0.050 4 | 0.007 6 | 0.005 0 |
| 195 | 邻苯基苯酚 | 0.012 6 | 0.001 8 | 0.001 7 | 0.050 4 | 0.009 6 | 0.009 6 |
| 196 | 四氢邻苯二甲酰亚胺 | 0.037 6 | 0.004 0 | 0.003 1 | 0.150 4 | 0.018 6 | 0.011 2 |
| 197 | 仲丁威 | 0.025 0 | 0.002 3 | 0.002 8 | 0.100 0 | 0.016 6 | 0.013 3 |
| 198 | 乙丁氟灵 | 0.012 6 | 0.001 4 | 0.001 4 | 0.050 4 | 0.007 9 | 0.008 6 |
| 199 | 氟铃脲 | 0.075 0 | 0.006 6 | 0.011 3 | 0.300 0 | 0.047 7 | 0.091 7 |
| 200 | 扑灭通 | 0.037 6 | 0.003 3 | 0.004 6 | 0.150 4 | 0.019 2 | 0.019 8 |
| 201 | 野麦威 | 0.025 0 | 0.001 6 | 0.003 5 | 0.100 0 | 0.012 0 | 0.011 7 |
| 202 | 嘧霉胺 | 0.012 6 | 0.001 0 | 0.001 3 | 0.050 4 | 0.005 9 | 0.005 6 |
| 203 | 林丹 | 0.025 0 | 0.001 6 | 0.005 1 | 0.100 0 | 0.028 3 | 0.017 3 |

表 E.1（续）

| 序号 | 名　　称 | 含量/(mg/kg) | 重复性限 $r$ | 再现性限 $R$ | 含量/(mg/kg) | 重复性限 $r$ | 再现性限 $R$ |
|---|---|---|---|---|---|---|---|
| 204 | 乙拌磷 | 0.012 6 | 0.000 4 | 0.014 5 | 0.050 4 | 0.000 2 | 0.000 2 |
| 205 | 莠去净 | 0.012 6 | 0.001 0 | 0.001 3 | 0.050 4 | 0.005 9 | 0.006 0 |
| 206 | 异稻瘟净 | 0.037 6 | 0.003 7 | 0.005 9 | 0.150 4 | 0.022 7 | 0.024 6 |
| 207 | 氯唑磷 | 0.025 0 | 0.002 5 | 0.002 3 | 0.100 0 | 0.015 5 | 0.009 0 |
| 208 | 三氯杀虫酯 | 0.025 0 | 0.002 7 | 0.010 5 | 0.100 0 | 0.026 9 | 0.016 7 |
| 209 | 氯乙氟灵 | 0.050 0 | 0.005 9 | 0.008 4 | 0.200 0 | 0.037 4 | 0.027 3 |
| 210 | 四氟苯菊酯 | 0.012 6 | 0.002 7 | 0.003 6 | 0.050 4 | 0.007 9 | 0.007 4 |
| 211 | 丁苯吗啉 | 0.012 6 | 0.000 8 | 0.000 9 | 0.050 4 | 0.007 5 | 0.005 9 |
| 212 | 甲基立枯磷 | 0.012 6 | 0.000 9 | 0.001 2 | 0.050 4 | 0.006 0 | 0.004 6 |
| 213 | 异丙草胺 | 0.012 6 | 0.000 8 | 0.001 0 | 0.050 4 | 0.000 9 | 0.000 7 |
| 214 | 溴谷隆 | 0.075 0 | 0.007 9 | 0.016 9 | 0.300 0 | 0.101 3 | 0.043 0 |
| 215 | 莠灭净 | 0.037 6 | 0.003 2 | 0.004 4 | 0.150 4 | 0.029 9 | 0.020 1 |
| 216 | 西草净 | 0.025 0 | 0.003 3 | 0.003 0 | 0.100 0 | 0.011 8 | 0.012 2 |
| 217 | 嗪草酮 | 0.037 6 | 0.004 5 | 0.006 0 | 0.150 4 | 0.024 1 | 0.016 3 |
| 218 | 噻节因 | 0.037 6 | 0.010 2 | 0.004 4 | 0.150 4 | 0.063 0 | 0.048 8 |
| 219 | 异丙净 | 0.012 6 | 0.001 9 | 0.001 9 | 0.050 4 | 0.005 9 | 0.007 1 |
| 220 | 乙霉威 | 0.075 0 | 0.007 1 | 0.007 1 | 0.300 0 | 0.034 5 | 0.040 6 |
| 221 | 哌草丹 | 0.025 0 | 0.001 9 | 0.001 4 | 0.100 0 | 0.012 9 | 0.012 9 |
| 222 | 生物烯丙菊酯-1 | 0.050 0 | 0.012 8 | 0.014 9 | 0.200 0 | 0.034 0 | 0.022 1 |
| 223 | 生物烯丙菊酯-2 | 0.050 0 | 0.003 5 | 0.003 3 | 0.200 0 | 0.021 9 | 0.019 1 |
| 224 | 芬螨酯 | 0.012 6 | 0.000 9 | 0.002 0 | 0.050 4 | 0.005 4 | 0.005 0 |
| 225 | $o,p'$-滴滴伊 | 0.012 6 | 0.000 9 | 0.001 2 | 0.050 4 | 0.011 1 | 0.007 7 |
| 226 | 双苯酰草胺 | 0.012 6 | 0.001 7 | 0.001 3 | 0.050 4 | 0.008 9 | 0.012 2 |
| 227 | 戊菌唑 | 0.037 6 | 0.003 2 | 0.004 3 | 0.150 4 | 0.076 4 | 0.099 0 |
| 228 | 四氟醚唑 | 0.037 6 | 0.002 7 | 0.004 6 | 0.150 4 | 0.017 4 | 0.018 6 |
| 229 | 灭蚜磷 | 0.050 0 | 0.005 6 | 0.001 7 | 0.200 0 | 0.033 2 | 0.027 8 |
| 230 | 丙虫磷 | 0.025 0 | 0.001 5 | 0.020 3 | 0.100 0 | 0.001 7 | 0.011 0 |
| 231 | 氟节胺 | 0.025 0 | 0.002 3 | 0.004 5 | 0.100 0 | 0.016 2 | 0.018 3 |
| 232 | 三唑醇-1 | 0.037 6 | 0.004 6 | 0.004 8 | 0.150 4 | 0.016 5 | 0.018 9 |
| 233 | 三唑醇-2 | 0.037 6 | 0.004 6 | 0.004 8 | 0.150 4 | 0.016 5 | 0.018 9 |
| 234 | 丙草胺 | 0.025 0 | 0.002 9 | 0.003 1 | 0.100 0 | 0.019 3 | 0.030 0 |
| 235 | 亚胺菌 | 0.012 6 | 0.001 7 | 0.001 8 | 0.050 4 | 0.006 7 | 0.005 1 |
| 236 | 吡氟禾草灵 | 0.012 6 | 0.002 4 | 0.002 3 | 0.050 4 | 0.006 9 | 0.007 2 |
| 237 | 氟啶脲 | 0.037 6 | 0.017 7 | 0.024 6 | 0.150 4 | 0.074 9 | 0.039 8 |
| 238 | 乙酯杀螨醇 | 0.012 6 | 0.001 0 | 0.001 4 | 0.050 4 | 0.005 6 | 0.006 8 |

表 E.1（续）

| 序号 | 名　　称 | 含量/(mg/kg) | 重复性限 r | 再现性限 R | 含量/(mg/kg) | 重复性限 r | 再现性限 R |
|---|---|---|---|---|---|---|---|
| 239 | 氟哇唑 | 0.037 6 | 0.002 8 | 0.003 9 | 0.150 4 | 0.018 4 | 0.021 1 |
| 240 | 三氟硝草醚 | 0.012 6 | 0.001 1 | 0.002 9 | 0.050 4 | 0.008 4 | 0.010 8 |
| 241 | 烯唑醇 | 0.037 6 | 0.005 3 | 0.005 6 | 0.150 4 | 0.021 5 | 0.022 5 |
| 242 | 增效醚 | 0.012 6 | 0.001 2 | 0.001 7 | 0.050 4 | 0.006 8 | 0.007 2 |
| 243 | 噁唑隆 | 0.050 0 | 0.014 7 | 0.027 4 | 0.200 0 | 0.072 4 | 0.029 5 |
| 244 | 炔螨特 | 0.025 0 | | | 0.100 0 | 0.024 2 | 0.057 3 |
| 245 | 灭锈胺 | 0.012 6 | 0.003 0 | 0.003 8 | 0.050 4 | 0.006 6 | 0.006 4 |
| 246 | 吡氟酰草胺 | 0.012 6 | 0.001 5 | 0.001 9 | 0.050 4 | 0.007 0 | 0.007 6 |
| 247 | 咯菌腈 | 0.012 6 | 0.000 7 | 0.001 4 | 0.050 4 | 0.006 3 | 0.003 9 |
| 248 | 喹螨醚 | 0.012 6 | 0.001 4 | 0.001 9 | 0.050 4 | 0.009 6 | 0.006 3 |
| 249 | 苯醚菊酯 | 0.012 6 | 0.003 1 | 0.004 0 | 0.050 4 | 0.007 4 | 0.008 9 |
| 250 | 苯氧威 | 0.075 0 | 0.027 2 | 0.052 5 | 0.300 0 | 0.055 6 | 0.047 8 |
| 251 | 稀禾啶 | 0.900 0 | 0.000 0 | 0.000 0 | 3.600 0 | 0.650 7 | 1.356 2 |
| 252 | 双甲脒 | 0.037 6 | 0.005 2 | 0.007 2 | 0.150 4 | 0.012 7 | 0.006 9 |
| 253 | 莎稗磷 | 0.025 0 | 0.002 3 | 0.004 2 | 0.100 0 | 0.014 2 | 0.012 8 |
| 254 | 氟丙菊酯 | 0.025 0 | 0.006 7 | 0.011 2 | 0.100 0 | 0.011 4 | 0.010 6 |
| 255 | 高效氯氟氰菊酯 | 0.012 6 | 0.001 3 | 0.002 5 | 0.050 4 | 0.007 3 | 0.007 9 |
| 256 | 苯噻酰草胺 | 0.037 6 | 0.002 2 | 0.004 0 | 0.150 4 | 0.030 4 | 0.019 4 |
| 257 | 氯菊酯 | 0.025 0 | 0.001 9 | 0.002 9 | 0.100 0 | 0.012 5 | 0.013 9 |
| 258 | 哒螨灵 | 0.012 6 | 0.000 9 | 0.001 9 | 0.050 4 | 0.007 1 | 0.007 5 |
| 259 | 乙羧氟草醚 | 0.150 0 | 0.034 2 | 0.060 1 | 0.600 0 | 0.158 7 | 0.092 2 |
| 260 | 联苯三唑醇 | 0.037 6 | 0.003 2 | 0.004 9 | 0.150 4 | 0.018 5 | 0.024 1 |
| 261 | 醚菊酯 | 0.012 6 | 0.000 9 | 0.001 5 | 0.050 4 | 0.007 3 | 0.008 7 |
| 262 | 噻草酮 | 1.200 0 | 0.064 6 | 0.050 8 | 4.800 0 | 0.499 8 | 0.561 9 |
| 263 | 顺式-氯氰菊酯 | 0.025 0 | 0.001 8 | 0.004 4 | 0.100 0 | 0.039 0 | 0.049 1 |
| 264 | 氟氰戊菊酯 | 0.025 0 | 0.007 2 | 0.012 7 | 0.100 0 | 0.016 0 | 0.017 6 |
| 265 | 氟氰戊菊酯 | 0.025 0 | 0.007 2 | 0.012 7 | 0.100 0 | 0.016 0 | 0.017 6 |
| 266 | S-氰戊菊酯 | 0.050 0 | 0.043 8 | 0.048 8 | 0.200 0 | 0.061 2 | 0.055 6 |
| 267 | 苯醚甲环唑-2 | 0.075 0 | 0.015 0 | 0.020 6 | 0.300 0 | 0.037 5 | 0.035 2 |
| 268 | 苯醚甲环唑-1 | 0.075 0 | 0.015 0 | 0.020 6 | 0.300 0 | 0.037 5 | 0.035 2 |
| 269 | 丙炔氟草胺 | 0.025 0 | 0.002 9 | 0.009 4 | 0.100 0 | 0.025 1 | 0.040 2 |
| 270 | 氟烯草酸 | 0.025 0 | 0.001 8 | 0.004 7 | 0.100 0 | 0.023 4 | 0.038 2 |
| D 组 | | | | | | | |
| 271 | 甲氟磷 | 0.037 6 | 0.011 6 | 0.007 5 | 0.150 4 | 0.048 4 | 0.042 7 |
| 272 | 乙拌磷亚砜 | 0.025 0 | 0.002 5 | 0.002 1 | 0.100 0 | 0.042 0 | 0.029 2 |

表 E.1（续）

| 序号 | 名　称 | 含量/(mg/kg) | 重复性限 $r$ | 再现性限 $R$ | 含量/(mg/kg) | 重复性限 $r$ | 再现性限 $R$ |
|---|---|---|---|---|---|---|---|
| 273 | 五氯苯 | 0.012 6 | 0.001 2 | 0.001 6 | 0.050 4 | 0.015 9 | 0.010 7 |
| 274 | 三异丁基磷酸盐 | 0.012 6 | 0.005 6 | 0.029 0 | 0.050 4 | 0.011 0 | 0.008 6 |
| 275 | 鼠立死 | 0.012 6 | 0.000 7 | 0.001 1 | 0.050 4 | 0.007 4 | 0.004 9 |
| 276 | 4-溴-3,5-二甲苯基-*N*-甲基氨基甲酸酯-1 | 0.025 0 | 0.009 5 | 0.007 4 | 0.100 0 | 0.016 3 | 0.020 9 |
| 277 | 燕麦酯 | 0.012 6 | 0.001 5 | 0.003 0 | 0.050 4 | 0.011 3 | 0.011 0 |
| 278 | 虫线磷 | 0.012 6 | 0.003 2 | 0.005 3 | 0.050 4 | 0.009 7 | 0.006 9 |
| 279 | 2,3,5,6-四氯苯胺 | 0.012 6 | 0.001 1 | 0.001 8 | 0.050 4 | 0.008 2 | 0.006 3 |
| 280 | 三正丁基磷酸盐 | 0.025 0 | 0.013 6 | 0.011 8 | 0.100 0 | 0.012 7 | 0.017 6 |
| 281 | 2,3,4,5-四氯甲氧基苯 | 0.012 6 | 0.000 9 | 0.000 5 | 0.050 4 | 0.006 8 | 0.011 0 |
| 282 | 五氯甲氧基苯 | 0.012 6 | 0.001 1 | 0.000 4 | 0.050 4 | 0.008 6 | 0.007 3 |
| 283 | 牧草胺 | 0.025 0 | 0.001 1 | 0.003 5 | 0.100 0 | 0.014 3 | 0.010 4 |
| 284 | 蔬果磷 | 0.125 0 | 0.007 8 | 0.012 3 | 0.500 0 | 0.077 9 | 0.049 6 |
| 285 | 甲基苯噻隆 | 0.125 0 | 0.006 2 | 0.017 8 | 0.500 0 | 0.072 3 | 0.055 8 |
| 286 | 西玛通 | 0.025 0 | 0.001 8 | 0.002 8 | 0.100 0 | 0.012 7 | 0.010 6 |
| 287 | 阿特拉通 | 0.012 6 | 0.000 8 | 0.002 8 | 0.050 4 | 0.009 7 | 0.006 5 |
| 288 | 七氟菊酯 | 0.012 6 | 0.001 8 | 0.002 3 | 0.050 4 | 0.015 3 | 0.009 0 |
| 289 | 溴烯杀 | 0.012 6 | 0.002 0 | 0.002 5 | 0.050 4 | 0.010 6 | 0.005 7 |
| 290 | 草达津 | 0.012 6 | 0.000 8 | 0.001 7 | 0.050 4 | 0.007 5 | 0.006 2 |
| 291 | 2,6-二氯苯甲酰胺 | 0.025 0 | 0.014 3 | 0.011 7 | 0.100 0 | 0.015 0 | 0.017 6 |
| 292 | 环莠隆 | 0.037 6 | 0.002 3 | 0.007 3 | 0.150 4 | 0.022 8 | 0.016 1 |
| 293 | 2,4,4′-三氯联苯 | 0.012 6 | 0.000 4 | 0.001 4 | 0.050 4 | 0.008 2 | 0.005 8 |
| 294 | 2,4,5-三氯联苯 | 0.012 6 | 0.000 5 | 0.001 2 | 0.050 4 | 0.008 3 | 0.006 6 |
| 295 | 脱乙基另丁津 | 0.025 0 | 0.005 1 | 0.015 2 | 0.100 0 | 0.008 7 | 0.009 4 |
| 296 | 2,3,4,5-四氯苯胺 | 0.025 0 | 0.000 7 | 0.002 6 | 0.100 0 | 0.013 5 | 0.011 7 |
| 297 | 合成麝香 | 0.012 6 | 0.004 9 | 0.004 4 | 0.050 4 | 0.008 0 | 0.006 2 |
| 298 | 五氯苯胺 | 0.012 6 | 0.000 9 | 0.001 6 | 0.050 4 | 0.008 4 | 0.005 0 |
| 299 | 叠氮津 | 0.100 0 | 0.011 7 | 0.010 5 | 0.400 0 | 0.062 6 | 0.043 7 |
| 300 | 丁咪酰胺 | 0.062 6 | 0.031 3 | 0.020 2 | 0.250 4 | 0.020 0 | 0.024 0 |
| 301 | 另丁津 | 0.012 6 | 0.000 4 | 0.001 5 | 0.050 4 | 0.008 0 | 0.005 4 |
| 302 | 麝香 | 0.012 6 | 0.000 2 | 0.000 9 | 0.050 4 | 0.000 9 | 0.000 8 |
| 303 | 2,2′,5,5′-四氯联苯 | 0.012 6 | 0.000 7 | 0.000 8 | 0.050 4 | 0.008 3 | 0.006 5 |
| 304 | 苄草丹 | 0.012 6 | 0.000 6 | 0.001 6 | 0.050 4 | 0.008 5 | 0.006 2 |
| 305 | 二甲吩草胺 | 0.012 6 | 0.000 5 | 0.001 8 | 0.050 4 | 0.005 5 | 0.005 3 |

表 E.1(续)

| 序号 | 名　称 | 含量/(mg/kg) | 重复性限 $r$ | 再现性限 $R$ | 含量/(mg/kg) | 重复性限 $r$ | 再现性限 $R$ |
|---|---|---|---|---|---|---|---|
| 306 | 4-溴-3,5-二甲苯基-*N*-甲基氨基甲酸酯-2 | 0.025 0 | 0.008 2 | 0.003 6 | 0.100 0 | 0.044 1 | 0.038 0 |
| 307 | 庚酰草胺 | 0.025 0 | 0.002 8 | 0.002 7 | 0.100 0 | 0.013 3 | 0.012 9 |
| 308 | 西藏麝香 | 0.012 6 | 0.004 7 | 0.005 7 | 0.050 4 | 0.012 5 | 0.005 5 |
| 309 | 八氯苯乙烯 | 0.012 6 | 0.000 3 | 0.000 6 | 0.050 4 | 0.0004 | 0.000 5 |
| 310 | 异艾氏剂 | 0.012 6 | 0.002 3 | 0.001 3 | 0.050 4 | 0.007 2 | 0.004 9 |
| 311 | 丁嗪草酮 | 0.025 0 | 0.008 2 | 0.006 1 | 0.100 0 | 0.020 7 | 0.035 6 |
| 312 | 毒壤磷 | 0.012 6 | 0.000 9 | 0.001 9 | 0.050 4 | 0.008 9 | 0.006 0 |
| 313 | 敌草索 | 0.012 6 | 0.000 1 | 0.001 1 | 0.050 4 | 0.008 4 | 0.005 7 |
| 314 | 4,4′-二氯二苯甲酮 | 0.012 6 | 0.001 8 | 0.003 6 | 0.050 4 | 0.018 9 | 0.012 6 |
| 315 | 酞菌酯 | 0.025 0 | 0.001 9 | 0.004 6 | 0.100 0 | 0.024 6 | 0.019 8 |
| 316 | 吡咪唑 | 0.012 6 | 0.003 7 | 0.002 6 | 0.050 4 | 0.010 4 | 0.010 9 |
| 317 | 嘧菌环胺 | 0.012 6 | 0.001 7 | 0.002 6 | 0.050 4 | 0.011 7 | 0.009 3 |
| 318 | 麦穗灵 | 0.062 6 | 0.016 7 | 0.014 0 | 0.250 4 | 0.018 3 | 0.023 8 |
| 319 | 异氯磷 | 0.062 6 | 0.008 4 | 0.011 0 | 0.250 4 | 0.056 1 | 0.034 4 |
| 320 | 2-甲-4-氯丁氧乙基酯 | 0.012 6 | 0.000 6 | 0.002 0 | 0.050 4 | 0.007 6 | 0.006 0 |
| 321 | 2,2′,4,5,5′-五氯联苯 | 0.012 6 | 0.000 5 | 0.000 9 | 0.050 4 | 0.008 6 | 0.005 9 |
| 322 | 呋菌胺 | 0.012 6 | 0.001 1 | 0.001 1 | 未添加 | | |
| 323 | 水胺硫磷 | 0.025 0 | 0.003 1 | 0.005 0 | 0.100 0 | 0.012 9 | 0.009 2 |
| 324 | 甲拌磷砜 | 0.012 6 | 0.004 4 | 0.006 2 | 0.050 4 | 0.020 5 | 0.015 3 |
| 325 | 杀螨醇 | 0.012 6 | 0.000 1 | 0.000 8 | 0.050 4 | 0.000 7 | 0.003 0 |
| 326 | 反式九氯 | 0.012 6 | 0.000 4 | 0.001 0 | 0.050 4 | 0.009 7 | 0.006 6 |
| 327 | 脱叶磷 | 0.025 0 | 0.006 1 | 0.004 3 | 0.100 0 | 0.019 5 | 0.014 7 |
| 328 | 氟咯草酮 | 0.025 0 | 0.002 4 | 0.001 9 | 0.100 0 | 0.014 5 | 0.010 7 |
| 329 | 溴苯烯磷 | 0.012 6 | 0.003 1 | 0.007 7 | 0.050 4 | 0.005 1 | 0.005 9 |
| 330 | 乙滴涕 | 0.012 6 | 0.001 4 | 0.001 4 | 0.050 4 | 0.007 9 | 0.006 0 |
| 331 | 灭菌磷 | 0.012 6 | 0.004 1 | 0.003 6 | 0.050 4 | 0.018 4 | 0.012 8 |
| 332 | 2,3,4,4′,5-五氯联苯 | 0.012 6 | 0.000 7 | 0.001 3 | 0.050 4 | 0.008 7 | 0.006 0 |
| 333 | 地胺磷 | 0.025 0 | 0.007 0 | 0.005 1 | 0.100 0 | 0.011 5 | 0.010 3 |
| 334 | 4,4′-二溴二苯甲酮 | 0.012 6 | 0.002 9 | 0.002 8 | 0.050 4 | 0.011 9 | 0.007 3 |
| 335 | 粉唑醇 | 0.025 0 | 0.004 2 | 0.006 2 | 0.100 0 | 0.032 4 | 0.020 7 |
| 336 | 乙基杀扑磷 | 0.025 0 | | | 0.100 0 | 0.024 2 | 0.023 7 |
| 337 | 2,2′,4,4′,5,5′-六氯联苯 | 0.012 6 | 0.000 6 | 0.001 1 | 0.050 4 | 0.008 1 | 0.006 1 |
| 338 | 苄氯三唑醇 | 0.050 0 | 0.006 7 | 0.006 8 | 0.200 0 | 0.031 5 | 0.022 6 |

表 E.1（续）

| 序号 | 名　　称 | 含量/(mg/kg) | 重复性限 $r$ | 再现性限 $R$ | 含量/(mg/kg) | 重复性限 $r$ | 再现性限 $R$ |
|---|---|---|---|---|---|---|---|
| 339 | 乙拌磷砜 | 0.025 0 | 0.009 1 | 0.010 7 | 0.100 0 | 0.015 4 | 0.008 5 |
| 340 | 2,2′,3,4,4′,5-六氯联苯 | 0.012 6 | 0.000 8 | 0.001 2 | 0.050 4 | 0.009 4 | 0.006 5 |
| 341 | 环丙唑 | 0.012 6 | 0.003 0 | 0.005 4 | 0.050 4 | 0.009 0 | 0.012 3 |
| 342 | 苄呋菊酯-1 | 0.200 0 | 0.063 5 | 0.127 9 | 0.800 0 | 0.073 0 | 0.040 8 |
| 343 | 苄呋菊酯-2 | 0.200 0 | 0.043 7 | 0.040 8 | 0.800 0 | 0.109 5 | 0.427 2 |
| 344 | 酞酸甲苯基丁酯 | 0.012 6 | 0.001 2 | 0.001 4 | 0.050 4 | 0.006 9 | 0.007 8 |
| 345 | 炔草酸 | 0.025 0 | 0.007 0 | 0.008 8 | 0.100 0 | 0.014 4 | 0.015 0 |
| 346 | 倍硫磷亚砜 | 0.050 0 | 0.012 1 | 0.024 1 | 0.200 0 | 0.028 1 | 0.050 0 |
| 347 | 三氟苯唑 | 0.012 6 | 0.001 5 | 0.001 9 | 0.050 4 | 0.007 5 | 0.006 3 |
| 348 | 氟草烟-1-甲庚酯 | 0.012 6 | 0.000 7 | 0.000 8 | 0.050 4 | 0.010 6 | 0.006 9 |
| 349 | 倍硫磷砜 | 0.050 0 | 0.006 4 | 0.004 3 | 0.2000 | 0.040 0 | 0.027 4 |
| 350 | 苯嗪草酮 | 0.125 0 | 0.023 1 | 0.030 3 | 0.500 0 | 0.057 3 | 0.070 7 |
| 351 | 三苯基磷酸盐 | 0.012 6 | 0.000 6 | 0.001 3 | 0.050 4 | 0.007 8 | 0.005 6 |
| 352 | 2,2′,3,4,4′,5,5′-七氯联苯 | 0.012 6 | 0.000 5 | 0.001 4 | 0.050 4 | 0.008 1 | 0.006 7 |
| 353 | 吡螨胺 | 0.012 6 | 0.001 1 | 0.001 4 | 0.050 4 | 0.009 7 | 0.006 8 |
| 354 | 解草酯 | 0.012 6 | 0.001 3 | 0.003 4 | 0.050 4 | 0.010 0 | 0.007 6 |
| 355 | 环草定 | 0.125 0 | 0.052 5 | 0.047 0 | 0.500 0 | 0.057 2 | 0.050 4 |
| 356 | 糠菌唑-1 | 0.025 0 | 0.002 7 | 0.005 8 | 0.100 0 | 0.008 0 | 0.011 8 |
| 357 | 糠菌唑-2 | 0.025 0 | 0.003 6 | 0.007 3 | 0.100 0 | 0.012 8 | 0.008 5 |
| 358 | 甲磺乐灵 | 0.125 0 | 0.010 8 | 0.026 4 | 0.500 0 | 0.076 5 | 0.067 5 |
| 359 | 苯线磷亚砜 | 0.400 0 | 0.364 5 | 0.267 3 | 1.600 0 | 0.416 4 | 0.399 7 |
| 360 | 苯线磷砜 | 0.050 0 | 0.024 1 | 0.019 5 | 0.200 0 | 0.017 8 | 0.020 8 |
| 361 | 拌种咯 | 0.050 0 | 0.008 5 | 0.009 3 | 0.200 0 | 0.030 7 | 0.045 2 |
| 362 | 氟喹唑 | 0.012 6 | 0.002 0 | 0.003 5 | 0.050 4 | 0.007 7 | 0.005 1 |
| 363 | 腈苯唑 | 0.025 0 | 0.001 2 | 0.002 9 | 0.100 0 | 0.013 3 | 0.010 5 |
| | E　组 | | | | | | |
| 364 | 残杀威-1 | 0.025 0 | 0.004 6 | 0.008 3 | 0.100 0 | 0.020 5 | 0.018 2 |
| 365 | 灭除威 | 0.025 0 | 0.003 4 | 0.004 0 | 0.100 0 | 0.031 0 | 0.036 5 |
| 366 | 异丙威-1 | 0.025 0 | 0.010 0 | 0.019 1 | 0.100 0 | 0.019 2 | 0.026 1 |
| 367 | 特草灵-1 | 0.025 0 | 0.003 7 | 0.006 4 | 0.100 0 | 0.059 9 | 0.029 0 |
| 368 | 驱虫特 | 0.025 0 | 0.001 3 | 0.003 5 | 0.100 0 | 0.015 5 | 0.012 1 |
| 369 | 氯氧磷 | 0.025 0 | | | 0.100 0 | 0.030 3 | 0.021 3 |
| 370 | 异丙威-2 | 0.025 0 | 0.002 5 | 0.006 1 | 0.100 0 | 0.009 0 | 0.006 0 |

表 E.1(续)

| 序号 | 名　　称 | 含量/(mg/kg) | 重复性限 $r$ | 再现性限 $R$ | 含量/(mg/kg) | 重复性限 $r$ | 再现性限 $R$ |
|---|---|---|---|---|---|---|---|
| 371 | 丁噻隆 | 0.050 0 | 0.005 5 | 0.009 9 | 0.200 0 | 0.020 3 | 0.011 6 |
| 372 | 戊菌隆 | 0.050 0 | 0.025 5 | 0.066 3 | 0.200 0 | 0.018 7 | 0.011 8 |
| 373 | 甲基内吸磷 | 0.050 0 | 0.008 9 | 0.015 8 | 0.200 0 | 0.040 8 | 0.040 7 |
| 374 | 残杀威-2 | 0.025 0 | 0.005 4 | 0.010 7 | 0.100 0 | 0.010 3 | 0.005 5 |
| 375 | 二溴磷 | 0.200 0 | 0.036 8 | 0.097 6 | 0.800 0 | 0.157 6 | 0.197 3 |
| 376 | 菲 | 0.012 6 | 0.000 8 | 0.002 3 | 0.050 4 | 0.005 1 | 0.002 7 |
| 377 | 唑螨酯 | 0.100 0 | 0.003 1 | 0.010 8 | 0.400 0 | 0.052 4 | 0.062 7 |
| 378 | 丁基嘧啶磷 | 0.025 0 | 0.001 9 | 0.004 7 | 0.100 0 | 0.012 0 | 0.006 1 |
| 379 | 苯锈啶 | 0.025 0 | 0.001 8 | 0.004 2 | 0.100 0 | 0.015 1 | 0.009 9 |
| 380 | 氯硝胺 | 0.025 0 | 0.000 8 | 0.008 5 | 0.100 0 | 0.001 2 | 0.008 4 |
| 381 | 咯喹酮 | 0.012 6 | | | 0.050 4 | 0.005 0 | 0.003 0 |
| 382 | 炔苯酰草胺 | 0.025 0 | | | 0.100 0 | 0.010 3 | 0.005 9 |
| 383 | 抗蚜威 | 0.025 0 | 0.004 4 | 0.004 2 | 未添加 | | |
| 384 | 解草嗪 | 0.025 0 | 0.004 8 | 0.008 3 | 0.100 0 | 0.010 6 | 0.006 1 |
| 385 | 磷胺-1 | 0.100 0 | 0.000 0 | 0.000 0 | 0.400 0 | 0.052 1 | 0.026 8 |
| 386 | 乙草胺 | 0.025 0 | 0.001 7 | 0.004 2 | 0.100 0 | 0.010 9 | 0.006 5 |
| 387 | 灭草环 | 0.050 0 | | | 0.200 0 | 0.065 0 | 0.093 4 |
| 388 | 戊草丹 | 0.025 0 | 0.000 1 | 0.000 7 | 0.100 0 | 0.001 2 | 0.002 7 |
| 389 | 特草灵-2 | 0.025 0 | 0.001 8 | 0.004 7 | 0.100 0 | 0.011 6 | 0.006 7 |
| 390 | 甲呋酰胺 | 0.025 0 | 0.001 9 | 0.004 1 | 0.100 0 | 0.001 9 | 0.004 1 |
| 391 | 活化酯 | 0.025 0 | 0.008 6 | 0.007 2 | 0.100 0 | 0.010 2 | 0.006 0 |
| 392 | 呋草黄 | 0.025 0 | | | 0.100 0 | 0.015 6 | 0.009 7 |
| 393 | 精甲霜灵 | 0.025 0 | 0.001 8 | 0.004 9 | 0.100 0 | 0.011 2 | 0.007 1 |
| 394 | 马拉氧磷 | 0.200 0 | 0.081 9 | 0.094 3 | 0.800 0 | 0.099 7 | 0.051 2 |
| 395 | 磷胺-2 | 0.100 0 | | | 0.400 0 | 0.067 9 | 0.047 9 |
| 396 | 氯酞酸甲酯 | 0.025 0 | 0.001 1 | 0.003 8 | 0.100 0 | 0.010 2 | 0.005 7 |
| 397 | 硅氟唑 | 0.025 0 | 0.009 6 | 0.012 5 | 0.100 0 | 0.010 3 | 0.005 8 |
| 398 | 特草净 | 0.025 0 | 0.010 9 | 0.009 8 | 0.100 0 | 0.046 3 | 0.042 1 |
| 399 | 噻唑烟酸 | 0.025 0 | 0.001 7 | 0.004 4 | 0.100 0 | 0.012 4 | 0.008 1 |
| 400 | 甲基毒虫畏 | 0.025 0 | 0.004 8 | 0.010 1 | 0.100 0 | 0.013 6 | 0.007 3 |
| 401 | 苯酰草胺 | 0.025 0 | 0.003 9 | 0.007 9 | 0.100 0 | 0.007 0 | 0.009 5 |
| 402 | 烯丙菊酯 | 0.025 0 | 0.005 0 | 0.036 9 | 0.100 0 | 0.017 9 | 0.127 3 |
| 403 | 灭藻醌 | 0.050 0 | 0.009 5 | 0.017 3 | 0.200 0 | 0.048 6 | 0.059 6 |
| 404 | 氟噻草胺 | 0.025 0 | 0.011 2 | 0.006 5 | 0.100 0 | 0.050 8 | 0.326 5 |
| 405 | 氰菌胺 | 0.025 0 | 0.007 0 | 0.011 5 | 0.100 0 | 0.021 1 | 0.014 7 |

表 E.1（续）

| 序号 | 名　称 | 含量/(mg/kg) | 重复性限 $r$ | 再现性限 $R$ | 含量/(mg/kg) | 重复性限 $r$ | 再现性限 $R$ |
|---|---|---|---|---|---|---|---|
| 406 | 呋霜灵 | 0.025 0 | 0.001 5 | 0.004 0 | 0.100 0 | 0.013 0 | 0.006 8 |
| 407 | 嘧菌胺 | 0.025 0 | | | 0.100 0 | 0.011 3 | 0.101 0 |
| 408 | 噻虫嗪 | 0.012 6 | | | 0.050 4 | 0.022 3 | 0.234 2 |
| 409 | 克菌丹 | 0.050 0 | | | 0.200 0 | 0.029 2 | 0.489 6 |
| 410 | 除草定 | 0.200 0 | 0.043 0 | 0.209 9 | 0.800 0 | 0.242 8 | 0.913 3 |
| 411 | 啶氧菌酯 | 0.025 0 | 0.001 8 | 0.004 5 | 0.100 0 | 0.013 4 | 0.008 7 |
| 412 | 抑草磷 | 0.012 5 | 0.001 8 | 0.006 4 | 0.100 0 | 0.002 2 | 0.015 7 |
| 413 | 咪草酸 | 0.037 5 | 0.000 8 | 0.003 0 | 0.050 4 | 0.002 9 | 0.002 5 |
| 414 | 苯噻硫氰 | 0.400 0 | | | 1.600 0 | 0.653 0 | 1.017 9 |
| 415 | 苯氧菌胺 | 0.100 0 | 0.000 5 | 0.001 0 | 0.400 0 | 0.001 9 | 0.006 2 |
| 416 | 抑霉唑 | 0.050 0 | 0.006 4 | 0.012 5 | 0.200 0 | 0.036 6 | 0.021 7 |
| 417 | 稻瘟灵 | 0.050 0 | 0.004 4 | 0.038 4 | 0.200 0 | 0.022 8 | 0.126 7 |
| 418 | 环氟菌胺 | 0.025 0 | 0.002 0 | 0.007 9 | 0.100 0 | 0.016 3 | 0.018 6 |
| 419 | 苯氧喹啉 | 0.050 0 | 0.011 0 | 0.054 2 | 0.200 0 | 0.026 3 | 0.189 3 |
| 420 | 肟菌酯 | 0.100 0 | 0.008 2 | 0.072 4 | 0.400 0 | 0.051 9 | 0.251 6 |
| 421 | 脱苯甲基亚胺唑 | 0.050 0 | 0.017 3 | 0.018 2 | 0.200 0 | 0.021 1 | 0.020 8 |
| 422 | 炔咪菊酯-1 | 0.050 0 | 0.004 5 | 0.017 8 | 0.200 0 | 0.371 0 | 0.137 3 |
| 423 | 氰虫腈 | 0.025 0 | 0.001 7 | 0.090 1 | 0.100 0 | 0.018 2 | 0.384 6 |
| 424 | 炔咪菊酯-2 | 0.100 0 | 0.008 1 | 0.014 2 | 0.400 0 | 0.002 9 | 0.028 2 |
| 425 | 氟环唑-1 | 0.025 0 | 0.027 8 | 0.098 4 | 0.100 0 | 0.033 2 | 0.475 3 |
| 426 | 稗草丹 | 0.100 0 | 0.020 1 | 0.119 6 | 0.400 0 | 0.052 6 | 0.376 7 |
| 427 | 吡草醚 | 0.025 0 | 0.003 4 | 0.005 9 | 0.100 0 | 0.012 2 | 0.007 4 |
| 428 | 噻吩草胺 | 0.025 0 | 0.003 6 | 0.007 0 | 0.100 0 | 0.015 5 | 0.009 9 |
| 429 | 烯草酮 | 0.025 0 | 0.005 7 | 0.022 7 | 0.100 0 | 0.004 6 | 0.017 0 |
| 430 | 吡唑解草酯 | 0.012 6 | 0.002 6 | 0.024 0 | 0.050 4 | 0.005 4 | 0.125 4 |
| 431 | 乙螨唑 | 0.037 6 | 0.002 4 | 0.046 7 | 0.150 4 | 0.015 0 | 0.190 8 |
| 432 | 氟环唑-2 | 0.075 0 | 0.006 0 | 0.028 9 | 0.300 0 | 0.031 8 | 0.134 2 |
| 433 | 伐灭磷 | 0.100 0 | 0.014 0 | 0.034 3 | 0.400 0 | 0.045 8 | 0.258 5 |
| 434 | 吡丙醚 | 0.050 0 | 0.004 2 | 0.036 5 | 0.200 0 | 0.026 5 | 0.123 5 |
| 435 | 异菌脲 | 0.025 0 | 0.008 9 | 0.015 3 | 0.100 0 | 0.008 2 | 0.032 8 |
| 436 | 呋酰胺 | 0.037 5 | 0.010 7 | 0.094 6 | 0.150 0 | 0.009 8 | 0.006 1 |
| 437 | 哌草磷 | 0.100 0 | 0.010 4 | 0.090 0 | 0.400 0 | 0.055 6 | 0.313 2 |
| 438 | 咪唑菌酮 | 0.012 6 | 0.000 7 | 0.001 4 | 0.050 4 | 0.000 9 | 0.003 1 |
| 439 | 吡唑醚菊酯 | 0.012 6 | | | 0.050 4 | 0.021 7 | 1.532 5 |
| 440 | 三甲苯草酮 | 0.100 0 | 0.032 7 | 0.070 1 | 未添加 | | |

表 E.1（续）

| 序号 | 名　称 | 含量/(mg/kg) | 重复性限 r | 再现性限 R | 含量/(mg/kg) | 重复性限 r | 再现性限 R |
|---|---|---|---|---|---|---|---|
| 441 | 吡唑硫磷 | 0.100 0 | 0.020 6 | 0.036 2 | 0.400 0 | 0.020 3 | 0.100 8 |
| 442 | 氯亚胺硫磷 | 0.100 0 | | | 0.400 0 | 0.095 4 | 1.424 9 |
| 443 | 螺螨酯 | 0.400 0 | 0.109 4 | 0.355 4 | 1.600 0 | 0.831 8 | 1.590 5 |
| 444 | 呋草酮 | 0.100 0 | 0.022 7 | 0.067 6 | 0.400 0 | 0.025 8 | 0.389 3 |
| 445 | 环酯草醚 | 0.012 5 | 0.002 8 | 0.003 2 | 0.050 0 | 0.013 0 | 0.009 0 |
| 446 | 氟硅菊酯 | 0.012 6 | 0.002 9 | 0.005 9 | 0.100 0 | 0.007 2 | 0.003 7 |
| 447 | 嘧螨醚 | 0.012 6 | 0.001 6 | 0.016 7 | 0.050 4 | 0.004 2 | 0.021 3 |
| 448 | 氟丙嘧草酯 | 0.012 6 | 0.000 6 | 0.001 9 | 0.050 4 | 0.007 1 | 0.003 4 |
| 449 | 氟啶草酮 | 0.025 0 | 0.007 6 | 0.008 5 | 0.100 0 | 0.013 8 | 0.020 9 |
| F　组 | | | | | | | |
| 450 | 苯磺隆 | 0.012 5 | 0.003 1 | 0.007 6 | 0.050 0 | 0.008 7 | 0.036 0 |
| 451 | 乙硫苯威 | 0.125 0 | 0.004 2 | 0.009 7 | 0.500 0 | 0.102 1 | 0.108 7 |
| 452 | 二氧威 | 0.100 0 | 0.008 0 | 0.008 1 | 0.400 0 | 0.041 0 | 0.043 7 |
| 453 | 避蚊酯 | 0.050 0 | 0.002 8 | 0.007 5 | 0.200 0 | 0.020 3 | 0.039 0 |
| 454 | 4-氯苯氧乙酸 | 0.006 3 | 0.000 6 | 0.001 2 | 0.025 0 | 0.001 9 | 0.003 9 |
| 455 | 氟菌唑 | 0.050 0 | | | 0.200 0 | 0.060 9 | 0.090 9 |
| 456 | 邻苯二甲酰亚胺 | 0.025 0 | 0.004 9 | 0.004 9 | 0.100 0 | 0.011 4 | 0.004 6 |
| 457 | 乙酰甲胺磷 | 0.250 0 | 0.015 5 | 0.021 4 | 1.000 0 | 0.118 3 | 0.152 7 |
| 458 | 避蚊胺 | 0.010 0 | 0.000 1 | 0.000 3 | 0.040 0 | 0.000 9 | 0.001 5 |
| 459 | 2,4-滴 | 0.250 0 | 0.023 2 | 0.060 3 | 1.000 0 | 0.090 9 | 0.121 6 |
| 460 | 甲萘威 | 0.037 5 | 0.002 3 | 0.003 5 | 0.150 0 | 0.008 9 | 0.014 8 |
| 461 | 硫线磷 | 0.050 0 | 0.000 3 | 0.009 6 | 0.200 0 | 0.825 4 | 0.006 9 |
| 462 | 内吸磷 | 0.050 0 | | | 0.200 0 | 0.038 9 | 0.049 9 |
| 463 | 螺菌环胺-1 | 0.025 0 | 0.000 2 | 0.007 6 | 0.100 0 | 0.001 2 | 0.006 1 |
| 464 | 百治磷 | 0.100 0 | 0.005 1 | 0.003 3 | 0.400 0 | 0.056 2 | 0.065 0 |
| 465 | 2,4,5-涕 | 0.250 0 | 0.020 3 | 0.025 1 | 1.000 0 | 0.099 4 | 0.118 6 |
| 466 | 3-苯基苯酚 | 0.075 0 | 0.008 1 | 0.012 3 | 0.300 0 | 0.037 3 | 0.041 0 |
| 467 | 茂谷乐 | 0.037 5 | 0.002 3 | 0.008 1 | 0.150 0 | 0.011 0 | 0.035 9 |
| 468 | 螺菌环胺-2 | 0.025 0 | 0.000 5 | 0.009 0 | 0.100 | 0.000 8 | 0.005 7 |
| 469 | 丁酰肼 | 0.100 0 | 0.015 6 | 0.008 3 | 0.400 0 | 0.062 5 | 0.058 3 |
| 470 | sobutylazine | 0.025 0 | | | 0.100 0 | 0.022 1 | 0.022 5 |
| 471 | 八氯二甲醚-1 | 0.025 0 | 0.003 8 | 0.005 3 | 未添加 | | |
| 472 | 八氯二甲醚-2 | 0.037 5 | 0.001 7 | 0.004 6 | 0.150 0 | 0.015 6 | 0.017 8 |
| 473 | 十二环吗啉 | 0.250 0 | 0.065 4 | 0.055 8 | 1.000 0 | 0.129 0 | 0.132 7 |
| 474 | 甜菜安 | 0.250 0 | 0.077 9 | 0.100 1 | 1.000 0 | 0.195 5 | 0.158 8 |

**表 E.1（续）**

| 序号 | 名　　称 | 含量/(mg/kg) | 重复性限 $r$ | 再现性限 $R$ | 含量/(mg/kg) | 重复性限 $r$ | 再现性限 $R$ |
|---|---|---|---|---|---|---|---|
| 475 | 氧皮蝇磷 | 0.050 0 | 0.003 4 | 0.007 6 | 0.200 0 | 0.020 0 | 0.030 0 |
| 476 | 仲丁灵 | 0.050 0 | 0.002 7 | 0.005 7 | 0.200 0 | 0.025 1 | 0.023 4 |
| 477 | 啶斑肟-2 | 0.100 0 | 0.008 0 | 0.007 1 | 0.400 0 | 0.054 2 | 0.063 3 |
| 478 | 异戊乙净 | 0.012 5 | 0.001 9 | 0.002 3 | 0.050 0 | 0.006 1 | 0.006 5 |
| 479 | 啶斑肟-1 | 0.100 0 | 0.009 5 | 0.013 7 | 0.400 0 | 0.054 9 | 0.058 7 |
| 480 | 噻菌灵 | 0.250 0 | 0.001 20 | 0.000 8 | 1.000 0 | 0.170 2 | 0.207 2 |
| 481 | 缬酶威-1 | 0.050 0 | 0.005 5 | 0.008 7 | 0.200 0 | 0.037 8 | 0.045 1 |
| 482 | 戊环唑 | 0.050 0 | 0.009 2 | 0.013 9 | 0.200 0 | 0.033 5 | 0.028 2 |
| 483 | 缬酶威-2 | 0.050 0 | 0.004 7 | 0.007 4 | 0.200 0 | 0.024 6 | 0.026 9 |
| 484 | 苯虫醚-1 | 0.025 0 | 0.002 0 | 0.003 3 | 0.100 0 | 0.011 7 | 0.013 1 |
| 485 | 苯虫醚-2 | 0.025 0 | 0.002 1 | 0.004 3 | 0.100 0 | 0.012 1 | 0.012 6 |
| 486 | 苯甲醚 | 0.250 0 | 0.024 2 | 0.036 6 | 1.000 0 | 0.133 4 | 0.131 1 |
| 487 | 溴虫腈 | 0.100 0 | 0.015 0 | 0.018 6 | 0.400 0 | 0.046 4 | 0.055 1 |
| 488 | 生物苄呋菊酯 | 0.025 0 | 0.001 5 | 0.003 3 | 0.100 0 | 0.013 9 | 0.015 8 |
| 489 | 唑酮草酯 | 0.025 0 | 0.002 2 | 0.004 1 | 0.100 0 | 0.012 7 | 0.016 2 |
| 490 | 三环唑 | 0.075 0 | 0.004 9 | 0.004 0 | 0.300 0 | 0.134 7 | 0.071 4 |
| 491 | 螺甲螨酯 | 0.025 0 | 0.010 5 | 0.016 7 | 1.000 0 | 0.159 5 | 0.097 5 |
| 492 | 家蝇磷 | 0.075 0 | | | 0.300 0 | 0.072 8 | 0.062 8 |
| 493 | 联苯肼酯 | 0.100 0 | 0.019 3 | 0.028 9 | 0.400 0 | 0.151 0 | 0.141 9 |
| 494 | 异狄氏剂酮 | 0.200 0 | 0.020 2 | 0.021 8 | 0.800 0 | 0.080 4 | 0.121 9 |
| 495 | 氟草敏代谢物 | 0.050 0 | 0.009 4 | 0.006 0 | 0.200 0 | 0.020 9 | 0.023 8 |
| 496 | metoconazole | 0.050 0 | 0.013 6 | 0.010 7 | 0.200 0 | 0.021 6 | 0.025 7 |
| 497 | 氰氟草酯 | 0.025 0 | 0.002 8 | 0.003 6 | 0.100 0 | 0.009 4 | 0.017 6 |
| 498 | 苄螨醚 | 0.025 0 | 0.001 7 | 0.003 3 | 0.100 0 | 0.0188 | 0.012 8 |
| 499 | 啶虫脒 | 0.050 0 | 0.016 6 | 0.015 7 | 0.200 0 | 0.053 4 | 0.062 0 |
| 500 | 烟酰碱 | 0.050 0 | 0.004 7 | 0.005 7 | 0.200 0 | 0.023 8 | 0.024 7 |
| 501 | 四溴菊酯-1 | 0.012 5 | | | 0.050 0 | 0.008 6 | 0.022 5 |
| 502 | 四溴菊酯-2 | 0.012 5 | | | 0.050 0 | 0.013 9 | 0.008 7 |
| 503 | 烯酰吗啉 | 0.025 0 | 0.003 4 | 0.005 3 | 0.100 0 | 0.012 2 | 0.014 2 |

# 附 录 F
## (资料性附录)
## 503 种农药及相关化学品英文中文名称对照索引(按英文字母顺序)

503 种农药及相关化学品英文中文名称对照索引(按英文字母顺序)见表 F.1。

**表 F.1 503 种农药及相关化学品英文中文名称对照索引(按英文字母顺序)**

| 序号 | 英文名称 | 中文名称 | 附录 A 中序号 |
|---|---|---|---|
| 1 | 2,3,4,5-tetrachloroaniline | 2,3,4,5-四氯苯胺 | 296 |
| 2 | 2,3,4,5-tetrachloroanisole | 2,3,4,5-四氯甲氧基苯 | 281 |
| 3 | 2,3,5,6-tetrachloroaniline | 2,3,5,6-四氯苯胺 | 279 |
| 4 | 2,4,5-T | 2,4,5-涕 | 465 |
| 5 | 2,4-D | 2,4-滴 | 459 |
| 6 | 2,6-dichlorobenzamide | 2,6-二氯苯甲酰胺 | 291 |
| 7 | 2-phenylphenol | 2-邻苯基苯酚 | 195 |
| 8 | 3,5-dichloroaniline | 3,5-二氯苯胺 | 192 |
| 9 | 3-phenylphenol | 3-苯基苯酚 | 466 |
| 10 | 4,4′-dibromobenzophenone | 4,4′-二溴二苯甲酮 | 334 |
| 11 | 4,4′-dichlorobenzophenone | 4,4′-二氯二苯甲酮 | 314 |
| 12 | 4-chlorophenoxy acetic acid | 4-氯苯氧乙酸 | 454 |
| 13 | acephate | 乙酰甲胺磷 | 457 |
| 14 | acetamiprid | 啶虫脒 | 499 |
| 15 | acetochlor | 乙草胺 | 386 |
| 16 | acibenzolar-*s*-methyl | 活化酯 | 391 |
| 17 | aclonifen | 苯甲醚 | 486 |
| 18 | acrinathrin | 氟丙菊酯 | 254 |
| 19 | alachlor | 甲草胺 | 122 |
| 20 | aldrin | 艾氏剂 | 24 |
| 21 | allethrin | 烯丙菊酯 | 402 |
| 22 | allidochlor | 二丙烯草胺 | 1 |
| 23 | *alpha*-cypermethrin | 顺式-氯氰菊酯 | 263 |
| 24 | *alpha*-HCH | α-六六六 | 108 |
| 25 | ametryn | 莠灭净 | 215 |
| 26 | amitraz | 双甲脒 | 252 |
| 27 | anilofos | 莎稗磷 | 253 |
| 28 | anthraquinone | 蒽醌 | 34 |
| 29 | aspon | 丙硫特普 | 125 |
| 30 | athidathion | 乙基杀扑磷 | 336 |
| 31 | atratone | 阿特拉通 | 287 |
| 32 | atrazine-desethyl | 脱乙基阿特拉津 | 12 |
| 33 | atrizine | 莠去净 | 205 |
| 34 | azaconazole | 戊环唑 | 482 |
| 35 | azinphos-ethyl | 益棉磷 | 183 |
| 36 | azinphos-methyl | 保棉磷 | 181 |
| 37 | aziprotryne | 叠氮津 | 299 |
| 38 | BDMC-1 | 4-溴-3,5-二甲苯基-*N*-甲基氨基甲酸酯-1 | 276 |
| 39 | BDMC-2 | 4-溴-3,5-二甲苯基-*N*-甲基氨基甲酸酯-2 | 306 |
| 40 | benalaxyl | 苯霜灵 | 166 |
| 41 | benfluralin | 乙丁氟灵 | 198 |
| 42 | benfuresate | 呋草黄 | 392 |
| 43 | benodanil | 麦锈灵 | 74 |
| 44 | benoxacor | 解草嗪 | 384 |
| 45 | benzoylprop-ethyl | 新燕灵 | 173 |
| 46 | *beta*-HCH | *β*-六六六 | 29 |
| 47 | bifenazate | 联苯肼酯 | 493 |
| 48 | bifenox | 治草醚 | 179 |
| 49 | bifenthrin | 联苯菊酯 | 71 |
| 50 | bioallethrin-1 | 生物烯丙菊酯-1 | 222 |

表 F.1（续）

| 序号 | 英文名称 | 中文名称 | 附录 A 中序号 | 序号 | 英文名称 | 中文名称 | 附录 A 中序号 |
|---|---|---|---|---|---|---|---|
| 51 | bioallethrin-2 | 生物烯丙菊酯-2 | 223 | 85 | chlorfenethol | 杀螨醇 | 325 |
| 52 | bioresmethrin | 生物苄呋菊酯 | 488 | 86 | chlorfenprop-methyl | 燕麦酯 | 277 |
| 53 | biphenyl | 联苯 | 189 | 87 | chlorfenson | 杀螨酯 | 151 |
| 54 | bitertanol | 联苯三唑醇 | 260 | 88 | chlorfenvinphos | 毒虫畏 | 139 |
| 55 | boscalid | 烟酰碱 | 500 | 89 | chlorfluazuron | 氟啶脲 | 237 |
| 56 | bromacil | 除草定 | 410 | 90 | chlorfurenol | 整形醇 | 49 |
| 57 | bromfenvinfos | 溴苯烯磷 | 329 | 91 | chlormephos | 氯甲硫磷 | 3 |
| 58 | bromocylen | 溴烯杀 | 289 | 92 | chlorobenzilate | 乙酯杀螨醇 | 238 |
| 59 | bromofos | 溴硫磷 | 132 | 93 | chloroneb | 氯苯甲醚 | 96 |
| 60 | bromophos-ethyl | 乙基溴硫磷 | 43 | 94 | chloropropylate | 丙酯杀螨醇 | 157 |
| 61 | bromopropylate | 溴螨酯 | 172 | 95 | chlorpropham | 氯苯胺灵 | 105 |
| 62 | bromuconazole-1 | 糠菌唑-1 | 356 | 96 | chlorpyifos(ethyl) | 毒死蜱 | 32 |
| 63 | bromuconazole-2 | 糠菌唑-2 | 357 | 97 | chlorpyrifos-methyl | 甲基毒死蜱 | 119 |
| 64 | bupirimate | 乙嘧酚磺酸酯 | 58 | 98 | chlorthal-dimethyl | 氯酞酸甲酯 | 396 |
| 65 | buprofezin | 噻嗪酮 | 149 | 99 | chlorthiophos | 虫螨磷 | 161 |
| 66 | butachlor | 丁草胺 | 142 | 100 | chlozolinate | 乙菌利 | 143 |
| 67 | butafenacil | 氟丙嘧草酯 | 448 | 101 | *cis*-1,2,3,6-tetra-hydrophthalimide | 四氢邻苯二甲酰亚胺 | 196 |
| 68 | butamifos | 抑草磷 | 412 | | | | |
| 69 | butralin | 仲丁灵 | 476 | 102 | *cis*-chlordane | 顺式-氯丹 | 141 |
| 70 | butylate | 丁草敌 | 91 | 103 | *cis*-diallate | 顺式-燕麦敌 | 102 |
| 71 | cadusafos | 硫线磷 | 461 | 104 | *cis*-permethrin | 顺式-氯菊酯 | 83 |
| 72 | captafol | 敌菌丹 | 176 | 105 | clethodim | 烯草酮 | 429 |
| 73 | captan | 克菌丹 | 409 | 106 | clodinafop-propargyl | 炔草酸 | 345 |
| 74 | carbaryl | 甲萘威 | 460 | 107 | clomazone | 异噁草松 | 13 |
| 75 | carbofenothion | 三硫磷 | 164 | 108 | cloquintocet-mexyl | 解草酯 | 354 |
| 76 | carboxin | 萎锈灵 | 60 | 109 | coumaphos | 蝇毒磷 | 186 |
| 77 | carfentrazone-ethyl | 唑酮草酯 | 489 | 110 | crimidine | 鼠立死 | 275 |
| 78 | chlorbenside | 杀螨醚 | 42 | 111 | crufomate | 育畜磷 | 136 |
| 79 | chlorbenside sulfone | 氯杀螨砜 | 170 | 112 | cyanazine | 氰草津 | 54 |
| 80 | chlorbromuron | 氯溴隆 | 147 | 113 | cyanofenphos | 苯腈磷 | 169 |
| 81 | chlorbufam | 氯炔灵 | 114 | 114 | cycloate | 环草敌 | 5 |
| 82 | chlordimeform | 杀虫脒 | 7 | 115 | cycloxydim | 噻草酮 | 262 |
| 83 | chlorethoxyfos | 氯氧磷 | 369 | 116 | cycluron | 环莠隆 | 292 |
| 84 | chlorfenapyr | 溴虫腈 | 487 | 117 | cyflufenamid | 环氟菌胺 | 418 |

表 F.1（续）

| 序号 | 英文名称 | 中文名称 | 附录 A 中序号 | 序号 | 英文名称 | 中文名称 | 附录 A 中序号 |
|---|---|---|---|---|---|---|---|
| 118 | cyfluthrin | 氟氯氰菊酯 | 184 | 145 | dichlobenil | 敌草腈 | 92 |
| 119 | cyhalofop-butyl | 氰氟草酯 | 497 | 146 | dichlofenthion | 除线磷 | 20 |
| 120 | cypermethrin | 氯氰菊酯 | 86 | 147 | dichlofluanid | 苯氟磺胺 | 130 |
| 121 | cyprazine | 环丙津 | 27 | 148 | dichloran | 氯硝胺 | 380 |
| 122 | cyproconazole | 环丙唑 | 341 | 149 | dichlorvos | 敌敌畏 | 188 |
| 123 | cyprodinil | 嘧菌环胺 | 317 | 150 | diclobutrazole | 苄氯三唑醇 | 338 |
| 124 | dacthal | 敌草索 | 313 | 151 | diclofop-methyl | 禾草灵 | 68 |
| 125 | DEF | 脱叶磷 | 327 | 152 | dicloran | 氯硝胺 | 115 |
| 126 | *delta*-HCH | δ-六六六 | 33 | 153 | dicofol | 三氯杀螨醇 | 127 |
| 127 | deltamethrin | 溴氰菊酯 | 89 | 154 | dicrotophos | 百治磷 | 464 |
| 128 | demetom-*s* | 内吸磷 | 462 | 155 | dieldrin | 狄氏剂 | 51 |
| 129 | demeton-*s*-methyl | 甲基内吸磷 | 373 | 156 | diethofencarb | 乙霉威 | 220 |
| 130 | DE-PCB 101 | 2,2′,4,5,5′-五氯联苯 | 321 | 157 | diethyltoluamide | 避蚊胺 | 458 |
| | | | | 158 | difenconazole-1 | 苯醚甲环唑-2 | 267 |
| 131 | DE-PCB 118 | 2,3,4,4′,5-五氯联苯 | 332 | 159 | difenconazole-1 | 苯醚甲环唑-2 | 268 |
| | | | | 160 | diflufenican | 吡氟酰草胺 | 246 |
| 132 | DE-PCB 138 | 2,2′,3,4,4′,5-六氯联苯 | 340 | 161 | dimefox | 甲氟磷 | 271 |
| | | | | 162 | dimefuron | 噁唑隆 | 243 |
| 133 | DE-PCB 153 | 2,2′,4,4′,5,5′-六氯联苯 | 337 | 163 | dimepiperate | 哌草丹 | 221 |
| | | | | 164 | dimethachlor | 二甲草胺 | 121 |
| 134 | DE-PCB 180 | 2,2′,3,4,4′,5,5′-七氯联苯 | 352 | 165 | dimethametryn | 异戊乙净 | 478 |
| | | | | 166 | dimethenamid | 二甲吩草胺 | 305 |
| 135 | DE-PCB 28 | 2,4,4′-三氯联苯 | 293 | 167 | dimethipin | 噻节因 | 218 |
| 136 | DE-PCB 31 | 2,4,5-三氯联苯 | 294 | 168 | dimethoate | 乐果 | 22 |
| 137 | DE-PCB 52 | 2,2′,5,5′-四氯联苯 | 303 | 169 | dimethomorph | 烯酰吗啉 | 503 |
| | | | | 170 | dimethyl phthalate | 避蚊酯 | 453 |
| 138 | desethyl-sebuthylazine | 脱乙基另丁津 | 295 | 171 | dimethylvinphos | 甲基毒虫畏 | 400 |
| | | | | 172 | diniconazole | 烯唑醇 | 241 |
| 139 | desmedipham | 甜菜安 | 474 | 173 | dinitramine | 氨氟灵 | 23 |
| 140 | desmetryn | 敌草净 | 120 | 174 | diofenolan-1 | 苯虫醚-1 | 484 |
| 141 | dialifos | 氯亚胺硫磷 | 442 | 175 | diofenolan-2 | 苯虫醚-2 | 485 |
| 142 | diazinon | 二嗪磷 | 14 | 176 | dioxabenzofos | 蔬果磷 | 284 |
| 143 | dibutyl succinate | 驱虫特 | 368 | 177 | dioxacarb | 二氧威 | 452 |
| 144 | dicapthon | 异氯磷 | 319 | 178 | dioxathion | 敌噁磷 | 112 |

表 F.1（续）

| 序号 | 英文名称 | 中文名称 | 附录 A 中序号 | 序号 | 英文名称 | 中文名称 | 附录 A 中序号 |
|---|---|---|---|---|---|---|---|
| 179 | diphenamid | 双苯酰草胺 | 226 | 214 | fenamiphos sulfone | 苯线磷砜 | 360 |
| 180 | diphenylamine | 联苯二胺 | 6 | 215 | fenamiphos sulfoxide | 苯线磷亚砜 | 359 |
| 181 | dipropetryn | 异丙净 | 219 | 216 | fenarimol | 氯苯嘧啶醇 | 182 |
| 182 | disulfoton | 乙拌磷 | 204 | 217 | fenazaquin | 喹螨醚 | 248 |
| 183 | disulfoton sulfone | 乙拌磷砜 | 339 | 218 | fenbuconazole | 腈苯唑 | 363 |
| 184 | disulfoton-sulfoxide | 乙拌磷亚砜 | 272 | 219 | fenchlorphos | 氧皮蝇磷 | 475 |
| 186 | DMSA | 丁酰肼 | 469 | 220 | fenfuram | 甲呋酰胺 | 390 |
| 187 | dodemorph | 十二环吗啉 | 473 | 221 | fenitrothion | 杀螟硫磷 | 38 |
| 188 | edifenphos | 敌瘟磷 | 167 | 222 | fenobucarb | 仲丁威 | 197 |
| 189 | endosulfan-1 | 硫丹-1 | 138 | 223 | fenoxanil | 氰菌胺 | 405 |
| 190 | endosulfan-2 | 硫丹-2 | 163 | 224 | fenoxycarb | 苯氧威 | 250 |
| 191 | endosulfan-sulfate | 硫丹硫酸盐 | 171 | 225 | fenpiclonil | 拌种咯 | 361 |
| 192 | endrin | 异狄氏剂 | 153 | 226 | fenpropathrin | 甲氰菊酯 | 174 |
| 193 | endrin ketone | 异狄氏剂酮 | 494 | 227 | fenpropidin | 苯锈啶 | 379 |
| 194 | EPN | 苯硫膦 | 175 | 228 | fenpropimorph | 丁苯吗啉 | 211 |
| 195 | epoxiconazole-1 | 氟环唑-1 | 425 | 229 | fenpyroximate | 唑螨酯 | 377 |
| 196 | epoxiconazole-2 | 氟环唑-2 | 432 | 230 | fenson | 芬螨酯 | 224 |
| 197 | EPTC | 茵草敌 | 90 | 231 | fensulfothion | 丰索磷 | 67 |
| 198 | esfenvalerate | S-氰戊菊酯 | 266 | 232 | fenthion | 倍硫磷 | 35 |
| 199 | esprocarb | 戊草丹 | 388 | 233 | fenthion sulfone | 倍硫磷砜 | 349 |
| 200 | etaconazole-1 | 乙环唑-1 | 63 | 234 | fenthion sulfoxide | 倍硫磷亚砜 | 346 |
| 201 | etaconazole-2 | 乙环唑-2 | 65 | 235 | fenvalerate-1 | 氰戊菊酯-1 | 87 |
| 202 | ethalfluralin | 乙丁烯氟灵 | 8 | 236 | fenvalerate-2 | 氰戊菊酯-2 | 88 |
| 203 | ethiofencarb | 乙硫苯威 | 451 | 237 | fipronil | 氟虫腈 | 423 |
| 204 | ethion | 乙硫磷 | 62 | 238 | flamprop-isopropyl | 麦草氟异丙酯 | 162 |
| 205 | ethofumesate | 乙氧呋草黄 | 133 | 239 | flamprop-methyl | 麦草氟甲酯 | 158 |
| 206 | ethoprophos | 灭线磷 | 99 | 240 | fluazifop-butyl | 吡氟禾草灵 | 236 |
| 207 | etofenprox | 醚菊酯 | 261 | 241 | fluchloralin | 氯乙氟灵 | 209 |
| 208 | etoxazole | 乙螨唑 | 431 | 242 | flucythrinate-1 | 氟氰戊菊酯-1 | 264 |
| 209 | etridiazol | 土菌灵 | 2 | 243 | flucythrinate-2 | 氟氰戊菊酯-2 | 265 |
| 210 | etrimfos | 乙嘧硫磷 | 16 | 244 | fludioxonil | 咯菌腈 | 247 |
| 211 | famphur | 伐灭磷 | 433 | 245 | flufenacet | 氟噻草胺 | 404 |
| 212 | fenamidone | 咪唑菌酮 | 438 | 246 | flufenoxuron | 氟虫脲 | 118 |
| 213 | fenamiphos | 苯线磷 | 56 | 247 | flumetralin | 氟节胺 | 231 |

表 F.1（续）

| 序号 | 英文名称 | 中文名称 | 附录A中序号 | 序号 | 英文名称 | 中文名称 | 附录A中序号 |
|---|---|---|---|---|---|---|---|
| 248 | flumiclorac-pentyl | 氟烯草酸 | 270 | 279 | iprodione | 异菌脲 | 435 |
| 249 | flumioxazin | 丙炔氟草胺 | 269 | 280 | iprovalicarb-1 | 缬霉威-1 | 481 |
| 250 | fluorochloridone | 氟咯草酮 | 152 | 281 | iprovalicarb-2 | 缬霉威-2 | 483 |
| 251 | fluorodifen | 三氟硝草醚 | 240 | 282 | isazofos | 氯唑磷 | 207 |
| 252 | fluoroglycofen-ethyl | 乙羧氟草醚 | 259 | 283 | isocarbamid | 丁咪酰胺 | 300 |
| 253 | fluotrimazole | 三氟苯唑 | 347 | 284 | isocarbophos | 水胺硫磷 | 323 |
| 254 | fluquinconazole | 氟喹唑 | 362 | 285 | isodrin | 异艾氏剂 | 310 |
| 255 | fluridone | 氟啶草酮 | 449 | 286 | isofenphos | 异柳磷 | 137 |
| 256 | flurochloridone | 氟咯草酮 | 328 | 287 | isomethiozin | 丁嗪草酮 | 311 |
| 257 | fluroxypr-1-methyl-heptyl ester | 氟草烟-1-甲庚酯 | 348 | 288 | isoprocarb-1 | 异丙威-1 | 366 |
| | | | | 289 | isoprocarb-2 | 异丙威-2 | 370 |
| 258 | flurtamone | 呋草酮 | 444 | 290 | isopropalin | 异丙乐灵 | 134 |
| 259 | flusilazole | 氟哇唑 | 239 | 291 | isoprothiolane | 稻瘟灵 | 417 |
| 260 | flutolanil | 氟酰胺 | 59 | 292 | kresoxim-methyl | 亚胺菌 | 235 |
| 261 | flutriafol | 粉唑醇 | 335 | 293 | lambda-cyhalothrin | 高效氯氟氰菊酯 | 255 |
| 262 | fonofos | 地虫硫磷 | 15 | 294 | lenacil | 环草定 | 355 |
| 263 | fuberidazole | 麦穗灵 | 318 | 295 | leptophos | 溴苯磷 | 178 |
| 264 | furalaxyl | 呋霜灵 | 406 | 296 | linuron | 利谷隆 | 40 |
| 265 | furmecyclox | 茂谷乐 | 467 | 297 | malaoxon | 马拉氧磷 | 394 |
| 266 | *gamma*-HCH | 林丹 | 203 | 298 | malathion | 马拉硫磷 | 36 |
| 267 | halfenprox | 苄螨醚 | 498 | 299 | MCPA-butoxyethyl ester | 2-甲-4-氯丁氧乙基酯 | 320 |
| 268 | heptanophos | 庚烯磷 | 98 | | | | |
| 269 | hexachlorobenzene | 六氯苯 | 100 | 300 | mecarbam | 灭蚜磷 | 229 |
| 270 | hexaflumuron | 氟铃脲 | 199 | 301 | mefenacet | 苯噻酰草胺 | 256 |
| 271 | hexazinone | 环嗪酮 | 177 | 302 | mefenoxam | 精甲霜灵 | 393 |
| 272 | imazalil | 抑霉唑 | 416 | 303 | mefenpyr-diethyl | 吡唑解草酯 | 430 |
| 273 | imazamethabenz-methyl | 咪草酸 | 413 | 304 | mepanipyrim | 嘧菌胺 | 407 |
| | | | | 305 | mephosfolan | 地胺磷 | 333 |
| 274 | imibenconazole-des-benzyl | 脱苯甲基亚胺唑 | 421 | 306 | mepronil | 灭锈胺 | 245 |
| | | | | 307 | metalaxyl | 甲霜灵 | 30 |
| 275 | imiprothrin-1 | 炔咪菊酯-1 | 422 | 308 | metamitron | 苯嗪草酮 | 350 |
| 276 | imiprothrin-2 | 炔咪菊酯-2 | 424 | 309 | metazachlor | 吡唑草胺 | 47 |
| 277 | iodofenphos | 碘硫磷 | 145 | 310 | methabenzthiazuron | 甲基苯噻隆 | 285 |
| 278 | iprobenfos | 异稻瘟净 | 206 | 311 | methacrifos | 虫螨畏 | 193 |

表 F.1（续）

| 序号 | 英文名称 | 中文名称 | 附录A中序号 | 序号 | 英文名称 | 中文名称 | 附录A中序号 |
|---|---|---|---|---|---|---|---|
| 312 | methfuroxam | 呋菌胺 | 322 | 346 | ofurace | 呋酰胺 | 436 |
| 313 | methidathion | 杀扑磷 | 52 | 347 | oxadiazone | 噁草酮 | 55 |
| 314 | methoprene | 烯虫酯 | 131 | 348 | oxadixyl | 噁霜灵 | 76 |
| 315 | methoprotryne | 盖草津 | 156 | 349 | oxyflurofen | 乙氧氟草醚 | 160 |
| 316 | methoxychlor | 甲氧滴滴涕 | 75 | 350 | *p*,*p*′-DDD | *p*,*p*′-滴滴滴 | 61 |
| 317 | methyl-parathion | 甲基对硫磷 | 31 | 351 | *p*,*p*′-DDE | *p*,*p*′-滴滴伊 | 144 |
| 318 | metobromuron | 溴谷隆 | 214 | 352 | *p*,*p*′-DDT | *p*,*p*′-滴滴涕 | 165 |
| 319 | metoconazole | — | 496 | 353 | paclobutrazol | 多效唑 | 154 |
| 320 | metolachlor | 异丙甲草胺 | 128 | 354 | paraoxon-ethyl | 对氧磷 | 37 |
| 321 | metominostrobin | 苯氧菌胺 | 415 | 355 | pebulate | 克草敌 | 93 |
| 322 | metribuzin | 嗪草酮 | 217 | 356 | penconazole | 戊菌唑 | 227 |
| 323 | mevinphos | 速灭磷 | 95 | 357 | pencycuron | 戊菌隆 | 372 |
| 324 | mexacarbate | 兹克威 | 21 | 358 | pendimethalin | 二甲戊灵 | 41 |
| 325 | mirex | 灭蚁灵 | 72 | 359 | pentachloroaniline | 五氯苯胺 | 298 |
| 326 | molinate | 禾草敌 | 194 | 360 | pentachloroanisole | 五氯甲氧基苯 | 282 |
| 327 | monalide | 庚酰草胺 | 307 | 361 | pentachlorobenzene | 五氯苯 | 273 |
| 328 | monolinuron | 绿谷隆 | 117 | 362 | permethrin | 氯菊酯 | 257 |
| 329 | musk ambrette | 合成麝香 | 297 | 363 | perthane | 乙滴涕 | 330 |
| 330 | musk moskene | 麝香 | 302 | 364 | phenanthrene | 菲 | 376 |
| 331 | musk tibeten | 西藏麝香 | 308 | 365 | phenkapton | 家蝇磷 | 492 |
| 332 | myclobutanil | 腈菌唑 | 66 | 366 | phenothrin | 苯醚菊酯 | 249 |
| 333 | naled | 二溴磷 | 375 | 367 | phenthoate | 稻丰散 | 46 |
| 334 | napropamide | 敌草胺 | 53 | 368 | phorate | 甲拌磷 | 9 |
| 335 | nitralin | 甲磺乐灵 | 358 | 369 | phorate sulfone | 甲拌磷砜 | 324 |
| 336 | nitrapyrin | 三氯甲基吡啶 | 94 | 370 | phosalone | 伏杀硫磷 | 180 |
| 337 | nitrofen | 除草醚 | 159 | 371 | phosmet | 亚胺硫磷 | 81 |
| 338 | nitrothal-isopropyl | 酞菌酯 | 315 | 372 | phosphamidon-1 | 磷胺-1 | 385 |
| 339 | norflurazon | 氟草敏 | 79 | 373 | phosphamidon-2 | 磷胺-2 | 395 |
| 340 | norflurazon-desmethyl | 氟草敏代谢物 | 495 | 374 | phthalic acid, benzyl butyl ester | 酞酸甲苯基丁酯 | 344 |
| 341 | nuarimol | 氟苯嘧啶醇 | 73 | | | | |
| 342 | *o*,*p*′-DDD | *o*,*p*′-滴滴滴 | 150 | 375 | phthalimide | 邻苯二甲酰亚胺 | 456 |
| 343 | *o*,*p*′-DDE | *o*,*p*′-滴滴伊 | 225 | 376 | picoxystrobin | 啶氧菌酯 | 411 |
| 344 | *o*,*p*′-DDT | *o*,*p*′-滴滴涕 | 155 | 377 | piperonyl butoxide | 增效醚 | 242 |
| 345 | octachlorostyrene | 八氯苯乙烯 | 309 | 378 | piperophos | 哌草磷 | 437 |

表 F.1（续）

| 序号 | 英文名称 | 中文名称 | 附录A中序号 | 序号 | 英文名称 | 中文名称 | 附录A中序号 |
|---|---|---|---|---|---|---|---|
| 379 | pirimicarb | 抗蚜威 | 383 | 413 | pyridaphenthion | 哒嗪硫磷 | 80 |
| 380 | pirimiphos-ethyl | 嘧啶磷 | 129 | 414 | pyrifenox-2 | 啶斑肟-2 | 477 |
| 381 | pirimiphos-methyl | 甲基嘧啶磷 | 123 | 415 | pyrifenox-1 | 啶斑肟-1 | 479 |
| 382 | plifenate | 三氯杀虫酯 | 208 | 416 | pyriftalid | 环酯草醚 | 445 |
| 383 | pretilachlor | 丙草胺 | 234 | 417 | pyrimethanil | 嘧霉胺 | 202 |
| 384 | prochloraz | 咪鲜胺 | 185 | 418 | pyrimidifen | 嘧螨醚 | 447 |
| 385 | procymidone | 腐霉利 | 50 | 419 | pyriproxyfen | 吡丙醚 | 434 |
| 386 | profenofos | 丙溴磷 | 148 | 420 | pyroquilon | 咯喹酮 | 381 |
| 387 | profluralin | 环丙氟灵 | 111 | 421 | quinalphos | 喹硫磷 | 44 |
| 388 | prometon | 扑灭通 | 200 | 422 | quinoclamine | 灭藻醌 | 403 |
| 389 | prometryne | 扑草净 | 26 | 423 | quinoxyphen | 苯氧喹啉 | 419 |
| 390 | pronamide | 炔丙烯草胺 | 19 | 424 | quintozene | 五氯硝基苯 | 11 |
| 391 | propachlor | 毒草胺 | 101 | 425 | rabenzazole | 吡咪唑 | 316 |
| 392 | propamocarb | 百维灵 | 190 | 426 | resmethrin-1 | 苄呋菊酯-1 | 342 |
| 393 | propanil | 敌稗 | 135 | 427 | resmethrin-2 | 苄呋菊酯-2 | 343 |
| 394 | propaphos | 丙虫磷 | 230 | 428 | ronnel | 皮蝇磷 | 25 |
| 395 | propargite | 炔螨特 | 244 | 429 | s421 ( octachloro-dipropyl ether) | 八氯二甲醚-2 | 471 |
| 396 | propazine | 扑灭津 | 113 | | | | |
| 397 | propetamphos | 胺丙畏 | 17 | 430 | s421 ( octachloro-dipropylether)-1 | 八氯二甲醚-1 | 472 |
| 398 | propham | 苯胺灵 | 4 | | | | |
| 399 | propiconazole-1 | 丙环唑-1 | 69 | 431 | sebutylazine | 另丁津 | 301 |
| 400 | propiconazole-2 | 丙环唑-2 | 70 | 432 | secbumeton | 密草通 | 18 |
| 401 | propisochlor | 异丙草胺 | 213 | 433 | sethoxydim | 稀禾啶 | 251 |
| 402 | propoxur-1 | 残杀威-1 | 364 | 434 | silafluofen | 氟硅菊酯 | 446 |
| 403 | propoxur-2 | 残杀威-2 | 374 | 435 | simeconazole | 硅氟唑 | 397 |
| 404 | propyzamide | 炔苯酰草胺 | 382 | 436 | simetone | 西玛通 | 286 |
| 405 | prosulfocarb | 苄草丹 | 304 | 437 | simetryn | 西草净 | 216 |
| 406 | prothiophos | 丙硫磷 | 48 | 438 | sobutylazine | — | 470 |
| 407 | pyraclofos | 吡唑硫磷 | 441 | 439 | spirodiclofen | 螺螨酯 | 443 |
| 408 | pyraclostrobin | 吡唑醚菊酯 | 439 | 440 | spiromesifen | 螺甲螨酯 | 491 |
| 409 | pyraflufen ethyl | 吡草醚 | 427 | 441 | spiroxamine -1 | 螺菌环胺-1 | 463 |
| 410 | pyrazophos | 吡菌磷 | 84 | 442 | spiroxamine -2 | 螺菌环胺-2 | 468 |
| 411 | pyributicarb | 稗草丹 | 426 | 443 | sulfallate | 菜草畏 | 107 |
| 412 | pyridaben | 哒螨灵 | 258 | 444 | sulfotep | 治螟磷 | 106 |

表 F.1（续）

| 序号 | 英文名称 | 中文名称 | 附录 A 中序号 | 序号 | 英文名称 | 中文名称 | 附录 A 中序号 |
|---|---|---|---|---|---|---|---|
| 445 | sulprofos | 硫丙磷 | 64 | 476 | tralkoxydim | 三甲苯草酮 | 440 |
| 446 | *tau*-fluvalinate | 氟胺氰菊酯 | 187 | 477 | tralomethrin-1 | 四溴菊酯-1 | 501 |
| 447 | TCMTB | 苯噻硫氰 | 414 | 478 | tralomethrin-2 | 四溴菊酯-2 | 502 |
| 448 | tebuconazole | 戊唑醇 | 77 | 479 | *trans*-chlordane | 反式氯丹 | 45 |
| 449 | tebufenpyrad | 吡螨胺 | 353 | 480 | *trans*-diallate | 反式-燕麦敌 | 104 |
| 450 | tebupirimfos | 丁基嘧啶磷 | 378 | 481 | *trans*-nonachlor | 反式九氯 | 326 |
| 451 | tebutam | 牧草胺 | 283 | 482 | *trans*-permethrin | 反式-氯菊酯 | 85 |
| 452 | tebuthiuron | 丁噻隆 | 371 | 483 | transfluthrin | 四氟苯菊酯 | 210 |
| 453 | tecnazene | 四氯硝基苯 | 97 | 484 | triadimefon | 三唑酮 | 39 |
| 454 | tefluthrin | 七氟菊酯 | 288 | 485 | triadimenol-1 | 三唑醇-1 | 232 |
| 455 | terbacil | 特草净 | 398 | 486 | triadimenol-2 | 三唑醇-2 | 233 |
| 456 | terbucarb-1 | 特草灵-1 | 367 | 487 | triallate | 野麦畏 | 201 |
| 457 | terbucarb-2 | 特草灵-2 | 389 | 488 | triazophos | 三唑磷 | 168 |
| 458 | terbufos | 特丁硫磷 | 109 | 489 | tribenuron-methyl | 苯磺隆 | 450 |
| 459 | terbumeton | 特丁通 | 110 | 490 | trichloronat | 毒壤磷 | 312 |
| 460 | terbuthylazine | 特丁津 | 116 | 491 | tricyclazole | 三环唑 | 490 |
| 461 | terbutryn | 特丁净 | 124 | 492 | tridiphane | 灭草环 | 387 |
| 462 | tetrachlorvinphos | 杀虫畏 | 146 | 493 | trietazine | 草达津 | 290 |
| 463 | tetraconazole | 四氟醚唑 | 228 | 494 | trifloxystrobin | 肟菌酯 | 420 |
| 464 | tetradifon | 三氯杀螨砜 | 82 | 495 | triflumizole | 氟菌唑 | 455 |
| 465 | tetramethirn | 胺菊酯 | 78 | 496 | trifluralin | 氟乐灵 | 103 |
| 466 | tetrasul | 杀螨氯硫 | 57 | 497 | tri-*iso*-butyl phosphate | 三异丁基磷酸盐 | 274 |
| 467 | thenylchlor | 噻吩草胺 | 428 | | | | |
| 468 | thiabendazole | 噻菌灵 | 480 | 498 | tri-*n*-butyl phosphate | 三正丁基磷酸盐 | 280 |
| 469 | thiamethoxam | 噻虫嗪 | 408 | | | | |
| 470 | thiazopyr | 噻唑烟酸 | 399 | 499 | triphenyl phosphate | 三苯基磷酸盐 | 351 |
| 471 | thiobencarb | 杀草丹 | 126 | | | | |
| 472 | thiometon | 甲基乙拌磷 | 10 | 500 | vernolate | 灭草敌 | 191 |
| 473 | thionazin | 虫线磷 | 278 | 501 | vinclozolin | 乙烯菌核利 | 28 |
| 474 | tolclofos-methyl | 甲基立枯磷 | 212 | 502 | XMC | 灭除威 | 365 |
| 475 | tolylfluanide | 甲苯氟磺胺 | 140 | 503 | zoxamide | 苯酰草胺 | 401 |

ICS 67.050
X 04

# 中华人民共和国国家标准

GB/T 23217—2008

# 水产品中河豚毒素的测定
# 液相色谱-荧光检测法

**Determination of tetrodotoxin in aquatic products—HPLC-fluorescence detection method**

2008-12-31 发布　　　　2009-05-01 实施

中华人民共和国国家质量监督检验检疫总局
中国国家标准化管理委员会　发布

# 前　言

本标准的附录 A、附录 B、附录 C 为资料性附录。

本标准由中华人民共和国国家质量监督检验检疫总局提出并归口。

本标准起草单位:中华人民共和国秦皇岛出入境检验检疫局、中华人民共和国福建出入境检验检疫局。

本标准主要起草人:杨方、钱疆、刘正才、林中、张云、林永辉、陈健、庞国芳。

# 水产品中河豚毒素的测定 液相色谱-荧光检测法

## 1 范围

本标准规定了水产品中河豚毒素测定的液相色谱测定方法与液相色谱-串联质谱确证方法。

本标准适用于河豚鱼、织纹螺、虾、牡蛎、花蛤、鱿鱼中河豚毒素的测定与确证。

本标准方法的检出限为 0.05 mg/kg。

## 2 规范性引用文件

下列文件中的条款通过本标准的引用而成为本标准的条款。凡是注日期的引用文件，其随后所有的修改单(不包括勘误的内容)或修订版均不适用于本标准，然而，鼓励根据本标准达成协议的各方研究是否可使用这些文件的最新版本。凡是不注日期的引用文件，其最新版本适用于本标准。

GB/T 6379.1 测量方法与结果的准确度(正确度与精密度) 第1部分：总则与定义(GB/T 6379.1—2004,ISO 5725-1:1994,IDT)

GB/T 6379.2 测量方法与结果的准确度(正确度与精密度) 第2部分：确定标准测量方法重复性与再现性的基本方法(GB/T 6379.2—2004,ISO 5725-2:1994,IDT)

GB/T 6682 分析实验室用水规格和试验方法(GB/T 6682—2008,ISO 3696:1987,MOD)

## 3 原理

试样中含有的河豚毒素采用酸性甲醇提取，提取液浓缩后，过 $C_{18}$ 固相萃取小柱净化，液相色谱-柱后衍生荧光法测定，液相色谱-串联质谱法确证，外标法定量。

## 4 试剂和材料

除非另有说明，所用试剂均为分析纯，水为 GB/T 6682 规定的一级水。

4.1 甲醇：色谱纯。

4.2 乙酸：色谱纯。

4.3 甲酸：色谱纯。

4.4 乙酸铵。

4.5 氢氧化钠。

4.6 庚烷磺酸钠。

4.7 1%乙酸甲醇溶液：移取 10 mL 乙酸，以甲醇稀释至 1 L。

4.8 1%乙酸溶液：移取 10 mL 乙酸，以水稀释至 1 L。

4.9 乙酸铵缓冲液：称取 4.6 g 乙酸铵和 2.02 g 庚烷磺酸钠，加入约 700 mL 水溶解，以乙酸调节 pH 值为 5.0，以水稀释至 1 L。

4.10 0.1%甲酸水溶液：移取 1 mL 甲酸，加水稀释至 1 L。

4.11 4 mol/L 氢氧化钠溶液：称取 160 g 氢氧化钠，以水溶解并稀释至 1 L。

4.12 河豚毒素标准物质(tetrodotoxin，分子式 $C_{11}H_{17}N_3O_8$，CAS 4368-28-9)：纯度≥98%。

4.13 标准贮备液(100 mg/L)：准确称取河豚毒素 10.0 mg，用少量水溶解后以甲醇定容至 100 mL，该标准贮备液置于 4 ℃冰箱中保存。

4.14 标准工作液：根据需要取适量标准贮备液，以 0.1% 甲酸水溶液＋甲醇（9＋1，体积比）稀释成适当浓度的标准工作液。标准工作液当天现配。

4.15 基质标准工作液：以空白基质溶液配制适当浓度的标准工作液。基质标准工作液要当天配制。

4.16 $C_{18}$ 固相萃取柱，500 mg/3 mL，用前依次以 3 mL 甲醇、3 mL 1% 乙酸溶液（4.8）活化，保持柱体湿润。

4.17 滤膜：0.2 μm。

4.18 离心超滤管，截留相对分子质量为 3 000，1 mL。

## 5 仪器

5.1 液相色谱仪，带有荧光检测器与柱后衍生装置。

5.2 液相色谱-串联四极杆质谱仪，配有电喷雾离子源。

5.3 分析天平：感量 0.1 mg 和 0.01 g。

5.4 组织捣碎机。

5.5 旋涡振荡器。

5.6 超声波发生器。

5.7 减压浓缩装置。

5.8 固相萃取装置。

5.9 真空泵：真空度应达到 80 kPa。

5.10 微量注射器：1 mL～5 mL，100 μL～1 000 μL。

5.11 离心机：转速达 4 000 r/ min。

5.12 离心机：转速达 13 000 r/min，配有酶标转子。

5.13 冷冻高速离心机：转速达到 18 000 r/min，可致冷 4 ℃。

5.14 K-D 浓缩瓶：100 mL 与 25 mL。

## 6 试样的制备与保存

制样操作过程中应防止样品受到污染或发生残留物含量的变化。由于河豚毒素为剧毒物质，对于可能含有河豚毒素的产品，应避免直接接触或误食，相关的器皿和器具可以采用 4% 碳酸钠溶液浸泡加热去毒处理。

### 6.1 试样制备

从所取全部样品中取出有代表性样品的可食部分约 500 g，切成小块，放入组织捣碎机均质，充分混匀，装入清洁容器内，并标明标记。

### 6.2 试样保存

试样于－18 ℃以下保存，新鲜或冷冻的组织样品可在 2 ℃～6 ℃贮存 72 h。

## 7 测定步骤

### 7.1 提取

称取 5.00 g 匀浆样品置于 50 mL 聚丙烯离心管中，加入 20 mL 1% 乙酸甲醇溶液（4.7），旋涡振荡 2 min，50 ℃水浴超声提取 20 min，4 000 r/min 离心 5 min，取上清液，在残渣中再加入 20 mL 1% 乙酸甲醇溶液，重复以上步骤，合并上清液，过滤至 100 mL K-D 浓缩瓶中，60 ℃旋转蒸发浓缩至近干，加入 2 mL 1% 乙酸溶液（4.8），振荡洗涤浓缩瓶，转移至 10 mL 聚丙烯离心管中，4 ℃下于 18 000 r/min 离心 10 min，取上清液待净化。

### 7.2 净化

将 7.1 所得的澄清溶液以约 1 mL/min 的流速过柱，用 10 mL 1% 乙酸溶液（4.8）洗脱，合并流出液与洗脱液，置于 25 mL K-D 浓缩瓶中，于 60 ℃下减压浓缩至近干，用 1% 乙酸溶液(4.8)定容 1 mL，过 0.2 μm 滤膜，供液相色谱分析。进行液相色谱-串联质谱确证时，将样液装入离心超滤管中，13 000 r/min 离心 15 min，取滤液测定。

## 7.3 空白基质溶液的制备

称取阴性样品 5.00 g，按 7.1 和 7.2 操作。

## 7.4 测定条件

### 7.4.1 液相色谱参考条件

a) 色谱柱：Purospher Star PR-18e $C_{18}$ 柱，5 μm，250 mm×4.6 mm(内径)或相当者；

b) 柱温：30 ℃；

c) 流动相：乙腈-乙酸铵缓冲液(4.9)(1+19)；

d) 流速：1.0 mL/ min；

e) 激发波长：385 nm，发射波长：505 nm；

f) 进样量：40.0 μL。

### 7.4.2 柱后衍生参考条件

a) 衍生溶液：4 mol/L 氢氧化钠溶液(4.11)；

b) 衍生溶液流速：0.5 mL/min；

c) 衍生管温度：110 ℃。

### 7.4.3 色谱测定

根据试样中被测物的含量情况，选取响应值适宜的标准工作液进行色谱分析。标准工作液和待测样液中河豚毒素的响应值应在仪器线性响应范围内。标准工作液与待测样液等体积进样。在上述色谱条件下，河豚毒素的参考保留时间为 10.3 min，根据标准溶液色谱峰的保留时间和峰面积，对样液的色谱峰进行定性并外标法定量。标准品高效液相色谱图参见图 A.1。

## 7.5 确证

### 7.5.1 液相色谱-串联质谱条件

a) 色谱柱：Atlantis™ HILIC Silica[1) ] 3 μm，150 mm×2.1 mm(内径)或相当者；

b) 流动相：乙腈-0.1%甲酸溶液(4.10)(17+8)；

c) 柱温：30 ℃；

d) 进样量：10 μL；

e) 流速：200 μL/min；

f) 离子源：电喷雾源 ESI，正离子模式；

g) 扫描方式：多反应监测(MRM)；

h) 离子源温度：500 ℃；

i) 雾化气、气帘气、辅助加热气、碰撞气均为高纯氮气及其他合适气体；使用前应调节各气体流量以使质谱灵敏度达到检测要求；

j) 仪器工作所需电压值应优化至最优灵敏度；

k) 定性离子对、定量离子对、碰撞池出口电压和碰撞气能量见表 1。

**表 1 定性离子对、定量离子对、碰撞池出口电压和碰撞气能量**

| 化合物中文名称 | 化合物英文名称 | 定性离子对($m/z$) | 定量离子对($m/z$) | 碰撞气能量/V | 碰撞池出口电压/V |
|---|---|---|---|---|---|
| 河豚毒素 | tetrodotoxin | 320/302 | 320/162 | 30 | 60 |
| | | 320/162 | | 30 | 60 |

1) Atlantis™ HILIC Silica 色谱柱是 Waters 公司产品的商品名称，给出这一信息是为了方便本标准的使用者，并不是表示对该产品的认可。如果其他等效产品具有相同的效果，则可使用这些等效产品。

7.5.2 液相色谱-串联质谱确证

将基质标准工作液和7.2中所得滤液(必要时用乙腈稀释至适当浓度)用LC-MS/MS测定。如果样液中与标准工作液相同的保留时间有检测离子峰出现,则对其进行质谱确证。河豚毒素标准溶液的液相色谱-串联质谱图参见图B.1。

7.5.3 定性标准

7.5.3.1 保留时间

待测样品中化合物色谱峰的保留时间与标准溶液相比变化范围应在±2.5%之内。

7.5.3.2 信噪比

待测化合物的定性离子的重构离子色谱峰的信噪比应大于等于3($S/N \geqslant 3$)。

7.5.3.3 定量离子、定性离子及子离子丰度比

每种化合物的质谱定性离子必须出现,至少应包括一个母离子和两个子离子,而且同一检测批次,对同一化合物,样品中目标化合物的两个子离子的相对丰度比与浓度相当的标准溶液相比,其允许偏差不超过表2规定的范围。

表2 定性确证时相对离子丰度的最大允许偏差 %

| 相对离子丰度 $K$ | $K>50$ | $20<K<50$ | $10<K<20$ | $K \leqslant 10$ |
|---|---|---|---|---|
| 允许的相对偏差 | ±20 | ±25 | ±30 | ±50 |

7.6 平行试验

按以上步骤,对同一试样进行平行试验测定。

7.7 回收率试验

在阴性样品中添加适量标准溶液,按7.1和7.2操作,测定后计算样品添加的回收率。河豚毒素的添加浓度及其回收率范围的试验数据参见表C.1。

## 8 结果计算

用数据处理软件中的外标法,或绘制标准曲线,按式(1)计算试样中河豚毒素含量:

$$X = \frac{(c - c_0) \times V}{m} \qquad \cdots\cdots(1)$$

式中:

$X$——试样中河豚毒素含量的数值,单位为微克每千克(μg/kg);

$c$——由标准曲线而得的样液中河豚毒素含量的数值,单位为微克每升(μg/L);

$c_0$——由标准曲线而得的空白实验中河豚毒素含量的数值,单位为微克每升(μg/L);

$V$——样品最终定容体积,单位为毫升(mL);

$m$——最终样液代表的试样量,单位为克(g)。

计算结果应扣除空白值。

## 9 精密度

9.1 一般规定

本标准的精密度数据是按照GB/T 6379.1和GB/T 6379.2的规定确定的,重复性和再现性的值以95%的可信度来计算的。

9.2 重复性

在重复性条件下,获得的两次独立测试结果的绝对差值不超过重复性限($r$),被测物的添加浓度范围及重复性方程见表3。

表 3 河豚毒素的添加浓度范围及重复性和再现性方程

单位为毫克每千克

| 化合物名称 | 添加浓度范围 | 样品基质 | 重复性限 $r$ | 再现性限 $R$ |
|---|---|---|---|---|
| 河豚毒素 | 50～500 | 河豚鱼 | $\lg r=0.8006\lg m-0.2689$ | $\lg R=0.9471\lg m-0.4329$ |
| | | 织纹螺 | $\lg r=0.8667\lg m-0.2338$ | $\lg R=0.9826\lg m-0.6673$ |
| 注：$m$ 为两次测定结果的算术平均值。 | | | | |

如果差值超过重复性限，应舍弃试验结果并重新完成两次单个试验的测定。

## 9.3 再现性

在再现性条件下，获得的两次独立测试结果的绝对差值不超过再现性限($R$)，被测物的添加浓度范围及再现性方程见表 3。

# 附 录 A
（资料性附录）
# 标准物质液相色谱图

河豚毒素标准物质液相色谱图见图 A.1。

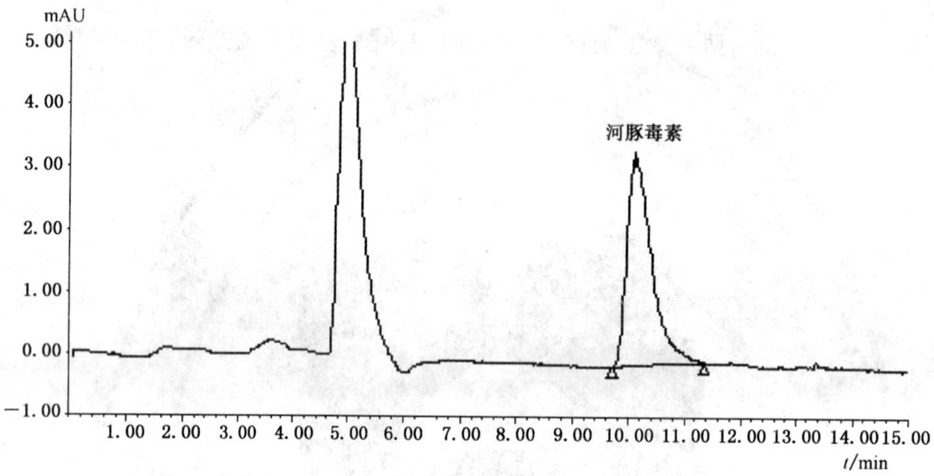


图 A.1 河豚毒素标准物质液相色谱图

# 附　录　B
# （资料性附录）
# 标准物质多反应监测(MRM)色谱图

河豚毒素标准物质多反应监测(MRM)色谱图见图 B.1。

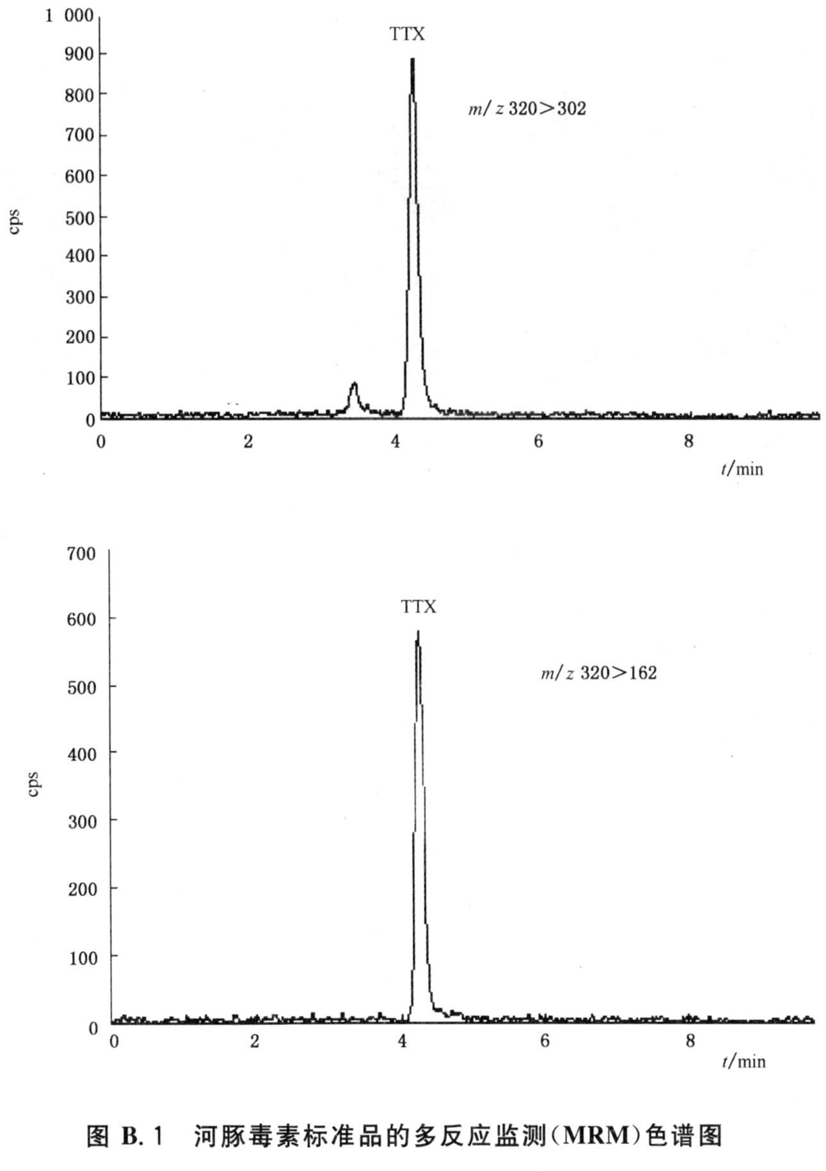


**图 B.1　河豚毒素标准品的多反应监测(MRM)色谱图**

# 附　录　C
（资料性附录）
# 回　收　率

河豚毒素的添加浓度及其平均回收率的试验数据见表 C.1。

**表 C.1　河豚毒素的添加浓度及其平均回收率的试验数据**

| 添加浓度/(mg/kg) | 平均回收率/% | | | | | |
|---|---|---|---|---|---|---|
| | 鱿鱼 | 花蛤 | 河豚鱼 | 虾 | 织纹螺 | 牡蛎 |
| 0.05 | 89.5 | 92.8 | 89.3 | 95.1 | 91.1 | 95.3 |
| 0.10 | 80.6 | 77.5 | 83.0 | 83.8 | 85.2 | 82.5 |
| 0.25 | 82.4 | 78.5 | 82.3 | 82.3 | 93.9 | 94.7 |
| 0.50 | 97.4 | 86.8 | 85.4 | 84.6 | 87.9 | 92.9 |

ICS 67.050
X 04

# 中华人民共和国国家标准

GB/T 23218—2008

# 动物源性食品中玉米赤霉醇残留量的测定 液相色谱-串联质谱法

Determination of zeranol residues in animal original food—LC-MS-MS method

2008-12-31 发布　　2009-06-01 实施

中华人民共和国国家质量监督检验检疫总局
中国国家标准化管理委员会 发布

# 前　言

本标准的附录A、附录B为资料性附录。

本标准由中华人民共和国国家质量监督检验检疫总局提出并归口。

本标准起草单位：中华人民共和国秦皇岛出入境检验检疫局、中华人民共和国上海出入境检验检疫局。

本标准主要起草人：方晓明、盛永刚、王敏、王传现、庞国芳。

# 动物源性食品中玉米赤霉醇残留量的测定
# 液相色谱-串联质谱法

## 1 范围

本标准规定了动物源性食品中玉米赤霉醇(zeranol)、β-玉米赤霉醇(β-zearalanol)和玉米赤霉烷酮(zearalanone)残留量的高效液相色谱-串联质谱的测定方法。

本标准适用于动物肌肉、肝脏、鱼肉、蛋和牛奶中玉米赤霉醇、β-玉米赤霉醇和玉米赤霉烷酮残留量的测定。

本标准方法检出限为 1 μg/kg。

## 2 规范性引用文件

下列文件中的条款通过本标准的引用而成为本标准的条款。凡是注日期的引用文件,其随后所有的修改单(不包括勘误的内容)或修订版均不适用于本标准,然而,鼓励根据本标准达成协议的各方研究是否可使用这些文件的最新版本。凡是不注日期的引用文件,其最新版本适用于本标准。

GB/T 6379.1 测量方法与结果的准确度(正确度与精密度) 第1部分:总则与定义(GB/T 6379.1—2004,ISO 5725-1:1994,IDT)

GB/T 6379.2 测量方法与结果的准确度(正确度与精密度) 第2部分:确定标准测量方法重复性与再现性的基本方法(GB/T 6379.2—2004,ISO 5725-2:1994,IDT)

GB/T 6682 分析实验室用水规格和试验方法(GB/T 6682—2008,ISO 3696:1987,MOD)

## 3 原理

样品经β-葡萄糖苷酸-硫酸酯复合酶水解后,用乙醚提取,提取液经液液分配、HLB固相萃取柱净化后,用液相色谱-串联质谱仪测定,外标法定量。

## 4 试剂和材料

除另有规定外,所用试剂均为分析纯,试验用水应符合 GB/T 6682 一级水的标准。

4.1 甲醇:色谱纯。

4.2 乙腈:色谱纯。

4.3 无水乙醚。

4.4 三氯甲烷。

4.5 氢氧化钠。

4.6 乙酸钠(NaAc·$3H_2O$)。

4.7 磷酸:纯度大于85%。

4.8 冰乙酸。

4.9 0.5 mol/L 氢氧化钠溶液:称取 20 g 氢氧化钠,用水溶解并定容至 1 L。

4.10 0.05 mol/L 乙酸钠缓冲溶液:称取 6.8 g 乙酸钠,用 950 mL 水溶解,冰乙酸调节 pH 值至 4.8,定容至 1 L。

4.11 磷酸溶液(1+4):10 mL 磷酸和 40 mL 水混合。

4.12 甲醇-水溶液(1+1):50 mL 甲醇和 50 mL 水混合。

4.13 $\beta$-葡萄糖苷酸酶-硫酸酯复合酶:96 000 U/mL $\beta$-葡萄糖苷酸酶;390 U/mL 硫酸酯酶(H-2,form helix pomatia)。

4.14 玉米赤霉醇、$\beta$-玉米赤霉醇和玉米赤霉烷酮标准物质:纯度≥99%。

4.15 100 μg/mL 标准储备溶液:分别准确称取适量标准品(精确至 0.1 mg),用乙腈溶解,配制成浓度为 100 μg/mL 的标准储备溶液。−18 ℃以下冷冻避光保存。

4.16 10 μg/mL 和 1.0 μg/mL 的混合标准中间溶液:分别准确吸取 1.0 mL 和 0.10 mL 标准储备溶液(4.15)于 10 mL 容量瓶中,用乙腈定容至刻度,配制成浓度为 10 μg/mL 和 1.0 μg/mL 混合标准中间溶液。0 ℃~4 ℃冷藏避光保存。

4.17 基质混合标准工作溶液:根据需要,取适量的混合标准中间溶液(4.16),用空白样品提取液配成不同浓度的基质混合标准溶液。基质混合标准工作溶液现用现配。

4.18 Oasis HLB 固相萃取柱1) 或相当者:500 mg/6 mL。使用前分别用 5 mL 甲醇和 5 mL 水预淋洗。

4.19 滤膜:0.20 μm。

## 5 仪器和设备

5.1 液相色谱-串联质谱仪:配有电喷雾离子源(ESI)。

5.2 组织捣碎机。

5.3 分析天平:感量 0.1 mg 和 0.01 g。

5.4 移液器:10 μL~100 μL、100 μL~1 000 μL。

5.5 均质器:10 000 r/min。

5.6 涡旋混合器。

5.7 恒温振荡器。

5.8 离心机:4 000 r/min。

5.9 pH 计:测量精度±0.02 pH 单位。

5.10 氮吹仪。

5.11 固相萃取装置。

5.12 具塞离心管:50 mL。

5.13 刻度试管:10 mL。

## 6 试样的制备与保存

### 6.1 试样的制备

实验室样品用组织捣碎机绞碎,分出 0.5 kg 作为试样。

### 6.2 试样保存

试样置于−18 ℃冰箱,避光保存。

## 7 测定步骤

### 7.1 样品处理

#### 7.1.1 水解

称取 5 g 试样(精确至 0.01 g)于 50 mL 具塞离心管中,加入 10 mL 乙酸钠缓冲溶液(4.10)和 0.025 mL $\beta$-葡萄糖苷酸-硫酸酯复合酶(4.13),旋涡混匀,于 37 ℃水浴中振荡 12 h。

#### 7.1.2 提取

水解后加入 15 mL 无水乙醚,振荡提取 5 min 后,以 4 000 r/min 离心 2 min,将上清液转移至浓缩

1) Oasis HLB 固相萃取柱是 Waters 公司产品的商品名称,给出这一信息是为了方便本标准的使用者,并不是表示对该产品的认可。如果其他等效产品具有相同的效果,则可使用这些等效产品。

瓶中,再用15 mL无水乙醚重复提取一次,合并上清液,40 ℃以下旋转浓缩至近干。残留物加1.0 mL三氯甲烷溶解后,转入10 mL离心管中,再用3 mL氢氧化钠溶液(4.9)润洗浓缩瓶后转移至同一离心管中,旋涡混匀,以4 000 r/min离心2 min,吸取上层氢氧化钠溶液。再用3 mL氢氧化钠溶液(4.9)重复润洗、萃取一次,合并氢氧化钠溶液,加入1 mL磷酸溶液(4.11),混匀后待净化。

**7.1.3 净化**

将样品提取液(7.1.2)转入HLB固相萃取柱(4.18)。用5 mL水、5 mL甲醇-水溶液(4.12)淋洗,弃去;再用10 mL甲醇进行洗脱,收集洗脱液。整个固相萃取净化过程控制流速不超过2 mL/min。洗脱液在40℃以下用氮气吹干。残留物用1.0 mL乙腈溶解,旋涡混匀后,过0.2 μm滤膜,供仪器测定用。

**7.2 测定条件**

**7.2.1 液相色谱参考条件**

a) 色谱柱:$C_{18}$,2 μm,50 mm×2.0 mm(内径)或相当者;
b) 柱温:40 ℃;
c) 流速:0.2 mL/min;
d) 进样量:5 μL;
e) 流动相及梯度洗脱条件见表1。

**表1 流动相及梯度洗脱条件**

| 时间/min | 乙腈/% | 水/% |
|---|---|---|
| 0 | 25 | 75 |
| 5 | 70 | 30 |
| 6 | 70 | 30 |
| 9 | 25 | 75 |

**7.2.2 质谱参考条件**

a) 电离方式:电喷雾电离(ESI);
b) 离子源喷雾电压(IS):3 500 V;
c) 离子源温度(TEM):350 ℃;
d) 喷雾气流量:11 L/min;
e) 扫描方式:负离子扫描;
f) 检测方式:多反应监测(MRM),监测条件见表2。

**表2 多反应监测条件**

| 化合物中文名称 | 化合物英文名称 | 母离子(*m/z*) | 子离子(*m/z*) | 去簇电压/V | 碰撞能量/V |
|---|---|---|---|---|---|
| β-玉米赤霉醇 | β-zearalanol | 321.1 | 277.2[a] | 160 | 17 |
| | | | 303.2 | 160 | 17 |
| 玉米赤霉醇 | zearalanol | 321.1 | 277.2[a] | 170 | 16 |
| | | | 303.2 | 170 | 16 |
| 玉米赤霉烷酮 | zearalanone | 319.1 | 275.1[a] | 170 | 16 |
| | | | 301.1 | 170 | 16 |
| [a] 离子用于定量。 | | | | | |

**7.2.3 液相色谱-串联质谱测定**

**7.2.3.1 定性测定**

每种被测组分选择一个母离子,两个以上子离子,在相同实验条件下,样品中待测物质的保留时间与基质混合标准工作溶液中对应物质的保留时间偏差在±2.5%之内；且样品谱图中各定性离子的相对丰度与浓度接近的基质混合标准工作溶液谱图中对应的定性离子的相对丰度进行比较，若偏差不超过表3规定的范围，则可判断样品中存在对应的待测物。

**表3 定性确证时相对离子丰度的最大允许偏差** %

| 相对离子丰度 $k$ | $k \geqslant 50$ | $20 \leqslant k < 50$ | $10 < k < 20$ | $k \leqslant 10$ |
|---|---|---|---|---|
| 允许相对偏差 | ±20 | ±25 | ±30 | ±50 |

7.2.3.2 **定量测定**

在仪器最佳工作条件下，用基质混合标准工作溶液分别进样，以峰面积为纵坐标，以基质混合标准工作溶液浓度为横坐标，绘制标准工作曲线，用标准工作曲线对样品进行定量，样品溶液中待测物的响应值均应在仪器测定的线性范围内。在上述色谱条件下，$\beta$-玉米赤霉醇、玉米赤霉醇和玉米赤霉烷标准物质的多反应监测(MRM)色谱图参见图A.1、图A.2和图A.3。

本标准的添加回收率数据参见表B.1。

7.3 **平行试验**

按以上步骤，对同一样品进行平行试验测定。

7.4 **空白试验**

除不称取样品外，均按上述步骤进行。

## 8 结果计算

$\beta$-玉米赤霉醇、玉米赤霉醇和玉米赤霉烷酮残留量的测定按式(1)计算：

$$X = c \times \frac{V}{m} \times \frac{1\,000}{1\,000} \quad \cdots\cdots\cdots(1)$$

式中：

$X$——试样中被测组分残留量，单位为微克每千克(μg/kg)；

$c$——从标准工作曲线上得到的被测组分溶液浓度，单位为纳克每毫升(ng/mL)；

$V$——样品溶液定容体积，单位为毫升(mL)；

$m$——样品溶液所代表试样的质量，单位为克(g)。

计算结果应扣除空白值。

## 9 精密度

### 9.1 一般规定

本标准的精密度数据是按照GB/T 6379.1和GB/T 6379.2的规定确定的，重复性和再现性的值以95%的可信度来计算。

### 9.2 重复性

在重复性试验条件下，获得的两次独立测试结果的绝对差值不超过重复性限 $r$，试样中 $\beta$-玉米赤霉醇、玉米赤霉醇和玉米赤霉烷酮的添加浓度范围及重复性方程见表4。

**表4 添加浓度范围及重复性和再现性方程** 单位为毫克每千克

| 样品基质 | 化合物名称 | 添加浓度范围 | 重复性限 $r$ | 再现性限 $R$ |
|---|---|---|---|---|
| 猪肝 | $\beta$-玉米赤霉醇 | 1～10 | $\lg r = 0.860\,6 \lg m - 0.538\,4$ | $\lg R = 0.873\,3 \lg m - 0.602\,7$ |
| | 玉米赤霉醇 | 1～10 | $\lg r = 0.749\,3 \lg m - 0.437\,4$ | $\lg R = 0.792\,1 \lg m - 0.539\,4$ |
| | 玉米赤霉烷酮 | 1～10 | $\lg r = 0.878\,4 \lg m - 0.458\,9$ | $\lg R = 0.928\,2 \lg m - 0.555\,6$ |

表 4（续）

单位为毫克每千克

| 样品基质 | 化合物名称 | 添加浓度范围 | 重复性限 $r$ | 再现性限 $R$ |
|---|---|---|---|---|
| 牛肉 | $\beta$-玉米赤霉醇 | 1～10 | $\lg r=0.8631\lg m-0.5030$ | $\lg R=0.8991\lg m-0.5027$ |
| | 玉米赤霉醇 | 1～10 | $\lg r=0.8856\lg m-0.4319$ | $\lg R=0.9176\lg m-0.4831$ |
| | 玉米赤霉烷酮 | 1～10 | $\lg r=0.8908\lg m-0.4348$ | $\lg R=0.9502\lg m-0.5151$ |
| 鱼肉 | $\beta$-玉米赤霉醇 | 1～10 | $\lg r=0.7819\lg m-0.4295$ | $\lg R=0.8055\lg m-0.4915$ |
| | 玉米赤霉醇 | 1～10 | $\lg r=0.8561\lg m-0.4574$ | $\lg R=0.8319\lg m-0.4961$ |
| | 玉米赤霉烷酮 | 1～10 | $\lg r=0.8210\lg m-0.4293$ | $\lg R=0.8665\lg m-0.4813$ |
| 牛奶 | $\beta$-玉米赤霉醇 | 1～10 | $\lg r=0.8646\lg m-0.4740$ | $\lg R=0.8734\lg m-0.4988$ |
| | 玉米赤霉醇 | 1～10 | $\lg r=0.7127\lg m-0.3924$ | $\lg R=0.7366\lg m-0.4683$ |
| | 玉米赤霉烷酮 | 1～10 | $\lg r=0.8694\lg m-0.4643$ | $\lg R=0.8338\lg m-0.4808$ |
| 鸡蛋 | $\beta$-玉米赤霉醇 | 1～10 | $\lg r=0.9540\lg m-0.4414$ | $\lg R=1.0037\lg m-0.5340$ |
| | 玉米赤霉醇 | 1～10 | $\lg r=0.9201\lg m-0.5016$ | $\lg R=0.8850\lg m-0.5286$ |
| | 玉米赤霉烷酮 | 1～10 | $\lg r=0.8760\lg m-0.4387$ | $\lg R=0.7395\lg m-0.4509$ |
| 注：$m$ 为两次测定值的平均值。 | | | | |

如果两次测定值的差值超过重复性限 $r$，应舍弃试验结果并重新完成两次单个试验的测定。

## 9.3 再现性

在再现性试验条件下，获得的两次独立测试结果的绝对差值不超过再现性限 $R$，试样中 $\beta$-玉米赤霉醇、玉米赤霉醇和玉米赤霉烷酮的添加浓度范围及再现性方程见表 4。

# 附 录 A
## (资料性附录)
## 标准物质多反应监测(MRM)色谱图

β-玉米赤霉醇标准物质的多反应监测(MRM)色谱图见图 A.1。

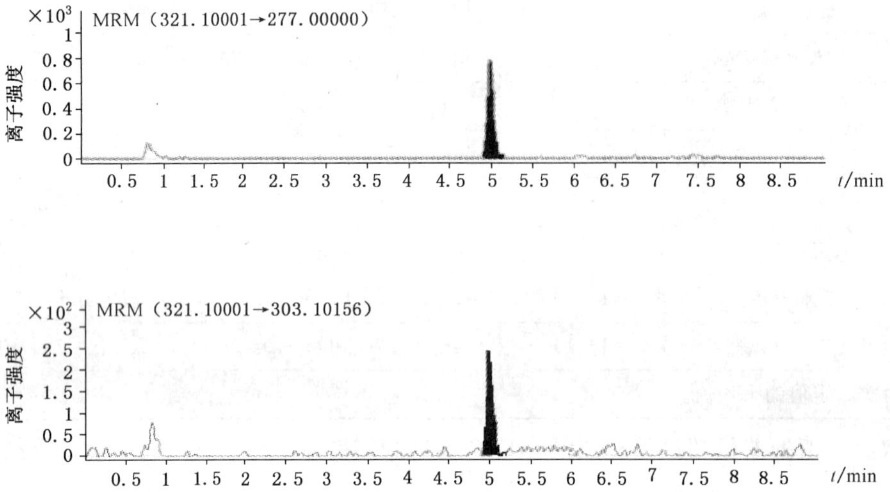


**图 A.1 β-玉米赤霉醇标准物质的多反应监测(MRM)色谱图**

玉米赤霉醇标准物质的多反应监测(MRM)色谱图见图 A.2。

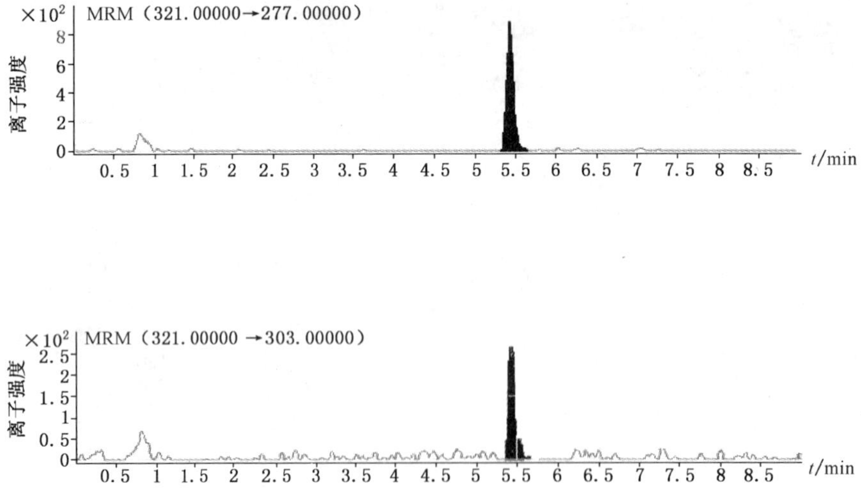


**图 A.2 玉米赤霉醇标准物质的多反应监测(MRM)色谱图**

玉米赤霉烷酮标准物质的多反应监测(MRM)色谱图见图 A.3。

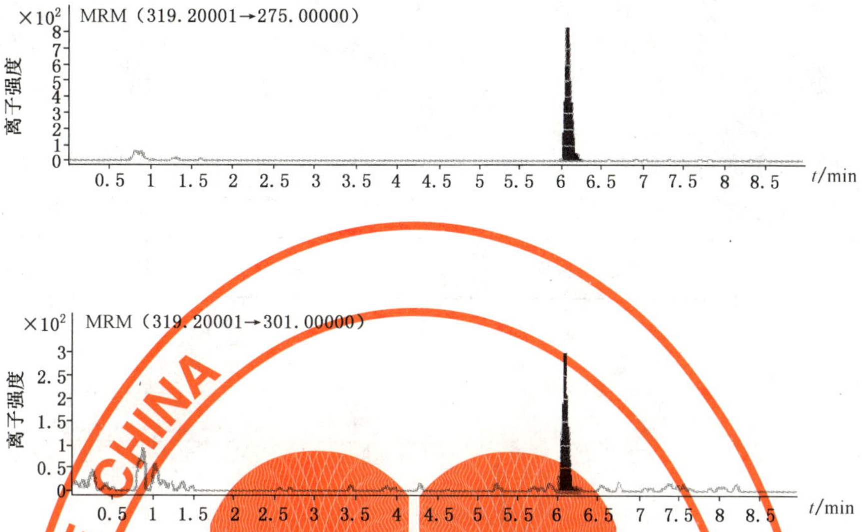


图 A.3 玉米赤霉烷酮标准物质的多反应监测(MRM)色谱图

# 附 录 B
## （资料性附录）
## 回 收 率

β-玉米赤霉醇、玉米赤霉醇和玉米赤霉烷酮添加浓度及其平均回收率的试验数据见表 B.1。

**表 B.1 β-玉米赤霉醇、玉米赤霉醇和玉米赤霉烷酮添加浓度及其平均回收率的试验数据**

| 样品基质 | 化合物名称 | 添加浓度/(μg/g) | 平均回收率/% |
|---|---|---|---|
| 猪肝 | β-玉米赤霉醇 | 1 | 71.5 |
| | | 2 | 75.6 |
| | | 5 | 78.9 |
| | | 10 | 80.7 |
| | 玉米赤霉醇 | 1 | 70.8 |
| | | 2 | 77.0 |
| | | 5 | 80.4 |
| | | 10 | 80.6 |
| | 玉米赤霉烷酮 | 1 | 71.6 |
| | | 2 | 78.4 |
| | | 5 | 76.5 |
| | | 10 | 79.4 |
| 牛肉 | β-玉米赤霉醇 | 1 | 70.4 |
| | | 2 | 73.7 |
| | | 5 | 72.9 |
| | | 10 | 80.9 |
| | 玉米赤霉醇 | 1 | 69.6 |
| | | 2 | 70.9 |
| | | 5 | 71.3 |
| | | 10 | 79.0 |
| | 玉米赤霉烷酮 | 1 | 68.2 |
| | | 2 | 71.8 |
| | | 5 | 69.6 |
| | | 10 | 77.8 |
| 鱼肉 | β-玉米赤霉醇 | 1 | 68.2 |
| | | 2 | 72.1 |
| | | 5 | 73.4 |
| | | 10 | 76.6 |

表 B.1（续）

| 样品基质 | 化合物名称 | 添加浓度/(μg/g) | 平均回收率/% |
| --- | --- | --- | --- |
| 鱼肉 | 玉米赤霉醇 | 1 | 69.1 |
| | | 2 | 74.2 |
| | | 5 | 72.8 |
| | | 10 | 82.0 |
| | 玉米赤霉烷酮 | 1 | 73.1 |
| | | 2 | 71.4 |
| | | 5 | 76.7 |
| | | 10 | 81.1 |
| 鸡蛋 | β-玉米赤霉醇 | 1 | 70.5 |
| | | 2 | 75.5 |
| | | 5 | 78.1 |
| | | 10 | 80.5 |
| | 玉米赤霉醇 | 1 | 70.5 |
| | | 2 | 74.1 |
| | | 5 | 72.6 |
| | | 10 | 76.2 |
| | 玉米赤霉烷酮 | 1 | 70.0 |
| | | 2 | 72.8 |
| | | 5 | 72.2 |
| | | 10 | 78.8 |
| 牛奶 | β-玉米赤霉醇 | 1 | 71.8 |
| | | 2 | 73.1 |
| | | 5 | 74.4 |
| | | 10 | 80.1 |
| | 玉米赤霉醇 | 1 | 70.1 |
| | | 2 | 75.1 |
| | | 5 | 76.2 |
| | | 10 | 79.7 |
| | 玉米赤霉烷酮 | 1 | 72.2 |
| | | 2 | 73.9 |
| | | 5 | 71.4 |
| | | 10 | 79.5 |

ICS 65.160
X 87

# 中华人民共和国国家标准

GB/T 23219—2008

# 烤烟烘烤技术规程

Rules for curing technique of flue-cured tobacco



2008-12-31 发布　　2009-06-01 实施

中华人民共和国国家质量监督检验检疫总局
中国国家标准化管理委员会　发布

# 前　言

本标准由国家烟草专卖局提出。

本标准由全国烟草标准化技术委员会(SAC/TC 144)归口。

本标准起草单位:中国烟叶公司、河南农业大学。

本标准主要起草人:宫长荣、陈江华、刘建利、周义和、宋朝鹏、刘奕平、黄元炯、李汉源、何宽信、肖春生、吴仁军、孙敬权、谢已书、李恆全、王胜雷、吴忠华、王学龙、米建华、谭方利、周建。

# 烤烟烘烤技术规程

## 1 范围

本标准规定了烤烟烟叶成熟采收、烘烤、烤后回潮及堆放技术。

本标准适用于普通烤房、密集式烤房烤烟。

## 2 规范性引用文件

下列文件中的条款通过本标准的引用而成为本标准的条款。凡是注日期的引用文件，其随后所有的修改单(不包括勘误的内容)或修订版均不适用于本标准，然而，鼓励根据本标准达成协议的各方研究是否可使用这些文件的最新版本。凡是不注日期的引用文件，其最新版本适用于本标准。

GB/T 18771.1 烟草术语 第1部分：烟草栽培、调制与分级

## 3 术语和定义

GB/T 18771.1 所确立的以及下列术语和定义适用于本标准。

3.1

**烘烤 curing techique**

由田间成熟采收的鲜烟叶以一定的方式放置在特定的加工设备(通常称为烤房)内，人为创造适宜的温湿度环境条件，使烟叶颜色由绿变黄并不断脱水干燥，实现烟叶烤黄、烤干、烤香的全过程。通常划分为变黄阶段、定色阶段、干筋阶段。

3.2

**普通烤房 commonness barn**

烤烟生产中烘烤加工烟叶的专用设备。包括各种建筑材料与结构、热源与供热形式、进风洞和天窗形式的自然通风气流上升式烤房、自然通风气流下降式烤房，以及有机械辅助通风、热风循环和温湿度自控或半自控装置的烤房。

3.3

**密集式烤房 bulk curing barn**

烤烟生产中密集烘烤加工烟叶的专用设备，一般由装烟室、热风室、供热系统设备、通风排湿和热风循环系统设备、温湿度控制系统设备等部分组成。基本特征是装烟密度较大(为普通烤房装烟密度的2倍以上)，使用风机进行强制通风，热风循环，实行温湿度自动控制。

3.4

**烘烤温湿度自控仪 temperature and humidity auto-controlled appartus**

用于检测、显示和调控烟叶烘烤过程工艺条件的专用设备。通过对烧火供热和通风排湿的调控，实现烘烤温湿度自动调控。由温度和湿度传感器、主机、执行器等组成，在主机内设置有烘烤专家曲线和自设曲线，并有在线调节功能和断电延续功能。

3.5

**采收成熟度 collecting leaf maturity**

采摘时烟叶生长发育和内在物质积累与转化达到的成熟程度和状态。

3.6

**欠熟 unripe**

烟叶尚处于生长发育阶段，不完全具备成熟特征。

3.7

**尚熟 mature**

烟叶基本完成了生长转化过程，已部分具备较多可辨认的成熟特征。

3.8

**成熟 ripe**

烟叶生长发育和干物质转化适当，具备明显可辨认的成熟特征。

3.9

**完熟 mellow**

营养充足，发育良好的上部叶在达到成熟之后进一步进行内部物质转化，叶面有较多“成熟斑”，有时还伴随赤星病等斑块。

3.10

**过熟 overmature**

烟叶生长发育超过成熟的要求，干物质过多的转化消耗。

3.11

**假熟 premature**

由于各种因素（营养不良、光照不足、天气严重干旱或涝渍等）影响，使烟叶在没有真正达到成熟之前就表现出外观上的黄化。

3.12

**叶龄 leaf age**

烟叶自发生（长 2 cm 左右，宽 0.5 cm 左右）到成熟采收时的天数。

3.13

**烟叶变化 leaf change**

烘烤进程中烟叶的变黄程度与相应的干燥形态变化。一般以烤房内挂置温湿度计棚次的烟叶变化为主，兼顾其他各层。

3.14

**变黄程度 yellowing degree**

烟叶变黄整体状态的感官反映，以烟叶变为黄色的面积占总面积的比例（“几成黄”）表示。通常涉及应用到的有：

——五到六成黄：叶尖部、叶边缘变黄，叶中部开始变黄，叶面整体 50%～60%变黄；

——七到八成黄：叶尖部、叶边缘和叶中部变黄，叶基部、主支脉及其两侧绿色，叶面整体 70%～80%变黄；

——九成黄：黄片青筋叶基部微带青，或称基本全黄，叶面整体 90%左右变黄；

——十成黄：烟叶黄片黄筋。

3.15

**干燥程度 drying degree**

烟叶含水量的减少反映在外观上的干燥状态。通常以叶片变软、充分凋萎塌架、主脉变软、勾尖卷边、小卷筒、大卷筒、干筋表示。

——叶片变软：烟叶失水量相当于烤前含水量的 20%左右。烟叶主脉两侧的叶肉和支脉均已变软，但主脉仍呈膨硬状，用手指夹在主脉两面一折即断，并听到清脆的断裂声。

——主脉变软：烟叶失水量相当于烤前含水量的 30%～35%。烟叶失水达到充分凋萎，手摸叶片具有丝绸般柔感，主脉变软变韧，不易折断。

——勾尖卷边：烟叶失水量相当于烤前含水量的 40%左右。叶缘自然向正面反卷，叶尖明显向上勾起。

——小打筒：烟叶失水量为烤前含水量的 50%～60%。烟叶约有一半以上面积达到干燥发硬程度，叶片两侧向正面卷曲。
——大打筒：烟叶的失水量相当烤前含水量的 70%～80%。叶片几乎基本全干，更加卷缩，主脉二分之一至三分之二未干燥。
——干筋：烟叶主脉水分基本全被排除，此时叶片含水量 5%～6%，叶脉含水量 7%～8%。

## 4 成熟采收

### 4.1 烟叶成熟特征

#### 4.1.1 下部叶

烟叶基本色为绿色，稍微显现落黄，茸毛部分脱落，采摘声音清脆、断面整齐、不带茎皮。叶龄 50 d～60 d。

#### 4.1.2 中部叶

烟叶基本色为黄绿色，叶面三分之二以上落黄，主脉发白，支脉二分之一发白，叶尖、叶缘呈黄色，叶面时有黄色成熟斑，茎叶角度增大。叶龄 60 d～70 d。由于施肥或天气原因（如干旱或降雨过多）导致烟叶成熟过程不正常情况下，参考叶龄采收。

#### 4.1.3 上部叶

烟叶基本色为黄色，叶面充分落黄、发皱、成熟斑明显，叶尖下垂，叶边缘曲皱，茎叶角度明显增大。叶龄 70 d～90 d。

### 4.2 采收原则与方法

#### 4.2.1 采收原则

——下部烟适时早收，中部烟成熟稳收，上部叶充分成熟采收；
——每次每株采摘 2 片～3 片，最顶部 4 片～6 片叶成熟后集中一次采收，每株烟采收 5 次左右完成；
——通常在早上或上午进行采收；
——若烟叶成熟后遇短时间降雨要在停雨后立即采收；较长时间降雨导致烟叶出现回青时，待烟叶再次呈现成熟特征采收。

#### 4.2.2 采收方法

每次要采收同一品种、同一部位、同一成熟度的烟叶。

#### 4.2.3 采后堆放

烟叶采后放置在荫凉处，叶尖向上叶基向下排放，平放堆放时高度 30 cm 左右，避免挤压、摩擦、日晒和热烫伤，不损伤和搅乱烟叶的堆放层次。

### 4.3 特殊烟采收

假熟烟、病害烟要结合生产实际及时采收。

## 5 编（夹）烟、装烟

### 5.1 编（夹）烟

#### 5.1.1 鲜烟分类

编（夹）烟前事先将烟叶按照成熟度差异（欠熟烟、尚熟烟、成熟烟、过熟烟、假熟烟）、叶片大小、病残叶等分类。

#### 5.1.2 分类编（夹）烟

在鲜烟叶分类基础上，分别编（夹）烟，同竿同质。

#### 5.1.3 编（夹）烟数量

——普通烤房：1.5 m 长的烟竿编烟 7 kg～8 kg，一般下部叶和含水量大的烟叶 90 片～100 片，上部叶和含水量小的烟叶 110 片～120 片；

——密集式烤房：使用烟竿编烟时，每竿烟质量 10 kg～15 kg；使用烟夹夹烟时，要使烟夹饱满夹紧。夹(编)烟不得过量或欠量。

**5.1.4 编烟方法**

叶基对齐，叶背相靠，编扣牢固，束间距离均匀一致。普通烤房编烟 2 片一束，烟竿两端各留 10 cm 空竿；密集式烤房编烟 3 片～4 片一束，烟竿两端各留 5 cm～6 cm 空竿。编烟要用麻线或棉线绳。编烟在荫凉处进行，避免烟叶沾染泥土；已编竿烟叶应放在荫凉处，避免日晒，防止损伤烟叶。

**5.2 装烟**

**5.2.1 分类装烟**

同一烤房要装品种、栽培管理条件、部位、采收时间一致的烟叶。

——气流上升式烤房：变黄快、成熟度略高的鲜烟叶及轻度病叶装在底层，成熟度表现正常的鲜烟叶装在中层和上层；

——气流下降式烤房：变黄快、成熟度略高的鲜烟叶及轻度病叶装在顶层，成熟度表现正常的鲜烟叶装在中层和底层；观察窗周围装挂具有代表性的烟叶。

**5.2.2 装烟密度**

当天采收的烟叶，要当天编(夹)烟、装烟，并点火烘烤。

——普通烤房：装烟时上下层竿距均为一致，装烟竿距为 20 cm 左右，含水量多或阴雨时竿距 23 cm～25 cm，含水量少或天气干旱时竿距 17 cm～18 cm；

——用烟竿的密集式烤房：相邻两个烟竿之间中心距离 8 cm～10 cm；

——用烟夹的密集式烤房：相邻两个烟夹之间近距离 5 cm～7 cm 左右；

——密集式烤房装烟应装满，不留空隙。

## 6 烘烤操作

气流上升式普通烤房和密集式烤房，干湿温度计(温湿度自控仪传感器)挂置在烤房内底棚烟叶环境中；气流下降式普通烤房和密集式烤房，干湿温度计(温湿度自控仪传感器)挂置在烤房内上棚烟叶环境中。

烤烟温湿度监控仪(自控仪)要按照其说明书安装使用。用烤烟温湿度控制仪实施烘烤操作时，当烟叶变化程度与温湿度要求有偏差时，要及时对温湿度进行在线调节。

**6.1 正常烟叶烘烤**

**6.1.1 变黄阶段**

**6.1.1.1 烟叶变化要求**

在下部烟变黄程度达八成黄；中、上部烟叶变黄程度九成至十成黄，且凋萎塌架，主脉变软。

**6.1.1.2 干球温度和湿球温度控制**

装烟后关严进风口(地洞)、排湿口(天窗)和门窗，烧小火将烤房温度提高到 35 ℃左右，保持湿球温度 33 ℃～34 ℃，至叶尖变黄后，将干球温度以每 2 h 升高 1 ℃的速度，升至 38 ℃，稳温延长时间，控制湿球温度 34 ℃～36 ℃，使烤房内挂温度计棚次的烟叶 80%左右达到七成到八成黄，同时叶片发软(失水量 30%左右)。之后再升温到 41 ℃～42 ℃，保持湿球温度 36 ℃～37 ℃，拉长时间，使烟叶达到黄片青筋微带青，凋萎塌架、主脉发软。

**6.1.1.3 风机操作**

风机先高速(单相 2 900 r/min 或三相 1 450 r/min)运转 2 h～4 h，然后低速(单相 1 450 r/min，三相 560 r/min 或 960 r/min)连续运转。烘烤水分过大烟叶时，装烟后低速(单相电机 1 450 r/min，三相电机 560 r/min 或 960 r/min)运转风机 8 h～12 h，之后点火，在 2 h～3 h 内升温到 39 ℃～40 ℃保持稳定，湿球温度保持在 36 ℃～38 ℃，当烟层明显发热后高速(单相电机 2 900 r/min 或三相电机

1 450 r/min)运转风机。

普通烤房湿球温度过低时及时给烤房内地面水补湿;湿球温度高于要求标准时要及时开启排湿口排湿。

6.1.2 定色阶段

6.1.2.1 烟叶变化控制

50 ℃以前使烟叶达到黄片黄筋小卷筒,54 ℃稳温到烟叶大卷筒。

6.1.2.2 干球温度控制

干球温度先以平均每 2 h～3 h 升高 1 ℃的速度升至 45 ℃～49 ℃(一般下部叶 45 ℃左右,中部叶 45 ℃～47 ℃,上部叶 47 ℃～49 ℃)保持稳定,延长时间,使烟叶烟筋变黄,失水达到小卷筒,然后以 1 h～2 h 升高 1 ℃的速度升温至 54 ℃～55 ℃,稳温 8 h～12 h,达到叶片干燥。

6.1.2.3 湿球温度控制

随着干球温度上升,湿球温度逐步上升且稳定在 37 ℃～39 ℃。

6.1.2.4 风机操作

密集式烤房风机连续高速(单相电机 2 900 r/min 或三相电机 1 450 r/min)运转,当各层的叶片已基本干燥后,可转为低速(单相电机 1 450 r/min,三相电机 560 r/min 或 960 r/min)运转。

6.1.3 干筋阶段

6.1.3.1 烟叶变化要求

烤房内全部烟叶主脉干燥。

6.1.3.2 干球温度控制

以每小时 1 ℃的速度由 54 ℃升温到 65 ℃～68 ℃保持稳定,直到烟叶完全干燥。

6.1.3.3 湿球温度控制

在干球温度达到 60 ℃以前,保持湿球温度 39 ℃～40 ℃;60 ℃以后逐渐关小进排湿口,减小通风量,保持湿球温度 40 ℃～43 ℃。

6.1.3.4 风机操作

密集式烤房风机由高速(单相电机 2 900 r/min 或三相电机 1 450 r/min)变低速(单相电机 1 450 r/min,三相电机 560 r/min 或 960 r/min)连续运转,直至烘烤结束。

6.2 含水量多的烟叶烘烤

6.2.1 变黄阶段

关严进排湿口,风机低速(单相电机 1 450 r/min,三相电机 560 r/min 或 960 r/min)到高速(单相电机 2 900 r/min 或三相电机 1 450 r/min)运转,在干球温度 38 ℃～40 ℃,保持湿球温度 36 ℃左右,使烟叶变五成黄,叶片变软;之后升温到 42 ℃～43 ℃,逐渐开启进排湿口,风机连续运转,保持湿球温度稳定在 36 ℃左右,使烟叶变至八成黄左右,主脉变软。

6.2.2 定色阶段

加大烧火,逐渐开大进排湿口,密集式烤房要高速(单相电机 2 900 r/min 或三相电机 1 450 r/min)连续运转风机,以平均每 2 h～3 h 1 ℃的速度将干球温度升至 45 ℃～48 ℃,使房内烟叶全部变黄,50 ℃达到小卷筒,54 ℃～55 ℃稳温到大卷筒。保持湿球温度 36 ℃～38 ℃。

6.2.3 干筋阶段

同 6.1.3。

6.3 含水量少的烟叶烘烤

6.3.1 变黄阶段

关严进排湿口,风机低速(单相电机 1 450 r/min,三相电机 560 r/min 或 960 r/min)运转,在干球温度 34 ℃～36 ℃、湿球温度 33 ℃～34 ℃稳定,使烟叶叶尖变黄,之后升到 39 ℃～40 ℃,保持干湿球温度差 2 ℃左右,使烟叶变黄到九成后升温到 42 ℃,保持湿球温度 37 ℃左右,到主脉发软。普通烤房湿度不足时应及时泼水给烤房内补湿。

**6.3.2 定色阶段**

逐渐开启进排湿口，风机连续运转，加大烧火，温度以平均每 3 h～4 h 升高 1 ℃的速度升至 47 ℃～49 ℃，保持湿球温度 37 ℃～38 ℃，拉长时间使房内烟叶全部变黄，50 ℃达到小卷筒，54 ℃～55 ℃稳温到大卷筒。

**6.3.3 干筋阶段**

同 6.1.3。

**6.4 回潮和堆放**

**6.4.1 回潮**

水分要求：15%～17%。

**6.4.1.1 自然回潮**

烤烟季节空气湿度小的情况下，在烟叶干筋后停止加热，待烤房温度降低到 45 ℃～50 ℃时打开装烟门和进排湿口，使烟叶自然吸潮达到要求的水分标准，或将烟叶出房放置于地面使其回潮。自然回潮适用于普通烤房和密集式烤房。

**6.4.1.2 密集式烤房人工回潮**

烤烟季节湿度小的情况下，在烟叶干筋后，烤房温度降低到 40 ℃～45 ℃时，向烤房和加热室地面泼水，然后开风机通风，并用水管向炉顶、炉壁及散热管外壁上慢速喷注清水，使所产生的蒸汽回潮烟叶。若回潮当时火炉火管已明显回冷，要用柴草重新烧一段时间的中小火促进水的汽化。约经 2 h 左右实现烟叶回潮。

**6.4.1.3 地窖(潮房)回潮**

将烤干后烟叶出房后挂置于地窖(潮房)内，密闭保持房内较高的温度和相对湿度(必要时要向地面洒水)，使烟叶吸水回潮达到要求的水分标准，防止回潮过度。

**6.4.2 堆放**

**6.4.2.1 堆放地点**

烟叶堆放地点要干燥，不受阳光直射，远离化肥、农药等有异味物质。烟堆下部要架设防潮层。

**6.4.2.2 堆放方法**

——不同烤次、不同部位的烟叶分开堆放；

——不同炕次(房次)、不同部位堆放在一起时，要作明显的标记；

——堆放时叶尖向里，叶基向外，叠放整齐，个别湿筋或湿片烟叶应剔除；

——堆好后用塑料薄膜、麻布等盖严，并覆盖遮光物；

——烟垛长宽根据需要确定，高度不超过 1.5 m。

**6.4.2.3 烟堆检查**

定期检查烟堆内温度，若堆温超过 37 ℃应打开烟堆，将烟叶放在通风荫凉处降低水分，然后再行堆放。

---

ICS 65.160
X 87

# 中华人民共和国国家标准

GB/T 23220—2008

# 烟叶储存保管方法

## Tobacco leaves storage method

2008-12-31 发布　　　　2009-06-01 实施

中华人民共和国国家质量监督检验检疫总局
中国国家标准化管理委员会　发布

# 前　言

本标准的附录A、附录B、附录C为资料性附录。

本标准由国家烟草专卖局提出。

本标准由全国烟草标准化技术委员会(SAC/TC 144)归口。

本标准起草单位:中国烟草总公司郑州烟草研究院。

本标准主要起草人:宋纪真、周汉平、奚家勤、杨军、尹启生。

# 烟叶储存保管方法

## 1 范围

本标准规定了烟叶仓库建库、烟叶入库、原烟贮存与养护、片烟贮存与养护、虫害防治、烟叶出库等技术要求。

本标准适用于烤烟及白肋烟原烟、片烟、烟梗和香料烟及其他晾晒烟的贮存保管。

## 2 规范性引用文件

下列文件中的条款通过本标准的引用而成为本标准的条款。凡是注日期的引用文件，其随后所有的修改单(不包括勘误的内容)或修订版均不适用于本标准，然而，鼓励根据本标准达成协议的各方研究是否可使用这些文件的最新版本。凡是不注日期的引用文件，其最新版本适用于本标准。

GB 2635 烤烟

GB/T 5991.3 香料烟 检验方法

GB/T 8966 白肋烟

GB 50016 建筑设计防火规范

YC/T 31 烟草及烟草制品 试样的制备和水分测定 烘箱法

YC/T 205 烟草及烟草制品 仓库设计规范

《中华人民共和国消防条例》

《仓库防火安全管理规则》(中华人民共和国公安部令第6号)

## 3 术语和定义

下列术语和定义适用于本标准。

3.1

**烟叶仓库 tobacco house**

用于贮存各类烟叶的库房。通常为钢筋水泥结构，有防潮、隔热、通风、降温及排湿等建筑特性。

3.2

**通风 ventilation**

利用库房的门、窗、通风洞或机械设备，使库内外空气交换。

3.3

**去湿 reducing humidity**

利用吸潮剂和空气去湿机降低库内相对湿度。

3.4

**密封 sealing**

利用导热性差、隔潮性好的材料，将库房或烟叶严格密封起来，防止外界环境的影响。

3.5

**霉变 molding**

因霉菌在烟叶上滋生繁殖引起的烟叶发霉变质。

3.6

**异味 offensive odor**

不同于烟草所具有的其他气味。

3.7

**库耗 storage loss**

烟叶在储存过程中的质量损耗,包括自然损耗、虫害损耗、霉变损耗、造碎损耗等。

3.8

**原烟 raw tobacco**

调制后未经复烤的烟叶。

3.9

**翻垛 turning stack**

调换烟包在烟垛中的位置。

3.10

**尸屑率 rate of stored tobacco dust and insect carcasses**

各虫态活体及尸体、虫粪、碎屑占烟叶质量的比例。

## 4 烟叶仓库及其要求

### 4.1 地址选择

烟叶仓库应设置在地下水位低、地势高、通风良好、四周排水通畅、交通方便、周围无污染影响的地方。

### 4.2 建库要求

#### 4.2.1 地坪

应高出地面 0.5 m 以上,并铺设防潮层。

#### 4.2.2 墙

通常采用钢筋混凝土结构。

#### 4.2.3 门窗

应结构严紧,开启灵活;安装孔径小于 1 mm 的纱窗,门上安装风幕机。门窗的设计原则见 YC/T 205。

#### 4.2.4 仓顶

仓顶应设隔热层。

#### 4.2.5 通风洞

通风洞应设在距地坪 0.3 m～0.4 m 处,在墙内侧安装插板以便开关,外墙安装孔径应小于 1 mm 的纱窗。通风洞的大小为(0.35 m～0.40 m)×(0.15 m～0.20 m),通风洞的面积与库房面积之比为 1∶(125～150)。

#### 4.2.6 降温降湿设备

仓库应设置排风扇、去湿机等,库内温度高于 35 ℃的仓库应安装空调。

#### 4.2.7 消防要求

应按照 GB 50016 和《仓库防火安全管理规则》配备消防设施。

## 5 烟叶入库

### 5.1 烟叶入库前的准备

#### 5.1.1 仓库卫生

烟叶入库前应整理仓库卫生,清除蜘蛛网、垃圾、碎屑、碎烟,堵塞洞隙,用防护剂进行空仓和仓内用具消毒。

#### 5.1.2 货位规划

每个仓库均应划分货位,并对货位进行编号。货位用色漆划线,距墙 0.5 m,柱距 0.3 m,垛距 0.5 m,灯距 0.5 m,顶距 0.5 m,主走道 2.5 m～3.0 m,距消防栓 1.0 m。

5.2 入库检验

5.2.1 检验内容

5.2.1.1 原烟检验项目：质量、水分、异味、虫害、霉变。

5.2.1.2 片烟检验项目：质量、水分、异味、虫害、霉变、箱温、包装、标识。

5.2.2 原烟检验

5.2.2.1 质量检验

每批在100件以内取10%的样件，每超过100件应增抽2件～5件，样件超过40件，随机抽取40件；逐件过磅，每件平均净质量在标识净质量±1%范围为质量合格。

5.2.2.2 水分检验

烤烟按GB 2635取样，白肋烟按GB/T 8966取样，香料烟按GB/T 5991.3取样。

a) 烤烟和白肋烟检验：

现场进行感官检验，以烟筋稍软不易断、手握稍有响声、不易破碎为合格，否则为不合格；若感官检验不合格，按YC/T 31测定水分。水分大于18.0%为烟叶水分不合格。

b) 香料烟检验：

现场进行感官检验，以手握松开后能自然展开，烟筋稍脆不易断、手握稍有响声不易破碎为准；若感官检验不合格，按YC/T 31测定水分。水分大于15.0%为烟叶水分不合格。

5.2.2.3 异味检验

对现场打开的烟包进行异味感官检验，鼻闻有否不同于烟草所具有的其他气味。

5.2.2.4 虫、霉检验

虫害检验：从打开的样件中随机抽取10件作为取样对象，每样件至少取样2把，合计取样不少于2.5 kg。逐片拍打、抖动样烟，记录各虫态虫口数，计算虫口密度(头/kg)和尸屑率。根据尸屑率估算虫害损失率。

尸屑率的测算方法：称所取样品片烟的质量，展开叶片，检出成虫尸体、幼虫，用毛笔清扫烟叶上的烟末、碎屑、虫粪，将烟末、碎屑、虫粪过18目小筛。用精度0.01的分析天平称出各虫态虫体及尸体、虫粪、烟末和碎屑质量(18目筛下质量)，计算尸屑率。尸屑率为各虫态活体及尸体、虫粪、碎屑占烟叶质量的百分比。

虫害分级：虫害为害损失分共分5级，见表1：

表1 虫害分级表

| 为害等级 | 尸屑率/% | 为害程度 |
|---|---|---|
| Ⅰ | 尸屑率<1.0 | 轻微 |
| Ⅱ | 1.0≤尸屑率<2.0 | 一般 |
| Ⅲ | 2.0≤尸屑率<3.0 | 中等 |
| Ⅳ | 3.0≤尸屑率<4.0 | 较严重 |
| Ⅴ | 尸屑率≥4.0 | 严重 |

霉情检验：对抽样的每件(箱)采用感官检验的方法，叶面有白、青色绒毛状物或鼻闻有霉味的即为霉变烟叶，统计霉变烟叶的质量百分比。

霉变分级：霉变分3级，见表2：

表2 霉变分级表

| 为害等级 | 霉变状况 | 为害程度 |
|---|---|---|
| 0 | 无霉变、霉味烟叶 | 无霉变 |
| Ⅰ | 有轻微霉味，霉变烟叶<0.5% | 轻微霉变 |
| Ⅱ | 有较大的霉味，0.5%≤霉变烟叶<5% | 中等霉变 |
| Ⅲ | 有强烈的呛人的霉味，霉变烟叶≥5% | 严重霉变 |

5.2.3 片烟检验

5.2.3.1 质量检验

每批片烟在100件以内抽取3%的样件,每超过100件增抽1件,样件超过10件,随机抽取10件。逐件过磅,样件平均净质量在标识净质量±0.5%范围内为合格,否则应对整批烟叶逐件过磅。

5.2.3.2 水分检验

以质量检验取样的样件作为水分取样件,参照GB 2635先进行感官检验;若感官检验不合格,按YC/T 31分别测定表层烟叶水分和中心烟叶水分,水分大于13%为不合格。

5.2.3.3 异味检验

对现场打开的样件进行感官异味检验,鼻闻有否不同于烟草所具有的其他气味。

5.2.3.4 虫、霉检验

检验方法见5.2.2.4。

5.2.3.5 箱温检验

每批随机抽取5件~10件,测定箱温,将温度计插入烟箱正中,5 min后读数,当平均包温小于37 ℃为包温合格,否则为不合格。

5.2.3.6 包装检验

对所有入库烟箱进行包装检验,检查是否有破损及水浸、雨淋现象。

5.2.3.7 标识检验

片烟烟箱应清楚标明产地、等级、年份、质量、打叶日期、加工企业等。

5.3 烟叶入库程序

5.3.1 合格烟叶的处理

检验合格的烟叶(等级、水分、质量合格,包装完好,无虫蛀,无霉变,无异味),由检验员和保管员同在凭证上(烟叶卡片)签字后,才能正常入库储存。

5.3.2 不合格烟叶的处理

5.3.2.1 水分不合格烟叶的处理

原烟水分大于18%的烟叶不能正常入库。水分大于18%的原烟最好在2周内安排打叶;2周内无法安排打叶的应存放在有空调或有除湿条件的仓库,将仓库相对湿度控制在60%以下,烟包堆垛高度不超过3包。每周检测1次包温和水分,当包温超过环境温度3 ℃时,应翻垛、开包散湿,待包温和水分合格后转入正常仓库贮存。

片烟水分大于13%的烟叶不能正常入库。表层水分大于13%的片烟存放在相对湿度较低(低于60%)的仓库散湿,每周检测1次表层水分,水分正常后转入正常仓库贮存;中心水分大于13%的片烟每周检测1次水分和箱温,当箱温持续上升时打开烟箱,将水分偏高、发热的片烟放在相对湿度较低(低于60%)的仓库散湿,水分降至合格后再装入烟箱正常存放。

5.3.2.2 霉变、异味烟叶

拒收霉变、异味烟叶。

5.3.2.3 虫蛀烟叶

虫蛀及有活虫烟叶不能正常入库,必须熏蒸杀虫后才能入库贮存,熏蒸杀虫按8.4进行。

5.3.2.4 质量不合格烟叶

烟叶质量和标识质量不相符时按实际质量接收入库。

5.3.2.5 包装不合格烟叶

破损严重及水浸、雨淋的烟箱更换包装,破损不严重的烟箱用胶带粘好。

5.4 烟叶存放及码垛

5.4.1 烟叶存放原则:烟叶按年份、产地、等级存放,同种烟叶(指年份、产地相同,等级或配方一致)存放在两个仓库,在同一仓库的存放地点不多于2个;烟叶存放时首先按年份存放,不同年份烟叶分库或分层存放;再根据产区、部位及等级存放,将质量较好的中下部烟叶放在条件较好的楼层,上部烟放温度稍高的楼层。

5.4.2 新烟入库前整理仓库,将零散烟叶(50 件以下)集中存放,以空出仓库存放新烟。

5.4.3 原烟码垛:根据烟叶类型、等级、产地等分别码垛,不得混贮。有条件时烟包存放在货架上,每层货架堆放 2 个烟包。无货架时烟包置于垫板上,香料烟一、二级不超过 4 个烟包,其他等级不超过 5 个烟包;其他类型的烟叶,上等烟 4 个～5 个烟包,中等烟 5 个～6 个烟包,下等烟 6 个～8 个烟包。

5.4.4 复烤烟(片烟和烟梗)码垛:根据年份、类型、产地、等级等分别码垛,不得混贮。烟包或烟箱应置于垫板上,烟梗一般为 7 个烟包。纸箱包装片烟根据地面承受力确定箱高,一般为 4 个箱高。

### 5.5 填写烟叶卡片及输入计算机

烟叶码垛后及时填写烟叶卡片,内容包括:货位编号、入库日期、产地、类型、年份、等级、数量、水分及虫、霉状况,并将烟叶卡片的全部内容输入计算机。

## 6 原烟贮存与养护

### 6.1 空调仓库的温湿度控制要求及方法

#### 6.1.1 空调仓库的温湿度要求

采用自然通风和空调调节仓库温湿度,将库内温度控制在 25 ℃以下,相对湿度控制在60%～65%。

#### 6.1.2 库内温湿度控制措施

库内温度高于 25 ℃时开空调降温去湿。库内温度低于 25 ℃,当库内相对湿度高于 65%,若外界气候条件适合通风去湿时采用自然通风;若库内相对湿度高于 65%,而外界气候条件不适合通风去湿时则采用空调去湿(降温)。

### 6.2 一般仓库的温湿度控制要求及方法

#### 6.2.1 一般仓库的温湿度控制要求

采用自然通风和密闭去湿控制仓库温湿度,将库内温度控制在 32 ℃以下,相对湿度控制在60%～70%。

#### 6.2.2 一般仓库的湿度控制

##### 6.2.2.1 通风去湿

——当库内相对湿度高于 65%,外界条件适合通风去湿时进行仓库通风(绝对湿度与相对湿度转换参见附录 C);

——当库内温度、相对湿度和绝对湿度均高于库外时,宜通风;

——当库内温度和绝对湿度高于库外,相对湿度库内外相同时,宜通风;

——当相对湿度和绝对湿度库内大于库外,温度库内、外相同时,宜通风。

##### 6.2.2.2 密封去湿

当库内相对湿度高于 70%,外界条件不适于通风排湿时,采用去湿机去湿或吸潮剂吸湿。

#### 6.2.3 一般仓库的温度控制

当库内温度高于库外而绝对湿度也大于库外时宜通风降温。

### 6.3 在库检查

#### 6.3.1 检查内容

检查内容包括水分、包温、虫情及霉变。

#### 6.3.2 检查方法及期限

##### 6.3.2.1 水分

每 15 d 进行一次水分检测。按照烟叶产地和等级进行抽样,每个产地和等级选择 1 个货垛,从垛的四周和中心选择 5 个烟包,先进行水分感官检测,若感官检测水分超标(第二、第三季度水分不超过 17%,第一、第四季度水分不超过 18%),分别从每个烟包的表层和中心抽取 1 把烟叶,混合均匀后从中抽取 10 g～20 g 样品，按 YC/T 31 测定水分。

6.3.2.2 包温

每周进行 2 次包温检测。每层仓库选择 2 个～3 个货垛，分别从垛的四周和中心选择 5 个烟包，将温度计从烟包正中插入，5 min 后读数，当包温不均匀、有明显升高趋势时说明烟叶发热，有霉变危险，应尽快打叶。

6.3.2.3 虫害、霉变检查

每 15 d 进行 1 次虫害及霉变检查。每层仓库选择 2 个～3 个货垛，分别从垛的四周和中心选择 5 个烟包，每个烟包从表层和中心抽取 1 把烟叶放在白纸上，检查是否有霉变和虫蛀，若发现有活虫，计算虫口密度，虫口密度＝烟叶样品活虫数(头)/烟叶样品质量(kg)。

6.4 害虫监测与控制

原烟仓库每 200 $m^2$ 悬挂烟草甲虫和烟草粉螟性激素诱捕板各 1 块，每周统计诱捕虫数。当每周平均每板诱捕虫数超过 10 头时喷洒防护剂；当每周平均每板诱捕虫数超过 30 头时应熏蒸杀虫。见附录 A。

## 7 复烤烟(片烟和烟梗)的贮存与养护

7.1 片烟的贮存期限及醇化要求

7.1.1 片烟的贮存期限

根据不同产地、不同质量状况片烟的适宜醇化期确定贮存期限，一般为 12 个～36 个月。

7.1.2 片烟的醇化要求

在片烟贮存期间应根据存放时间控制仓库的温湿度，烟叶存放时间在 18 个月内尽量创造适宜烟叶醇化的温湿度条件，库内温度以 20 ℃～30 ℃为宜，相对湿度以 60%～65%为宜；烟叶存放时间在 30 个月以上应创造抑制醇化的温湿度条件(降低库内的温度和相对湿度)。

7.2 温湿度管理

7.2.1 库内温、湿度要求

一般季节库内温度控制在 30 ℃以下，相对湿度控制在 55%～65%；高温高湿季节库内温度控制在 32 ℃以下，相对湿度控制在 70%以下。

7.2.2 室外温湿度观测窗及库内温湿度表的设置

每个库区设室外温湿度观测窗 1 个。温湿度观测窗安装在库区外地势较高、通风良好的地方。库内常年设干湿球温度表，将校好的干湿球温度表悬挂于中央走道的一侧，避免辐射热的影响，离地面高 1.5 m 左右，每 200 $m^2$～500 $m^2$ 设 1 只。

7.2.3 温湿度表的管理

湿度表水盂用水应是蒸馏水，液面保持在二分之一以上，湿球用的脱脂纱布每 15 d 换洗一次。干湿球温湿度表每 6 个月～12 个月校准一次。

7.2.4 温湿度记录

每天上午 9:00、下午 15:00 记录库内、外温度及相对湿度一次，通风前后及开去湿机前后，也应登记库内外温湿度。

7.3 仓库去湿

7.3.1 通风去湿

——当库内相对湿度高于 65%，外界条件适合通风去湿时进行仓库通风；

——当库内温度、相对湿度和绝对湿度均高于库外时，宜通风；

——当库内温度和绝对湿度高于库外，相对湿度库内外相同时，宜通风；

——当相对湿度和绝对湿度库内大于库外，温度库内、外相同时，宜通风。

7.3.2 密封去湿

当库内相对湿度高于70%,外界条件不适于通风排湿时,采用去湿机去湿或吸潮剂吸湿。

7.3.2.1 去湿机去湿

当库内温度高于15 ℃,相对湿度超过70%时,采用去湿机去湿,库内相对湿度降至60%左右方可停机。

7.3.2.2 氯化钙去湿

将氯化钙放在筛筐内,筛筐下放耐腐蚀的容器接纳液体,溶液不能滴漏到仓库地面。

7.3.2.3 生石灰去湿

要使生石灰的温度降至室温后,再装入木箱等容器内,每次只装容量的二分之一至三分之一,生石灰不能紧靠烟垛,粉化后及时更新。

7.4 仓库降温

7.4.1 强制降温

当库内温度高于32 ℃时进行强制降温(开空调)或通风降温。

7.4.2 通风降温

当库内温度高于库外而绝对湿度也大于库外时可通风降温。

7.5 在库检查

7.5.1 检查内容

对库存烟叶的水分、包温、虫、霉情况及烟叶外观质量状况进行定期检查,根据检查情况,提出继续储存或使用建议。

7.5.2 检查期限

每年的高温高湿季节,每月进行一次水分、虫情及霉变检查,每周进行一次包温检查,其余季节根据情况进行抽查;每半年进行一次外观质量检查,检查内容包括颜色及油印状况,检查结果填写在检查记录表上,并及时输入计算机。

7.5.3 检查方法

7.5.3.1 水分检查

根据烟叶的产地、等级,每层仓库选择1个货垛,分别从垛的四周和中心选择5个烟箱(包),进行水分感官检验,若感官检验水分超标,每个烟箱从烟箱的表层和中心抽取0.1 kg左右的片烟,混合均匀后从中抽取5 g~10 g样品,按YC/T 31测定样品水分。

7.5.3.2 包温检验

根据烟叶的产地、等级,每层仓库选择1个货垛,分别从垛的四周和中心选择5个烟箱(包),将温度计从烟箱正中插入,5 min后读数,当平均包(箱)温高于库内温度2℃时说明烟叶发热,有霉变危险,应加强跟踪。

7.5.3.3 虫害、霉变检查

根据烟叶的产地、等级,每层仓库选择1个货垛,分别从垛的四周和中心选择5个烟箱(包),每个烟箱从烟箱的表层和中心抽取0.5 kg左右的片烟放在白纸上,检查是否有霉变和虫蛀,若发现有虫蛀和霉变,则进行虫害、霉变检验,检验方法见5.2.2.4。

7.5.3.4 外观质量检查

根据库存烟叶产地、等级状况及烟叶使用情况,对库存烟叶进行外观质量检查,抽查的等级数量不少于20%。对抽查的货垛,分别从垛的四周和中心选择5个烟箱(包),每个烟箱从烟箱的四周和中心抽取0.5 kg左右的片烟(合计2.5 kg左右),仔细进行颜色及油印方面的检查。

7.6 翻仓

7.6.1 片烟仓库一般不翻仓;存放烟梗的仓库在库内相对湿度较高的季节要进行翻仓,翻仓时间根据包温检查情况而定(包温检验方法按6.3.2.2或7.5.3.2进行)。

7.6.2 翻仓时每垛抽查5个烟包，检查虫霉情况及烟梗水分。若烟梗水分高，采取适当措施降低烟梗水分；发现虫情则安排杀虫，若有霉变，应将霉梗挑出，重新打包。

## 8 贮烟害虫防治

### 8.1 防治原则

坚持“预防为主，综合防治”的原则控制贮烟害虫，将贮烟害虫的损失降低到最小程度。

### 8.2 害虫预防

8.2.1 新烟与陈烟，不同年份的烟叶要分层存放。

8.2.2 烟叶入库前应做好仓库卫生，烟叶仓库无垃圾、碎屑、蛛网。烟叶出库后及时清理仓库，清扫垫板、地面。

8.2.3 所有入库烟叶应进行虫情检查。每个库点安排一个熏蒸库。有虫烟叶在熏蒸库杀虫后再进入仓库正常贮存。

8.2.4 尽量减少移库次数，若确需移库，在移库前须检查移出库、移入库及移库烟叶的虫情，若移入库有虫，应在移库后立即杀虫；若移入库无虫而移出库或移库烟叶有虫，须在原来仓库杀虫后才可移库。

8.2.5 在烟草甲虫和烟草粉螟成虫发生期，对有虫仓库喷洒防护剂，见附录A。

8.2.6 在长江以北地区的低温季节（−4℃以下），采用自然通风和机械通风等，冻死部分越冬虫源，降低来年虫源基数。

### 8.3 虫情监测

8.3.1 所有仓库根据情况悬挂烟草甲虫和烟草粉螟性激素诱捕板，诱捕板悬挂在离地面1.5 m处，每200 $m^2$ 仓库悬挂烟草甲虫和烟草粉螟性激素诱捕板各1块。诱捕板每4周到8周更换1次。

8.3.2 每周统计每个仓库的诱捕头数，统计结果记录在烟叶仓库虫情监测表上，并输入计算机。当每周平均每个诱捕板的诱捕头数超过10头时，必须熏蒸杀虫。

8.3.3 库内温度在20 ℃以上时每月进行1次虫情检查，记录检查结果，并输入计算机。当虫口密度大于5头/kg，应立即熏蒸杀虫。

### 8.4 熏蒸防治

8.4.1 熏蒸时机的选择：每年一般进行2次熏蒸，第一次熏蒸安排在3月～6月，当库内温度高于16 ℃时开始进行第一次熏蒸；第二次熏蒸安排在9月～11月。

8.4.2 熏蒸杀虫：采用磷化氢熏蒸。熏蒸前，排风扇、空调、开关等金属制品做好防护处理。第一次熏蒸原则上采用常规熏蒸，磷化铝用量为4 $g/m^3$～8 $g/m^3$ 或磷化镁用量为4 $g/m^3$～5 $g/m^3$；第二次熏蒸时若世代重叠严重，可采用间歇熏蒸，每次磷化铝投药量为4 $g/m^3$～5 $g/m^3$ 或磷化镁投药量2 $g/m^3$～3 $g/m^3$。熏蒸过程必须进行磷化氢浓度监测，在开始熏蒸后的第12、24、48、72、96、120、144 h，观测空间和烟垛内的磷化氢气体浓度。当烟垛温度在20 ℃以上时，烟垛内的磷化氢气体浓度必须在200 mg/kg以上且维持至少4 d；当烟垛温度在16 ℃～20 ℃时，烟垛内的磷化氢气体浓度必须在300 mg/kg以上且维持6 d。

8.4.3 熏蒸杀虫方法：仓库密封性能较好采用整仓熏蒸；仓库密封性能较差采用分垛熏蒸，在分垛熏蒸时空间须配合使用防护剂。防护剂的使用见附录A。

8.4.4 每次熏蒸结束后应及时填写熏蒸记录。

8.4.5 熏蒸后做好防护工作，防止再感染。

8.4.6 熏蒸安全守则见附录B。

### 8.5 卷烟车间的虫害防治

卷烟生产车间常年悬挂烟草甲虫性激素诱捕板，每隔200 $m^2$ 挂1块板，每周统计诱捕头数，若每周平均每板诱捕数超过5头，及时用真空吸尘器清理车间卫生，并喷洒防护剂。

## 9 烟叶出库

### 9.1 出库凭证

烟叶出库应有正式凭证，保管员要审核凭证上所列品种、等级、数量。

### 9.2 出库检查

9.2.1 烟叶进库无异常状况，在日常检查时无任何霉变、虫蛀记录，进库时间在半年至一年的，出库时按10%抽查；进库时间在一年至两年的，出库时按15%抽查；进库时间在两年以上的，出库时按20%抽查。

9.2.2 烟叶出库检查时发现霉变、虫蛀或包装破损等烟叶，应对整批烟叶逐件检查，包装破损的须经加工整理后才能出库；有活虫时不准出库，必须杀虫后才能出库；霉变烟叶须经严格挑选后才能出库。

### 9.3 烟叶出库后的复核与记录

烟叶出库后及时复核账、货，将出货情况填写在烟叶卡片上，将霉变虫蛀损失填写在烟叶仓库霉变虫蛀损失登记表上，并将出库情况输入计算机。

## 10 仓库安全

10.1 仓库应执行《中华人民共和国消防条例》。

10.2 烟叶仓库严禁存放有毒、有异味、易燃、易爆物品。

10.3 烟叶仓库应符合避雷要求。

10.4 仓库内严禁吸烟。

10.5 在库区和库房内使用电器，必须严格执行安全操作规程。

# 附　录　A
（资料性附录）
# 几种常用药剂的使用方法

## A.1　磷化铝的使用方法

### A.1.1　常规施药

药剂要放在不能燃烧的器皿内，器皿间距 1.3 m 左右，每点片剂丸剂不超过 150 g，片剂丸剂不得重叠堆积。

### A.1.2　磷化氢和二氧化碳混合熏蒸

仓外向密封的仓库通入磷化氢和二氧化碳混合气体，或垛外向密封的烟垛通入磷化氢和二氧化碳混合气体。磷化氢的用量为 1.0 $g/m^3$。

## A.2　磷化镁的使用方法

常规熏蒸磷化镁用量为 4 $g/m^3$～5 $g/m^3$；间歇熏蒸时，每次磷化镁投药量为 2 $g/m^3$～3 $g/m^3$。

## A.3　拟除虫菊酯类烟草防护剂使用方法

### A.3.1　列喜镇（Resigen）

主要用于空间消毒，采用超低容量喷雾，以 1∶4 的比例（体积比）用水稀释，用量为 200 mL/1 000 $m^3$。

### A.3.2　凯安保

——空间消毒。采用超低容量喷雾，以 1∶4 体积比用水稀释，用量为 0.2 $mL/m^3$；

——地面、墙壁、仓库用具消毒。采用喷雾处理，以 1∶100 体积比用水稀释，用量为 1 $mL/m^2$。

# 附 录 B
（资料性附录）
# 熏蒸安全守则

**B.1** 被熏蒸的烟叶仓库，须严格密封，防止毒气外漏，不具备熏蒸条件的仓库，一律不准熏蒸。

**B.2** 熏蒸杀虫的库房周围 30 m 不得有生产车间、居民、交通要道和家畜、家禽饲养场等，并设警戒线。

**B.3** 熏蒸工作须经单位负责人批准，由技术熟练、有组织能力的人负责指挥，由经过训练、了解药剂性能，掌握熏蒸技术和防毒面具使用方法的人员参加操作。做好防止中毒和急救准备工作。

**B.4** 参加熏蒸人员必须身体健康，精神正常，患有心脏病、肺病、肝炎、贫血、高血压、皮肤病和怀孕、哺乳、月经期的妇女均不能参加施药和接触毒气工作。

**B.5** 在投毒工作中，严格执行操作规程，佩戴有效防毒面具，严密组织，定点分工，动作迅速，投药时间最多不超过 20 min。投药结束，迅速退出库房，由组长清点人数后，再关闭库门，由外面糊封。

**B.6** 禁止在夜间或大风、大雨天气进行熏蒸或散毒。

**B.7** 参加发放药剂、熏蒸施药、处理残渣和开仓散毒等与毒气接触的人员，要按规定发给保健食品、津贴，以保障工作人员身体健康。熏蒸前后禁止饮酒。

# 附 录 C
## （资料性附录）
## 不同温度下的饱和湿度

不同温度条件下的饱和湿度见表 C.1。

表 C.1 不同温度下的饱和湿度

| 温度/℃ | 饱和湿度/($g/m^3$) | 温度/℃ | 饱和湿度/($g/m^3$) |
|---|---|---|---|
| 1 | 5.176 | 21 | 18.142 |
| 2 | 5.538 | 22 | 19.220 |
| 3 | 5.922 | 23 | 20.353 |
| 4 | 6.330 | 24 | 21.544 |
| 5 | 6.761 | 25 | 22.795 |
| 6 | 7.219 | 26 | 24.108 |
| 7 | 7.703 | 27 | 25.486 |
| 8 | 8.215 | 28 | 26.913 |
| 9 | 8.857 | 29 | 28.447 |
| 10 | 9.329 | 30 | 30.036 |
| 11 | 9.934 | 31 | 31.702 |
| 12 | 10.574 | 32 | 33.446 |
| 13 | 11.249 | 33 | 35.272 |
| 14 | 11.961 | 34 | 37.183 |
| 15 | 12.712 | 35 | 39.183 |
| 16 | 13.504 | 36 | 41.274 |
| 17 | 14.338 | 37 | 43.461 |
| 18 | 15.217 | 38 | 45.746 |
| 19 | 16.413 | 39 | 48.133 |
| 20 | 17.117 | 40 | 50.600 |

ICS 65.160
X 87

# 中华人民共和国国家标准

GB/T 23221—2008

# 烤烟栽培技术规程

## Rules for cultivation of flue-cured tobacco

2008-12-31 发布　　2009-06-01 实施

中华人民共和国国家质量监督检验检疫总局
中国国家标准化管理委员会　发布

# 前　言

本标准由国家烟草专卖局提出。

本标准由全国烟草标准化技术委员会(TC 144)归口。

本标准起草单位:中国烟草总公司青州烟草研究所。

本标准主要起草人:董建新、王树声、刘好宝、程森、历昌坤。

# 烤烟栽培技术规程

## 1 范围

本标准规定了烤烟的栽培技术规程。

本标准适用于我国的烤烟生产。

## 2 规范性引用文件

下列文件中的条款通过本标准的引用而成为本标准的条款。凡是注日期的引用文件，其随后所有的修改单(不包括勘误的内容)或修订版均不适用于本标准，然而，鼓励根据本标准达成协议的各方研究是否可使用这些文件的最新版本。凡是不注日期的引用文件，其最新版本适用于本标准。

YC/T 143 烟草育苗基本技术规程

NY/T 852 烟草产地环境技术条件

烟草农药使用推荐意见(中国烟叶公司发布)

## 3 烟草育苗技术

按照 YC/T 143 规定执行。

## 4 烤烟产地环境技术条件

按照 NY/T 852 规定执行。

## 5 植烟土壤

### 5.1 地块选择

种植烤烟的地块选择在向阳的平地、梯地、丘陵地，坡度小于25°。

### 5.2 植烟土壤物理性状

烤烟适宜在轻壤质土、中壤质土或含砂砾质的重壤质、轻粘质土上栽培。平川地区以砂壤质土或轻壤质土较适宜，丘陵山区则以轻壤质土至中壤质土最适宜。

适于烟草生长发育的土壤耕层，土壤结构为团粒状、粒状结构和小块结构。

优质烟田的耕层土壤物理性状范围值，土壤容重为 1.10 g/cm$^3$～1.35 g/cm$^3$，土壤总孔隙度>50%，土壤最大有效持水量 15%～25%(质量分数)。

### 5.3 植烟土壤化学性状

生产优质烤烟的土壤以中等肥力为宜。土壤有机质适宜含量，以各地中等肥力水平土壤的有机质含量范围为宜。北方和黄淮烟区中等肥力烟田的土壤有效氮含量为 40 mg/kg～65 mg/kg，土壤中的速效磷含量>10 mg/kg，速效钾含量>100 mg/kg。南方烟区的有效氮含量为 60 mg/kg～150 mg/kg，速效磷含量为 10 mg/kg 左右，速效钾含量≥80 mg/kg。

烤烟最适宜的土壤 pH 值为 5.5～6.5。土壤的阳离子代换量为 10 cmol/kg～20 cmol/kg 干土。土壤含盐量<0.1%。土壤含氯量≤30 mg/kg。

## 6 植烟密度

北方烟区和黄淮烟区行距 100 cm～120 cm，株距 45 cm～55 cm。

南方烟区行距 110 cm～120 cm，株距 50 cm。田烟行距 120 cm；地烟适度密植，行距为 110 cm。

## 7 整地

### 7.1 耕地

#### 7.1.1 耕地的时期

##### 7.1.1.1 北方烟区和黄淮烟区

北方烟区烟田耕地要早而适时。在前茬作物收获后，及时灭茬秋耕或冬耕，晒垡或冻垡，以便蓄积雨雪，增加土壤水分。

##### 7.1.1.2 南方稻烟轮作区

南方稻烟轮作区于秋稻成熟后期及时沥水，收获后进行晒田和及时耕翻、晒垡，提高地温、疏松土壤。

##### 7.1.1.3 南方旱作烟区

南方旱作烟区于小麦、油菜等前作收获后，及早灭茬耕地和整地起垄，及时移栽。

#### 7.1.2 耕地的深度

烟田耕翻的深度以根系密集的范围为宜。耕深为≥30 cm，并且每隔 2 年～3 年再深耕一次，打破犁底层。在肥力较低的烟田，可适当增加耕深。

### 7.2 起垄

烤烟垄作的形式因地而异，有“槽形垄”、“碟形垄”、“梯形垄”和“拱形垄”等形式。“槽形垄”和“碟形垄”适于旱作烟区；“梯形垄”适于降雨量适中或稍大的烟区；“拱形垄”则适于烟草生长至成熟季节降雨量大的烟区。

#### 7.2.1 “槽形垄”和“碟形垄”

北方烟区和黄淮烟区垄高 18 cm～25 cm，垄基宽 50 cm～70 cm；南方烟区地烟垄高 25 cm～30 cm，田烟垄高 30 cm 以上，垄基宽 70 cm～80 cm。垄顶整成两边略高、中间稍凹的“槽形垄”。丘陵山地将垄体整成四周稍高、中间稍凹的“碟形垄”。

#### 7.2.2 “梯形垄”

整地与起垄的规格要求基本与“槽形垄”和“碟形垄”相同。垄顶整成宽 25 cm～30 cm 的平面，坡地栽烟时将垄体的两边整成上窄下宽的梯形。

#### 7.2.3 “拱形垄”

亦即传统的地膜覆盖垄型。垄高 25 cm～30 cm，垄基宽 70 cm～80 cm。

## 8 移栽

### 8.1 移栽期确定原则

日最低气温应高于 5 ℃，且安全保证系数为 100%。日平均气温应稳定通过 13 ℃～15 ℃，地温应达到 10 ℃以上，并不再有晚霜危害。

### 8.2 移栽期

#### 8.2.1 北方烟区

烤烟多为膜下移栽。辽宁、吉林、内蒙古等省(区)于 5 月上中旬移栽；黑龙江省在 5 月中、下旬移栽。

#### 8.2.2 黄淮烟区

烤烟应适时移栽。河南、安徽等烟区于 4 月中旬至 5 月上旬移栽；山东、陕西等省有水浇条件的平原地区于 4 月下旬至 5 月中旬移栽，丘陵山区于 5 月上、中旬移栽。

#### 8.2.3 南方烟区

丘陵山区于 4 月中旬至 5 月中旬移栽；低热河谷地区于 3 月下旬至 4 月上旬移栽；高海拔地区则于

4 月下旬至 5 月上旬移栽。

本区内福建和广西烟区于 2 月中旬至 3 月上旬移栽；湘南、赣南等烟区于 3 月中、下旬移栽。

### 8.3 移栽方法

#### 8.3.1 干栽

先栽烟后浇水，即先按预定的行、株距刨穴或开沟施肥，将土、肥充分拌匀，再扒开松土栽植烟苗，然后及时浇水，水渗干后覆土封穴。

#### 8.3.2 水栽

先浇水后栽烟，即先按行株距挖穴或开沟施肥，将土、肥充分拌匀，浇水入穴或引水入沟，趁水尚未渗下栽苗入穴，水渗后撒上农药再覆土封穴。

#### 8.3.3 机械移栽

使用烟草移栽机进行移栽。

## 9 施肥

### 9.1 基本原则

——适量供应氮肥，保持烟株碳氮代谢平衡；

——合理搭配磷钾等养分，均衡营养；

——合理施用有机肥料，有机肥、无机肥并重。

### 9.2 土壤样品的采集

应采集耕作层土壤样品。要求在未施用底肥和移栽以前，以反映采样地块的真实养分状况和供肥能力。同时也应避开雨季。

土壤样品要能代表整个地块的肥力状况，所以应多点混合土样。每个混合土样的样点数，视地块的大小和地力的均匀程度而言，以 5 个～15 个采样点为宜。采样点的布置，可根据地块形状和大小，采用棋盘式、五点法或“之”字法进行，但样点要均匀分布在地块内。地块过小，可与相邻地块合并；地块过大，可适当增加混合土样数。如果同一地块中有多个前茬作物，应按茬口分别采取多个混合土样。

采用人工土钻钻取，采集土层深度 0～20 cm。每个小样点的采土部位、深度、数量应力求一致。如需分析微量元素则须用不锈钢土钻或木铲取样。

### 9.3 土壤样品的分析项目

土壤样品的分析项目至少应包括：有机质、有效氮、有效磷、有效钾、pH 值和氯离子。可根据需要增加中、微量元素等其他分析项目。

### 9.4 施肥量及养分配比

根据土壤养分的分析结果、生产目标、品种特性、当地气候状况以及栽培模式等各方面综合考虑而定。通常 $N : P_2O_5 : K_2O$ 为 1∶(0.5～2)∶(1～3)。在部分缺素地区适当供应中、微量元素。

### 9.5 肥料种类

包括化学肥料、有机肥料、有机-无机复(混)肥、叶面肥、控(缓)释肥、生物肥料等。

#### 9.5.1 化学肥料

包括烟草专用复(混)肥、硝酸钾、硝酸钠钾、硝酸铵、硫酸铵、过磷酸钙、重过磷酸钙、钙镁磷肥、硫酸钾、磷酸二铵、磷酸二氢钾、微肥等。

#### 9.5.2 有机肥料

包括饼肥、厩肥、堆肥、腐殖酸类肥料等。饼肥、厩肥用前应腐熟。

### 9.6 施肥技术

施肥的基本技术原则是：基肥为主，追肥为辅。

基肥分为条施、双条施、穴施、双层施肥等。

## 10 地膜覆盖

根据当地土壤、气候和栽培条件，于移栽前或移栽后及时覆盖地膜，于栽后 30 d～35 d 揭膜。

## 11 烟田水分管理

### 11.1 烟田灌溉用水要求

水中氯离子含量以＜16 mg/kg，矿化度＜0.60 g/L 为宜。

### 11.2 伸根期和团棵期水分管理

此期土壤湿度为田间最大持水量的 50%～60%。如果土壤湿度在田间最大持水量 40%以下时应灌溉。

### 11.3 旺长期水分管理

此期土壤湿度保持田间最大持水量的 80%为宜。水分过多，对烤烟生育和产质也有不利影响。如遇干旱，应及时灌溉；如田间存有积水，应及时排水。

### 11.4 成熟期水分管理

此期土壤湿度应控制在田间最大持水量的 60%～65%为宜。当土壤水分不足时，应小水轻灌；如果土壤水分过多，应及时排水。

## 12 田间管理技术

### 12.1 中耕

还苗期中耕以增温、保墒、疏松土壤、除草为目的，宜浅。

伸根期中耕以松土、通气、促根、发苗、除草为主要目的。一般要中耕 2 次～3 次。开始时深度为 4 cm～6 cm，之后结合培土，中耕深度逐渐加深到 8 cm 左右，其中远根处深度可到 10 cm 以上。

团棵期以后只中耕一次，以浅为好，中耕深度以不超过 6 cm～7 cm 为宜，以打破表土板结，清除杂草为目的。

### 12.2 培土

烟苗移栽后 25 d～35 d，烟株生长到 13 片～14 片叶左右时，采用机械或人工操作的工具，将烟株行间或垄沟的土壤壅培到烟株基部和垄顶上，形成规定高度的拱型垄体。培土结合揭膜一次完成。

### 12.3 打顶

打顶早晚、留叶多少，要根据烟株长势和土壤当时的肥力状况灵活掌握。长势强、肥力足的烟田应晚打顶，反之要适当早打顶。要留足叶片数。

打顶要选在晴天的上午进行。打顶时，应注意所留茎梗比顶叶略高。先打无病烟株再打有病烟株。打下的花芽、花梗等要及时清理出烟田。

#### 12.3.1 现蕾打顶

在烟株的花序完全露出顶端叶片，但中心花尚未开放时，将整个花序连同两三片小叶（也称花叶）一同摘去。土壤肥力中等，烟株长势正常的烟田可以考虑采用。

#### 12.3.2 开花打顶

在烟株花序的中心花开放时，将整个花序，连同两三片小叶一同摘去。水肥条件好，烟株长势旺盛的烟田采用此种打顶方式。

#### 12.3.3 抠心打顶

在花蕾包在顶端小叶内时，用小竹针挑去或用镊子夹去。土壤瘠薄的山丘地、旱地、肥少而烟株长势差的烟田，宜采用。

12.4 抹杈

12.4.1 人工抹杈

强调早抹、勤抹，最好腋芽长至 3 cm～5 cm 抹去。一般每隔 5 d～7 d 抹一次，要连腋芽基部一起抹掉。

12.4.2 化学抑芽

触杀剂或触杀剂与内吸剂配合使用。化学抑芽剂应符合《烟草农药使用推荐意见》的相关规定。

ICS 65.160
X 87

# 中华人民共和国国家标准

GB/T 23222—2008

# 烟草病虫害分级及调查方法

## Grade and investigation method of tobacco diseases and insect pests

2008-12-31 发布　　　　2009-06-01 实施

中华人民共和国国家质量监督检验检疫总局
中国国家标准化管理委员会　发布

# 前言

本标准的附录A为规范性附录。

本标准由国家烟草专卖局提出。

本标准由全国烟草标准化技术委员会(SAC/TC 144)归口。

本标准起草单位:中国烟草总公司青州烟草研究所。

本标准主要起草人:任广伟、孔凡玉、王凤龙、钱玉梅、王刚、张成省、王秀芳、陈德鑫、王静、王新伟。

# 烟草病虫害分级及调查方法

## 1 范围

本标准规定了由真菌、细菌、病毒、线虫等病原生物及非生物因子引起的烟草病害的调查方法、病害严重度分级以及烟草主要害虫的调查方法。

本标准适用于评估烟草病虫害发生程度、为害程度以及病虫害造成的损失，也适用于病虫害消长及发生规律的研究。

## 2 术语和定义

下列术语和定义适用于本标准。

2.1

**烟草病害　tobacco disease**

由于遭受病原生物的侵害或其他非生物因子的影响，烟草的生长和代谢作用受到干扰或破坏，导致产量和产值降低，品质变劣，甚至出现局部或整株死亡的现象。

2.2

**烟草害虫　tobacco insect pest**

能够直接取食烟草或传播烟草病害并对烟草生产造成经济损失的昆虫或软体动物。

2.3

**病情指数　disease index**

烟草群体水平上的病害发生程度，是以发病率和病害严重度相结合的统计结果，用数值表示发病的程度。

2.4

**病害严重度　severity of infection**

植株或根、茎、叶等部位的受害程度。

2.5

**蚜量指数　aphid index**

烟草群体水平上的蚜虫发生程度，是以蚜虫数量级别与调查样本数相结合的统计结果，用数值表示蚜虫的发生程度。

## 3 烟草病害分级及调查方法

### 3.1 烟草根茎病害

#### 3.1.1 黑胫病

##### 3.1.1.1 病害严重度分级

以株为单位分级调查。

0 级：全株无病。

1 级：茎部病斑不超过茎围的三分之一，或三分之一以下叶片凋萎。

3 级：茎部病斑环绕茎围三分之一至二分之一，或三分之一至二分之一叶片轻度凋萎，或下部少数叶片出现病斑。

5 级：茎部病斑超过茎围的二分之一，但未全部环绕茎围，或二分之一至三分之二叶片凋萎。

7 级：茎部病斑全部环绕茎围，或三分之二以上叶片凋萎。

9 级：病株基本枯死。

3.1.1.2 调查方法

以株为单位分级，在晴天中午以后调查。

3.1.1.2.1 普查

在发病盛期进行调查，选取 10 块以上有代表性的烟田，采用 5 点取样方法，每点不少于 50 株，计算病株率和病情指数。病情统计方法见附录 A。

3.1.1.2.2 系统调查

采用感病品种。自团棵期开始，至采收末期结束，田间固定 5 点取样，每点不少于 30 株，每 5 d 调查 1 次，计算发病率和病情指数。病情统计方法见附录 A。

3.1.2 青枯病、低头黑病

3.1.2.1 病害严重度分级

以株为单位分级调查。

0 级：全株无病。

1 级：茎部偶有褪绿斑，或病侧二分之一以下叶片凋萎。

3 级：茎部有黑色条斑，但不超过茎高二分之一，或病侧二分之一至三分之二叶片凋萎。

5 级：茎部黑色条斑超过茎高二分之一，但未到达茎顶部，或病侧三分之二以上叶片凋萎。

7 级：茎部黑色条斑到达茎顶部，或病株叶片全部凋萎。

9 级：病株基本枯死。

3.1.2.2 调查方法

同 3.1.1.2。

3.1.3 根黑腐病

3.1.3.1 病害严重度分级

以株为单位分级调查。

0 级：无病，植株生长正常。

1 级：植株生长基本正常或稍有矮化，少数根坏死呈黑色，中下部叶片褪绿(或变色)。

3 级：病株株高比健株矮四分之一至三分之一，或半数根坏死呈黑色，二分之一至三分之二叶片萎蔫，中下部叶片稍有干尖、干边。

5 级：病株比健株矮三分之一至二分之一，大部分根坏死呈黑色，三分之二以上叶片萎蔫，明显干尖、干边。

7 级：病株比健株矮二分之一以上，全株叶片凋萎，根全部坏死呈黑色，近地表的次生根受害明显。

9 级：病株基本枯死。

3.1.3.2 调查方法

同 3.1.1.2。

3.1.4 根结线虫病

3.1.4.1 病害严重度分级

根结线虫病的调查分为地上部分和地下部分，在地上部分发病症状不明显时，以收获期地下部分拔根检查的结果为准。

3.1.4.2 田间生长期观察烟株的地上部分，在拔根检查确诊为根结线虫为害后再进行调查。以株为单位分级调查。

0 级：植株生长正常。

1 级：植株生长基本正常，叶缘、叶尖部分变黄，但不干尖。

3 级：病株比健株矮四分之一至三分之一，或叶片轻度干尖、干边。

5 级：病株比健株矮三分之一至二分之一，或大部分叶片干尖、干边或有枯黄斑。

7 级：病株比健株矮二分之一以上，全部叶片干尖、干边或有枯黄斑。

9 级：植株严重矮化，全株叶片基本干枯。

3.1.4.3 收获期检查，地上部分同 3.1.4.2，拔根检查分级标准如下：

0 级：根部正常。

1 级：四分之一以下根上有少量根结。

3 级：四分之一至三分之一根上有少量根结。

5 级：三分之一至二分之一根上有根结。

7 级：二分之一以上根上有根结，少量次生根上产生根结。

9 级：所有根上（包括次生根）长满根结。

3.1.4.4 调查方法

同 3.1.1.2。

**3.2 烟草叶斑病害[1)]**

**3.2.1 以株为单位的病害严重度分级**

适用于所有叶斑病害较大面积调查。以株为单位分级调查。

0 级：全株无病。

1 级：全株病斑很少，即小病斑（直径≤2 mm）不超过 15 个，大病斑（直径＞2 mm）不超过 2 个。

3 级：全株叶片有少量病斑，即小病斑 50 个以内，大病斑 2 个～10 个。

5 级：三分之一以下叶片上有中量病斑，即小病斑 50 个～100 个，大病斑 10 个～20 个。

7 级：三分之一至三分之二叶片上有病斑，病斑中量到多量，即小病斑 100 个以上，大病斑 20 个以上，下部个别叶片干枯。

9 级：三分之二以上叶片有病斑，病斑多，部分叶片干枯。

**3.2.2 白粉病**

**3.2.2.1 病害严重度分级**

以叶片为单位分级调查。

0 级：无病斑。

1 级：病斑面积占叶片面积的 5％以下。

3 级：病斑面积占叶片面积的 6％～10％。

5 级：病斑面积占叶片面积的 11％～20％。

7 级：病斑面积占叶片面积的 21％～40％。

9 级：病斑面积占叶片面积的 41％以上。

**3.2.2.2 调查方法**

**3.2.2.2.1 普查**

在发病盛期进行调查，选取 10 块以上有代表性的烟田，每地块采用 5 点取样方法，每点 20 株，以叶片为单位分级调查，计算病叶率和病情指数。病情统计方法见附录 A。

**3.2.2.2.2 系统调查**

采用感病品种。自发病初期开始，至采收末期止结束，田间固定 5 点取样，每点 5 株，每 5 d 调查 1 次，以叶片为单位分级调查，计算病叶率和病情指数。病情统计方法见附录 A。

**3.2.3 赤星病、野火病、角斑病**

**3.2.3.1 病害严重度分级**

适用于在调制过程中病斑明显扩大的叶斑病害，以叶片为单位分级调查。

0 级：全叶无病。

---

1) 在烟草叶斑病害的分级调查中，病斑面积占叶片面积的比例以百分数表示，百分数前保留整数。

1 级:病斑面积占叶片面积的 1%以下。

3 级:病斑面积占叶片面积的 2%~5%。

5 级:病斑面积占叶片面积的 6%~10%。

7 级:病斑面积占叶片面积的 11%~20%。

9 级:病斑面积占叶片面积的 21%以上。

**3.2.3.2 调查方法**

同 3.2.2.2。

**3.2.4 蛙眼病、炭疽病、气候性斑点病、烟草蚀纹病毒病、烟草坏死性病毒病、烟草环斑病毒病等(包括烘烤后病斑面积无明显扩大的其他叶部病害)**

**3.2.4.1 病害严重度分级**

以叶片为单位分级调查。

0 级:全叶无病。

1 级:病斑面积占叶片面积的 5%以下。

3 级:病斑面积占叶片面积的 6%~10%。

5 级:病斑面积占叶片面积的 11%~20%。

7 级:病斑面积占叶片面积的 21%~40%。

9 级:病斑面积占叶片面积的 41%以上。

**3.2.4.2 调查方法**

同 3.2.2.2。

**3.3 烟草普通花叶病毒病(TMV)、黄瓜花叶病毒病(CMV)、马铃薯 Y 病毒病(PVY)**

**3.3.1 病害严重度分级**

以株为单位分级调查。

0 级:全株无病。

1 级:心叶脉明或轻微花叶,病株无明显矮化。

3 级:三分之一叶片花叶但不变形,或病株矮化为正常株高的四分之三以上。

5 级:三分之一至二分之一叶片花叶,或少数叶片变形,或主脉变黑,或病株矮化为正常株高的三分之二至四分之三。

7 级:二分之一至三分之二叶片花叶,或变形或主侧脉坏死,或病株矮化为正常株高的二分之一至三分之二。

9 级:全株叶片花叶,严重变形或坏死,或病株矮化为正常株高的二分之一以上。

**3.3.2 调查方法**

同 3.1.1.2。

## 4 烟草主要害虫调查方法

### 4.1 地老虎

**4.1.1 普查**

在地老虎发生盛期进行调查,选取 10 块以上有代表性的烟田,采用平行线取样方法,调查 10 行,每行连续调查 10 株。根据地老虎的为害症状记载被害株数,并计算被害株率。计算方法见附录 A。

**4.1.2 系统调查**

采用感虫品种。移栽后开始进行调查,直至地老虎为害期基本结束。选取有代表性的烟田,采用平行线取样方法,调查 10 行,每行连续调查 10 株。每 3 d 调查 1 次,根据地老虎的为害症状记载被害株数,并计算被害株率。计算方法见附录 A。不同烟区可根据当地地老虎的发生情况,在调查期内分次随机采集地老虎幼虫,全期共采集 30 头以上,带回室内鉴定地老虎种类。

4.2 烟蚜

4.2.1 蚜量分级

0 级:0 头/叶。

1 级:1 头/叶～5 头/叶。

3 级:6 头/叶～20 头/叶。

5 级:21 头/叶～100 头/叶。

7 级:101 头/叶～500 头/叶。

9 级:大于 500 头/叶。

4.2.2 普查

在烟蚜发生盛期进行调查,选取 10 块以上有代表性的烟田,采用对角线 5 点取样方法,每点不少于 10 株,调查整株烟蚜数量,计算有蚜株率及平均单株蚜量。若在烟草团棵期或旺长期进行普查,也可采用蚜量指数来表明烟蚜的为害程度,选取 10 块以上有代表性的烟田,采用对角线 5 点取样方法,每点不少于 20 株,参照 4.2.1 的蚜量分级标准,调查烟株顶部已展开的 5 片叶,记载每片叶的蚜量级别,计算蚜量指数。蚜量指数的计算方法见附录 A。

4.2.3 系统调查

采用感虫品种。移栽后开始进行调查,烟株打顶后结束调查。调查期间不施用杀虫剂。选取有代表性的烟田,采用对角线 5 点取样方法,定点定株,每点顺行连续调查 10 株。每 3 d～5 d 调查 1 次,记载每株烟上的有翅蚜数量、无翅蚜数量、有蚜株数以及天敌的种类、虫态和数量。计算有蚜株率及平均单株蚜量,计算方法见附录 A。

4.3 烟青虫、棉铃虫

4.3.1 普查

在烟青虫或棉铃虫幼虫发生盛期进行调查,选取 10 块以上有代表性的烟田,采用平行线 10 点取样方法,共调查 10 行,每行连续调查 10 株,调查每株烟上的幼虫数量,计算有虫株率及百株虫量。计算方法见附录 A。

4.3.2 系统调查

采用感虫品种。在烟青虫和棉铃虫初发期开始进行调查,直至为害期结束。调查期间不施用杀虫剂。选取有代表性的烟田,采用平行线 10 点取样方法,定点定株,共调查 10 行,每行连续调查 10 株。

4.3.2.1 查卵

每 3 d 调查 1 次,记载每株烟上着卵量,调查后将卵抹去,计算有卵株率。计算方法见附录 A。

4.3.2.2 查幼虫

每 5 d 调查 1 次,记载每株烟上的幼虫数量,并计算百株虫量和有虫株率。计算方法见附录 A。

4.4 斜纹夜蛾

4.4.1 普查

在斜纹夜蛾幼虫发生盛期,选取 10 块以上有代表性的烟田进行调查。若幼虫多数在 3 龄以内,则采取分行式取样的方法,调查 5 行,每行调查 10 株;若各龄幼虫混合发生,则采取平行线取样的方法,调查 10 行,每行调查 15 株。计算有虫株率及百株虫量。计算方法见附录 A。

4.4.2 系统调查

采用感虫品种。在斜纹夜蛾初发期开始进行调查,直至为害期结束。调查期间不施用杀虫剂。选取有代表性的烟田,采用平行线 10 点取样方法,定点定株,共调查 10 行,每行连续调查 10 株。每 5 d 调查 1 次,分别记载每株烟上卵块、低龄幼虫 1 龄～3 龄及高龄幼虫(3 龄以上)的数量,并计算百株虫量和有虫株率。计算方法见附录 A。

### 4.5 斑须蝽、稻绿蝽

#### 4.5.1 普查

在发生盛期进行调查，选取10块以上有代表性的烟田，采用平行线10点取样方法，共调查10行，每行连续调查10株。调查每株烟上的成虫、若虫以及卵块的数量，计算有虫株率及百株虫量。计算方法见附录A。

#### 4.5.2 系统调查

采用感虫品种。在初发期开始进行调查，直至为害期结束。调查期间不施用杀虫剂。选取有代表性的烟田，采用平行线10点取样方法，定点定株，共调查10行，每行连续调查10株。每5 d调查1次，记载每株烟上各虫态的数量，并计算百株虫量和有虫株率。计算方法见附录A。

# 附 录 A
## （规范性附录）
## 烟草病虫害发生程度计算方法

### A.1 发病率

发病率按式(A.1)进行计算。

$$发病率=(发病株数/调查总株数)\times 100\% \quad \cdots\cdots(A.1)$$

### A.2 病情指数

病情指数按式(A.2)进行计算。

$$病情指数=[\Sigma(各级病株或叶数\times 该病级值)/(调查总株数或叶数\times 最高级值)]\times 100 \quad \cdots\cdots(A.2)$$

### A.3 被害株率

被害株率按式(A.3)进行计算。

$$被害株率=(被害株数/调查总株数)\times 100\% \quad \cdots\cdots(A.3)$$

### A.4 有蚜(虫)株率

有蚜(虫)株率按式(A.4)进行计算。

$$有蚜(虫)株率=[有蚜(虫)株数/调查总株数]\times 100\% \quad \cdots\cdots(A.4)$$

### A.5 蚜量指数

蚜量指数按式(A.5)进行计算。

$$蚜量指数=[\Sigma(各级叶数\times 该级别值)/(调查总株数或叶数\times 最高级值)]\times 100 \quad \cdots\cdots(A.5)$$

### A.6 平均单株蚜量

平均单株蚜量按式(A.6)进行计算。

$$平均单株蚜量=总蚜量/总株数 \quad \cdots\cdots(A.6)$$

### A.7 百株虫量

百株虫量按式(A.7)进行计算。

$$百株虫量=(总虫量/总株数)\times 100 \quad \cdots\cdots(A.7)$$

### A.8 有卵株率

有卵株率按式(A.8)进行计算。

$$有卵株率=(有卵株数/调查总株数)\times 100\% \quad \cdots\cdots(A.8)$$

ICS 65.160
X 87

# 中华人民共和国国家标准

GB/T 23223—2008

# 烟草病虫害药效试验方法

## Test method of pesticide efficacy on tobacco

2008-12-31 发布　　2009-06-01 实施

中华人民共和国国家质量监督检验检疫总局
中国国家标准化管理委员会　发布

# 前　言

本标准由国家烟草专卖局提出。

本标准由全国烟草标准化技术委员会(SAC/TC 144)归口。

本标准起草单位:中国烟草总公司青州烟草研究所。

本标准主要起草人:孔凡玉、王凤龙、任广伟、王刚、钱玉梅、张成省、陈德鑫、王秀芳、王静、王新伟。

# 烟草病虫害药效试验方法

## 1 范围

本标准规定了药剂防治烟草主要病虫害的药效试验方法。

本标准适用于各类型烟草上的病虫害药剂防治试验。

## 2 规范性引用文件

下列文件中的条款通过本标准的引用而成为本标准的条款。凡是注日期的引用文件，其随后所有的修改单(不包括勘误的内容)或修订版均不适用于本标准，然而，鼓励根据本标准达成协议的各方研究是否可使用这些文件的最新版本。凡是不注日期的引用文件，其最新版本适用于本标准。

GB/T 23222 烟草病虫害分级及调查方法

## 3 试验条件

### 3.1 试验对象和烟草品种的选择

试验对象：注明病害或害虫的名称，包括中文、英文名称，以及病原、害虫的拉丁文名称。

烟草品种：选择感病或感虫品种，并注明品种名称。

### 3.2 环境条件

田间试验应安排在历年来发病的地块或虫源较多的地块。对于病虫害发生较轻不能满足试验要求的地块，采用必要的措施进行人工辅助接种病原物或害虫。所有试验小区的条件(如土壤、灌溉、肥料、移栽期、生育期和行株距等田间管理措施以及坡向、光照等因素)应一致，且符合当地科学的农业实践。

## 4 试验设计和安排

### 4.1 药剂

#### 4.1.1 试验药剂

注明药剂的商品名、通用名、中文名、剂型、有效成分含量和生产厂家。

#### 4.1.2 对照药剂

对照药剂应采用已登记注册的、并在实践中证明有较好药效的产品。对照药剂的类型和作用方式应接近于试验药剂并使用常规剂量，但特殊试验可视目的而定。

### 4.2 小区安排

#### 4.2.1 小区排列

试验药剂、对照药剂和空白对照的小区处理采用随机区组排列，特殊情况应加以说明。

#### 4.2.2 小区面积和重复

小区面积：15 $m^2$～50 $m^2$，防治地下害虫的药效试验小区面积最少 60 $m^2$。每小区至少种植3 行烟。

重复次数：最少 4 次重复。

### 4.3 施药方法

#### 4.3.1 使用方法

按照试验要求及标签说明进行。施药应与当地科学的烟草病虫害防治实践相适应。

#### 4.3.2 使用器械的类型

选用精确度高的施药器械，施药应保证药量准确，分布均匀。用药量偏差超过±10%的要记录。记录所用器械的类型和操作条件(工作压力，喷孔口径等)的全部资料。

#### 4.3.3 施药时间和次数

按照试验方案要求及标签说明进行，并根据病虫害发生情况决定。防治病害的药效试验在病害发生初期第一次施药，进一步施药视病害发展情况及药剂持效期决定。防治烟蚜的药效试验在田间烟蚜达到足够密度时施药，施药前每个小区的虫口基数不少于500头。防治烟青虫、斜纹夜蛾及棉铃虫的药效试验一般应在幼虫3龄前施药，施药前每个小区的虫口基数不少于15头。防治地下害虫的药效试验根据药剂情况于移栽前或移栽后施药。记录施药次数、每次施药日期和烟草所处生育期。

#### 4.3.4 使用剂量和容量

按照试验方案要求及标签说明使用，药剂中有效成分含量通常表示为克/公顷($g/hm^2$)，制剂用量通常表示为升/公顷($L/hm^2$)或千克/公顷($kg/hm^2$)。用于喷雾时，同时要记录用药倍数和每公顷药液用量($L/hm^2$)。

#### 4.3.5 防治其他病虫害药剂的资料要求

试验小区中使用其他药剂时，应选择对本试验药剂和试验对象无影响的药剂，并对所有小区进行均匀处理，而且要与试验药剂和对照药剂分开使用，且间隔3 d以上，使这些药剂的干扰控制在最小程度，记录这类药剂施用的准确数据。

## 5 调查、记录和测量方法

### 5.1 气象和土壤资料

#### 5.1.1 气象资料

试验期间应从试验地或最近的气象站获得降雨(降雨类型和日降雨量，以mm表示)和温度(每日平均温度、最高温度和最低温度，以℃表示)的资料。

记录整个试验期间影响试验结果的恶劣气候因素，如严重干旱、暴雨、冰雹等。

#### 5.1.2 土壤资料

记录土壤类型、土壤肥力、水分(如干、湿或涝)、土壤覆盖物(如覆盖物类型、杂草)等资料。

### 5.2 调查方法

#### 5.2.1 防治病害的药效试验调查方法

每小区采用5点取样方法，每点固定调查5株～10株，记录调查总株数或总叶片数及各级病株数或病叶数，严重度分级应符合GB/T 23222的规定。

#### 5.2.2 防治害虫的药效试验调查方法

5.2.2.1 防治烟青虫、棉铃虫或斜纹夜蛾的药效试验调查，每小区固定20株～25株调查烟株上的幼虫数量。

5.2.2.2 防治烟蚜的药效试验调查，每小区固定10株～15株有蚜烟株，每株固定顶部适当数量的叶片调查蚜虫数量。

5.2.2.3 防治地下害虫的药效试验调查，若移栽前施药，移栽后立即统计各小区的总株数及受害株数；若移栽后施药，施药前先统计各小区总株数及受害株数，以后再调查时统计每个小区内的受害株数。调查受害株的同时，根据被害状，分别记载害虫种类。

### 5.3 调查时间和次数

#### 5.3.1 防治病害的药效试验调查时间和次数

按照试验方案要求进行。在施药前调查病情指数或发病率，下次施药前及末次施药后7 d～14 d调查病情指数或发病率。用于土壤处理的药剂试验在发病初期和盛期各调查1次。

#### 5.3.2 防治害虫的药效试验调查时间和次数

按照试验方案要求进行。防治地下害虫的试验分别于施药后第1 d、3 d、7 d、10 d、20 d调查受害株数。防治烟蚜、烟青虫、棉铃虫或斜纹夜蛾等害虫的药效试验于施药前调查虫口基数，施药后第1 d、3 d、7 d分别调查各小区的活虫数，进一步的持效期调查可在施药后10 d～14 d或更长。

5.4 防治效果计算方法

5.4.1 病害防治效果计算

施药前有病情指数基数的试验，其防治效果按式(1)和式(2)计算；无病情指数基数的则按式(1)和式(3)计算。

$$病情指数 = [\sum(各级病株数或叶数 \times 该病级值)]/(调查总株数或叶数 \times 最高级值) \times 100 \quad (1)$$

$$防治效果 = \left(1 - \frac{空白对照区药前病情指数 \times 处理区药后病情指数}{空白对照区药后病情指数 \times 处理区药前病情指数}\right) \times 100\% \quad (2)$$

$$防治效果 = \frac{空白对照区病情指数 - 处理区病情指数}{空白对照区病情指数} \times 100\% \quad (3)$$

5.4.2 害虫防治效果计算

防治地下害虫的药效试验，其防治效果按式(4)和式(5)计算；防治其他害虫的药效试验，其防治效果按式(6)、式(7)或式(8)计算。

$$被害株率 = \frac{被害株数}{调查总株数} \times 100\% \quad (4)$$

$$防治效果 = \frac{空白对照区被害株率 - 处理区被害株率}{空白对照区被害株率} \times 100\% \quad (5)$$

$$虫口减退率 = \frac{施药前虫数 - 施药后虫数}{施药前虫数} \times 100\% \quad (6)$$

$$防治效果 = \frac{处理区虫口减退率 - 空白对照区虫口减退率}{100 - 空白对照区虫口减退率} \times 100\% \quad (7)$$

$$防治效果 = \left(1 - \frac{空白对照区药前虫数 \times 处理区药后虫数}{空白对照区药后虫数 \times 处理区药前虫数}\right) \times 100\% \quad (8)$$

5.5 对烟草的直接影响

观察药剂对烟草有无药害。如有药害，应记录其类型和程度，同时也应记录药剂对烟草的其他影响(如刺激生长和加速成熟等)。

用下列方法记录药害：

a) 如果药害能被测量或计算，要用绝对数值表示，如株高。

b) 其他情况下，可按下列两种方法估计药害程度和频率：

1) 按照药害分级方法，记录每小区药害情况。药害程度分五级，分别以－、＋、＋＋、＋＋＋、＋＋＋＋表示。

－：无药害；

＋：轻度药害、不影响作物正常生长；

＋＋：明显药害、可复原，烟草生长轻微受阻，不会造成减产；

＋＋＋：高度药害，影响烟草正常生长，叶片有枯焦斑；

＋＋＋＋：严重药害，烟草生长受阻，生长延迟，对产量和质量造成严重损失。

2) 将药剂处理区与空白对照区比较，计算其药害的百分率。同时应准确描述作物的药害症状(矮化、褪色、畸形等)。

5.6 对其他生物的影响

5.6.1 对其他病虫害的影响

对其他病虫害任何一种影响均应记录，包括有益和无益的影响。

5.6.2 对其他非靶标生物的影响

记录药剂对试验区内野生生物和有益昆虫的影响。

### 5.7 对烟草产量和质量的影响

一般不作要求。对于要求测定烟叶产量和质量的药效试验，烟草经调制后记录不同处理小区的产量、产值，并按要求取样进行化学成分分析或感官评吸。

## 6 结果

用邓肯氏新复极差(DMRT)法对试验数据进行统计分析，特殊情况则采用相应的生物统计学方法。写出正式试验报告，并对试验结果加以分析、评价。保存好原始材料以备考察验证。

ICS 65.160
X 87

# 中华人民共和国国家标准

GB/T 23224—2008

# 烟草品种抗病性鉴定

## Identification of cultivar resistance to tobacco disease

2008-12-31 发布 2009-06-01 实施

中华人民共和国国家质量监督检验检疫总局
中国国家标准化管理委员会 发布

# 前言

本标准由国家烟草专卖局提出。

本标准由全国烟草标准化技术委员会(SAC/TC 144)归口。

本标准起草单位:中国烟草总公司青州烟草研究所。

本标准主要起草人:孔凡玉、王凤龙、张成省、钱玉梅、王静、陈德鑫、申莉莉。

# 烟草品种抗病性鉴定

## 1 范围

本标准规定了烟草品种对由病原真菌、细菌、病毒和根结线虫等引起的主要病害的抗病性鉴定及抗性评价方法。

本标准适用于各类型烟草品种的抗病性鉴定。

## 2 规范性引用文件

下列文件中的条款通过本标准的引用而成为本标准的条款。凡是注日期的引用文件，其随后所有的修改单(不包括勘误的内容)或修订版均不适用于本标准，然而，鼓励根据本标准达成协议的各方研究是否可使用这些文件的最新版本。凡是不注日期的引用文件，其最新版本适用于本标准。

GB/T 23222 烟草病虫害分级及调查方法

## 3 术语和定义

下列术语和定义适用于本标准。

3.1

**致病性分化 variation of pathogenicity**

病原物由于突变、杂交、适应性变异、不同孢子细胞质的异质性等致使生理小种改变，导致致病性差异。

3.2

**人工接种鉴定 artificial inoculation for identification**

用人工繁殖或收集的病原物，按一定量接种，创造发病条件，根据接种对象发病程度确定品种抗病性强弱。

3.3

**对照品种 control cultivar**

为了检验试验的可靠性，在品种鉴定时附加的抗病品种和感病品种。

## 4 品种抗病性鉴定

### 4.1 黑胫病

#### 4.1.1 田间病圃鉴定

##### 4.1.1.1 鉴定方法

选择排灌方便，肥力水平中等，连年发病较重的烟田作鉴定圃，病圃应明确病原生理小种类别。每个品种种植1行，每行20株以上，至少3次重复，随机排列，每重复设抗病品种“革新三号”、中抗品种“金星6007”和感病品种“小黄金1025”各1行为对照。另设当地种植的抗、中、感品种作为辅助对照。参鉴烟草品种在全生育期内不应使用杀菌剂，杀虫剂的使用根据病圃内害虫发生种类和程度而定。

人工接种鉴定，接种体选用当地优势生理小种或根据试验需要选取菌株。烟草移至大田成活后(10 d～20 d)用菌谷接种，每株接种量4 g。接种后若天气干旱应灌水，以使田间土壤含水量处于饱和状态。

菌谷制作方法:将谷子煮至约一半谷粒开花,捞出,装入三角瓶,高压灭菌 1 h。将已培养好的黑胫病菌种,接种到灭菌后冷却的谷子上,然后置于 28 ℃～30 ℃下培养 15 d～20 d 即成。

4.1.1.2 分级及调查方法

病害严重度分级应符合 GB/T 23222 的规定。

调查时间:于发病初期、盛期和末期各调查 1 次,每次均应调查各品种全部植株。

4.1.2 室内接种鉴定

4.1.2.1 鉴定方法

烟苗长至 5 片～6 片真叶时,移栽至直径大于 10 cm 的花盆,每盆 2 株。每品种 10 株～20 株,对照品种设置同 4.1.1.1,待烟苗成活后,每株按 0.25 g～0.50 g 菌谷量接种,置于温度 28 ℃、相对湿度 80%的条件下诱发病害。

4.1.2.2 分级及调查方法

病害严重度分级应符合 GB/T 23222 的规定。

调查时间:接种后第 3 d、5 d、7 d、10 d 调查病情。每次均应调查各品种全部植株。

4.2 青枯病

4.2.1 田间病圃鉴定

4.2.1.1 鉴定方法

选择排灌方便,肥力水平中等,连年发病较重的烟田作鉴定圃,观察品种对青枯病的抗性。每品种种植 1 行,每行 20 株,至少 3 次重复,随机排列,设抗病品种"D101"、感病品种"长脖黄"为对照。各地增设当地抗、中、感品种为对照。参鉴烟草品种在全生育期内不使用杀菌剂,杀虫剂的使用根据病圃内害虫发生种类和程度而定。

4.2.1.2 分级及调查方法

病害严重度分级应符合 GB/T 23222 的规定。

调查时间:在田间发病初期、盛期和末期,进行田间调查,每次均应调查各品种全部植株。

4.2.2 室内苗期接种鉴定

4.2.2.1 鉴定方法

烟苗长至 5 片～6 片真叶时,移栽至直径大于 10 cm 的花盆,待烟苗成活后,用伤根灌菌液的方法,每个品种至少 5 株烟苗,3 次重复以上。对照品种设置同 4.2.1.1。每株灌 20 mL 的青枯菌悬浮液($3\times10^8$ CFU/mL)。接种后置于温度 28 ℃～30 ℃,相对湿度 80%以上的环境中,观察发病情况。

接种体制备:接种体选用当地流行病原菌或根据试验需要选取菌株。将 4 ℃下保存于无菌水中的青枯菌,在肉汁培养基平板上划线,28 ℃～30 ℃下培养 24 h,挑取典型菌落移置于肉汁斜面,28 ℃培养 24 h 后移至肉汁斜面,继续培养 24 h 后用无菌水稀释,至所需要的接菌浓度。

4.2.2.2 分级及调查方法

病害严重度分级应符合 GB/T 23222 的规定。

调查时间:接种后第 7 d、10 d、15 d、21 d、30 d 进行调查,每次均应调查各品种全部植株。

4.3 炭疽病

4.3.1 菌种的培养

菌种的培养采用马铃薯葡萄糖琼脂(PDA)培养基,26 ℃下培养 7 d,用培养产生的分生孢子制备悬浮液供接种用。

4.3.2 接种材料的准备

将烟苗移栽到直径大于 10 cm 的花盆内,每品种至少 3 次重复,每重复至少 5 株烟苗。

4.3.3 接种方法

于烟苗 5 片～6 片真叶时进行炭疽菌孢子($1\times10^6$ CFU/mL)接种,用小型手持喷雾器将孢子悬浮液喷洒到植株上，以叶片正反面充分湿润为宜。接种后在保持温度 26 ℃～30 ℃、相对湿度 80%以上环境条件下生长。

4.3.4 分级及调查方法

病害严重度分级应符合 GB/T 23222 的规定。

调查时间：接种后第 5 d、10 d、20 d 分别调查发病程度，每次均应调查各品种全部植株。

4.4 根结线虫病

4.4.1 温室接种鉴定

4.4.1.1 接种体制备

接种体选用当地优势种及生理小种或根据试验需要选取，利用感病的番茄品种"Rutgers"接种繁殖根结线虫，在 25 ℃～30 ℃下生长 55 d～60 d 后即可作为接种体使用。

4.4.1.2 接种方法

采用线虫卵或病土接种法。烟苗长至 3 片～4 片真叶时，移栽至直径大于 10 cm 的花盆内，烟苗每盆接种 5 000 个线虫卵；或将其栽入装有病土(病根及根际病土与消毒营养土按 1∶4 混合)的花盆中，接种后按常规管理并防止其他病虫干扰。在室温为 25 ℃～30 ℃条件下生长。设感病品种"长脖黄"、抗病品种"T1706"和"NC95"为对照。设当地的抗病品种、中抗品种和感病品种为对照。每处理 5 株，随机排列，至少 3 次重复。

4.4.1.3 分级及调查方法

病害严重度分级应符合 GB/T 23222 的规定。

调查时间：接种后 2 个月，拔出烟株，用自来水冲去根部泥土，调查全部烟株根结线虫病病情。

4.4.2 田间鉴定

4.4.2.1 鉴定方法

选择根结线虫连年为害较重的田块，在自然发病条件下，鉴定品种对根结线虫的抗性，每品种至少种 1 行，每行 20 株，随机排列，至少设 3 次重复，对照品种与 4.4.1.2 相同。

4.4.2.2 分级与调查方法

病害严重度分级应符合 GB/T 23222 的规定。

调查时间：收获期拔根调查病情，调查全部烟株根结线虫病病情。

4.5 赤星病

4.5.1 温室苗期接种鉴定

4.5.1.1 接种体的制备

将烟草赤星病菌在 PDA 平板培养基上 26 ℃培养 7 d，用 1%葡萄糖液配成浓度为 $1\times10^5$ CFU/mL 的孢子悬浮液作为接种液。

4.5.1.2 接种材料的准备

将烟苗移栽至直径大于 10 cm 的花盆内，每品种 20 盆，每盆 2 株，至少设 3 次重复。

4.5.1.3 接种方法

于烟苗 9 片～10 片真叶时进行赤星病孢子($1\times10^5$ CFU/mL)接种，用小型手持喷雾器将孢子悬浮液喷洒到植株上，然后置于人工气候箱内，设定温度 26 ℃～30 ℃，相对湿度 70%。设感病品种"G140"、抗病品种"净叶黄"为对照，设当地种植的抗病品种、中抗品种和感病品种作为辅助对照。

4.5.1.4 分级与调查方法

病害严重度分级应符合 GB/T 23222 的规定。

调查时间：接种后第 7 d、10 d、20 d 调查发病程度。

#### 4.5.2 田间鉴定

##### 4.5.2.1 鉴定方法

选择排灌方便，肥力水平中等，连年发病较重的烟田作鉴定圃，每个品种种植1行，每行20株以上，3次重复以上，随机排列。对照品种同4.5.1.3。对照品种和参鉴品种烟株应适当多施氮肥，一般打顶不采收，在全生育期内不使用杀菌剂，杀虫剂的使用根据病圃内害虫发生种类和程度而定。在参鉴品种四周种植不少于2行的保护行品种，株行距与参鉴品种相同。保护行品种应选择发病较轻的品种。

在发病较轻年份，可进行人工辅助接种。人工接种鉴定应在下部叶片开始成熟时进行，接种一般用浓度为$1\times10^5$ CFU/mL的孢子悬浮液进行喷雾接种，孢子悬浮液的制备同4.5.1.1。也可将带有赤星病菌的烟叶粉碎均匀，撒入田间。

##### 4.5.2.2 分级与调查方法

病害严重度分级应符合GB/T 23222的规定。

调查时间：自然发病于病发初期、盛期和末期各调查1次，若人工接种则于接种后每10 d调查1次，连续调查3次。

调查方法：每处理定点调查5株，每株调查全部叶片。

### 4.6 烟草普通花叶病毒病(TMV)

#### 4.6.1 接种体的制备

接种体选用当地优势株系或根据试验需要选取，接种到系统寄主上繁殖保存。为了防止保存期病毒的致病性退化，在使用前15 d转接到“三生-NN”烟上复壮1次，备用。

#### 4.6.2 鉴定方法

于烟苗4片～5片真叶时进行汁液摩擦接种，在第一片真叶上撒少许400目～500目的金刚砂，然后用棉花蘸取病毒汁液，在叶片上轻轻摩擦。烟苗数量较大时可以用喷枪接种，接种前在病毒汁液中加入1%金刚砂，高压喷射(压力为68 947.6 Pa～206 842.8 Pa)，喷口距接种物20 cm，每株喷接0.5 s。接种7 d后未见发病再回接1次。试验设3次重复，随机排列，每次重复15株烟苗以上。烟株保持在25 ℃～28 ℃条件下生长，设“三生-NN”为抗病对照、“革新三号”为中抗对照、“G140”为感病对照。

#### 4.6.3 分级与调查方法

病害严重度分级应符合GB/T 23222的规定。

调查时间：接种后第7 d、14 d、21 d调查全部烟株发病情况。

### 4.7 黄瓜花叶病毒病

#### 4.7.1 接种体的准备

接种体选用当地优势株系或根据试验需要选取，接种到“三生-NN”上繁殖保存。为了防止保存期病毒的致病性退化，在使用前15 d转接到“三生-NN”上复壮1次，备用。

#### 4.7.2 鉴定方法

于烟苗4片～5片真叶时进行接种，方法同4.6.2。设“Ti245”、“铁把子”为抗病对照，“G28”和“亮黄烟”为感病对照。

#### 4.7.3 分级与调查方法

同4.6.3。

### 4.8 结果计算与评价

病情指数和发病率计算应符合GB/T 23222的规定，各次调查数据中以感病对照品种发病最先达到感病的调查数据为依据进行抗病性评价。感病对照的病情指数不低于60时方可认为试验及评价有效。

品种抗病性评价标准如下：

高抗或免疫(I)：病情指数为0；

抗病(R)：病情指数为0.1～20；

中抗(MR):病情指数为20.1～40;
中感(MS):病情指数为40.1～60;
感病(S):病情指数为60.1～80;
高感(HS):病情指数为80.1～100。

ICS 65.160
X 87

# 中华人民共和国国家标准

GB/T 23225—2008

# 烟草及烟草制品 总植物碱的测定 光度法

**Tobacco and tobacco products—Determination of alkaloids—Spectrometric method**

(ISO 2881:1992,MOD)

2008-12-31 发布 2009-06-01 实施

中华人民共和国国家质量监督检验检疫总局
中国国家标准化管理委员会 发布

# 前　言

本标准修改采用 ISO 2881:1992《烟草及烟草制品　总植物碱的测定　光度法》(英文版)。

本标准根据 ISO 2881:1992 重新起草。

考虑到我国国情,本标准与 ISO 2881:1992 相比存在少量技术性差异,有关技术性差异已编入正文中并在它们所涉及的条款的页边空白处用垂直单线标识。在附录 B 中给出了这些技术性差异及其原因的一览表以供参考。

为便于使用,对于 ISO 2881:1992 做了下列编辑性修改:

a) 删除 ISO 2881:1992 的“前言”;

b) 删除 ISO 2881:1992 的参考文献;

c) 增加了附录 A;

d) 增加了附录 B。

本标准的附录 A、附录 B 为资料性附录。

本标准由国家烟草专卖局提出。

本标准由全国烟草标准化技术委员会(SAC/TC 144)归口。

本标准起草单位:国家烟草质量监督检验中心。

本标准主要起草人:张威、王芳、王颖、刘惠民。

# 烟草及烟草制品
# 总植物碱的测定　光度法

## 1　范围

本标准规定了烟草及烟草制品中总植物碱的光度法测定方法。

本标准适用于加工和未加工的烟草及烟草制品。

## 2　规范性引用文件

下列文件中的条款通过本标准的引用而成为本标准的条款。凡是注日期的引用文件，其随后所有的修改单(不包括勘误的内容)或修订版均不适用于本标准，然而，鼓励根据本标准达成协议的各方研究是否可使用这些文件的最新版本。凡是不注日期的引用文件，其最新版本适用于本标准。

GB/T 5606.1　卷烟　第1部分：抽样

GB/T 19616　烟草成批原料取样的一般原则(GB/T 19616—2004，ISO 4874:2000，MOD)

YC/T 31　烟草及烟草制品　试样的制备和水分测定　烘箱法

## 3　原理

试样在强碱性条件下进行水蒸气蒸馏，光度法测定馏出液的吸光值，计算出总植物碱的含量，以烟碱表示。

## 4　试剂

所用试剂均为分析纯级试剂，水应为蒸馏水或同等程度的纯净水。

4.1　氯化钠。

4.2　氢氧化钠溶液，8 mol/L。

4.3　硫酸溶液，1 mol/L。

4.4　硫酸溶液，0.025 mol/L。

4.5　烟碱，纯度不低于98%。

## 5　仪器

常用的实验室仪器及下述各项：

5.1　水蒸气蒸馏装置，按第7章对蒸馏装置进行调整，使用烟碱(4.5)，回收率应至少达到98%。如果不能达到，通过调整蒸馏速度来进行优化。

对于常规分析，可使用烟碱的酒石酸氢化物标准样品来校准烟碱(4.5)。

5.2　光度计，波长能够覆盖230 nm～290 nm范围。

5.3　匹配的石英比色皿，光径长1 cm。

5.4　容量瓶：100 mL、250 mL。

5.5　移液管：5 mL、10 mL、25 mL。

5.6　玻璃漏斗：直径大约55 mm。

5.7　定性滤纸，快速。

## 6 抽样

### 6.1 烟叶

按 GB/T 19616 抽取烟叶作为实验室样品。

### 6.2 卷烟

按 GB/T 5606.1 抽取卷烟作为实验室样品。

## 7 分析步骤

### 7.1 试样的制备

按 YC/T 31 制备试样。

### 7.2 测定

#### 7.2.1 测定次数

每个试样应平行测定两次。

#### 7.2.2 称样

根据样品中预计的总植物碱含量，称取 1 g～2 g 试料于 500 mL 蒸馏瓶中，精确至 0.001 g。

#### 7.2.3 水分的测定

按照 YC/T 31 测定试样的水分含量。

#### 7.2.4 总植物碱含量的测定

##### 7.2.4.1 蒸馏

注 1：蒸馏过程中加入氢氧化钠时一定要注意。

将 20 g～40 g 氯化钠和 5 mL 氢氧化钠溶液(4.2)加入到蒸馏瓶中(7.2.2)，用 5 mL～15 mL 水将试料冲下，立即将蒸馏瓶连接于水蒸气蒸馏装置(5.1)，进行蒸馏。

注 2：NaCl 的量应足够，保证在蒸馏完毕后还有少量的未溶解盐存在。

用水蒸气将混合物蒸馏进入盛有 10 mL 硫酸溶液(4.3)的 250 mL 容量瓶中。蒸馏速度至少每分钟馏出物 10 mL～12 mL。蒸馏过程中不要让蒸馏瓶中液体的体积有较大的变化。如果需要，使用辅助升温。收集馏出物 220 mL～230 mL。取下容量瓶，同时用少量水将连接管冲洗干净。停止蒸馏，冲洗剩余物。确认容量瓶处于室温，用水定容至刻度(体积 $V_1$)，摇匀。若馏出液不澄清，则将其过滤。

注 3：若需要过滤，将前 150 mL 滤液弃去，或使用滤纸在使用前用足量的水冲洗并干燥。

##### 7.2.4.2 馏出液中总植物碱的测定

从容量瓶中移取一定体积($V_2$，通常为 25 mL)的馏出液至一个容量瓶中(容量为 $V_3$，通常为 100 mL)，用硫酸溶液(4.4)定容至刻度。

用光度计测定溶液在 236 nm、259 nm 和 282 nm 处的吸光值。参比溶液为 10 mL 硫酸溶液(4.3)，用水稀释到 250 mL。

若 259 nm 处的吸光度超过了 0.7，则应取较小体积的馏出液重新稀释测定。

## 8 结果的计算与表达

### 8.1 计算方法和公式

校正吸光度按式(1)计算得出：

$$A = 1.059\left(A_{259} - \frac{A_{236} + A_{282}}{2}\right) \qquad \cdots\cdots(1)$$

式中 $A_{236}$、$A_{259}$ 和 $A_{282}$ 分别是在 236 nm、259 nm 和 282 nm 处吸光度的实测值。

总植物碱的质量百分含量 $N$，按式(2)计算得出：

$$N = \frac{100\ AV_1V_3}{34 \cdot 3V_2m(1-w)} \qquad \cdots\cdots(2)$$

式中：

$A$——校正吸光度；

$w$——试样的水分含量(见 7.2.3)，%；

$m$——用来进行蒸馏的样品质量，单位为毫克(mg)；

$V_1$——馏出液定容的体积，单位为毫升(mL)；

$V_2$——移取馏出液的体积，单位为毫升(mL)；

$V_3$——稀释容量瓶的容量，单位为毫升(mL)。

### 8.2 精密度

两次平行测试结果之差不应大于 0.05%。

## 9 试验报告

试验报告应包括以下内容：

a) 使用的标准；

b) 样品来源和制样方法；

c) 样品数目；

d) 样品接收日期；

e) 测试日期；

f) 用质量百分含量来表示的样品平均水分含量，精确到 0.5%；

g) 用烟碱含量表示的总植物碱含量(所有单个试验的结果)，是占干基试验部分的样品含量，精确至 0.01%；

h) 用烟碱含量来表示的平均总植物碱含量，是占干基试验部分的样品含量，精确至 0.01%。

# 附　录　A
（资料性附录）
# 烟碱和烟碱盐纯度的测定　硅钨酸重量法

本附录修改采用国际烟草科学研究合作中心(CORESTA)推荐方法 39。

## A.1　CORESTA 引言

自 1920 年以来，已经提出了几种制作标准曲线用烟碱的纯度测定方法。当时，苦味酸重量法被认为是最专一性的方法，硅钨酸法最为灵敏，但实际上这两种方法都不是完全专一的。自 20 世纪 60 年代以来，使用最为广泛的方法是紫外光度法和硅钨酸法。

20 世纪 80 年代后期，英国的研究工作表明，谱带宽度大于 2 nm 的光谱仪不适合烟碱纯度的测定。他们还发现，使用 Willits 校正系数(见注 1)时，谱带宽度小于 2 nm 的光谱仪测得的烟碱含量小于实际值。而且，在进行实验室认证的国家，认证审查人员通常规定基准物质应是可追溯的。这样，只有重量法可以符合认证要求。下述方法报告了英国对美国公职分析化学家协会(AOAC)方法(第十四版，1984 年)中硅钨酸重量法测定烟碱的方法改进结果。

注 1：Willits，c. o. 等，Anal. Chem.，22，430(1950)。

1992 年～1993 年 CORESTA 在 19 个实验室对这个改进方法进行了研究。结果表明，改进方法对烟碱、酒石酸氢烟碱和水杨酸烟碱的测定结果非常一致。即使如此，对这个方法的专一性仍存有疑问，特别是有资料认为其他植物碱和烟碱的降解产物干扰测定。

1993 年，CORESTA 研究了各种贮存条件对烟碱(色谱质量纯高于 99%)降解的影响，以及降解物对硅钨酸法、气相色谱法和紫外光度法测定烟碱的影响。研究结果表明：

——高纯度烟碱降解缓慢。例如，将烟碱(色谱质量纯高于 99%)暴露于冰箱的空气中贮存 18 个月，纯度降为 97%，在室温下暴露于光和空气中三个月纯度的降低程度与此相同。

——水是贮存过程中的主要污染物，其含量大约为 1%。从理论上讲，测定这种污染物是比较容易的。

——气相色谱/质谱测定表明纯烟碱贮存过程中的主要降解产物是可提因和麦斯明，试验中测到的最大值为 1%。

——上述两种降解产物都不同程度地影响除气相色谱/质谱法以外的所有三种纯度测定方法的测定结果，对硅钨酸法和紫外光度法来讲，这种影响相同，且比较小。

——实际上，在校正了水分之后，硅钨酸法与气相色谱/质谱法的测定结果相同，也就是说，对纯度高于 96%的烟碱，可得到最佳测定值。

——另一方面，紫外光度法的测定结果与“最佳测定值”相同或稍低，这个研究结果印证了英国的研究发现。

CORESTA 关于硅钨酸的研究表明，最切实可行和妥当的测定纯度高于 96%烟碱的方法是硅钨酸法，在这个纯度下，降解物的干扰可以忽略不计。

1992 年 CORESTA 进行的初步研究显示，虽然用硅钨酸法测定酒石酸氢烟碱和水杨酸烟碱的精确度高，但一些样品的实测纯度超过 100%，用气相色谱法和紫外光度法所作的进一步分析证实，这些样品的烟碱确实超过 100%纯度的化合物所含的烟碱。CORESTA 的资料表明这些盐是被未反应的烟碱所污染。因此，对于烟碱盐，硅钨酸法测定的是烟碱含量而非烟碱盐的纯度。

由于烟碱盐化学性质稳定，贮存对于未反应成盐的烟碱的影响与纯烟碱相比就显得微不足道，因此，硅钨酸法适用于烟碱盐中烟碱的测定。

## A.2 原理

烟碱与十二钨硅酸(硅钨酸)络合形成不溶性的烟碱硅钨酸盐,将沉淀过滤于烧结玻璃坩埚中测定出沉淀的质量。

## A.3 试料

**A.3.1 十二钨硅酸($SiO_2 \cdot 12WO_3 \cdot 26H_2O$)溶液**

将 12 g 钨硅酸溶于 100 mL 蒸馏水中。

注 2:应避免使用其他形式的硅钨酸,如 $4H_2O \cdot SiO_2 \cdot 10WO_3 \cdot 3H_2O$ 或 $4H_2O \cdot SiO_2 \cdot 12WO_3 \cdot 20H_2O$,因为它们与烟碱不形成晶形沉淀。

**A.3.2 盐酸溶液,20%(体积分数)**

将 20 mL 盐酸(密度 1.18)用蒸馏水稀释至 100 mL。

**A.3.3 盐酸溶液,0.1%(体积分数)**

将 5 mL 20%盐酸(A.3.2)用蒸馏水稀释至 1 L。

**A.3.4 烟碱溶液($C_{10}H_{14}N_2$)**

将烟碱用蒸馏水稀释,制备 25 mL 0.1 mg/mL 烟碱溶液。

## A.4 仪器设备

A.4.1 实验室常用设备。

A.4.2 烘箱,可保持(120±5)℃温度。

A.4.3 烧结玻璃坩埚,G2 型。

## A.5 分析步骤

A.5.1 于 5 个 250 mL 烧杯中各称取约 0.1 g 烟碱(或相当烟碱量的烟碱盐),精确至 0.000 1 g,每个烧杯各配一根玻棒。

A.5.2 向每个烧杯中各加入 100 mL 蒸馏水,2 mL 20%盐酸(A.3.2),搅拌均匀。不要拿掉玻棒。

A.5.3 缓慢加入 15 mL 硅钨酸溶液(A.3.1),边加边持续搅拌。不要拿掉玻棒,盖上表面皿,放置过夜。过滤之前,用玻棒搅拌以确认沉淀能迅速沉降且呈晶形。加几滴硅钨酸溶液(A.3.1)检查,应沉淀完全。

A.5.4 沉淀过滤

A.5.4.1 在 120 ℃烘箱(A.4.2)中烘干烧结玻璃坩埚直至恒重(±1 mg),取出放入硅胶干燥器中,冷却至室温。

A.5.4.2 称取烧结玻璃坩埚质量,精确至 0.000 1 g。将烧结玻璃坩埚置于抽滤装置上,抽滤沉淀,用 0.2%盐酸(A.3.3)洗涤烧杯 3 次,每次 15 mL,将烧杯中和玻棒上的沉淀全部洗入烧结玻璃坩埚中,弃去滤液。

A.5.4.3 继续用 0.1%盐酸冲洗沉淀(约需 400 mL)。收集滤液,加入几滴烟碱溶液(A.3.4)检查,应无乳白色浑浊产生,即钨硅酸已被洗涤干净。

A.5.4.4 将烧结玻璃坩埚放入烘箱(A.4.2)中,烘干 3 h,取出放入硅胶干燥器中冷却至室温,称重,精确至 0.000 1 g。将烧结玻璃坩埚重新放入烘箱,烘干 1 h,取出,放入硅胶干燥器中冷却至室温,重新称重,重复操作至恒重(±1 mg)。

## A.6 计算

由式(A.1)计算烟碱纯度 $w$,数值以%表示:

$$w = \frac{0.101\,2m_1}{m} \times 100\% \quad \cdots\cdots\cdots\cdots (A.1)$$

式中：

$m_1$——沉淀的质量，单位为毫克(mg)；

$m$——试料质量，单位为毫克(mg)。

结果为5次测定的平均值，精确至0.1%。

# 附 录 B
## （资料性附录）
## 本标准与 ISO 2881：1992 的技术性差异及其原因

本标准与 ISO 2881：1992 的技术性差异及其原因的一览表见表 B.1。

**表 B.1 本标准与 ISO 2881：1992 的技术性差异及其原因**

| 本标准的章条编号 | 技术性差异 | 原　　因 |
|---|---|---|
| 2 | 删除 ISO 2881：1992 的参考文献；增加“规范性引用文件” | 以适合我国国情 |
| 6 | 删除 ISO 2881：1992 的 6“样品”；增加了 6“抽样” | 与“规范性引用文件”一致 |
| 7.1 | 删除 ISO 2881：1992 的 7.1“样品的准备”；增加了 7.1“试样的制备” | 与“规范性引用文件”一致 |
| 7.2.3 | 删除 ISO 2881：1992 的 7.2.3“水分的测定”；增加了 7.2.3“试样的制备” | 与“规范性引用文件”一致 |
| 附录 A | 增加“附录 A” | 进行水蒸气蒸馏装置的回收率测定需要使用纯烟碱和烟碱盐。纯烟碱或烟碱盐的纯度测定需要有相应的方法，因此，将 CORESTA39 号推荐方法（1994 年发布）修改采用为附录 A（资料性附录），以便于水蒸气蒸馏装置回收率的测定和其他需要纯烟碱制作标准曲线的分析方法时参考使用。在制定本标准的附录 A 时，我们选择了烧结玻璃坩埚过滤沉淀的方法，取消了滤纸过滤法，这样就消除了由于方法不一致可能造成的测定误差 |

ICS 65.160
X 87

GB

# 中华人民共和国国家标准

GB/T 23226—2008

# 卷烟 总粒相物中总植物碱的测定 光度法

**Cigarettes—Determination of alkaloids in smoke condensates—Spectrometric method**

(ISO 3400:1997,MOD)



2008-12-31 发布　　2009-06-01 实施

中华人民共和国国家质量监督检验检疫总局
中国国家标准化管理委员会 发布

# 前言

本标准修改采用 ISO 3400:1997《卷烟　总粒相物中总植物碱的测定　光度法》(英文版)。

本标准根据 ISO 3400:1997 重新起草。

考虑到我国国情,与 ISO 3400:1997 相比,本标准存在少量技术性差异,这些技术性差异已编入正文,并在它们所涉及的条款的页边空白处用垂直单线标识。在附录 A 中给出了技术性差异及其原因的一览表以供参考。

为便于使用,与 ISO 3400:1997 相比,本标准做了下列编辑性修改:

——删除 ISO 3400:1997 的前言;

——删除 ISO 3400:1997 的引用标准;

——增加规范性引用文件;

——删除 ISO 3400:1997 的附录 A;

——删除 ISO 3400:1997 的附录 B;

——增加附录 A"本标准与 ISO 3400:1997 的对照"。

本标准的附录 A 为资料性附录。

本标准由国家烟草专卖局提出。

本标准由全国烟草标准化技术委员会(TC 144)归口。

本标准起草单位:国家烟草质量监督检验中心。

本标准主要起草人:王芳、朱风鹏、边照阳、刘惠民。

# 卷烟　总粒相物中总植物碱的测定 光度法

## 1　范围

本标准规定了主流烟气总粒相物中总植物碱的测定方法:分光光度法。

本标准适用于卷烟。

## 2　规范性引用文件

下列文件中的条款通过本标准的引用而成为本标准的条款。凡是注日期的引用文件,其随后所有的修改单(不包括勘误的内容)或修订版均不适用于本标准,然而,鼓励根据本标准达成协议的各方研究是否可使用这些文件的最新版本。凡是不注日期的引用文件,其最新版本适用于本标准。

GB/T 5606.1　卷烟　第1部分:抽样

GB/T 16450　常规分析用吸烟机　定义和标准条件(GB/T 16450—2004,ISO 3308:2000,MOD)

GB/T 19609　卷烟　用常规分析用吸烟机测定总粒相物和焦油(GB/T 19609—2004,ISO 4387:2000,MOD)

GB/T 23225　烟草及烟草制品　总植物碱的测定　光度法(GB/T 23225—2008,ISO 2881:1992,MOD)

## 3　原理

分两步水蒸气蒸馏卷烟主流烟气总粒相物萃取液。先用无机酸酸化溶液,蒸馏除去中性和酸性蒸气挥发物,接着将溶液调至强碱性,蒸馏出植物碱,光度法测定馏出液的吸光度,计算出总植物碱的含量,以烟碱表示。

## 4　试剂

使用分析纯级试剂,水应为蒸馏水或同等纯度的水。

4.1　异丙醇。

4.2　氢氧化钠溶液,$c(NaOH)=8$ mol/L。

4.3　氯化钠。

4.4　硫酸溶液,$c(H_2SO_4)=1$ mol/L。

4.5　硫酸溶液,$c(H_2SO_4)=0.025$ mol/L。

4.6　烟碱,最低纯度98%,于暗处0 ℃～4 ℃条件下储存。

## 5　仪器

常用的实验室仪器和以下各项:

5.1　水蒸气蒸馏装置,符合GB/T 23225的要求。

5.2　光度计,具有230 nm～290 nm的波长范围。

5.3　匹配的石英比色皿,光径长1 cm。

5.4　容量瓶,250 mL。

5.5　单刻度移液管:5 mL、10 mL、25 mL。

5.6 三角瓶，250 mL。

5.7 玻璃漏斗，直径约 55 mm。

5.8 定性滤纸，快速。

## 6 取样

按照 GB/T 5606.1 抽取实验室样品。

## 7 分析步骤

### 7.1 抽吸卷烟的制备

按 GB/T 16450 制备抽吸卷烟。

### 7.2 总粒相物的收集与测定

按 GB/T 19609 收集、测定总粒相物，然后立即按 7.3 操作。

### 7.3 总粒相物中总植物碱的测定

#### 7.3.1 总粒相物的萃取

将滤片分为两组，分别放入两个蒸馏瓶中，各加入 50 mL 异丙醇，盖上瓶塞，置于暗处放置 4 h 以上或在振荡器上振荡 20 min～30 min。

#### 7.3.2 蒸馏

向蒸馏瓶中加入 10 mL 硫酸溶液(4.4)，将蒸馏瓶连接于水蒸气蒸馏装置(5.1)，开始蒸馏，用 250 mL三角瓶作接收器。当馏出液达到 150 mL 时停止蒸馏，取下三角瓶，弃去蒸馏液，将冷凝管末端插入内含 10 mL 硫酸溶液(4.4)的 250 mL 容量瓶中，冷凝管末端应浸入酸液中。向蒸馏瓶中加入 20 g 氯化钠(4.3)和 2 g 氢氧化钠(4.2)，立即连接好蒸馏装置，继续蒸馏。在蒸馏过程中要保持蒸馏瓶中液体体积恒定为 30 mL，必要时可适当加热，收集 220 mL～230 mL 馏出液。取下容量瓶，同时用水冲洗冷凝管末端，停止蒸馏。确认容量瓶处于室温，用水定容至刻度，摇匀。若溶液不澄清，将其过滤。

注：若需要过滤，要么将前 150 mL 滤液弃去，要么滤纸在使用前用足够的水冲洗并干燥。

#### 7.3.3 馏出液中总植物碱的测定

移取一定体积的馏出液于 50 mL 容量瓶中，用硫酸溶液(4.5)定容至刻度，摇匀。

以硫酸溶液(4.5)作为参比，测定溶液在 236 nm、259 nm 和 282 nm 处的吸光度并作好记录。若 259 nm 处的吸光度超过 0.7 或低于 0.2，应取较小或较大体积的馏出液重新稀释测定。

## 8 结果计算

卷烟烟气总粒相物中的总植物碱含量，用式(1)进行计算：

$$H = \frac{1.059 \times [A_1 - 0.5(A_2 + A_3)] \times 250 \times F}{34.3 \times n} \quad \cdots\cdots(1)$$

式中：

$H$——总植物碱含量，单位为毫克/支(mg/支)；

$A_1$——259 nm 处测量的吸光度；

$A_2$——236 nm 处测量的吸光度；

$A_3$——282 nm 处测量的吸光度；

$F$——稀释倍数；

250——馏出液定容至 250 mL，若定容不是该体积，计算时应用实际的定容体积，单位为毫升(mL)；

$n$——卷烟支数。

## 9 结果表示

以两组测定的平均值作为测定结果，精确至 0.01 mg。

## 10 精密度

卷烟总粒相物中总植物碱的两组平行测定结果相对平均偏差不应大于3.0%。

## 11 测试报告

试验报告应注明每支烟中烟气烟碱的产生量和使用的分析方法，以及所有影响结果的条件(如测试时的大气压力)。也应包括识别样品的唯一性资料。

# 附　录　A
## （资料性附录）
## 本标准与 ISO 3400:1997 的对照

表 1 给出了本标准与 ISO 3400:1997 的技术性差异及其原因一览表。

**表 1　本标准与 ISO 3400:1997 的技术性差异及其原因**

| 本标准的章条编号 | 技术性差异 | 原　　因 |
| --- | --- | --- |
| 2 | 引用了规范性文件：GB/T 5606.1；GB/T 16450；GB/T 19609；GB/T 23225 | 引用我国制定的相应标准，适合我国国情，便于对标准的理解和执行 |
| 4.3 | 蒸馏中增加了氯化钠 | 实验证明，加入氯化钠可获得更好的蒸馏效果 |
| 5.1 | 简化了水蒸气蒸馏装置的要求 | 仪器设备适应我国国情，未给出水蒸气蒸馏装置的建议样式，只是规定蒸馏装置的回收率须达到 98% 以上 |
| 6 | 取样：按照 GB/T 5606.1 抽取实验室样品 | 按照我国已有的标准取样，维持标准的连贯性，便于操作执行 |
| 7.1 | 抽吸卷烟的制备：按 GB/T 16450 制备抽吸卷烟 | 适应我国国情，维持标准的连贯性，便于操作执行 |
| 7.2 | 总粒相物的收集与测定：按 GB/T 19609 收集、测定总粒相物，然后立即按 7.3 操作 | 适应我国国情，维持标准的连贯性，便于操作执行 |
| 8 | 改进了计算结果公式 | 使计算公式更加直观 |

ICS 65.160
X 85

# 中华人民共和国国家标准

GB/T 23227—2008

# 卷烟纸、成形纸、接装纸及具有定向透气带的材料　透气度的测定

**Materials used as cigarette papers, filter plug wrap and filter joining paper, including materials having an oriented permeable zone—Determination of air permeability**

(ISO 2965:1997, MOD)

2008-12-31 发布　　2009-06-01 实施

中华人民共和国国家质量监督检验检疫总局
中国国家标准化管理委员会　发布

# 前　言

本标准修改采用 ISO 2965:1997《卷烟纸、成形纸、接装纸及具有定向透气带的材料　透气度的测定》(英文版)。

本标准根据 ISO 2965:1997 重新起草。

考虑到我国国情,本标准与 ISO 2965:1997 相比存在少量技术性差异,有关技术性差异已编入正文中并在它们所涉及条款的页边空白处用垂直单线标识。在附录 E 中给出了这些技术性差异及其原因的一览表以供参考。

为了便于使用,对于 ISO 2965:1997 做了下列编辑性修改:

——删除了 ISO 2965:1997 的前言;

——删除了 ISO 2965:1997 的引言;

——删除了 ISO 2965:1997 的参考文献;

——增加了附录 E"本标准与 ISO 2965:1997 的对照"。

本标准的附录 A 和附录 B 为规范性附录,附录 C、附录 D 和附录 E 为资料性附录。

本标准由国家烟草专卖局提出。

本标准由全国烟草标准化技术委员会(SAC/TC 144)归口。

本标准起草单位:中国烟草标准化研究中心。

本标准主要起草人:苗芊、邢军、闪红光、鲁俭、邓晓华、陈旭、马静。

# 卷烟纸、成形纸、接装纸及具有定向透气带的材料　透气度的测定

## 1　范围

本标准规定了一种测定透气度的方法。

本标准适用于在 1 kPa 压差条件下透气度测量值超过 10 $cm^3/(min \cdot cm^2)$ 的卷烟纸、成形纸、接装纸及具有定向透气带的材料。

注：对于透气度估计值在本标准范围之外的材料，参见 5.1 的注和 7.5.1 的注 3。

## 2　规范性引用文件

下列文件中的条款通过本标准的引用而成为本标准的条款。凡是注日期的引用文件，其随后所有的修改单(不包括勘误的内容)或修订版均不适用于本标准，然而，鼓励根据本标准达成协议的各方研究是否可使用这些文件的最新版本。凡是不注日期的引用文件，其最新版本适用于本标准。

GB/T 6379　测量方法和结果的准确度(正确度与精密度)(GB/T 6379—2004，ISO 5725:1994，IDT)

GB/T 16447　烟草及烟草制品　调节和测试的大气环境(GB/T 16447—2004，ISO 3402:1999，IDT)

ISO 187　纸板和纸浆　调节和测试的标准大气及样品的大气监测和调节程序

## 3　术语和定义

下列术语和定义适用于本标准。

3.1

**透气度 AP　air permeability**

在 1.00 kPa 测量压力条件下，通过 1 $cm^2$ 的被测样品表面的空气流量($cm^3/min$)。

注：透气度的单位为在 1 kPa 压差条件下立方厘米每分钟平方厘米 $cm^3/(min \cdot cm^2)$。

3.2

**测量压力　measuring pressure**

在测量过程中，被测样品两个面之间的压力差。

3.3

**泄漏　leakage**

通过样品夹持器和其他的密封面由大气中吸入或逸出到大气的空气流量。

## 4　原理

在一定压力差作用下，将被测样品夹持于合适的测量位置，测量通过被测样品测试面的总气流量。测量原理如图 1 所示。

通过被测样品的气流可通过在被测样品的一侧施加一定正压或负压产生。成品设备测定样品时，通过被测样品的气流方向将为已知，例如，由外向内。

注 1：若气流由正压产生，所用仪器应装过滤器，以免测试样品被油、水及灰尘污染。

注 2：对于某些材料，通过被测样品的流量与压力可能呈非线性关系。因此，需要在两个不同压力下测定通过被测样品的气流以确定通过纸张的流量与压力关系是线性或非线性。如果为非线性，在 0.25 kPa 压力条件时再次测量气体流量能更全面表述该材料的特性。

注 3：测量气体流量时气流是由被测样品外表面或是内表面流入的不同会导致流量理论值存在 1%的差异。

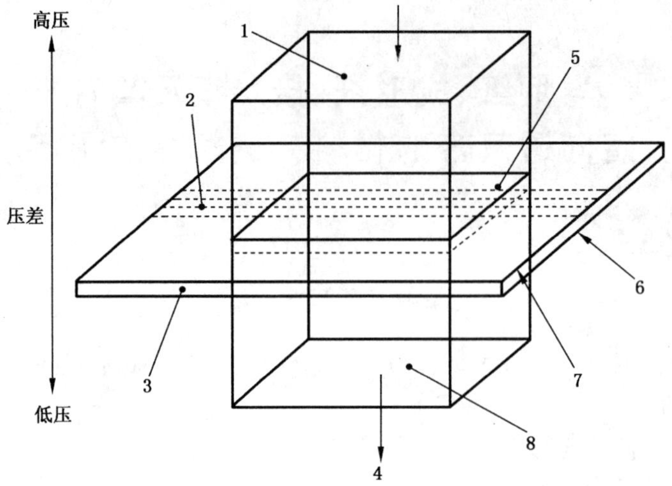


1——空气流；
2——打孔带(如果有)；
3——被测样品；
4——空气气流方向；
5——面积为 2 $cm^2$ 的测试面；
6——内表面；
7——外表面；
8——空气流。

**图 1 测量原理图**

## 5 仪器

### 5.1 样品夹持器

用于夹持被测样品，测试区域为矩形，表面积为 2.00 $cm^2$ ±0.02 $cm^2$，其长边 $L$ 应为 2.000 cm±0.005 cm，且内倒角半径应不大于 0.1 cm(见图 2)。

注：当需要对超出本标准规定范围的特种纸的透气度进行测定时，可使用具有不同测试面积的特殊样品夹持器。

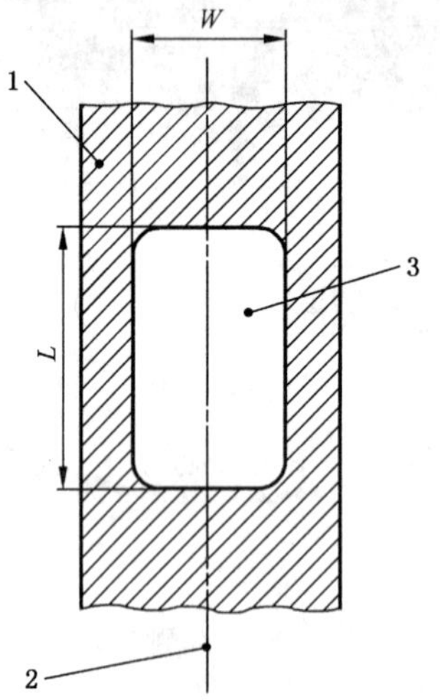


1——被测样品；
2——被测样品中心线；
3——样品夹持器的测量面积；
$W$——测试区的宽；
$L$——测试区的长。

**图 2 具有均匀分布透气度样品的位置**

### 5.2 气动控制器

在样品夹持器两面产生给定但可调的压力差，以产生定向气流。

### 5.3 压力计

精确至 0.001 kPa，在量程内测量值相对误差不超过 2%。

### 5.4 流量计

用于测量气体流量，在量程内测量值相对误差不超过 5%。

### 5.5 调节环境

应符合 ISO 187 规定的条件(见 7.2)。

## 6 取样

按统计学原理抽取可以代表总体特性的样品。

样品应无影响测量性能的可见疵点和皱折。

## 7 步骤

### 7.1 样品夹持器的检漏

仪器使用前按照附录 A 规定的程序进行检漏。

样品夹持器垫面之间的气体泄漏不应大于 2.0 $cm^3$/min。

注：当用户需要确定某些特殊纸张表面泄漏对测量流量的影响时，可以用适当的被测样品按附录 C 给出的程序确定泄漏量，并在其测试报告中予以说明。

### 7.2 样品的准备

根据第 6 章，从样品中随机选取，数量为测试所需的被测样品数和 7.5.1 注 3 中描述的三个被测样品。

如果需要，制备适于测试的样品(按所需尺寸剪切，并去除折叠、接缝等缺陷)。

样品调节：测定前，按 ISO 187 要求将环境温度调节为 23 ℃±1 ℃，相对湿度调节为 50%±2%。样品放置时应保持其所有表面与环境空气充分接触。

注：放置在容器中的样品，可能无法暴露其所有表面于调节大气中，因而需要一段较长的调节时间。所需时间将取决于实际情况和经验。被测样品调节时间的长短在本标准中未具体给出，但应在测试结果中注明。

### 7.3 校准

按附录 B 提供的程序用标准流量盘校准仪器。

### 7.4 被测样品的放置

按图 1 所示用样品夹持器夹持被测样品，样品放置时应使测量气流能从被测样品的外表面流向被测样品的内表面。

#### 7.4.1 均匀分布透气性的材料

放置样品时，尽可能以被测样品测试面短边($W$)的中心对应样品宽边的中心(见图 2)。

#### 7.4.2 具有狭窄定向透气带的材料

透气带应沿着与测试区 20 mm 的长边平行的方向排列(见图 3)。

透气带的边缘与测试面边缘的距离应不小于 1 mm。理论上，被测样品至少应比测试面的每边宽 3 mm。如果因技术原因，这一点不能满足(如测试的试样的总宽度小于 16 mm，或透气带与样品一边的距离小于 4 mm)，应在测试报告中注明。

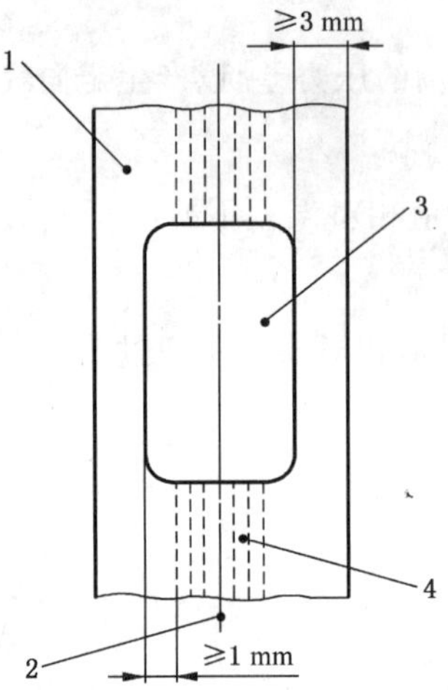


1——被测样品；

2——被测样品中心线；

3——定向透气带；

4——样品夹持器的测量面区域。

图 3 具有窄定向透气带的样品的放置

## 7.5 测量

### 7.5.1 概述

将一被测样品放入样品夹持器。在被测样品两面施加 1.00 kPa±0.05 kPa 的压力差。精确记录此压差值和相应的流量。

注 1：被测样品的透气性在其不同位置会有变化。对于本标准，用 10 次单独测量值的平均值作为被测样品透气度的测定值。亦可根据应用的要求做不同数量的测试。

以同样方法进行所有被测样品的试验。结果按第 8 章规定处理。

注 2：如认为样品的流量与压力关系为非线性，需进一步定性，可取三个附加样品针对流量与压力关系进行下述测试。

不变更测试样品的情况下，依次设置施加于测试样品的压差为 0.25 kPa 和 1.00 kPa。分别记录通过测试材料的相应空气流量 $Q_1$ 和 $Q_2$（$cm^3/min$）。

用式(1)计算比值 $Y$：

$$Y = \frac{Q_1}{Q_2} \times \frac{1.0}{0.25} \qquad \cdots\cdots(1)$$

对其余两个样品重复上述过程并计算所得到 $Y$ 值的三次平均值。如果 $Y$ 的平均值与 1.00 的偏差不大于 2%（即不大于 1.02），则流量与压力关系为线性的。否则，则视其为非线性。

如果该测试样品的流量与压力关系为非线性，则认为在单一压差条件下测量流量是不足以描述该样品特性的。需要用 0.25 kPa 的压差条件对流量再测量一次。

进一步的说明参见附录 D。

注 3：对于透气度在 1 kPa 条件下小于 10 $cm^3/(min \cdot cm^2)$ 且呈线性特征的材料，应用下列方法重新测定，以便对透气度进行估计：

——一个具有单一较大测试区的样品夹持器；

——一个具有多个区域的样品夹持器，可同时对若干个面积为 2.00 $cm^2$ 矩形测试区进行测量，各测试区应满足 5.1 中所述的尺寸要求；

——2.0 kPa 的压差条件。

此时的方法只能给出透气度的估计值。

7.5.2 带(条)状纸的测量

进行 10 次连续(依次)测量,两次测量的测试面之间保持 20 mm 的最小距离。

7.5.3 圆筒纸的测量

逐一对 10 个圆筒纸进行单次测量,得到一组共 10 个测量数据。应确保搭口不在测试区内。

## 8 结果的表示

最终得到的透气度值应为多次测量值的平均值,见 7.5.2 和 7.5.3 。

注:如果使用的测头为 7.5.1 注 3 所描述的多测试区,所获得的测量值已是测头各测试区的平均值,应注意在重复性值($r$)和再现性值($R$)中进行说明。

透气度(AP),以在 1 kPa 压差条件下每平方厘米面积上每分钟流过多少立方厘米空气量来表示。当使用面积为 2 $cm^2$ 的测试面时,由式(2)给出:

$$AP = \frac{Q}{2} \qquad \cdots\cdots(2)$$

式中:

AP——在 1 kPa 压差下的透气度,单位为立方厘米每分钟平方厘米[$cm^3/(min \cdot cm^2)$];

$Q$——通过被测样品的空气流量,单位为立方厘米每分钟($cm^3/min$)。

因 $Q$ 并非在准确的 1 kPa 条件下测量得到的,故需要一个调整至 1 kPa 的校正过程。当使用其他面积不是 2 $cm^2$ 的测头时(参见 7.5.1 的注 3),也需要进行相应的校正,按式(3)进行计算:

$$AP = \frac{Q}{S} \times \frac{p}{\Delta p} \qquad \cdots\cdots(3)$$

式中:

$p$——标准的压差值,数值为 1,单位为千帕(kPa);

$S$——用于测试试样的表面积,单位为平方厘米($cm^2$);

$\Delta p$——实际测量的通过试样表面的压差值,单位为千帕(kPa)。

## 9 精密度

9.1 重复性

用标准和正确的方法操作,同一操作者在尽可能短的时间间隔内,使用同一设备对于对照样品的测量结果之差超过平均值的重复性值($r$)的次数,应在 20 次测量中不超过 1 次。

9.2 再现性

用标准和正确的方法操作,两实验室间对于对照样品的报告结果不同于平均值的再现性值($R$)的次数,应在 20 次内不超过 1 次。

注:实际上,最佳再现性值可以在用户和供货方采用相同试验条件下获得(尤其是使用同一个标准)。

9.3 国际共同研究的结果

1994 年进行的一项包括 24 个实验室和 6 个样品的专门的国际共同研究显示,对于卷烟纸、成形纸和接装纸(包括有定向透气带的材料)依据本方法进行测量,获得如下重复性值($r$)和再现性值($R$),见表 1。

表 1

| (在 1 kPa 时)透气度平均值/[$cm^3/(min \cdot cm^2)$] | 重复性限 $r$ | 再现性限 $R$ |
|---|---|---|
| 26.9 | 2.37 | 6.01 |
| 49.2 | 4.15 | 8.37 |
| 221 | 17.4 | 26.3 |
| 1 334 | 96.6 | 133 |
| 2 376 | 281* | 326 |
| 21 449 | 1 182 | 2 077 |

为计算 $r$ 和 $R$，规定以一个纸条(带)10 次测量的平均值，或从成品上拆下的 10 个圆筒纸单次测量的平均值作为一个测试结果。

表 1 中所给出的 $r$ 和 $R$ 值，仅对所用的特定纸有效。从共同研究的角度，相同被测样品上进行重复性测试是不实际的。因此，被测样品的不均匀性导致实验室间的不一致。对这种情况，GB/T 6379 援引如下的条款。

"如果被检测的对象是固体物质而它又是非均质的(例如：金属、橡胶或纺织物)，且检测不可能在同一检测对象上重复，在此情况下被检测物质本身的不均质性构成了测量精密度的重要组成部分，并导致该物质检测后不能再保持初始完好状态。这时精密度实验也还是可以进行的，只不过 $r$ 和 $R$ 的值仅对所采用的特定物质有效，而在使用 $r$ 和 $R$ 时也应是这样的物质。可以更广泛使用的 $r$ 与 $R$ 的获得只能是在不同的时间或由不同的生产者所生产的被检测物质之间不存在明显差异的情况下得到。这需要进行比本标准所规定的更为复杂的实验。"

从本共同研究实验获得的数据，可以估计和消除实验室间、不同时间和不同样品间的变化量。从而，实验室内的变化量可选择一个作为重复性值。这些值以及相应的再现性值列于表 2。

表 2

| (在 1 kPa 时)透气度平均值/[$cm^3/(min \cdot cm^2)$] | 重复性限 $r$ | 再现性限 $R$ |
|---|---|---|
| 26.9 | 1.57 | 5.72 |
| 49.2 | 3.12 | 7.89 |
| 221 | 11.7 | 22.9 |
| 1 334 | 45.2 | 95.1 |
| 2 376 | 249* | 297 |
| 21 449 | 519 | 1 773 |

这些数值是经过采用类似对某单个样品反复 10 次测量后取平均值的方法进行修正而获得。

### 9.4 统计学讨论

从表 1 和表 2 的分析结果可以看出，一般而言，$r$ 和 $R$ 与透气度平均值的百分比对于低透气度纸均表现为最高，由此表明 $r$ 和 $R$ 与透气度平均值的百分比有随透气度平均值增大而减小的趋势。

然而，表 1 和表 2 中标注一个星号(*)的纸样出现了与此趋势不一致的结果。对表 1 的检查显示，该纸样较高的 $R$ 百分比(与其他纸相比)完全是由于该纸样的实验室内变化较大。而在本研究中，并没有证据显示该纸样的实验室间变化(以平均值的百分比形式表示)比其他测试纸样更高。

这一点通过实验室内和实验室间标准偏差的分析得到证实。实验室内平均值的百分比标准偏差与 $r$ 百分比(作为期望值)呈现同样的结果，但实验室间平均值的百分比标准偏差并没有表明该纸样的非期望很高。

该纸样的结果表明，由本研究所获得的 $r$ 和 $R$ 值仅可应用于本研究中所测试的纸张。

## 10 测试报告

测试报告应给出所用方法和所获得的结果。还应记录本标准为规定的操作环境，或作为选择的注意事项，以及任何影响结果的情况。

测试报告的内容至少应包括：

a) 取样日期和取样方法；

b) 测试材料的资料，注明具有打孔带的样品的性质(如：种类、宽度)；

c) 测试日期；

d) 注明详细的测量条件(尤其要注明是采用吹还是采用抽)，以及不同于本标准的情况或任何可能影响结果的因素；

e) 调节大气环境和样品调节时间；

f) 测试时的大气压；

g) 以透气度(AP)单位表示的结果；

h) 与结果相关的初步统计：

——测量次数；

——平均值和标准偏差。

# 附 录 A
# （规范性附录）
# 样品夹持器的泄漏测试

## A.1 概述

卷烟纸、成形纸、接装纸(包括具有定向透气带的材料)透气度测量的仪器设备的性能测试应按生产厂商的产品说明书进行。

本附录描述了用于测量测头组件接合面之间空气泄漏的常规测试方法。

## A.2 步骤

A.2.1 密封从测头组件到大气的气流通道。

A.2.2 用规定的方法操作仪器并确保透气度测量仪器的样品夹持器组件的两接合面间未放置样品。

A.2.3 记录仪器显示的泄漏率。密封测头组件接合面,确保流量测量结果不大于 2 $cm^3/min$。

A.2.4 重复上述过程五次,如果任意一次大于 2 $cm^3/min$,该夹持器组件即为不合格。

A.2.5 读数应随测试结果一起在报告中注明。

A.2.6 样品夹持器组件的漏气测量原理如图 A.1 所示:

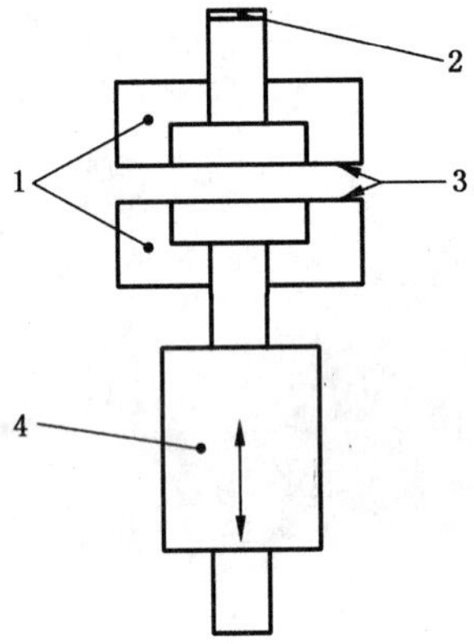


1——样品夹持器;

2——连通大气的密封气流通道;

3——密封面;

4——空气流量测量设备。

图 A.1 样品夹持器的漏气测试

# 附 录 B
## （规范性附录）
## 透气度标准流量盘和透气度测量仪器的校准

### B.1 标准流量盘的基本参数

透气度标准流量盘用于校准测量卷烟纸、成形纸、接装纸(包括具有定向透气带的材料)透气度的仪器。

标准流量盘应具有在规定的恒定压差(1 kPa)下已知且可重复测得的值，该值是在标准流量盘出口端测量的气体流量。标准流量盘的流量与压力参数应是一恒定值，并基本上不受大气环境条件变化的影响。标准流量盘应标注：在1 kPa压差条件下，修正至22 ℃和101.3 kPa的标准条件时，所给出的最小精度在0.5%内的空体流量值。

标准流量盘的精密结构取决于使用它们的透气度测量仪器的设计。

标准流量盘应提供数据及可溯源的校准证书。

### B.2 标准流量盘校准程序

校准实验室的测试大气应符合ISO 187的要求。测试大气的条件应记录在随标准流量盘提供的校准证书中。

标准流量盘应放置在夹持器中，夹持器的设计不应影响标准流量盘的参数。

通过标准流量盘的气流是分别用吹气或抽吸装置产生正压或负压而获得的。气流通过标准流量盘的方向应与流量盘用来校准透气度测量仪器时一致。

应在夹持着标准流量盘的夹持器出口测量气体流量、温度和压力。依据使用的流量校准仪器的类型和操作方式，及标准流量盘的特性，采用合适的数学修正方法，将流量修正至22 ℃和101.3 kPa标准条件下的值。

一个典型标准流量盘夹持器的示意图如图B.1所示。

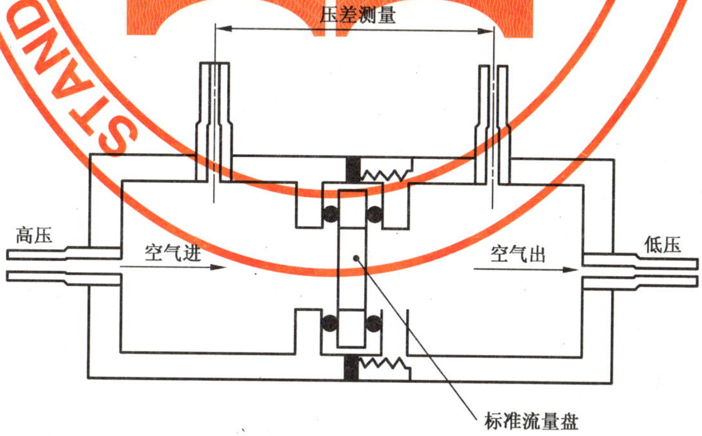


图 B.1 校准设备示意图

#### B.2.1 方法1

调整气流，使标准流量盘两边产生1.000 kPa±0.005 kPa的恒定压力差。用一个不会产生系统影响的流量校准仪在标准流量盘出口端测量体积流量，并记录校准时的温度和压力。

所校准的每个标准流量盘应重复上述步骤五次。所得到的标准流量盘的校准值应为五次标准条件下的体积流量测量值的平均值。

**B.2.2 方法 2**

调整气流使其保持在一恒定压力差下，压差值依次在高于 1 kPa 的 5%～10%和低于 1 kPa 的 5%～10%范围内。在每一点，通过标准流量盘的压差应记录到近似 0.005 kPa。用一个不会产生系统影响的流量校准仪在标准流量盘出口端测量体积流量，并记录校准时的温度和压力。

在每个气流设定点，两次测量会有一个最小量。所得到标准流量盘的校准值是通过标准流量盘的压差为 1.000 kPa 标准条件下的体积流量内插值。

## B.3 仪器的校准

透气度测定仪的校准和性能测试应按照仪器生产厂商的产品说明书进行。

## B.4 原理

为获得较好的精确度，仪器应在其标称测量量程范围内校准。进行校准时应采用符合仪器测量量程并与测量值对应的传感元件来实现。

## B.5 步骤

**B.5.1** 安装标准流量盘并使其平衡至测试大气环境的温度。

**B.5.2** 连接一个参考压力计到测量回路以监测标准流量盘两端的压力差。参考压力计的最大相对误差应小于其测量值的 0.5%。

**B.5.3** 在标准流量盘两端设置 1.0 kPa±0.1 kPa 范围内的压差。

**B.5.4** 调整仪器的测量系统，使系统显示的压差值为参考压力计的示值。

**B.5.5** 卸下参考压力计并密封连接点。

**B.5.6** 调整标准流量盘两端压差至 1.000 kPa±0.005 kPa 范围内，调整仪器的测量系统，使系统显示流量值为标准流量盘上的标定值。

**B.5.7** 对每个标准流量盘重复上述步骤。

**B.5.8** 返回到仪器的测量模式，对每个标准流量盘进行透气度测量，检查结果是否符合仪器说明书和标准流量盘所规定的校准允差范围。

# 附 录 C
## （资料性附录）
## 关于样品夹持器中被测样品表面泄漏的测定

### C.1 原理

表面泄漏是指气体通过样品夹持器的密封面由环境大气中吸入或逸出到环境大气中。

图 C.1 给出了测试表面泄漏的原理示意图。

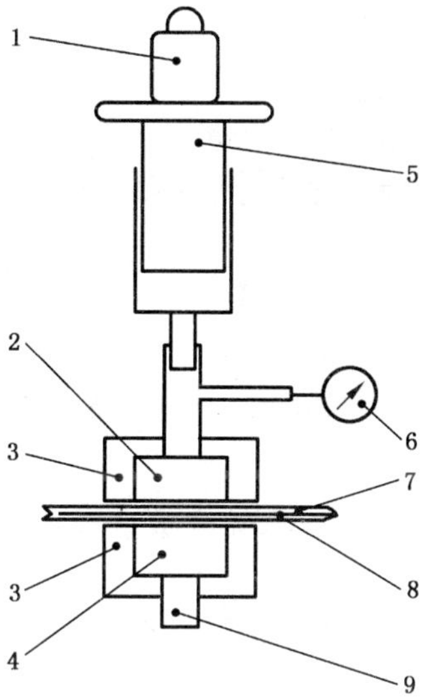


1——施加砝码；
2——入口腔；
3——样品夹持器；
4——出口腔；
5——注射器；
6——压力测量装置；
7——测试样品；
8——不透气薄膜；
9——出口。

**图 C.1 表面泄漏的测试原理**

### C.2 步骤

**C.2.1** 将一个已校准的注射器连接到样品夹持器的入口处。

**C.2.2** 将一个压力计连接到注射器和样品夹持器的入口侧的连接处，确保所有连接部分的气密性。

**C.2.3** 将一个测试材料样品和一个覆盖整个测试区（包括密封面）的不透气薄膜放入样品夹持器。确保测试材料面向样品夹持器的入口，不透气薄膜则确保所有与透气度测定有关的泄漏都被考虑在内。

**C.2.4** 闭合样品夹持器，在注射器上加压，向样品夹持器入口施加一个约 1 kPa 的压力。

**C.2.5** 通过注射器中活塞位置随时间的变化来测量泄漏量。应选择一段适当长的时间以准确判断是否存在表面泄漏。在这段时间内，要观察样品夹持器入口侧的压力，确保其值始终接近 1 kPa。

任何压力的变化都可能表明注射器内具有不正常的阻力，此时测试应重新做。

注：此项测试也可以不使用不透气薄膜而通过密封样品夹持器的出口来完成。

# 附 录 D
（资料性附录）
通过多孔材料的空气流量

## D.1 理论研究

通过多孔材料的气体流量取决于流动气体的粘性力和惯性力。通过多孔材料的总气体流量可以表示为：

$$Q = ZS\Delta p + Z'S\Delta p^{n} \quad \cdots\cdots\cdots\cdots (D.1)$$

式中：

$Q$——总气体流量，单位为立方厘米每分钟（$cm^3/min$）；

$S$——材料暴露在流动气体中的面积，单位为平方厘米（$cm^2$）；

$\Delta p$——材料两边的压差，单位为千帕（kPa）；

$Z$——由粘性力确定的多孔材料的透气性系数，单位为立方厘米每分钟平方厘米千帕［$cm^3/(min \cdot cm^2 \cdot kPa)$］；

$Z'$——由惯性力确定的多孔材料的透气性系数，单位为立方厘米每分钟平方厘米千帕之 $n$ 分之一方［$cm^3/(min \cdot cm^2 \cdot kPa^{1/n})$］；

$n$——取值在 0.5 和 1.0 之间的一个常数，该常数取决于气流所通过的材料上的间隙或孔的尺寸分布。

由所述的式（D.1）可以看出，总气体流量（$Q$）与压差（$\Delta p$）两者具有非线性关系。因材料的透气度已被定义为 1 kPa 压差时通过 1 $cm^2$ 材料的空气流量，所以由式（D.1）得出材料的“总透气度”等于（$Z+Z'$）。

可以考虑式（D.1）的两种极限可能。

a) 对高透卷烟纸而言，由于材料上的间隙（典型的为 1 μm 宽）相对于纸厚（20 μm 至 40 μm）很小，因此气流惯性力可忽略，$Z'=0$，则（D.1）简化为

$$Q = ZS\Delta p \quad \cdots\cdots\cdots\cdots (D.2)$$

这种情况下，总气体流量（$Q$）和压差（$\Delta p$）的关系为线性的。

b) 对于打孔接装纸而言，由于孔直径（通常大于 100 μm）比纸厚（通常约 40 μm）大，在这种情况下，$n=0.5$，则式（D.1）变化为二次方程

$$Q = ZS\Delta p + Z'S\sqrt{\Delta p} \quad \cdots\cdots\cdots\cdots (D.3)$$

如果在接装纸上打孔外没有其他空隙，则 $Z=0$，式（D.3）可简化为

$$Q = Z'S\sqrt{\Delta p} \quad \cdots\cdots\cdots\cdots (D.4)$$

## D.2 具有非线性流量与压力关系的材料的特性

若测试材料显示出具有非线性的流量与压力特性，$Z$、$Z'$ 和 $n$ 的值可以通过测定一系列 $\Delta p$ 值下的 $Q$ 值，并采用上文所述公式进行回归计算来得到。

极少数的情况下，材料需采用 0.25 kPa 和 1.00 kPa 两个压差条件下的气体流量值来共同描述。

由式（D.1）得到：

$$Q = Z_{T}S\Delta p^{k} \quad \cdots\cdots\cdots\cdots (D.5)$$

式中：

$Z_{T}$——纸张的总透气度；

$k$——取值在 0.5 和 1.0 之间的一个常数，该常数取决于气流所通过的材料上的间隙或孔的尺寸分布；

$Q$——总气体流量，单位为立方厘米每分钟($cm^3/min$)；

$S$——材料暴露在流动气体中的面积，单位为平方厘米($cm^2$)；

$\Delta p$——材料两边的压差，单位为千帕(kPa)。

如果已测得了两个不同压差条件下的气体流量，可由式(D.6)得常数 $k$。

$$k = \frac{\lg \frac{Q_1}{Q_2}}{\lg \frac{p_1}{p_2}} \qquad \cdots\cdots(D.6)$$

式中：

$Q_1$——第一次施加压力测量的气体流量，单位为立方厘米每分钟($cm^3/min$)；

$Q_2$——第二次施加压力测量的气体流量，单位为立方厘米每分钟($cm^3/min$)；

$p_1$——第一次施加的压力，单位为千帕(kPa)；

$p_2$——第二次施加的压力，单位为千帕(kPa)。

对于实际压力与标称压力两者差别很小时，气体流量可以采用不会导致明显误差的式(D.7)来计算获得：

$$Q_2 = \frac{Q_1 p_2^k}{p_1} \qquad \cdots\cdots(D.7)$$

# 附　录　E
# （资料性附录）
# 本标准与 ISO 2965：1997 的对照

表 E.1 给出了本标准与 ISO 2965：1997 的技术性差异及其原因一览表。

**表 E.1　本标准与 ISO 2965：1997 的技术性差异及其原因**

| 本标准的章条编号 | 技术性差异 | 原　因 |
| --- | --- | --- |
| 7.2 | 删除了 ISO 2965：1997 中 7.2 的要点“实验室中不能达到 ISO 187 所规定的条件时，可采用 ISO 3402 所规定的条件，温度 22 ℃±1 ℃和相对湿度 60%±2%。此时应在测试报告中给予说明。” | 根据我国已有的标准要求和我国国情，实验室通常能够达到 ISO 187 的要求，删除此要点更便于标准的理解和执行 |
| B.2 | 删除了 ISO 2965：1997 中附录 B 的第 B.2 章所述“在无法达到 ISO 187 给出条件的实验室中，可以采用本标准和 ISO 3402 给出的条件 22 ℃±1 ℃和相对湿度(60±2)%。” | 根据我国已有的标准要求和我国国情，实验室能够达到 ISO 187 的要求，删除此段叙述更便于标准的理解和执行 |

ICS 65.160
X 87

# 中华人民共和国国家标准

GB/T 23228—2008

# 卷烟 主流烟气总粒相物中烟草特有 *N*-亚硝胺的测定 气相色谱-热能分析联用法

**Cigarette—Determination of tobacco specific *N*-Nitrosamines in total particulate matter of mainstream cigarette smoke—GC-TEA method**

2008-12-31 发布　　2009-06-01 实施

中华人民共和国国家质量监督检验检疫总局
中国国家标准化管理委员会　发布

# 前 言

本标准的附录 A、附录 B 为资料性附录。

本标准由国家烟草专卖局提出。

本标准由全国烟草标准化技术委员会(SAC/TC 144)归口。

本标准起草单位:中国烟草总公司郑州烟草研究院、上海烟草(集团)公司。

本标准主要起草人:谢复炜、金永明、赵明月、王昇、刘克建、吴鸣。

# 卷烟　主流烟气总粒相物中<br>烟草特有 *N*-亚硝胺的测定<br>气相色谱-热能分析联用法

## 1　范围

本标准规定了卷烟主流烟气总粒相物中 *N*-亚硝基降烟碱(NNN)、*N*-亚硝基新烟碱(NAT)、*N*-亚硝基假木贼碱(NAB)和 4-(甲基亚硝胺基)-1-(3-吡啶基)-1-丁酮(NNK)四种烟草特有亚硝胺的测定方法。

本标准适用于卷烟烟气总粒相物中以上四种烟草特有亚硝胺的测定。

## 2　规范性引用文件

下列文件中的条款通过本标准的引用而成为本标准的条款。凡是注日期的引用文件,其随后所有的修改单(不包括勘误的内容)或修订版均不适用于本标准,然而,鼓励根据本标准达成协议的各方研究是否可使用这些文件的最新版本。凡是不注日期的引用文件,其最新版本适用于本标准。

GB/T 5606.1　卷烟　第1部分:抽样

GB/T 19609　卷烟　用常规分析用吸烟机测定总粒相物和焦油(GB/T 19609—2004,ISO 4387:2000,MOD)

## 3　术语和定义

下列术语和定义适用于本标准。

3.1

**烟草特有亚硝胺　tobacco specific nitrosamines (TSNAs)**

仅在烟草及烟草制品中存在的 *N*-亚硝胺。

## 4　原理

用玻璃纤维滤片捕集卷烟主流烟气中的总粒相物,用二氯甲烷萃取粒相物中的 TSNAs,浓缩萃取物并采用碱性氧化铝层析柱进行纯化。通过气相色谱-热能分析联用仪(GC-TEA)检测萃取物中亚硝胺的浓度,对主流烟气总粒相物中 TSNAs 进行定量分析。

## 5　试剂与材料

除特别要求以外,均应使用分析纯级试剂。水应为蒸馏水或同等纯度的水。

5.1　二氯甲烷,色谱纯(或分析纯经重蒸后使用)。

5.2　甲醇,色谱纯(或分析纯经重蒸后使用)。

5.3　无水硫酸钠。

5.4　碱性氧化铝,200 目～300 目。

5.5　*N*-戊基-(3-甲基吡啶基)亚硝胺、NNN、NAT、NAB、NNK,纯度应大于97%。

5.6　内标溶液

5.6.1　内标储备液

准确称量 10 mg *N*-戊基-(3-甲基吡啶基)亚硝胺,加入约 50 mL 二氯甲烷(5.1)完全溶解后,转移至 100 mL 的棕色容量瓶中，用二氯甲烷(5.1)定容至刻度。该内标储备液在－20 ℃冰箱内存放，有效期为 6 个月。

5.6.2　一级内标溶液

准确移取 2 mL 内标储备液(5.6.1)至 50 mL 棕色容量瓶中，用二氯甲烷(5.1) 定容至刻度。该一级内标溶液在－20 ℃冰箱内存放，有效期为 6 个月。

5.6.3　二级内标溶液

准确移取 10 mL 一级内标溶液(5.6.2)至 100 mL 棕色容量瓶中，用二氯甲烷(5.1)定容至刻度。该二级内标溶液在－20 ℃冰箱内存放，有效期为 3 个月。

5.7　TSNAs 标准溶液

5.7.1　标准储备液

分别准确称量 10 mg NNN、NAT、NAB 和 NNK，加入约 5 mL 二氯甲烷(5.1)完全溶解后，转移至 10 mL 的棕色容量瓶中，用二氯甲烷(5.1)定容至刻度。该标准储备液在－20 ℃冰箱内存放，有效期为 6 个月。

5.7.2　一级标准溶液

准确移取 1mL 标准储备液(5.7.1)至 100 mL 棕色容量瓶中，用二氯甲烷(5.1)定容至刻度。该一级标准溶液在－20℃冰箱内存放，有效期为 6 个月。

5.7.3　二级标准溶液

准确移取 1 mL 一级标准溶液(5.7.2)至 10 mL 棕色容量瓶中，用二氯甲烷(5.1)定容至刻度。该二级标准溶液在－20 ℃冰箱内存放，有效期为 3 个月。

5.8　TSNAs 校准溶液：分别准确移取 0.5 mL、1 mL、2 mL、5 mL 二级标准溶液(5.7.3)和 1 mL、2 mL 一级标准溶液(5.7.2)至 10 mL 棕色容量瓶中，准确加入 1 mL 一级内标溶液(5.6.2)，最后用二氯甲烷(5.1)定容至刻度，此六个标准溶液为系列标准校准溶液。该 TSNAs 校准溶液应在使用前配制。

注：烟草特有亚硝胺是强烈致癌物质。所有前处理操作应在通风橱内进行，实验人员应佩带防护手套、面具以保证安全。实验废液收集后应统一处理。

## 6　仪器设备

常用实验仪器以及下述各项。

6.1　分析天平，精确至 0.1 mg。

6.2　气相色谱-热能分析联用仪。

6.3　超声波发生器。

6.4　旋转蒸发仪。

6.5　色谱柱，弹性毛细管柱 30 m×0.53 mm×1 μm，建议固定液：HP－50＋。

6.6　保护柱，弹性石英毛细管柱 1 m×0.53 mm，应经脱活处理。

6.7　玻璃层析柱，具塞，内径为 20 mm，长度为 300 mm。

## 7　抽样

按照 GB/T 5606.1 的规定抽取实验室样品。

## 8　分析步骤

### 8.1　卷烟的抽吸

按照 GB/T 19609 的规定收集 20 支卷烟的粒相物。

### 8.2　测定次数

每个样品应平行测定两次。

8.3 样品分析

8.3.1 样品萃取

将捕集有主流烟气粒相物的滤片放入250 mL锥形瓶中，置于超声波发生器(6.3)内，用二氯甲烷(5.1)分三次超声波萃取，每次10 min，第一次使用100 mL二氯甲烷，其余两次各使用80 mL二氯甲烷。将所有萃取液经无水硫酸钠(5.3)过滤，转移至500 mL磨口圆底烧瓶中。

8.3.2 萃取液浓缩

将盛有萃取液的圆底烧瓶连接旋转蒸发仪(6.4)，通高纯氮气旋转蒸发(40 ℃水浴)，浓缩至5 mL。

8.3.3 样品净化

8.3.3.1 层析柱的准备

碱性氧化铝(5.4)在110 ℃下活化2 h。玻璃层析柱(6.7)应保持洁净干燥，先加入30 mL二氯甲烷(5.1)，再用湿法将15 g碱性氧化铝(5.4)加到层析柱中，充分搅拌并赶走所有气泡。用50 mL二氯甲烷淋洗层析柱。

8.3.3.2 层析

将浓缩后样品(8.3.2)一次性加入按照8.3.3.1准备的层析柱中，并用二氯甲烷(5.1)分三次洗涤烧瓶壁，每次5 mL。用30 mL二氯甲烷淋洗层析柱，流速应控制在约2 mL/min，不收集洗脱液。用100 mL 8%甲醇-二氯甲烷(体积分数)溶液淋洗层析柱，收集此部分洗脱液。

8.3.4 洗脱液浓缩

在洗脱液中加入1 mL二级内标溶液(5.6.3)后，通高纯氮气浓缩至30 mL，转移至50 mL梨形烧瓶中，浓缩至约1 mL后，移至2 mL色谱分析瓶中待分析。

8.4 分析

按照制造商操作手册运行气相色谱-热能分析联用仪。以下分析条件可供参考，采用其他条件应验证其适用性。

——程序升温：初始温度150 ℃，保持2 min；以3 ℃/min速率升至230 ℃，20 ℃/min速率升至260 ℃，保持20 min；

——进样口温度：230 ℃；

——载气：氦气，恒流10 mL/min；

——进样量2 μL，不分流，不分流时间1 min，吹扫流量50 mL/min；

——热裂解温度：550 ℃；

——接口温度：250 ℃。

典型卷烟样品色谱图参见图A.1。

8.5 测定

用气相色谱-热能分析联用仪测定一系列TSNAs校准溶液(5.8)，用TSNAs与内标峰面积的比值作为纵坐标，TSNAs的浓度作为横坐标，分别建立四种TSNAs成分的校正曲线。对校正数据进行线性回归，$R^2$应不小于0.99。测定样品，根据样品中的峰面积计算每一个卷烟烟气样品中四种TSNAs的浓度(ng/mL)。

## 9 结果的计算与表述

由式(1)计算出样品主流烟气中四种TSNAs的传输量，以每支卷烟主流烟气TSNAs传输量来表示，单位为ng。取两个平行测定的算术平均值作为样品的测试结果，结果精确到0.01 ng。

$$X = \frac{c \times V}{n} \qquad \cdots\cdots(1)$$

式中：

$X$——每支卷烟主流烟气TSNAs的传输量，单位为纳克/每支(ng/支)；

$c$——浓缩液中 TSNAs 的浓度，单位为纳克每毫升(ng/mL)；
$V$——浓缩液的体积，单位为毫升(mL)；
$n$——烟支数量，单位为支。

## 10 精密度、回收率和检出限

本方法的精密度、回收率和检出限试验研究结果参见表 B.1。

## 11 检验报告

检验报告应包括以下内容：
——检验环境大气条件；
——卷烟的名称、规格、类型、盒标焦油量、盒标烟气烟碱量；
——检验结果；
——卷烟总粒相物产生量；
——总粒相物中烟碱含量(或烟气烟碱量)；
——总粒相物中水分含量；
——焦油量；
——抽吸口数。

## 附 录 A
## （资料性附录）
## 色谱图示例

按照本标准规定的方法对典型卷烟样品进行分析，得到的气相色谱-质谱联用图见图 A.1。

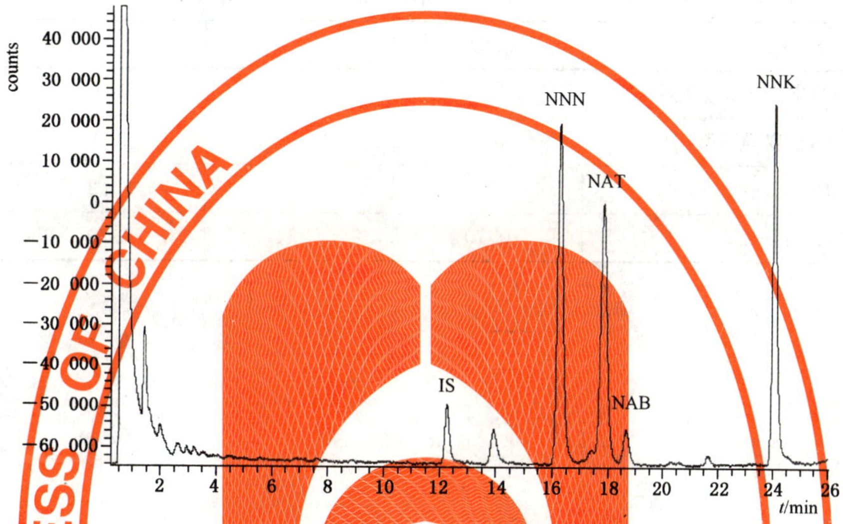


图 A.1 典型卷烟样品色谱图

# 附　录　B
## （资料性附录）
## 精密度、回收率和检出限试验研究结果

本方法的精密度、回收率和检出限试验研究结果见表 B.1。

**表 B.1　本方法的精密度、回收率和检出限试验研究结果($n$=5)**

| TSNAs | NNN | NAT | NAB | NNK |
| --- | --- | --- | --- | --- |
| 混合型卷烟测定变异系数/% | 5.9 | 4.7 | 5.3 | 5.2 |
| 烤烟型卷烟测定变异系数/% | 6.9 | 5.3 | 9.9 | 6.2 |
| 回收率/% | 94.3 | 92.3 | 94.2 | 95.9 |
| 检测限/(ng/支) | 0.70 | 0.24 | 0.79 | 0.42 |

# 后　　记

2008年制修订国家标准共5946项，其中新制定标准2287项，修订标准3659项，分157册出版。

1. 2008年度发布的顺延上年度标准编号的新制定的国家标准，从GB/T 21331—2008开始，至GB/T 23228—2008结束，收入在《中国国家标准汇编》2008年"制定"卷第368～411分册中，共44册。

2. 2008年度发布的非顺延上年度标准编号的新制定的国家标准和全部修订的国家标准，收入在2008年修订-1～修订-113分册中，共113册。

3. GB 22000～22002，GB 22004～22020为食品安全管理体系国家标准预留号，暂为空。

4. GB/T 22629—2008、GB/T 22781—2008、GB/T 22784—2008、GB/T 22785—2008、GB/T 22809—2008、GB/T 22810—2008、GB/T 22922—2008因故延迟出版，2008年制修订的17项环境保护国家标准(GB 3096—2008、GB 3544—2008、GB 12348—2008、GB 16889—2008、GB 21522—2008、GB 21523—2008、GB 21900～21909—2008、GB 22337—2008)因故未收入。

中国标准出版社

2009年10月

# 后 记